U0390081

■ 国家理科基础科学研究和教学人才培养基地教材

■ 国家级实验教学示范中心教材

基础化学实验

JICHU HUAXUE SHIYAN

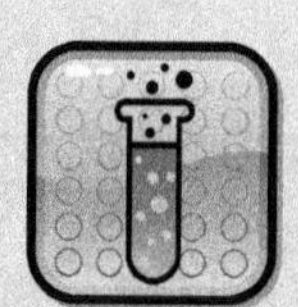

高绍康 主编

陈建中 副主编

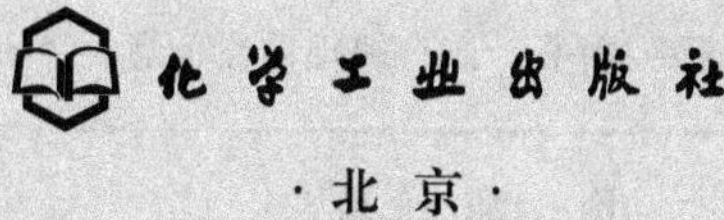

化学工业出版社

·北京·

本书为基础化学实验课程适用教材，分为上篇、下篇和附录三部分。上篇主要介绍化学实验基本知识、基本操作和基本技术；下篇为实验部分，内容包括基本操作与基本技能训练、物质的性质与鉴别、物质的合成与制备、物质的化学分析与仪器分析、基本物理量与物化参数的测定以及综合性、研究性和创新性实验；附录部分为化学实验常用数据表。本书在化学一级学科层面上，以化学实验基本操作和技能的训练为主线，以具体实验为载体，注重训练和培养学生的实验动手能力，并逐步锻炼学生进行综合实验和研究、设计实验的能力。全书实验安排由浅入深，由简单到综合，由综合到设计、研究、创新。在实验内容的选择上，既有反映基础化学实验知识和基本操作的实验，也有反映现代化学进展和新技术、新方法的实验。

本书既可作为高等院校化学类各专业的基础化学实验课程教学用书，也可作为化工与制药类、材料类、环境科学与工程类、生物科学类及相关专业的基础化学实验教材或教学参考书，对有关专业技术人员也有一定参考价值。

图书在版编目（CIP）数据

基础化学实验/高绍康主编．—北京：化学工业出版社，2013.9（2020.9重印）
国家理科基础科学研究和教学人才培养基地教材
国家级实验教学示范中心教材
ISBN 978-7-122-18122-0

Ⅰ.①基… Ⅱ.①高… Ⅲ.①化学实验-教材 Ⅳ.①O6-3

中国版本图书馆CIP数据核字（2013）第175775号

责任编辑：杜进祥　　文字编辑：向　东
责任校对：宋　夏　　装帧设计：韩　飞

出版发行：化学工业出版社（北京市东城区青年湖南街13号　邮政编码100011）
印　　装：北京虎彩文化传播有限公司
787mm×1092mm　1/16　印张41½　字数1090千字　2020年9月北京第1版第3次印刷

购书咨询：010-64518888　　售后服务：010-64518899
网　　址：http://www.cip.com.cn
凡购买本书，如有缺损质量问题，本社销售中心负责调换。

定　　价：128.00元

版权所有　违者必究

前　言

化学是一门以实验为基础、富有创造性的中心学科。化学实验教学是现代化学教育过程中不可缺少的重要环节，在培养学生的实践能力、科学思维与方法、创新意识与能力，全面推进素质教育等方面都有着重要的作用。为适应化学学科迅速发展、满足培养新世纪人才的需要，我们根据教育部高等学校化学类专业教学指导分委员会制定的“高等学校化学类专业指导性专业规范”中有关“化学类专业化学教学基本内容”的要求，结合我校“以工为主、理工结合”的办学特点和多年积累的实验教学经验，参考本校及国内外有关实验教材和参考书，组织编写了本教材。

本书由上、下两篇及附录三部分组成。上篇主要介绍化学实验基本知识、基本原理、基本技术和方法；下篇为实验部分，按照“基础实验-综合实验-研究性、创新性实验”三个层次进行编排，由基本操作与基本技能训练、物质的性质与鉴别、物质的合成与制备、物质的化学分析与仪器分析、基本物理量和物化参数的测定以及综合性、研究性和创新性实验六个实验模块构成，共编入 143 个实验。在实验内容安排上，由浅入深，由简单到综合，由综合到设计、研究、创新；既有反映基础化学实验知识和基本操作的实验，也有反映现代化学进展和新技术、新方法的实验，并尽可能体现应用性、先进性和综合性。在附录部分选编了化学实验中必需的一些重要数据表，便于学生在预习和实验中查阅和应用。

本教材有如下特点：

1. 打破传统的二级学科实验体系框架和实验教学依附理论教学的实验教学模式，在化学一级学科层面上，对原有的无机化学实验、有机化学实验、化学分析及仪器分析实验、物理化学实验内容进行重新组织，优化组合，并将它们有机地融合起来，形成理论教学和实验教学既相对独立又有机结合的完整的化学实验教学新体系和新模式。

2. 着重介绍化学实验的基本知识、基本操作和基本技术，注重学生实验动手能力的训练和培养。对化学实验基本知识和基本技术单独进行介绍，同时又将这些内容贯穿于各个实验项目之中，这样编排既便于学生纵观化学实验的全貌，又有利于强化学生基本技能的训练。

3. 注重于学生自主学习能力的培养和综合素质的提高。在每一个实验前面提出“目的与要求”和“预习与思考”，以针对实验独立设课及实验课超前于理论课的实际情况，引导学生自主地进行学习。此外，在一些实验中还设置了“小设计实验”，以引导学生拓展思维空间和知识面，培养学生的创新意识。

4. 注重教学与科研的互动，突出学生综合能力的培养。本书第 12 章综合性、研究性和创新性实验内容大部分是由我校教师近年来的科研课题和研究成果凝练转化而来的，通过这些实验，在促进教学与科研互动的同时，不仅可以使学生获得专业技术知识，受到科学研究的初步训练，还可以使学生尽早地接触和了解化学及相关研究领域的最新知识和学科发展前沿，扩大学生的知识面，充分调动学生主动学习的热情，培养学生的科研精神、创新意识和独立开展化学实验的能力以及团队协作精神。

本书既可作为高等院校化学、应用化学专业基础化学实验课程教学用书，也可作为化工类、材料科学类、环境科学类、生命科学类及相关专业化学实验教材或教学参考书，对有关专业技术人员也有一定参考价值。

本书由高绍康主编，陈建中副主编。第1～6章由高绍康编写；第7～9章无机实验部分由赵斌、易心正编写，有机实验部分由方昕、游毅、柯子厚编写；第10章化学分析部分由林翠英编写，仪器分析部分由王建编写；第11章由李浩宏、庄乃锋、李奕编写；第12章由赵剑曦、王建组织、策划，赵剑曦、王建、林树坤等10多位老师参与编写，各实验的编写者列在实验内容之后；附录部分由袁锡文、王桂美编写；全书由高绍康、陈建中统稿、定稿。

本书的编写是福州大学化学化工学院长期从事实验教学工作的教师们共同努力的结果。在本书编写过程中，参考了本校和一些兄弟院校实验教材的相关内容；化学工业出版社的领导和编辑对本书的编写给予了极大的帮助和支持；在此一并表示衷心的感谢！同时感谢国家自然科学基金委国家基础科学人才培养基金的资助！感谢福州大学教务处对本书的编写给予的立项支持！

由于编者水平所限，书中疏漏和不当之处在所难免，恳请专家和读者批评指正。

编　者

2013年5月于福州大学旗山校区

目　录

上篇　化学实验的基本知识、基本操作和基本技术

下篇 实 验

上篇　化学实验的基本知识、基本操作和基本技术

第1章　绪　论

1.1　化学实验的目的与要求

1.1.1　化学实验的目的

化学是一门以实验为基础的学科。化学实验教学是培养学生创新意识、实践能力和科学素质的重要途径。化学实验教学的功能是课堂教学所不能替代的，因而在化学及相关专业人才培养中起着关键的作用。因此，在围绕培养学生创新意识、增强实践能力的教学改革中，化学实验作为高等理工科院校化学、化工、材料等专业的主要基础课程，在培养未来科技人才的教育中，占有特别重要的地位。

化学实验与课堂讲授的理论部分一样，是学生掌握基础知识和基本理论、培养基本技能、孕育创新意识必不可少的教学环节。学生通过独立地进行实验操作、观察和记录实验现象、分析问题、归纳知识、撰写实验报告等多方面的训练，可对学到的基本知识、基本理论进行验证，并得到巩固、深化和提高。同时，学生可以规范地掌握从事科学实验和科学研究所必需的基本操作、基本技术和基本技能，逐步培养严谨的科学态度、实事求是的工作做法、良好的工作习惯以及科学的思维方法；还可培养求真务实、团结协作、勤奋不懈、百折不挠的精神，并使之养成节约、整洁、准确和有条不紊等良好的实验室工作习惯和科学习惯，为今后的工作奠定良好的基础。因此，通过本课程的学习，要达到以下目的。

① 通过观察实验事实，完成从感性知识向理性认识的过渡，加深对化学理论课中的基本原理和基本知识的理解和掌握，培养学生从化学实验实践中获取新知识的能力。

② 通过对学生进行科学实验方法的基本训练，使之能正确、熟练地掌握化学实验的基本操作、基本技术和基本技能，正确使用基本实验仪器，培养独立工作能力和独立思考能力；培养学生细致观察和记录实验现象、归纳和综合知识、正确处理数据、分析问题、用文字表达实验结果的能力，以及一定的组织实验、科学研究和创新意识。

③ 培养学生实事求是的科学态度，严谨、细致、准确、整洁等良好的科学习惯、科学精神以及科学的思维方法，培养敬业、一丝不苟和团队协作的工作精神，养成良好的实验室工作习惯，为今后的工作奠定良好的基础。

④ 了解实验室工作的有关知识，如实验室的各项规则，实验室工作的基本程序；实验室试剂、物资和仪器的管理；实验可能发生的一般事故及其处理；实验室“三废”的一般处理方法等。

总之，经过本课程的学习和严格的实验训练后，使学生具有一定的分析和解决较复杂问

题的实践能力，收集和处理化学信息的能力，文字表达实验结果的能力，以及团结协作精神。

1.1.2 化学实验的基本要求

实验课的学习是以学生为主，对学生独立从事科学研究工作能力的培养具有重要的作用。要很好地完成实验任务，不仅要有正确的学习态度，而且还要有正确的学习方法，学生要在以下环节严格要求自己。

1.1.2.1 实验前预习

实验预习对于做好实验至关重要，因此实验前必须进行充分的预习和准备。预习时应做到：认真阅读实验教材，了解实验的目的与要求，熟悉实验内容、弄清实验的方法及原理，明了基本仪器、装置的使用方法和注意事项，掌握实验数据的处理方法，解答书上的思考题等，对实验的各个环节心中有数，才能使实验顺利进行，达到预期的效果。

在认真预习的基础上，按指导老师的要求简明扼要地写出实验预习报告。预习报告应写明实验名称、实验目的，设计好记录数据或现象的表格和栏目，其格式可以参考实验报告的格式或自己拟定，并在实践中不断加以改进，但切忌照抄书本。实验过程或步骤应尽可能用反应方程式、流程图、箭头等符号表示。

1.1.2.2 实验过程

实验是培养学生分析问题、解决问题、独立工作和思维能力的重要环节，必须认真、独立完成。学生实验时，原则上应按照实验教材上所提示的内容、步骤、方法要求及药品用量进行实验，设计性实验或者对一般实验提出新的实验方案，应与指导教师讨论、修改，经指导教师认可后方可进行实验。学生应提前10min进入实验室，在指定位置进行实验，并要求做到如下几点。

① 认真听指导教师讲解实验，进一步了解实验原理、操作要点、实验注意事项等，仔细观察教师的示范操作，掌握操作要领和操作规范。如有不理解的问题，应及时发问。

② 实验时要认真操作，正确使用仪器，细心观察，及时如实、准确地将观察到的实验现象和数据记录在记录本上，不能随意记录在纸片上，更不能转移、涂改。原始记录需请指导教师检查、认可并签名，留作撰写实验报告的依据。

③ 如果发现实验现象和理论不符时，应首先尊重实验事实，并认真分析和检查原因，并细心地重做实验。必要时可以做对照实验、空白实验或自行设计的实验来核对，直到从中得出正确的结论。

④ 实验过程中既要动手又要动脑，要勤于思考，注意培养自己严谨的科学态度和实事求是的科学作风。若遇到疑难问题和异常现象而自己难以解释时，可以相互轻声讨论或询问指导教师。

⑤ 实验过程中要自觉养成良好的科学习惯，遵守实验室工作规则，保持实验室卫生和实验台面的整洁。

⑥ 实验结束后，所得结果必须经教师认可并在实验预习报告和实验记录本上签字后，洗净用过的玻璃器皿，整理好试剂瓶和其他物品，清洁实验台面，清扫实验室，然后才能离开实验室。

1.1.2.3 实验报告

实验报告是对所做实验的概括和总结，也是通过对实验现象的分析和实验数据的处理将直接的感性认识上升为理性认识的过程。书写实验报告是实验课程的基本训练内容之一，应认真对待。同时，实验报告在很大程度上反映了一个学生的学习态度、实际水平和能力。因此，在完成实验操作后必须根据自己的实验记录，进行归纳总结、分析讨论、整理成文，并在指定时间内交给指导老师审阅。

实验报告在书写方面应该做到：叙述简明扼要，文字通顺，条理清楚；字迹端正，图表清晰，结论明确。实验报告的格式，对不同类型的实验略有不同，但主要内容一般应包括：实验名称、实验日期、实验目的、实验原理（简要说明或反应方程式等）、实验仪器和药品、实验步骤（尽量用简图或流程图、表格、化学式、符号等表示）、实验现象和数据的记录与处理、实验结果和讨论等。应注意，实验现象要表达正确，数据记录要真实、完整，不能随意涂改或弄虚作假（数据记录附在实验报告后，供指导老师批阅实验报告时审核）。实验结果包括数据的处理和计算（可用列表或作图形式表达），是根据实验现象，进行分析、解释后得出的结论。

一份好的实验报告应该是：实验目的明确、原理清楚、数据准确、图表规范、结果正确、讨论深入和字迹端正等。通过实验报告的撰写，不但可以训练文字的表达能力，而且更为重要的是，在报告撰写过程中，要有意识地培养自己独立思考问题、分析问题的习惯，为培养科学思维打下基础。

1.2　化学实验室基本知识

实验室是学生进行实验、开展科研训练的场所，因此实验室的安全问题十分重要，它不仅关系到个人的健康和安全，而且还关系到国家的财产安全。

在化学实验室存在着许多不安全的因素。在化学实验中，往往会接触到各种化学药品、电器设备、玻璃仪器及水、电、气。在这些化学药品中，有的易燃、易爆，有的有毒，有的是刺激性气体，有的有腐蚀性，还有的可能致病。如果使用不当，或违反操作规程、或疏忽大意，都可能造成意外事故。因此，实验者必须认真学习并严格遵守学生实验守则和实验室安全规则。

1.2.1　学生实验守则

① 进入实验室要熟悉实验室水、电、气的阀门，消防器材、洗眼器与紧急喷淋器的位置和使用方法。熟悉实验室安全出口和紧急情况时的逃生路线。掌握实验室安全与急救常识。

② 进入实验室必须遵守实验室各项规章制度，保持室内安静、整洁。不准在室内吸烟、随地吐痰、乱扔杂物。非实验用品一律不准带入实验室。

③ 实验前必须认真预习，写出预习报告，无预习报告和无故迟到者不得进入实验室。

④ 实验过程中要仔细观察各种实验现象，并如实、详细地记录现象和数据，严禁弄虚作假、随意涂改数据。使用高级或精密仪器时必须严格按操作规程进行操作，避免损坏仪器。如发现故障，应立即停止使用并报告指导教师，及时排除故障。

⑤ 实验中使用易燃、易爆物品或接触带电设备进行实验，要严格按照操作规程操作，并注意做好防护工作。

⑥ 要树立绿色化学的概念。在能保证实验准确度要求的前提下，尽量减少化学物质（尤其是有毒有害试剂及洗液、洗衣粉等）的消耗和排放。注意节约实验室的所有资源（如试剂、滤纸、去离子水等），试剂应按教材规定的规格、浓度和用量取用，并核对标签，以免造成浪费和失败。

⑦ 实验时要保持台面的整洁、卫生。仪器、药品应整齐地摆放在一定位置，用后应立

即放回原位。废弃的有机溶剂要倒入指定的回收瓶，有腐蚀性或污染的废液与废渣必须倒在废液桶或指定容器内，统一处理。火柴梗、废纸屑、碎玻璃等固体废物应倒入废物桶内，不得随地乱丢。

⑧ 实验结束后，及时清理和洗涤自己所用的实验器皿，整理好仪器和药品，清洁工作台面，关闭电源、水阀和气路。认真洗手，实验记录交指导教师审阅、签字后，方可离开实验室。按时交实验报告。

⑨ 课外到实验室做实验，学生要经过预习并经有关教师同意后，在教师或实验技术人员的指导下方可进行实验。

⑩ 为安全起见，化学实验室内不得穿拖鞋、裙子与短袖衣服，进行有机合成实验时尽量戴上防护镜。

⑪ 实验室一切物品未经实验室负责人员批准，严禁携出室外，借出物品必须办理经借登记手续。

⑫ 实验室由学生轮流卫生值日，负责打扫和整理实验室，关好门、窗，检查水、电、气阀门，经教师检查同意后方可离开实验室，以保证实验室的安全。

1.2.2 化学实验室安全规则

① 新生进实验室前，必须进行实验室安全、消防安全、安全防护和环保意识的教育和培训。

② 熟悉实验室及其周围环境，了解与安全有关设施（如水、电、气阀门，急救箱，消防用品，洗眼器，喷淋器等）的放置地点和使用方法。

③ 实验室内药品严禁任意混合，更不能尝其味道，以免发生意外事故。自选设计的实验必须与指导教师讨论并征得同意后方可进行。

④ 严禁在实验室内饮食、吸烟，严禁将食品或餐具等带进实验室。禁止赤膊、穿拖鞋进实验室。实验时须保持安静，禁止在实验室游戏打闹、大声喧哗。

⑤ 使用有毒试剂（如氟化物、氰化物、铅盐、钡盐、六价铬盐、汞的化合物和砷的化合物等）时，应特别小心，严防进入口内或接触伤口，剩余药品或废液不得倒入下水道或废液桶内，应倒入回收瓶中集中处理。

⑥ 当反应会产生 H_2S、CO、Cl_2、SO_2 等有毒的、恶臭的、有刺激性的气体时，应该在通风橱内进行。

⑦ 有机溶剂（如酒精、苯、丙酮、乙醚等）易燃，使用时要远离火源。应防止易燃有机物的蒸气外逸，切勿将易燃有机溶剂倒入废液缸。不能用开口容器（如烧杯）盛放有机溶剂，不可用明火或电炉直接加热装有易燃有机溶剂的烧瓶。回流或蒸馏液体时应放沸石，以防止液体过热暴沸而冲出，引起火灾。

⑧ 使用具有强腐蚀性的浓酸、浓碱、溴、洗液时，应避免接触皮肤和溅在衣服上，更要注意保护眼睛，需要时应配备防护眼镜。稀释浓硫酸时，应在不断搅动下将其注入水中，切勿反过来进行，以免局部过热使酸溅出，引起灼伤。

⑨ 加热、浓缩液体的操作要十分小心，不能俯视正在加热的液体，以免溅出的液体把眼、脸灼伤。加热试管中的液体时，不能将试管口对着自己或别人。当需要借助于嗅觉鉴别少量气体时，决不能用鼻子直接对准瓶口或试管口嗅闻气体，而应用手轻拂气体，把少量气体轻轻地扇向鼻孔进行嗅闻。

⑩ 加热器不能直接放在木质台面或地板上，应放在石棉板、绝热砖或水泥地板上，加热期间不能离开工作岗位。

⑪ 使用高压气体钢瓶（如氢气、乙炔）时，要严格按操作规程进行操作。钢瓶应放在远离明火、阴凉干燥、通风良好的地方。钢瓶在更换前仍应保持一部分压力。

⑫ 禁止使用无标签、性质不明的试剂或药品。实验室内的所有药品不能携出室外，用剩的有毒药品应交给教师。

⑬ 保持水槽的清洁和通畅，切勿将固体物品投入到水槽中。废纸、废毛刷、碎玻璃应投入废物桶内，废液应小心倒入废液缸中集中收集处理，切勿倒入水槽中，以免腐蚀下水道和污染环境。使用过的钠丝尤其要小心，需集中处理。

⑭ 使用电器设备时，不要用湿手接触仪器，以防触电，用后拔下电源插头，切断电源。

⑮ 每次实验完毕，整洁实验台面，做好卫生，检查水、电、气、门、窗是否关好，最后必须将双手洗干净，经教师同意后方可离开实验室。

1.2.3 化学危险品的分类及其使用规则

1.2.3.1 危险品的分类

根据危险品的性质，常用的化学药品大致可分为易燃、易爆和有毒三大类。

(1) 易燃化学药品

① 可燃气体有 NH_3、$CH_3CH_2NH_2$、Cl_2、CH_3CH_2Cl、C_2H_2、H_2、H_2S、CH_4、CH_3Cl、SO_2 和煤气等。

② 易燃液体可分为一级、二级、三级。一级易燃液体有丙酮、乙醚、汽油、环氧丙烷、环氧乙烷等；二级易燃液体有甲醇、乙醇、吡啶、甲苯、二甲苯、正丙醇、异丙醇、二氯乙烯、丙酸戊酯等；三级易燃液体有煤油、松节油等。

③ 易燃固体可分为无机物和有机物两大类，无机物类如红磷、硫黄、P_2S_3、镁粉和铝粉等；有机物类如硝化纤维、樟脑等。

④ 自燃物质有白磷。

⑤ 遇水燃烧的物品有 K、Na、CaC_2 等。

(2) 易爆化学药品 H_2、C_2H_2、CS_2 和乙醚及汽油的蒸气与空气或 O_2 混合，皆可因混合导致爆炸。

单独可爆炸的有硝酸铵、雷酸铵、三硝基甲苯、硝化纤维、苦味酸等。

混合发生爆炸的有 CH_3CH_2OH 加浓 HNO_3、$KMnO_4$ 加甘油、$KMnO_4$ 加 S、HNO_3 加 Mg 和 HI、NH_4NO_3 加锌粉和水、硝酸盐加 $SnCl_2$、过氧化物加 Al 和 H_2O、S 加 HgO、Na 或 K 加 H_2O 等。

氧化剂与有机物接触极易引起爆炸，故在使用 HNO_3、$HClO_4$、H_2O_2 等时必须注意。

(3) 有毒化学药品

① Br_2、Cl_2、F_2、HBr、HCl、HF、SO_2、H_2S、$COCl_2$、NH_3、NO_2、PH_3、HCN、CO、O_3 和 BF_3 等均为有毒气体，具有窒息性或刺激性。

② 强酸和强碱均会刺激皮肤，有腐蚀作用，会造成化学烧伤。强酸、强碱可烧伤眼睛角膜，其中强碱烧伤后可使角膜完全毁坏。HF、PCl_3、CCl_3COOH 等也有强腐蚀性。

③ 高毒性固体有无机氰化物、As_2O_3 等砷化物、$HgCl_2$ 等可溶性汞化合物、铊盐、Se 及其化合物和 V_2O_5 等。

④ 有毒有机物有苯、甲醇、CS_2 等有机溶剂，芳香硝基化合物、苯酚、硫酸二甲酯、苯胺及其衍生物等。

⑤ 已知的危险致癌物质有联苯胺及其衍生物、β-萘胺、二甲氨基偶氮苯、α-萘胺等芳胺及其衍生物，*N*-甲基-*N*-亚硝基苯胺、*N*-亚硝基苯胺、*N*-亚硝基二甲胺、*N*-甲基-*N*-亚硝

基脲、N-亚硝基氢化吡啶等 N-亚硝基化合物，双（氯甲基）醚、氯甲基甲醚、碘甲烷、β-羟基丙酸丙酯等烷基化试剂，硫代乙酰胺、硫脲等含硫化合物，石棉粉尘等。

⑥ 具有长期积累效应的毒物有苯；铅化合物，特别是有机铅化合物；汞、二价汞盐和液态的有机汞化合物等。

1.2.3.2 易燃、易爆和腐蚀性药品的使用规则

① 绝对不允许将各种化学药品任意混合，以免发生意外事故。

② 使用氢气时，要严禁烟火。点燃氢气前，必须检查氢气的纯度。进行大量氢气产生的实验时，应把废气通至室外，并注意室内的通风。

③ 可燃性试剂均不能用明火加热，必须用水浴、油浴、沙浴或可调电压的电热套加热。使用和处理可燃性试剂时，必须在没有火源而通风的实验室中进行，试剂用毕要立即盖紧瓶塞。

④ 钾、钠和白磷等暴露在空气中易燃烧，所以钾、钠应保存在煤油中，白磷则可保存在水中。取用它们时要用镊子。

⑤ 取用酸、碱等腐蚀性试剂时，应特别小心，不要洒出。废酸应倒入废酸桶中，但不要往废酸桶中倾倒碱液，以免因酸碱中和放出大量的热而发生危险。浓氨水具有强烈的刺激性，一旦吸入较多的氨气，可能导致头晕或昏倒；若氨水溅入眼内，严重时可能造成失明。所以，在热天取用氨水时，最好先用冷水浸泡氨水瓶，使其降温后再开盖取用。

⑥ 对某些强氧化剂（如 $KClO_3$、KNO_3、$KMnO_4$ 等）或其混合物，不能研磨，否则将引起爆炸；银氨溶液不能留存，因其久置后会变成 Ag_3N 而容易发生爆炸。

1.2.3.3 有毒、有害药品的使用规则

① 有毒药品（如铅盐、砷的化合物、汞的化合物、氰化物和 $K_2Cr_2O_7$ 等）不得进入口内或接触伤口，也不能随便倒入下水道。

② 金属汞易挥发，会通过呼吸道进入人体内，并逐渐积累而造成慢性中毒，所以取用时要特别小心，不得把汞洒落在桌面上或地上。一旦洒落，必须尽可能收集起来，并用硫黄粉盖在洒落汞的地方，使汞转变成不挥发的 HgS，然后清除掉。

③ 制备和使用具有刺激性、恶臭和有害的气体（H_2S、Cl_2、$COCl_2$、CO、SO_2、Br_2 等）及加热蒸发浓 HCl、HNO_3、H_2SO_4 等时，应在通风橱内进行。

④ 对一些有机溶剂如苯、甲醇、硫酸二甲酯等，使用时应特别注意。因这些有机溶剂均为脂溶性液体，不仅对皮肤及黏膜有刺激性作用，而且对神经系统也有损伤。生物碱大多具有强烈毒性，皮肤亦可吸收，少量即可导致中毒甚至死亡。因此，使用这些试剂时均需穿上工作服、戴手套和口罩。

⑤ 必须了解哪些化学药品具有致癌作用。在取用这些药品时应特别小心，以免进入人体。

1.2.4 化学实验意外事故的预防和急救处理

1.2.4.1 意外事故的预防

(1) 防火

① 在操作易燃溶剂时，应远离火源，切勿将易燃溶剂放在敞口容器内用明火加热或放在密闭容器内加热。

② 在进行易燃物质实验时，应先将乙醇等易燃物品移开。

③ 在蒸馏易燃物质时，装置不能漏气，接收器支管应与橡皮管相连，使余气通往水槽或室外。

④ 回流或蒸馏液体时应放沸石，不要用明火直接加热烧瓶，而应根据液体沸点的高低使用石棉网、油浴、沙浴或水浴加热，冷凝水要保持畅通。

⑤ 切勿将易燃溶剂倒入废液桶中，更不能用敞口容器放易燃液体。倾倒易燃液体时应远离火源，最好在通风橱中进行。

⑥ 用油浴加热时，应绝对避免水滴溅入热油中。

⑦ 酒精灯用毕应立即盖灭，避免使用灯颈已破损的酒精灯。切忌斜持一只酒精灯到另一只酒精灯上去接火。

（2）爆炸的预防

① 蒸馏装置必须安装正确。常压操作时，切勿造成密闭体系；减压蒸馏时，要用圆底烧瓶或吸滤瓶作接收器，不可用锥形瓶，否则可能发生爆炸。

② 使用易燃易爆气体（如氢气、乙炔等）时，要保持室内空气通畅，严禁明火，并应防止一切火星的产生。有机溶剂（如乙醚和汽油等）的蒸气与空气相混时极为危险，可能会由一个热的表面或者一个火花、电火花引起爆炸，故应特别注意。

③ 使用乙醚时，必须检查有无过氧化物存在，如果发现有过氧化物，应立即用 $FeSO_4$ 除去过氧化物后才能使用。

④ 对于易爆的固体，或遇氧化剂会发生猛烈爆炸或燃烧的化合物，或可能生成危险性的化合物的实验，均应事先了解其性质、特点及注意事项，操作时应特别小心。

⑤ 开启储有挥发性液体的试剂瓶时，应先充分冷却，开启时瓶口必须指向无人处，以免由于液体喷溅而导致伤害。当瓶塞不易开启时，必须注意瓶内物质的性质，切不可贸然用火加热或乱敲瓶塞等。

（3）中毒的预防

① 对有毒药品应小心操作，妥为保管，不许随便乱放。实验中所用的剧毒药品应有专人负责收发和保管，并向使用者指出必须遵守的操作规程。对实验后的有毒残渣必须做妥善有效的处理，不准乱丢。

② 有些有毒物质会渗入皮肤，因此，使用这些有毒物质时必须穿上工作服、戴手套和口罩，操作后应立即洗手，切勿让有毒药品沾及五官或伤口。

③ 在反应过程中可能生成有毒或腐蚀性气体的实验应在通风橱内进行，实验过程中不要把头探入通风橱内，使用后的器皿应及时清洗。

（4）触电的预防　使用电器，应防止人体与电器导电部分直接接触，不能用湿的手或手握湿的物体接触电插头。装置和设备的金属外壳等都应连接地线。实验后应切断电源，再将电器连接总电源的关闭。

1.2.4.2　意外事故的急救处理

为了对实验过程中意外事故进行紧急处理，实验室配备有急救医药箱。医药箱内备有下列药品和工具：红药水、3%碘酒、烫伤膏、饱和碳酸氢钠溶液、饱和硼酸溶液、2%醋酸溶液，5%氨水、5%硫酸铜溶液、高锰酸钾晶体和甘油等；创可贴、消毒纱布、消毒棉、消毒棉签、医用镊子和剪刀等。医药箱内药品和工具供实验室急救用，不得随意挪用或取走。

① 烫伤。切勿用水冲洗。轻度烫伤，可用高锰酸钾或苦味酸溶液揩洗烫伤处，再涂上烫伤膏、万花油、京万红或鞣酸油膏。烫伤较重时，若起水泡不用挑破，先涂上烫伤药膏，用纱布包扎后送医院治疗。

② 割伤。应立即用药棉揩净，若伤口内有异物，应先取出，涂上红药水并用纱布包扎或贴上创可贴，必要时送医院救治。

③ 受强酸或强碱腐蚀。酸或碱洒到皮肤上时，先用大量水冲洗，然后酸腐蚀用饱和碳酸氢钠或稀氨水冲洗，碱腐蚀用1%柠檬酸溶液或硼酸溶液冲洗，再用水冲洗，涂敷氧化锌软膏或硼酸软膏。若酸或碱溅入眼内，应立即用大量的水冲洗，再用2% $Na_2B_4O_7$ 溶液（或3%硼酸溶液）冲洗眼睛，然后用蒸馏水冲洗。

④ 溴腐蚀伤。先用 C_2H_5OH 或10% $Na_2S_2O_3$ 溶液洗涤伤口，然后用水冲净，并涂敷甘油。

⑤ 一旦吸入刺激性或有毒气体如溴蒸气、氯气、氯化氢时，可吸入少量酒精和乙醚的混合蒸气解毒，然后到室外呼吸新鲜空气。因不慎吸入煤气、硫化氢气体而感到不适时，应立即到室外呼吸新鲜空气。必要时送医院治疗。

⑥ 遇毒物误入口内时，立即取一杯含5～10mL稀 $CuSO_4$ 溶液的温水，内服后再用手指伸入咽喉部，促使呕吐，然后立即送医院治疗。

⑦ 不慎触电时，立即切断电源，或尽快用绝缘物（干燥的木棒、竹竿等）将触电者与电源隔开，必要时进行人工呼吸。

1.2.5 化学实验室消防安全知识

万一实验室不慎失火，切莫惊慌失措，而应冷静、沉着，根据不同的着火情况，采取不同的灭火措施。由于物质燃烧需要空气和一定的温度，所以灭火的原则是降温或将燃烧的物质与空气隔绝。化学实验室一般不用水灭火！这是因为水能和一些药品（如钠）发生剧烈反应，用水灭火时会引起更大的火灾甚至爆炸，并且大多数有机溶剂不溶于水且比水轻，用水灭火时有机溶剂会浮在水面上，反而扩大火场。

一旦失火，首先应采取措施防止火势蔓延，立即熄灭附近所有火源，切断电源，移开易燃易爆物品。同时，视火势大小，采取不同的灭火方法。

① 在容器中（如烧杯、烧瓶、热水漏斗等）发生的局部小火，可用湿布、石棉网或表面皿覆盖即可灭火。

② 有机溶剂在桌面或地面上蔓延燃烧时，切勿用水灭火，可撒上沙子或用石棉布扑灭。大火可用泡沫灭火器灭火。

③ 对活泼金属Na、K、Mg、Al等引起的着火，应用干燥的细沙覆盖灭火。严禁用水和 CCl_4 灭火器，否则会导致猛烈爆炸，也不能用二氧化碳灭火器。

④ 在加热时着火，立即停止加热，关闭煤气总阀，切断电源，把一切易燃易爆物移至远处。电器设备着火，先切断电源，再用四氯化碳灭火器灭火，也可用干粉灭火器或1211灭火器灭火。

⑤ 当衣服上着火时，切勿慌张奔跑，以免风助火势，应赶快脱下衣服。一般小火可用湿抹布、石棉布等覆盖着火处。若火势较大，可就近用水龙头浇灭。必要时可就地卧倒打滚，起到灭火的作用。

⑥ 在反应过程中，因冲料、渗漏、油浴着火等引起反应体系着火时，情况比较危险，处理不当会加重火势。有效的扑灭方法是用几层石棉布包住着火部位，隔绝空气使其熄灭，必要时在石棉布上撒些细沙。若仍不奏效，必须使用灭火器，由火场周围逐渐向中心处扑灭。

⑦ 当火情有蔓延趋势时，要立即报火警。

另外一些有机化合物如过氧化物、干燥的重氮盐、硝酸酯、多硝基化合物等，具有爆炸性，必须严格按照操作规程进行实验，以防爆炸。

废液应小心倒入废液桶中，集中收集和处理，切勿随意倒入水槽中，以免腐蚀下水道及污染环境。大量溢水也是实验室中时有发生的事故，所以应注意水槽的清洁，废纸、玻璃等物应扔入废物缸中，保持下水道畅通。有机实验冷凝管的冷却水不宜开得过大，万一水压高时，橡皮管弹开会引起事故。

常用灭火器种类及其适用范围见表 1-1。

表 1-1　常用灭火器种类及其适用范围

名　称	使用范围
泡沫灭火器	用于一般失火及油类着火。此种灭火器是由 $Al_2(SO_4)_3$ 和 $NaHCO_3$ 溶液作用产生大量的 $Al(OH)_3$ 及 CO_2 泡沫，泡沫把燃烧物质覆盖与空气隔绝而灭火。因为泡沫能导电，所以不能用于扑灭电器设备着火
四氯化碳灭火器	用于电器设备及汽油、丙酮等着火。此种灭火器内装液态 CCl_4。CCl_4 沸点低。相对密度大，不会被燃烧，所以把 CCl_4 喷射到燃烧物的表面，CCl_4 液体迅速汽化，覆盖在燃烧物上而灭火
二氧化碳灭火器	用于电器设备失火及忌水的物质着火。内装液态 CO_2
干粉灭火器	用于油类、电器设备、可燃气体及遇水燃烧等物质的着火。内装 $NaHCO_3$ 等物质和适量的润滑剂和防潮剂。此种灭火器喷出的粉末能覆盖在燃烧物上，形成阻止燃烧的隔离层，同时它受热分解出 CO_2，能起中断燃烧的作用，因此灭火速度快

1.2.6　实验室“三废”的处理

在化学实验室中会遇到各种有毒的废渣、废液和废气（简称三废），如不及时妥善处理或销毁，就会对周围的环境、水源和空气造成污染，或造成意外事故，威胁人们的身体健康。因此，在学习期间就应进行“三废”处理以及减免污染的教育，树立环境保护观念，增强环境保护意识。实验过程中产生的“三废”可用下列方法进行处理，危险品废物的处理可查阅相关的手册或资料。

1.2.6.1　废气的处理

产生少量有毒气体的实验应在通风橱中进行。通过排风设备把少量毒气排到室外，利用室外的大量空气来稀释有毒废气。如果实验时会产生大量有毒气体，应该安装气体吸收装置来吸收这些气体，然后进行处理。例如二氧化硫、二氧化氮、氯气、硫化氢、氟化氢等酸性气体，可以用氢氧化钠水溶液吸收后排放。碱性气体用酸溶液吸收后排放，一氧化碳可点燃转化为二氧化碳后排放。

1.2.6.2　废液的处理

有回收价值的废液应收集起来统一进行处理，回收利用。无回收价值的有毒废液也应集中收集起来送交专门的处理机构或实验室进行处理后排放。

实验室应配备收集酸、碱、有机溶剂等废液的回收桶，有害化学废液集中回收时和处理时应注意：①检查回收桶液面高度，控制所收集的废液不能超过容器的 2/3；②在加新液体前应做相溶性混合实验；③为防止溢出烟和蒸气，每次倾倒废液之后应盖紧容器；④做好化学废物收集和处理登记或记录，内容包括：废物名称、数量、主要有害特征等有关信息。

废液混合时，必须进行安全检查，其方法为：在通风橱中，取目标液 50mL 于烧杯中，插入温度计，慢慢混合化学废液到适当的体积比，如果起泡、产生蒸气或温度上升 10℃，则应停止混合，该目标物不能倒入废液桶，如果 5min 内无反应可以混合。

废物处理时，要注意使用个人保护工具，如防护眼镜、手套等。有毒蒸气的废物处理时应使用通风橱。下面简要介绍实验室废液处理的具体方法。

(1) 废酸、废碱液　经过中和处理，使其 pH 值在 6～8 范围（如有沉淀，需加以过滤），并用大量水稀释后方可排放。

(2) 含氰化物的废液　少量含氰废液可加入硫酸亚铁使之转变为毒性较小的亚铁氰化物沉淀再排弃，该方法称为铁蓝法；也可用碱将废液调到 pH＞10 后，用适量高锰酸钾将 CN^- 氧化。大量含氰废液则需将废液用碱调至 pH＞10 后，通入氯气或加入次氯酸钠，充分搅拌，放置过夜，使氰化物分解成二氧化碳和氮气而除去，再将溶液 pH 调到 6～8 后排放，该方法称为氯碱法。

(3) 含砷及其化合物　在废液中加入硫酸亚铁，然后用氢氧化钠调节 pH 至 9，这时砷化合物就与氢氧化铁和难溶性的亚砷酸钠或砷酸钠产生共沉淀，经过滤除去。另外，还可用硫化物沉淀法，即在废液中加入 H_2S 或 Na_2S，使其生成硫化砷沉淀而除去。

(4) 含重金属离子的废液　处理含重金属（Cd、Pb、As 等）离子废液最经济有效的方法是加入 Na_2S（或 NaOH，或消石灰）等碱性试剂，使重金属离子形成难溶性的硫化物（或氢氧化物）分离、去除。

(5) 含六价铬化合物的废液　在铬酸废液中，加入 $FeSO_4$、亚硫酸钠，使其变成三价铬后，再加入 NaOH（或 Na_2CO_3）等碱性试剂，调节 pH 值在 6～8 时，使三价铬形成氢氧化铬沉淀除去。

(6) 含汞及其化合物的废液　处理少量含汞废液经常采用化学沉淀法，即在含汞废液中加入 Na_2S，使其生成难溶的 HgS 沉淀而除去。

(7) 实验室有机废液

① 氧化分解法。在含水量低的有机类废液中，对于易氧化分解的废液，用 H_2O_2、$KMnO_4$、NaOCl、H_2SO_4-HNO_3、HNO_3-$HClO_4$、H_2SO_4-$HClO_4$ 及废铬酸混合液等物质，将其氧化分解。然后，按上述无机类实验废液的处理方法加以处理。

② 水解法。对有机酸或无机酸的酯类，以及一部分有机磷化合物等容易发生水解的物质，可加入 NaOH 或 $Ca(OH)_2$，在室温或加热下进行水解。水解后，若废液无毒害时，把它中和、稀释后，即可排放。如果含有有害物质时，用吸附等适当的方法加以处理。

③ 生物化学处理法。对含有乙醇、乙酸、动植物性油脂、蛋白质及淀粉等稀溶液，可用此法进行处理。

1.2.6.3　废渣的处理

① 将钠屑、钾屑及碱金属、碱土金属氢化物、氨化物悬浮于四氢呋喃中，在不断搅拌下慢慢滴加乙醇或异丙醇至不再放出氢气为止，再慢慢加水、澄清后冲入下水道。

② 硼氢化钠（钾）用甲醇溶解后，用水充分稀释，再加酸并放置，此时有剧毒硼烷产生，所以应在通风橱内进行，其废液用水稀释后可冲入下水道排放。

③ 酰氯、酸酐、三氯化磷、五氯化磷、氯化亚砜在搅拌下加入大量水中，用碱中和后再排放。

④ 沾有铁、钴、镍、铜催化剂的废纸、废塑料，变干后易燃，不能随便丢入废纸篓内，应趁未干时，深埋于地下。

⑤ 重金属及其难溶盐能回收的应尽量回收，不能回收的集中处理。

在上述处理过程中产生的有回收价值的废渣应收集起来统一处理，加以回收利用，少量无回收价值的有毒废渣也应集中起来分别进行处理或深埋于远离水源的指定地点。因有毒的废渣能溶解于地下水，会混入饮水中，所以不能未经处理就深埋。

在不具备独立进行相应处理的条件时，应将“三废”集中收集，交专门的处理机构处理。

1.3　化学文献基础知识

化学文献是有关化学学科科学研究、生产实践等方面的记录和总结。查阅化学文献是科学研究的一个重要组成部分，是每个化学工作者应具备的基本素质。

在学习和研究工作中，化学工作者经常需要了解各种物质的物理和化学性质、制备或提纯方法及原理，或需要了解某个研究课题的历史、现状及其发展动态等，都必须查阅参考文献和相关资料。因此，学会查阅和使用化学文献资料，既是化学实验课程的基本要求之一，也是培养分析问题和解决问题能力的重要手段。

由于化学文献不仅种类、数量多，而且出版速度、出版形式和内容等都十分丰富，这里不可能作详尽说明，只简要地介绍化学文献的基础知识以及一些与基础化学实验有关的工具书、专业参考书、手册、期刊等，并简单介绍网络资源的利用。

1.3.1　化学文献的分类

1.3.1.1　按载体来分

(1) 印刷型　包括铅印、油印、胶印、石印、复印等。其优点是便于阅读；缺点是所占空间大、笨重，收藏管理费力。

(2) 缩微型　有缩微胶卷和缩微胶片两种。其优点是体积小，可以大幅度节省书库面积，便于管理和转移；但必须借助阅读机阅读，不太方便。

(3) 电子文档型　是通过编码和程序设计把化学文献变成数学语言和机器语言，输入计算机，存储在磁带、磁盘或光盘等存储设备上。“阅读”时，再由计算机将其输出。其特点是能大量地存储情报，并能以很快的速度取出所需的情报。

(4) 声像型　即直感资料或视听资料。如唱片、录音带、录像带、光盘、科技电影、幻灯片等，可以闻其声、见其形，给人以直观感觉。直觉资料在帮助化学工作者观察和探索化学物质的结构方面具有独特的作用。

1.3.1.2　按内容的性质来分

(1) 一次文献　又称为直接文献，是指发表原始论文的期刊、学术会议的论文预印本、会议录、会议论文集、科技报告、专利说明书、学位论文、技术标准和科技档案等原始文献。

(2) 二次文献　是由受过情报训练的专业工作者将分散的、无组织的一次文献进行加工整理、编制成系统的文献，如文摘、书目、索引等。这类文献又称为检索工具。

(3) 三次文献　是借助于检索工具，选用一次文献的材料而编写的百科全书、大全、数据手册、专题述评、学科年度总结、进展报告等。

化学工作者会经常发现一次文献所报道的资料并不都是完全可靠的，必须通过自己的实践去伪存真。二次文献只忠实于原始资料（一次文献），是不辨真伪的，但它们是我们检索原始文献的方便工具。三次文献通常是比较可靠的。因为三次文献大多是经过许多专家学者对原始资料进行鉴别、挑选和加工后编著出来的。如果我们能够在三次文献中查到自己所需的数据和资料时，就可以从其参考文献中直接获得原始文献。当然，三次文献是有时间性的，若要了解该文献编著后的资料，就应当通过有关的二次文献再检索相应的一次文献。

1.3.2　化学文献检索简介

到目前为止，20 世纪 90 年代以前的文献均需靠手工检索，而此后的文献大部分可以上网检索，但是有些文献还需手工检索。文献的检索方法因人因所选的研究课题而异，一般都要首先制定出查阅计划，然后采用下列方法检索。

(1) 倒查法　即由近及远的查找方法。

(2) 顺查法　根据研究课题选择检索工具，然后从课题发生的年代逐卷地按顺序查下去，一直查到最近的文献为止。

(3) 追溯法　根据已知文献所附的参考文献向前追溯查找文献的方法。

(4) 综合法　即利用一般工具书刊，又利用已知文献后面所附的参考文献进行追溯，分期分段地交替检索的方法。

通常，为了掌握研究近况，应安排时间浏览和精读一些有关的刊物。如要了解科技动态，主要查阅最新综述和会议录；如要开展技术革新和新产品试制，往往要查阅专利说明书；如要进行定型产品的设计和检验，应侧重于检索技术标准；如要了解各学科的背景资料，宜用图书文献资料作为入门；要进口新式仪器和精密机械设备，应参考产品样本目录和仪器设备广告；核对数据类资料，应查阅化学物理学手册；如要系统查阅各种有关文献，则用文献检索工具——文摘。

1.3.3　图书目录简介

图书馆是收集、整理、保管、传播和利用图书情报资料的地方。通常，绝大多数图书馆的书刊都是按一定的规则，以从左到右、从上到下的次序排列的。各种外文期刊都是按刊名的字母顺序排列，中文期刊按刊名的笔画或汉语拼音字母顺序排列。可供读者使用的期刊目录通常有两种，即现期期刊目录和已装订成册的过刊目录。

各种中外文图书都是按分类系统排架的，可供读者检索的图书卡片目录通常有三种。

(1) 分类目录　按图书知识内容的学科体系组织起来的目录，其职能是从学科知识体系检索图书和揭示出学科之间的内在联系。我国的标准图书分类法是《中国图书馆图书分类法》，简称为《中图法》。

(2) 书名目录　按书名字顺组织起来的目录，其职能是从书名检索特定图书和集中同一种书的不同版本。

(3) 著者目录　按著者名称字顺组织起来的目录，其职能是从著者名称检索特定的图书和集中图书馆所藏该著者的全部著作及有关其著作的评论著作。

这三种目录都提供了相同的目录学知识。读者可根据自己掌握的材料选择其中的一种目录检索，查到后记下该书的索书号，就可以从书库里取到自己所需的图书。如果利用以上目录查不到自己所需的书刊，可利用《全国期刊联合目录》、《全国总书目》、《全国新书目》等检索工具，查到收藏单位后，再予以索取或复制原件。如国内缺藏，还可以通过国际借阅或国际联机检索获得。有的化学工作者还通过资料交换，直接向国外著者索取原始论文。

1.3.4　化学文献与资料

1.3.4.1　辞典

辞典是汇集事物词语、解释词义、概念、用法，并且按一定次序编排，以备检索的一类最基本、最常用的工具书。下面介绍几种最常用的化学化工辞典。

(1)《英汉化学化工词汇》　由科学出版社出版，2003 年第四版中收录了与化学化工有关的英汉对照科技词汇约 17 万条，除词汇正文外还附有常用缩写词、无机和有机化学命名原则等。

(2)《化工辞典》(第 4 版)　王箴主编，化学工业出版社，2000 年出版。这是一本综合性的中国影响力最大的中型化工专业工具书。共收集辞目 16000 余条，包括化学矿物、无机化学品、有机化学品及常见的名词和无机化学、有机化学、物理化学、高分子化学等化学有关基本名词及有关物化性质数据，并附有简要制法和主要用途说明。书前有按笔画为顺序的目录，书后附有汉语拼音检索。

(3)《化学化工大辞典》 2003年1月由化学工业出版社，是中国规模最大的化学化工类综合性专业辞书，也是目前我国收词量最多、专业覆盖面最广、解释较为详细的化学化工专业词典。

(4)《化工百科全书》 化学工业出版社，1997年出版，全书共19卷，索引1卷，全面介绍了化工领域最新的技术和发展趋势。该书学术性强、覆盖面宽、产业气息浓、实用性高，是一本大型的化学工业及其相关工业技术的百科全书。

(5)《英汉双向精细化工词典》 上海交通大学出版社，2009年9月出版。本词典在包含传统、基本精细化工词汇的基础上收录了最新的有代表性的词汇，比较全面地反映国内外精细化工领域的最新发展。本词典收词约40000条。

(6)《化合物词典》 上海辞书出版社，2002年6月出版，该词典包括无机化合物和有机化合物两部分，无机化合物部分收3929条，有机化合物部分收词2652条，为便于查找，书末附词目英汉对照索引。本词典简明扼要、收词面较广、内容较丰富、简明而实用的化合物专业词典。

(7)《化学化工药学大辞典》(Encyclopedia of Chemicalogy & Drugy) 黄天守译，大学图书公司（中国台北）1981年出版。该书精选近万个化合物、医药及化工等常用名词，按名词的英文字母顺序排列。每个名词为一独立单元，其内容包括组成、结构、制法、性质、用途（含药效）及参考文献。

(8)《The Merck Index：an encyclopedia of chemicals，drugs and biologicals》(默克索引) 该书的性质类似于化工辞典，但较详细，第1版于1889年出版，以后大约每十年做一次修改，2001年出至第13版。原为Merck公司的药品目录，现已成为一本化学药品、药物和生理活性物质的百科全书，介绍简要的制备方法、化合物的一般性质、俗名、习惯名和化学名称、结构、毒性、药理作用。全书收集化学药品10000多个，书末附有有机人名反应、各种表格、美国化学文摘社化合物登记号，分子式索引、名称交叉索引等。这是化学工作者经常要查阅的一本药物辞典。

1.3.4.2 手册

手册是按照某一学科或某一主题汇集需要经常参考的资料，供读者随时翻检的工具书。作为一位化学工作者，手册可称之为他们的知识仓库，是必不可少的工具书。各国出版的关于化学的手册品种繁多，下面主要介绍一些重要的手册。

(1)《新药化学全合成路线手册》 由科学出版社出版于2008年7月。这本手册主要介绍了美国食品与药品管理局（FDA）于1999～2007年批准上市的170余个新分子实体药物的化学合成方法。并对每个药物给出其英文名、中文名、化学结构、化学式、相对分子质量、化学元素分析、药物类别、美国化学会CAS登记号、申报厂商、批准日期、适应证、药物基本信息等。其中，“药物基本信息”部分介绍了对应药物的作用机制、结构信息、合成路线等。这些合成路线大多是目前制药工业中正在使用的生产工艺，有较高的实用性与学术价值。全书共包含了数千个有机合成反应，数百种药物中间体的合成制造方法和数个非常有参考价值的附录。

(2)《兰氏化学手册》(Lange's Handbook of Chemistry) ［美］J. A. 迪安、N. A. 兰格(Lange) 著，于2003年5月由科学出版社出版第二版译本。这是一部资料齐全、数据翔实、使用方便、供化学及相关学科工作者使用的单卷式化学数据手册，在国际上享有盛誉。自问世以来，一直受到各国化学工作者的重视和欢迎。全书共分11部分，内容包括有机化合物，通用数据，换算表和数学，无机化合物，原子、自由基和键的性质，物理性质，热力学性质，光谱学，电解质、电动势和化学平衡，物理化学关系，聚合物、橡胶、脂肪、油和蜡及实用实验室资料等。书中所列数据和命名原则均取自国际纯粹化学与应用化学联合会最新数据和规定。化合物中文名称按中国化学会1980年命名原则命名。该手册是从事化学方面工作的必备工具书。

(3)《Gmelin无机化学手册》(Gmelin Handbook of Inorganic Chemistry) 是世界上最有威望和最完整的一套无机化合物手册，原名为《理论化学手册》，后来增加了一些内容，又称《Gmelin Handbook of Inorganic and Organometallic Chemistry》，1922年开始出第八版。这套书是西文图书这个家族中的一个大的阵营，该书对各元素及其无机化合物都加以讨论，包括历史、存在、性质、实验室及工业制法，与无机化学相关的许多领域也都包括在内，并引用大量参考文献。1998年，该手册停止出版，全部改为了电子版和网络化检索。

(4)《Beilstein有机化学手册》(Beilstein's Handbuch Organischen Chemie) 是在德国化学会的支持下编著的，是当前国际上最系统、最全面、最权威的有机化合物巨型手册。该手册包括正编和补编共计566册。收集了各种有机化合物的来源、结构、制备、物理和化学性质、化学反应、化学分析、用途及其衍生物等内容。各种有机物是按结构分类编排的。该手册是从事有机化学、化工、制药、农药、染料、香料等教学和科研必不可少的工具书。在1999年时，该手册停止出版，全部改为了电子版和网络化检索。

(5)《分析化学手册》(第2版) 由化学工业出版社出版，包含以下10个分册：基础知识与安全知识、化学分析、光谱分析、电分析化学、气相色谱分析、液相色谱分析、核磁共振波谱分析、热分析、质谱分析和化学计量学。手册涉及的内容包括方法的基本原理、应用技术与重要的应用资料、相关定义、术语及符号等。此外，手册还介绍了因特网上的分析化学资源及获取方法。该书为从事分析化学相关工作的技术人员提供了大量丰富翔实的资料，是一部实用性很强的手册。

(6)《CRC化学与物理学手册》(CRC Handbook of Chemistry and Physics) 是由美国化学橡胶公司（Chemical Rubber Co.）出版的一部著名的化学与物理学科的实用手册，初版于1913年，以后每年增新改版。它涵盖的内容包括：物理和化学的基本常数，单位和转化因子；符号，术语和命名法；有机化合物的物理常数；无机化合物和元素的性质；热化学、电化学和动力学；流动性；生物化学；分析化学；分子的结构和色谱；原子、分子和光物理学；固体的性质；聚合体的性质；地球物理学、天文学和声学；应用试验参数；健康和安全资料等。书末附有主题索引。

(7)《溶剂手册》(第4版) 化学工业出版社于2008年3月出版。该版在第三版的基础上新增补溶剂236种。全书分总论与各论两大部分，总论共五章，概要地介绍了溶剂的概念、分类、各种性质、安全使用以及溶剂的综合利用；各论分十二章，按官能团分类介绍，包括烃类、卤代烃、醇类、酚类、醚和缩醛类、酮类、酸和酸酐类、酯类、含氮化合物、含硫化合物、多官能团以及无机溶剂。该手册重点介绍每种溶剂的理化性质、溶剂的性能、精制方法、用途和安全使用注意事项等，并附有可供参考的数据来源的文献资料、索引及部分国家标准。该手册内容丰富，具有较高的实用性。

(8)《Landolt-börnstein物理化学数据集》 简称LB，由世界著名的科技出版社——德国施普林格出版社（Springer-Verlag）出版，1961年新版，迄今已出版300多卷，并在不断扩充新内容。LB工具书涉及的学科包括物理学、物理化学、地球物理学、天文学、材料技术与工程、生物物理学等，内容涉及相关科学与技术的数值数据和函数关系、常用单位以及基本常数等。除此之外，LB工具书还有一项重要内容——通用工具与索引，其中包括：综合索引、有机化合物索引、物质索引、物理学和化学中的单位和基本常数。LB已经成为一套以基础科学为主，系列出版的大型数值与事实型工具书，全世界千余名知名专家和学者常年为这套工具书提供系统而全面的原始研究资料。

(9)《化学数据速查手册》 李梦龙编，化学工业出版社于2004年出版。这是一本综合性的化学数据手册，整理并吸取了现有化学数据手册之精华，广泛收集了包括国际单位制(SI)及基本常数、化学元素的性质、化合物的性质、化学实验常用数据、化学危险品安全数据等与日常工作和实验、教学密切相关的常用数据和必备知识。除文字说明部分，基本采用了中英文对照形式，以满足各种使用者的要求。本手册以使用方便为宗旨，表格设计科学紧凑，数据容量较同类型手册大且查找方便。附赠光盘包含本书全部内容，搜索软件采用全模糊检索技术，方便快捷，光盘中还带有化学软件、反应机理、装置图示、虚拟化学、化学常识和化学资源等内容。该手册是化学化工科技工作者必备的数据手册。

(10)《化验员实用手册》(第2版) 化学工业出版社于2006年出版。它是一本综合性的实用手册，全书共26章，除了有大量、必需、常用的数据及各种分析方法外，还简要地介绍了化验员必需的基础知识及一些常用器皿、试剂、仪器等有关规格、型号、生产厂家、管理与使用注意事项等内容。

1.3.4.3 实验技术和实验安全参考书

(1)《化学实验基础》 孙尔康等编，南京大学出版社1991年出版。这是一本关于综合性实验基础知识的教材，系统介绍了化学实验的基本知识、基本操作和基本技术；常用仪器、仪表和大型仪器的原理、操作及注意事项；计算机技术、误差和数据处理、文献查阅等。

(2)《化学实验规范》 北京师范大学《化学实验规范》编写组编，北京师范大学出版社1987年出版。该书介绍了高等学校各门化学基础实验课的教学目的和要求，以及各项实验技术的操作规范。

(3)《化学分析基本操作规范》《化学分析基本操作规范》编写组编，高等教育出版社1984年出版。该书是在总结全国各高校分析化学实验教学经验后，编写的定性和定量分析规范操作。

(4)《定量分析化学实验教程》 柴华丽、马林等编著，高等教育出版社1993年出版。该书介绍了分析化学实验的基本操作及经典的分析方法，有一定的权威性。

(5)《物理化学实验》(第3版) 复旦大学等编，高等教育出版社2004年出版。该书较系统地介绍了物理化学基本的实验方法和实验技术。在材料选取上，既包括实验内容所涉及的仪器原理和实验技术，又注意综合物理化学领域实验方法的新进展。该书不仅是一本物理化学实验的教材，也是实验室工作的有价值的参考书。

(6)《重要无机化学反应》(第2版) 陈寿椿编，上海科学技术出版社1982年出版。

(7)《化学危险物品手册》《防火检查手册》编委会编，上海科学技术出版社1983年出版。该书将2000种化学危险品分为11大类，并列出它们的名称、分子式、分子量、理化常数、危险特性、储运注意事项、来源及用途。

(8)《急性中毒》 青岛医学院编，人民卫生出版社1976年出版。该书介绍了金属及各种无机、有机、高分子物质的中毒、毒理、临床表现、预防及治疗等。

(9)《化学危险品安全保管》 余孟杰编译，化学工业出版社1983年出版。该书介绍了

552 种化学危险品的特性、保管措施、消防和急救等。

1.3.4.4 **化学期刊**

期刊是一种报道新理论、新技术、新方法等科学研究成果的定期出版物，刊载原始文献数量多，内容翔实新颖，是公开报道原始文献的主要方式。国内外出版的与化学相关的期刊数目众多，仅《科学引文索引（SCI）》中所收录的与化学有关的期刊就有 1000 多种，在《化学引文索引（CCI）》中收录化学领域的出版物有 1140 多种，在《化学文摘（CA）》中摘录的科技期刊有 14000 余种，其中大多数以英文发表。这些入选的期刊都是化学领域的核心刊物，这里仅介绍部分与化学相关的重要的中外文期刊。

（1）中文主要期刊

①《中国科学》月刊，期刊的英文名称是 *Scientia Sinica*，1951 年创刊（1951～1966，1973～）。原为英文版本，自 1973 年开始分成中、英文两种版本，英文版名为 *Science in China*。主要刊登我国自然科学领域中有水平的研究成果。最初分为 A、B 两辑。B 辑包括化学、生命科学等方面的学术论文。从 1996 年起进行调整，B 辑专门报道化学方面的学术论文。

②《科学通报》半月刊，1950 年创刊，是自然科学综合性刊物，分中文和英文两种版本。

③《化学学报》月刊，1933 年创刊。原名中国化学会会志，主要刊登化学方面的学术论文。

④《高等学校化学学报》月刊，1980 年创刊。是化学学科综合性学术刊物，主要报道我国高等学校的创造性科研成果和化学学科的最新研究成果。

⑤《化学通报》月刊，1952 年创刊（1952～1966，1973～），以知识介绍、专论、教学经验交流等为主，也刊登研究报道。

⑥《Chinese Chemical Letter》（中国化学通讯）月刊，1990 年创刊。刊登化学学科各领域重要研究成果的快报。

⑦《Chinese Journal of Chemistry》（中国化学）1983 年创刊，中国化学会、中国科学院上海有机化学研究所主办，向国内外公开发行的英文版化学刊物。该杂志刊载的论文涉及物理化学、无机化学、有机化学和分析化学等各学科领域基础研究和应用基础研究的原始性研究成果。

⑧《应用化学》1983 年创刊，双月刊。该期刊主要刊载我国化学学科，包括有机化学、无机化学、高分子化学、物理化学、分析化学，材料科学、信息科学、能源科学、生命科学等学科在应用基础研究方面具有一定创新的成果报告。

⑨《无机化学学报》1985 年创刊，月刊。该期刊主要刊载无机化学及其边缘交叉学科领域，如配位化学、物理无机化学、有机金属化学、生物无机化学及配位催化等方面的研究论文、评述简报等。

⑩《有机化学》1975 年创刊，双月刊。该刊主要登载有机化学领域基础研究和应用基础研究的原始性研究成果，反映有机化学界的最新科研成果、研究动态以及发展趋势。登载有机化学方面的重要研究成果。

⑪《物理化学学报》月刊，1985 年创刊，该期刊主要刊载化学学科物理化学领域具有原创性实验和基础理论研究成果，是中国物理化学领域的窗口和交流平台。

⑫《分析化学》月刊，1972 年创刊，主要报道我国分析化学创新性的研究成果，反映国内外分析化学学科的前沿和进展，它包括科研成果、研究报告、研究简报、仪器装置及实

验技术、综述和学科动向等。

⑬《催化学报》 由中国化学、中国科学院大连化学物理所于 1980 年创刊，季刊。该期刊主要刊载多相催化、均相络合催化、表面化学、催化动力学、生物催化及其边缘学科具有创造性和代表性的研究论文、研究报告以及综述评论等。

（2）国外主要期刊

①《Nature》 英国于 1869 年创刊的综合性学科期刊（周刊）。该期刊发表的都是业界内最高质量的科学论文，报道和评论全球科技领域里最重要的突破。

②《Science》 美国于 1880 年创刊的自然科学综合类学术期刊（周刊）。该期刊记载有关科学和科学政策的最重要的新闻报道以及全球科学研究最显著突破的精选论文。

③《Journal of the American Chemical Society》（美国化学会志） 1879 年创刊，周刊，由美国化学会主办，缩写为 *J. Am. Chem. Soc.*（*JACS*）。该期刊收录了全世界化学领域包括无机化学、有机化学、物理化学、生物化学、高分子化学等领域高水平的研究论文和简报，其中包括对一些重要问题的应用性方法论、新的合成方法、新奇的理论发展和有关重要结构和反应的新进展，是世界上最有影响的综合性化学期刊之一。

④《Chemical Reviews》 美国化学会于 1924 年创刊的同行评议的科学杂志。该期刊刊载内容涉及有机化学、无机化学、物理化学、分析化学、理论化学及生物化学等各个化学领域，发表的多是某一领域内的综合性的批判性的评论。

⑤《Journal of the Chemical Society》（英国化学会志） 1849 年创刊，双周刊，由英国皇家化学会主办，缩写为 *J. Chem. Soc.*，为综合性化学期刊。1966 年以后分成 A、B、C 三部分发表。1972 年起分成 6 辑出版。

Chemical Communication：缩写为 *Chem. Commun.*，综合报道化学学科各分支领域的研究快报。

Perkin Transaction Ⅰ：刊载有机化学和生物化学方面的内容。

Perkin Transaction Ⅱ：刊载物理有机化学方面的内容。

Dalton Transaction：刊登无机化学、物理化学和理论化学方面的文章。

Faraday Transaction Ⅰ：刊载物理化学方面的内容。

Faraday Transaction Ⅱ：刊载物理化学方面的内容。

⑥《Chemistry，A European Journal》（欧洲杂志化学） 缩写为 *Chem. Eur. J.*，1995 年创刊，综合报道化学方面的研究论文。

⑦《Angewandte Chemie，International Edition》（应用化学国际版） 1888 年创刊（德文），由德国化学会主办，缩写为 *Angew. Chem.*。从 1962 年起出版英文国际版。主要刊载覆盖整个化学学科研究领域的高水平研究论文和综述文章，是目前化学学科期刊中影响因子最高的期刊之一。

⑧《Inorganic Chemistry》（无机化学） 由美国化学学会于 1962 年创刊（双月刊），该期刊主要刊载无机化学各方面的试验与理论研究，包含无机化合物的合成、性质、定量结构研究、反应热力学及动力学以及无机领域的最近进展。

⑨《Inorganica Chimica Acta》（无机化学学报） 由 Elsevier 出版社于 1967 年创刊（月刊，现为每年 32 期）。该期刊刊载内容涉及合成、无机金属化合物、催化反应、电子催化反应、反应机理、分子模型等。

⑩《Dalton Transactions》（道尔顿汇刊） 由英国化学会于 1971 年创刊（半月刊）。该期刊主要刊载固态无机化学、生物无机化学、物理化学等领域新的发现以及无机化合物的结

构、反应及应用等。

⑪《Tetrahedron》(四面体) 英国于1957年创刊(月刊),1968年改为半月刊。该刊主要刊载重要的和及时的实验及理论研究结果,包含领域为有机合成、有机反应、天然产物化学、机理研究、生物有机化学以及各种光谱研究。

⑫《The Journal of Organic Chemistry》(有机化学杂志) 美国化学会出版社1936年创刊,月刊,1971年改为双周刊。该刊刊载有关有机化学领域的所有的最先进研究结果,包括有机化学的理论与实验。

⑬《Organometallics》(有机金属化合物) 美国化学会于1981年创刊的一本有关金属有机的期刊。该刊收录的是有机金属、无机、有机和材料化学等最活跃领域包括有机和高分子合成、催化过程及材料化学的合成方面的文章。

⑭《Analytical Chemistry》(分析化学) 美国化学会于1929年创办的化学领域一流的计量科学杂志。该期刊主要刊载分析化学理论与应用方面的文章,涉及化学分析、物理与机械试验以及新仪表、新设备、新化学品等报道,侧重对现代环境、药物技术和材料等实际问题。

⑮《Analyst》(分析家) 由英国化学会于1876年创刊,月刊。该杂志刊载分析化学领域的理论与实践方面的原始研究论文以及技术运用的评论,涉及原子吸附及有关色谱技术、色谱法与电化学方法等。

⑯《Physical Chemistry》(物理化学) 由美国化学会于1896年创刊的一流物化杂志,双周刊。该期刊主要刊载世界一流的物理化学方面原始研究论文,内容涉及光谱学、热力学、反应动力学以及实验及理论物理化学等。

⑰《Physical Review Letters》(化学物理快报) 由美国物理学会于1933年创刊,周刊。该期刊主要刊载物理、化学交叉及其边缘学科方面研究的最新、最权威的报告,内容涉及分子的相互作用、分子动力学、量子化学等20余个主题类目。

⑱《Theoretica Chimica Acta》(理论化学学报) 由美国纽约Springer出版社于1962年创刊。该杂志主要刊载理论化学、化学物理、量子化学、气相动力学、凝聚相动力学和统计力学方面的研究论文、评论、综述等。

1.3.5 化学文摘

世界上每年在各种期刊和学术会议上发表的化学、化工论文达几十万篇,面对如此浩瀚而分散的文章,必须收集、整理、摘录并给予科学分类,才可便于查阅。化学文摘就是处理这方面工作的杂志。美国、德国、俄罗斯、日本都出版有关化学文摘方面的刊物,其中以美国的《化学文摘》最为著名和最为重要。国内也有出版多种有关化学方面的文摘。下面就几种重要的文摘予以简单介绍。

(1) 美国《化学文摘》(Chemical Abstracts) 简称CA,是由美国化学会化学文摘服务社(Chemical Abstracts Service of the American Chemical Society,简称CAS)编辑出版的大型文献检索工具。CA从1907年开始出版,1962年起每年出版两卷,每卷26期。CA以摘要的形式报道的内容几乎涉及了化学家感兴趣的所有领域,其中除包括无机化学、有机化学、分析化学、物理化学、高分子化学外,还包括冶金学、地球化学、药物学、毒物学、环境化学、生物学以及物理学诸多学科领域的,在全球发表的各种研究论文、专利文献、出版书籍等。CA中,每条文摘以简练的文字将不同语种撰写的论文、专利、通讯、综述等浓缩成英文摘要,使读者能在较少的时间内了解原始文献的概要,以决定是否进一步调阅原始文献。CA索引相当齐全,有主题索引、作者索引、化合物索引、分子式索引、作者索引、专利索引等十余种。

CA收录的文献资料范围广，报道速度快，索引系统完善，是检索化学文献信息最有效的工具。随着信息技术的发展，CA的全部编辑工作均使用计算机，文献处理流程科学化，通过长期的积累，已形成了一套严格的文献加工体系，从主题标引、文摘编写、化学物质的命名和结构处理都有严格的规范。因此，该文摘已成为当今世界上最有影响的检索体系，是获取化学信息必不可少的工具。

(2)《中国化工文摘》 1983年试刊，1984年正式出版，双月刊。由化学工业部科学技术情报研究所编辑，报道国内外公开或内部发行的期刊和学报的文章摘要。附有主题和作者索引。

(3)《中国无机分析化学文摘》 创刊于1984年，季刊。由刊名编辑部编辑，冶金工业出版社出版。每期有元素、化合物、阴离子测定索引，收录国内公开发行的期刊160多种，以及会议论文集、标准、科技新书等。以文摘、简介及题录形式编排。

(4)《分析化学文摘》 1960年创刊，月刊，由中国科学技术情报所重庆分所编辑，科学技术文献出版社重庆分社出版。摘录国内40多种刊物，其类目在不断扩大，共分七栏：一般问题、无机化学、有机化学、药物化学、食品、农业、环境化学。有年度和半年度索引。

(5)《分析仪器文摘》 1963年创刊，季刊～双月刊，北京分析仪器研究所编辑，科学技术文献出版社出版。收录国内外最新期刊、论文集、会议录、研究报告、图书、技术标准及专利等。

(6)《日用化学文摘》 创刊于1980年，双月刊，科学技术文献出版社出版。

1.3.6　网络上的化学信息资源

网络上有关化学信息资源浩如烟海，非常分散，要检索到有用的信息犹如大海捞针，或许要花费许多时间而所获甚少。然而，网络的发展也为查询化学信息和资料打开了方便之门。我们可以通过综合性化学资源网站、专业性的网站和搜索引擎网站，很方便地查阅到所需的文献资料和有关信息。下面介绍一些常用的重要的化学信息网址资料。

(1) 中国化学会　http://www.ccs.ac.cn
(2) 美国化学会　http://www.cas.org
(3) 美国化学信息网　http://chemistry.org
(4) 德国化学会　http://www.gdch.de
(5) 英国皇家化学会　http://www.rcs.org/chemsoc
(6) 国际网上化学学报　http://www.chemistrymag.org
(7) 中国国家图书馆　http://www.nlc.gov.cn
(8) 中国科学院国家科学图书馆　http://www.las.ac.cn
(9) 化学品安全最新信息数据库　http://www.chemweb.com
(10) 美国国家标准技术研究院　http://www.webbook.nist.gov/chemistry
(11) MSDS数据库　http://www.ilpi.com/msds
(12) 中国学术期刊网　CNKI　http://www.cnki.net
(13) 万方数据库　http://wanfangdata.com.cn
(14) 维普全文期刊数据库　http://www.cqvip.com
(15) Springer Link电子期刊全文数据库　http://www.springerlink.com
(16) Elsevier电子期刊全文数据库　http://www.sciencedirect.com

(17) ISI 的《科学引文索引》 http://www.isiknowledge.com
(18) Wiley InterScience 数据库 http://www.Interscience.wiley.com
(19) 化学信息网 http://www.chemicalbook.com
(20) 中国科技网 http://www.cnc.ac.cn
(21) 中国科学院科学数据库 http://www.sdb.ac.cn
(22) 中国数字图书馆 http://www.d-library.com.cn
(23) 中国化学课程网 http://chem.cersp.com
(24) 中国专利信息网 http://www.patent.com.cn
(25) 百度搜索引擎 http://www.baidu.com
(26) Google 搜索引擎 http://www.google.com
(27) 搜狐搜索引擎 http://www.sohu.com.cn
(28) 雅虎搜索引擎 http://www.yahoo.com.cn

第 2 章　化学实验基本知识

2.1　常用玻璃仪器

2.1.1　常用玻璃仪器及器皿

玻璃具有良好的化学稳定性，因此，在化学实验中大量使用玻璃器皿。玻璃可分为硬质和软质玻璃。软质玻璃的耐热性、硬度、耐腐蚀性较差，但透明度好，一般用于制造非加热仪器，如试剂瓶、漏斗、量筒、吸管等。硬质玻璃的耐热性、耐腐蚀性、耐冲击性都较好，常见的烧杯、烧瓶、试管、蒸馏瓶和冷凝管等都是用硬质玻璃加工制造的。

各类玻璃仪器有不同的用途，根据形状（如烧瓶有平底、圆底、梨形、茄形等）、容积（有 25、50、100、250、500mL 等）、直径（如漏斗和表面皿有 3、5、7cm 等）的规格大小，使用时应视具体情况合理选择。

玻璃仪器在使用时应注意下列几点：①轻拿轻放；②加热玻璃仪器时要垫石棉网（试管加热有时可例外）；③抽滤瓶等厚壁玻璃器皿不耐高温，不能用来加热。锥形瓶不能做减压用，烧杯等广口容器不能贮放挥发性溶液，量筒等计量容器不能用高温烘烤；④使用玻璃仪器后要及时清洗、干燥（不急用的，一般以自然晾干为宜）；⑤具有旋塞的玻璃器皿在清洗前要先擦除旋塞与磨口处的润滑剂，清洗后应在旋塞与磨口之间垫放纸条，以防黏结，各器皿的旋塞与磨口均应一一对应，不能乱套，否则将造成滴漏；⑥不能用温度计作搅拌棒，温度计用后应缓慢冷却，以防温度计液柱断线，也不能用冷水冲洗温度计，以免炸裂。

常用的玻璃仪器（图 2-1）介绍如下。

（1）试管　试管有普通试管和离心试管之分。试管通常可以用作常温或加热条件下少量试剂的反应容器，也可以用来收集少量气体；离心试管还可以用于沉淀分离。使用时应注意以下几点：

① 反应液体不超过试管容积的一半，需加热时则不超过 1/3，以免振荡时液体溅出或受热溢出；②加热液体时，管口不能对人，以防液体溅出伤人；③加热前应擦干试管外壁，加热时要用试管夹；④加热固体时，管口应略向下倾斜，以免管口冷凝水流回灼热管底而使试管破裂；⑤离心试管不能直接加热。

（2）烧杯　烧杯有一般型和高型、有刻度和无刻度等几种。烧杯多用于在常温或加热条件下作大量物质反应容器，也用于配制溶液。使用时反应液体体积不得超过烧杯容量的 2/3，以免搅动时或沸腾时液体溢出。在加热前烧杯底要垫上石棉网，防止玻璃受热不均匀而破裂。

（3）烧瓶　有平底、圆底、长颈、短颈、单口和多口几种。圆底烧瓶通常用于有机化学反应，平底烧瓶通常用于配制溶液或用作洗瓶，也能代替圆底烧瓶用于化学反应。与烧杯相同，反应物料体积不能超过烧瓶体积的 2/3，加热前要将它固定在铁架台上，并垫上石棉网后才能加热。

（4）锥形瓶　有具塞（磨口）和无塞等多种，可用作反应容器、接收容器、滴定容器（便于振荡）和液体干燥容器等。加热时应放置在石棉网上或用热浴，内盛液体不能太多，以防振荡时溅出。

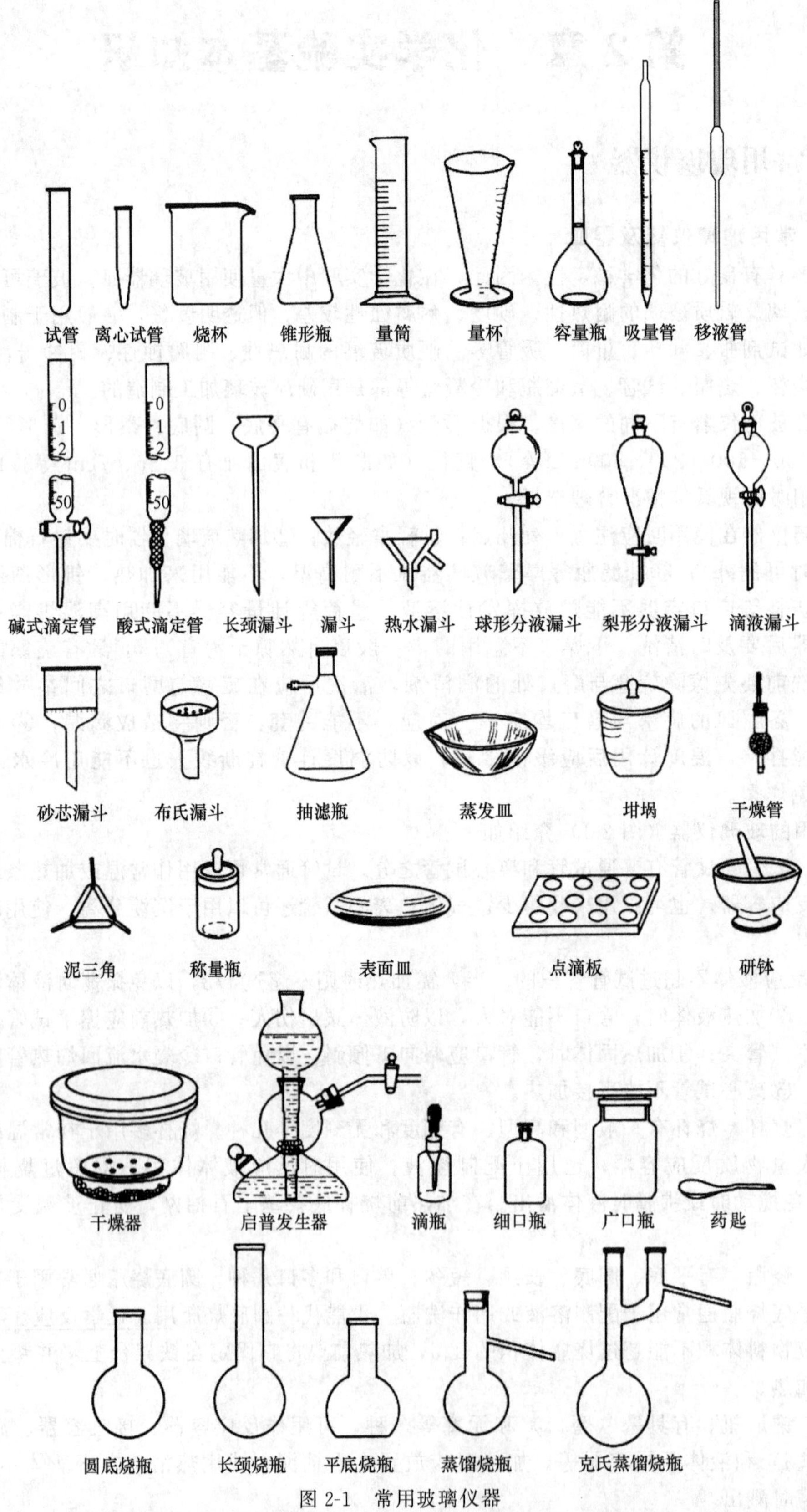
试管
离心试管
烧杯
锥形瓶
量筒
量杯
容量瓶
吸量管
移液管
碱式滴定管
酸式滴定管
长颈漏斗
漏斗
热水漏斗
球形分液漏斗
梨形分液漏斗
滴液漏斗
砂芯漏斗
布氏漏斗
抽滤瓶
蒸发皿
坩埚
干燥管
泥三角
称量瓶
表面皿
点滴板
研钵
干燥器
启普发生器
滴瓶
细口瓶
广口瓶
药匙
圆底烧瓶
长颈烧瓶
平底烧瓶
蒸馏烧瓶
克氏蒸馏烧瓶

图 2-1　常用玻璃仪器

（5）容量瓶　用于配制一定体积准确浓度的溶液，不能加热，不能代替试剂瓶用来存储溶液，以保证容量瓶容积的准确度。配制溶液时，溶质应先在烧杯内溶解后，再移入容量瓶。

（6）量筒　用于较粗略地量取一定体积的液体。不能量取热液体，也不能加热，更不能用作反应容器。

（7）滴定管　玻璃质，分碱式和酸式两种。用于滴定分析或量取较准确体积的液体。酸式滴定管还可用作柱色谱分析中的色谱柱。使用时注意酸、碱式滴定管不能调换使用，以免碱液腐蚀酸式滴定管中的磨口旋塞，造成旋塞粘连损坏。不能加热或量取热的液体。

（8）移液管　通常为玻璃质，又叫吸量管，分刻度管型和单刻度胖肚型两类，还有自动移液管。用于精确移取一定体积的液体。

（9）漏斗　漏斗分短颈与长颈两种。用于过滤等操作，其中长径漏斗适用于定量分析中的过滤操作，过滤时漏斗颈尖端应紧靠承接滤液的容器壁。短径漏斗可用作热过滤。

（10）分液漏斗、滴液漏斗　有球形、梨形、筒形之分。用于加液或互不相溶溶液的分离。上口和下端旋塞处均为磨口，漏斗塞子不能互换。用时旋塞可加凡士林，不用时磨口处应垫纸片。

（11）热滤漏斗　多为铜质，热过滤时使用，可保持玻璃漏斗有较高的温度，防止过滤时发生晶体析出。玻璃漏斗外露的颈部要短，切勿未加水就加热。

（12）布氏漏斗、吸滤瓶　布氏漏斗为瓷质的。吸滤瓶又称抽滤瓶，和布氏漏斗配套用于晶体或沉淀的减压过滤，利用水泵或真空泵降低抽滤瓶中的压力以便加速过滤。不能直接加热。

（13）研钵　有瓷质、玻璃、玛瑙、石头或铁制品等多种，通常用于研磨固体或固-固、固-液的混合物。根据研磨物体的性质和硬度，可选用不同质地的研钵。使用时应注意：①放入物体的量不宜超过容积的 1/3，以免研磨时把物体甩出；②只能研，不能“舂”或“敲击”，以防击碎研钵或研杆，避免固体飞溅；③易爆物只能轻轻压碎，不能研磨，以防爆炸。

（14）坩埚　坩埚可用瓷质、石英、石墨、氧化铝、铁、镍、银或铂等材料制成。用于灼烧固体，随固体性质不同可选用不同材质的坩埚。使用时放在泥三角上或马弗炉中灼烧至高温。加热后应用坩埚钳取下（出），以防烫伤。热坩埚取下（出）后应放在石棉网上，防止骤冷破裂或烫坏桌面。

（15）泥三角　用铁丝弯成，套有瓷管。有大小之分。灼烧坩埚时，盛放坩埚用。

（16）蒸发皿　可用瓷质、玻璃、石英、铂等制成，有平底和圆底之分。用于蒸发、浓缩液体。一般放在石棉网上加热。注意防止骤冷骤热，以免破裂。

（17）表面皿　通常为玻璃质，多用于盖在烧杯上，防止杯内液体溅出。不能直接加热。

（18）点滴板　瓷质或透明玻璃。用于点滴反应。不能加热。

（19）广口瓶和细口瓶　有无色和棕色（防光）、磨口（具塞）和光口（不具塞）之分。磨口广口瓶用于储存固体药品，光口瓶通常用作集气瓶使用，细口瓶用于盛放液体药品或溶液。两者均不能直接加热，磨口瓶要与塞子配套，且不能存放碱性物，不用时还应用纸条垫在瓶口处再盖上盖子。

（20）滴瓶　有无色和棕色（防光）两种。滴瓶上乳胶滴头需另配，用于盛放少量液体试剂或溶液。滴管为专用，不得弄脏弄乱，以防玷污试剂。滴管吸液后不能倒置，以免试剂被乳胶头玷污。

（21）称量瓶　有高型和扁型两种，用于准确称取一定量的固体药品。不能直接加热。

瓶盖要与瓶子配套，不能混用。

(22) 启普发生器　用作气体发生器，适用于块状或大颗粒固体与液体试剂反应产生气体。不能加热。

(23) 干燥器　分普通干燥器和真空干燥器。内放干燥剂，可保持样品或产物的干燥。不能放入过热的物体。

(24) 干燥管　玻璃质，装上干燥剂用于干燥气体。使用时干燥剂两端应填上棉花或玻璃纤维。干燥剂受潮后应及时更换并清洗干燥管。完成实验时装于冷凝管上部，防止湿的空气进入反应器，通常用于无水制备实验。

(25) 坩埚钳　铁或铜制，用于夹持坩埚。

(26) 试管夹　有木制、竹制、钢制等，形状各不相同，用于夹持试管，以免造成烫伤。

(27) 试管架　一般为木质或铝质，有不同形状与大小，用于放试管。加热后的试管应用试管夹夹住悬放在试管架上，不要直接放入试管架，以免因骤冷炸裂。

(28) 漏斗架　常为木制的，过滤时固定漏斗用。

(29) 三脚架　铁制，用于放置较大或较重的加热容器。放置容器（除水浴锅）时应先放石棉网，使受热均匀，并可避免铁器与玻璃容器碰撞。

(30) 石棉网　由铁丝网上涂上石棉制成，它可使容器受热均匀。不可卷折，以防石棉脱落。不能与水接触，以免石棉脱落或铁丝锈蚀。

(31) 水浴锅　由铜或铝制成。用于间接加热或粗略控温实验。使用时应注意防止水烧干，以免烧坏。用完应把水倒净，并将锅擦干，防止锈蚀。有时也可用烧杯替代。

(32) 燃烧匙　铜质，用于检验某些固态物质的可燃性。用完应立即洗净并干燥，以防腐蚀。

(33) 药匙　由牛角、塑料、不锈钢或瓷制成，用于取用固体试剂。有些在两端分别为大、小勺，根据取用药量选用大勺或小勺。用后应立即洗净、干燥。

(34) 毛刷　分试管刷、烧瓶刷、滴定管刷等多种，用于洗刷仪器。使用时注意用力均匀适度，以免捅破仪器。掉毛（尤其是竖毛）的刷子不能用。

2.1.2　有机化学实验常用玻璃仪器

2.1.2.1　常用标准磨口玻璃仪器

有机化学实验使用的玻璃仪器可分为普通玻璃仪器和磨口玻璃仪器。

标准磨口仪器是具有标准内磨口和外磨口的玻璃仪器。由于仪器口径的标准化、系统化、磨口密合，相同编号的磨口仪器，它们的口径是统一的、连接是紧密的，均可任意连接，使用时可以互换，用少量的仪器就可以组装成多种不同的实验装置。不同类型、规格的磨口仪器无法直接组装，但可以使用转接头连接。使用标准磨口仪器，既可免去配塞子的麻烦，又能避免反应物或产物被塞子所玷污。磨口塞子的磨砂性能良好，可使密合性达到较高的真空度。使用标准磨口仪器时，要根据实验的需要选择合适的容量和合适的口径。应该注意，仪器使用前首先将内外口擦洗干净，再涂少许凡士林或真空油脂，然后口与口相转动，使口与口之间形成一层薄薄的油层，再固定好，以提高严密性和防粘连。常用的标准磨口玻璃仪器编号及口径见表 2-1。

表 2-1　标准磨口玻璃仪器的编号及口径

编　号	10	12	14	19	24	29	30
口径(大端)/mm	10.0	12.5	14.5	18.5	24	29.2	34.5

目前，常用成套磨口玻璃仪器适用范围较广，可根据实际需要组装成几十种装置，为有机和无机制备、分离等实验提供基本的玻璃仪器装置，能满足大多数常规化学实验的需求。例如，C27 型常量有机制备仪（见图 2-2），全套共有 20 个品种，总数为 27 件，由直形冷凝管、球形冷凝管、标准口圆底烧瓶、分馏柱、克氏蒸馏头、恒压分液漏斗等组成。

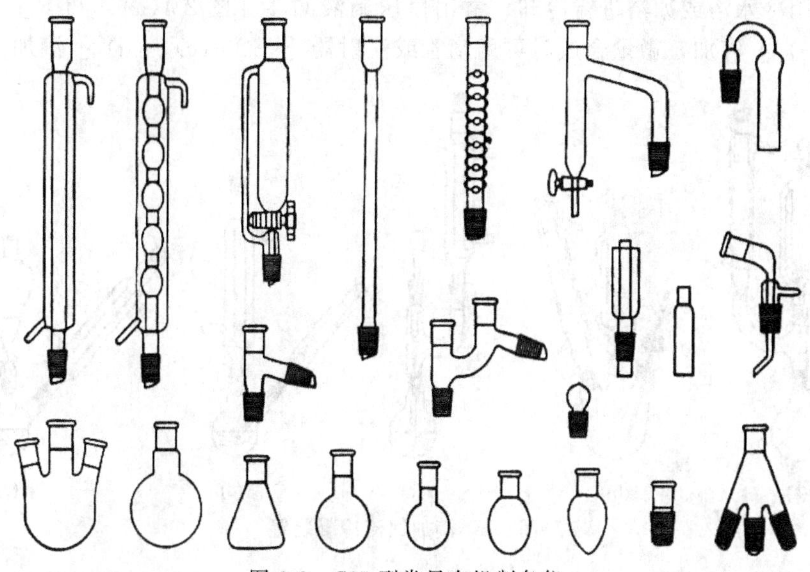

图 2-2　C27 型常量有机制备仪

2.1.2.2　**有机实验常用的反应装置**

（1）回流冷凝装置　在室温下，有些反应速率很小或难以进行。为了使反应尽快进行，常常需要使反应物较长时间保持沸腾。在这种情况下，就需要使用回流冷凝装置，使蒸气不断地在冷凝管内冷凝而返回反应器中，以防止反应器中的物质逃逸损失。图 2-3(a) 是最简单的回流冷凝装置。将反应物放在圆底烧瓶中，在适当的热源上或热浴中加热。冷凝管夹套中自下至上通入并充满冷却水，水流速度不必很快，能保持蒸气充分冷凝即可。回流速率控制在蒸气上升高度不超过冷凝管的 1/3 为宜。

如果反应物怕受潮，可在冷凝管上端口接一带氯化钙的干燥管，以防止空气中的水分进入反应体系［图 2-3(b)］。如果反应过程中有有害气体放出（如卤化氢、硫化氢等），则需加接气体吸收装置［图 2-3(c)］；若反应会产生易挥发的可燃气体时，还需在气体吸收装置上连接

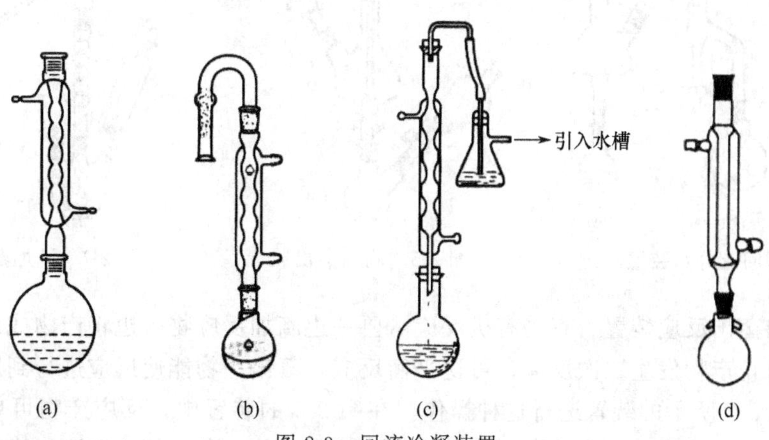

图 2-3　回流冷凝装置

一导管［图 2-3(c)］将可燃性气体引入下水道或室外，以防止其在室内积聚而发生事故。

(2) 滴加回流冷凝装置　有些反应进行剧烈、放热量大，如将反应物一次加入，会使反应失去控制；有些反应为了控制反应物的选择性，也不能将反应物一次加入。在这些情况下，可采用滴加回流冷凝装置，如图 2-4 所示，将一种试剂逐滴滴加进去。也可根据需要，在烧瓶外面用冷水浴或冰浴进行冷却。常用恒压滴液漏斗［图 2-4(a)、(b)］和小分液漏斗［图 2-4(e)］滴加，微量合成时可用滴管或注射器［图 2-4(c)、(d)］滴加。

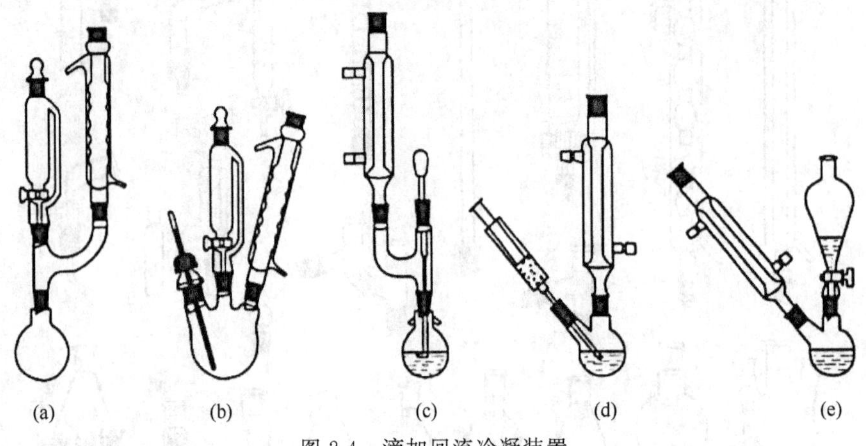

图 2-4　滴加回流冷凝装置

(3) 回流分水反应装置　在进行某些可逆平衡反应时，为了使正向反应进行到底，可将反应物之一不断从反应混合物体系中除去，常采用回流分水装置除去反应生成的水。这样可使某些生成水的可逆反应进行到底。在图 2-5(a)、(b) 的装置中，有一个分水器，回流下来的蒸气冷凝液进入分水器，分层后，有机层自动流回烧瓶，而生成的水可从分水器中放出。在微量制备中，用图 2-5(c) 中微型分馏头作分水器。

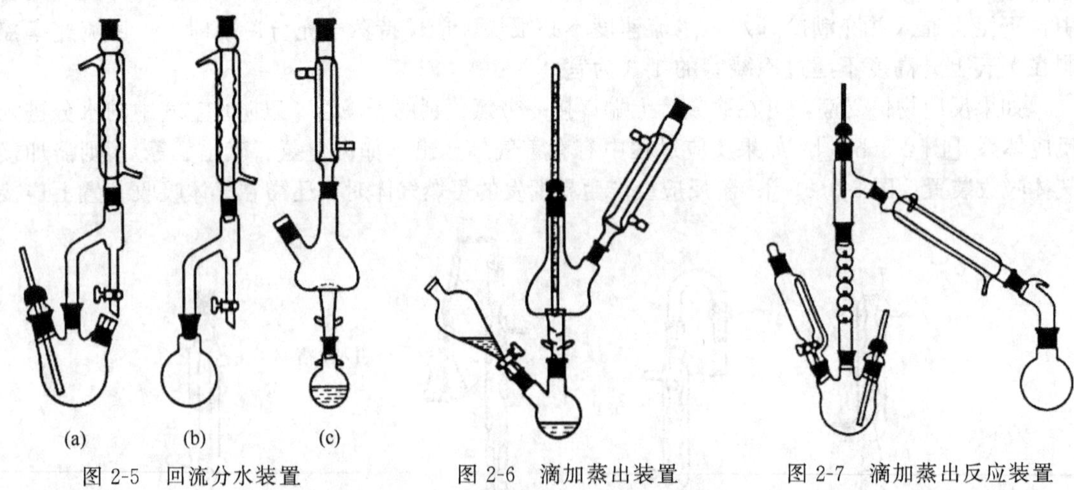

图 2-5　回流分水装置　　图 2-6　滴加蒸出装置　　图 2-7　滴加蒸出反应装置

(4) 滴加蒸出反应装置　有些有机反应需要一边滴加反应物一边将产物或产物之一蒸出反应体系，防止产物发生二次反应、可逆平衡反应，蒸出产物能使反应进行到底。此时常用如图 2-6 和图 2-7 所示的装置进行这种操作。在图 2-6 的装置中，反应产物可单独或形成共沸混合物不断地在反应过程中蒸出，并可通过滴液漏斗将一种试剂逐渐滴加进去，以控制反应速率或使这种试剂消耗完全。图 2-6 的装置是用于微量合成实验的滴加蒸出反应装置，用微型蒸馏头作接收器。

(5) 搅拌回流装置　如果是非均相反应或反应物须逐滴滴加时，就需进行搅拌操作，以使反应混合物尽快均匀接触。使用搅拌装置可以较好地控制反应温度，同时也能缩短反应时间和提高产率。图 2-8(a) 是可以同时进行搅拌、回流和自滴液漏斗加入液体的反应装置，图 2-8(b) 所示的装置，还可同时测量反应的温度（电磁搅拌）。几种常见搅拌所用的搅拌棒见图 2-9。使用机械搅拌器时，搅拌棒的连接与密封方法见图 2-10。

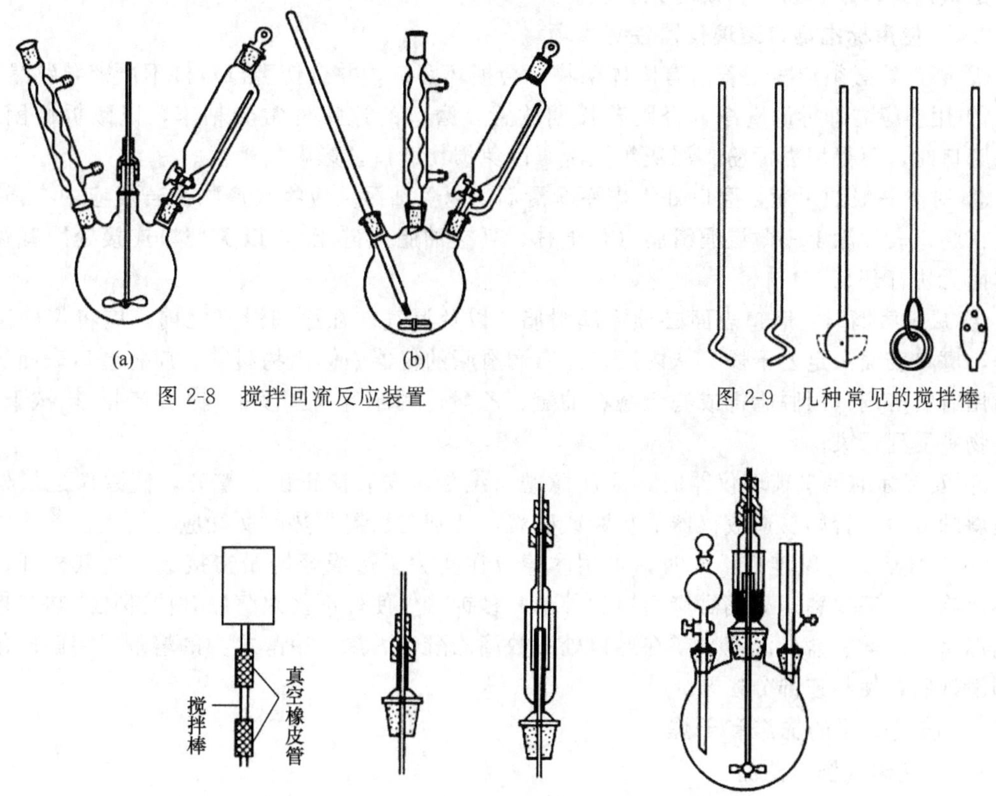

图 2-8　搅拌回流反应装置

图 2-9　几种常见的搅拌棒

图 2-10　搅拌棒的连接与密封

2.1.2.3　标准磨口玻璃仪器的安装

标准磨口仪器因其组装方便，每件仪器的利用率高、互换性强，可根据需要组装成各种实验装置而被广泛使用。无论是标准磨口仪器还是普通玻璃仪器，在组装时均应注意以下几点。

① 根据实验的具体要求，正确选用干净合适的仪器。例如，选用的圆底烧瓶的容量大小、温度计的量程要合适等。

② 按照一定顺序安装仪器。首先应根据热源来确定主要仪器——反应器的位置（考虑整套装置的稳固、重心应尽量低些），然后按照一定顺序逐件安装，通常是自下而上、从左到右、先难后易逐件安装。拆卸时，则按与安装相反的顺序，逐件拆除。

③ 仪器应用铁夹固定。在使用固定仪器的铁夹时应注意：a. 铁夹不能与玻璃直接接触，铁夹应套上橡皮管或粘上石棉垫等；b. 夹持仪器的部位要正确，如冷凝管应夹在中间部位，圆底烧瓶应夹在略低于瓶口处等；c. 铁夹不宜夹得过紧或过松，要松紧适当。

④ 在常压下进行的反应，其装置必须与大气相通，切勿造成密闭体系，以防爆炸。

⑤ 仪器安装要求做到严密、正确、布局合理、稳妥，便于操作和观察。例如，铁架台、刻度仪器应正对实验台外侧，不能歪斜；整套装置从正面看仪器布局应整齐合理、高低适宜，从侧面看应处在同一平面上，其轴线应与实验台边沿平行。仪器安装得好，不仅能使实验安全顺利进行，而且还会给人一种美的感受。

⑥ 同一实验台有几套蒸馏装置且距离较近时，每两套装置应是头-头（蒸馏烧瓶对蒸馏烧瓶）或尾-尾（接收器对接收器）相对，切不可头-尾相对，以防火灾（明火为热源时）。特别是蒸馏易挥发、易燃物质时尤为注意。

2.1.2.4 使用标准磨口玻璃仪器注意事项

① 磨口处必须洁净。若沾有固体杂物，会损坏磨口，并会使磨口对接不严密导致漏气。

② 用毕应立即拆卸洗净，否则若长期放置，磨口的连接处常会粘牢，以致拆卸困难。洗涤磨口时，不得用去污粉、泥灰等擦洗，以免损伤磨口，影响气密性。

③ 对于一般的用途，磨口处无需涂润滑剂，以免玷污反应物或产物。若反应中有强碱，则应在磨口表面涂上一薄层润滑脂（凡士林、真空油脂或硅脂），以免磨口连接处因碱腐蚀粘牢而无法打开。

④ 减压蒸馏时，磨口表面必须涂润滑脂，以免漏气。在涂润滑脂之前，应将仪器洗刷干净，磨口表面一定要干燥。从内磨口涂有润滑脂的仪器中倾出物料前，应将磨口表面的润滑脂用有机溶剂（用脱脂棉或滤纸蘸石油醚、乙醚、丙酮等易挥发的有机溶剂）擦拭干净，以免物料受到污染。

⑤ 安装标准磨口玻璃仪器时，应注意磨口编号，安装应正确、整齐，使磨口连接处不受歪斜的应力，否则易造成仪器的折断或破裂，特别在仪器受热时所受应力更大。

⑥ 当玻璃磨口粘连打不开时，可用木棒或在实验桌边缘轻轻敲击接头处使其松开；或用热风吹、热毛巾裹、火焰烘烤磨口的外部几秒钟（仅使外部受热膨胀，内部还未热起来）；或用温水、乙酸、盐酸浸泡，或在磨口处滴数滴乙醚、丙酮、甲醇之类的溶剂以溶解硬化了的润滑油脂，使粘连部分松开。

2.1.3 玻璃仪器的洗涤和干燥

2.1.3.1 玻璃仪器的洗涤

化学实验中经常会使用各种玻璃仪器和瓷器，如果使用不洁净的仪器进行实验，往往由于污物和杂质的存在而得不到正确的实验结果。因此，在进行化学实验时，必须将所用仪器洗涤干净，这是化学实验中的一个重要环节。

玻璃仪器的洗涤方法很多，应根据实验的要求、污物的性质和玷污的程度以及仪器的类型和形状来选择合适的洗涤方法。一般说来，附着在仪器上的污物主要有灰尘、可溶性物质和不溶性物质、有机物及油污等。针对具体情况，可分别采用下列几种方法洗涤。

(1) 用水刷洗　用毛刷刷洗仪器如烧杯、试管、量筒、漏斗等（从外到里），每次刷洗用水不必太多，可洗去仪器上的灰尘、易溶物和部分不溶物，但不能除去油污等有机物质。洗涤时要选用大小合适、干净、完好的毛刷，注意用力不要过猛，以免毛刷内铁丝捅破容器底部。

(2) 用合成洗涤剂洗　将要洗涤的容器先用少量水润湿，然后用毛刷蘸取适量去污粉、洗衣粉或合成洗涤剂刷洗仪器的内外壁，再用自来水冲洗干净，可除去油污等有机物质。最后用去离子水润洗 3 次。

用上述方法不能洗涤的仪器或不便于用毛刷刷洗的仪器，如容量瓶、移液管等，若内壁黏附油污等物质，则可视其玷污的程度，选择洗涤剂进行清洗，即先把洗衣粉或洗涤剂配成溶液，倒少量该溶液于容器内振荡几分钟或浸泡一段时间后，再用自来水冲洗干净。

(3) 超声波清洗 用超声波清洗可以达到仪器全面洁净的清洗效果，特别对深孔、盲孔、凹凸槽是最理想的方法。把用过的仪器放在配有洗涤剂的溶液或水中，接通电源，利用声波的振动和能量进行清洗。清洗过的仪器再用自来水和去离子水冲洗干净即可。

(4) 铬酸洗液洗涤 铬酸洗液是用浓硫酸和重铬酸钾的饱和溶液配制而成（配制方法：通常将 25g 固体 $K_2Cr_2O_7$ 置于烧杯中，加 50mL 去离子水溶解，然后在不断搅拌下，向溶液中慢慢加入 450mL 浓 H_2SO_4，冷却后贮存在试剂瓶中备用。注意，切勿将 $K_2Cr_2O_7$ 溶液加到浓 H_2SO_4 中），配制好的铬酸洗液呈深红褐色，具有强酸性、强腐蚀性和强氧化性，对有机物、油污等的去污能力特别强。装洗液的瓶子应盖好盖子以防吸潮。洗液可反复使用，当颜色变绿时［Cr(Ⅵ) 变为 Cr(Ⅲ)］，表示已失效丧失了去污能力，不能再用。

一些精密的玻璃仪器，如滴定管、容量瓶、移液管等，常可用洗液来洗涤。洗涤时，仪器先用其它方法将大部分污物洗净，并尽量把仪器中的残留水倒净，以免浪费和稀释洗液。向仪器中加入少许洗液，将仪器倾斜并慢慢转动，使仪器的内壁全部被洗液润湿，转动 2～3 次后将洗液倒回原洗液瓶中。如果能用洗液将仪器浸泡一段时间或者用热的洗液洗，则洗涤效果更佳。仪器用洗液洗过后再用自来水冲洗，最后用去离子水润洗 3 次。

使用洗液时应注意安全，不可溅在身上，以免灼伤皮肤和烧破衣物。用洗液洗移液管时，只能用洗耳球吸取洗液，千万不能用嘴吸取。

处理废洗液时，可在废洗液中加入废碱液或石灰使其生成 $Cr(OH)_3$ 沉淀，然后将此废渣埋于地下（指定地点），以防止铬的污染。

(5) 碱性高锰酸钾洗液洗 碱性高锰酸钾洗液（配制方法：通常将 4g 固体 $KMnO_4$ 溶于少量水中，慢慢加入 100mL、10%的 NaOH 溶液配制成）洗去油污和有机物。洗后在器壁上留下的二氧化锰沉淀可再用盐酸、草酸或硫酸亚铁溶液洗去。

(6) 特殊污物的洗涤 对于某些污物用通常的方法不能洗涤除去，则可通过化学反应将黏附在器壁上的物质转化为水溶性物质而除去。几种常见污垢的处理方法见表 2-2。

表 2-2 常见污垢的处理方法

污 垢	处理方法
碱土金属的碳酸盐、$Fe(OH)_3$、一些氧化剂如 MnO_2 等	用稀 HCl 处理，MnO_2 需要用 $6mol \cdot L^{-1}$ 的 HCl
沉积的金属如银、铜	用 HNO_3 处理
沉积的难溶性银盐	用 $Na_2S_2O_3$ 洗涤，Ag_2S 则用热、浓 HNO_3 处理
黏附的硫黄	用煮沸的石灰水处理 $3Ca(OH)_2+12S \longrightarrow 2CaS_5+CaS_2O_3+3H_2O$
高锰酸钾污垢	草酸溶液（黏附在手上也用此法）
残留的 Na_2SO_4、$NaHSO_4$ 固体	用沸水使其溶解后趁热倒掉
沾有碘迹	可用 KI 溶液浸泡；温热的稀 NaOH 或用 $Na_2S_2O_3$ 溶液处理
瓷研钵内的污迹	用少量食盐在研钵中研磨后倒掉，再用水洗
有机反应残留的胶状或焦油状有机物	视情况用低规格或回收的有机溶剂（如乙醇、丙酮、苯、乙醚等）浸泡；或用稀 NaOH、或用浓 HNO_3 煮沸处理
一般油污及有机物	用含 $KMnO_4$ 的 NaOH 溶液处理
被有机试剂染色的比色皿	可用体积比为 1∶2 的盐酸-酒精液处理

一般用自来水洗净的仪器，往往还残留着一些 Ca^{2+}、Mg^{2+}、Cl^{-} 等离子，如果实验中不允许这些离子存在，就要再用去离子水润洗 2～3 次。润洗时应采用“少量多次”法。玻璃仪器清洗干净后，把仪器倒转过来，仪器内壁能被水完全润湿，并在表面形成一层均匀的水膜而不挂水珠，如果仍有水珠附着在内壁，说明仪器还未洗净，需要进一步进行清洗。凡是已经洗净的仪器不能再用抹布或滤纸擦拭内壁，以免布或纸的纤维玷污仪器。

2.1.3.2　**玻璃仪器的干燥**

在实验中，经常需用干燥的仪器，特别是在有机实验中，水是大多数有机反应的杂质，极微量的水分有时都会完全阻止反应，这些反应的成败往往决定于仪器的干燥程度。因此，仪器洗涤干净后，还须加以干燥后才能使用。常用的干燥方法如下。

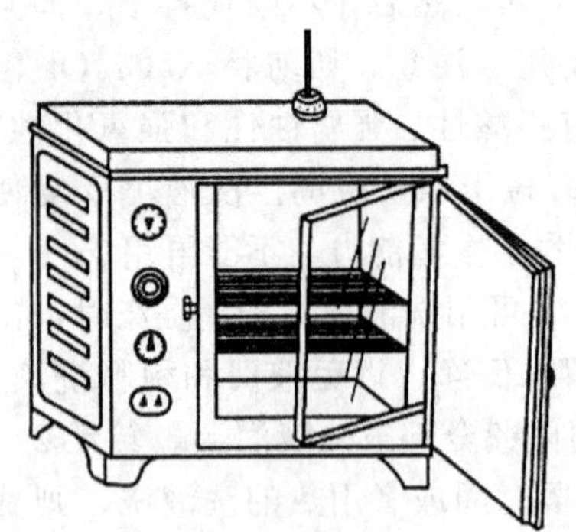

图 2-11　电热恒温干燥箱

(1) 晾干　将洗净的仪器倒立放置在适当的仪器架上，让其自然干燥。此法简单、经济，对于不急用的仪器多采用此法，能符合大多数实验的要求。

(2) 烘干　对于需要迅速干燥的仪器，可将其放入电热恒温干燥箱内或红外干燥箱内加热烘干。电热恒温干燥箱（简称烘箱）是实验室常用的仪器（图 2-11），常用来干燥玻璃仪器或烘干无腐蚀性、热稳定性比较好的药品，但挥发性易燃品或刚用酒精、丙酮淋洗过的仪器切勿放入烘箱内，以免发生爆炸。

烘箱带有自动控温装置，使用方法如下：接上电源，开启加热开关后，将控温旋钮由“0”位顺时针旋至一定程度，这时红色指示灯亮，烘箱处于升温状态。当温度升至所需温度（由烘箱顶上的温度计观察），将控温旋钮按逆时针方向缓缓回旋，红色指示灯灭，绿色指示灯亮，表明烘箱已处于该温度下的恒温状态，此时电加热丝已停止工作。过一段时间，由于散热等原因里面温度变低后，它又自动切换到加热状态。这样交替地不断通电、断电，就可以保持温度恒定。烘箱最高使用温度可达 200℃，常用温度在 100～120℃左右。

玻璃仪器干燥时，应先洗净并将水尽量沥干，放置时应注意平放或使仪器口朝上，带塞的瓶子应打开瓶塞，如果能将仪器放在托盘里则更好。一般在 105～110℃加热一刻钟左右即可干燥。最好让烘箱降至常温后再取出仪器。如果急用，从烘箱内取出热仪器，应注意用干布垫手，防止烫伤。热玻璃仪器不能碰水，也不得放在冷、硬的铁器或水泥台上，应置于小木块或石棉网上，以防炸裂。热仪器自然冷却时，器壁上常会凝上水珠，这可以用吹风机吹冷风助冷而避免炸裂。烘干的药品一般取出后应放在干燥器里保存，以免在空气中又吸收水分。

(3) 吹干　仪器若急需干燥，可用电吹风机或气流烘干器以热或冷的空气流将玻璃仪器吹干。用吹风机吹干时，一般先用热风吹玻璃仪器的内壁，待干后再吹冷风使其冷却。如果先用易挥发的溶剂如乙醇、乙醚、丙酮等淋洗一下仪器，将淋洗液倒净，然后用吹风机用冷风-热风-冷风的顺序吹，则会干得更快。对一些不能受热的容量器皿可用吹冷风干燥。

另一种方法是将洗净的仪器直接用气流烘干机（图 2-12）进行干燥。使用时，将洗净的仪器套在风柱上，开热风挡可在几分钟内烘干。因为是电热设备，故不可使其连续工作太长时间，也不要将水漏入仪器内部，以免损坏仪器。

(4) 烤干　一些常用的烧杯、蒸发皿等在擦干外壁后，可放在石棉网上用小火烤干。试管可用试管夹夹住在酒精灯火焰上来回移动，直接用火烤干。操作时，先使试管口略向下倾斜，以免水珠倒流炸裂试管（图 2-13）。烤干时应先均匀预热，后从试管底部开始慢慢移向管口，不见水珠后再将管口朝上，把水汽赶尽。

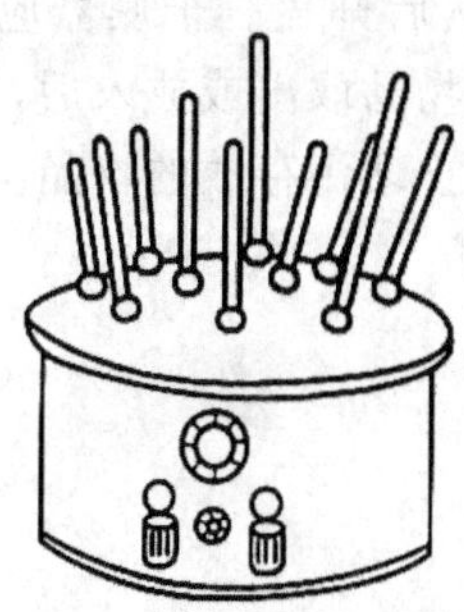
图 2-12　气流烘干机

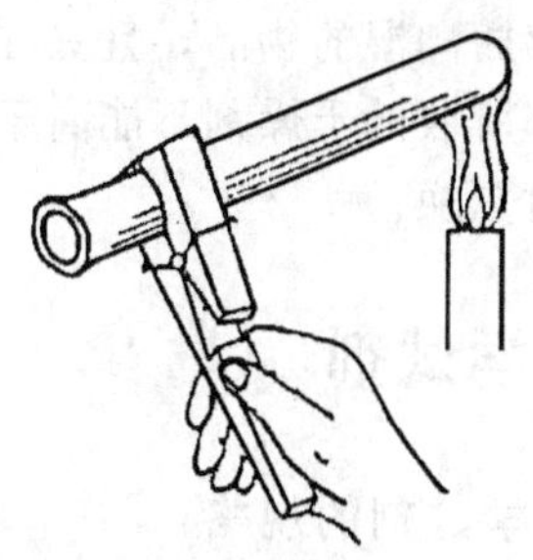
图 2-13　烤干试管

还应该注意，一般带有刻度的计量仪器，如移液管、容量瓶、滴定管等不能用加热的方法干燥，以免热胀冷缩影响这些仪器的精密度。玻璃磨口仪器和带有活塞的仪器洗净后放置时，应该在磨口处和活塞处（如酸式滴定管、分液漏斗等）垫上小纸片，以防止长期放置后粘上不易打开。

2.1.3.3　**干燥器的使用**

干燥器是存放干燥物品防止吸潮的玻璃仪器。对已经干燥但又易吸水潮解的物品或需较长时间以保持干燥的物品，应放在干燥器内保存。如有些易吸潮的固体、灼烧后的坩埚或需绝对干燥的仪器等应放在干燥器内保存，以防吸收空气中的水分。

干燥器是由厚壁玻璃制成，其结构如图 2-14(a) 所示。上部是一个边缘磨口的盖子，使用前，应在磨口边涂上一层薄薄的凡士林密封油膏，以防水汽进入，并能很好地密合。下部装有干燥剂（变色硅胶、无水氯化钙等），中间放置一个可取出的带孔的圆形瓷板，用来承放被干燥的物品或容器。

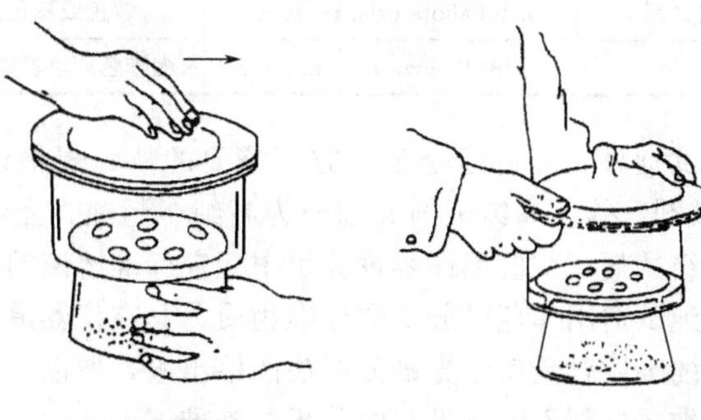
(a) 打开干燥器　　(b) 搬移干燥器

图 2-14　干燥器的使用方法

打开干燥器时，不能将盖子直接上提，而应以一只手扶住干燥器，另一只手握住盖的圆顶，沿水平方向推开盖子，如图 2-14(a) 所示。打开盖子后，应将盖子翻过来放在桌面上，放取物品后，必须随即盖好盖子。盖盖子时也应将盖子沿水平方向推移到盖子的磨口边使上下部吻合。若将温度很高的物体（例如灼烧过恒重的坩埚等）放入干燥器时，不能将盖子完全盖严，应该留一条很小的缝隙，待冷后再盖严，否则易被内部热空气冲开而打碎盖子，或者由于冷却后的负压使盖子难以打开。搬动干燥器时，应用两手的拇指同时按住盖子，如图 2-14(b) 所示，以防盖子因滑落而打碎。

干燥器分为普通干燥器和真空干燥器，前者干燥效率不高且所需时间较长，一般用于保存易吸潮的药品。后者干燥效率较好，但真空度不宜过高，用水泵抽至盖子推不动即可。打开盖子前，必须首先缓慢放入空气以防止气流冲散样品，然后开盖。干燥器应注意保持清洁，不得存放潮湿的物品，且只在存放或取出物品时打开，物品取出或放入后，应立即盖上盖子。底部所放的干燥剂不能高于底部高度的1/2处，以防止玷污存放的物品。干燥剂失效后，应及时更换。

2.2 化学试剂

2.2.1 化学试剂的规格

化学试剂具有用量少、品种多、适用面广、质量要求高、技术含量高的特点。化学试剂已广泛应用于工业、农业、医疗卫生、科学研究、教育、生物技术、环境保护等领域。早期的化学试剂只是指“化学分析中为测定物质的成分而使用的纯粹化学药品”，现代的化学试剂是指“在科学实验中，为化学反应或测定物质的成分而使用的化学药品”。

目前有关化学试剂的分类，国内外还没有一个公认的方法，一般情况下可按纯度、种类、用途分类。化学试剂规格又称试剂级别，反映试剂的质量。试剂规格一般按试剂的纯度及杂质含量划分。根据国家标准（GB）及部颁标准，化学试剂按其纯度和杂质含量的高低分为五个等级（表2-3）。

表2-3 化学试剂的级别和适用范围

级别	名　称	英文标志	标签颜色	适用范围
一级	优级纯或保证试剂	GR(Guaranteed Reagent)	绿色	精密分析、科学研究
二级	分析纯或分析试剂	AR(Analytical Reagent)	红色	精密分析、科学研究
三级	化学纯	CP(Chemical Pure)	蓝色	一般化学实验
四级	实验试剂或医用试剂	LR(Laboratorial reagent)	黄色或棕色	一般化学制备
	生化试剂	BR(Biological reagent)	咖啡色或玫瑰红色	生化实验

除上述四种级别的试剂外，还有适合某一方面需要的特殊规格试剂，如“基准试剂”、“色谱纯试剂”、“高纯试剂”等。高纯试剂又细分为高纯、超纯、光谱纯试剂等。基准试剂的纯度相当于或高于一级试剂，主要用作容量分析中标定标准溶液的基准物质，亦可直接用来配制标准溶液。色谱纯试剂用作色谱分析的标准物质，其在仪器最高灵敏度进样分析时无杂质峰。光谱纯试剂中的杂质含量低于光谱分析法的检出限，所以主要用作光谱分析中的标准物质。要注意，光谱纯的试剂不一定是化学分析的基准试剂。

还有工业生产中大量使用的化学工业品（也分为一级品、二级品）以及可供食用的食品级产品等。工业级药品主要用于要求不高的化学制备，在有机化学实验中用得较多，其它如制备气体（CO_2、H_2S等）、配制洗液或作洗涤剂等，均可用工业级药品。

此外，化学试剂中的指示剂，其纯度往往不太明确。生物化学中使用的特殊试剂纯度的表示方法与化学试剂也不同，如蛋白质的纯度常以含量表示，而酶试剂则以酶的活力来表示。

化学试剂的纯度对化学实验的结果影响很大。不同的实验，对试剂纯度的要求也不相同。例如，在一般的分析工作中，二、三级试剂已能很好地满足需要。由于各种级别的试剂及工业品因纯度不同价格相差很大，所以使用时，在满足实验要求的前提下，应考虑节约的原则，选用适当规格的试剂，以免造成浪费。当然，也不能随意降低试剂规格而影响实验结果的准确度。

2.2.2　化学试剂的存放

由于化学试剂种类繁多、性质各异，有些试剂会因保管不善或使用不当极易变质失效或沾污，严重的会使实验失败甚至发生事故。因此，按照一定的安全操作规程及安全管理规程的要求存放、保管和使用试剂至为重要。

通常，固体试剂一般存放在易于取用的广口瓶中，液体试剂则存放在细口的试剂瓶中，最常用的试剂瓶有平顶试剂瓶和滴瓶两种。一些用量小而使用频繁的试剂，如指示剂、定性分析试剂等可盛装在滴瓶中。见光易分解的试剂（如 $AgNO_3$、$KMnO_4$、饱和 Cl_2 水等）应装在棕色瓶中。对于 H_2O_2，虽然也是见光易分解的物质，但不能存放在棕色的玻璃瓶中，而需要存放于不透明的塑料瓶中，并放置于阴凉的暗处，以免棕色玻璃中含有重金属氧化物成分对 H_2O_2 的催化分解。盛强碱性试剂（如 NaOH、KOH）及 Na_2SiO_3 溶液的试剂瓶要用橡皮塞；强氧化剂、有机溶剂不可用带橡皮塞的试剂瓶存放；易腐蚀玻璃的试剂（如氟化物等）应保存在塑料容器内。特殊试剂如钾、钠要放在煤油中；白磷着火点低，在空气中会缓慢氧化而自燃，通常应保存在冷水中。

易氧化的试剂（如氯化亚锡、低价铁盐等）和易风化或潮解的试剂（如氯化铝、无水碳酸钠、苛性钠等），应放在密闭容器内，必要时应用石蜡封口。用氯化亚锡、低价铁盐这类性质不稳定的试剂，配制的溶液不能久放，应现配现用。

对于易燃、易爆、强腐蚀性、强氧化剂及剧毒品的存放应特别注意，一般需要分类单独存放，如强氧化剂要与易燃、可燃物分开隔离存放。对于低沸点的有机溶剂，如乙醚、甲醇、汽油等易燃液体要存放在阴凉通风的地方，并与其它可燃物和易产生火花的器物隔离存放，更要远离明火。剧毒药品（如氰化物、高汞盐等）要有专人保管，严格登记使用情况，以明确责任，杜绝中毒事故的发生。有条件的应存放在保险柜内。

各种试剂应分类放置，以便于取用，且均应保存在阴凉、通风、干燥处，避免阳光直接曝晒，远离热源、火源。

盛装试剂的试剂瓶都应贴上标签，并写明试剂的名称、纯度、浓度和配制日期，标签外面应涂蜡或用透明胶带等保护。要定期检查试剂和溶液，变质的或受玷污的试剂要及时清理，发现标签脱落应及时更换。脱落标签的试剂在未查明之前不可使用。

2.2.3　化学试剂的取用

2.2.3.1　固体试剂的研磨

为了使固体物质的颗粒变小，便于溶解或发生化学反应，通常可将大块固体放在研钵中研磨。实验室中常用的研钵是由陶瓷、玻璃、铁或玛瑙等材料制成的。根据固体的性质、用途和硬度，可选用不同材料的研钵。研磨前先将研钵洗净、干燥，然后将需研磨的固体放入研钵中（固体的量不要超过研钵容量的 1/3），用磨杵研磨。研磨时注意不要用磨杵敲击固体，以免损坏研钵和使固体溅出。大量固体样品可使用电动玛瑙研钵或球磨机研磨。

2.2.3.2　固体试剂的取用

固体试剂一般用洁净干燥的药匙（塑料、牛角或不锈钢制）取用，且专匙专用。药匙的两端为大小两个匙，取用固体量大时用大匙，取用量小时用小匙。用毕及时洗净，吹干备用。瓶盖取下后不要随意乱放，应将顶部朝下放在干净的桌面上，取完试剂后应立即盖严瓶盖，放回原处。

称取一定量的固体试剂时，一般应将试剂放在称量纸上、表面皿、小烧杯或称量瓶等干燥洁净的玻璃容器内，根据要求，在天平（托盘天平、1/100g 天平或分析天平）上称量。易潮解或具有腐蚀性的试剂不能放在纸上，应放在玻璃容器内进行称量。取出的试剂量尽可能不要超过所需量，多取出的试剂（特别是纯度较高的试剂）不能倒回原试剂瓶，以免玷污整瓶试剂，但可将其分给其他需要的同学使用。

往试管（特别是湿的试管）中加入粉末状固体试剂时，可将药匙或将取出的药品放在对折的纸片上，伸进平放的试管 2/3 处［见图 2-15(a) 和图 2-15(b)］，然后直立试管，使试剂放入。加入块状固体时，应将试管倾斜，使其沿试管壁慢慢滑下［见图 2-15(c)］，不得将其垂直悬空投入以免击破试管底。

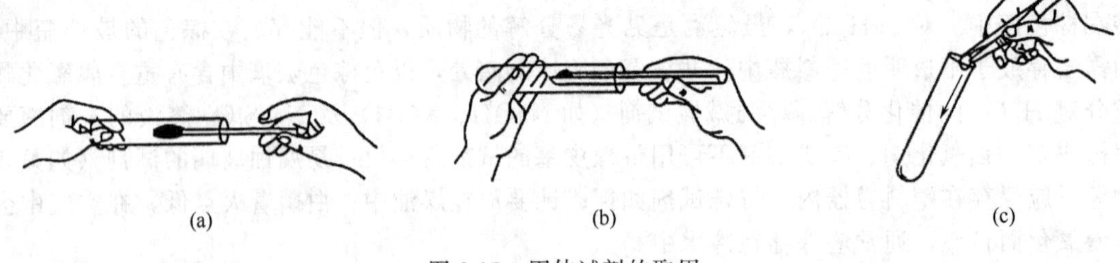

图 2-15 固体试剂的取用

2.2.3.3 **液体试剂的取用**

(1) 从细口试剂瓶中取用试剂的方法　取下瓶塞，如果瓶塞顶是扁平的，可倒置在实验台面上；如果瓶塞顶不是平的，可用食指和中指将瓶塞夹住或放在清洁的表面皿上，决不可横置在实验台面上。然后用左手的拇指、食指和中指拿住容器（如试管、量筒等），右手握住试剂瓶，注意试剂瓶的标签应对着手心，以瓶口靠着容器壁，缓缓倒出所需量的试剂，让试剂沿着器壁往下流，如图 2-16 所示。若所用容器为烧杯，倾倒液体时可用玻璃棒引流，用右手握试剂瓶，左手拿玻璃棒，使玻璃棒的下端斜靠在烧杯壁上，将瓶口靠在玻璃棒上，使液体沿着玻璃棒往下流，如图 2-17 所示。倒出所需量后，将试剂瓶口往容器上靠一下，再竖直瓶子，以免留在瓶口的液滴沿试剂瓶外壁流下。用完后，立即盖好瓶盖。

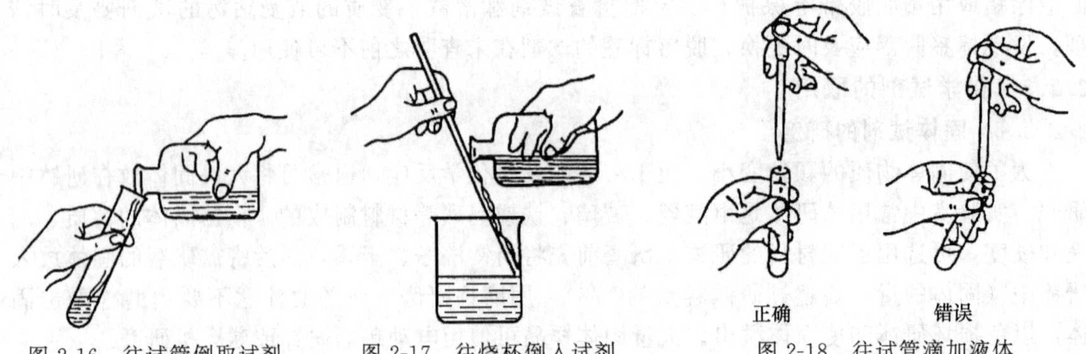

图 2-16 往试管倒取试剂　图 2-17 往烧杯倒入试剂　图 2-18 往试管滴加液体

(2) 从滴瓶取用少量试剂的方法　先从滴瓶中提起滴管，使管口离开液面，用手捏紧滴管上部的橡皮头排去空气（如滴管内已有试剂则不需排除），再把滴管伸入试剂瓶中吸取试剂。往试管中滴加试剂时，只能把滴管尖头放在试管口上方滴加，如图 2-18 所示，切勿将滴管伸入试管中，以免滴管尖端碰到试管壁而使滴管污染。吸满试剂的滴管只能竖放，不能横卧或倒置，否则试剂会流入橡皮头，腐蚀橡皮，污染试剂。一个滴瓶上的滴管不能用来移取其他试剂瓶中的试剂，更不能用自己的滴管伸入试剂瓶中去吸取试剂，以免玷污试剂。滴加完试剂后的滴管应立即放回原试剂瓶中，不要错放。

(3) 定量取用液体试剂时，根据要求可选用量筒、滴定管或移液管等量取。

注意，在取用试剂前，要核对标签，确认无误后才能取用。各种试剂瓶的瓶盖取下后不能随意乱放，一般应倒立仰放在实验台上。取用试剂后要随手盖好瓶盖，切勿"张冠李戴"（滴瓶的滴管更不应放错）而造成交叉污染，并将试剂瓶放回原处，以免影响他人使用。

取用试剂要本着节约的原则，用多少取多少，多余的试剂不应倒回原试剂瓶内，有回收价值的可放入回收瓶中。

取用易挥发的试剂，如浓 HCl、浓 HNO_3、溴水等，应在通风橱中操作，防止污染室内空气。取用剧毒及强腐蚀性药品要特别注意安全，不要碰到手上以免发生伤害事故。

2.2.4 溶液的配制

根据配制试剂纯度和浓度的要求，选用不同级别的化学试剂并计算溶质的用量，按照一定的操作方法进行溶液的配制。

配制饱和溶液时，所用溶质的量应稍多于计算量，加热使之溶解、冷却，待结晶析出后再用，这样可保证溶液饱和。

如果配制溶液时产生较大的溶解热，配制溶液时一定要在烧杯或敞口容器中进行操作。

溶液配制过程中，加热和搅拌可以加速溶解，但搅拌不宜太剧烈，不能使搅拌棒触及烧杯壁。

配制易水解的盐溶液时，必须先把试剂溶解在相应的酸溶液［如 $SnCl_2$、$SbCl_3$、$Bi(NO_3)_3$ 等］或碱溶液（如 Na_2S 等）中以抑制水解。对于易氧化的低价金属盐类［如 $FeSO_4$、$SnCl_2$、$Hg_2(NO_3)_2$ 等］，不仅需要酸化溶液，而且应在该溶液中加入相应的纯金属，以防止低价金属离子的氧化。

2.2.4.1 一般溶液的配制

一般溶液常用以下三种方法配制。

(1) 直接水溶法　对一些易溶于水、不易水解的固体试剂，如 KNO_3、KCl、NaCl 等，先算出所需固体试剂的量，用台秤或分析天平称出所需量，放入烧杯中，以少量去离子水搅拌使其溶解后，再稀释至所需的体积。若试剂溶解时有放热现象，或以加热促使其溶解的，应待其冷却后，再移至试剂瓶或容量瓶，贴上标签备用。

(2) 介质水溶法　对易水解的固体试剂如 $FeCl_3$、$SbCl_3$、$BiCl_3$ 等，配制其溶液时，称取一定量的固体，加入适量的酸（或碱）使之溶解。再以去离子水稀释至所需体积，摇匀后转入试剂瓶。在水中溶解度较小的固体试剂如固体 I_2，可选用 KI 水溶液溶解，摇匀后转入试剂瓶。

(3) 稀释法　经常大量使用的溶液，可先配制成使用浓度 10 倍的储备液，需要时取储备液稀释到 1/10 即可。如盐酸、硫酸等，配制其稀溶液时，用量筒量取所需浓溶液的量，再用适量的去离子水稀释。配制硫酸溶液时，需特别注意，应在不断搅拌下将浓硫酸缓缓倒入盛水的容器中，切不可颠倒操作顺序。

易发生氧化还原反应的溶液（如 Sn^{2+}、Fe^{2+} 溶液），为防止其在保存期间失效，应分别在溶液中放入一些 Sn 粒和 Fe 粉。见光容易分解的要注意避光保存，如 $AgNO_3$、$KMnO_4$、KI 等溶液应储于棕色容器中。

近年来，国内外文献资料中常见采用 1∶1（即 1+1）、1∶2（即 1+2）等体积比表示浓度。例如，1∶1 H_2SO_4 溶液，即量取 1 份体积原装浓 H_2SO_4，与 1 份体积的水混合均匀形成的溶液；1∶3 HCl，即量取 1 份体积原装浓 HCl 与 1 份体积的水混合均匀形成的溶液。

2.2.4.2 标准物质

标准物质（reference material，RM）是测定物质组成、结构和其他有关特性量值过程中不可缺少的一种标准试剂。1986年，我国国家计量局接受了由国际标准化组织提出的并为国际计量局所确认的标准物质的定义。标准物质的定义表述为：已确定有其一种或几种特性，用于校准测量器具、评价测量方法或确定材料特性量值的物质。

标准物质是由国家最高计量行政部门颁布的一种计量标准，起到统一全国量值的作用。它具有材料均匀、性质稳定、批量生产、准确定性等特性，并有标准物质证书（其中标明特性量值的标准值及定值的准确度等内容）。

我国的标准物质分为一级、二级两个级别。一级标准物质采用绝对测量法或其它准确可靠的方法定值，定值的准确度达到国内最高水平。它主要用于研究和评价标准方法、作为仲裁分析的标准及为二级标准物质定值，是量值传递的依据。二级标准物质采用准确可靠的方法或直接与一级标准物质相比较的方法定值，定值的标准度一般高于现场（即实际工作）测量准确度的3～10倍。二级标准物质主要用于研究和评价现场分析方法及现场标准溶液的定值，是现场实验室的质量保证。二级标准物质又称为工作标准物质，它的产品批量较大，通常分析实验时所用的标准试样都是二级标准物质。

目前，我国的化学试剂中只有滴定分析基准试剂和pH基准试剂属于标准物质。滴定分析中常用的工作基准试剂见表2-4，pH基准试剂见表2-5。基准试剂可用于直接配制标准溶液或用于标定溶液浓度。标准物质的种类很多，实验中还会使用一些非试剂类的标准物质，如纯金属、合金、矿物、纯气体或混合气体、标准溶液等。

表2-4 滴定分析中常用的工作基准试剂

试剂名称	主要用途	用前干燥方法	国标编号
氯化钠	标定 $AgNO_3$ 溶液	500～600℃灼烧至恒重	GB 1253—2007
草酸钠	标定 $KMnO_4$ 溶液	(105±2)℃干燥至恒重	GB 1254—2007
无水碳酸钠	标定 HCl、H_2SO_4 溶液	300℃干燥至恒重	GB 1255—2007
乙二胺四乙酸二钠	标定金属离子溶液	硝酸镁饱和溶液恒湿器中放置7d	GB 12593—2007
邻苯二甲酸氢钾	标定 NaOH 溶液	105～110℃干燥至恒重	GB 1257—2007
碘酸钾	标定 $Na_2S_2O_3$ 溶液	(180±2)℃干燥至恒重	GB 1258—2008
重铬酸钾	标定 $Na_2S_2O_3$、$FeSO_4$ 溶液	(120±2)℃干燥至恒重	GB 1259—2007
溴酸钾	标定 $Na_2S_2O_3$ 溶液	(180±2)℃干燥至恒重	GB 12594—2008
碳酸钙	标定 EDTA 溶液	(110±2)℃干燥至恒重	GB 12596—2008
氧化锌	标定 EDTA 溶液	800℃灼烧至恒重	GB 1260—2008
硝酸银	标定卤化物溶液	H_2SO_4 干燥器中干燥至恒重	GB 12595—2008
三氧化二砷	标定 I_2 溶液	H_2SO_4 干燥器中干燥至恒重	GB 1256—2008

表2-5 pH基准试剂

试　剂	规定浓度 /mol·kg^{-1}	标准值(25℃) 一级pH基准试剂 pH(S)$_{Ⅰ}$	标准值(25℃) pH基准试剂 pH(S)$_{Ⅱ}$
四草酸钾	0.05	1.680±0.005	1.68±0.01
酒石酸氢钾	饱和	3.559±0.005	3.56±0.01
邻苯二甲酸氢钾	0.05	4.003±0.005	4.00±0.01
磷酸氢二钠、磷酸二氢钾	0.025	6.864±0.005	6.86±0.01
四硼酸钠	0.01	9.182±0.005	9.18±0.01
氢氧化钙	饱和	12.460±0.005	12.46±0.01

2.2.4.3 标准溶液的配制

标准溶液是已确定其主体物质浓度或其它特性量值的溶液。化学实验中常用的标准溶液有滴定分析用标准溶液、仪器分析用标准溶液和 pH 测量用标准缓冲溶液。因此，正确地配制标准溶液，准确地标定标准溶液的浓度，对于提高定量分析的准确度有重大意义。标准溶液的配制通常有直接法和间接法两种。

（1）直接法　由基准试剂或标准物质直接配制。用分析天平或电子天平准确称取一定量的基准试剂或标准物质，溶于适量的水中，再定量转移到容量瓶中，用水稀释至刻度。根据称取的质量和容量瓶的体积，即可算出该标准溶液的准确浓度。但是用直接法配制标准溶液的基准物质，必须具备以下条件：①具有足够的纯度，一般要求其含量>99.9%；②组成与化学式应完全相符，若含结晶水，其含量也应与化学式相符；③应具有一定的稳定性，如不易吸收空气中的水分和 CO_2，不易被空气氧化，加热干燥时不易分解等；④最好具有较大的摩尔质量，以降低称量的相对误差。常用的基准物质有纯金属和某些纯化合物，如锌、草酸、氯化钠、无水碳酸钠、重铬酸钾等。

较稀的标准溶液可由较浓的标准溶液稀释而成。例如，在光度分析中需用 $1.79\times10^{-3}mol\cdot L^{-1}$ 标准铁溶液。计算得知，必须准确称取 10mg 纯铁，但在一般分析天平上无法准确称量，因其量小、称量误差大。因此常常采用先配制储备标准溶液，然后再稀释至所需的标准溶液浓度的方法。可在分析天平上准确称取 1.0000g 高纯（99.99%）铁，然后在小烧杯中加入约 30mL 浓盐酸使之溶解，定量转入 1L 容量瓶中，用 $1.0mol\cdot L^{-1}$ 盐酸稀释至刻度，摇匀，此标准溶液含铁 $1.79\times10^{-2}mol\cdot L^{-1}$。移取此标准溶液 10.00mL 于 100mL 容量瓶中，用 $1.0mol\cdot L^{-1}$ 盐酸稀释至刻度，摇匀，此标准溶液含铁 $1.79\times10^{-3}mol\cdot L^{-1}$。由储备液配制成操作溶液时，原则上只能稀释 1 次，必要时可稀释 2 次。稀释次数太多，累积误差太大，将影响分析结果的准确度。

（2）间接法　也称标定法。很多试剂不宜用直接法配制标准溶液，如酸碱滴定法中常用的氢氧化钠和盐酸，氧化还原法中 $Na_2S_2O_3$ 和 $KMnO_4$ 等标准溶液，都不能用直接法配制标准溶液。它们要采用间接法配制，即粗略地称取一定量的物质（或量取一定量体积的溶液），先配制成接近所需浓度的溶液，然后用基准物质或另一种已知浓度的标准溶液测定其准确浓度。这种确定浓度的操作称为标定。在标定溶液过程中，要求操作严格、准确。称量基准物质时，要使用分析天平，称准至小数点后四位。

（3）标准溶液配制和使用注意事项

① 基准物质要预先用规定的方法进行干燥。

② 配制时要选用符合实验要求纯度的去离子水。

③ 储存的标准溶液因水分蒸发，水珠会凝聚于瓶壁，使用前应将溶液摇匀。如果溶液浓度发生变化，在使用前必须重新标定其浓度。

④ 标准溶液均应密闭存放，有些还需避光。如能吸收空气中的二氧化碳并对玻璃有腐蚀作用的强碱溶液，最好装在塑料瓶中，并在瓶口处装一碱石灰管，以吸收空气中的二氧化碳和水；见光易分解的 $AgNO_3$ 和 $KMnO_4$ 等标准溶液应储存于棕色瓶中，并置于暗处保存。

⑤ 浓度低于 $0.01mol\cdot L^{-1}$ 的标准溶液不宜长时间存放，应在临用前用浓标准溶液稀释。

⑥ 对于不稳定的标准溶液，应在使用前标定其浓度。

2.3　试纸与滤纸

2.3.1　试纸及使用方法

试纸（indicator paper）是用指示剂或试剂浸过后得到的干纸条，在实验室中经常使用试纸来定性检验或证实某些物质的存在及相应的性质，操作简单，使用方便。

2.3.1.1 **试纸的种类**

常用的试纸有酚酞试纸、红色和蓝色石蕊试纸、广泛和精密 pH 试纸、醋酸铅试纸、淀粉-碘化钾试纸等。

(1) 酚酞试纸　将滤纸浸入酚酞的乙醇溶液中，浸透后在洁净、干燥、无氨的空气中晾干而制成的白色试纸，遇碱性溶液变红，用水润湿后遇碱性气体（如氨气）变红，常用于检验 pH>8.3 的稀碱溶液或氨气等。

(2) 石蕊试纸　由石蕊溶液浸渍滤纸晾干制成，是检验溶液的酸碱性最古老的方法之一。石蕊试纸有红色和蓝色两种，碱性溶液（pH≥8）使红色石蕊变蓝，酸性溶液（pH≤5）使蓝色试纸变红，但在测试近中性的溶液时不大准确。

(3) pH 试纸　将滤纸浸泡在由数种指示剂混合而成的混合指示剂中，然后取出、晾干制成，用以检验溶液的 pH，其变色范围由酸至碱即由红、橙、黄、绿、蓝各色连续变化而得，故较石蕊试纸更准确地指示出酸碱的强弱程度。pH 试纸一般有两类：一类是广泛 pH 试纸，其变色范围为 pH＝1～14，常用来粗略地检验溶液的 pH；另一类是精密 pH 试纸，这种试纸在 pH 变化较小时就有明显的颜色变化，用于比较精确地检验溶液的 pH。精密 pH 试纸按 pH 范围可分为 2.7～4.7、3.8～5.4、5.4～7.0、6.0～8.4、8.2～10.0、9.5～13.0 等几种，可以根据实验要求和实际需要选择合适的试纸。广泛 pH 试纸的变化为 1 个 pH 单位，而精密 pH 试纸变化小于 1 个 pH 单位。

(4) 淀粉-碘化钾试纸　由滤纸浸泡在含有碘化钾的淀粉液中，然后在无氧化性气体处晾干而制成的白色试纸，用来定性检验 Cl_2、Br_2 等强氧化性气体。如当 Cl_2 遇到湿润的淀粉-碘化钾试纸，将试纸上的 I^- 氧化为 I_2，I_2 立即与试纸上的淀粉作用，使试纸变蓝。当气体的氧化性很强且量较多时，会使 I_2 进一步被氧化为 IO_3^-，而使已变蓝的试纸又变为无色，所以使用时应注意仔细观察颜色变化，否则容易出错。

(5) 醋酸铅试纸　将滤纸浸入 10% 醋酸铅溶液中浸渍后，放在无硫化氢气体处晾干而成的白色试纸，用来定性检验 H_2S 气体。当含有 S^{2-} 的溶液被酸化时，逸出的 H_2S 气体遇到醋酸铅试纸后，与试纸上的醋酸铅反应生成黑褐色的硫化铅沉淀斑点，并有金属光泽。当溶液中 S^{2-} 浓度较小时，则不易检出。

2.3.1.2 **试纸的使用方法**

(1) 酚酞试纸和石蕊试纸

① 检验溶液的酸碱度　将一小块试纸放在干燥清洁的点滴板或表面皿上，再用洁净的玻璃棒蘸取待测液，点在试纸的中央润湿试纸，观察颜色变化，

常用 pH 试纸检验溶液的酸碱性。将一小块试纸放在干燥清洁的点滴板或表面皿上，再用干净的玻璃棒蘸取已搅拌均匀的待测液，点在试纸的中间润湿试纸，观察颜色变化，确定溶液的酸碱性。切勿将试纸浸入溶液中，以免污染溶液。

② 检验气体的酸碱性　先用去离子水润湿试纸并黏附在干净玻璃棒的一端，将试纸放在盛有待测气体的试管口上方（不能接触试管），观察试纸颜色的变化情况来判断气体的酸碱性。

(2) pH 试纸　用法同上，待试纸变色后，将试纸呈现的颜色与标准比色卡板比较，确定 pH 或 pH 范围。使用时应注意，不要将待测液倾倒在试纸上，更不能将试纸浸泡在溶液中，以免影响与色阶的比较。各种 pH 试纸有配套的色阶板，不能混用。

(3) 淀粉-碘化钾试纸和醋酸铅试纸　用去离子水润湿小块试纸并黏附在干净玻璃棒的

一端，放在盛有待测气体的试管口上方（不能接触试管），如有待测气体逸出，观察试纸颜色的变化情况来判断气体的性质。

使用试纸时，要注意节约，把试纸剪成小块，不要多取，用多少取多少。试纸要密封保存，用镊子取用。用毕要盖好瓶盖，以免试纸被污染变质。用过的试纸应丢弃在垃圾桶内，不能丢弃在水槽内，以免堵塞下水道。

2.3.2　滤纸

化学实验室中常用的有定量分析滤纸和定性分析滤纸两种，按过滤速度和分离性能的不同，又分为快速、中速和慢速三种。通常，定性滤纸用于化学定性分析和相应的过滤分离，定量滤纸用于化学定量分析中重量分析实验和相应的分析实验。在实验过程中，应根据沉淀的性质和数量，合理地选用滤纸。

国家标准《化学分析滤纸》（GB/T 1914—2007）对定量滤纸和定性滤纸产品的分类、型号和技术指标以及试验方法等都有规定。滤纸产品按质量分为 A、B、C 三等，A 等产品的主要技术指标列于表 2-6。

表 2-6　定量和定性分析滤纸 A 等产品的主要技术指标及规格

指标名称		快　速	中　速	慢　速
过滤速度[①]/s		≤35	≤70	≤140
型号	定性滤纸	101	102	103
	定量滤纸	201	202	203
分离性能(沉淀物)		氢氧化铁	碳酸锌	硫酸钡(热)
湿耐破度/mmH_2O[②]		≥130	≥150	≥200
灰分	定性滤纸	≤0.13%		
	定量滤纸	≤0.009%		
铁含量(定性滤纸)		≤0.003%		
定量[③]/$g \cdot m^{-2}$		80.0±4.0		
圆形纸直径/cm		5.5、7、9、11、12.5、15、18、23、27		
方形纸尺寸/cm		60×60、30×30		

① 过滤速度是指把滤纸折成 60°角的圆锥形，将滤纸完全浸湿，取 15mL 水进行过滤，开始滤出 3mL 不计时，然后用秒表计量滤出 6mL 水所需要的时间。

② $1mmH_2O=9.80665Pa$。

③ 定量是指：规定面积内滤纸的质量，是造纸工业术语。

定量滤纸又称为无灰滤纸。以直径 12.5cm 定量滤纸为例，每张滤纸的质量约 1g，在灼烧后其灰分的质量不超过 0.1mg（小于或等于常量分析天平的感量），在重量分析法中可以忽略不计。滤纸外形有圆形和方形两种。常用的圆形滤纸有 ϕ7cm、ϕ9cm、ϕ11cm 等规格，滤纸盒上贴有滤速标签。方形滤纸都是定性滤纸，有 60cm×60cm、30cm×30cm 等规格。

2.4　实验用水及纯水的制备

众所周知，我们所接触到的化学反应，大多数是在溶剂中进行的，最常用的溶剂就是水。水是许多无机化合物的良好溶剂，许多无机反应都是在水溶液中进行的。

自然界中的水（天然水）因含有许多杂质，一般在科学实验中及工业生产中较少应用。在自来水厂中，天然水通过过滤除去泥沙，然后借助 $Al(OH)_3$ 或 $Fe(OH)_3$ 胶状物沉淀除去悬浮物，所得的水再用氯气除去臭气、杀死细菌，即得自来水。自来水除了含有较多的可溶性杂质外，是比较纯净的，在化学实验中常用作粗洗仪器用水、实验冷却用水、水浴用水及无机制备前期用水等。自来水再经进一步处理后所得的纯水，在实验中常用作溶剂用水、精洗仪器用水、分析用水及无机制备的后期用水。因制备方法不同，常见的有纯水、蒸馏水和去离子水等。

2.4.1 实验用水的规格和检验

2.4.1.1 实验用水规格

自来水中常含有K^+、Na^+、Ca^{2+}、Mg^{2+}等金属离子的碳酸盐、硫酸盐、氯化物及某些气体杂质等，用它配制溶液时，这些杂质可能会与溶液中的溶质发生化学反应而使溶液变质失效，也可能会对实验现象或结果产生不良的干扰和影响。因此，在化学实验中，溶液的配制一般要求使用纯水。

纯水是化学实验中最常用的纯净溶剂和洗涤剂。纯水并不是绝对不含杂质，只是杂质含量极少而已。随制备方法和所用仪器的材料不同，纯水中杂质的种类和含量也有所不同。

纯水的质量可以通过检测水中杂质离子含量的多少来确定，纯水质量的主要指标是电导率（或换算成电阻率）。通常采用物理方法确定，即用电导率仪测定水的电导率。水的纯度越高，杂质离子的含量越少，水的电导率就越低。

我国已建立了实验室用水规格的国家标准（GB 6682—2008），规定了分析实验室用水的级别、技术指标、制备方法和检验方法。根据国家标准，实验室用水的纯度分为一级、二级、三级三个等级。表2-7列出了相应的级别和技术指标。

表2-7 实验室用水的级别和主要技术指标（GB 6682—2008）

指标名称	一级	二级	三级
pH范围(25℃)	—	—	5.0～7.5
电导率(25℃)/$mS \cdot m^{-1}$	≤0.01	≤0.10	≤0.50
电阻率/$M\Omega \cdot cm$	10	1	0.2
可氧化物质(以O计)/$mg \cdot L^{-1}$	—	<0.08	<0.4
蒸发残渣(105℃±2℃)/$mg \cdot L^{-1}$	—	≤1.0	≤2.0
吸光度(254nm,1cm光程)	≤0.001	≤0.01	—
可溶性硅(以SiO_2计)/$mg \cdot L^{-1}$	<0.01	<0.02	—

注：1.由于在一级水、二级水的纯度下，难于测定其真实的pH值，因此其pH值范围未作规定。

2.由于在一级水的纯度下，难以测定可氧化物质和蒸发残渣，对其限量不作规定。可用其他条件和制备方法来保证一级水的质量。

在实验中应根据不同的实验要求，合理选用不同等级的水。在一般的化学实验中，通常使用三级水。实验室使用的纯水，为了保持纯净，纯水瓶要随时加塞，专用虹吸管内外均应保持干净。纯水瓶附近不要存放浓HCl、$NH_3 \cdot H_2O$等易挥发试剂，以防污染。通常用洗瓶取纯水。

分析用的纯水必须严格保持纯净，防止污染。在储运过程中一般可选用聚乙烯容器。通常，普通纯水保存在玻璃容器中，去离子水保存在聚乙烯塑料容器中。用于痕量分析的高纯水，如二次亚沸石英纯水，则需要保存在石英或聚乙烯塑料容器中。一级水一般在要用时临时取用。

2.4.1.2 纯水水质的一般检验

按照国家标准（GB 6682—2008）所规定的试验方法检查水的纯度，是法定的水质检查方法。根据各实验室分析任务的要求和特点，往往对实验用水采用如下一些常规项目的检查。

(1) pH　要求纯水的 pH 在 6～7 之间。低于 6，表明水中溶解的 CO_2 含量较高；大于 7，一般是由于 HCO_3^- 含量较高所致。检验方法是在两支试管中各加 10mL 水样，一支试管中加 2 滴 0.1%甲基红指示剂，不应显红色；另一支试管中加 5 滴 0.1%溴百里酚蓝指示剂，不应显蓝色，即为合格。也可用精密 pH 试纸进行检验。如有必要时，可用 pH 计直接测定，结果更为可靠。

(2) 重金属离子　取 10mL 水样，加 1mL 氨性缓冲溶液，再加 1 滴 0.5%铬黑 T 溶液，不应显红色。

(3) 氯离子 (Cl^-)　取 10mL 水样，加 1 滴 $6mol \cdot L^{-1}$ HNO_3 和 1 滴 $0.1mol \cdot L^{-1}$ $AgNO_3$ 溶液，不应出现浑浊现象。

(4) 硫酸根 (SO_4^{2-})　取 10mL 水样，加 1 滴 $6mol \cdot L^{-1}$ HCl，再加 1 滴 0.1% $BaCl_2$ 溶液，不应有沉淀析出。

(5) 钙离子 (Ca^{2+})　取 10mL 水样，加数滴 $6mol \cdot L^{-1}$ $NH_3 \cdot H_2O$ 使呈碱性，再加饱和草酸铵溶液 6 滴，放置 12h 后，无沉淀析出。

此外，有时还可根据实际工作需要进行一些特殊的检验，如电导率 ($\leqslant 5\times10^{-3}S \cdot m^{-1}$)、硅含量、游离 CO_2、HCO_3^-、NH_4^+、Fe^{3+} 和 Fe^{2+}、NO_3^- 和 NO_2^- 等离子的检验。

2.4.2 纯水的制备

化学实验用的纯水常用蒸馏法、电渗析法、反渗透法和离子交换法来制备。蒸馏法设备成本低、操作简单，但只能除去水中非挥发性杂质，且能耗高。电渗析法是在直流电场的作用下，利用阴、阳离子交换膜对水中存在的阴、阳离子选择性渗透而除去离子型杂质，但也不能除去非离子型杂质。反渗透法是利用反渗透装置，除去水中的无机盐、有机物（相对分子质量>500)、细菌、病毒、悬浊物（粒径>0.1μm）等杂质。离子交换法是使水通过离子交换树脂达到除去水中杂质离子的目的，用该法制得的水即为“去离子水”，但无法除去非离子型的杂质，因此水中常含有微量有机物。

制备出的纯水，其纯度可用电导率（或电阻率）的大小来衡量，电导率越低或电阻率越高（电阻与电导互为倒数)，说明水越纯净。一、二、三级水的电导率应分别等于或小于 $0.01mS \cdot m^{-1}$、$0.10mS \cdot m^{-1}$、$0.50mS \cdot m^{-1}$。三级水可采用蒸馏、电渗析、反渗透或离子交换等方法制备。二级水可用多次蒸馏或离子交换等方法制备。一级水可用二级水经过石英设备蒸馏或离子交换混合床处理后，再经 2μm 微孔滤膜过滤来制备。

保存一、二级纯水应该用塑料容器而不能用玻璃容器，以免玻璃中所含钠盐及其它杂质会慢慢溶于水而使水的纯度降低。下面介绍几种实验用水的制备方法。

2.4.2.1　**蒸馏水**

将自来水在蒸馏装置中加热汽化，再将蒸汽冷凝便得到蒸馏水。由于杂质离子一般不挥发，因此蒸馏水中所含杂质比自来水少得多，可达到三级水的指标，但少量金属离子、二氧化碳等杂质未能除尽。蒸馏水在室温的电阻率可达约 $10^5\Omega \cdot cm$，而自来水一般约为 $3\times10^3\Omega \cdot cm$。蒸馏水用于洗涤一般的玻璃仪器和配制实验溶液。

2.4.2.2　**二次石英亚沸蒸馏水**

将蒸馏水进行重蒸馏，并在准备重蒸馏的蒸馏水中加入适当的试剂以抑制某些杂质的挥发。例如，用甘露醇抑制硼的挥发，用碱性高锰酸钾破坏有机物并防止二氧化碳蒸出等。二次蒸馏水一般可达到二级水指标。第二次蒸馏通常采用石英亚沸蒸馏器，由于它是在液面上方加热，液面始终处于亚沸状态，可使水蒸气带出的杂质减至最低。

2.4.2.3 **去离子水**

去离子水是将自来水或普通蒸馏水通过离子树脂交换柱后所得到的水。一般将水依次通过阳离子树脂交换柱、阴离子树脂交换柱、阴-阳离子树脂混合交换柱而制得。这样制得的水纯度比蒸馏水纯度高，质量可达到二级或一级水指标，但对非电解质及胶体无效，同时会有微量的有机物从树脂中溶出，因此，根据需要可将去离子水进行重蒸馏以得到高纯水。市场上有很多离子交换纯水器出售。

2.4.2.4 **高纯水**

化学意义上纯水的理论电导率为 18.3MΩ·cm，一般制备的纯水达不到这个理论值。人们把实际电导率达到 18MΩ·cm 的水称为高纯水或超纯水。制备高纯水的步骤大体如下。

(1) 准备原水　可用自来水、蒸馏水或去离子水作原水。

(2) 机械过滤　通过砂芯滤板和纤维柱滤除去机械杂质，如铁锈和其它悬浮物等。

(3) 活性炭过滤　活性炭是广谱吸附剂，可吸附气体成分，如水中的余氯等，还能吸附细菌和病毒等。绝大多数离子的去除，使离子交换柱的使用寿命大大延长。

(4) 紫外线消解　借助于短波（180～254nm）紫外线照射分解水中的不易被活性炭吸附的小分子有机化合物，如甲醇、乙醇等，使其转变成二氧化碳和水，以降低总有机碳的指标。

(5) 离子交换　混合离子交换柱是除去水中离子的重要手段，借助于多级混柱可以获得超纯水。使用化学稳定性好、不含低聚物、单体和添加剂等的高质量树脂能进一步保证超纯水的质量。

2.4.2.5 **几种特殊要求的纯水**

(1) pH≈7 的高纯水　在第一次蒸馏时，加入 NaOH 和 $KMnO_4$，第二次蒸馏时加入磷酸（除 NH_3），第三次用石英蒸馏器蒸馏（除去痕量碱金属杂质）。在整个蒸馏过程中，要避免水与大气直接接触。

(2) 不含金属离子的纯水　在 1L 蒸馏水中加入 2mL 浓硫酸，然后在硬质玻璃蒸馏器中蒸馏。蒸馏时，在蒸馏瓶中放几粒玻璃珠或几根毛细管以防“爆沸”。这样制得纯水含有少量硫酸，可用于金属离子的测定。但对于痕量分析，这种水仍不能满足要求，可用亚沸蒸馏水。

(3) 不含二氧化碳的纯水　将蒸馏水置于蒸馏瓶中直接加热半小时即可。所制的水要贮存在装有碱石灰干燥管的瓶子内，可用于配制 pH 试液、标准缓冲溶液或标准酸。

(4) 不含有机物的纯水　在蒸馏水中加入少量碱性高锰酸钾或奈氏试剂，在硬质玻璃蒸馏器中蒸馏。电导率约为 $1.0\sim0.8\times10^{-4}S\cdot m^{-1}$。

(5) 不含氯的纯水　将普通蒸馏水在硬质玻璃蒸馏器中先煮沸再蒸馏，收集中间馏分。

(6) 不含氨的纯水　在每升蒸馏水中加 25mL 5%氢氧化钠溶液，煮沸 1h；或在每升蒸馏水中加 2mL 浓硫酸，再重蒸馏，即得无氨蒸馏水。

(7) 不含氧的纯水　将蒸馏水在平底烧瓶中煮沸 12h，随即通过玻璃磨口导管与盛有焦性五棓子酸的碱性溶液吸收瓶连接起来，冷却后使用。

(8) 不含酚、亚硝酸的纯水　在蒸馏水中加入氢氧化钠使之呈碱性，再用硬质玻璃蒸馏器蒸馏。也可用活性炭制备不含酚的纯水。在 1L 水中加入 10～20mg 活性炭，充分振荡后，用三层定性滤纸过滤两次，除去活性炭即可。

2.5 气体的制备与纯化

2.5.1 气体的制备

在化学实验室常常要制备少量气体，可根据所使用反应原料的状态及反应条件，选择不同的反应装置进行制备。其制备方法按反应原料的状态和反应条件可分为四类：第一类为固体或固体混合物加热的反应，如 O_2、NH_3、N_2 等气体的制备，其典型装置如图 2-19 所示；第二类为固体与液体之间需加热的反应，或粉末状固体与液体之间不需加热的反应，如 SO_2、Cl_2、HCl 等的制备；第三类为液体与液体之间的反应，如甲酸与热的浓硫酸作用制备 CO 等，第二、三两类制备方法的典型装置如图 2-20 所示；第四类为不溶于水的块状或大颗粒状固体与液体之间不需加热的反应，如 H_2、CO_2、H_2S 等的制备，其典型装置为启普发生器，如图 2-21 所示。

2.5.1.1　简易气体发生器

在加热的条件下，利用固体或固体混合物制备气体，如 O_2、NH_3、N_2 等气体的制备，可采用图 2-19 所示的简易发生器。操作时，先将大试管烘干，冷却后再装入所需反应物，然后用铁夹固定在铁架上。装好橡皮塞及气体导管。应注意：①试管口稍向下倾斜，以免加热反应时在管口冷凝的水滴倒流到灼热处，炸裂试管；②先用小火均匀预热试管，然后再放到有试剂的部位加热进行反应，制备气体；③装置不能漏气。

利用固体与液体之间需加热的反应，或粉末状固体与液体之间不需加热的反应制备气体，如 SO_2、Cl_2、HCl 等气体的制备可采用图 2-20 的简易装置。它由烧瓶（或锥形瓶）与带有恒压装置的滴液漏斗组成。反应器与滴液漏斗酸液的上方用导管连接，使两处气体压力相等，反应过程中可使酸液靠自身的重力连续滴加到反应器中。安装时将固体或液体放在烧瓶中，酸液倒入漏斗内。使用时打开恒压漏斗的活塞，使酸液滴加到固体或液体反应物上，产生气体。如反应过于缓慢，可微微加热。若加热一段时间后反应又变缓以致停止时，表明需要更换试剂。

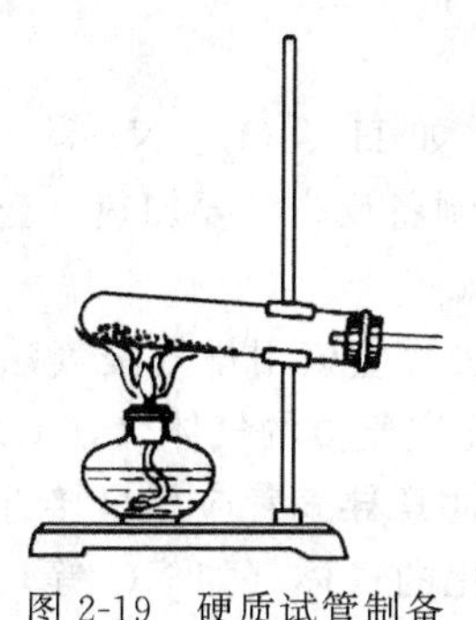

图 2-19　硬质试管制备气体装置

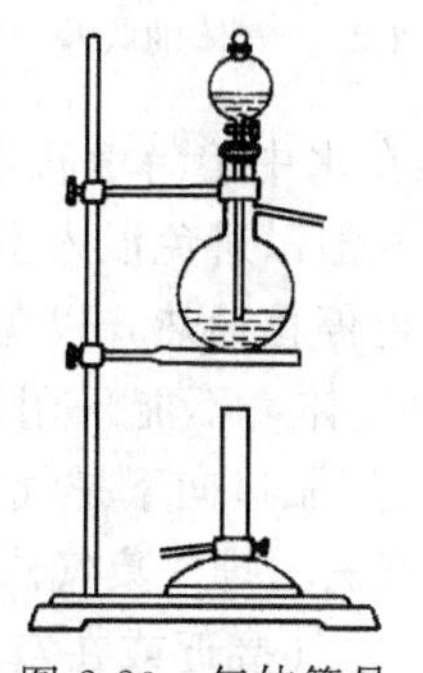

图 2-20　气体简易发生装置

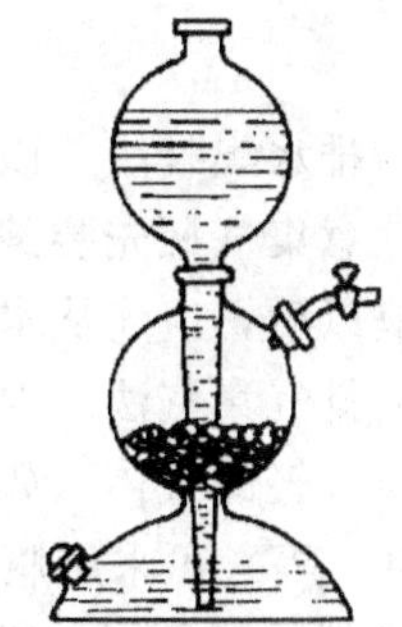

图 2-21　启普发生器

2.5.1.2　启普发生器

实验中常利用启普发生器制备 H_2、CO_2、H_2S 等气体。启普发生器适用于块状或大颗粒的固体与液体试剂进行反应，在不需要加热的条件下制备气体。

启普发生器（见图 2-21）由一个葫芦状的厚壁玻璃容器（底部扁平）和球形漏斗组成。在容器的下部有一个侧口（酸液出口），通常用磨口玻璃塞或橡皮塞塞紧（并用铁丝捆紧，以防止因压力增大而脱落）。发生器中部有一个气体出口，通过橡皮塞与带有玻璃活塞的导气管连接。使用前，先进行装配，将球形漏斗的磨口部位（与玻璃容器上口接触的部位）涂上一层薄薄的凡士林，插入葫芦状容器中，转动几次使之严密（不致漏气）。在葫芦状容器的狭窄处垫一些玻璃棉（或玻璃布）以免固体试剂落入下半球的酸液中。从气体出口处加入块状固体试剂，加入量不要超过中间球体容积的 1/3。然后再装好气体出口的橡皮塞及活塞导气管（活塞也需涂凡士林），最后从球形漏斗口加入适量酸液。

使用启普发生器时，可打开气体出口的活塞，由于压力差，酸液会自动下降进入容器底部并上升至中间球体内与固体接触，而产生气体，此时可调节活塞以控制气体流速。停止使用时，只要关闭活塞，继续产生的气体就会把酸液从中间球体的反应部位压回到容器底部及球形漏斗内，使酸液不再与固体接触而停止反应。若要继续制备气体，只需再打开活塞即可，十分方便。

发生器中的酸液使用一段时间后会逐渐变稀，应重新更换和添加适当的固体试剂。更换酸液时，先用塞子塞紧球形漏斗上口，然后把下球侧口的塞子取下，倒掉废酸，重新塞好塞子，再从球形漏斗中加入新的酸液。若需要更换或添加固体试剂时，先关闭导气管的活塞，当酸液压入葫芦状容器下部后，用橡皮塞将球形漏斗的上口塞紧，再取下气体出口的塞子，将原来的固体残渣取出，更换或添加固体试剂。

2.5.2 气体的收集

根据气体在水中的溶解情况，一般采取下列两种方法（图 2-22）收集。

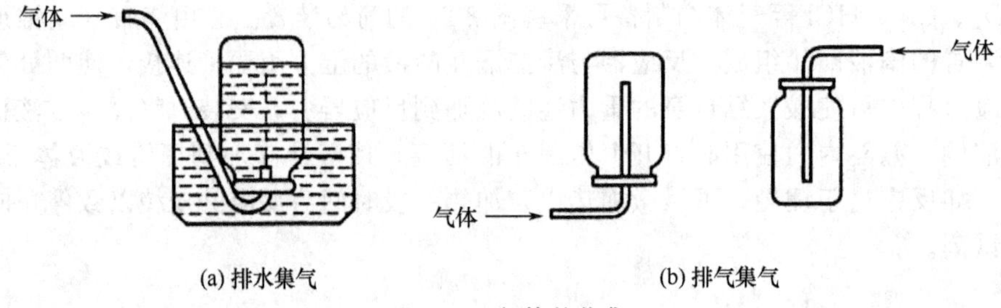

图 2-22 气体的收集

(1) 排水集气法 该法适用于收集在水中溶解度很小的气体，如 H_2、O_2、N_2 等。操作时应注意集气瓶先装满水，不能留有气泡以避免混入空气。如果制备反应需要加热，当气体收集满以后，应先从水中移出导气管再停止加热，以免水被倒吸。

(2) 排气集气法 对于易溶于水的气体，不能采用排水集气法，应该用排气集气法收集。比空气轻的气体（如 NH_3 等）可采用瓶口向下排气集气法。比空气重的气体（如 Cl_2、HCl、SO_2 等）可采用瓶口向上排气集气法。排气集气法操作时应注意导气管应尽量接近集气瓶的底部（尽量将空气排净）。密度与空气接近或在空气中易氧化的气体（如 NO 等）不宜用此方法收集。

气体的收集除用排水集气法和排气集气法外，还可以用球胆或塑料袋等收集。

2.5.3 气体的纯化与干燥

实验室中通过化学反应制备的气体一般都带有水汽、酸雾等杂质，纯度达不到要求，应该进行纯化和干燥。由于制备的各种气体本身性质及所含杂质的不同，因此纯化的方法也不同。一般先除去杂质与酸雾，再将气体干燥。

纯化过程中可根据杂质的性质选用适当的固体和洗涤液，来吸收除去气体中的杂质。如用水可除去酸雾和一些易溶于水的杂质；用浓 H_2SO_4、无水 $CaCl_2$、硅胶、P_2O_5 等可除去水汽；用浓硫酸还可除去碱性物质和一些还原性物质；用碱性溶液可除去酸性杂质；对一些不易直接吸收除去的杂质如 H_2S、AsH_3 还可用 $KMnO_4$、$Pb(Ac)_2$ 等溶液来使之转化成可溶物或沉淀除去。但要注意，纯化气体时，应尽量使用化学方法，所使用的试剂只与杂质发生反应，并不生成新的杂质。气体纯化的方法比较多，可以根据所制备的气体查阅有关的实验手册，选择适宜的方法。

除掉气体杂质以后，还需要将气体干燥。干燥的原则：干燥剂只能吸收气体中含有的水分而不能与气体发生反应。不同性质的气体应根据其特性选择不同的干燥剂。实验室常用的干燥剂一般有三类：一为酸性干燥剂，如浓硫酸、五氧化二磷、硅胶等；二为碱性干燥剂，如固体烧碱、石灰、碱石灰等；三是中性干燥剂，如无水氯化钙等。干燥剂的选用除了要考虑不能与被干燥的气体发生反应外，还要考虑具体的实验条件和经济、易得。常用气体干燥剂见表 2-8。

表 2-8　常用气体干燥剂

干燥剂	适于干燥的气体
CaO、KOH	NH_3、胺类
碱石灰	NH_3、胺类、O_2、N_2(同时可除去气体中的 CO_2 和酸气)
无水 $CaCl_2$	H_2、O_2、N_2、HCl、CO_2、CO、SO_2、烷烃、烯烃、氯代烷、乙醚
$CaBr_2$	HBr
CaI_2	HI
H_2SO_4	O_2、N_2、Cl_2、CO_2、CO、烷烃
P_2O_5	O_2、N_2、H_2、CO_2、CO、SO_2、烷烃、乙烯

气体的洗涤通常是在洗气瓶中进行（图 2-23）。洗涤时，让气体以一定的流速通过洗涤液（可通过形成气泡的速度来控制），杂质便可除去。洗气瓶使用时，要注意不能漏气和气体要通过液体液面下的那根导管接进气。洗气瓶也可作缓冲瓶用（缓冲气流或使气体中所含烟尘等微小固体沉降），瓶中不装洗涤剂，此时短管进气，长管出气。

常用的气体干燥仪有干燥管、U 形管和干燥塔（图 2-23）。前二者装填的干燥剂较少，而后者较多。干燥剂使用时应注意以下几点。

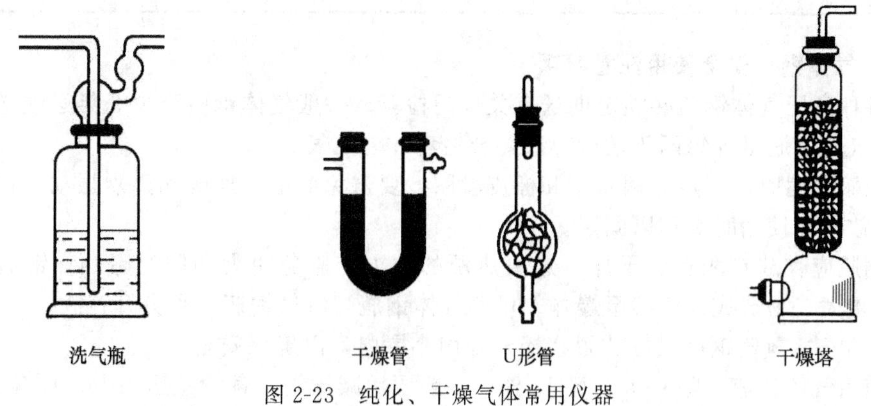

图 2-23　纯化、干燥气体常用仪器

① 进气端和出气端都要塞上一些疏松的脱脂棉，既使干燥剂不至于流撒又能起到过滤作用，使被干燥气体中的固体小颗粒不带入干燥剂内，同时也防止干燥剂的小颗粒带入干燥后的气体中。

② 干燥剂不要填充得太紧。颗粒大小要适当。颗粒太大，与气体的接触面积小，降低干燥效率；颗粒太小，颗粒间孔隙小使气体不易通过，太紧时也一样。

③ 干燥剂要临用时填充。因为干燥剂均易吸潮，过早填充会影响干燥效果。如确需提早填充，则填充好后干燥管要放在干燥器内保存。

④ 使用完后，应倒去干燥剂，并刷洗干净，以免因干燥剂吸潮结块，不易清除，进而

影响干燥仪器的继续使用。干燥仪器除干燥塔外，其余都应用铁夹固定。

2.5.4 气体钢瓶及其使用

2.5.4.1 气体钢瓶

气体钢瓶是储存压缩气体或液化气的高压容器。实验室中常用它直接获得各种气体。钢瓶是用无缝合金钢或碳素钢管制成的圆柱形容器，器壁很厚，容积一般为 40～60L，最高工作压力为 15MPa，最低的也在 0.6MPa 以上。在钢瓶的肩部用钢印打有以下标志：制造厂、制造日期、气瓶型号、编号、气瓶重量、气体容积、工作压力、水压试验压力、水压试验日期及下次送检日期等。钢瓶口内外壁均有螺纹，以连接钢瓶启闭阀门和钢瓶帽。瓶外还装有两个橡胶制的防震圈。钢瓶阀门侧面接头具有左旋或右旋的连接螺纹，可燃性气体为左旋，非可燃性及助燃气体为右旋。为了避免各种钢瓶使用时发生混淆，常将钢瓶漆上不同颜色，并以特定的颜色标明气体的名称和涂刷横条（见表 2-9）。

表 2-9 高压气体钢瓶颜色与标志

气瓶名称	瓶身颜色	字样	字样颜色	横条颜色
氧气瓶	天蓝	氧	黑	
氢气瓶	深色	氢	红	红
氮气瓶	黑	氮	黄	棕
压缩空气瓶	黑	压缩空气	白	
氨气瓶	黄	氨	黑	
二氧化碳气瓶	黑	二氧化碳	黄	黄
氦气瓶	棕	氦	白	
氯气瓶	草绿	氯	白	
液化石油气瓶	灰	石油气	红	
粗氩气瓶	黑	粗氩	白	白
纯氩气瓶	灰	纯氩	绿	
乙炔气瓶	白	乙炔	红	

2.5.4.2 气体钢瓶安全使用注意事项

① 各种高压气体钢瓶必须定期送有关部门检验。一般气体钢瓶至少 3 年必须送检一次，充腐蚀性气体钢瓶至少每两年送检一次，合格者才能充气。

② 钢瓶搬运时，要戴好钢瓶帽和橡皮腰圈。要避免撞击、摔倒和激烈振动，以防爆炸。钢瓶直立放置和使用时要加以固定。

③ 钢瓶应存放在阴凉、干燥、远离热源的地方，避免明火和阳光曝晒。钢瓶受热后，瓶内压力增大，易造成漏气甚至爆炸。可燃气体钢瓶与氧气钢瓶必须分开存放，与明火距离不得小于 10m。氢气钢瓶最好放置在楼外专用小屋内，以确保安全。

④ 使用气体钢瓶，除 CO_2、NH_3 外，一般要用减压阀。各种减压阀中，只有 N_2 和 O_2 的减压阀可相互通用外，其它的只能用于规定的气体，不能混用，以防爆炸。开启减压阀时，要站在钢瓶接口的侧面，以防被气流射伤。

⑤ 钢瓶上不得沾染油类及其它有机物，特别在气门出口和气表处，更应保持清洁。不可用棉麻等物堵漏，以防燃烧引起事故。

⑥ 不可将钢瓶内的气体全部用完，一定要保持 0.05MPa 以上的残余压力。可燃性气体应剩余 0.2～0.3MPa，氢气应保留 2MPa 的压力，以防重新充气或以后使用时发生危险。

2.5.4.3 减压阀

由于高压钢瓶内气体的压力一般很高，而实验中使用的气体压力往往比较低，仅靠钢瓶启闭阀门不能稳定调节气体的流出量。因此，使用时通过减压阀使气体压力降至实验所需范围且保持稳压。减压阀一般为弹簧式减压阀，它又分为正作用和反作用两种。现以反作用减压阀——氧气减压阀（又称氧气表）为例作如下介绍，其结构如图 2-24 所示。减压阀的阀腔被减压阀门分为高压室和低压室两部分。前者通过减压阀进口与气瓶连接，气压可由高压表读出，表示钢瓶内的压力；低压室经出口与工作系统连接，气压由低压表给出，低压表的出口压力可由调节螺杆控制。

使用时，先打开钢瓶阀门，然后顺时针转动调节螺杆的手柄 1，手柄压缩主弹簧，进而传动弹簧垫块 3、薄膜 4 和顶杆，将阀门 9 打开，进口的高压气体即由高压气室经阀门节流减压后进入低压室，再经出口通往工作系统。借转动调节螺杆 1，改变阀门开启的高度来调节高压气体的通过量而控制所需的减压压力。当达到所需压力时，停止旋转手柄。停止用气时，先关闭钢瓶阀门，让余气排净。当高压表和低压表均指“0”时，再逆时针转动手柄到最松的位置，使主弹簧恢复自由状态，此时减压阀重新关闭。

减压阀都装有安全阀，当压力超过一定的许可值或减压阀发生故障时安全阀 5 自动开启放气。其它减压阀的原理和结构与氧气减压阀基本上相同，但需注意，各种气体减压阀不能混用。安装减压阀时，应特别注意减压阀与钢瓶螺纹的方向，不要搞反。例如氢气减压阀为左旋螺纹，否则会损坏螺纹。

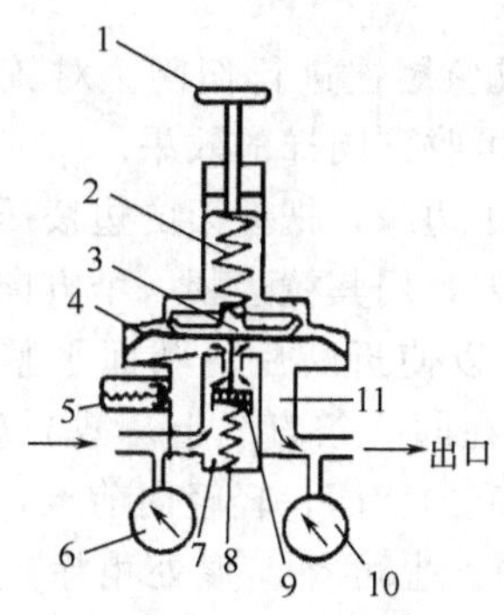

图 2-24　减压阀结构

1—手柄（调节螺杆）；2，8—压缩弹簧；3—弹簧垫块；4—薄膜；5—安全阀；6—高压表；7—高压气室；9—减压阀门；10—低压表；11—低压气室

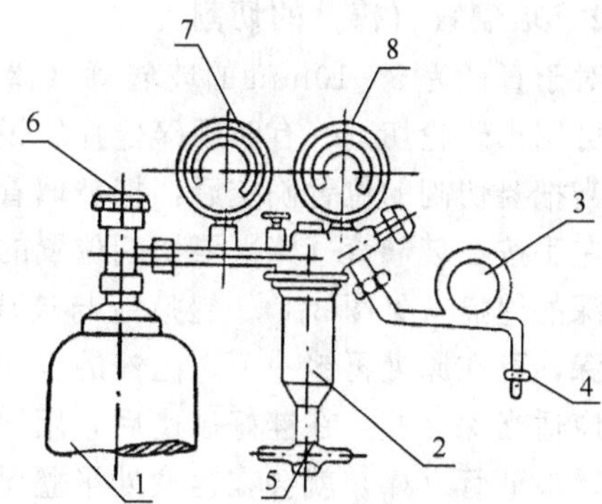

图 2-25　减压阀的安装

1—氧气瓶；2—减压阀；3—导气管；4—接头；5—减压阀旋转手柄；6—钢瓶阀门；7—高压表；8—低压表

2.5.4.4　钢瓶使用示例——氧气瓶

按图 2-25 装好氧气减压阀。使用前，逆时针转动减压阀手柄，直至最松位置。此时减压阀关闭，高压表读数指示钢瓶内压力。用肥皂水检查减压阀与钢瓶连接处是否漏气，如不漏气，即可顺时针旋转手柄，减压阀即开启送气，直至达到所需压力时，停止转动手柄。

停止用气时，先关钢瓶阀门，让气体排空。当高压表和低压表均指到“0”时，反时针转动手柄到最松位置，此时减压阀重新关闭。否则，当下次开启钢瓶阀门时，将使高压气体直接冲进充气系统，轻则冲坏设备，重则发生爆炸，还会使减压阀门失灵，致使其失去调节压力的作用。

第3章 化学实验基本操作

3.1 简单玻璃工操作和塞子的加工

在化学实验中，有时需要自己动手加工制作一些玻璃用品，如玻璃搅拌棒、玻璃弯管、滴管、毛细管等。因此，我们必须掌握一些基本的玻璃工操作方法。玻璃工包括切割、拉细、弯曲、吹制等几种主要操作，但吹制玻璃的技术性较强，简单玻璃工中应用较少。

3.1.1 玻璃管（棒）的清洗和干燥

玻璃管（棒）在加工前应洗净和干燥。玻璃管内的灰尘可用水冲洗干净。如果玻璃管较粗，可以用两端系有绳的布条通过玻璃管来回拉动，使管内的污物除去。若玻璃管内附有油污，用水无法洗净时，可将其割断然后浸于铬酸洗液中，最后用水冲洗干净。制备熔点管的毛细管和薄层色谱点样的毛细管，在拉制前均应用铬酸洗液浸泡，再用水洗净。洗净后的玻璃管应自然晾干或用热空气吹干，亦可在烘箱中烘干；但不可用火直接烤干，以防炸裂。

3.1.2 玻璃管（棒）的切割

对于直径为5～10mm的玻璃管（棒），可用三棱锉或鱼尾锉进行切割。对较细的玻璃管，可用小砂轮切割。有时用碎瓷片的锐棱代替锉刀，也可收到同样的效果。

当把要切割的位置确定后，把玻璃管（棒）平放在桌子边缘，把锉刀的边棱压在要切割处，左手按在玻璃管（棒）要切割位置的左边，右手握锉刀，用其棱边朝一个方向用力锉出一稍深的锉痕（见图3-1）。锉痕应与玻璃管（棒）垂直，以使折断后的断面平整。若锉痕不够深，可在原处再锉一下，但锉的方向应相同，锉痕应在同一条直线上。截断玻璃棒时，锉痕应适当深一些。在锉好痕迹后，用两手的拇指抵住锉痕的背面，轻轻向前推，同时向两头拉，玻璃管（棒）就会在锉痕处平整地断开（见图3-2）。也可在锉痕处稍涂点水，这样会大大降低玻璃强度，折断时更容易。为了安全起见，可在稍离锉痕处用布包住再折断玻璃管（棒）。折断时应注意玻璃管（棒）离眼睛稍远些，即使有玻璃碎屑迸出，也不会伤害眼睛。必要时，可戴上防护镜。

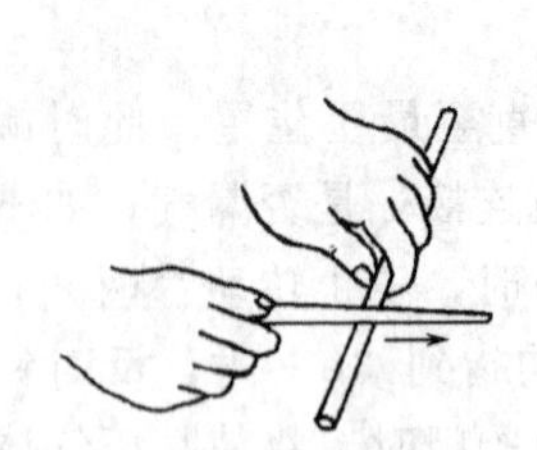

图3-1 切割玻璃管示意图

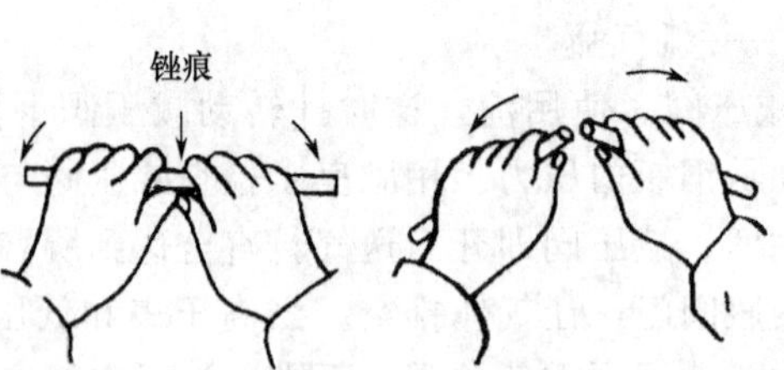

图3-2 折断玻璃管示意图

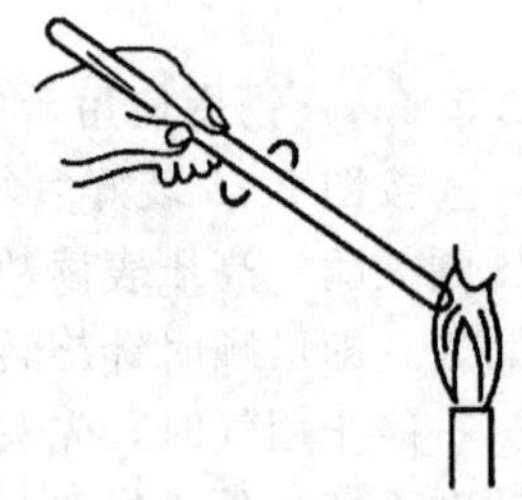

图3-3 玻璃管断面的烧圆

对较粗的玻璃管，或者需在玻璃管的近管端处进行截断的玻璃管，可利用玻璃管（棒）骤热或骤冷易裂的性质，来使其断裂。将一末端拉细的玻璃管（棒），在喷灯或煤气灯上加热至白炽成珠状，立即压触到用水滴湿的粗玻璃管或玻璃管近端锉痕处，玻璃管就会立即断开。

玻璃管（棒）断裂之处，要及时在火焰上烧圆，否则断口会割伤皮肤、胶皮管或塞子。将玻璃管（棒）断口处呈45°角斜放在氧化火焰的边缘，缓慢转动玻璃管（棒），直至断口熔光圆滑（见图 3-3）。注意不可烧得太久，以免管口缩小或玻璃管（棒）发生弯曲变形。

3.1.3　拉玻璃管与滴管的制作

制作毛细管和滴管时都要用到拉玻璃管的操作。因此，拉玻璃管十分重要，必须熟练掌握。

3.1.3.1　玻璃管的操作要点

① 选择软质、干净的管径为 6～7mm 玻璃管，截成约 200mm 的一段，将玻璃管中部用氧化焰先小火预热，再调节火焰使其处于氧化焰的最宽处强烈灼烧，同时用双手等速地按同一方向慢慢地转动，使之受热均匀（见图 3-4）。不要偏离火焰，也不要在火焰中拉长和扭曲。当手感玻璃管已相当柔软且烧至黄红色时，表明已到“火候”。掌握好“火候”是拉玻璃管的关键，拉细部分越细长，要求玻璃管烧得越柔软。

② 将已烧软的玻璃管移离火焰，趁热边拉边旋转（见图 3-5），使拉细部分的中轴线与原中轴线重合。拉细时，先慢后快，并视其粗细以控制拉细长度。拉完后，应将玻璃管用双手悬置片刻，待玻璃硬化后再将其放在石棉网上。冷却后，在适当部位切断。拉细后的细管极易折断，只需用小砂轮轻轻划一细痕，一只手抵在细痕下，另一只手轻轻向上一拔，即可平整折断。

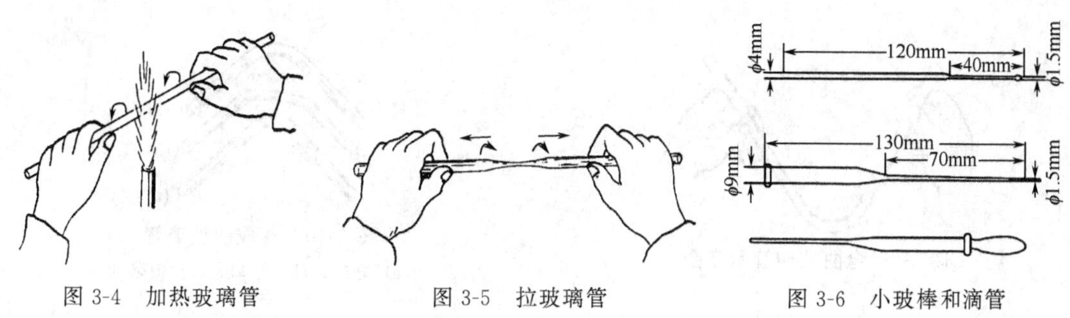

图 3-4　加热玻璃管　　图 3-5　拉玻璃管　　图 3-6　小玻棒和滴管

3.1.3.2　拉制滴管、小玻棒、熔点管和毛细管

用锉刀将细管截断，即可得到两只滴管。将滴管的细口用小火焰烧平滑，另一端在氧化焰上烧成暗红色，马上拿出并立即将管口垂直摁到瓷板或石棉网上，最后在石棉网上冷却后套上乳胶帽即成。无机和定性分析所用的滴管规格如图 3-6 所示，用作拉细的玻璃管长约 15～20cm 即可。

拉小玻棒（在小试管中使用）时，可截取 15cm 长的细玻棒，将中部置于火焰上加热后拉细到直径为 1～2mm 为止。冷却后用小砂轮在细处截断，并将断处熔成小球状即成。

拉制熔点管时，要选择干净的 10mm 管径的薄壁软质玻璃管，依照拉制滴管的方法，拉成管径为 0.8～1.2mm、长约 15cm 的毛细管。每根毛细管的两端分别在小火边缘上烧熔封口。封好的底端应为不留孔隙的半珠状透明玻璃。使用时从当中截断，内装固体样品，供毛细管法测定熔点用。

拉制减压蒸馏用的毛细管时，应选用干净的厚壁玻璃管，拉制方法与熔点管相似，可采用两次拉制法。先按拉制滴管的方法，拉成管径 1.5～2mm 的细管，稍冷后截断；再将细管部分用小火焰加热烧软后，移出火焰迅速拉伸。冷却后截成长约 1cm 的小段备用。

3.1.4　弯玻璃管

弯玻璃管时宜选用壁较厚的玻璃管，加热时不宜将玻璃烧得太软，否则容易变形。弯好的玻璃管应在同一平面上，弯曲处均匀平滑，保持原有的管径，没有外缘瘪陷、内缘纠结等缺陷（见图 3-7）。弯好后应随即进行退火处理，即将弯曲部分在弱火中均匀加热片刻，消除内应力，否则在应用时弯曲部位很容易断裂。

弯玻璃管的方法：首先，将玻璃管在弱火焰中烤热，然后加大火焰，两手持玻璃管，将需要弯曲处用中等火焰加热，同时缓慢旋转玻璃管，使之受热均匀。将玻璃管斜放于火焰中加热，也可增加其受热面积。如有条件亦可在灯管上套上扁灯头，亦称鱼尾灯头（见图 3-8）。当玻璃管受热发出黄红光且变软后，移出火焰，并顺势轻轻弯成所需的角度（见图 3-9）。若制作角度较小的弯管时，可分几次完成，以免一次弯得过多而使弯曲部分发生瘪陷或纠结。在分次弯管时，要注意各次的加热部位应稍稍外移，待弯过的玻璃管稍冷后再重新加热，并且每次弯曲应在同一平面上，以免玻璃管弯得歪扭（见图 3-10）。

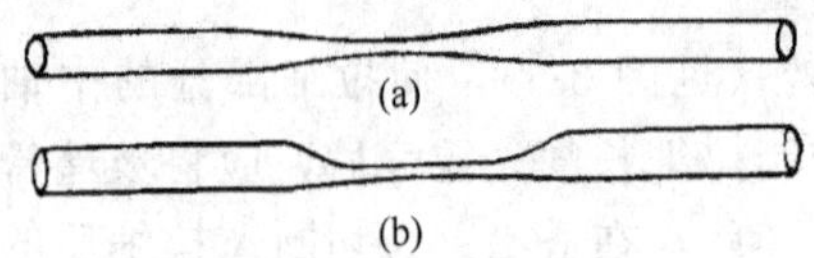

图 3-7　拉细后的玻璃管

（a）良好；（b）不好（管壁受热不均所致）

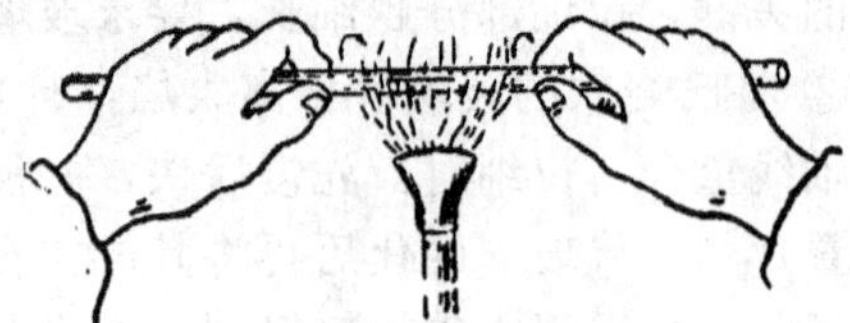

图 3-8　鱼尾灯头加热玻璃管

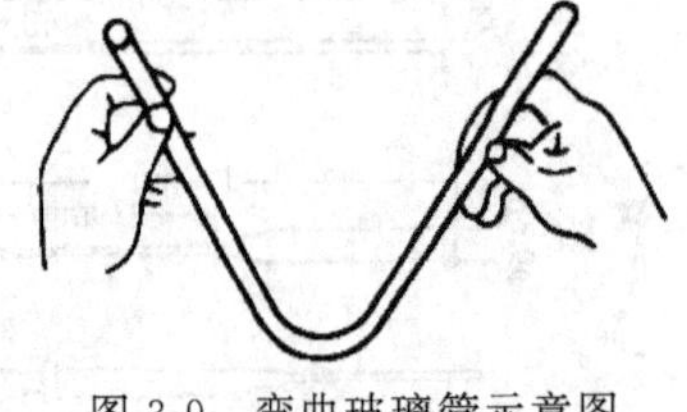

图 3-9　弯曲玻璃管示意图

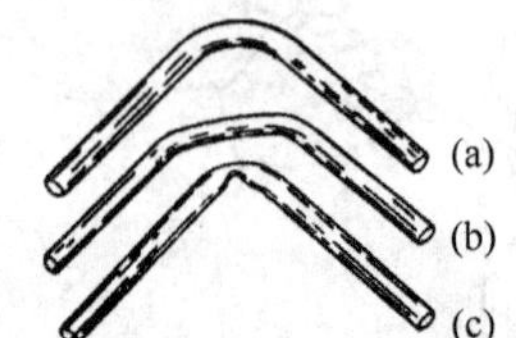

图 3-10　弯成的玻璃管

（a）好的；（b）平口；（c）瘪陷的

在进行弯管操作时需注意以下几点。

① 玻璃管应受热均匀，否则不易弯曲并出现纠结和瘪陷现象。玻璃管若受热过度，则会出现厚薄不均以及瘪陷现象。

② 加热玻璃管时，两手旋转速度应一致，否则会发生歪扭。不能在火焰中弯玻璃管。

③ 在加热玻璃管时，不要向外拉或向内推玻璃管，以免管径变得不均。

④ 弯好的玻璃管应放在石棉网上冷却，不可直接放在桌面上或铁架上。

3.1.5　塞子的配置与打孔

化学实验室常用的塞子有玻璃磨口塞、橡皮塞和软木塞。实验中常用的塞子有软木塞和橡皮塞两种，软木塞不易与有机物质作用，但易被酸、碱侵蚀，密封性较差。而橡皮塞可以把瓶子塞得很紧密，不漏气，并可以耐强碱性物质的侵蚀，但它易被强酸和有机物（如汽油、苯、氯仿、丙酮等）侵蚀和溶胀。玻璃磨口塞子适用于除碱和氢氟酸以外的一切盛放液体或固体的瓶子。

使用普通玻璃仪器进行实验时，仪器与仪器之间一般需要通过塞子、玻璃管或橡皮管把它们彼此紧密连接起来，因此塞子的选择、打孔是基础化学实验中最基本的操作之一。

（1）塞子的选择　塞子的大小应与仪器的口径相适合，一般要求塞子塞入仪器颈口部分为塞子本身高度的 1/2～2/3，如图 3-11 所示。

选用软木塞时，表面不应有深孔、裂纹。使用前要将软木塞放在木塞压榨器上滚压，经滚压后软木塞的大小同样应以塞入颈口 1/2～2/3 为宜。木塞压榨器如图 3-12 所示，使用时，把木塞放在固定的半圆体中，再将器柄上下按动，使塞子由槽的较宽处滚到较窄处，把木塞压软、压紧。

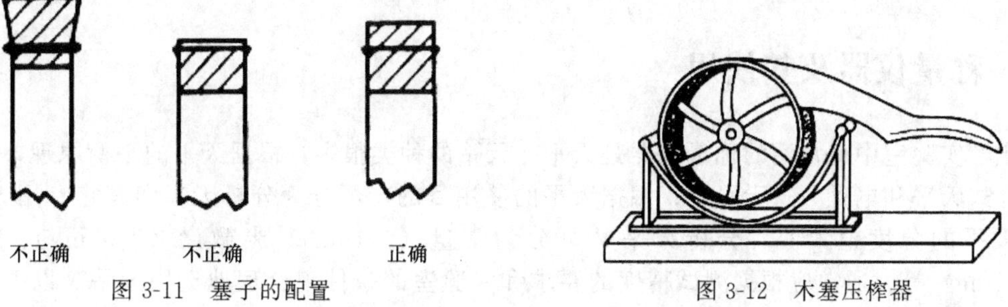

图 3-11　塞子的配置　　图 3-12　木塞压榨器

（2）打孔　塞子打孔要与所插入孔内的玻璃管、温度计等的直径适宜，要紧密配合，以免漏气。

打孔用的工具称为打孔器，如图 3-13 所示。它是一组不同的金属管，管的一端有柄，另一端很锋利，可用来钻孔。选择打孔器的大小应视软木塞、橡皮塞不同而异。软木塞打孔应选用打孔器的直径比被插入管子的直径略小些。橡皮塞打孔要选用比被插入管子的外径稍大些的打孔器，因橡皮塞有较大的弹性。

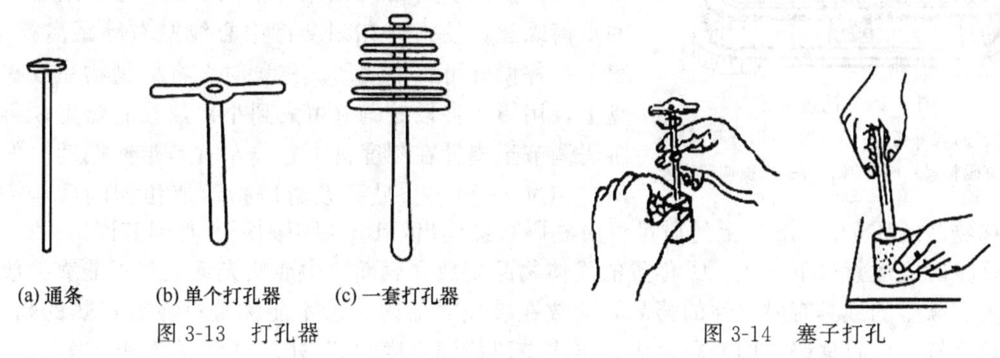

图 3-13　打孔器　　图 3-14　塞子打孔

打孔时，把塞子小的一端朝上，平放在桌面上的一块木板上，左手持塞，右手握住打孔器的柄，并在打孔器前端涂点甘油或水，将打孔器对准选定的位置，以一个方向边用力向下压边转动。打孔器要与塞子的平面保持垂直（见图 3-14），不能左右摇动，更不能倾斜，以免把孔钻斜。当孔钻至一半深时，把打孔器按相反方向旋转取出，用通条捅掉打孔器内的塞芯，然后再从塞子的另一面对准原孔位置按同样的操作把孔打透，取出打孔器，捅出塞芯。检查孔道是否合用，如果玻璃管或温度计可以毫不费力插入圆孔内，说明孔太大，圆孔和玻璃管或温度计不够紧密，塞子不能使用；若孔道略小或不光洁时，可用圆锉修整。

（3）玻璃管或温度计插入塞子的方法　可用甘油或水将玻璃管或温度计的前端润湿，一手拿住塞子，另一手捏住温度计或玻璃管（见图 3-15），捏的位置要离插入口近些（一般为 2～3cm），稍用力慢慢旋转插入塞内合适的位置。注意捏玻璃管或温度计的手切勿离插入口

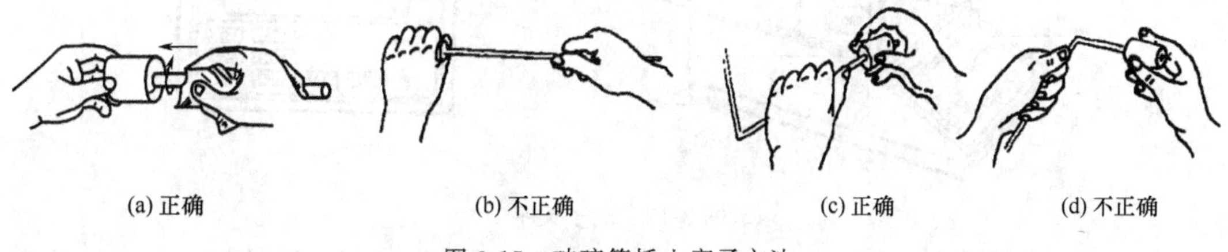

图 3-15　玻璃管插入塞子方法

太远或用力过猛，以防温度计或玻璃管折断刺破手。

3.2 称量仪器及其使用

化学实验室中最常用的称量仪器是天平。天平的种类很多，根据天平的平衡原理，可分为杠杆式天平和电磁力式天平等；根据天平的使用目的，可分为分析天平和其它专用天平；根据天平的分度值大小，分析天平又可分为常量（0.1mg）、半微量（0.01mg）、微量（0.001mg）等。通常应根据测试精度的要求和实验室的条件来合理地选用天平。以下就化学实验室中常见的托盘天平、电子天平作简单介绍。

3.2.1 托盘天平

托盘天平又称台秤，用于样品的粗称，能准确称至0.1g。通常托盘天平的分度值（感量）在0.01～0.1g，适用于粗略称量，能迅速称出物体的质量，但精度不高，仅用于配制大致浓度溶液时的称量。

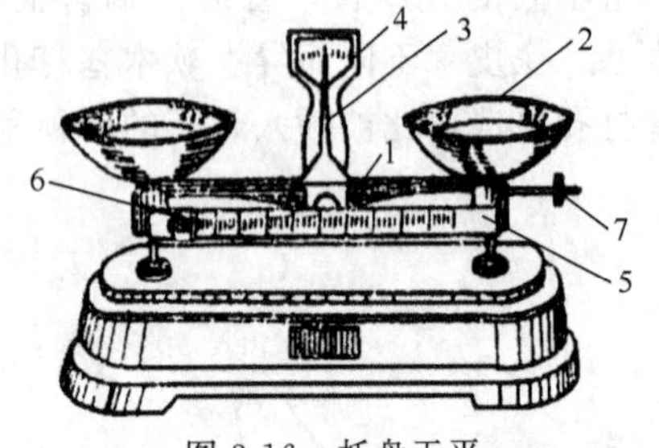

图 3-16 托盘天平

1—横梁；2—托盘；3—指针；4—刻度牌；5—游码标尺；6—游码；7—平衡调节螺丝

托盘天平的构造如图 3-16 所示。称量之前，先调整台秤的零点。将游码拨至“0”刻度，调节托盘下面的平衡螺丝，使指针在刻度盘中心线左右等距离摆动，表示台秤调好可正常使用。称量时，将称量物品放在左盘上，用镊子夹取砝码（由大到小）放在右盘上，再用游码调节至指针在刻度盘中心线左右等距离摆动（偏差不应超过 1 分度）。砝码及游码指示值相加的质量，即为所称物品的质量。10g 以上的质量可由砝码直接读出，10g 以下则用游码调节读出。

称量时应注意以下几点：①称量的固体物品要放在表面皿中或蜡光纸上，不能直接放在托盘上；软湿的或具有腐蚀性的药品，应放在玻璃容器内。②不能称量过冷或过热的物品。③称量完毕，应将砝码放回砝码盒内，再将游码拨到刻度“0”处。将台秤清理干净。

3.2.2 电子天平

电子天平是根据电磁力平衡原理制造的高精度电子测量仪器，可以精确测量到0.0001g。通过设定程序，电子天平可实现自动调零、自动校准、自动去皮、自动显示称量结果等功能。它操作简单，称量方便、准确而迅速。电子天平的型号很多，结构和称量原理基本相同，主要是顶部承载式(又称上皿式)。例如，BP210S 型电子天平（其外形如图 3-17

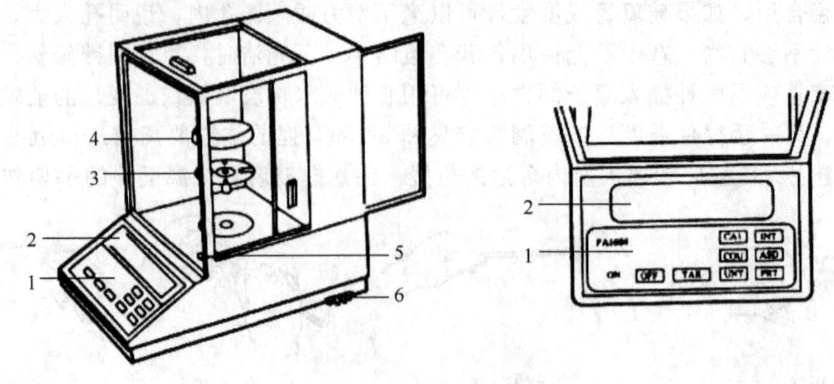

图 3-17 电子天平

1—键盘（控制板）；2—显示器；3—盘托；4—秤盘；5—水平仪；6—水平调节脚

所示）是多功能、上皿式的常量分析天平，感量为0.1mg，最大载荷为210g。通常只使用开/关键、除皮/调零键和校准/调整键。

3.2.2.1 **电子天平的使用方法**

(1) 水平调节 检查天平的水平仪（在天平后面），如水平仪气泡偏移，应通过调节天平前边左、右两个水平调节脚使气泡位于水平仪中心。

(2) 预热 接通电源，预热30min以上再称量。

(3) 开启显示屏 按一下开/关键，显示屏全亮，并很快显现“0.0000g”。

(4) 调零 如果显示不是“0.0000g”，则要按一下除皮/调零键（TARE键）调零。

(5) 称量 将被称物轻放在秤盘中央位置上，这时可看见显示屏上的数字在不断变化，待显示的数字稳定并出现“g”后，即可读数并记录称量结果。

(6) 称量完毕，取下被称物 如果一会儿还要继续使用天平，可暂不按“开/关键”，天平将自动保持零位，或者按一下“开/关键”（但不要拔下电源插头），让天平处于待命状态，即显示屏上数字消失，再次称量时按一下“开/关”键即可使用。如果较长时间（半天以上）不再使用天平，应拔下电源插头，盖上防尘罩。

3.2.2.2 **注意事项**

① 如果天平长时间没有用过或天平移动过位置，应对天平进行校准。校准要在天平通电预热30min以后进行。程序是：调整水平，按下“开/关”键，显示稳定后如不为零则按一下“TARE”键，稳定地显示“0.0000g”后，按一下“CAL（校准键）”，天平将自动进行校准，屏幕显示出“CAL”，表示正在进行校准。10s左右，“CAL”消失，表明天平校准完毕，天平屏幕显示“0.0000g”。如果显示不正好为零，可按一下“TARE”键，然后即可进行称量。

② 电子天平的体积较小，重量较轻，容易被碰移动而造成水平改变，影响称量结果的准确性。所以应特别注意使用时动作要轻、缓，防止开门及放置被称物时动作过重，并应时常检查水平是否改变，注意及时调整水平。

③ 要避免可能影响天平示值变动性的各种因素，如空气对流、温度波动、容器不够干燥等。

④ 过热的物体必须放在干燥器内冷却至室温后再进行称量。称量物必须置于洁净干燥的容器（如烧杯、表面皿、称量瓶等）中进行称量，以避免沾染、腐蚀天平。

3.2.3 试样的称量方法

根据试样的不同性质和不同的要求，称取试样时可采用直接称量法、固定质量称量法或减量称量法进行称量。

3.2.3.1 **直接称量法**

直接称量法（简称直接法）是最常用、最普遍、最简单的称量物体质量的方法，此法适用于称量某些性质稳定的试样或器皿的质量。例如，称量小烧杯的质量，容量器皿校正时称量某容量瓶的质量，重量分析实验中称量某坩埚的质量，都使用这种称量法。称量试剂时，用角匙将试样加在已知质量的洁净、干燥的小表面皿上或小烧杯内，直接在天平秤盘上称量，一次称取一定质量的试样，然后将试样全部转移到准备好的容器中。

3.2.3.2 **固定质量称量法**

固定质量称量法也称增量法。此法用于称量某一固定质量的试剂（如基准物质）或试样。这种称量操作的速度很慢，适于称量不易吸潮、在空气中能稳定存在的粉末状或小颗粒（最小颗粒应小于0.1mg，以便容易调节其质量）样品。称样时，根据不同试样的要求，可采用表面皿、小烧杯、称量纸等进行称样。将干燥的小容器（例如小烧杯）轻轻地放在天平秤盘上，待显示平衡后，按一下“TRAE”键扣除皮重并显示零点，然后打开天平门，用角匙将试样慢慢加入容器中并观察屏幕。当所加试样与指定的质量相差不到10mg时，小心地将盛有试样的角匙伸向容器中心上方约2～3cm处，角匙的另一端顶在掌心上，用拇指、中指及掌心拿稳角匙，并以食指轻轻敲击匙柄，将试样慢慢地抖入容器中（见图3-18），当达到所需质量时停止加样，关上天平门，显示平衡后即可读数并记录试样的净重。称好后，用洁净的软纸片衬垫取出称量容器，将试样全部转移到实验容器内。必要时可用少量蒸馏水吹洗称样容器上黏附的粉末。采用此法进行称量，最能体现电子天平称量快捷的优越性。

称量时要特别注意：①不要将试样撒落在秤盘上或天平箱内；②称好的试样必须全部转移到实验容器内。

3.2.3.3 减量称量法

减量称量法也称减量法，是把要称量的物体（通常为固体粉末）先装入一称量瓶中，在天平上称出全部试样和称量瓶的总质量，然后从称量瓶中小心倒出所需一定量的试样。倒出一份试样前后两次质量之差即为该份试样的质量。此法只需确定样品或试剂的一定质量称量范围，常用于称量易吸水、易氧化或易与二氧化碳起反应的物质。由于称取试样的质量是由两次称量之差求得，故也称差减法。当用湿的容器（例如湿的烧杯、锥形瓶）称取样品时，不能用直接称量法和固定质量称量法，而适用于减量法。

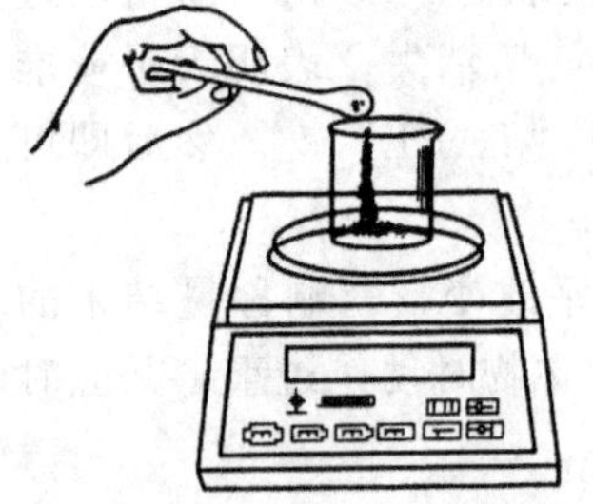

图3-18 固定质量的称量

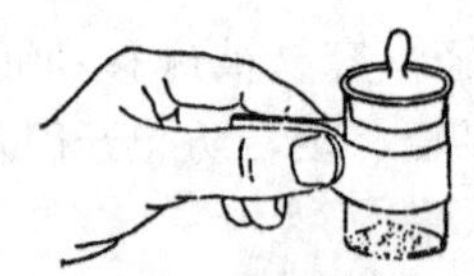

图3-19 称量瓶的拿法

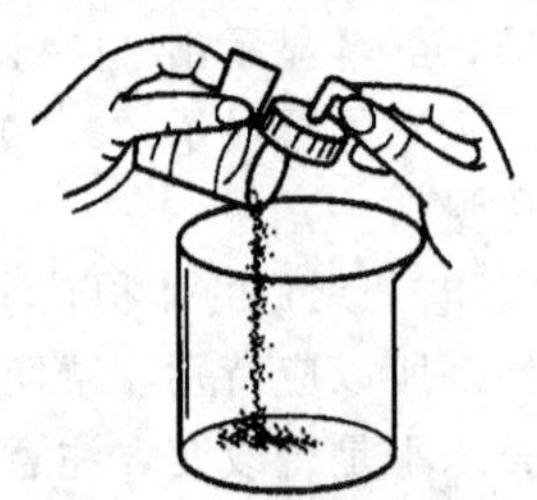

图3-20 试样敲击的方法

称量时，用纸片对折成宽度适中的纸条，毛边朝下套住盛有样品的称量瓶，用左手拇指和食指夹住纸条（防止手上的油污粘到称量瓶壁上）套住称量瓶（见图3-19），由天平的左侧门将称量瓶放在左秤盘中央，取出纸条，按直接称量法准确称量。然后，仍用左手以纸条夹住将其从天平盘上出，移至要放试样的容器（烧杯或锥形瓶）上方。右手用小纸片衬垫夹住瓶盖柄，打开瓶盖，但不要离开容器上方。将称量瓶一边慢慢地倾斜接近水平，使瓶底略低于瓶口，可防止试样冲出。用瓶盖轻轻敲击瓶口，使试样慢慢落入容器内，注意不要撒在容器外。如图3-20所示，当倾出的试样接近所要称取的质量时，一边将称量瓶慢慢竖起，一边用称量瓶盖轻轻敲击瓶口侧面，使黏附在瓶口上的试样落入瓶内，再盖好瓶盖，放回天平左盘上称量，两次称得质量之差即为试样的质量。若试样的量不够，则继续操作。但不宜多次重复操作。若不慎倾倒出的试样超过了所需的量时，则应弃之重称。按上述方法可连续称取几份试样。

使用电子天平的除皮功能，使减量法称量更加快捷。将称量瓶放在电子天平的秤盘上，显示稳定后，按一下“TARE”键使显示为零，然后取出称量瓶向容器中敲出一定量样品，再将称量瓶放在天平上称量，此时天平显示负值，即为敲出去的质量，如果所示质量达到要求，即可记录称量结果。若需连续称量第二份试样，则再按一下“TARE”键使显示为零，重复上述操作即可。

称量时要注意：①称量过程中，严禁直接用手拿称量瓶或瓶盖操作，以免不洁的手玷污称量瓶引起称量误差；②在倾倒过程中，每次敲击出的试样不宜太多（尤其在称量第一份试样时），否则易超重。若超重太多，则只能弃去重称。

3.3　玻璃量器及其使用

玻璃量器（简称量器）是带有精确刻度的玻璃仪器，用于定量取用液体试剂。滴定管、移液管、吸量管、容量瓶、量筒、量杯、微量进样器等是化学实验室中常用的玻璃量器。所有量器都不能取用热的液体，更不能用作加热容器。除量筒以外的精密量器在使用前应进行校正。

量器分为量入式(标有“In”或“A”字样）和量出式(标有“Ex”或“E”字样）两种。量入式表示在标明温度下，液体充满至标度刻线时，量器内液体的体积与量器上所标明的体积相同（如容量瓶、比重瓶）。量出式表示在标明温度下，液体充满至标度刻线后，按一定方法放出液体时，其体积与标明的体积相同（如移液管）或两次体积读数差为所需值(如滴定管、吸量管、注射器等)。

量器按其容积的准确度分为 A、A_2、B 三种等级。A 级的准确度比 B 级一般高一倍，A_2 级介于 A 级和 B 级之间。过去量器的等级用“一等”、“二等”，“I”、“Ⅱ”或“（1）”、“（2）”等表示，分别相当于 A、B 级。无这些符号的量器，则表示无等级，如量筒、量杯等。

正确使用量器是化学实验（特别是容量分析）的基本操作技术之一。下面对常用的量器及其使用方法作一介绍。

3.3.1　滴定管

滴定管是滴定时用来准确测量流出的操作溶液体积的量器（量出式仪器）。常量分析最常用的是容积为 50mL 的滴定管，其最小刻度是 0.1mL，因此读数可以估计到 0.01mL。另外，还有容积为 10、5、2 和 1mL 的微量滴定管（见图 3-21），最小刻度分别是±0.05mL 和±0.02mL，特别适用于电位滴定。

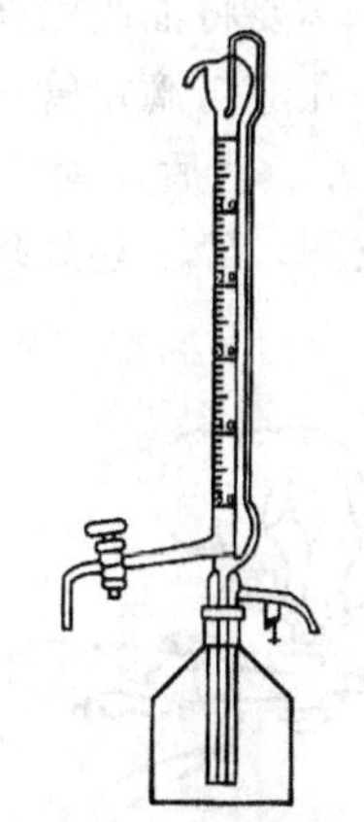

图 3-21　微量滴定管

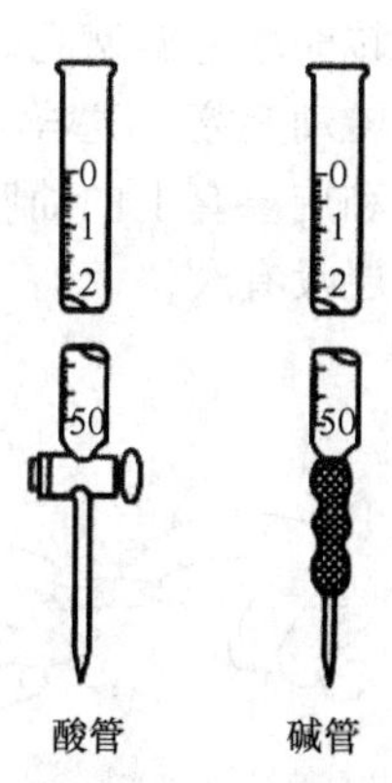

图 3-22　滴定管

滴定管一般分为两种（见图 3-22)：一种是酸式滴定管，简称酸管；另一种是碱式滴定管，简称碱管。酸式滴定管的刻度管和下端尖嘴玻璃管通过玻璃旋塞相连，适于盛装酸性溶液和氧化性溶液，不宜盛装碱性溶液，因为碱性溶液会腐蚀玻璃，时间稍长，旋塞便旋不动。碱式滴定管的刻度管与下端尖嘴玻璃管之间通过乳胶管连接，在乳胶管中间装有一颗玻璃珠，用以控制溶液的流出速度。碱式滴定管用于盛装碱性及无氧化性溶液，凡是能与橡皮管或乳胶管起反应的溶液，如高锰酸钾、碘和硝酸银等溶液，都不能装入碱式滴定管。一些见光易分解的溶液，如 $AgNO_3$、$Na_2S_2O_3$、$KMnO_4$ 等溶液可用棕色滴定管。另有一种以聚四氟乙烯塑料作活塞的新型滴定管，因其耐酸、耐碱又耐腐蚀，可以放置几乎所有的分析试剂。聚四氟乙烯旋塞有弹性，通过调节旋塞尾部的螺帽来调节旋塞与旋塞套间的紧密度，因而此类通用滴定管无需涂润凡士林。更新的滴定装置是用机械传动或手工传动的滴定仪进行滴定，其加液和滴定用按钮或手动旋轮进行，能精确定量，所用滴定剂的体积直接用数字显示，显示精度为 0.01mL，能满足滴定分析的要求。

3.3.1.1 **酸式滴定管的准备**

（1）洗涤　滴定管在使用前，还应进行充分的清洗。根据污染的程度，可采用不同的清洗方法。一般情况下，先用自来水冲洗，或先用滴定管刷蘸洗涤剂刷洗，而后再用自来水冲洗。如有油污，可用铬酸洗液洗，一般加入 5～10mL 洗液，边转动边将滴定管放平，并将滴定管口对着洗液瓶口，以防洗液洒出。洗净后，将一部分洗液从管口放回原瓶，最后打开旋塞，将剩余的洗液从出口管放回原瓶。必要时可用温热洗液加满滴定管浸泡一段时间。将洗液从滴定管彻底放净后，用自来水冲洗时要注意，最初的涮洗液应倒入废酸缸中，以免腐蚀下水管道。有时，可根据具体情况采用针对性洗涤液进行洗涤。例如，装过 $KMnO_4$ 的滴定管内壁常残存有二氧化锰，可用草酸或过氧化氢加硫酸溶液进行洗涤。

用各种洗涤剂清洗后，都必须用自来水充分洗净，并将管外壁擦干，以便观察内壁是否挂水珠，然后用去离子水润洗三次，最后，将管的外壁擦干。洗净的滴定管倒挂（防止落入灰尘）在滴定管架台上备用。长期不用的滴定管应将旋塞和旋塞套擦拭干净，并夹上薄纸后再保存，以防旋塞和旋塞套之间粘住而不易打开。

（2）涂凡士林　为了使旋塞转动灵活并克服漏水现象，需将旋塞涂凡士林油。将滴定管平放于桌面上，取下旋塞，用滤纸将旋塞和旋塞套擦干。用手指将一薄层油脂均匀地涂于旋塞的大头上（见图 3-23），另用纸卷或火柴梗将油脂涂抹在旋塞套的小口内侧，也可以用手指均匀地涂一薄层油脂抹于旋塞的两头。油脂厚薄应适当，涂得太少，旋塞转动不灵活且易漏水；涂得太多，旋塞孔容易被堵塞。不论采用哪种方法，都不要将油脂涂在旋塞孔上、下两侧，以免旋转时堵塞旋塞孔。将旋塞插入旋塞套中时，旋塞孔应与滴定管平行，径直插入旋塞套，不要转动旋塞，这样可以避免将油脂挤到旋塞孔中去。然后，朝同一方向旋转旋塞，直到旋塞和旋塞套上的油脂层全部透明为止，套上小橡皮圈。经上述处理后，旋塞应转动灵活，油脂层没有纹络。

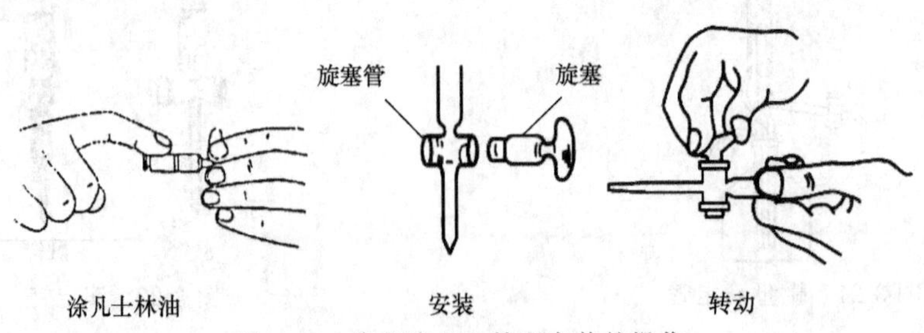

图 3-23　旋塞涂凡士林和安装的操作

若出口管尖被油脂堵塞，可将它插入热水中温热片刻，然后打开旋塞，使管内的水突然流下，将软化的油脂冲出。油脂排出后即可关闭旋塞。

(3) 检漏　滴定管在使用前，应先检查滴定管是否漏水，如出现漏水现象，则不宜使用。可用自来水充满滴定管，将其夹在滴定管架上静置约 3min，观察活塞边缘和管端有无水滴渗出。然后将旋塞旋转 180°后，再观察一次，如无漏水现象，即可使用。

注意从管口将自来水倒出时，一定不要打开旋塞，否则旋塞上的油脂会冲入滴定管，使内壁重新玷污。

(4) 润洗　加入操作溶液之前，先用纯水润洗三次，每次用 5～10mL 左右。洗涤时，双手持滴定管身两端无刻度处，边转动边倾斜滴定管，使水布满全管并轻轻振荡。然后，将滴定管直立，打开旋塞将水放掉，同时冲洗了出口管。也可将大部分水从管口倒出，再将其余的水从出口管放出。每次放掉水时应尽量不使水残留在管内，最后将滴定管的外壁擦干。

3.3.1.2　碱式滴定管的准备

使用前应检查乳胶管和玻璃球是否完好。若胶管已老化，玻璃球过大（不易操作）或过小（漏水），均应予更换。对于 50mL 滴定管，应使用内径为 6mm、外径为 9mm 的乳胶管和 6～8mm 直径的玻璃球为宜。操作碱管的方法是：用手指捏挤玻璃球周围一侧的乳胶管使之形成一个小缝隙，溶液即可流出［图 3-24(b)］，并可控制流速。

碱管的洗涤方法与酸管相同，在需要用铬酸洗液洗涤时，可将玻璃球往上推，使其紧贴在碱管的下端，防止洗液腐蚀乳胶管。然后加满铬酸洗液浸泡几分钟，再依次用自来水和去离子水洗净。也可除去乳胶管，用塑料堵头堵塞碱管下口进行洗涤。清洗碱管时，应特别注意玻璃球下方死角处的清洗。为此，在捏乳胶管时应不断改变方位，使玻璃球的四周都洗到。洗净后的滴定管倒挂在滴定台架上备用。

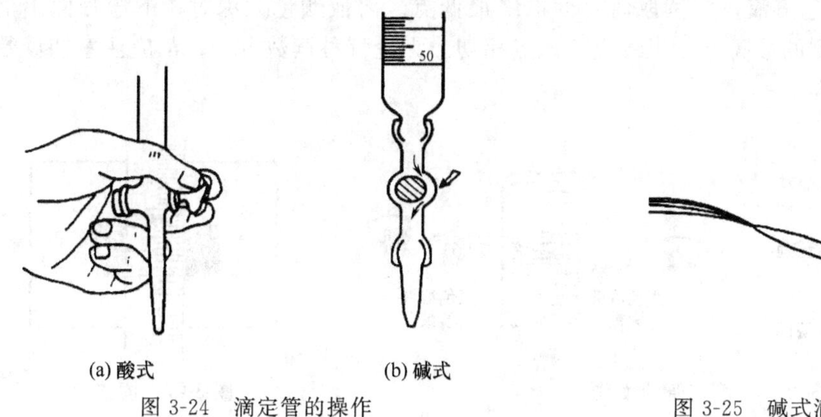

(a) 酸式　(b) 碱式

图 3-24　滴定管的操作

图 3-25　碱式滴定管排气法

3.3.1.3　操作溶液的装入

装入操作液前，应将试剂瓶中的溶液摇匀，使凝结在内壁上的水珠混入溶液中，这在天气比较热、室温变化比较大时尤为必要。用摇匀的操作溶液润洗滴定管三次（第一次约 10mL，大部分溶液可由上口放出，第二、三次各约 5mL，可以从出口管放出，润洗方法同前）。装操作溶液时，应将溶液直接倒入滴定管中，一般不得借助其他容器（如烧杯、漏斗等）转移。用左手前三指持滴定管上部无刻度处（不要整个手握住滴定管），并可稍微倾斜；右手拿住细口瓶往滴定管中倒溶液，可边倒溶液边转动滴定管，使溶液洗遍滴定管全部内壁。润洗滴定管时应注意，一定要使操作溶液洗遍全部内壁，并使溶液接触管壁 1～2min，以便涮洗掉原来残留液。对于碱管，仍应注意玻璃球下方的洗涤。

润洗之后，随即装入操作溶液，直至“0”刻度以上为止，开启旋塞或挤压玻璃珠，把管内液面位置调节到略低于刻度“0”。必须注意检查滴定管的出口管是否充满溶液，滴定管下端应没有气泡，否则会造成读数的误差。酸管出口管及旋塞透明容易看得出（有时旋塞孔中暗藏着气泡，需要从出口管放出溶液时才能看见），但碱管则需对光检查乳胶管内及出口管内是否有气泡或有未充满的地方。如有气泡，应将其排出。排除酸管中的气泡，可用右手拿滴定管上部无刻度处（或夹在滴定台上），并使滴定管稍微倾斜约 30°，左手迅速打开旋塞［见图 3-24(a)］使溶液冲出（下面用烧杯承接溶液），即可赶走气泡。若气泡仍未能排出，可重复操作。如仍不能使溶液充满出口管，可能是出口管未洗净，必须重洗。为排出碱管中的气泡，在装满溶液后，可用右手拿住管身上端，并使管身稍微倾斜，用左手拇指和食指拿住玻璃球下半球所在部位并使乳胶管向上弯曲，并使尖嘴向上翘（见图 3-25），然后在玻璃球部位往一侧轻捏橡皮管，使溶液从尖嘴口喷出（下面用烧杯承接溶液），气泡即随溶液排出。然后一边捏乳胶管一边把乳胶管放直，注意应在乳胶管放直后，再松开拇指和食指，否则出口管仍会有气泡，最后将滴定管的外壁擦干。

3.3.1.4 滴定管的读数

滴定管读数时应遵循下列原则。

① 装入或放出溶液后，必须等 1～2min，使附着在内壁上的溶液流下来，再读数。如果放出溶液的速度较慢（例如，滴定到最后阶段，每次只加半滴溶液时），等 0.5～1min 即可读数。每次读数前要检查一下管壁是否挂水珠，管尖是否有气泡。

② 读数时，滴定管要垂直。可将滴定管从滴定管架上取下，用右手的拇指和食指轻轻夹住滴定管无刻度处，使滴定管自然下垂。也可以夹在滴定管架上。

③ 读数时，操作者身体要站正，视线在弯月面下缘最低点处，且与液面成水平（见图 3-26)；对于无色或浅色溶液，应读取弯月面下缘最低点。溶液颜色太深时，下弯月面不清晰，此时可读液面两侧的最高点，视线应与该点相切。无论哪种读数方法，都应注意初读数与终读数采用同一标准。

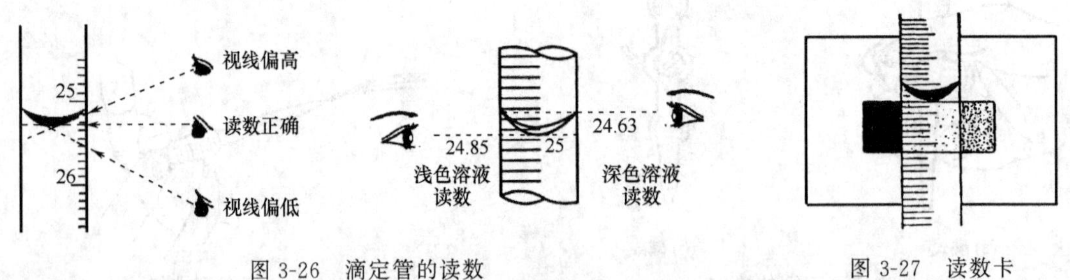

图 3-26 滴定管的读数　　图 3-27 读数卡

④ 读数时，必须读到小数点后第二位，即要求估计到 0.01mL。估计读数时，应考虑到刻度线本身的宽度。为了便于读数，可在滴定管后衬一黑白两色的读数卡（图 3-27)。读数时，将读数卡衬在滴定管背后，使黑色部分在弯月面下约 1mm，弯月面的反射层即全部成为黑色，读此黑色弯月面下缘的最低点。但对深色溶液需读两侧最高点时，可以用白色卡片为背景。若为乳白板蓝线衬背滴定管，应当取蓝线上下两尖端相对点的位置读数（图 3-28)。

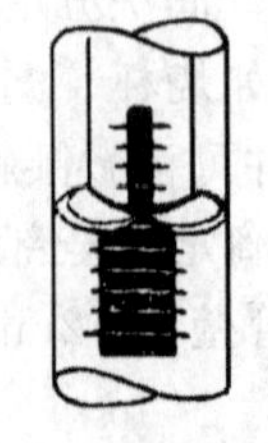

图 3-28 蓝条滴定管

⑤ 读取初读数前，应将滴定管尖悬挂着的溶液除去。滴定至终点时应立即关闭旋塞，并注意不要使滴定管中溶液有稍许流出，否则终读数便包括这流出的溶液。滴定完成后，等 15s 后再读取终读数。在读取终读数前，应注意检查出口管尖是否悬有溶液，如有则此次读数不能取用。

3.3.1.5　**滴定管的操作方法**

进行滴定时，应将滴定管垂直地夹在滴定管架上。

使用酸管时，左手无名指和小指向手心弯曲，轻轻地贴着出口管，用其余三指控制旋塞的转动［见图 3-24(a)］。但应注意不要向外拉旋塞，也不要使手心顶着旋塞末端而向前推动旋塞，以免使旋塞移位而造成漏水。一旦发生这种情况，应重新涂油。也要注意，不要过分往里扣以免造成旋塞转动困难，不能操作自如。

使用碱管时，用左手无名指及小指夹住出口管，拇指与食指的指尖捏挤玻璃球周围一侧(左右均可）的乳胶管，使溶液从玻璃球旁空隙处流出［见图 3-24(b)］。使用碱管时应注意：①不要用力捏玻璃球，也不能使玻璃球上下移动；②不要捏到玻璃球下部的乳胶管，以免在管口处带入空气；③停止加液时，应先松开拇指与食指，最后才松开无名指与小指。

无论使用哪种滴定管，都不要用右手操作，右手用来摇动锥形瓶。操作者都必须熟练掌握三种加液方法：①逐滴连续滴加；②只加一滴；③使液滴悬而未落，即加半滴（甚至 1/4 滴)。

3.3.1.6　**滴定操作**

滴定操作是定量分析的基本功，使用者必须熟练掌握。滴定操作可在烧杯、锥形瓶或碘量瓶内进行，以白瓷板作背景。

滴定操作前，必须去掉滴定管尖端悬挂的残余液滴，读取初读数。将滴定管尖端插入烧杯（或锥形瓶口）内约 1cm，管口放在烧杯的左侧，但不要靠杯壁（或锥形瓶颈壁)，左手操纵活塞（或捏住玻璃珠的右上方的乳胶管）使滴定液逐渐加入。同时，右手用玻璃棒顺着一个方向充分搅拌溶液［见图 3-29(a)］，但勿使玻璃棒碰击杯底或杯壁。当加半滴溶液时，用搅拌棒下端承接悬挂的半滴溶液，放入溶液中搅拌。注意，搅拌棒只能接触液滴，不能接触滴定管尖；在滴定过程中，玻璃棒上沾有溶液，不能随便拿出。在锥形瓶中进行滴定时，则用右手前三指拿住瓶颈，使瓶底离滴定管架的白瓷板 2～3cm。同时调节滴定管的高度，使滴定管的下端伸入瓶口约 1cm。左手按上述方法操纵滴定管滴加溶液，右手运用腕力（不是用胳膊晃动）摇动锥形瓶，边滴加溶液边摇动［见图 3-29(b)］。使用碘量瓶滴定时，则要把玻璃塞夹在右手的中指和无名指之间［见图 3-29(c)］。

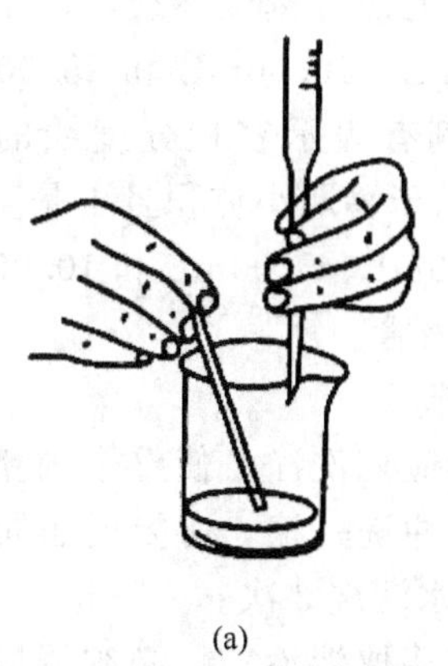

(a)

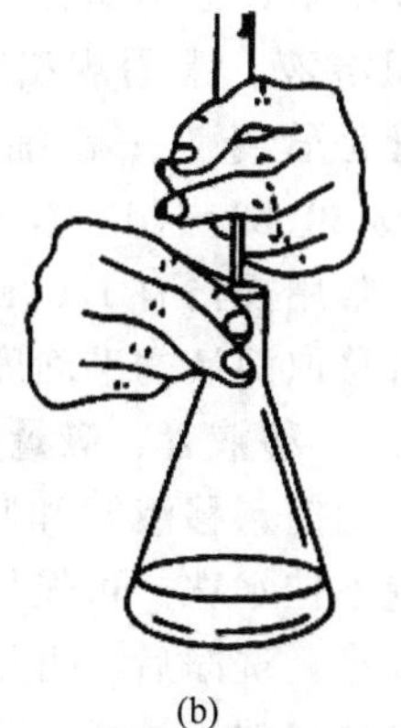

(b)

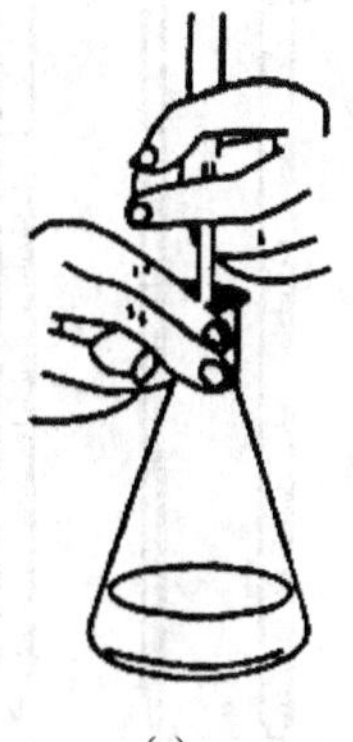

(c)

图 3-29　滴定操作示意图

滴定操作中，应注意以下几点。

① 滴定时，左手不能离开旋塞任其自流。

② 眼睛要注意观察液滴周围溶液颜色的变化，不要去看滴定管上的液面或刻度。

③ 摇动锥形瓶时，应保持肘部基本不动，腕关节微动，使溶液向同一方向作圆周运动（左、右旋均可），不可前后或左右振动，以免溶液溅出。勿使瓶口触到滴定管尖嘴，以免损坏锥形瓶或滴定管尖。摇动时，一定要使溶液出现漩涡，以免影响化学反应的进行。

④ 开始时，应边摇边滴，滴定速度可稍快，但不能使溶液流成“水线”，滴入的滴定剂充分接触试液。滴定速度约 $10mL \cdot min^{-1}$，即每秒 3～4 滴。接近终点（局部出现指示剂颜色转变）时，应改为加一滴，摇几下，并注意观察液滴落点周围溶液颜色的变化。最后，每加半滴就摇动锥形瓶，直至溶液出现明显的颜色变化（终点出现）时停止滴定。滴定过程中若有操作液滴在锥形瓶的内壁上，应用洗瓶吹出少量去离子水将其洗下。加半滴溶液的方法如下：微微转动旋塞，使溶液悬挂在出口管嘴上，悬而未落形成半滴，用锥形瓶内壁将其沾落，再用洗瓶以少量去离子水吹洗瓶壁。

用碱管滴加半滴溶液时，应先松开拇指与食指，将悬挂的半滴溶液沾在锥形瓶内壁上，再放开无名指与小指，这样可以避免出口管尖出现气泡，造成读数误差。

⑤ 每次滴定最好都是从大致相同的刻度开始，如从“0”刻度附近的某一刻度处开始，这样可以减小误差。

⑥ 有的滴定要在碘量瓶中进行，如碘量法等。碘量瓶是带有磨口玻璃塞和水槽的锥形瓶，喇叭形瓶口与瓶塞柄之间形成一圈水槽，可用以水封，防止瓶中反应生成的气体逸出。反应一定时间后，打开瓶塞，槽内水即流下冲洗瓶塞和瓶壁。

⑦ 滴定结束后，记下终读数，将滴定管内剩余的溶液弃去，不得将其倒回原试剂瓶中，以免玷污整瓶操作溶液。随即洗净滴定管，注满蒸馏水或倒挂在滴定管架台上备用。

3.3.2 移液管和吸量管

移液管和吸量管（见图 3-30）都是用来准确移取一定体积溶液的仪器。在标明的温度下，先使溶液的弯月面下缘与标线相切，再让溶液按一定速度自由流出，则流出溶液的体积与管上所标明的体积相同（因使用温度与标准温度 20℃ 不一定相同，故流出溶液的实际体积与管上的标称体积稍有差异，必要时可校准）。

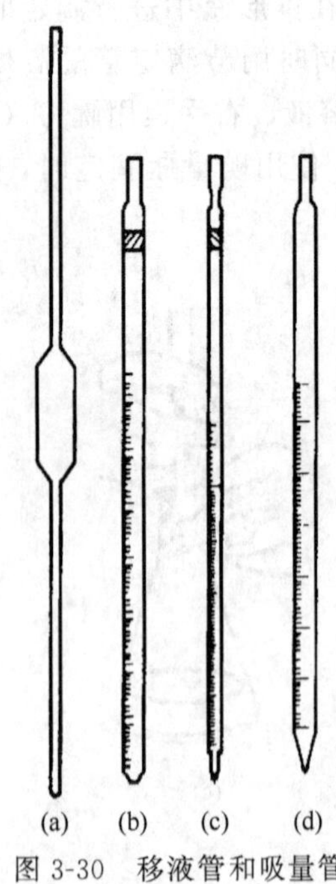

图 3-30　移液管和吸量管

移液管［见图 3-30(a)］中间部分大（称为球部），上部和下部较细窄，无分刻度，仅管颈上部有刻度标线，用于转移较大体积溶液。常用规格有 5.00mL、10.00mL 和 25.00mL 等。吸量管是管身为一粗细均匀、刻有表示容积分度线的玻璃管［见图 3-30(b)～(d)］，一般只用于移取小体积且不是整数时的溶液。常用规格有 1.00mL、2.00mL、5.00mL 和 10.00mL 等。吸量管移取溶液的准确度不如移液管。

3.3.2.1 移液管、吸量管的润洗

使用前，移液管和吸量管都应该洗净，使整个内壁和下部的外壁不挂水珠。可先用自来水冲洗一遍，必要时也可用铬酸洗液洗涤，洗净后，再用去离子水润洗 3 次。

已洗净的移液管、吸量管在移取溶液前，必须用吸水纸将尖端内外的水除去，然后用待吸溶液润洗 3 次。方法为：以左手持洗耳球，将食指或拇指放在洗耳球的上方，用右手手指拿住移液管或吸量管管颈标线以上的地方，将洗耳球紧接在移液管口上（见图 3-31），然后捏出洗耳球内空气，将移液管插入洗液中，并以洗耳球嘴顶住移液管管口，左手拇指或食指慢慢

放松，借助球内负压将溶液缓缓吸入移液管球部或吸量管全管约 1/4 处，尽量避免溶液回流。移去洗耳球，用右手食指按住管口，把管横过来，左手扶住管的下端，慢慢开启右手手指，一边转动移液管或吸量管，一边使管口降低，让润洗溶液布满全管进行润洗（见图 3-32），然后从管尖口放出润洗溶液，弃去，重复 3 次。

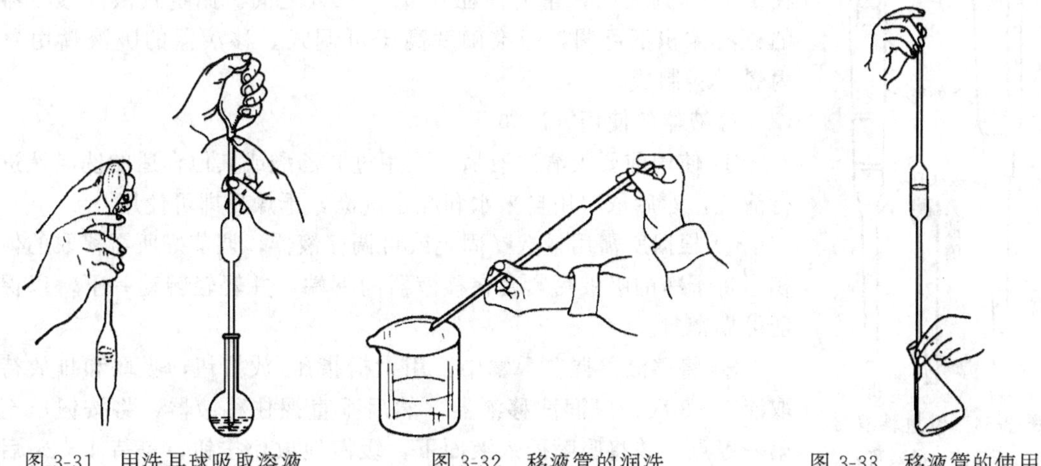

图 3-31　用洗耳球吸取溶液　　图 3-32　移液管的润洗　　图 3-33　移液管的使用

3.3.2.2　溶液的移取操作

移取溶液时，将移液管或吸量管直接插入待移溶液液面下 1～2cm 深处（在移液过程中，注意保持管口在液面之下，以防吸入空气），不要插得太深，以免外壁沾带溶液过多；也不要插入太浅，以免液面下降后造成吸空。吸取溶液时，用左手将排除空气后的洗耳球紧按在吸管的管口上，并注意容器中液面和吸管管尖的位置，应使吸管管尖随液面下降而下降。当管中液面上升至吸管刻度线以上时，迅速移去洗耳球，同时用右手食指按住管口。注意液面距刻度线不宜超过太高，以免过多的液体沿壁流下，影响液面的调整。将吸管向上提，使其离开液面，将管尖端靠着容器内壁轻轻转动两圈，以除去吸管外壁上的溶液。然后，左手改拿盛着待吸溶液的容器并倾斜约 30°，其内壁与吸管管尖紧贴，保持吸管垂直，此时微微松动右手食指，让液面缓慢下降，同时平视刻度，到溶液弯月面下缘与刻度相切时，立即按紧食指（见图 3-31）。左手改拿接受溶液的容器并倾斜成 30°，将吸管缓缓移入接受容器中，吸管保持垂直，管尖靠着容器内壁，松开食指，让溶液自由地沿壁流下（见图 3-33）。

待液面下降到管尖，再等待 15s，将管身左右旋转几次，这样管尖部分每次残留的体积会基本相同，取出吸管。注意，在使用非吹出式的移液管或吸量管时，切勿把残留在管尖的溶液吹入接受容器中，因为在检定吸管体积时，就没有把这部分溶液算进去。

用吸量管移取小体积且不是整数的溶液时，是让液面从某一分度（通常为最高标线）降到另一分度，两分度间的体积就是所需移取的体积，通常不把溶液放到底部。在同一实验中应尽可能使用同一根吸量管的同一段，并且尽可能使用管身上部，而不使用末端收缩部分。

移液管和吸量管用完后应放在移液管架上。如短时间内不再用它吸取同一溶液时，应即用自来水冲洗干净，再用去离子水洗净，然后放在移液管架上。

3.3.2.3　微量移液器

微量移液器是量出式量器，分定量和可调两种。定量移液器即其容量是固定的，而可调移液器的容积在其标称容积范围内连续可调。微量移液器已在实验室中普遍使用，主要应用于仪器分析、生化分析中的取样和加液。

微量移液器是利用空气排代原理进行工作的，其中可调式微量移液器由定位部件、容量调节指示、活塞套和吸液嘴等组成，如图3-34所示。移液的量由一个配合良好的活塞在活塞套内移动的距离来确定，其移液体积可在一定范围内自由调节，其容量单位为微升级，允许误差在1%～4%之间，重复性在0.5%～2%之间。固定式微量移液器的移液体积不可调，但准确度高于可调式。移液器的吸液嘴由聚丙烯材料制成。

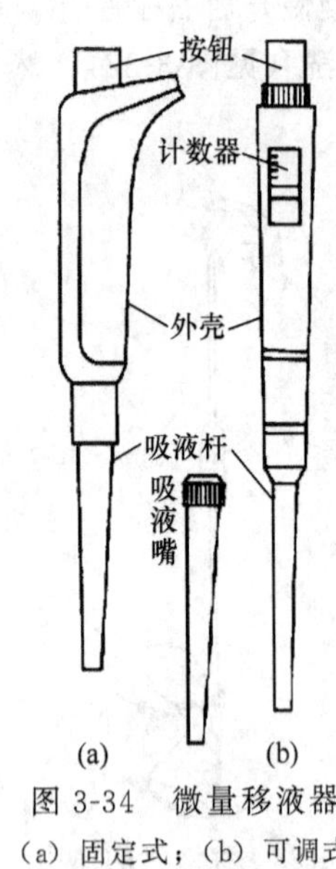

图3-34　微量移液器
(a) 固定式；(b) 可调式

移液器的使用方法如下。

① 使用前要吸清洗液嘴。可用过氧乙酸或其他合适的洗涤液进行清洗，然后依次用自来水和纯水洗涤，干燥后即可使用。

② 根据所需用量选择固定或可调移液器，调节好所需移取的体积，将干净的吸液嘴紧套在移液器的下端，并轻轻转动一下，以保证可靠密封。

③ 将移液器握在手掌中，用大拇指压/放按钮，吸取和排放待取液2～3次，以润洗移液器。然后垂直握住移液器，将按钮压至第一停点，并将吸嘴插入液面下，缓慢地放松按钮，等待1～2s后再将按钮完全压下（不要使按钮弹回），将吸嘴从容器内壁移出后再松开拇指，使按钮复位。

④ 移液器的吸嘴为一次性器件，换样就要换吸嘴。用过的吸嘴若想重复使用，应随即清洗干净，晾干或烘干后存放在洁净干燥处备用。

随着科学技术的发展，近年出现的电子移液枪及手动/自动一体的移液器，作为一种精密连续可调式液态物质的计量仪器，它们已成为化学实验室中必不可少的量器之一。

3.3.3　容量瓶

容量瓶是一种细颈梨形的平底玻璃瓶，具有磨口玻塞或塑料塞，瓶颈上刻有标线。瓶上标有它的容积和标定时的温度。容量瓶均为量入式，颈上标有“In”（或“E”）记号。当液体充满至标线时，瓶内所装液体的体积和瓶上标示的容积相同（量入式仪器）。常用的容量瓶有10、25、50、100、250、500、1000mL等多种规格，每种规格又有无色和棕色两种。容量瓶主要用来配制标准溶液，或将一定量溶液稀释至一定体积，这种过程通常称为“定容”。它常和吸量管配合使用，可将某种物质溶液分成若干等份，用以进行平行测定。

3.3.3.1　容量瓶的洗涤

先用自来水洗几次，若内壁不挂水珠，即可用去离子水洗好备用。若用水洗不干净，则必须用洗液洗涤。倒入适量洗液前，先倒干净容量瓶内的水，倾斜转动容量瓶，使洗液布满内壁，再将洗液慢慢倒回原瓶。然后用自来水充分洗涤，最后用去离子水洗3遍。

3.3.3.2　容量瓶的准备

容量瓶使用前应先检查瓶塞是否漏水，标线的位置是否离瓶口太近。如果瓶塞漏水或标线距瓶口太近，不便混匀溶液，则不宜使用。检漏的方法为：加自来水充至容量瓶标线附近，盖好瓶塞后，擦干瓶口。一手用食指按住瓶塞，其余手指拿住瓶颈标线以上部分，另一手指尖扶住瓶底边缘（见图3-35），但不要一把握住瓶身。颠倒10次，每次倒置时保持10s。如不渗水，将瓶塞旋转180°后，再检查一次，若仍不渗水，即可使用。之后用橡皮筋或塑料绳将瓶塞拴在瓶颈上，以防摔碎或玷污或与其它瓶塞搞混。

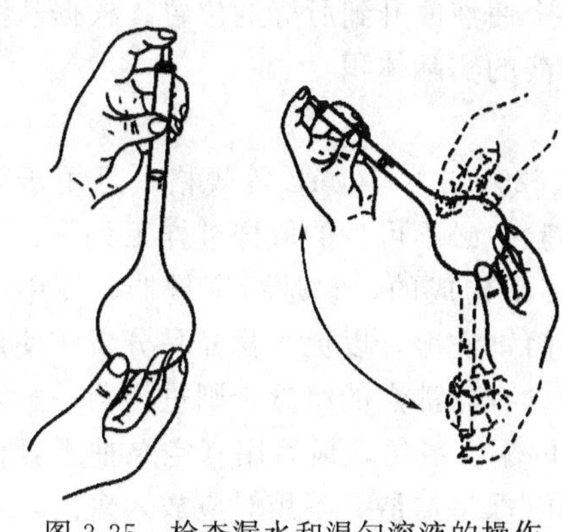

图 3-35　检查漏水和混匀溶液的操作

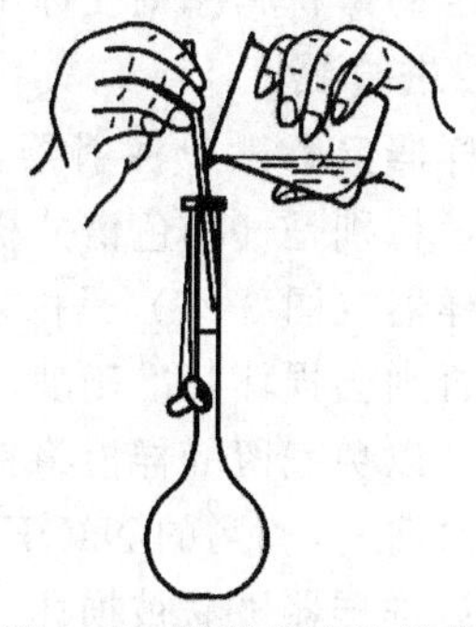

图 3-36　转移溶液的操作

3.3.3.3　**容量瓶的使用方法**

用容量瓶配制准确浓度的溶液时，通常将固体物质（基准试剂或被测样品）准确称量后置于烧杯中，加少量纯水（或适当溶剂）使其完全溶解，待溶液冷却后再定量转移到容量瓶中。转移时，烧杯口应紧靠伸入容量瓶的玻棒（玻棒上部不要碰瓶口，下端靠住瓶颈内壁），使溶液沿玻棒和瓶内壁流入容量瓶中（见图 3-36）。溶液全部转移后，将玻棒和烧杯稍微向上提起，而后将烧杯轻轻顺玻棒上提，使附在玻棒、烧杯嘴之间的液滴回到烧杯中（切不可将烧杯随便拿开，以免有液滴从烧杯嘴外边流下而损失），同时使烧杯直立，再将玻棒放回烧杯中。注意，转移过程中要避免溶液流至外壁造成损失。然后再用洗瓶挤出的水流（或其它溶剂）冲洗烧杯 3～4 次，每次均要冲洗杯壁和玻棒，并按上法将洗涤液完全转移到容量瓶中，然后加纯水稀释（先用水将颈壁处浓溶液冲下）。至容量瓶容积的 2/3 时，用右手食指和中指夹住瓶塞的扁头，将容量瓶拿起，沿水平方向旋摇几周，使溶液大体混匀（注意：不能倒转容量瓶）。继续慢慢加水至接近标线下约 5mm 处，等约 1～2min，待附在瓶颈内壁的溶液流下后，仔细用滴管从标线以上约 1cm 内的一点沿内壁慢慢加水（或其它溶剂）至弯月面下缘与标线上边缘水平相切。盖紧瓶塞，用一只手的食指按住瓶塞，其余四指另拿住瓶颈标线以上部分，另一手的大、中、食三个指头托住瓶底边缘（见图 3-35），倒转容量瓶，使瓶内气泡上升到顶部，将瓶振荡数次，正立过来后，再次倒转过来振荡。如此反复倒转振荡 10 次左右，即可将溶液混匀。最后放正容量瓶，打开瓶塞，使瓶塞周围的溶液流下，重新塞好塞子后，再倒转振荡 1～2 次，使溶液全部混匀。当用右手托瓶时，应尽量减少与瓶身的接触面积，以避免体温对溶液温度的影响。100mL 以下的容量瓶，可不用右手托瓶，只用一只手抓住瓶颈及瓶塞进行倒转和振荡即可。

若用容量瓶稀释溶液时，则用移液管移取一定体积的溶液，放入容量瓶后，稀释至标线，混匀。如果配制的标准溶液当时不用，为防止温度对溶液体积的影响，一般先不加水到标线，塞紧塞子并放好，待用时再加水至标线，摇匀后立即使用。

容量瓶是一种精密量器，不宜长期存放溶液，尤其是碱性溶液会侵蚀瓶壁，严重的会使瓶塞粘紧无法打开。如溶液需使用较长时间，应将它转移到试剂瓶中，该试剂瓶应预先经过干燥或用少量该溶液淌洗 2～3 次。

容量瓶不得在烘箱中烘烤，也不能用其它方法加热。容量瓶用毕应立即用水冲洗干净，长期不用时，瓶口处应洗净擦干，并垫上纸片以隔开磨砂部分。

在一般情况下，当稀释不慎超过了标线，就应该弃去重做。如果仅有独份试样，在稀释时超出标线，可用下法处理：在瓶颈上标出液面所在的位置，然后将溶液混匀，当容量瓶使用完毕后，先加水至标线，再用滴定管加水至容量瓶中使液面升到所标的位置。根据从滴定管中流出的水的体积和原刻度标出的体积即可得到溶液的实际体积。

3.3.4 微量进样器

微量进样器又称微量注射器，一般有 1、5、10、25、50、100μL 等规格，是用于微量分析的量器，特别是气相色谱分析和其它色谱分析实验中必不可少的取样进样工具。

微量进样器（图 3-37）是由玻璃套管和不锈钢芯子构成的，它是精密量器，使用时应特别小心，否则会损坏其准确度。使用前要用丙酮等溶剂洗净，以免干扰样品分析；使用后应立即清洗，以免残留的样液将针芯锈住。若样品中含有高沸点的组分，则进样器一般常用下述溶液依次清洗：5%的 NaOH 水溶液、蒸馏水、丙酮、氯仿，最后用真空泵抽干，保存于盒内。微量进样器极易被损坏，应轻拿轻放。要随时保持清洁，不用时应放入盒内，不要随便来回空抽进样器，以免气密性降低而影响取样。

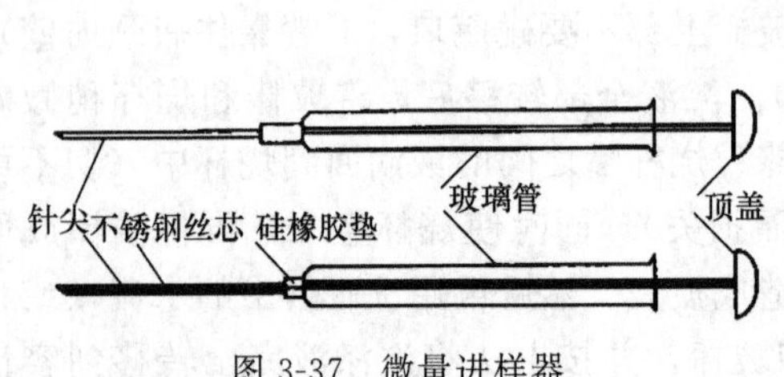

图 3-37　微量进样器

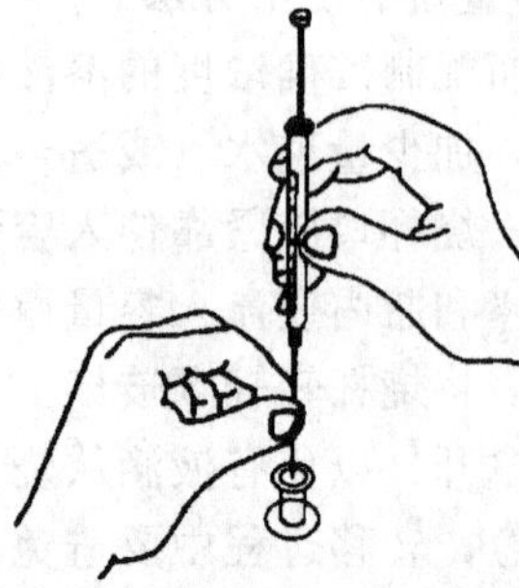

图 3-38　气相色谱进样示意图

使用微量进样器的方法如下。

① 每次取样前先抽取少许试样再排出，如此重复几次，以润洗进样器，同时也检查了针头是否畅通。

② 取样时应多抽些试样，并将针头朝上排除空气泡，再将过量样品排出，保留需要的样品量。进样器内和针头内的气泡对体积定量影响很大，必须设法排除。可将针头插入样品中，反复抽排几次即可，抽时慢些，排时要快些。

③ 取好样后，用镜头纸将针头外所黏附的样液小心擦掉，注意切勿使针头内的样液损失。

④ 在气相色谱分析进样时（见图 3-38），动作要迅速而连贯，当进样器针头插入进样口后迅速进样，随即拔出（应注意用力不可过大，以免折弯进样器针头）。应尽量保持每次针头内残留样品的体积一致。

3.3.5 量筒和量杯

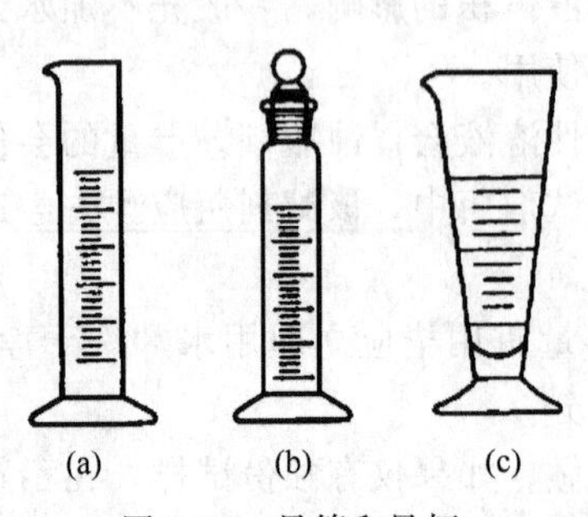

图 3-39　量筒和量杯

量筒和量杯的精度低于上述几种量器，在实验室中常用来量取精度要求不高的溶液和纯水。量筒分为量出式［图 3-39(a)］和量入式［图 3-39(b)］两种，前者用得多，后者具有磨口塞子，与容量瓶的用法相似，但精度介于容量瓶和量出式量筒之间。量杯为圆锥形［图 3-39(c)］，其精度不及量筒。

量筒和量杯常用的规格从 10mL 到 1000mL 不等，最小的分度值也相差很大，如 10mL 的量筒为 1mL，500mL

量筒为 25mL。可根据需要选用。

3.3.6　量器的校准

目前我国生产的量器，其准确度可以满足一般实验室工作的要求，无需校准可直接使用。但在准确度要求较高的分析工作中，尤其是在经 ISO 计量认证的实验室内，必须对所用量器进行校准。

由于玻璃具有热胀冷缩的特性，在不同温度下量器的容积也有所不同。因此，校准玻璃量器时，必须规定一个共同的温度。这一规定温度称为标准温度。国际上规定玻璃量器的标准温度为 20℃，即在校准时都将玻璃量器的容积校准到 20℃时的实际容积。

玻璃量器常采用相对校准和绝对校准两种方法。要求两种量器体积之间有一定的比例关系时，常采用相对校准的方法。例如，25mL 移液管量取液体的体积应等于 250mL 容量瓶量取体积的 1/10。绝对校准是测定量器的实际容积，常用的标准方法为衡量法，又叫称量法。校准的原理是称量被校准的量器中量入或量出纯水的质量，然后再根据当时水温下水的密度，计算出该量器在标准温度 20℃时的实际容积。由于水的密度和玻璃量器的容积会随温度而变化，以及在空气中称量时会受空气浮力的影响，因此将任一温度下水的质量换算成容积时，则必须考虑以下因素：①校准温度下水的密度；②校准温度与标准温度之间玻璃的热膨胀；③空气浮力对水和所用量器及砝码的影响。将此三种因素考虑在内，其计算公式为：

$$V_{20}=(I_L-I_E)\times\left(\frac{1}{\rho_W-\rho_A}\right)\times\left(1-\frac{\rho_A}{\rho_B}\right)\times[1-\gamma(t-20)]$$

式中，I_L 为盛水量器的天平读数，g；I_E 为空量器的天平读数，g；ρ_W 为 t℃时纯水的密度，$g \cdot mL^{-1}$；ρ_A 为空气的密度，$g \cdot mL^{-1}$；ρ_B 为砝码在调整到其标示质量时的实际密度，$g \cdot mL^{-1}$，在使用无砝码的电子天平时为已调整的砝码的基准密度；γ 为待检量器材料的体热膨胀系数，K^{-1}；t 为校准时所用纯水的温度，℃。

综合考虑上述三种因素后，可得到一个总校准值。经校准后的纯水密度见表 3-1。在实际使用时只要称出被校准的容器量入或量出纯水的质量，再除以该温度时纯水的表观密度值，便是该量器在 20℃时的实际容积。如果对校准的精确度要求很高，并且温度超出 20℃ ±5℃、大气压力及湿度变化较大，则应根据实测的空气压力、温度求出空气密度，则需利用上述公式计算实际容积。

表 3-1　不同温度下纯水的表观密度 ρ_W①

t/℃	$\rho_W/g \cdot mL^{-1}$	t/℃	$\rho_W/g \cdot mL^{-1}$	t/℃	$\rho_W/g \cdot mL^{-1}$	t/℃	$\rho_W/g \cdot mL^{-1}$
0	0.99824	11	0.99832	22	0.99680	33	0.99405
1	0.99832	12	0.99823	23	0.99660	34	0.99375
2	0.99839	13	0.99814	24	0.99638	35	0.99344
3	0.99844	14	0.99804	25	0.99617	36	0.99312
4	0.99848	15	0.99793	26	0.99593	37	0.99280
5	0.99850	16	0.99780	27	0.99569	38	0.99246
6	0.99851	17	0.99766	28	0.99544	39	0.99212
7	0.99850	18	0.99751	29	0.99518	40	0.99177
8	0.99848	19	0.99735	30	0.99491		
9	0.99844	20	0.99718	31	0.99468		
10	0.99839	21	0.99700	32	0.99434		

① 表观密度是指在一定的空气密度、温度下，一定材质的玻璃量器所容纳或释出单位体积的纯水于 20℃时与黄铜砝码平衡所需该砝码的质量。此表所列数据适用于在 $1.2g \cdot L^{-1}$ 的空气密度下，用衡量法测定钠钙玻璃（制造玻璃量器一般都用这种软质玻璃，其体膨胀系数为 25×10^{-6}℃$^{-1}$）量器的实际容积。

量器是以20℃为标准来校准的，使用时则不一定在20℃，因此，量器的容积以及溶液的体积均会发生改变。由于温度变化对玻璃体积的影响很小，在温度相差不太大时，量器的容积改变一般可忽略。但溶液的体积受温度的影响比较大，在校准和使用量器时必须注意温度对液体密度或浓度的影响。溶液的体积与密度有关，因此，可以通过溶液密度来校准温度对溶液体积的影响。稀溶液的密度一般可用相应水的密度来代替。

校准是技术性很强的工作，校准不当产生的误差可能超过量器本身固有的误差。因此，校准时必须正确地进行操作，校准次数不可少于两次。两次校准数据的偏差应不超过该量器容积允差的1/4，并以其平均值为校准结果，尽量使校准误差减小。

校准时，实验室应具备以下条件：室温最好控制在20℃±5℃，而且温度变化速率不超过1℃·h^{-1}；使用新制备的蒸馏水或去离子水；校准前，量器和纯水应在该室温下达到温度平衡；室内光线要均匀，墙壁最好是单一的浅色调；具有足够承载范围和称量空间的分析天平，其分度值应小于被校准量器容积允差的1/10；有分度值为0.1℃的温度计和洁净的具塞锥形瓶。量入式量器校准前要进行干燥，可用电吹风吹干或用乙醇涮洗后晾干。干燥后再放到天平室平衡。

3.3.6.1 滴定管的校准

洗净一支50mL的滴定管，注水至标线以上约5mm处，用清洁布擦干外壁，垂直挂于滴定台上。取一个洗净晾干的50mL具塞锥形瓶，在天平上称准至0.001g。调节滴定管液面至0.00mL刻度处，记录水温。然后按每分钟约10mL的流速从滴定管中向锥形瓶中排水，当液面降至被校分度线以上约0.5mL时，等待15s。然后在10s内将液面调整至被校分度线，随即用锥形瓶内壁靠下挂在尖嘴下的液滴，立即盖上瓶塞进行称量。用实验温度时的密度除水的质量即可计算出被校分度线的实际容积，并求出校正值ΔV。按照每次10mL的容量间隔进行分段校准，每次都从滴定管的0.00mL刻度处开始，每支滴定管重复校准一次。

将温度计插入水中5～10min（测量水温读数时不可将温度计的下端提出水面）。从表3-1中查出该温度下纯水的表观密度ρ_W，并利用下式计算所测容积间隔的实际容积：

$$V=m_W/\rho_W$$

以滴定管被校分度线的标称容积为横坐标，相应的校正值（两次测定的平均值）为纵坐标，绘制出一校正曲线，作为以后实验中的参考值。移液管和容量瓶的校准方法与此相似。

3.3.6.2 移液管与容量瓶的相对校准

在分析化学实验中，经常利用容量瓶配制相关试剂的溶液，而后用移液管移取出其中的一部分试液进行测定。此时，为保证移取出的样品比例准确，就必须进行容量瓶-移液管的相对校准。例如，25.00mL移液管与250mL容量瓶相对校准的方法为：将250mL容量瓶洗净、晾干（可用几毫升乙醇淌洗内壁后倒挂在漏斗架上数小时），用25.00mL移液管准确吸取纯水10次至容量瓶中，若溶液弯月面下缘不与刻度线的上边缘相切且其间距超过1mm，应重新做一标记（可使用透明胶带）。经相互校准后的容量瓶与移液管均做上相同记号，配套使用。此法简单，在实际工作中使用较多，但必须在这两件仪器配套使用时才有意义。

3.4 加热与冷却

有些化学反应，往往需要在较高温度下才能进行。化学实验中的许多基本操作，如溶解、蒸发、灼烧、蒸馏、回流等，均需加热。有些反应在反应中会产生大量的热，使反应温度迅速升高，若不及时除去反应产生的热，就会使反应难以控制。要将温度控制在一定范围内，就要进行适当的冷却。有时为了降低溶质在溶剂中的溶解度或加速结晶的析出，也要采用冷却的方法。因此，加热与冷却在化学实验中应用非常普遍，是化学实验基本操作的重要部分。

3.4.1　加热装置

在化学实验室中常用的加热装置有酒精灯、酒精喷灯、煤气灯、电炉、电热板、电热套、恒温水浴、烘箱、马弗炉和管式炉等。

3.4.1.1　酒精灯

酒精灯由灯罩、灯芯和灯壶组成，如图 3-40 所示。使用时先要加酒精，即应在灯熄灭情况下，牵出灯芯，借助漏斗将酒精注入，最多加入量为灯壶容积的 2/3。必须用火柴点燃，绝不能用另一个燃着的酒精灯去点燃，以免洒落酒精引起火灾或烧伤（见图 3-41）。熄灭时，用灯罩盖上即可，不能用嘴吹灭。待片刻后，还应将灯罩再打开一次，以免冷却后盖内负压使以后打开困难。

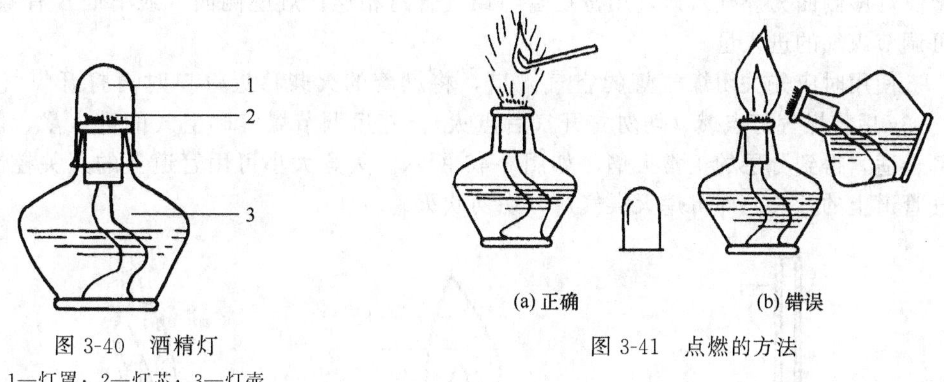

图 3-40　酒精灯

1—灯罩；2—灯芯；3—灯壶

图 3-41　点燃的方法

酒精灯提供的温度不高，通常为 300～500℃，适用于不需太高加热温度的实验。灯芯短时温度低，长则高些，所以可根据需要加以调节。

3.4.1.2　酒精喷灯

酒精喷灯有挂式和座式两种（见图 3-42 和图 3-43），它们的使用方法相似。使用方法如下：①添加酒精。打开酒精灯壶盖（座式）或关闭酒精储罐下口开关（挂式）添加入酒精，座式喷灯酒精壶内酒精量不能超过容积的 2/3，盖紧盖子。注意在使用过程中不能续加，以免着火。②预热与点燃喷灯。往预热盘中加满酒精并点燃（挂式喷灯应将储罐下面的开关打开，从灯管口冒出酒精后再关上；在点燃喷灯前先打开），等预热盘中的酒精燃烧将完时灯管灼热后，打开空气调节器并用火柴将灯点燃。③火焰的调节与熄灭。通过旋转空气调节器可控制火焰的大小。用完后关闭空气调节器或用石棉板盖住灯口即可将灯熄灭。座式喷灯最多使用半小时，如果需连续使用，则必须到半小时时先熄灭喷灯，冷却，添加酒精后再继续使用。挂式喷灯不用时，应将储罐下面的开关关闭。使用时注意灯管必须灼热后再点燃，否则易造成液体酒精喷出引起火灾。

酒精喷灯是靠汽化的酒精燃烧，所以温度较高，可达 700～900℃。其火焰可分为焰心、内焰、外焰三层，如图 3-44 所示。焰心温度较低，内焰较焰心温度高，外焰比内焰温度还高，最高温度处在内焰与外焰之间。一般用外焰加热。

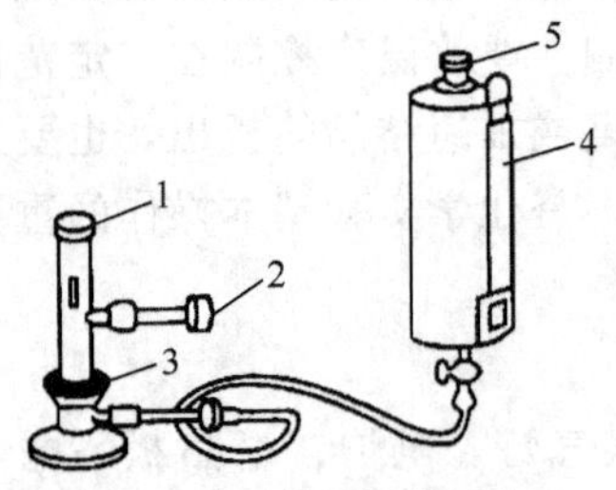

图 3-42 挂式酒精喷灯

1—灯管；2—空气调节器；3—预热盘；4—酒精储罐；5—储罐盖

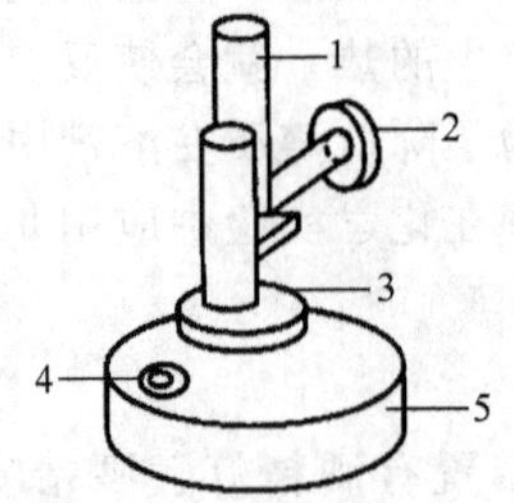

图 3-43 座式酒精喷灯

1—灯管；2—空气调节器；3—预热盘；4—壶盖；5—酒精壶酒精储罐

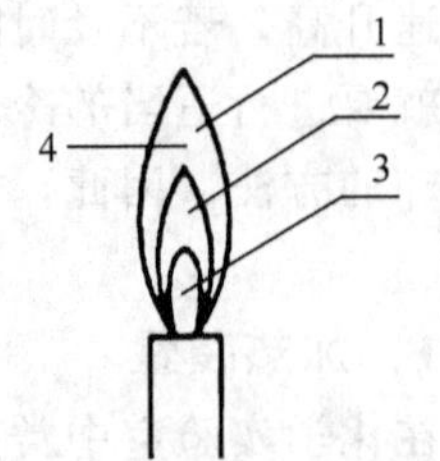

图 3-44 酒精喷灯火焰

1—外焰；2—内焰；3—焰心；4—温度最高处

3.4.1.3 **煤气灯**

在有煤气（天然气）的地方，煤气灯是化学实验室中最常用的加热装置。它的样式虽多，但构造原理基本相同，主要由灯管和灯座组成，如图 3-45 所示。灯管下部有螺旋与灯座相连，并开有作为空气入口的圆孔。旋转灯管，可关闭或打开空气入口，以调节空气进入量。灯座侧面为煤气入口，用橡皮管与煤气管道相连；灯座侧面（或下面）有螺旋形针阀，可调节煤气的进入量。

使用时应先关闭煤气灯的空气入口，将燃着的火柴移近灯口时再打开煤气管道开关，2～3s 后将煤气灯点燃（切勿先开气后点火）。然后调节煤气和空气的进入量，使二者的比例合适，得到分层的正常火焰，如图 3-46 所示。火焰大小可用管道上的开关控制。关闭煤气管道上的开关，即可熄灭煤气灯（切勿吹灭）。

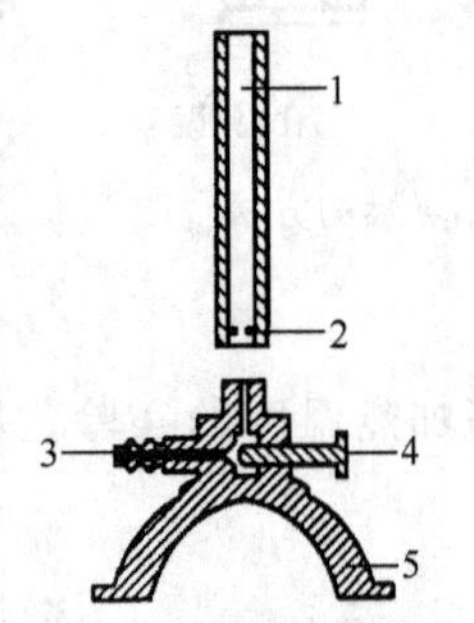

图 3-45 煤气灯的构造

1—灯管；2—空气入口；3—煤气入口；4—针阀；5—灯座

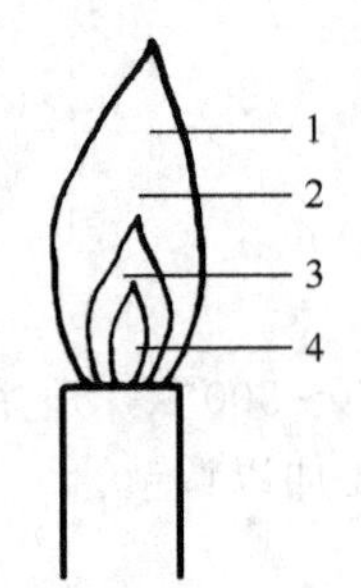

图 3-46 正常的火焰

1—氧化焰；2—最高温处；3—还原焰；4—焰心

图 3-47 不正常的火焰

(a) 临空火焰；(b) 侵入火焰

煤气灯的正常火焰分三层（见图 3-46）：在外层，煤气完全燃烧，称为氧化焰，呈淡紫色；在中层，煤气不完全燃烧，分解为含碳的化合物，这部分火焰具有还原性，称为还原焰，呈淡蓝色；在内层，煤气和空气进行混合并未燃烧，称为焰心。正常火焰的最高温度在还原焰顶部上端与氧化焰之间（图 3-46 2 处），温度可达 800～900℃。

当空气和煤气的比例不合适时，会产生不正常火焰。如果火焰呈黄色或产生黑烟，说明煤气燃烧不完全，应调大空气进入量；如果煤气和空气的进入量过大，火焰会脱离灯管在管口上方临空燃烧，称为临空火焰［图 3-47(a)］，这种火焰容易自行熄灭；若煤气进入量很小（或煤气突然降压）而空气比例很高时，煤气会在灯管内燃烧，在灯口上方能看到一束细长的火焰（灯管是铜的，火焰常带绿色）并能听到特殊的嘶嘶声，这种火焰叫侵入火焰也称“回火”［图 3-47(b)］，片刻即能把灯管烧热，不小心易烫伤手指。遇到后两种情况时，应关闭煤气阀，重新调节后再点燃。

用煤气灯加热玻璃仪器时，应在灯焰上放一块石棉网，使火焰均匀分布在较大的面积上。

煤气中的CO有毒，且当煤气和空气混合到一定比例时，遇明火即可发生爆炸，因此使用时要注意安全。一般煤气中都含有带特殊臭味的报警杂质（如正丁硫醇），漏气时使人很容易觉察。一旦发现漏气，应关闭煤气灯，及时查明漏气的原因并加以处理。

3.4.1.4 **电加热装置**

实验室中常用的电加热装置主要有电炉、电热板、电加热套、各式各样的恒温水浴装置，以及管式炉和马弗炉等。

(1) 电炉 电炉［见图3-48(a)］按功率大小有500、800、1000W等规格。使用时一般应在电炉丝上放一块石棉网，在它上面再放需要加热的仪器，这样不仅可以增大加热面积，而且使加热更加均匀。温度的高低可以通过调压变压器来控制。使用时应注意不要把加热的药品溅在电炉丝上，耐火炉盘上的凹槽要保持清洁，及时清除烧灼的焦煳杂物（要断电操作），以免电炉丝损坏，延长电炉的使用寿命。

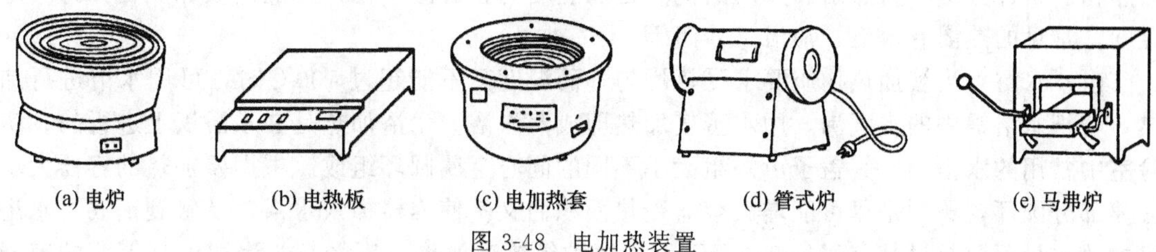

(a) 电炉 (b) 电热板 (c) 电加热套 (d) 管式炉 (e) 马弗炉

图3-48 电加热装置

电炉做成封闭式的称为电热板［见图3-48(b)］。电热板升温速率较慢，且加热是平面的，不适合加热圆底容器，多用作水浴和油浴的热源，也常用于加热烧杯、锥形瓶等平底容器。许多电磁搅拌装置附加有可调电热板。

(2) 电加热套 电加热套也称电热包，是玻璃纤维包裹着电炉丝织成的“碗状”电加热器［见图3-48(c)］，专为加热圆底容器而设计的，可取代油浴、沙浴对圆底容器加热。温度高低可由控温装置调节，最高温可达400℃左右。使用时应根据容器的大小选择相应的型号。受热容器应悬置在加热套的中央，不能接触包的内壁。加热有机物时，由于它不是明火，因此具有不易引起火灾的优点，热效率也高，在有机实验中常用作蒸馏、回流等操作的热源。在蒸馏或减压蒸馏时，随着瓶内物质的减少，容易造成瓶壁过热，使蒸馏物被烤焦炭化。为避免这种情况发生，宜选用稍大一号的电热套，并设法使它能向下移动。随着蒸馏的进行，用降低电热套的高度来防止瓶壁过热。使用时，应注意切勿将液体溅入电加热套内，以防电加热套腐蚀而损坏。

(3) 烘箱 烘箱是利用电热丝隔层加热，并附有自动控温装置。箱内装有鼓风机，使箱内空气对流，温度均匀。箱内设有两层网格状隔板，用于放置被干燥或加热的物体，可用于烘干玻璃仪器和固体试剂，也可用于加热密封的反应容器，如在水热合成中用于加热密封的反应釜。烘箱的规格大小不一，使用温度一般不超过200℃。禁止将易燃易爆物质和具有腐蚀性、升华性的物质放入烘箱中烘烤。

(4) 高温炉 高温炉有管式炉［见图3-48(d)］和马弗炉［见图3-48(e)］两种，利用电热丝硅碳棒或硅钼棒加热，温度可分别达到950、1300和1600℃，常用于灼烧坩埚和沉淀以及高温反应等。管式炉有一管状炉壁，可插入瓷管或石英管，在瓷管内放置盛有反应物的小舟（瓷舟或石英舟等），通过瓷管或石英管可控制反应物在空气或其它气氛中进行高温反应。马弗炉的炉膛为正方形或长方形的，要加热的坩埚或其它耐高温容器可直接放入炉膛中加热。高温炉通常都附有热电偶高温计，有的还附有自动控温装置，使操作更加安全准确。

（5）微波炉　近年来，微波加热已成为一种较为普遍和方便的加热方法。在一些合成反应的加热中，使用微波进行加热，能量利用率高，加热迅速、均匀，而且可以防止物质在加热过程中的分解变质。

3.4.2　加热方法

3.4.2.1　直接和间接加热

加热操作可分为直接加热和间接加热两种。直接加热是将被加热物直接放在热源中进行加热，如在酒精灯上加热试管或在马弗炉内加热坩埚等。实验室中常用的加热器皿有烧杯、烧瓶、锥形瓶、蒸发皿、试管、坩埚等，这些器皿能承受一定的温度，可以直接加热，但不能骤热、骤冷。因此在加热前，必须将器皿外面的水擦干，加热后不能立即与潮湿的物体接触，以免因骤热骤冷而破裂。间接加热是先用热源将某些介质加热，介质再将热量传递给被加热物。这种方法称为热浴。热浴的优点是加热均匀、升温平稳，并能使被加热物保持一定温度。常见的热浴有水浴、油浴、沙浴等。

（1）水浴　当被加热物质要求受热均匀，而温度又不能超过 100℃时，可用水浴进行加热。若把水浴锅中的水煮沸，用水蒸气加热即成蒸汽浴。水浴加热是在水浴锅上进行的。实验室中常用的水浴锅，其盖子由一组大小不同的同心金属圆环组成。根据要加热的容器大小去掉部分圆环，原则是尽可能增大容器受热面积而又不使容器掉入水浴锅及触到锅底。水浴锅内放水量不要超过其容积的 2/3。下面用电炉等热源加热，热水或蒸汽即可将上面的容器升温（图 3-49）。在水浴加热操作中，应尽可能使水浴中水的表面略高于被加热容器内反应物的液面，这样加热效果更佳。若要使水浴保持一定温度，在要求不太高的情况下，将水浴加热至所需温度后改为小火加热，也可用电子自动控温装置来实现。若温度要求不超过 100℃，可将水煮沸。加热时注意随时补充水浴锅中的水，切勿蒸干。如果加热温度要稍高于 100℃，可以选用无机盐类的饱和水溶液作为热浴液。

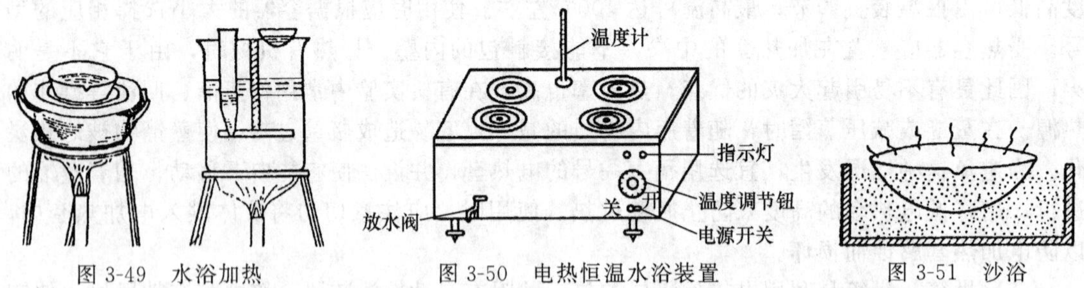

图 3-49　水浴加热　　图 3-50　电热恒温水浴装置　　图 3-51　沙浴

实验室中也常用烧杯代替水浴锅。在烧杯中放一支架，可将试管放入，进行试管的水浴加热（见图 3-49）；在烧杯上放上蒸发皿，也可作为简易的水浴加热装置，进行蒸发浓缩。较先进的水浴加热装置是恒温水浴（见图 3-50），它采用电加热并带有自动控温装置，可自动调节水浴温度，适用于 80℃以下的长时间加热，使用起来方便得多。

（2）油浴　用油代替水浴中的水即成油浴，一般使用温度可达 100～250℃。油浴所能达到的最高温度取决于所用油的种类。透明石蜡油可加热至 200℃，温度再高也不分解，但易燃烧，这是实验室中最常用的油浴油。甘油可加热至 220℃，温度再高会分解。硅油和真空泵油加热至250℃仍较稳定，但价格贵。使用油浴时，应在油浴中放入温度计观测温度，以便调整加热功率，防止油温过高。使用油浴时要加倍小心，发现严重冒烟时要立即停止加热，防止油浴燃烧。还要注意不要让水滴溅入油浴锅。

在油浴锅内使用电热卷加热，要比用明火加热更为安全，再接入继电器和接触式温度计，就可以实现自动控制油浴温度。如果用石蜡代替油，加热温度可达300℃，且冷却后变为固态，便于贮存。

油浴的优点是加热均匀，常用作减压蒸馏和高温反应的热源。缺点是易发生着火和烫伤事故。油蒸气及其分解产物会污染空气，甚至有毒。一些不溶于水的浴油不易从仪器上清洗干净。使用油浴时还应注意：①油浴最好加盖。可用石棉板或其它耐热材料做成合适的盖子，减少油蒸气污染空气。②加热温度不要超过浴液的最高使用温度，即必须在浴液的闪燃点以下。如果油浴开始冒烟，可能已接近其闪燃点，应立即停止加热。已发黑变稠的老浴油应及时更换，因它比新油更容易闪燃。③尽量避免用明火加热油浴，一旦起火，热油火焰不易熄灭，故常用电热板加热。

(3) 沙浴　在铁盘或金属容器中装入均匀干燥的细沙，将需要加热的容器部分埋入沙中，用煤气灯加热就组成了沙浴（图3-51）。测量温度时，把温度计埋入容器附近的沙中，注意温度计的水银球不要触及铁盘底。沙浴特点是升温比较缓慢，停止加热后，散热也较慢。加热温度可达数百度。若改用金属碎屑作传热介质，做成金属浴，最高温度可达800℃。

除水浴、油浴和沙浴外，还有空气浴、盐浴、硫酸浴、合金浴等，这里不一一介绍。

3.4.2.2　**液体的加热**

(1) 在试管中加热液体　少量的溶液，可在试管中加热，管内液体量不应超过试管容积的1/3。在试管中加热液体时，用试管夹夹持试管的中上部，管口稍向上倾斜（图3-52），注意管口不要对着人和自己，以免被沸腾的溶液喷出烫伤。加热时，应先加热液体的中上部，再慢慢向下加热底部，并不时上下移动，使各部分液体均匀受热。不可集中加热某一部分，以免造成局部过热，引起爆沸，溶液溅出管外。

图3-52　加热试管中的液体

(2) 加热烧杯、烧瓶中的液体　若液体量较多，可在烧杯、烧瓶或锥形瓶等容器中进行。加热时必须在容器下面垫上石棉网（图3-53），使容器受热均匀。加热烧瓶时还应该用铁夹将其固定。加热的液体量不应过烧杯容积的1/2和烧瓶容积的1/3。烧杯加热时还要适当加以搅拌以免爆沸，烧瓶加热时也要视情况放入1～2粒沸石。

(3) 蒸发、浓缩与结晶　当需要把溶液蒸发浓缩时，可将溶液放入瓷蒸发皿内置于泥三角上用小火慢慢加热，盛放溶液的量不能超过其容量的2/3。由于蒸发皿具有大的蒸发表面，有利于液体的蒸发。使用时要注意不能使瓷蒸发皿骤冷，以免炸裂。

3.4.2.3　**固体的加热**

(1) 在试管中加热固体　少量固体可在试管中加热，加热时应用铁架台和铁夹固定试管或用试管夹夹持试管，使管口略向下倾斜（图3-54），以防止凝结在管口处的水珠倒流到试管灼热处使试管破裂。

较多的固体可放在蒸发皿中加热，但要注意充分搅拌，使固体受热均匀；灯焰也不能太大，以免固体迸溅出来引起损失。

(2) 固体的灼烧　当需要高温灼烧或熔融固体时，可根据所装物料的性质及需加热的温度选用不同材质的坩埚（如瓷坩埚、氧化铝坩埚、金属坩埚等）。加热时，将坩埚置于泥三角上，先用小火预热，在坩埚受热均匀后再慢慢加大火焰灼烧坩埚底部。要用氧化焰灼烧（图 3-55），不要使用还原焰。由于不仅还原焰的温度不够，而且未燃尽的碳粒将结在坩埚外部使坩埚变黑。根据实验要求控制灼烧温度和时间。停止加热稍冷后，用预热过的干净的坩埚钳把坩埚夹持到干燥器中冷却。坩埚钳使用后，应使尖端朝上平放在石棉网上，以保证坩埚钳尖端洁净。

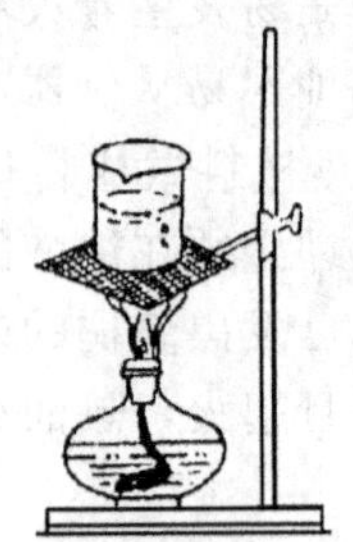

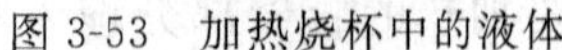

图 3-53　加热烧杯中的液体

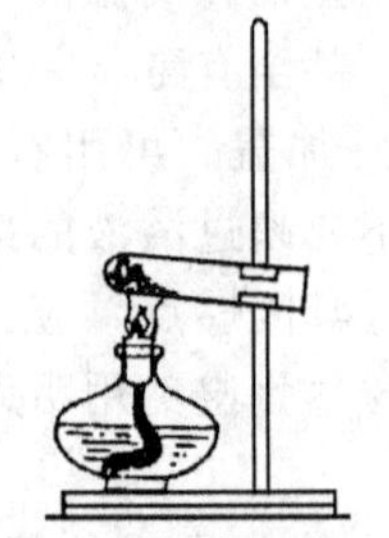

图 3-54　加热试管中的固体

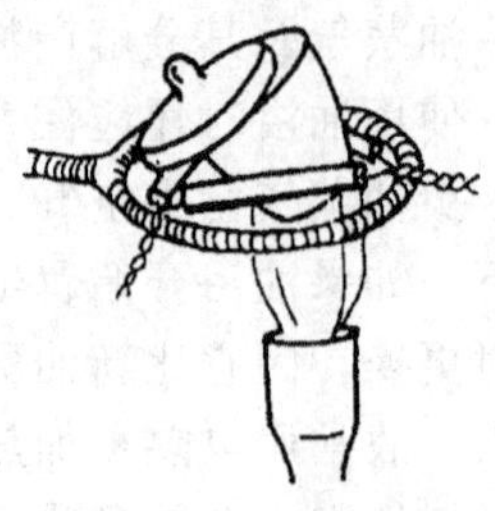

图 3-55　灼烧坩埚

用煤气灯灼烧温度一般可达 700～800℃，若需在更高温度下灼烧可使用马弗炉。用马弗炉可精确地控制灼烧温度和时间。

3.4.3　冷却方法

在化学实验中，有些化学反应和一些制备操作如结晶、液态物质的凝固等均需要在低温条件下进行，因此需要进行适当的冷却，把温度控制在合适的范围内。我们可根据所要求的温度条件选择不同的冷却剂和合适的制冷技术。冷却可采用空气、冷水、冰水、冰-盐混合物、干冰、液氮等。

热的物质在空气中放置一定时间后，会自然冷却至室温。当需要快速冷却时，可将盛有被冷却物的容器浸在冷水中或用流动的冷水冷却（如回流冷凝器），可使被制冷物的温度降到接近室温。用水和碎冰的混合物作冷却剂，可使温度降到 0℃左右。单用碎冰冷却其效果反而不如用冰-水，因冰-水能与埋入其内的容器外壁密切接触，但水也不能加得太多，否则不足以维持 0℃，同时也容易倾翻其中的容器。如果放热的化学反应可在水中进行，则可把干净的碎冰直接投入反应器中，以便更有效地保持低温。

如果要得到 0℃以下的温度，常用碎冰和无机盐以不同比例混合制冷，即在冰-水浴中加入适量的无机盐，如 NaCl、$CaCl_2$ 等，其温度可达到－40～0℃左右。制作冰盐冷却剂时，要把盐研细后再与碎冰均匀混合，并随时加以搅拌，这样制冷的效果好。冰与盐按不同的比例混合能得到不同的制冷温度。如 $CaCl_2 \cdot 6H_2O$ 与冰按 1∶1、1.25∶1、1.5∶1、5∶1 比例混合，分别可达到的最低温度为－29℃、－40℃、－49℃、－54℃。

固体二氧化碳（干冰）和有机溶剂如异丙醇、丙酮、乙醇、正丁烷、异戊烷等以适当的比例混合，可获得－78～－50℃的低温。如干冰与乙醇或丙酮的混合，可获得－86℃的低温。干冰与冰一样，不能与被制冷容器的器壁有效接触，所以常与凝固点低的有机溶剂（作为热的传导体）一起使用。

利用低沸点的液态气体，可获得更低的温度，如液态氮（一般放在铜质、不锈钢或铝合金的杜瓦瓶中）可达到－196℃，而液态氦可达到－268.9℃的低温。使用液态氧、氢时应特别注意安全操作。液氧不要与有机物接触，防止燃烧事故发生；液态氢气化放出的氢气必须谨慎地燃烧掉或排放到高空，避免爆炸事故；液态氨有强烈的刺激作用，应在通风柜中使用。常用的制冷剂及其最低致冷温度见表 3-2。

表 3-2　常见制冷剂及其最低制冷温度

制冷剂	最低温度/℃	制冷剂	最低温度/℃
冰-水	0	$CaCl_2 \cdot 6H_2O$-冰(1∶1)	−29
NaCl-碎冰(1∶3)	−20	$CaCl_2 \cdot 6H_2O$-冰(1.25∶1)	−40.3
NaCl-碎冰(1∶1)	−22	液氨	−33
NH_4Cl-冰(1∶4)	−15	干冰	−78.5
NH_4Cl-冰(1∶2)	−17	液氮	−196

使用液态气体时，为了防止低温冻伤事故发生，必须戴皮（或棉）手套和防护眼镜。一般低温冷浴也不要用手直接触摸致冷剂（可戴橡皮手套）。应当注意，测量−38℃以下的低温时不能使用水银温度计（Hg 的凝固点为−38.87℃），应使用低温酒精温度计等。此外，使用低温冷浴时，为防止外界热量的传入，冷浴外壁应使用厚泡沫塑料等隔热材料包裹覆盖。干冰和液氮必须用杜瓦瓶盛放。

随着电子制冷技术的发展，在实验室中也可以使用电子制冷设备获得低温。电子制冷技术是应用某些半导体材料的特性而制冷的一项新兴技术，它根据温差电效应原理直接利用电能制冷，既不需要氨、氟利昂等制冷剂，也省掉了压缩机、介质管道等机械制冷环节，且无污染。电子制冷设备具有制冷温度低、制冷快、寿命长、无污染、无噪声、可连续工作等特点，因而具有广阔的应用前景。

3.5　物质的干燥

干燥是除去固体、液体或气体中含有的水分或有机溶剂的操作过程。干燥在化学实验中非常普遍，也十分重要。许多反应必须在无水条件下进行，因而要求原料、溶剂和仪器都必须干燥。液体在蒸馏前需要进行干燥，以防止水与有机物形成恒沸物而增加前馏分，而且水有可能引发一些副反应而影响产物的纯度。在进行分析鉴定之前，也必须使被测物完全干燥，否则将影响测试结果的可靠性。

3.5.1　干燥分类及原理

干燥可分为物理干燥法和化学干燥法两种干燥方法。

3.5.1.1　物理干燥法

物理干燥法主要是利用加热、冷冻、吸附、分馏、恒沸蒸馏等物理过程达到干燥的目的。这些方法常用于除去相对较大量水分或用于有机溶剂的干燥。

（1）加热干燥　是利用加热的方法将物质中的水分变成蒸汽蒸发出来，而达到干燥的目的。它的优点在于能在较短的时间内达到干燥的目的。使用这种方法干燥时，应根据物质本身的热稳定性，选用不同的干燥温度和干燥条件。如将被干燥物放在蒸发皿内用电炉、电热板、红外线照射、热浴等进行干燥。无机物质干燥一般用此法。

（2）低温干燥　一般是指在常温或低于常温的情况下进行的干燥。如在空气中晾干、吹干，在减压（或真空）下干燥和冷冻干燥均属于低温干燥。低温干燥适用于易燃、易爆或受热变质的物质，该法比较缓和安全。但被干燥的物质在空气中必须稳定、不易分解和不吸潮。

（3）吸附干燥　是利用具有多孔性骨架结构的吸附剂所特有的物理吸附性能，选择性吸附分子直径或截面积小于孔径的分子，而达到试样干燥的目的。典型的干燥用吸附剂有硅胶和分子筛。分子筛是一种硅铝酸盐合成物，其中 $Na_{12}[(AlO_2)_{12}(SiO_2)_{12}]\cdot 27H_2O$ 称 4A 分子筛，其微孔表观直径为 4.2Å（1Å=10^{-10}m）；$Ca_{4.5}Na_3[(AlO_2)_{12}(SiO_2)_{12}]\cdot 30H_2O$ 称为 5A 分子筛或钠钙分子筛，其微孔表观直径为 5Å 左右，它们在室温下对试样中水（直径为 3Å）或小于它们孔径的分子有强烈的吸附作用。在 550℃时又有脱附逸出作用，是一种常用于有机液体脱水的干燥剂。

（4）分馏和共沸蒸馏干燥　是有机液体试样中除去少量水或有机溶剂的常用方法。分馏是利用待干燥物与残余溶剂的沸点差，通过蒸馏分离达到清除残余溶剂的目的。共沸蒸馏是利用某些化合物与水能形成共沸物的特性，在待干燥的化合物中加入能与水形成共沸物的物质，因共沸物的沸点通常低于待干燥物的沸点，所以蒸馏时可将水带出，从而达到干燥的目的。如乙醇中少量水的清除，可利用加入少量苯与水和乙醇形成低共沸组成（苯：水：乙醇为 74.1：7.4：18.5，共沸点为 64.9℃），通过共沸蒸馏而除去乙醇中的水分。

3.5.1.2　化学干燥法

化学干燥法是利用干燥剂与水发生反应来除去水的。这种方法多用于有机物的除水，通常的做法是向装有有机液体试样的试剂瓶中加入无机干燥剂，使之与水结合而除去水。干燥剂又可分为两类：一类是能与水可逆地结合成水合物，因此可再生后反复使用，如无水氯化钙、无水硫酸钙、无水硫酸镁等；另一类干燥剂则与水反应生成新的化合物，如五氧化二磷、氧化钙、金属钠等，此类干燥剂不能反复使用。

3.5.2　干燥仪器和设备

3.5.2.1　电热干燥设备

常用的电热干燥设备有恒温烘箱、恒温真空干燥箱、红外烘箱、红外线灯等，主要用于高熔点或加热不分解固体试样的干燥。但在一般情况下，干燥后的试样应及时移放在普通干燥器中保存。这类设备多采用电热元件加热，通过继电器控制调节温度，控温精度为±5℃，温度可按试样干燥要求进行调节，最高温度可达 300℃。下面介绍实验室中常用的几种干燥设备和仪器。

（1）电热恒温干燥箱　也称烘箱（图 3-56），用于烘干玻璃仪器和固体试剂，采用电热丝隔层加热而使物体干燥。其借助自动控温系统控制温度并使之恒定，适用于在 30～300℃范围内对物品进行干燥和烘烤。烘箱内装有鼓风机促使箱内空气对流，温度均匀。工作室内设有两层网状搁板以放置被干燥物体，若干燥物太大，可抽去上层搁板（见图 3-56）。

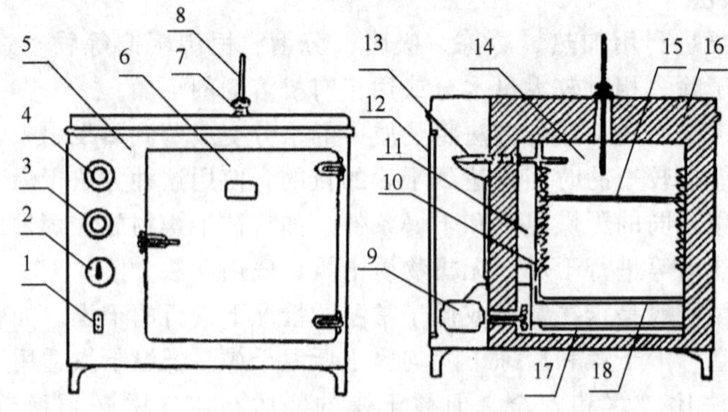

图 3-56　电热恒温干燥箱

1—鼓风开关；2—加热开关；3—指示灯；4—控温器旋钮；5—箱体；6—箱盖；7—排气阀；8—温度计；9—鼓风电动机；10—搁板支架；11—风道；12—侧门；13—温度控制器；14—工作室；15—试样搁板；16—保温层；17—电热器；18—散热板

使用时，接通电源，开启两组加热开关，顺时针调节控温器旋钮至适当指数（不表示实际温度），此时箱内温度开始上升，红色指示灯发亮，同时开启鼓风机。当温度升至所需工作温度（从插入箱顶排气阀的温度计上观察）时，将控温器旋钮逆时针慢慢旋回，使红色指示灯熄灭，再仔细微调至指示灯亮，指示灯明暗交替处即为所需温度的恒定点。此时再微调至指示灯灭，使工作温度恒定在需要值。记下控温器指数以备下次控温用。

恒温时可关闭一组加热开关，以免加热功率过大，影响温度控制的灵敏度。使用时应注意如下几点：①洗净的仪器应尽量把水沥干后放入，以免水滴到电热丝上，影响其使用寿命。②升温时应有人照看，以免温度过高，应定期检查烘箱的自动控温系统，若自动控温系统失灵，会造成箱内温度过高，甚至引起事故；③易燃、挥发物不得放入烘箱中，以免发生爆炸或引发火灾。

目前，实验室中也常用数控电热恒温干燥箱，恒温原理基本一样，但使用起来更加方便。

（2）电吹风　电吹风（见图 3-57）用于局部加热，可快速干燥仪器。电吹风是冷、热两用，一些不能高温加热的仪器如移液管、容量瓶、比重瓶等，可使用冷风吹干。

使用电吹风时应注意：①开关分为三挡，最下位置为关闭挡，中间为冷风挡，最上为热风挡，用热风挡吹风结束后，应在冷风挡吹一会儿，稍冷后再关闭；②用时先开冷风挡，如电机不转应立即切断电源，排除故障。

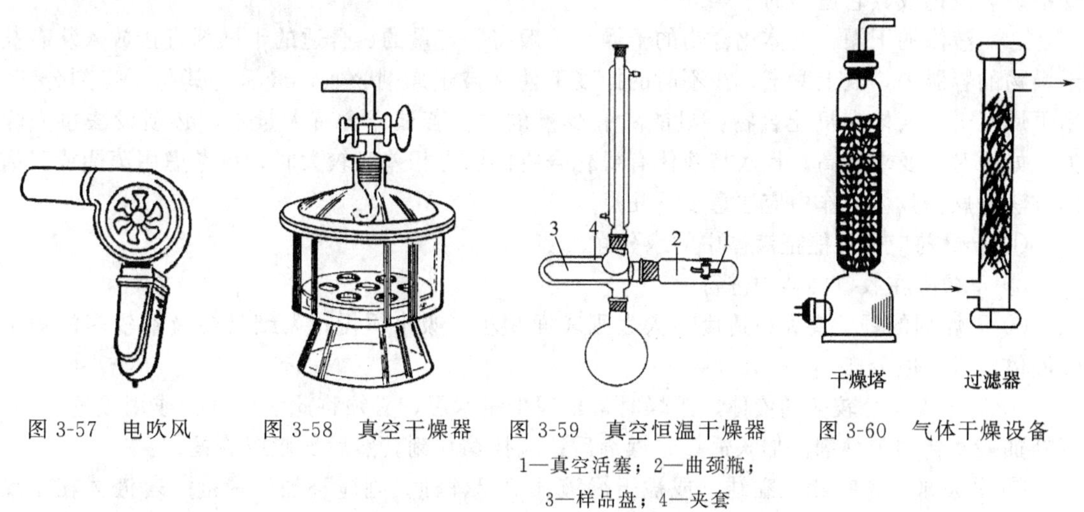

图 3-57　电吹风　　图 3-58　真空干燥器　　图 3-59　真空恒温干燥器　　图 3-60　气体干燥设备

1—真空活塞；2—曲颈瓶；3—样品盘；4—夹套

3.5.2.2　**干燥器皿**

玻璃干燥器皿是靠放在器皿内的干燥剂来干燥试样的。对已经干燥但又易吸潮的物品或需较长时间以保持干燥的物品，应放在干燥器内保存。

（1）普通玻璃干燥器和真空干燥器　易分解或易升华的固体不能采用加热的方式干燥，可置于干燥器内干燥。为了防止吸潮，将已经干燥的物质保存在干燥器内。常用的干燥器有普通干燥器和真空干燥器。普通干燥器方便、实用，但干燥时间较长，效率不高（普通干燥器的用法见本书“2.1.3.3 干燥器的使用”）。真空干燥器（见图 3-58）干燥效率高，其盖上有玻璃活塞，用以抽真空，活塞下端呈弯钩状，口朝上，可防止放气时气流将样品冲散。先将盛有待干燥样品的表面皿或培养皿等器皿放入干燥器内，然后抽真空。真空度不宜过高，为安全起见，干燥器外面最好用铁丝网或布包裹。真空干燥器是通过负压和干燥剂的双重作用来干燥那些不宜加热的试样，其干燥效率较普通干燥器好。

使用干燥器时要注意，温度较高的物品应冷却至略高于室温后，再放入干燥器内，否则干燥器内空气受热膨胀可能将盖子冲开，或因干燥器内的空气冷却使其压力降低而难以打开盖子。

(2) 真空恒温干燥器　真空恒温干燥器也称干燥枪（图 3-59），适用于少量物品的干燥，干燥效率高。使用时，在曲颈瓶中放置干燥剂（常用 P_2O_5），瓶侧面真空活塞连接真空泵抽真空，再借助烧瓶中放置合适沸点的纯有机溶剂加热汽化（所选择的有机溶剂的沸点应低于固体试样的熔点或分解温度），在夹套中形成恒温气氛来加热干燥夹套内样品盘中的试样。

3.5.3　物质的干燥和干燥剂

3.5.3.1　物质的干燥

(1) 气体的干燥　气体的干燥可用固体干燥剂在干燥塔或过滤器（见图 3-60）中进行。为了防止干燥剂在干燥过程中结块，可适当填充玻璃纤维或石棉纤维。

不与硫酸反应的气体通常在洗气瓶中用浓硫酸干燥。在洗气瓶之前必须安装安全瓶。低沸点的气体可通过冷阱将其中的水或其它可凝性杂质凝结而除去。干冰或甲醇可用作冷却剂。

在化学实验装置的系统中，为了防止大气中的湿气侵入，凡开口装置均应连接干燥管，管中装氯化钙或其它适当的干燥剂。

(2) 液体的干燥　液体化合物的干燥，一般将一定量的、合适的干燥剂直接放入装有被干燥物的容器中，盖上塞子，在不时的振荡下使水被干燥剂吸收，最后将其与干燥剂分离。用干燥剂干燥液体有机化合物，只能除去少量的水，若试样含有大量水，必须设法事先除去。如果对其要求不高，且水与液体有机化合物的沸点相差又较大时，可考虑用蒸馏或分馏的方法干燥。具体操作中应注意以下几点。

① 干燥前应尽可能把液体中的水分净。

② 干燥应在收口容器中进行。

③ 干燥剂的颗粒要大小适度，太大则表面积小，吸水缓慢；太细又会吸附较多的被干燥液体，且难以分离。

④ 对于含水分较多的液体，干燥时常出现少量水层，必须将此水层分去或用吸管吸去，再补加一些新的干燥剂。加入适量干燥剂后，应摇荡片刻，然后加瓶塞静置。

⑤ 若发现干燥剂相互黏结，或被干燥液体仍呈浑浊，则应补加干燥剂。若液体在干燥前呈浑浊，干燥后变澄清，则可认为已基本干燥。

⑥ 将已干燥的液体物质用倾析法或通过塞有棉花的玻璃漏斗倒入干燥的容器中。

(3) 固体的干燥　干燥固体试样中的少量水分或有机溶剂时，一般采用自然干燥的方法，即将固体试样放在瓷板、表面皿或滤纸上自然干燥。对热稳定性较好的试样，可放在红外线灯下或烘箱中干燥。但必须注意控制好加热温度，以防样品变黄、熔化甚至分解、炭化。烘干过程中应经常翻动，以防结块。热稳定性差的试样通常在真空干燥器或真空恒温干燥箱中进行干燥。对于易分解或易升华的固体，不能采用加热的方式干燥，可将其置于干燥器内干燥。已经干燥的物质须保存在干燥器内以防吸潮。

3.5.3.2　常用干燥剂

常用于干燥固体、气体和有机试剂的干燥剂见表 3-3～表 3-5。

表 3-3　常用于固体的干燥剂

干燥剂	干燥去除成分	干燥剂	干燥去除成分
变色硅胶	水	P_2O_5	水、醇
4A 分子筛	水	NaOH	水、乙酸、HCl、酚、醇
石蜡片	醇、醚、苯、氯仿、四氯化碳	H_2SO_4	水、醇、乙酸
CaO	水、乙酸、氯化氢	无水 $CaCl_2$	水、醇

表 3-4　常见气体用干燥剂

干燥剂	适于干燥的气体
无水 $CaCl_2$	H_2、N_2、CO_2、CO、O_2、SO_2、HCl、烷烃、烯烃、卤代烃
P_2O_5	H_2、N_2、CO_2、CO、O_2、SO_2、HCl、烷烃、乙烯
浓 H_2SO_4	H_2、N_2、CO_2、Cl_2、HCl、烷烃
CaO、NaOH、碱石灰	NH_3

表 3-5　常用于干燥有机试剂的干燥剂

干燥剂	性质	适用的化合物
浓硫酸	强酸性	烃、卤烃
五氧化二磷	酸性	烃、卤烃、醚
氢氧化钠	强碱性	烃、醚、氨、胺
氢氧化钾	强碱性	烃、醚、氨、胺
金属钠	强碱性	烃、醚、叔胺
无水碳酸钠	碱性	醇、酮、酯、胺
氧化钙	碱性	低级醇、胺
无水氯化钙	中性	烃、卤烃、烯、酮、醚、硝基化合物
无水硫酸镁	中性	醇、酮、醛、酸、酯、卤素、腈、酰胺、硝基化合物
无水硫酸钠	中性	醇、酮、醛、酸、酯、卤素、腈、酰胺、硝基化合物
3A、4A、5A 分子筛	中性	各类有机溶剂

3.5.3.3　干燥剂使用注意事项

（1）干燥剂的选择　干燥剂与被干燥试样间应无任何作用，包括化学反应、溶解、吸附等现象。一般酸性试样应选用酸性干燥剂，反之则选用碱性干燥剂。此外，还要综合考虑干燥剂的吸水容量、效率、速度、价格及是否易与液体分离等因素。一般情况下，应优先选择价格低廉、吸水容量大的干燥剂。

（2）干燥剂的用量　干燥剂的用量要视其吸附或反应的容量而定。如无水氯化钙吸水变为六水氯化钙，其吸水容量为 0.97g/g。也要考虑其干燥效能，即干燥平衡状态时，试样被干燥的程度来定。一般液体试样中，干燥剂加入量为 5%。在固体、气体试样中，干燥剂用量远大于其干燥物质的量。

（3）干燥的时间　干燥用时取决于干燥剂与被作用杂质间的相互作用的速率。如硫酸钠吸水容量（1.25g/g）高于硫酸镁（1.05g/g），但其水合反应速率远低于后者，故需长时间放置才能干燥试样。吸附剂 4A 分子筛吸附容量仅 0.25g/g，但吸附速率很快，一般 1h 左右即达干燥平衡。

（4）干燥的温度　对于吸附、水合作用的干燥剂的干燥机理是一个可逆过程，升温往往不利于干燥。例如，无水氯化钙在低于 30℃时形成 $CaSO_4 \cdot 6H_2O$，温度在 30～45℃时形成 $CaSO_4 \cdot 4H_2O$，更高温度下平衡左移又可能变为无水氯化钙，故此类干燥剂应在较低的温度下使用，以利用其最高吸水容量。干燥后的试样应先与干燥剂分离，然后在要求的条件下使用，以免在较高温度下，未分离去的干燥剂的脱水作用又污染试样。

(5) 干燥剂的再生　对于吸附、水合作用的干燥剂使用后可通过真空或加热干燥，使其再生，恢复干燥活性。如4A分子筛，通过350～500℃加热并抽真空可脱附所吸附水分使其恢复活性。但应注意不可任意高温加热，以免破坏其结构而失去其特性。

3.6　熔点的测定和温度计的校正

物质的熔点是该物质在大气压力下固-液两相达到平衡的温度。纯粹的固体化合物一般都有一定的熔点。一定的压力下，固态与熔融态之间的变化是非常敏锐的，自初熔至全熔(称为熔程)温度不超过0.5～1℃。如果含有杂质，熔点要比纯物质低而且熔程延长。利用这一特点，通过测定熔点，可以定性检验固体有机化合物的纯度及鉴别未知的固体有机化合物。

如果两种固体有机化合物具有相同或相近的熔点，可以采用混合熔点法来鉴别它们是否为同一化合物。若是两种不同化合物，通常会使熔点下降(也有例外)，如果是相同的化合物则熔点不变。

3.6.1　基本原理

图3-61是某一纯粹化合物的温度与蒸气压曲线图。其中 SM 表示固态的蒸气压随温度升高的曲线，ML 表示液态的蒸气压随温度升高的曲线，在两条曲线的交叉点 M 处，固态、液态、气态三相共存，而且达到平衡，此时的温度 T_M 即为该化合物的熔点。温度高于 T_M 时，固相的蒸气压较液相的蒸气压大，固相全部转化为液相；温度低于 T_M 时，液相则转变为固相。只有温度在 T_M 时，固液两相的蒸气压相同，固液两相才可以同时存在。一旦温度超过 T_M，甚至只有几分之一度时，如有足够的时间，固体就可全部转化为液体。因此，纯粹化合物的熔点是固定和敏锐的。

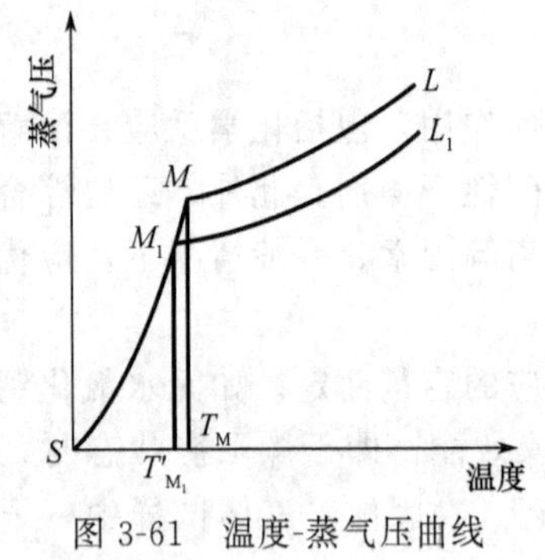

图3-61　温度-蒸气压曲线

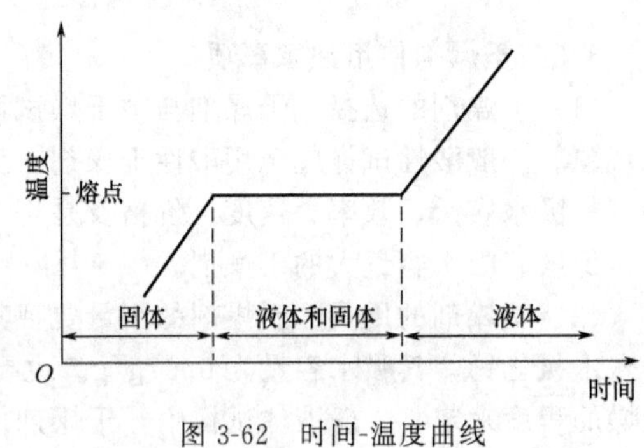

图3-62　时间-温度曲线

将一纯粹的固体物质A以恒定的速率加热，升温速率与时间变化均为恒定数值，用加热时间对温度作图(图3-62)。温度升高，固体的蒸气压增大，当温度达到熔点 T_M 时，固体开始熔化，先有少量液体出现，而后固液两相达到平衡，继续加热，这时所提供的热量使固体熔化转化为液体，而温度不会升高；直至固体全部熔化后，液体的温度才逐渐上升。在这里加热速率是十分重要的，所以要精确测定物质的熔点，在接近熔点时加热速率一定要慢，每分钟不超过1～2℃，使熔化过程尽可能接近固液两相处于平衡的条件，测得的熔点才更精确。

当有杂质B存在时(假定两者不成固液体)，根据拉乌尔(Raoult)定律可知，在一定的温度和压力下，在溶剂中增加溶质的物质的量，溶剂的蒸气压将降低(见图3-61)，固液两相平衡遭到破坏。这时只有温度下降才能使固液两相重新达到平衡，因此该物质 A 的熔点（HT'_{M_1}）必然比纯粹物质的熔点（T_M）低。图 3-63 是 A、B 两种固态物质的温度-物质的量的组成关系图。在纯物质 A 中，随着混入杂质 B 的含量增加，A 的熔点逐渐下降，一直达到最低熔点（低共熔点），此点所对应的混合物组成为低共熔混合物。当混合物中 B 的含量继续增大时，熔点又开始升高，一直升高到纯物质 B 的熔点。反之，在纯物质 B 中，随着杂质 A 的含量增加，B 的熔点逐渐下降到最低熔点。当混合物中 A 的含量继续增大时，熔点又升高，直到纯物质 A 的熔点。

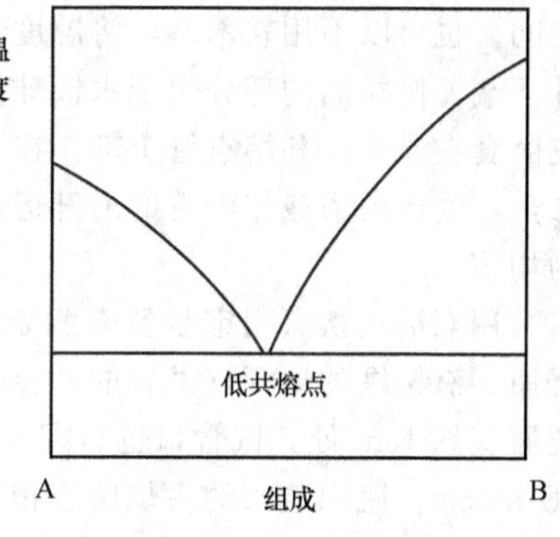

图 3-63　温度-组成关系图

现在讨论在物质 A 中含有少量杂质 B 的加热熔化的情况（见图 3-61）。当混合物的温度升到 T'_{M_1} 时即开始熔化；继续加热，因为纯 A 不断熔入，液相的组成不断在改变，使液相中杂质 B 的浓度相对地变得更低了，故固液平衡所需的温度也随着上升。当温度达到 T_M 时，纯 A 继续熔化；温度超过 T_M 时即全部熔化。由此可知，若有杂质 B 存在，固液平衡不是一个温度点，而是 T'_{M_1} 至 T_M 一段，所以不纯物质的熔点不但下降了，而且熔程变宽。要注意的是，如果物质 A 中所含杂质 B 的组成恰好与低共熔混合物的组成相同，它们也会像纯物质一样显示敏锐的熔点。在这种情况下，可以向样品中加入少量任意一个组分，通过观察熔点的变化，就可以作出鉴别。

以上所述是测定熔点中的普遍情况，但有时也存在一些特殊情况，如有时两种熔点相同的不同化合物混合后熔点不是下降反而上升；有些化合物受热容易发生分解，分解温度与升温速率有关；由于有多晶现象的存在，有的化合物有两个以上的熔点；有的受热熔化后又生成新的化合物，显示两个熔点；如果两个化合物混合的比例恰好与二者组成的共熔混合物的组成相同，它们的熔点也很敏锐。但这些毕竟属于少数情况，大多数物质是符合常规的。

3.6.2　熔点的测定方法

3.6.2.1　毛细管熔点测定法

（1）熔点浴的安装　实验室中常用的熔点浴有两种，一种是如图 3-64(a) 所示的双浴式熔点测定器，另一种是如图 3-64(b) 所示的提勒（Thiele）管，又叫 b 形管。

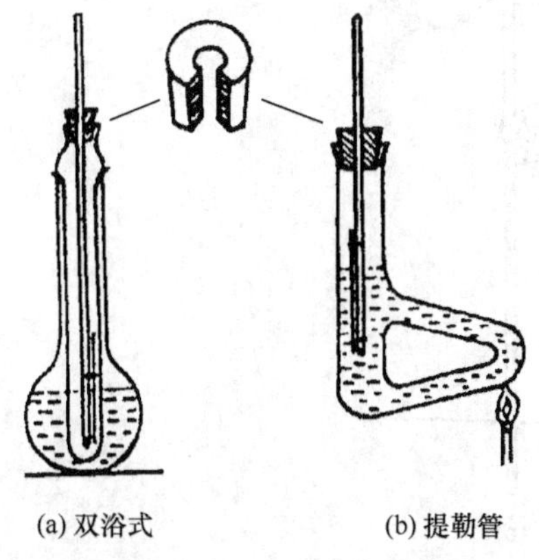

图 3-64　熔点测定装置

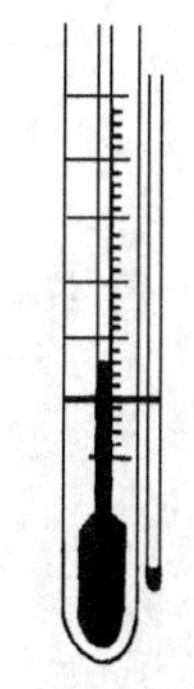
图 3-65　熔点管安装法

b形管管口装有开口的软木塞，温度计插入其中，刻度朝向开口，便于观察温度计的读数，也防止管中的空气受热膨胀而使温度计有冲出的危险。水银球位于b形管上下两叉管口之间。也可以不用软木塞，将温度计悬挂其中。将装好样品的熔点管蘸少许浴液黏附于温度计下端，使样品的部分位于水银球侧面中央（见图3-65）。如果浴液黏度较小，可用一小橡皮圈套在温度计和熔点管上部。在b形管中装入浴液，高度达到上支管处即可。在图示部位加热，受热的浴液作沿管的上升运动，从而促成整个b形管内浴液呈对流循环，使得温度较为均匀。

用双浴式熔点测定装置来测定熔点，效果较好。双浴式由250mL长颈平底（或圆底）烧瓶、有棱缘的试管（试管的外径略小于瓶颈的内径）和温度计组成。将试管插入烧瓶直至离瓶底约1cm处，试管口也需配一个开口软木塞或橡皮塞，插入温度计，其水银球应距管底0.5cm。瓶内装入约占烧瓶容积2/3的合适的浴液，试管内也装入一些浴液，在插入温度计后使其高度与瓶内的浴液高度相同。熔点管黏附于温度计水银球旁，与b形管相同。

热浴所用的导热液，常用的有浓硫酸、磷酸、甘油、液体石蜡油和硅油等。至于选用哪一种，视所需温度而定。石蜡油适用于170℃以下的熔点测定，其加热到220℃仍不会变色。浓硫酸价格便宜，易传热，但腐蚀性强，有一定的危险性，宜在220℃以下使用，高温下会分解放出三氧化硫。因此，用浓硫酸作浴液测定熔点时，一定要戴防护镜。当有机物和其它杂质触及硫酸时，会使硫酸变黑，妨碍熔点的观察，这时可加入少许硝酸钾晶体共热使其脱色。磷酸可在300℃下使用。如将7份浓硫酸和3份硫酸钾或5.5份浓硫酸和4.5份硫酸钾在通风橱中一起加热，直至固体溶解，可应用在220～320℃范围。若以6份浓硫酸和4份硫酸钾混合，则可使用至365℃。因为这类浴液室温下为半固态或固态，故不适用于测定低熔点化合物。

(2) 装样　毛细管的拉制方法见本章3.1节。将干净的直径为1～1.5mm的毛细管截成4～5cm长，将一头封死，即为熔点管。

如图3-66所示，取少量（约0.1g）经干燥的样品放在洁净的表面皿上，用玻璃棒将样品研成粉末状，堆积在一起，将熔点管开口端向下垂直反复插入样品几次，再将闭口端垂直朝下，轻轻在桌面上敲击，使粉末落入管底［图3-66(a)］。取一根干净的、长40～50cm的玻璃管，垂直放置于干净的表面皿上或桌面上，然后将熔点管放入玻璃管上端口内，使其

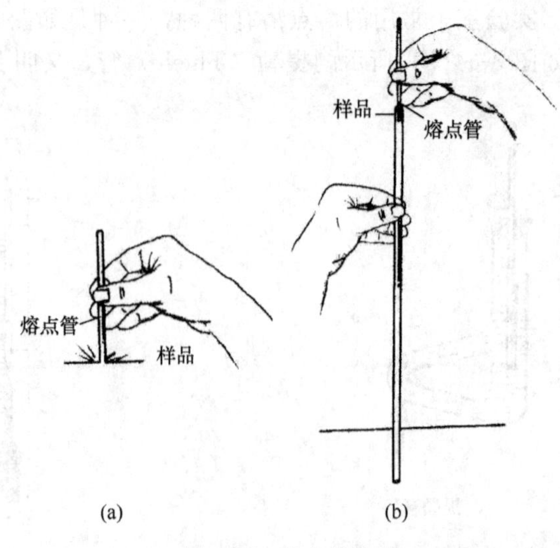

图3-66　熔点管装样

自然落下［图 3-66(b)］，重复几次，样品便紧密地聚集在熔点管底部。样品要装得结实且表面要平，高度 2～3mm。黏在熔点管外的样品要擦去，以免污染加热浴液。装入的样品一定要研得很细、装得紧实，否则传热不均匀，影响测定结果。对于蜡状的样品，不易研细和装管，只能选用较大口径（2mm 左右）的熔点管。

（3）熔点的测定　将装好样品的熔点管用橡胶圈固定在温度计上，使样品部分紧靠在水银球的中部（图 3-65）。将熔点浴安装在铁架台上，隔石棉网加热。温度要缓慢均匀地上升。当接近样品熔点前约 30℃时，保持每分钟升温 1℃，越接近熔点升温的速率越要慢。注意观察样品熔化的情况和温度计的读数。记下样品开始塌落、出现凹面并有液相产生时（初熔）的读数为初始温度。当固体全部熔化成液体时（全熔）再记下此时温度计的读数为终了温度。初始温度和终了温度就是该样品的熔点范围即熔程。已知样品重复测两次，未知物重复测三次。测未知样品时，应先粗测一次，加热速度可稍快，知道大致的熔点范围后，待熔点浴自然冷却至低于熔点约 30℃后再进行测定，否则测出的熔点误差会很大。每一次测定都必须用新的熔点管另装样品，不能用已测过熔点又冷却的熔点管再测。要求记录熔点范围，不求平均值。熔点测好后，温度计的读数必须对照温度计校正图进行校正。

测定受热易分解的样品时，可先将熔点管加热至低于熔点约 20℃时，再放入样品进行测定。测定易升华物质的熔点时，应将熔点管上口封闭。

用完的熔点管应放入一小烧杯中统一处理，特别是用硫酸作浴液时更要小心。温度计冷却后用废滤纸擦去浴液，再用水洗净，切记不能从提勒管中一拿出就用水冲洗，否则温度计极易炸裂。提勒管冷却后用塞子塞好，或将浴液倒回回收瓶中。

3.6.2.2　**熔点测定仪测定法**

熔点测定仪类型很多，有数字熔点仪和显微熔点仪。

（1）显微熔点仪　显微熔点仪较常用，它主要由显微镜、加热平台、温控装置及温度显示等几部分组成。用显微熔点测定仪测定熔点的优点是：既可测微量样品的熔点，也可测高熔点的样品，又可观察样品在加热过程中变化的情况，如结晶的失水、多晶的变化、升华及分解等，而且操作方法很简便。图 3-67 是一款常见的显微熔点测定仪。

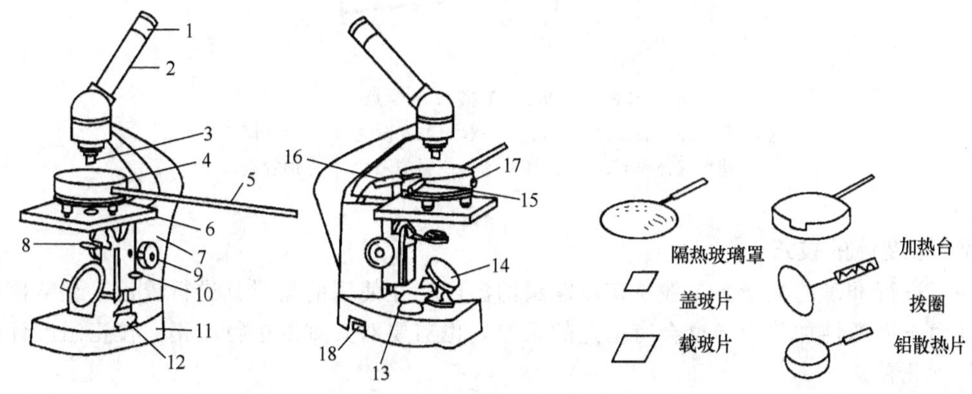

图 3-67　显微熔点测定仪

1—目镜；2—棱镜检偏部件；3—物镜；4—加热台；5—温度计；6—载热台；7—镜身；8—起偏振件；9—粗动手轮；10—止紧螺钉；11—底座；12—波段开关；13—电位器旋钮；14—反光镜；15—拨动圈；16—上隔热玻璃；17—地线柱；18—电压表

测定时，取一片洁净干燥的载玻片放在仪器上可移动的支持器上，将经过烘干、研细的微量样品放在载玻片上，并用另一载玻片覆盖住样品，调节支持器使样品对准加热台的中心孔洞，再用圆玻璃盖罩住，调节镜头焦距，使样品清晰可见。通电加热，调节电位器（加热旋钮）控制升温速率，开始时可快些，当温度低于样品熔点 10～15℃时，用微调旋钮控制升温速率不超过 1℃/min，仔细观察样品变化。当晶体棱角开始变圆时，表示开始熔化；结晶形状完全消失、变成液体时，表明完全熔化。

测定结束后，停止加热，移开圆玻璃盖，用镊子取出载玻片（载玻片测一次要换一片），把铝散热片放在加热台上加速冷却以备重测。清洗玻片，以备后用。要求重复测定 2～3 次。

（2）数字熔点仪　以 WRS-1 型数字熔点仪为例，见图 3-68。该熔点仪采用光电检测、数字温度显示等技术，具有初熔、终熔自动显示，可与记录仪配合使用，具有熔化曲线自动记录等功能。该仪器采用集成化的电子线路，能快速达到设定的起始温度，并具有 6 挡可供选择的线性升、降温速率自动控制功能，初熔、终熔读数可自动储存，具有无需人监视的功能等优点。仪器采用毛细管测定法相似的毛细管作为样品管，操作方法简便。使用时，开启电源开关，稳定 20min，通过拨盘设定起始温度，再按起始温度按钮，输入此温度，此时预置灯亮，选择升温速率把波段开关旋至所需位置。当预置灯熄灭时，可插入装有样品的毛细管（装填方法同毛细管法），此时初熔灯也熄灭，把电表调至零按升温按钮，数分钟后初熔灯先亮，然后出现终熔读数显示，欲知初熔读数可按初熔按钮。待记录好初、终熔温度后，再按一下降温按钮，使之降至室温，最后关闭电源。

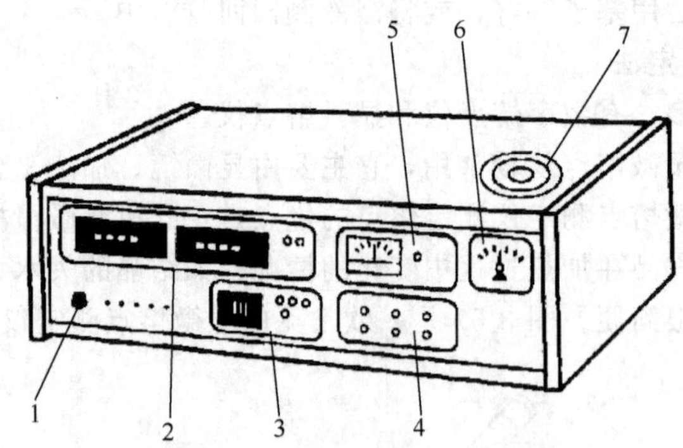

图 3-68　WRS-1 型数字熔点仪

1—电源开关；2—温度显示单元；3—起始温度设定单元；4—调零单元；
5—速率选择单元；6—线性升降温控制单元；7—毛细管端口

3.6.3　温度计的校正

为了进行准确的测量，一般从市场购买的温度计在使用前需对其进行校正。经常使用的温度计由于周期性加热冷却也会有一定的误差，也需要对其刻度进行校正。校正温度计的方法有如下几种。

（1）比较法　选用一支标准温度计进行对照，在同一条件下测定温度，找出偏差值。

（2）定点法　用纯物质的熔点作为校正的标准。选择数种纯样品，测出它们的熔点。以测出的熔点作为纵坐标，以此熔点与已知熔点的差值为横坐标，画出曲线。这样在使用温度计时即可从曲线上读出温度计的校正值。一些标准样品及熔点列于表 3-6，供校正温度计时选用。

表 3-6　常用标准样品及熔点

样品	熔点/℃	样品	熔点/℃	样品	熔点/℃
冰-水	0	萘	80.55	尿素	132.7
环己醇	25	间二硝基苯	90.02	二苯羟乙酸	151
α-萘胺	50	二苯乙二酮	95～96	水杨酸	159
二苯胺	54～55	乙酰苯胺	114.3	蒽	216
苯甲酸苄酯	71	苯甲酸	122.4	蒽醌	286 升华

零度的测定最好用纯水和纯冰水的混合物。方法是将 20mL 纯水放入试管中，用冰盐浴冷至纯水部分结冰，搅拌使成冰-水混合物，将试管从冰盐浴中取出，再将温度计插入试管，恒定 2～3min 后的温度即为 0℃。

第4章 化学实验基本技术

4.1 固液分离

在化合物制备或分析的过程中，经常要遇到沉淀（晶体）的生成，以及固体与液体的分离问题。本节将简要介绍蒸发、浓缩、结晶、固液分离方法和重量分析的基本操作。

4.1.1 溶液的蒸发与浓缩

蒸发通常指液体表面的汽化现象，蒸发在任何温度下都可以发生。受热越多、温度越高、暴露面积越大，则蒸发就越快。在相同条件下，沸点低的液体较沸点高的液体容易汽化，如乙醇比水蒸发快。

在化学实验中，蒸发是指含有不挥发性溶质的溶液受热沸腾、蒸去溶剂而浓缩的一种操作技术。例如，当溶液较稀时，为了使溶质从溶液中析出晶体，就需要通过加热蒸发水分，使溶液不断浓缩到一定程度后，冷却即可析出晶体。蒸发浓缩的程度与溶质的溶解度有关。当物质溶解度较大时，必须蒸发到溶液表面出现晶膜时才可停止加热；当物质的溶解度较小或高温时溶解度大而室温时溶解度较小，则不需蒸发至出现晶膜就可冷却。

在一般实验中，蒸发是在蒸发皿中进行的。蒸发皿的面积较大，有利于快速蒸发。蒸发皿中盛放液体的量不要超过其容积的2/3。若需浓缩的液体量较多，蒸发皿一次盛不下，则可以随水分的蒸发逐渐添加被蒸发液。蒸发浓缩操作一般在水浴锅上进行，若溶液很稀，溶质对热的稳定性又较好时，可放在石棉网上直接加热蒸发。开始时，可用大火加热蒸发，当浓缩到一定程度，改用小火，注意控制加热温度，以防溶液爆沸而溅出。然后再放在水浴上加热蒸发。

对于某些物质，在大气压下蒸发时会引起氧化或其他不良作用，为了降低沸点或保证质量，蒸发可以在减压下进行，通常称为真空蒸发。一般在常压下蒸发时可用敞口设备，减压蒸发就必须用密闭容器。

4.1.2 结晶

溶质从溶液中析出晶体的过程称为结晶，析出的晶体颗粒大小与结晶条件有关。当溶液的过饱和度较低时，结晶的晶核少，晶体易长大，可得到较大的晶体颗粒；反之，当溶液的过饱和度较高时，结晶的晶核多，聚集速率大，析出的晶体颗粒较细小。搅拌溶液有利于细小晶体的生成，静置溶液则有利于大晶粒的生成。若溶液容易发生过饱和现象，可以用搅拌、摩擦器壁或投入几粒小晶粒（晶种）等办法形成结晶中心，溶质就会析出结晶。溶液中的组分也可以通过生成晶体实现固液分离与提纯。晶体经过滤和洗涤可以达到分离和提纯的目的。

当第一次得到的晶体纯度不合要求时，可以进行重结晶，即重新加入尽可能少的纯水溶解晶体，蒸发后再进行结晶、分离，这样第二次得到的晶体纯度就较高。但重结晶的损耗很大，因为每次结晶的母液中都含有不少溶质。因此，需要时应将母液收集起来，采取适当的方法处理，不能随便丢掉。根据对物质纯度的要求，可进行多次重结晶。

结晶的颗粒大小要适宜，颗粒大且均匀时，夹带母液较少，而且易于洗涤；结晶太细和不均匀，往往会形成稠厚的糊状物，夹带母液较多，不仅不易洗涤甚至难以过滤，有时还会透过滤纸，使沉淀很难从母液中分离出来。大小适宜且均匀的结晶颗粒，还有利于物质的提纯。

结晶的方法主要有以下几种。

(1) 冷却结晶　将溶液降温冷却，使之成为饱和溶液而使晶体析出。此法对于那些易溶的且溶解度随温度改变而显著变化的物质特别适用。例如硫酸亚铁铵晶体的生成。

(2) 蒸发结晶　通过蒸发除去部分溶剂，使溶液形成过饱和而析出晶体。此法适用于那些溶解度随温度下降而减小不多的物质，例如氯化钠和氯化钾等晶体的形成。

(3) 真空结晶　将溶液在真空状态下蒸发，使溶液在浓缩与冷却的双重作用下达到过饱和而结晶。此法在工业结晶中应用广泛。

(4) 盐析结晶　向溶液中加入溶解度大的盐类，以降低被结晶物质的溶解度，使其达到过饱和而结晶。

4.1.3　固液分离的方法

固体和溶液分离的方法有倾析法、过滤法和离心分离法三种。

4.1.3.1　倾析法

当沉淀的相对密度较大或晶体颗粒较大时，静置后能较快沉降至容器底部，可用倾析法进行分离和洗涤。其操作方法是待沉淀完全沉降后，把玻璃棒横放在烧杯嘴（如图 4-1 所示），将上层清液沿着玻璃棒缓慢倾入另一烧杯内，使沉淀与溶液分离。如果需要洗涤沉淀时，可加适量洗涤液（如去离子水）充分搅拌、静置沉降后，再倾出洗涤液。重复以上操作 2～3 遍，即可把沉淀洗净。

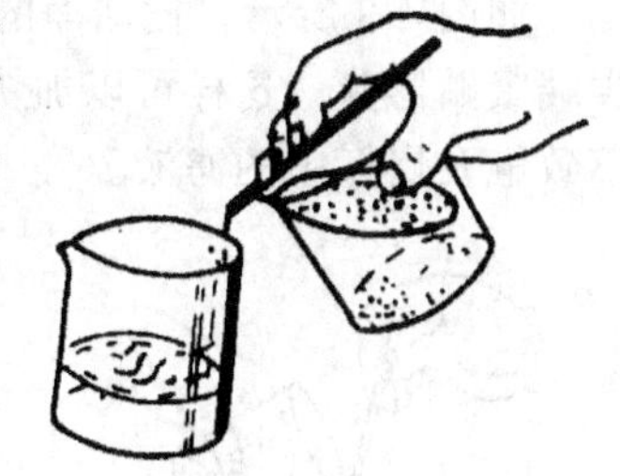

图 4-1　倾析法

4.1.3.2　过滤法

过滤法是固、液分离最常用的一种方法。当沉淀和溶液的混合物通过过滤器（如滤纸）时，沉淀留在过滤器上，而溶液通过过滤器流入接受容器中，将沉淀和溶液分离，所得溶液叫作滤液。

影响过滤速率的因素有溶液的温度、黏度、过滤时的压力、滤器的孔隙大小，以及沉淀物的性质和状态等。一般说来，热溶液比冷溶液容易过滤。溶液的黏度愈大，愈难过滤。减压过滤比常压过滤快。滤器的孔隙越大过滤速度越快，但小颗粒的沉淀也能通过滤器；滤器孔隙较小，沉淀的颗粒易被留在滤器上，并形成一层密实的滤层，堵塞滤器的孔隙，使过滤难以进行。胶状沉淀能够穿过一般的滤器，应先设法将其破坏后再过滤。因此，应根据沉淀的性状，选用各种型号的滤纸或砂芯漏斗等滤器及不同的过滤方法。常用的过滤方法有常压过滤、减压过滤和热过滤等。

(1) 常压过滤　常压过滤最为简便，也是最常用的固-液分离方法。使用普通玻璃漏斗和滤纸进行过滤。此方法适用于过滤胶体沉淀或细小的晶体沉淀，但过滤速度比较慢。

① 滤纸的折叠和漏斗的准备　先根据沉淀的性质选择滤纸，一般粗大晶形沉淀用中速滤纸，细晶或无定形沉淀选用慢速滤纸，沉淀为胶状体时应用快速滤纸。取一张方形或圆形滤纸，按图 4-2 所示，用洁净的手将滤纸轻轻对折两次成四层（折叠时切勿用手指抹滤纸，这样易损坏滤纸，造成沉淀穿滤），把滤纸展开成 60°角的圆锥体，一边为三层，另一边为一层。将滤纸放入漏斗中，使之与漏斗贴紧，滤纸边应低于漏斗边 0.5～1cm。检查滤纸与漏斗是否贴合紧密，否则可适当调整第二次折叠的角度。为了使三层滤纸的那一边能紧贴漏斗壁，可将三层滤纸的外面两层撕去一小角，保存在洁净干燥的表面皿上，留着以后（重量分析中）必要时擦拭烧杯口外或漏斗壁上的少量沉淀。

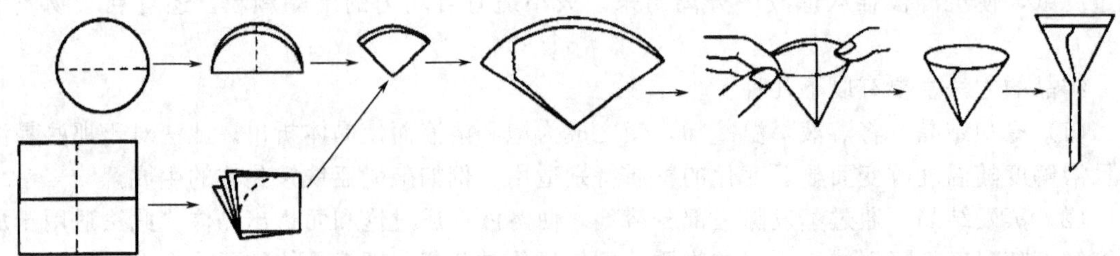
图 4-2　滤纸的折叠

将折好的滤纸放入漏斗，用手按住滤纸三层的一边，从洗瓶吹出少量蒸馏水润湿滤纸，用手指轻压滤纸，使滤纸与漏斗内壁紧贴，其间不应有气泡，否则会影响过滤的速度。加蒸馏水至滤纸边缘，漏斗颈内会自然地充满水形成水柱。形成水柱的漏斗，可借助水柱的重力抽吸漏斗内的液体，使过滤速度加快。如漏斗颈内没形成水柱，可用手指堵住漏斗下口，稍掀起滤纸的一边，用洗瓶向滤纸与漏斗之间的空隙里加水，使漏斗颈和锥体的大部被水充满，然后压紧滤纸边，松开堵住下口的手指，即可形成水柱。若再不行，应考虑换颈细的漏斗。漏斗能否形成水柱的关键是要清洗干净，尤其是黏附了油污时，是绝对形不成水柱的。

如图 4-3 所示，把洁净的漏斗放在漏斗架上，下面放一洁净的承接滤液的容器，使漏斗尖端紧贴器壁，这样可以加快过滤速度，避免溶液溅出。调整漏斗架的高度使漏斗颈的出口不致触及烧杯中的滤液。

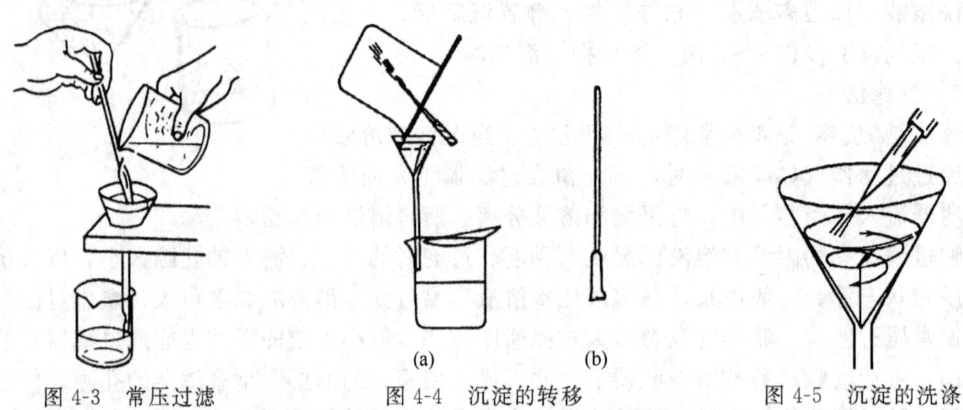

图 4-3　常压过滤　　图 4-4　沉淀的转移　　图 4-5　沉淀的洗涤

② 过滤　一般采用倾析法过滤。过滤时将玻棒贴近三层滤纸一边，待沉淀沉降后，将上层清液先倾入漏斗中，沉淀尽可能留在烧杯中。随后再往烧杯中加入洗涤液，搅起沉淀充分洗涤，再静置，待沉淀沉降后，再倾出清液。这样既可以充分洗涤沉淀，又不致使沉淀堵塞滤纸，从而加快过滤速度。洗涤沉淀时，要注意遵循“少量多次”的原则。这样既可将沉淀洗净，又尽可能地降低了沉淀的溶解损失。要注意，过滤与洗涤必须相继进行，不能间断，否则沉淀干涸了将无法洗净。

过滤时，右手持玻棒，将玻棒垂直立于滤纸三层部分的上方（见图 4-3），但不要接触滤纸，以免滤液冲破或玻棒碰破滤纸。左手拿起烧杯，让杯嘴贴着玻棒，慢慢倾斜烧杯，尽量不使沉淀浮起，将上层清液沿玻棒慢慢倾入漏斗。边倾入溶液，玻棒应边逐渐上提，避免玻棒触及液面。当液面离滤纸边缘 5mm 时应停止倾注溶液，待溶液液面下降后，再继续倾注。停止倾注时，烧杯不可马上离开玻棒，应将烧杯嘴沿玻棒向上提 1～2cm 后，慢慢扶正烧杯，然后离开玻棒。这样可使烧杯嘴上的液滴顺玻棒流入漏斗中。烧杯离开玻棒后，再将玻棒放回烧杯中，但玻棒不应放在烧杯嘴处，更不可随意放在桌面上或其它地方，避免沾在玻棒上的少量沉淀丢失和污染。

待烧杯中上层清液过滤完后，用洗瓶（或滴管）沿烧杯壁四周挤入洗涤液约 10～15mL，用玻棒搅动沉淀，充分洗涤，静置，待澄清后，用上面的方式倾出清液。洗涤应按“少量多次”的原则，一般晶形沉淀洗涤 2～3 次即可，胶状沉淀需洗 5～6 次。

③ 沉淀的转移　经过上述洗涤后的沉淀即可转移到滤纸上。往盛有沉淀的烧杯中加入少量洗涤液（加入的量不要超过滤纸能容纳量的 2/3）。用玻棒轻轻搅起沉淀然后立即按上述方法沿玻棒将悬浮液转移到漏斗中的滤纸上。小心将玻棒放回烧杯中，再加少量洗涤液淋洗烧杯，如此反复转移几次，可转移出大部分沉淀。这一步操作必须十分小心，不可损失一滴悬浮液，否则会导致整个分析工作的失败。最后，在漏斗上方慢慢倾斜烧杯，杯嘴向着漏斗，用左手食指将玻棒架在烧杯嘴上，玻棒下端对着三层滤纸，从洗瓶中挤出水流，旋转冲洗烧杯内壁，沉淀即被涮出转移到滤纸上［图 4-4(a)］。

④ 清洗烧杯和沉淀　待沉淀全部转移后，将前面折叠滤纸时撕下的纸角，用洗涤液润湿后先用其擦拭玻棒上的沉淀，再用玻棒压住此纸块沿烧杯壁自上而下旋转着擦拭烧杯壁，然后把滤纸块也转移到漏斗中的滤纸上，与主要沉淀合并。再用洗瓶按上述方法吹洗烧杯，将擦拭后少许的沉淀微粒涮洗到漏斗中。对牢固地粘在杯壁上的沉淀，也可用沉淀帚［图 4-4(b)，它是一头带橡皮的玻璃棒］在烧杯内壁自上而下、自左至右地擦拭，使沉淀集中在底部，再按图 4-4(a) 的操作将沉淀涮洗到漏斗中。

沉淀全部转移到滤纸上后，应作最后的洗涤，以除去沉淀表面吸附的杂质和残留的母液。洗涤方法如下（图 4-5）：从洗瓶中挤出洗涤液至充满洗瓶的导出管，再将洗瓶拿在漏斗上方，挤出细小、缓慢的水流从滤纸上沿开始，慢慢旋转向下淋洗，并借此将沉淀集中到滤纸圆锥体的下部。每次所用洗涤液不要太多，洗涤液的使用应本着少量多次的原则，即总体积相同的洗涤液应尽可能分多次洗涤。洗涤时应注意，只有在前一次洗涤液完全流完后，才能进行下一次的洗涤。过滤和洗涤必须连续进行一次完成，不能间隔，否则搁置较久的沉淀干涸结成团块就无法洗涤干净。

洗涤数次以后，为了检查沉淀是否洗净，先将漏斗颈外壁吹洗干净，再用洁净的小试管或表面皿接取约 1mL 滤液，选择灵敏的定性反应来检验沉淀是否洗净（注意：接取滤液时勿使漏斗下端触及下面烧杯中的滤液）。例如，常用 $AgNO_3$ 检验滤液中是否含 Cl^-，若滤液中不再检出 Cl^- 时，即可认为沉淀已洗净。

(2) 减压过滤　减压过滤又称真空过滤或抽滤，其特点是可加速过滤，能使沉淀抽得较干燥。但此法不宜用于过滤颗粒太小的沉淀和胶体沉淀。因为颗粒太小的沉淀易在滤纸上形成一层密实的沉淀，溶液不易透过，使抽滤速度减慢。而胶体沉淀易穿透滤纸，因此都达不到加速过滤的目的。

减压过滤的装置如图 4-6 所示。布氏漏斗是瓷质平底漏斗（见图 2-1），中间为具有许多小孔的瓷板，以便使滤液通过滤纸从小孔流出。以橡皮塞将布氏漏斗与吸滤瓶相连接。安装时布氏漏斗下端斜口应正对着吸滤瓶的支管，用耐压橡皮管把吸滤瓶与安全瓶连接上（为防止倒吸，在吸滤瓶和减压系统之间装一个安全瓶），再与减压系统相连。因为减压系统能使吸滤瓶内减压，造成吸滤瓶内与布氏漏斗液面上的压力差，所以过滤速度较快。减压系统最常采用的是水泵（俗称水老鼠）、循环水泵和真空泵。

过滤前，先剪好一张圆形滤纸，滤纸应比漏斗内径略小，但又能盖严漏斗的小瓷孔。把滤纸放入漏斗内，用少量水或所用溶剂润湿滤纸，打开减压系统减压，使滤纸与漏斗贴紧，然后开始抽滤。先用倾析法将溶液沿玻璃棒倒入漏斗中，注意溶液不要超过漏斗总容量的2/3。最后将沉淀转移至布氏漏斗中，均匀地分布在滤纸上，继续减压吸气，待抽至无液滴滴下时，停止抽滤。这时应先拔下连接吸滤瓶和减压系统的橡皮管，再关闭减压系统，防止倒吸。取下漏斗倒扣在滤纸或表面皿或其它容器上，用洗耳球吹漏斗下口，使滤纸和沉淀脱离漏斗，滤液则从吸滤瓶的上口倾出，不能从支管倒出。滤瓶的支管只作连接减压系统或安全瓶用，不能从其倾出溶液以免弄脏滤液。为了能尽快除去溶剂，在抽滤过程的后期，可用干净的瓶塞、玻璃钉等压紧漏斗中的沉淀。

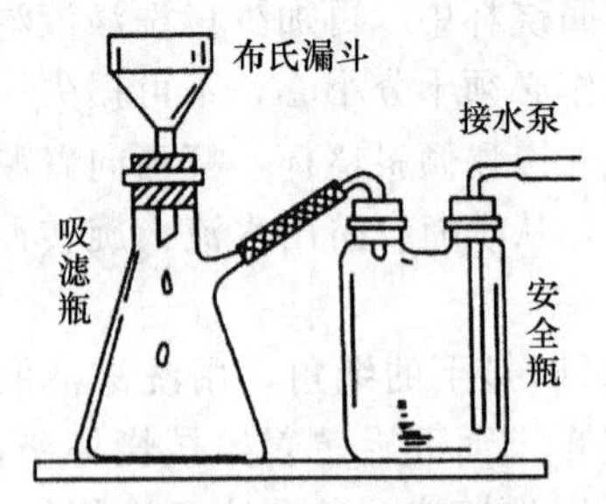

图 4-6　减压过滤

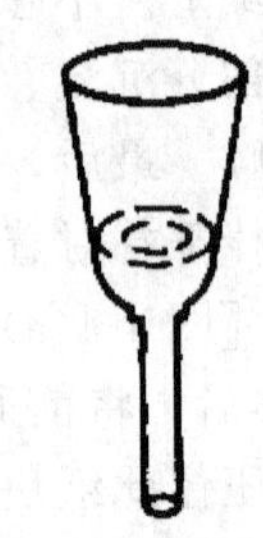
图 4-7　玻璃砂芯漏斗

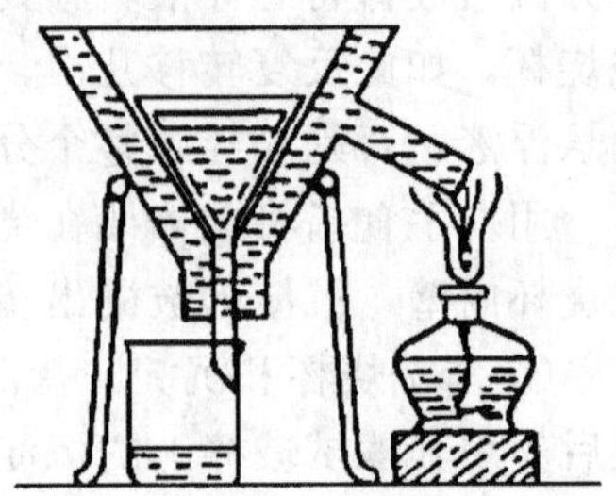
图 4-8　热过滤

如所得的沉淀需要洗涤除去吸附的杂质，在停止抽气后，用尽可能少量干净洗涤液使沉淀润湿，以减少溶解损失。让全部沉淀都被洗涤液浸润片刻后，再进行抽气，一般洗涤 1～2 遍即可。如沉淀需多次洗涤，则反复以上操作，洗至达到要求为止。

如果过滤的溶液具有强酸性、强碱性或强氧化性，为了避免溶液和滤纸作用，常采用石棉纤维、玻璃布、的确良布代替滤纸进行过滤。非强碱性溶液可用玻璃砂芯漏斗（如图 4-7 所示）过滤。由于碱易与玻璃作用，所以玻璃砂芯漏斗不宜过滤强碱性溶液。过滤时，不能引入杂质，不能用瓶盖挤压沉淀，其它操作要求基本如上述步骤。另外，在过滤过程中应注意观察滤液是否澄清，若出现不澄清，要查找原因，立即处理。

（3）热过滤　如果在室温下，溶液中的溶质能结晶析出，而在实验中不希望发生此种现象，这时常采用热过滤法（如图 4-8 所示）。为了能达到最大过滤速度，常采用褶纹滤纸、短颈或无颈漏斗进行过滤。而且漏斗必须预热，以利保温。

褶纹滤纸的折叠方法如图 4-9 所示。先将圆滤纸对折、再对折，然后将 1 对 3、2 对 3，折出 4 和 5 线。用 1 对 4、2 对 5，折出 7 和 6 线。用 1 对 7、2 对 6，折出 9 和 8 线，形成 8 个小平面。然后将滤纸翻转过来，把每一个小平面从当中向下按，形成对折，折出折扇的形状，打开滤纸将两侧两个对称的小平面按上述方法对折，调整好滤纸放在漏斗中。

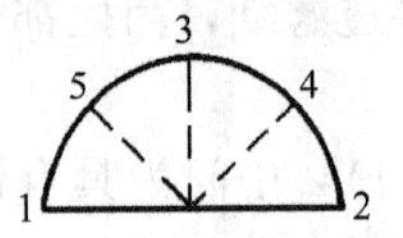

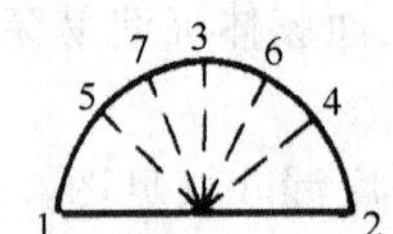

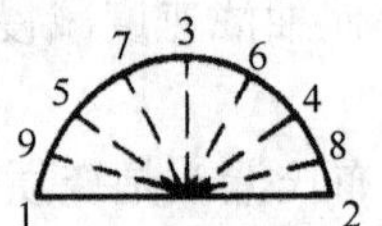

图 4-9　褶纹滤纸的折叠方法

折叠时，在折纹集中的圆心处不要用力抹擦，以免磨破，只宜用拇指和食指在此处轻压。使用前，应将整个滤纸翻转，并整理成折扇形，再放入漏斗中，让未用手折过的干净一面接触漏斗壁，避免被手指弄脏的一面污染滤液。过滤时需将漏斗预热，如滤液为水溶液时，可将漏斗放在热水中预热，如过滤非水溶液，一般将漏斗放在烘箱中预热，也可用热溶剂预热。之后，将折叠好的滤纸放在预热过的短颈或无颈漏斗中，滤纸的锥顶插入漏斗出口中，滤纸不得高于漏斗上口平面，立即用热溶剂润湿滤纸，迅速将溶液移至滤纸上，滤液收集在锥形瓶中。

如过滤的溶液量较多，或溶质的溶解度对温度极为敏感易结晶析出时，可用热过滤（或保温）漏斗过滤。热过滤漏斗如图 4-8 所示，它是由铜质夹套和普通玻璃漏斗组成的，底部用橡皮塞连接并密封，夹套内充水至 2/3 处。水若太满，加热后可能会溢出。夹套内也可装热水，灯焰放在夹套支管处加热（见图 4-8）。等夹套内的水温升到所需温度便可以过滤热溶液。过滤操作与常压过滤相同。如在过滤过程中，仍有相当多的结晶析出，为减少损失，可用少量热溶剂洗涤结晶，但切忌溶剂用量过多。也可用镍匙轻轻刮下滤纸上的结晶，用少量热溶剂重新溶解后再行过滤。这种热过滤漏斗的优点是能使待滤液一直保持或接近其沸点，尤其适用于滤去热溶液中的脱色炭等细小颗粒的杂质，缺点是过滤速度慢。

如对非水溶液进行热过滤，漏斗预热后必须先灭掉明火，才能过滤。否则，绝大多数有机溶剂蒸气一遇明火，会立即燃烧而造成着火事故，请实验者切记。

4.1.3.3　离心分离法

当被分离的溶液和沉淀的量很少时，用常规方法过滤会使沉淀粘在滤纸上难以取下，这时可用离心分离法。本法分离速度快，而且有利于迅速判断沉淀是否完全。

离心分离法是将盛有待分离的沉淀和溶液装在离心试管或小试管中，放入离心机中高速旋转，使沉淀集中在试管底部，上层为清液。通常使用的电动离心机（图 4-10）进行离心操作。操作时，应先将离心机的管套底部垫点棉花，然后将盛有沉淀和溶液的离心试管放入离心机管套内，在与之相对称的另一管套内也放入盛有相等体积水的离心试管，以使离心机在旋转时内臂保持平衡，否则易损坏离心机的轴。然后，缓慢启动离心机的调速钮，逐渐加速。当停止离心时，应使离心机自然停止转动，决不能用手强制其停止，否则离心机很容易损坏，而且容易发生危险。电动离心机如有噪声或机身震动很大时，应立即关闭电源，检查和排除故障后再使用。

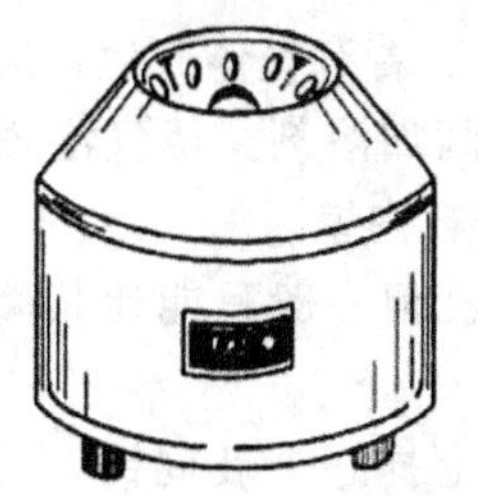

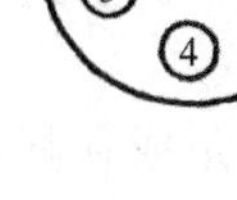

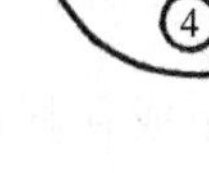

图 4-10　电动离心机

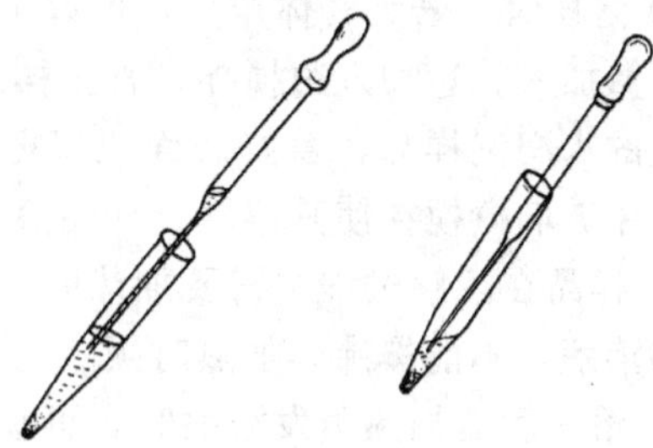

图 4-11　溶液与沉淀的分离

由于离心作用，沉淀紧密聚集于离心试管底部的尖端，溶液则变澄清。离心分离后，用滴管轻轻吸取上层清液，使之与沉淀分开。吸取清液时，先用手指捏紧滴管上的橡皮帽，排除空气，然后将滴管轻轻插入溶液中，再慢慢放松橡皮帽，溶液则慢慢吸入滴管中。随着试管中溶液的减少，将滴管逐渐下移至全部溶液吸入滴管为止。若一次吸不完，可分多次完成。当滴管末端接近沉淀时要特别小心，勿使滴管末端接触沉淀（图 4-11）。如需洗涤沉淀时，可将洗涤液滴入试管，用搅拌棒充分搅拌后，再进行离心分离。如此反复洗涤 2～3 遍即可，每次应尽可能将洗涤液除尽。如果检验是否洗净，其方法是将一滴洗涤液放在点滴板上，加入适当试剂，检查是否还存在应分离出去的离子，决定是否还要进行洗涤。分离溶液用的滴管和玻璃棒，用后要立即用蒸馏水洗净，置于另一盛有蒸馏水的烧杯中待用。

使用离心机时要注意如下几点：①离心机套管底部预先要放少许棉花或泡沫塑料等柔软物质，以免旋转时打破离心试管。②为使离心机在旋转时保持平衡，离心试管要放在对称位置上。如果只处理一支离心试管，则在对称位置也要放一支装有等量水的离心试管。③启动离心机应从慢速开始，运转平稳后再转到快速。关机时要任其自然停止转动，决不能用手强制停转，以免伤人。④转速和旋转时间视沉淀性状而定。一般晶形沉淀以 1000r/min，离心 1～2min 即可；非晶形沉淀需 2000r/min，3～4min。⑤如发现离心试管破裂或离心机震动太厉害，应停止使用。

4.1.4 重量分析的基本操作

重量分析法一般是将被测组分与试样中的其他组分分离后，转化为一定的称量形式，然后用称重的方法测定该组分的含量。由于试样中待测组分性质不同，采用的分离方法也不同。按其分离方法的不同，重量分析可分为沉淀法、挥发法、萃取法和电解法。在基础化学实验中，常用的是沉淀重量法，其主要用于如硅、硫、磷、钨、钼等元素含量较高试样的分析，准确度较高。一般需要将待测元素转化为难溶物沉淀，经过滤、洗涤、干燥恒重后得到其质量，从而求出被测组分的含量。

沉淀重量分析基本操作包括：样品的溶解、沉淀的制备、沉淀的过滤和洗涤、沉淀的烘干或灼烧及恒重等步骤。整个操作应按规范动作细心进行，防止沉淀损失或引入其它杂质，以确保分析结果的准确度。下面简要介绍有关的基本操作。

4.1.4.1 样品溶解

准备好洁净的烧杯、玻璃棒和表面皿。玻璃棒的长度应比烧杯高 5～7cm，不要太长。表面皿的直径应略大于烧杯口直径。烧杯底部和内壁不应有纹痕。三者一套，不许分离，直至沉淀完全转移出烧杯为止。

① 准确称量一定量的试样置于烧杯中，称取试样的量应不使得到的沉淀过多或过少，一般晶形沉淀不超过 0.5g，非晶形沉淀不超过 0.2g。

② 溶样时，若无气体产生，可取下表面皿，将溶剂顺着紧靠杯壁的玻璃棒下端加入，或沿杯壁加入。边加入边搅拌，直至样品完全溶解。然后盖上表面皿。若有气体产生，应先加少量的水润湿样品，盖好表面皿，再由烧杯嘴与表面皿间的狭缝滴加溶剂。待气泡消失后，再用玻璃棒搅拌使其溶解。样品溶解后，用洗瓶吹洗表面皿和烧杯内壁。

③ 样品在溶解过程中需要加热时，可在电热板或酒精灯上进行。但一般只能让其微热或微沸溶解，不能爆沸。加热时须盖上表面皿。

④ 溶解后需加热蒸发浓缩时，可在烧杯口放上泥三角或在杯沿上挂三个玻璃钩，再盖上表面皿，加热蒸发。

4.1.4.2 沉淀制备

① 将上述溶解的样品溶液适当稀释或加热。沉淀时，沉淀剂的用量一般是按照被测组分的含量和性质，计算出理论值，然后根据过量 10%～50%的比例计算出沉淀剂的实际用量。沉淀剂的浓度只需准确到 1%，用量筒量取，固体试剂用台秤称取。沉淀剂或被测溶液加热时均不可沸腾，以免因溅溢造成损失。

② 沉淀剂加入的方式应根据沉淀的类型来定。制备晶形沉淀时，可按照“稀、热、慢、搅、陈”的操作方法进行。因此，为了获得颗粒粗大的晶形沉淀，应将沉淀剂适当地稀释并加热。左手拿滴管慢慢地逐滴滴加沉淀剂，滴管口要接近液面，以免溶液溅出。右手拿搅拌棒，边滴边充分地搅拌，防止沉淀剂局部过浓，以致形成的沉淀太细。沉淀太细，不仅易吸附杂质，而且过滤时可能发生穿滤（即沉淀穿过滤纸进入滤液）。对于非晶形沉淀或用有机

沉淀剂进行沉淀时，要用浓的沉淀剂，一次性加入到热的试液中，同时搅拌且速度要稍快，这样就容易得到紧密的沉淀。搅拌溶液时，不要让玻璃棒敲击或摩擦烧杯壁。

③ 加完沉淀剂后，需要检查沉淀是否完全。为此，将溶液放置片刻待沉淀下降后，往上层清液中用滴管滴加一滴沉淀剂，观察滴落处是否出现浑浊。如出现浑浊，还应补加足量的沉淀剂，使沉淀完全，然后再盖上表面皿。注意：玻璃棒要一直放在烧杯内，直至沉淀、过滤、洗涤结束后才能取出。

④ 沉淀操作结束后，对晶形沉淀，可放置过夜，或将沉淀与溶液一起加热一定时间，进行陈化，然后再过滤。对非晶形沉淀，则不必放置陈化，只需静置数分钟，让沉淀下沉即可过滤。

4.1.4.3　沉淀的过滤、洗涤和转移

这是决定重量分析成败的关键步骤之一。选用何种滤纸或玻璃坩埚，应根据沉淀的性质决定。对于需要灼烧、称重的沉淀，应使用无灰定量滤纸（灼烧后灰分的质量可忽略不计）过滤。若采用滤纸，则其大小及紧密程度要视沉淀的性质和数量而定。例如，对于 $BaSO_4$ 等细晶形沉淀，应选用较小尺寸而致密的慢速滤纸过滤；对氢氧化铁（$Fe_2O_3 \cdot xH_2O$）等膨松的胶状沉淀，难于过滤，则应选用大尺寸的快速滤纸。

沉淀的过滤、洗涤和转移，请参阅“4.1.3 固液分离的方法”有关部分的内容。

4.1.4.4　沉淀的烘干和灼烧

(1) 坩埚的准备　沉淀的干燥和灼烧一般在瓷坩埚中进行。先用自来水洗去坩埚中的污物，然后将坩埚放入热盐酸或热铬酸洗液中浸泡 15min 以上，以洗去 Al_2O_3、Fe_2O_3 或油脂。用洁净的玻棒夹出，依次用自来水、纯水涮洗干净并晾干，再置于电热恒温干燥箱中烘干。洗净烘干后的坩埚不得用手拿取，只能用坩埚钳将其放在干净的表面皿、白瓷板或泥三角上，切勿放在实验台上，以免玷污。坩埚钳的头部若有锈迹，应事先用用砂纸磨光洗净，坩埚钳不用时应仰放在白瓷板上。使用坩埚时，必须预先在高温下灼烧至恒重，灼烧坩埚的温度应与灼烧沉淀时的温度相同。坩埚可以用喷灯、煤气灯灼烧，也可以放在温度为 800～1000℃的马弗炉中灼烧。第一次灼烧约 30min，取出稍冷却后，转入干燥器中冷却至室温，称量。第二次再灼烧 15～20min，再冷却称量。两次称量之差在 0.3mg 以内时，表示坩埚已恒重。恒重的坩埚应在干燥器中保存备用。

夹取灼热的坩埚时，应将坩埚钳预热。灼热的坩埚稍冷后放进干燥器，先不要将干燥器完全盖严，应留一小缝（约 2mm 宽即可，切不可留缝太大），让膨胀的气体逸出，约 1min 后盖严。在冷却过程中可开启两次干燥器盖。一般坩埚需冷却 40～50min 可降至室温，冷却坩埚时，干燥器应先放在实验室 20min，然后再移至天平室内冷却到室温，以保证天平室的温度不受影响。空坩埚与有沉淀的坩埚，每次进行冷却的条件必须基本相同。灼烧过的坩埚冷却到室温后易吸潮，必须快速称量，不允许在干燥器中存放过夜后再称量。此外，还应注意，坩埚必须冷却至室温后才能称量，否则称量结果就不准确。

(2) 沉淀的包裹　沉淀全部转移到滤纸上后，用洁净的药铲或尖头玻棒将滤纸的三层部分挑起两处，然后用洗净的拇指和食指从翘起的滤纸下将其取出。注意手指不要接触沉淀，包裹沉淀时不应把滤纸完全打开。若是晶形沉淀，应包得稍紧些，但不能用手指挤压沉淀。按图 4-12(a)～(e) 所示，将滤纸打开成半圆，自右端 1/3 半径处向左折起；再自上边向下折，再自右向左卷成小卷，即折好了滤纸包。用原来不接触沉淀的那部分滤纸将漏斗内壁轻轻擦一下，把可能粘在漏斗上部的沉淀擦下。然后把滤纸包的三层部分朝上放入已恒重的坩埚中，以便炭化和灰化。也可按图 4-12(f)～(h) 所示的方法折叠。当包裹胶状蓬松的沉淀，

可在漏斗中用玻棒将滤纸周边向内折，把圆锥体的开口封住，如图 4-13 所示。然后取出，倒转过来尖头朝上放入已恒重的坩埚中。

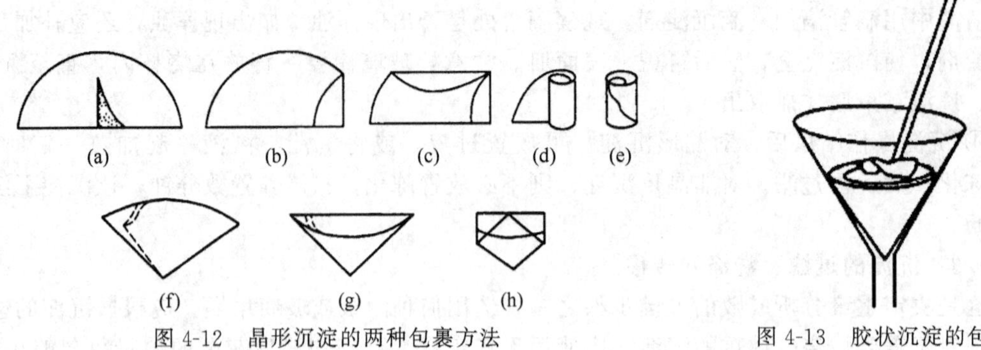

图 4-12　晶形沉淀的两种包裹方法

图 4-13　胶状沉淀的包裹

（3）沉淀的烘干和灼烧　按图 4-14(a) 所示，将装有滤纸包的坩埚斜架在泥三角上，坩埚底部枕在泥三角的一个横边上，坩埚口对着泥三角的顶角，而图 4-14(b) 所示的放置方法是不正确的。然后把坩埚盖半掩着倚于坩埚口，这样会使火焰热气反射，有利于滤纸的烘干和炭化。放好后，先用小火来回扫过坩埚，使其缓慢均匀地受热，以防坩埚因骤热而破裂。然后将火焰移至坩埚盖中心之下［图 4-14(d)］，使火焰加热坩埚盖，热空气由于对流而通过坩埚内部，使水蒸气从坩埚上部逸出，将滤纸和沉淀烘干。这一步操作不可过快，尤其对胶状沉淀，因其含水量大，很难一下烘干。如加热太猛，沉淀内部水分会迅速汽化而挟带沉淀溅出坩埚，导致实验失败。待沉淀干燥后，将火焰移至坩埚底部［图 4-14(c)］，继续小火加热，使滤纸炭化变黑。炭化时滤纸开始冒烟，这时要注意不要让滤纸着火燃烧，以免火焰卷起的气流将沉淀微粒扬出而损失。如一旦着火，应立即把加热的火焰移开，同时用坩埚钳把坩埚盖轻轻盖住，火焰就会自行熄灭，切不可用嘴吹灭。稍等片刻后再打开坩埚盖，放好，继续用小火加热，直至滤纸完全炭化不再冒烟。

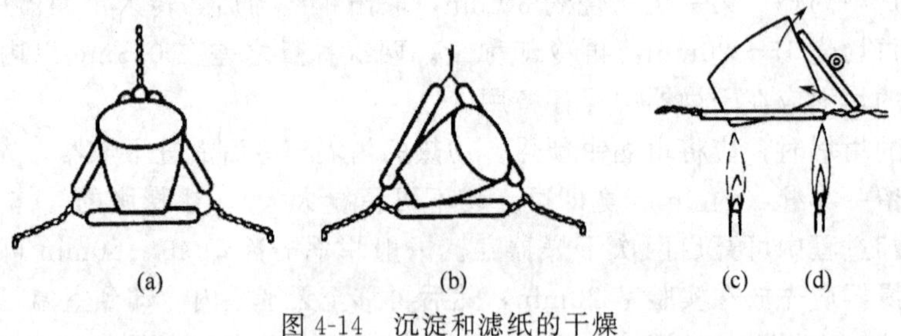

图 4-14　沉淀和滤纸的干燥

滤纸全部炭化后，逐渐加大火焰，并使氧化焰包住坩埚，烧至红热，使炭化了的滤纸完全烧成灰，这一过程叫做灰化。当炭黑基本消失、沉淀现出本色后，稍稍转动坩埚，使沉淀在坩埚底轻轻翻动，借此可把沉淀各部分烧透，把包裹住的滤纸残片烧光，并把坩埚壁上的炭黑烧掉。这时可将坩埚直立，用强火灼烧一定时间（视不同沉淀而定），使沉淀转变为称量形式后停火。如 $BaSO_4$ 需 15～30min，$Mg_2P_2O_7$、Al_2O_3、SiO_2、CaO 需 60min。灼烧后，让坩埚在泥三角上稍冷（约 30s），再放到干燥器中冷却，称量。然后再灼烧 15min，冷却，称量至恒重。称量方法与称空坩埚时相同，要求连续两次称量的结果相差在 0.3mg 以内为恒重。

坩埚和沉淀也可在高温电炉中灼烧。滤纸灰化后，用特制的长柄坩埚钳把坩埚移入马弗炉中，将坩埚盖斜盖在坩埚上，留一缝隙，切不要盖严！在实验指定温度下灼烧 20～30min。用马弗炉灼烧的优点是温度易于控制，受热均匀，特别适于批量灼烧。从马弗炉中取出坩埚时，应先将坩埚移至炉门旁边冷却片刻，然后取出放在泥三角架上或石棉网上，稍冷却后再放入干燥器中冷却至室温，称量。再灼烧 15min，冷却，称量，直至恒重。

(4) 使用玻璃坩埚的操作　对于一些可以或必须在低温烘干的沉淀，则应该使用玻璃坩埚在减压下过滤。过滤方法与前面的“减压过滤”部分基本相同，所不同的是：负压不必很大，水泵或循环水泵均可，并应注意以下几点。①应先用抽滤法将玻璃坩埚清洗干净，在指定温度下烘干至恒重。②过滤时应先减压后倾倒溶液，操作要一直在抽滤情况下进行。黏附在烧杯壁上的沉淀，不可用滤纸去擦，只能用淀帚（即玻璃棒下端套一段乳胶管）将其擦松动或擦下，然后用洗瓶吹洗淀帚，并将烧杯中的沉淀冲洗至玻璃坩埚中。③凡呈浆状的细微沉淀不能用玻璃坩埚过滤，以免堵塞漏斗细孔或发生穿滤。④装有沉淀的坩埚应在与空坩埚相同的条件下烘干至恒重。烘干沉淀时应注意烘箱温度的控制，一般应保持在指定温度的±5℃范围内，并注意防止烘箱内的污物对玻璃坩埚的污染。

4.2　重结晶

重结晶是提纯固体物质最常用、最有效的方法之一。当物质的溶解度随温度的升高（或降低）而急剧增加（或减少）时，便可利用重结晶方法进行纯化。从有机合成或从天然有机化合物中得到的纯的固体有机物，往往含有杂质，需要利用重结晶法进行提纯。

重结晶时，用适当溶剂将待提纯的固体物质加热溶解，制成高温下的浓溶液，趁热过滤，除去不溶性固体杂质后，将滤液冷却到室温或室温以下，溶质的溶解度随温度降低而下降，原溶液变成过饱和溶液，这时，溶质就从溶液中以结晶的形式析出。利用溶剂对被提纯物质和杂质的溶解度的不同，使杂质在热滤时被除去或冷却后被留在母液中，从而达到提纯的目的。例如，乙酰苯胺在 25℃100mL 水中溶解 0.56g，100℃时则溶解 5.2g。乙酰苯胺中夹杂的乙酸于 25℃时则全部溶解于水。这样通过一次或多次重结晶将杂质去掉，最后得到纯的产品。

重结晶提纯的方法主要用于提纯杂质含量小于 5%的固体物质，杂质过多常会影响结晶速率或妨碍结晶的生长。因此，从反应的粗产品直接重结晶是不适宜的，必须先用其它方法进行初步提纯，例如萃取、蒸馏等，然后再用重结晶提纯。此外，若杂质与待提纯物质在溶剂中的溶解行为几乎相同时，重结晶法往往难以达到提纯的目的。重结晶提纯的一般过程如下：

① 将待提纯物溶解于适当的热溶剂中（接近溶剂的沸点），制成浓溶液。

② 热过滤除去不溶性杂质。如颜色较深，可加活性炭煮沸脱色，再趁热过滤。

③ 将上述溶液冷却，或蒸发溶剂，使结晶慢慢析出，杂质留在母液中。或使杂质析出，而待提纯物留在溶液中。

④ 减压过滤，分离母液，洗涤除去吸附在晶体表面上的母液，分离出已提纯的物质的晶体或杂质。

⑤ 若需进一步提纯，可重复上述过程。

4.2.1　溶剂的选择

正确选择溶剂，对重结晶操作有很重要的意义。选择溶剂总的指导原则是“相似相溶”原理，即物质易溶解在化学结构与之相似的溶剂中。极性物质易溶于极性溶剂，而难溶于非极性溶剂中，反之也一样。常用的重结晶溶剂及有关性质见表 4-1。合适的溶剂必须具备下列条件：①不与重结晶物质发生化学反应；②在高温时，重结晶物质在溶剂中的溶解度较大，而在低温时，溶解度应该很小，杂质不溶在热的溶剂中，或者是杂质在低温时极易溶在溶剂中，不随晶体一起析出；③溶剂易挥发（沸点一般在 50～85℃范围），容易与结晶分离；④价格低，毒性小，易回收，操作安全。

水是无机固体重结晶的良好溶剂。对已知的无机固体，重结晶时先从手册中查出它在各种温度下的溶解度数据，然后决定重结晶时加热或冷却的温度，再计算出制备高温下饱和溶液所需的水量，然后进行重结晶操作。若经过一次重结晶后纯度不合要求，可继续进行第二次、第三次重结晶，直至合格。

选择溶剂时应根据被提纯物质和杂质的结构、性质及组成，查阅有关资料，利用溶解原理，并常需用少量的样品反复试验，以确定理想的溶剂。其方法是：取 0.1g 欲重结晶的固体放入试管中，加入溶剂并不断振荡。当加入 1mL 时在室温下就溶解，或加热至全沸仍不溶解，补加溶剂到 3mL 时固体仍然不全溶解，这两种溶剂均不适用。如果加入 3mL 溶剂后，沸腾时固体全部溶解，而冷却后又无结晶析出或析出很少结晶，此种溶剂也不适用。只有当固体沸腾时全部溶解，冷却后析出的结晶又快又多，此种溶剂为合适的溶剂。溶剂的溶解能力一般以 5～10mL 溶解 1g 样品、回收率达 80%～90%为佳。

当难以选出一种合适的溶剂时也可采用混合溶剂。混合溶剂一般由两种或两种以上可任意互溶的溶剂按一定比例混合而成，其中一种对被提纯物溶解度较大，而另一种溶解度较小。常用的混合溶剂有：乙醇-水，乙醚-甲醇，乙醇-乙醚，乙醇-丙酮，乙酸-水，丙酮-水，乙醇-氯仿，乙醚-丙酮，乙醚-石油醚，苯-石油醚。常用的重结晶溶剂及有关性质见表 4-1。

表 4-1 常用的重结晶溶剂及有关性质

溶剂	沸点/℃	冰点/℃	相对密度	与水的混溶性	易燃性
水	100	0	1.0	＋	0
甲醇	64.96	＜0	0.7914^{20}	＋	＋
乙醇	78.1	＜0	0.804	＋	＋＋
冰乙酸	117.9	16.7	1.05	＋	＋
丙酮	56.2	＜0	0.79	＋	＋＋＋
乙醚	34.51	＜0	0.71	－	＋＋＋＋
石油醚	30～60	＜0	0.64	－	＋＋＋＋
乙酸乙酯	77.06	＜0	0.90	－	＋＋
苯	80.1	5	0.88	－	＋＋＋＋
氯仿	61.7	＜0	1.48	－	0
四氯化碳	76.54	＜0	1.59	－	0

注：＋表示混溶性好，＋越多表示易燃性越强。

4.2.2 重结晶操作

4.2.2.1 配制热饱和溶液

将粗产品溶于适宜的热溶剂中制成饱和溶液，考虑到后续操作过程中溶剂的自然损失及避免因温度略降而过早析出结晶，一般应在全溶的基础上再补加 10%的溶剂。固体的溶解应视溶剂的性质不同选择适当的加热和操作方式，如乙醚作溶剂时必须避免明火加热，用易挥发的有机溶剂溶解应在回流操作下进行。如果用水作溶剂，也可以用烧杯作容器，在烧杯上盖上一表面皿，表面皿的凸面朝下，使蒸汽冷凝后顺凸面回滴到烧杯中。

操作时，将待重结晶的固体置于适当大小的圆底烧瓶或锥形瓶中，装上回流冷凝管，先加入 75%计算量的溶剂，放入沸石后加热回流，剩余的溶剂将视物料的溶解情况再逐渐补加。这是因为杂质的含量及性质常会影响物质的溶解度，若一次性投入计算量溶剂，有时会超过实际需要量。对沸点在85℃以下的溶剂，用水浴加热最为方便安全。高沸点的溶剂最好用电热套或油浴加热。若固体未完全溶解，可从冷凝管上端添加溶剂，此时，必须移开火源，防止着火。每次添加溶剂后，加热沸腾片刻，如此反复，直至全部或绝大部分溶解。每次添加溶剂后，应注意观察未溶物的量是否减少以判断溶剂的量是否足够。溶剂加多了，不能形成饱和溶液，冷却后析出的结晶少。溶剂加少了，溶液将形成过饱和溶液，结晶很快析出，热过滤时析出的结晶，会使滤纸孔隙和漏斗颈堵塞而无法过滤，同时也会影响产品的回收率。

例如，称取粗乙酰苯胺3g，放入100mL圆底烧瓶中，加入1～2粒沸石，再加40mL水，将回流冷凝管安装好，在石棉网上加热至沸。如果溶液中有未溶解的固体或油状（熔融）物存在，可逐渐添加一定量的水，再继续加热至沸，直到所有固体在沸腾下刚刚全部溶解后，再加入约2mL水。

4.2.2.2　脱色

若待提纯物中含有少量的有色杂质，可用吸附剂进行脱色。大多数有色杂质能优先被一些吸附剂吸附。在溶液中加入少量吸附剂，过几分钟后溶液即可脱色。

用于脱色的吸附剂有活性炭、硅胶、氧化铝、硅藻土等，最常用的是活性炭，其不仅能吸附有色物质，也能吸附树脂状物质和极细的固体颗粒。活性炭的脱色效果与温度和溶剂的极性有关。低温时的脱色效果比高温时好，但在低温时溶质不能全部溶解，所以在实际操作中仍在高温下进行。在极性溶剂中的脱色效果要好于非极性溶剂，故对水和醇类等溶液的脱色常用活性炭，而对石油醚、己烷、氯仿、苯等非极性或极性小的溶液，用氧化铝脱色效果较好。

也可用脱色炭进行脱色，每100mL溶液约加一角匙。一般在溶液停止加热稍冷后，在搅拌下慢慢加入约为待提纯物质量1%～5%的脱色炭，可除去有色杂质和树脂状物。由于脱色炭是多孔性的，如在沸腾状态下加入会引起爆沸和喷溅，所以在加脱色炭前应使溶液冷至沸点以下。脱色炭加入量不能过多，否则，产品会包在脱色炭中而影响产率。加入脱色炭后再煮沸5～10min，趁热过滤。

4.2.2.3　热过滤

热过滤的目的是除去不溶性杂质，在多次重结晶时，这一步可以省略。如果热过滤操作不当，过滤中很容易先期析出结晶，结果因返工而极大地影响了回收率。因此，对初学者来说，热过滤是重结晶成败的关键步骤之一。

热过滤的方法见本章“4.1.3固液分离的方法”中的有关热过滤内容。操作过程中，应注意滤器的预热和溶液的保温，并尽可能快速过滤。一般说来，少量溶液常用常压热过滤，大量溶液用减压热过滤为宜。采用减压热过滤时，为了避免脱色炭穿滤，可使用双层滤纸或用硅藻土等助滤剂。硅藻土等助滤剂先用热溶剂调匀，在布氏漏斗滤纸上铺匀后，抽气滤去溶剂，再用少量热溶剂洗涤后抽干。然后，换一干净的吸滤瓶，即可过滤热溶液。减压热过滤时，会因损失部分溶剂而在吸滤瓶中析出晶体。因此，应将滤液重新加热至完全澄清后再冷却结晶。为避免晶体析出，亦可在制备热溶液时加入更多过量的溶剂。

4.2.2.4　冷却结晶

大多数情况下，过滤后的滤液冷却数分钟或数小时后，便有晶体析出。产品的纯度与晶体颗粒的大小有关，而颗粒的大小又决定于冷却速度。通常，针状晶体以长2～10mm、片状晶体以每边长1～3mm为佳。待提纯物纯度较差时，希望通过重结晶得到较大的晶体颗粒，此时应缓慢冷却，将滤液放在木块等不易传热的表面上，或放在热水浴中慢慢冷却。若希望得到小颗粒晶体，可把滤液放在冷水中，较快冷却。为了提高回收率，常在溶液冷至室温后，用冰浴、冰盐浴或放在冰箱中进一步冷却。但在任何情况下，冷却温度均不能低于所用溶剂的凝固点。

如果冷却后的过饱和溶液没有结晶析出，说明已形成了过冷溶液。此时，需借助诱导结晶的方法来破坏过冷溶液的平衡，使结晶析出。通常可用玻璃棒摩擦烧杯内壁或加入几粒相同物质的晶体到溶液中作晶种促使其析出结晶。如果诱导结晶无效，则可能溶剂的用量过多，以致冷却后未达到饱和，故应将溶液适当浓缩。若仍然无效，说明溶剂不合适。

4.2.2.5 晶体的收集和干燥

结晶完全后，可用减压抽滤法（图 4-15）收集晶体。具体方法如下：将布氏漏斗安放在吸滤瓶上，使其漏斗颈口斜面对着吸滤瓶抽气嘴。注意不要反装，以防溶液被抽到减压装置中。滤纸的大小应合适，滤前用滴管滴少许溶剂，使滤纸全部紧贴在漏斗的瓷孔板上，不要有空隙，此时即可开始过滤。为了除去晶体表面的母液或杂质，可用少量冷溶剂（重结晶的同一溶剂）洗涤 2～3 次，再抽干。洗涤时，先暂停抽气，在结晶上滴加少量溶剂，用刮刀或玻棒小心搅动（不要使滤纸松动），使所有结晶润湿。静置片刻，待结晶均匀地润湿后再抽气。为了使溶剂和结晶更好地分开，最好在进行抽气的同时用洁净的玻璃塞倒置在结晶表面上用力挤压。减压过滤和洗涤的操作要点详见“4.1.3 固液分离的方法”中的有关内容。

如果重结晶用的溶剂沸点较高，不利于晶体的最后干燥，可选用与该溶剂互溶但对晶体微溶或不溶的低沸点溶剂洗涤。过滤少量结晶时，可用如图 4-16 所示的用于过滤少量样品的过滤装置，如以抽滤管代替抽滤瓶的玻璃钉漏斗［图 4-16(a)］。玻璃钉漏斗上的圆滤纸应较玻璃钉的直径略大，滤纸以溶剂湿润后进行抽气，并用刮刀或玻棒挤压使滤纸的边缘紧贴在漏斗上。

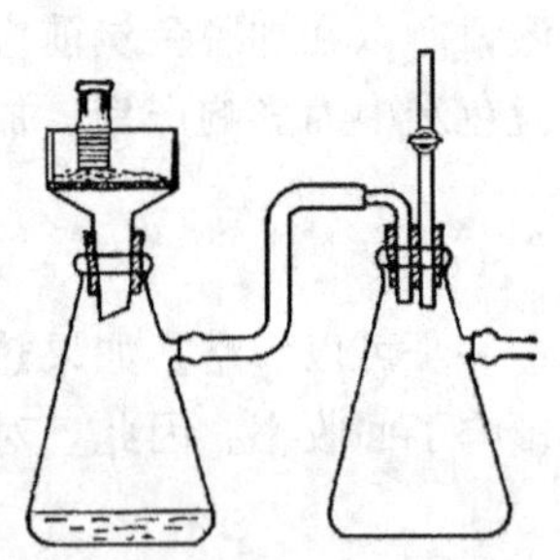

图 4-15　减压抽滤装置

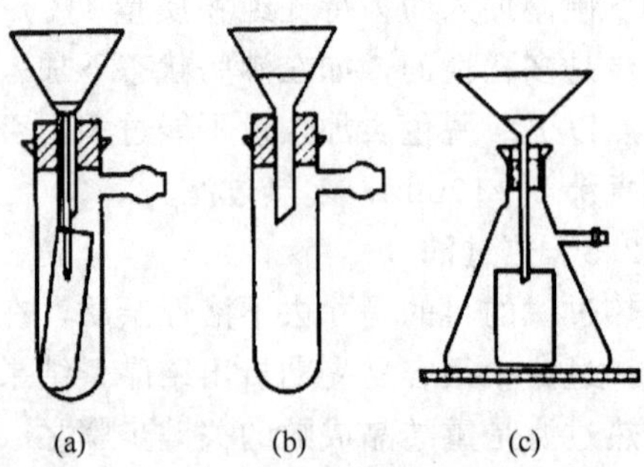

图 4-16　少量结晶的过滤

过滤后，吸滤瓶中的母液是待提纯物在室温下的饱和溶液，经进一步冷却或浓缩后还可得到第二批产品，但量较少且纯度较差。如果待提纯物在室温时的溶解度较大，就有必要从母液中回收第二批产品。此外，母液与洗涤液中含有大量的有机溶剂，一般应用蒸馏法回收处理。

晶体干燥常用的方法有自然干燥、蒸汽浴烘干和红外灯干燥等。对非吸湿性晶体，重结晶所用的溶剂沸点低且易挥发时，可将晶体平铺在表面皿或培养皿上，在空气中自然晾干。此方法最为简便，但需时较长。因此，在晾干时应在晶体表面盖一层洁净的滤纸防尘。对熔点在 120℃以上的晶体，可将其铺在表面皿上并放在蒸汽浴上，利用蒸汽的热量使溶剂挥发加快干燥速度。但对易吸水潮解的样品不适用。

在实验室中，通常采用红外灯干燥晶体。红外灯与可调变压器连用，可在很宽的温度范围内使用，烘干温度一般控制在晶体熔点 20～50℃以下。

重结晶后的产品纯度常根据熔点来确定。若熔点恒定、熔程小，且与文献值一致，说明已被提纯。除测定熔点外，还可用薄层色谱及其它波谱方法进一步证实其纯度。

4.3 升华

升华是指物质在固态时具有相当高蒸气压，当固体受热后不经液态而汽化为蒸气，然后由蒸气遇冷又直接冷凝为固态的过程。容易升华的物质含有不挥发的杂质时，可以用升华方法进行精制。用这种方法制得的产品纯度较高，但操作时间长，损失也较大。常见的具有升华特性的物质见表 4-2。

4.3.1 基本原理

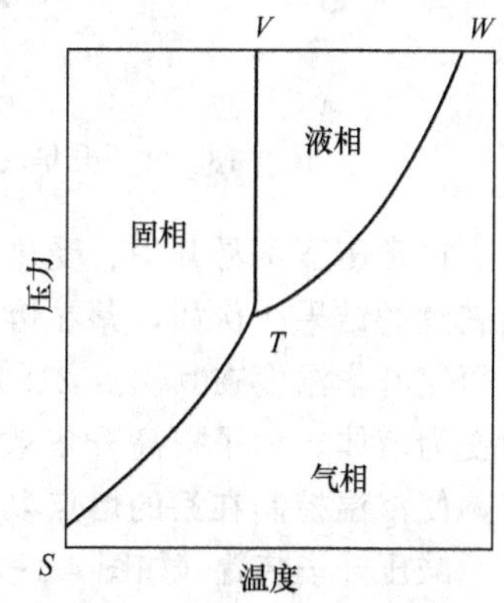

图 4-17 物质的三相平衡图

图 4-17 是物质三相平衡图，其中 ST 表示固气两相平衡时固体的蒸气压曲线，T 为三相点，此时固液气三相共存。在三相点温度以下，物质仅有固气两相。升高温度，固态直接汽化；降低温度，气相直接转为固相。因此，升华应在三相点温度以下进行，在一定温度下固体物质的蒸气压等于固体物质表面所受的压力时，此温度即为该物质的升华点。对于同一物质来说，固体化合物表面所受的压力越小，其升华点越低。即外压越小，升华点越低。所以常压下不易升华的物质，可以在减压下进行升华提纯。为了提高升华速度，有时可以通入适量的空气或惰性气体进行升华。一般来讲，在低于熔点温度时的蒸气压应不低于 2.7kPa，这样的物质才能直接升华。

表 4-2 常见易升华的物质

化 合 物	熔点/℃	熔点下的蒸气压/kPa
二氧化碳(固体)	−57	526.9
六氯乙烷	186	104
樟脑	179	49.3
碘	114	12
蒽	218	5.5
苯(固体)	5	4.8
邻苯二甲酸酐	131	1.2
萘	80	0.9
苯甲酸	12	0.8

4.3.2 操作方法

图 4-18(a) 为常压下的简易升华装置。在蒸发皿中放入待升华物，铺匀，上覆盖一张多孔滤纸，再倒置一大小合适的玻璃漏斗，漏斗颈部轻塞少许棉花或玻璃纤维，以减少蒸气损失。缓慢加热，温度应控制在物质的熔点以下，慢慢升华。蒸气通过滤纸小孔，冷却后凝结在滤纸上层或漏斗内壁上。必要时，漏斗外壁上可用湿布冷却。

若物质具有较高的蒸气压，可采用图 4-18(b) 的装置。烧杯中盛有样品，上面放有一个大小合适的圆底烧瓶，瓶内通入冷凝水，用于冷却蒸气。样品必须干燥，否则其中的水受热汽化后冷凝瓶底，使固体物质不宜附着。

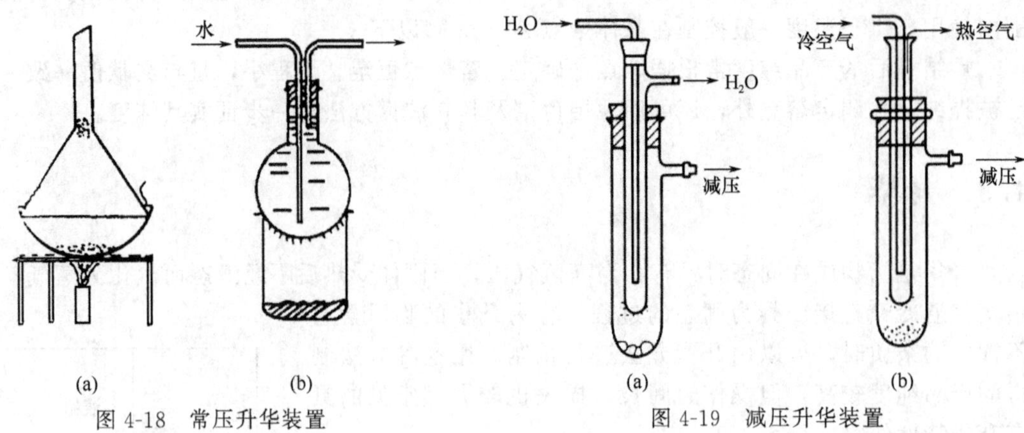

图 4-18　常压升华装置　　　　图 4-19　减压升华装置

在常压下不易升华、受热易分解的物质或升华较慢的物质，在减压下升华，往往可以得到满意的结果。例如，萘在熔点 80℃时的蒸气压只有 0.93kPa，若要使萘全部转化为蒸气，必须使升华温度在其沸点 218℃附近，但此时的蒸气压已超过三相点的蒸气压，蒸气冷凝后即变为液体。为了提高升华效率，可采用在减压下通入少量空气或惰性气体以加快蒸发速度，使浴温控制在萘的熔点以上、沸点以下，提高蒸气压使蒸气冷凝为固体。

减压升华装置（如图 4-19 所示）是由两个大小不同的抽滤管通过橡皮塞组合而成的。操作时先减压，向小抽滤管中通冷凝水（空气），升华物可冷凝于其外壁，再缓慢加热。结束后，应慢慢使体系接通大气，以免气流将升华物吹落。这种装置适于少量物质的升华提纯。

在安装升华装置时应注意，从蒸发面到冷却面间的距离应尽可能短，以便提高升华速度。将升华物研细，适当提高升华温度也能使升华加快。但在任何情况下，升华温度都要低于物质的熔点。

4.4　蒸馏

分离和纯化液体物质最重要的方法是蒸馏。在混合液中，若各组分的沸点不同时，就能够借助蒸馏来进行分离。根据应用条件和分离对象，蒸馏分为简单蒸馏、分馏和水蒸气蒸馏三种类型。简单蒸馏和分馏可在常压下进行，又可在一定真空度下进行，因而又有常压蒸馏和减压蒸馏之分。

4.4.1　简单蒸馏原理

液体分子有自表面逸出到气相的能力，同时，逸出的蒸气也可以返回液体。在一定温度下，两种趋势达到平衡。此时，由蒸气产生的压力称为饱和蒸气压，简称蒸气压。一般说来纯液体的蒸气压只是温度的函数，并随温度的升高而增大。当蒸气压增大到等于液面上大气压力时，液体内部开始汽化，产生大量气泡而沸腾，沸腾时的温度称为沸点。在一定的外压下，纯液体的沸点为常数，这也是测量沸点的依据。

在同一温度下，不同物质具有不同的蒸气压。低沸点物质蒸气压高，高沸点物质蒸气压低。当两种沸点不同的液体混合物加热至沸腾时，不同组分自液相逸出的能力不同，结果，低沸点组分（易挥发）在蒸气中的含量比其在混合液中的含量高，而高沸点组分则相反。也就是说，液体混合物沸腾后，将蒸气再冷凝下来，结果易挥发组分得到了富集。这一过程称为简单蒸馏。利用 A、B 二组分理想混合物溶液的沸点-组成图（见图 4-20）可以方便地说明上述过程。

在图 4-20 中，横坐标为组成（摩尔分数），纵坐标为温度；左边为纯 A，沸点为 t_A，右边为纯 B，沸点为 t_B。由图中可以看出，当组成为 $x_A=0.20$（$x_B=0.80$）的液体混合物受热时，随温度上升，直至沸点 t，混合液（组成为 L_1）开始沸腾，产生的蒸气具有相当于 G_1 的组分。显而易见，当 G_1 冷凝到 L_2 时（由图可见，$L_2=0.5$），易挥发组分 A 由 $x_A=0.2$ 增加到 $x_A=0.5$，即得到了富集。但是，高沸点组分 B 的含量仍然相当高。这说明，一次简单的蒸馏过程不能将上述混合物彻底分离开。然而，在下面三种情况下，简单蒸馏分离混合物的效果是很理想的：①由挥发组分和少量非挥发杂质组成的混合液；②各组分挥发能力差别足够大（沸点差至少为 30℃）的混合液；③从合成产物中蒸出溶剂。在选择简单蒸馏分离液体混合物时，应注意这些适合条件。

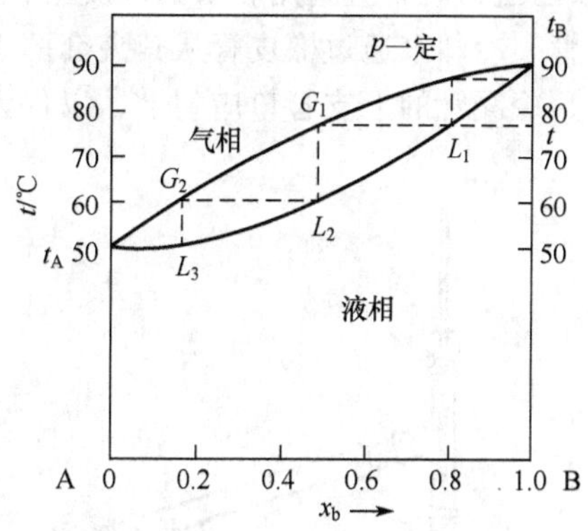

图 4-20　二组分理想混合物相图

4.4.2　简单蒸馏操作

4.4.2.1　蒸馏仪器

实验室中常见的常压蒸馏装置如图 4-21 所示，一般由蒸馏瓶、冷凝管、接收瓶和温度计等组成。蒸馏瓶的大小取决于被蒸馏液体的体积。一般装入的液体量不得超过瓶子容量的 2/3，也不要少于 1/3。如果蒸馏瓶太小，装入液体量过多，当加热沸腾时液体容易冲出蒸馏瓶而进入冷凝管。如果蒸馏瓶太大，蒸馏结束时，则较多的液体残液留在瓶内蒸发不出来，影响产率。

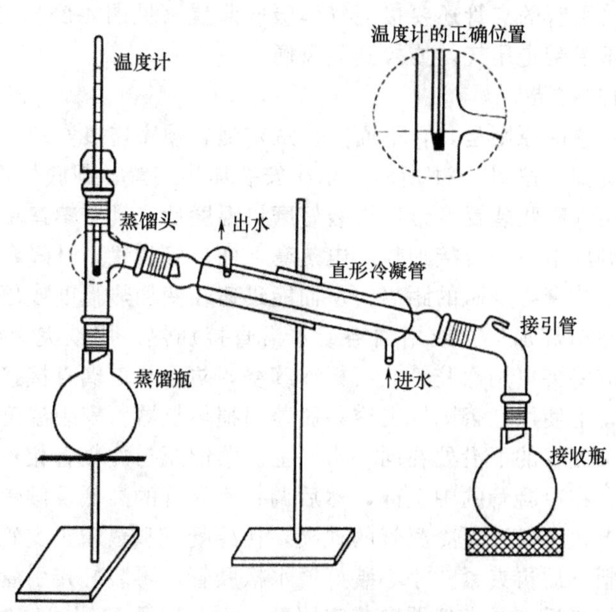

图 4-21　普通蒸馏装置（标准磨口仪器）

温度计经温度计套插入蒸馏头内。为使温度计的水银球能够完全被蒸气所包围，准确地测出蒸气的温度，温度计水银球的上端应与蒸馏头侧管的下沿处在同一水平上。

冷凝管与蒸馏头的侧管连接，其作用是将蒸气冷凝为液体。一般被蒸馏物沸点在140℃以下时用水冷凝管，高于140℃时用空气冷凝管（见图4-22）。蒸馏高度挥发性和易燃液体（如乙醚）时，应选用较长的冷凝管，使蒸气充分冷凝。对沸点较高的液体可选用较短的冷凝管。冷却水通过橡皮管从其夹套的下支管口进入，从上支管口流出，通过橡皮管引入下水道。冷凝管的上支管口应朝上，以保证冷却水充满夹套，达到较好的冷却效果。

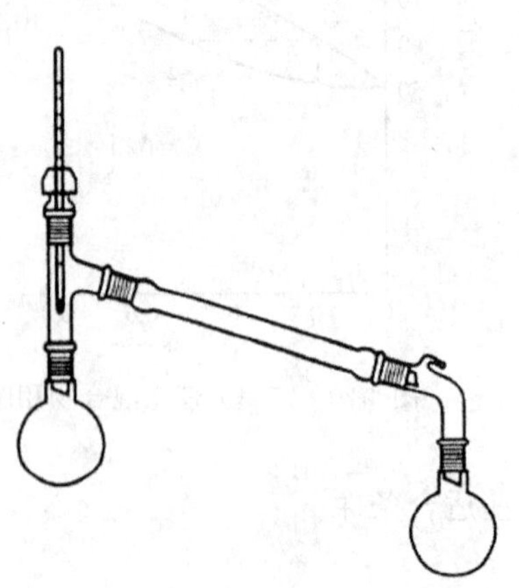

图4-22　空气冷凝管蒸馏装置

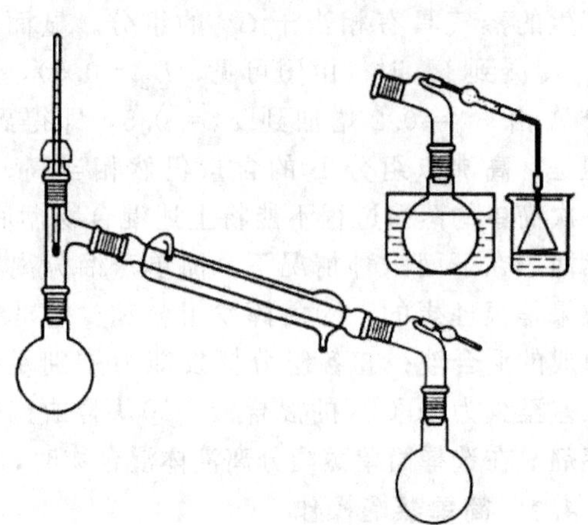

图4-23　防潮蒸馏装置

接引管连在冷凝器末端引导冷凝液至接收瓶，接引管和接收瓶之间应与大气相通，绝不可密闭。常用的接收瓶一般用容量合适的锥形瓶，因其口小、蒸发面小，便于加塞放置。也可以用圆底烧瓶和其它细口瓶接收。

如果馏出液易潮解，或进行无水蒸馏时，用带支管的接引管连接接收瓶。接引管的支管必须与干燥管相接，隔绝空气中的湿气。当馏出物为低沸点、易燃或有毒物质时，接收瓶除用冰水浴冷却外，接引管的支管还要接上气体吸收装置（见图4-23），或连接橡皮管将尾气导入水槽，用流水不断带走尾气，或接到通风橱。

4.4.2.2　**蒸馏仪器的安装**

一般安装蒸馏装置的原则是，自下而上、从左到右顺序连接安装，且使整个装置处于一个垂直的平面内。例如，按图4-21所示，依次安装加热装置、圆底烧瓶、蒸馏头、冷凝管、接引管、接收瓶、尾气吸收装置，最后再装好磨口温度计或具有螺口接头的普通温度计。

加热装置可用调压电热套直接加热，电热套下面最好放置一升降台，这样可通过调节升降台面的高度控制电热套与烧瓶的距离，从而能迅速改变加热强度或停止加热。也可将烧瓶放在石棉网上使用酒精灯加热，或用油浴或水浴直接加热。用铁夹夹住烧瓶的颈部和冷凝管。铁夹在使用前应将夹口用橡胶管或石棉绳缠绕，防止与玻璃直接接触而使玻璃破裂。双口夹的开口一定要朝上使用，否则铁夹容易脱落而损坏仪器。安装温度计时，要使温度计水银球的上端与蒸馏头侧管的下沿处在同一水平上。蒸馏瓶与冷凝管相连时，先将冷凝管夹在铁夹上，铁夹一般夹在冷凝管的中上部，然后调整冷凝管的高低及倾斜度，使之与蒸馏头的支管处于同一直线上，再松开夹冷凝管的铁夹，让冷凝管和蒸馏头支管相连，并把冷凝管下支管的入水口垂直朝下后再夹紧。小心装好通水橡胶管，再装好接引管和接收瓶。

整套装置安装完毕后，要求仪器安装牢固整齐，从正面和侧面观察都应处于同一平面，铁架台位于仪器的背面。

4.4.2.3　**蒸馏装置的拆卸**

蒸馏完毕后，先将热源撤掉，之后关闭冷凝水，再将温度计取下放好。拆卸仪器的顺序与安装时刚好相反。先把接收瓶取下放好，再取下接引管、冷凝管（包括橡胶管）、蒸馏头，最后将圆底烧瓶取下。橡胶管在取下冷凝管后再卸下，用过的仪器清洗后备用。

4.4.2.4　**蒸馏操作**

蒸馏装置装好后，取下螺口接头，将要蒸馏的液体（如工业乙醇）通过一长颈漏斗加入圆底烧瓶中。漏斗下端须伸到蒸馏头支管的下面。若液体里有干燥剂或其它固体物质，应在漏斗上放一滤纸，或放一小撮松软的棉花或玻璃毛，以滤去固体。然后往烧瓶中放几根毛细管。毛细管一端封闭，开口端朝下。毛细管的长度应足以使其上端贴靠在烧瓶的颈部。也可放入 2～3 粒沸石代替毛细管。毛细管和沸石均可以防止液体爆沸。沸石是多孔性物质，在加热过程中会放出小气泡。这样在不过热的情况下，沸石（或毛细管）产生气泡源，形成汽化中心，使液体在均匀的状态下沸腾，避免爆沸现象发生。应注意一旦停止沸腾或中途停止蒸馏，则原有的沸石（或毛细管）即失效，在再次加热蒸馏前，应待液体温度冷却一段时间后，再补加沸石（或毛细管），否则会引起剧烈的爆沸。

装好温度计，接通冷却水。冷凝水应从冷凝管的下口流入，上口流出。开始加热，起初加热电压可稍高，让温度上升稍快些。当液体沸腾时，应注意观察温度计的读数及蒸气上升的情况。当冷凝的蒸气环由瓶颈逐渐上升到温度计水银球的周围时，温度就很快上升。调节电压控制蒸馏速度，使接引管流出液滴以每秒 1～2 滴为宜。蒸馏速度太快温度计的读数不准确，速度太慢有可能造成蒸气间断现象，使温度计读数不规则。当馏出液从冷凝器流出时记下温度计的读数，在收集最后一滴时记下终了时温度计的读数，此温度范围就是该液体的沸点范围。纯液体的沸点范围约在 0.5～1℃，范围过大说明液体不纯。

有时由于液体中含有一部分高沸点物质，在蒸馏完毕时，所需要的馏分基本被蒸出。再在原有的温度下加热就不会有馏液蒸出，温度也会下降，此时要停止蒸馏。另外，当烧瓶中仅有少量残液存在时，也应当停止蒸馏不要蒸干，以免烧瓶破裂而引起其它事故发生。

蒸馏完毕，应先停止加热，然后再关闭冷却水，再按顺序拆卸仪器。

4.4.2.5　**注意事项**

① 常压蒸馏装置一定不能密封，否则液体蒸气压增高，蒸气会冲开连接口，甚至发生爆炸。如果蒸馏装置中所用的接引管无侧管，则接引管和接收瓶之间应留有空隙，以确保蒸馏装置与大气相通。否则，封闭体系受热后会引发事故。

② 当待蒸馏液体的沸点在 140℃以下时，应选用直形冷凝管；沸点在 140℃以上时，就要选用空气冷凝管，若仍用直形冷凝管则易发生爆裂。

③ 蒸馏低沸点易燃液体（如乙醚）时，附近应禁止有明火，绝不能用明火直接加热，也不能用在明火上加热的水浴加热，而应该用预先热好的水浴。在蒸馏沸点较高的液体时，可用明火加热。用明火加热时，烧瓶底部一定要放置石棉网，以防因烧瓶受热不均而炸裂。

④ 无论何时，都不要使蒸馏烧瓶蒸干，以防意外。

4.4.3　微量法测定沸点

测定沸点除常量法外还可以用微量法来测定。取一根直径 4～5mm、长 7～8cm 薄壁玻璃管作为沸点测定管，将一端封死，内放待测样品 0.25～0.5mL。管中放一根上端封闭的毛细管（直径约 1mm，长 8～9cm），毛细管的开口浸在样品中。沸点测定管用橡皮圈固定在温度计上，使样品部分紧贴在水银球旁（图 4-24），然后把它放在溶液中，逐渐加热升温。此时有小气泡从毛细管口慢慢冒出，当达到液体沸点时毛

图 4-24　微量法测沸点装置

细管口有大量的气泡快速而连续冒出，此时温度计的读数就是液体的沸点。这样测定往往有误差，为了得到正确的结果，当连续快速气泡冒出时移去热源，在气泡不再外出而刚刚进入毛细管时，记下温度计的读数，此时液体的蒸气压等于外界压力，该温度就是液体的沸点。应用此方法可以检验已知物的纯度和测定未知物的沸点。应注意，具有固定沸点的化合物不一定是纯物。许多由两种或更多组分组成的混合物可以形成共沸物，也具有一定的沸点。

4.5 分馏与精馏

分馏与蒸馏一样，是分离和提纯液体有机化合物的一种方法，主要用于分离和提纯沸点很接近的有机液体混合物。例如沸点相差较小时（小于 30℃），用简单的蒸馏方法难以将其分离，此时应考虑用分馏方法。在工业生产上，通过安装分馏塔（或精馏塔）实现分馏操作，而在实验室中，则使用分馏柱，进行分馏操作。分馏工程上常称为精馏。

4.5.1 理想溶液的分馏原理

所谓理想溶液，是指两种液体在化学上相似但又不互相反应，且能以任何比例完全互溶所形成的一种溶液。在理想溶液中，同种分子间的相互作用与不同分子间的相互作用是一样的，理想溶液服从拉乌尔定律。经常遇到的许多有机溶液可以近似当作理想溶液处理。以下以苯-甲苯为例，说明二元理想溶液的分馏过程（见图 4-25）。

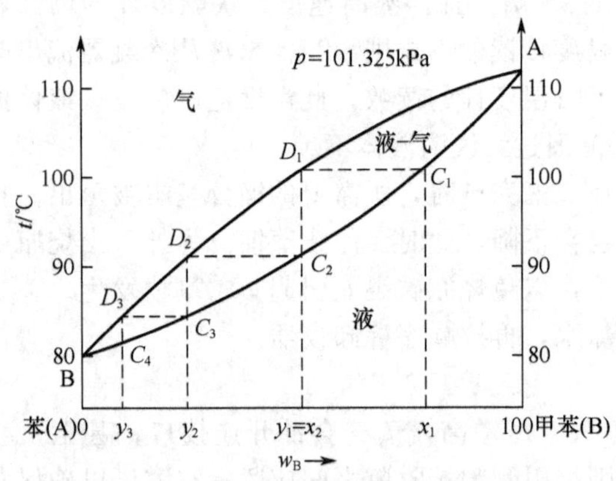

图 4-25 苯-甲苯体系温度-组成曲线

图 4-25 中 A、B 分别为甲苯、苯的沸点，上下两条曲线分别为气相线和液相线，相图被气、液线分为三个区，各区的稳定相已标于图中。现假定将苯-甲苯混合液（其中苯的组成为 x_1）蒸馏。当蒸馏瓶中液体温度升高到总压力等于大气压时开始沸腾即 C_1 点，产生蒸气 D_1（相当于苯蒸气组成为 y_1）；当 D_1 冷凝到 C_2 后，液相组成 $x_2=y_1$。显然，$y_1>x_1$，即经过一次蒸发-冷凝过程后，易挥发组分苯在蒸气中得到了富集，但此时还不是纯苯。也就是说，只用简单的蒸馏（一次蒸馏-冷凝）不能将沸点相差较小的两组分分离完全。如果采用分馏柱，多次重复上述过程，即使 C_2 蒸发到 D_2，再冷凝至 C_3，…，最终接收瓶中会得到几乎纯净的苯。同时，蒸馏瓶内剩下了接近 100%的甲苯，甲苯再以纯液体形式蒸出。于是，两组分被较好地分离开。

在上面的分析中，水平线段 C_1D_1、C_2D_2、C_3D_3 等表示蒸发过程；垂直线段 D_1C_2、D_2C_3 等表示冷凝过程。折线 $C_1D_1C_2$、$C_2D_2C_3$、…，相当于一次简单蒸馏或一次蒸发-冷凝过程。显然，折线的数目愈多，分离效果愈好。我们将折线的数目定义为理论塔板数，用来衡量分馏柱效率的高低。但必须指出，为了叙述方便我们用许多个分立的不连续的步骤来表明上述的分馏过程。实际上进行的是连续的过程，是蒸气在通过分馏柱时连续地与组成变化着的液体接触，从而将液体加热蒸发，液体又将蒸气冷凝。这些连续的过程一般是在柱中的各种填料上来完成的。表 4-3 给出了不同沸点差的两组分混合液完全分离时所需要的理论塔板数，供实际工作时参考。

表 4-3　分离不同沸点差的两组分混合液与所需理论塔板数

沸点差/℃	分离所需的理论塔板数	沸点差/℃	分离所需的理论塔板数
108	1	20	10
72	2	7	30
43	4	4	50
36	5	2	100

4.5.2　共沸混合物分馏原理简介

实际上大多数液体混合物体系，由于分子间相互作用复杂，不能当作理想体系处理。例如，在乙醇-水体系中，乙醇和水形成了氢键。因此，无论用具有多少块理论塔板的分馏柱也不能将乙醇和水完全分离。最终总会形成一种含 95.5%乙醇和 4.5%水的均相液体，其沸点为 78.15℃，比水或乙醇的沸点都低。像这种具有恒定组成和沸点的液体混合物称为共沸混合物。它的行为类似一个纯化合物，其组成是无法用简单蒸馏或分馏操作予以改变的。其中沸点较任一组分都低的，称为具有最低沸点的共沸混合物；反之，则称为具有最高沸点的共沸混合物。常见的共沸混合物列于表 4-4 和表 4-5。

表 4-4　常见的最低沸点共沸物

共沸混合物	组成/质量分数	沸点/℃
乙醇-水	95.6%C_2H_5OH,4.4%H_2O	78.17
苯-水	91.1%C_6H_6,8.9%H_2O	69.4
甲醇-四氯化碳	20.6%CH_3OH,79.4%CCl_4	55.7
乙醇-苯	32.4%C_2H_5OH,67.6%C_6H_6	67.8
苯-水-乙醇	74.1%C_6H_6,7.4%H_2O,18.5%C_2H_5OH	64.9
甲醇-甲苯	72.4%CH_3OH,27.6%$C_6H_5CH_3$	63.7
甲醇-苯	39.5%CH_3OH,60.5%C_6H_6	58.3
环己烷-乙醇	69.5%C_6H_{12},30.5%C_2H_5OH	64.9
乙酸丁酯-水	72.9%$CH_3COOC_4H_9$,27.1%H_2O	90.7
苯酚-水	9.2%C_6H_5OH,90.8%H_2O	99.5

表 4-5　常见的最高沸点共沸物

共沸混合物	组成/质量分数	沸点/℃
丙酮-氯仿	20%CH_3COCH_3,80%$CHCl_3$	64.7
氯仿-甲乙酮	17% $CHCl_3$,83% $CH_3COCH_2CH_3$	79.9
乙酸-二噁烷	77%CH_3COOH,23%$C_4H_8O_2$	119.5
苯甲醛-苯酚	49%C_6H_5CHO,51%C_6H_5OH	185.6

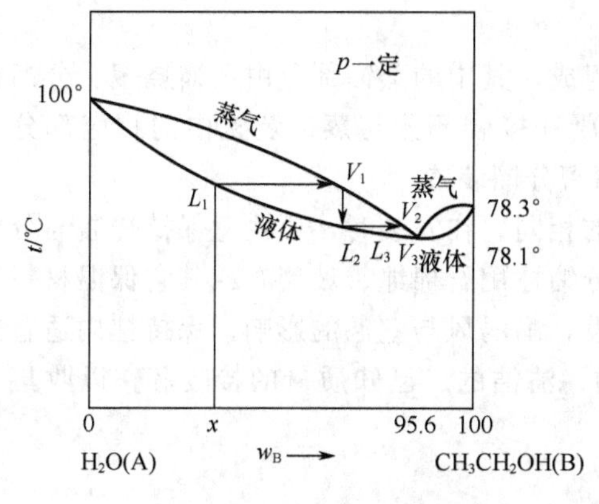

图 4-26　乙醇-水相图

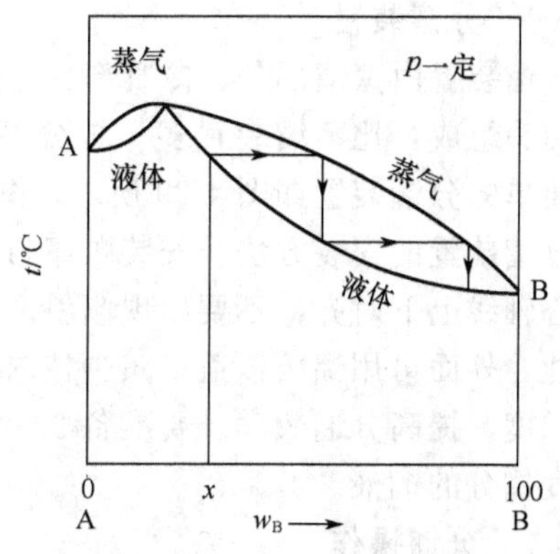

图 4-27　最高恒沸点相图

图 4-26 是乙醇-水体系的相图。利用前面的分析方法不难看出，经过若干次的蒸发-冷凝过程后，最终得到的是共沸混合物 V_3，而不能得到 100%乙醇。

通过类似分析，对具有最高沸点共沸混合物的蒸馏（图 4-27），适当控制恒定温度首先得到低沸点纯组分 B。一旦蒸馏瓶中物料组成达到共沸物组成时，恒定的温度开始上升，共沸混合物开始馏出，此时应改变接收器。最终得到的是纯 B 和共沸物。

4.5.3 分馏柱与填料

实验室经常使用的分馏柱有球形分馏柱、维氏（Vcgreax）分馏柱和赫姆帕（Hempl）分馏柱（见图 4-28）。维氏分馏柱的柱体由多组倾斜的刺状管组成，球形分馏柱和赫姆帕分馏柱可填充填料，以增加柱效率。常用的填料有短玻璃管、玻璃珠、瓷环或金属丝制成的圈状和网状填料，使用金属丝作填料时，要选择与待蒸馏物不发生作用的物质。加热使沸腾的混合物蒸气进入分馏柱，由于柱外空气的冷却，蒸气中的高沸点的组分冷却为液体，回流入烧瓶中，故上升的蒸气含易挥发组分的相对量增加，而冷凝的液体含不易挥发组分的相对量增加。当冷凝液流下来与上升的蒸气相遇时，二者之间进行热交换，使高沸点物冷凝、低沸点物蒸发。这样，在分馏柱内反复进行无数次的汽化、冷凝、回流的循环过程，经多次液相与气相的热交换，使低沸点物不断上升而被蒸出，高沸点物不断回流到容器中，从而使沸点不同的物质分开。

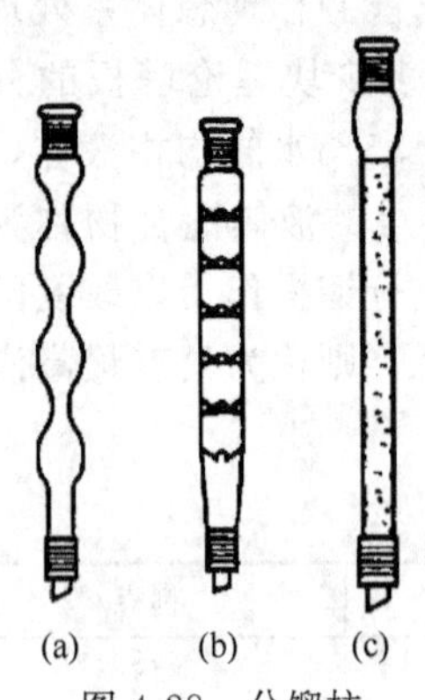

图 4-28　分馏柱
（a）球形分馏柱；（b）维氏分馏柱；（c）赫姆帕分馏柱

在操作过程中，要注意以下两点：①使柱内由下而上温度逐渐降低并保持一定温度梯度，柱顶温度接近于易挥发组分的沸点。蒸馏速度不能太快，通过调控加热温度来产生一定回流比，达到高分离效率。②蒸馏较高沸点时，为了维持柱内温度平衡，需要对分馏柱加以保温，例如用石棉布将柱子包起来，或缠绕一定匝数的电热丝等。

上述三种分馏柱的效率是较低的，若分馏沸点相距很近的液体混合物须用精密分馏柱装置进行分离。精密分馏的分馏原理与一般分馏原理相同，采用电加热回流及电控制保温装置。进行分馏时，调好温度使物料沸腾，蒸气上升、冷凝、回流。调整保温温度和电炉温度，待液泛（回流液体在柱内聚集）现象消除后，再控制好温度，使蒸气缓慢升到柱顶进行回流。当柱顶温度恒定时就可以进行收集。

4.5.4 分馏装置与操作

4.5.4.1 分馏装置

分馏装置由蒸馏部分、冷凝部分与接收部分组成，其中的蒸馏部分由蒸馏烧瓶、分馏柱与分馏头组成，比蒸馏装置多一根分馏柱，而冷凝和接收部分与蒸馏装置中的相应部分一样。简单的分馏装置如图 4-29 所示，图 4-30 为精密分馏装置。

分馏装置的安装方法、安装顺序与蒸馏装置的相同。在安装时，要注意保持烧瓶与分馏柱中心轴线上下对齐，不要出现倾斜。同时，将分馏柱用石棉绳、玻璃布或其它保温材料进行包扎，外面可用铝箔覆盖以减少柱内热量的散发，削弱风与室温的影响，保持柱内适宜的温度梯度，提高分馏效率。要准备 3～4 个干燥的、清洁的、已知质量的接收瓶，以收集不同温度馏分的馏液。

4.5.4.2 分馏操作

按图 4-29 安装分馏装置。将待分馏的混合物加入圆底烧瓶中，加入沸石数粒。采用适宜的热浴加热，当烧瓶内的液体沸腾后，要注意调节浴温，使蒸气慢慢上升，并升至柱顶。在开始有馏出液滴出时，记下时间和温度，调节浴温使蒸出液体的速率控制在每 2～3s 馏出 1 滴为宜。待低沸点组分蒸完后，更换接收器，此时温度可能回落。逐渐升高温度，直到温度稳定，此时所得的馏分称为中间馏分。在第二个组分蒸出时有大量馏液蒸馏出来，温度已恒定，直至大部分蒸出后，更换接收器，此时柱温又会下降。注意不要蒸干，以免发生事故。这样的分馏体系，有可能将混合物的组分进行严格的分馏。如果分馏柱的效率不高，则会使中间馏分大大增加，馏出的温度是连续的，没有明显的阶段性与区分。如果出现这样的问题，要重新选择分馏效率高的分馏柱，重新进行分馏。

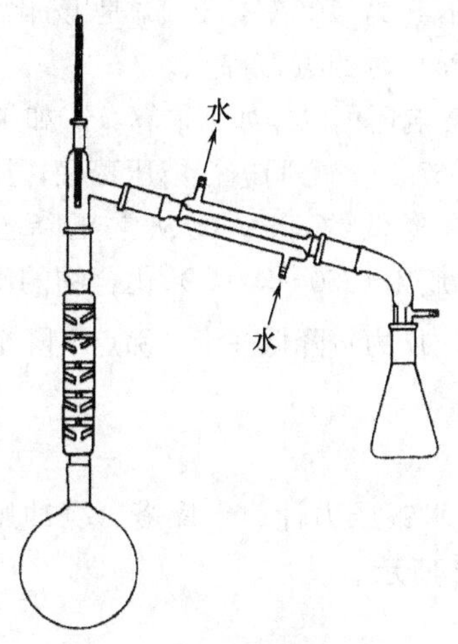

图 4-29　简单分馏装置图

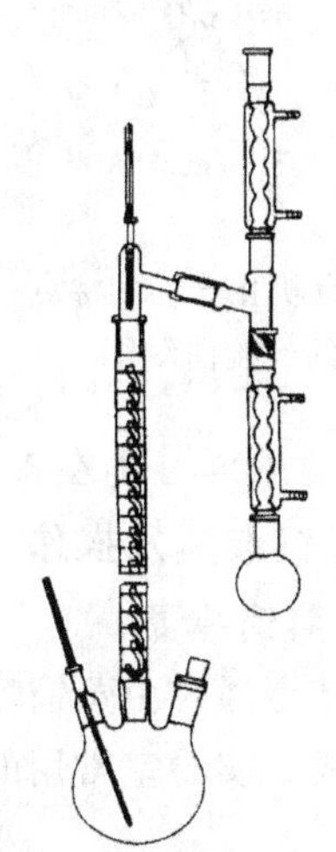

图 4-30　精密分馏装置图

要很好地进行分馏必须注意以下几点：①分馏一定缓慢进行，控制好恒定的蒸馏速度，以每 2～3s 馏出 1 滴为宜。②要有相当量的液体自柱内流回到容器内，即要有合适的回流比。一般回流比控制在 4∶1，即冷凝液流回蒸馏瓶每 4 滴，柱顶馏出液为 1 滴。③尽量减少分馏柱的热量损失，必要时外加保温套或用石棉布保温。

4.6　减压蒸馏

减压蒸馏又叫真空蒸馏，它是用于分离在常压蒸馏时容易氧化、分解或聚合的有机化合物，特别适合于高沸点（200℃以上）有机化合物的提纯。

4.6.1　减压蒸馏原理

液体的沸点是指液体的蒸气压和外界的压力相等时液体的温度，它随外界压力的变化而变化。如果降低外界的压力，液体的沸点也就相应降低。一般当压力降低到 20mmHg（1mmHg＝133.3Pa）时，其沸点比常压下的沸点低 100～200℃。在真空装置中，通过降低液体的表面压力，使液体在低温下分离出来。这种降低压力进行蒸馏操作的方法就叫作减压蒸馏。减压蒸馏与常压蒸馏、分馏结合起来，连同后面介绍的水蒸气蒸馏，成为分离有机化合物的有力手段。

沸点与压力的关系可近似地用下式表示：

$$\lg p = A + \frac{B}{T} \tag{4-1}$$

式中，p 为液体表面蒸气压；T 为溶液沸腾时的热力学温度；A、B 为常数。但实际上许多物质的沸点变化不遵守此规则。这是由物质的物理性质——主要是分子在液体中的缔合程度所决定。

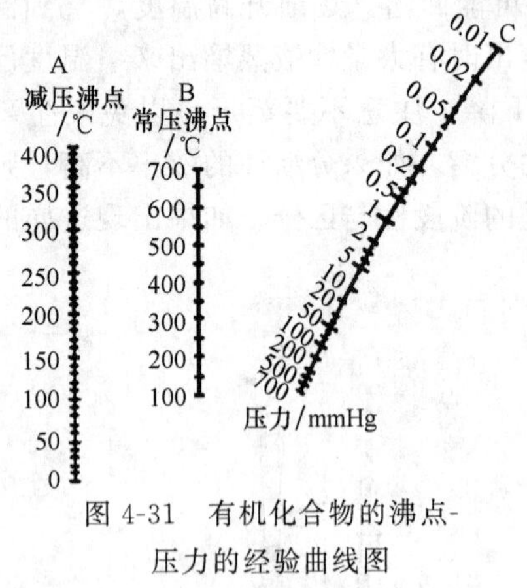

图 4-31 有机化合物的沸点-压力的经验曲线图

有机化合物沸点与压力的关系可以从文献中查出，也可以通过图 4-31 中所列出的压力-温度关系表，来估计沸点值。例如，某化合物在常压下沸点为 200℃，欲求当减压至 4.00kPa（30mmHg）的沸点时，可从图 4-31 中 B 线找出相当于 200℃ 的点，再从 C 线找出 30mmHg（4.00kPa）的点，通过连接上述两点并延伸到与 A 线相交的点为 100℃，这就是该化合物在 30mmHg（4.00kPa）时的近似沸点。

压力对沸点的影响还可以作如下估算：①如果在 30～35mmHg（4.00～4.67kPa）之间进行减压蒸馏，压力每减少 1mmHg，沸点将降低约 1℃。②从常压降至 3332Pa（25mmHg）时，高沸点（250～300℃）化合物的沸点随之下降 100～125℃。③当压力在 3332Pa（25mmHg）以下时，压力每降低一半，沸点下降 10℃。

4.6.2 减压蒸馏装置及操作

4.6.2.1 减压蒸馏装置

减压蒸馏装置通常由蒸馏烧瓶、冷凝管、接收器、水银压力计、干燥塔、缓冲用的吸滤瓶和减压泵组成，实验室常用的减压蒸馏装置如图 4-32 所示。

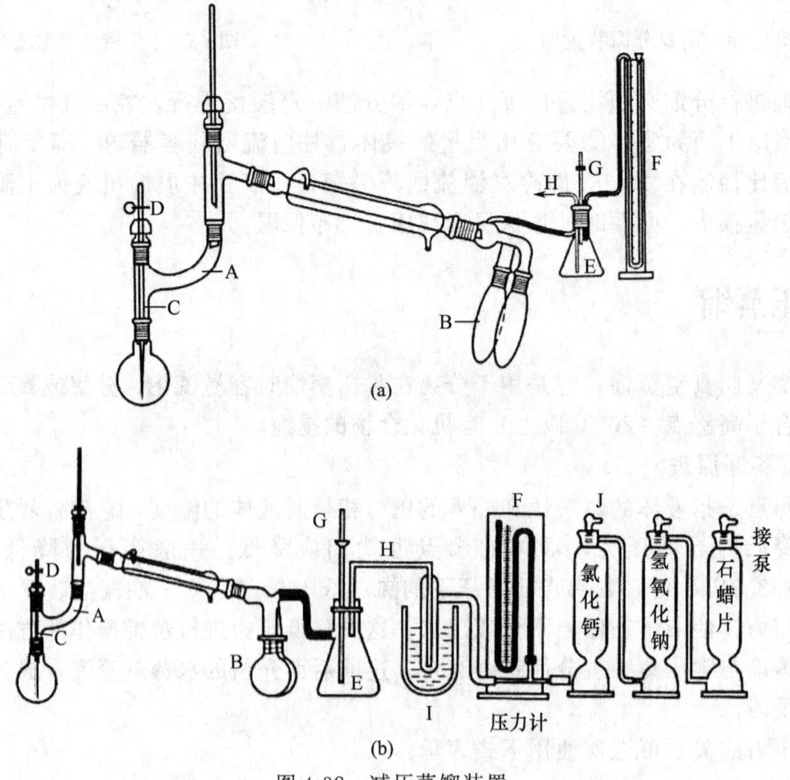

图 4-32 减压蒸馏装置

A—二口连接管；B—接收器；C—毛细管；D—螺旋夹；E—缓冲用的吸滤瓶；F—水银压力计；G—两通旋塞；H—导管；I—冷却阱；J—干燥塔

减压蒸馏装置通常由圆底烧瓶、克氏蒸馏头（也可用圆底烧瓶和蒸馏头之间装配二口连接管 A)、冷凝器、双叉（或多叉）接引管及接收器组成。在蒸馏烧瓶上装配克氏蒸馏头，蒸馏头的直形管装配插有毛细管 C 的螺口接头，侧管装温度计及连接冷凝器。毛细管的下端要插到距瓶底 1～2mm 处，上口用乳胶管连接并装好调节进气用的螺旋夹 D，以调节减压蒸馏时通过毛细管进入蒸馏系统的空气量，从而控制系统真空度的大小，并形成烧瓶中的沸腾中心，同时又起一定的搅拌作用。这样可以防止液体爆沸，使沸腾保持平稳。为防止乳胶管粘连，可在乳胶管内放一段直径约 1mm 的金属丝。接收器 B 通常蒸馏烧瓶或带磨口的厚壁试管等，因为它们能耐压，但不可用平底烧瓶或锥形瓶作接收器。蒸馏时，若要收集不同的馏分而又要不中断蒸馏，则可用多叉接引管，转动多叉接引管就可使不同的馏分流入指定的接收器中。在减压蒸馏装置中，所有的磨口要涂少许真空油脂，仪器要安装严密不能漏气。

接收器（或带支管的接引管）用耐压的厚壁橡皮管与作为缓冲用的吸滤瓶 E 连接起来，吸滤瓶的瓶口上装配一个三孔橡皮塞［图 4-32(a)］，一孔连接水银压力计 F，一孔连接两通旋塞 G，另一孔插导管 H。导管的下端应接近瓶底，上端与减压泵连接。

减压泵可用水泵、循环水泵和真空泵。水泵和循环水泵所能达到的最低压力为当时水温下的水蒸气压。如水温为 25℃时，则水蒸气压为 3.167kPa，这对一般的减压蒸馏已经可以了。真空泵是减压蒸馏的常用设备，其性能决定于泵的机械结构以及真空泵油的质量，好的真空泵能抽至真空度为 13.3Pa。真空泵结构较精密，使用条件要求严格。蒸馏时，如果有挥发性的有机溶剂、水或酸雾都会损坏真空泵，使其性能下降。挥发性有机溶剂一旦被吸入真空泵油后，会增加油的蒸气压，不利于提高真空度。酸性蒸气会腐蚀油泵机件，水蒸气凝结后与油形成乳浊液。因此，在使用时必须十分注意真空泵的保护。

若用水泵或循环水泵抽真空，则不必设置保护装置。当用真空泵进行减压蒸馏时，为防止易挥发的有机溶剂、水汽及酸或碱性物质进入压力计和泵体，污染水银及泵油，影响真空度的测量，应在压力计和真空泵的前面安装保护装置。保护装置由安全瓶 E（用吸滤瓶装配)、冷却阱 I、两个以上干燥塔 J 组成［见图 4-32(b)］。安全瓶 E 上配有两通活塞，一端通大气，具有调节系统压力及放入大气以恢复瓶内大气压力的功能。冷却阱 I 具有冷却进入真空泵中的气体的作用，其置于盛有冷却剂的广口保温瓶中。冷却剂的选择随需要而定，可用冰-水、冰-盐、冰、干冰-乙醇等。干燥塔通常设两个，前一个填装无水氯化钙（或硅胶)，后一个填装粒状氢氧化钠。有时为了吸除有机溶剂，可再加一个石蜡片吸收塔。最后一个吸收塔与真空泵相接。

实验室通常采用水银压力计来测量系统中的压力。水银压力计有封闭式 U 形压力计［图 4-33(a)］和开口式 U 形压力计［图 4-33(b)］两种。开口式 U 形压力计有两个开口，一个连通大气，另一个通过 T 形管连接蒸馏装置和抽气装置。开动抽气装置，由于外界压力的影响，U 形管的两边水银液面形成一定的高度之差（汞柱差）即为大气压力与系统内压力之差，而蒸馏系统内的实际压力是大气压减去汞柱差值。用开口式压力计所测的压力数值比较准确。封闭式 U 形压力计一端是封闭的，另一端连接蒸馏装置和抽气装置，它可以直接从刻度标尺上读出系统内的实际压力，但填装水银比较困难。在使用封闭式 U 形压力计旋转活塞时，要慢慢地旋开活塞，让空气逐渐进入系统，使压力计右臂汞柱徐徐上升。否则，由于空气猛然大量涌入系统，汞柱迅速上升，会撞破 U 形玻璃管。压力计旋塞只在需要观察压力时才打开，系统压力稳定或不需要时，可以关闭压力计。在结束减压蒸馏时，应先缓缓打开旋塞，通过安全瓶慢慢接通大气，使汞柱恢复到顶部位置。

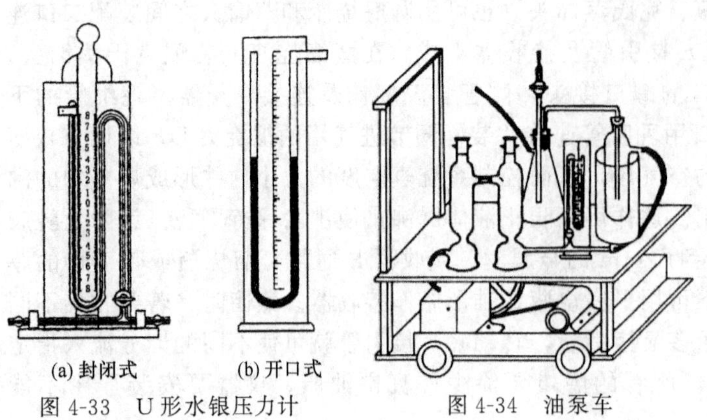

图 4-33　U 形水银压力计

图 4-34　油泵车

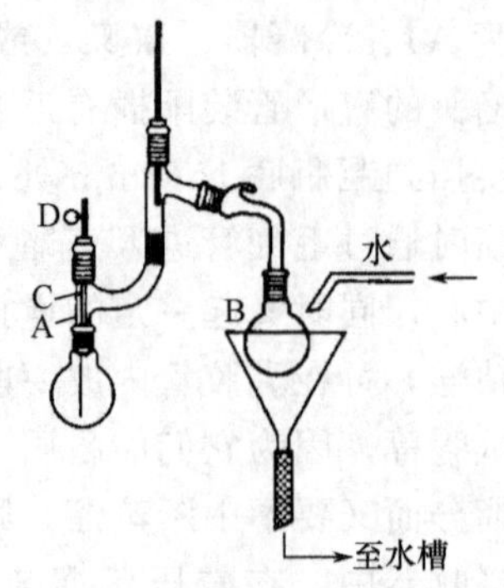

图 4-35　少量样品的减压蒸馏装置

A—克氏蒸馏头；B—接收器；C—毛细管；D—螺旋夹

在化学实验室中，可设计一小推车（如图 4-34 所示）来安放真空泵、保护装置和测压装置。小推车有两层，底层放置真空泵，上层放置其它设备，这样既能缩小安装面积又便于移动。

若蒸馏少量液体，可将冷凝管省掉，而采用如图 4-35 所示的装置。克氏蒸馏头的支管通过真空接引管连接到圆底烧瓶上（作为接收器）。液体沸点在减压下低于 140～150℃时，可使水流到接收器上，进行冷却，冷却水经过下面的漏斗由橡皮管引入水槽。

4.6.2.2　减压蒸馏操作

按图 4-32 安装好减压蒸馏装置后，要进行密闭性检查和真空度调试。旋紧毛细管上的螺旋夹，旋开安全瓶上的两通活塞使之连通大气，开动真空泵，并逐渐关闭两通活塞，如能达到所要求的真空度，并且还能维持不变，说明减压蒸馏系统没有漏气，密闭性符合要求。若达不到所需的真空度（不是由于水泵或真空泵本身性能或效率所限制），或者系统压力不稳定，则说明系统有漏气的地方，应当对可能产生漏气之处逐一进行检查，包括磨口连接处、塞子或橡皮管的连接是否紧密。必要时，可将减压系统连通大气后，重新用真空脂或石蜡密封，再次检查真空度。若系统内的真空度高于所要求的真空度时，可以旋动安全瓶上的两通活塞，慢慢放入少量空气，以调节至所要求的真空度。待确认无漏气后，慢慢旋开两通活塞，放入空气，解除真空度。

在蒸馏烧瓶中加入待蒸馏的液体，其体积应占烧瓶容积的 1/3～1/2。关闭安全瓶上的活塞，打开真空泵，通过螺旋夹调节进气量，使之能在烧瓶内冒出一连串小气泡，装置内的压力符合所要求的稳定的真空度。

开通冷却水，将热浴加热，使热浴的温度升至比烧瓶内的液体的沸点高 20℃，以保持馏出速率为每秒 1～2 滴。记录馏出第一滴液滴的温度、压力和时间。若开始馏出物的沸点比预料收集的要低，可以在达到所需温度时转动接引管的位置，使另一个接收器收集目标馏分。蒸馏过程中，应注意观察压力与温度的变化。

蒸馏完毕，或者在蒸馏过程中需要中断实验时，应先将热源撤掉，缓缓旋开毛细管上的螺旋夹，再缓缓地旋开安全瓶上的两通活塞，使空气慢慢地进入装置中，压力慢慢地恢复到常压状态后，方可关闭真空泵及压力计的活塞，最后再拆卸仪器。

4.6.3　旋转蒸发器与溶剂的蒸除

在有机化学实验中，常常遇到的问题是蒸除大量溶剂，这是一项繁琐又耗时的工作。由于长时间加热，有时会造成化合物分解。这时可以使用旋转蒸发器来解决这个问题。旋转蒸发器的结构示意图如图 4-36 所示。它由一台电机带动可旋转的圆底烧瓶（蒸发瓶）、冷凝器和接收瓶组成，可在常压或减压下使用。可一次进料，也可分批进料。用热浴（水浴或蒸汽浴）加热圆底烧瓶，由于装有待蒸发溶液的蒸发瓶不断旋转，不加沸石也不产生爆沸现象。同时，溶液在旋转过程中不断附于瓶壁上形成了一层液膜，增大了蒸发面积，使蒸发速度加快。

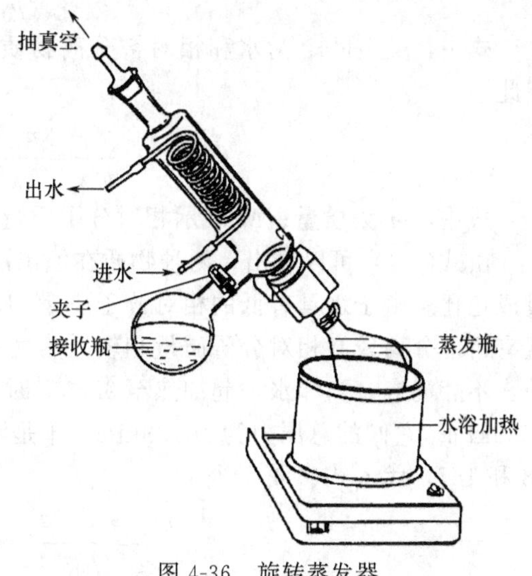

图 4-36　旋转蒸发器

使用旋转蒸发器时，首先将所有仪器连接固定好，容易脱滑的位置应当用特制的夹子夹住。在冷凝器中通入冷凝水或装入冷却剂，然后打开水泵，关闭连在系统与水泵间的安全瓶活塞，使系统抽紧。确认整个系统抽紧后（从压力计可以看出真空度），打开马达开关，使蒸馏瓶旋转。小心加热装有蒸馏液的圆底烧瓶，热源温度根据被蒸溶剂在测出的系统的真空度下的沸点确定。加热时，使圆底烧瓶缓慢受热，蒸馏速度不可太快，以免造成冲、冒等事故。蒸馏完毕，先停止加热，关掉马达开关，然后保护好蒸馏瓶，再解除真空。拆下蒸馏瓶，关闭冷凝水，回收接收瓶中的溶剂。

4.7　水蒸气蒸馏

水蒸气蒸馏是分离和提纯有机化合物的一种方法。当混合物中含有大量的不挥发的固体或含有焦油状物质时，或在混合物中某种组分沸点很高，在进行普通蒸馏时会发生分解，对这些混合物在利用普通蒸馏、萃取、过滤等方法难以进行分离的情况下，可采用水蒸气蒸馏的方法进行分离和提纯。

4.7.1　水蒸气蒸馏原理

蒸馏和分馏技术适用于分离完全互溶的液体混合物，而要分离完全不互溶物系，水蒸气蒸馏是一种较简便的方法。在两种（A 和 B）完全互不相溶体系（如溴苯和水形成的混合物）中，两组分的性质差别很大，基本上互不影响。其蒸气压与单独存在时一样，只与温度有关，不随另一组分的存在和数量而变化。根据道尔顿分压定律，一定温度下，该体系的蒸气总压等于互不相溶两组分蒸气压之和：

$$p=p_A+p_B \tag{4-2}$$

式中，p 为总的蒸气压；p_A 和 p_B 分别为水和不溶于水的物质的蒸气压。当总的蒸气压等于外界压力时，此时沸腾的温度即为该混合物的沸点。由于总蒸气压恒大于任一组分的蒸气压，因此，混合物的沸点必定较任一组分的沸点都低。这样在低于 100℃ 的情况下，被蒸馏物就随水蒸气一同蒸出。因为两者不互溶，所以冷凝下来很容易分开。利用上述原理，将不溶于水的有机化合物和水一起蒸馏，不仅降低了体系的沸腾温度，而且还能防止其分解，这种分离方法称为水蒸气蒸馏。水蒸气蒸馏的优点是能在低于 100℃ 的温度下，较容易地得到高温下不稳定或沸点很高的物质，避免其在蒸馏过程中分解。同时，还可用于从焦油状混合物中蒸出反应物。由于混合蒸气中各个分压之比等于它们的摩尔比，即：

$$p_A/p_B=n_B/n_A \tag{4-3}$$

式中，n_A 和 n_B 为水和相对被分离物质的物质的量，而 $n_A=m_A/M_A$，$n_B=m_B/M_B$，因此

$$\frac{m_B}{m_A}=\frac{n_BM_B}{n_AM_A}=\frac{p_BM_B}{p_AM_A} \tag{4-4}$$

式中，m 为质量；M 表示相对分子质量；下标 A 为水，B 为被分离的物质。

由式(4-4) 可以看出，两种物质在馏出液中的相对质量比与它们的蒸气压及相对分子质量成正比。由于水具有低的相对分子质量和较大的蒸气压，它们的乘积 p_AM_A 很小，这样就有可能分离较高相对分子质量和较低蒸气压的物质。以溴苯为例，它的沸点为 135℃，且与水不相混溶，当和水一起加热至 95.5℃时，此时水的蒸气压是 86.1kPa，溴苯的蒸气压为 15.2kPa，它们的总压力为 101.3kPa，于是液体开始沸腾。水和溴苯的相对分子质量分别为 18 和 157，代入式(4-4)，得：

$$\frac{m_B}{m_A}=\frac{p_BM_B}{p_AM_A}=\frac{86.1\times18}{15.2\times157}=\frac{6.5}{10} \tag{4-5}$$

计算结果说明，每蒸出 6.5g 水就可以同时蒸出 10g 溴苯。溴苯在溶液中的质量分数为 61%。上述关系式只适用于与水不相互溶的物质。实际上，很多化合物在水中或多或少有些溶解，因此计算值只是近似值，如图 4-37 所示。

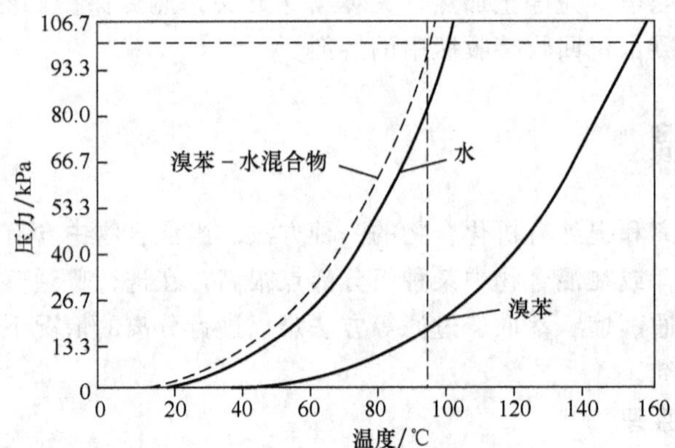

图 4-37　溴苯、水及溴苯-水混合物的蒸气压与温度的关系

从以上例子可以看出，溴苯和水的蒸气压之比为 1∶6，而溴苯的相对分子质量比水的大 9 倍，所以馏出液中溴苯的含量较水多。那么，是否相对分子质量越大越好呢？我们知道，相对分子质量越大的物质，一般情况下其蒸气压也越低。虽然某些物质相对分子质量比水大几十倍，但它们在 100℃左右时的蒸气压只有 0.012kPa 或者更低，因而不能用于水蒸气蒸馏。利用水蒸气蒸馏来分离提纯物质时，要求该物质在 100℃左右时的蒸气压至少在 1.333kPa 左右。如果蒸气压在 0.13～0.67kPa，则其在馏出液中的含量仅占 1%，甚至更低。为了使其在馏出液中的含量增高，就要想办法提高该物质的蒸气压，亦即要提高温度，使蒸气的温度超过 100℃，这样就需用过热水蒸气蒸馏。例如，苯甲醛（沸点 178℃），进行水蒸气蒸馏时，在 97.9℃沸腾（此时 $p_A=93.7$kPa，$p_B=7.5$kPa），馏出液中苯甲醛占 32.1%。如果用 133℃过热水蒸气蒸馏，这时苯甲醛的蒸气压可达 29.3kPa，因而只要有 72kPa 的水蒸气压就可使体系沸腾，因此有

$$\frac{m_B}{m_A}=\frac{72\times18}{29.3\times106}=\frac{41.7}{100}$$

这样馏出液中苯甲醛的含量就提高到 70.6%。

应用过热水蒸气还具有使水蒸气冷凝少的优点，这样可以省去在盛蒸馏物的容器下加热等操作。为了防止过热蒸汽冷凝，可在盛物的瓶子下以油浴保持和蒸气相同的温度。在实验操作中，过热蒸汽可应用于在 100℃时具有 0.13～0.67kPa 的物质的水蒸气蒸馏。例如，在分离苯酚的硝化产物时，邻硝基苯酚可用一般的水蒸气蒸馏蒸出。在蒸完邻位异构体后，如果提高蒸汽温度，也可以蒸馏出对位产物。

总之，进行水蒸气蒸馏必须具备以下几个条件：①有机化合物不溶于水或难溶于水；②长时间在水中煮沸，不与水起化学反应；③在近 100℃时化合物有一定的蒸气压，至少要有 0.663～1.33kPa（5～10mmHg）。

4.7.2　水蒸气蒸馏装置与操作

4.7.2.1　仪器装置

水蒸气蒸馏装置主要由水蒸气发生器和蒸馏装置两部分组成，如图 4-38 所示。它和蒸馏装置相比，增加了水蒸气发生器。

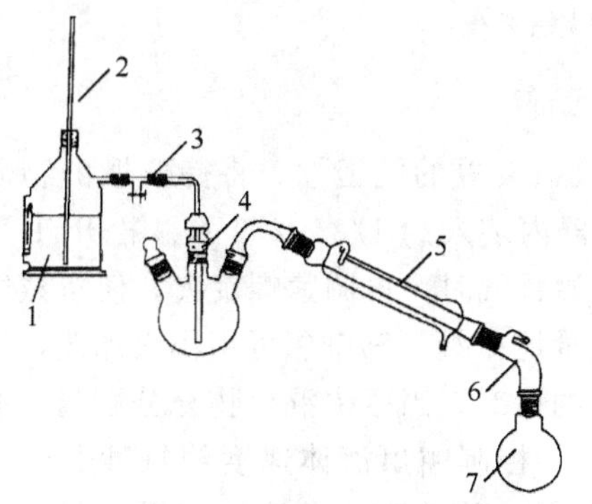

(a) 带磨口的水蒸气蒸馏装置

1—水蒸气发生器；2—安全管；3—T 形管；4—蒸馏瓶；5—冷凝管；6—接引管；7—接收器

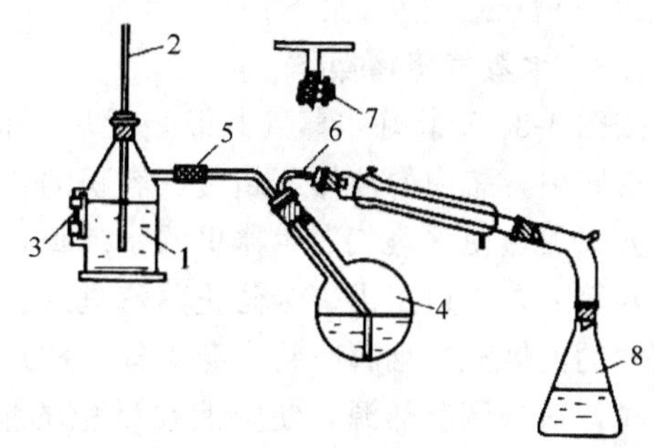

(b) 简便的水蒸气蒸馏装置

1—水蒸气发生器；2—安全管；3—水位计；4—蒸馏瓶；5—蒸汽导入管；6—蒸汽导出管；7—T 形管；8—接收器

图 4-38　水蒸气蒸馏装置

水蒸气发生器［图 4-38(b)］通常是由金属（铜或铁）制成，也可用 1000mL 圆底烧瓶代替。发生器中盛水的体积以占容器容量的 2/3～3/4 为宜。发生器瓶口配一软木塞或橡皮塞，塞子上插一根接近发生器底部的长度为 400～500mm、内径约 5mm 的玻璃管，作为安全管。当蒸汽通道受阻时，器内的水沿着玻璃管上升，可起报警作用，此时应马上检修。当发生器内压力太大时，水会从管中喷出，以释放系统的内压。当管内喷出水蒸气，表示发生器内水位已接近器底，应马上添加水，否则发生器会烧坏。水的液面可从侧面的水位计观察，可根据水面的高低适时添加水。水蒸气发生器的蒸汽导出管（内径约 8mm）经 T 形三通管和蒸馏瓶的蒸汽导入管相连。T 形三通管的下端连接一夹有螺旋夹的橡皮管，以便及时放掉由蒸汽冷凝下来的积水，当蒸汽量过猛或系统内压力骤增或操作结束时，可旋开螺旋夹，释放蒸汽，调节压力或使系统与大气相通。

蒸馏装置部分选用三口或二口圆底蒸馏烧瓶［见图 4-38(a)］，为防止飞溅的液体泡沫被蒸汽带入冷凝管，被蒸馏的液体的加入量不要超过烧瓶容积的 1/3。三口瓶上的中口通过螺口接头插入水蒸气导管，蒸汽导管要尽量接近瓶底，以便水蒸气和蒸馏物充分接触并起搅拌作用。三口瓶一侧口安装蒸馏弯头（75°），另一侧口用空心塞塞住，依次连接好冷凝器、接引管、接收器。整个装置要严密，防止蒸汽冒出。蒸馏时发生器和三口瓶都需加热，安装的高度要合适。另外蒸汽导管和T形管与发生器的连接要保持平行，距离越短越好，使蒸汽不易冷凝。必要时，可从蒸汽发生器的支管开始至三口瓶的蒸汽通路，用保温材料包扎，以便保温。

少量物质的水蒸气蒸馏可以在圆底烧瓶上装配蒸馏头或克氏蒸馏头来代替三口烧瓶，其装置如图 4-39 所示。

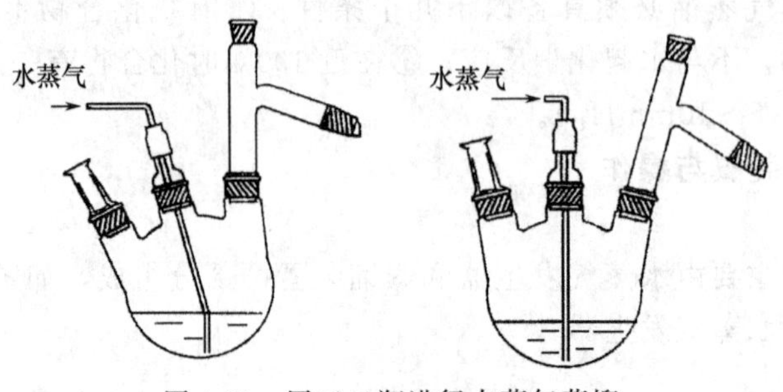

图 4-39　用三口瓶进行水蒸气蒸馏

4.7.2.2　**水蒸气蒸馏操作**

按图 4-38 安装好水蒸气蒸馏装置后，首先检查仪器装置的气密性。将待蒸馏的物质倒入三口瓶中，瓶内的液体不超过其容积的 1/3。发生器内装入约 1/3～2/3 水。松开 T 形管螺旋夹，加热使水蒸气发生器里的水沸腾，T 形管开始冒气时，再调紧螺旋夹，使水蒸气沿蒸汽导管通入三口瓶内。为防止蒸汽进入三口瓶被大量地冷凝，三口瓶可用小火加热，当三口瓶中的液体充分翻腾时将火源去掉。注意观察蒸馏的情况，当瓶中混合物充分翻腾、有馏出物时，适当调节热源，使蒸馏在平稳的情况下进行，控制馏出液体速度约每秒 2～3 滴。如在冷凝管中出现固体凝聚物（被蒸馏物有较高的熔点），则应调小冷凝水的进水量，必要时可暂时放空冷凝水，使凝聚物凝为液态后，再调整进水量大小，使冷凝液能保持流畅无阻。在调节冷却水的进水量时，注意要缓缓地进行，不要操之过急，以免冷凝管骤冷、骤热而破裂。操作过程中，应随时注意安全管中水柱是否异常及三口瓶中的液体是否发生倒吸现象，如有故障，需排除后方可继续蒸馏。当馏出液澄清透明不含油状物时可停止蒸馏。打开螺旋夹，停止加热，关闭水龙头，按与装配时相反的顺序拆卸装置，清洗和干燥玻璃仪器。

在接收器内收集的馏分为两层，底层为油层，上层为水。将馏液用分液漏斗分离，分出油层后，进行干燥、蒸馏，可得纯品，称重，计算产率。

4.8　萃取和洗涤

萃取和洗涤是分离和提纯有机化合物常用的操作之一。萃取是指将某种物质从一相转移到另一相的过程。洗涤是将某种不需要的物质从一相转移到另一相的过程。两者在原理上是相同的，而目的恰好相反。萃取是从液体或固体混合物中提取所需物质，而洗涤是从混合物中提取出不需要的少量杂质，所以洗涤实际上也是一种萃取。

萃取的基本原理是利用物质在两种互不相溶的溶剂中的溶解度或分配系数不同而达到分离的目的。萃取可分为液-液萃取、液-固萃取、气-液萃取，本节重点介绍液-液萃取。

4.8.1　基本原理

4.8.1.1　液-液萃取

萃取是以分配定律为基础的。在一定温度、一定压力下，一种物质在两种互不相溶的溶剂 A、B 中的分配浓度之比是一个常数，其关系式为

$$c_A/c_B=\text{常数}=K \tag{4-6}$$

式中，c_A 和 c_B 分别为每毫升溶剂中所含溶质的质量，g；K 为分配系数。应用分配定律可以计算出每次萃取后被萃取物质在原溶液中的剩余量。

假设：V_0 为原溶液的体积；mL；w_1、w_2、…、w_n 分别为萃取一次、二次、…、n 次后溶质的剩余量，g；V 为每次所用萃取剂的体积，mL。

第一次萃取后：

$$\frac{w_1/V_0}{(w_0-w_1)\ /V}=K \quad \text{或} \quad w_1=w_0\left(\frac{KV_0}{KV_0+V}\right) \tag{4-7}$$

为第一次萃取后溶质的剩余量，第二次萃取后有

$$\frac{w_2/V_0}{(w_1-w_2)\ /V}=K \quad \text{或} \quad w_2=w_1\left(\frac{KV_0}{KV_0+V}\right)=w_0\left(\frac{KV_0}{KV_0+V}\right)^2 \tag{4-8}$$

所以经 n 次萃取后溶质的剩余量应为

$$w_n=w_0\left(\frac{KV_0}{KV_0+V}\right)^n \tag{4-9}$$

由式(4-9) 可知，$\frac{KV_0}{KV_0+V}$的值永远小于 1。n 值越大，w_n 则越小，说明用相同量的溶剂分 n 次萃取比一次萃取效果好，即少量多次效率高。一般说来，有机化合物在有机溶剂中的溶解度比在水中的溶解度大，所以可以将它们从水溶液中萃取出来。除非分配系数极大，否则用一次萃取是不可能将全部物质移入新的有机相的。但并非萃取次数越多越好，当溶剂总量保持不变时，萃取次数增加，每次使用的溶剂体积就要减少。$n>5$ 时，n 与 V 两个因素的影响就几乎相互抵消了，再增加 n 次，则 w_n/w_{n+1} 的变化不大，可忽略，故一般以萃取三次为宜。

另外，萃取效率还与萃取剂的性质有关。合适的萃取剂的要求：与原溶剂不相混溶，对被提取物质溶解度大，纯度高，沸点低，毒性小，价格低，萃取后易于蒸馏回收。此外，操作方便、不易着火等也是应考虑的条件。

萃取方法用得最多的是从水溶液中萃取有机物，比较常用的溶剂有：乙醚、苯、四氯化碳、氯仿、石油醚、二氯甲烷、二氯乙烷、正丁醇、乙酸乙酯等。难溶于水的物质用石油醚等萃取；易溶于水的物质用乙酸乙酯或其它类似的溶剂萃取；较易溶于水者，用乙醚或苯萃取。但需注意，萃取剂中有许多是易燃的，故在实验室中可少量操作，而在工业生产中则不宜使用。

洗涤常用于在有机物中除去少量酸、碱等杂质。这类萃取剂一般用 5%氢氧化钠、5%或 10%碳酸钠或碳酸氢钠、稀盐酸、稀硫酸和浓硫酸等。酸性萃取剂主要是除去有机溶剂中碱性杂质，而碱性萃取剂主要是除去混合物中酸性杂质，总之使一些杂质成为盐溶于水而被分离。而浓硫酸可应用于从饱和烃中除去不饱和烃、从卤代烷中除去醇及醚等。

4.8.1.2　液-固萃取

液-固萃取是从固体混合物中萃取所需要的物质，它是从天然物如植物中提取固体天然物常用的方法。液-固萃取最简单的方法是把固体混合物研细，放在容器内，加入适当的溶剂，振荡后，用过滤或倾析的方法把萃取液和残留的固体分开。若被提取的物质特别容易溶

解，也可把混合物放在有滤纸的玻璃漏斗中，用溶剂洗涤，要萃取的物质就可以溶解在溶剂中而被滤出。如果萃取物的溶解度很小，则宜采用如图 4-40 所示的索氏提取器（Soxbletextractor，或称脂肪提取器）来萃取，它是利用溶剂对样品中被提取成分和杂质之间溶解度的不同来达到分离提取的目的，即利用溶剂回流及虹吸原理，使固体有机物连续多次被纯溶剂萃取，它具有较高的萃取效率（如从茶叶中提取咖啡因）。

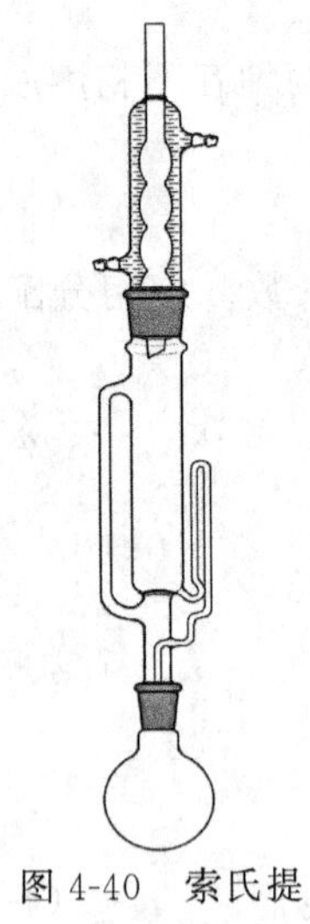

图 4-40　索氏提取器

4.8.2　实验方法

4.8.2.1　固体物质的提取

将充分研细的固体物质与适当的溶剂一起放入分液漏斗中进行提取。固体物质和溶剂也可以放入接好冷凝管的烧瓶中加热回流，然后趁热过滤掉剩余的不溶物。再将提取液蒸发、浓缩，必要时重结晶纯化。为了使提取更完全，上述操作需要重复进行多次。这时最好使用提取器，因其可以通过溶剂回流和虹吸现象，使固体有机物连续多次被溶剂萃取，所以萃取效果更好。

索氏提取器是一种实验室常用的连续固-液提取装置。把固体混合物放入用滤纸做成的套袋内，装入提取器进行提取。低沸点的溶剂置于圆底烧瓶内被加热回流，当溶剂蒸气从冷凝管凝结下来时，滴到固体提取物上，被提取物就溶解在热的溶剂中被提取出来。当溶剂升高到一定高度，侧面的虹吸管发生虹吸作用，含有被提取物的溶剂全部流回到烧瓶中。然后又重新开始蒸发、冷凝、提取、虹吸的过程，重复上述过程无数次后，所要的提取物就会集中在下面的烧瓶里。由于被提取物的沸点比溶剂高或者是固体，产物被集中在烧瓶中，而每一次提取过程中，都是纯溶剂对被提取物的溶解，因而使用的溶剂量较少，且提取效果好。

4.8.2.2　离子的液-液萃取

金属离子在水溶液中是以水合离子形式存在的。由于水的极性较强，用弱极性或非极性有机溶剂很难将水合金属离子萃取出来。一般常在水溶液中加入某种萃取剂，使之与被萃取物离子结合成不带电荷的、难溶于水而易溶于有机溶剂的中性分子。由于萃取剂的加入，改变了被萃取物的状态和性质，使萃取过程由难而易，由不能进行转化为容易进行。

许多有机试剂具有配位基团和成盐基团，能够和金属离子形成中性螯合物，使金属离子可以被有机溶剂萃取、分离或富集。形成的螯合物带有五元环或六元环，因而十分稳定。若选择的萃取剂本身分配系数小、形成的螯合物分配系数大而且较为稳定，这种萃取剂就能使金属离子的萃取效率显著提高。当然，对不同的金属离子，需要选择不同的萃取剂、有机溶剂，并控制不同的 pH 值等条件，来达到较好的分离效果。

金属离子的萃取分离还可以通过加入配位剂，使金属离子形成配阴离子或配阳离子，再与带相反电荷的另一种离子缔合成疏水性的中性分子而被有机溶剂萃取。

在萃取碱土金属、稀有元素时，有时用两种或三种萃取剂协同作用，并形成三元配合物，能获得选择性好、灵敏度高的分离效果。

4.8.3　液-液萃取操作

实验室最常用的萃取仪器是分液漏斗。操作时应选择容积较萃取液体体积大 1 倍以上的分液漏斗。使用前，先将活塞擦干，在离活塞孔稍远处薄薄地涂上一层润滑脂（注意切勿涂得太多或使润滑脂进入活塞孔中，以免玷污萃取液），塞好后把活塞旋转几圈，使润滑脂均匀分布，看上去透明方可使用。上口塞子不能涂润滑脂，以免污染从上口倒出的溶液。一般在使用前于漏斗中放入水振荡，检查上下两个塞子是否渗漏，确认不漏水后才能使用。然后将分液漏斗放在固定于铁架台上的铁圈中，关闭下面的活塞，从上口装入相当于分液漏斗体积 1/5～1/3 的待萃取物水溶液，再加入等体积的有机溶剂，整个液体在分液漏斗中所占的容积不应超过 2/3。如果有机溶剂易燃，必须首先将附近的明火全部熄灭。塞紧塞子，并使塞子的缺口与上口的通气孔错开。取下分液漏斗，用右手手掌顶住漏斗顶部的塞子，左手握住活塞处，拇指压紧活塞，把漏斗放平，前后轻轻地振摇，尽量使两种互不相溶的溶液充分混合（见图 4-41）。开始时，振摇要慢，振摇几次后，将漏斗的上口向下倾斜，下部支管指向斜上方（朝向无人处），左手仍握在活塞支管处，用拇指和食指旋开活塞，从指向斜上方的支管口释放出漏斗内的压力，也称“放气”。放气时，支管不能对着人，也不能对着明火。振摇时一定要及时放气，尤其是用一些低沸点溶剂（如乙醚）萃取时或用酸、碱溶液洗涤产生气体时，振摇会产生很大的压力，如不及时放气，漏斗内压力将大大超过大气压，就会顶开塞子而出现喷液。待漏斗中过量的气体放出后，将活塞关闭再行振摇。振摇和放气必须交替地反复进行，直到分液漏斗内气体的空间被溶剂蒸气所饱和、放气的压力很小时，再将漏斗剧烈地振摇 2～3min。注意：如果处理液有强腐蚀性，操作时应采取防护措施。然后将漏斗放回铁圈中，并将上口塞子的缺口对准漏斗上口的通气孔，使漏斗内部与大气相通，静置。待两层液体完全分开后，慢慢旋开下面的活塞，放出下层液体。分液时一定要尽可能分离干净，有时在两层间可能会出现一些絮状物，也应将它放入水层。然后将上层溶液从分液漏斗的上口倾出，切不可从活塞放出，以免被漏斗颈上残留的下层液体污染。水层能否分离干净，是能否顺利进行干燥的关键，所以分液时一定要仔细。分液时，一般可根据密度来判断哪一层为水层，哪一层为有机层。但有时在萃取过程中密度会发生变化，不好辨认，此时可任取其中一层的少量液体，置于试管中，滴加少量水，如不分层则为水层，否则为有机层。特别要注意，在未确认前，切勿轻易倒掉某一层溶液。将水溶液倒回分液漏斗中，再用新的萃取剂萃取。萃取次数取决于分配系数，一般为 3～5 次，合并所有的有机层（萃取液），加入略过量的干燥剂干燥。然后蒸去溶剂，萃取所得产品视其性质可利用蒸馏、重结晶等方法进一步纯化。

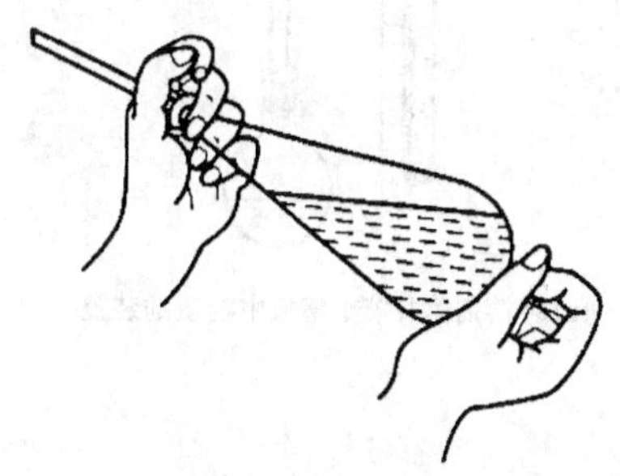

图 4-41　分液漏斗的使用

在萃取时，可利用“盐析效应”，即在水溶液中先加入一定量的电解质（如氯化钠），以降低有机化合物和萃取溶剂在水溶液中的溶解度，提高萃取效果。

有时某些组分在萃取过程中会形成较稳定的乳浊液，特别是当溶液呈碱性时，很容易产生乳化现象；有时由于两相的相对密度相差较小、溶剂互溶或存在少量轻质沉淀等原因，也可能使两相不能清晰分开，这样很难将它们完全分离。这时可加入食盐，利用盐析作用破坏乳浊液的稳定性。或加入少量消泡剂或戊醇，以及放置较长时间，也可以破坏已形成的乳浊液。有时也用乙醇、磺化蓖麻油等破坏乳化。

当有机化合物在原溶剂中比在萃取剂中更易溶解时，就必须使用大量溶剂并多次萃取。为了减少萃取剂的用量，最好采用连续萃取，其装置有两种：一种适用于自较重的溶液中用较轻的溶剂进行萃取，如用乙醚萃取水溶液；另一种适用于自较轻的溶液中用较重的溶剂进行萃取，如用氯仿萃取水溶液。它们的过程可以明显地从图 4-42(a)、(b) 中看出，图 4-42(c) 是兼具 (a)、(b) 功能的装置。

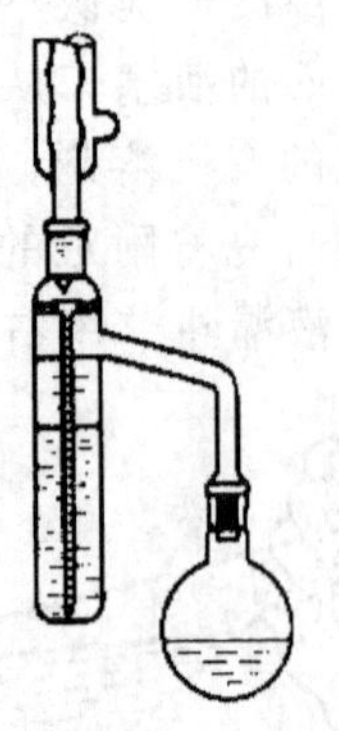

(a) 轻溶剂萃取较重溶液中物质的装置

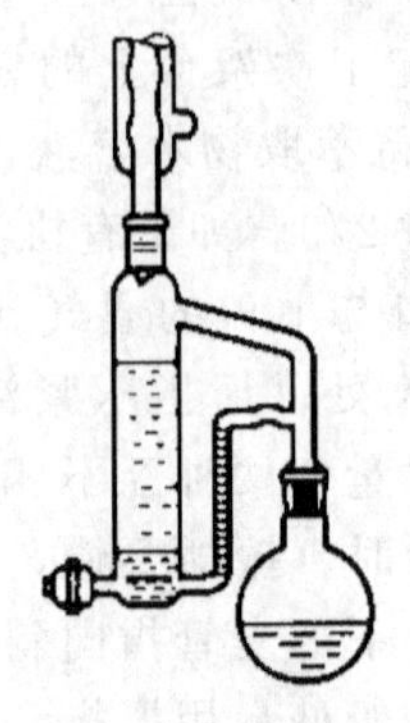

(b) 较重溶剂萃取较轻溶液中物质的装置

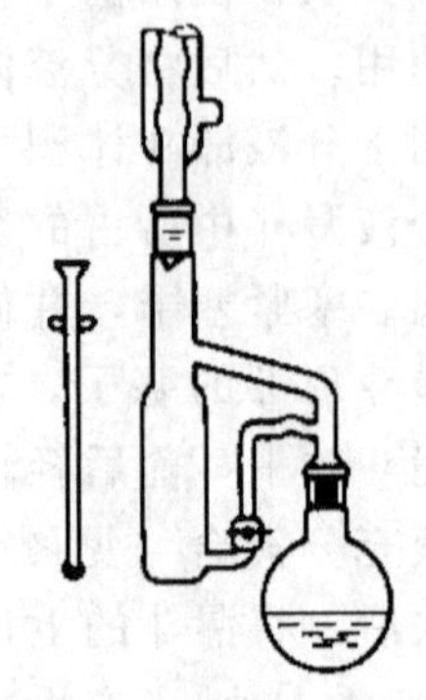

(c) 兼具(a)和(b)功能的装置

图 4-42　连续萃取装置

4.9　色谱分离技术

色谱学是现代分离与分析的重要方法之一，它起源于 1906 年，由俄国植物学家茨维特创立。其后由于科学进步的需要得到了飞速发展，至今报道的各种近代色谱方法已有近 30 种。

色谱法是分离、提纯和鉴定有机化合物的重要方法之一。早期用此法来分离有色物质时，往往得到颜色不同的色带。"色谱"一词由此得名，并沿用至今。此法经不断改进，已成功地发展成为各种类型的色谱分析法。现在色谱法已广泛用于科学研究和工农业生产中，它与经典的分离、提纯方法（如蒸馏、重结晶、升华等）相比，具有微量、高效、灵敏、准确等优点。对于产品的分离、提纯、定性和定量分析以及跟踪反应都是一种方便、快速的方法。

色谱法的基本原理是利用混合物中各组分在某一物质中的吸附或溶解性能（即分配）的不同或其它亲和作用性能的差异，使混合物的溶液流经该物质时进行反复的吸附或分配等作用而将各组分分开。吸附力较小或溶解度较小的组分在该物质（固定相）中移动较快，反之则移动较慢，最终在固定相中形成"谱带"。流动的混合物溶液称为流动相，固定的物质称为固定相。流动相可以是液体也可以是气体，固定相可以是固体吸附剂或涂覆在载体上的液体化合物。根据各组分在固定相中的作用原理不同，色谱可分为吸附色谱、分配色谱、离子交换色谱、排阻色谱等；根据操作条件的不同，又可分为薄层色谱、纸色谱、柱色谱、气相色谱、高效液相色谱等。本节介绍前三种。

4.9.1　薄层色谱

4.9.1.1　原理

薄层色谱（thin layer chromatography，TLC）又称薄层层析。薄层色谱的特点是所需的样品少（几到几十微克，甚至 0.01μg）、分离时间短、效率高，是近年来发展起来的一种微量、快速和简便的分离分析方法。它可用于精制样品、鉴定化合物、跟踪反应进程和柱色谱的摸索最佳条件等方面，特别适用于挥发性较小或在较高温度易发生变化而不能用气相色谱分析的物质。

薄层色谱主要分为吸附色谱和分配色谱两类。对薄层吸附色谱而言，其流动相又称为展开剂或溶剂，固定相也叫吸附剂。由于组分、流动相和固定相三者间既相互联系又存在吸附竞争的机制，使得薄层色谱法有很好的分离效能。当带有组分的流动相接触固定相时，组分和流动相对固定相表面产生吸附竞争，并都可以被吸附。但主要发生物理吸附，因而吸附过程是可逆的，且在一定条件下达到平衡状态。

由于流动相借助于毛细作用源源不断供给、上行，使得组分与流动相对固定相的暂时吸附平衡被破坏，即吸附的组分不断地被流动相解吸下来。解吸下来的组分立即溶解于流动相中并随之向前移动。当遇到新鲜的固定相表面时，又与流动相展开吸附竞争并再次建立瞬间平衡。这种过程反复交替地进行。通常组分中不同物质的结构和性能总是存在某方面的差异，因而分配系数就不同。在上述吸附-解吸过程中，由于各组分的行进速度不同最终被分离开来。

通常，将吸附剂或支持剂涂在一块干净的玻璃板上（也可以用有机膜等）形成一均匀的薄层，经干燥活化后，用管口平整的毛细管吸取少量样品溶液滴加在离薄层板一端约 1cm 薄层板上的起始线处，形成一小圆点，待溶液晾干后，将薄层板放入盛有溶剂（称为展开剂）的展开槽内，使点样一端浸入约 0.5cm。由于吸附剂的毛细作用，展开剂沿薄层板缓缓上升，样品中各组分因在展开溶剂中的溶解性和被吸附剂吸附的程度不同（或在支持剂中的液体的溶解性能不同）随展开溶剂的移动而被分开，在不同的位置形成一个个小斑点。待展开剂前沿上升到距薄层板上端约 1cm 时，将薄层板取出，干燥后用显色剂显色（如果样品无色），记录各斑点中心以及展开剂前沿距原点的距离（见图 4-43），计算比移值 R_f 值：

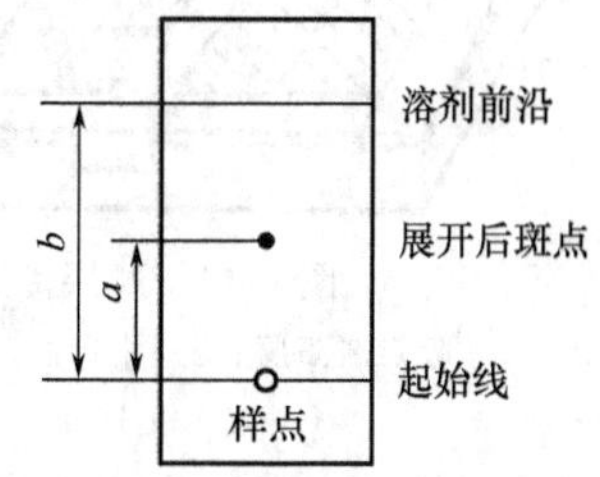

图 4-43　斑点位置的鉴定

$$R_f=\frac{\text{斑点的最高浓度中心至样点中心的距离}}{\text{展开剂前沿至样点中心的距离}}=\frac{a}{b}$$

比移值 R_f 在一定条件下和溶质的分子结构、性能有关，所以不同的溶质在色谱分离过程中比移值是不同的。但对同一溶质在相同的条件下进行色谱分离时，比移值就是一个特有的常数，因而可作为定性分析的依据。

4.9.1.2　**实验技术**

（1）固定相的选择　硅胶和氧化铝是薄层色谱常用的固定相，两者都属于极性吸附剂。硅胶的吸附性来源于表面的 Si—OH，主要用于分离酸性、中性有机物；氧化铝的吸附性来自铝原子上未成键的电子对，多用于分离碱性或中性有机物。

市售的薄层色谱用硅胶有 60G、600GF_{254}、60H、60HF_{254} 和 60$HF_{254+366}$ 等品种。其中“G”表示含有 13%煅石膏（$2CaSO_4 \cdot H_2O$，作为黏合剂）；“H”表示不含黏合剂；F_{254} 表示含有 2%无机荧光物质，在 254nm 的紫外光照射下发出绿色荧光；F_{366} 表示含 2%有机荧光剂，在 366nm 紫外光照射下发出绿色荧光；GF_{254} 表示既含黏合剂又含荧光物质。

类似地，薄层用氧化铝也因含黏合剂或荧光物质而有多种型号，分为氧化铝 G、氧化铝 GF_{254} 和氧化铝 HF_{254} 等。

黏合剂除上述的煅石膏（$2CaSO_4 \cdot H_2O$）外，还可用淀粉、羧甲基纤维素钠。制备薄层板时，常用 0.5%左右的羧甲基纤维素钠水溶液。加黏合剂的薄层板称为硬板，不加黏合剂的称为软板。薄层吸附色谱和柱吸附色谱一样，化合物的吸附能力与它们的极性成正比，具有较强极性的化合物吸附性较强，因而 R_f 值较小。因此利用化合物极性的不同，用硅胶或氧化铝薄层色谱可将一些结构相近或顺、反异构体分开。各类有机化合物与上述两类吸附剂的亲和力大小次序大致如下：

羧酸＞醇＞伯胺＞酯、醛、酮＞芳香族硝基化合物＞卤代烃＞醚＞烯＞烷烃

（2）制板与活化　薄层板制备的好坏直接影响色谱的结果。制备薄层板所用的玻璃板（常用载玻片）必须平整。所铺薄层应尽量均匀而且厚度要一致（0.25～1mm）。否则，在展开时溶剂前沿不齐，分析结果也不易重复。上面介绍的硅胶或氧化铝虽含有无机黏合剂硫酸钙，但在实际使用时硬度不够，特别是需要用铅笔作记号时很不方便。为此，建议在制板时以0.5%～1%的羧甲基纤维素钠溶液代替水作溶剂与固定相调和，制成的板有较高强度，用铅笔作记号很方便。

薄层板分为干板和湿板。干板一般用氧化铝作吸附剂，涂层时不加水。一般常用湿法制板，对湿板按铺层的方法可分为平铺法、倾注法和浸涂法三种。

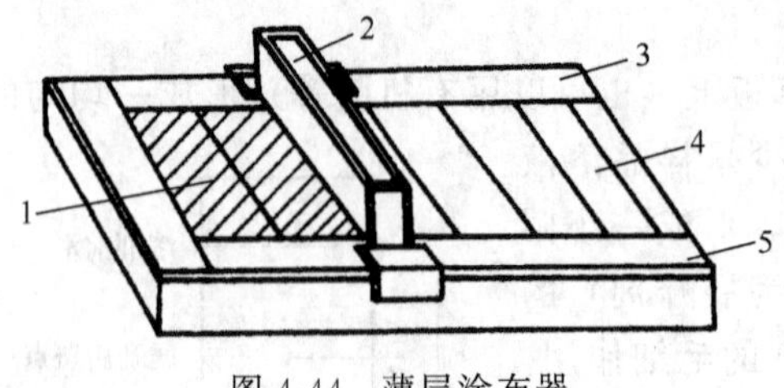

图 4-44　薄层涂布器

1—吸附剂薄层；2—涂布器；3,5—夹玻板；4—玻璃板 10cm×3cm

制湿板前，首先要制备浆料。称取 3g 硅胶G，搅拌下慢慢加入到盛有 6～7mL、0.5%～1%羧甲基纤维素钠清液的烧杯中，立即用玻棒调成糊状（调糊时间不能太长，一般在 40s～1min 左右，否则硅胶凝结），3g 硅胶约可铺 10cm×3cm 载玻片约 2～3 块。

① 平铺法　用薄层涂布器（见图 4-44）进行制板，涂层既方便又均匀，是较常用的方法。涂布器为上下开口的长方形有机玻璃槽，正面一块板的底部有一狭缝（狭缝高度为薄层板的厚度），硅胶倒入涂布器后，移动涂布器，浆料从狭缝中流出，可均匀地涂在玻璃板上。

② 倾注法　将调好的浆料倒在玻璃板上，用手摇晃，使其表面均匀平整，然后放在水平的桌子上晾干。这种制板方法厚度不易控制。

③ 浸涂法　将两块干净的载玻片对齐紧贴在一起，浸入浆料中，使玻片上浸涂上一层均匀的吸附剂，取出分开、晾干。

薄层板的活性与含水量有关，含水量越大，活性越低，所以涂好的薄层板在室温晾干后需要加热活化，活化条件根据需要而定。硅胶板一般放在烘箱中逐渐升温至 105～110℃活化 0.5h。氧化铝板在 200℃活化 4h 可得活性为Ⅱ级的薄层，150～160℃活化 4h 可得活性为Ⅲ～Ⅳ级的薄层。测定氧化铝板的活性级别是将表 4-6 的几种染料（各 30mg）分别溶解在 50mL 无水四氯化碳中，各取 0.02mL 点于要测定的薄层板上，用无水四氯化碳展开，测定各染料的 R_f 值，并与表中所列各染料的 R_f 值进行比较，确定其活性级别。

硅胶板的活性可用二甲氨基偶氮苯、靛酚蓝和苏丹红三种染料的氯仿混合液（各 10mg 溶于 1mL 氯仿），以正己烷-乙酸乙酯（9∶1）为展开剂进行展开，若三个染料的比移值按上述顺序依次减小，则与Ⅱ级氧化铝相当。

活化好的薄层板应保存在干燥器或干燥箱中备用。

表 4-6　氧化铝活性与各偶氮染料比移值的关系

活性级别 / 偶氮染料	勃劳克活性级的 R_f 值			
	Ⅱ	Ⅲ	Ⅳ	Ⅴ
偶氮苯	0.59	0.74	0.85	0.95
对甲氧基偶氮苯	0.16	0.49	0.69	0.89
苏丹黄	0.01	0.25	0.57	0.78
苏丹红	0.00	0.10	0.33	0.56
对氨基偶氮苯	0.00	0.03	0.08	0.19

(3) 点样　在距薄层板下端约 1cm 处用铅笔轻轻划一横线作为起始线，将样品溶于低沸点溶剂（如丙酮、甲醇、乙醇、氯仿、苯、乙醚和四氯化碳等）配成 1%左右的溶液，用内径 1mm、管口平的玻璃毛细管或微量注射器点样，垂直轻轻地点在起始线上，注意毛细管不要碰到吸附剂。若溶液太稀，一次点样不够，则可待前一次样点溶剂挥发以后，在原点样处再点第二次。样点直径要控制在小于 2mm，点样斑点过大，往往会造成拖尾、扩散等现象影响分离效果。在同一块板上可点多个样，但两个样点间距离不能小于 1～1.5cm，样点与边缘也要保持一定的距离，以避免相互干扰和产生边缘效应。

制备型色谱由于板面积较大，吸附剂层较厚，也可以点成线状。点样时，可用一根弧形毛细弯管，一端轻轻接触薄层板，另一端插入样品溶液，匀速直线移动薄层板，可以在板上得到相当均匀的样品带。

点好样品后，要等溶剂挥发干后才可以进行展开过程。

(4) 展开剂的选择和展开　由于制板时已选定了固定相，因此展开剂的选择就成为影响分离效果的主要因素。选择展开剂时，要考虑样品各组分的极性、溶解度和吸附活性等因素。一般情况下，溶剂的展开能力与溶剂的极性成正比。因此所选择展开剂的极性要比分离物质的极性略小。溶剂的极性越大，则对化合物解吸的能力越强，即样品对吸附剂的吸附能力就小，也就是 R_f 值也越大。如果样品中各组分的 R_f 值都较小，则可适量增加极性较大的溶剂。如果在分离过程中发现 R_f 值太小，说明展开剂极性不够，需要考虑加入一种（有时是几种）极性强的展开剂进行调控。这种混合展开剂往往能使分离效果显著地优于单一展开剂。

常用展开剂的极性大小顺序如下：

己烷、石油醚＜环己烷＜四氯化碳＜三氯乙烯＜二硫化碳＜甲苯＜苯＜二氯甲烷＜氯仿＜乙醚＜四氢呋喃＜乙酸乙酯（无水）＜丙酮＜正丁醇＜丙醇＜乙醇＜甲醇＜水＜冰乙酸＜吡啶＜乙酸

以上只是大致的顺序，且对硅胶和氧化铝适用。但使用前必须做实验，以实验取得的第一手资料为准。

薄层色谱的展开需在密闭容器内进行。展开过程中，展开缸内始终要使展开剂蒸气处于饱和状态。为使溶剂蒸气迅速达到饱和，可在展开槽内衬一张滤纸。常用的展开槽有长方形盒式和广口瓶式，展开方式有下列几种。

① 上升法　将薄层板垂直放置在盛有展开剂的展开槽中，应注意展开剂不能超过 0.5cm，当展开剂上升到距薄层板边缘 1cm 时，迅速取出，并立即记下展开剂前沿的位置，然后在通风橱中晾干。这种方法适用于含黏合剂的硬板。

② 倾斜上行法　如图 4-45 无黏合剂的软板应倾斜 15°角，含有黏合剂的硬板可以倾斜 45°～60°角。

③ 下降法　如图 4-46 所示，放在圆底烧瓶中的展开剂通过滤纸或纱布吸在薄层板上端，使展开剂下行至板的下端，并流入展开槽中。这是一种连续展开的过程，适用于 R_f 值小的化合物。

④ 双向展开　此法用于成分复杂、不易分离的样品，使用方形玻璃板制板。将样品点在角上，向一个方向展开，然后转动 90°角，再换另一种展开剂展开。

⑤ 显色　样品经薄层板展开后，若本身带有颜色，溶剂挥发掉后可以直接看到斑点的颜色；若样品无色，就需要显色。

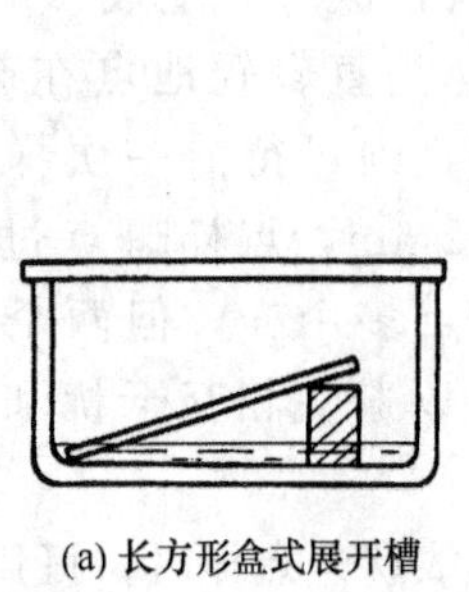

(a) 长方形盒式展开槽

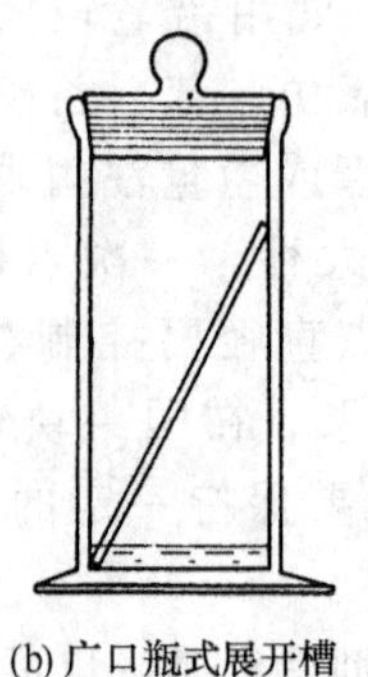

(b) 广口瓶式展开槽

图 4-45　倾斜上行法展开

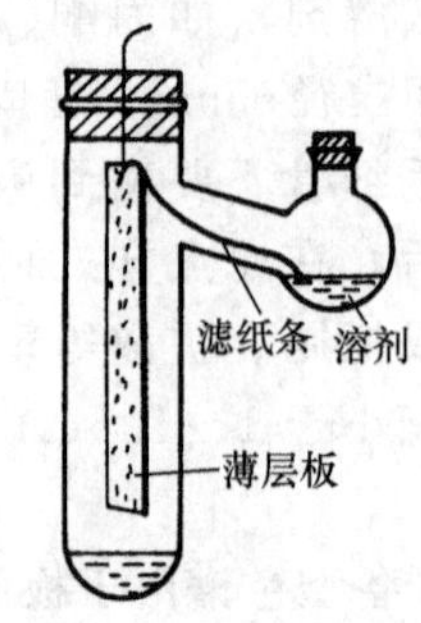

图 4-46　下降法展开

对于含有荧光剂（硫化锌镉、硅酸锌、荧光黄）的薄层板在紫外光下观察，展开后的有机化合物的斑点在亮的荧光背景下呈现暗色；也可用卤素斑点试验法来使薄层板显色。这种方法是将几粒碘置于密闭容器中（此容器称为碘缸），待容器充满碘的蒸气后，将展开的薄层板放入碘缸，碘与大多数有机物（烷烃、卤代烷除外）会可逆结合，在数秒钟内化合物的斑点呈现黄棕色。但是，当薄层板上仍含有溶剂时，由于碘蒸气也能与溶剂结合，致使薄层板显淡棕色，而展开后的有机化合物则呈现较暗的斑点。薄层板自碘缸中取出后，碘很快挥发，使所呈现的颜色很快消失，因此显色后应立即用铅笔将斑点的位置标出。薄层色谱可使用腐蚀性的显色剂如浓硫酸、浓盐酸和浓磷酸等显色。另外，根据化合物的特性，还可采用显色剂显色。凡可用于纸色谱的显色剂都可用于薄层色谱，如三氯化铁溶液、水合茚三酮溶液、磷钼酸溶液等。

4.9.1.3　应用

薄层色谱的最大优点是简便、易行、快速且分离效果好，在定性分析、定量分析、监测反应进程、制备纯样品、为柱色谱作条件实验等方面均可使用。

在定性分析中，主要依据 R_f 值。需要注意的是，在吸附剂、展开剂、薄层厚度、温度及其它操作条件尽量保持一致时的定性才有意义。最好用被测样品标准品于同样条件下做对照，还要至少改变展开剂极性后再复核一次结果才是可靠的。

有机反应的进程，也能很方便地利用薄层色谱来监测。例如，从反应开始时，每隔一定时间，将反应液点在薄层上并展开（以原料纯品作对照）。经显色后，如果检测不到原料斑点说明反应已完全。如果除了产物之外，还有其它斑点，可能是副产物或中间体。由产物斑点面积大小还能定性地估计产率。

4.9.2　纸色谱

纸色谱（纸上层析）是将样品溶液点在滤纸上，滤纸作为载体，吸附在滤纸上的水作为固定相，含有一定比例水的有机溶剂作为流动相。展开时，样品各组分因在固定相（水）和流动相中的分配系数不同而被分开。因此纸色谱属于分配色谱的一种。

作为载体的滤纸是相对分子质量大得多羟基化合物，纸色谱用滤纸要求两面均匀，不含杂质。

纸色谱操作简便，色谱图便于保存，但展开时间长，主要用于多官能团或高极性化合物（如糖、氨基酸）的分析鉴定。纸色谱的操作大致与薄层色谱相似。如图 4-47 所示，根据需要将滤纸剪成一定大小的条状，然后用铅笔在距滤纸 2～3cm 处画好起始线“a”，在另一端画上终止线“b”，用三角板和直尺从中间作一折叠。将其悬挂在放有展开剂的展开缸（见图 4-48）中过夜（不要接触溶剂），用溶剂蒸气饱和。操作过程中不能用手接触起始线“a”

与终止线"b"之间的任何部分，以免手上的油脂污染滤纸。用毛细管吸取样品溶液，在滤纸起始线上点样，待样品溶剂挥发后，剪去滤纸条起始线上面手持部分，将滤纸挂在展开缸的挂钩上，起始线下端与展开剂接触，展开剂沿滤纸条上升，当到达终止线时立即取出，晾干。若样品无色，应采用合适的方法显色，并计算各组分的 R_f 值。

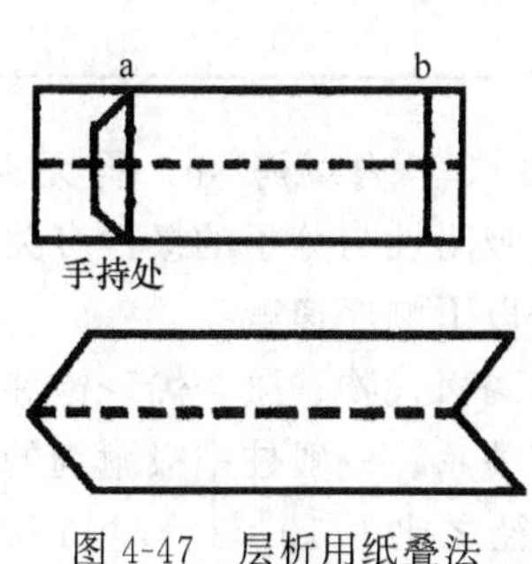

图 4-47　层析用纸叠法

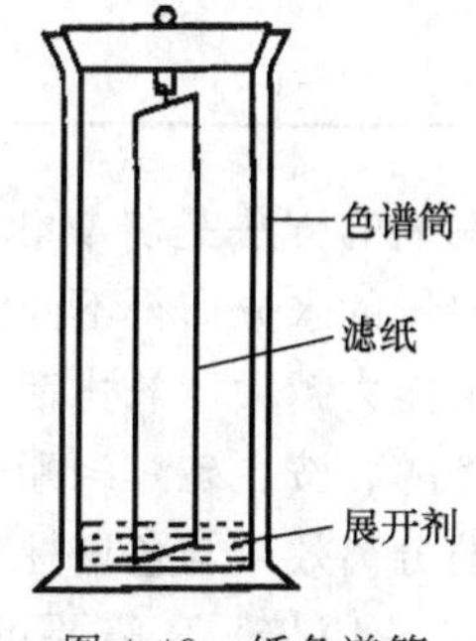

图 4-48　纸色谱筒

用纸色谱进行分析时，由于影响 R_f 值的因素很多，实验数据与文献数值可能不同，且不易重复，因此点样时，一般要同时点上标准样品作为对照。

4.9.3　柱色谱

4.9.3.1　原理

柱色谱（柱层析）是将固定相填装在玻璃柱中进行分离的一种色谱分析方法。常用的有吸附柱色谱和分配柱色谱两种。固定相以氧化铝或硅胶作为吸附剂的为吸附柱色谱；以硅胶、硅藻土或纤维素作为支持剂，支持剂中吸附的大量液体作为固定相的为分配柱色谱。

吸附柱色谱是在色谱柱（见图 4-49）内装入固体吸附剂（固定相），将待分离样品的溶液从柱顶加入，并被柱顶的吸附剂吸附，然后从顶部加入洗脱剂（流动相），由于吸附剂对样品各组分的吸附力不同，各组分以不同的速度随洗脱剂向下移动，经过反复的吸附、解吸过程，各组分在色谱柱中按照吸附作用的大小依次形成不同的"色带"。如果样品组分有颜色，则可以直接观察到"色带"。每个"色带"的溶液从柱底部流出，分别收集，则可以得到样品各组分的溶液。

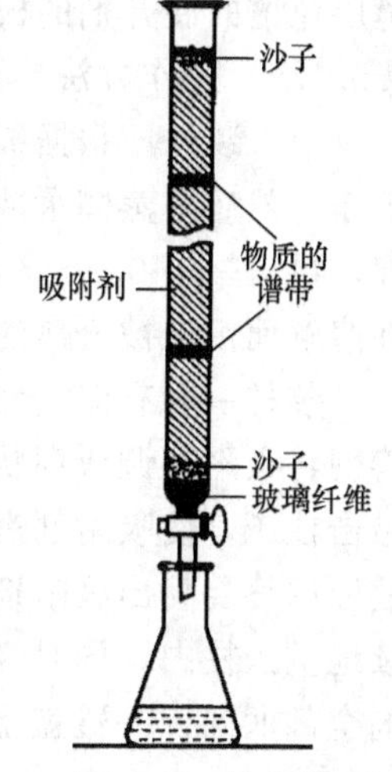

图 4-49　柱色谱

色谱柱中填充的吸附剂的量远远大于薄层色谱，而且根据被分离样品的多少可以选择不同大小的色谱柱，所以柱色谱可以分离比较大量的样品。

4.9.3.2　吸附剂

柱色谱常用的吸附剂有氧化铝、硅胶、氧化镁、碳酸钙和活性炭等。选择的吸附剂绝不能与被分离的物质和展开剂发生化学作用，此外关于吸附剂的选择，在薄层色谱一节中已进行了讨论，但要求吸附剂的粒度大小要均匀。粒度太小、表面积大，吸附能力强，分离效果好，但溶剂流速太慢；若粒度太大，流速快，分离效果差，因此粒度的大小要适当。柱色谱中应用最广泛的是氧化铝，其粒度大小以通过 100～150 目筛孔为宜。色谱用的氧化铝可分为酸性、中性和碱性三种。酸性氧化铝是用 1% 盐酸浸泡后，用蒸馏水洗至悬浮液 pH 为 4～4.5，适用于分离酸性物质，如有机酸类的分离；中性氧化铝 pH 为 7.5，适用于分离中性物质，如醛、酮、醌和酯等类化合物；碱性氧化铝 pH 为 9～10，适用于分离碳氢化合物、生物碱、胺等化合物。吸附剂的活性与其含水量有关，氧化铝的活性分为五级，见表4-7。

表4-7 吸附剂活性和含水量的关系

活性等级	一	二	三	四	五
氧化铝含水量/%	0	3	6	10	15
硅胶含水量/%	0	5	15	25	38

制备吸附剂的方法是将氧化铝放在高温炉（350～400℃）内烘烤3h，得无水氧化铝，然后加入不同量的水分即得不同活性的氧化铝。化合物的吸附性与分子的极性有关，分子极性越强，吸附能力越大。氧化铝对各类化合物的吸附性按以下顺序递减：

酸、碱＞醇、胺、硫醇＞酯、醛、酮＞芳香族化合物＞卤代物、醚＞烯＞饱和烃

柱色谱的分离效果与色谱柱大小和吸附剂的用量也有关系。一般柱中吸附剂的用量为被分离样品的30～40倍，若需要可增至100倍。柱高与直径之比为10∶1～4∶1。实验室常用的色谱柱直径在0.5～10cm。

4.9.3.3 溶剂和洗脱剂

溶剂的选择通常是从被分离化合物中各组分的极性、溶解度和吸附剂的活性等因素来考虑，溶剂选择的好坏直接影响到柱层析的分离效果。

进行柱层析前，要将样品溶解，溶解样品的溶剂极性应比样品小一些。溶剂极性太大，样品不容易被吸附剂吸附。同时，溶剂对样品的溶解度也不能太大，否则也会影响吸附；但也不能太小，溶解度太小，溶剂体积增加，使色带分散。

洗脱剂的选择最好先用薄层色谱方法进行试验，然后将薄层分析方法找到的合适展开剂用于柱色谱。也可以先用极性较大的溶剂洗脱极性较大的化合物。常用洗脱剂的极性顺序与薄层色谱的展开剂的极性大致一样。

4.9.3.4 操作方法

（1）装柱　根据被分离样品的多少选择大小合适的色谱柱。使用前要将玻璃柱用水清洗干净，然后用蒸馏水冲洗，干燥。将洁净干燥的色谱柱垂直固定在铁架上，柱底铺一层玻璃棉，再盖一层0.5～1cm厚的石英砂。注意，柱下口的玻璃塞不要涂润滑脂，以防油脂被溶剂溶解而污染被分离的化合物。

装柱一般有湿法和干法两种：①湿法：先在柱内加入柱高1/4的溶剂，然后用一定量的溶剂将吸附剂调成糊状，从柱顶倒入，同时打开柱下口活塞，控制流速1滴/s，用木棒轻轻敲击柱子，使吸附剂慢慢而均匀地下沉，装完后再覆盖0.5～1cm厚的砂子。注意，柱内的液面始终要高出吸附剂。②干法：装柱时在柱子上套上一个干燥的漏斗，使吸附剂均匀而连续地倒入柱内，同时轻轻敲击柱子，使装填均匀、结实。加完吸附剂后，再加溶剂，使吸附剂全部润湿，并覆盖上0.5～1cm砂子，并浸泡一段时间再用。一般湿法比干法装得结实均匀。

无论用哪种方法装柱，装柱过程以及装填完毕吸附剂要始终浸泡在溶剂中，装填完后，溶剂液面要高于石英砂，否则柱身干裂，影响分离效果，甚至无法使用。柱身装填要均匀、无气泡、无裂纹，适度紧密，柱顶面的吸附剂和石英砂表面要保持水平。

（2）加样与洗脱　打开色谱柱活塞，当溶剂刚流至石英砂面时关闭活塞，用移液管或长滴管沿柱壁加入样品溶液，再打开活塞，小心放出一些溶剂，使溶液液面降至石英砂面再关闭活塞。用少量溶剂仔细将柱内壁附着的样品冲洗干净，再将溶液液面放至石英砂面处。然

后加入洗脱剂（可在柱上面装一个滴液漏斗，从漏斗不断补充洗脱剂），打开下面的活塞进行洗脱，整个过程柱内应保持一定高度的液面。样品各组分有颜色时，可直接观察收集各组分的洗脱液。若样品各组分为无色，则采用等分收集。然后用薄层色谱分析各收集组分，合并相同组分的溶液，蒸除溶剂，即可得到所分离的各个组分。

4.9.3.5　**应用**

由于柱色谱操作简单易行，在实验室中常用来分离并制备一定量纯物质。其操作条件，如吸附剂和洗脱剂的选择、组分的流出顺序及流出组分的纯度等，都可以用薄层色谱来探索和检验。薄层色谱快速、方便，摸索出的分离条件往往稍作改变即可用于柱色谱，因而常将两者结合起来使用，在定性、分离、制备一定数量的纯样品方面成为简便易行且有效的方法。

4.10　反应操作技术

4.10.1　试管实验基本技术

试管和离心试管作为化学反应的容器，具有药品用量少、操作灵活、易于观察实验现象的优点，特别适用于元素及其化合物的性质实验。

4.10.1.1　**试剂的取用和用量**

进行试管实验时，要往试管中加入各种所需固体或液体试剂，有关试剂的取用方法见第 2 章“2.2.3　化学试剂的取用”。试管中进行的反应，药品用量一般不要求十分准确，只需粗略估计，液体试剂的用量一般在 0.5～2.0mL，固体试剂的用量以能铺满试管底部为宜。在离心试管中进行反应时，试剂的用量应更少一些。

要学会正确估计液体的体积和固体的质量。对于液体试剂，可以根据液体在试管中的高度或根据液体的滴数估计体积。小滴管滴出的 15～20 滴液体体积大约相当于 1mL。对于固体试剂，可以结合固体的体积和密度来估计质量。实验中要注意，不要随意增加试剂用量。试剂用量太多，不仅各种试剂难以混合均匀，增加操作困难，而且不易观察清楚实验现象，同时还会造成药品的浪费。

4.10.1.2　**试管中固体和液体的加热**

试管中的固体和液体都可以直接在灯焰上加热（详见“3.4.1 加热装置”），但应注意几点：①试管中的液体总量不能超过试管容量的 1/3；②用试管夹夹住试管中上部，加热固体时，管口应略微向下倾斜，加热液体时，管口应向上稍微倾斜，且不能对着人；③离心试管中的液体，不能直接在灯焰上加热，只能在水浴中加热。

4.10.1.3　**试管的振荡和搅拌**

为了使试管中的反应物（尤其均为液体和溶液时）充分接触，混合均匀，以便充分反应，常需振荡试管。振荡试管时应注意以下几点：①用右手拇指、食指和中指拿住试管上部；②用手腕来回振荡试管，但不要用力太猛；③绝对不能用手指堵住管口上下摇动或翻转试管。

为了加快试管反应的速度，尤其对于液-固反应或有沉淀生成的反应，常需要搅拌试管中的反应物质。搅拌时，左手持试管，右手将小玻棒插入反应液中，用微力旋转玻棒，使反应液搅动，但不要碰试管壁。操作时要注意，手持玻棒的位置不要太高，也不要来回上下搅动，更不能用力过猛，以免击破试管。

4.10.1.4　**离心分离**

当反应沉淀极细难以沉降和过滤，或沉淀量很少的固、液分离时，就需要进行离心分离

（离心机的使用方法见本章“4.1.3.3 离心分离法”）。将待分离的固、液混合物置于离心试管放入电动离心机中，利用离心机高速旋转产生的离心力使沉淀颗粒在离心试管底部集中，上面便可得到澄清的溶液。取出离心试管，用小吸管吸出上层清液。吸管伸入溶液前应先排气，切勿在伸入溶液后排气，否则会把沉淀冲起而使溶液变浑。吸管尖口宜刚好进入液面，决不能接触到沉淀物，以免把沉淀吸出。

由于沉淀表面吸附有少量溶液，故必须进行洗涤。洗涤时，将适量洗涤液（如去离子水）加到离心试管中，将离心试管倾斜，用小搅拌棒充分搅拌后再离心分离，吸出上层清液。沉淀洗涤的次数一般为2～3次。

4.10.1.5 试纸的使用

无机化学实验中常用的试纸是pH试纸、碘化钾-淀粉试纸、醋酸铅试纸等（详见第2章“2.3.1 试纸及使用方法”）。

(1) pH试纸　是将纸用多种酸碱指示剂的混合溶液浸泡后晾干而成的。不同pH的溶液可使试纸呈现不同的颜色。广泛pH试纸用于粗略测定溶液的pH，测量范围一般是1～14；精密pH试纸的测量精确度较高，测量范围较窄，试纸在pH变化较小时就发生颜色变化。使用方法是：将一小块pH试纸放在点滴板或白瓷板上，用蘸有待测溶液的玻璃棒接触试纸中部（不能把试纸泡在待测溶液中)，试纸被待测溶液润湿变色。试纸变色后要尽快和色阶板比色，确定pH或pH范围。

(2) 碘化钾-淀粉试纸　是将纸用碘化钾和淀粉混合溶液浸泡后晾干而成的。可用于定性检查一些氧化性气体，如氯气等。使用方法是：用蒸馏水将试纸润湿后卷在玻璃棒顶端，放于试管口，如有待测的氧化性气体逸出，就会溶于试纸上的水中，使I^-氧化成I_2，I_2与淀粉作用，试纸变为蓝紫色，注意不能让试纸长时间与氧化性气体接触，因为I_2可能进一步被氧化成IO_3^-而使试纸褪色。

(3) 醋酸铅试纸　是将纸用醋酸铅溶液浸泡后晾干而成的，可用于定性检查硫化氢气体。使用方法与碘化钾-淀粉试纸相同。如果反应中有硫化氢气体产生，则生成黑色PbS沉淀而使试纸呈黑褐色或亮灰色。

4.10.1.6 实验现象的观察

(1) 观察气体的生成　首先观察气体产生的部位。对于固体和液体之间的反应，要注意界面上是否有气体产生；而对于液体和液体之间的反应，要注意液体内部是否有气体逸出。其次要注意气体的颜色和气味，必要时用适当方法检查气体的性质和种类。可使用石蕊试纸或pH试纸检查气体的酸碱性，用碘化钾-淀粉试纸检查氧化性气体，用醋酸铅试纸检查硫化氢气体，还可用火柴余烬检查氧气等。

(2) 观察沉淀的生成或溶解　对于沉淀的生成，主要观察生成沉淀的颜色、形状、颗粒大小和量的多少。有时为了促进沉淀的生成，利于观察，可用玻璃棒摩擦与溶液接触的试管内壁或振荡溶液。白色的沉淀应在深色的背景下观察，深色的沉淀则应在白色的背景下观察。深色溶液中产生的沉淀，往往难以观察清楚沉淀的颜色，可以进行离心分离并洗涤沉淀后再观察。

沉淀溶解时主要观察沉淀溶解速度的快慢、溶解量的多少，以及溶解时伴随的其它现象。当沉淀溶解比较困难时，可振荡试管或加热，观察是否能使沉淀溶解。

(3) 观察溶液颜色的变化　主要观察溶液颜色变化的过程和变化的速度，观察一般在适当的背景下随操作过程进行。当某些反应物有较深颜色时，要注意各种试剂的相对用量。一般深色的反应物用量宜少，以便完全反应，否则会干扰观察反应产物的颜色。

此外，对反应过程中明显的热效应、爆炸、发光等现象，也要注意观察。

4.10.2　搅拌

搅拌是重要的实验操作之一。为了保证化学反应的各个组分能充分混合，使投入的物质能快速溶解或分散；为了避免反应体系的局部过热或避免局部浓度过高，尤其是高黏度、非均相体系，必须在反应进行过程中加以搅拌。通过搅拌，使体系内反应物各部分受热均匀，增加反应物之间的接触机会，从而使反应顺利进行，达到缩短反应时间、提高产率的目的。常用的搅拌方式主要有手动搅拌、电动搅拌、电磁搅拌等。

4.10.2.1　手动搅拌

一般将使用搅拌棒进行的操作称为手动搅拌。手动搅拌一般用于反应时间短、反应物较少，或加热温度不高，反应物无较大气味，手动搅拌即可达到充分混合的情况。如易溶固体在溶剂中的溶解、两互溶液体的混合等过程。

手动搅拌的主要工具是玻璃棒，有时可以用聚四氟乙烯棒或塑料棒代替。搅拌时，玻璃棒不要碰击容器底部，以免用力过大而捅破玻璃容器底部。同时，尽量不要让玻璃棒敲击或摩擦烧杯壁，避免产生碰击噪声。使用搅拌棒进行搅拌，主要应用于烧杯等广口容器作反应器的情况。若反应容器为细口的，如锥形瓶、烧瓶等，应使用其它搅拌方式(如电动搅拌)进行搅拌。

手动搅拌时，应注意：①切勿用搅拌棒来捣碎烧杯中的固体；②固体溶解时，若固体的颗粒较大或结块，则搅拌时不能连同固体一起搅动，此时只能在纯液体区域搅动，以促进液体对固体颗粒的溶解，待大块颗粒几乎溶完后方可进行正常的搅拌；③在定量分析中，溶液或沉淀转移时，要注意玻璃棒不能随意乱放，其上所附着的物料应完全归并到体系中，否则会造成结果的不准确。

4.10.2.2　电动搅拌

不适宜使用手动搅拌的反应体系，有些需要长时间进行搅拌的实验，就要考虑使用电动搅拌。电动搅拌的效率高、节省人力，还可以缩短反应时间。实验室中常用的电动搅拌装置有电动磁力搅拌器、电动机械搅拌器、电动振荡器以及专门处理分散体系的电动高速均质机等。

(1) 磁力搅拌器　如果反应体系是低黏度的液体或固体量很少时，可以用磁力搅拌，其优点是易于密封，不占用三口烧瓶的瓶口，便于安装回流装置和加料装置，搅拌平稳，温度计插入体系也不影响搅拌。其原理是利用电机带动磁钢旋转、磁钢的磁力线带动容器中的聚四氟乙烯封闭的搅拌子（又称磁子）以一定的速度旋转，从而达到均匀搅拌溶液的目的（见图 4-50）。使用时，可在反应容器中加一个长度合适的磁子，在容器下面放置电磁搅拌器，通过调节磁钢的转动速度，控制反应容器中磁子的转动速度进行搅拌。一般电磁搅拌器都附有加热、调温和调速的装置，可适用于酸碱自动滴定、pH 梯度滴定、小量的有机化学反应等。

(2) 电动机械搅拌器　如果需要搅拌的反应物较多或黏度较大时，就需要用电动机械搅拌装置。电动机械搅拌装置通常包括搅拌器、搅拌棒、密封装置以及回流或蒸馏装置等部分。搅拌器一般固定在铁架台上，其主要部件是带有活动夹头的小电动机和控制器，小电动机带动搅拌棒起搅拌作用，利用控制器调节搅拌速度和加热温度。

安装搅拌棒时，需将其上端固定在电动机的轴上，可将搅拌棒直接插入套有螺丝套管的夹子中，然后将螺丝套管与机轴上的螺丝拧紧［图 4-51(a)］。实际上，为了减少摩擦及不磨损搅拌套管，常将搅拌器的轴头与搅拌棒之间用一根真空橡皮管连接［图 4-51(b)］，或用两节真空橡皮管和一段玻璃棒连接［图 4-51(c)］。

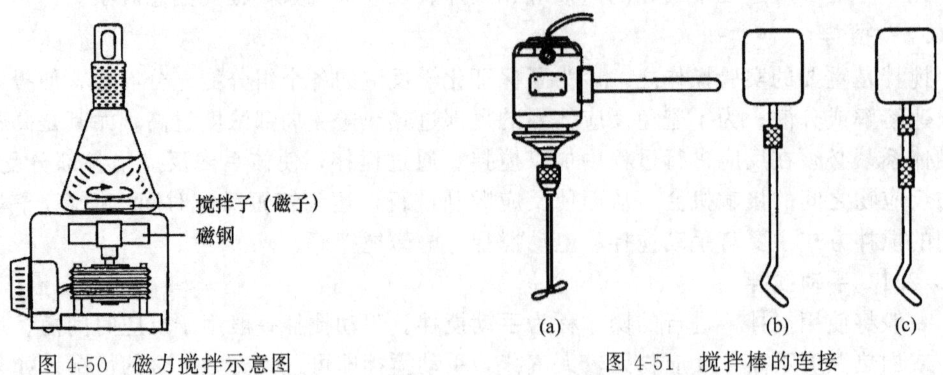

图 4-50　磁力搅拌示意图　　图 4-51　搅拌棒的连接

图 4-52 是适合不同需要的机械搅拌装置。搅拌棒是用电动搅拌器带动的。在装配机械搅拌装置时，可采用简单的橡皮管密封［见图 4-52(a)、(b)］或液封管［见图 4-52(c)］。搅拌棒与玻璃管或液封管应配置合适，不能太松也不能太紧，搅拌棒要能在中间自由转动。根据搅拌棒的长度（不宜太长）选定三口烧瓶和电动搅拌器的位置。先将搅拌器固定好，用短橡皮管或连接器把已插入封管中的搅拌棒连接到搅拌器的轴上，然后小心地将三口烧瓶套上去，至搅拌棒的下端距瓶底约 5mm，将三口瓶夹紧。检查这几件仪器安装得是否端正垂直，搅拌器的轴和搅拌棒是否在同一直线上。用手转动搅拌棒看其转动是否灵活，再以低速开动搅拌器，试验运转情况，以及是否触及器壁或温度计。当搅拌棒与液封管之间不发出摩擦的响声时，仪器安装才合格，否则需要进行调整。最后装上冷凝管、滴液漏斗或温度计，用夹子夹紧。整套仪器应安装在同一个铁架台上。

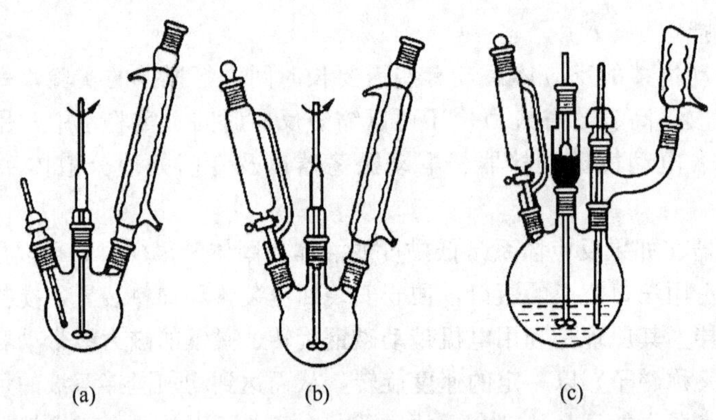

图 4-52　适合不同需要的机械搅拌装置

用橡皮管密封时，在搅拌棒和紧套的橡皮管之间用少量凡士林或甘油润滑。用液封管时，可在液封管中装液体石蜡、甘油或浓硫酸。搅拌棒通常用玻璃棒制成，也有用不锈钢外涂聚四氟乙烯制成的。几种常见的搅拌棒见第 2 章的图 2-9，搅拌棒的连接与密封见图 2-10。

(3) 高速均质机　如果需要搅拌的反应体系属于多相分散体系，如两相互不混溶液体的反应或乳浊液、胶体体系的制备，选用电动高速均质机作搅拌器，效果就非常好。高速均质机是最近才发展起来的一种新型设备，商品名称可能不同，如高速剪切乳化机、高剪切分散机等，但都是同一类设备。该系列设备适用于具有流动性的液-液相反应、液-固相物料的粉碎、分散、混合、均质和乳化加工等场合；亦即将一个相或多个相分布到另一个连续相中，而在通常情况下各个相是互不相溶的。与普通机械搅拌最大区别是搅拌器的搅拌头对流体物料作用方式不同。均质机的搅拌头由一组或几组精密配合的转子及定子组成。其作用原理是通过高速运转的定、转子相对运动，由转子高速旋转所产生的高切线速度和高频机械效应带来的强劲动能，使物料在定、转子狭窄的间隙中受到强烈的机械及液力剪切、离心挤压、液层摩擦、撞击撕裂和湍流等综合作用，从而使不相溶的固相、液相、气相瞬间均匀精细地分散乳化，达到显著的分散、混合、均质乳化及细化的效果。

均质机的使用与普通机械搅拌器并无大的差别，甚至更为简便。如果在烧杯中进行操作，烧杯甚至都不需要固定。这是因为体系内的流体的运动方向是垂直的，属于翻动式的运动，不会带动烧杯横向运动。高速均质机的效率很高，如油脂的皂化用均质机作搅拌器，其反应时间可缩短一半以上。

(4) 电动振荡器　需要在常温或恒温下长时间进行的反应体系，无论是均相还是多相，譬如微生物的培养、空气对溶液中某组分长时间影响考察等实验，由于要求的搅拌混合强度不高，此时可选择用恒温振荡器作为搅拌装置。对有些需要恒温的反应体系，可选用具有自动恒温水浴的振荡器。

4.10.3　无水无氧操作

在有机化合物制备实验中，经常会遇到一些对水和氧有很高化学活性的敏感化合物，如硼氧化物、有机铬化合物、有机锂化合物、格氏试剂等。这类化合物在制备、贮存或化学反应使用时，要求必须做到有效的干燥和脱氧，否则可能导致化合物的变质或使反应过程复杂化。我们熟知的某些有机反应，水的存在往往会影响其正常进行。在一些反应过程中水会使试剂或产物分解，如格氏试剂遇水即分解；在一些反应中使用金属钠，遇水就会由于产生氢气而导致燃烧或爆炸；水的存在还会影响反应速率或产率以及某些产物的分离与提纯。因此，许多有机反应要求原料需经过除水干燥；要求所使用的容器应事先进行干燥，在反应过程中仪器设备系统进口或终端均应与干燥器连通；要求在操作中不得让水及其蒸汽混入系统。

4.10.3.1　敏感试剂的保存方法

对空气、水敏感的试剂常常要装在特殊的瓶子内，其密封系统如图 4-53 所示。揭开胶木（或塑料）盖子（盖子内有聚四氟乙烯弹性衬垫），用一支注射器插进金属齿盖的圆孔中，不接触空气和潮气就能取出液体试剂并直接转移到反应容器中。当拔出注射器后，垫圈上的小针孔会自行密封，瓶内的试剂与空气、潮气完全隔绝，因而能使试剂长期安全保存。在有机制备实验中所得到的对水、氧敏感的中间体，保存时可参照上述操作。

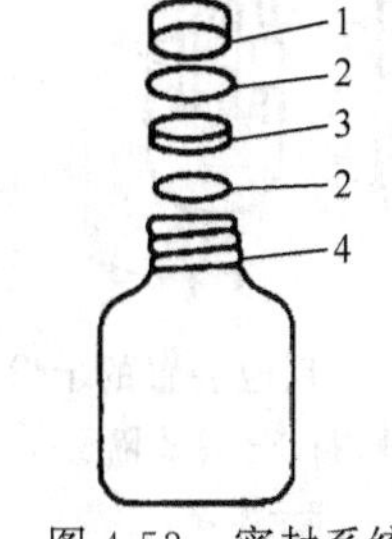

图 4-53　密封系统

1—胶木盖；2—聚四氟乙烯弹性衬垫；3—金属齿盖；4—玻璃瓶

4.10.3.2　实验室常用的脱氧方法

实验室常用脱氧方法有化学还原法和惰性气体除氧法两种。

(1) 化学还原法　主要用于试剂、溶液的预除氧和脱氧保存。一般通过向溶液中加入还原剂来清除液体中溶解的氧，因此要求所使用的脱氧剂对试剂或溶质是化学惰性的。如在 $SnCl_2$ 溶液中加入抗坏血酸可防止二价锡被氧氧化。常用的抗氧剂有对苯二酚、苯酚、抗坏血酸等。

(2) 惰性气体脱氧法　此法可用于试剂、溶液的预脱氧和脱氧贮存，更主要应用于反应系统的脱氧保护，也称气氛保护。它是通过向系统通入对系统化学惰性的气体，驱赶系统中溶解的氧和系统空间存在的氧气，并在其表面形成惰性气体隔离层，排除氧对系统的化学干扰。在有机制备、蒸馏和电化学实验中经常使用该方法，常用的惰性气体有氮气、氩气和氦气。由于氮气价廉易得，而且对大多数试剂是惰性的，因此是最常用的惰性气体。

4.10.3.3 无水无氧反应的实验操作与装置

无水无氧反应的实验操作进行如下。

(1) 惰性气体的干燥脱氧　常用惰性气体氮气是贮存在钢瓶中的，该气体来源于高压低温空气分离，其中含有少量氧气和水蒸气，因此使用前必须进行干燥脱氧预处理。干燥一般选用合适的高效干燥剂填装塔，使氮气通过干燥塔即可脱水干燥。常用 P_2O_5、分子筛、硅胶等作为干燥剂。使用时多塔串联，可提高干燥效率。

氮气的脱氧也常用干法脱氧，即使氮气通过装有对氧活性的金属或金属氧化物的柱子，在一定温度下还原除去氧气。常用的一种小丸状活性氧化铜称之为 BTS 触媒，利用它在低于 200℃条件下还原消除氮气中的少量氧气。室温下每千克该触媒可除氧 4L，150℃下可除 24L。该触媒可在 200℃下通氢再生。由于再生产物为水蒸气，故再生管道应通过三通活塞另外专门设置，触媒中残存水分可在脱氧管路中增设专门干燥剂塔来清除干燥。

(2) 反应装置的干燥　实验用的玻璃器皿的器壁上往往会吸附一层潮气，它们需要在烘箱中 120℃烘烤过夜或 140℃干燥 4h，趁热安装反应装置，并且充入干燥的惰性气体，密封备用。另一种方法是待玻璃器皿冷却后安装仪器，边充入干燥的惰性气体（氮气或氩气）边用电吹风或者煤气灯火焰加热，使系统保持干燥。装置见图 4-54。

反应装置内部干燥的方法是：用聚四氟乙烯或一般塑料管将惰性气体连接到反应装置的接管上，在反应装置的另一端，用塑料管和针头将惰性气体引到鼓泡器。装有矿物油或汞封的鼓泡器能使大于大气压力的惰性气体流出鼓泡器而排至反应装置外，而大气中的氧气或水气由于矿物油（或汞）的密封作用而进不了反应装置的内部。一边不断将惰性气体通入反应系统，一边不断用电吹风或者煤气灯加热玻璃容器，就可以达到干燥反应装置内部的目的。

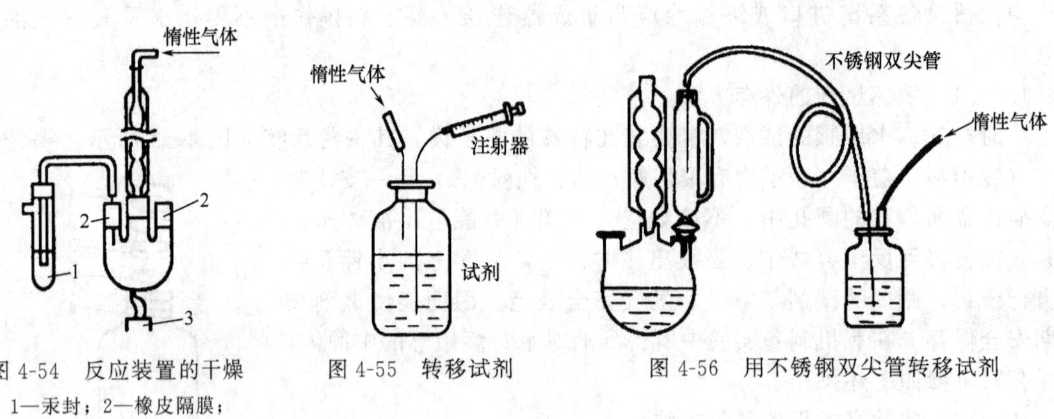

图 4-54　反应装置的干燥
1—汞封；2—橡皮隔膜；3—热源

图 4-55　转移试剂

图 4-56　用不锈钢双尖管转移试剂

玻璃仪器的开口可用橡皮隔膜密封，使反应装置内部不与空气接触，也便于用注射器转移试剂。橡皮隔膜在刺穿后可以确保安全和再密封，并可使较小面积的橡皮与反应器中的有机蒸气接触（注意，橡皮隔膜上往往吸附有潮气，使用时需预先干燥）。与有机蒸气接触的橡皮隔膜只有在一定针刺次数之内才可确保系统的完全密封，而这还与针头的大小有关。将针头始终插进原来的小孔，可以延长隔膜的寿命。转移小量敏感试剂和干燥溶剂时，可以用一支带有针头的注射器，针尽可能长一些，使用长针可不必倾斜试剂瓶，倾斜往往会引起液体与隔膜接触，使橡皮隔膜发生膨胀和损坏。

注射器和针在使用前必须充分干燥。在烘箱中干燥时，注意不要将注射器和注射器塞装配在一起。注射器在冷却过程中，应该有惰性气体充入，用干燥的氮气冲洗 10 次以上，以除去空气和吸附在玻璃上的水汽，干燥后的注射器针尖插入橡皮塞后，便可放在空气中。

(3) 反应试剂的干燥脱氧和移取　参与无水反应的试剂应在反应前干燥清除其含有的微量水分和氧。一般选用可与水反应生成新物质的干燥剂，将其置于密闭的试剂瓶中干燥试剂。脱氧可通过在瓶塞插入长短不同的两支注射针头，长针插入试剂中，用作通入干燥氮气驱赶瓶内和试剂中的氧气，短针露出液面作排气口。试剂干燥除氧后，可拔掉两针头，保持试剂于氮气气氛中。移取试剂时，用注射器将干燥的高纯惰气压密封的试剂瓶，再利用气体压力缓慢地将试剂压入注射器（图 4-55)。

转移较大量的溶剂或液体试剂时，使用双尖不锈钢空心细管比较方便。如图 4-56 所示，先用氮气冲洗双尖不锈钢空心管，然后将双尖针的一端通过密封瓶上的隔膜插入到试剂上面的空间，将氮气压入。最后，将双尖针的另一端通过反应装置上的隔膜插入反应器内，同时将试剂瓶内的针头推入试剂中，压入氮气将试剂转移到反应器中。当所需容量的试剂转移后，立即把针头拉回到液面上方，用氮气稍稍冲洗后移去。针头先从反应器上移去，然后再从试剂瓶上移去。

所有使用完的注射器，针头应当立即冲洗净。一般一支注射器只能转移一次，否则由于试剂水解和氧化，会使针头堵塞或污染。双尖不锈钢空心管用完后用水或其它有效溶剂冲洗干净，烘干备用。

(4) 反应系统的气氛保护操作　无水无氧反应一般选用标准磨口仪器进行。多颈烧瓶是常用的反应容器，在该容器的一颈口插入与氮气处理系统相连的毛细管或针头直至反应液中下部，用于引入氮气，形成保护气氛，又可起鼓泡搅拌作用。在另一颈口通过安装鼓泡器或钟罩式汞（油）封与大气相通，该鼓泡器既能形成密封，防止空气倒吸入系统，又能作为释放压力的恒压阀排出氮气。其它颈口可连接反应系统需要的功能磨口仪器，如回流、测温、电动搅拌器等。若反应中要求某反应液要单独缓慢加入时，则进样颈口可安装恒压漏斗，以保证反应液在氮气气氛下加入。

应该注意，反应用的所有仪器及配件均应先洗涤干燥。安装好的反应装置，应在反应液加入前，先通氮驱除装置内的空气和水蒸气，以保证实验在氮气气氛保护下加料操作，完成反应。

4.10.4　高压操作

在现代化学中，高压技术得到了广泛的应用。本节仅对化学实验中常用的高压釜的使用、维护及一般的知识作一简要的介绍，初步了解高压操作的要点和注意事项。

实验用的高压釜有许多不同的类型，如振荡式、摇摆式、磁力搅拌式等，它们在结构、体积和制造材料上各不相同，它可用于加氢、去氢、胺化、聚合、水解、氧化、水合和其它一系列的合成过程。一般来说，高压釜（如图 4-57）是一个具有圆底和用螺丝固定的圆盖的不锈钢筒，盖上装有进气和排压力的阀门（有些类型装有自气相及液相取样的阀

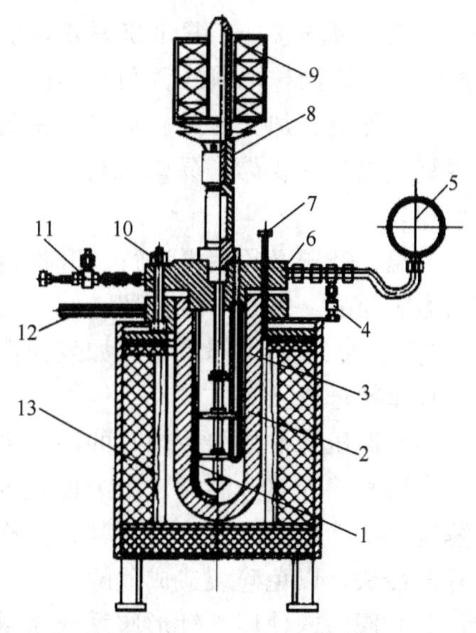

图 4-57　高压釜

1—压料管；2—热电偶套管；3—釜体；4—安全阀；5—压力表；6—釜盖；7—起盖螺钉；8—搅拌器；9—线包；10—主螺栓；11—针形阀；12—手柄；13—电加热器

门)、温度计套（或电热偶套）和压力计。制造高压釜的不锈钢应具有较好的耐压、耐腐蚀性能，以适应在高温高压下进行多种物质反应的需要。

高压釜可以用蒸汽、水浴、油浴、感应等方式加热，但常用的是电阻加热，电热丝在釜体的绝缘层，用变压器控制以调节温度，安全可靠。

搅拌对高压反应（如催化氢化）影响很大，其作用是使反应的物质相互接触得更充分，提高内壁的散热系数，并保证整个操作容积内的温度均匀，以加速反应过程，减少副反应和改善产品的质量。一般容积大于0.5L的高压釜用锚式或桨式搅拌器（此时在高压釜盖上装有密封填料），体积较小的高压釜常用电磁搅拌器，亦可用机械装置来达到搅拌的目的。

除高压釜外，进行高压反应还必须有钢瓶（提供反应所需的气体及压力）、管接件（连接钢瓶和高压釜用）或压缩机。

高压釜的安装方法和使用注意事项如下。

(1) 安放地点　高压釜应放置在符合防爆要求的高压操作室内，在装备多台高压釜时，应分开放置，每两台中间要用可靠的防爆墙隔开。每间操作室均要有直接通向室外或通道的出口，当存在可燃性介质或有毒介质时，应保证设备地点通风良好。

(2) 釜盖的安装和密封　釜体和釜盖采用圆弧面与锥面线接触密封方式，拧紧主螺栓即可使它们相互压紧达到良好密封。在拧紧主螺栓时，不可用力过猛，以防密封面被挤坏或超负荷磨损。密封面要特别注意保护，实验室常在密封面上垫聚四氟乙烯带以保护密封面。密封面损坏后需重新加工修复，方可恢复良好的密封性能。

在装卸釜盖时，使釜盖上下缓慢移动，防止釜体、釜盖的密封面相互撞击。装盖时，要将釜盖固定位置（对号）小心地放在釜体上。法兰、主螺栓、主螺母和垫圈都打有号码，安装时必须“对号入座”，不得任意调换，拧紧主螺母时，必须对角对称地多次逐渐拧紧，用力要均匀，不允许釜盖向一边倾斜，以达到良好的密封效果。

正反螺母连接处，只准旋紧正反螺母，两圆弧密封面不得相对旋动，所有螺纹连接件在装配时，还需涂抹油料或调和石墨。

(3) 加温、加压密封性实验　密封性试验介质可用空气、氮气，最好用惰性气体，严禁使用氧气或其它易燃、易爆气体。试压时，用连接管将高压釜的进气阀和压缩机（或高压泵）相连。

升温、升压必须缓慢进行。升温速度不大于80℃/h，升压必须分步进行，以0.2倍工作压力为间隔，每升一级停留5min，升至试验压力时，停留30min，检查密封情况，试验压力为1～1.05倍工作压力。如发现泄漏，应先降压，而后适当拧紧螺母和接头，严禁在高压下拧紧螺母或接头。

(4) 高压釜加热和冷却时的注意事项　①禁止骤冷骤热，以防止过大的温度应力造成裂纹；②要直接加热升温时，应考虑釜内外温差，因此在达到操作温度前，有必要适当降低加热速度；③操作结束后，可使其自然冷却或将釜体置于支架上空冷，绝对禁止使用水冷、油冷等急冷法，以免碎裂造成危险。

(5) 阀门的使用　针形阀系线密封，仅需轻轻转动阀针、压紧密封面，即能达到良好的密封性，禁止使用过大的力，以免损坏密封面。

(6) 安全阀的使用　安全阀是保证高压釜安全运行的重要部件。当高压釜内的压力超过控制压力时，安全阀打开，排出釜内气体，防止高压釜爆炸。因此，安全阀应安装在朝下的方向，以免排压时伤人。当阀座与阀钉间有液体存在时，安全阀对气体才具有良好的密封性，因此在每次操作前，应在阀座上加几滴无腐蚀性的与反应物不起作用的液体，作为液封。

（7）高压釜的开启　反应结束后，先进行冷却降温，再放出釜内高压气体，使压力降至常压，再将主螺母对称均等地旋松卸下，先缓慢松动釜盖，将其置于支架上。卸盖过程中，应注意保护密封面。

（8）高压釜的清洗　每次操作完毕，应清除釜体、釜盖上的残留物。高压釜上所有密封面应经常清洗，并保持清洁，不允许用硬物或表面粗糙之物进行清洗。

第5章　化学实验中的基本原理与基本方法

5.1　定量分析的原理与方法

分析化学是研究物质组成的测定方法与有关原理的一门科学。它分为定性分析和定量分析两部分。定性分析的任务是确定物质的组成成分，定量分析的任务是在定性分析的基础上进一步确定各组成成分的相对含量。定量分析主要包括试样的采集、试样的干燥及分解、分离干扰物质、测定方法的选择、分析测定和数据处理等。

5.1.1　试样的采集与制备

5.1.1.1　试样的采集

在化学分析实践中，常常需要测定大量物料中某些组分的平均含量。但在实际分析时，所称取的试样往往只有1g左右。取少量试样所得到的分析结果，要求能反映整批物料的真实情况，则分析试样的组成必须能代表全部物料的总体特征，即试样应具有高度的代表性，否则分析结果再准确也是毫无疑义的。因此，在进行分析之前，必须了解试样的来源，明确分析的目的，做好试样的采集和预处理工作。

试样采集和制备是指从大批物料中采集最初试样（原始试样），然后再制备成供分析用的最终试样（分析试样）。由于实际工作中要分析的物料是各种各样的，其形态、性质和均匀程度千差万别，因此应针对不同的物料采取不同的取样方法。

（1）组成均匀的物料　对于大气试样，可根据被测组分在空气中存在的状态（气态、蒸气和气溶胶）、浓度和测定方法的灵敏度，采用集气法和富集法取样。对于江河、湖泊、地下水，选择时要考虑不同的位置、不同的段面及断面上取样点的分布。对于储存于容器中的物料，应在不同深度取样，然后混合均匀作为分析试样。

（2）组成不均匀的物料　有些固体物料的组成、颗粒大小等都不均匀，如矿石、土壤和合金等，采样时应根据堆放情况，从不同的部位取样。若为输送带输送的物料，则从输送带不同截面段取样；若为车船输送，则从车船不同部位取样；若为锥形堆放的物料，则从不同的高度、深度取样。

取样的份数越多，试样越具有代表性，但处理试样的难度也增加，因此须用统计学的方法处理，求出能达到预期准确度的最小采样量。对固体样品可视样品的均匀度及相应的粒度有不同的取样要求，在采集足够量样品并粉碎后，按样品的最大颗粒直径d(mm)、均匀度k及易破碎程度a来确定采集试样的最低质量Q(kg)，计算式为：

$$Q \geqslant kd^a$$

k为经验常数，其值可由实验求得，通常k值在0.02～1.00之间，样品越不均匀，k值就越大；a值在1.8～2.5之间。例如，某矿石试样的最大颗粒直径为10mm，取$k=0.2$，$a=2$，则应采集试样的最低量为：$Q \geqslant 0.2\times10^2\text{kg}=20\text{kg}$。显然按上述方法采集的试样量很大且又不均匀，需要通过多次的粉碎、过筛、混匀和缩分四个步骤，才能制得少量均匀而有代表性的分析试样。

粉碎试样可用人工加工或机械（碎样机）加工的方法。试样经粉碎、中碎、细碎以及使用研钵研磨至所需粒度。由于分解不同试样的难易程度不同，要求磨细的程度也不同。为控制试样粒度均匀通常采用过筛的办法，即让粉碎后的试样通过一定筛孔的筛子。必须注意，每次粉碎后的试样都要通过相应筛孔的筛子，将不能通过筛孔的部分反复破碎，直至全部过筛。切勿随意弃去，否则会影响试样的代表性。将破碎至一定程度的试样混匀后再进行缩分。

缩分的目的是使粉碎后的试样量逐步减少，同时又不会失去其代表性。缩分一般采用“四分法”，即将粉碎过筛后的试样混合均匀，堆成锥形后压成圆饼状，通过中心均等分为四份，弃去对角的两份，保留其余的两份收集在一起再混匀，这样试样就缩减了一半，称为缩分一次。保留的试样是否继续缩分，取决于试样的粒度与保留试样量的关系，即每次缩分后的最低质量应符合采样公式的要求。例如，有 20kg 原始试样粉碎过 10 目筛孔（最大粒度的直径约为 2mm），$k=0.3$，$a=2$，可以算出应保留试样的最低量为：$Q \geqslant 0.3 \times 4^2 \mathrm{kg} = 1.2\mathrm{kg}$。所以，20kg 原始试样应缩分 4 次，才能使保留试样的量为 $20 \times (1/2)^4 = 1.25\mathrm{kg} > 1.2\mathrm{kg}$。如果要进一步缩分，必须将试样再度破碎至更细的颗粒，并通过较大目数的筛子筛选后再缩分之。对于某些难溶解的试样，往往要使它们全部通过 100～200 目的细筛。经过多次磨细和缩分，最后制成 100～300g 左右的分析样品。

需要指出的是：不同性质的试样，如矿石、土壤和合金等，具体的采集方法略有不同，必要时请参阅相关文献。

5.1.1.2 试样的干燥

经粉碎的试样具有较大的比表面积，易从空气中吸收水分，此吸附水称为湿存水。为了使试样与原样品的含水量一致，在称样前需作适当的干燥处理。

由于试样的性质不尽相同，干燥所需的温度和时间也不一样。加热的温度应既能赶走水分，又不会引起试样中的组成水和其它挥发性组分的损失。一般在电热恒温干燥箱内控制 105～110℃加热使之干燥。干燥后的样品须保存在干燥器中。

有些试样烘干时易分解或干燥后在空气中更易吸水，则宜采用自然干燥法即“风干”。风干的试样可保存在无干燥剂的干燥器中，或将其装在称量瓶中用纸包好，放在干净的烧杯内，不要放在有干燥剂的干燥器中。含结晶水的试样也不宜放在干燥器中。注意，有些物质遇热易爆炸，则只能在室温下于干燥器中除去水分。

5.1.1.3 试样的分解

除了少数干法分析外，一般需要在测定前先将试样分解，制成溶液。为保证测定结果的准确度，在分解试样时必须注意：①试样分解必须完全，处理后的溶液中不得残留原试样的细屑或粉末；②分解过程中，被测组分不应挥发或溅失；③同时不应引入被测组分或干扰物质。

由于试样的性质不同，分解方法也有所不同。常用的方法有溶解和熔融两种。

（1）无机试样的分解

① 溶解法　采用适当的溶剂将试样溶解制成溶液，这种方法比较简单、快速。常用的溶剂有水、酸和碱等。溶于水的试样一般为可溶性盐类，如硝酸盐、醋酸盐、铵盐、绝大部分的碱金属化合物和银、铅、汞、亚铜外的氯化物，以及钡、锶、铅外的硫酸盐等。对于不溶于水的试样，则采用酸溶法或碱溶法进行溶解，以制备分析用试液。

无论酸溶还是碱溶，都应该按照先稀后浓、先单一后混合（酸或碱）、先冷后热的原则。酸溶法是利用酸的酸性、氧化还原性和形成配合物的作用，使试样溶解。钢铁、合金、部分氧化物、硫化物、碳酸盐矿物和磷酸盐矿物等常用此法溶解。常用的酸溶剂有盐酸、硝酸、硫酸、磷酸、高氯酸、氢氟酸、混合酸等。碱溶法的溶剂主要为 NaOH 和 KOH，碱溶法常用来溶解两性金属铝、锌及其合金，以及它们的氧化物、氢氧化物等。

溶解样品的方法：以固体样品为例，用万分之一电子天平称取适量待分析样品于洁净的烧杯中，选恰当的溶剂溶解。加溶剂时应先把盛有试样的烧杯适当倾斜，然后把盛有所选溶剂的量筒嘴靠近烧杯壁，让溶剂慢慢沿杯壁流入（或使溶剂沿玻璃棒慢慢流入），溶剂加入后，用玻璃棒搅拌使之完全溶解。

在溶解会产生气体的试样时，先用少量水将其润湿成糊状，以防生成的气体将试样带出。然后用洁净的表面皿将烧杯盖上，用滴管将溶剂自烧杯嘴逐滴加入，溶解完成后用纯水冲洗表面皿和烧杯内壁。

对于需要加热溶解的试样，加热时要盖上表面皿，同时要防止溶液剧烈沸腾和迸溅。必要时可添加少许溶剂。冷却后，同样用纯水冲洗表面皿和烧杯内壁。

注意：盛放试样的烧杯都要用表面皿盖上，以防污物落入；溶解时放在烧杯中的玻璃棒不要随意取出，以免溶质的损失。

当试样不能用上述溶解法溶解完全时，可采用熔融法。

② 熔融法　用酸或其它溶剂不能分解完全的试样，可用熔融的方法分解。此法是将试样与固体熔剂混合，在高温下使试样转化为易溶于水或酸的化合物。熔融法是在坩埚中完成的。

a. 酸熔法。碱性试样宜采用酸性熔剂。常用的酸性熔剂有 $K_2S_2O_7$（熔点 419℃）和 $KHSO_4$（熔点 219℃），后者经灼烧后亦生成 $K_2S_2O_7$，所以两者的作用是一样的。这类熔剂在 300℃以上可与碱或中性氧化物作用，生成可溶性的硫酸盐。如分解金红石的反应是：

$$TiO_2 + 2K_2S_2O_7 = Ti(SO_4)_2 + 2K_2SO_4$$

这种方法常用于分解 Al_2O_3、Cr_2O_3、Fe_3O_4、ZrO_2、钛铁矿、铬矿等。

b. 碱熔法。酸性试样宜采用碱熔法。如酸性矿渣、酸性炉渣和酸不溶试样均可采用碱熔法。常用的碱性熔剂有 Na_2CO_3（熔点 853℃）、K_2CO_3（熔点 891℃）、NaOH（熔点 318℃）、Na_2O_2（熔点 460℃）及其混合熔剂等。这些熔剂除具有碱性外，在高温下均可起氧化作用（本身的氧化性或空气氧化），可以把一些元素氧化成高价（Cr^{3+}、Mn^{2+}可以氧化成 Cr^{6+}、Mn^{7+}），从而增强了试样的分解作用。有时为了增强氧化作用还加入 KNO_3 或 $KClO_3$，使氧化作用更为完全。

Na_2CO_3 或 K_2CO_3 常用来分解硅酸盐和硫酸盐等。分解反应如下：

$$Al_2O_3 \cdot 2SiO_2 + 3Na_2CO_3 = 2NaAlO_2 + 2Na_2SiO_3 + 3CO_2\uparrow$$

$$BaSO_4 + Na_2CO_3 = BaCO_3 + Na_2SO_4$$

Na_2O_2 常用来分解含 Se、Sb、Cr、Mo、V 和 Sn 的矿石及其合金。由于 Na_2O_2 是强氧化剂，能把其中大部分元素氧化成高价状态。例如铬铁矿的分解反应为：

$$2FeO \cdot Cr_2O_3 + 7Na_2O_2 = 2NaFeO_2 + 4Na_2CrO_4 + 2Na_2O$$

用水处理，溶出 Na_2CrO_4，同时 $NaFeO_2$ 水解生成 $Fe(OH)_3$ 沉淀：

$$NaFeO_2 + 2H_2O = NaOH + Fe(OH)_3\downarrow$$

然后利用 Na_2CrO_4 溶液和 $Fe(OH)_3$ 沉淀分别测定铬和铁的含量。

NaOH 和 KOH 常用来分解硅酸盐、磷酸盐矿物及钼矿等。

（2）有机试样的分解

① 干式灰化法　将试样置于马弗炉中加热到 400～1200℃，以大气中的氧作为氧化剂使之分解，然后加入少量浓盐酸或浓硝酸浸取燃烧后的无机残余物。

② 湿式消化法　用硝酸和硫酸混合物与试样一起置于烧瓶内，在一定温度下进行煮解，其中硝酸能破坏大部分有机物。在煮解的过程中，硝酸逐渐挥发，最后剩余硫酸。继续加热

使产生浓的 SO_3 白烟，并在烧瓶内回流，直到溶液变得透明为止。

5.1.1.4　干扰组分的分离

如果试样为复杂物质，某种组分的定量测定可能会受到其它共存组分的影响，有时可能影响很严重，甚至无法测定，这时就必须采用适当的方法进行分离。

分离的首要任务是消除共存组分的干扰。采用掩蔽剂来消除干扰是一种比较简单、有效的方法。但在许多情况下没有合适的掩蔽方法，就需要将被测组分和干扰组分分离。常用的分离方法有沉淀分离、溶剂萃取、离子交换、挥发分离及色谱法等。参见本书第 4 章相关内容。

5.1.2　分析测定方法的选择

选择分析测定的方法应根据试样的种类和测定要求来定。通常对成品分析的准确度要求较高，而对中间控制分析要求简便快速；对于常量组分的测定要求的测定误差为千分之几，宜选择化学分析（滴定分析或重量分析）和电位滴定法；而对于微量组分的测定，则要求测定的灵敏度较高，宜采用仪器分析法，如分光光度法、电位分析法、气相色谱分析法和原子吸收分光光度法等。这些方法虽然误差稍大，一般为百分之几，但对于微量组分来说，其测定准确度是能满足要求的。例如，测定铁含量的方法很多，可用氧化还原滴定法、配位滴定法、重量分析法、分光光度法以及电位滴定法等。其中每种方法又可在不同条件下，采用不同的试剂，因而又可以产生几种不同的测定方案。同是氧化还原滴定法测定铁含量，在不同的介质中可用不同的滴定剂，可以用 $KMnO_4$ 标准溶液进行滴定，也可以用 $K_2Cr_2O_7$ 或 $Ce(SO_4)_2$ 标准溶液进行滴定。因此要根据分析测定的任务要求，结合实验室的仪器设备状况，选择适宜的分析测定方法。若测定铁矿石中的铁含量，应采用氧化还原滴定法或电位滴定法；若测定自来水中的铁含量，则应采用分光光度法。

选择测定方法还应考虑共存组分的影响。这是分析工作中较为复杂的环节，既要注意了解共存组分对测定的干扰情况，还要考虑干扰组分的大致含量。对于微量、少量的干扰组分，可采用掩蔽的方法消除其影响；而对于较大量存在的干扰组分，则必须事先经过沉淀、萃取、离子交换等分离操作，然后才可进行测定。对于组成复杂的试样，如石油馏分试样，不但组分多，而且组分性质极相似，宜采用灵敏度高、选择性好的毛细管色谱分析方法。

以上简略地讨论了选择分析方法的一般原则，只有对分析任务做全面的调查研究，对各个因素进行综合考虑，才能选择出比较合理的分析测定方法。选择分析方法时，首先应查阅文献。分析化学文献种类很多，其中最适宜的文献是“标准分析方法”。标准分析方法的建立需要较长的时间，而新的分析方法发展很快，因此有时需要查阅新的文献或研究新的分析方法。应用任何一种新的分析方法时，都必须进行验证研究，最好应用标准样判断方法的准确度和精密度。如果没有标准样，则应用标准方法来进行仲裁分析。重量分析方法不需要基准物质，其测定结果的准确度很高，常用作仲裁分析。

5.1.3　滴定分析

在化学分析中，滴定分析是一种简便、快速、准确度高的分析方法，在化学、化工、医药、食品、农业和其它工业领域中有着广泛的应用。

5.1.3.1　滴定分析的原理和特点

滴定分析法是将一种已知准确浓度的溶液（称为标准溶液）用滴定管滴加到待测溶液中，这种滴加过程称为滴定，滴定分析法由此得名，所用的标准溶液又称为滴定剂。当标准溶液与被测组分的反应恰好完全时，即加入的标准溶液的物质的量与被测组分的物质的量符合反应式的化学计量关系时，利用标准溶液的浓度和所消耗的体积可计算出被测物质的含量。滴加的标准溶液与被测组分恰好反应完全时的点称为化学计量点（简称计量点），又称等物质量点（简称等量点）。化学计量点时往往无任何外部变化特征，不易被观察，故常常需要加入指示剂，利用指示剂在计量点附近的颜色突变来指示滴定的完成，指示剂变色的点称为滴定终点（简称终点）。滴定终点与化学计量点不一定恰好相同，由此造成的分析误差称为“终点误差”，又称“滴定误差”。该方法通过测定所消耗的标准溶液的体积，依据其与被测组分间的化学计量关系求得被测组分的含量，故也称为容量分析法。

滴定分析法具有快速、准确（相对误差$\leqslant 0.2\%$）、仪器简单、操作方便等优点，适用于常量组分的测定，应用比较广泛。

适应滴定分析法的化学反应应具备的要求：①反应必须有确定的化学计量关系，即反应按一定的反应方程式进行，这是定量计算的依据；②反应必须定量地进行；③必须具有较快的反应速率，对于较慢的反应，通过控制或创造适当的条件，使其加速；④必须有适当简便的方法确定滴定终点。

5.1.3.2　**滴定分析的方法**

滴定分析是以标准溶液与待测组分之间所发生的化学反应为基础的，按滴定方式的不同，滴定分析有以下几种方法。

（1）直接滴定法　如果能满足上述要求的反应，可用标准溶液直接滴定被测物，这种滴定方式称为直接滴定法。它是滴定分析中最常用和最基本的方法。若反应达不到上述要求，则必须采用其它滴定方式。

（2）返滴定法　当试液中被测物质与滴定剂反应很慢，或者滴定剂直接滴定固体试样或由于某些反应没有合适的指示剂时，可先准确地加入过量的标准溶液，使与试液中的被测物质或固体试样进行反应，待反应完成后，再用一种滴定剂滴定剩余的标准溶液，从而求得被测物质的含量。这种滴定方式称为返滴定法。

（3）置换滴定法　当待测组分所参与的反应不按一定反应式进行或有副反应时，可先用适当试剂与待测组分反应，使其定量地置换为另一种物质，然后用标准溶液滴定此种物质，这种滴定方式称为置换滴定法。如以重铬酸钾法标定硫代硫酸钠溶液时，就是采用此法。

（4）间接滴定法　如果待测物质不能直接与滴定剂反应，可先使待测物与另一种能与滴定剂直接作用的物质发生反应，然后再经过适当的反应使另一种物质从上述反应产物中游离出来，用标准溶液滴定，这种方式称为间接滴定法。

根据分析时所利用的化学反应的类型，滴定分析法有以下几类。

（1）酸碱滴定法　又称中和滴定法。酸碱滴定法是以酸碱反应为基础的，是滴定分析法中重要的方法之一，可用于测定酸、碱性物质。其反应的本质是质子转移，即

$$H^+ + B^- \longrightarrow HB$$

（2）沉淀滴定法　它是以沉淀反应为基础的滴定分析方法。虽然沉淀反应很多，但既能反应完全（生成的沉淀溶解度很小）、又迅速（不易形成过饱和溶液）、又有合适指示剂的反应很少，即符合滴定分析要求的反应很少。可以利用的反应主要是生成微溶银盐沉淀的反应，以此为基础的滴定分析法又称为银量法。其反应的本质是沉淀反应，如

$$Ag^+ + X^- \longrightarrow AX\downarrow \text{ 和 } Ag^+ + SCN^- \longrightarrow ASCN\downarrow$$

沉淀滴定法通常用创立者的名字来命名（指示终点的原理不同），因此银量法又可分为莫尔法（Mahr method）、佛尔哈德法（Volhard method）和法扬司法（Fajans method）。银量法可测定 Cl^-、Br^- 和 SCN^- 及 Ag^+。

（3）配位滴定法　又称络合滴定法，它是以配位反应为基础的滴定分析方法。配位反应

广泛地应用于化学的各种分离与测定中，具有较大的普遍性，使得金属离子在溶液中大多以不同形式的配离子存在。广泛用作配位滴定剂的是乙二胺四乙酸（EDTA）及其盐。

（4）氧化还原滴定法　它是以氧化还原反应为基础的滴定分析法。在氧化还原反应中，随着物质氧化态的变化，物质结构（包括电子层结构）也将发生变化，反应机理比较复杂，影响因素比较多，多数反应速率较慢。但是用于滴定分析的化学反应，不但要求在热力学上是可行的，而且还应具有一定的反应速率，即在动力学上也是可能完成的。

氧化还原滴定法，可用于测定具有氧化还原性的物质及某些不具有氧化还原性的物质。按其所应用滴定剂的不同，可分为多种方法。由于还原剂易被空气氧化而改变浓度，故滴定剂大多是氧化剂，所以氧化还原滴定方法通常以氧化剂来命名，主要有高锰酸钾法、重铬酸钾法、碘量法、溴酸钾法和铈量法等。这些方法各有其特点和应用范围，使用时可根据实际情况选用。

5.1.4　重量分析

5.1.4.1　重量分析的原理和特点

重量分析法一般是先用适当的方法将被测组分与试样中的其它组分分离后，转化为一定的称量形式，然后称重，由称得的物质的质量计算出该组分的含量。根据被测组分与其它组分分离方法的不同，分为沉淀法、电解法和气化法等，其中重量法是分析化学中最经典、最基本的方法。

（1）沉淀法　该方法是利用沉淀反应将被测组分以微溶化合物的形式沉淀下来，然后将沉淀过滤、洗涤、烘干或灼烧后称重，从而求得被测组分的含量。

（2）电解法　它是利用电解的方法使待测金属离子在电极上还原析出，然后称量，求得试样中该金属的含量。此方法也称为电重量分析法。

（3）气化法　也称挥发法。气化法是利用物质的挥发性，通过加热或其它方法将被测组分从试样中挥发掉，然后根据试样重量的减少，计算出被测组分的含量。也可以用吸收剂将逸出的组分先吸收，再根据吸收剂增加的重量计算出它的含量。与挥发法类似的方法还有提取法。

重量分析法直接通过天平称量而获得分析结果，与滴定分析法相比，不用基准物质，同时减少了测量体积而引入的误差以及终点误差等，因此重量法可以达到很高的准确度，相对误差一般为 0.1%～0.2%。但重量法的最大缺点是操作繁琐、费时，也不适用于微量和痕量组成的测定。但在不少情况下，为了获得准确的分析结果，还必须借助于重量分析法。例如，含量不太低的硅、硫、磷、钨、钼、镍、稀土元素等标准试样的分析，目前仍采用重量分析法。

另外，在校正其它分析方法的准确度时，也常用重量法的测定结果作为标准。

5.1.4.2　重量分析对称量形式的要求

在重量分析的三种方法中，沉淀法最为常用。在沉淀法中，将被测组分沉淀下来的形式称为沉淀形式。将沉淀过滤、洗涤、干燥、灼烧后，在天平上称量的形式称为称量形式。例如，被测组分 Ba^{2+}、Mg^{2+}，它们的沉淀形式分别为 $BaSO_4$ 和 $MgNH_4PO_4$，称量形式分别为 $BaSO_4$ 和 $Mg_2P_2O_7$。由此可见，称量形式和沉淀形式可以相同，也可以不同。

重量分析对称量形式的要求：①必须具有确定的化学组成，否则无法定量计算分析结果；②称量形式必须十分稳定不易吸收空气中的水分、CO_2 等，也不易被氧化；③最好有较大的摩尔质量，这样可以增大称量的质量，减小称量的误差，提高分析的准确度。

沉淀可大致分为晶形沉淀和无定形沉淀两类。重量分析对沉淀的要求如下。

① 沉淀反应进行完全，即沉淀的溶解度要小，通常要求被测组分在溶液中的残留量在0.1mg以内，但很多沉淀满足不了这个条件。影响沉淀溶解度的因素主要有同离子效应、盐效应、酸效应、配位效应等。此外，温度、介质、晶体结构和颗粒大小等对溶解度也有影响。利用同离子效应，可以使被测组分沉淀完全，但沉淀剂不能加得太多，否则可能引起盐效应、酸效应以及配位效应，反而使沉淀的溶解度增大。一般沉淀剂过量50%～100%是合适的，如果沉淀剂不易挥发，则以过量20%～30%为宜。

② 沉淀必须纯净，不能混入沉淀剂和其它杂质。

③ 沉淀应易于过滤和洗涤。因此进行沉淀时，要得到颗粒大的晶形沉淀。得到晶形沉淀的条件是“稀、热、搅、慢、陈”。具体可参见第4章“4.1 固液分离”的相关内容。

5.2 误差与实验数据处理

化学是一门实验科学，化学实验的目的是通过一系列的操作步骤来获得可靠的实验结果或获得被测定组分的准确含量。但是在实际测定过程中，即使采用最可靠的实验方法，使用最精密的仪器，由技术非常熟练的人进行实验，也不可能得到绝对准确的结果。同一个人在相同条件下对同一个试样进行多次测定，所得结果也不会完全相同。测量结果与真实值之间或多或少会有一些差距，这些差距就是误差。不难看出，误差是测量过程中的必然产物。因此，我们应该了解实验过程中产生误差的原因和性质，掌握误差出现的规律，以便采取相应措施控制或减小误差，并对所得的数据进行归纳、取舍等一系列处理，使测定结果尽量接近客观事实。然而，无论是测量工作，还是数据处理，都必须如实记录实验数据，建立正确的误差概念。所以，树立正确的误差概念和有效数字的概念，学会科学地记录，掌握分析和处理实验数据，并以合理的形式报告所得的实验现象和结果，是化学实验课程的重要任务之一。

5.2.1 实验记录

学生应有专门的具有页码的实验记录本，不能随便撕去任何一页。不允许将数据记在单页纸上，或记在一张小纸片上，或随意记在任何地方。实验记录本也可与实验预习报告本共用，实验后记在记录本上，最后写出实验报告。

实验过程中的各种测量数据及有关现象应及时、准确而清楚地记录下来。记录实验数据时，要有严格的科学态度，实事求是，切忌夹杂主观因素，绝对不能随意拼凑和伪造数据。对实验中出现的异常现象，更应即时、如实记录。实验过程中涉及的各种特殊仪器的型号和标准溶液浓度等，也应及时准确记录下来。记录实验过程中的测量数据时，应注意有效数字的位数（见本章“5.2.3 实验数据处理与结果表达”）。

实验记录上的每一个数据都是测量结果，所以观测时，即使数据完全相同时也应记录下来。进行记录时，对文字记录，应整齐清洁；对数据记录，应用一定的表格形式，这样就更为清楚明了。

在实验过程中，如发现数据算错、测错或读错而需要改动时，可将该数据用一横线划去，并在其上方写上正确的数字。

5.2.2 误差的概念

人们发现，在测量任何一个物理量时，即使采用最可靠的方法，使用最精密的仪器设备，由技术熟练的人员进行操作，也不可能得到绝对准确的结果。同一个人在相同的条件下，对同一个试样进行多次重复测量，所得结果也不会完全相同。测量结果与真实值之间或多或少都会有一定的差距，即存在误差。这表明，测量过程中的误差是客观存在的。因此，有必要了解误差产生的原因、出现的规律以及减小误差的措施，并且学会借助数理统计与概率论的基本理论和方法，分析各测量环节中可能产生的误差及规律，得出尽可能接近客观真实值的结果。

5.2.2.1　**误差的分类**

根据误差产生原因和性质，可将误差分为系统误差和偶然误差两大类。

(1) 系统误差　系统误差又称可测误差，是由实验过程中某种固定原因（例如仪器的准确程度、测量方法和试剂纯度等）造成的。当与在不同仪器上或用不同方法得到的另一组结果进行比较时，这种误差就能显示出来。系统误差在同一条件下重复测定时会重复出现，它对测量结果的影响具有单向性，总是偏向某一方，或是偏大，或是偏小，即正负、大小都有一定的规律性，其主要来源如下。

① 仪器误差。由于仪器本身不够精密引起的误差。例如，分析天平的量臂不等、砝码数值不准确所引起的误差；移液管、滴定管的刻度未经校正而引起的体积读数误差；分光光度计波长不准确引起的误差等。

② 试剂误差。由于试剂不纯所导致的误差。如果试剂不纯或者所用的去离子水不合格，引入微量的待测组分或对测定有干扰的杂质，均会造成误差。

③ 方法误差。实验方法本身不够完善所造成的误差。例如，重量分析中由于沉淀溶解损失而产生的误差；在滴定分析中，反应进行不完全、指示剂终点与化学计量点不符以及发生副反应等，都会造成实验结果偏高或偏低。

④ 主观误差。由于操作者本身的一些主观原因造成的误差。例如，记录某一信号的时间总是滞后，读取仪表时总是偏向一方，判定终点颜色的敏感性因人而异等。又如，用吸量管取样进行平行滴定时，有人总是想使第二份滴定结果与前一份滴定结果相吻合，在判断终点或读取滴定管读数时，就不自觉地受“先入为主”的影响，从而产生主观误差。

从系统误差的来源可以看出，它重复地以固定形式出现，不可能通过增加平行测定次数加以消除。科学的校正方法是通过做对照实验或空白实验，对实验仪器进行校准，改进实验方法，制定标准操作规程，使用纯度高的试剂等措施，能够对这类误差进行校正。

(2) 偶然误差　即使已对系统做了校正，但在同等条件下，以同样的仔细程度对某一个物理量进行重复测量时，仍会发现测量值之间存在微小差异，这种差异的产生没有一定的原因，差异的正负和大小也不确定。这种由某些难以控制、无法避免的偶然因素造成的误差称为偶然误差，又称随机误差。如电压的突然变化，温度、气压、湿度的偶然波动等因素，均会影响仪器读数的准确性；估计仪器最小分度时偏大和偏小；控制滴定终点的指示剂颜色稍有深浅等均会引起误差。

偶然误差在实验中是不可避免的，但是它完全遵循统计规律，当测定次数很多时，符合正态分布（见图 5-1）。在图 5-1 中的横坐标表示误差的大小，以标准偏差 σ 为单位，纵坐标为误差出现的概率大小。从图中不难看出如下规律：

① 真值出现的概率最大；

② 绝对值相等的正误差和负误差出现的概率相等；

③ 小误差出现的概率高，而大误差出现的概率低，很大误差出现的概率近乎为零。

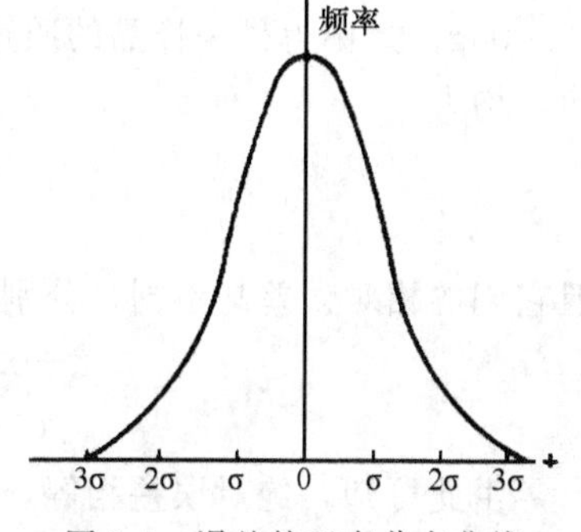

图 5-1　误差的正态分布曲线

对于化学实验而言，其偏差一般以$\pm 2\sigma$作为允许的最大偏差。从概率论可知，一般偏差绝对值大于2σ的出现概率只有5%，而大于3σ的测定只有0.3%的概率（即在1000次的测定中，只有3次）。通常情况下，测定往往是有限次的，如果个别数据误差的绝对值大于3σ，则可以认为不属于偶然误差的范围，舍去是合理的。同时，从上述正态分布曲线也可以找出偏差的界限。例如，若要保证测定结果有95%的出现概率，则测定的偏差界限应当控制在$\pm 1.96\sigma$之内。

由上可知，在消除了系统误差的条件下，平行测定的次数越多，则测量值的算术平均值可能越接近于真值。因此，适当增加测定次数，取其平均值，可以减少偶然误差。

在系统误差和偶然误差之间难以划分绝对的界限，它们有时很难区别。例如，滴定时对滴定终点的观察、对颜色深浅的判断，有系统误差，也有偶然误差。

(3) 过失误差　除了系统误差和偶然误差外，还有一种误差叫过失误差，也称疏失误差，是由于测量过程中操作者粗心大意或违反操作规程所造成的误差。例如，器皿不洁净、读错或记错数据、计算错误、试剂溅失或加错试剂等，这些都属于不应有的过失，会对实验结果带来严重影响，必须注意避免。为此，必须严格遵守操作规程，一丝不苟、耐心细致地进行实验，在学习过程中养成良好的实验习惯。应当注意，过失误差并非偶然误差，在实验中如果发现过失误差，应及时纠正或将所得数据舍弃。

系统误差和过失误差是可以避免的，而偶然误差则不可避免，因此最好的实验结果应该是只含偶然误差。

5.2.2.2　误差的表示方法

(1) 绝对误差　误差一般有两种表示方法：绝对误差与相对误差。在物理量的测定中，偶然误差总是存在的。测量值a与真实值$a_{真}$之差称为绝对误差Δa，即

$$\Delta a = a - a_{真} \tag{5-1}$$

绝对误差与测量值的单位相同，可以是正值，也可以是负值，即测量值可能大于或小于真实值。测量值越接近真实值，绝对误差越小；反之，则越大。

(2) 相对误差　绝对误差与真实值的比值称为相对误差。相对误差反映测量误差在测量结果中所占的比例，它为量纲为1的量，通常以%或‰表示，即

$$相对误差 = \frac{绝对误差}{真实值} = \frac{\Delta a}{a_{真}} \tag{5-2}$$

绝对误差的大小与被测量的大小无关，而相对误差的大小与被测量的大小及绝对误差的数值都有关系。不同次的测量的相对误差可以相互比较。因此，无论是比较各种测量的精度，还是评定测量结果的质量，采用相对误差都更为合理。

例如，用千分之一的分析天平称得某一样品的质量为10.005g，该样品的真实值是10.006g；又称得另一样品的质量为0.101g，它的真实值是0.102g。两个测量的绝对误差相同，均为

$$10.005\text{g} - 10.006\text{g} = -0.001\text{g}$$

$$0.101\text{g} - 0.102\text{g} = -0.001\text{g}$$

但它们的相对误差却不同，分别为

$$(-0.001/10.006) \times 100\% = -0.01\%$$

$$(-0.001/0.102) \times 100\% = -1\%$$

由此可知，绝对误差相等，但相对误差并不一定相同。上例中第一个称量结果的相对误差为第二个称量结果的相对误差的1/100，也就是说，在绝对误差相同的情况下，被称量物

体的质量较大者，相对误差较小，称量的准确度较高。因此，用相对误差来表示各种情况下测定结果的准确度更为确切。如在化学分析中，常用相对误差来衡量分析结果，而且根据相对误差的大小，还能提供正确选择分析仪器的依据。

(3) 真值　由误差理论可知，在消除了系统误差和过失误差的情况下，由于偶然误差分布的对称性，进行无限次测量所得值的算术平均值即为真值，也称真实值，表示为

$$a_{真}=\lim\frac{\sum_{i=1}^{n}a_i}{n} \tag{5-3}$$

然而在大多数情况下，只作有限次的测量，故只能把有限次测量（n 为有限值）的算术平均值

$$\overline{a}_i=\frac{\sum_{i=1}^{n}a_i}{n} \tag{5-4}$$

作为可靠值，并把各次测量值与算术平均值的差

$$\Delta a_i=a_i-\overline{a}_i \tag{5-5}$$

作为各次测量的误差。又因各次测量误差的数值可正可负，对于整个测量来说，无法由它来表示测量的准确程度，因此引入平均误差

$$\overline{\Delta a}=\frac{|\Delta a_1|+|\Delta a_2|+|\Delta a_3|+\cdots+|\Delta a_n|}{n}=\frac{\sum_{i=1}^{n}|a_i-\overline{a_i}|}{n} \tag{5-6}$$

而平均相对误差为

$$\frac{\overline{\Delta a}}{\overline{a_i}}=\frac{|\Delta a_1|+|\Delta a_2|+\cdots+|\Delta a_n|}{n\overline{a_i}}\times100\% \tag{5-7}$$

5.2.2.3　**准确度和精密度**

(1) 准确度　准确度是指测定值与真值接近的程度。测量值与真值越接近，就越准确。准确度的高低，通常以绝对误差的大小来衡量。误差越小，准确度越高，反之亦然。例如，一物体的真实质量是 10.000g，某人称量值为 10.001g，另一人称量值为 10.008g。前者的绝对误差为 0.001g，后者的绝对误差为 0.008g。10.001g 比 10.008g 的绝对误差小，所以前者比后者称得更准确，或者说前一结果比后一结果的准确度高。

准确度的定义可表示为：

$$\frac{1}{n}\sum_{i=1}^{n}|a_i-a_{真}| \tag{5-8}$$

由于大多数化学实验中 $a_{真}$ 是要求测定的结果，一般可近似地用 a 的标准值 $a_{标}$ 来代替 $a_{真}$。所谓标准值，是指用其它更为可靠的方法测出的值或载于文献的公认值。因此，测量的准确度可近似地表示为

$$\frac{1}{n}\sum_{i=1}^{n}|a_i-a_{标}| \tag{5-9}$$

(2) 精密度　精密度是指在相同条件下平行测量的各测量值（实验值）之间相互接近的程度。各测量值间越接近，精密度就越高；反之，则精密度就越低。

精密度一般可用偏差来表示，偏差越小，则表明精密度越好，说明测定的重现性好，它有下列几种表示方式。

① 绝对偏差　是指单次测定值 a_i 与平均值 $\overline{a}_i\left[=\frac{\sum_{i=1}^{n}a_i}{n}\right]$ 的差值，即

$$绝对偏差=a_i-\overline{a}_i \tag{5-10}$$

② 相对偏差　是指绝对偏差与平均值之比，即

$$相对偏差=\frac{a_i}{\overline{a}_i} \tag{5-11}$$

③ 平均偏差　是先将单次测量的绝对偏差的绝对值求和，然后除以测定次数，即

$$\overline{\Delta a}=\frac{\sum_{i=1}^{n}|a_i-\overline{a}_i|}{n} \tag{5-12}$$

绝对偏差和相对偏差只能说明单次测量结果对平均值的偏离程度，为了说明测定的精密度，常用平均偏差来表示。例如，某滴定分析进行了 5 次重复测量，其结果分别为 15.26mL、15.28mL、15.20mL、15.27mL 和 15.23mL，则平均值为

$$\overline{V_i}=\frac{(15.26+15.28+15.20+15.27+15.23)\text{mL}}{5}=15.25\text{mL}$$

每次测量值的绝对偏差为

$$(15.26-15.25)\text{mL}=0.01\text{mL}$$
$$(15.28-15.25)\text{mL}=0.03\text{mL}$$
$$(15.20-15.25)\text{mL}=-0.05\text{mL}$$
$$(15.27-15.25)\text{mL}=0.02\text{mL}$$
$$(15.23-15.25)\text{mL}=-0.02\text{mL}$$

$$平均偏差\overline{\Delta V}=\frac{|0.01|+|0.03|+|-0.05|+|0.02|+|-0.02|}{5}\text{mL}=0.026\text{mL}$$

测定结果可记录为（15.25±0.026)mL，“±”表示 15.25 这个数值可能会大些，也可能会小些。

④ 标准偏差　是一种统计概念表示测量精度的方法。当重复测量次数 $n<20$ 时，可表示为

$$\sigma=\sqrt{\frac{\sum_{i=1}^{n}(a_i-\overline{a}_i)^2}{n-1}} \tag{5-13}$$

用标准偏差来表示精密度是比较合理的，它能如实地反映每次测量产生偏差的影响。

⑤ 或然偏差

$$P=0.6745\sigma \tag{5-14}$$

平均偏差、标准偏差和或然偏差均可用来表示测量的精密度，但数值上略有不同，它们的关系是：

$$P:\overline{\Delta a}:\sigma=0.6745:0.794:1.00$$

在化学实验中通常用平均偏差或标准偏差来表示精密度。平均偏差的优点是计算方便，但有着掩盖测量质量不高的缺点。标准偏差能更明显地反映偏差的真实情况，在精密地计算实验偏差时最为常用。如甲、乙两人进行某实验，甲的两次测量偏差为+1、−3，而乙为+2、−2。显然乙的实验精密度比甲高，但甲、乙的平均偏差均为 2。如果以标准偏差比较，甲和乙分别为$\sqrt{1^2+3^2}=\sqrt{10}$、$\sqrt{2^2+2^2}=\sqrt{8}$，由此可见标准偏差更能反映出实验的平行程度。

由于不能确定 a_i 离 $\overline{a}_i$ 是偏高还是偏低，所以测量结果常用 $\overline{a}_i \pm \sigma$（或 $\overline{a}_i \pm \overline{\Delta a}$）来表示。$\sigma$（或 $\overline{\Delta a}$）愈小，则表示测量的精密度愈高。有时也用相对标准偏差 $\sigma_{相对}$ 来表示精密度，即

$$\sigma_{相对}=\frac{\sigma}{a_i}\times 100\% \tag{5-15}$$

如对某一容器的压力进行了 5 次测量，有关数据列于表 5-1。

表 5-1　压力测量的相关数据

i	p/Pa	Δp_i	$\lvert\Delta p_i\rvert$	$\lvert\Delta p_i\rvert^2$
1	98294	−4	4	16
2	98306	+8	8	64
3	98298	0	0	0
4	98301	+3	3	9
5	98291	−7	7	49
	Σ491490	Σ0	Σ22	Σ138

其算术平均值　$\overline{p}_i=\frac{1}{5}\sum_{i=1}^{5} p_i=98298\ (\text{Pa})$

平均偏差　$\overline{\Delta p}=\pm\frac{1}{5}\sum_{i=1}^{5}\lvert\Delta p_i\rvert=\pm 4\ (\text{Pa})$

相对平均偏差　$\frac{\overline{\Delta p}}{p_i}=\pm\frac{4}{98298}\times 100\%=\pm 0.004\%$

标准误差　$\sigma=\pm\sqrt{\frac{138}{5-1}}=\pm 6\ (\text{Pa})$

相对标准偏差　$\frac{\sigma}{p_i}=\frac{6}{98298}\times 100\%=0.006\%$

故上述压力测量值的精密度为 98298Pa±6Pa（或 98298Pa±4Pa）。

⑥ 重复性与再现性　两者都是精密度的常见别名，但稍有区别。同一个操作者，在一个指定的实验室中，用同一套给定的仪器，在短时间内，对同一样品的某物理量进行反复测量，所得多个测量值接近的程度称为重复性或室内精密度。由不同实验室的不同操作者和仪器，对同一样品的某物理量进行反复测量，彼此所得结果接近的程度，称为再现性或室间精密度。

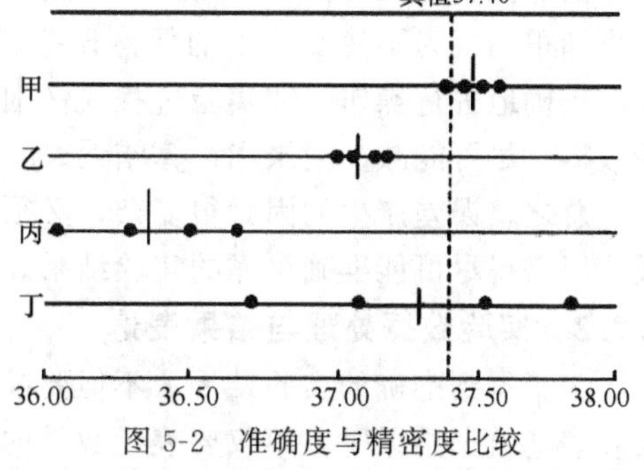

图 5-2　准确度与精密度比较

(3) 准确度与精密度的关系　由以上可知，准确度是指测量结果的正确性，即偏离真实值的程度，准确的数据只有很小的系统误差。精密度是指测量结果的重现性与所得数据的有效数字，精密度高指的是所得结果具有很小的偶然误差。精密度是保证准确度的前提条件，没有好的精密度就不可能有好的准确度。由于真实值是未知的，因此常根据测定结果的精密度来衡量分析测量是否可靠，但是精密度高的测定结果不一定是准确的，两者关系可用图 5-2 说明。

图 5-2 表示甲、乙、丙、丁四人测定同一试样中某成分时所得的结果。由图可见：甲所得结果的准确度和精密度均好，结果可靠；乙的实验结果的精密度虽然很高，但准确度较低；丙的精密度和准确度都很差；丁的精密度很差，平均值虽然接近真值，但这是由于大的

正、负误差相互抵消的结果，因此丁的实验结果也是不可靠的。由此可见，精密度是保证准确度的先决条件。精密度差，所得结果不可靠，但高的精密度也不一定能保证测定结果有很高的准确度。

对实验结果的评价，必须从准确度和精密度两个方面来考虑。一般情况下，真实值是未知的，常常用多次测量的算术平均值来代替。若测量值与平均值相差不大，则是一个精密的测量；一个精密的测量不一定是准确的测量，而一个准确的测量必然是精密的测量。精密度是保证准确度的先决条件，只有精密度高，才能得到高的准确度；如果精密度低，测得的结果就不可靠，衡量准确度也就失去了意义。但是，高的精密度不一定能保证高的准确度，有时还必须进行系统误差的校正，才能得到高的准确度。

5.2.2.4 消除或减免误差的方法

要提高测量结果的精确度，就必须减少测定中的系统误差和偶然误差。下面分别讨论消除或减免的方法。

（1）系统误差的减免　系统误差可以采用一些校正的办法和制定标准规程的办法加以校正，使之接近消除。

① 进行对照分析，纠正方法误差。取“标准试样”或极纯的物质（已知被测组分的准确含量），采用与测定试样同样的方法和同样的条件，进行平行实验，找出校正值，作为“校正系数”来修正测定结果，消除由方法引入的系统误差。

② 在实验前，对所使用的仪器、容量器皿进行预先校正，求出校正值，以减免或消除仪器误差。

③ 进行空白试验，纠正试剂可能带入的系统误差。所谓“空白试验”是指在不加入试样的情况下，按照试样的实验步骤和条件进行空白试验，所得结果为空白值，从试样的实验结果中扣除空白值，就可消除由试剂、蒸馏水及器皿引入的系统误差。但空白值一般不应很大，否则将引起较大的误差。对照试验是检查实验过程中有无系统误差的最有效的方法。

（2）偶然误差的减免　根据偶然误差出现的统计规律，我们可通过增加测定次数，使偶然误差尽可能减小。一般来说，当测定次数达 10 次左右时，即使再增加测定次数，其精密度并没有显著的提高。因而在实际应用中，按经验只要仔细测定 3～4 次，即可使偶然误差减小到很小。为了使实验中的偶然误差尽可能减小，还必须注意：①必须严格按照操作规程，正确地进行操作；②实验过程要仔细、认真，避免一切偶然发生的事故；③认真校核实验数据，尽可能减少记录和计算错误。

总之，误差产生的因素很复杂，必须根据具体情况，仔细分析，找出原因，然后加以克服，以获得尽可能准确可靠的实验结果。

5.2.3 实验数据处理与结果表达

为了得到准确的实验结果，不但要准确地进行测量，还要正确地进行记录和计算。在记录和表达数据结果时，不仅要表示数量的大小，而且要反映测量的精确程度。

5.2.3.1 有效数字及其运算规则

（1）有效数字　有效数字就是实际能测到的数字，通常包括全部准确数字和一位不确定的可疑数字。也就是说，在一个数据中除最后一位是不确定的或可疑的外，其它各位都是确定的。例如，滴定管及吸量管的读数，应记录至 0.01mL，所得体积读数 25.87mL，表示前三位是准确的，只有第四位是估读出来的，属于可疑数字。那么，这四位数字都是有效数字，它不仅表示了确定体积为 25.87mL，还表达了实验使用仪器的精度，即滴定管的精度为±0.01mL。用分析天平称量时，要求记录至 0.0001g；用分光光度计测量溶液的吸光度时，如吸光度在 0.6 以下，应记录至 0.001 的读数；大于 0.6 时，则要求记录至 0.01 读数。用 pH 计测量溶液的酸碱性时，pH 计只需保留 2 位有效数字。其它测量装置需视仪器性能决定有效数字保留的位数。

记录数据的有效数字应体现实验所用仪器和实验方法所能达到的精确程度。任何测量的精度都是有限的，只能以一定的近似值来表示。测量结果数值计算的准确度不应超过测量的准确度，如果任意地将近似值保留过多的位数，反而会歪曲测量结果的真实性。下面就实验数据的记录及运算规则作简略介绍。

当记录一个量的数值时只需写出它的有效数字，并尽可能包括测量误差。若未表明误差值，可假定其为这一位数的±1 个单位或±0.5 个单位。例如，使用 1/10℃刻度的温度计测量某系统的温度时，读数为 20.68℃，前三位可由温度计的刻度准确读取，最后一位 8 是估读的。有人可能估读为 7 或 9，则最后一位数字为存疑数字。前面的准确数字连同末位的存疑数字，统称有效数字，最后一位的误差值假定为±1。

值得指出的是，在确定有效数字时，“0”在数字中有时是有效数字，有时不是，这与“0”在数字中的位置有关。①“0”在数字前，仅起定位作用，不是有效数字。例如，0.00013 中小数点后的 3 个“0”都不是有效数字，只有“13”是有效数字；而 0.130 中“13”后的“0”是有效数字。②“0”在数字中间或在小数的数字后面，则是有效数字。例如，2.05、0.200、0.250 都是三位有效数字。③以“0”结尾的正整数，它的有效数字的位数不能确定。例如 2500 中的“0”就很难说是不是有效数字，这种数应根据实际有效数字情况改写成指数形式。如写作 2.500×10^3，则两个“0”均是有效数字，有效数字为四位；若写成 2.50×10^3，则有效数字为三位。

（2）有效数字的运算规则

① 加减运算　进行加减运算时，保留各小数点后的数字位数与最少者相同。例如

$$\begin{array}{r} 0.254 \\ 21.2 \\ +\ 1.23 \\ \hline \end{array} \xrightarrow{\text{以 21.2 为基准进行修约}} \begin{array}{r} 0.3 \\ 21.2 \\ +\ 1.2 \\ \hline 22.7 \end{array}$$

21.2 是三个数中小数点后位数最少者，该数有±0.1 的误差，因此运算结果只保留到小数点后第一位。这几个数相加的结果不是 22.684，而是 22.7。

② 乘除运算　在乘除法运算中，保留各数值的有效位数不大于其中的有效数字位数最小者，而与小数点的位置无关。例如，$2.3\times0.524=1.2$，其中 2.3 的有效数字位数最小，最后结果应保留两位有效数字。

③对数运算　对数值的有效数字位数仅由尾数的位数决定，对数首位只起定位作用，不是有效数字。在对数运算中，对数尾数的位数应与相应的真数的有效数字的位数相同。如 pH、pK 等，其有效数字的位数仅取决于小数部分的位数，其整数部分只说明原数值的方次。例如，$c(H^+)=3.2\times10^{-2}\text{mol}\cdot\text{L}^{-1}$，表示是两位有效数字，所以，$\text{pH}=-\lg c(H^+)=2.49$，其中首数“2”不是有效数字，尾数“49”是两位有效数字，与 $c(H^+)$ 的有效数字位数相同。又如，由 pH 计算 $c(H^+)$ 时，当 pH＝4.74 时，则 $c(H^+)=1.8\times10^{-5}\text{mol}\cdot\text{L}^{-1}$，不能写成 $c(H^+)=1.82\times10^{-5}\text{mol}\cdot\text{L}^{-1}$。

（3）数字修约　在数据处理过程中，各测量值的有效数字的位数可能不同，在运算时按一定的规则舍入多余的尾数，不但可以节省计算时间，而且还可以保证得到合理的结果。按运算规则确定有效数字的位数后，舍入多余的尾数，称为数字修约。

① 舍去多余数字时，采用四舍六入五成双（或尾留双）规则。该规则规定：当测量值中被修约的数字等于或小于 4 时，该数字舍弃；等于或大于 6 时，进位；等于 5 时，若 5 后面跟非零的数字，说明被修约的数字大于 5，进位；若恰好是 5 或 5 后面跟零时，按留双原则，5 前面的数字是奇数，进位；5 前面的数字是偶数，则舍弃。

② 化学计算中常会遇到简单的计数、分数或倍数的数字，属于准确数或自然数，其位数是任意的。例如，1kg=1000g，其中 1000 不是测量所得，可看作是任意位有效数字。计算式中的常数和一些取自手册的常数，可根据需要取有效数字。

③ 当某一数据的首位数大于或等于 8，则其有效数字的位数应多取一位。如 9.28 表面上看是三位有效数字，在运算时可看成四位有效数字。

④ 对于复杂的计算，无括号时，先乘除后加减；有括号时，按圆括号到方括号的顺序计算。在运算未达到最后结果之前的中间各步，可多保留一位，以免多次四舍五入造成误差积累，对结果带来较大影响，但最后结果仍保留应有的位数。

⑤ 在整理最后结果时，须按测量结果的误差进行化整，表示误差的有效数字最多用两位，而当误差的第一位是 8 或 9 时，只需保留一位数。测量值的末位数应与误差的末位数对应。例如：

测量结果为

$$x_1=1001.77\pm0.003$$
$$x_2=237.464\pm0.127$$
$$x_3=123357\pm878$$

化整结果为

$$x_1=1001.77\pm0.00$$
$$x_2=237.464\pm0.13$$
$$x_3=(1.234\pm0.009)\times10^5$$

⑥ 计算平均值时，如参加平均的数值在 4 个以上，则平均值的有效数字可多取一位。

5.2.3.2 误差的传递

在化学实验中，多数测定为间接的测量工作，即将直接测得的数据，经过某种函数关系运算，得出我们所需要的物理量值。因此，具体分析每一步直接测量值的误差对最后结果准确度的影响，即误差传递问题，可以帮助我们确定影响最后结果的主要因素（误差的主要来源），以选择适当精密度的测量工具和实验方法，获得较好的测定结果。

在一般情况下，假定系统误差已经校正，且操作足够精密时，用仪器读数的精密度来表示误差范围。误差传递通常从平均误差传递和标准误差传递两方面来分析。

(1) 相对平均误差的传递规律　设 u 是两个变数 α 和 β 的函数，即 $u=f(\alpha, \beta)$。其中 α，β 为可直接测量的量，直接测量时，其误差为 $\Delta\alpha$，$\Delta\beta$，它引起数值 u 的误差为 Δu。当误差 Δu、$\Delta\alpha$、$\Delta\beta$ 和 u、α、β 相比较很小时，可以把它们看作微分 $\mathrm{d}u$，$\mathrm{d}\alpha$，$\mathrm{d}\beta$。应用全微分公式时，可写成

$$\mathrm{d}u=f'_{\alpha}(\alpha, \beta)\,\mathrm{d}\alpha+f'_{\beta}(\alpha, \beta)\,\mathrm{d}\beta \tag{5-16}$$

此为误差传递的基本公式，式中 $f'_{\alpha}(\alpha, \beta)$ 为函数 $f(\alpha, \beta)$ 对 α 的偏导数，$f'_{\beta}(\alpha, \beta)$ 为函数 $f(\alpha, \beta)$ 对 β 的偏导数。因此，相对平均误差传递的基本公式为

$$\frac{\mathrm{d}u}{u}=\frac{f'_{\alpha}(\alpha, \beta)}{f(\alpha, \beta)}\mathrm{d}\alpha+\frac{f'_{\beta}(\alpha, \beta)}{f(\alpha, \beta)}\mathrm{d}\beta \tag{5-17}$$

或

$$\mathrm{d}\ln u=\mathrm{d}\ln f(\alpha, \beta) \tag{5-18}$$

故计算测量值 u 的相对平均误差$\left(\frac{du}{u}\right)$，也可先对 u 的表示式取自然对数，然后再微分。

① 单项式中的相对误差

设
$$u=k\frac{a^{p}b^{q}}{c^{r}e^{s}} \tag{5-19}$$

式中，p、q、r、s 是已知数值；k 是常数；a、b、c、e 是实验直接测定的数值。对式(5-19) 取对数，有

$$\ln u=\ln k+p\ln a+q\ln b-r\ln c-s\ln e \tag{5-20}$$

对式(5-20) 取微分，有

$$\frac{du}{u}=p\frac{da}{a}+q\frac{db}{b}-r\frac{dc}{c}-s\frac{de}{e}$$

我们并不知道这些误差的符号是正还是负，但考虑到最不利的情况下，直接测量的正、负误差不能对消而引起误差的积累，故 u 的最大可能相对误差为各测定值相对误差的绝对值之和，即

$$\frac{du}{u}=\left|p\frac{da}{a}\right|+\left|q\frac{db}{b}\right|+\left|r\frac{dc}{c}\right|+\left|s\frac{de}{e}\right| \tag{5-21}$$

这样所得的相对误差是最大的，称为误差上限。从式(5-21) 可见，若 n 个数值相乘或相除时，最后结果的相对误差比其中任意一个数值的相对误差都大。实际上，各测定量的误差可能相互部分抵销，因此经传递后造成的误差比按上式计算的要小些。

对于其它不同运算过程中相对误差的表达式列于表 5-2。

表 5-2　部分函数的平均误差

函数关系	绝对误差	相对误差
$u=x+y$	$\pm(\lvert dx\rvert+\lvert dy\rvert)$	$\pm\left(\frac{d\lvert x\rvert+d\lvert y\rvert}{x+y}\right)$
$u=x-y$	$\pm(\lvert dx\rvert+\lvert dy\rvert)$	$\pm\left(\frac{d\lvert x\rvert+d\lvert y\rvert}{x-y}\right)$
$u=xy$	$\pm(x\lvert dy\rvert+y\lvert dx\rvert)$	$\pm\left(\frac{d\lvert x\rvert}{x}+\frac{d\lvert y\rvert}{y}\right)$
$u=\frac{x}{y}$	$\pm\left(\frac{y\lvert dx\rvert+x\lvert dy\rvert}{y^{2}}\right)$	$\pm\left(\frac{d\lvert x\rvert}{x}+\frac{d\lvert y\rvert}{y}\right)$
$u=x^{n}$	$\pm(nx^{n-1}dx)$	$\pm\left(n\frac{dx}{x}\right)$
$u=\ln x$	$\pm\left(\frac{dx}{x}\right)$	$\pm\left(\frac{dx}{x\ln x}\right)$
$u=\sin x$	$\pm(\cos x\,dx)$	$\pm(\cos x\,dx)$

② 计算示例

【例 5-1】 误差的计算。

液体的摩尔折射率公式为$[R]=\frac{n^{2}-1}{n^{2}+2}\times\frac{M}{\rho}$，苯的折射率 $n=1.4979\pm0.0003$，密度 $\rho=(0.8737\pm0.0002)\text{g}\cdot\text{cm}^{-3}$，摩尔质量 $M=78.08\text{g}\cdot\text{mol}^{-1}$。求间接测量 [$R$] 的误差。

将有关数据代入折射率公式，则

$$[R]=\frac{1.4979^{2}-1}{1.4979^{2}+2}\times\frac{78.08}{0.8737}=26.02$$

把折射公式两边取对数，并微分，有

$$\mathrm{dln}[R]=\mathrm{dln}(n^2-1)-\mathrm{dln}(n^2+2)-\mathrm{dln}\rho$$

整理得，

$$\frac{\mathrm{d}[R]}{[R]}=\left(\frac{2n}{n^2-1}-\frac{2n}{n^2+2}\right)\mathrm{d}n-\frac{\mathrm{d}\rho}{\rho}$$

代入有关数据，可得 $\mathrm{d}[R]=0.019$

则其相对误差为

$$\frac{\Delta[R]}{[R]}=\frac{1.9\times10-2}{26.20}=7.2\times10-4$$

【例 5-2】 仪器的选择。

用电热补偿法在 120mol 水中分两次加入 KNO_3(s) 的溶解热测定中，求 KNO_3 在水中的积分溶解热 $Q_s(\mathrm{J\cdot mol^{-1}})\left(Q_s=\frac{101.1IVt}{W_{KNO_3}}\right)$。如果把相对误差控制在 3%以内，应选择什么样规格的仪器？

在直接测量中各物理量的数值分别为：电流 $I=0.5\mathrm{A}$，电压 $V=4.5\mathrm{V}$，最短的时间 $t=400\mathrm{s}$，最少的样品量 $W_{KNO_3}=3\mathrm{g}$。

误差计算，有

$$\ln Q_s=\ln I+\ln V+\ln t-\ln W$$

$$\frac{\mathrm{d}Q_s}{Q_s}=\left|\frac{\mathrm{d}I}{I}\right|+\left|\frac{\mathrm{d}V}{V}\right|+\left|\frac{\mathrm{d}t}{t}\right|+\left|\frac{\mathrm{d}W}{W}\right|=\left|\frac{\mathrm{d}I}{0.5}\right|+\left|\frac{\mathrm{d}V}{4.5}\right|+\left|\frac{\mathrm{d}t}{400}\right|+\left|\frac{\mathrm{d}W}{3}\right|$$

由上式可知最大的误差来自于测定 I 和 V 所用电流表和电压表。因为在时间的测定中用停表误差不会超过 1s，相对误差为 1/400=0.25%。称取 KNO_3 时，如用分析天平只要读至小数后的第三位即 $\mathrm{d}W=0.002\mathrm{g}$，相对误差仅为 0.07%（称水只需用台秤，$\mathrm{d}W$ 虽为 0.2g，但其相对误差为 0.2/200=0.1%）。电流表和电压表的选择以及在实验中对 I、V 的控制是本实验的关键。为把 Q_s 的相对误差控制在 3%以下，$\frac{\mathrm{d}I}{I}$ 和 $\frac{\mathrm{d}V}{V}$ 都应控制在 1%以下。故需选用 1.0 级的电表（准确度为最大量程值的 1%），且电流表的全量程为 0.5A。电压表的全量程不能超过 5V，此时电压和电流测定所引入的误差为：

$$\left|\frac{\mathrm{d}I}{I}\right|=\frac{0.5\times0.01}{0.5}=1\%,\quad \left|\frac{\mathrm{d}V}{V}\right|=\frac{5\times0.01}{4.5}=1.1\%$$

故基本能满足实验精度的要求。由此可见，通过对实验结果的误差分析，对选择实验所用仪器是有帮助的。

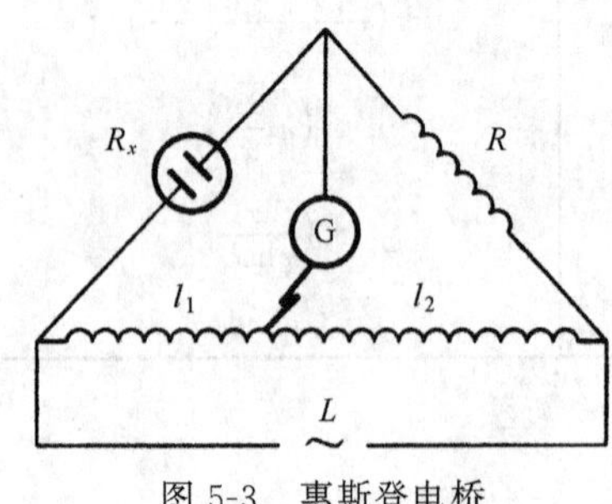

图 5-3 惠斯登电桥

【例 5-3】 测量过程中最有利条件的确定。

在利用惠斯登电桥测量电阻（图 5-3）时，电阻 R_x 可由下式计算：

$$R_x=R\frac{l_1}{l_2}=R\frac{L-l_2}{l_2}$$

式中，R 是已知电阻；L 是电阻丝全长（$l_1+l_2=L$）。因此，间接测量 R_x 的误差取决于直接测量 l_2 的误差，即

$$\mathrm{d}R_x=\pm\left(\frac{\partial x}{\partial l_2}\right)\mathrm{d}l_2=\pm\left[\frac{\partial\left(R\frac{L-l_2}{l_2}\right)}{\partial l_2}\right]\mathrm{d}l_2=\pm\left(\frac{RL}{l_2^2}\right)\mathrm{d}l_2$$

相对误差为

$$\frac{\mathrm{d}R_x}{R_x}=\pm\left[\frac{\left(\frac{RL}{l_2^2}\right)\mathrm{d}l_2}{R\left(\frac{L-l_2}{l_2}\right)}\right]=\pm\left[\frac{L}{(L-l_2)\ l_2}\mathrm{d}l_2\right]$$

因为 L 是常量，所以当 $(L-l_2)l_2$ 为最大时，其相对误差最小，即

$$\frac{\mathrm{d}}{\mathrm{d}l_2}[(L-l_2)l_2]=0$$

故

$$l_2=\frac{L}{2}$$

所以，用惠斯登电桥测量电阻时，电桥上的接触点最好放在电桥的中心，即 $l_1=l_2$ 处，R_x 相对误差最小。由测量电阻可以求得电导，而电导的测量是物理化学实验中常用的物理方法之一。

（2）标准误差的传递　设函数为 $u=f(\alpha,\ \beta,\ \cdots)$，式中 α，β，$\cdots$ 的标准误差分别为 σ_α、σ_β，…，则 u 的标准误差为

$$\sigma_u=\left[\left(\frac{\partial u}{\partial \alpha}\right)^2\sigma_\alpha^2+\left(\frac{\partial u}{\partial \beta}\right)^2\sigma_\beta^2+\cdots\right]^{\frac{1}{2}} \tag{5-22}$$

部分函数的标准误差计算公式列于表 5-3。

表 5-3　部分函数的相对标准误差

函数关系	绝对误差	相对误差
$u=x\pm y$	$\pm\sqrt{\sigma_x^2+\sigma_y^2}$	$\pm\frac{1}{\lvert x+y\rvert}\sqrt{\sigma_x^2+\sigma_y^2}$
$u=xy$	$\pm\sqrt{y^2\sigma_x^2+x^2\sigma_y^2}$	$\pm\sqrt{\frac{\sigma_x^2}{x^2}+\frac{\sigma_y^2}{y^2}}$
$u=\frac{x}{y}$	$\pm\frac{1}{y}\sqrt{\sigma_x^2+\frac{x^2}{y^2}\sigma_y^2}$	$\pm\sqrt{\frac{\sigma_x^2}{x^2}+\frac{\sigma_y^2}{y^2}}$
$u=x^n$	$\pm nx^{n-1}\sigma_y^2$	$\pm\frac{n}{x}\sigma_x$
$u=\ln x$	$\pm\frac{\sigma_x}{x}$	$\pm\frac{\sigma_x}{x\ln x}$

如用测定气体的压力 p 和体积 V 及理想气体定律确定温度 T。已知 $\sigma_p=\pm13.33\text{Pa}$，$\sigma_V=\pm0.1\text{cm}^3$，$\sigma_n=\pm0.001\text{mol}$，$p=6665\text{Pa}$，$V=1000\text{cm}^3$，$n=0.05\text{mol}$，$R=8.314\text{J}\cdot\text{mol}^{-1}\cdot\text{K}^{-1}$。

$$\because\quad T=\frac{pV}{nR}$$

$$\begin{aligned}\therefore\quad \sigma_T&=\left[\left(\frac{\partial T}{\partial p}\right)_{n,V}^2\sigma_p^2+\left(\frac{\partial T}{\partial n}\right)_{V,p}^2\sigma_n^2+\left(\frac{\partial T}{\partial V}\right)_{p,n}^2\sigma_V^2\right]^{\frac{1}{2}}\\&=\left[\left(\frac{V}{nR}\right)^2\sigma_p^2+\left(-\frac{pVR}{n^2R^2}\right)^2\sigma_n^2+\left(\frac{p}{nR}\right)^2\sigma_V^2\right]^{\frac{1}{2}}\\&=16.04[4\times10^{-6}+4\times10^{-4}+1\times10^{-8}]^{\frac{1}{2}}=0.3\ (\text{K})\end{aligned}$$

最终结果为 16.0K±0.3K。

5.2.3.3　实验结果的表达

从实验得到的数据中包含了许多信息。对这些数据用科学的方法进行归纳与整理，提取

出有用的信息，发现事物的内在规律，是化学实验的主要目的。通常情况下，常用列表法、作图法和方程式法表达实验结果。同一组实验数据，不一定同时都用这三种方法表示，表示方法的选择主要依靠经验及理论知识去判定。随着计算技术的发展，方程式表示法的应用更加广泛，但列表法和作图法是必不可少的手段。

（1）列表法　实验结束后，将实验数据按自变量、因变量的关系，一一对应地列出，这种表达方式称为列表法。列表法简单易行，形式紧凑、直观，同一表内可以同时表示几个变量间的变化而不混乱，易于参考比较，便于处理和运算，不引入处理误差。未知自变量、因变量之间函数关系形式也可列出。列表时应注意以下几点。

① 完整的数据表应包括表的序号、名称、项目、说明及数据来源。表的名称应简明扼要，一看即知其内容。如遇表名过于简单不足以说明其原意时，可在名称下面或表的下面附以说明，并注明数据来源。表的项目应包括变量名称及单位，一般在不加说明即可了解的情况下，应尽量用符号代表。

② 原数据表格，应记录包括重复测量结果的每个数据，并且在表内或表外适当位置列出实验测量的条件及环境情况数据。例如，室温、大气压力、湿度、测定日期和时间、仪器方法，以及测定者签字等。对于实验数据处理或实验报告用表，应包括必要的单位换算结果、中间计算结果及最终实验结果。当数据量较大时可以进行精选，使表中所列数据规律更明显，查阅取值更方便，使自变量的分度更规则。

③ 将表分为若干行，每一变量占一行，每行中的数据应尽量化为最简单的形式，一般为纯数，根据“物理量＝数值×单位”的关系，将量纲、公共乘方因子放在第一栏名称下，以量的符号除以单位来表示，T/℃、p/kPa 等。如用指数表示，可将指数放在行名旁，但此时的正负应异号。如测得的 K_a 为 1.75×10^{-5}，则行名可写为 $K_a\times10^5$。

④ 表内数值的写法应注意整齐统一。数值为零时记为“0”，数值空缺时记为“—”。同一列的数值，小数点应上下对齐。测量值的有效数字取决于实验测量的精度，有效数字记至第一位可疑数字，所以列表中有效数字位数选取要适当。数值过大或过小，要用科学计数法表示。例如，0.000002326 应写成 2.326×10^{-6}。

⑤ 变量通常选择最简单的，要有规律地递增或递减，最好为等间隔。

（2）作图法　作图法可以形象、直观地表示出各个数据连续变化的规律性，能直接反映出自变量和因变量间的变化关系，从图上易于找出所需数据以及周期性变化；并能从图上求出实验的内插值、外推值、曲线某点的切线斜率、截距以及极值点、拐点等。总之，图形不仅可用来表示实验测量结果，而且还可用于实验数据的处理。为了得到与实验数据偏差最小而又光滑的曲线图形，作图时须注意以下几点。

① 坐标纸的选择。最常用的坐标纸为直角坐标纸，有时也用单对数或双对数坐标纸。特殊需要时用三角坐标纸或极坐标纸。

② 坐标标度的选择。作图时，习惯上用横坐标表示自变量，纵坐标表示因变量。横、纵坐标不一定从“0”开始，可视实验具体数值范围而定。坐标标度的选择非常重要，选择时可遵循以下几条原则。

a. 坐标纸刻度应能表示出全部有效数字，使测量值的最后一位有效数字在图中也能估计出来。最好使变量的绝对误差在图上约相当于坐标的 0.5～1 个最小分度，做到既不夸大也不缩小实验误差。

b. 所选定的坐标标度应便于从图上读出任一点的坐标值。通常使用单位坐标格所代表的变量值为 1、2、5 的倍数，而不用 3、7、9 的倍数或小数。

c. 充分利用坐标纸的全部面积，使全部数值分布均匀合理。如无特殊需要（如由直线外推求截距)，就不必以坐标原点作标度的起点，应以略低于最小测量值的整数作标度起点。这样得到的图形紧凑，能充分利用坐标纸，读数精度也可得以提高。

d. 直角坐标的两个变量的全部变化范围在两个坐标轴上表示的长度要相近，不可悬殊太大，否则图形会扁平或细长（如图 5-4 所示)，甚至不能正确地表现出图形特征。

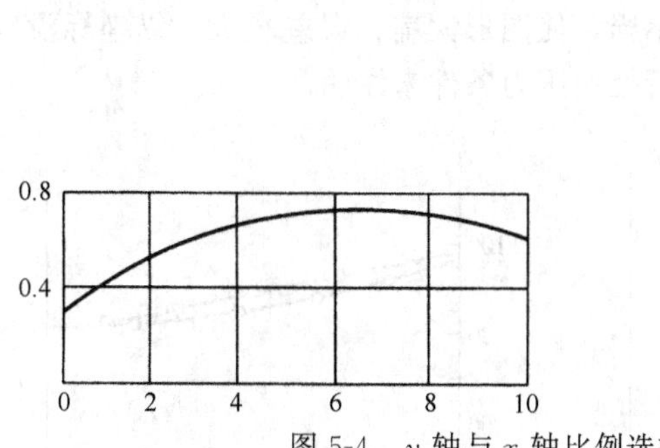

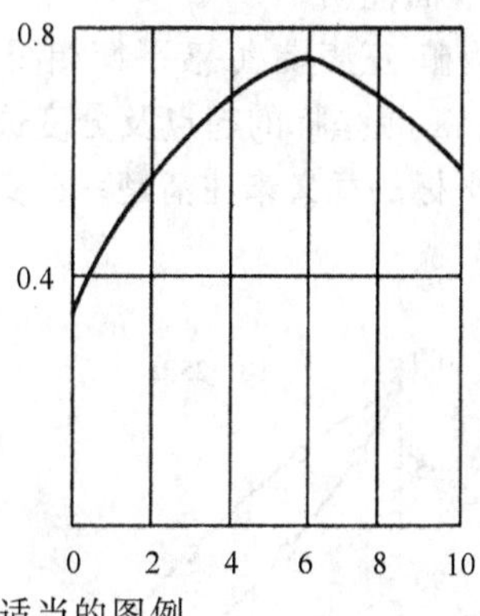

图 5-4 y 轴与 x 轴比例选择不适当的图例

e. 若作曲线求斜率，则标度的选择应使直线倾角接近 45°，这样斜率测求的误差小。若作曲线求特殊点，则标度的选择应使特殊点表现明显。

按以上规定所作的图通常会过大，实际作图时经常将坐标的标度缩小。对学生实验报告而言，图纸不得小于 10cm×10cm。

③ 选定标度后，画上坐标轴，在轴旁写明该轴所代表的变量名称、刻度值及单位。在纵坐标轴左边和横坐标下面每隔一定距离写出该处变量应有的值，以便作图和读数，但不应将实验值写在坐标轴旁或代表点旁。读数时，横坐标从左向右，纵坐标自下而上。

④ 描点所用符号。将相当于测量数值的各点绘于图上，在点的周围以圆圈、方块、三角、叉号等（如○、■、◆、▲、△、×、……）不同符号标出，描点符号要有足够的大小，它可以粗略地表明测量误差的范围一般在坐标纸上各方向距离 1～1.5mm。在同一张图上若有几组不同的测量值时，各组测量值的代表点应采用不同的符号表示，以便区别，并在图上或图外说明各符号的意义。

⑤ 做出各点后，用曲线尺做出尽可能接近于实验点的曲线，曲线应平滑均匀、细而清晰。曲线不必通过所有的点，但各点应在曲线两旁均匀分布，点和曲线间的距离表示该组实验测量数据的绝对误差。图 5-5 所示的为描线的方法。

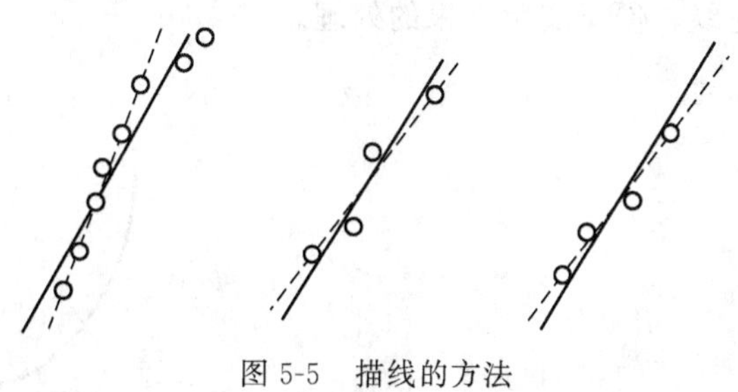

图 5-5 描线的方法

——正确（实线)；……不正确（虚线)

在曲线的极大和极小或转折处应多取一些点，以保证曲线所表示规律的可靠性。如果发现个别点远离曲线，又不能判断被测物理量在此区域会发生什么突变，就要分析一下是否有过失误差，若有，则描线时不必考虑这一点。但如果重复实验仍有同样的情况，就应在这一区域重复进行实验，更为仔细地测量，搞清在此区域内是否存在必然的规律，并严格按照上述原则描线，切不可毫无理由地放弃离曲线较远的点。

⑥ 每个图应有简单的标题，横、纵坐标轴所代表的变量名称及单位，实验条件应在图中或图名的下面注明。

图 5-6 为苯-正庚烷汽-液平衡相图，其中，(a) 为正确图例，(b) 为错误图例。图 5-6(b) 图的错误为：a. 纵坐标的起点及分度选择不当，使图形太扁，误差较大，纵坐标没有标明变量名称；b. 横坐标的意义未注清楚；c. 实验所处的压力条件未注明。

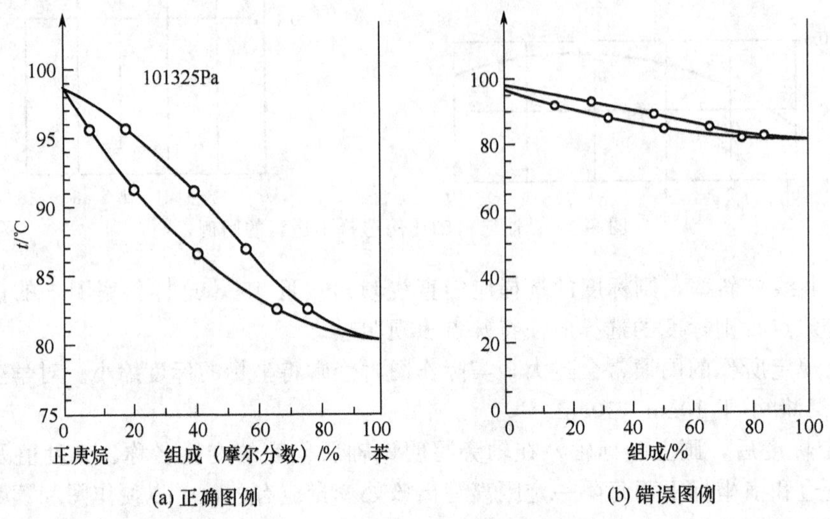

图 5-6　苯-正庚烷汽-液平衡相图图形正误示例

目前，随着计算机硬件及软件技术的发展，应用计算机作图有快捷、美观等优点，如用 Origin 作图软件作图，但也要遵循上述原则。

⑦ 当需要由图来决定导数或曲线方程式的系数，或需要外推时，必须将较复杂的函数转换成线性函数，使得到的曲线转化为直线。如指数函数 $y=ae^{\pm bx}$，如图 5-7 所示。这种形式的函数在物理化学实验中经常遇到，这可以用对数的方法使之转化成直线方程式：

$$\lg y=\lg a \pm 0.4342bx$$

以 $\lg y$ 对 x 作图就是一直线。对于抛物线形状的曲线（$y=a+bx^2$），如图 5-8 所示，可以用 y 对 x^2 作图而得一直线，便于实验结果的处理。

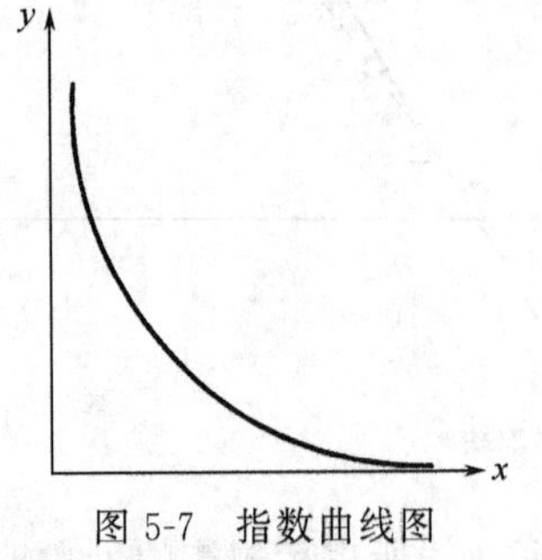

图 5-7　指数曲线图

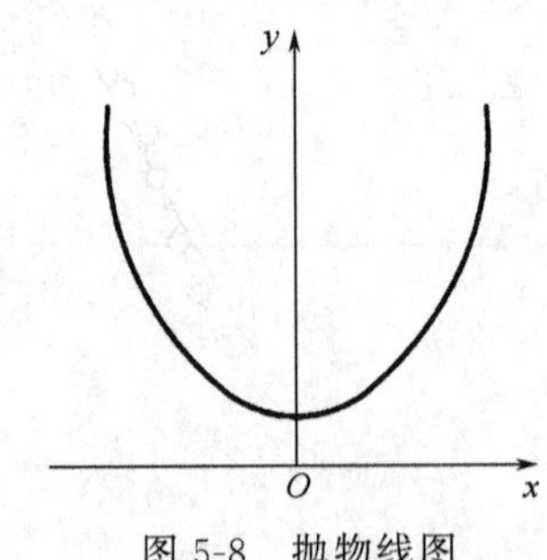

图 5-8　抛物线图

若 x-y 之间呈曲线关系，在处理数据时，要求曲线上某点的斜率，通常有两种方法。

a. 镜像法。如果作曲线上某一指定点的切线，可取一块平面镜，垂直放在图纸上，使镜的边缘与线交于该指定点。以此点为轴旋转平面镜，直至图上曲线与镜中曲线的映像连成光滑的曲线时，沿镜面作直线即为该点的法线，再作此法线的垂直线即为该点的切线。如果将一块平滑的平面镜和一直尺垂直组合，使用时更方便，如图 5-9 所示。

b. 平行线段法。如图 5-10 所示，在选择的曲线段上作两平行线 AB 及 CD，作两线段中点的连线交曲线于 O 点，作与 AB 及 CD 的平行线 EOF，则 EF 即为 O 点的切线。

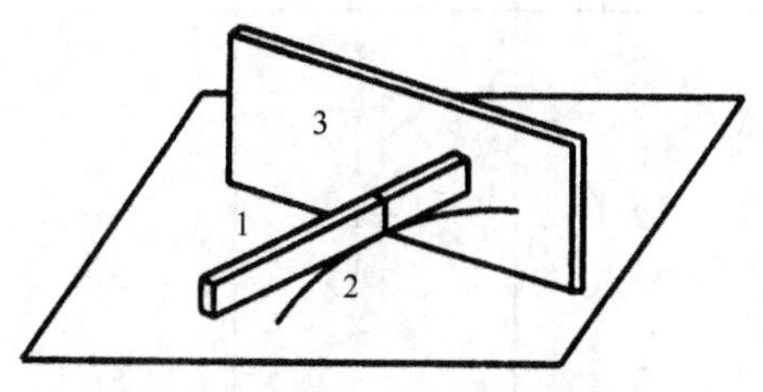

图 5-9　镜像法作切线的示意图
1—直尺；2—曲线；3—镜子

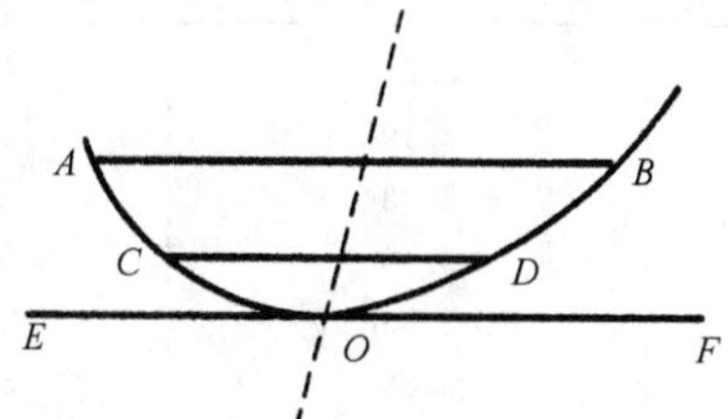

图 5-10　平行线法作切线示意图

(3) 方程式法　当一组实验数据用列表法或作图法表示后，常需要进一步用一个方程式或经验公式将数据表示出来。因为，方程式表示不仅在形式上比前两种方法更紧凑，而且进行微分、积分、内插、外延等处理、取值时也方便得多。经验方程式是变量间客观规律的一种近似描述，它为变量间关系的理论探讨提供了线索和根据。

用方程式表示实验数据有三项任务：一是方程式的选择；二是方程式中常数的确定；三是方程式与实验数据的拟合程度的检验。首先将有关数据作图，根据所得图形，凭借已有的知识和经验，找出变量之间的函数关系，然后将其线性化，进一步求出直线方程 $y=a+bx$ 中的系数 a、b（如不能通过改换变量使原曲线线性化，可将原函数表达成 $y=a+bx+cx^2+dx^3+\cdots$ 的多项式）。

通常用作图法、平均值法和最小二乘法三种方法求 a 和 b。现将丙酮的温度和蒸气压的实验数据列于表 5-4 中，并作具体的说明。

① 图解法。图解法是把实验数据以合适的变量作为坐标绘出直线，从直线上取两点的坐标值 (x_1, y_1)、(x_2, y_2)，计算斜率和截距。斜率

$$b=\frac{y_2-y_1}{x_2-x_1}$$

按表 5-4 所列数据，以 $\lg p$ 为 y 轴，$\frac{1}{T}\times10^3$ 为 x 轴作图，可求得：$b=-1.662\times10^{-3}$，$a=9.057$。

② 平均法。平均法较麻烦，但在有 6 个以上比较精密的数据时，结果比作图法好。

设线性方程为 $y=a+bx$，原则上只要有两对变量 (x_1, y_1) 和 (x_2, y_2) 就可以把 a，b 确定下来，但由于测定中有误差的存在，所以这样处理偏差较大，故采用平均值。它的原理是基于 a、b 值应能使 $a+bx_i$ 减去 y_i 之差的总和为零，即 $\sum_{i=1}^{n}(a+bx_i-y_i)=\sum_{i=1}^{n}u_i=0$。具体的做法是把数据代入条件方程式，再将它分为两组（两组方程式数目几乎相等），然后将两组方程式相加得到下列两个方程

$$\sum_{i=1}^{k} u_i = ka + b\sum_{i=1}^{k} x_i - \sum_{i=1}^{k} y_i = 0$$

$$\sum_{i=1}^{n} u_i = (n-k)a + b\sum_{i=1}^{n} x_i - \sum_{i=k+1}^{n} y_i = 0$$

表 5-4 丙酮的温度和蒸气压的实验数据及结果处理

i	$\frac{1}{T}\times10^3/K^{-1}$ $(=x)$	$\lg p/Pa$ $(=y)$	$(bx_i+a-y_i)\times10^3$		
			图解法	平均值法	最小二乘法
1	3.614	3.045	+6	+4	+2
2	3.493	3.246	+6	+3	+2
3	3.434	3.346	+4	+1	0
4	3.405	3.396	+2	−1	−2
5	3.288	3.588	+4	+1	0
6	3.255	3.647	0	−3	−4
7	3.226	3.696	−1	−4	−5
8	3.194	3.748	+1	−3	−4
9	3.160	3.804	+1	−3	−4
10	3.140	3.836	+2	−2	−2
11	3.117	3.874	+3	−2	−2
12	3.095	3.908	+5	+1	0
13	3.076	3.939	+6	+1	+1
14	3.060	3.963	+8	+4	+3
15	3.044	3.989	+9	+4	+4
Σ	47.061	55.025	$\|\Delta\|=58$	$\|\Delta\|=37$	$\|\Delta\|=35$

联解两方程，即可得 a 和 b 值。由上表所列数据（$x=1/T\times10^3$），将实验数据前 7 个分为一组，后 8 个分为另一组，可得：

$$
\begin{array}{ll}
 & (8)a+3.194b-3.748=0 \\
(1)a+3.614b-3.045=0 & (9)a+3.160b-3.804=0 \\
(2)a+3.493b-3.246=0 & (10)a+3.140b-3.836=0 \\
(3)a+3.434b-3.346=0 & (11)a+3.117b-3.874=0 \\
(4)a+3.405b-3.396=0 & (12)a+3.095b-3.908=0 \\
(5)a+3.288b-3.588=0 & (13)a+3.076b-3.939=0 \\
(6)a+3.255b-3.647=0 & (14)a+3.060b-3.963=0 \\
+\quad (7)a+3.226b-3.696=0 & +\quad (15)a+3.044b-3.989=0 \\
\hline
7a+23.715b-23.964=0 & 8a+24.886b-31.061=0
\end{array}
$$

解此联立方程

$$7a+23.715b-23.964=0$$

$$8a+24.886b-31.061=0$$

得，$b=-1.657\times10^{-3}$，$a=9.037$

③ 最小二乘法。这种方法处理较繁琐，但结果较可靠，它需要 7 个以上的数据。它的基本原理是在有限次数的测量中，其 $\sum_{i=1}^{n} u_i = \sum_{i=1}^{n}[(bx_i+a)-y_i]$ 并不是一定为零，因此用平均值法处理数据时还有一定的偏差。但可以设想它的最佳结果应能使其标准误差为最小，

即 $\sum_{i=1}^{n}[(bx_i+a)-y_i]^2$ 为最小。如

$$S=\sum_{i=1}^{n}[(bx_i+a)-y_i]^2=b^2\sum_{i=1}^{n}x_i^2+2ab\sum_{i=1}^{n}x_i-2b\sum_{i=1}^{n}x_iy_i+na^2-2a\sum_{i=1}^{n}y_i+\sum_{i=1}^{n}y_i^2$$

则

$$\frac{\partial S}{\partial b}=0=2b\sum_{i=1}^{n}x_i^2+2a\sum_{i=1}^{n}x_i-2\sum_{i=1}^{n}y_ix_i$$

$$\frac{\partial S}{\partial a}=0=2b\sum_{i=1}^{n}x_i+2an-2\sum_{i=1}^{n}y_i$$

由上两式联立可解出 a，b 分别为

$$b=\frac{\sum_{i=1}^{n}x_i\sum_{i=1}^{n}y_i-n\sum_{i=1}^{n}x_iy_i}{\left(\sum_{i=1}^{n}x_i\right)^2-n\sum_{i=1}^{n}x_i^2}$$

$$a=\frac{\sum_{i=1}^{n}x_iy_i\sum_{i=1}^{n}x_i-\sum_{i=1}^{n}y_i\sum_{i=1}^{n}x_i^2}{\left(\sum_{i=1}^{n}x_i\right)^2-n\sum_{i=1}^{n}x_i^2}$$

将表 5-4 所列数据代入，得 $b=-1.660\times10^{-3}$，$a=9.046$

比较以上三种处理方法所得的 $[(bx_i+a-y_i)\times10^3]$ 的值（见表 5-4），可知最小二乘法为最小。

应用计算机软件的数据处理系统，可以很方便地完成上述这些任务。

（4）数据处理软件在化学实验中的应用　在化学实验中常常会遇到各种类型不同的实验数据，要从这些数据中找到有用的化学信息、得到可靠的结论，就必须对实验数据进行认真的整理及必要的分析和检验。除了以上所提到的分析方法外，化学、数学分析软件的应用大大减少了处理数据的麻烦，提高了分析数据的可靠程度。经验告诉我们，数据信息的处理与图形表示在化学实验中有着非常重要的地位。

随着计算机科学技术的发展，用于数据和图形处理的软件也越来越多，部分已经商业化，如微软公司的电子表格软件 Excel，Origin Lab 公司的专业作图软件 Origin 等。具体软件的应用方法，可从它们附带的用户手册及有关参考资料中获取。

第6章 基本物理量的测定技术

6.1 温度的测量

温度是表征体系中物质内部大量分子、原子平均动能的一个宏观物理量。物体内部分子、原子平动能的增加或减少，表现为物体温度的升高或降低。物质的物理化学特性都与温度有密切的关系，温度是确定体系状态的一个基本参量。因此，准确测量和控制温度在科学实验中是十分重要的。

6.1.1 温标

温度是一个特殊的物理量，两个物体的温度不能像质量那样互相叠加，两个温度之间只有相等或不等的关系。原则上，只要某一物理量随冷热的变化发生单调的明显变化，而且能够重现，都可以用于表征温度。为了表示温度的数值，需要建立一套标准——温标，即温度的基准点及其分度的办法，来统一温度的测量，这样才会有温度计的读数。确立一种温标应包括：选择测温仪器、确定基准点以及对分度方法加以规定。下面介绍几种常见的温标。

6.1.1.1 经验温标

常用的温标，如摄氏温标和华氏温标都属于经验温标。摄氏温标是在1742年由瑞典天文学家摄尔修斯（Anders Celsius，1701—1744年）创建的，目前为世界上绝大多数国家所采用。摄氏温标测温仪器为水银-玻璃温度计，规定在标准大气压（101.325kPa）下水的凝固点定为0度，而同压下水的沸点为100度，在这两点间均分为100等份，每一等份代表摄氏1度，以℃表示。

华氏温标于1714年由德国物理学家华伦海特（Daniel Gabriel Fahrenheit，1686—1736年）建立，目前美国、英国等国家仍在使用。华氏温标的测温仪器为水银-玻璃温度计，规定在标准大气压（101.325kPa）下，冰水混合物的温度为32度，同压下水的沸点为212度，在32～212间均分为180等份，每一等份代表华氏温度1度，以℉表示。

摄氏温度（t/℃）和华氏温度（t/℉）关系为：

$$t/^{\circ}\mathrm{F}=\frac{9t/^{\circ}\mathrm{C}}{5}+32 \qquad \text{或} \qquad t/^{\circ}\mathrm{C}=\frac{5\,(t/^{\circ}\mathrm{F}-32)}{9} \tag{6-1}$$

经验温标有两个缺点：一方面由于温标确定的随意性，感温质与温度之间并非严格的线性关系，所以不同的温度计对于同一温度所显示的数值也往往不同；另一方面是经验温标定义范围有限，例如玻璃水银温度计下限受到水银凝固点的限制，只能达到－39℃，上限受到水银沸点和玻璃软化点的限制，大约为600℃。随着科学技术的发展，经验温标的缺陷日益突出，因此需要寻找和确定更科学的温标。

6.1.1.2 热力学温标

最科学的温标是热力学温标，通常也称为绝对温标。热力学温标是以热力学第二定律为基础的，最初由汤姆逊提出后经开尔文等在1848年研究确立。它是以可逆热机效率作为测温参数而建立的，与测温物质的性质无关。由于可逆热机是理想的，无法制造成功，所以热力学温标仅是一种理论温标，因此需要寻找一个可以使用的温标来实现。理想气体在定容下的压力（或定压下的体积）与热力学温度呈严格的线性函数关系，故可用理想气体温度计来实现热力学温标。氦、氢、氮等气体在温度较高、压力不太大的条件下，其行为接近理想气体。所以，这种气体温度计的读数可以校正成为热力学温标。理想气体温度计是国际第一基准温度计。原则上说，其它温度计都可以用气体温度计来标定，使温度计的校正读数与热力学温标一致。

热力学温标采用单一固定点定义。1954 年确定以水的三相点温度 273.16K 作为热力学温标的基本固定点，规定"热力学温度单位开尔文（K）是水的三相点热力学温度的 1/273.16"。热力学温标的符号为 T，单位为开尔文，以 K 表示。热力学温标与通常习惯使用的摄氏温度分度值相同，只是差一个常数，即 $T/\mathrm{K}=273.15+t/℃$。

从理论上可以证实，热力学温标、理想气体温标是完全一致的。原则上，测量热力学方程式中某一个参量，就可以建立热力学温标。

6.1.1.3　**国际温标**

热力学温标被公认为是最理想的、最基本的温标。但是，实现这种温标的气体温度计结构复杂，技术难度大，使用也不方便。为此，人们致力于建立一个易于使用且能精确复现，又能十分接近热力学温标的实用性温标，用它来统一世界各国温度的测量。国际上经过协商，决定采用一种以热力学温标为基础，既方便实际测量又易于使用的、具有高精度的复现的国际实用温标，这种温标称为国际温标（IST）。国际温标是用来复现热力学温标的，为实用而建立起来的一种国际协议性温标，它不能取代热力学温标。其主要内容是：①用理想气体温度计确定一系列易于复现的高纯度物质的相平衡温度作为定义固定点温度，并给予最佳的热力学温度值；②在不同温度范围内，规定统一使用不同的基准温度计，并按指定的固定点分度；③在不同的定义固定点之间的温度，规定用统一的内插公式求取。

最早建立的国际温标是 1927 年第七届国际计量大会提出并采用的（简称 ITS-27）。半个多世纪来，经历了几次重大的修改，使国际温标日趋完善。现行温标是"1990 年国际温标"，简称 ITS-90，它是国际计量委员会根据第十八届国际计量会议的决定于 1989 年通过的，用以代替原先的 IPTS-68（75）和 EPT-76，并于 1990 年 1 月 1 日起生效。我国已于 1991 年 7 月 1 日起实施 ITS-90。

ITS-90 国际温标规定：热力学温度符号为 T，单位为开尔文（K），1 开尔文等于水三相点热力学温度的 1/273.16。ITS-90 还用下式定义了摄氏温度，符号为 t，摄氏温度的单位为摄氏度（℃），它的大小等于开尔文。T 与 t 之间的关系为：

$$T/\mathrm{K}=t/℃+273.15\mathrm{K} \tag{6-2}$$

1990 年国际温标选取了 17 个定义固定点（见表 6-1）。国际温标同时还规定，从低温到高温的四个温区中，在各个温区分别选用一个高度稳定的标准温度计来度量各固定点之间的温度值。这四个温区及相应的标准温度计见表 6-2。在不同温度区间也都规定了各自特定的内插公式及其求算方法。据此所测得的温度值与热力学温度极为接近，其差值在现代测温技术的误差之内。

表 6-1　ITS-90 定义固定点

序　号	温　度		物质[①]	状态[②]
	T_{90}/K	t_{90}/℃		
1	3～5	−270.15～−268.15	He	V
2	13.8033	−259.3467	e-H_2	T
3	≈17	≈−256.15	e-H_2(或 He)	V(或 G)
4	≈20.3	≈−252.85	e-H_2(或 He)	V(或 G)

续表

序　号	温　度		物质①	状态②
	T_{90}/K	t_{90}/℃		
5	24.5561	−248.5939	Ne	*T*
6	54.3584	−218.7916	O_2	*T*
7	83.8058	−189.3442	Ar	*T*
8	234.3156	−38.8344	Hg	*T*
9	273.16	0.01	H_2O	*T*
10	302.9146	29.7646	Ga*	*M*
11	429.7485	156.5985	In*	*F*
12	505.078	231.928	Sn	*F*
13	692.677	419.527	Zn	*F*
14	933.473	660.323	Al*	*F*
15	1234.93	961.78	Ag	*F*
16	1337.33	1064.18	Au	*F*
17	1357.77	1084.62	Cu*	*F*

① e-H_2 指平衡氢，即正氢和仲氢的平衡分布，在室温下正常氢含 75%正氢、25%仲氢；＊第二类固定点。

② *V*—蒸气压点；*G*—定容气体温度计点；*T*—三相点（固、液和蒸气三相共存的平衡温度）；*F*—凝固点；*M*—熔点（熔点和凝固点是指在 101325Pa 的压力下，固、液两相共存的平衡温度，同位素组成为自然组成状态）。

表 6-2　四个温区及相应的标准温度计

温度范围/K	13.81～273.15	273.15～903.89	903.89～1337.58	>1337.58
标准温度计	铂电阻温度计	铂电阻温度计	铂铑(10%)-铂热电偶	光学高温计

6.1.2　温度的测量和温度计

6.1.2.1　温度的测量

温度是表征物体冷热程度的一个物理量。当两个不同温度的物体相接触时，必然有能量以热量的形式由高温物体传递至低温物体。当两物体处于热平衡时，温度就相同。这就是测量温度的基础。温度参数是不能直接测量的，一般只能根据物质的某些特性值与温度之间的函数关系，通过对这些特性参数的测量间接地获得。

可以用于测量温度的物质都具有某些与温度密切相关而且又能严格复现的物理性质，例如体积、长度、压力、电阻、温差电势、频率以及辐射波等。利用这些特性可以设计并制成各类测温仪器——温度计。

(1) 测量的分类　按照测量的方式不同，温度测量分为接触式和非接触式两类。所谓接触式，即两个物体接触后，在足够长的时间内达到热平衡（动态平衡），两个互为热平衡的物体温度相等。如果将其中一个选为标准，当作温度计使用，它就可以对另一个实现温度测量，这种测温方式称为接触式测温。所谓非接触式，是指选为标准并当作温度计使用的物体，与被测物体互不接触，利用物体的热辐射（或其它特性），通过对辐射量或亮度的检测实现测量，这种测温方式称为非接触式测温。

(2) 温度计的种类　温度计的种类很多，通常可分为接触式和非接触式两大类。如按照测量的用途不同，可分为温度测量和温差测量两类。比较常见的温度计的种类、使用范围及精度见表 6-3。

表 6-3　温度计的种类、使用范围和精度

<table>
<tr><th>方式</th><th colspan="2">名称</th><th>可用温度/℃</th><th>常用温度/℃</th><th>精度/℃</th><th>价格</th></tr>
<tr><td rowspan="11">接触式</td><td colspan="2">水银温度计</td><td>−65～650</td><td>−60～300</td><td>±0.1～±2</td><td>廉</td></tr>
<tr><td colspan="2">双金属片温度计</td><td>−50～500</td><td>−40～400</td><td>±0.5～±5</td><td>廉</td></tr>
<tr><td colspan="2">液体压力温度计</td><td>−40～500</td><td>−30～400</td><td>±0.5～±5</td><td>廉</td></tr>
<tr><td colspan="2">蒸气压力温度计</td><td>−20～200</td><td>+40～180</td><td>±1～±10</td><td>廉</td></tr>
<tr><td colspan="2">铂电阻温度计</td><td>−260～1000</td><td>−260～630</td><td>±0.01～±5</td><td>高</td></tr>
<tr><td colspan="2">热敏电阻温度计</td><td>−50～350</td><td>−50～350</td><td>±0.3～±5</td><td>一般</td></tr>
<tr><td rowspan="5">热电偶</td><td>铂铑 10%-铂</td><td>0～1600</td><td>800～1480</td><td>±1～±4.5</td><td>高</td></tr>
<tr><td>镍铬-镍硅</td><td>500～1300</td><td>400～1000</td><td><400±4
>400±10% t</td><td>一般</td></tr>
<tr><td>镍铬-康铜</td><td>−200～800</td><td>−180～700</td><td>±3～±5</td><td>一般</td></tr>
<tr><td>铁-康铜</td><td>−200～800</td><td>−180～600</td><td>3～10</td><td>一般</td></tr>
<tr><td>铜-康铜</td><td>−200～350</td><td>−100～200</td><td>±2～±5</td><td>一般</td></tr>
<tr><td rowspan="3">非接触式</td><td colspan="2">光学高温计</td><td>700～3000</td><td></td><td>3～10</td><td>一般</td></tr>
<tr><td colspan="2">辐射温度计</td><td>200～3000</td><td></td><td>1～10</td><td>高</td></tr>
<tr><td colspan="2">色温度计</td><td>180～3500</td><td></td><td>5～20</td><td>高</td></tr>
</table>

（3）温度计的选择　根据实验、科研情况选择测温仪表的类型，在选择温度计时，必须考虑如下几点：①测温范围的大小和精度要求；②被测物体的温度是否需要指示，记录和自动控制；③能否便于读数和记录，即仪表使用是否方便；④感温元件大小是否适当；⑤被测物体和环境对感温元件是否有害；⑥仪表的寿命；⑦价格和成本的高低；⑧在被测物体温度随时间变化的场合，感温元件滞后性能否适合测温要求。

（4）温度测量仪表精度级的选择　仪表的精度级要根据实验及实际情况等所允许的最大测量误差来确定。

【例 6-1】 现要测温度 $t=70℃$，实验要求测量值精确到 1%，如何确定仪表的精度等级？

解　测量允许绝对误差值为 δ

$$\delta=t\times1\%=70\times1\%=0.7\ (℃)$$

选 0～100℃量程的仪表，则仪器允许的相对误差：

$$\frac{\delta}{100-0}=\frac{0.7}{100}=0.7\%$$

所以，选用精度级为 0.5 级的温度计就能满足实验要求。

（5）温度测量仪表量程的选择　进行测温时，测量的准确度不仅与所选用仪表的精度等级有关，而且与仪表的量程有关。也就是说，精度等级相同，但量程不同的仪表，其可能产生的绝对误差是不同的。

例如，欲测 100℃的某介质的温度，今选用精度均为 1 级但量程不同的两支温度计，一支为 0～100℃，另一支为 0～1000℃进行测量。量程为 0～100℃的误差＝100×1%＝1℃，而量程为 0～1000℃的，其误差＝1000×1%＝10℃。

正常使用的测温范围一般为全程的30%～90%。

6.1.2.2 玻璃-液体温度计

通常所称的液体温度计，应称为玻璃-液体温度计较为合理。它是以液体作为测温物质，利用测温物质的热胀冷缩性质来表征温度。由于玻璃的膨胀系数很小，而毛细管又是均匀的，故测温液体的体积变化可用长度改变量表示，在毛细管上直接标出示值来。液体温度计要达到热平衡需较长时间。特别是在体系降温的测量中常会发生滞后现象，但其构造简单、读数方便、价格较低，所以，迄今仍是使用最为普遍的一个大类温度计。

(1) 水银温度计 水银温度计是根据水银体积随温度变化来表征温度的，是实验室中最常用的测温工具。尽管水银膨胀系数小于其它测温液体的膨胀系数，但用水银作测温物质有许多优点，如水银易提纯、热导率大、比热容小、膨胀系数较均匀、不易黏附在玻璃上、不易被氧化、不透明、便于读数等。水银温度计（如图6-1）结构简单、价格便宜，具有较高的精密度，直接读数，使用方便。但是易损坏，损坏后无法修理。水银温度计使用范围为－35～360℃（水银的熔点是－38.7℃，沸点是356.7℃）。如果用特硬玻璃作管壁，其中充以氮气或氩气，最高可测至600℃。如果以石英制成，可测至750℃。若水银中掺入8.5%的铊，则可以测量到－60℃的低温。

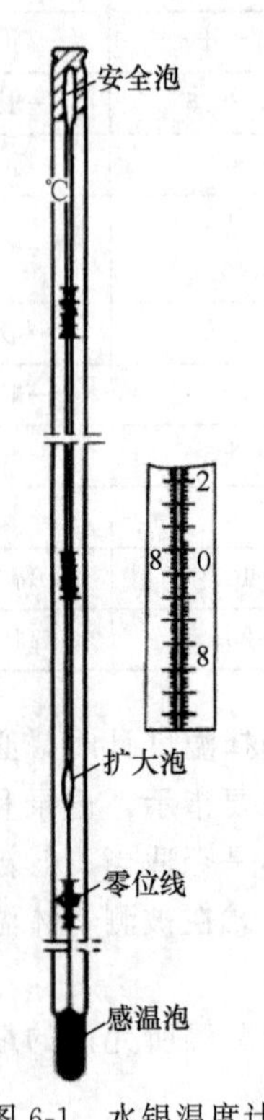

图6-1 水银温度计

水银温度计的顶部有一个安全泡，用以防止温度超过使用范围时可能而引起温度计的破裂。毛细管底部的扩大泡是用于代替毛细管贮存液体之用，以满足在测温范围内温度示值精度的要求。

水银温度计按精度等级可分为一等标准温度计、二等标准温度计和实验温度计。实验温度计测温精度高，分度有1℃、1/5℃、1/10℃等几种。按温度计在分度时的条件不同，可分为“全浸式”和“非全浸式”两种。全浸式温度计使用时必须将温度计上的示值部分全部浸入测温系统（为读数方便，温度测量值可露出系统，但不应超过1cm）；而非全浸式温度计使用时只需浸到温度计下端某一规定位置。一般分度为1/10℃的精密温度计都是全浸式温度计。

① 水银温度计的种类和使用范围 按其刻度和量程范围的不同，水银温度计可分为下列几种。

a. 常用的每分度为1℃或0.5℃，量程范围有－5～105℃、0～150℃、0～250℃、0～360℃等。

b. 供量热学用的有9～15℃、12～18℃、15～21℃、18～24℃、20～30℃等精密温度计，每分度0.01℃或0.02℃。目前广泛应用间隔为1度的量热温度计，每分度0.002℃。

c. 分段温度计，从－10～200℃共有24支。每支温度范围10℃，每分度0.1℃；另外有－40～400℃，每间隔50℃一支，每分度0.1℃。

② 水银温度计的使用

a. 水银温度计的校正。对水银温度计来说，大部分为全浸式，使用时应将其完全置于被测体系中，使两者达到热平衡，但实际使用中往往做不到这一点，所以在较精密的测量中需作校正。通常引起误差的主要原因和校正方法如下。

ⅰ. 露茎的校正。对于全浸式温度计，使用时要求整个水银柱的温度与感温泡的温度相同，如果两者温度不同，就需要进行校正。对于局部浸入式温度计，温度计上有一浸入线，表示测温时规定进入的深度。即标线下水银柱的温度应当与感温泡的温度相同，标线以上的温度应与检定时温度相同。测温时，小于或大于这一浸入深度，或标线以上的水银柱温度与检定温度不一样，就需要校正。这两种校正统称为露茎校正。其方法如图 6-2 所示，校正值的计算公式如下：

$$\Delta t = Kh\ (t_{测} - t_{环}) \tag{6-3}$$

式中，$\Delta t = (t_{实} - t_{测})$ 为读数的校正值；$t_{测}$ 为温度的读数值；$t_{实}$ 为温度的正确值；$t_{环}$ 为露出测温系统外水银柱的有效温度（从放置在露出一半位置处的另一辅助温度计读出）；$K = 0.00016$，$℃^{-1}$，为水银对玻璃的相对膨胀系数；h 为露出待测体系之外的水银柱长度，称为露茎高度，以温度差值（℃）表示。

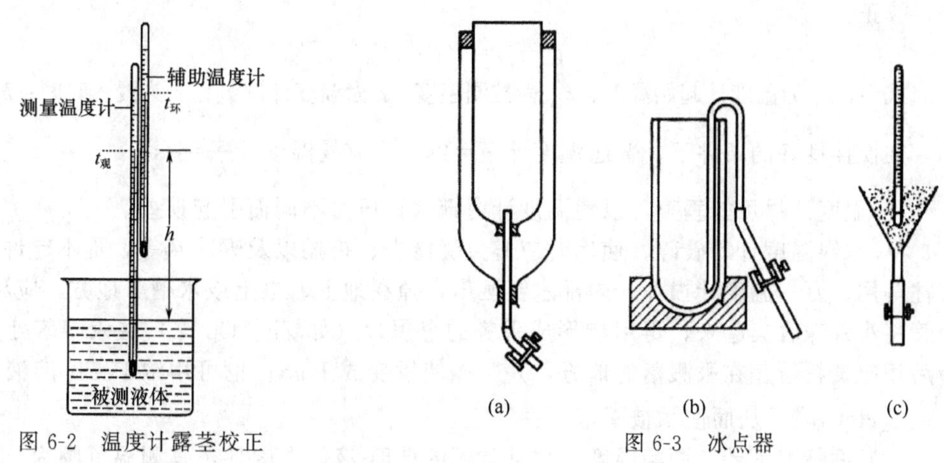

图 6-2　温度计露茎校正　　图 6-3　冰点器

【例 6-2】 有一全浸式温度计的读数为 90℃，浸入深度为 80℃，露出待测系统外的水银柱有效温度即环境温度为 60℃，试求实际温度是多少？

解

$$h = 90 - 80 = 10℃$$

$$t_{测} = 90℃,\ t_{环} = 60℃$$

$$t_{测} - t_{环} = 90 - 60 = 30\ (℃)$$

$$\Delta t = 0.00016 \times 10 \times 30 = 0.048\ (℃)$$

所以，实际温度为 90℃＋0.048℃，即 90.048℃。

ⅱ.零位校正。因为玻璃属于过冷液体，是热力学不稳定体系。当温度计在高温使用时体积膨胀，但冷却后玻璃结构仍冻结在高温状态，感温泡体积不会立即复原，因而导致零位下降。另外，随着使用时间的增加，水银温度计下端感温泡的体积可能会有所改变，所以温度读数会与真实值不符，若要准确地测量温度，则在使用前必须对温度计进行零位校正。对此，可以把温度计与标准温度计进行比较，也可以用纯物质的相变点标定校正。冰水体系是最常使用的一种。

检定零位的恒温器称为冰点器。如图 6-3(a) 所示是由夹层玻璃容器制成的冰点器，空气夹套起绝热保温作用。以免冰很快融化，融化的冰水从底部小管排出。容器中盛以用纯水制成的冰和少量纯水，水面比冰面稍低。冰要经过粉碎、压紧，应很好地围绕温度计，注意冰水混合物中不应含有空气泡。也可用图 6-3(b) 所示保温瓶作冰点器，用虹吸管排出水。此外，可用一个大漏斗，下接橡皮管作成简单的冰点器［图 6-3(c)］。

ⅲ.示值校正。由于水银温度计的毛细管内径、截面不可能绝对均匀，水银的相对膨胀系数与温度也非严格的线性关系。因而读数与国际温标存在差异，必须进行示值校正。

标准温度计和精密温度计可由制造厂或计量机构进行校正，给予检定证书。实验室中对于没有检定证书的温度计，以标准水银温度计为标准，同时测定某一体系的温度，将对应值一一记录下来，作出校正曲线。也可以纯物质的熔点或沸点作为标准，进行校正。

b. 使用注意事项。

ⅰ. 在对温度计进行读数时，应注意使视线与液柱面位于同一平面（水银温度计按凸面之最高点读数）。

ⅱ. 为防止水银在毛细管上附着，所以读数时应用手指轻轻弹动温度计。

ⅲ. 注意温度计测温时存在延迟时间，一般情形下温度计浸在被测物质中 1～6min 后读数，延迟误差是不大的，但在连续记录温度计读数变化的实验中要注意这个问题。可用下式进行校正：

$$t-t_m=(t_0-t_m)\,e^{-kx} \tag{6-4}$$

式中，t_0 为温度计起始温度；t_m 为被测温度；t 为温度计读数；x 为浸入时间；k 为常数。

在搅拌良好的条件下，普通温度计 $\frac{1}{k}=2s$，贝克曼温度计 $\frac{1}{k}=9s$。

ⅳ. 温度计尽可能垂直，以免温度计内部水银压力不同而引起误差。

ⅴ. 水银温度计易破碎，使用时应避免受撞击、折拗以及骤冷热等，更不允许作搅拌棒、支柱等用。万一温度计损坏，内部水银洒出，掉在地上、桌上或水槽等地方，应尽可能用吸汞管将小汞珠收集起来，再用能形成汞齐的金属片（如 Zn、Cu 等）在汞溅落处多次扫过。最后用硫黄粉覆盖在汞溅落的地方，并摩擦使汞变成 HgS；也可用浓 $FeCl_3$ 溶液使汞氧化，生成 $[HgCl_4]^{2-}$ 从而使汞被固定。

（2）酒精温度计　酒精温度计也是常用的玻璃-液体温度计，其测温范围为－80～80℃。用酒精作为测温液体，其优点为：①膨胀系数大，同样的温度变化，液柱高度变化显著；②凝固点低，利于低温测量。但其也有明显的缺点：①体积随温度变化的线性关系较差，所以温度计示值等分刻度误差较大；②平均比热容大，如酒精温度计升高 1℃的热量可使水银温度升高近 20℃，显然，酒精温度计热惰性大，测温灵敏度差；③传热系数小，故测温滞后现象明显；④由于有机液体对玻璃润湿性好，易产生黏附现象，所以毛细管内径不宜太小，否则示值精度较差。

即便如此，由于酒精毒性比水银小，制作方便，故在一般测温中（尤其低温测量），酒精温度计仍被普遍使用。

其它的一些液体温度计也是利用液体热胀冷缩的原理指示温度，如甲苯（可测至－100℃）、戊烷（可测至－190℃）等。

6.1.2.3　温差温度计

（1）贝克曼温度计

① 结构和特点　在化学实验中，常常需要对体系的温度变化进行精确的测量，如燃烧热的测定，凝固点下降法测摩尔质量等，均要求温度测量精确到 0.002℃，普通温度计达不到如此的精确度，这就需要使用贝克曼温度计。贝克曼温度计是一种移液式的内标温度计，其特点是：测温精度高；专用于测量温度差值，不能用作温度值的绝对测量；测温范围可以调节。这些特点是由其特殊结构所决定的。如图 6-4 所示，贝克曼温

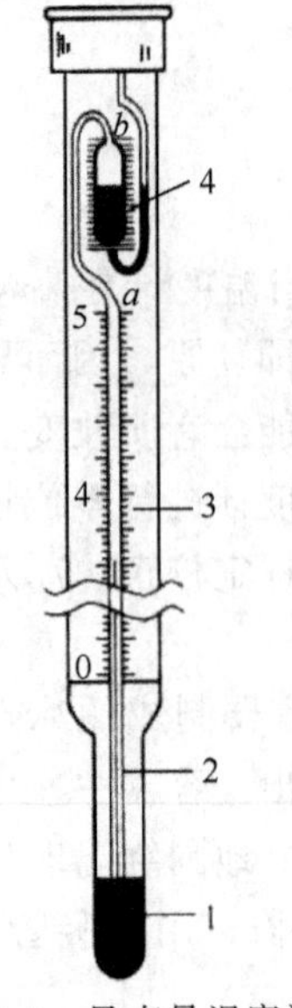

图 6-4　贝克曼温度计

1—水银球；2—毛细管；3—温度标尺；4—水银贮管及辅助贮槽

度计的结构特点是底部的水银贮球大，顶部有一个辅助水银贮槽，用来调节底部水银量，所以同一支贝克曼温度计可用于不同温区。在水银柱主标尺上，通常只有 0～5℃或 6℃的刻度范围，标尺上的最小分度值是 0.01℃，用放大镜可以读准到±0.002℃，测量精度较高。它的测量温度使用范围为－20～＋150℃。为了用于不同的用途，其刻度方式有两种：一种是 0℃刻在下端，另一种是 0℃刻在上端。

② 贝克曼温度计的调节方法　贝克曼温度计调节方法有恒温浴调节法和标尺读数法两种。下面以 0℃刻在下端的为例，介绍恒温浴调节法。

首先根据实验的需要，确定贝克曼温度计所使用的温度范围。例如测量温度降低值时，则温度计的读数应位于 4℃左右为宜。测定燃烧热时，则室温时水银柱的示值在 1～2℃之间为宜。

使用贝克曼温度计时，首先将它插入一个与所测起始温度相同的体系内。待平衡后，如果毛细管内水银面在所要求的合适刻度附近，就不必调整，否则就需进行调整。如果水银球中水银量过多，毛细管内水银面如图 6-5(a) 所示时，把贝克曼温度计和另一支普通温度计一起插入盛水的烧杯中。烧杯中水温应调节至所需的调试温度。设 t℃为实验欲测的起始温度，在此温度下欲使贝克曼温度计中毛细管水银面在 1℃附近，则使烧杯中水温为 $t'=(t+4)+R$（R 为 a～b 这一段毛细管所相当的温度，约为 2℃）。待平衡（约 5min）后，如图 6-5(b) 所示，用右手握住贝克曼温度计的中部，从烧杯中取出（离开实验台），立即用左手沿温度计的轴向轻敲右手手腕（见图 6-6），使水银柱在 b 点处断开（注意 b 点不得有水银滞留）。这样就使得体系起始温度恰好在贝克曼温度计示值 1℃附近。

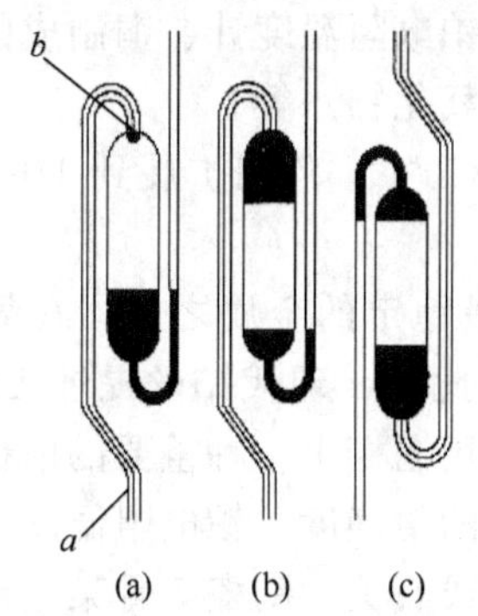

图 6-5　贝克曼温度计水银面

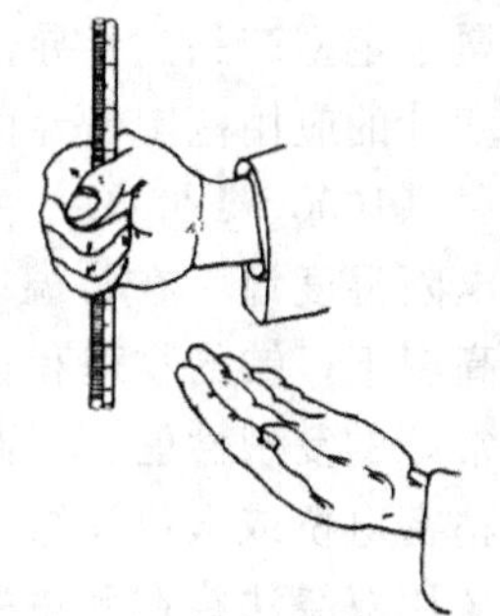
图 6-6　使水银柱在 b 点处断开

如贮液球中水银太少，用右手握住温度计中部，将温度计倒置，用左手轻敲右手手腕，此时贮液球中水银会自动流向辅助贮槽中的水银相连接，如图 6-5(c) 所示。连好后将温度计正置，按上述方法调节水银量。

把调好的贝克曼温度计插入 t℃的水中，检查水银柱是否落在预先确定的刻度范围内。如不合适，应检查原因，重新调节。调好的贝克曼温度计应合适放置，勿使毛细管中的水银与贮槽中的水银相接，最好直接安放在待使用的仪器上。

贝克曼温度计属于贵重玻璃仪器，其下端水银球的玻璃很薄，中间的毛细管很细，因此使用时应要特别小心，不要同任何硬的物件相碰，不要骤冷、骤热，用完后必须立即放回盒内，不能随便放置。

(2) 精密温度温差测量仪　目前，代替贝克曼温度计用来测量微小温度差的仪器是精密温度温差测量仪。该仪器是近年来数字电子技术的产物，具有与贝克曼温度计相同的功能，可实现“温度”、“温差”切换，温差基准可自动置零，具有定时读数提示声、光警示功能。

由于其灵敏度高、无汞污染、操作方便和数据直观等特点，将逐步取代传统的贝克曼温度计。精密温度温差测量仪的温度测量范围为−20～100℃，温度测量分辨率为0.01℃，温差测量分辨率为0.001℃，温差可调零。

使用方法如下：

① 将温度传感器探头插入待测介质中。

② 插上电源插头，打开电源开关，数码显示器即显示一个温度值，预热5min。

③ 待显示值稳定后，此时显示的温度为待测介质的实际温度，按下“温度/温差”键，此时显示温差值。再按下置零键，约2s后，显示器显示0000，即参考值 T_0 自动设定为0.000℃。

④ 当介质温度改变时，显示器显示的温度值为 T_1，便得 $\Delta T = T_1 - T_0$。因为 $T_0 =$ 0.000℃，则 $\Delta T = T_1$，亦即显示器显示的数值就是被测介质温度变化的差值。

⑤ 每隔30s，面板上的指示灯闪烁一次，同时蜂鸣器鸣叫1s，以便使用者读数。

6.1.2.4　**电阻温度计**

电阻温度计是利用物质的电阻随温度而变化的特性制成的测温仪器。任何物质的电阻都和温度有关。因此，都可以用来测量温度。但是，能满足实际要求的并不多。在实际应用上，不仅要求有较高的灵敏度，而且要求有较高的稳定性和复现性。目前按感温元件的材料来分有金属导体和半导体两大类。大多数金属导体的电阻值都随着温度的增高而增大，一般当温度每升高1℃，电阻值增加0.4%～0.6%。半导体材料则具有负的温度系数，其值（以20℃为参考点）为温度每升高1℃，电阻值降低2%～6%。金属导体有铂、铜、镍、铁和铑铁合金。目前大量使用的材料为铂、铜和镍。铂制成的为铂电阻温度计、铜制成的为铜电阻温度计，都属于定型产品。半导体有锗、碳和热敏电阻（氧化物）等。

电阻温度计的应用范围已经由中、低温度（−200～850℃）范围扩展到1～5℃的超低温领域和高温（1000～1200℃）范围。

（1）铂电阻温度计　在常温下铂是对各种物质作用最稳定的金属之一，在氧化性介质中，即使在高温下，铂的物理和化学性能也都非常稳定。此外，现代铂丝提纯工艺的发展，保证它有非常好的复现性能，因而铂电阻温度计是国际实用温标中一种重要的内插仪器。铂电阻与专用精密电桥或电位计组成的铂电阻温度计有极高的精确度。铂电阻温度计的感温元件是由纯铂丝用双绕法绕在耐热的绝缘材料如云母、玻璃或石英、陶瓷等骨架上制成的，如图6-7所示。在铂丝圈的每一端都焊着两根铂丝或金丝，一对为电流引线，另一对为电压引线。

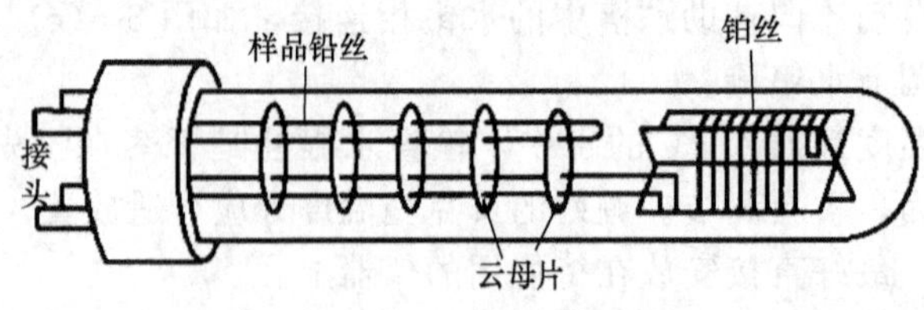

图6-7　铂电阻温度计结构图

标准铂丝电阻温度计感温元件在制成前后，均须经过充分仔细清洗，再装入适当大小的硬质玻璃或石英等套管中，进行充氦、封接和退火等一系列严格处理，才能保证具有很高的稳定性和准确度。

（2）热敏电阻温度计　热敏电阻是由铁、镍、锌等金属氧化物（半导体材料）在高温熔制而成的。热敏电阻可制成各种形状，如珠形、杆形、圆片形等，作为感温元件通常选用珠形和圆片形。

热敏电阻的电阻值会随着温度的变化而发生显著的变化，它是一个对温度变化极其敏感的元件，对温度的灵敏度比铂电阻、热电偶等其它感温元件高得多。目前，常用的热敏电阻能直接将温度变化转换成电性能，如电压或电流的变化，测量电性能变化就可得到温度变化结果。

热敏电阻与金属导体的热电阻不同，属于半导体，具有负电阻温度系数，其电阻值随温度升高而减小。热敏电阻的电阻与温度的关系不是线性的，但当测量温度范围较小时，可近似为线性关系。实验证明，其测温的精度足以和贝克曼温度计相比，而且还具有热容量小、响应快、便于自动记录等特点。现在，实验中已用此种温度计制成的温差测量仪代替贝克曼温度计。热敏电阻的缺点是测量温度范围较窄，且由于电阻值会因老化而逐渐改变，需经常标定，因此不适于较高温度下使用。

6.1.2.5　**热电偶**

热电偶是目前工业测温中最常用的传感器，也是化学实验中温度测量的常用仪器。它不仅结构简单，制作方便，测温范围广（−272～+2800℃），而且热容量小，响应快，灵敏度高，可作为自动控制温度的检测器等。

(1) 热电偶的测温原理　两种不同成分的导体 A 和 B 连接在一起形成一个闭合回路，如图 6-8 所示。当两个接点的温度不同时，例如 $t>t_0$，回路中就产生一个与温差有关的电势 $E_{AB}(t, t_0)$，这种现象称为塞贝克效应（也称热电效应），而这个电势称为热电势。热电偶就是利用这个原理来测量温度的。

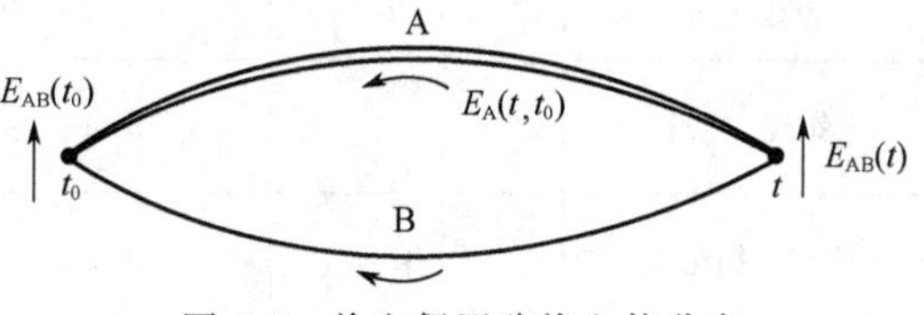

图 6-8　热电偶回路热电势分布

导体 A 和 B 称为热电极，温度 t 端为感温部分，称为测量端（或热端）；温度 t_0 端为连接显示仪表部分，称为参比端（或冷端）。实验证明，热电偶回路中的总热电势 $E_{AB}(t, t_0)$ 为两接点热电势 $\varphi_{AB}(t)$ 与 $\varphi_{AB}(t_0)$ 之差，其值取决于 A、B 两材料的性质与两接点的温度，即

$$E_{AB}(t,t_0)=\varphi_{AB}(t)-\varphi_{AB}(t_0) \tag{6-5}$$

按国际实用温标规定，用热电偶测温时，冷端应处于 101325Pa 下冰水混合物的平衡温度，即 0℃。所以，当 A、B 两材料确定后，$\varphi_{AB}(t_0)=C$（常数），回路热电势仅为热端温度的单值函数（即温差电势只与另一个接点的温度有关）：

$$E_{AB}(t,t_0)=\varphi_{AB}(t)-C=f(t) \tag{6-6}$$

据此整理成的热电偶 E-t 关系的图表或公式，即可方便地用于测求不同的温度。

(2) 常用热电偶

① 热电偶材料的基本要求　为了保证热电偶在使用中的可靠性，并有足够的精确度，对热电偶电极材料的要求：a. 在测温范围内，电极材料要有足够的物理化学性能稳定，不产生再结晶或蒸发现象，也不易氧化或腐蚀；b. 在测温范围内，热电性质稳定，热电势不随时间变化；c. 电阻温度系数要小，电导率要高；d. 它们组成的热电偶，在测温中产生的电势要大，并希望热电势与温度成单值线性或接近线性关系；e. 材料复制性好，可制成标准分度，有良好的机械加工性能，制造工艺简单，价格便宜。上述要求是理想的，并非每种热电阻都要全部符合。而是在选用时，要根据测温的具体条件，加以考虑。应当强调的是，热电偶的热电特性仅决定于选用的热电极材料的特性，而与热电极的直径、长度无关。

② 常用的热电偶　国内外热电偶材料的品种繁多，而国际公认、性能优良、产量最大的共有七种。目前在我国常用的有表 6-4 所列的几种，各种热电偶都具有不同的优缺点，因此在选用热电偶时应根据测温范围、测温状态和介质情况综合考虑。例如，易受还原的铂-铂铑热电偶不应在还原气氛中使用。在测量高温体系时，不能用低量程的热电偶。热电偶的分度号是表示热电偶分度的代号，在热电偶和显示仪表配套时必须注意其分度号是否一致，若不一致就不能配套使用。

表 6-4　热电偶基本参数

名称	新分度号	分度号	测量温度范围/℃	允许误差/℃	
				温度范围	误差
铜-康铜	T	CK	−200～+300	−200～−40 −40～+80 +80～+300	±1.5%t ±0.6 ±0.75%t
镍铬 10-康铜		EA-2	0～+800	≤400	±4
镍铬-康铜		NK	0～+800	>400	±1%t
铁-康铜		FK	0～+800	≤400 >400	±3 ±0.75%t
镍铬-镍硅	K	EU-2	0～+1300	≤400	±3
镍铬-镍铝			0～+1100	>400	±0.75%t
铂铑 10-铂	S	LB-3	0～+1600	≤600 >600	±3 ±0.5%t
铂 30-铂铑 6	B	LL-2	0～+1800	≤600 >600	±3 ±0.5%t
钨铼 5-钨铼 20		WR	0～+2800	≤1000 1000～2000	±10 ±1%t

注：t 为被测温度的绝对值。

(3) 热电偶的结构和制备

① 热电偶的结构要求　热电偶的热接点要焊接牢固；两接点间除了热接点外，必须有良好的绝缘，防止短路；导线与热电偶的参比端的连接要可靠、方便；热电偶在有害介质中测量温度时，保护管应保证把被测介质与热电极隔绝开来。

② 热电偶的制备　在设计制备热电偶时，热电极的材料、直径的选择，应根据测量范围、测得对象的特点，以及电极材料的价格、机械强度、热电偶的电阻而定。贵金属材料一般选用直径 0.5mm；普通金属电极由于价格较便宜，直径可以粗一些，一般为 1.5～3mm。热电偶的长度应由它的安装条件及需要插入被测介质的深度决定，可以从几百毫米到几米不等。

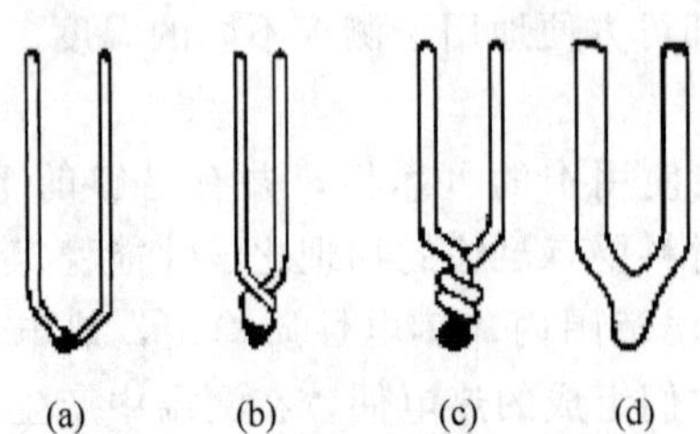

图 6-9　热电偶接点常见结构形式

(a) 直径一般为 0.5mm；(b) 直径一般为 1.5～3mm；(c) 直径一般为 3～3.5mm；(d) 直径大于 3.5mm 才采用

热电偶接点常见结构形式如图 6-9 所示。热电偶热接点可以是对焊，也可以预先把两端绕在一起再焊。应注意绞焊圈不宜超过 2～3 圈，否则工作端将不是焊点，而向上移动，测量时有可能带来误差。

普通热点偶的热接点可以用电弧、乙炔焰、氢氧吹管的火焰来焊接。当没有这些设备时，也可以用简单的点熔装置来代替。用一只调压变压器把市用 220V 电压调至所需电压，以内装石墨粉的铜杯为一极，热点偶作为另一极，在已经绞合的热电偶接点处粘上一点硼砂，熔成硼砂小珠，插入石墨粉中（不要接触铜杯），通电后使接点发生熔融，成为一光滑的圆珠即成。

热电偶在装入保护管之前，为了防止热电极短路，一般要用绝缘瓷管套好。

③ 热电偶的结构形式　热电偶的结构形式可分为普通热电偶、铠装热电偶和薄膜热电偶。普通热电偶主要用于测量气体、蒸气、液体等介质的温度。铠装热电偶是由热电极、绝缘材料和金属保护管三者组合成一体的特殊结构的热电偶。铠装热电偶与普通热电偶比较起来，具有坚固耐用、外径小（最小直径可达 0.25mm）、热响应时间短、耐高压，且具有良好的可挠性等优点，便于安插到测温系统的特殊部位，所以获得了普遍的应用。薄膜热电偶是由两种金属薄膜连接在一起的一种特殊结构的热电偶，是近年发展起来的一种新的结构形式。随着工艺、材料的不断改进，是一种很有前途的热电偶。

(4) 热电偶的校正

① 利用纯物质的熔点或沸点进行校正　由于纯物质发生相变时的温度是恒定不变的，因此挑选几个已知沸点或熔点的纯物质分别测定其加热或步冷曲线（E-T 关系曲线），曲线上水平部分所对应的热电势差（mV）即相应于该物质的熔点或沸点，据此作出温差电势-温度曲线（E-T 曲线），称为标准曲线。实际测温时，在测得热电偶的温差电势后，用内插法从标准曲线上查得温度。对于商品热电偶，出厂时在说明书中给出温度与对应的热电势值，可查表或作曲线内插得到温度值。

② 利用标准热电偶校正　将待校热电偶与标准热电偶（已知电势与温度的对应关系）的热端置于相同温度处，进行一系列不同温度点的测定，同时读取热电势（mV），借助于标准热电偶的电动势与温度的关系获得待校热电偶温度计的一系列 E-T 关系，作出工作曲线。高温下，一般常用铂-铂铑作为标准热电偶。

(5) 热电偶的使用

① 热电偶温度计装置　一般将热电偶的一个接点置于待测物体（热端）中，另一接点则置于储有冰水的保温瓶（冷端）中，这样可以保持冷端温度稳定，如图 6-10 所示。温差电势可用电位差计、毫伏计或数字电压表测量，而精密的测量可用灵敏检流计或电位差计。

② 热电偶保护管　热电偶温度计包含两条焊接起来的不同金属的导线，低温时两条线可用绝缘线隔离，而高温时则须用石英管、瓷管或硬质玻璃隔离，可根据待测的最高温度来选用合适的材料或保护管。

③ 冷端补偿　热电偶的热电势与温度关系的数据表是在冷端保持 0℃时得到的。因此在使用时也最好保持相同的条件，即直接将热电偶冷端或用补偿线将冷端延伸出来置于冰水浴中。若没有冰水，则应使冷端处于温度较稳定的室温。在确定温度时，需将测得的热电势加上 0℃至室温的热电势（室温高于 0℃时），然后再查数据表。若用直读式高温表，则应将指针零位拨到相当于室温的位置。热电偶冷端温度波动引起的热电势变化也可用补偿电桥法来校正。市售的冷端补偿计有按冷端是 0℃或 20℃设计的，购买时要说明配用的热电偶型号。若热电偶的长度不够，需用补偿导线与补偿器连接。使用补偿导线时，切勿用错型号或将正、负极接错。

④ 温度的测量　要使热端温度与待测介质温度完全一致，两者须有良好的热接触，并很快建立热平衡。要求热端不向介质以外传递热量，以免热端与介质达不到热平衡而存在一定温差。

有时为了使热电势增大，增加测量精确度，可将几个热电偶串联成热电堆（图 6-11）使用，热电堆的热电势等于各个热电偶电势之和。

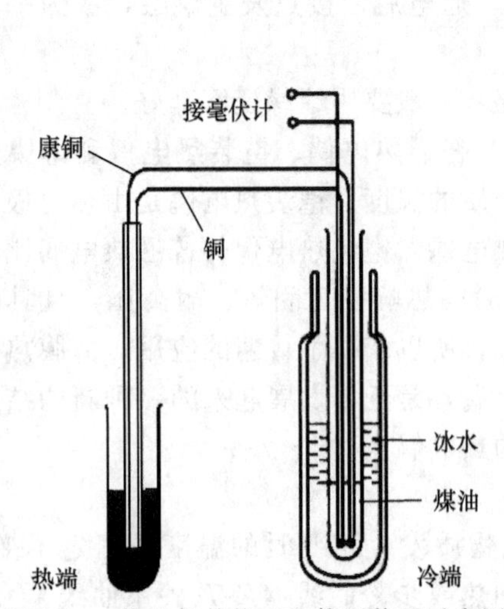

图 6-10　热电偶的校正和使用装置示意图

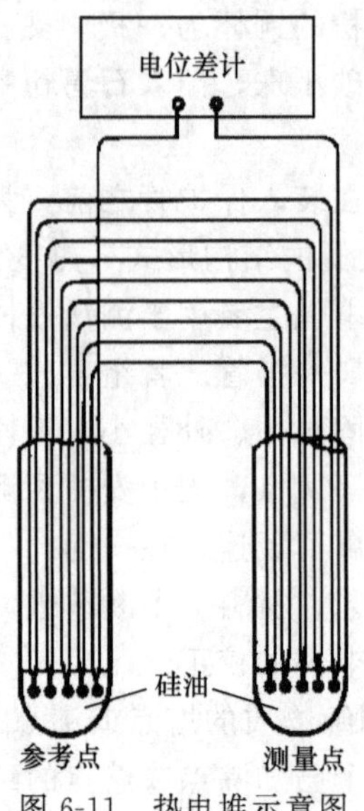

图 6-11　热电堆示意图

(6) 热电偶的使用注意事项

① 使用前，注意挑选合适的热电偶，即温度范围合适，环境气氛适应。同时参比端的温度要恒定。测温前要测试确定热电偶的正、负极。

② 热电偶使用前，要求对热电偶的热电势误差进行校正，绘制出热电势与温度的标准曲线。

③ 可以和待测体系直接接触的热电偶，一般可直接插入待测体系。如不能直接接触的，

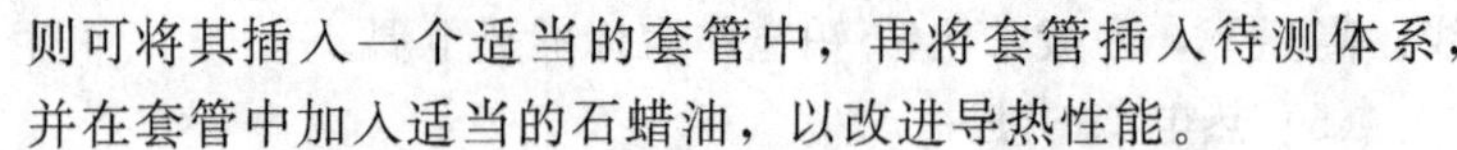
则可将其插入一个适当的套管中，再将套管插入待测体系，并在套管中加入适当的石蜡油，以改进导热性能。

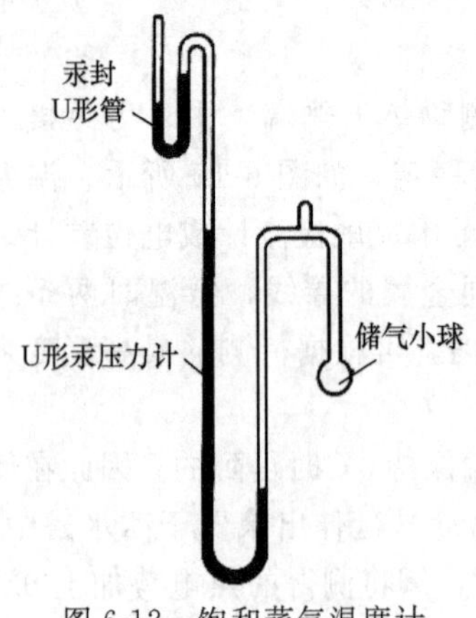

图 6-12　饱和蒸气温度计

④ 在使用温度范围内，温差电势与温度最好呈线性关系，并选择温差电势大的热电偶，以增加测量的灵敏度。

6.1.2.6　**饱和蒸气温度计**

饱和蒸气温度计的测温参数是液体的饱和蒸气压，可按饱和蒸气压与温度的单值函数关系而确定温度值。它常用于测量低温系统的温度，如利用 O_2、N_2 等在低温下蒸气压与温度的关系，通过蒸气压的测量间接换算而得，其结构如图 6-12 所示。饱和蒸气温度计由三部分组成：储气小球、U 形汞压计和汞封 U 形管。当小球浸入待测低温体系时，小球内气体部分冷凝为液体，待达到气液两相平衡时，从汞压力计上读得压力即为该温度下的饱和蒸气压。

由于汞柱高度总有一定的限制，故测温范围也受到限制。当汞压计高为 1m 时，若储气小球中充以氨气，则测温范围为 －30～－80℃；若充以氧气，则测温范围为 －180～－210℃。制作此类温度计时，除了要求所用气体与汞压计中的汞必须非常纯外，汞压计左管上方还必须处于真空状态。为此，可在抽真空的条件下将汞压计向左倾斜，使部分汞移入上方小的 U 形管内造成汞封，随即再将 U 形管口烧结。

实验室中常见的氧饱和温度计多用于测定液氮的温度。不同温度下氧饱和蒸气压见表 6-5。

表 6-5　不同温度下氧饱和蒸气压

T/K	74	76	78	80	82	84	86	88	90	90.18
p/kPa	12.36	16.92	22.70	30.09	39.21	50.36	63.94	80.15	99.40	101.325

6.1.2.7　**精密数字温度计**

上述介绍的均属于接触式温度计，测温时必须将温度计触及被测体系，使温度计与体系达成热平衡，两者的温度相等。在某些场合，必然会对测温体系造成扰动，另外有些体系确实也不方便使用接触式温度计。现在已有新型的非接触式温度计投入使用，如光电温度计、红外线测温计、光学高温计等。其主要模式是利用电磁辐射的波长分布或强度变化与温度间的函数关系，来制作测温元件。

红外辐射测温依据的基础是：一切温度高于绝对零度的物体都在不停地向周围空间发出红外辐射能量。物体的红外辐射能量的大小及其按波长的分布，与它的表面温度有着十分密切的关系。因此，通过对物体自身辐射的红外能量的测量，便能准确地测定它的表面温度。将物体发射的红外线具有的辐射能变成电信号，红外线辐射能的大小与物体本身的温度相对应，根据转变成电信号的大小，可以确定物体（如热浴）的温度。红外线辐射测温计通常由光学系统、光电探测器、信号放大器及信号处理、显示输出等部分组成。

目前国内生产的精密数字温度计有不同的型号。所谓精密数字温度计，其共同点是与贝克曼温度计测量精度一致，即千分之一摄氏度左右。但不同的是采用先进的电子技术和精密的感温元件，操作方便、简捷快速，可以数字显示，可以利用计算机实现自动控制。

6.1.3　量热技术

在一定条件下，化学反应过程中放出或吸收的热量称为该化学反应的热效应。化学反应热效应的大小主要通过量热实验获得。通常能直接测定的热效应有燃烧热、中和热、溶解热、稀释热和物质的比热容等。测量热效应的仪器称为量热计，又称热量计。根据测量原理量热计可分成补偿式和温差式两大类，主要测量方法有：补偿量热法、电效应补偿量热法、时间温差量热法、位置温差量热法等。

6.1.3.1　**补偿式量热法**

补偿式量热的测定是把研究体系置于一等温量热计中，这种量热计的研究体系与环境之间进行热交换时，两者的温度始终保持恒定，并且与环境温度相等。反应过程中研究体系所放出的或吸收的热依赖恒温环境中的某物理量的变化所引起的热流给予及时、连续的补偿。

（1）相变补偿量热法　将一反应体系置于冰水浴中，其热效应将使部分冰融化或使部分水凝固。已知冰的单位质量融化焓，只要测得冰水转变的质量，就可以求得热效应的数值。这是一种最简单的冰量热计，除了冰-水为环境介质外，也可采用其它类型的相变介质。这种量热计简单易行，灵敏度和准确度都较高，热损失小。然而，热效应是处于相变温度这一特定条件下发生的，这既为确定热效应的环境温度提供了精确的数据，但也限制了这类量热计的使用范围。

（2）电效应补偿量热法　对于一个吸热的化学或物理变化过程，可以将体系置于一液体介质中，利用电加热器提供热流对其进行补偿，使介质温度保持恒定。但要求做到加热时，热损失和所加入的热流相比可小到忽略不计。这类量热计的工作原理与恒温水浴相似，由测温系统将测得值与设定值比较后，反馈给控制系统。这时介质所吸的热量即为电加热器所消耗的电功，可由电流 I、电压 V 和时间 t 的精确测定求得。如不考虑体系的介质与外界的热交换，则该变化过程的焓变 ΔH 为：

$$\Delta H = Q_p = \int V(t) I(t) \mathrm{d}t \tag{6-7}$$

“溶解热的测定”实验就是运用电热补偿法的典型。为了能精确测量不大的热流，可以借助标准电阻，并用电位差计法测量。标准电阻与加热器串联接入电路，用电位差计测量标准电阻和加热器上的电压降，即可准确求得热效应。

显然，介质温度可根据需要予以设定，温度波动情况可用高灵敏度的温差温度计显示。电量的测量精度远高于温度的测量。只要介质与外界的热交换、介质搅拌所产生的热量以及其它干扰因素都可以通过空白实验予以校正。

6.1.3.2 温差式量热法

(1) 时间温差量热法　一研究体系在绝热式量热计中发生化学反应产生热效应时，如果与环境之间不发生热交换，热效应会导致量热计的温度发生变化，通过在不同时间 t 测量体系温度的变化 ΔT 即可求得该化学反应的热效应。这种方法就称为时间温差量热法。

如果能知道量热计的各个部件、工作介质及研究体系本身的总体热容，就可以方便地从其总体的温度变化求出反应过程放出的热效应 Q_V：

$$Q_V = C_{\text{量热计}} \Delta T \tag{6-8}$$

式中，$C_{\text{量热计}}$为量热计的总体热容；ΔT 为根据时间变化测量出的温差。在整个实验过程中，体系与环境的热交换，即热损耗是在所难免的。因此 $C_{\text{量热计}}$ 必须用已知热效应值的标准物质在相应的实验条件下进行标定，再用雷诺（Reynolds）作图法对 ΔT 进行修正。

绝热式量热计结构简单，计算方便，应用广泛，适用于测量反应速度较快、热效应较大的反应。

(2) 位置温差量热法　位置温差量热法是通过在不同的位置测量体系的温度变化而获得热效应的一种方法。由于体系的热效应以一定的热流形式向量热计或周围环境散热，其间存在着温度梯度，所以同时测量两个位置的温度 $T(x_1)$ 和 $T(x_2)$，由其温差对时间积分可以求得热量：

$$Q = K\int \Delta T(t) \mathrm{d}t = K\int [T(x_1) - T(x_2)](t) \mathrm{d}t \tag{6-9}$$

式中，K 为仪器常数，可通过标定求得，其单位为 J/K。

6.1.3.3 量热计的标定

量热计总体热容的标定方法有两种。一种方法是使一已知热效应的过程在量热计中进行，此已知热效应即为标准热效应 $Q_{\text{标}}$。若温度的改变值为 $\Delta T_{\text{标}}$，则

$$C_{\text{量热计}} = Q_{\text{标}} / \Delta T_{\text{标}} \tag{6-10}$$

如在测定燃烧热时，可用苯甲酸作为标准物质。

另一种方法为通电加热法。通电所产生的热量使量热计温度上升，由焦耳定律可得：

$$C_{\text{量热计}} = \frac{Q}{\Delta T} = \frac{0.239VIt}{\Delta T} \tag{6-11}$$

式中，V 为电压，V；I 为电流，A；t 为时间，s。

6.2 温度的控制技术

物质的物理性质和化学性质。如折射率、黏度、密度、蒸气压、表面张力等都随温度而

改变，要测定这些性质必须在恒温条件下进行。一些物理化学常数如平衡常数、化学反应速率常数、电导率等也与温度有关，这些常数的测定也需恒温，许多物理化学实验不仅要测量温度，而且需要精确地控制温度。因此掌握控温技术非常必要。

在化学实验中，控温范围一般可分为高温（＞250℃）；常温（室温～250℃）以及低温（室温～－218℃）三大类。其控温的基本原理是相同的，差别仅在于合理地选择工作介质和控制元器件而已。从控温要求来看，有恒温控制和程序升、降温控制两种。恒温控制可分为两类，一类是利用物质的相变点温度来获得恒温，但温度的选择受到很大限制；另一类是利用电子调节系统进行温度控制，此方法控温范围宽，可以任意调节设定温度。

控温采用的方法是把控温体系置于热容比它大得多的恒温介质中。

6.2.1　常温控制

在常温区间，通常用恒温槽作为控温装置。恒温槽是实验室工作中常用的一种以液体为介质的恒温装置，用液体作介质的优点是热容量大、导热性能好，使温度控制的稳定性和灵敏度大为提高。根据温度控制的范围，可用下列液体介质：－60～30℃用乙醇或乙醇水溶液；0～90℃用水；80～160℃用甘油或甘油水溶液；70～300℃用液体石蜡、气缸润滑油、硅油。

6.2.1.1　恒温槽的构造及原理

恒温槽主要由槽体、搅拌器、加热器、感温元件和继电器等部分组成，其装置示意图如图 6-13 所示。

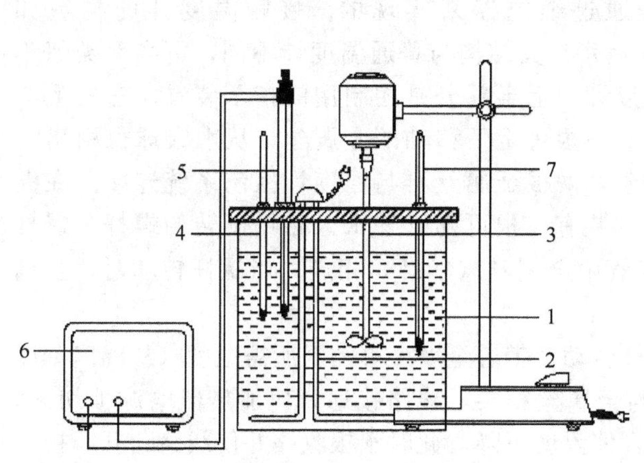

图 6-13　恒温槽装置示意图

1—浴槽；2—加热器；3—搅拌器；4—温度计；5—水银定温计；6—恒温控制器；7—精密温度计

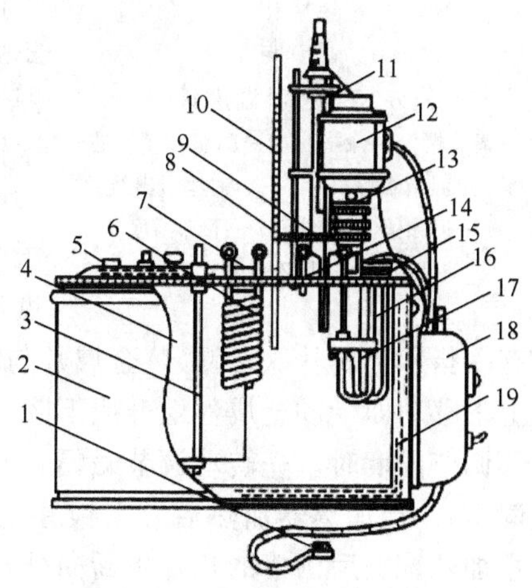

图 6-14　超级恒温槽

1—电源插头；2—外壳；3—恒温筒支架；4—恒温管；5—恒温筒加水口；6—冷凝管；7—恒温筒盖子；8—水泵进水口；9—水泵出水口；10—温度计；11—电接点温度计；12—电动机；13—水泵；14—加水口；15—加热元件线盒；16—两组加热元件；17—搅拌叶片；18—电子继电器；19—保温层

(1) 槽体　如果控制温度与室温相差不大，可用敞口大玻璃缸作为浴槽。对于较高和较低温度，应考虑保温问题。具有循环泵的超级恒温槽（见图 6-14），有时仅作供给恒温液体之用，而实验在另一工作槽内进行。这种利用恒温液体作循环的工作槽可做得小一些，以减少温度控制的滞后性。

(2) 搅拌器　加强液体介质的搅拌，对保证恒温槽温度的均匀起着非常重要的作用。搅拌器的功率、安装位置和桨叶的形状，对搅拌效果有很大的影响。恒温槽愈大，搅拌功率也应相应地增大。搅拌器应装在加热器上面或靠近加热器，使加热后的液体及时混合均匀再流至恒温区。搅拌桨叶应是螺旋式或涡轮式，且有适当的片数、直径和面积，以使液体在恒温槽内循环。为了加强循环，有时还需要装导流装置。在超级恒温槽中用循环流代替搅拌，效果仍然很好。

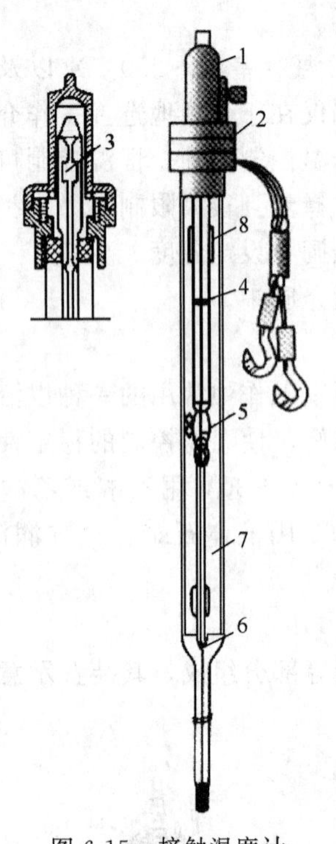

图 6-15　接触温度计

1—调节帽；2—磁钢；3—调温转动铁芯；4—定温指示标杆；5—上铂丝引出线；6—下铂丝引出线；7—下部温度刻度板；8—上部温度刻度板

(3) 加热器　如果恒温的温度高于室温，则需要不断地向槽内供给热量以补偿其向四周丧失的热量；如恒温槽的温度低于室温，则需要不断从恒温槽中取走热量，以抵偿环境向槽中传热。在前一种情况下，通常采用电加热器间歇加热来实现恒温控制。对加热器的要求是热容量小，导热性能好，功率适当。

(4) 感温元件　它是恒温槽的感觉中枢，是提高恒温槽精度的关键部件。感温元件的种类很多，如水银接触温度计（或称水银导电表）、热敏电阻感温元件等。这里仅以接触温度计为例说明控温原理，它对温度的控制主要是通过继电器来实现的。接触温度计的构造如图 6-15 所示。其结构与普通温度计不同，下半部类似于水银温度计，上半部分是控制用的指示装置。它的毛细管中悬有一根可上下移动的金属丝，从水银球也引出一根金属丝，两根金属丝再与温度计控制系统连接。在温度计上部装有一根可随管外永久磁铁旋转的螺杆。螺杆上有一指示金属片（标铁），金属片与毛细管中金属丝（触针）相连。当螺杆转动时，金属片上下移动即带动金属丝上升或下降。

调节温度时，先转动调节磁帽，使螺杆转动，带着金属片移动至所需温度（从温度刻度上读出）。当加热器加热后，水银柱上升与金属丝相接，线路接通，使加热器电源被切断，停止加热。随后浴槽的热量不断向外扩散，使温度下降，此时水银收缩并使线路断开，接通加热器电源，又开始加热。如此接触温度计反复工作，使体系温度得到控制。由于水银接触温度计的刻度很粗糙，恒温槽的精确温度应该由另一精密温度计指示。当所需控温温度稳定时，应将磁帽上的固定螺丝旋紧，使之固定不发生转动，以免实验过程中因震动等原因引起接触温度计偏离原设定值。

接触温度计的控温精度通常为±0.1℃，甚至可达±0.05℃，对一般实验来说是足够精密的。接触温度计允许通过的电流很小，约为几个毫安以下，不能与加热器直接相连。因为加热器的电流约为1A，所以在接触温度计和加热器中间加一个中间媒介，即继电器。

(5) 继电器　继电器必须与加热器和水银接触温度计相连，才能起到控温作用。实验室常用的继电器有电子管继电器和晶体管继电器。典型的晶体管继电器电路如图 6-16 所示。它是利用晶体管工作在截止区以及饱和区呈现的开关特性制成的。其工作过程是：当接触温度计的触点 T_r 断开时，E_c 通过 R_k 给锗三极管 BG 的基极注入正向电流 I_b，使 BG 饱和导通，继电器 J 的触点 K 闭合，接通加热电源。当被控对象的温度升至设定温度时，T_r 接通，BG 的基极和发射极被短路，使 BG 截止，触点断开，加热停止。当 J 线圈中的电流突然变小时，会感生出一个较高的反电动势，二极管 D 的作用是将它短路，避免晶体管被击穿。必须注意，晶体管继电器不能在高温下工作，因此不能用于烘箱和马弗炉等高温场合。

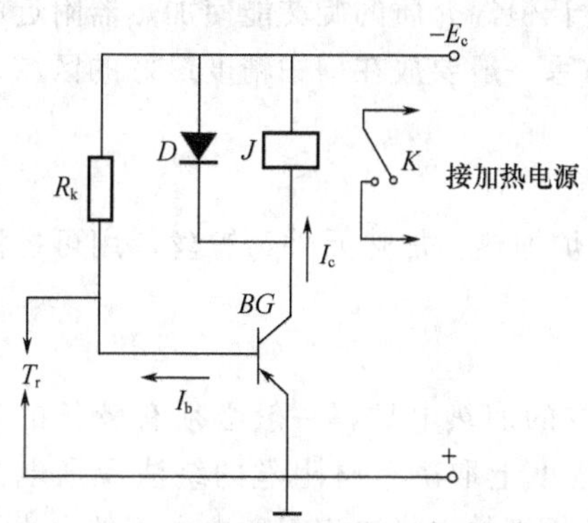

图 6-16　晶体管继电器工作原理示意图

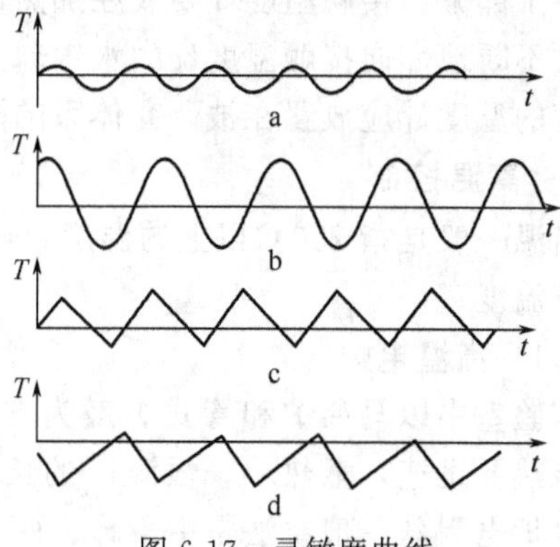

图 6-17　灵敏度曲线

6.2.1.2　恒温槽的性能测试

恒温槽性能的好坏，可以用恒温水浴的灵敏度来衡量。恒温槽的灵敏度又称恒温槽的精度，其数值愈小表示该恒温浴的性能愈好。

恒温槽的温度控制装置属于“通”“断”类型，当加热器接通后，恒温介质温度上升，热量的传递使水银温度计中水银柱上升。但热量传递需要时间，因此常出现温度传递的滞后。往往是加热器附近介质的温度超过指定温度，所以恒温槽的温度高于指定温度。同理降温时也会出现滞后现象。由此可知，恒温槽控制的温度有一个波动范围，并不是控制在某一固定不变的温度，并且恒温槽内各处的温度也会因搅拌效果的优劣而不同。控制温度的波动范围越小，各处的温度越均匀，恒温槽的灵敏度越高。灵敏度是衡量恒温槽性能优劣的主要标志。它除与感温元件、继电器有关外，还与采用的介质、搅拌器的效率、加热器的功率等因素有关。

恒温槽灵敏度的测定是在指定温度下（如 30℃）用较灵敏的温度计记录温度随时间的变化，每隔 1min 记录一次温度计读数，测定 30min。然后以温度为纵坐标、时间为横坐标绘制成温度-时间曲线（称为灵敏度曲线），如图 6-17 所示。图中，a 表示恒温槽灵敏度较高；b 表示灵敏度较差；c 表示加热器功率太大；d 表示加热器功率太小或散热太快。

恒温槽的灵敏度 t_g 通常以实测的最高温度 t_1 与最低温度 t_2 之差的一半数值来表示：

$$t_g=\pm\frac{t_1-t_2}{2} \tag{6-12}$$

t_g 值愈大，恒温槽的性能愈佳，恒温槽精度随槽中区域不同而不同。同一区域的精度又随所用恒温介质、加热器、接触温度计和继电器（或控温仪）的性能质量不同而异，还与搅拌情况以及所有这些元件间的相对配置情况有关，它们对精度的影响简述如下。

① 恒温介质。介质流动性好，热容大，则精度高。

② 接触温度计。接触温度计的热容小，对温度的变化敏感，与恒温介质的接触面大，水银与铂丝和毛细管壁间的黏附作用小，则精度好。

③ 加热器。在功率足以补充恒温槽单位时间内向环境散失能量的前提下，加热器功率愈小，精度愈好。另外，加热器本身的热容愈小，加热器管壁的导热效率愈高，则精度愈好。

④ 继电器。电磁吸引电键，后者发生机械作用所需时间愈短，断电时线圈中的铁芯剩磁愈小，精度愈好。

⑤ 搅拌器。搅拌速度需足够大，使恒温介质各部分温度能尽量一致。

⑥ 部件的位置。加热器要放在搅拌器附近，以使加热器发出的热量能迅速传到恒温介质的各个部分。接触温度计要放在加热器附近，并且让恒温介质的旋转能使加热器附近的恒温介质不断地冲向接触温度计的水银球。被研究的体系一般要放在槽中精度最好的区域。测定温度的温度计应放置在被研究体系的附近。

6.2.2 高温控制

高温一般是指 250℃以上的温度，通常使用电阻炉加热。加热元件为镍丝，用可控温仪来调节温度。

6.2.2.1 高温电炉

实验室中以马弗炉和管式炉最为常用。一个良好的加热电炉，一般必须有较长的恒温区；传热要迅速，散热小。恒温区的长短，在很大程度上取决于电阻丝的绕法及通电的方式。电炉电阻丝一般绕法是中段疏、两端密，电阻丝粗细的选择决定于通电电流的大小及炉子所能达到的最高温度。

管式炉的设计如下。

(1) 功率的确定　炉子所能达到的最高温度和电炉加热丝的功率有关。在中等保温的情况下，当炉温为 300℃以下，每 $100cm^2$ 加热面积需要功率为 20W；炉温在 300℃以上，每 $100cm^2$ 加热面积需要多加 20W。如需要电炉在开始工作时升温速度较快，则应将计算得出的功率增加 20%左右。

(2) 电热丝的选择　实验温度在 1100℃以下，通常用镍铬丝，1100℃以上需用铂丝。按下列公式计算电热丝的额定电流及电阻值：

$$I=\frac{P}{U} \tag{6-13}$$

$$R=\frac{U}{I} \tag{6-14}$$

式中，I 为电流强度，A；P 为电热丝的功率，W；U 为电源电压，V；R 为电阻丝的电阻值，Ω。

如果电源电压在 180～200V 之间波动时，则 U 取 180V，根据公式求出最大电流（$I_{最大}$），然后可求出电热丝的电阻值，按表 6-6 选定电热丝的粗细规格。

表 6-6　镍铬丝的额定电流值与电阻值

镍铬丝 ϕ/mm	0.1	0.15	0.2	0.3	0.4	0.5	0.6	0.8	1.0
最大通电电流/A	0.7	1.0	1.3	2.0	3.0	4.2	5.5	8.2	11.0
20℃时电阻值/$\Omega\cdot m^{-1}$	138.4	55.8	34.6	13.9	8.76	5.48	3.46	2.16	1.38

镍铬丝的直径选定后，可按表 6-6 所列的电阻值算出所需电热丝长度（$L=R/r$）。

【例 6-3】 制作一个长为 30cm、内径 5cm 的管式电炉，要求达到的最高温度为 800℃，应选用多大直径和多长的镍铬丝。

解　① 加热面积$=3.14\times5\times30=471\ (cm^2)$

② 功率 P。$P=\left(20\times\frac{800-300}{100}+20\right)\times\frac{471}{100}\times(1+0.2)\approx680\ (W)$

③ 最大电流值 I。$I=\frac{P}{U}=\frac{680}{180}=3.8$（A）

④ 电阻值 R。电源电压取波动平均值 200V，则：

$$R=\frac{U}{I}=\frac{200}{3.8}=52.6\ (\Omega)$$

⑤ 长度 L。根据最大电流值，从表 6-6 可知选 0.5mm 的镍铬丝，其单位长度电阻值为 $5.48\Omega\cdot m^{-1}$，因而长度 L 为：

$$L=\frac{R}{r}=\frac{52.6}{5.48}=9.6\ (m)$$

炉中填料采用保温性能好且又轻的物质，一般为蛭石或膨胀珍珠岩。炉壳与炉管半径为 2.5∶1～5∶1，炉管材料可根据使用温度而定（见表 6-7）。

表 6-7　炉管材料

材料	可耐最高温度
硬质玻璃管	500℃
石棉包铁管	900℃
无釉瓷管	1500℃

（3）恒温区的标定　把热电偶放在炉子中间，炉子两头用石棉绳之类的绝热材料堵塞以减少电炉热量的散失。用控温仪器控制电炉温度达到预定温度，用电位差计读出温度。然后把热电偶向上移动，每次移动 2cm，待温度恒定后，读出其温度，直到与第一次读数相差 1℃为止，则炉子在这炉温相差 1℃的上下区间内为恒温段。

6.2.2.2　**高温控制器**

（1）动圈式温度控制器　动圈式温度控制器采用能工作于高温的热电偶作为变换器，常用于马弗炉和管式炉等高温条件下的温度控制，其原理如图 6-18 所示。

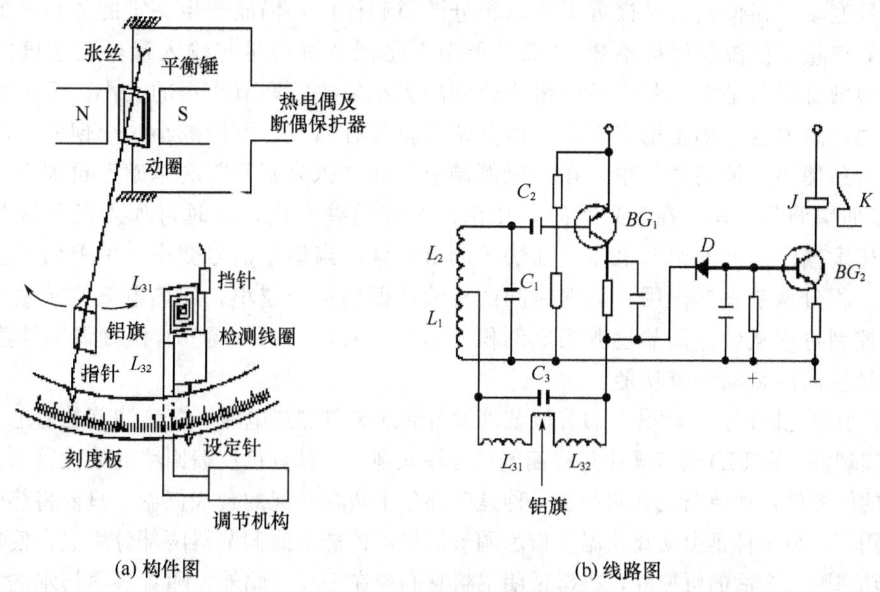

(a) 构件图　　(b) 线路图

图 6-18　动圈式温度控制器

插在马弗炉或管式炉中的热电偶，将温度信号变换为毫伏计的电信号，加于动圈式毫伏表的线圈上。该线圈是用张丝悬挂在外磁场中，热电偶的信号可使线圈有电流通过而产生感应磁场，与外磁场作用使线圈偏转一个角度，故称“动圈”。当张丝扭转产生的反力矩与线圈转动的力矩平衡时，转动停止。此时动圈偏转的角度与热电偶的热电势成正比。动圈上装有指针，指针在刻度板上直接将被测温度指示出来。为了便于观察，指针上装有一片“铝旗”，它随指针左右偏转。在刻度板后面装有前后两半的检测线圈和设定针（也称控温指针），可通过机械调节机构使之沿刻度板左右移动，用于设定所需的温度。首先把设定针调节在实验所需的温度，然后加热。当温度上升至设定温度时，铝旗进入检测线圈，与线圈平行切割高频磁场，产生高频涡流效应使继电器断开而停止加热。为防止当被指控对象的温度高于设定温度时，铝旗冲出 L_3，产生加热的错误动作，因此在 L_3 旁加一挡针。当温度降低时，铝旗移出检测线圈，使继电器闭合又开始加热。这种加热方式是断续式，只有断和续两个工作状态。炉温升至设定温度时，停止加热，低于设定温度时再开始加热，因而温度起伏较大，控温精度差。使用时应注意热电偶的正负极不可接反，热电偶的规格要与仪表要求相符，外接电阻按规定值接上。

(2) 比例-积分-微分温度控制（简称 PID 控制） 随着科学技术的发展，要求控制恒温和程序升温或降温的范围日益广泛，要求的控温精度也大大提高，在控温调节规律上要求能实现比例、积分、微分控制。

PID 控制能在整个过渡过程时间内，按照偏差信号的规律，自动地调节加热器电流，故又称“自动调流”。当开始偏差信号很大时，加热电流也很大。随着不断加热，偏差信号逐渐变小，加热电流会按比例相应地降低，这就是“比例调节”。但当体系温度升到设定值时，偏差降为零，加热电流也将降为零，加热器停止加热。这种调节速度快，但不能保持恒温，因为停止加热会使炉温下降，炉温降低后又有偏差信号，再进行调节，使温度总是在波动。为改善恒温效果，所以除了“比例调节”外还需加“积分调节”。积分调节是调节输出量和输入量随时间的积分成比例关系，偏差信号存在，经长时间的积累就有足够的输出信号。若将比例调节与积分调节结合起来，在偏差信号大时，比例调节起作用，调节速度快，很快就使偏差信号变小；在偏差信号接近零时，积分调节起作用，仍能产生一定的加热电流补偿向环境散发的热量，使温度保持不变。“微分调节”是调节输出量与输入量变化速度之间的比例关系，即微分调节是由偏差信号的增长速度的大小来决定调节作用的大小。不论偏差本身数值有多大，只要这个偏差稳定不变，微分调节就没有输出，不能减小这个偏差，所以微分调节不能单独使用。控温过程中，在“比例调节”和“积分调节”的基础上再加上“微分调节”，可以加快调节过程。在温差大时，比例调节使温差变化，这时再加入微分调节，根据温差变化速度输出额外的调节电流，加快了调节速度。当偏差信号变小、偏差信号变化速率也变小时，积分调节发挥作用。随着时间的延续，偏差信号越小，加热电流按照微分指数曲线降低，控制过程从微分调节过渡到比例积分调节。所以，PID 调节有温度调节速度快、稳定性好、精度高的自动调节功能。

PID 调节器能按比例、积分、微分调节规律自动地调节加热电流，电流调节是通过一个可控硅电路来实现的，而 PID 调节规律是将偏差信号输入到一个具有负反馈回路的放大器来实现。实验室常用的可控硅自动控温仪有两种。一种是各部分组装在一起的台式仪器，只要将热电偶连上就可以使用了。另一种是由动圈式温度指示调节仪和可控硅电流调节器两部分组成，使用时要根据炉子的功率配上合适的可控硅，根据说明书将它们连在一起。此外，随着科学技术的发展，控温更精确的数字智能控温仪已在实验室中普遍使用，并已被广泛地应用到各个领域。

6.2.3 低温控制

实验时如需要低于室温的恒温条件，则需用低温控制装置。对于比室温稍低的恒温控制可以用常温控制装置，在恒温槽内放入蛇形管，其中用一定流量的冰水循环。也可用带有制冷机的恒温槽，其控温范围为－15～95℃。如需更低的温度，则需选用适当的冷冻剂。根据温度控制的范围，可采用表 6-8 所列的冷冻剂和液体工作介质。实验室中常用冰盐混合物的低共熔点使温度恒定。表 6-9 列出几种盐类和冰的低共熔点。

表 6-8　常用的冷冻剂和液体工作介质

可达到的温度/℃	冷冻剂	液体工作介质
＋5	冰水	水
－3	1 份食盐＋3 份水	20%食盐溶液
－60	干冰	乙醇

表 6-9　盐类和冰的低共熔点

盐	盐的混合比（质量分数）/%	最低到达温度/℃	盐	盐的混合比（质量分数）/%	最低到达温度/℃
KCl	19.5	－10.7	NaCl	22.4	－21.2
KBr	31.2	－11.5	KI	52.2	－23.0
$NaNO_3$	44.8	－15.4	NaBr	40.3	－28.0
NH_4Cl	19.5	－16.0	NaI	39.0	－31.5
$(NH_4)_2SO_4$	39.8	－18.3	$CaCl_2$	30.2	－49.8

实验室中通常是把冷冻剂装入蓄冷槽（图 6-19）中（使用干冰时应加甲醇以利于热传导），再配用超级恒温槽。由超级恒温槽循环泵输送工作液体，在夹层中被冷却后，再返回恒温槽进行温度的精密调节。如果不是在恒温槽中进行实验，则可按图 6-20 的流程连接。根据所需的冷量的大小，可利用旁路活塞 D 调节通向蓄冷槽的流量。若实验中要求更低的恒温温度，则可以把试样浸在液态制冷剂（如液氮、液氨等）中，把它装入密封容器中，用泵进行排气，降低它的蒸气压，则液体的沸点也就降低了。

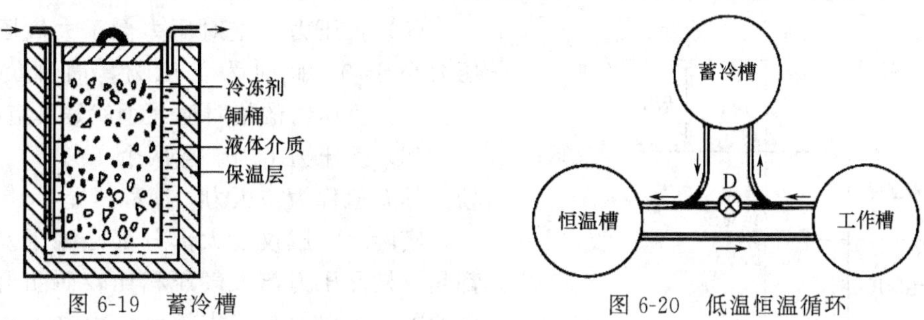

图 6-19　蓄冷槽　　图 6-20　低温恒温循环

6.3　压力的测量与真空技术

压力是描述体系状态的重要参数之一，许多物理、化学性质，例如蒸气压、沸点、熔点等几乎都与压力密切相关。在化学热力学和动力学研究中，压力也是一个十分重要的因数。因此，正确掌握测量压力的方法和技术是十分重要的。

6.3.1　概述

压力是指垂直均匀作用于物体单位面积上的力，也称为压力强度，简称压强。在国际单位制（SI）中，压力的单位为“帕斯卡”即“牛顿·米$^{-2}$”，以 Pa 或帕表示。当 1N 的力作

用在 $1m^2$ 的面积上形成的压强（即压力）就是 1Pa（帕斯卡）。但是，原来的许多压力单位如标准大气压（atm，简称大气压），工程大气压（$kg \cdot cm^{-2}$），毫米水柱（mmH_2O）、毫米汞柱（mmHg）和巴（bar）等仍在使用。这些压力单位可以按照定义互相换算。常用压力单位的名称与关系见表 6-10。

表 6-10 常用压力单位名称与关系

序号	压力单位名称	符号	单位	说 明	和"帕"的关系
1	帕斯卡	Pa	牛顿·米$^{-2}$ ($N \cdot m^{-2}$)	$1N=1kg \cdot m \cdot s^{-2}$ $=10^5 dyn$	
2	标准大气压（物理大气压）	atm		在 0℃，760mmHg 高。Hg 的密度 $=13595.1kg \cdot m^{-3}$；$g=9.80665m \cdot s^{-2}$	$1atm=1.01325 \times 10^5 Pa$
3	毫米汞柱（毛）	Torr	mmHg	0℃时的纯汞柱 1mm 高对底面积的静压力	$1mmHg=1.333224 \times 10^2 Pa$
4	巴	bar	10^6 达因·厘米$^{-2}$ ($dyn \cdot cm^{-2}$)		$1bar=10^5 Pa$
5	毫米水柱		mmH_2O	4℃时的纯水	$1mmH_2O=9.806383Pa$

在工业和科研中，常用以下几种不同的压力概念。

（1）大气压力　大气压力是指地球表面的空气柱质量所产生的平均压力，常用符号 p_0 表示。它随地理纬度、海拔高度和气象情况而变，也随时间而变化。

（2）绝对压力　以绝对零压为基准表示的压力，亦指实际存在的压力，以符号 p_a 表示。

（3）相对压力　以大气压力（p_0）为基准且超过大气压力的压力数值，也就是绝对压力与大气压力的差值，称为表压力，以符号 p 表示。

$$p=p_a-p_0 \tag{6-15}$$

（4）正压力　绝对压力高于大气压力时，表压力大于 0。此时为正压力，简称压力。

（5）负压力　绝对压力低于大气压力时，表压力小于 0。此时为负压力，简称负压。又称"真空"，负压力的绝对值大小就是真空度。

（6）差压力　当任意两个压力 p_1 和 p_2 相比较，其差值称为差压力，简称压差。

实际上测压仪表大部分都是测压差的，因为都是将被测压力与大气压相比较而测出的两个压力的差值，以此来确定被测压力之大小。图 6-21 说明了绝对压、表压、大气压和真空度间的关系。

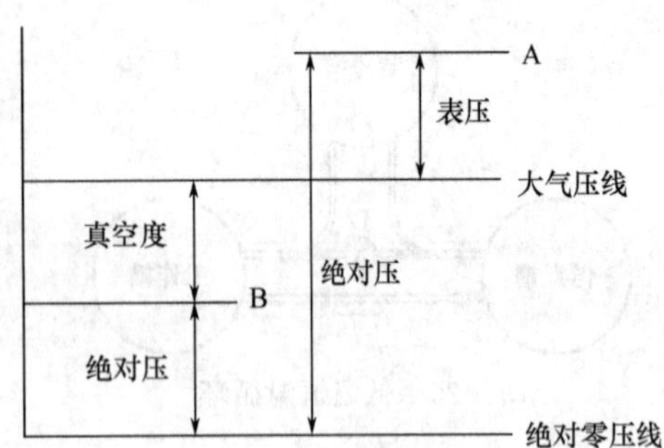

图 6-21　绝对压、表压、大气压和真空度的关系

显然，当压力高于大气压时：

绝对压＝大气压＋表压　　或　　表压＝绝对压－大气压

当压力低于大气压时：

绝对压＝大气压－真空度　　或　　真空度＝大气压－绝对压

需要指出的是，上述式子等号两边各项都必须采用相同的压力单位。

6.3.2 常用测压仪表

6.3.2.1 液柱式压力计

这类仪表是实验室中使用较多的压力计。它构造简单、使用方便，能测量微小的压力差，测量准确度比较高，且制作容易、价格低廉。但是其测压范围只适于低于 1000mmHg 的压力、压差、负压，示值与工作液体的密度有关。它的结构不牢固，耐压程度较差。工作液体最常用为水银。

液柱式压力计常用的有 U 形压力计、单管式压力计和斜管式压力计，它们结构虽然不同，但测量原理是相同的。物理化学实验中用得最多的是液柱式 U 形压力计。

液柱式 U 形压力计（图 6-22）由两端开口的垂直 U 形玻璃管及垂直放置的刻度标尺所构成。U 形管内装有适量的工作液体作为指示液。其工作原理如下。

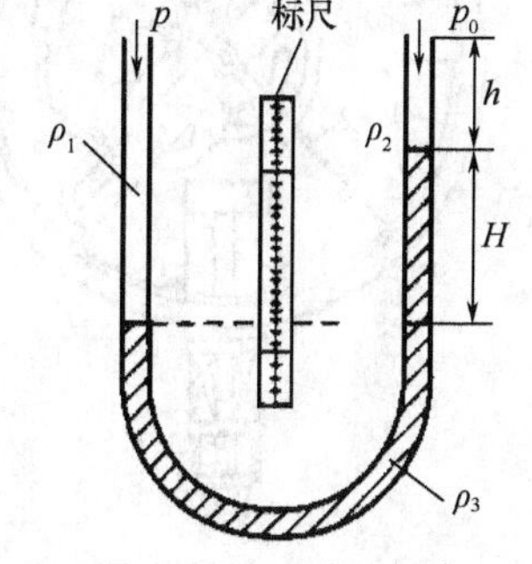

图 6-22　U 形压力计

根据液体静力学的平衡原理，有

$$p+(H+h)\rho_1 g=H\rho_3 g+h\rho_2 g+p_0 \tag{6-16}$$

式中，p 为被测压力；ρ_1 和 ρ_2 为工作液体液上面的保护气氛或空气密度；ρ_3 为工作液体（水银，水或酒精等）密度；p_0 为大气压力；h 为工作液体高位面到被测压力 p 的连接口处高度；g 为重力加速度；H 为 U 形管压力计两边液柱高度之差。

$$p-p_0=h(\rho_2-\rho_1)+H(\rho_3-\rho_1)g \tag{6-17}$$

当 $\rho_1=\rho_2$ 时

$$p-p_0=H(\rho_3-\rho_1)g \tag{6-18}$$

从式(6-20) 可以看出，选用的工作液体密度愈小，其 H 愈大，测量仪的精密度愈高。由于 U 形管压力计两边管的内径并不完全相等，因此在确定 H 时不可用一边的液柱高度变化乘以 2，以免引起读数误差。

因为 U 形管压力计是直接式仪表，所以都采用玻璃管，为避免毛细现象过于严重地影响到测量精度，内径应不小于 10mm，标尺分度值最小一般为 1mm。

U 形管压力计的读数需进行校正，其主要是环境温度变化所造成的误差。通常，在要求不很精确的情况下，只需对工作液体密度改变时，对压力计读数进行温度校正，即校正至 273.2K 时的值。校正公式为：

$$\Delta h_0=\Delta h_t\frac{\rho_i}{\rho_0} \tag{6-19}$$

工作液体为汞时，ρ_t/ρ_0 的值如表 6-11 所示。

表 6-11　汞的 ρ_t/ρ_0 值

T/K	273.2	273.8	283.2	288.2	293.2	298.2	303.2	308.2	313.2
ρ_t/ρ_0	1.000	0.9991	0.9982	0.9973	0.9964	0.9955	0.9946	0.9937	0.9928

6.3.2.2　弹性式压力计

利用弹性元件的弹性力来测量压力，是测压仪表中相当重要的一种形式。由于弹性元件的结构和材料不同，它们具有各不相同的弹性位移与被测压力的关系。图 6-23 是单管弹簧管压力表的示意图。图中 1 为一根截面呈椭圆形的、一端固定的弧形金属弹簧管，并与外部测压接头 7 相通；管的另一端是封闭的，可以在很小的范围内自由移动，并与连杆 3 连接，连杆依次与扇形齿轮 4 和带有读数指针的小齿轮 8 相连。当弹簧管内压力等于管外的大气压时，表上指针指在零位读数上；当弹簧管内的气体或液体压力大于管外的大气压时，则弹簧管受压，使管内椭圆形截面扩张而趋于圆形，从而使弧形管伸张而带动连杆。由于这一变形很小，所以用扇形齿轮和小齿轮加以放大，以便使指针在表盘面上有足够的幅度，指示出相应的压力读数，即被测量气体的表压。

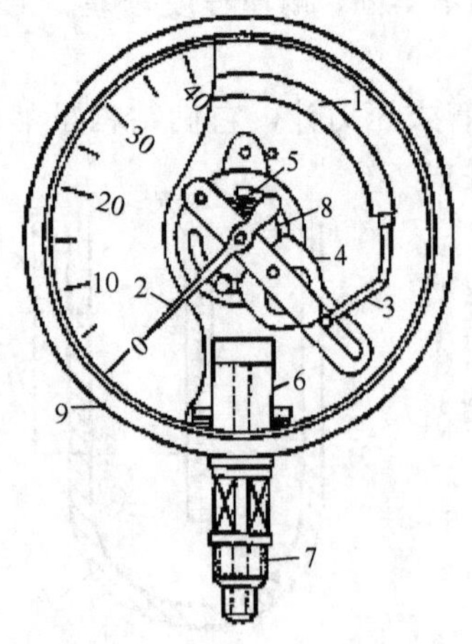

图 6-23 弹簧式压力表

1—金属弹簧管；2—指针；3—连杆；4—扇形齿轮；5—弹簧；6—底座；7—测压接头；8—小齿轮；9—外壳

如果被测量的气体压力低于大气压，可用弹簧管真空表，它的构造与弹簧管压力表相同。当弹簧管内的流体压力低于管外大气压时，弹簧管向内弯曲，表盘面上指针从零位读数向相反方向转动，指示出相应的真空度。真空表的读数通常以 mmHg 表示，刻度常为 0～760mmHg。有的弹簧压力表将零位读数刻在表盘中间，可用来测量表压，也可以测量真空度，称为弹簧管真空表。安装压力表时，需注意选用合适的型号及规格。在压力表与系统之间常可安装隔离装置或圆形弯管及阀门，以保护压力表。

弹簧管压力表和真空表的特点为：结构简单牢固，读数方便迅速，测压范围很广，价格较便宜，但准确度较差。在工业生产和实验室中应用十分广泛。

弹性压力计常用的弹簧管截面有圆形和扁圆形两种，可适用一般压力测量。还有偏心圆形等适用于高压测量，测量范围很宽。使用弹性式压力计时应注意以下几点。

① 合理选择压力表的量程。为了保证足够的测量精度，选择的量程应在仪表分度标尺的 1/2～3/4 范围内。

② 使用时环境温度不得超过 35℃，如超过应给予温度修正。

③ 测量压力时，压力表指针不应有跳动和停滞现象。

④ 对压力表应定期进行校检。

6.3.2.3 精密数字压力计

实验室经常用 U 形管汞压力计测量从真空到大气压这一区间的压力。虽然这种方法原理简单、形象直观，但由于汞的毒害以及不便于远距离观察和自动记录，因此这种压力计逐渐被数字式电子压力计所替代。数字式电子压力计具有体积小、精确度高、操作简单、便于远距离观测和能够实现自动记录等优点，目前已得到广泛的应用。它主要由压力传感器、测量电路和电性指示器三部分组成。压力传感器主要由波纹管、应变梁和半导体应变片组成。精密数字压力计可分为以下几种。

(1) 低真空检测仪表　适用于负压测量及饱和蒸气压测定实验，可替代 U 形管汞压力计。

(2) 绝对压检测仪表　适用于绝对压力测量和对大气压进行实时显示，可替代水银气压计。

(3) 微压检测仪表　适用于正、负微压测量及最大气泡法测量表面张力实验，替代 U 形管汞压力计。

例如，在“饱和蒸气压测定实验”中，替代 U 形管汞压力计的数字式低真空压力测试仪就是运用压阻式压力传感器，测定实验体系与大气压间的压差的仪器。其测压接口在仪器的后面板。使用时，先把仪器按要求连接在实验体系，要注意实验系统不能漏气。打开电源开关，预热 10min，选择测量单位，调节旋钮，使数字显示为零。然后开动真空泵，仪器上显示的数字即为实验系统与大气压的压差。

6.3.3 气压计

测量大气压强的仪器称为气压计。实验常用的有福廷（Fortin）式气压计、固定槽式气压计、空盒气压表和数字式气压计等。

6.3.3.1　福延式气压计

（1）结构原理　福延式气压计的构造如图 6-24 所示。它的外部是一根黄铜管，管的顶端有一悬环，用以悬挂在实验室适当的位置。气压计内部是一根一端封闭的盛有汞的长玻璃管倒置在汞槽内，玻璃管封闭的一端向上，管中汞面的上部为真空。汞槽底部为一鞣性羚羊皮囊封袋，皮囊下部由调节螺丝支撑，转动螺旋可调节汞槽内汞面的高低。汞槽的上部有一倒置的象牙针，其针尖处于黄铜标尺刻度的零点，称为基准点。黄铜标尺上附有游标尺，转动游标调节螺丝，可使游标上下游动。

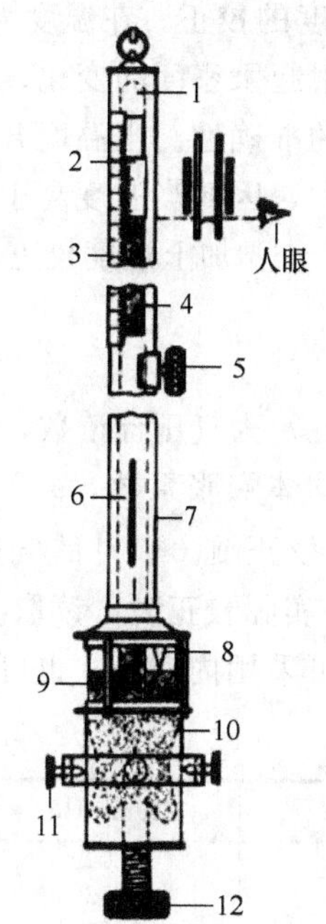

图 6-24　福延式气压计

1—封闭的玻璃管；2—游标尺；3—黄铜标尺；4—汞柱；5—游标尺调节螺丝；6—温度计；7—黄铜套管；8—零点象牙针；9—汞槽；10—羚羊皮袋；11—铅直调节固定螺丝；12—汞槽液面调节螺丝

（2）使用方法

① 铅直调节　福延式气压计必须垂直放置。在常压下，若与铅直方向相差 1°，则汞柱高度的误差约为 0.013%。为此，在气压计下端设计一固定环。在调节时，先拧松气压计底部圆环上的三个螺丝，令气压计铅直悬挂，再旋紧这三个螺丝，使其固定。

② 调节汞槽内的汞面的高度　慢慢旋转底部的汞面调节螺丝，使汞槽内汞面升高，利用汞槽后面白色瓷板的反光，注视汞面与象牙尖的空隙，直至汞面恰好与象牙尖接触，然后用手轻弹铜管，使玻璃管上部水银凸面处于正常状态。稍等几秒钟，待象牙针尖与水银面的接触无变动为止。

③ 调节游标尺　转动气压计旁的游标尺调节螺丝，使游标尺升起，并使游标尺的下沿略高于汞面。然后慢慢调节游标，直至游标尺两边的边缘与管中汞面凸面相切。这时观察者的眼睛和游标尺前后的两个下沿边应在同一水平面上。

④ 读数　与游标尺的零刻度线对应的黄铜标尺的刻度即为大气压力的整数部分（mm 或 kPa），再从游标尺上找出一根恰好与黄铜标尺某一刻度相重合的刻度线，则此游标尺上的刻度线的数值即为大气压力值的小数部分。

游标尺上共有 20 个刻度，相当于黄铜标尺上 19 个刻度。因此除游标尺零点刻度线只可能有一条刻度线与标尺刻度线重合，这样游标尺上 20 个刻度相当于黄铜标尺上的一个刻度（1mmHg，SI 单位为 133.322Pa），游标尺上的一刻度为 1/20mmHg，即 0.05mmHg，SI 单位为 6.666Pa。

⑤ 整理工作　记下读数后，旋转气压计底部的螺丝，使汞面与象牙针脱离接触，记录气压计上附属温度计的温度，并从所附的仪器校正卡片上读取该气压计的仪器误差。

（3）读数的校正　气压计的刻度是以温度为 0℃、纬度为 45°的海平面高度为标准的。然而，实际上测量的条件不尽符合上述规定，因此实际测得的大气压力值，除应进行仪器误差校正外，在精密的测量工作中还必须进行温度、纬度和海拔高度的校正。

① 仪器误差的校正　由于仪器本身制造的不够精确而造成读数上的误差称为“仪器误差”。仪器在出厂时都附有仪器误差的校正卡片。每次所测的气压读数，首先应根据该卡片

进行校正。若实际校正值为正值，则将气压计读数加校正值；若校正值为负值，则将气压计读数减去校正值的绝对值。气压计每隔几年应由计量单位进行校正，重新确定仪器的校正值。

② 温度的校正　在温度为0℃、纬度为45°时，海平面上760mmHg定义为1atm。温度的变化会引起汞密度的变化，因而会影响汞柱的高度。同时由于铜管本身的热胀冷缩，也会影响刻度的准确性。当温度升高时，前者引起偏高，后者引起偏低。由于水银的膨胀系数较黄铜管的大，因此当温度高于0℃时，经仪器校正后的气压值要减去温度校正值；而当温度低于0℃时，要加上温度校正值。气压计的温度校正公式为：

$$p_0=\frac{1+\beta t}{1+\alpha t}p=\left(1-t\,\frac{\alpha-\beta}{1+\alpha t}\right)p \tag{6-20}$$

式中，p为气压计读数，mmHg；t为测量时气压计的温度，℃；α为水银柱在0～35℃之间的平均体膨胀系数，$\alpha=0.0001818\mathrm{K}^{-1}$；$\beta$为黄铜的线膨胀系数，$\beta=0.0000184\mathrm{K}^{-1}$；$p_0$为读数校正到0℃时的气压值，mmHg。为了使用方便，常将温度校正值列成表（见表6-12），实际校正时，读取测量温度t及气压p后可查表求得。如果t、p不是整数，使用该表时可采用内插法，也可用上面的公式校正。

表6-12　气压计温度校正值

温度/℃	740mmHg	750mmHg	760mmHg	770mmHg	780mmHg
0	0.00	0.00	0.00	0.00	0.00
1	0.12	0.12	0.12	0.13	0.13
2	0.24	0.25	0.25	0.25	0.25
3	0.36	0.37	0.37	0.38	0.38
4	0.48	0.49	0.50	0.50	0.51
5	0.60	0.61	0.62	0.63	0.64
6	0.72	0.73	0.74	0.75	0.76
7	0.85	0.86	0.87	0.88	0.89
8	0.97	0.98	0.99	1.01	1.02
9	1.09	1.10	1.12	1.13	1.15
10	1.21	1.22	1.24	1.26	1.27
11	1.33	1.35	1.36	1.38	1.40
12	1.45	1.47	1.49	1.51	1.53
13	1.57	1.59	1.61	1.63	1.65
14	1.69	1.71	1.73	1.76	1.78
15	1.81	1.83	1.86	1.88	1.91
16	1.93	1.96	1.98	2.01	2.03
17	2.05	2.08	2.10	2.13	2.16
18	2.17	2.20	2.23	2.26	2.29
19	2.29	2.32	2.35	2.38	2.41
20	2.41	2.44	2.47	2.51	2.54
21	2.53	2.56	2.60	2.63	2.67
22	2.65	2.69	2.72	2.76	2.79
23	2.77	2.81	2.84	2.88	2.92
24	2.89	2.93	2.97	3.01	3.05
25	3.01	3.05	3.09	3.13	3.17
26	3.13	3.17	3.21	3.26	3.30
27	3.25	3.29	3.34	3.38	3.42
28	3.37	3.41	3.46	3.51	3.55
29	3.49	3.54	3.58	3.63	3.68
30	3.61	3.66	3.71	3.75	3.80
31	3.73	3.78	3.83	3.88	3.93
32	3.85	3.90	3.95	4.00	4.05
33	3.97	4.02	4.07	4.13	4.18
34	4.09	4.14	4.20	4.25	4.31
35	4.21	4.26	4.32	4.38	4.43

注：可根据1mmHg=133.322Pa将以mmHg为单位的大气压值换算成SI制中以Pa为单位的值。

③ 海拔高度和纬度的校正　由于重力加速度 g 随海拔高度和纬度不同而异，从而导致气压计读数的误差，因此要进行高度和纬度的校正。设测量地点的海拔高度为 H(m)，纬度为 L(°)，则对已经温度校正的读数 p_0 按下式进行海拔高度和纬度的校正。

$$p_s = p_0(1-2.6\times10^{-3}\cos2L-3.14\times10^{-7}H) \tag{6-21}$$

【例 6-4】 福州地区位于北纬 26.1°，海拔高度约为 85m，室温 25℃时，在压力计上测得大气压为 759.60mmHg，该气压计的仪器校正值为＋0.40mmHg，试计算校正后其真实大气压值。

解　仪器校正：759.60＋0.40＝760.00（mmHg)

温度校正：由表 6-13 查得 760mmHg、25℃时，温度校正值为 3.09mmHg。

故　$$p_0 = 760.00-3.09 = 756.91\ (\text{mmHg})$$

纬度与海拔校正：$p_s = 756.91\times[1-2.6\times10^{-3}\cos(2\times26.1)-3.14\times10^{-7}\times85]$
$= 755.68\ (\text{mmHg})$

即：$p_s = 133.322\times755.68 = 1.0075\times10^5\ (\text{Pa})$

在一般情况下，纬度和海拔高度校正值较小，在一般实验中可不考虑。

④ 其它如汞蒸气压的校正、毛细管效应的校正等，因校正值很小，一般都不考虑。

(4) 使用注意事项

① 调节螺丝时动作要缓慢，不可旋转过急。

② 在调节游标尺与汞柱凸面相切时，应使眼睛的位置与游标尺前后下沿边在同一水平面上，然后再调到与水银凸面相切。

③ 若发现汞槽内水银不清洁时，要及时更换水银。

6.3.3.2　固定槽式气压计

固定槽式气压计（图 6-25）与福廷式气压计结构基本相同，只是该气压计装在体积固定的槽中，在测量时只需读取玻璃管内水银柱高度而不需调节槽内水银面的高低。当气压变动时，槽内水银面的升降已计入气压计的标度内（即已有管上的刻度补偿），因此，气压计所用玻璃管和水银槽内径在制造时严格控制，使与铜管上的刻度标尺配合。由于不需调节水银面高度，固定槽式气压计使用方便，并且测量精度不低于福廷式气压计。其操作除不需要调节水银槽的水银面与象牙针尖相切外，其余同福廷式气压计。其读数校正与福廷式气压计完全相同。若读数的单位是毫巴（mbar)，只需乘 3/4 即为 mmHg 值。

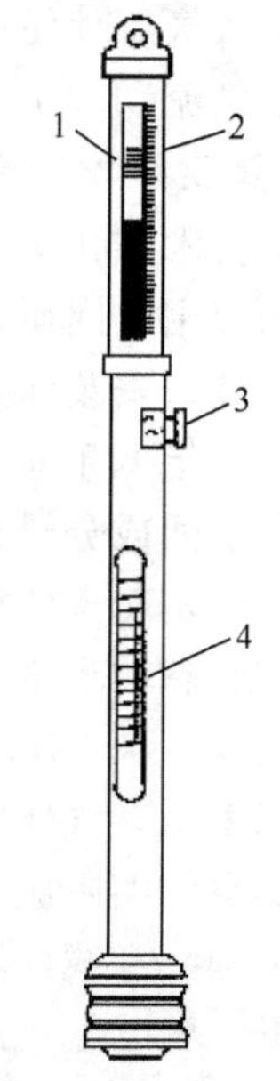

图 6-25　固定槽式气压计
1—游标尺；2—标尺；3—游标调整螺丝；4—温度计

6.3.3.3　空盒气压表

空盒气压表是由随大气压变化而产生轴向移动的空盒组作为感应元件，通过拉杆和传动机构带动指针，指示出大气压值。

当大气压增加时，空盒组被压缩，通过传动机构，指针顺时针转动一定角度；当大气压减小时，空盒组膨胀，通过传动机构使指针逆向转动一定角度。

空盒气压表测量范围为 600～800mmHg，温度在－10～40℃，刻度盘最小分度值为 0.5mmHg。读数经仪器校正和温度校正后，误差不大于 1.5mmHg。气压计的仪器校正值为＋0.7mmHg。温度每上升 1 度，气压校正值为－0.05mmHg。仪器刻度校正值见表 6-13。

表 6-13 仪器刻度校正值 单位：(mmHg)

仪器示值	校正值	仪器示值	校正值
790	−0.8	690	+0.2
780	−0.4	680	+0.2
770	0.0	670	0.0
760	0.0	660	−0.2
750	+0.1	650	−0.1
740	+0.2	640	0.0
730	+0.5	630	−0.2
720	+0.7	620	−0.4
710	+0.4	610	+0.6
700	+0.2	600	−0.8

例如，16.5℃时在空盒气压表上读数为 724.2mmHg，考虑：

仪器校正值　+0.7mmHg

温度校正值　16.5×(−0.05)=−0.8 (mmHg)

仪器刻度校正值由表 6-13 查得，为+0.7mmHg，校正后大气压为

$$724.2+0.7-0.8+0.7=724.8\ (\text{mmHg})=9.663\times10^4\ (\text{Pa})$$

空盒气压表体积小、重量轻，不需要固定，只要求仪器工作时水平放置，但其精度不如福廷式和固定槽式气压计。

6.3.3.4 数字式气压计

数字式气压计是近年来随着电子技术和压力传感器的发展而产生的新型气压计。由于其质量轻、体积小、使用方便和数据直观，更因无汞污染而将逐渐代替上述传统的气压计。其工作原理是利用精密压力传感器，将压力信号转换成电信号，由于该电信号较微弱，还需经过低漂移、高精度的集成运算放大器放大后，再由 A/D 转换器转换成数字信号，最后由三位或四位数字显示器输出、显示，其分辨率可达到 0.01kPa，甚至更高。

数字式气压计使用极其方便，只需打开电源预热 15min 即可读数。但须注意，应将仪器放在空气流动较小、不受强磁场干扰的地方。

6.3.4 真空技术简介

真空技术在化学化工、医学、电子学、气相反动力学以及吸附体系的研究等方面都有十分广泛的应用，因而真空的获得与测量在化学实验技术上是非常重要的一个方面，学会真空系统的设计、安装和操作是一项重要的基本技能。

真空泛指低于标准大气压的气体状态。在真空下，由于气体稀薄，单位体积内的分子数较少，分子间或分子在一定时间内碰撞于器壁的次数也相应减少，这是真空的主要特点。

真空度是对气体稀薄程度的一种客观量度，其最直接的物理量是单位体积内的分子数。不同真空状态体现该空间具有不同的分子密度。因此真空也指在标准状态下，其每立方厘米的分子数少于 2.687×10^{19} 个的给定空间。但是，由于历史沿革，真空度的高低通常用气体的压力来表示，气体的压力越低表示真空度越高。

在真空的实际应用中，按照真空获得和测量方法的不同，将真空范围大致划分为若干区域。根据国际和我国国家标准的规定，将真空划分为以下五个区域。

粗真空：$10^5\sim10^3$ Pa；低真空：$10^3\sim10^{-1}$ Pa；高真空：$10^{-1}\sim10^{-6}$ Pa；超真空：$10^{-6}\sim10^{-10}$ Pa；极高真空：10^{-10} Pa 以下。

6.3.4.1 真空的获得

用来获得真空的抽气设备称为真空泵，分为压缩式和吸附式两大类。常用的水泵、旋片

式机械泵、扩散泵等属于压缩式，吸附泵、钛升华泵等属于吸附式。在实验室中，如果要获得粗真空，常采用水流泵；若要获得低真空，用机械真空泵；若要获得高真空，则需要机械真空泵与油扩散泵联用。

(1) 水抽气泵　水抽气泵，简称水泵，其构造如图 6-26 所示。水经过收缩的喷口以高速喷出，在喷口形成低压产生抽吸作用，将由体系进入的气体分子不断被高速喷出的水流带走。使用时，只要将进水口接到水源上，调节水的流速就可改变泵的抽气速率。显然，水泵能达到的极限真空受水蒸气压的限制，如 20℃时极限真空约为 1000Pa；25℃时极限真空约为 3170Pa。

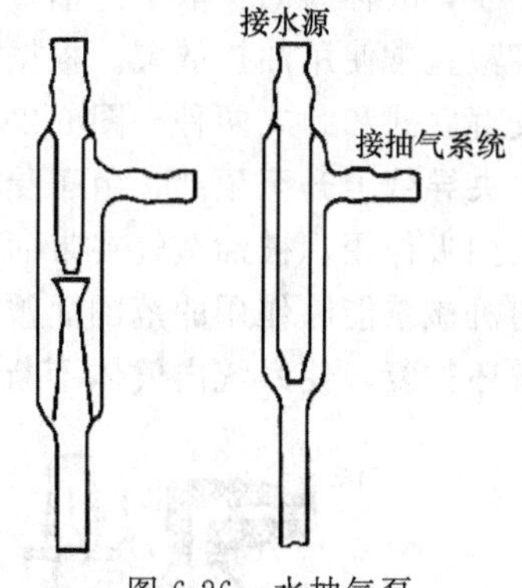

图 6-26　水抽气泵

水泵在实验室中主要用于抽滤或产生粗真空，但其效率低，较浪费水。现在，在实验室中多以循环水泵代替水泵。

(2) 循环水泵　在需要粗真空时，在实验室中常用循环水泵。它是利用循环水产生喷射而形成负压的一种真空抽气泵，其优点为：①耐腐蚀，酸、碱及其它腐蚀性气体不会损害泵，所以一般可免去使用机械泵时所必需的净化装置；②以水为介质，使实验室和体系完全避免了油的污染；③可以提供循环冷却水。

使用循环水泵时应注意：①水箱中要保持足够的水；②在水泵的抽气口上要连接放空旋塞，使用完毕后要先使水泵与大气相通再关闭电源，以防止工作介质水倒吸至所抽的真空体系中。

(3) 旋片式机械真空泵　旋片式机械真空泵，简称机械泵，其抽气效率较高，但只能产生 1～0.1Pa 的低真空，可达到的极限真空为 0.1～10^{-2}Pa。

常用的旋片式机械泵结构如图 6-27 所示，主要是由定子（泵腔）和偏心转子组成。经过精密加工的偏心转子嵌有带弹簧的两块旋片，转子将泵腔上的进气口和排气口分隔开，并起气密作用。当电动机带动转子在泵腔内旋转时，偏心转子紧贴泵腔旋转，旋片靠弹簧的压力也紧贴泵腔壁。旋片在泵腔中连续运转，由此使泵腔被旋片分成两个不同的容积，周期性地扩大和缩小。气体从进气口进入，被压缩后经排气阀从排气口排出泵外。如此循环往复，就达到了抽气的目的。

实验室常用的机械泵抽气效率为 $10L \cdot min^{-1}$、$30L \cdot min^{-1}$、$60L \cdot min^{-1}$。当压力低于 0.1Pa 时，其抽气速率急剧下降。旋片式机械泵的整个机件浸在真空泵油中，这种油的蒸气压很低，既可起到润滑作用，又可起封闭微小的漏气和冷却机件的作用。使用机械泵应注意以下几点。

① 不能直接用来抽含冷凝性气体如水蒸气，挥发性液体如乙醚或腐蚀性气体如氯化氢等，因为这些气体进入泵体后会破坏泵油的品质，降低了油在泵内的密封和润滑作用，甚至会导致泵的机件生锈。因此，若要应用，则应在泵的进气口前端加接干燥瓶、吸收瓶或冷阱。

② 机械泵由电动机带动，使用时应注意电机的额定电压和接线方法，检查电机的运转方向以及真空泵油量是否合适等。运转时电机温度不能超过 50～60℃。

③ 机械泵的进气口前应安装一个三通活塞。开机时，应使泵与大气相通；停止抽气时，应先使泵与抽气系统隔开，而后与大气相通，最后再关闭电源。这样既可保持系统的真空度，又可避免泵油倒吸。

(4) 油扩散泵　要获得比 0.1Pa 更高的真空，通常将机械泵（作为前级泵）和扩散泵

(作为次级泵)联合使用。扩散泵的原理是利用一种工作物质高速从喷口处喷出，在喷口处形成低压，对周围气体产生抽吸作用而将气体带走。这种工作物质在常温时应是液体，并具有极低的蒸气压，用小功率电炉加热就能使液体沸腾汽化，沸点不能过高，通过水冷却就能使汽化的蒸气冷凝下来。过去用汞和油作为工作物质，因汞有毒而不被使用，现在通常采用硅油，故称为油扩散泵。油扩散泵的油具有蒸气压低、无毒、相对分子质量大的特点，所以实验室常使用油扩散泵。根据油扩散泵喷嘴的个数，可将其分为二级、三级、四级，又可分成直立式和卧式两种。图 6-28 是油扩散泵的工作原理图。硅油被电炉加热沸腾汽化后，沿中央导管上升至顶部，由于受到阻挡而在喷口高速喷出，在喷口处形成低压，对周围气体产生抽吸作用，被油蒸气夹带而下。这样在油扩散泵下部就浓集了空气分子，使分子密度增加到机械泵能够作用的范围而被抽出。而油蒸气经冷却变为液体流回贮槽中，循环使用。如此循环往复，使系统内气体不断浓缩而被抽出，系统达到较高的真空。

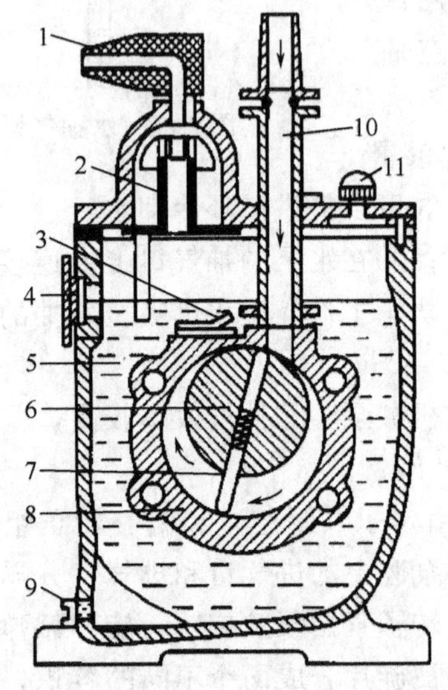

图 6-27 旋片式机械真空泵示意图

1—排气口；2—油分离器；3—排气阀；4—观察口；5—泵油；6—转子；7—旋片；8—定子弹簧；9—放油口；10—进气口；11—加油口

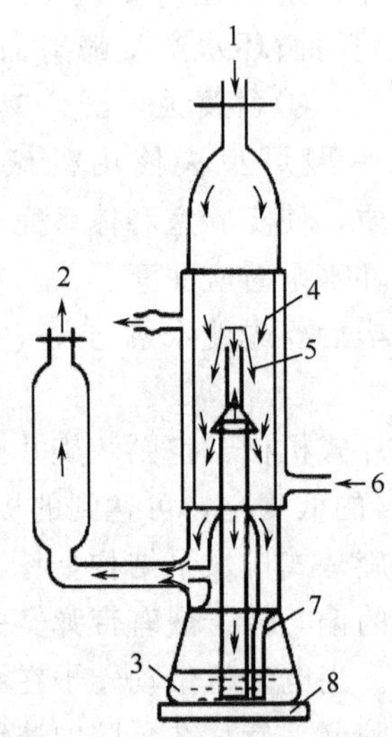

图 6-28 油扩散泵示意图

1—接系统；2—接机械泵；3—硅油；4—被抽气体；5—油蒸气；6—冷却水；7—冷凝油；8—电炉

在上述过程中，硅油蒸气起着一种抽运作用，其抽运气体的能力决定于三种因素：硅油的摩尔质量要大；喷射速度要高；喷口级数要多。油扩散泵所使用的油化学性质应稳定，蒸气压小。目前常用稳定性较高、相对分子质量大的硅油。现在用摩尔质量大于 3000 的硅油作为工作物质的四级扩散泵，其极限真空度可达 10^{-7}Pa，三级扩散泵极限真空度可达 10^{-4}Pa。实验室用的油扩散泵其抽气速率通常有 $60\times10^{-3}\,m^3\cdot s^{-1}$ 和 $300\times10^{-3}\,m^3\cdot s^{-1}$ 两种。

使用硅油扩散泵应注意以下几点。

① 油扩散泵必须用机械泵作为前级泵，将其抽出的气体抽走，不能单独使用。为了避免硅油的氧化，必须先开启机械泵抽气使系统内压力达 1Pa 后，才能加热硅油，开动油扩散泵。在开启油扩散泵时必须先接通冷却水，逐步加热直至油沸腾并正常回流。要关闭油扩散泵，首先切断加热电源，待油不再回流时再关闭冷却水，然后关闭油扩散泵的进出口活塞。并使机械泵通向大气，最后切断电源，停止机械泵的工作。

② 加热速度须控制适当，以产生足量蒸气从喷口喷出，封住喷口到泵壁的空间以免泵

底已浓集的空气反向扩散至抽空系统。如果加热硅油的温度过高，不但会使油裂解颜色变深，而且泵底有破裂的危险。加热速度过快，将使油蒸气到达泵上部，若此时冷却不良，将导致极限真空度降低。

③ 硅油蒸气压虽然极低，但仍会蒸发一定数量的油分子进入真空系统，玷污被研究对象，因此一般在扩散泵和真空系统连接处安装一冷阱，以捕捉可能进入系统的油蒸气。

(5) 吸附泵　吸附泵的全名为分子筛吸附泵，它是利用分子筛在低温时能吸附大量气体或蒸气的原理制成的。其特点是将气体捕集在分子筛内，而不是将气体排出泵外。

分子筛是人工合成的无水硅铝酸盐结晶，其内部充满着孔径均匀的无数微孔，约占整个分子筛体积的一半。当向液氮筒中灌入液氮后，分子筛因被冷到低温，能大量捕集待抽容器中的气体，极限真空度可达约 0.1Pa。由于吸附后的分子筛可通过加热脱附活化而反复使用，因此吸附泵的使用寿命较长，维护方便。吸附泵可单独使用，其优点是无油，但工作时需要消耗液氮。通常吸附泵用作超高真空系统中钛泵的前级泵。

(6) 钛升华泵　钛升华泵也称钛泵，它是一种利用加热方法升华钛并沉积在一个冷却面上，对气体进行薄膜吸附的抽气元件。它的抽速大、结构简单，但不能抽除惰性气体。钛泵不能单独使用，需用吸附泵或机械泵作为前级泵提供一个 $1\sim10^{-2}$Pa 的预备真空。因为气体太多时，钛蒸发器易氧化，影响有效蒸发。钛泵抽气原理是基于化学吸附作用，因此抽速与被抽气体的种类有很大关系。钛升华泵一般与扩散泵配合使用。

钛泵具有极限真空度高（约 10^{-8}Pa)、无油、无噪声和无振动等优点，在 10^{-2}Pa 时仍有较大的抽速，且操作简便、使用寿命长。

除了上述几种真空泵外，还有分子泵、低温泵等可用于获得真空。分子泵是一种纯机械的高速旋转的真空泵，一般可获得小于 10^{-8}Pa 的无油真空。低温泵是能达到极限真空的泵，其原理是靠深冷的表面抽气，它可获得 $10^{-9}\sim10^{-10}$Pa 的超高真空和极高真空。

6.3.4.2　真空的测量

真空的测量实际上就是测量低压下气体的压力。测量真空度的方法很多，粗真空的测量一般用 U 形管压力差计，对于较高真空度的系统使用真空规。真空规有绝对真空规和相对真空规两种。麦氏（Mcleod）真空规为绝对真空规，即真空度可以用测得的物理量直接计算而得。而其它如热偶真空规、电离真空规等均为相对真空规，测得的物理量只能经绝对真空规校正后才能指示相应的真空度。绝对真空规目前多用于校正，在教学、科研和生产中常用相对真空规。

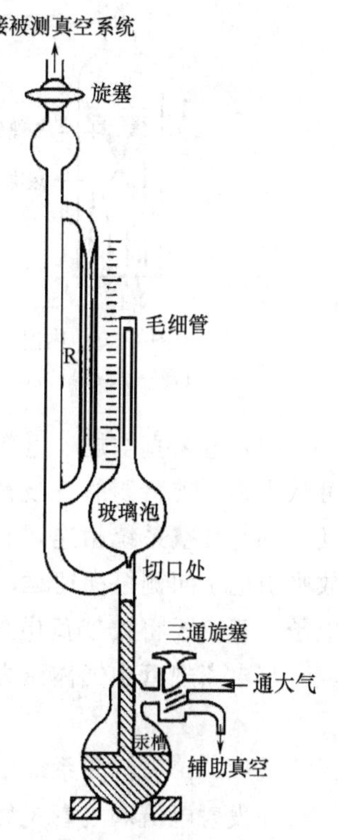

图 6-29　麦氏真空规

(1) 麦氏真空规　麦氏真空规，也称压缩真空计。它利用波义耳定律，将被测真空系统中一定的残余气体加以压缩，比较压缩前后体积、压力的变化，即能算出其压力。麦氏真空规是用硬质玻璃制成的，其结构如图 6-29 所示。

使用时，缓缓开启通往被测真空系统的旋塞，于是真空规中压力逐渐降低，与此同时，小心缓慢地将三通旋塞开向辅助真空，对汞槽抽真空，不让汞槽中的汞上升。待玻璃泡和闭口毛细管中的气体压力与被测系统的压力达到稳定平衡后，可开始测量压力。此时将三通旋塞小心缓慢开向大气

(可接一毛细管，以防止空气瞬间大量冲入)，使汞槽中的汞慢慢上升，进入真空规上方。当汞面上升到切口处，玻璃泡和毛细管即形成一个封闭体系，其体积是事先标定过的，此时的压力就等于被测真空系统的真空度。汞面继续上升，玻璃泡中气体受到压缩，其压力逐渐增大，最后压缩到闭口毛细管内。毛细管R是开口通向被测真空系统的，其压力不随汞面上升而变化。因而随着汞面的上升，开口毛细管R和闭口毛细管产生压差，其差值可从两个汞面在标尺上的位置直接读出。如果已知玻璃泡的体积和最后压在闭口毛细管中的气体体积，就可以按照波义耳定律计算出被测系统的真空度，即

$$p=133.32\Delta h\frac{V'}{V} \tag{6-22}$$

式中，p 为待测系统的压力（真空度），Pa；Δh 为最终测得的压缩气体的压力（闭口毛细管和开口毛细管的汞面高度差），mm；V'为闭口毛细管中压缩气体的体积；V 为玻璃泡和闭口毛细管的总体积。实际上，在标尺上不标 h 值，而直接标上 p 值。一般麦氏真空规出厂时就将测量压力的标尺附在规上，使用时可以直接读出待测系统的压力。麦氏真空规的缺点是不能测量压缩时能发生凝结的气体

(2) 热偶真空规　热偶真空规，也称热偶规，它是一种相对真空规，由加热丝和热电偶丝组成，其结构如图6-30所示。热电偶的热电势由加热丝的温度决定。若热偶规管与真空系统相连，加热丝电流恒定，则热偶的热电势将由周围气体的压力决定。因为加热丝的温度变化决定周围气体的热导率，当压力降低时气体导热率减小，温度升高热偶热电势随着增加。如果已知热电势与压力的关系，即可直接指出系统的压力。因此，可以用绝对真空规对热偶真空规的表头刻度进行标定，即能利用热偶真空规测量系统真空度。热偶真空规的量程为13.33～0.1333Pa。

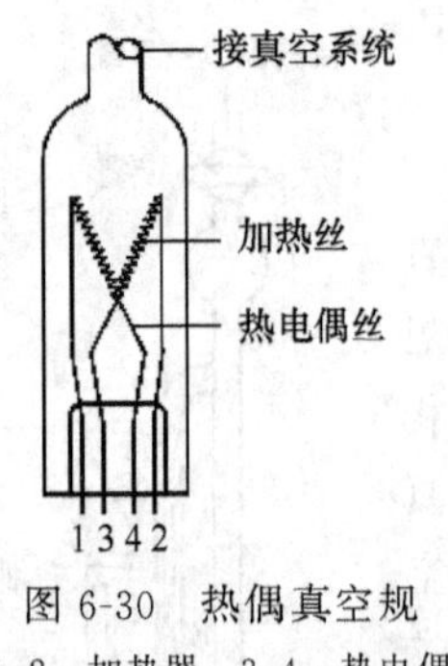

图6-30　热偶真空规

1,2—加热器；3,4—热电偶

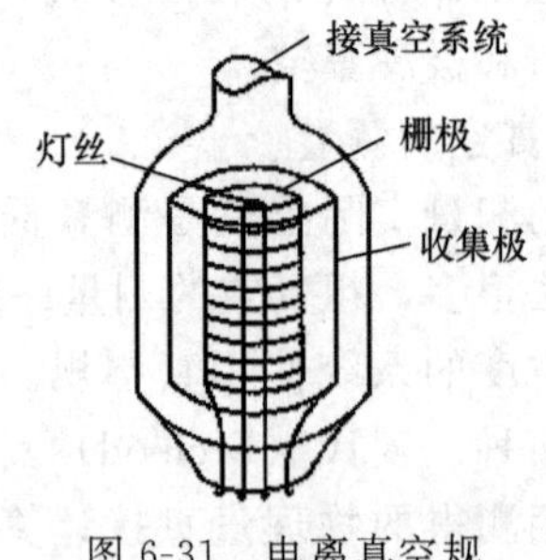

图6-31　电离真空规

(3) 电离真空规　电离真空规也是一种相对真空规，也需要用绝对真空规进行校准。它可认为是一支特制的三极管，其结构见图6-31。有阴极（灯丝）、栅极和收集极。使用时将其上部与真空系统相连，通电加热阴极至高温，使之发射热电子。由于栅极电位比阴极正，故吸引电子向栅极高速运动。高速运动的电子碰撞到气体分子，使气体分子电离成正离子和电子。正离子将被带负电的收集极吸收而形成离子流，所形成的离子流强度 I_+（正离子数）与电离规管中气体压力（真空度）p、阴极发射电流 I_e 成正比：

$$I_+=SI_ep \tag{6-23}$$

式中，p 为待测系统压力；S 为规管灵敏度；I_e 为阴极发射电流；I_+为离子流。

在发射电流和规管灵敏度恒定的情况下，经标定后，由 I_+ 的大小就可指示出系统压力值。实验中通常将热偶规和电离真空规配合使用。电离真空规的测量范围为 $0.1\sim10^{-6}$Pa，

只有在待测系统的压力低于 0.1Pa 时才能使用，否则灯丝通电后将氧化损坏。

在化学实验和科学研究中，使用复合真空规测量系统的真空度已经相当普遍。复合真空规是一种直读式真空测量仪，分低真空热偶规和高真空电离规两部分。其测量范围为 $10\sim10^{-6}$Pa，电离规部分是 $0.1\sim10^{-6}$Pa，热偶规部分是 10～0.1Pa。

目前实验室中的测量粗真空的水银压力计已被数字式低真空测压仪取代，该仪器是运用压阻式压力传感器原理测定实验系统与大气压之间压差，消除了汞的污染，有利于环境保护和人类健康。该仪器的测压接口在仪器后的面板上。使用时，先将仪器按要求连接在实验系统上（注意系统不能漏气），再打开电源预热 10min；然后选择测量单位，调节旋钮，使数字显示为零；最后开动真空泵，仪器上显示的数字即为实验系统与大气压之间的压差值。

6.3.4.3　真空系统的安装和使用

任一真空系统，无论管路如何复杂，但大体上由三部分构成：由机械泵和扩散泵组成的真空获得部分，由热偶规、电离规及其指示仪表组成的真空测量部分，以及待抽真空的研究系统。为减少气体流动的阻力，在较短时间内达到要求的真空度，管路设计时应尽量减少弯曲，少用旋塞，而且管路要短、管径要粗。

根据实验所要求的真空度和抽气时间，选择机械泵、管道和真空材料。如果要求极限真空度为 0.1Pa，一般选用性能较好的机械泵或吸附泵。如果要求极限真空度在 0.1Pa 以下，则需以机械泵为前级泵，扩散泵为次级泵联合使用。

(1) 真空泵的使用　图 6-32 是常用的真空系统与真空泵的连接方式示意图。抽真空时，先将真空旋塞 A、C 关闭，打开真空旋塞 B，直至压力达到 10～1Pa 时再打 A、C，关闭 B，两泵工作达高真空。

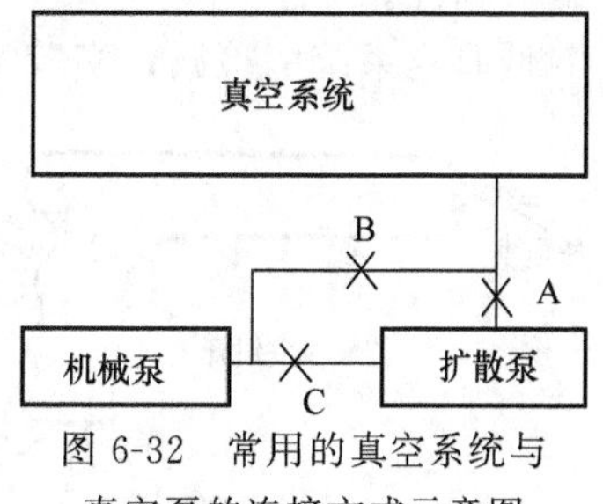

图 6-32　常用的真空系统与真空泵的连接方式示意图

启动扩散泵前，要先用机械泵将系统抽至低真空，再接通冷却水，然后逐渐加热使油沸腾并正常回流后才启动油扩散泵。停止扩散泵工作时，要先关断加热电源，待油停止沸腾不再回流后才关冷却水，再关闭扩散泵前后两个旋塞，接着将机械泵的抽气口通大气后才能停止机械泵，否则会发生真空泵油倒抽入真空系统的事故。使用油扩散泵时，应防止空气进入（尤其在温度较高时），以免硅油被氧化。

冷阱是气体通道中的冷却装置，主要使用可凝蒸气通过冷阱冷却为气体，以免水汽、有机蒸气、汞蒸气等进入机械泵影响泵的工作性能。同时，也是为了获得真空度，防止蒸气扩散返回真空系统，以便把泵向真空系统扩散的蒸气冷凝下来。一般在扩散泵与被抽真空系统之间，以及扩散泵和机械泵之间各装一冷阱。

(2) 冷阱　冷阱是在气体管路中设置的一种冷却式陷阱，能使可凝性蒸气通过时冷凝成液体。通常在扩散泵和机械泵之间一冷阱，以免有机物、水汽进入机械泵，影响泵的工作性能。在扩散泵和待抽真空系统之间一般也要装一冷阱，以捕集从扩散泵反扩散的油蒸气，这样才能获得高真空度。在使用麦氏真空规和汞压力计的地方也应该使用冷阱，使汞蒸气不进入真空系统。

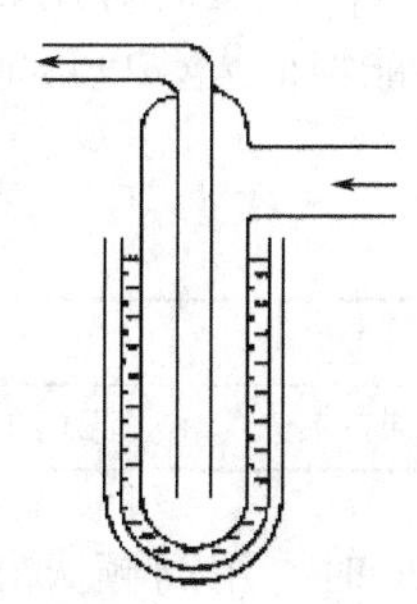
图 6-33　冷阱

冷阱的种类很多，最常用的一种冷阱如图 6-33 所示。冷阱的外部是装有冷冻剂的杜瓦瓶，常用冷冻剂是液氮、干冰加丙酮等。冷阱在真空装置中的作用虽然很重要，但它对气体的流动会产生阻力，从而降低了真空泵的抽气速率，因而对冷阱的设计要根据真空系统的管道尺寸而定。冷阱管道不能太细，以免液体堵塞，太短冷凝效果降低，太长使用不方便，所以要求冷阱大小适中，同时要便于拆卸清洗。

(3) 管道与真空旋塞　真空系统的材料主要考虑材料的真空性质、机械性质、防腐性等。一般选用玻璃材料，吹制比较方便，且可以观察内部情况。但真空活塞及其磨口连接部分一般只能到 10^{-4} Pa 的极限真空度。如果要求更高的真空度，则要选用金属材料。

真空管道的尺寸对抽气速率影响很大，所以管道应尽可能短而粗，尤其在靠近扩散泵处更应该如此。真空活塞是实验室常用的精细加工而成的磨口玻璃旋塞，一般采用空心旋塞，它材质轻，温度变化引起漏气的可能性较小。旋塞孔芯要与管道的尺寸配合，其孔径不能太小，旋塞的密封接触面应足够大。真空系统中应尽可能少用旋塞，以减少阻力和漏气可能。

(4) 真空涂覆材料　为了转动灵活，避免漏气，在真空旋塞和磨口接头处需涂上真空涂覆材料。涂时要注意均匀，看上去透明无丝状物。常用的真空涂覆材料有真空脂、真空泥、真空蜡等，它们在室温下的蒸气压都很小，一般为 10^{-2}～10^{-4} Pa。真空脂用在磨口接头和真空旋塞上；真空泥用来涂补玻璃管道的小沙眼和小缝隙；真空蜡用来胶合不能熔合的接头，如玻璃-金属接头。

国产真空脂按使用温度不同，分为 1 号、2 号、3 号真空脂等。从国外进口的阿皮松系列如阿皮松 L、阿皮松 T 等，相当于真空脂；阿皮松 Q 相当于真空泥；阿皮松 W、阿皮松 W-40 相当于真空蜡。

(5) 真空系统的检漏　真空系统的检漏与排漏是安装真空系统的重要环节，也是一项十分麻烦的工作。检漏的方法较多，如火花法、氯质谱仪法、荧光法等，可分别用于检测不同的漏气情况。

低真空系统的检漏，实验室常用高频火花真空检漏仪，其外形如图 6-34 所示。它是利用低压（10^{2}～10^{-2} Pa）下的气体在高频电场中，发生感应放电时产生的不同颜色来估测气体的真空度。使用时，将检漏仪接上电源，按下按钮开关，此时在放电簧端形成高压高频电场，在大气中产生高频紫色火花，并听到蝉鸣响声。此时将放电簧移近任何金属物时，应产生不少于 3 条火花线，长度不短于 20mm，仪器属正常，否则要重新调节。调节火花调节旋钮，可改变火花线的条数和长度。火花正常后，当放电簧在真空系统的玻璃管道上移动时，如果没有漏孔，则在玻璃管表面形成散开的、杂乱的火花；若移到漏孔处，由于气体电导率比玻璃大，将出现细长明亮的火花束。火花束的末端指向玻璃表面上的一个亮点，此亮点即为细小漏孔所在。根据紫色火花束在玻璃管内引起的不同的辉光颜色，还可估计待测系统的真空度，见表 6-14。当看到玻璃壁成淡蓝色荧光时，系统没有辉光放电，表明系统压力低于 0.1Pa，这时可用热偶规和电离规测定系统压力。要注意，使用高频火花检漏仪时，放电簧不能指向人，也不能指向金属，在某处停留时间也不宜过长，以免烧坏玻璃。

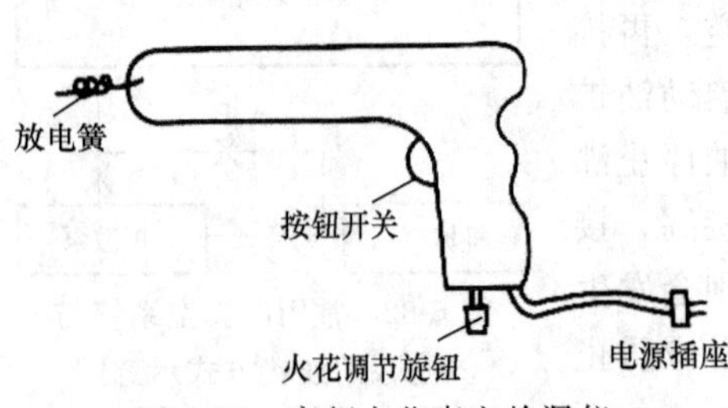

图 6-34　高频火花真空检漏仪

表 6-14　不同压力下的辉光颜色

p(Pa)	10^5	10	1	0.1	0.01	<0.01
颜色	无色	红紫	淡红	灰白	淡蓝荧光	无色

真空系统检漏时，通常先启动机械泵抽数分钟，当真空度达 10～1Pa 时，用高频火花检漏仪检查系统，可以看到红色辉光放电。关闭机械泵通向系统的活塞，10min 后再用高频

火花检漏仪检查，观察其放电颜色应和 10min 相同，否则表示系统漏气。漏气现象一般易发生在玻璃的接合处、弯头和活塞处。此时可关闭某些活塞，用高频火花检漏仪逐段检查，如发现某处漏气，再行检查。因为气流不断流入，在漏气处可以看到明亮的火花束。一般来说，若漏气处为小沙眼，可用真空封泥涂封。若漏孔较大，则须拆下重新焊接。

（6）真空系统操作注意事项

① 在实验前必须熟悉各部件的操作，注意各旋塞的转向，最好在旋塞上标明旋塞的转向。

② 真空系统的真空度越高，玻璃器壁承受的大气压力越大。对于大的玻璃容器都存在爆炸的危险，因此外面最好套有网罩，防止爆炸时玻璃伤人。由于球形容器受力均匀，故应尽可能使用球形容器，而不用平底玻璃容器。

③ 如果液态空气进入油扩散泵中，会引起热油爆炸，因此系统压力减至 100Pa 前不要用液氮冷阱，否则液氮将使空气液化，而液化后的空气与存在冷阱中的有机物会发生反应。

④ 使用真空泵须严格按照操作规程操作。机械泵是系统的初抽泵，也是扩散泵的前级泵。不能过早使用扩散泵。

⑤ 开启、关闭真空旋塞时，应当两手操作，一手握住旋塞套管，另一手缓慢地旋转内塞，防止玻璃系统因某些部位受力不均匀而断裂。

⑥ 实验过程中和实验结束时，不要使空气猛烈冲入系统，也不要使系统中压力不平衡的部分突然接通，否则有可能造成局部压力突变，导致系统破裂，或汞冲出汞压力计。

6.4　黏度和密度的测定

6.4.1　流体黏度的测定

流体黏度是流体流动时内摩擦力的量度。黏度分为绝对黏度和相对黏度。绝对黏度有两种表示方法：动力黏度和运动黏度。动力黏度是指当单位面积的流层以单位速度相对于单位距离的流层流出时所需的切向力，用希腊字母 η 表示黏度系数（俗称黏度），其单位是 Pa·s。运动黏度是液体的动力黏度与同温度下该液体的密度 ρ 之比，用符号 ν 表示，其单位是 $m^2 \cdot s^{-1}$。相对黏度是某液体黏度与标准液体黏度之比，无量纲。

液体的黏度差别较大，必须考虑被测液体类型及流动形式选择黏度计，常用的黏度计有以下几种。

（1）毛细管黏度计　此类黏度计用以测定动力黏度和运动黏度。

（2）落球黏度计　主要用于测定黏度大的液体。这类黏度计有古尔维奇黏度测定管和霍普勒黏度计。

（3）细孔式黏度计　这类黏度计有恩氏黏度计、塞氏黏度计和雷氏黏度计等，用以测定条件黏度。

（4）旋转黏度计　是指用同轴圆筒系统测定流体的流变性质的黏度计，它特别适用于测定非牛顿流体。

化学实验室中常用玻璃毛细管黏度计测量液体的黏度。此外，恩氏黏度计、落球黏度计、旋转式黏度计等也广泛使用。

6.4.1.1　毛细管黏度计

毛细管黏度计有乌氏黏度计和奥氏黏度计两种。这两种黏度计比较精确、使用方便，适合于测定液体黏度和高聚物的相对摩尔质量。

液体在毛细管中流动时，大都为牛顿体。若使液体流动的力全部用于克服其黏性阻力，则根据牛顿公式，可推得如下结果：

$$\eta=\frac{\pi p r^4 t}{8Vl} \tag{6-24}$$

式中，V 为在时间 t 内流经毛细管的液体体积；p 为管两端的压力差；r 为毛细管半径；l 为毛细管长度。此式即是著名的 Poiseuille 公式，是毛细管法测定黏度的依据。

由式(6-24) 知，若能测定 r、l、p、V、t 值，就能直接计算黏度 η，这称绝对法。但在上述测定值中，毛细管半径 r 难以准确测量，且其在式中呈 4 次方关系，因此该测量误差对 η 的影响很大，故一般不采用绝对法求黏度，而是采用相对法，即用同一支黏度计在相同的条件下分别测量待测液体和标准液体（已知其在该温度下的黏度和密度的液体如水）流经一毛细管的时间 t_2 和 t_1，根据 Poiseuille 公式，应有：

$$\eta_1=\frac{\pi r^4 p_1 t_1}{8Vl}$$

$$\eta_2=\frac{\pi r^4 p_2 t_2}{8Vl}$$

两式相比得

$$\frac{\eta_1}{\eta_2}=\frac{p_1 t_1}{p_2 t_2} \tag{6-25}$$

若将毛细管竖直放置，使液体在重力作用下流经毛细管，则有 $p=\rho g h$，其中 ρ 为液体的密度，g 为重力加速度，h 为流体流经毛细管的高度，两次实验中 h 值相同，式(6-25) 可写为：

$$\frac{\eta_1}{\eta_2}=\frac{\rho_1 t_1}{\rho_2 t_2} \quad 或 \quad \eta_2=\eta_1\frac{\rho_2 t_2}{\rho_1 t_1} \tag{6-26}$$

式中，ρ_2 为待测液体的密度；ρ_1 为标准液体的密度。

因此，用同一根玻璃毛细管黏度计，在相同的条件下，两种液体的黏度比即等于它们的密度与流经时间的乘积比。若将水作为已知黏度和密度的标准液，则通过测定 t_1 和 t_2，由式(6-26) 就可计算出待测液体的绝对黏度。

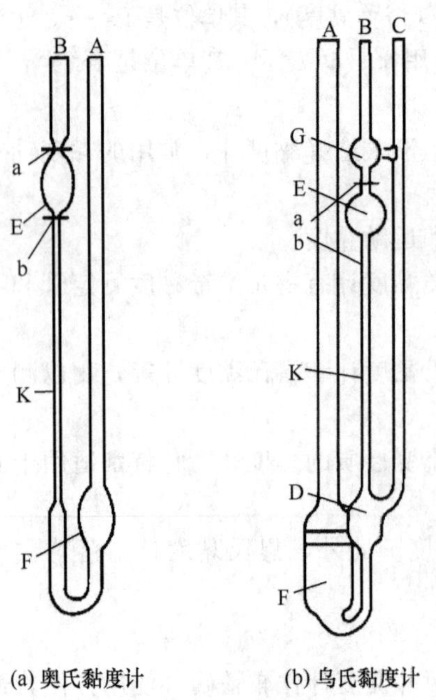

图 6-35　毛细管黏度计

常用的毛细管黏度计有乌氏黏度计和奥氏黏度计两种，结构如图 6-35 所示。其中管 A 较粗，下端有球 F，作为盛液体或冲稀液体用；管 B 中段 K 为毛细管，上端 E 球为盛放流经毛细管的液体用，两端有刻度线 a、b，作为液体流动时记录开始与终止时间的标准点。实验时液体自 A 管装入，由 B 管上方将液体吸至 a 线以上后任其流下，测量液体自刻度线 a 流至 b 所用的时间 t。乌氏黏度计的 B 管上有一缓冲球 G，它还有一根支管 C，与管 B 在下端的球 D 处相接，这样可使毛细管 K 的下端直接与大气相通，使实验中通过 A 管进行溶液稀释时，增加溶剂的量与球 E 中液体流经毛细管的时间无关。因此，乌氏黏度计测定时可在黏度计中直接稀释溶液，而奥氏黏度计则要求待测液的体积每次测定时都必须保持相同，故乌氏黏度计使用更为方便，也更为普遍。

6.4.1.2　**使用注意事项**

① 黏度计必须洁净。先用经2号砂芯漏斗过滤过的洗液浸泡一天，然后用水冲洗干净。如果用洗液不能洗干净，则改用5%氢氧化钠-乙醇溶液浸泡，再用水冲净，直至毛细管壁不挂水珠。洗干净的黏度计置于110℃的烘箱中烘干。

② 黏度计使用完毕，应立即清洗，特别测高聚物时，要注入纯溶剂浸泡，以免残存的高聚物黏结在毛细管壁上而影响毛细管孔径，甚至堵塞。清洗后在黏度计内注满纯水并加塞，防止落入灰尘。

③ 黏度计应垂直固定在恒温槽内，因为倾斜会造成液位差变化，引起测量误差，同时会使流体流经时间 t 变大。

④ 温度对黏度有显著的影响，所以在测定时，一般温度变化不应超过±0.3℃。

⑤ 毛细管黏度计的毛细管内径选择，可根据所测物质的黏度而定。毛细管内径太细，容易堵塞，太粗则测量误差较大，一般选择测水时流经毛细管的时间大于100s，以120s左右为宜。

毛细管黏度计种类较多，除乌氏黏度计和奥氏黏度计外，还有平氏黏度计和芬氏黏度计。乌氏黏度计和奥氏黏度计适用于测定相对黏度，平氏黏度计适用于测定石油产品的运动黏度，而芬氏黏度计是平氏黏度计的改良，其测量误差较小。

6.4.2　物质密度的测定

密度是一个用于定量描述物质特性的重要物理量。密度数值在工业、农业、国防、医药卫生及科研中是必不可少的基础物理数据。在基础化学实验中，通常也要进行物质的密度测量操作。所以，密度测量是必须掌握的实验基本技能之一。

6.4.2.1　**密度定义及术语**

(1) 质量密度　不同物质其体积相同但质量往往不同。同样，质量相同的不同物质，其体积也就不同。在一定条件（温度、压力）下，一物质的质量与其体积之比称为质量密度，简称为密度，其定义式为

$$\rho=m/V \tag{6-27}$$

式中，m 为物质的质量；V 为物质的体积；ρ 为密度。密度的法定计量单位为 $kg \cdot m^{-3}$。为了使用方便，实际工作中还常用 $g \cdot cm^{-3}$。

物质的密度与物质的本性有关，且受外界条件（如温度、压力）的影响。压力对固体、液体密度的影响可以忽略不计，但温度对密度的影响却不能忽略，因此，在表示密度时，应同时表明温度。要指出的是物质系统可以由单一物质构成、也可由多种物质构成，而且可为气、液、固的某一聚集状态。

(2) 相对密度　在许多科技和工程技术领域中，还习惯使用相对密度（relative density）来表达物质的特性。相对密度是指在同一条件下，某物质B的密度 ρ_B 与另一参考物质A的密度 ρ_A 之比，用符号 d 表示。由于是两物质的密度之比，故 d 是量纲为一的量，其定义式为

$$d=\rho_B/\rho_A \tag{6-28}$$

对固体与液体一般选用某参考温度（一般用4℃或20℃）下的纯水作为参考物质。对气体则多采用 $T=273.15K$，$p=100kPa$ 条件下的干燥空气为参考物质。

由式(6-30)可知，因一物质的密度值与温度有关，所以，当 ρ_A 的温度为 t_1，ρ_B 的温度为 t_2 时，则表示 d 时应将 ρ_A、ρ_B 的温度标明，即 ρ_{A,t_1}、ρ_{B,t_2}，而且 d 应写为 $d_{t_2}^{t_1}$。例如，20℃的乙醇相对4℃纯水的相对密度 d 应写为 d_4^{20}。

(3) 堆积密度、表观密度与实际密度　密度是单位体积中的物质的质量。质量的测定用天平就能高精度测得，体积的测定对气体、液体也能准确测得。但对多相系统如固体来说，密度是不均匀的。例如，因固体的性状具有多样性（如带孔或不带孔的块状、粒状及粉末状等），测量体积的方法也多样化，故密度定义又出现如下术语。

① 堆积密度　堆积密度是指在某一特定条件下，将疏松状（小块、颗粒、纤维、粉末）材料装入已知体积 V 的容器中，测定装入其中材料的质量 m_B，则 $\rho_B = m_B/V$ 称为该疏松状材料的堆积密度。由于以容器的体积作为疏松材料的体积，故疏松材料之间的空隙也包括在内，而空隙的大小与疏松材料填装入容器的方法有关，如自然堆积、振动或敲击堆积以及加压堆积等，因此堆积密度随疏松材料装填方法而异。根据堆积方法，堆积密度又分为松密度（自然堆积）、振实密度（敲击或振动）和压缩密度（加压堆积）。

② 表观密度　将多孔固体（粉末或颗粒状）浸入容易润湿其表面的液体中，当充分排清多孔固体本身所含的气泡后，液体因润湿而进入多孔固体的裂口、粒子间隙、裂纹及开口洞穴（但不能进入封闭洞穴），用此方法可以求出多孔固体（含封闭洞穴）的体积，将此体积除以多孔固体的质量，所得的值称为亲液表观密度。

若将多孔固体放入与其完全不润湿的液体（如汞）中，此时液体不能进入多孔固体的裂口、粒子间隙、裂纹及开口洞穴。将多孔固体的质量与用此法测得的包括孔隙在内的体积之比，称为疏液表观密度，又称假密度。

③ 实际密度　实际密度是指多孔材料的质量与不包括任何（开口或封闭）“空隙”体积在内的多孔材料体积之比，也称为真密度，这是与假密度相对应的量。

6.4.2.2　**液体密度的测定**

在气、液、固的密度测量中，液体密度的测量比固体和气体应用更多、更普遍。测定液体密度的方法很多，主要有密度计法、密度瓶法和韦氏天平法。密度计法和韦氏天平法测定液体密度所依据的原理是阿基米德定律。下面介绍在化学实验室中各常用的测定液体密度的方法与仪器。

(1) 密度计法　通常使用的密度计如图 6-36 所示，它是一支中空的玻璃浮柱，上部有标线，下部为一重锤，内装铅粒。市售的成套密度计是在一定的温度（20℃）下标度的。根据液体相对密度的不同选用相适应的密度计。按量程分为轻表和重表两类。轻表用于密度小于水的液体密度测定，重表则用于常温下密度大于水的液体密度的测定。它们之间的区别由刻度即可区分。酒度计就是专门用于酒精浓度测定的一种轻表，其刻度尺上的数字已将密度直接转换为与之相关联的酒精度（体积分数）。

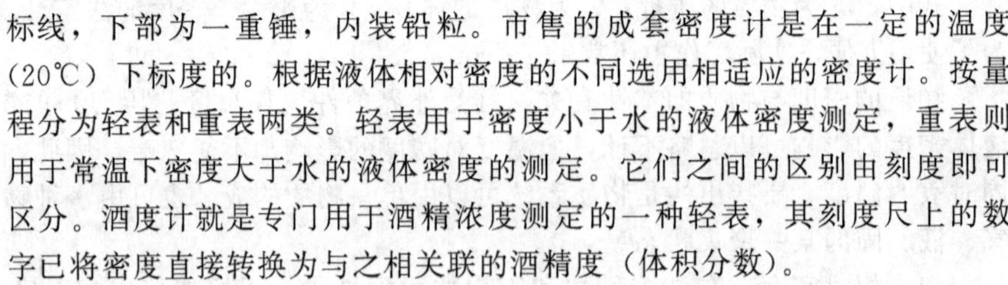

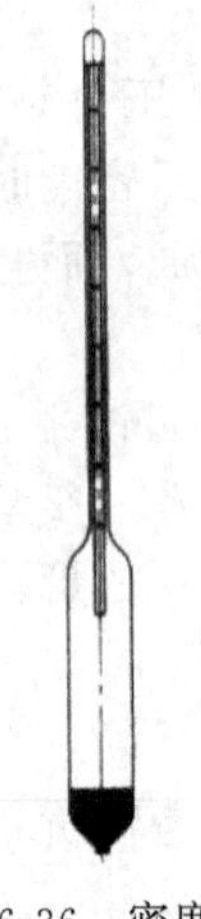

图 6-36　密度计

密度计测定液体的相对密度操作简单易行，但准确度不如密度瓶法。操作过程为：将待测试液注入一洁净干燥的量筒（容积为 250mL 或 500mL，依试液量而定）内，不得有气泡，将量筒置于 20℃±0.1℃的恒温水浴中。待温度恒定后，选择一支合适的、洁净干燥的密度计，缓缓放入待测液体中，其下端应离筒底 2cm 以上，不能与筒壁接触，密度计的上端露在液面外的部分所沾液体不得超过 2～3 分度，待密度计在试液中稳定后，从液面处的刻度就可以直接读出该液体 20℃的密度值。

(2) 密度瓶法　简易密度瓶法的代表是用容量瓶测体积，用天平测质量，求出试液的密度。操作时，取一清洁干燥的 10mL 容量瓶在分析天平上称量，然后注入待测液体到容量瓶刻度，再称量。将两次质量之差除以 10mL，即得该液体在室温下的密度。但这种方法不为国家标准所认可，所以应使用专门的密度瓶来测定。符合 GB/T 4472 要求的密度瓶容积为 25～50mL，配套磨口温度计分度值为 0.1℃。密度瓶是一种在一定温度下可精确度量容积的玻璃或金属容器，实验室多用玻璃密度瓶。

密度瓶法是基于密度的定义式，即测量待测物质的体积与质量而算出其密度。在实验室中测定易挥发性液体的密度时，一般用双管式密度瓶（也称密度管）来测定。其测定方法如下：将密度管［图 6-37(a)］洗净，干燥后挂在天平上称量得 m_0。将待测液体由 B 支管注入，使充满刻度 S 左边空间和 A 端及 B 端。盖上 A、B 两支管的磨口小帽，将密度管吊浸在恒温槽中恒温 5～10min，然后拿掉两小帽，将密度管 B 端略倾斜抬起，用滤纸从 A 支管吸去管内多余液体，以调节 B 支管的液面到刻度 S。再恒温 1～2min 后从恒温槽中取出密度管，并将两个小帽套上。用滤纸吸干管外所沾之水，称重为 m。同样用上述方法称出纯水的质量 m_w，根据下式就可求出，在温度 t℃时被测液体的密度：

$$\rho=\frac{m-m_0+K}{m_w-m_0+K}\times\rho_w \tag{6-29}$$

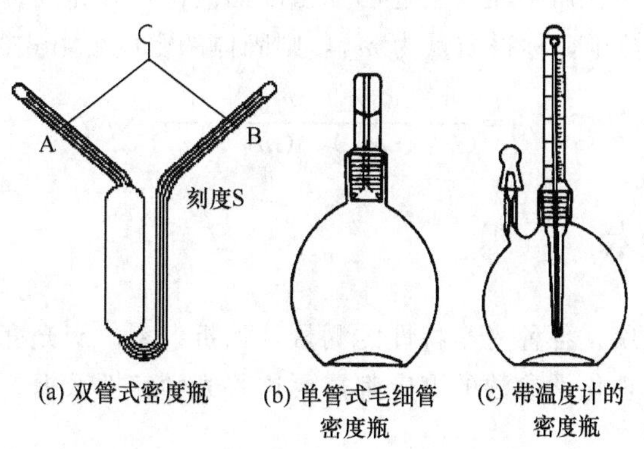

(a) 双管式密度瓶　(b) 单管式毛细管密度瓶　(c) 带温度计的密度瓶

图 6-37　密度瓶

式中，ρ_w 为温度 t℃时纯水的密度，$g\cdot cm^{-3}$；K 为浮力校正，$K=\rho_1 V$；ρ_1 为干燥空气在 t℃、101.325kPa 时的密度；V 为所取试液的体积，亦即密度瓶的体积，mL。但一般情况下，K 的影响很小，可忽略不计。

上述测定也可以采用密度瓶。测定时，先将密度瓶［图 6-37(b) 或 (c)］洗净，烘干，在分析天平上称重为 m_0。然后向瓶中注入纯水，盖上瓶塞放入恒温槽中恒温 15min，用滤纸或清洁的纱布擦干密度瓶外面的水，再称重得 m_w。同样，按上述方法测定待测液体的质量 m，待测液体的密度按式(6-31) 计算。

6.4.2.3　固体密度的测定

对于各种有规则的固体，直接测量固体的质量及体积即可求得密度。若固体不规则，可采用浮力法和密度瓶法测定固体密度。

(1) 浮力法　测定固体的密度比较困难，常用浮力法测定。其原理是纯固体的晶体悬浮在液体中时既不能浮在液面，也不能沉在底部，如图 6-38 所示。此时固体的密度与液体与该液体的密度相等，只需测出液体密度便知道该固体的密度。其实验方法如下。

首先选择合适的液体 A，使晶体浮在液面（液体的密度大于晶体的密度）。再选择液体 B，使晶体沉在底部（液体的密度小于晶体的密度）。最后准备 A 和 B 的混合液，使晶体悬浮在其中。测得混合液的密度，即为该固体的密度。必须注意，固体在 A、B 液体中不发生溶解、吸附现象；固体浸入液体固液两相都不应有气泡存在。

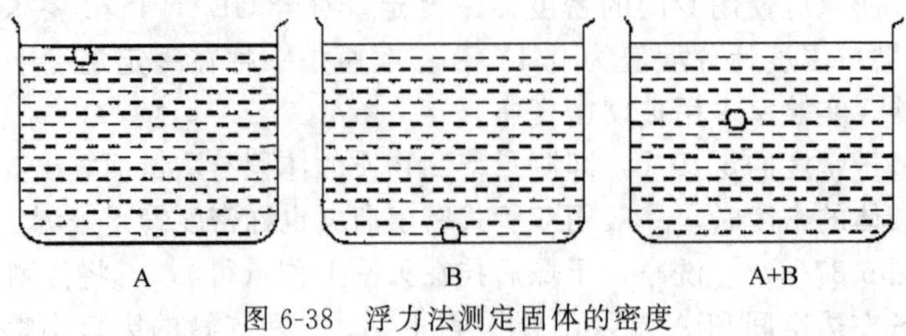

图 6-38 浮力法测定固体的密度

(2) 密度瓶法 固体密度的测定可用密度瓶法。其方法是：首先称出空密度瓶的质量为 m_0，再向瓶内注入已知密度（ρ）的液体（该液体不能溶解待测固体，但能润湿待测固体），盖上瓶塞。置于恒温槽中恒温 15min，用滤纸小心吸去密度瓶塞子上毛细管口溢出的液体，取出密度瓶擦干，称出质量为 m_1。倒去液体，吹干密度瓶，将待测固体放入瓶内，恒温后称得质量为 m_2。将密度瓶放在真空干燥器内，用真空抽气约 3～5min，使吸附在固体表面的空气全部抽走，然后再往瓶中注入上述已知密度的液体，并充满。将密度瓶放入恒温槽恒温 15min，取出密度瓶擦干，称得质量为 m_3，则固体的密度可由式(6-30) 计算：

$$\rho_s=\frac{m_2-m_0}{(m_1-m_0)-(m_3-m_2)}\times\rho \tag{6-30}$$

6.5 光学测量技术

随着科学技术的发展，各种光学特性的测量，如折射率、旋光度等已在化学实验技术中获得广泛应用。许多物理化学参数的测定都需要这些光学特性数据，因此学习和掌握光学测量技术是非常重要的。

6.5.1 折射率与阿贝折射仪

折射率的测定是在生产、科研和实验中广泛而且常用的实验方法，所需样品量少、精确度高、重现性好，它不仅可以定量地分析溶液的组成、鉴定液体的纯度，还可以算出某些物质的摩尔折射率，反映极性分子的偶极矩，从而有助于研究物质的分子结构。

6.5.1.1 物质的折射率与物质浓度的关系

折射率是物质的重要物理常数之一，许多纯物质都具有一定的折射率。如果纯物质中含有杂质，则其折射率将发生变化，出现偏离，杂质越多，偏离越大。因此通过折射率的测定，可以测定物质的浓度，鉴定液体的纯度。纯物质溶解在溶剂中折射率也会发生变化，如蔗糖溶解在水中的浓度越大，折射率就越大，所以通过测定蔗糖水溶液的折射率，也就可以定量地测出蔗糖水溶液的浓度。折射率的变化与溶液浓度、测试温度、溶剂、溶质的性质以及它们的折射率等因素有关，当其它条件固定时，一般情况下当溶质的折射率小于溶剂的折射率时，浓度越大，折射率越小。反之亦然。

测定物质的折射率，可以测定物质的浓度，其方法如下：①制备一系列已知浓度的样品，分别测定各浓度的折射率；②以浓度 c 与折射率 n_D^t 作图得一工作曲线；③测得未知浓度样品的折射率，在工作曲线上可以查得未知样品的浓度。

实验室常用阿贝（Abbe）折射仪测定折射率，它既可以测定液体的折射率，也可以测定固体物质的折射率。测定时所需试样少，方法简便，所测量的数据精确度高、重复性好，是物理化学实验室常用的光学仪器。

6.5.1.2　阿贝折射仪的工作原理

当光线从介质 1 进入介质 2 时，由于光在两种介质中的传播速率不同，其传播的方向在界面处（除非光线与两介质的界面垂直）会发生改变（见图 6-39），这种现象称为光的折射现象。根据折射定律，入射角 α 和折射角 β 的关系为：

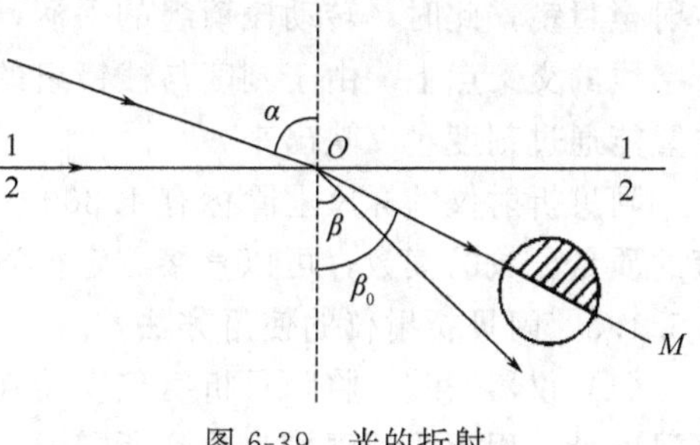

图 6-39　光的折射

$$\frac{\sin\alpha}{\sin\beta}=\frac{n_2}{n_1}=n_{1,2} \tag{6-31}$$

式中，$n_{1,2}$ 是介质 2 相对于介质 1 的折射率。若 $n_{1,2}>1$，则 α 恒大于 β。当入射角增大至 90°时，折射角也相应增至最大值 β_0，β_0 称为临界角。此时，光线可通过介质 2 中 OM 的下方区域，即明亮区；而 OM 的上方区域无光线通过，则为暗区。如果在 M 处置一目镜，则会观察到半明半暗的图像。当入射角 α 为 90°时，式(6-31) 可改写为

$$n_{1,2}=\frac{1}{\sin\beta_0} \tag{6-32}$$

因此，当固定一种介质时，通过测定临界折射角 β_0，就可得到被测物质的折射率。

根据临界折射角确定折射率的原理设计成测定折射率的仪器，最常用的是阿贝折射仪。为了测定临界折射角，让单色光从 0°～90°的所有角度从介质 1（如空气）射入介质 2，所有的折射线都应落在临界折射角 β_0 之内。此时若在 M 处放置一目镜，则在目镜内可观察到半明半暗的图像，因而可以确定临界折射角。

阿贝折射仪外形如图 6-40 所示，图 6-41 是光学系统示意图。其主要部分是由两块折射率为 1.75 的玻璃直角棱镜构成，两棱镜的镜面间留有微小缝隙，可以铺展一层待测的液体。当光线经反光镜反射至辅助棱镜的粗糙表面时，光在此表面上发生漫射。漫射所产生的光线

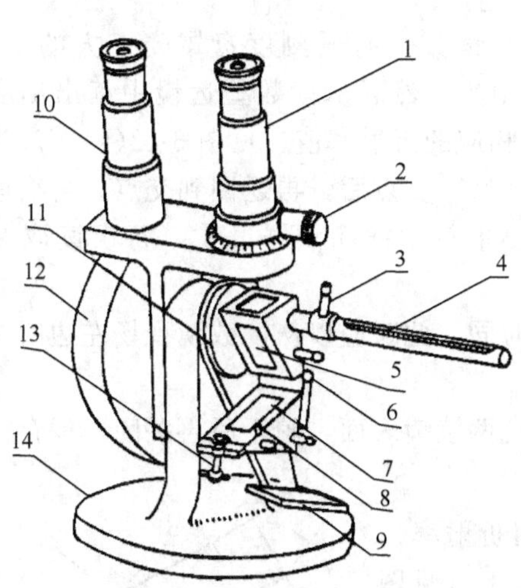

图 6-40　阿贝折射仪外形图

1—测量望远镜；2—消色散手柄；3—恒温水入口；4—温度计；5—测量棱镜；6—铰链；7—辅助棱镜；8—加液槽；9—反射镜；10—读数望远镜；11—转轴；12—刻度盘罩；13—闭合旋钮；14—底座

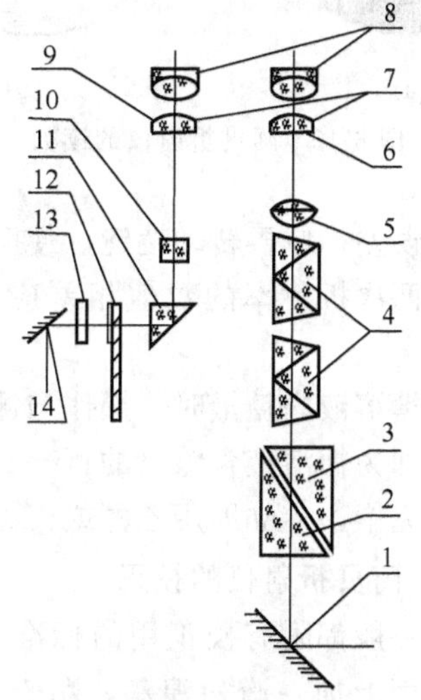

图 6-41　光学系统示意图

1—反光镜；2—辅助棱镜；3—测量棱镜；4—消色散棱镜；5,10—物镜；6,9—分划版；7,8—目镜；11—转向棱镜；12—照明度盘；13—毛玻璃；14—小反光镜

透过缝隙的液体层，从各个方向进入测量棱镜而发生折射，其折射角均落在临界角 β_0 之内。具有临界折射角的光线自测量棱镜经过消色散棱镜（也称阿密西棱镜）消除色散，再经聚焦后射至目镜，此时，转动棱镜组的手柄，调整棱镜组的角度，使临界线正好落在目镜视野的十字线的交叉点上。由于刻度与棱镜组的转轴是同轴的，因此与试样折射率相对应的临界角位置能通过刻度盘反映出来。

阿贝折射仪的标尺上除标有 1.300～1.700 折射率数值外，在标尺旁边还标有 20℃糖溶液的质量分数的读数，可以直接测定糖溶液的含量。

6.5.1.3 **阿贝折射仪的使用方法**

（1）仪器安装　将阿贝折射仪安装在光线明亮处，注意避免阳光直射。在棱镜外套上装好温度计，用超级恒温槽将达到所需温度的恒温水通入棱镜的保温套。

（2）加样　打开测量棱镜和辅助棱镜，使辅助棱镜的磨砂面处于水平位置。用滴管滴加少量乙醇或丙酮清洗镜面，用镜头纸（切勿用滤纸）顺单一方向轻轻地揩净镜面（或用吸耳球吹干镜面亦可）。待镜面洗净干燥后，用滴管滴加几滴待测液体于辅助棱镜的磨砂面上，并迅速闭合棱镜，旋紧锁钮。若待测液体易挥发，先将两棱镜闭合，然后用滴管从加液小孔中注入试样。

（3）对光　转动镜筒使之垂直，转动手柄，使刻度盘标尺上的示值为最小，接着调节反射镜使入射光进入棱镜组。同时调节目镜的焦距，使目镜中的十字线“×”清晰明亮。

（4）粗调、消色散　慢慢地旋转手柄，使刻度盘上的示值逐渐增大，直至观察到视场中出现彩色光带或明暗分界线为止。由于散射，在明暗界线处出现彩色线条，这时转动消色补偿器使彩色消失，可留下一清晰的明暗分界线。

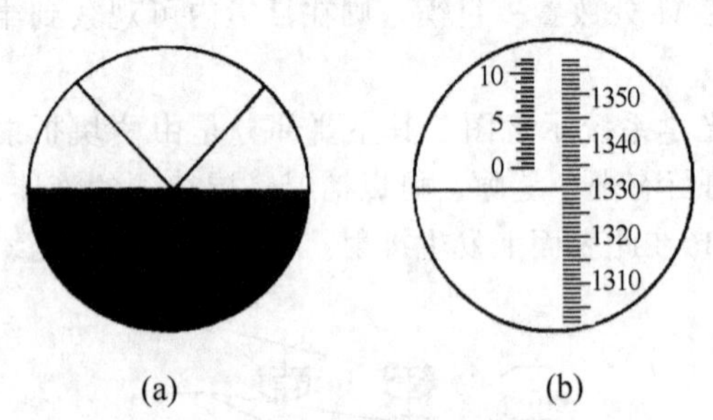

图 6-42　阿贝折射仪的读数

（5）精调　再仔细转动棱镜，使明暗分界线恰好落在视场十字线“×”的交点上［见图 6-42(a)］。

（6）读数　打开刻度盘罩壳上方的小窗，使光线射入，然后从读数望远镜中读出刻度盘标尺上相应的折射率值［见图 6-42(b)］。为了减少偶然误差，应再转动棱镜，使明暗分界线离开“×”交点后，再返回到交点，再次读取折射率，两次折射率的数值相差应小于 0.0002。要求每个样品加样 3 次，每次读取 3 个数据。

测量糖溶液内糖量时，操作与测量液体折射率时同，此时应以从读数镜视场左边所指示值读出，即为糖溶液含糖量的百分数。

测定完毕，应立即用乙醇或丙酮顺同一方向淋洗两棱镜表面，晾干后再关闭，保存。

6.5.1.4 **阿贝折射仪的校正**

仪器一般都附有校正用的标准玻璃（其上标明折射率），于其抛光面上加一滴 α-溴萘，贴于折射棱镜的镜面上（见图 6-43），标准玻璃的侧抛光面向上以接受入射光线，不需合上辅助棱镜，但要打开测量棱镜背的小窗，使光线从小窗口射入，就可进行测定。旋转棱镜转动手柄使读数为 1.4653（标准玻璃的折射率），此时明暗分界线若不在叉线交点，可用管状钥匙插入调节螺钉中轻轻转动，使明暗分界线恰好调到叉

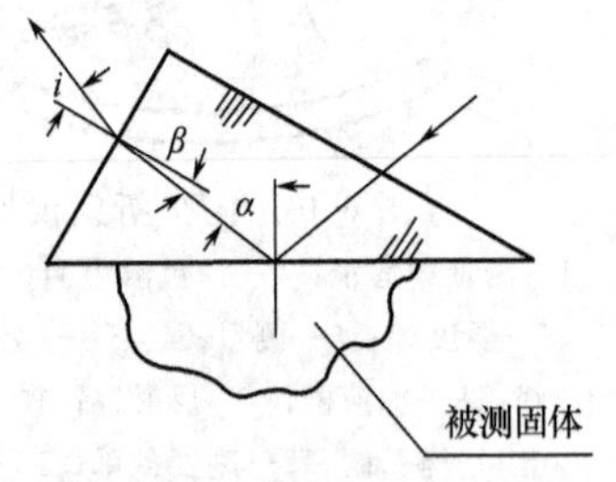

图 6-43　固体样品的测量

线交点处，校正工作即告完毕。也可用纯水（折射率见表 6-15）作标准物质来校正折射仪，操作时只要把水滴在辅助棱镜的毛玻璃面上并合上两棱镜，旋转棱镜使刻度盘上的读数与水的折射率一致，其它手续相同。

表 6-15　不同温度下纯水和乙醇的折射率

温度/℃	14	16	18	20	24	26	28	30
水的折射率	1.33348	1.33333	1.33317	1.33299	1.33262	1.33241	1.33219	1.33164
乙醇的折射率	1.36210	1.36120	1.36048	1.35885	1.35803	1.35721	1.35557	—

6.5.1.5　**使用注意事项**

① 不得暴露于强烈阳光下和太靠近光源（如电灯），也不宜置于温度太高的地方。

② 使用时不可摩擦镜面，防止被玻璃管尖端或其它硬物等划伤镜面。擦洗时只能用柔软的擦镜纸擦干液体而不能用滤纸等，防止损害毛玻璃面。不得使用阿贝折射仪测量腐蚀性液体如强酸、强碱和氟化物的折射率。

③ 因折射率与温度有关，因此测定应在指定的温度下进行。若待测试样的折射率不在 1.3～1.7 范围内，阿贝折射仪不能测定，也看不到明暗分界线。

④ 要注意保持仪器清洁，保护刻度盘。使用完毕，应尽快用擦镜纸将两棱镜面上的液体揩去，然后用 95％乙醇擦拭数次，直到洁净干燥。最后在两棱镜间放上一小张两层擦镜纸，关紧锁钮，以免镜面损坏。同时放尽夹套中的水，拆下温度计装入盒中，并用滤纸吸干夹套中的水。

6.5.1.6　**温度和压力对折射率的影响**

液体的折射率是随温度变化而变化的，多数液态的有机化合物当温度每增高 1℃时，其折射率下降 $3.5\times10^{-4}\sim5.5\times10^{-4}$。纯水的折射率在 15～30℃，温度每增高 1℃，其折射率下降 1×10^{-4}。若测量时要求准确度为 $\pm1\times10^{-4}$，测温度应控制在 t℃±0.1℃，此时阿贝折射仪需要有超级恒温槽配套使用。

压力对折射率有影响，但不明显，只有在很精密的测量中，才考虑压力的影响。

6.5.1.7　**数字阿贝折射仪**

数字阿贝折射仪的工作原理与前述的完全相同，都是基于测定临界角。它由角度-数字转换系统角度量转化成数字量，再输入微机系统进行数据处理，而后数字显示出被测样品的折射率。图 6-44 为 WAY-S 型数字阿贝折射仪的外形结构示意图。该仪器的使用较为方便，内部具有恒温结构，并装有温度传感器。按下温度显示按钮可显示温度，按下测量显示按钮可显示样品折射率。

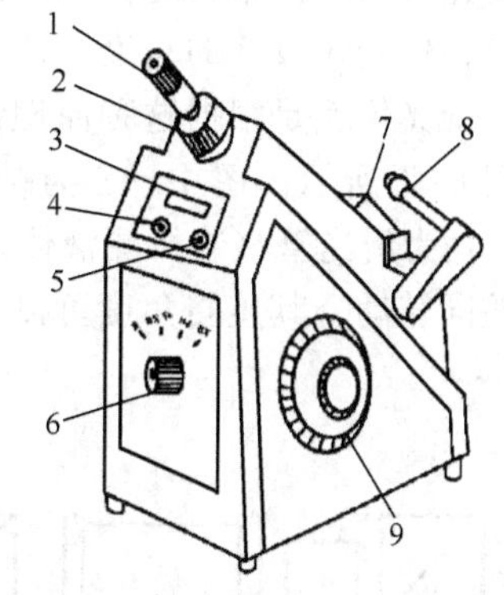

图 6-44　WAY-S 型数字阿贝折射仪外形结构示意图

1—望远镜系统；2—色散校正系统；3—数字显示窗；4—测量显示按钮；5—温度显示按钮；6—方式选择旋钮；7—折射棱镜系统；8—聚光照明系统；9—调节手轮

6.5.1.8　**仪器的维护与保养**

① 仪器应放在干燥、通风和温度适宜的地方，以免仪器的光学零件受潮发霉。

② 仪器使用前后及更换试样时，必须先清洗擦净折射棱镜的工作表面。

③ 被测液体试样中不可含有固体杂质，测试固体样品时应防止折射棱镜工作表面拉毛或产生压痕，严禁测试腐蚀性较强的样品。

④ 仪器应避免强烈振动或撞击，防止光学零件震碎、松动而影响精度。

⑤ 仪器不用时应用塑料罩或布罩将仪器盖上或放入箱内，箱内放有干燥剂硅胶。

⑥ 使用者不得随意拆装仪器。如发生故障或达不到精度要求，应及时送修。

6.5.2 旋光仪与旋光度的测定

6.5.2.1 旋光仪的工作原理

某些有机化合物，特别是许多天然有机化合物，因其分子含有不对称的结构能使偏振光振动平面发生旋转，这类物质就称为旋光性物质。使偏振光振动平面向左旋转一定角度的为左旋性物质，使偏振光振动平面向右旋转一定角度的为右旋性物质。这个旋转的角度称为旋光度，以 α 表示。

旋光度的大小和方向必须通过旋光仪测定。旋光仪的类型很多，但其主要部件和测定原理基本相同。旋光仪的主要元件是两块尼科尔棱镜（Nicol prism）。尼科尔棱镜是由两块方解石直角棱镜沿斜面用加拿大树脂黏合而成，如图 6-45 所示。

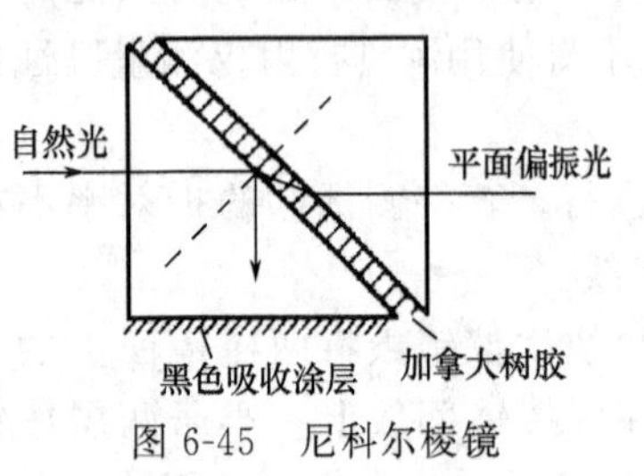

图 6-45 尼科尔棱镜

当一束单色光照射到尼科尔棱镜时，分解为两束相互垂直的平面偏振光：一束折射率为 1.658 的常光；另一束折射率为 1.486 的非常光。这两束光线到达加拿大树脂黏合面时，折射率大的常光（加拿大树脂的折射率为 1.550）被全反射到底面上，被底面上的黑色涂层吸收，而折射率小的非常光则通过棱镜，这样就获得了一束单一的平面偏振光。在这里，尼科尔棱镜称为起偏镜（polarizer），它是用来产生偏振光的。如让起偏镜产生的偏振光照射到另一尼科尔棱镜上，当第二个棱镜的透射面与起偏镜的透射面平行时，这束平面偏振光也能通过第二个棱镜；如果第二个棱镜的透射面与起偏镜的透射面垂直，则由起偏镜出来的偏振光完全不能通过第二个棱镜；如果第二个棱镜的透射面与起偏镜的透射面之间的夹角 θ 在 0°～90°，则光线部分通过第二个棱镜。此第二个棱镜称为检偏镜（analyzer）。通过调节检偏镜，能使透过的光线强度在最强和零之间变化。如果在起偏镜和检偏镜之间放有旋光性物质，则由于物质的旋光作用，使来自起偏镜的光的偏振面改变了某一角度，只有检偏镜也旋转同样的角度，才能补偿光线改变的角度，使透过光的强度与原来相同。

旋光仪就是根据这种原理设计的，并通过透射光强弱来测定旋光度，其光学系统示意图如图 6-46 所示。图中，S 为钠光光源，N_1 为起偏镜，N_2 为一块石英晶体片，N_3 为检偏镜，P 为旋光管（装待测液体），A 为目镜的视野。N_3 上附有刻度盘，当旋转 N_3 时，刻度盘随同转动，其旋转角度可以从刻度盘上读出。

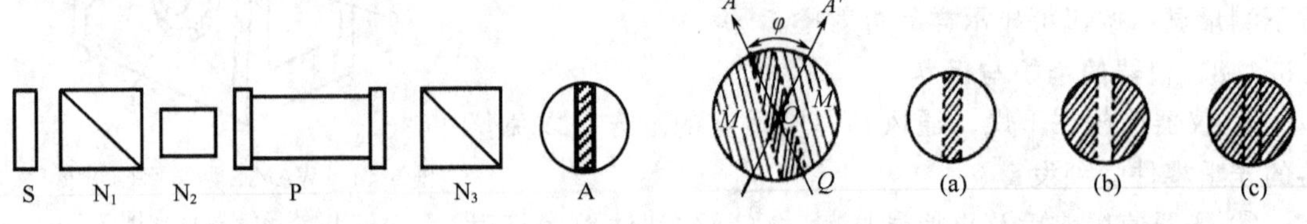

图 6-46 旋光仪光学系统示意图

图 6-47 三分视野示意图

若转动检偏镜 N_3 的透射面与起偏镜 N_1 的透射面相互垂直，则在目镜中观察到视野呈黑暗。当在起偏镜 N_1 与检偏镜 N_3 之间放置被测物质时，由于被测物质具有旋光作用，原来由起偏镜出来的偏振光旋转了一定的角度 α，因而检偏镜也相应旋转一定的角度 α，只有这样才能使目镜中的视野呈黑暗，α 即为该待测物质的旋光度。

由于实际观测上肉眼对视场明暗程度的感觉不甚灵敏，为了精确地确定旋转角度，常采取比较的办法（即三分视场或二分视场的方法）。为此，在起偏镜 N_1 后装一狭长的石英片 N_2，其宽度为视野的 1/3，由于石英片具有旋光性，从石英片透过的那一部分偏振光被旋转了一个角度 φ（称为半暗角），光的振动方向如图 6-47 所示。

A 是通过起偏镜的偏振光的方向，A'是通过石英片旋转一个角度后的振动方向，此两偏振光方向的夹角即为半暗角 $\varphi(\varphi=2°\sim3°)$，如果旋转检偏镜使透射光的偏振面与 A'平行时，在视野中将观察到中间狭长部分较明亮，而两旁较暗，这是由于两旁的偏振光不经过石英片所致，如图 6-47(b) 所示。如果检偏镜的偏振面与起偏镜的偏振面平行（即在 A 的方向时），在视野中观察到中间狭长部分较暗而两旁较亮，如图 6-47(a) 所示。当检偏镜的偏振光处于 $\varphi/2$ 时，两旁直接来自起偏镜的光偏振面被检偏镜旋转了 $\varphi/2$，而中间被石英片转过角度 φ 的偏振面也被检偏镜旋转了角度 $\varphi/2$，这样中间和两边的光偏振面都被旋转了 $\varphi/2$，故视野呈微暗状态，且三分视野的明暗度是相同的，如图 6-47(c) 所示。由于人的视觉对明暗均匀与不均匀有较大的敏感，故将这一位置作为仪器的零点，在每次测定时，调节检偏镜使三分视野的明暗度相同，然后读数。

6.5.2.2　**影响旋光度的因素**

旋光度是旋光物质的一种物理性质，除了取决于物质的立体结构外，还受实验条件如浓度、样品管的长度、温度和光源波长等的影响。

(1) 比旋光度　作为量度物质旋光能力的标准，规定：以钠光 D 线作为光源，温度为 20℃时，一根长 10cm 的样品管中，每毫升溶液中含有 1g 旋光物质所产生的旋光度，即为该物质的比旋光度，即

$$[\alpha]_D^t=\frac{\alpha}{Lc} \tag{6-33}$$

式中，t 为实验温度（一般为 20℃）；D 为光源波长，通常为钠光 D 线，$\lambda=589.3\text{nm}$；α 为旋光度；L 为样品管长度，dm；c 为被测物质的浓度，$\text{g}\cdot\text{mL}^{-1}$。为区别右旋和左旋，常在左旋光前面加“－”号，如蔗糖是右旋物质，蔗糖 $[\alpha]_D^{20}=66.6°$；而果糖 $[\alpha]_D^{20}=-91.9°$，表明果糖是左旋物质。比旋光度是光学活性物质的物理常数之一，通过对旋光性物质旋光度的测定，可以测定旋光性物质的纯度和含量，也可作为鉴定未知物的依据之一。

(2) 浓度及样品管长度的影响　由式(6-33) 可知，对于具有旋光性物质的溶液，当溶剂不具有旋光性时，旋光度与溶液浓度成正比。旋光度也与样品管长度成正比，通常旋光仪中的样品管长度为 10cm 和 20cm 两种，一般均选用 10cm 长的，这样换算成比旋光度比较方便，但对旋光能力较弱或溶液浓度太稀的样品，则需用 20cm 长的样品管。

(3) 温度的影响　温度升高会使旋光管膨胀而长度加长，导致待测液体密度的降低。此外，温度的变化还可能使待测物质分子间发生缔合或离解，使旋光度发生改变。通常温度对旋光度的影响可用下式表示：

$$[\alpha]_\lambda^t=[\alpha]_D^{20}+Z(t-20) \tag{6-34}$$

式中，t 为测定时的温度；Z 为温度系数。不同物质的温度系数不同，一般在$-0.01\sim-0.04℃^{-1}$。为此，在实验测定时必须恒温，旋光管装有恒温夹套，与超级恒温槽连接。

(4) 浓度和旋光管长度对比旋光度的影响　在一定的实验条件下，旋光物质的旋光度与浓度成正比，因此可将比旋光度作为常数。实际上，旋光度与溶液浓度之间并不是严格的线性关系，因此严格来讲比旋光度并非常数，在精密的测定中比旋光度与浓度之间的关系可用

下面的三个方程之一表示：

$$[\alpha]_{\lambda}^{t}=A+Bc$$

$$[\alpha]_{\lambda}^{t}=A+Bc+Dc^{2}$$

$$[\alpha]_{\lambda}^{t}=A+\frac{Bc}{D+c} \tag{6-35}$$

式中，c 为溶液的浓度；A、B、D 为常数，可以通过不同浓度的几次测量来确定。

6.5.2.3 **旋光仪的使用方法**

圆盘旋光仪的外形如图 6-48 所示，其使用方法如下。

(1) 调节目镜焦距　打开钠光灯，加热 15min，待光源稳定后，从目镜中观察视野，如不清楚可调节目镜焦距。

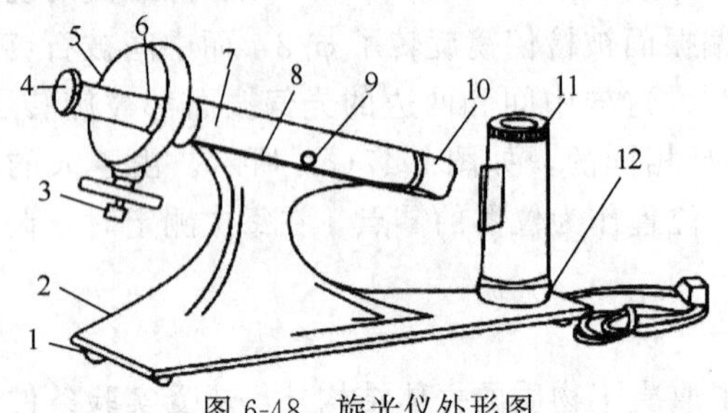

图 6-48　旋光仪外形图

1—底座；2—电源开关；3—刻度盘转动手轮；4—放大镜座；5—视度调节螺旋；6—刻度盘游表；7—镜筒；8—镜筒盖；9—镜盖手柄；10—镜盖连接圈；11—灯罩；12—灯座

(2) 仪器零点校正　选用合适的样品管并洗净，充满纯水（应无气泡），放入旋光仪的样品管槽中，调节检偏镜的角度使三分视野明暗度相同，读出刻度盘上的刻度，并将角度作为旋光仪的零点。

(3) 旋光度测定　零点确定后，将样品管中的纯水换成待测溶液，按同样方法测定，此时刻度盘上的读数与零点时读数之差即为该样品的旋光度。

6.5.2.4 **使用注意事项**

① 旋光仪在使用时，需通电预热 15min，但钠光灯使用时间不宜过长。

② 旋光仪是比较精密的光学仪器，使用时，仪器金属部分切记不能接触酸碱，以防腐蚀。

③ 光学镜片部分不能与硬物接触，以免损坏镜片。

④ 不能随便拆卸仪器，以免影响精度。

6.5.2.5 **数字自动旋光仪**

在近代一些新型的旋光仪中，其三分视野检测和检偏镜角度的调整均通过光电检测、电子放大及机械反馈系统自动进行的，最后用数字显示或自动记录等二次仪表显示旋光物质的浓度值及其变化。如国产 WZZ-2 型自动数字显示旋光仪。该旋光仪具有体积小、灵敏度高、读数方便、减少因人为观察三分视野明暗度相同时产生的误差，对弱旋光性物质同样适用。

6.5.3 分光光度计

6.5.3.1 **吸收光谱原理**

当一束光照射到某物质或溶液时，构成该物质的分子、原子或离子与光相互作用，分子、原子或离子吸收了光子的能量，其状态发生了相应的变化，由原来的基态跃迁到激发态，这个过程就是物质对光的吸收而产生了吸收光谱。吸收光谱可分成两类。一类为原子吸收光谱，即原子中最高被占轨道电子由基态跃迁时选择性地吸收了某一波长的电磁波后产生的，这部分电子对应的跃迁为：原子最高被占轨道电子由基态跃迁至第一激发态，因此吸收的电磁波的波长较短。另一类为分子吸收光谱，是由分子轨道中某些电子跃迁，或分子中的化学键发生振动、转动所吸收的能量后产生的。其中分子轨道上的电子跃迁对应的波长范围是紫外区域和可见光区域，而由分子中键的振动或转动吸收光的波长，范围在红外和微波区域。

由于构成物质的基态分子（原子）的轨道能级差是确定的，则电子的跃迁能级也是确定的，吸收光的波长也是确定的，因而每一种物质都具有其特征的吸收光谱。利用这一特性，就可以对物质进行定性检验。如果用仪器检测某种物质对不同单色光（只具有一种波长的光）的吸收程度，即将不同波长的光通过一个一定浓度和厚度的有色溶液，然后测量透过光的强度，且以物质对光的吸收程度 A（吸光度）为纵坐标，以波长为横坐标，可得到一条曲线，这条曲线称为吸收曲线。通过测定不同浓度溶液的吸收曲线，虽然这些曲线的形状有所差别，但它们的最大吸收 λ_{max} 均在同一波长处，而且吸光度随着溶液的浓度增大而增大，因此，可以利用这一特性做定量分析。

6.5.3.2 **分光光度计的测量原理**

分光光度计是利用物质对不同波长的光具有吸收特性而进行定性或定量分析的光学仪器。根据选择光源的波长不同，有可见光分光光度计（波长 380～780nm）、近紫外分光光度计（波长 185～385nm）、红外分光光度计（波长 780～300000nm）等。

当一束平行光通过均匀、非散射的溶液时，一部分被溶液吸收，另一部分透过溶液。吸收程度越大，透过溶液的光越少。如果入射光的强度为 I_0，透过光的强度为 I，则吸光度 A 为

$$A=-\lg I/I_0=-\lg T \tag{6-36}$$

式中，$T=I/I_0$ 为透光率。实验证明，当一束单色光通过一定浓度范围的有色溶液时，溶液对光的吸收程度符合朗伯-比耳定律，即溶液的吸光度与溶液浓度和溶液的厚度的乘积成正比。

$$A=\varepsilon bc \tag{6-37}$$

式中，c 为溶液的浓度，$mol \cdot L^{-1}$；b 为溶液（比色皿）的厚度，cm；ε 为摩尔吸光系数，$L \cdot mol^{-1} \cdot cm^{-1}$。如果固定比色皿厚度测定有色溶液的吸光度，则溶液的吸光度与浓度之间成简单的线性关系，因此，可根据相对测量的原理，用标准曲线法进行定量分析。

分光光度计的光源发出白光，通过棱镜分解成不同波长的单色光，单色光经过待测溶液使透过光射在光电池或光电管上变成电信号，在检流计或读数电表上可直接读出吸光度。

不同波长的单色光使之分别透过某一有色溶液，并测定不同波长时的吸光度 A，以波长为横坐标，吸光度 A 为纵坐标，即可绘出一条吸收曲线。不同物质的吸收曲线各不相同，用已知纯物质的吸收曲线和样品的吸收曲线相对照，即可推测出样品为何物。

选用吸收曲线中吸收最显著的波长作为测定波长，以此测定一系列不同浓度的某一纯物质溶液的吸光度，并绘出吸光度-浓度的工作曲线。根据朗伯-比耳定律，再测得含有该物质的溶液的吸光度后，即可确定其在溶液中的含量。当溶液对光的吸收符合朗伯-比耳定律时，所得的工作曲线应为一通过原点的直线。

6.5.3.3 **722 型光栅分光光度计**

（1）仪器结构　722 型分光光度计是以碘钨灯为光源、衍射光栅为色散元件、端窗式光电管为光电转换器的单光束、数显式可见光分光光度计，使用波长范围为 330～800nm，单色光的带宽为 6nm，波长精度为±2nm，吸光度的显示范围为 0～1.999A，吸光度的精度为±0.004A（在 0.5A 处）。试样架可置 4 个比色皿，附件盒配有 1cm 比色皿 4 个及镨钕滤光片 1 块。

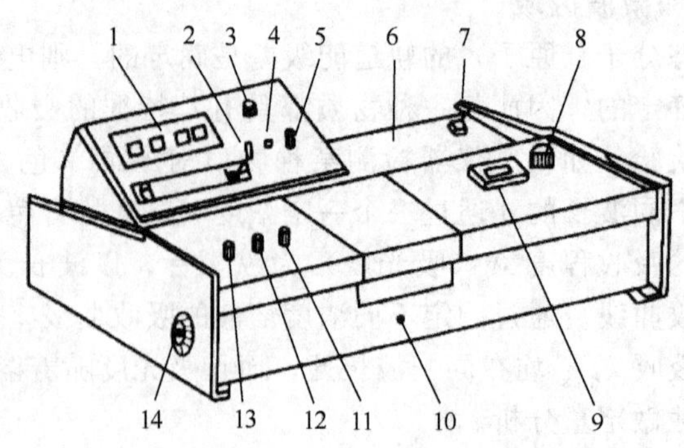

图 6-49　722 型分光光度计

1—数字显示器；2—吸光度调零旋钮；3—选择开关；4—吸光度调斜率的电位器；5—浓度旋钮；6—光源室；7—电源开关；8—波长手轮；9—波长刻度窗；10—试样架拉手；11—“100%T”旋钮；12—“0%T”旋钮；13—灵敏度调节旋钮；14—干燥器

本仪器由光源室、单色器、试样室、高光电管暗盒、电子系统及数字显示器等部件组成。722 型分光光度计如图 6-49 所示。

(2) 使用方法

① 将灵敏度调节旋钮 13 置于放大倍率最小的“1”挡。选择开关 3 置于“T”挡（透光挡）。

② 接通电源，按下电源开关 7，指示灯亮。调节波长。打开试样室盖，光门即自动关闭，调节“0%T”旋钮 12，使显示数字“00.0”。预热仪器 5～15min。仪器预热结束前，盖上试样室盖，检查显示数字是否稳定。若不稳定，仪器可在显示“70%～100%T”状态下，再预热至显示数字稳定。

③ 再打开样品室盖，调节“0%T”旋钮 12，使显示“00.0”。

④ 将盛参比溶液的比色皿置于试样架第一格内，盛试样的比色皿置于第二格内，盖上试样室盖，即打开光门，使光电管受光。将参比溶液推入光路，调节“100%”旋钮，使显示为“100.0”。如果显示不到“100.0”，则增大灵敏度挡。此时数字显示器可能只显示数字“1”，此时大幅度反向调“100%T”旋钮即可显示出“100.0”。

⑤ 重复操作③和④，直到仪器显示稳定。

⑥ 当显示“100.0”透光率时，将选择开关置于“A”挡，吸光度应显示为“.000”，若不是，则调节吸光度调零旋钮 2，使显示为“.000”。然后将试样拉入光路，这时，显示值为试样的吸光度。使用过程中，参比溶液不要拿出试样室，可随时将其置于光路中，观察吸光度零点是否有变化。如不是“.000”，不要先调节旋钮 2，而应将选择开关置于“T”挡，用“100%T”旋钮调至“100.0”，再将其置于“A”挡，这时如不是“.000”，方可调节旋钮 2。

⑦ 浓度 c 的测量：选择开关 3 由“A”旋至“C”，将已标定浓度的样品放入光路，调节浓度旋钮 5，使数字显示为标定值。然后将样品推入光路，即可读出被测样品的浓度值。

⑧ 仪器使用完毕，关闭电源。注意：不测试时，应及时打开样品室盖，断开光路，避免光电管老化。将比色皿清洗干净，放回原处。

6.5.3.4　7200 型分光光度计

(1) 仪器结构　7200 型分光光度计由光源室、单色器、样品室、光电管暗盒、电子系统及数字显示器等部件组成，仪器的工作原理方框图如图 6-50 所示，其内部光路如图 6-51 所示。仪器结构示意图见图 6-52。

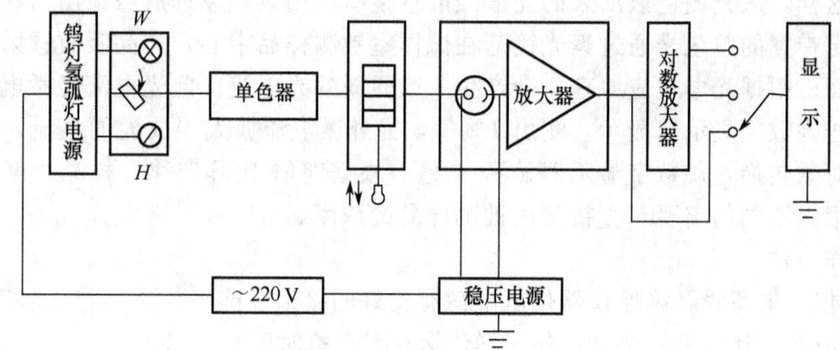

图 6-50　工作原理方框图

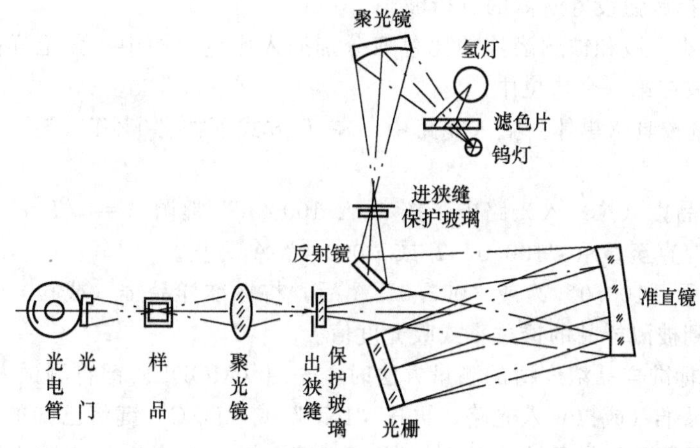

图 6-51　光学系统图

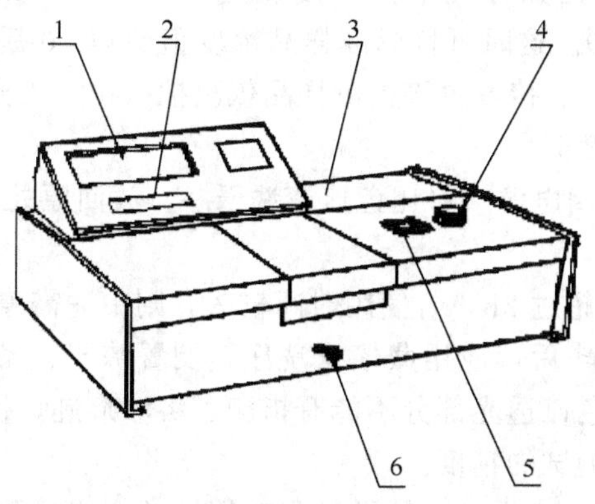

图 6-52　7200 型分光光度计仪器结构示意图

1—数字显示器；2—设置键面板；3—光源室；4—波长手轮；5—波长刻度窗；6—试样架拉手

从钨灯发出的连续辐射经滤色片选择聚光镜聚光后投向单色器进狭缝，此狭缝正好处于聚光镜及单色器内准直镜的焦平面上，因此进入单色器复合光通过平面反射镜反射及准直镜准直变成平行光射向色散元件光栅，光栅将入射的复合光通过衍射作用形成按照一定顺序均匀排列的连续单色光谱，此时单色光谱重新回到准直镜上，由于仪器出射狭缝设置在准直镜的焦面上，这样，从光栅色散出来的光谱经准直镜后利用聚光原理成像在出射狭缝上，出射狭缝选出指定带宽的单色光通过聚光镜落在试样室被测样品中心，样品吸收透射的光门射向光电管阴极面。根据光电效应原理，会产生一股微弱的光电流。此光电流经微电流放大器的电流放大，送到数字显示器显示，测出 I%值，另外微电流放大器放大的电流，通过对数放大器以实现对数转换，使数字显示器显示 A 值。根据朗伯-比耳定律，样品浓度与吸光度成正比，则可根据不同的需要，直接测出被测样品的浓度 c 值。

(2) 操作方法

① 连接仪器电源线，确保仪器供电电源有良好的接地性能。

② 接通电源，让仪器预热 20min（不包括仪器自检时间）。

③ 用〈MODE〉键设置测试方式：透过率（T），吸光度（A），已知标准样品浓度值方式（C）和已知标准样品斜率（F）方式。

④ 用波长选择旋钮设置所需的分析波长。

⑤ 将装有参比溶液和被测溶液的比色皿分别插入比色皿槽中，盖上样品室盖。一般情况下，参比样品放在第一个槽位中。

⑥ 将 $T=0\%$校具（黑体）置入光路中，在 T 方式下按"0%T"键，此时显示器显示"000.0"。

⑦ 将参比样品推（拉）入光路中，按"0A/100%T"键调 $A=0/T=100\%$，此时显示器显示的"BLA"直至显示"100.0" T 或"000.0" A 为止。

⑧ 当仪器显示"100.0" T 或"000.0" A 后，将标准样品推（或拉）入光路，这时便可从显示器上得到被测样品的透过率或吸光度值。

⑨ 采用已知标准样品浓度值的测量方法时，先用〈MODE〉键将测试方式设至"C"状态后，将标准样品推（或拉）入光路，再按"INC"或"DEC"键将已知的标准样品浓度值输入仪器，当显示器显示样品浓度值时，按"ENT"键。浓度值只能输入整数值，设定范围为 0～1999（注意：若标样浓度值与它吸光度的比值大于 1999 时，将超出仪器测量范围，此时无法得到正确结果。比如标准溶液浓度设定为 150，其吸光度值为 0.065，则 150/0.065=2308，已大于 1999。这时可将标准样品浓度值除以 10 后输入，只是测得的实际浓度值要显示值乘以 10 即可）。接着再将被测样品依次推（拉）入光路，便可从显示器上得到被测样品的透过率或吸光度值。

⑩ 仪器使用完毕，关闭电源。将比色皿清洗干净，放回原处。

(3) 操作注意事项

① 仪器连续使用不应超过 2h，若使用时间较久，则中途需停 0.5h 再使用。

② 比色皿每次使用完毕后，应用蒸馏水洗净，倒置晾干、备用。在日常使用中应注意保护比色皿的透光面。比色皿透光部分不能有指印、溶液痕迹，被测溶液中不能有气泡、悬浮物，否则也将影响样品测试的精度。

③ 仪器所附的比色皿，其透射率是经过配对测试的，未经配对处理的比色皿将影响样品的测试精度。

④ 如大幅度调整波长时，需等数分钟才能工作，因为光能量变化急剧，使光电管受光后响应缓慢，需一定光响应平衡时间。

⑤ 保持仪器洁净、干燥，定期更换硅胶。

⑥ 每次使用后应检查样品室是否积存有溢出溶液，经常擦拭样品室，以防废液对部件或光路系统的腐蚀。

6.6 电化学测量技术

电化学测量技术在物理化学实验中占有重要地位，常用来测定电解质溶液的热力学函数。在平衡条件下，电势的测量可应用于活度系数的测量、溶度积和 pH 的测定等。在非平衡条件下，电势的测定常用于定性分析、定量分析、扩散系数的测定以及电极反应动力学与机理的研究等。作为基础化学实验，主要介绍传统的电化学测量与研究方法，只有掌握了这些基本方法，才有可能理解和运用近代电化学研究方法。

6.6.1 电导的测量与电导率仪

6.6.1.1 测量原理

在电场的作用下，电解质溶液依靠溶液中正负离子的定向运动而导电，其导电能力的大小以电导 G 和电导率 κ 表示。

为测量电解质溶液的导电能力，可用两个平行的铂片电极插入溶液中，根据电阻定律，溶液的电阻 R 可表示为

$$R=\rho\frac{l}{A} \tag{6-38}$$

式中，ρ 为电阻率，$\Omega\cdot m$。电导率 κ 为电阻率 ρ 的倒数，电导 G 为电阻 R 的倒数（$G=1/R$），代入上式得

$$G=\kappa\frac{A}{l} \tag{6-39}$$

对于一个给定的电导池，$\frac{l}{A}$为定值，称为电导池常数，用 K_{cell} 表示，则

$$\kappa=G\frac{l}{A}=GK_{cell} \tag{6-40}$$

根据 SI 制，G 单位为 S（西门子），$1S=1\Omega^{-1}$；κ 单位为 $S\cdot m^{-1}$。对电解质溶液，电导率即相当于在电极面积（A）为 $1m^2$、电极距离（l）为 1m 的立方体中盛有该溶液的电导。

测电导用的电导电极如图 6-53 所示，它是由两片固定在玻璃上的铂片构成的，其电导池常数 K_{cell} 值可通过测定已知电导率 κ 的溶液（一般用各种标准浓度的 KCl 溶液）的电导按式(6-42）计算求得。不同的电极，其电导池常数 K_{cell} 也不同，因此测定溶液的电导 G 时要用同一电极。通过式(6-42）换算成电导率，由于值与电极本身无关，因此可以用电导率比较溶液电导的大小。而电解质溶液导电能力的大小正比于溶液中电解质的含量。所以通过对电解质水溶液电导率的测量可以测定溶液中电解质的含量。

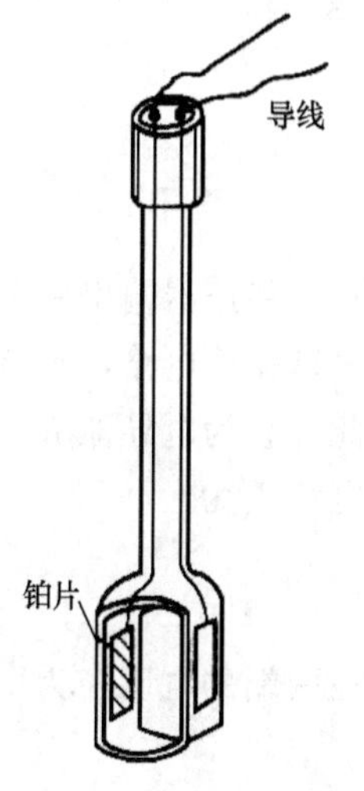

图 6-53　电导电极

测定溶液电导率时，要根据溶液电导率的大小选择不同形式的电导电极。若待测溶液电导率很小（$\kappa<10^{-3}S\cdot m^{-1}$），一般选用光亮铂电极；若待测溶液电导率较大（$10^{-3}S\cdot m^{-1}<\kappa<1S\cdot m^{-1}$），为防止极化的影响，可选用镀有铂黑的铂电极以增大电极表面积，减小电流密度；若待测溶液的电导率很大（$\kappa>1S\cdot m^{-1}$），即电阻很小，应选用 U 形电导池（图 6-54）。这种电导池两电极间距离较大（5～16cm），极间管径很小，所以电导池常数很大。

电导或电导率的测定实质上是电阻的测定，测量的方法有平衡电桥法和电阻分压法两种，现简述如下。

(1) 平衡电桥法　平衡电桥法测定电阻的原理如图 6-55 所示。R_x 为装在电导池内待测定的电解质溶液的电阻。桥路中的电源 I 应用较高频率（如 1000Hz）的交流电源。因为若用直流电源，必将引起离子定向迁移而在电极上放电。即使采用频率不高的交流电源，也会在两电极间产生极化电势，导致测量误差。T 为平衡检测器，可使用示波器。根据电桥平衡原理，通过调节 R_1、R_2、R_3 电阻值，待电桥平衡时，即桥路输出电位 UCD 为零时，可从下式求得：

$$R_x=\frac{R_1}{R_2}\cdot R_3 \tag{6-41}$$

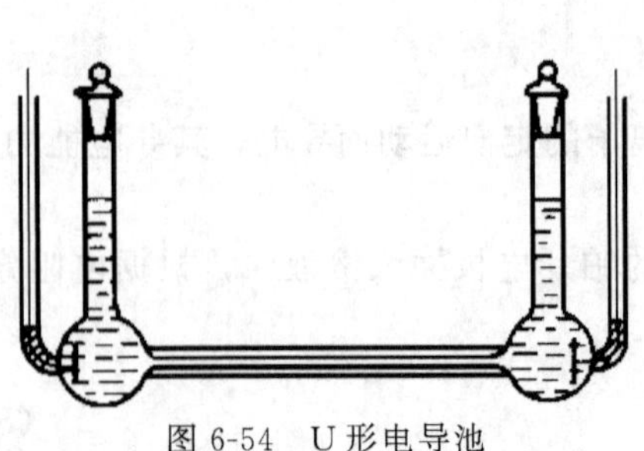

图 6-54　U 形电导池

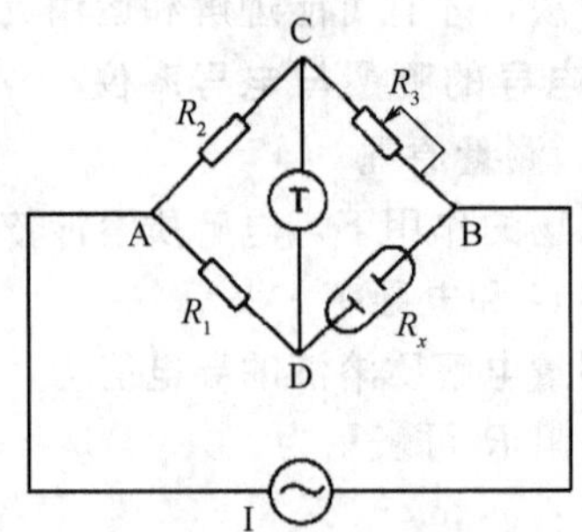

图 6-55　平衡电桥法测定原理

R_1，R_2，R_3—电阻；R_x—电导池

为了减少测定 R_x 的相对误差，在实际工作中常用等臂电桥，即 $R_1=R_2$。应当指出，桥路中 R_1、R_2、R_3 均为纯电阻，是由两片平行的电极组成，具有一定的分布电容。由于容抗和纯电阻存在着相位上的差异，所以按平衡电桥法测量，不能调节到电桥完全平衡。若要精密测量，应在 R_3 处并联一个适当的电容，使桥路的容抗也能达到平衡。

(2) 电阻分压法　电导仪的工作原理就是基于电阻分压的不平衡测量，其原理见图 6-56。

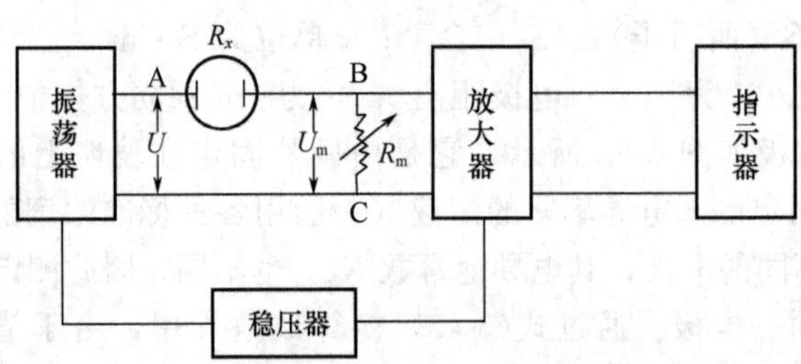

图 6-56　电阻分压法测定原理

稳压器输出一个稳定的直流电压供振荡器与放大器稳定工作。振荡器采用电感负载式的多谐振荡电路，具有很低的输出阻抗，它的输出电压不随电导池的电阻 R_x 变化而变化。因此，它为电导池 R_x 与电阻 R_m 组成的电阻分压回路提供了稳定的音频标准电压 U，此回路电流 I 为

$$I=\frac{U}{R_x+R_m} \tag{6-42}$$

在两端的电压降为

$$U_m=IR_m=\frac{UR_m}{R_x+R_m} \tag{6-43}$$

根据式(6-44) 和式(6-45)，则

$$U_m = \frac{UR_m}{(1/G)+R_m} \tag{6-44}$$

$$U_m = \frac{UR_m}{(K_{cell}/\kappa)+R_m} \tag{6-45}$$

若电导池常数值已知，R_m、U 为定值，则电阻 R_m 两端的电压降 U_m 是溶液电导率的函数，即 $U_m=f(\kappa)$。因此，经适当刻度，在电导率仪指示板上可直接读得溶液的电导率值。

为了消除电导池两电极间的分布电容对 R_x 的影响，电导率仪中设有电容补偿电路，它通过电容产生一个反相电压加在 R_m 上，使电极间分布电容的影响得以消除。

电导仪的工作原理与电导率仪相同，根据式(6-46)，当 R_m、U 为定值时，U_m 是溶液电导 G 的函数。据此，即可在电导仪的指示板上直接读得溶液的电导值。

6.6.1.2　电导率仪及其使用方法

图 6-57 为 DDS-307 型电导率仪示意图。下面简单介绍其使用方法，其它类型电导率仪的工作原理类同，只是操作和快捷程度不同。

测定溶液的电导率使用的电极是 DJS-1 型光亮铂电极和 DTS-1 型铂黑电极。光亮铂电极用于高周测量，铂黑电极用于低周测量。

(1) 使用方法

① 将电导电极插入插口，打开电源开关，接通电源，预热 10min。

② 校准。将量程选择开关旋钮 9 指向“检查”，常数调节补偿旋钮 8 指向“1”刻度线，温度补偿调节旋钮 6 指向“25”刻度线，调节校准调节旋钮 7，使仪器显示 100.0μS・cm^{-1}。

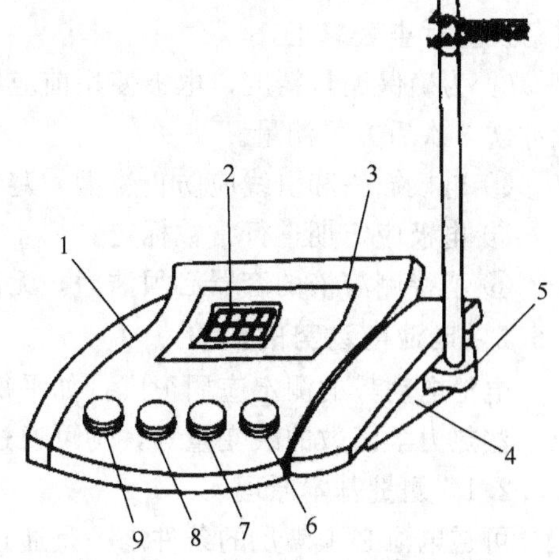

图 6-57　DDS-307 型电导率仪

1—机箱盖；2—显示屏；3—面板；4—机箱底；5—电极杆插座；6—温度补偿调节旋钮；7—校准调节旋钮；8—常数调节补偿旋钮；9—量程选择开关旋钮

③ 电导电极常数的设置。目前使用的电导电极常数有 4 种类型，分别为 0.01、0.1、1.0、10。但每种类型电极具体的电极常数值制造商均粘贴在每支电导电极上，根据电极上所示的电极常数值调节仪器面板常数调节补偿旋钮 8，使仪器显示值与电极上所标常数值一致。例如，电极常数为 0.01025cm^{-1}，则调节常数调节补偿旋钮 8，使仪器显示值为 102.5（测量值＝读数值×0.1）。实验中可根据测量范围，参照表 6-16 选择相应常数的电导电极。

表 6-16　电导电极测量范围

测量范围/μS・cm^{-1}	推荐使用电导常数的电极
0～2	0.01,0.1
2～200	0.1,1.0
200～2000	1.0
2000～20000	1.0,10
2000～200000	10

注：对常数为 1.0、10 类型的电导电极有“光亮”和“铂黑”两种形式的电极。镀铂电极习惯称为铂黑电极，对光亮电极其测量范围以 0～300μS・cm^{-1} 为宜。

④ 温度补偿的设置。调节仪器面板上温度补偿调节旋钮 6，使其指向待测溶液的实际温

度值，此时测量得到的是待测溶液经过温度补偿后折算为25℃的电导率值。

⑤ 常数、温度补偿设置完毕后，应将量程选择开关旋钮 9 按表 6-17 置于合适位置。当测量过程中，显示值熄灭时，说明测量值超出量程范围，此时应切换量程选择开关 9 至上一挡量程。

表 6-17 量程范围

序号	选择开关位置	量程范围/$\mu S \cdot cm^{-1}$	被测电导率/$\mu S \cdot cm^{-1}$
1	Ⅰ	0～20.0	显示读数×C
2	Ⅱ	20.0～200.0	显示读数×C
3	Ⅲ	200.0～2000	显示读数×C
4	Ⅳ	2000～20000	显示读数×C

注：C 为电导电极常数，例如，当电极常数为 0.01 时，C=0.01。

(2) 注意事项

① 在测量高纯水时应避免污染，最好采用密封、流动的测量方式。

② 温度补偿是采用固定的2%的温度系数补偿的，故对高纯水测量尽量采用不补偿方式进行测量后查表修正。

③ 为确保测量精度，电极使用前应用小于 $0.5\mu S \cdot cm^{-1}$ 的纯水冲洗 2 次，然后用待测液冲洗 3 次后方可测量。

④ 电极插头和引线应防止受潮，避免造成不必要的测量误差。

⑤ 电极应定期进行常数标定。

⑥ 盛待测溶液的容器必须洁净，无离子污染。

6.6.2 电池电动势的测量

电池电动势的测定应用很广，如平衡常数、解离常数、活度系数、溶解度、稳定常数以及某些热力学函数的改变量等，均可通过电池电动势的测定来求得。

6.6.2.1 测量基本原理

可逆电池必须满足的条件之一是通过的电流无限小。电池电动势是指当平衡时电流为零时的电势，因此只有在没有电流通过电池时两极间的电势差才与电池电动势相等。若有电流通过，在电池的内阻上就会产生电压降，则两极间的电势差（称为电池电压）要比电池电动势小。若用伏特计来测电动势时，必须要有电流通过才能驱动伏特计的指针旋转，因此测量结果必然不是可逆电池的电动势。实际上，当伏特计与电池相连时便形成通路，将有电流通过电池而导致电极发生极化，电极电势偏离平衡值，且溶液组成也不断改变，电池电动势不能保持稳定。所以，不能直接用伏特计来测量可逆电池的电动势。一般采用对消法（也称补偿法）测定电池的电动势。

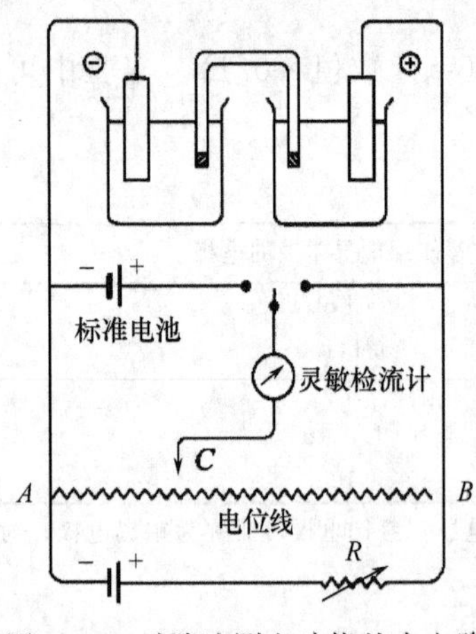

图 6-58 对消法测电动势基本电路

对消法测电动势的线路图如图 6-58 所示。图中整个 AB 线的电势差可以使它等于标准电池的电势差，这个可通过“校准”的步骤来实现。校准时，标准电池的负端与 A 相连（即与工作电池呈对消状态），而正端串联一个检流计，通过并联直达 B 端。调节可调电阻 R，使检流计指零，表明电路中无电流通过，这时 AB 线上的电势差就等于标准电池电势差。

测待测电池时，负极与 A 相连接，而正极通过检流

计连到触点 C 上，将触点 C 在电位线 AB 上来回滑动，直到找出使检流计电流为零的位置。这时，待测电池的电动势 $E_x = AC/AB$（通过 AB 的电势差）。

6.6.2.2　液体接界电势与盐桥

(1) 液体接界电势　当原电池含有两种电解质界面时，便产生一种称为液体接界电势的电动势，它干扰电池电动势的测定。减小液体接界电势的办法常用“盐桥”。

(2) 盐桥　常用盐桥的制备方法为：在烧杯中配制一定量的 KCl 饱和溶液，再按溶液质量的 1%称取琼脂粉浸入溶液中，用水浴加热并不断搅拌，直至琼脂全部溶解。随后用吸管将其灌入 U 形玻璃管中（注意，U 形管的溶液中不能夹有气泡），待冷却后凝成冻胶即制备完成。将此盐桥浸泡于饱和 KCl 溶液中，保存待用。

盐桥内除用 KCl 外，也可用其它正、负离子的迁移速率相接近的盐类，如 KNO_3、NH_4NO_3 等。具体选择时，还应考虑盐桥溶液中的离子不能与两端电池溶液中的物质发生反应，如电池溶液中含有 Ag^+ 或 Hg_2^{2+}，为避免沉淀产生，则不能使用 KCl 盐桥，而选择 KNO_3 或 NH_4NO_3 盐桥较为合适。

盐桥不能长久使用，应适时进行更换。实验完毕，盐桥应浸泡在饱和的 KCl 或 KNO_3 溶液中。

6.6.2.3　电极与电极的制备

原电池是由两个“半电池”组成的，每个半电池由一个电极和相应的溶液组成。原电池的电动势则是组成此电池的两个半电池的电极电势的代数和。电极电势的测量是通过被测电极与参比电极组成电池，测定此电池的电动势，然后根据参比电极的电势求出被测电极的电极电势，因此在测量电动势过程中需注意参比电极的选择。

(1) 氢电极　氢电极是由氢气与其离子组成的电极，把镀有铂黑的铂片浸入 $a_{H^+} = 1$ 的溶液中，并以 $p_{H_2} = 100\text{kPa}$ 的干燥氢气不断冲击到铂电极上，就构成了标准氢电极。其结构如图 6-59 所示，电极符号如下：

$$(\text{Pt})H_2(p = 100\text{kPa}) | H^+(a_{H^+} = 1)$$

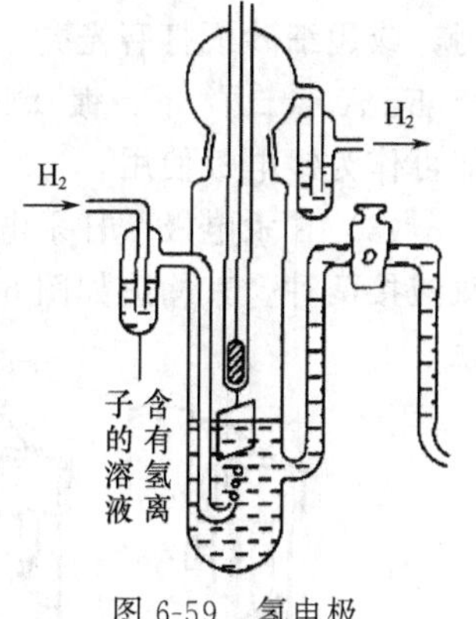

图 6-59　氢电极

标准氢电极是国际上一致规定电势为零的电势标准。任何电极都可以与标准氢电极组成电池，但是氢电极对氢气纯度要求高，操作比较复杂，氢离子活度必须十分精确，而且氢电极十分敏感，受外界干扰大，用起来十分不方便。

铂黑电极的制备：在铂电极上镀铂黑时，使用的镀液通常含有 3%的氯铂酸（H_2PtCl_6）和 0.25%的醋酸铅［$Pb(Ac)_2$］，一般可将 3g 氯铂酸和 0.25g 醋酸铅溶于 100mL 去离子水中即可。氯铂酸是一种配合物，其解离常数很小，所以在镀液中只有极少量的铂离子。电镀时，铂离子在阴极还原为铂镀层。由于铂镀层中的铂粒子非常细小，形成了黑色的蓬松镀层，称为铂黑。正是由于铂黑粒子细小，增大了电极的有效表面积，在测定时可降低电流密度，有效地防止电极极化。

电镀铂黑的线路图见图 6-60。利用双刀双向开关使两电极交替成为阴极或阳极。这样两电极可以同时镀上铂黑。利用电阻箱控制电流密度，一般以 $5\text{mA} \cdot \text{cm}^{-2}$ 为宜。每分钟切换双刀双向开关 1 次，共切换 10 次左右即可完成电镀。

为了除去吸附在刚镀好的铂黑之中的氯气，应将电极用去离子水冲洗干净后浸入 10%的稀硫酸中作为阴极进行电解。电解过程中利用阴极放出的大量氢气将吸附在铂黑上的氯气冲掉。脱氯后的铂黑电极，再用去离子水冲洗干净后，将其浸泡在盛有去离子水的容器中，备用。

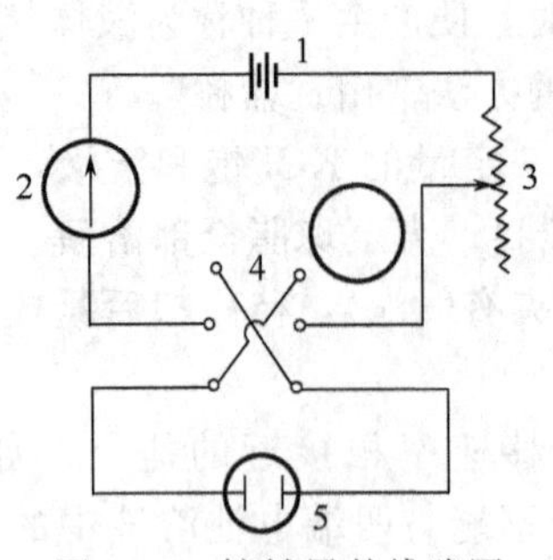

图 6-60 镀铂黑的线路图

1—直流电源；2—毫安表；3—电阻箱；4—双刀开关；5—电极

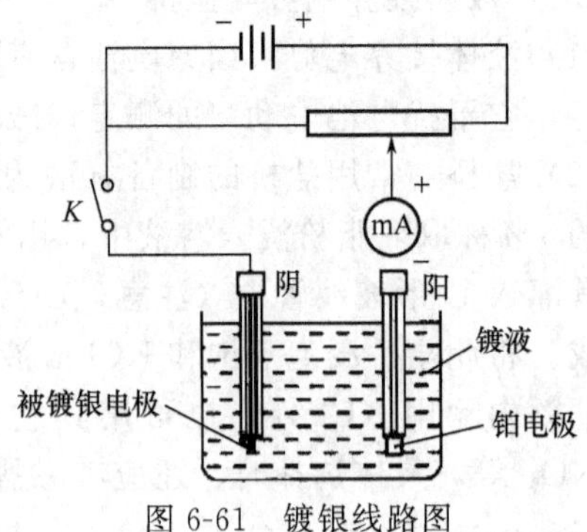

图 6-61 镀银线路图

(2) 金属电极　金属电极结构简单，只要将金属浸入含有金属离子的溶液中就构成了半电池。如银电极就属于金属电极，可表示为：$Ag \mid Ag^+(a)$，其电极反应为：

$$Ag \longrightarrow Ag^+ + e^-$$

银电极的制备：可以购买商品银电极（或银棒）。首先将银电极表面用丙酮溶液洗去油污，或用细砂纸打磨光亮，然后用去离子水冲洗干净，按图 6-61 接好线路，在电流密度为 $3\sim5mA\cdot cm^{-2}$ 下，镀 0.5h，得到银白色、紧密银层的镀银电极，用去离子水冲洗干净，即可作为银电极使用。

(3) 甘汞电极　甘汞电极是实验室中常用的参比电极，其构造和形状很多，有单液接、双液接两种。其构造如图 6-62 所示。

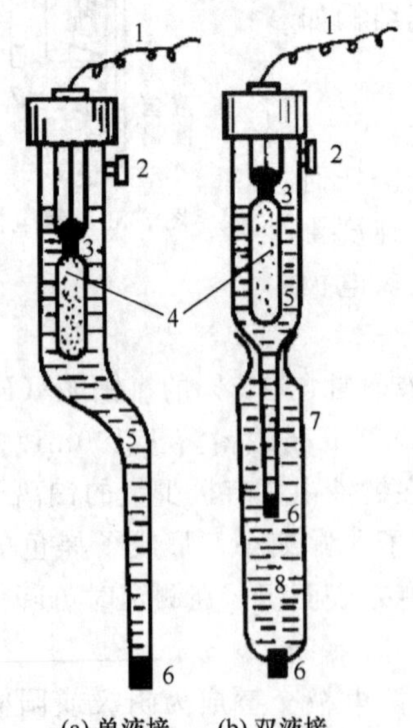

图 6-62 甘汞电极

1—电线；2—加液口；3—汞；4—甘汞；5—KCl 溶液；6—素瓷塞；7—外管；8—外液（KCl 或 KNO_3 溶液）

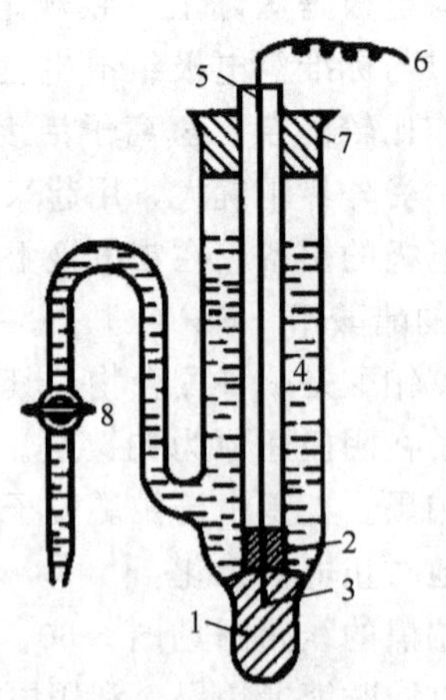

图 6-63 自制甘汞电极

1—汞；2—甘汞糊状物；3—铂丝；4—饱和 KCl 溶液；5—玻璃管；6—导线；7—橡皮塞；8—旋塞

不管哪一种形状，在玻璃容器的底部都装入少量的汞，然后装汞和甘汞的糊状物，再注入氯化钾溶液，将作为导体的铂丝插入，即构成甘汞电极。甘汞电极表示形式如下：

$$Hg(l),\ Hg_2Cl_2(s)|\quad KCl(a)$$

电极反应为：

$$Hg_2Cl_2\ (s)\ +2e^- \longrightarrow 2Hg\ (l)\ +2Cl^-\ (a_{Cl^-})$$

$$\varphi_{甘汞}=\varphi^{\ominus}_{甘汞}-\frac{RT}{2F}\ln a_{Cl^-} \tag{6-46}$$

从上式可见，$\varphi_{甘汞}$也只与温度和溶液中氯离子活度 a_{Cl^-} 有关，即与氯化钾溶液浓度有关。故甘汞电极有 0.1mol·L^{-1}、1.0mol·L^{-1} 和饱和氯化钾甘汞电极，其中以饱和式甘汞电极最为常用（使用时电极内溶液中应保留少许 KCl 晶体以保证溶液的饱和）。不同甘汞电极的电极电势与温度的关系见表 6-18。甘汞电极具有装置简单、可逆性高、制作方便、电势稳定等优点，常作为参比电极使用。

甘汞电极的制备：在一个干净的研钵中放一定量的甘汞（Hg_2Cl_2）、数滴汞和少量饱和 KCl 溶液，仔细研磨后得到白色的糊状物（在研磨过程中，如果发现汞粒消失，应再加一点汞；如果汞粒不消失，则再加一些甘汞……，以保证汞与甘汞相饱和）。随后，在此糊状物中加入饱和 KCl 溶液，搅拌均匀成悬浊液。将此悬浊液小心地倾入电极容器中，见图 6-63。待糊状物沉淀在汞面上后，打开活塞 8，用虹吸法使上层饱和 KCl 溶液充满 U 形支管，再关闭活塞 8，即制成甘汞电极。

表 6-18　不同氯化钾溶液浓度的 $\varphi_{甘汞}$ 与温度的关系

KCl 浓度/mol·L^{-1}	电极电势 $\varphi_{甘汞}$/V,t/℃
饱和	$0.2412-7.6\times10^{-4}(t-25)$
1.0	$0.2801-2.4\times10^{-4}(t-25)$
0.1	$0.3337-7.0\times10^{-5}(t-25)$

（4）银-氯化银电极　实验室中另一种常用的参比电极是银-氯化银电极，它与甘汞电极相似，都属于金属-微溶盐-负离子型电极，其电极反应及电极电势表示如下：

$$AgCl(s)+e^- \longrightarrow Ag(s)+Cl^-(a_{Cl^-})$$

$$\varphi_{Cl^-|AgCl|Ag}=\varphi^{\ominus}_{Cl^-|AgCl|Ag}-\frac{RT}{F}\ln a_{Cl^-} \tag{6-47}$$

银-氯化银电极的制备方法很多，较简单的方法是取一根洁净的银丝和一根铂丝，插入到 1mol·L^{-1} 的盐酸溶液中，外接直流电源和可调电阻进行电镀。控制电流密度为 5mA·cm^{-2}，通电时间约 5min，在作为阳极的银丝表面即镀上一层 AgCl。用去离子水洗净，为防止 AgCl 层因干燥而剥落，可将其浸泡在适当浓度的 KCl 溶液中，保存待用。

银-氯化银电极的电极电势在高温下较甘汞电极稳定。但 AgCl(s) 是光敏性物质，见光易分解，故应避免强光照射，不用时要浸在 0.1mol·L^{-1} 的 KCl 溶液中，并放在暗处存放。当银的黑色微粒析出时，氯化银将略呈紫黑色。

6.6.2.4　标准电池

标准电池是一种电动势非常稳定、温度系数很小的可逆电池，通常在直流电位差计中作标准参考电压，一般能重现到 0.1mV。标准电池分为饱和式和不饱和式两类。前者可逆性好，其电动势的重现性和稳定性均好，但温度系数较大，使用时需要进行温度校正，常用于精密测量；后者温度系数小，但可逆性差，常用于精密度要求不高的测量，可避免复杂的温度校正。

实验室中常用饱和式标准电池，其构造如图 6-64 所示。电池由一 H 形管构成，负极为镉汞齐（含 12.5% Cd），正极为汞和硫酸亚汞的糊状物，两极之间盛以 $CdSO_4$ 的饱和溶液，管的顶端加以密封。电池内反应如下：

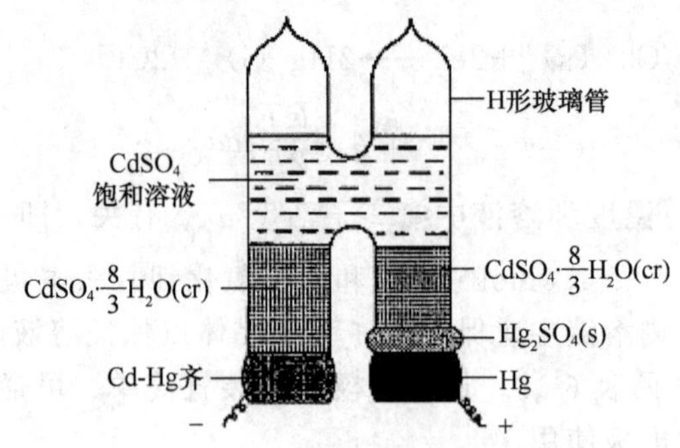

图 6-64　饱和式标准电池构造图

负极　Cd（汞齐）$\longrightarrow Cd^{2+}+2e^-$

$$Cd^{2+}+SO_4^{2-}+\frac{8}{3}H_2O \longrightarrow CdSO_4\cdot\frac{8}{3}H_2O\ (s)$$

正极　$$Hg_2SO_4(s)+2e^- \longrightarrow 2Hg(l)+SO_4^{2-}$$

总反应　Cd(汞齐)$+Hg_2SO_4+\frac{8}{3}H_2O \longrightarrow 2Hg(l)+CdSO_4\cdot\frac{8}{3}H_2O$

标准电池的电动势很稳定且重现性好，电池内各物均极纯，并按规定配方工艺制作的电动势值基本一致，在恒温下可长时间保持不变。因此，它是电化学实验中基本的校验仪器之一。标准电池按其电动势的稳定程度分为若干等级。在化学实验的电化学测量中一般使用 0.01 级和 0.005 级的标准电池。

标准电池经检定后，只给出 20℃下的电动势值，其值为 1.0186V。在实际测量时，若温度为 t℃，其电动势按如下校正式进行计算：

$$E_t=E_{20}-4.06\times10^{-5}(t-20)-9.5\times10^{-7}(t-20)^2 \tag{6-48}$$

尽管标准电池的可逆性好，但使用时仍应严格限制通过标准电池的电流。一般要求通过的电流应小于 1μA。因此，测量时间必须短暂，间歇地按电键，更不能用万用表等直接测它的电压。从其结构上可以看出，标准电池不可倒置或过分倾斜，而且要避免振动。

此外，还有一种干式标准电池，其中溶液呈糊状且为不饱和的，故也称之为不饱和标准电池。这种标准电池的精度略差，一般可免除温度校正，常安装在便携式的电位差计中。

标准电池的使用应注意以下几点。

① 使用或搬动标准电池时，切勿倒置或倾斜，应尽量避免振动。因为振动会导致电池平衡的破坏。若受振动，应静置 5h 后再用。

② 应将标准电池置于温差不大的环境中，因为温度波动会导致 $CdSO_4\cdot\frac{8}{3}H_2O$ 反复地溶解与结晶，使小晶粒结块而增大电池内阻及降低电位差计内检流计的灵敏度。使用温度应在 4～40℃范围内，且不宜突然改变温度。

③ 标准电池放置时，应避免阳光照射，因为阳光照射会使 $CdSO_4$ 变质，从而导致电动势对温度变化的滞后变大。

④ 标准电池只是校验仪器，不能作为电源使用，测量时间必须短暂，间歇按键，以免

电流过大损坏电池。正负极不能接错，应绝对避免短路，不得用万用表直接测量标准电池。

⑤ 按规定时间，必须经常进行计量校正。

6.6.3　酸度计与 pH 的测定

酸度计又称 pH 计，是一种通过测量电势差的方法来测定溶液 pH 的仪器，除可以测量溶液的 pH 外，还可以测量氧化还原电对的电极电势值（mV）及配合电磁搅拌进行电位滴定等。实验室常用的酸度计有雷磁 25 型、pHS-2 型、pHS-2C 型和 pHS-3 型等。pH 计的测量精度及外观和附件改进很快，各种型号仪器的结构和精度虽有不同，但基本原理和组成相同。

6.6.3.1　工作原理

不同类型的酸度计都是由测量电极、参比电极和精密电位计三部分组成。两个电极插入待测溶液组成电池，参比电极作为标准电极提供标准电极电势，测量电极（指示电极）的电极电势随 H^+ 的浓度而改变。因此，当溶液中的 H^+ 浓度变化时，电动势就会发生相应变化。

(1) 电极系统

① 参比电极　酸度计最常用的参比电极是甘汞电极（参见前节）。

② 玻璃电极　酸度计的测量电极（或指示电极）一般采用玻璃电极，其结构如图 6-65 所示。玻璃电极的外壳用高阻玻璃制成，头部球泡由特殊的敏感玻璃薄膜（厚度约为 0.1mm）制成，称为电极膜，是电极的主要部分，它仅对氢离子有敏感作用，是决定电极性能的最重要的组成部分。玻璃球内装有 $0.1mol \cdot L^{-1}$ HCl 内参比溶液，溶液中插有一支 Ag-AgCl 内参比电极。将玻璃电极浸入待测溶液内，便组成下述电极：

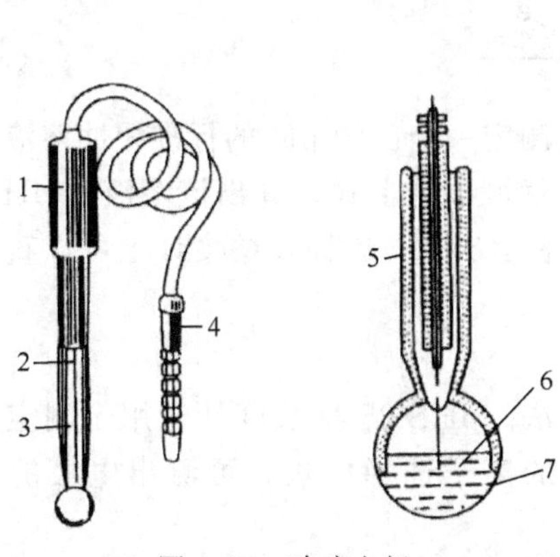

图 6-65　玻璃电极

1—电极帽；2—内参比电极；3—缓冲溶液；4—电极插头；5—高阻玻璃；6—内参比溶液；7—玻璃膜

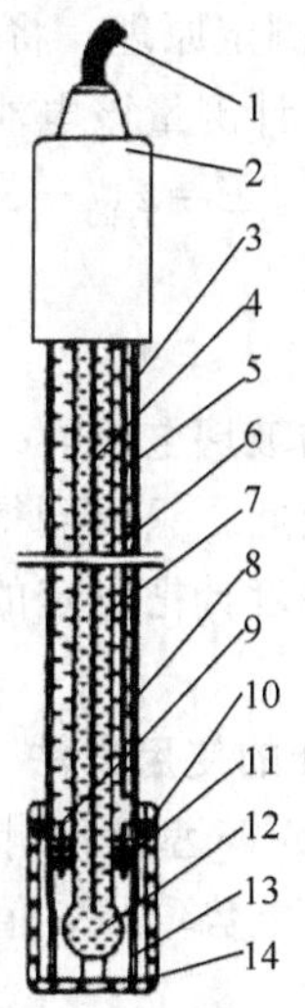

图 6-66　复合电极

1—电极导线；2—电极帽；3—电极塑壳；4—内参比电极；5—外参比电极；6—电极支持杆；7—内参比溶液；8—外参比溶液；9—液接面；10—密封圈；11—硅胶圈；12—电极球泡；13—球泡护罩；14—护套

$$Ag|AgCl(s)|HCl(0.1mol \cdot L^{-1})|玻璃|待测溶液$$

玻璃膜把两个不同 H^+ 浓度的溶液隔开，在玻璃-溶液接触界面之间产生一定的电势差。由于玻璃电极中内参比电极的电势是恒定的，所以在玻璃与溶液接触面之间形成的电势差就只与待测溶液的 pH 有关，25℃时，

$$\varphi_{玻璃}=\varphi^{\ominus}_{玻璃}-0.0592\text{pH} \tag{6-49}$$

玻璃电极只有浸泡在水溶液中才能显示测量电极的作用，所以在使用前必须先将玻璃电极在纯水中浸泡24h进行活化，测量完毕后仍需浸泡在纯水中。长期不用时，应将玻璃电极放入盒内。

玻璃电极使用方便，可以测定有色的、浑浊的或胶体溶液的pH。测定时不受溶液中氧化剂或还原剂的影响，所用试剂量少，而且测定操作不对试液造成破坏，测定后溶液仍可正常使用。但是，玻璃电极头部球泡非常薄，容易破损，使用时要特别小心。测量过程中更换溶液时，先用纯水洗，玻璃膜上的少量水只能用滤纸吸干，不可擦拭。玻璃电极长时间存放容易老化出现裂纹，因此需要定时维护。如果测量强碱性溶液的pH，测定时操作要快，用完后立即用水洗涤玻璃球泡，以免玻璃膜被强碱腐蚀。

③ 复合电极　pH复合电极是测量电极和参比电极的复合体，即将上述的甘汞电极和玻璃电极复合到一起，其结构如图6-66所示。使用pH复合电极测量溶液的pH很方便。

复合电极是由玻璃电极和Ag-AgCl参比电极合并制成的，电极的球泡是由具有氢功能的锂玻璃熔融吹制而成，呈球形，膜厚0.1mm左右。电极支持管的膨胀系数与电极球泡玻璃一致，是由电绝缘性能优良的铅玻璃制成。内参比电极为Ag-AgCl电极。内参比溶液是零电位等于7的含有Cl^-的电介质溶液，这种溶液是中性磷酸盐和KCl的混合溶液。外参比电极为Ag-AgCl电极，外参比溶液为$3.3\text{mol}\cdot\text{L}^{-1}$的KCl溶液，经AgCl饱和，加适量琼脂，使溶液呈凝胶状而固定之。液接面是沟通外参比溶液和被测溶液的连接部件，其电极导线为聚乙烯金属屏蔽线，内芯与内参比电极连接，屏蔽层与外参比电极连接。

(2) pH的测定原理　将玻璃电极与参比电极（甘汞电极）同时浸入待测溶液中组成电池，用精密电位计测量该电池的电动势。在25℃时，

$$E=\varphi_{正}-\varphi_{负}=\varphi_{甘汞}-\varphi_{玻璃}=0.2415-\varphi^{\ominus}_{玻璃}+0.0592\text{pH}$$

$$\text{pH}=\frac{E-0.2415+\varphi^{\ominus}_{玻璃}}{0.0592} \tag{6-50}$$

对于给定的玻璃电极，$\varphi^{\ominus}_{玻璃}$值是一定的，它可由测定一个已知pH的标准缓冲溶液的电动势而求得。因此，只要测得待测溶液的电动势E，就可根据上式计算出该溶液的pH。为了省去计算，酸度计把测定的电动势直接用pH刻度表示出来，因而在酸度计上可以直接读出溶液的pH。

6.6.3.2　pH计的使用方法

下面以pHS-25型酸度计为例简单介绍其操作方法。pHS-25型酸度计适用于测定水溶液的pH和电极电势（mV值）。此外，当配上适当的离子选择电极，可测出电极的电极电势。

(1) 开机并安装电极

① 开启电源，仪器预热15～20min。

② 拉下复合电极前的电极套，将电极夹在电极夹上。

(2) 标定　仪器在使用前，要先标定。

① 插入短路插头，将模式置于“mV”挡。仪器读数应在0mV±1个字。

② 插入复合电极，将模式置于“pH”挡。斜率调节器顺时针旋到底，即调节在100%位置。

③ 调节“温度”调节器，使所指示的温度与溶液的温度相同。

④ 将电极用纯水清洗，并用滤纸吸干，然后插入pH＝6.86的缓冲溶液中，并摇动烧

杯使溶液均匀。

⑤ 调节“定位”调节器，使仪器读数与该缓冲溶液的pH相一致（如pH=6.86）。

⑥ 用纯水清洗电极，并用滤纸吸干，再用与被测溶液相近的缓冲溶液（如pH=4.00或pH=9.18）进行第二次标定。

仪器的标定完成。经标定的仪器，“定位”调节器不应再有变动。不用时电极的球泡最好浸泡在纯水中，在一般情况下，24h内仪器不需再标定。但遇到下列情况之一，则仪器还需要标定：①溶液温度与标定不同；②“定位”调节器有变动；③换了新的电极；④测量过浓酸（pH>2）或过浓碱（pH>12）之后。

（3）测定pH　经标定过的仪器，即可用来测量待测溶液的pH。

① 当待测溶液和定位溶液温度相同时：a.“定位”保持不变；b.将电极夹向上移出，用纯水清洗电极头部，并用滤纸吸干；c.将电极插在待测溶液内，摇动烧杯，使溶液均匀后读出该溶液的pH。

② 当待测溶液和定位溶液温度不同时：a.“定位”保持不变；b.用纯水清洗电极头部，并用滤纸吸干；c.用温度计测出被测溶液的温度值；d.调节“温度”调节器，使指示在该温度上；e.将电极插在待测溶液内，摇动烧杯，使溶液均匀后读出该溶液的pH。

（4）测量电极电势　接上各种适当的离子选择电极。用蒸馏水清洗电极，并用滤纸吸干。然后把电极插在被测溶液内，将溶液搅拌均匀后，即可读出该离子选择电极的电极电势（mV值），并自动显示正、负性。

（5）注意事项

① 玻璃电极只有浸泡在水中（或水溶液中）才能显示测量电极的作用，未吸湿的玻璃膜不能响应pH的变化，所以在使用前一定要在纯水中浸泡24h。每次测量完毕，仍需把它浸泡在纯水中。若长期不用，可放回原盒内。另外，玻璃电极头部玻璃膜非常薄，易破损，切忌与硬物接触，尽量避免在强碱溶液中使用。

② 在测量过程中，当测量电极移开液面后，由于仪器转入开路而出现显示值溢出现象（可不必理会），如电极较长时间脱离溶液，最好将电极插座的外套往里按动一下，使电极插头从仪器中脱开。

③ 复合电极不应长期浸泡在纯水中，不用时应将电极插入装有饱和氯化钾浸泡液的保护套内，以使电极球泡保持活性状态。

④ 复合电极在使用时应把上面的加液口橡皮套向下移，使小口露出，以保持液位压差。在不使时仍用橡皮套将加液口套住。若发现电极内参比液少于1/2，可用滴管从上端小孔加入。

6.6.4 检流计

测定内阻较小的电动势或电位差一般选用低电阻直流电位差计。目前实验室常用的是磁电式多次反射光点检流计。

6.6.4.1 基本原理

若电池的内阻为1000Ω，则通过此内阻产生0.0001V的电位降时所流过的电流为0.0001/1000=10^{-7}A，只要检流计灵敏度达到$10^{-7}A\cdot mm^{-1}$，就能检出这个电流，因此用这个灵敏度的指针检流计就可使测量精度达±0.0001V。但若电池内阻为10000Ω，则产生0.0001V电位降相应流过的电流为$0.0001/10^4=10^{-8}$A，这时就需换用灵敏度为$10^{-8}A\cdot mm^{-1}$的光点反射式检流计。当用玻璃电极时，其内阻达$5\times10^8\Omega$，即使将测量精度降至为0.001V（约相当于0.02pH），也要求检流计能检出$0.001/5\times10^8=2\times10^{-12}$A的电流，这时无法用电位差计进行测量，只好使用 pH 计或数字电压表。

在检流计的铭牌上通常标有临界电阻值 $R_{临}$，它是指包括检流计内阻在内的测量回路较合适的总阻 $R_{回}$。当回路总电阻与临界电阻数值相近时，检流计光点能较快达到新的平衡位置。若 $R_{回} \leqslant R_{临}$，则光点移动缓慢；$R_{回} \geqslant R_{临}$，则光点振荡不已，读数困难。因此在选用检流计时除考虑灵敏度外，还必须根据测量回路电阻选择检流计的临界电阻。例如用于低阻直流电位差计、低阻电桥检零，测量热电偶的微小热电势，应选用低临界电阻的检流计。反之，用于高阻电位差计、高阻电桥的检零，测内阻很高的光电池光电流，则应选临界电阻高的检流计。

6.6.4.2 使用方法

① 检查电源开关所指示的电压是否与所用的电源电压一致，然后接通电源。

② 用零点调节器将光点准线调至零位。

③ 用导线将测量电路接线柱与电位差计“电计”接线柱接通。

④ 测量时先将分流器开关旋至最低灵敏度挡（0.01 挡）。当按电位差计电键“细”而光点偏转不大时，再依次转到高灵敏度挡（“直接”灵敏度最高）测量。

⑤ 在测量中，如光点摇晃不停时，可按电位差计“短路”键，使其受到阻尼作用而停止。

⑥ 实验结束时，或移动检流计时，应将分离器开关置于“短路”。

6.6.4.3 注意事项

检流计悬丝比较脆弱，容易损坏，光点易振荡，使用不方便，所以使用检流计时应注意：

① 当测量电路未完全补偿时，应使用串有高电阻的按钮；

② 未补偿时，按钮接触应短促；

③ 指针或光点振荡不停时，使用短路开关使之停于零点；

④ 指针检流计在使用前需将指针锁打开，用毕锁上；

⑤ 对光反射检流计，在停止使用时将两接线柱短路，以防止线圈振荡。

6.6.5 直流电位差计

6.6.5.1 工作原理

直流电位差计是根据补偿法（或对消法）测量原理设计的一种平衡式电压测量仪器，其工作原理如图 6-67 所示。图中标准电池 E_n、待测电池 E_x 与工作电池 E 并联，组成电路。G 为灵敏度很高的检流计，用来做示零指示。R_n 为标准电池的补偿电阻，其电阻值的大小是根据工作电流来选择的。R 是被测电池的补偿电阻，它由已知电阻值的各进位盘组成，通过它可以调节不同阻值使其电位降与 E_x 相对消。r 是调节工作电流的变阻器，E 为工作电池，K 为换向开关。

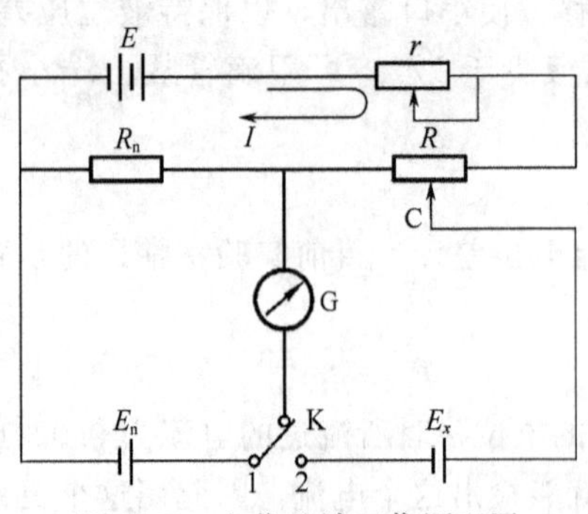

图 6-67 电位差计工作原理图

测量时，将 K 扳向 1 的位置，然后调节 r，使检流计 G 指示为零，这时有如下关系：

$$E_n = IR_n \tag{6-51}$$

式中，E_n 为标准电池的电动势；I 为流过 R_n 和 R 的电流，称为电位差计的工作电流，即：

$$I=E_n/R_n \tag{6-52}$$

工作电流调节好后，将 K 置于 2 的位置，同时旋转各进位盘的触头 C，再次使检流计 G 指示零位，设 C 点处的电阻为 R_C，则有

$$E_x=IR_C \tag{6-53}$$

对比式(6-53) 和式(6-54) 两式，得

$$E_x=E_n\frac{R_C}{R_n} \tag{6-54}$$

E_n 已知，测出 R_C 和 R_n，即可求出待测电池的电动势 E_x。

由此可知，用补偿法测量电池电动势的特点是：在完全补偿（G 在零位）时，工作回路与被测回路之间并无电流通过，也不需要测出工作回路中的电流 I 的数值，只要测得 R_C 和 R_n 的比值即可。由于这两个补偿电阻的精度很高，且 E_n 也经过精确测定，所以只要用高灵敏度检流计示零，就能准确测出被测电池的电动势。

6.6.5.2　UJ-25 型电位差计使用方法

UJ-25 型电位差计面板布置图如图 6-68 所示。其使用方法如下。

① 使用时先将有关的外部线路如工作电池、检流计、标准电池、待测电池等接好。注意，切不可将标准电池倒置或摇动。

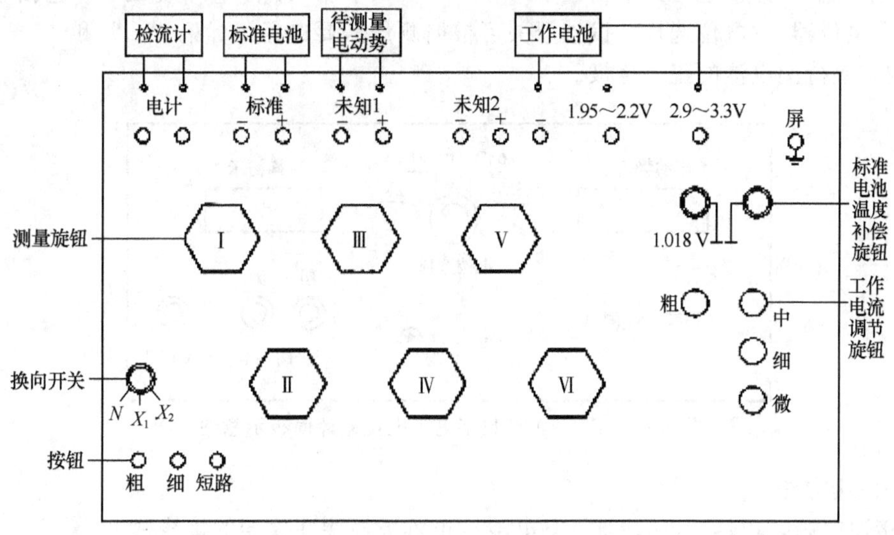

图 6-68　UJ-25 型电位差计面板布置图

② 接通电源，调节好检流计光点的零位。

③ 面板上“粗、中、细、微”旋钮是用于电流标准化的电阻器。先调节工作电流，将选择开关 K 扳向 N 挡（“校正”），然后将温度补偿旋钮调至相应的标准电池电动势的数值位置上。接着断续地按下粗测键（当按下粗测键，检流计光点在一小格范围内摆动时才能按细测键），视检流计光点的偏转情况，调节可变电阻器（粗、中、细、微）使检流计光点指示零位。

④ Ⅰ、Ⅱ、Ⅲ、Ⅳ、Ⅴ、Ⅵ是用于对消待测电池电动势的电阻器。电位差计标准化后，再把换向开关指向 X_1 或 X_2，然后分别按下粗测和细测键，同时依次旋转Ⅰ、Ⅱ、Ⅲ、Ⅳ、Ⅴ、Ⅵ，使检流计光点指零，此时各测量挡所示电压值的总和，即为待测电池的电动势。

⑤ 注意，每次测量前都要用标准电池对电位差计进行标准化，否则，由于工作电池电

压不稳或温度的变化会导致测量结果的不准确。

⑥ 电位计面板上有 12 个接线柱，分别接检流计、标准电池、待测电池和工作电池。“电计”接检流计；“标准”接标准电池；“未知”接待测电池 1 或 2，并注意与换向开关中的 X_1 或 X_2 对应。工作电源根据需要，接在 1.95～2.2V 或 2.9～3.3V 的接线柱上。接线柱如标有“＋极”、“－极”的，接线时均要对应。

6.6.5.3　**数字式电子电位差计**

数字式电子电位差计是近年来数字电子技术发展的产物。由于其测量精度高、装置简单和读数直观等特点，将逐渐替代传统的电位差计。

(1) EM-2A 型数字式电子电位差计简介　EM-2A 型数字式电子电位差计是由南京大学应用物理研究所研究开发的产品。由于该仪器采用了内置的可替代标准电池且精度较高的参考电压集成块作为比较电压，故其保留了传统的平衡法测量电动势仪器的基本原理。该仪器的线路采用全集成器件，待测电池的电动势与参考电压经过高精度的放大器比较输出，通过调节达到平衡时就可得到待测电池的电动势。采集、显示采用高精度的 A/D (24 bit) 模数转换芯片和 6 位数字显示器，使仪器的分辨率可达 0.01mV，测量量程为 0～1.5V。

仪器的前面板示意图如图 6-69 所示。面板左上方为 6 位数码管显示“电动势指示”窗口；右上方为 4 位数码管“平衡指示”窗口；左边的开关可置“调零”或“测量”挡；右下角有 3 个电位器，分别进行“平衡调节”和“零位调节”。其中，“平衡调节”包括“粗”和“细”两个电位器；“电位选择”拨挡开关可根据测量需要选择；标记“＋”和“－”的接线柱是分别连接待测电池的正、负极。

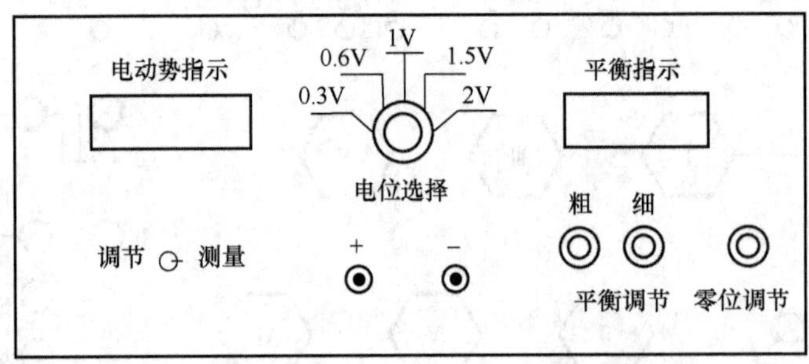

图 6-69　EM-2A 型数字电子电位差计面板示意图

(2) 使用方法

① 接通电源，预热 5min。将待测电池按正负极性接在仪器的接线柱上。

② 将开关置于“调零”挡，调节“零位调节”旋钮使“平衡指示”窗口显示为正零。

③ 根据理论估算待测电池的电动势，将“电位选择”开关置于相应的位置。

④ 将开关置于“测量”挡，调节“平衡调节”的“粗”调旋钮，使“电动势指示”窗口的数值接近估算值，然后调节“细”调旋钮使“平衡指示”窗口显示零，此时“电动势指示”窗口显示的数值即为待测电池的电动势。

(3) 注意事项

① 当“电动势指示”窗口的数值接近实际值的±10mV 时，“平衡指示”窗口才显示数值，否则显示“999”或“－999”。

② 由于仪器精度较高，每次调节“平衡指示”旋钮后，“电动势指示”窗口的显示数值需经过一定的时间才能稳定。

③ 测量时仪器必须单独放置，也不要用手触摸仪器外壳。

④ 测量完毕后，须将开关置于“调零”挡，并将待测电池及时取下。

6.7　热分析测量技术

热分析是研究物质在加热或冷却过程中其性质和状态的变化，并将这种变化作为温度或时间的函数来研究其规律的一种技术。国际热分析联合会（International Conference on Thermal Analysis，ICTA）规定的热分析定义为：热分析法是在程序控制温度的条件下，测量物质的物理性质与温度之间关系的一类技术。由于它是一种自动化动态跟踪测量，所以与静态法相比有连续、快速、简便等优点，热分析技术已广泛地应用于化学、化工、高分子化学、生物化学、冶金学、石油化学、矿物学和地质学等各个科学领域。

热分析技术分为许多种，其中较常用的热分析技术有热重分析（TG）、差热分析（DTA）、差示扫描量热法（DSC）。下面对它们进行简要的介绍。

6.7.1　热重分析

6.7.1.1　基本原理

热重分析法（thermogravimetric analysis，TG），该方法是在程序控温下测量物质的质量与温度的关系的一种技术。许多物质在加热过程中常伴随质量的变化，这种变化过程有助于研究晶体性质的变化，如熔化、蒸发、升华和吸附等物质的物理现象；也有助于研究物质的脱水、解离、氧化、还原等物质的化学现象。其数学表达式为：

$$m=f(T\text{ 或 }t) \tag{6-55}$$

式中，m 为物质的质量；T 为温度；t 为时间。

仪器的工作原理为，将天平的样品容器部分置于带有程序控温器的炉子里，将炉子以一定的升温速率升温，则炉子内的物质在不同的温度条件下发生变化，同时记录仪记录下不同温度下的质量值。根据不同温度的质量变化情况，可对被测物质进行定性、定量分析。

6.7.1.2　热失重的计算

由样品的原始称重质量及 TG 曲线中各温度区间的失重量，就可以计算出各温度区间的失重百分数。例如，某物质的热失重曲线见图 6-70。对应图中曲线，该物质在温度 T_1～T_2 区间内的热失重百分数为：

$$\text{热失重百分数}=\frac{m_0-m'}{m_0}\times 100\% \tag{6-56}$$

式中，m_0 为被测物质在温度 T_1 时的质量；m' 为被测物质在温度 T_2 时的质量。

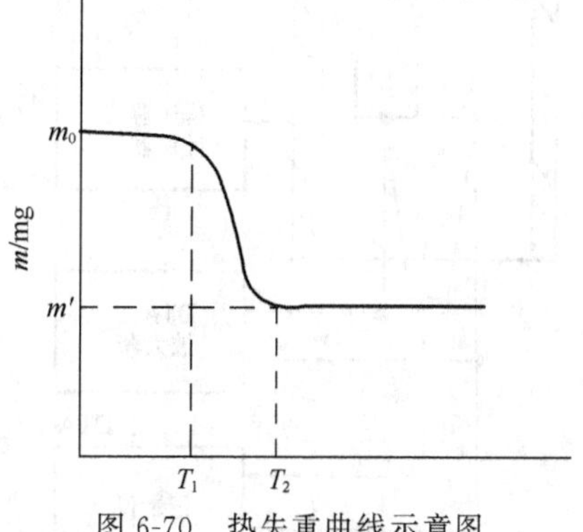

图 6-70　热失重曲线示意图

6.7.1.3　影响热重分析的因素

热重分析的实验结果受到许多因素的影响，基本可分两类：一类是仪器因素，包括升温速率、炉内气氛、炉子的几何形状、坩埚的材料等；二类是试样因素，包括试样的质量、粒度、装样的紧密程度、试样的导热性等。

在 TGA 的测定中，升温速率增大会使试样分解温度明显升高。如升温太快，试样来不及达到平衡，会使反应各阶段分不开。合适的升温速率为 5～10℃·min^{-1}。

试样在升温过程中，往往会有吸热或放热现象，这样使温度偏离线性程序升温，从而改变了 TG 曲线位置。试样量越大时，这种影响越大。对于受热产生气体的试样，试样量越大，气体越不易扩散。再则，试样量大时，试样内温度梯度也大，将影响 TG 曲线位置。总之，实验时应根据天平的灵敏度，尽量减少试样量。试样的粒度不能太大，否则将影响热量的传递；粒度也不能太小，否则开始分解的温度和分解完毕的温度都会降低。

6.7.2 差热分析法

物质在物理变化和化学变化过程中，往往伴随着热效应。放热或吸热现象反映出物质热焓发生了变化，记录试样温度随时间的变化曲线，可直观地反映出试样是否发生了物理（或化学）变化，这就是经典的热分析法。但该种方法很难显示热效应很小的变化，为此逐步发展形成了差热分析法（differential thermal analysis，DTA）。

6.7.2.1 基本原理

DTA 是热分析中最成熟且应用较广泛的一种技术。该方法是在程序控制温度下，测量物质和参比物之间的温差（ΔT）随温度（或时间）变化的一种技术。其数学表达式为：

$$\Delta T = T_s - T_r = f(T \text{ 或 } t) \qquad (6\text{-}57)$$

式中，T_s、T_r 分别为试样及参比样的温度；T 为程序温度；t 为时间。DTA 的原理如图 6-71 所示。

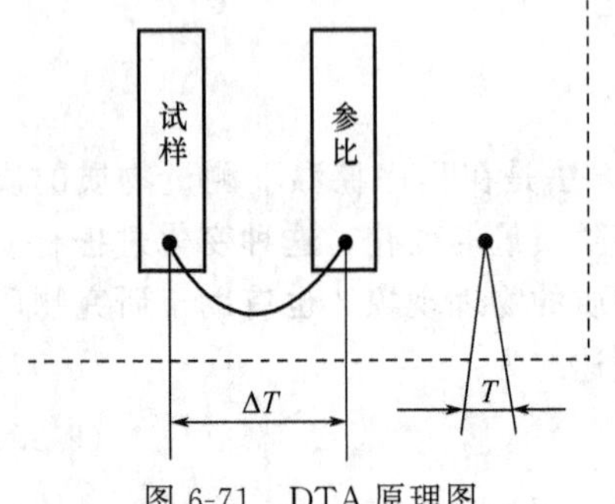

图 6-71 DTA 原理图

在程序温度控制下，比较试样与参比样在升温过程中温度的不同而考察试样的性质变化。因此，要求参比样品在程序加热和冷却过程中具有热稳定性，且热特性为已知。

仪器工作原理为，被测样品与参比样品之间的温差用热电偶测量，该示差热电偶是由两副电偶极性相同的热电偶串联而成的，将两个端点分别接触被测样品与参比样。当升温过程中试样无任何变化时，二者温度保持相同，热电势相互抵消而不产生温差信号；当试样是由于相转变或反应的吸热或放热引起温度的变化时，则两者的热电势不能抵消而产生温差信号，同时记录仪记录出温差随温度或时间的变化曲线。其仪器工作原理如图 6-72 所示。

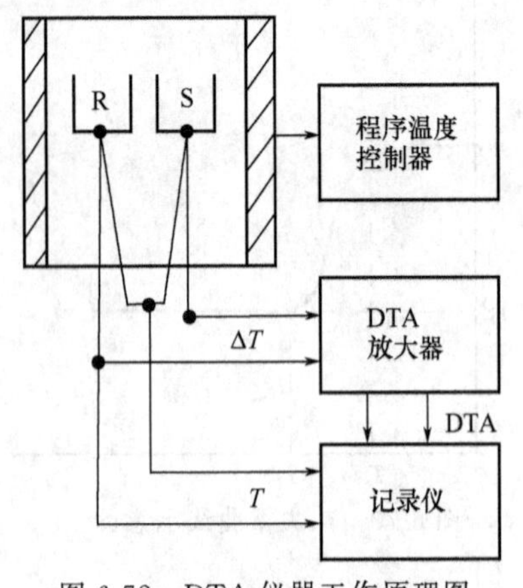

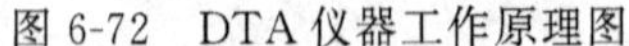

图 6-72 DTA 仪器工作原理图

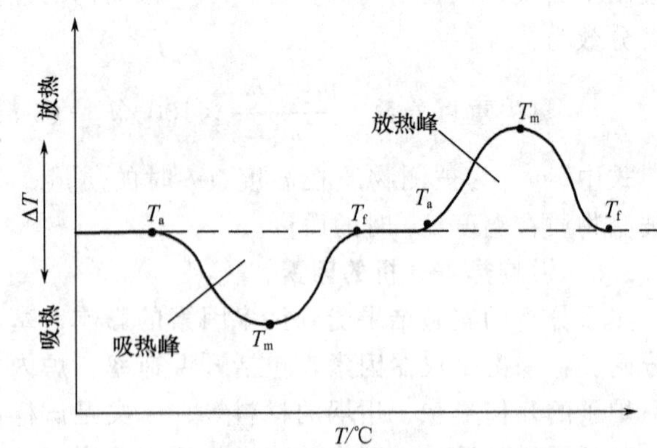

图 6-73 典型的 DTA 曲线

6.7.2.2 差热分析曲线分析

试样和参比样对称地放在样品支持架上，且置于炉子的均温区。当以一定的程序升温或冷却时，若试样不发生变化，则试样与参比样的热性质较接近，两者温差 $\Delta T = 0$，此时记录仪记录下来的几乎为一水平线；若试样发生变化时，两者的温差 $\Delta T\neq 0$，若试样在某一温度区间放热时，ΔT 为正值，曲线偏离基线，当试样变化结束，与参比样之间重新达成热平衡 $\Delta T=0$，这一过程形成一放热峰。同理，当试样出现吸热时，ΔT 为负值，曲线向相反方向偏离产生一个吸热峰。典型的DTA曲线如图6-73所示。图中，T_a 为曲线的开始温度；T_m 为峰温；T_f 为峰的结束温度，也为回基线温度。峰朝下的为吸热峰，峰朝上的为放热峰。虚线为基线。

从DTA曲线中，可以得到如下信息。

(1) 峰的位置　物质的任一物理和化学变化都伴随有热量的吸收或放出，则在DTA曲线上表现为吸热峰或放热峰，起峰温度和峰温常作为峰位置的特征。同种物质发生不同的物理变化和化学变化所对应的起峰温度和峰温不同；而不同物质的同一物理、化学变化所对应的起峰温度和峰温也不同，因此峰的位置可以作为定性判断物质变化的依据。

(2) 峰的面积　DTA曲线的峰面积的大小代表热效应的大小，在一定样品量范围内，物质量与峰面积成正比，物质量的多少又与热效应成正比，因此，峰面积可以作为定量计算物质热效应的依据。

(3) 热效应的定量计算　DTA曲线的峰面积正比于物理变化或化学变化的热效应，且DTA又是测量试样与参比样之间的温差 ΔT 随温度的变化，因此热效应 ΔH 可表示为：

$$\Delta H \propto \int_{T_1}^{T_2} \Delta T \mathrm{d}T = K\int_{T_1}^{T_2} \Delta T \mathrm{d}T = K\Delta S \tag{6-58}$$

式中，ΔH 为热效应；$\int_{T_1}^{T_2} \Delta T \mathrm{d}T$ 和 ΔS 均为DTA的峰面积；K 为比例常数。

若已知某一定量的物质在某一温度范围内变化的热效应，则在相同条件下测一未知样品得一峰面积，则未知样峰面积所代表的热效应：

$$\Delta H=\Delta H_0\times\frac{K\Delta S}{K_0\Delta S_0} \tag{6-59}$$

式中，ΔH_0 为已知样的热效应；ΔH 为未知样的热效应；ΔS 为未知样的峰面积；ΔS_0 为已知样的峰面积；K、K_0 分别为未知样和已知样的仪器常数。

若保证两样品测量时实验条件一致，则 K、K_0 两常数可近似认为相等，则未知样的热效应为：

$$\Delta H=\Delta H_0\times\frac{\Delta S}{\Delta S_0} \tag{6-60}$$

亦即只要准确测出两峰面积的大小就可知未知样的热效应。

(4) 峰面积的测定　峰面积的测量方法有以下几种：①使用积分仪，可以直接读数或自动记录下差热峰的面积；②如果差热峰的对称性好，可作等腰三角形处理，用峰高乘以半峰宽（峰高1/2处的宽度）的方法求面积；③剪纸称重法，若记录纸厚薄均匀，可将差热峰剪下来，在分析天平上称其质量，其数值可以代表峰面积。

对于反应前后基线没有偏移的情况，只要联结基线就可求得峰面积，这是不言而喻的。对于基线有偏移的情况，下面两种方法是经常采用的。一是分别作反应开始前和反应终止后的基线延长线，它们离开基线的点分别是 T_a 和 T_f，联结 T_a、T_m、T_f 各点，便得峰面积，这就是ICTA（国际热分析联合会）所规定的方法，见图6-74(a)。二是由基线延长线和通过峰顶 T_m 作垂线，与DTA曲线的两个半侧所构成的两个近似三角形面积 S_1、S_2［图6-74(b)中以阴影表示］之和 $S=S_1+S_2$ 的方法，是认为在 S_1 中丢掉的部分与 S_2 中多余的部分可以得到一定程度的抵消。

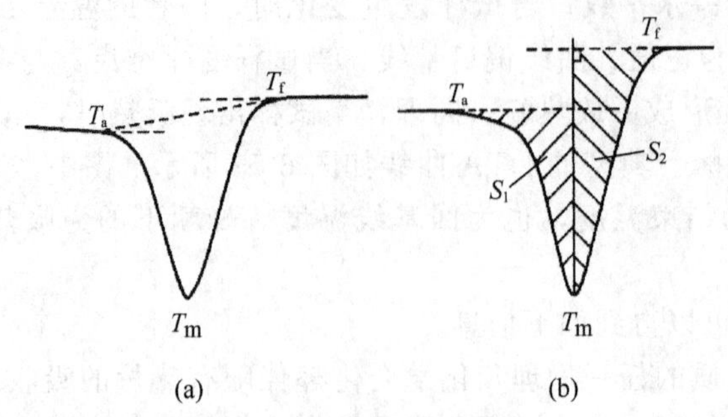

图 6-74 峰面积的求法

6.7.2.3 **影响差热分析的主要因素**

(1) 参比物的选择 要获得平稳的基线，参比物的选择很重要。要求参比物在加热或冷却过程中不发生任何变化，在整个升温过程中参比物的比热容、热导率、粒度尽可能与试样一致或相近。常用 α-三氧化二铝（α-Al_2O_3）或煅烧过的氧化镁（MgO）或石英砂作参比物。如分析试样为金属，也可以用金属镍粉作参比物。

(2) 试样的预处理及用量 试样用量大，易使相邻两峰面积重叠，降低了分辨率，因此尽可能减少试样的用量。试样的颗粒度在 100～200 目左右，颗粒小可以改善导热条件，但太细可能会破坏试样的结晶度。对易分解产生气体的试样，颗粒应大一些。参比物的颗粒、装填情况及紧密程度应与试样一致，以减少基线的漂移。

(3) 升温速率的影响和选择 升温速率不仅影响峰的位置，而且影响峰面积的大小。一般来说，在较快的升温速率下峰面积变大、峰变尖锐。但是快的升温速率使试样分解偏离平衡条件的程度也大，因而易使基线漂移。更主要的可能导致相邻两个峰重叠，分辨力下降。较慢的升温速率，基线漂移小，使体系接近平衡条件，得到宽而浅的峰，也能使相邻两峰更好地分离，因而分辨力高。但测定时间长，需要仪器的灵敏度高。一般情况下选择 8～12℃ · min^{-1} 为宜。

(4) 气氛和压力的选择 气氛和压力可以影响试样化学反应和物理变化的平衡温度、峰形。因此，必须根据试样的性质选择适当的气氛和压力，有的试样易氧化，可以通入 N_2、Ne 等惰性气体。

6.7.3 差示扫描量热法

在差热分析测量试样的过程中，当试样产生热效应（熔化、分解、相变等）时，由于试样内的热传导，试样的实际温度已不是程序所控制的温度（如在升温时）。由于试样的吸热或放热，促使温度升高或降低，因而进行试样热量的定量测定是困难的。要获得较准确的热效应，可采用差示扫描量热法（differential scanning clorimetry，DSC）。

6.7.3.1 **基本原理**

DSC 与 DTA 较相似，但不同的是 DSC 在试样和参比池下面分别装有辅助加热器，借助加热器的热补偿作用以保持试样和参比样之间始终保持无温差出现，即 $\Delta T=0$，其原理如图 6-75 所示。因此，DSC 是在程序控温下测量试样与参比样之间能量差为零所需补偿的热量随温度和时间变化的一种技术。

DSC 仪器工作原理见图 6-76。试样在加热过程中，由于热效应与参比物之间出现温差 ΔT 时，通过差热放大电路和差动热量补偿放大器，使流入补偿电热丝的电流发生变化：当试样吸热时，补偿放大器使试样一边的电流立即增大；反之，当试样放热时则使参比物一边的电流增大，直到两边热量平衡，温差 ΔT 消失为止。换句话说，试样在热反应时发生的热量变化，由于及时输入电功率而得到补偿，所以实际记录的是试样和参比物下面两只电热补偿的热功率之差随时间 t 的变化 $\mathrm{d}H/\mathrm{d}t$-t 关系。如果升温速率恒定，记录的也就是热功率之差随温度 T 的变化 $\mathrm{d}H/\mathrm{d}t$-T 关系，如图 6-77 所示。其峰面积 S 正比于热焓的变化值（ΔH_{m}）：

$$\Delta H_{\mathrm{m}} = KS \tag{6-61}$$

式中，K 为与温度无关的仪器常数。

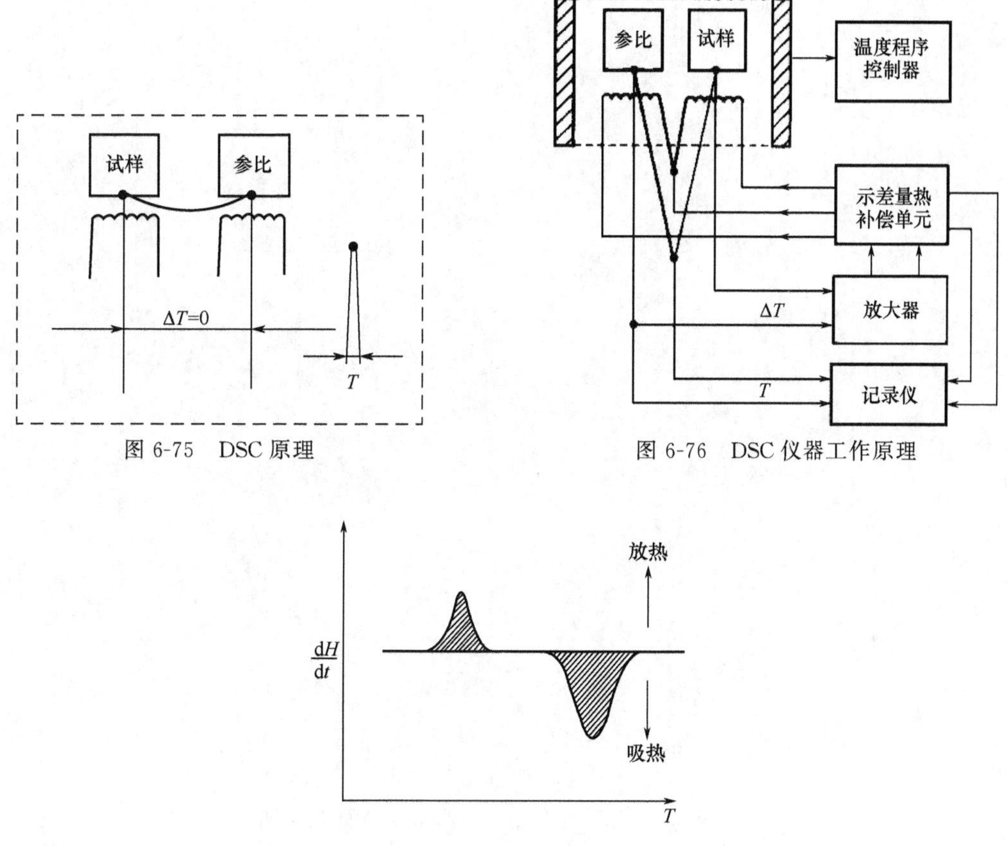

图 6-75　DSC 原理

图 6-76　DSC 仪器工作原理

图 6-77　DSC 曲线

如果事先用已知相变热的试样标定仪器常数，再根据待测试样的峰面积，就可得到 ΔH 的绝对值。仪器常数的标定，可利用测定锡、铅、铟等纯金属的熔化，从其熔化热的文献值即可得到仪器常数。

因此，用差示扫描量热法可以直接测量热量，这是与差热分析的一个重要区别。此外，DSC 与 DTA 相比，另一外突出的优点是 DTA 在试样发生热效应时，试样的实际温度已不是程序升温时所控制的温度（如在升温时试样由于放热而一度加速升温）。而 DSC 由于试样的热量变化随时可得到补偿，试样与参比物的温度始终相等，避免了参比物与试样之间的热传递，故仪器的反应灵敏，分辨率高，重现性好。

6.7.3.2　DTA 和 DSC 应用讨论

DTA 和 DSC 的共同特点是峰的位置、形状、数目与被测物质的性质有关，故可以定性地用来鉴定物质。从原则上讲，物质的所有转变和反应都会有热效应，因而可以采用 DTA

和 DSC 检测这些热效应，不过有时由于灵敏度等种种原因的限制，不一定都能观测得出，但在定量分析中 DSC 优于 DTA。为了提高灵敏度，DSC 所用的试样容器与电热丝紧密接触。但由于制造技术上的问题，目前 DSC 仪测定温度只能达到 1000℃左右，温度再高，就只能用 DTA 仪器了。DTA 一般可用到 1600℃的高温，最高可达到 2400℃。

近年来，热分析技术已广泛应用于石油产品、高聚物、配合物、液晶、生物体及药物等有机和无机化合物的研究中，它们已成为研究有关课题的有力工具。因此，DTA 和 DSC 在化学领域和工业上得到了广泛的应用。不过，从 DSC 得到的实验数据比从 DTA 得到的更为定量，并更易于作理论解释。

下篇 实 验

第7章 基本操作与基本技能训练

实验一 仪器的洗涤、干燥与玻璃工操作

一、目的与要求

（1）学习并掌握化学实验室的安全知识；熟悉实验室内的水、电、气的走向和开关；学会实验室事故的应急处理。

（2）了解实验室中常用仪器的名称、性能、规格、一般用途和使用注意事项。

（3）熟悉去污粉、铬酸洗液等洗涤剂的特性及使用方法，掌握常用玻璃仪器的洗涤和干燥方法。

（4）弄清煤气灯（或酒精喷灯）的构造并掌握其正确的使用方法；学会玻璃管（棒）的截断、弯曲、拉细、熔烧等操作。

（5）练习配塞子和钻孔操作。

二、预习与思考

（1）预习第1章“1.2 化学实验室基本知识”。

（2）预习第2章“2.1 常用玻璃仪器”。

（3）预习第3章“3.1 简单玻璃工操作和塞子的加工”。

（4）预习第3章“3.4 加热与冷却”中有关加热装置的内容。

（5）思考下列问题

① 仪器洗涤干净的标志是什么？不同类型的玻璃仪器用什么方法洗涤？

② 铬酸洗液配制时应注意什么？新配制的铬酸洗液是什么状态及颜色？怎样判断铬酸洗液已经失效？

③ 在切割、烧制玻璃管（棒）以及往塞孔内穿进玻璃管等操作中，应注意哪些安全问题？刚灼烧过的灼热玻璃和冷玻璃往往外表难以辨认，如何防止烫伤？

④ 弯曲和熔光玻璃管口时，应如何加热玻璃管？

⑤ 酒精喷灯正常火焰由哪三部分组成？应用哪一部分火焰加热？如何增大玻璃管受热面积？

三、仪器与药品

台秤(精度 0.1g)，$K_2Cr_2O_7$(s)，H_2SO_4(浓)，常用玻璃仪器，去污粉，酒精灯，毛刷等；酒精喷灯，玻璃棒，玻璃管，橡皮吸头，橡皮塞，塑料瓶（或熔点管），三角锉刀（或小砂轮片），钻孔器等。

四、实验内容

(一) 仪器的洗涤与干燥

1.认领仪器

按照“仪器清单”逐一清点所分发的仪器。在清点的过程中，认真识别仪器的名称、品

种和规格。认真检查分发的仪器是否齐全，如有短缺或破损的仪器，应及时向有关老师补领或换取。仪器清点完毕后，填好清单，交给指导老师。

2.配制铬酸洗液

铬酸[注释1]洗液的配制：用台秤称取5g工业级$K_2Cr_2O_7$置于烧杯中，加10mL水溶解，在搅拌下慢慢加入100mL浓硫酸。搅拌均匀后，待用。

3.洗涤仪器

① 把所发的仪器（除金属的外）用自来水洗涤干净。

② 把一个烧杯（400mL）、玻璃棒、瓷蒸发皿、试管2支，进一步用去污粉洗涤，然后用自来水漂洗几次，并检查其是否洗净。若符合要求，再用去离子水荡洗三遍。

③ 把用去污粉洗过的烧杯、试管进一步用铬酸洗液洗涤（注意洗液用后要倒回回收瓶），然后用自来水漂洗几次，并检查其是否洗净。符合要求后，再用去离子水荡洗三遍。

注意，洗涤后的仪器应仔细检查，如果仪器洗涤达不到要求的，应再洗涤直到符合要求为止。

4.仪器的干燥

① 将各类仪器放入橱柜内晾干（按要求合适地放置），备用。

② 装好酒精灯（按第3章“3.4 加热与冷却”中有关酒精灯的要求操作）。

③ 将已洗净的试管，用试管夹夹住，在酒精灯上小火烤干（按第2章“2.1.3 玻璃仪器的洗涤和干燥”中有关要求操作）。

④ 关闭空气调节器，用石棉板盖住灯口将酒精灯熄灭。

（二）玻璃管（棒）的烧制加工

1.酒精喷灯的使用

① 拆装酒精喷灯以弄清其构造。

② 观察黄色火焰的形成。往预热盘中加满酒精并点燃（挂式喷灯应将储罐下面的开关打开，从灯管口冒出酒精后再关上；在点燃喷灯前先打开），等预热盘中的酒精燃烧将完时灯管灼热后，打开空气调节器并用火柴将灯点燃。调节空气进入量，使火焰保持适当高度。此时火焰呈黄色。用一个内盛少量水的蒸发皿放在黄色火焰上，皿底逐渐发黑（为什么?）。

③ 调节正常火焰。调节空气调节器，逐渐加大空气进入量，黄色火焰逐渐变蓝，并出现三层正常火焰。观察各层火焰的颜色。用一张硬纸片竖插入火焰中部，观察其燃烧情况，并给予解释。用一根玻璃管的一端伸入焰心，然后用火柴点燃玻璃管另一端逸出的气体（说明什么?）。

2.制作搅拌棒

① 先用一些玻璃管（棒）反复练习截断玻璃管（棒）的基本操作（切割、折断玻璃管的方法及手法，见第3章“3.1 简单玻璃工操作和塞子的加工”），将截好的玻璃管（棒）的两端放入火焰中慢慢地转动、烧圆，以防止磨损仪器和发生割伤事故。

② 截取长14cm、16cm、18cm（直径约为4mm）的玻璃棒各一根，并将断口熔烧至圆滑（不要烧过头）。

3.制作小搅拌棒和滴管

① 练习拉细玻璃管和玻璃棒的基本操作。

② 制作小搅拌棒和滴管各两支，规格如第3章图3-6所示。制作滴管时，先截取26cm长（外径约为7mm）的玻璃管一支，将玻璃管中间部分加热，并不断旋转，待玻璃管均匀软化后，将其从火焰中取出，在同一水平面上向两旁逐渐拉开到所需的细度，冷却后在拉细

部分的中间把玻璃管截成两段。要求玻璃管拉细部分的内径为 1.5～2mm，毛细管长约 7cm，滴管总长 13～15cm。冷却后，套上一个橡皮吸头即制成滴管。

注意：滴管小口一端烧光滑时要特别小心，不能久置于火焰中，以免管口收缩甚至封死。滴管大口一端则应烧软，然后在石棉网上垂直加压（不能用力过大），使管口变厚略向外翻，便于冷却后套上橡皮吸头。制作的滴管规格要求为：从滴管口滴出 20～25 滴水体积约等于 1mL。

4. 弯玻璃管和拉毛细管

① 练习玻璃管的弯曲，分别弯成 120°、90°、60°角度。玻璃管弯曲部分要保持圆滑，不要瘪陷，将两断口要烧圆。

② 制作规格如图 7-1 的玻璃弯管一支，留着装配洗瓶用。

③ 取一段洁净的玻璃管，放入火焰中加热并不断转动。当玻璃管被烧得足够软（红黄色）时，将玻璃管从火焰中取出，两手水平拉开，拉到直径为 1～1.5mm 的细度时，一手持玻璃管，使其垂直下垂，冷却定形后，再截成所需长度的毛细管，备用。

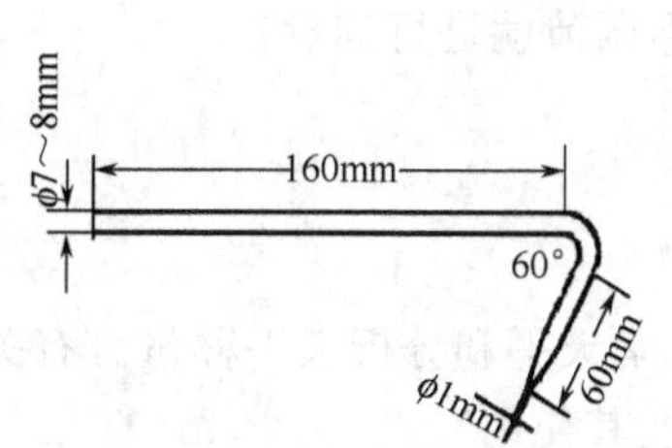

图 7-1　制洗瓶的弯管

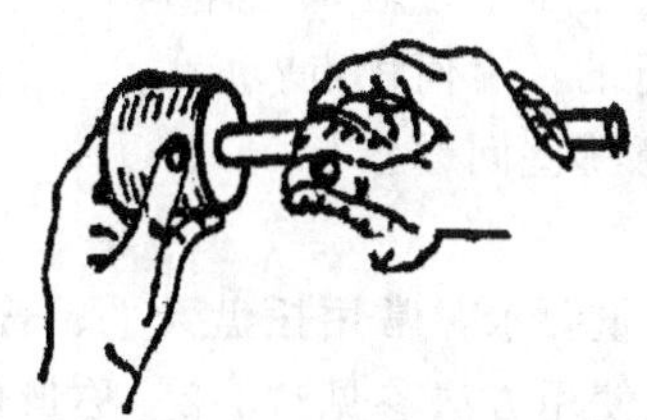
图 7-2　玻璃管插入塞子的操作

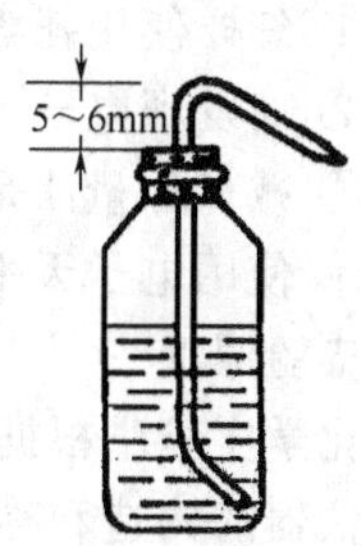

图 7-3　塑料洗瓶

（三）塞子钻孔

① 按塑料瓶口（或提勒式熔点管）直径的大小选取一个合适的橡胶塞，塞子[注释2] 应能塞入瓶口 1/2～2/3 为宜。

② 按玻璃弯管（或温度计）直径的大小选用一个打孔器[注释3]，在所选橡皮塞中间钻出一孔。钻孔时，切记左手按紧橡皮塞，以防旋压打孔器时，塞子移动打滑，损伤手指。

（四）装配洗瓶

① 把制作好的玻璃弯管（或温度计）按图 7-2 所示的方法，边转边插入橡皮塞中去。操作时玻璃管（或温度计）可先蘸些水或甘油等润滑剂以保持润滑，不能硬塞。孔径过小时可用圆锉进行修整，把孔径锉大些，以防玻璃管（或温度计）折断而伤手。

② 把已插入橡胶塞中的玻璃弯管的下端按图 7-3 所示的要求，在离下口 3cm 处（管若已沾水则需小心烘干）弯一个 150°角，此弯管方向与上部弯管一致并处于同一平面上。完成后，按图 7-3 装配成洗瓶。

五、问题与讨论

（1）应如何判断玻璃器皿是否清洁？

（2）说明使用酒精灯时应注意的事项及理由。

（3）加热过的仪器放置时应注意些什么？为什么？

六、注释

［1］ 铬酸洗液有毒，易造成污染，已很少使用。一般能用别的洗涤方法洗干净的仪器，就不要用铬酸洗液。

［2］ 选用软木塞时，表面不应有深孔、裂纹。使用前要经过滚压，压滚后软木塞的大小同样应以塞入

颈口 1/2～2/3 为宜。软木塞打孔时，所选用打孔器的直径比被插入管子的直径略小些。

[3] 橡皮塞打孔要选用比被插入管子的外径稍大些的打孔器，因橡皮塞有较大的弹性。

实验二 电子分析天平的使用

一、目的与要求

(1) 学会和掌握托盘天平、电子天平的使用方法。

(2) 练习称量瓶的使用及初步掌握减量法称取样品。

(3) 掌握电子天平的称量方法。

二、预习与思考

(1) 预习第 3 章“3.2 称量仪器及其使用”中关于托盘天平、电子天平的基本结构、称量原理和使用方法等内容。

(2) 预习第 5 章“5.2 误差与实验数据处理”中有关实验记录和误差概念等内容。

(3) 思考下列问题

① 怎样使用托盘天平？使用时应该注意哪些事项？

② 如发现电子天平的位置不水平，应该怎样调节？能否不调节就进行称量？

③ 减量称量法是怎样进行的？有何优点？

④ 使用电子天平应该注意哪些问题？

三、实验原理

化学实验中根据不同的称量要求，常用托盘天平、普通化学天平和分析天平称量。有关称量仪器的构造和称量原理及使用方法参见“3.2 称量仪器及其使用”。

四、仪器与药品

托盘天平（精度 0.1g），电子天平（精度 0.1mg），称量瓶，烧杯（50mL），表面皿，角匙；石英砂，金属片，蜡光纸。

五、实验内容

1.天平的检查和调节

拿去天平罩子后，检查天平是否水平、天平内是否清洁。

如果天平长时间没有用过，或天平移动过位置，应进行一次校准。校准要在天平通电预热 30min 以后进行。程序是：调整水平，按下“开/关”键，显示稳定后如不为零则按一下“TARE”键，稳定地显示“0.0000g”后。按一下校准键（CAL），天平将自动进行校准，屏幕显示出“CAL”，表示正在进行校准。10s 左右，“CAL”消失，表示校准完毕，应显示出“0.0000g”，如果显示不正好为零，可按一下“TARE”键，然后即可进行称量。

2.直接法称量练习

在分析天平上先称出蜡光纸的质量 m_1，然后将已预先在台秤上粗称过的金属片放在蜡光纸上，称出总质量 m_2，则（m_2-m_1）即为金属片的质量，记下所称质量。

3.固定质量称量练习

称取 0.5000g 石英砂试样两份。

① 取两只洁净干燥的表面皿，分别在电子天平上称出其质量（准确至 0.1mg），记录称量数据。

② 用角匙将石英砂试样慢慢加到表面皿的中央，直至试样量达到 0.5000g 为止（要求称量的误差范围≤0.2mg），记录称量数据和试样的实际质量。反复练习 2～3 次。

③ 在上述称量的基础上，继续加入 500mg 试样，要求称量的误差范围≤0.2mg，反复

练习 2～3 次。

4.减量法称量练习

称取 0.3～0.4g 试样两份。

① 取两个洁净、干燥的小烧杯（标上编号），分别在分析天平上称其质量（准确至 0.1mg），记下质量。

② 从干燥器中取出一只装有试样（约 1.2g）的称量瓶，再在电子分析天平上准确称量，记下质量为 m_1。用一洁净的纸条套在称量瓶上，用手取出称量瓶，再用一小块纸块裹住瓶盖，打开瓶盖，用瓶盖轻轻敲击称量瓶口边缘，转移试样 0.3～0.4g（约 1g 试样的 1/3）于上面已称出质量的第一个烧杯中。再准确称取称量瓶质量为 m_2，则 m_1-m_2 即为试样的质量。以同样的方法转移试样 0.3～0.4g 于第二只坩埚中，然后称出称量瓶和剩余试样重为 m_3 克，则 m_2-m_3 为第二份试样于第二个烧杯中增加的质量，要求称量的绝对误差值小于 0.5mg。

③ 分别准确称出两个烧杯和试样的质量，记录为 m_4 和 m_5。

④ 检验称量结果：a.看 m_1-m_2 之质量是否等于第一个烧杯中增加的质量，m_2-m_3 之质量是否等于第二个烧杯中增加的质量，如不等求其差值，要求称量的绝对值小于 0.5mg；b.再看倒入烧杯中的两份试样质量是否符合要求的称量范围（0.3～0.4g 之间）；c.如不符合要求，应认真分析原因，再做称量练习，并进行计时，检验自己称量操作正确和熟练的程度。经过 3 次称量练习后，称量一个试样的时间要求为：固定质量称量法在 2min 之内；减量称量法在 3min 之内，且倾样次数不超过 3 次。连续称两个样的时间不超过 5min。

5.天平称量后的检查

每次做完实验后，都必须做好称量后的天平检查工作，检查内容与称量前的天平检查相同。检查后请指导老师复查签名，然后罩好天平罩。

六、数据记录与处理

按表 7-1 的格式记录所得的称量数据。

表 7-1　称量数据记录

样　　品	（容器＋试样）质量/g	容器质量/g	试样质量/g
金属片			
试样 1			
试样 2			

七、问题与讨论

（1）试样的称量方法有哪几种？怎样操作？各有何优缺点？

（2）在用减量法称量样品的过程中，若称量瓶内的样品吸潮，对称量会造成什么误差？若试样倾入烧杯内再吸潮，对称量是否有影响？为什么？

（3）减量法倾倒样品时，为什么不允许用手直接接触称量瓶（包括打开盖子及倾倒样品）？应怎样正确操作？

（4）在实验中记录称量数据应准至几位？为什么？

实验三　溶液的配制

一、目的与要求

（1）了解和学习实验室常用溶液的配制方法。

（2）掌握化学试样的称取、溶解、洗涤、转移、定容等操作。

（3）掌握量筒、容量瓶、移液管的正确使用。

二、预习与思考

（1）预习第2章“2.2化学试剂”。

（2）预习第3章“3.3玻璃量器及其使用”中有关移液管（吸量管）、容量瓶等内容。

（3）思考下列问题

① 配制有明显热效应的溶液时应注意哪些问题？

② 使用移液管和容量瓶应注意哪些问题？

③ 取用化学试剂时应注意哪些问题？

④ 移液管尖端部分留液要不要吹出？

三、实验原理

在化学实验中通常需要配制的溶液有一般溶液、标准溶液和具有一定pH值的缓冲溶液。溶液配制的基本方法如下。

1.一般溶液的配制

配制一般溶液常用以下三种方法。

（1）直接水溶法　对于一些易溶于水而不发生水解或水解程度较小的固体试剂，例如NaOH、$H_2C_2O_4$、KNO_3、NaCl、NaAc等，在配制其水溶液时，可先计算出配制一定浓度、一定体积的溶液所需固体试剂的质量，然后用台秤称取所需量的试剂于烧杯中，加入少量去离子水，搅拌使之溶解，再稀释至所需体积，搅拌均匀后转移入试剂瓶中。

（2）介质水溶法　对于易水解的固体试剂，如$SnCl_2$、$FeCl_3$、$SbCl_3$、$Bi(NO_3)_3$、KCN等，在配制其水溶液时，应根据所配溶液的浓度和体积，在台秤上称取一定质量的固体试剂于烧杯中，然后加入适量的一定浓度的相应酸液（或碱液）使之溶解，再用去离子水稀释至所需体积，搅拌均匀后转入试剂瓶。对于在水中溶解度较小的固体试剂，在选用合适的溶剂使其溶解后，搅匀后转入试剂瓶。例如固体I_2，可先用KI水溶液溶解。

（3）稀释法　对于液体试剂，如盐酸、H_2SO_4、HNO_3、HAc等，配制其稀溶液时，可根据所配溶液的浓度和体积，先用量筒量取所需体积的浓溶液，然后用去离子水稀释至所需体积。在配制H_2SO_4溶液时，需特别注意，应在不断搅拌下将浓硫酸缓慢地倒入盛水的容器中，切不可将操作顺序倒过来进行。

一些见光容易分解或易被空气中的氧氧化的溶液，要防止在保存期间失效，最好现配现用，不要久存。另外，常在贮存的Sn^{2+}及Fe^{2+}的溶液中分别放入一些Sn粒和Fe屑，以避免Sn^{2+}和Fe^{2+}被氧化后产生Sn^{3+}和Fe^{3+}在溶液中积累。$AgNO_3$、$KMnO_4$、KI等溶液需较长时间贮存时，应贮于干净的棕色瓶中。容易发生化学腐蚀的溶液应贮于合适的容器中，例如HF应贮存在塑料瓶中。

2.标准溶液的配制

已知准确浓度的溶液称为标准溶液。配制标准溶液常用的方法有以下三种。

（1）直接法　用分析天平准确称取一定量的基准试剂[注释1]于烧杯中，加入适量的去离子水溶解后，转入容量瓶中，用去离子水洗涤烧杯数次，直至试剂全部转入容量瓶中，再用去离子水稀释至刻度，摇匀，其准确浓度可由称量数据及容量瓶的体积求得。

（2）标定法　对于不符合基准试剂要求的物质，不能用直接法配制其标准溶液，但可先配成近似所需浓度的溶液，然后用基准试剂或已知准确浓度的标准溶液标定，求出它的浓度。

（3）稀释法　用已知浓度的标准溶液配制浓度较小的标准溶液时，可根据需要用移液管吸取一定体积的浓溶液于适当体积的容量瓶中，加去离子水或相应的介质溶液稀释至刻度、摇匀即可。

四、仪器和药品

台秤，电子天平，容量瓶（250mL、100mL），移液管 10mL。HCl($1.000mol\cdot L^{-1}$)，NaOH(s)，$KHC_8H_4O_4$(AR)，$Na_2B_4O_7\cdot 10H_2O$(AR)。

五、实验内容

1. 酸、碱溶液的配制

（1）配制 100mL 0.1mol·L^{-1} 氢氧化钠溶液[注释2]　贮于试剂瓶待用。先算出配制 0.1mol·L^{-1}NaOH 溶液 100mL 所需 NaOH 的质量，而后照计算用量称取所需的 NaOH 放入装有 80mL 水的 250mL 烧杯中，用玻璃棒搅拌 NaOH 固体使之完全溶解后，再转移到 100mL 容量瓶中加去离子水到刻度（注意，溶解过程中有放热作用，冷却后方可移到容量瓶中待用）。

（2）配制 0.100mol·L^{-1}HCl 溶液　用 10mL 移液管吸取 10.00mL 1.000mol·L^{-1}HCl 溶液，移入 100mL 容量瓶中，用去离子水加至刻度处，留下待用（注意加至近刻度处，要用滴管小心加至刻度）。

2. 标准溶液的配制

（1）$KHC_8H_4O_4$[注释3]　标准溶液的配制　准确称取已于 105～110℃烘干过的邻苯二甲酸氢钾（$KHC_8H_4O_4$）晶体 4.0840～4.0850g 于小烧杯中，加入少量去离子水使其完全溶解后，转移至 250mL 的容量瓶中，再用少量水淋洗烧杯及玻璃棒数次，并将每次淋洗的水全部转入容量瓶中，最后用水稀释至刻度，摇匀。计算其准确浓度。

（2）$Na_2B_4O_7$[注释4]　标准溶液的配制　准确称取 3.8120～3.8130g 的硼砂（$Na_2B_4O_7\cdot 10H_2O$）晶体于烧杯中，按上述方法配制 250mL 的硼砂标准溶液，并计算其准确浓度。

上述溶液留待实验四使用。

六、问题与讨论

（1）配制一般溶液常用的方法有哪几种？配制标准溶液常用的方法有哪几种？

（2）配制 NaOH 溶液时，应选用何种天平称取试剂？为什么？

（3）配制标准溶液时，基准试剂用台秤称量还是用分析天平称量？为什么？

（4）配制有明显热效应的溶液时，应注意哪些问题？

（5）HCl 和 NaOH 标准溶液能否直接配制？为什么？

七、注释

[1]　能用于直接配制标准溶液和标定溶液浓度的物质称为基准物质和基准试剂。其应具备以下条件：组成与化学式完全相符、分子的摩尔质量大、纯度足够高、贮存稳定、参与化学反应时应按反应式定量进行。

[2]　固体 NaOH 易吸收空气中的 CO_2，使 NaOH 表面形成一薄层碳酸盐。实验室配制不含 CO_3^{2-} 的 NaOH 溶液一般有两种方法：①以少量去离子水洗涤固体 NaOH 除去表面生成的碳酸盐后，将 NaOH 固体溶解于加热至沸、冷却至室温的去离子水中；②利用 Na_2CO_3 在浓 NaOH 溶液中溶解度下降的性质，配制近于饱和的 NaOH 溶液，静置，让 Na_2CO_3 沉淀析出后，吸取上层澄清溶液，即为不含 CO_3^{2-} 的 NaOH 溶液。

[3]　基准物质邻苯二甲酸氢钾 $KHC_8H_4O_4$ 相对分子质量为 204.21，含一个可与 OH^- 作用的 H^+，用于标定碱的浓度。实验前应于 110℃左右烘干。

[4]　基准物质硼砂 $Na_2B_4O_7\cdot 10H_2O$（十水四硼酸钠），相对分子质量 381.24，1mol 的硼砂可被 2mol 的酸完全中和，用于标定酸的浓度。室温下贮于装有 NaCl 和蔗糖饱和溶液的干燥器中。

实验四 酸碱滴定

一、目的与要求

(1) 学习和掌握酸式滴定管、碱式滴定管和移液管的洗涤和使用方法。

(2) 练习滴定操作，学会准确判断滴定终点的方法。

(3) 熟悉甲基橙和酚酞指示剂的使用和终点的变化，初步掌握酸碱指示剂的选择方法。

(4) 了解容量仪器校正的意义，学习掌握滴定管、容量瓶、移液管的校正方法。

(5) 掌握有效数字、精密度和准确度的概念。

二、预习思考

(1) 预习第 3 章“3.3 玻璃量器及其使用”中有关移液管、滴定管、容量瓶、量器的校准等内容。

(2) 预习第 5 章“5.2 误差与实验数据处理”中有关准确度、精密度、有效数字及其运算规则等内容。

(3) 预习“附录 13 常用指示剂”中有关的内容。

(4) 思考下列问题

① 滴定管装入溶液后，如果没有将下端尖管气泡赶尽就读取液面读数，对实验结果有何影响?

② 滴定过程应如何避免碱式滴定管橡皮管内形成气泡和滴定管活塞漏液?

③ 滴定结果发现下列情况：a. 滴定管末端液滴悬而不落；b. 锥形瓶壁上液滴没有用去离子水冲下；c. 滴定管未洗净，管壁内挂有液滴，它们对结果有何影响?

三、实验原理

1. 滴定基本原理

酸碱中和滴定是利用酸碱中和反应测定酸或碱浓度的一种容量分析方法。在酸和碱中和反应的等物质的量点，体系中的酸和碱刚好完全中和，此时反应达到了终点，有

$$nc_{酸}V_{酸}=mc_{碱}V_{碱}$$

式中，n 是 1mol 酸所含 H^+ 的物质的量；m 是 1mol 碱所含 OH^- 的物质的量；$c_{酸}$、$c_{碱}$分别为酸、碱溶液的溶度；$V_{酸}$、$V_{碱}$分别为消耗的酸、碱溶液的体积。因此，如果取一定体积的待测定浓度的酸（碱）溶液，用标准碱（酸）溶液（已知其标准浓度）滴定，达到终点后就可从所用的碱（酸）溶液的体积以及标准碱（酸）溶液的浓度由上式即可计算出待测的酸（碱）溶液的浓度。

酸碱中和滴定的终点可借助于指示剂的颜色变化来确定。指示剂本身是一种弱酸或弱碱，在不同 pH 范围内可显示出不同的颜色。例如酚酞，变色范围为 pH=8.0～10.0，在 pH=8.0 以下为无色，10.0 以上显红色，8.0～10.0 显粉红色。又如甲基红，变色范围为 pH=4.4～6.2，pH=4.4 以下显红色，6.2 以上显黄色，4.4～6.2 显橙色或橙红色。再如甲基橙溶液，其变色范围为 pH=3.1～4.4。

滴定时应根据不同的反应体系选用适当的指示剂，以减少滴定误差。强碱滴定强酸时，常用酚酞溶液作指示剂；强酸滴定强碱时，常用甲基红或甲基橙溶液作指示剂。显然利用指示剂的变色来确定滴定的终点与酸碱中和时的等当点（当碱溶液和酸溶液中和达到两者的当量数相同时称等当点）可能不一致。例如，以强碱滴定强酸，在等当点时 pH 应等于 7.0，而用酚酞作指示剂它的变色范围是 8.0～10.0。这样滴定至终点（溶液由无色变为粉红色）时就需要多消耗一些碱，因而就可能带来滴定误差。但是，根据计算这种滴定终点与等当点

不相一致所引起误差是很小的，对测定酸碱的浓度影响很小。

有关滴定管的使用和滴定基本操作参见第 3 章“3.3 玻璃量器及其使用”中的“3.3.1 滴定管”。

2. 量器校准原理

滴定分析法所用的量器主要有三种：滴定管、移液管和容量瓶。测量溶液体积可用不同的量器，滴定管和移液管所表示的容积，是指放出溶液的体积称为量出式容器，在仪器上常以 A 标记。容量瓶所表示的容积是指它能容纳液体的体积，称为量入式容器，在仪器上以 E 标记。

严格地讲，容量仪器不一定与它所标记的体积（mL）完全一致。因此，在准确度要求很高的分析中，必须对以上三种量器进行校准。校准容量仪器的方法通常有两种：

(1) 相对校准　当要求两种容量器皿有一定的比例关系时，可采用相对校准的方法。经常配套使用的移液管和容量瓶，采用相对校准法更为重要。例如，用 25mL 移液管量取去离子水的体积应等于 100mL 容量瓶容纳体积的 1/4，到第 4 次重复操作后，观察瓶颈处水的弯月面下缘是否刚好与刻线上缘相切。若不相切，应重新作一记号线，以后此移液管和容量瓶配套使用时就用校准的标线。

(2) 绝对校准　绝对校准就是测定容量器皿的实际容积，常采用称量法。即在分析天平上称量容器容纳或放出纯水的质量 m，查得该温度时纯水的相对密度 ρ，根据公式 $V=m/\rho$，将纯水的质量换算成纯水的体积。但是玻璃器皿和水的体积均受温度影响，称量时也受空气浮力的影响，故校准时应考虑下列三种因素：①水的相对密度受温度的影响；②在空气中称量时受空气的浮力的影响；③玻璃的膨胀系数随温度变化的影响。

将上述三种因素考虑在内，可以得到一个校准值，由校准值可得出 20℃时容量为 1mL 的玻璃容器，在不同温度下所盛水的质量（见表 7-2)。

表 7-2　充满在 1mL（20℃）玻璃容器的纯水质量（在空气中用黄铜砝码称量）

温度/℃	质量/g	温度/℃	质量/g	温度/℃	质量/g
10	0.99839	19	0.99735	28	0.99544
11	0.99832	20	0.99718	29	0.99518
12	0.99823	21	0.99699	30	0.99491
13	0.99814	22	0.99680	31	0.99464
14	0.99804	23	0.99660	32	0.99434
15	0.99793	24	0.99638	33	0.99406
16	0.99780	25	0.99617	34	0.99375
17	0.99766	26	0.99593	35	0.99345
18	0.99751	27	0.99569		

利用上表，可以方便地将水的质量换算成测试温度下的体积。

例如，在 21℃时由滴定管放出 10.03mL 水，其质量为 10.04g，查表 7-2 知道 21℃时每毫升水的质量为 0.99699g，因此，其实际容积为：

$$V_t=10.04/0.99699=10.07\text{mL}$$

故该滴定从 0～10mL 刻度这一段容积的误差为 10.07－10.03＝＋0.04mL。按同样的方法可以计算出滴定管各部分容积的误差值。

四、仪器与药品

(1) 仪器　电子天平，酸式滴定管（50mL），容量瓶（250mL），移液管（25mL），锥形瓶（50mL，具有玻璃磨口或橡皮塞），普通温度计（0～50℃或 0～100℃，公用），吸耳球。

(2) 药品 HCl (0.1mol·L^{-1}，未知液)，标准 NaOH (0.1000mol·L^{-1}，已知浓度)，NaOH (0.1mol·L^{-1}，未知液)，标准 HCl (0.1000mol·L^{-1}，已知浓度)，酚酞 0.1%，甲基橙 0.1% (或甲基红 0.1%)。

(3) 材料 透明胶纸。

五、实验内容

1.滴定管的校准

(1) 称量锥形瓶 将具塞的 50mL 锥形瓶洗净，外部擦干，在电子分析天平上称出其质量，称准至 0.01g 即可。

(2) 滴定管的一次校准 将欲校准的滴定管洗净后，装满纯水，调节至 0.00 刻度，然后以每分钟不超过 10mL 的流速，从滴定管放出 10mL 水 (不必恰好为 10mL，但相差不得大于±0.1mL) 于已称量的锥形瓶中，滴定管管尖悬挂的液滴可用锥形瓶内壁碰靠下来。盖上瓶塞，再称出其质量 (准至 0.01g)，两次质量之差即为放出水的质量。

(3) 滴定管的二次校准 用同样的方法称量滴定管从 10～20mL，20～30mL，30～40mL，40～50mL 刻度间放出水的质量。体积读数应读至小数点后两位。

(4) 体积校准 用实验温度时 1mL 水的质量 (查表 7-2)，求出各段体积的校准值。

(5) 重复校准 重复校准一次。两次相应的校准值之差应小于 0.02mL，求出其平均值。

(6) 绘制校准曲线 绘制滴定管校准曲线 (以滴定管读数为横坐标，校准值为纵坐标)。

2.移液管和容量瓶的相对校准

在实验中，移液管常与容量瓶配合使用，在这种情况下，并不需要知道移液管和容量瓶的绝对体积，而是需要知道它们之间的体积比例关系。因此，只需作移液管与容量瓶体积的相对校准。

校准方法是：取洁净、干燥的 250mL 容量瓶一只，用 25mL 移液管准确移取纯水 10 次，放入容量瓶中。然后观察容量瓶中液面最低点是否与标线相切，如不相切，应用透明胶纸另作标记。经相互校准后的移液管和容量瓶必须配套使用。

3.溶液的配制

配制 $KHC_8H_4O_4$ 标准溶液、$Na_2B_4O_7$ 标准溶液、NaOH 溶液 (0.1mol·L^{-1}) 和 HCl 溶液 (0.1mol·L^{-1})。(具体参见实验三)

4. NaOH 溶液浓度的标定

(1) 按照第 3 章“3.3 玻璃量器及其使用”中有关移液管、滴定管和滴定操作的内容，弄清移液管和滴定管的洗涤和操作方法，洗净移液管、碱式滴定管、酸式滴定管、烧杯。

(2) 滴定操作练习。用待测定的 NaOH 溶液将已洗净的碱式滴定管润洗 3 遍，每次用 5～6mL 溶液润洗，然后将 NaOH 溶液注入碱式滴定管内，赶尽气泡，置于滴定管架上。吸取 10.00mL $KHC_8H_4O_4$ 溶液 (实验三配制的) 于锥形瓶中，加水 25mL 左右，滴入 2～3 滴酚酞指示剂。取下滴定管，准确读取管内液面刻度的初读数 (V_0)，然后用右手持锥形瓶，左手拇指和食指挤压玻璃球外橡皮管，使玻璃球靠向一侧，另一侧则出现一条空隙，使 NaOH 逐滴滴入瓶内。为了使溶液混合均匀，滴定过程中要不断摇动锥形瓶，使瓶内溶液转动。

滴定初始，溶液滴出速度可稍快些 (但不能使之滴水成线)，此时瓶内溶液的粉红色会很快褪去。当接近终点时，粉红色褪去很慢，此时应逐滴逐滴加入 (应待粉红色褪去后再滴加)，必要时只能挤出液珠挂在尖嘴（半滴）或更少些（1/4 滴）（注意，不要滴下），用锥形瓶内斜面靠下液滴，再用去离子水冲洗下去，直到溶液由无色变为粉红色，经摇晃半分钟左右不褪色，即可认为已达终点。此时取下滴定管，准确读取末读数（V_1）。滴定前与滴定后的液面读数之差（V_1-V_0），即为滴定过程中所用去的 NaOH 溶液的体积（V_{NaOH}）。

用同样步骤重复上述滴定操作两次，直到三次实验结果 V_{NaOH} 相差不超过 0.05mL 为止。

在碱管滴定操作过程中还应注意以下几点：

① 滴定前后碱式滴定管的玻璃尖嘴内不应有气泡、尖嘴外不应有液珠。

② 滴定时碱管的玻璃珠下端橡皮管不要被手压或扭曲，以免尖嘴存有气泡。

③ 滴定时滴定管的尖嘴要伸进锥形瓶至斜面位置，以免溶液滴到瓶外或瓶口上，不便冲洗。

④ 移液时右手拿移液管，左手拿吸耳球（左撇子操作者则相反）。

⑤ 溶液吸到移液管的刻度以上时，左手要端起装溶液的烧杯（瓶）（稍倾斜），移液管尖嘴要离开液面，同时尖嘴要紧靠杯（瓶）壁，拇指和中指轻微左右转动管身使溶液均匀下降到刻度线。

⑥ 移液管的液体流入锥形瓶后，移液管尖嘴要靠在锥形瓶内壁竖直停留片刻（约 15s）。每次移液时，停留时间均应保持一致。

⑦ 在滴定过程中，酸、碱溶液可能局部残留在锥形瓶内壁上。因此，快到终点时应用塑料洗瓶中的去离子水把溶液冲洗下去，以免引起滴定误差。

⑧ 滴定到终点时，还需全面冲洗锥形瓶内壁一次。

⑨ 由于空气中的二氧化碳影响，达到终点的溶液放久后仍会褪色。

(3) NaOH 溶液浓度的标定。用减量法准确称取三份 $KHC_8H_4O_4$ 晶体，分别置于三个已编号的锥形瓶中，每份质量为 0.4000～0.5000g。往锥形瓶中加入 40mL 去离子水，待固体完全溶解后（也可用实验三配制的 $KHC_8H_4O_4$ 标准溶液），加入 2～3 滴酚酞指示剂，用待标定的 NaOH 溶液分别滴定至终点。记录每次滴定前后滴定管的读数，准确至 0.01mL，根据邻苯二甲酸氢钾的准确质量及滴定时所消耗的 NaOH 溶液的体积，计算出 NaOH 溶液的准确浓度。按表 7-3 的格式记录所得的实验数据并计算结果。

5. HCl 溶液浓度的标定

(1) 洗净 10mL 移液管和 50mL 酸式滴定管各 1 支。

(2) 滴定操作练习。用待测定的 HCl 溶液将已洗净的酸式滴定管润洗 3 遍，每次用 5～6mL 溶液润洗。然后，在酸式滴定管中装入待测的 HCl 溶液，赶尽气泡后，将滴定管置于滴定管夹上。吸取 10mL 硼砂溶液（实验三配制）于锥形瓶中，加入 2～3 滴甲基红指示剂。取下滴定管，调节液面于刻度“0.00”下附近，然后以 HCl 溶液滴定硼砂溶液，终点为红色。

用同样步骤重复上述滴定操作两次，直到三次实验结果 V_{HCl} 相差不超过 0.05mL 为止。

在酸管滴定操作过程中应注意以下几点：

① 同碱管操作中的①、③～⑧等点。

② 旋塞涂凡士林时要尽量少，转动旋塞看到有光泽的薄薄一层即可，太多会造成尖嘴堵塞或漏液。

③ 开关旋塞时，旋塞要向手心方向抓紧，注意手掌心不要碰到旋塞，以免碰松旋塞，造成漏液。

④ 滴定过程中手指不要离开控制旋塞。

(3) HCl溶液浓度的标定。用减量法准确称取三份 $Na_2B_4O_7 \cdot H_2O$ 晶体，分别置于三个已编号的锥形瓶中，每份质量为0.4000～0.5000g。分别往锥形瓶中加入40mL去离子水，待固体完全溶解后（也可用实验三配制的 $Na_2B_4O_7$ 标准溶液），加入2～3滴甲基红指示剂，用待测HCl溶液分别滴定至终点。记录每次滴定前后滴定管的读数，准确至0.01mL，根据硼砂的准确质量及滴定时所消耗的HCl溶液的体积，计算出HCl溶液的准确浓度。按表7-4的格式记录所得的实验数据并计算。

六、数据记录与处理

(1) 按表7-3的格式记录和处理NaOH溶液浓度标定的数据。

表7-3 NaOH溶液的标定（指示剂：酚酞）

滴定编号 内容记录	1	2	3		
$m_{KHC_8H_4O_4}$/g					
滴定前NaOH溶液液面读数(V_0)/mL					
滴定后NaOH溶液液面读数(V_1)/mL					
NaOH溶液用量($V_{NaOH}=V_1-V_0$)/mL					
NaOH溶液浓度 c_{NaOH}/mol·L^{-1}					
NaOH溶液平均浓度 $\bar{c}_{NaOH}$/mol·L^{-1}					

(2) 按表7-4的格式记录和处理HCl溶液浓度标定的数据。

表7-4 HCl溶液的标定（指示剂：甲基红）

滴定编号 内容记录	1	2	3		
$m_{Na_2B_4O_7}$/g					
滴定前HCl溶液液面读数(V_0)/mL					
滴定后HCl溶液液面读数(V_1)/mL					
HCl溶液用量($V_{HCl}=V_1-V_0$)/mL					
HCl溶液浓度 c_{HCl}/mol·L^{-1}					
HCl溶液平均浓度 $\bar{c}_{HCl}$/mol·L^{-1}					

七、问题与讨论

(1) 称量水的质量时，为何只要精确至0.01g?

(2) 为什么要进行容量仪器的校准？影响容量仪器体积刻度不准确的主要因素有哪些？

(3) 利用称量水的质量进行容量仪器校准时，为何要求水温和室温一致？若两者稍有差异，以哪一温度为准？

(4) 如何把酸式或碱式滴定管下端的气泡赶净？滴定过程中有可能还会产生小气泡，应如何避免？

(5) 滴定管或移液管在装入（或吸取）操作溶液之前，为什么必须用操作溶液润洗3次？用来滴定的锥形瓶是否也需用操作溶液润洗？锥形瓶是否需要预先干燥？为什么？

(6) 如何选择酸碱指示剂？

(7) 滴定两份相同的试液时，若第一份用去标准溶液20mL，在滴定第二份试液时，是继续使用余下的溶液，还是添加标准溶液至滴定管的刻度“0.00”附近，然后再滴定？哪一种操作正确？为什么？

实验五　氯化钠的提纯

一、目的与要求

（1）掌握提纯 NaCl 的原理和方法。

（2）练习溶解、沉淀、常压过滤、减压过滤、蒸发浓缩、结晶和干燥等基本操作。

（3）了解盐类溶解度的知识在无机物中的应用和沉淀平衡原理的应用。

（4）学习在分离提纯物质过程中，定性检验某种物质是否已除去的方法。

二、预习与思考

（1）预习“第 4 章化学实验基本技术”中有关溶解、结晶、固液分离、干燥等内容。

（2）预习沉淀溶解平衡原理。查出钙、镁、钡的碳酸盐和硫酸盐的溶度积以及氢氧化镁的溶度积。了解 Ca^{2+}、Mg^{2+}、SO_4^{2-} 等离子的定性鉴定方法。

（3）预习第 2 章“2.3　试纸与滤纸”。

（4）思考下列问题

① 粗食盐为什么不能像硫酸铜那样利用重结晶的方法进行纯化？

② 能否用氯化钙代替毒性大的氯化钡来除去 SO_4^{2-}？

③ 在提纯粗盐溶解过程中，K^+ 在哪一步除去？

④ 蒸发和浓缩溶液应注意哪些问题？

⑤ 在实验中，如果以 $Mg(OH)_2$ 沉淀形式除去粗盐溶液中的 Mg^{2+}，则溶液 pH 值为何？

三、实验原理

化学试剂或医药用的 NaCl 都是以粗食盐为原料提纯的。粗食盐中含有泥沙等不溶性杂质及 K^+、Ca^{2+}、Mg^{2+}、SO_4^{2-} 等可溶性杂质。将粗食盐溶于水后，用过滤的方法可以除去不溶性杂质。Ca^{2+}、Mg^{2+}、SO_4^{2-} 等离子需要用化学方法才能除去，通常是选择适当的沉淀剂，例如 $Ca(OH)_2$、$BaCl_2$、Na_2CO_3 等使钙、镁、硫酸根等离子生成难溶物沉淀下来而除去。因为 NaCl 的溶解度随温度的变化不大，不能用重结晶的方法纯化。

一般先在食盐溶液中加入稍过量的 $BaCl_2$ 溶液，溶液中的 SO_4^{2-} 便转化为难溶的 $BaSO_4$ 沉淀而除去。过滤掉 $BaSO_4$ 沉淀之后的溶液，再加入 NaOH 和 Na_2CO_3 溶液，Ca^{2+}、Mg^{2+} 及过量的 Ba^{2+} 生成沉淀。有关的离子方程式如下：

$$SO_4^{2-}(aq)+Ba^{2+}(aq)=\!=\!=BaSO_4(s)$$

$$Ca^{2+}(aq)+CO_3^{2-}(aq)=\!=\!=CaCO_3(s)$$

$$Ba^{2+}(aq)+CO_3^{2-}(aq)=\!=\!=BaCO_3(s)$$

$$2Mg^{2+}(aq)+2OH^-(aq)+CO_3^{2-}(aq)=\!=\!=Mg_2(OH)_2CO_3(s)$$

过量的 Na_2CO_3 溶液用 HCl 将溶液调至微酸性以中和 OH^- 和破坏 CO_3^{2-}。

$$OH^-(aq)+H^+(aq)=\!=\!=H_2O(l)$$

$$CO_3^{2-}(aq)+2H^+(aq)=\!=\!=CO_2(g)+H_2O(l)$$

粗食盐中的钾离子和这些沉淀剂不起作用，仍留在溶液中。但由于 KCl 溶解度比 NaCl 大，而且在粗食盐中含量少，在最后的浓缩结晶过程中，绝大部分仍留在母液中而与氯化钠分离，从而达到提纯的目的。

四、仪器与药品

（1）仪器　台秤，温度计，循环水泵，吸滤瓶，布氏漏斗，普通漏斗，烧杯，蒸发皿。

（2）药品与材料　粗食盐（工业），HCl（2.0mol·L^{-1}，6.0mol·L^{-1}），NaOH（2.0mol·L^{-1}），$BaCl_2$（1.0mol·L^{-1}），Na_2CO_3（1.0mol·L^{-1}），$(NH_4)_2C_2O_4$（饱和），镁试剂[注释1]（对硝基偶氮间苯二酚），钴亚硝酸钠 $Na_3[Co(NO_2)_6]$（1.0mol·L^{-1}），K_2CrO_4（0.5mol·L^{-1}）。滤纸，pH 试纸。

五、实验内容

1. 粗食盐的提纯

（1）粗食盐的溶解　称取 5.0g 粗食盐，放入烧杯（100mL 或 150mL）中，加入 25mL 去离子水，加热、搅拌使粗食盐溶解。

（2）除去泥沙及 SO_4^{2-}　在近沸的粗食盐溶液中，边搅拌边滴加 $BaCl_2$（1.0mol·L^{-1}）溶液（约 2mL）直至 SO_4^{2-} 沉淀完全为止（沉淀是什么？如何检验沉淀是否完全?）。为了检验 SO_4^{2-} 是否沉淀完全，可将酒精灯移开，停止搅拌，待沉淀沉降后，倾斜烧杯，沿烧杯壁滴加 1～2 滴 $BaCl_2$（1.0mol·L^{-1}）溶液于上层清液中，观察是否有白色浑浊产生。若无浑浊生成，说明 SO_4^{2-} 已沉淀完全；如有白色浑浊生成，则要继续滴加 $BaCl_2$ 溶液，直到沉淀完全为止。然后继续小火加热近沸约 5 分钟（加热时烧杯要盖上表面皿，同时要注意溶液的量，必要时须适量补充水分，以防食盐析出），使沉淀颗粒长大，便于过滤。用普通漏斗进行常压过滤，保留滤液，弃去沉淀及原不溶性杂质。

（3）除去 Ca^{2+}、Mg^{2+}、Ba^{2+}　在滤液中边搅拌边加入 1mL NaOH 溶液（2.0mol·L^{-1}）和 3mL Na_2CO_3 溶液（1.0mol·L^{-1}），再将滤液加热至近沸。同上述方法，用 Na_2CO_3 溶液检验沉淀是否完全。继续加热煮沸 5min。直接常压过滤到蒸发皿中，保留滤液，弃去沉淀。

（4）溶液 pH 值的调节　在滤液中逐滴加入 HCl 溶液（2.0mol·L^{-1}），经充分搅拌后，用玻棒蘸取滤液，滴在点滴板上的 pH 试纸上检测，直至溶液呈微酸性（pH＝4～5）为止。

（5）蒸发、浓缩、结晶　将调节好 pH 的溶液直接放在铁圈上，用酒精灯加热，同时不断搅拌，蒸发浓缩至溶液呈稠液状为止，但不要将溶液蒸干（为什么?）。

（6）减压过滤、干燥　趁热减压过滤，抽气约 1～2min 后漏斗无滤液滴下时，将晶体转入蒸发皿内，用小火（移动火源方法）或蒸发皿放在石棉网上加热，用玻棒搅动、烘干（注意防止溅跳），即得到洁白、松散的 NaCl 晶体。冷却后，称其质量并计算产率。

2. 产品的检验

称取粗食盐和提纯后的产品 NaCl 各 1.0g，放入烧杯中加入约 5mL 去离子水使之溶解，然后各分成 5 份，盛于试管中，按下面方法对照检验它们的纯度。

（1）Ca^{2+} 的检验　加入 2 滴 $(NH_4)_2C_2O_4$ 溶液（饱和），观察有无白色的 CaC_2O_4 沉淀生成。

（2）SO_4^{2-} 的检验　加入 2 滴 1.0mol·L^{-1} $BaCl_2$ 溶液，观察有无白色 $BaSO_4$ 沉淀生成。

（3）Ba^{2+} 的检验　加入 2 滴 K_2CrO_4 溶液（0.5mol·L^{-1}），观察有无黄色 $BaCrO_4$ 沉淀生成。

（4）Mg^{2+} 的检验　加入 2～3 滴 NaOH 溶液（2.0mol·L^{-1}），使呈碱性，再加入几滴镁试剂（对硝基偶氮间苯二酚）。如有蓝色絮状沉淀生成，表示有 Mg^{2+} 存在。若溶液仍为紫色，表示无 Mg^{2+} 存在。

（5）K^+ 的检验　加入 $Na_3[Co(NO_2)_6]$ 试剂 2 滴，观察有无亮黄色 $K_2Na[Co(NO_2)_6]$ 沉淀生成。

六、数据记录与处理

（1）产品外观　① 粗盐________；② 精盐________。

（2）产率

$$产率=\frac{精盐质量\ (g)}{粗盐质量\ (g)}\times 100\%$$

（3）产品纯度检验　按表 7-5 进行。

表 7-5　实验现象记录及结论

检验项目	检　验　方　法	粗盐溶液的实验现象	精盐溶液的实验现象
Ca^{2+}	加入 2 滴 $(NH_4)_2C_2O_4$ 溶液(饱和)		
SO_4^{2-}	加入 2 滴 $BaCl_2$ 溶液(1.0mol·L^{-1})		
Ba^{2+}	加入 2 滴 K_2CrO_4 溶液(0.5mol·L^{-1})		
Mg^{2+}	加入 2～3 滴 NaOH 溶液(2.0mol·L^{-1})和几滴镁试剂		
K^+	加入 2 滴 $Na_3[Co(NO_2)_6]$溶液(1.0mol·L^{-1})		
结　论			

七、问题与讨论

（1）过量的 Ba^{2+} 如何除去？能否用 $CaCl_2$ 代替毒性大的 $BaCl_2$ 来除去食盐中的 SO_4^{2-}？

（2）粗食盐提纯过程中，为什么要加 HCl 溶液将 pH 调至 4～5？调至恰好中性如何？(提示：从溶液中 H_2CO_3、HCO_3^- 和 CO_3^{2-} 浓度的比值与 pH 的关系去考虑。

（3）如果溶液的 pH<4 或 pH>5，则对产品有何影响？

（4）试用沉淀溶解平衡原理，说明用碳酸钡除去食盐中 Ca^{2+} 和 SO_4^{2-} 的根据和条件。

（5）在浓缩 NaCl 溶液时应注意哪些问题？

八、注释

[1]　镁试剂（对硝基偶氮间苯二酚）是一种有机染料，在碱性溶液中呈红色或紫色，在酸性溶液中为黄色。Mg^{2+} 与镁试剂在碱性介质中反应生成蓝色螯合物，使溶液呈天蓝色。用镁试剂检验 Mg^{2+} 极为灵敏，最低检出浓度为 10^{-5}。

实验六　阿伏加德罗常数的测定

一、目的与要求

（1）了解电解法测定阿伏加德罗常数的原理和方法。

（2）了解电解池的构成，学习电解操作。

（3）巩固电子分析天平的称量操作。

二、预习与思考

（1）预习有关电解过程的基础知识和阿伏加德罗常数的含义。

（2）预习第 3 章“3.2.2 电子天平”。

（3）思考下列问题

① 电解过程中，如果电流不能恒定，对实验将有何影响？

② 由阴极和阳极所得结果，哪个更可靠些？为什么？

三、实验原理

阿伏加德罗常数（$N_A=6.02252\times 10^{23}\,mol^{-1}$）是化学中一个十分重要的物理常数，它有多种测定方法。本实验是用电解铜的方法进行测定。实验的要求是求出一定质量的铜中铜原子的个数，从而推算出1mol铜（63.5g）原子的个数，即阿伏加德罗常数。

用两片铜片分别作阴极和阳极，以 Cu_2SO_4 溶液作电解液进行电解。电解时发生如下反应：

阴极　　$Cu^{2+}+2e^{-}=\!=\!=Cu\downarrow$

阳极：　　$Cu=\!=\!=Cu^{2+}+2e^{-}$

在阴极上 Cu^{2+} 获得电子被还原为金属铜，沉积在铜片上，使阴极的质量增加；在阳极上等量的金属铜失去电子被氧化为 Cu^{2+} 进入溶液，使阳极的质量减少。反应前后阴极和阳极质量的变化量可通过天平称量求得［设阴极质量增加为 Δm(g)，阳极质量减少为 $\Delta m'$(g)］。电解时电流强度恒定为 I(A)，电解时间为 t(s)，则通过的总电量为：

$$Q=It \text{（C 或 A·s）}$$

又知每个电子的电量为 1.602×10^{-19}C，t(s) 内转移的电子个数为：

$$I\times t/1.602\times10^{-19} \text{（个）}$$

已知每转移两个电子即有一个铜原子析出，同时有一个铜原子溶解，故 Δm(g) 铜原子个数为：

$$I\times t/(2\times1.602\times10^{-19}) \text{ 个}$$

则1mol铜（63.5g）中铜原子个数为：

$$N_A=I\times t\times63.5/(\Delta m\times2\times1.602\times10^{-19})$$

N_A 为实验求出的阿伏加德罗常数。同理用阳极失重也可求出 N'_A 值：

$$N'_A=I\times t\times63.5/(\Delta m'\times2\times1.602\times10^{-19})$$

理论上，阴极上 Cu^{2+} 得到的电子数和阳极上Cu失去的电子数相等，阴极增加的质量应该等于阳极上减少的质量，故用两种方法所求得的 N_A 值应当相等。但由于铜片纯度的影响，以及电解过程中阳极上的部分铜以单质铜屑的形式脱离阳极等原因，使阳极质量减少值大于阴极质量的增加值，所以从阳极算得的结果不如从阴极算得的结果准确。

四、仪器与药品

（1）仪器　烧杯，台秤，分析天平，毫安表，滑线电阻或变阻箱，直流电源（12V），开关，导线。

（2）药品　$CuSO_4$ 溶液［每升含 $CuSO_4$ 127g和浓硫酸（相对密度1.84）25mL］，无水乙醇。

（3）其它　纯铜片（3cm×5cm，两片），小木块（1.5cm×2cm×7cm，固定电极用），图钉，砂纸（粗、细两种），脱脂棉花。

五、实验内容

1.电解前电极称重

取3cm×5cm的薄纯铜片两片，一片作阴极，另一片作阳极。分别用粗砂纸和细砂纸打磨表面，除去表面氧化物，然后用水洗净，再用酒精棉球擦净，晾干。在电子分析天平上称量质量（精确到0.0001g）。注意净化后的铜片要防止污染，阳极和阴极不要错乱。

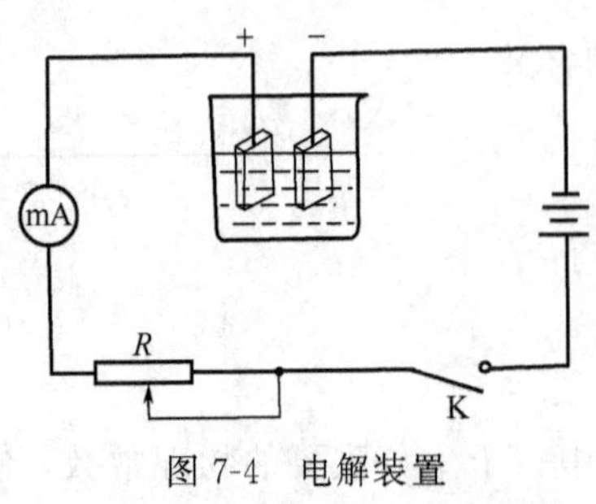

图7-4　电解装置

2.仪器的安装

如图7-4安装好电解槽。用导线将各部件连接起来。在100mL烧杯中加入约70mL $CuSO_4$ 溶液，阴极和阳极用图钉固定在小木块上，相距 1.5cm，并用导线引出。使 2/3 的铜片浸没在电解液中，构成电解槽。如果在电极安装过程中铜片被污染，可用酒精棉球擦净。

注意各部件之间串联，以直流电源的正负极为基准决定电流表及电极的正负极，开关处于断开的状态，滑线电阻的滑臂居中。

3. 电解操作

检查线路正确无误后，按下开关，迅速调节滑线电阻使毫安表指针指在 100mA 处，同时记下开始电解的时刻。通电 60min 后，切断电源，即停止电解。在整个电解期间，电流应保持恒定，如果电流发生变化可以通过调节滑线电阻维持恒定。

4. 电解后电极称重

取下阴、阳极铜片，放进水中漂洗。再用酒精棉球轻轻擦净铜片表面，完全晾干后在分析天平上准确称量。

六、数据记录与处理

将相关实验数据记入表 7-6 中，计算后与理论值进行比较，并分析误差产生的原因。

表 7-6　数据记录和结果处理

项　目	阴极铜片	阳极铜片
电解前质量/g		
电解后质量/g		
增(减)质量/g	$\Delta m=$	$\Delta m'=$
电解时间 t/s		
电解强度 I/A		
N_A 值		
相对误差/%		

七、问题与讨论

(1) 电解过程中，电流是否恒定对实验结果有何影响？

(2) 用阴极增重法或阳极减重法测定阿伏加德罗常数，哪种方法更合理？

实验七　摩尔气体常数的测定

一、目的与要求

(1) 加深对理想气体状态方程式和分压定律的理解和应用。

(2) 了解一种测定摩尔气体常数的原理和方法，验证常温下的 R 值为常数。

(3) 学习测量气体体积的技术，巩固电子分析天平的使用。

二、预习与思考

(1) 预习气体分压定律，有效数据运算法则。

(2) 预习检查气密性的操作及原理。

(3) 思考下列问题

① 反应前量气管液面上部及试管内封入的气体对实验是否有影响？为什么？

② 若镁条过重，对实验会造成什么影响？

三、实验原理

根据理想气体状态方程式 $pV=nRT$，可求得气体常数 R 的表达式，即 $R=pV/nT$，其数值可以通过实验来确定。本实验通过金属镁与稀盐酸反应置换出氢气来测定气体常数 R

的数值，其反应式为

$$Mg(s)+2HCl(aq)=\!=\!=MgCl_2(aq)+H_2(g)$$

根据理想气体状态方程式，在一定的温度和压力下，一定量的镁与过量的盐酸反应，测定反应所放出的气体，就可以计算摩尔气体常数 R 的数值。

准确称取一定质量的镁条 $m(Mg)$，使之与过量的稀盐酸作用，在实验温度 T 和压力 p 下可测得被置换出来氢气的体积 $V(H_2)$，氢气的物质的量 $n(H_2)$ 可由参加反应的镁条的质量求得。由于氢气是以排水集气法收集，氢气中混有水蒸气，因此总压力要扣除水的饱和蒸气压 $p(H_2O)$ 才得到氢气的分压 $p(H_2)$，即 $p(H_2)=p-p(H_2O)$。

实验温度 T 和压力 p 分别由温度计和气压计测得，实验温度下的水的饱和蒸气压可从数据表中查得。把以上数据代入，即可求得 R 值。

$$R=\frac{p(H_2)V(H_2)}{n(H_2)T}=\frac{p(H_2)V(H_2)M(Mg)}{m(Mg)(t+273.15)}$$

式中，t 是以摄氏度为单位的室温读数；$M(Mg)$ 为镁的相对原子质量。

本实验也可用稀硫酸和镁条（或铝片、锌片）反应来测摩尔气体常数 R 的数值。

四、仪器与药品

(1) 仪器　分析天平，称量纸（蜡光纸或硫酸纸），测定气体常数的实验装置（如图 7-5 所示，包括铁架台、量气管、反应试管、导气管、水准瓶等），100mL 量筒，15mL 吸量管，温度计（公用）。

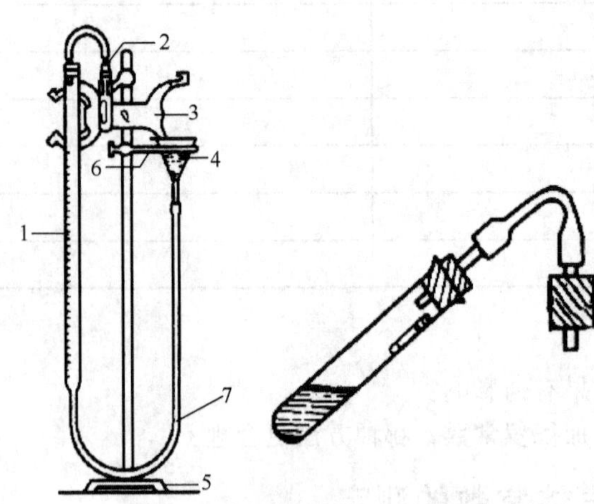

图 7-5　测定摩尔气体常数的装置

1—量气管；2—反应试管；3—蝴蝶夹；4—水准瓶（三角漏斗）；5—铁架台；6—铁圈；7—导液管

(2) 药品与材料　镁条（分析纯），HCl（$6.0mol\cdot L^{-1}$），细砂纸。

五、实验内容

(1) 用电子天平准确称取 2 份已用细砂纸擦去表面氧化膜的光亮镁条，每份质量在 0.0300～0.0400g（准确至 0.0001g，若为铝片称取 0.0200g，若是锌片称取 0.0800g）。

(2) 按图 7-5，将装置连接好[注释1]。打开反应试管的橡皮塞，由水准瓶往量气管内装水[注释2]至略低于“0”刻度位置，上下移动水准瓶以赶尽胶管和量气管内的气泡，然后将反应试管接上并塞紧塞子。

(3) 检查装置的气密性。把水准瓶下移一段距离，如果气管内液面只在初始时稍有下降，此后维持液面不变（观察 3～4min 以上），即表明该装置不漏气。如果液面不断下降，应检查各接口处是否严密。反复试验、调整，直至确定不漏气为止。

(4) 把水准瓶移回原位，取下反应试管，用小量筒小心地沿试管的一边管壁注入 3mL 盐酸（$6mol\cdot L^{-1}$）。注意，切勿玷污要贴镁条的另一边管壁，然后将镁条用水稍微湿润后贴于试管壁一边合适的位置上，确保镁条既不与酸接触又不触及试管塞。然后检查量气管内液面是否处于略低于“0”刻度的位置，再次检查装置的气密性。

(5) 将水准瓶靠近量气管，使两液面保持同一水平，记下量气管液面位置（读至 0.01mL）。将试管 2 略微倾斜抬高，使镁条落入盐酸溶液中，再将反应试管放回原处，这时反应产生的氢气进入量气管中，管中的水被压入导液管 7 内。为避免量气管内压力过大，可不断调节下移水准瓶，使两液面大体保持在同一水平。

(6) 反应完毕后，待量气管冷却到室温[注释3]，然后使水准瓶与量气管内液面处于同一水平，记录液面位置（读至 0.01mL）。1～2min 后，再记录一次液面的位置，直至两次读数一致，即表明管内气体温度已与室温相同。记下室温和大气压。

取下反应管，换另一镁条重复实验一次。

六、数据记录与处理

按表 7-7 的格式记录所得的实验数据，并根据前述公式计算出测定结果。

表 7-7　气体常数测定实验数据

项　　目	第一次实验	第二次实验
室温 t/℃		
大气压/Pa		
镁条质量 m(Mg)/g		
镁的物质的量 n(Mg)/mol		
反应前量气管内液面的读数 V_2/mL		
反应后量气管内液面的读数 V_1/mL		
反应置换出 H_2 的体积 $V(H_2)=(V_2-V_1)$/mL		
氢气的物质的量 $n(H_2)$/mol		
室温时水的饱和蒸气压 $p(H_2O)$/Pa		
氢气分压 $p(H_2)$/Pa		
摩尔气体常数实验值 R/J·mol^{-1}·K^{-1}		
R 的平均值/J·mol^{-1}·K^{-1}		
相对误差[注释4]$(R-8.314)\times100\%/8.314$		
实验相对偏差[注释5]$(R-R_{平})\times100\%/R_{平}$		

七、问题与讨论

(1) 检查实验装置是否漏气的原理是什么？如果实验装置漏气将会带来什么样的误差？

(2) 量气管及胶管内壁附有气泡及水中有气泡对实验结果会有什么影响？怎样排除？

(3) 实验测得的通用气体常数应有几位有效数字？本实验产生误差的主要原因有哪些？

(4) 设在 273K 和 101kPa 下，试求算 Mg 的质量（mg）与氢气体积（mL）之比，这个数值对快速判断实验的成败有无参考价值？

八、注释

[1] 将铁圈装在滴定管夹的下方，以便可以自由移动水准瓶（漏斗）。

[2] 本实验装入测定装置中的水最好应在室温下放置 1d 以上，不能直接用自来水，以防溶于自来水中的小气泡附着在量气管内壁，难以排除。

[3] 在等待反应管的温度降至室温时，应使量气管内液面与水准瓶液面保持基本相平的位置，以免在量气管内形成正或负的压差而加速氢气的泄漏。

[4] 是指误差在真实结果中所占的百分率，即相对误差$=\dfrac{\text{个别测定值}-\text{真实值}}{\text{真实值}}\times100\%$。

[5] 是指测定偏差在测得平均值中所占的百分率，即相对偏差$=\dfrac{|\text{测定值}-\text{平均值}|}{\text{平均值}}\times100\%$。

实验八　蒸馏及沸点的测定

一、目的与要求

(1) 学习蒸馏的基本原理，掌握简单蒸馏的实验操作方法。

(2) 了解常用蒸馏装置拆装原则。

(3) 学习有机化合物折射率的测定方法，理解折射率测定的意义。

二、预习与思考

(1) 预习第4章“4.4蒸馏”。

(2) 预习第6章“6.5.1折射率与阿贝折射仪”。

(3) 查阅乙醇和乙醚的沸点、折射率等物理常数。

(4) 思考下列问题

① 装、拆蒸馏装置时应注意哪些问题?

② 蒸馏时，蒸馏瓶内所盛的液体量应为多少? 为什么?

③ 蒸出液的速度应为多少为宜?

④ 使用阿贝折射仪时，应注意哪些问题?

三、实验原理

蒸馏是分离、提纯液态有机化合物的最重要最常用的方法之一。蒸馏是将液体混合物加热至沸腾，使其汽化，然后将蒸气冷凝为液体的过程。在同一温度下，不同的物质具有不同的蒸气压，低沸点的物质蒸气压大，高沸点的物质蒸气压小。当两种沸点不同的物质加热至沸腾时，低沸点物质在蒸气中的含量比在混合液体中的高，而高沸点组分则相反。因此，通过蒸馏，低沸点组分首先蒸出来，沸点较高的组分后蒸出，留在蒸馏器中的为不挥发物，从而达到分离的目的。利用简单蒸馏分离液态混合物时，两种液态有机化合物的沸点应相差较大（至少相差30℃以上）时，才可得到较好的分离效果。

在一定的大气压下，纯粹的液体物质具有一定的沸点，其沸程（沸点范围）较短(0.5～1℃)，而混合物的沸程较长，因而根据液体物质的沸点，蒸馏操作既可用来定性地鉴定化合物，也可以用来判定物质的纯度。

液态有机化合物的蒸气压随温度的上升而增大，当蒸气压与大气压相等时，液体开始沸腾，此时的温度就是该化合物的沸点。据此，可用微量法测定液体物质的沸点。外界压力增大，液体沸腾时的蒸气压加大，沸点升高；相反，若减少外界的压力，则沸腾时的蒸气压也降低，沸点就降低。作为一条经验规律，在0.1MPa（760mmHg）附近时，多数液体当压力下降1.33kPa（10mmHg)，沸点下降0.5℃。在较低压力时，压力降低一半，沸点约下降10℃。常压下进行蒸馏时，由于大气压往往不是恰好为0.1MPa，因而严格说来，应对观察到的沸点加上校正值，但由于偏差一般都很小，即使大气压相差2.7kPa，这项校正值也不过±1℃左右，因此可以忽略不计。

纯的液体有机化合物在一定的压力下具有一定的沸点，但是具有固定沸点的液体不一定都是纯粹的化合物，因为某些有机化合物常和其它组分形成二元或三元共沸混合物，它们也有一定的沸点。因此，具有恒定沸点的液体并非都是纯化合物。

由于物质的沸点随外界大气压的改变而变化，因此在讨论或报道一个化合物的沸点时，一定要注明测定沸点时的大气压，以便与文献值比较。

沸点的测定方法，根据样品用量的不同分为常量法（蒸馏法）与微量法。常量法测沸点可结合蒸馏操作进行。微量法测定沸点其装置如图4-24所示，加热装置与熔点测量装置相同。

折射率是物质的物理常数之一。折射率不仅作为物质纯度的标志，也可用来鉴定未知物。物质的折射率随入射波长的不同而变化，也随测定时温度的不同而变化。

四、仪器与药品

(1) 仪器　蒸馏烧瓶，接液管，温度计，接收器，直形冷凝管[注释1]，电热套，玻璃漏斗，提勒管，玻璃毛细管，沸点管；阿贝折射仪。

(2) 药品与材料　工业乙醇，沸石，橡皮圈。

五、实验内容

1. 工业乙醇的蒸馏

按图 4-21 安装好仪器。蒸馏装置安装完毕，检查各部位连接处是否紧密不漏气。将 30mL 浅黄色浑浊的工业乙醇[注释2] 倒入 50mL 的蒸馏瓶中。加料时用玻璃漏斗或沿着没有支管的瓶颈壁将待蒸馏的液体小心倒入，注意勿使液体从支管流出。加入 2～3 粒沸石，塞好带有温度计的塞子。再一次检查仪器是否装配严密，必要时作最后的调整。通入冷凝水[注释3]，然后用电热套或水浴加热。开始时加热功率可稍大些，并注意观察蒸馏瓶中的现象和温度计读数的变化。当瓶内液体开始沸腾时，蒸气上升，温度计读数略有上升。当蒸气到达温度计水银球部位时，温度计读数急剧上升，这时可适当调小加热功率，让水银球上的液滴和蒸气达到平衡并流入冷凝器，然后再控制加热以调节蒸馏速度[注释4]，使接液管流出的液滴以每秒 1～2 滴为宜。当温度计读数上升至 77℃并稳定时，取下前馏分，换上一个已称重的干燥洁净的锥形瓶作接收器[注释5]，保持电热套的电压，收集 77～79℃的馏分。当瓶内只剩下少量（约 0.5～1mL）液体时，若维持原来的加热速度，温度计的读数会突然下降，此时即可停止蒸馏。注意，不应将蒸馏瓶内液体完全蒸干。称量所收集馏分的质量或量其体积，并计算回收率。

2. 低沸点化合物——乙醚的蒸馏

按图 7-6 装置仪器。在筒形分液漏斗中放置 50mL 的乙醚，先放下一些到 25mL 蒸馏瓶中，加入 2～3 粒沸石，塞好带有温度计的塞子，通入冷凝水，然后用预热好的水浴（约 60℃）加热蒸馏，收集 34～36℃馏分。注意，不可将瓶内液体完全蒸干。称量所收集馏分的质量或量其体积，并计算回收率。测定乙醚的折射率。

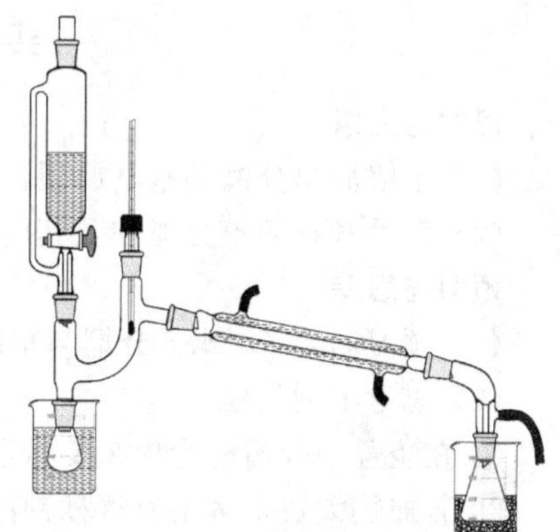

图 7-6　易燃溶剂连续蒸馏装置

蒸馏完毕，停止加热，移走热源，待稍冷却后关闭冷却水，拆除仪器，其顺序与装配时相反。

纯粹乙醚的沸点为 34.5℃，折射率 n_D^{20} 为 1.3526。

3. 微量法测定沸点

按图 4-24 及微量法测定沸点的操作步骤（见第 4 章“4.4.3 微量法测定沸点”），测定 95％乙醇的沸点，记录所测得的数据，并与常量法比较。95％乙醇的沸点为 78.2℃

4. 折射率的测定

分别取 3～4 滴乙醇和乙醚蒸馏液，测定其折射率（n）。折射率的测定方法见第 6 章“6.5.1　折射率与阿贝折射仪”。

本实验约需 5h。

六、问题与讨论

(1) 什么叫沸点？液体的沸点和大气压有什么关系？文献上记载的某物质的沸点温度是否即为你所在地的沸点温度？

(2) 蒸馏时为什么蒸馏瓶所盛液体的量不应超过容积的 2/3 也不应少于 1/3？

(3) 蒸馏时加入沸石的作用是什么？如果蒸馏前忘加沸石，能否立即将沸石加至将近沸腾的液体中？当重新进行蒸馏时，用过的沸石能否继续使用？

(4) 为什么蒸馏时最好控制馏出液的速度为每秒 1～2 滴为宜？

(5) 如果液体具有恒定的沸点，那么能否认为它是单纯物质？

(6) 在蒸馏装置中，温度计水银球的位置为什么既不能插在液面上，也不能置于蒸馏烧瓶的支管口上？

(7) 测定沸点时，为什么不能加热过猛？

(8) 用微量法测定沸点，把最后一个气泡刚欲缩回至内管瞬间的温度作为该化合物的沸点，为什么？

七、注释

[1] 蒸馏液体沸点在 140℃以下时，用直形冷凝管冷凝，沸点在 140℃以上者，用水冷凝管冷凝时，在冷凝管接头处容易爆裂，故应改用空气冷凝管（高沸点化合物用空气冷凝管已可达到冷却目的）。蒸馏低沸点易燃易吸潮的液体时，在接液管的支管处连一干燥管，再从后者出口处接一胶管通入水槽或室外，并将接收瓶在冰水浴中冷却。

[2] 95%乙醇为一共沸混合物，而非纯粹物质，它具有一定的沸点和组成，不能借普通蒸馏法进行分离。

[3] 冷却水的流速以能保证蒸气充分冷凝为宜。通常只需保持缓缓的水流即可。

[4] 蒸馏时火力不能太大，否则易在瓶颈处造成过热现象，将使温度计读数偏高。另外，如加热火力太小，蒸气达不到支管口处，蒸馏进行太慢，温度计的水银球不能被蒸气充分浸润而使温度计的读数偏低或不规则。

[5] 蒸馏有机溶剂均应用小口接收器，如锥形瓶等。

实验九　简单分馏

一、目的与要求

(1) 了解简单分馏的基本原理，掌握分馏的基本操作技术。

(2) 熟悉各种简单分馏柱及其应用。

二、预习与思考

(1) 预习第 4 章“4.5 分馏与精馏”。

(2) 思考下列问题

① 在装置中分馏柱为什么要尽量垂直？

② 若加热太快，蒸出液每秒钟的滴数超过一般要求，用分馏方法分离两种液体，其能力为什么会显著下降？

③ 分离两种沸点相近的液体时，为什么装有填料的分馏柱比不装填料的效率高？

④ 分馏法提纯液体时，为了取得好的分离效果，为什么分馏柱必须保持回流液？

⑤ 分馏时通常用加热套或油浴加热，它比直火加热有什么优点？

三、实验原理

1. 分馏基本原理

分馏主要用于分离两种或两种以上沸点相近且混溶的有机液体混合物。分馏在实验室和工业生产中广泛应用，工程上常称为精馏。

分馏的基本原理与蒸馏相似，不同的是在装置中将蒸馏头换成分馏柱。液体在分馏柱中进行多次的汽化和冷凝，亦即相当于多次蒸馏。当沸腾的混合液体的蒸气进入分馏柱时，蒸气和分馏柱之间进行着一系列的热交换。由于柱外空气的冷却，混合物蒸气中部分较高沸点的组分被冷凝为液体而流回烧瓶中，在继续上升的蒸气中较低沸点组分的含量就相对增加。冷凝液在往下回流的途中与上升的蒸气相遇，二者之间又进行热交换，使上升的蒸气中高沸点的组分又被冷凝下来，而低沸点的组分又继续上升。如此反复多次后，上升的蒸气中低沸点组分的含量越来越高。换言之，在分馏柱不同的位置上样品的组成是不同的，距柱顶越近，组分的差别就越大。当分馏柱的分离效率足够高且操作正确时，从柱顶可得到纯度足够高的低沸点组分，而高沸点组分则留在烧瓶中，由此达到分离的目的。

有关分馏原理参见第 4 章“4.5 分馏与精馏”。

2. 简单分馏装置

分馏装置与简单蒸馏装置类似，不同之处是在蒸馏瓶与蒸馏头之间加了一根分馏柱（见图 4-29），包括热源、蒸馏器、分馏柱、冷凝管和接收器五个部分组成。安装操作与蒸馏类似，自下而上，先夹住蒸馏瓶，再装上维氏分馏柱和蒸馏头。调节夹子使分馏柱垂直，装上冷凝管并在指定的位置夹好夹子，夹子一般不宜夹得太紧，以免应力过大造成仪器破损。连接接液管并用橡皮筋固定，再将接收瓶与接液管用橡皮筋固定，但不可使橡皮筋支持太重的负荷。如接收瓶较大或分馏过程中需接收较多的馏出液，则最好在接收瓶底垫上用铁圈支持的石棉网，以免发生意外。

分馏柱的种类很多，普通有机化学实验中常用的有填充式分馏柱和刺形分馏柱［又称维氏（Vigreux）分馏柱］（见图 7-7）。填充式分馏柱是在柱内填上各种惰性材料，以增加表面积。填料包括玻璃珠、玻璃管、陶瓷或螺旋形、马鞍形、网状等各种形状的金属片或金属丝。它效率较高，适合于分离一些沸点差距较小的化合物。维氏分馏柱结构简单，且较填充式附着的液体少，缺点是较同样长度的填充柱分馏效率低，适合于分离少量且沸点差距较大的液体。若欲分离沸点相近的液体化合物，则必须使用精密分馏装置（参见图 4-30）。

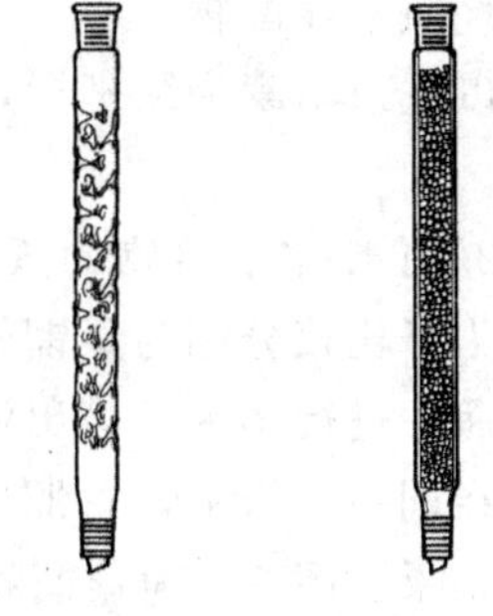

(a) 刺形分馏柱　(b) 维氏分馏柱

图 7-7　简单分馏柱

在分馏过程中，无论用哪一种柱，都应防止回流液体在柱内聚集，否则会减少液体和上升蒸气的接触，或者上升蒸气把液体冲入冷凝管中造成“液泛”，达不到分馏的目的。为了避免这种情况，通常在分馏柱外包扎石棉绳、石棉布等绝缘物以保持柱内温度，提高分馏效率。

3. 简单分馏操作

简单分馏操作与蒸馏大致相同，仪器装置如图 4-29 所示。将待分馏的混合物放入圆底烧瓶中，加入几粒沸石。分馏柱的外围可用石棉绳包住，这样可减少柱内热量的散发，减少风和室温的影响。选用合适的热浴加热，液体沸腾后要注意调节浴温，使蒸气慢慢升入分馏柱，约 10～15min 后蒸气达到柱顶（可用手摸柱壁，如若烫手表示蒸气已达该处）。在有馏出液滴出后，调节浴温使馏出液体的速度控制在每 2～3s1 滴，以得到比较好的分馏效果。待低沸点组分蒸完后，温度计读数骤然下降，再逐渐升高温度，按沸点分馏出各液体有机化合物。

进行分馏操作时，必须注意以下几点：

① 分馏一定要缓缓进行，要控制好恒定的蒸馏速度。

② 要使得有相当量的液体自柱流回烧瓶中，即要选择合适的回流比。所谓回流比，是指冷凝液流回蒸馏瓶的速度与柱顶蒸气通过冷凝管流出速度的比值。一般回流比越大，分离效果越好，通常控制在 4∶1。

③ 必须尽量减少分馏柱热量的散失和波动。

四、仪器与药品

一套分馏装置，锥形瓶；丙酮与水的混合物，沸石。

五、实验内容

1. 丙酮-水混合物的分馏

在 50mL 圆底烧瓶中，加入 15mL 丙酮和 15mL 水的混合物，加入几粒沸石，按图 4-29 装好分馏装置。用水浴慢慢加热，开始沸腾后，蒸气慢慢进入分馏柱中，此时要仔细控制加热温度，使温度慢慢上升，以保持分馏柱中有一个均匀的温度梯度。当冷凝管中有馏出液流出时，迅速记录温度计所示的温度。控制加热速度，使馏出液慢慢地、均匀地以每分钟 2mL（约 60 滴）的速度流出。在量筒中收集指定温度范围内的各馏分，并量其体积，用以下格式记录：

56～62℃ $V=$________ mL

62～72℃ $V=$________ mL

72～82℃ $V=$________ mL

82～95℃ $V=$________ mL

烧瓶中残留物 $V=$________ mL

以柱顶温度为纵坐标，馏出液体积（mL）为横坐标，将实验结果绘成曲线，讨论分离效率。

2. 丙酮-水混合物的蒸馏

为了比较分馏与蒸馏的分离效率不同，可将丙酮和水各 15mL 的混合液置于 50mL 的蒸馏烧瓶中进行蒸馏，馏出液大约每秒 1 滴，按上述的同样温度范围收集各馏分，量其体积。

在同一张纸上，以馏出液体积为横坐标，温度为纵坐标，绘制蒸馏曲线，比较这两者的分离结果。图 7-8 为蒸馏和分馏曲线的示意图。

本实验约需 4h。

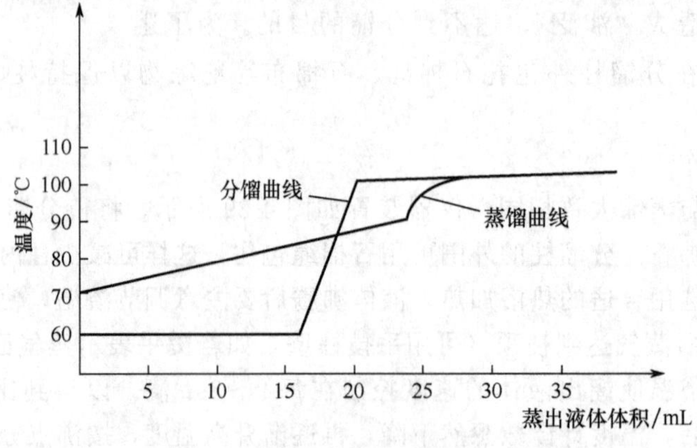

图 7-8　蒸馏和分馏曲线的示意图

六、问题与讨论

(1) 分馏与简单蒸馏有什么区别?

(2) 为了取得较好的分离效果，为什么分馏柱必须保持回流液?

(3) 为什么分馏时分馏柱的保温十分重要?

(4) 什么是共沸混合物?为什么不能用分馏法分离共沸混合物?

(5) 根据实验所得的丙酮-水混合物的蒸馏和分馏曲线，哪一种方法分离混合物各组分的效率较高?

实验十　减压蒸馏

一、目的与要求

(1) 了解减压蒸馏的基本原理与方法。

(2) 掌握减压蒸馏操作。

二、预习与思考

(1) 预习本书第4章“4.6减压蒸馏”。

(2) 预习本书第6章“6.3压力的测量与真空技术”。

(3) 思考下列问题

① 为什么减压蒸馏时要保持缓慢而稳定的蒸馏速度?

② 如何正确使用真空系统?

三、实验原理

1.基本原理

减压蒸馏是分离与提纯有机化合物常用的方法之一。它适用于在常压下沸点较高及常压蒸馏时易发生分解、氧化或聚合的有机化合物的分离提纯。一般把低于一个大气压的气态空间称为真空[注释1]，所以，减压蒸馏也称为真空蒸馏。

液体的沸点与外界施加于液体表面的压力有关，随着外界施加于液体表面的压力的降低，液体沸点下降。沸点与压力的关系可近似地用下式表示：

$$\lg p = A + \frac{B}{T}$$

式中，p 为蒸气压；T 为溶液沸腾时的热力学温度，即沸点；A、B 为常数。如果用 $\lg p$ 为纵坐标，$1/T$ 为横坐标，可近似得到一条直线。从二元组分已知的压力和温度，可算出 A 和 B 的数值，再将所选择的压力代入上式即可求出液体在这个压力下的沸点。表7-8给出了部分有机化合物在不同压力下的沸点。但实际上许多物质的沸点变化是由分子在液体中的缔合程度决定的。因此，在实际操作中经常使用哈斯-牛顿关系即有机化合物的沸点-压力的经验曲线图（见图4-31）来估计某种化合物在某一压力下的沸点。

表7-8　部分有机化合物在不同压力下的沸点　　单位：℃

压力/kPa(mmHg)	水	氯苯	苯甲醛	水杨酸乙酯	甘油	蒽
101.325(760)	100	132	179	234	290	354
6.665(50)	38	54	95	139	204	225
3.999(30)	30	43	84	127	192	207
3.332(25)	26	39	79	124	188	201
2.666(20)	22	34.5	75	119	182	194
1.999(15)	17.5	29	69	113	175	186
1.333(10)	11	22	62	105	167	175
0.666(5)	1	10	50	95	156	159

压力对沸点的影响还可以作如下估算：

① 从大气压降至3332Pa（25mmHg）时，高沸点（250～300℃）化合物的沸点随之下降100～125℃左右；

② 当气压在3332Pa（25mmHg）以下时，压力每降低一半，沸点下降10℃。

因此，减压蒸馏对于分离或提纯沸点较高或性质不稳定的液体有机化合物具有特别重要的意义。

对于具体某个化合物减压到一定程度后其沸点是多少，可以查阅有关资料，但更重要的是通过实验来确定。

2.减压蒸馏操作要点

常用的减压蒸馏装置（见图4-32）由蒸馏、抽气（减压）以及保护和测压装置三部分组成。实验室常用循环水泵或真空泵（机械泵）进行减压。

(1) 减压蒸馏时，蒸馏瓶和接收瓶均不能使用不耐压的平底仪器（如锥形瓶、平底烧瓶等）和壁薄或有破损的仪器，以防由于装置内处于真空状态外部压力过大而引起爆炸。

(2) 使用真空泵进行减压蒸馏前，应先进行普通蒸馏，除去低沸点物质，必要时也可先用水泵减压蒸馏。

(3) 加热温度以产品不分解为原则。减压蒸馏的关键是装置密封性要好，因此在安装仪器时，应在磨口接头处涂抹少量真空脂，以保证装置密封和润滑。温度计一般用一小段乳胶管固定在温度计套上。

(4) 仪器装好后，装入药品前应先检查系统是否密封，具体方法是：①泵打开后，将安全瓶上的放空阀关闭，拧紧毛细管上的螺旋夹，待压力稳定后，观察压力计（表）上的读数是否到了最小或所要求的真空度。如果没有，说明系统漏气，应进行检查。②检查，首先将真空接引管与安全瓶连接处的橡胶管折起来用手捏紧，观察压力计（表）的变化，如果压力马上下降，说明装置内有漏气点，应进一步检查，排除漏气点；如果压力不变，说明自安全瓶以后的系统漏气，应依次检查安全瓶和泵，并加以排除或请指导老师排除。③漏气点排除后，应重新试一试密封情况，直至压力稳定并达到所要求的真空度时，方可进行下面的操作。

(5) 减压蒸馏时，加入待蒸馏液体的量不能超过蒸馏瓶容积的1/2。待压力稳定后，蒸馏瓶内液体中有连续平稳的小气泡通过。由于减压蒸馏时一般液体在较低的温度下就可蒸出，因此，加热速度不要太快。当馏头蒸完后换另一接收瓶开始接收正馏分，蒸馏速度控制在每秒1～2滴。经常注意蒸馏情况，记录压力和沸点等数据。在压力稳定及化合物较纯时，沸程应控制在1～2℃范围内。

(6) 停止蒸馏时，应先将热源移去，待稍冷却后，打开毛细管上的螺旋夹，慢慢打开安全瓶上的放空阀，使压力计（表）恢复到零的位置，再关泵。否则由于系统中压力低，会发生油或水倒吸回安全瓶或冷阱的现象。

四、仪器与药品

减压蒸馏装置1套，苯胺（CP）。

五、实验内容

苯胺[注释2] 的减压蒸馏。取两个25mL圆底烧瓶分别作为减压蒸馏瓶和接收瓶，按照图4-32安装蒸馏装置。称取10g（约9.6mL）苯胺，进行减压蒸馏[注释3]，真空度控制在2.66～5.32kPa。收集沸点范围一般不超过预期的温度±1℃。得苯胺约9.6g。测定苯胺的折射率。

纯苯胺 bp184.13℃，n_D^{20}　1.5863。

本实验需 5～7h。

六、问题与讨论

（1）为何在蒸馏前必须检查系统的密封性？

（2）能否用三角烧瓶作减压蒸馏的接收瓶？为什么？

七、注释：

［1］真空的获得与划分：

① 低真空　0.1MPa～0.133kPa（760～10mmHg），一般可以从水泵获得。水泵抽真空的效力与水压、水泵中水的流速及水温有关。水泵所能达到的最低压力为当时水温下的水的蒸气压。如水温为 10℃时，水的蒸气压为 1.22kPa 左右，30℃时为 4.2kPa 左右。

② 中度真空　$1.33 \sim 1.33\times10^{-2}$ kPa（$10 \sim 10^{-3}$ mmHg），可由油泵获得。

③ 高真空　$1.33\times10^{-2} \sim 1.33\times10^{-7}$ kPa（$10^{-3} \sim 10^{-8}$ mmHg），采用机械泵与扩散泵串联抽气获得。

［2］苯胺的饱和蒸气压与温度的关系见表 7-9。

表 7-9　苯胺在不同温度下的饱和蒸气压

温度/℃	71	77	92	102	119	139	162	175
饱和蒸气压/kPa （mmHg）	1.200 (9)	2.000 (15)	4.400 (33)	6.666 (50)	13.332 (100)	26.664 (200)	53.329 (400)	79.993 (600)

［3］减压蒸馏操作时，应戴防护镜或防护面罩。

实验十一　重结晶

一、目的与要求

（1）了解重结晶法提纯固体有机化合物的原理和意义。

（2）掌握重结晶、抽滤和热滤的操作方法。

二、预习与思考

（1）预习第 4 章“4.2 重结晶”和“4.1.3 固液分离的方法”中有关重结晶和热过滤内容。

（2）思考下列问题

① 如何选择溶剂与混合溶剂？

② 有机化合物重结晶的步骤和各步的目的是什么？

③ 活性炭加入应注意什么问题？

④ 减压抽滤应注意什么问题？

⑤ 用溶剂洗涤在布氏漏斗中的固体时应注意什么事项？

⑥ 用抽气过滤收集固体时，为什么在关闭水泵前要先拔开水泵和抽滤瓶之间的联结或先打开安全瓶通大气的活塞？

三、实验原理

重结晶是混合物中各组分在某种溶剂中的溶解度不同，而使它们互相分离的方法。重结晶是纯化、精制固体物质尤其是有机化合物的最有效的手段之一。例如，从有机反应中分离出的固体有机化合物往往是不纯的，其中常夹杂一些反应副产物、未作用的原料及催化剂等少量杂质，就可以利用重结晶的方法除去这些杂质。

重结晶的一般过程为：先将粗产品溶于适当的热溶剂中制成饱和溶液（若固体有机物的熔点较溶剂沸点低，则应制成在熔点温度以下的饱和溶液），并趁热过滤除去不溶性杂质。

如溶液中含有有色杂质，可加适量活性炭煮沸、脱色，再趁热过滤。将滤液冷却或蒸发溶剂，使结晶从过饱和溶液中慢慢析出。减压抽气过滤，从母液中分离出结晶，洗涤，干燥，得重结晶产品。测定其熔点，如发现其纯度不符合要求时，可重复上述操作，直至熔点不再改变为止。

重结晶过程中，溶剂的选择极为关键。有关溶剂选择见第 4 章“4.2.1 溶剂的选择”。常用的重结晶溶剂为水、乙醇、丙酮、氯仿、石油醚、乙酸和乙酸乙酯等。在几种溶剂同样都合适时，则应根据结晶的回收率、操作难易、溶剂毒性的大小、易燃程度和价格等来选择。如果单一溶剂达不到要求时，可选用混合溶剂。混合溶剂一般由两种能以任何比例互溶的溶剂组成，其中一种较易溶解结晶，另一种较难。常用的混合溶剂有乙醇-水、乙醇-丙酮、乙醇-氯仿、乙醚-丙酮、丙酮-水、乙醚-石油醚等。

对于杂质含量较高的样品，直接用重结晶纯化，往往达不到预期的效果。一般认为，杂质含量高于 5%的样品，必须采用其它方法（如萃取、水蒸气蒸馏或减压蒸馏等）进行初步提纯后，再进行重结晶。

四、仪器与药品

（1）仪器　150mL 锥形瓶，石棉网，玻璃棒，漏斗，布氏漏斗，抽滤装置，圆底烧瓶，回流冷凝管。

（2）药品　萘，苯甲酸，活性炭。

五、实验内容

1. 苯甲酸的重结晶[注释1]

取 3g 粗苯甲酸[注释2]置于 150mL 锥形瓶中，加入 70mL 水。石棉网上加热至沸，并用玻璃棒不断搅动使固体溶解。此时若有尚未完全溶解的固体，可继续加入少量热水，至完全溶解后，再多加 2～3mL 水[注释3]（总量约 80～90mL）。移去火源，稍冷后加入少许活性炭[注释4]，稍加搅拌后继续加热微沸 5～10min。

事先在烘箱中烘热无颈漏斗[注释5]，过滤时趁热从烘箱中取出，把漏斗安置在铁圈上，于漏斗中放一预先叠好的折叠滤纸，并用少量热水润湿。将上述热溶液通过折叠滤纸，迅速地滤入 150mL 烧杯中。每次倒入漏斗中的液体不要太满，也不要等溶液全部滤完后再加。在过滤过程中，应保持溶液的温度。为此，可将未过滤的溶液继续用小火加热以防冷却。待所有的溶液过滤完毕后，用少量热水洗涤锥形瓶和滤纸。

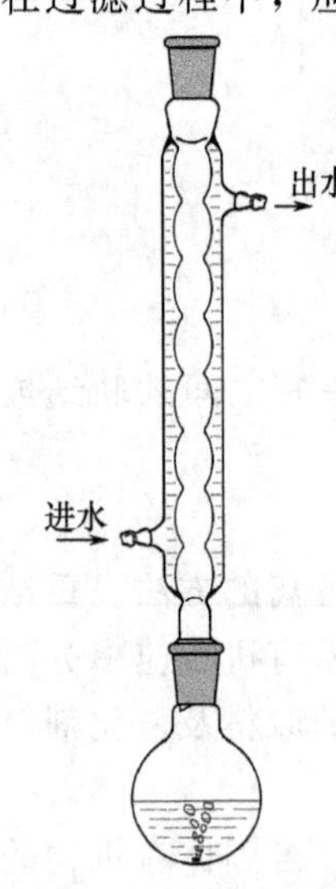

图 7-9　回流装置

滤毕，用表面皿将盛滤液的烧杯盖好，放置一旁，稍冷后，用冷水冷却以使结晶完全。如要获得较大颗粒的结晶，可在滤完后将滤液中析出的结晶重新加热使溶，于室温下放置，让其慢慢冷却、结晶。

结晶完成后，用布氏漏斗抽滤（滤纸先用少量冷水润湿，抽气吸紧），使结晶与母液分离，并用玻璃塞挤压，使母液尽量除去。拔下抽滤瓶上的橡皮管（或打开安全瓶上的活塞），停止抽气。加少量冷水至布氏漏斗中，使晶体润湿（可用刮刀使结晶松动），然后重新抽干，如此重复 1～2 次，最后用刮刀将结晶移至表面皿上，摊开成薄层，置空气中晾干或在干燥器中干燥，称重并计算收率。测定干燥后精制产物的熔点，并与粗产物熔点作比较。

2. 萘的重结晶

在装有回流冷凝管的 50mL 圆底烧瓶或锥形瓶中（见图 7-9），放入 3g 粗萘[注释6]，加入 30mL 70%乙醇和 1～2 粒沸石。接通冷凝水后，在水浴上加热至沸[注释7]，并不时振摇瓶中物，以加速溶解。若所加的乙醇不能使粗萘完全溶解，则应从冷凝管上端继续加入少量70%乙醇（注意添加易燃溶剂时应先灭去火源），每次加入乙醇后应略为振摇并继续加热，观察是否可完全溶解。待完全溶解后，再多加一些（乙醇量为 35mL 左右），然后熄灭火源。移开水浴，稍冷后加入少许活性炭，并稍加摇动。再重新在水浴上加热煮沸数分钟。趁热用预热好的无颈漏斗和折叠滤纸过滤，用少量热的70%乙醇润湿折叠滤纸后，将上述萘的热溶液滤入干燥的 100mL 锥形瓶中（注意这时附近不应有明火），滤完后用少量热 70%乙醇洗涤容器和滤纸。盛滤液的锥形瓶用软木塞塞好，自然冷却，最后再用冰水冷却。用布氏漏斗抽滤（滤纸应先用 70%乙醇润湿、吸紧），用少量 70%乙醇洗涤，抽干后将结晶移至表面皿上。放在空气中晾干或放在干燥器中，待干燥后测熔点、称重并计算回收率。

本实验需 4～6h。

六、问题与讨论

(1) 简述有机化合物重结晶的步骤和各步的目的。

(2) 某一有机化合物进行重结晶时，最适合的溶剂应该具有哪些性质?

(3) 加热溶解重结晶粗产物时，为何先加入比计算量（根据溶解度数据）略少的溶剂，然后渐渐添加至恰好溶解，最后再多加少量溶剂?

(4) 为什么活性炭要在固体物质完全溶解后加入？又为什么不能在溶液沸腾时加入?

(5) 将溶液进行热过滤时，为什么要尽可能减少溶剂的挥发？如何减少其挥发?

(6) 在布氏漏斗中用溶剂洗涤固体时应注意些什么?

(7) 用有机溶剂重结晶时，在哪些操作上容易着火？应该如何防范?

七、注释

[1] 苯甲酸也可用混合溶剂进行重结晶，方法有两种。

方法一的操作步骤为：①取 3g 粗苯甲酸置于 50mL 茄形瓶中，先加入 20～30mL 水。②加入沸石，装上回流管，用电热套直接加热至沸。③此时有尚未完全溶解的固体，缓慢滴加 95%乙醇（从冷凝管上方加入），回流使固体完全溶解后，再多加 2～3mL 95%乙醇，记录总量。④脱色，热滤（用热滤漏斗过滤），冷却，抽滤，烘干、称重，计算收率。

方法二的操作步骤为：①取 3g 粗苯甲酸置于 50mL 茄形瓶中，在回流状态下加入 95%乙醇使其溶解，记录溶解的量。②从冷凝管上方加入水至溶液浑浊，再滴加 95%乙醇使其澄清（水和乙醇的量由自己决定，控制 1g 药品所用溶剂量不超过 10mL）。③脱色，热滤（用热滤漏斗过滤），冷却，抽滤，烘干、称重，计算收率。

[2] 苯甲酸在水中的溶解度见下表：

t/℃	4	17.5	30	40	75	100
溶解度/g·100mL^{-1}	0.18	0.21	0.42	0.60	2.2	5.88

[3] 每次加入 3～5mL 热水，若加入溶剂加热后并未能使未溶物减少，则可能是不溶性杂质，此时可不必再加溶剂。但为了防止过滤时有晶体在漏斗中析出，溶剂用量可比沸腾时饱和溶液所需的用量适当多一些。

[4] 活性炭由木炭、糖炭、骨炭等制成，常含少量磷酸、钙和锌元素等。根据脱色对象不同，选用不同型号的活性炭。如要在酸性溶液中使用，最好先用盐酸处理，即将活性炭用 1∶1 的盐酸煮沸 2～3h，再用蒸馏水稀释抽滤，用热蒸馏水洗至无酸性后烘干。活性炭绝对不可加到正在沸腾的溶液中，否则将发生爆沸现象！加入活性炭的量约相当于样品量的 1%～5%。

[5] 无颈漏斗或短颈漏斗即截去颈的普通玻璃漏斗。也可用预热好的热滤漏斗，漏斗夹套中充水约为其容积的 2/3。

[6] 萘的溶解度（g·100mL^{-1}）：0.003^{25}（水），$9.5^{19.5}$（乙醇），49^{16}（苯）。

[7] 萘的熔点较70%乙醇的沸点为低，因而加入不足量的70%乙醇加热至沸后，萘已呈熔融状态而非溶解，这时还应继续加热并加溶剂直至熔融的萘完全溶解。

实验十二　熔点测定及温度计校正

一、目的与要求

(1) 了解熔点测定的基本原理及应用。

(2) 掌握毛细管法、显微熔点仪测定熔点的操作方法和温度计的校正方法。

(3) 学会用熔点定性地判断化合物的纯度。

二、预习与思考

(1) 预习第3章“3.6 熔点的测定和温度计的校正”。

(2) 查阅相关化合物的物理常数。

(3) 思考下列问题

① 熔点测定应注意哪些问题?

② 纯物质的熔程短，熔程短的是否一定是纯物质？为什么？

三、基本原理

熔点是固体化合物的重要物理常数。固体化合物在大气压力下固相与液相达到平衡时的温度称为该化合物的熔点。这时固相和液相的蒸气压相等。

由于纯物质一般都有固定的熔点，而且固体物质从初熔到全熔的温度范围（称为熔程）很窄，一般不超过0.5～1℃。但如果样品中含有杂质，就会导致熔点下降、熔程变宽。因此，通过测定熔点，观察熔程，可以很方便地鉴别未知物，并判断其纯度。大多数有机化合物的熔点都在300℃以下，故熔点是鉴定固体有机化合物的一个重要物理常数。

如果两种固体有机物具有相同或相近的熔点，可以用混合熔点法来鉴别它们是否为同一化合物。如果它们为同一化合物，则熔点不变。如果是不同的化合物，通常测出的熔程较长，熔点下降并明显低于两个化合物中任一个的熔点（也有例外）。

测定熔点的方法较多，较常用的有毛细管熔点测定法，该方法仪器简单、样品量少、操作方便。此外，还有用显微熔点仪测定熔点。用这两种方法测定熔点时，温度计上的熔点读数与真实熔点之间常有一定的偏差，原因是多方面的，但温度计的影响是一个重要因素。如一般温度计中的毛细管孔径不一定是很均匀的，有时刻度也不很精确。温度计刻度划分有全浸式和半浸式两种。全浸式温度计的刻度是在温度计的汞线全部均匀受热的情况下刻出来的，而在测熔点时仅有部分汞线受热，因而露出的汞线温度当然较全部受热时为低。另外经长期使用的温度计，玻璃也可能发生体积变形而使刻度不准。因此，若要精确测定物质的熔点，就须校正温度计。校正温度计的方法有比较法和定点法两种，具体见“3.6 熔点的测定和温度计的校正”。

四、仪器与药品

(1) 仪器　提勒管，酒精灯，温度计，玻璃管，毛细管若干，玻璃棒，表面皿，橡皮圈；熔点测定仪。

(2) 药品　尿素（AR），肉桂酸（AR），萘（AR），二苯胺（AR），苯甲酸（AR），水杨酸（AR），对苯二酚（AR）。

五、实验内容

(1) 已知化合物熔点的测定。用毛细管法测定下列化合物的熔点：①二苯胺（mp 54～

55℃)；②萘 (mp 80.55℃)；③苯甲酸 (mp 122.4℃)；④水杨酸 (mp 159℃)；⑤对苯二酚 (mp 173～174℃)；⑥肉桂酸 (mp 133℃)。

(2) 用熔点仪测定上述化合物的熔点。

(3) 温度计校正曲线。记录所测得的数据，作出校正曲线。

(4) 鉴别未知物。先测定由教师提供的未知物的熔点，再测定未知物与尿素的化合物 (约 1∶1) 的熔点，确定该化合物是尿素 (mp 132.7℃) 还是肉桂酸 (mp 133℃)。

本实验约需 4～6h。

六、问题与讨论

(1) 测定熔点时，若遇下列情况，将产生什么结果？

①熔点管壁太厚；②熔点管底部未完全封闭，尚有一针孔；③熔点管不洁净；④样品未完全干燥或含有杂质；⑤样品研得不细或装得不紧密；⑥样品装得过多或过少；⑦加热太快。

(2) 已知 A、B、C 三种白色结晶的有机固体都在 149～150℃熔化。A 与 B 1∶1 的混合物在 130～139℃熔化；A 与 C 1∶1 的混合物在 149～150℃熔化。那么 B 与 C 1∶1 的混合物在什么样的温度范围内熔化呢？你能说明 A、B、C 是同一种物质吗？

实验十三　萃取

一、目的与要求

(1) 了解萃取的基本原理，掌握萃取的基本操作技术。

(2) 了解如何正确选择萃取剂。

二、预习与思考

(1) 预习第 4 章“4.8 萃取和洗涤”。

(2) 思考下列问题

① 萃取过程应注意哪些问题？

② 选择合适的萃取剂的原则是什么？常用的萃取剂有哪些？

③ 用分液漏斗分离两相液体时，应如何分离？为什么？

④ 在萃取时一旦发生乳化现象应怎样解决？

三、实验原理

萃取是有机化学实验中用来提取或纯化有机化合物的常用操作之一。萃取是利用物质在两种不互溶 (或微溶) 的溶剂中的溶解度或分配系数不同而达到分离、提取或纯化的目的。应用萃取可以从固体或液体中提取出所需的物质，也可以用来洗去混合物中少量的杂质。通常将前者称为“抽取”或“萃取”，将后者称为“洗涤”。

萃取是以分配定律为基础的。在一定温度、一定压力下一种物质在两种互不相溶的溶剂 A、B 中的分配浓度之比是一个常数 K，即分配系数。

$$c_A/c_B=\text{常数}=K$$

式中，c_A 和 c_B 分别为每毫升溶剂中所含溶质的质量，g。应用分配定律可以计算出每次萃取后被萃取物质在原溶液中的剩余量。

一般说来，有机化合物在有机溶剂中的溶解度比在水中的溶解度大，所以可以将它们从水溶液中萃取出来。用有机溶剂萃取水中的化合物时，用相同量的溶剂分多次萃取比一次萃取效果好，即少量多次效率高。萃取效率可用下列公式计算：

$$w_n=w_0\left(\frac{KV_0}{KV_0+V}\right)^n$$

式中，V_0 为原溶液的体积，mL；V 为每次萃取所用溶剂的体积，mL；w_0 为被萃取溶液中溶质的总含量，g；w_n 分别为萃取 n 次后溶质在水中的剩余量，g；n 为萃取的次数。

由上式可知，用同样体积的溶剂，分多次萃取比一次萃取的效率高。但是并非萃取次数越多越好，从各种因素综合考虑一般以萃取三次为宜。此外，萃取效率还与萃取剂的性质有关。通常选择萃取剂的要求为：与原溶剂不相混溶，对被提取物质溶解度大，纯度高，沸点低，毒性小，价格低。一般难溶于水的物质用石油醚作萃取剂，较易溶于水的物质用苯或乙醚作萃取剂，易溶于水的物质用乙酸乙酯或类似的物质作萃取剂。比较常用的溶剂有：乙醚、苯、四氯化碳、氯仿、石油醚、二氯甲烷、二氯乙烷、正丁醇、醋酸酯等。洗涤常用于在有机物中除去少量酸、碱等杂质。这类萃取剂一般用5%氢氧化钠、5%或10%碳酸钠或碳酸氢钠、稀盐酸、稀硫酸等。酸性萃取剂主要是除去有机溶剂中的碱性杂质，而碱性萃取剂主要是除去混合物中的酸性杂质，总之使一些杂质成为盐溶于水而被分离。

液-液萃取的实验操作方法见第 4 章“4.8.3 液-液萃取操作”。

四、仪器与药品

苯甲酸，间硝基苯胺，浓盐酸，10% NaOH 溶液，乙醚；锥形瓶（125mL），量筒（10mL），碱式滴定管，分液漏斗（125mL）。

五、实验内容

用萃取法分离一种二组分混合物：0.7g 苯甲酸和 0.7g 间硝基苯胺。

（1）将二组分混合物样品溶于 35～40mL 乙醚中，随后将该溶液转入 125mL 分液漏斗中。用 8mL 浓盐酸溶于 37mL 水中配制成溶液，分三次进行萃取，最后再用 10mL 蒸馏水萃取一次，合并四次萃取液（酸液），放置待处理。每次萃取时，要振荡漏斗，使两液层充分接触。振荡时，用右手食指的末关节按住玻璃塞子慢慢将其倒置，反复倒转，使混合物受到缓和振摇。每隔几秒钟将漏斗倒置使活塞朝上，小心打开活塞，让蒸气排出，以解除分液漏斗内的压力。重复振荡，注意每次应及时打开活塞，排出气体。振荡数次后，将分液漏斗放在铁环上，静置，使乳浊液分层。待分液漏斗中的液体分成清晰的两层之后，进行分离。注意下层液体应经活塞放出，上层液体应从上口倒出。操作时应先把上口的盖子打开，把分液漏斗的下端斜口靠近接收器的内壁，旋开活塞，放出下层液体。

（2）用以上相同的操作方法，将剩下的乙醚溶液每次用 15mL 10%NaOH 溶液萃取三次，并用 10mL 蒸馏水再萃取一次，合并四次萃取液（碱液），放置待处理。

（3）向酸液中加入 10%NaOH 溶液将其调至碱性（pH≈12），冷却后抽滤，固体用少量水洗涤。

（4）向碱液中加入浓盐酸，将其调至酸性（pH=2 左右），冷却后抽滤，固体用少量水洗涤。

（5）根据上述实验结果，计算萃取效率。

（6）将所得到的苯甲酸进行重结晶，测其熔点。

本实验约需 4～6h。

六、问题与讨论

（1）用分液漏斗萃取溶液中的化合物，影响萃取效率的因素有哪些？怎样选择萃取剂？

（2）在分液漏斗中萃取水溶液，请问萃取剂的密度大于 $1.0g \cdot cm^{-3}$ 和小于 $1.0g \cdot cm^{-3}$ 的分别在哪一层？

（3）若用溶剂乙醚、氯仿、己烷或苯萃取水溶液，它们将在上层还是下层？

（4）用分液漏斗萃取时，为什么要放气？

实验十四　从茶叶中提取咖啡因

一、目的与要求

（1）学习从茶叶中提取咖啡因的基本原理和方法。

（2）通过实验，加深对从天然产物中分离、提取产物的理解和认识。

（3）学习用升华法提纯有机物的基本原理和操作技术。

（4）熟练掌握萃取、重结晶、蒸馏、回流、减压蒸馏等操作技术。

二、预习与思考

（1）预习第 4 章“4.3 升华”和“4.8 萃取和洗涤”。

（2）思考

① 升华操作时为何要缓缓加热？

② 在升华操作时应注意哪些问题？

三、实验原理

1.升华基本原理

升华是固体有机化合物提纯的又一种方法。由于不是所有固体都具有升华的性质，因此，它仅适用于以下情况：①被提纯的固体化合物具有较高（高于 2.67kPa）的蒸气压，在低于熔点时就可以产生足够的蒸气，使固体不经过熔融状态就直接变为气体，从而达到分离的目的；②固体化合物中杂质的蒸气压较低，有利于分离。升华操作比重结晶简便，常可得到较高纯度的产物，但操作时间长、损失也较大，一般不适合大量产品的提纯，在实验室里只用于较少量（1～2g）物质的纯化。

升华是指有较高蒸气压的固体化合物，在受热时不经过熔融状态直接转变成为气体，气体遇冷又直接变成固体的过程。因此，用升华方法提纯固体化合物时，就是根据固体混合物的蒸气压或挥发度不同，将不纯的固体化合物在熔点温度以下加热，利用产物蒸气压高、杂质蒸气压低的特点，使产物不经过液体过程而直接汽化，遇冷后固化（杂质则不固化）来达到分离固体混合物的目的。在常压下不易升华的物质，可利用减压进行升华。

在升华时，利用通入少量空气或惰性气体，可以加速蒸发，同时使固体化合物的蒸气离开加热面易于冷却，但不宜通入过多的空气或其它气体，以免造成产品的损失。升华速率与被升华固体化合物的表面积成正比，因此被升华的固体愈细愈好。

进行升华操作时，应注意下列几个问题：

① 升华温度一定要控制在固体化合物熔点以下，加热要均匀且升温要慢；

② 被升华的固体化合物一定要干燥，如有溶剂将会影响升华后固体的凝结；

③ 滤纸上的孔应尽量大一些，以便蒸气上升时能顺利通过滤纸，在滤纸的上面和漏斗中结晶，否则将会影响晶体的析出；

④ 减压升华停止抽滤时，一定要先打开安全瓶上的放空阀，再关泵，否则循环泵内的水会倒吸入吸滤管中，造成实验失败。

2.天然产物的提取

凡从天然植物或动物资源衍生出来的物质称为天然产物。人类对存在于自然界的有机化合物一直有着浓厚的兴趣，许多天然产物显示了惊人的生理效能，可以用作为药物。例如，从植物中提取出的生物碱——奎宁曾经从疟疾的肆虐中拯救了千百万人的生命，吗啡碱是一个最早使用的镇痛剂。另一些植物则产生有价值的调味品、香料和染料。早期有机化学的研究主要是围绕天然产物的分离和鉴定展开的，即使在今天，寻求具有特殊结构与性质并用于人类健康的天然产物化学仍然是有机化学一个十分活跃的领域。

天然产物种类繁多，根据它们的结构特征一般可分为四大类，即碳水化合物、类脂化合物、萜类和甾族化合物及生物碱，其中生物碱是种类和变化最多的含氮碱性有机化合物。

天然产物的分离提纯和鉴定是一项颇为复杂的工作。有机化学中常用的萃取、蒸馏、结晶等提纯方法曾经在分离天然产物过程中发挥了重要的作用，现在各种色谱手段如薄层色谱、柱色谱、气液色谱及高压液相色谱等已越来越多地用于天然产物的分离和提纯。质谱、红外、紫外、核磁共振等波谱技术与化学方法结合，已使天然产物结构测定大为方便。仿效天然产物进行的各种合成也取得了引人瞩目的成果。

3.从茶叶中提取咖啡因

茶叶是一种含有丰富活性物质的天然产物。除了它是最佳的天然饮料而为人们所喜爱外，制茶过程的下脚料或级别不高的茶叶末等还可用于开发各种有益于人类的产品。咖啡因就是其中具有代表性的一种。

茶叶中含有多种生物碱，其中以咖啡因（caffeine，又称咖啡碱）为主，约占1%～5%。另外，还含有11%～12%的丹宁酸（又称鞣酸），0.6%的色素、纤维素、蛋白质等。咖啡因是弱碱性化合物，易溶于氯仿（12.5%）、水（2%）及乙醇（2%）等。在苯中的溶解度为1%（热苯为5%）。丹宁酸易溶于水和乙醇，但不溶于苯。

咖啡因是杂环化合物嘌呤的衍生物，它的化学名称是1,3,7-三甲基-2,6-二氧嘌呤，其结构式如下：

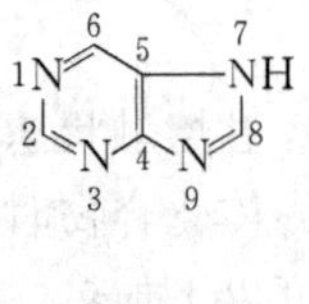

嘌呤 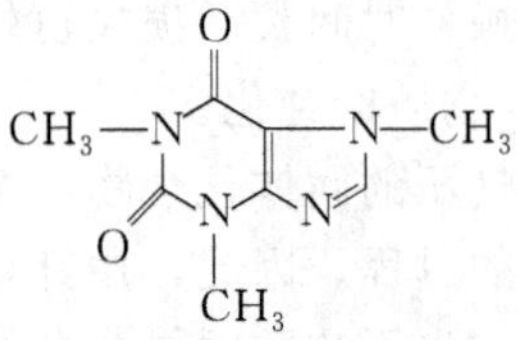　　　咖啡因（1,3,7-三甲基-2,6-二氧嘌呤）

含结晶水的咖啡因为无色针状结晶粉末，味苦，能溶于水、乙醇、丙酮、氯仿等，微溶于石油醚。在100℃时即失去结晶水，并开始升华，120℃时升华相当显著，至178℃时升华很快。无水咖啡因的熔点为238℃。

从茶叶中提取咖啡因，往往利用适当的溶剂（氯仿、乙醇、苯等）在脂肪提取器中连续抽提，然后蒸去溶剂即得粗咖啡因。粗咖啡因还含有其它一些生物碱和杂质，可利用升华进一步提纯。

工业上，咖啡因主要通过人工合成制得。它具有刺激心脏、兴奋大脑神经和利尿等作用，因此可作为中枢神经兴奋药。它也是复方阿司匹林（APC）等药物的组分之一。

咖啡因可以通过测定熔点及光谱法加以鉴别。此外，还可以通过制备咖啡因水杨酸盐衍生物进一步得到确证。咖啡因作为碱，可与水杨酸作用生成水杨酸盐，其熔点为137℃。

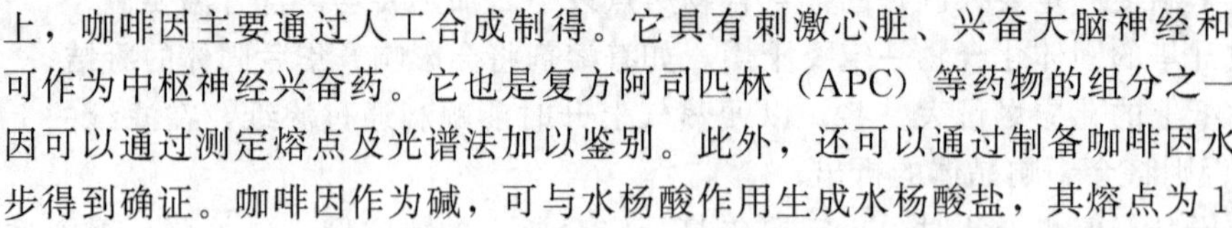

咖啡因　　　水杨酸　　　咖啡因水杨酸盐

四、仪器与药品

（1）仪器　索氏提取器一套，50mL烧杯，圆底烧瓶。

（2）药品　茶叶 5g，95%乙醇，氯仿，生石灰。

五、实验内容

1. 连续萃取法

（1）将一张长、宽各 12～13cm 的方形滤纸卷成直径略小于索氏提取器[注释1]［见图 7-10(a)］提取腔内径的滤纸筒[注释2]，一端用棉线扎紧。称取 5g 茶叶末放入筒内，压实。在茶叶上盖一张小圆滤纸片，将滤纸筒上口向内折成凹形。将滤纸筒放入提取腔中，使茶叶装载面低于虹吸管顶端。装上回流冷凝管，在索氏提取器的烧瓶中加入 60mL 95%乙醇，投入两粒沸石。

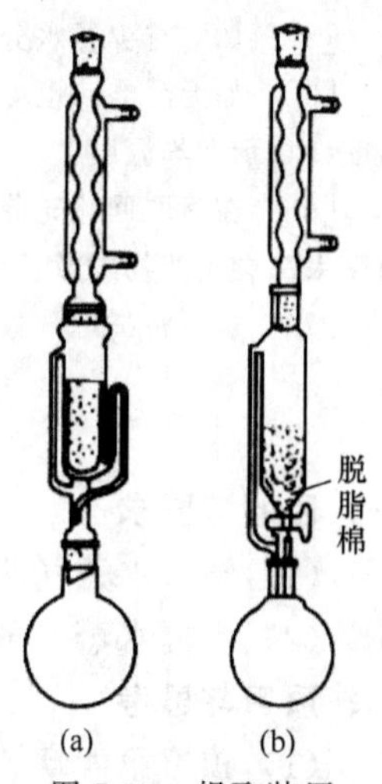

图 7-10　提取装置

（2）用水浴加热烧瓶，乙醇沸腾后蒸气经侧管升入冷凝管，冷凝下来的液滴滴入滤纸筒中。当液面上升至刚超过虹吸管的顶端时，液体即经虹吸管流回烧瓶中。连续提取 2～3h，至提取液颜色很淡时为止。当最后一次虹吸刚刚过后，立即停止加热。

（3）稍冷后改成蒸馏装置，用水浴加热蒸出大部分乙醇（回收）。将瓶中残液趁热倒入蒸发皿中，加入 4g 研细的生石灰粉末[注释3]，拌匀。将蒸发皿放在一只大小合适并装有适量水的烧杯口上，用蒸汽浴蒸干，再移至石棉网上用小火焙炒片刻，务使水分全部除去[注释4]。

（4）将粉末放入 50mL 干燥的烧杯中，铺均匀，中间隔着一张穿有许多小孔的圆形滤纸，然后将大小合适并通有冷凝水的圆底烧瓶盖在上面［如图 4-18(b) 所示］，用沙浴[注释5]小心加热升华[注释6]。当纸上出现许多针状结晶时，停止加热，冷至 100℃左右，小心移开烧瓶和滤纸，仔细地把在纸上的咖啡因用小刀刮下，并收集起来。必要时，残渣经拌和后，再小心升华一次。将收集的咖啡因称量并计算产率。纯粹咖啡因的熔点为 238℃（文献值）。

（5）咖啡因的定性检验：取少量咖啡因，配成饱和溶液，加入等体积的 KI-I_2 溶液，再加入 2～3 滴稀盐酸，即产生红棕色沉淀；加入过量的 NaOH 时，沉淀又溶解。

$$C_8H_{10}N_4O_2 + 2I_2 + KI + HCl \longrightarrow [C_8H_{10}N_4O_2] \cdot HI \cdot 2I_2 \downarrow + KCl$$

（红棕色）

$$[C_8H_{10}N_4O_2] \cdot HI \cdot 2I_2 + NaOH \longrightarrow C_8H_{10}N_4O_2 + 2I_2 + NaI + H_2O$$

本实验约需 4～6h。

2. 浸取法

在 250mL 烧杯中加入 100mL 水和粉末碳酸钙 3～4g。称取 10g 茶叶，用纱布包好后放入烧杯中煮沸 30min，取出茶叶，压干，趁热抽滤，用蒸发皿将滤液浓缩至约 20mL，冷至室温后用等量的氯仿萃取两次，合并两次提取液。在通风橱内将提取液蒸发并蒸干[注释7]，而后进行升华实验（步骤同上）。

六、问题与讨论

（1）本实验为什么要用索氏提取器？它与浸取法相比有什么优点？

（2）影响咖啡因提取率的因素有哪些？

（3）在进行升华操作时应注意哪些问题？

七、注释

[1] 可按图 7-10(b) 所示，用恒压滴液漏斗代替索氏提取器，即在恒压滴液漏斗底部垫上极薄一层

脱脂棉，不用滤纸套。在回收提取液时，可直接加热，将提取液蒸至恒压滴液漏斗中而不用放出，停止加热后可从上端将其倾至回收瓶即可。

[2] 滤纸套的大小既要紧贴器壁，又能方便取放。纸套上面盖滤纸或脱脂棉，以保证回流液均匀浸透被萃取物。用滤纸包茶叶时要防止漏出而堵塞虹吸管。

[3] 生石灰起吸水和中和作用，以除去部分酸性杂质。

[4] 如留有少量水分，会在下一步升华开始时带来一些烟雾，污染器皿。

[5] 如无沙浴，也可用简易空气浴加热升华，即将蒸发皿底部稍离开石棉网进行加热，并在附近悬挂温度计指示升华温度。

[6] 在萃取回流充分的情况下，升华操作是实验成败的关键。升华过程中始终都需用小火间接加热，温度太高会使产物发黄、纯度降低。注意温度计应放在合适的位置，使之能正确反映出升华的温度。

[7] 也可将提取液移入蒸馏瓶，用水浴加热减压蒸馏回收氯仿。

实验十五 生姜中生姜油的提取

一、目的与要求

(1) 学习水蒸气蒸馏的原理。

(2) 掌握水蒸气蒸馏的操作方法。

二、预习与思考

(1) 预习第 4 章“4.7 水蒸气蒸馏”。

(2) 思考下列问题

① 水蒸气蒸馏时，如何判断有机物已完全蒸出？

② 水蒸气蒸馏时，随着蒸汽的导入，蒸馏瓶中液体越积越多，以致有时液体会冲入冷凝管中，如何避免这一现象？

三、实验原理

1. 基本原理

水蒸气蒸馏是分离和纯化有机化合物的常用方法之一，常用于下列几种情况：①反应混合物中含有大量树脂状杂质或不挥发性杂质；②要求除去易挥发的有机物；③从较多固体反应混合物中分离出被吸附的液体产物；④某些有机物在达到沸点时容易被破坏，采用水蒸气蒸馏可在 100℃以下蒸出。使用这种方法时，被提纯物质应该具备下列条件：不溶（或几乎不溶）于水，在沸腾下长时间与水共存而不起化学变化；在 100℃左右时必须具有一定的蒸气压（一般要有 0.663～1.33kPa 或 5～10mmHg）。

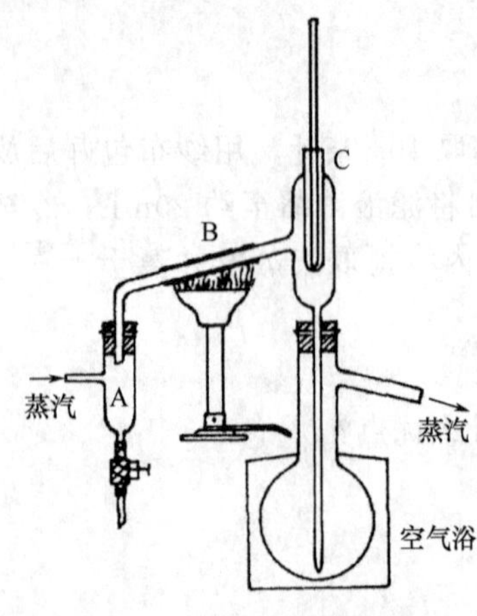

图 7-11 过热水蒸气蒸馏装置

一般说来，在反应物中混有大量树脂状或焦油状物时，用水蒸气蒸馏的效果较一般蒸馏或重结晶为好。有时反应产生两种或几种有机化合物，当其中一种具备上面条件时，用此种方法可获得满意的效果。

此外，在实际操作过程中，常应用过热水蒸气蒸馏以提高馏出液中化合物的含量。当某化合物分子的摩尔质量很大，而其蒸气压过低（仅具有 133～666Pa 或 1～5mmHg），这时就可用过热水蒸气蒸馏提纯。为了防止过热蒸汽冷凝，须保持盛蒸馏物烧瓶的温度与蒸汽的温度相同。具体操作时，可在蒸汽导管和烧瓶之间串联一段铜管(最好是螺旋形的)。铜管下用火焰加热，以提高蒸汽的温度，烧瓶再用油浴保温，也可用图 7-11 所示的装置来进行。其中 A 是为了除去蒸汽中冷凝下来的液滴，B 处是用几层石棉纸裹住的硬质玻璃管，下面用鱼尾灯焰加热。C 是温度计套管，内插温度计。烧瓶外用油浴或空气浴维持和蒸汽一样的温度。

应用过热水蒸气还具有使水蒸气冷凝少的优点，这样可以省去在盛蒸馏物的容器下加热等操作。为了防止过热蒸汽冷凝，可在盛物的瓶下以油浴保持和蒸汽相同的温度。

在实验操作中，过热蒸汽可应用于在 100℃时具有 0.13～0.67kPa 的物质。例如在分离苯酚的硝化产物中，邻硝基苯酚可用一般的水蒸气蒸馏蒸出。在蒸完邻位异构体后，如果提高蒸汽温度，也可以蒸馏出对位产物。

少量物质的水蒸气蒸馏，可用克氏蒸馏瓶（头）代替圆底烧瓶，装置如图 7-12 所示。有时也可直接利用进行反应的三口瓶来代替圆底烧瓶更为方便（见图 4-39）。水蒸气蒸馏的基本原理、蒸馏装置和操作方法详见第 4 章“4.7 水蒸气蒸馏”。

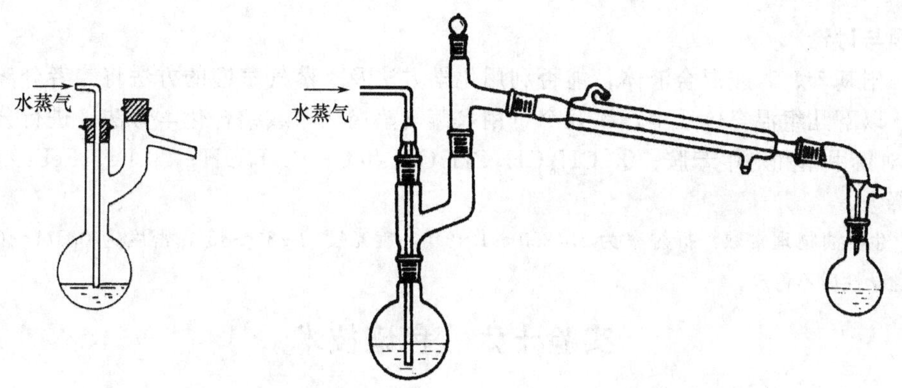

图 7-12　用克氏蒸馏瓶（头）进行少量物质的水蒸气蒸馏

2. 从生姜中提取生姜油

生姜的化学组成较为复杂，目前已从中发现了 100 多种化学成分，总体可归属为生姜精油、姜辣素和二苯基庚烷三大类成分。生姜经水蒸气蒸馏、溶剂萃取法等可从生姜中提取生姜精油，其主要成分为倍半萜烯类碳水化合物和氧化倍半萜烯，其余主要是单萜烯类碳水化合物和氧化单萜烯类。倍半萜烯类碳水化合物主要为 α-姜烯、β-红没药烯、芳基-姜黄、α-法呢烯和 β-倍半水芹烯。其中单萜烯组分认为对姜的呈香贡献最大，氧化倍半萜烯含量较少，但对姜的风味特征贡献较大。

生姜精油是透明、浅黄到橘黄可流动的液体，在水蒸气蒸馏时，高沸点的生姜油和低沸点的水一起被蒸出和冷凝下来。生姜油形成的油滴分散在水的介质中，易用乙酸乙酯从水中萃取出来，然后蒸去乙酸乙酯即可得到基本纯净的生姜油[注释1]。

四、仪器与药品

（1）仪器　水蒸气蒸馏装置 1 套。

（2）药品　50g 生姜，30mL 乙酸乙酯，无水硫酸镁。

五、实验内容

（1）在 150mL 圆底烧瓶中放入已切成细条的 50g 生姜，加入适量水（不超过烧瓶体积的 1/2）。安装好水蒸气蒸馏装置（见图 7-13），加热，待有水蒸气生成时关闭 T 形夹。

（2）蒸馏约 1h 后可收集约 50～60mL 水-生姜油蒸馏液，将蒸馏液转移至分液漏斗中，用乙酸乙酯萃取 3～5 次，每次用量 10mL。合并这几次萃取的乙酸乙酯萃取液，并用无水硫酸镁干燥，静置15min以上，滤去干燥剂，用水浴蒸去乙酸乙酯，即可得到生姜油。称重，计算产率。

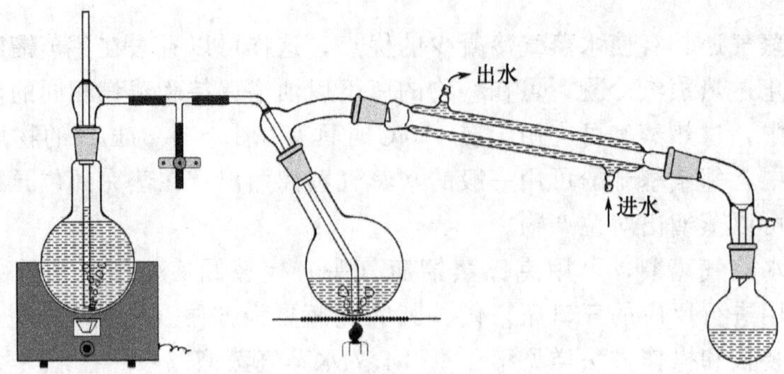

图 7-13 水蒸气蒸馏装置图

六、问题与讨论

(1) 硝基苯、苯胺混合液体，能否利用化学方法及水蒸气蒸馏的方法将二者分离？

(2) 以下几组混合体系中，哪几个可用水蒸气蒸馏法（或结合化学方法）进行分离？

① 对氯甲苯和对甲苯胺；② $CH_3CH_2CH_2OH$ 和 CH_3CH_2OH；③ Fe、$FeBr_3$ 和溴苯。

七、注释

[1] 生姜油物理常数：折射率为1.4880～1.4940，旋光度为28°～45°，密度为0.871～0.882g·mL^{-1}。化学性质不稳定。

实验十六 色谱技术

一、目的与要求

(1) 学习色谱技术的原理和应用。

(2) 掌握薄层板的制备和柱色谱的装填。

(3) 了解薄层吸附色谱展开剂的选择。

(4) 学习用色谱法分离和鉴定化合物的操作技术。

二、预习与思考

(1) 预习第4章“4.9色谱分离技术”。

(2) 思考下列问题

① 色谱技术的基本原理是什么？

② 色谱如何分类？其有哪些应用？

三、实验原理

色谱法的基本原理是利用混合物中各组分在某一物质中的吸附或溶解性能（即分配）的不同，或其它亲和作用性能的差异，使混合物的溶液流经该物质，进行反复的吸附或分配等作用，从而将各组分分开。其中流动的体系称为流动相。流动相可以是气体，也可以是液体。固定不动的物质称为固定相，可以是固体吸附剂，也可以是液体（吸附在支持剂上）。根据组分在固定相中的作用原理不同，可分为吸附色谱、分配色谱、离子交换色谱、排阻色谱等；根据操作条件的不同，又可分为薄层色谱、柱色谱、纸色谱、气相色谱及高效液相色谱等。流动相的极性小于固定相极性时为正相色谱，而流动相的极性大于固定相时为反相色谱。

1.薄层色谱

薄层色谱（thin layer chromatography，TLC），它是一种固-液吸附色谱，是近年来发展起来的一种微量、快速而简单的色谱法，其最大的优点是需要的样品量少（几到几十微克，甚至 0.01μg），展开速度快，分离时间短、效率高。它可用于精制样品、鉴定化合物、跟踪反应进程和柱色谱的最佳条件摸索等方面，特别适用于挥发性较小或在较高温度易发生变化而不能用气相色谱分析的物质。薄层色谱也适用于较大量样品的分离、精制（可达 500mg）。此外，在进行化学反应时，常利用薄层色谱观察原料斑点的逐步消失来判断反应是否完成。

薄层色谱主要分为吸附色谱和分配色谱两类。对薄层吸附色谱而言，其流动相又称为展开剂或溶剂，固定相也叫吸附剂。由于组分、流动相和固定相三者间既相互联系又存在吸附竞争的机制，使得薄层色谱法有很好的分离效能。当带有组分的流动相接触固定相时，组分和流动相对固定相表面产生吸附竞争，并都可以被吸附。但主要发生物理吸附，因而吸附过程是可逆的，且在一定条件下达到平衡状态。

流动相借助于毛细作用源源不断供给、上行，使得组分与流动相对固定相的暂时吸附平衡被破坏，即吸附的组分不断地被流动相解吸下来。解吸下来的组分立即溶解于流动相中并随之向前移动。当遇到新鲜的固定相表面时，又与流动相展开吸附竞争并再次建立瞬间平衡。这种过程反复交替地进行。通常组分中不同物质的结构和性能总是存在某方面的差异，因而分配系数就不同。在上述吸附-解吸过程中，因行进速度不同最终被分离开来。

2. 柱色谱

柱色谱（柱上层析）常用的有吸附柱色谱和分配柱色谱两类。前者常用氧化铝和硅胶作固定相。在分配柱色谱中以硅胶、硅藻土和纤维素作为支持剂，以吸收较大量的液体作固定相，而支持剂本身不起分离作用。

吸附柱色谱通常在玻璃管中填入表面积很大、经过活化的多孔性或粉状固体吸附剂。当待分离的混合物溶液流过吸附柱时，各种成分同时被吸附在柱的上端。当洗脱剂流下时，由于不同化合物吸附能力不同，往下洗脱的速度也不同，于是形成了不同层次，即溶质在柱中自上而下按对吸附剂亲和力大小分别形成若干色带，再用溶剂洗脱时，已经分开的溶质可以从柱上分别洗出收集；或者将柱吸干，挤出后按色带分割开，再用溶剂将各色带中的溶质萃取出来。对于柱上不显色的化合物分离时，可用紫外光照射后所呈现的荧光来检查，或在用溶剂洗脱时，分别收集洗脱液，逐个加以检定。将洗脱剂蒸发，就可以获得单一纯净的物质。

有关薄层色谱、柱色谱、纸色谱的基本原理和应用参见第 4 章“4.9 色谱分离技术”。

四、仪器与药品

（1）仪器　台秤，烘箱，干燥器，烧杯（50mL），量筒（10mL），广口瓶（150mL），载玻片（7.5cm×2.5cm），毛细管；酸式滴定管（25mL），锥形瓶（50mL），长颈漏斗，滴液漏斗，量筒（10mL），玻璃棒。

（2）药品　1%偶氮苯的苯溶液，1%苏丹Ⅲ的苯溶液，5%间硝基苯胺的苯溶液，硅胶 G，无水苯-乙酸乙酯混合溶剂（9 ∶ 1）；石英砂，中性氧化铝（100～200 目），乙醇（70%），甲基橙，亚甲基蓝。

五、实验内容

1. 间硝基苯胺、偶氮苯和苏丹Ⅲ的分离

间硝基苯胺、偶氮苯和苏丹Ⅲ由于三者极性不同，利用薄层色谱（TLC）可以将三者分离。

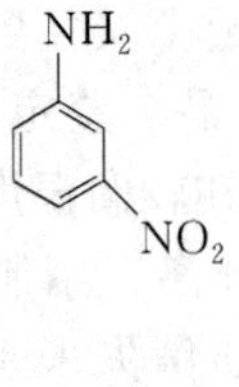

NH2 NO2 间硝基苯胺 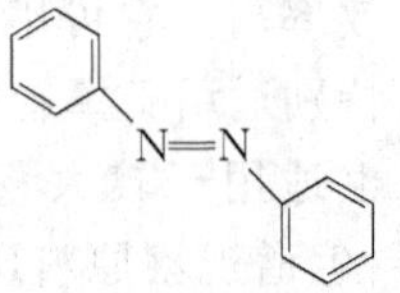　偶氮苯 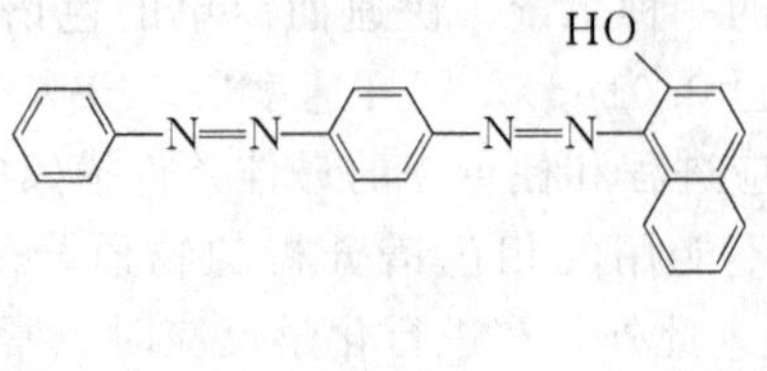　苏丹Ⅲ

(1) 薄层板的制备　取 7.5cm×2.5cm 左右的载玻片 5 片，洗净，晾干。在 50mL 烧杯中，放置 3g 硅胶 G，逐渐加入水 8mL，调成均匀的糊状，用滴管吸取此糊状物，涂于上述洁净的载玻片上，用食指和拇指拿住带浆的载玻片，在玻璃板或水平的桌面上做上下轻微的颠动，并不时转动方向，制成薄厚均匀、表面光洁平整的薄层板[注释1]。将已涂好硅胶 G 的薄层板置于水平的玻璃板上，在室温放置 0.5h 后，移入烘箱中，缓慢升温至 110℃，恒温 0.5h，取出，稍冷后置于干燥器中备用。

(2) 点样　取 2 块用上述方法制好的薄层板，分别在距一端 1cm 处用铅笔轻轻划一横线作为起始线。取管口平整的毛细管插入样品溶液中，在一块板的起点线上点 5%间硝基苯胺的苯溶液和 1%的偶氮苯的苯溶液[注释2] 两个样点。在第二块板的起点线上点 1%苏丹Ⅲ的苯溶液和混合液（1%偶氮苯的苯溶液+5%间硝基苯胺的苯溶液）两个样点，样点间相距 1～1.5cm。如果样点的颜色较浅，可重复点样，重复点样前必须待前次样点干燥后进行。样点直径不应超过 2mm。

(3) 展开　用 9∶1 的无水苯-乙酸乙酯为展开剂。待样点干燥后，小心放入已加入展开剂的 250mL 广口瓶中进行展开。瓶的内壁贴一张高 5cm、环绕周长约 4/5 的滤纸，下面浸入展开剂中，以使容器内被展开剂蒸气饱和。点样一端应浸入展开剂约 0.5cm[注释3]。盖好瓶塞，观察展开剂前沿上升至离板的上端 1cm 处取出，尽快用铅笔在展开剂上升的前沿处划一记号[注释4]，晾干后观察分离的情况，比较三者 R_f 值的大小。

2. 甲基橙与亚甲基蓝的分离

(1) 装柱（湿法）　用 25mL 酸式滴定管作色谱柱，垂直装置，以 50mL 锥形瓶作洗脱液的接收器。把一小团脱脂棉放在干燥色谱柱底部，用玻璃棒轻轻塞于孔中（切勿太紧），再在脱脂棉上盖一层厚 0.5cm 的石英砂（洗净干燥过）或置上一张内径略小的滤纸，关闭活塞。向柱内倒入 70%乙醇至柱高 3/4 处，打开活塞，控制滴出速度为 1 滴/s，用三角瓶收集滴下的溶剂，通过一干燥的长颈玻璃漏斗慢慢加入 10g 色谱用的中性氧化铝。用橡皮塞或手指轻轻敲打柱身，使填装紧密均匀[注释5]，不断补充乙醇，勿使氧化铝柱层变干[注释6]，让溶剂流动一些时候，至氧化铝顶部不再下降，在上面加一层 0.5cm 厚的石英砂[注释7] 或将一张内径略小滤纸盖在氧化铝层顶部，以保护氧化铝层平面。

(2) 展开和洗脱　取甲基橙和亚甲基蓝溶液各 4 滴于一小试管内，混匀备用。甲基橙和亚甲基蓝的结构式如下：

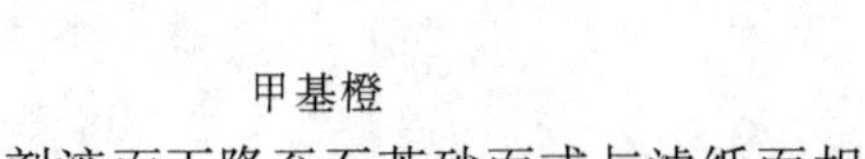

NaO3S—C6H4—N=N—C6H4—N(CH3)2　甲基橙

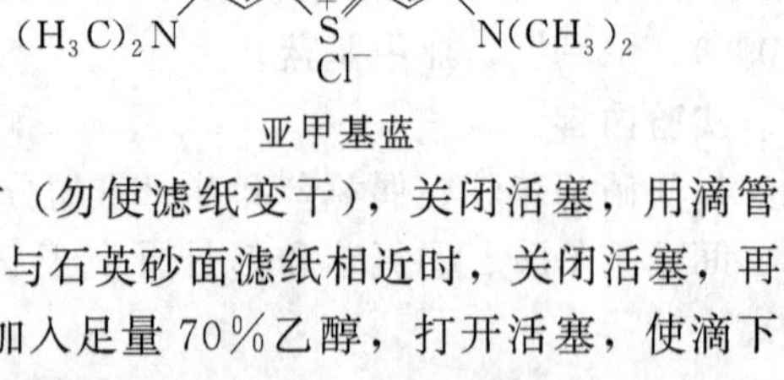

(H3C)2N　N　S+ Cl−　N(CH3)2　亚甲基蓝

当溶剂液面下降至石英砂面或与滤纸面相近时（勿使滤纸变干），关闭活塞，用滴管将上述混合液小心加入柱顶，打开活塞，当液面下降与石英砂面滤纸相近时，关闭活塞，再加入 2mL 70%乙醇，重复上述操作两次，然后小心加入足量 70%乙醇，打开活塞，使滴下速度为 1～2 滴/s。

蓝色的亚甲基蓝首先向柱下移动，甲基橙则留在柱子上端。当蓝色的亚甲基蓝快从柱子里开始流出时，更换一个接收器立即计量收集（用量筒）。继续洗脱，至滴出液体近无色为止（即蓝色液全部流出后），再换一个接收器，改用水洗脱至橙色的液体开始滴出，用另一接收器计量收集被洗脱甲基橙水溶液，直至无色为止。这样两种组分就被分开了。

实验结束后，将氧化铝从柱顶倒置倒出，把柱子洗净备用。

六、问题与讨论

(1) 在一定的操作条件下为什么可利用 R_f 值来鉴定化合物？

(2) 在混合物薄层谱中，如何判定各组分在薄层上的位置？

(3) 展开剂的高度若超过了点样线，对薄层色谱有何影响？

(4) 制薄层板时，厚度对样品展开有什么影响？

(5) 为什么极性大的组分要用极性大的溶剂洗脱？

(6) 色谱柱子中若有气泡或填装不均匀，将给分离造成什么样的结果？应如何避免？

七、注释

[1] 制板时要求薄层平滑均匀。为此，宜将吸附剂调得稍稀些，尤其是制硅胶板时，更是如此。否则吸附剂调得很稠，就很难做到均匀。另一个制板的方法是：在一块较大的玻板上，放置两块 3mm 厚的长条玻板，中间夹一块 2mm 厚的薄层板用载玻片，倒上调好的吸附剂，用宽于载玻片的刀片或油灰刮刀顺一个方向刮去。倒料多少要合适，以便一次刮成。

[2] 点样用的毛细管必须专用，不得弄混。点样时，使毛细管液面刚好接触到薄层板即可，切勿点样过重而使薄层破坏，点样过量会影响分离效果。点与点之间距离 1cm 左右。

[3] 展开剂不超过点样线。

[4] 取出薄板应立即在展开剂前沿画出记号，如不注意，展开剂挥发后，无法确定其上升的高度。也可先画出前沿，待展开剂到达立即取出。

[5] 色谱柱填装紧与否对分离效果很有影响，若松紧不均，特别是有断层时，影响流速和色带的均匀，但如果装柱时过分敲击，色谱柱填装过紧，又使流速太慢。

[6] 为了保持柱内的均一性，必须使整个吸附剂浸泡在溶剂或溶液中。否则，当柱内溶剂或溶液流干时，就会柱身干裂，影响渗滤和显色的效果。

[7] 也可不加石英砂，但加液时要沿壁慢慢加入，以避免将氧化铝溅起。

第 8 章 物质的性质与鉴别

实验十七 解离平衡与缓冲溶液

一、目的与要求

（1）加深理解对解离平衡、同离子效应、盐类水解等概念和原理的理解。

（2）学习缓冲溶液的配制方法，并试验其缓冲作用。

（3）掌握酸碱指示剂及 pH 试纸的使用方法。

（4）学习使用酸度计。

二、预习与思考

（1）预习解离平衡、同离子效应、盐类水解和缓冲溶液的相关概念和原理。

（2）预习第 4 章“4.10.1 试管实验基本技术”和第 6 章“6.6.3 酸度计与 pH 的测定”。

（3）思考下列问题

① 同离子效应对弱电解质的电离度有什么影响？

② 什么是缓冲溶液？它具有哪些特性？

③ 测定 pH 有哪些方法？何种方法精确度最好？

④ 使用酸度计时应注意哪些问题？

三、实验原理

1. 同离子效应

强电解质在水中全部解离。弱电解质在水中部分解离。在一定温度下，弱酸、弱碱的解离平衡如下：

$$HA(aq)+H_2O(l) \rightleftharpoons H_3O^+(aq)+A^-(aq)$$

$$B(aq)+H_2O(l) \rightleftharpoons BH^+(aq)+OH^-(aq)$$

在弱电解质溶液中，加入与弱电解质含有相同离子的另一强电解质时，解离平衡向生成弱电解质的方向移动，使弱电解质的解离度减小，这种现象称为同离子效应。例如，HAc 的解离度会因加入 NaAc 或 HCl 而下降。

2. 盐的水解

强酸强碱盐在水中不水解。强酸弱碱盐（如 NH_4Cl）水解，溶液呈酸性；强碱弱酸盐（如 NaAc）水解，溶液呈碱性；弱酸弱碱盐（如 NH_4Ac）水解，溶液的酸碱性取决于相应弱酸弱碱的相对强弱。例如

$$NH_4^+(aq)+H_2O(l) \rightleftharpoons NH_3 \cdot H_2O(aq)+H^+(aq)$$

$$Ac^-(aq)+H_2O(l) \rightleftharpoons HAc(aq)+OH^-(aq)$$

$$NH_4^+(aq)+Ac^-(aq)+H_2O(l) \rightleftharpoons NH_3 \cdot H_2O(aq)+HAc(aq)$$

水解反应是酸碱中和反应的逆反应，中和反应是放热反应，水解反应是吸热反应，因此升高温度和稀释溶液都有利于水解反应的进行。在水解平衡中，增加或减少反应物（或生成物）的量也会使平衡发生移动。例如

$$Bi^{3+}+Cl^-+H_2O \rightleftharpoons BiOCl(s)+2H^+$$

为了防止水解，可在系统中加入酸，使 $c(H^+)$ 增大，抑制平衡右移。

当强酸弱碱盐与强碱弱酸盐混合时，将加剧两种盐的水解。例如

$$Al^{3+}+3HCO_3^- \rightleftharpoons Al(OH)_3(s)+3CO_2(g)$$

$$2Cr^{3+}+3CO_3^{2-}+3H_2O \rightleftharpoons 2Cr(OH)_3(s,灰绿色)+3CO_2(g)$$

$$2NH_4^+ + CO_3^{2-} + H_2O \rightleftharpoons 2NH_3 \cdot H_2O + CO_2(g)$$

3. 缓冲溶液

由弱酸（或弱碱）及其盐等共轭酸碱对所组成的溶液（如 HAc-NaAc，$NH_3 \cdot H_2O$-NH_4Cl，NaH_2PO_4-Na_2HPO_4 等），其 pH 不会因加入少量酸、碱或少量水稀释而发生显著变化，具有这种性质的溶液称为缓冲溶液。

由弱酸及其盐组成的缓冲溶液的 pH 可用下式计算：

$$pH = pK_a^{\ominus}(HA) - \lg \frac{c(HA)}{c(A^-)}$$

由弱碱及其盐所组成的缓冲溶液的 pH 的计算公式为：

$$pH = 14 - pK_b^{\ominus}(B) + \lg \frac{c(B)}{c(BH^+)}$$

缓冲溶液的缓冲能力与组成缓冲溶液的弱酸（或弱碱）及其共轭碱（或酸）的浓度有关，当弱酸（或弱碱）与它的共轭碱（或酸）浓度较大时，其缓冲能力较强。此外，缓冲能力还与 $c(HA)/c(A^-)$ 或 $c(B)/c(BH^+)$ 有关，当比值为 0.1～10 时，缓冲溶液具有较大的缓冲作用。

缓冲溶液的 pH 可以 pH 试纸或 pH 计来测定。

四、仪器与药品

（1）仪器　酸度计，复合玻璃电极，量筒（10mL、50mL 或 100mL）5 个，烧杯（50mL 或 100mL）4 个，点滴板，试管若干，试管架，石棉网，酒精灯。

（2）药品　HCl($0.10mol \cdot L^{-1}$，$2.0mol \cdot L^{-1}$)，HAc($0.10mol \cdot L^{-1}$，$1.0mol \cdot L^{-1}$)，HNO_3($6.0mol \cdot L^{-1}$)；NaOH($0.10mol \cdot L^{-1}$)，$NH_3 \cdot H_2O$($0.10mol \cdot L^{-1}$，$1.0mol \cdot L^{-1}$)；NaCl($0.10mol \cdot L^{-1}$)，NaAc($0.10mol \cdot L^{-1}$，$1.0mol \cdot L^{-1}$)，Na_2CO_3($1.0mol \cdot L^{-1}$)，$NaHCO_3$($0.50mol \cdot L^{-1}$)，NH_4Cl($0.10mol \cdot L^{-1}$，$1.0mol \cdot L^{-1}$)，$Al_2(SO_4)_3$($0.10mol \cdot L^{-1}$)，$CrCl_3$($1.0mol \cdot L^{-1}$)，$BiCl_3$($0.10mol \cdot L^{-1}$)，$Fe(NO_3)_3$(s)，NH_4Ac(s)，酚酞溶液，甲基橙溶液。

（3）材料　石蕊试纸，pH 试纸。

五、实验内容

1. 同离子效应

（1）在试管中加入约 1mL $0.10mol \cdot L^{-1}$ $NH_3 \cdot H_2O$ 溶液和 1 滴酚酞溶液，摇匀，溶液显什么颜色？再加入少量的 NH_4Ac(s)，摇匀，溶液的颜色有何变化？写出反应方程式，并简要解释之。

（2）在试管中加入约 1mL $0.10mol \cdot L^{-1}$ HAc 溶液和 1 滴甲基橙溶液，摇匀，溶液显什么颜色？再加入少量 NH_4Ac(s)，摇匀，溶液的颜色有何变化？写出反应方程式，并简要解释之。

2. 盐类的水解

（1）用精密 pH 试纸分别检验 $0.10mol \cdot L^{-1}$ NaAc 溶液、$0.10mol \cdot L^{-1}$ NH_4Cl 溶液、$0.10mol \cdot L^{-1}$ NaCl 溶液及去离子水[注释1] 的 pH，所得结果与计算值作比较。解释 pH 各不相同的原因。

（2）在试管中加入 2mL $1.0mol \cdot L^{-1}$ NaAc 溶液和 1 滴酚酞溶液，摇匀，溶液显什么颜色？再将溶液加热至沸，溶液的颜色有何变化？试解释之。

(3) 在试管中，加入少量 $Fe(NO)_3$ (s)，用 5mL 左右去离子水溶解后观察其颜色。然后将溶液分成 3 份于 3 支试管中，将其中 1 份留作比较用，在第 2 支试管中加入几滴 6.0mol·L^{-1} HNO_3 溶液摇匀，将第 3 之试管用小火加热。分别观察两支试管溶液颜色的变化并与第 1 支试管进行比较。解释实验现象。

(4) 在试管中加入 3 滴 0.10mol·L^{-1} $BiCl_3$ 溶液后，再加入约 2mL 去离子水，观察现象。再逐滴滴入 2.0mol·L^{-1} HCl 溶液，观察有何变化，写出离子反应方程式。

(5) 在 1 支装有约 1mL 0.10mol·L^{-1} $Al_2(SO_4)_3$ 溶液的试管中，加入 1mL 0.50mol·L^{-1} $NaHCO_3$ 溶液，有什么现象？用什么方法证明产物是 $Al(OH)_3$，而不是 $Al(HCO_3)_3$？写出反应的离子方程式。

(6) 在 1 支装有 1mL 1.0mol·L^{-1} $CrCl_3$ 溶液的试管中，加入 1mL 1.0mol·L^{-1} Na_2CO_3 溶液，观察现象，写出反应的离子方程式。

(7) 在 1 支装有 1mL 1.0mol·L^{-1} NH_4Cl 溶液的试管中，加入 1mL 1.0mol·L^{-1} Na_2CO_3 溶液，并立即用润湿的红色石蕊试纸在试管口检验是否有氨气生成（可将试管微热后观察）。写出反应的离子方程式。

3. 缓冲溶液

(1) 缓冲溶液的配制及其 pH 的测定　按表 8-1 和表 8-2 配制 4 种缓冲溶液，1～3 号缓冲溶液用精密 pH 试纸分别测定其 pH。第 4 号缓冲溶液用酸度计测定其 pH。

(2) 缓冲溶液缓冲作用的试验。在用酸度计测定第 4 号缓冲溶液的 pH 后，往该溶液中加入 0.50mL（约 10 滴）0.10mol·L^{-1} HCl 溶液，摇匀，用酸度计测定其 pH；随后再加入 1.0mL（约 20 滴）0.10mol·L^{-1} NaOH 溶液，摇匀，再测定其 pH。记录这三次的测定结果，并与计算值进行比较。用 50mL 去离子水替代 4 号缓冲溶液，重复以上实验，记录测定结果并与 4 号缓冲溶液的实验结果进行比较。

表 8-1　缓冲溶液的配制和测定

编号	配制溶液及试剂用量(用量筒准确各量取 2.0mL)	pH(试纸测定)	pH(计算)
1	$NH_3 \cdot H_2O$(1.0mol·L^{-1})＋NH_4Cl(0.10mol·L^{-1})		
2	HAc(0.10mol·L^{-1})＋NaAc(1.0mol·L^{-1})		
3	HAc(1.0mol·L^{-1})＋NaAc(0.10mol·L^{-1})		

表 8-2　缓冲溶液的作用

编号	配制溶液试剂及用量(用量筒准确各量取 25.0mL)	pH(酸度计测定)	pH(计算)
1	HAc(0.10mol·L^{-1})＋NaAc(0.10mol·L^{-1})		
	加入 0.50mL HCl 溶液(0.10mol·L^{-1})(约 10 滴)		
	加入 1.0mL NaOH 溶液(0.10mol·L^{-1})(约 20 滴)		
2	量取 50mL 的去离子水		
	加入 0.50mL NaOH 溶液(0.10mol·L^{-1})(约 10 滴)		
	加入 1.0mL HCl 溶液(0.10mol·L^{-1})(约 20 滴)		

六、问题与讨论

(1) 实验室中配制 $BiCl_3$ 溶液时，能否将固体 $BiCl_3$ 直接溶于去离子水中？应当如何配制？

（2）使用 pH 试纸测定溶液的 pH 时，怎样才是正确的操作方法？

（3）影响盐类水解的因素有哪些？

七、注释

［1］ 去离子水的 pH 往往低于 7.0，这是因为空气中或多或少地含有一些酸性气体如 CO_2 等，它溶于水解离而显酸性。实验室所用的去离子水 pH 约在 6.5，若用这样的去离子水配制溶液时，pH 也表现出程度不同的偏差，所以在测定盐类溶液的 pH 时，可同时测定去离子水的 pH 以资比较。

实验十八　配合物与沉淀-溶解平衡

一、目的与要求

（1）掌握配合物的生成和离解，以及配离子与简单离子的区别。

（2）加深理解配合物的组成和稳定性，了解配合物形成时的特征。

（3）加深理解沉淀-溶解平衡和溶度积的概念，掌握溶度积规则及其应用。

（4）学习利用沉淀反应和配位溶解的方法分离常见混合阳离子。

（5）学习离心机的使用和固液分离的操作方法。

二、预习与思考

（1）预习有关配合物的组成、稳定性以及配位平衡移动的原理。

（2）预习有关难溶电解质的沉淀生成、溶解和转化等内容。

（3）预习第 4 章“4.10.1 试管实验基本技术”。

（4）思考下列问题

① 什么叫做配位化合物？什么叫做配位剂？什么叫做螯合剂？

② 配位化合物有哪些应用？

③ 沉淀生成和溶解的条件是什么？

④ 根据溶度积规则怎样判断沉淀的先后顺序？沉淀转化的一般规律是什么？

三、实验原理

1. 配位化合物与配位平衡

配位化合物（简称配合物）的组成一般可分为内界和外界两个部分。中心离子与一定数目的配位体组成配合物的内界（一般为配离子或分子）；配合物除中心离子和配位体以外的部分为外界。内界和外界以离子键结合，在水溶液中完全解离；而配离子很稳定，在水溶液中像弱电解质一样分步解离，即配离子在溶液中存在着配合和解离平衡，如

$$Cu^{2+} + 4NH_3 \rightleftharpoons [Cu(NH_3)_4]^{2+}$$

可用稳定常数 $K_f^\ominus$ 来描述配离子的稳定性。对于相同类型的配离子，$K_f^\ominus$ 数值愈大，配离子就愈稳定。和所有化学平衡一样，当条件改变时，配位平衡会发生移动。

当简单离子（或化合物）形成配离子（或配合物）后，其某些性质会发生改变，如颜色、溶解性、酸性以及氧化还原性等。

在水溶液中，配合物的生成反应主要有配位体的取代反应和加合反应，例如：

$$[Fe(NCS)_n]^{3-n} + 6F^- \rightleftharpoons [FeF_6]^{3-} + nSCN^-$$

$$HgI_2(s) + 2I^- \rightleftharpoons [HgI_4]^{2-}$$

螯合物又称内配合物，它是由中心离子和多基配位体配合而成的具有环状结构的配合物，它比一般的配合物稳定，很多金属螯合物具有特征的颜色。螯合物的环上有几个原子，就称为几元环，一般五元环和六元环的螯合物比较稳定。

2.沉淀-溶解平衡

在含有难溶电解质（A_mB_n）晶体的饱和溶液中，难溶电解质与溶液中相应离子间的平衡称为沉淀-溶解平衡，可用通式表示如下：

$$A_mB_n(s) \rightleftharpoons mA^{n+}(aq) + nB^{m-}(aq)$$

在一定的温度下，沉淀的生成或溶解可以根据溶度积规则来判断。当体系中离子浓度的幂的乘积大于溶度积常数，即 $Q>K_{sp}^{\ominus}$ 时有沉淀生成，平衡向左移动；当 $Q<K_{sp}^{\ominus}$ 时，无沉淀生成，或平衡向右移动，原来的沉淀溶解；当 $Q=K_{sp}^{\ominus}$ 时，处于平衡状态，溶液为饱和溶液。

设法降低难溶电解质溶液中某一相关离子的浓度，可以将沉淀溶解。溶解沉淀的常见方法有酸、碱溶解法，氧化还原溶解法，配位溶解法，沉淀转化溶解法和多元溶解法等。

如果溶液中含有两种或两种以上的离子都能与逐滴加入的某种离子（称为沉淀剂）反应，生成沉淀时，沉淀析出的先后顺序决定于所需沉淀剂浓度的大小，所需沉淀剂浓度较小的离子先沉淀析出，然后所需沉淀剂浓度较大的离子开始析出沉淀，这种先后沉淀的现象称为分步沉淀。例如，在含有 S^{2-} 和 CrO_4^{2-} 的混合溶液中逐渐加入含 Pb^{2+} 的溶液或者在含有 Ag^+ 和 Pb^{2+} 的混合溶液中逐滴加入含 CrO_4^{2-} 的溶液，都会产生分步沉淀的现象。对于相同类型的难溶电解质，可以根据其 $K_{sp}^{\ominus}$ 的相对大小来判断沉淀析出的先后顺序。对于不同类型的难溶电解质，则要根据计算所需沉淀剂浓度的大小来判断沉淀析出的先后顺序。

使一种溶解度较大的难溶电解质转化为另一种溶解度较小的更难溶电解质，即将一种沉淀转化为另一种沉淀，称为沉淀的转化。例如，锅炉垢层的成分是 $CaSO_4$，由于垢层致密，且难溶于稀酸，可用 Na_2CO_3 将 $CaSO_4$ 转化成 $CaCO_3$，然后用酸清洗。为保证锅炉不被酸腐蚀，酸中需加适量的缓蚀剂，如 HCl 中加六亚甲基四胺（俗名乌洛托品）。两种沉淀间相互转化的难易程度要根据沉淀转化反应的标准平衡常数确定。

利用沉淀反应和配位溶解可以分离溶液中的某些离子。例如，为了分离溶液中的 Ag^+、Ba^{2+}、Mg^{2+} 等混合离子，可先加入盐酸使 Ag^+ 生成 AgCl 沉淀从溶液中析出来。再在清液中加入稀 H_2SO_4，使 Ba^{2+} 生成 $BaSO_4$ 沉淀，从溶液中分离出来，而 Mg^{2+} 则留在溶液中。这样就达到三种离子分离的目的。分离过程用示意图表示如下：

$$\left.\begin{matrix}Ag^+\\Ba^{2+}\\Mg^{2+}\end{matrix}\right\}\xrightarrow{HCl}\left\{\begin{matrix}AgCl\ (s)\\Ba^{2+}\\Mg^{2+}\end{matrix}\right.\xrightarrow{稀\ H_2SO_4}\left\{\begin{matrix}BaSO_4\ (s)\\Mg^{2+}\ (aq)\end{matrix}\right.$$

四、仪器与药品

（1）仪器　点滴板，试管，试管架，石棉网，酒精灯，电动离心机。

（2）药品　HCl(2.0mol·L^{-1}，6.0mol·L^{-1}，浓)，HNO_3(2.0mol·L^{-1}，6.0mol·L^{-1}浓)，H_3BO_3(0.10mol·L^{-1})；NaOH(2.0mol·L^{-1})，$NH_3\cdot H_2O$(2.0mol·L^{-1}，6.0mol·L^{-1})；NH_4Cl(1.0mol·L^{-1}) KI(0.020mol·L^{-1}，0.10mol·L^{-1}，2.0mol·L^{-1})，KBr(0.10mol·L^{-1})，K_2CrO_4(0.10mol·L^{-1})，KSCN(0.10mol·L^{-1})，$K_4[Fe(CN)_6]$(0.10mol·L^{-1})，NaF(0.50mol·L^{-1})，NaCl(0.10mol·L^{-1})，Na_2S(0.10mol·L^{-1})，Na_2SO_4(0.50mol·L^{-1})，$Na_2S_2O_3$(1.0mol·L^{-1}，饱和)，Na_2CO_3 (0.10mol·L^{-1}，饱和)，Na_2H_2Y(0.10mol·L^{-1})，$CaCl_2$(0.10mol·L^{-1}，0.50mol·L^{-1})，$BaCl_2$(0.10mol·L^{-1})，$Ba(NO_3)_2$(0.10mol·L^{-1})，$MgCl_2$(0.10mol·L^{-1})，$FeCl_3$(0.10mol·L^{-1})，$Fe(NO_3)_3$(0.10mol·L^{-1})，$(NH_4)_2Fe(SO_4)_2$(0.10mol·L^{-1})，$CoCl_2$(0.10mol·L^{-1})，$NiSO_4$(0.10mol·L^{-1})，$CuSO_4$(0.10mol·L^{-1})，$AgNO_3$(0.10mol·L^{-1})，$Zn(NO_3)_2$(0.10mol·L^{-1})，$Hg(NO_3)_2$(0.10mol·L^{-1})，

$Al(NO_3)_3$(0.10mol・L^{-1})，$Pb(NO_3)_2$(0.10mol・L^{-1})，$Pb(Ac)_2$(0.010mol・L^{-1})；$NaNO_3$(s)；H_2O_2(3%)，甘油（或甘露醇），无水乙醇，丁二酮肟。

（3）材料　铜片，锌片，硫脲，pH 试纸。

五、实验内容

1. 配合物的生成及颜色的改变

（1）在 2 滴 0.10mol・L^{-1} $Fe(NO_3)_3$ 溶液中加入 1 滴 0.10mol・L^{-1} KSCN 溶液，观察溶液颜色的变化。再加入几滴 0.50mol・L^{-1}NaF 溶液振荡试管，观察有何变化？写出反应方程式并解释之。

（2）在 0.10mol・L^{-1} $K_4[Fe(CN)_6]$ 溶液和 0.10mol・$L^{-1}$$(NH_4)_2Fe(SO_4)_2$ 溶液中分别滴加 0.10mol・L^{-1} KSCN 溶液，观察溶液是否发生变化。

（3）在试管中加入几滴 0.10mol・L^{-1} $CuSO_4$ 溶液，再逐滴滴加 6.0mol・L^{-1} $NH_3 \cdot H_2O$ 溶液至过量，然后将溶液分成 3 份，一份加入 2.0mol・L^{-1} NaOH 溶液，一份加入 0.10mol・L^{-1} $BaCl_2$ 溶液，另一份加入少许无水乙醇，观察现象。写出有关反应方程式。

（4）在试管中加入 2 滴 0.10mol・L^{-1} $NiSO_4$ 溶液，再逐滴滴加 6.0mol・L^{-1} $NH_3 \cdot H_2O$ 溶液，观察溶液的颜色变化。然后再加入 2 滴丁二酮肟试剂[注释1]，观察生成物的颜色和状态。

2. 配位平衡的移动

（1）在几滴 0.10mol・L^{-1} NaCl 溶液中加入 0.10mol・L^{-1} $AgNO_3$ 溶液，离心分离，弃去清液，向沉淀中加入 2.0mol・L^{-1} $NH_3 \cdot H_2O$ 溶液，沉淀是否溶解？为什么？若再加几滴 2.0mol・L^{-1} HNO_3 溶液，又有何现象。

（2）在 1 支试管中加入 2～3 滴 0.10mol・L^{-1} $AgNO_3$ 溶液，然后按下列步骤进行实验，观察每步现象的变化，根据难溶电解质溶度积和配离子稳定常数解释现象，并写出各步实验的离子反应方程式。

① 逐滴加入 0.10mol・L^{-1} Na_2CO_3 溶液至沉淀生成；

② 逐滴加入 2.0mol・L^{-1} $NH_3 \cdot H_2O$ 溶液至沉淀刚溶解；

③ 逐滴加入 0.10mol・L^{-1} NaCl 溶液至沉淀生成；

④ 逐滴加入 6.0mol・L^{-1} $NH_3 \cdot H_2O$ 溶液至沉淀刚溶解；

⑤ 逐滴加入 0.10mol・L^{-1} KBr 溶液至沉淀生成；

⑥ 逐滴加入 1.0mol・L^{-1} $Na_2S_2O_3$ 溶液至沉淀刚溶解；

⑦ 逐滴加入 0.10mol・L^{-1} KI 溶液至沉淀生成；

⑧ 逐滴加入 $Na_2S_2O_3$ 溶液（饱和）至沉淀刚溶解；

⑨ 逐滴加入 0.10mol・L^{-1} Na_2S 溶液至沉淀生成。

（3）在 1 支试管中加入几滴　0.10mol・L^{-1} Na_2S 溶液，再逐滴加入 0.10mol・L^{-1} $Hg(NO_3)_2$ 溶液至沉淀生成，离心分离弃去清液；在沉淀中加入几滴浓 HNO_3，观察沉淀是否溶解？再加几滴浓 HCl，沉淀有何变化？写出反应方程式。

3. 螯合物的形成及 pH 的改变

（1）取一条完整的 pH 试纸，滴上半滴甘油（或甘露醇）溶液，在距离甘油扩散边缘 0.5～1.0cm 处滴上半滴 0.10mol・L^{-1} H_3BO_3 溶液待溶液扩散与甘油扩散区重叠时，记录下未重叠处甘油、H_3BO_3 及它们重叠区的 pH。说明 pH 变化的原因并写出反应方程式。

（2）用 0.10mol・L^{-1} $CaCl_2$ 溶液和 0.10mol・L^{-1} Na_2H_2Y 溶液，重复（1）的实验，

说明 pH 变化的原因，并写出反应方程式。

4. 配合物形成时中心离子氧化还原性的改变

(1) 在 2～3 滴 0.10mol·L^{-1} $CoCl_2$ 溶液中，滴加 3% H_2O_2 溶液，观察有何变化？

(2) 在 2～3 滴 0.10mol·L^{-1} $CoCl_2$ 溶液中加几滴 1.0mol·L^{-1} NH_4Cl 溶液，再滴加 6.0mol·L^{-1} $NH_3·H_2O$ 溶液，观察现象。然后滴加 3% H_2O_2 溶液，观察溶液颜色的变化，和实验 (1) 比较，有何不同？写出有关的反应方程式。

(3) 在试管中放入一小片铜屑，加入 2～3mL 6.0mol·L^{-1} HCl 溶液，加热至沸，离开火源，观察是否有气泡生成？

(4) 在试管中放入一小片铜屑，加入 2～3mL HCl 溶液 (6.0mol·L^{-1})，再加入一小勺硫脲，加热至沸，离开火源，观察是否有氢气气泡生成？

5. 沉淀的生成与溶解

(1) 在 3 支试管中各加入 2 滴 0.01mol·L^{-1} $Pb(Ac)_2$ 溶液和 2 滴 0.02mol·L^{-1} KI 溶液，振荡试管，观察有无沉淀生成？在第 1 支试管中加入 5mL 去离子水，振荡试管，观察现象；在第 2 支试管中加少量 $NaNO_3(s)$，振荡，观察现象；在第 3 支试管中加入过量的 2.0mol·L^{-1} KI 溶液，观察现象。分别解释上述实验现象。

(2) 在 2 支试管中各加入 2 滴 0.10mol·L^{-1} Na_2S 溶液和 2 滴 0.10mol·L^{-1} $Pb(NO_3)_2$ 溶液，注意观察沉淀的颜色。在 1 支试管中加入 6.0mol·L^{-1} HCl 溶液，另 1 支试管中加入 6.0mol·L^{-1} HNO_3 溶液，振荡试管，观察现象。写出反应方程式。

(3) 在试管中加入几滴 0.10mol·L^{-1} K_2CrO_4 溶液和几滴 0.10mol·L^{-1} $Pb(NO_3)_2$ 溶液，注意观察沉淀的颜色。

(4) 在试管中加入几滴 0.10mol·L^{-1} K_2CrO_4 溶液和几滴 0.10mol·L^{-1} $AgNO_3$ 溶液，注意观察沉淀的颜色。

(5) 在试管中加入几滴 0.10mol·L^{-1} NaCl 溶液和几滴 0.10mol·L^{-1} $AgNO_3$ 溶液，注意观察沉淀的颜色。

注意，以上 (2)～(5) 实验，沉淀颜色可用来判断下面分步沉淀实验的沉淀先后。

6. 分步沉淀

(1) 在 1 支离心试管中加入 1 滴 0.10mol·L^{-1} Na_2S 溶液和 2 滴 0.10mol·L^{-1} K_2CrO_4 溶液，用去离子水稀释至 5mL，摇匀。先加入 1 滴 $Pb(NO_3)_2$ 溶液 (0.10mol·L^{-1})，摇匀后用离心机分离，观察离心试管底部沉淀颜色；然后再向上清液中滴加 0.10mol·L^{-1} $Pb(NO_3)_2$ 溶液，观察此时生成的沉淀颜色。指出前后两种沉淀各是什么物质？并说明两种沉淀先后析出的理由，写出反应方程式。

(2) 在 1 支离心试管中加入 2 滴 0.10mol·L^{-1} $AgNO_3$ 溶液和 2 滴 0.10mol·L^{-1} $Pb(NO_3)_2$ 溶液，用去离子水稀释至 5mL，摇匀。逐滴加入 0.10mol·L^{-1} K_2CrO_4 溶液 (注意，每加 1 滴后，都要充分摇匀)，观察先后出现沉淀的颜色有何不同？指出各是什么物质？写出反应方程式并解释之。

7. 沉淀的转化

(1) 在试管中加入 6 滴 0.1mol·L^{-1} $AgNO_3$ 溶液，再加入 3 滴 0.1mol·L^{-1} K_2CrO_4 溶液，观察现象。然后再逐滴加入 0.10mol·L^{-1} NaCl 溶液，充分振荡，观察有何变化。写出反应方程式，并计算沉淀转化反应的标准平衡常数。

(2) 在 2 支离心试管中，各加入 1mL 0.50mol·L^{-1} $CaCl_2$ 溶液和 1mL 0.50mol·L^{-1}

Na_2SO_4 溶液，振荡，生成沉淀（若无沉淀生成，用玻璃棒摩擦试管内壁，至沉淀生成），离心分离，弃去清液。在 1 支含有沉淀的试管中，加入 1mL 2.0mol·L^{-1} HCl 溶液，观察沉淀是否溶解；在另 1 支含有沉淀的试管中加入 1mL 饱和 Na_2CO_3 溶液，充分振荡试管（或用玻璃棒搅松沉淀），使沉淀转化，离心分离，弃去清液，用去离子水洗涤沉淀 1～2 次，离心分离，弃去清液，然后在沉淀中加入 1mL 2.0mol·L^{-1} HCl 溶液，观察沉淀是否溶解？

8.沉淀的溶解

（1）在 2 支试管中均分别加入 0.5mL 0.10mol·L^{-1} $MgCl_2$ 溶液和数滴 2.0mol·L^{-1} $NH_3 \cdot H_2O$ 溶液至沉淀生成。在 1 支试管中加入几滴 2.0mol·L^{-1} HCl 溶液，观察沉淀是否溶解；在另 1 支试管中加入数滴 1.0mol·L^{-1} NH_4Cl 溶液，观察沉淀是否溶解。写出有关反应方程式并解释每步实验现象。

（2）在 1 支试管中加入 2 滴 0.010mol·L^{-1} $Pb(Ac)_2$ 溶液和 2 滴 0.020mol·L^{-1} KI 溶液，再加入 0.5mL 去离子水，最后向该试管中加入少量 $NaNO_3(s)$，振荡试管，直到沉淀消失。写出有关反应方程式，解释沉淀溶解的原因。

9.沉淀法分离混合离子

（1）在 1 支离心试管加入 0.10mol·L^{-1} $AgNO_3$ 溶液、0.10mol·L^{-1} $Fe(NO_3)_3$ 溶液、0.10mol·L^{-1} $Al(NO_3)_3$ 溶液各 3 滴。向该混合溶液中加入几滴 2.0mol·L^{-1} HCl 溶液，有什么沉淀析出？离心分离后，在上清液中再加入 1 滴 2.0mol·L^{-1} HCl 溶液检验，若无沉淀析出，表示能形成难溶氯化物的离子已经沉淀完全。将清液转移到另一支离心试管中，逐滴加入过量的 2.0mol·L^{-1} NaOH 溶液，振荡并适当加热，有什么沉淀析出？离心分离后，在上清液加入 1 滴 2.0mol·L^{-1} NaOH 溶液检验，若无沉淀生成，表示能形成难溶氢氧化物的离子已沉淀完全。将清液再转移置另一支试管中。此时三种离子已经分开。写出分离过程示意图。

（2）某溶液中含有 Ba^{2+}、Pb^{2+}、Fe^{3+}、Zn^{2+} 等离子，试设计方法分离之。图示分离步骤，写出有关的反应方程式。

六、问题与讨论

（1）将 2 滴 0.10mol·L^{-1} $AgNO_3$ 溶液和 2 滴 0.10mol·L^{-1} $Pb(NO_3)_2$ 溶液混合并稀释到 5mL 后，再逐滴加入 0.10mol·L^{-1} K_2CrO_4 溶液时，哪种沉淀先生成？为什么？

（2）计算 $CaSO_4$ 沉淀与 Na_2CO_3 溶液（饱和）反应的标准平衡常数。用平衡移动原理解释 $CaSO_4$ 沉淀转化为 $CaCO_3$ 沉淀的原因。

（3）HgS 不溶于单一酸，但却能溶于王水，为什么？

（4）锌能从 $FeSO_4$ 溶液中置换出铁，却不能从 $K_4[Fe(CN)_4]$ 溶液中置换出铁，为什么？

（5）衣服上沾有铁锈时，常用草酸去洗，试说明其中的原理。

七、注释

［1］ Ni^{2+} 在弱碱性条件下加入丁二酮肟生成难溶于水的鲜红色螯合物沉淀二丁二酮肟合镍（Ⅱ）：

$$Ni^{2+} + 2\begin{array}{l}CH_3-C{=}NOH\\ \quad\;\;|\\ CH_3-C{=}NOH\end{array} + 2NH_3 \longrightarrow \left[\begin{array}{c} \text{H}_3\text{C}\;\;\;\text{O}\cdots\text{H}\cdots\text{O}\;\;\;\text{CH}_3 \\ \text{C}{=}\text{N}\to\text{Ni}\leftarrow\text{N}{=}\text{C} \\ \text{C}{=}\text{N}\to\;\;\;\;\leftarrow\text{N}{=}\text{C} \\ \text{H}_3\text{C}\;\;\;\text{O}\cdots\text{H}\cdots\text{O}\;\;\;\text{CH}_3 \end{array}\right] + 2NH_4^+$$

简写为 $$Ni^{2+} + 2HDMG + 2NH_3 \longrightarrow Ni(DMG)_2(s) + 2NH_4^+$$

实验十九　氧化还原反应与电化学

一、目的与要求

(1) 了解原电池的组成，学习用酸度计测定原电池电动势的方法。

(2) 加深理解电极电势与氧化还原反应的关系。

(3) 了解介质的酸碱性对氧化还原反应方向和产物的影响。

(4) 了解反应物浓度和温度对氧化还原反应速率的影响。

(5) 掌握浓度对电极电势的影响。

(6) 了解电解的基本原理及影响电解产物的主要因素。

二、预习与思考

(1) 预习有关氧化还原反应、原电池和电解的基本概念和基本原理。

(2) 预习第 6 章“6.6.3 酸度计与 pH 的测定”中有关测量原电池电动势的方法。

(3) 思考下列问题

① 影响电极电势的因素有哪些?

② 盐桥有什么作用? 应如何选用盐桥以适应不同的原电池?

③ 原电池与电解池有何区别?

三、实验原理

对于一个能自发进行的氧化还原反应，可以通过适当的装置把化学能转化为电能，这种装置称为原电池。由于组成原电池的两个电极均有一定的电极电势（φ），则原电池具有电动势（E）。原电池的电动势 $E=\varphi_{正}-\varphi_{负}$，因此，通过测定原电池电动势，可以得到相应的电极电势。由于原电池本身有内阻，放电时产生内压降，用伏特计测得的端电压，仅是外电路的电压，而不是原电池的电动势。准确的原电池电动势应采用“对消法”在电位计上测量。若用 pH 计的“mV”挡来测，由于 pH 计的 mV 部分具有高阻抗，使测量回路中通过的电流极小，原电池的内压降近似为零。所以，所测得的外电路的端电压可近似地作为原电池的电动势。

电极电势的相对大小反映了电极中氧化态物质和还原态物质在水溶液中氧化还原能力的相对强弱。一个电对的电极电势代数值越大，其氧化态的氧化能力越强，而还原态的还原能力就越弱；反之，其电极电势代数值越小，其氧化态的氧化能力越弱，而还原态的还原能力就越强。

浓度与电极电势的关系可用能斯特（Nernst）方程表示，在 298.15K 时，方程式为：

$$\varphi=\varphi^{\ominus}-\frac{0.05917}{n}\lg\frac{c(\text{还原态})}{c(\text{氧化态})}$$

还原态或氧化态物质浓度的变化均会改变电极电势的数值，当有沉淀或配合物生成时，能显著地影响电极电势，甚至会改变反应的方向。溶液的 pH 也会影响某些电对的电极电势或氧化还原反应的方向。介质的酸碱性会影响某些氧化还原反应的产物，如在酸性、中性和强碱性溶液中，MnO_4^- 的还原产物分别为 Mn^{2+}、MnO_2 和 MnO_4^{2-}。

电流通过电解质溶液时，在电极上引起的化学变化称为电解。电解时电极电势的高低、离子浓度的大小、电极材料等因素都可以影响两极上的电解产物。

四、仪器与药品

(1) 仪器　pH 计或伏特计，5mL 井穴板，烧杯，量筒，表面皿，酒精灯，石棉网，水浴锅，盐桥[注释1]。

(2) 药品　H_2SO_4(2.0mol·L^{-1}，3.0mol·L^{-1})，HCl(0.10mol·L^{-1})，HAc(1.0mol·L^{-1}) $H_2C_2O_4$(0.10mol·L^{-1})，NaOH(2.0mol·L^{-1}，6.0mol·L^{-1})，$NH_3 \cdot H_2O$(6.0mol·L^{-1})，KBr(0.10mol·L^{-1})，$KMnO_4$(0.010mol·L^{-1})，KIO_3(0.10mol·L^{-1})，KI(0.020mol·L^{-1}，0.10mol·L^{-1})，$K_2Cr_2O_7$(0.10mol·L^{-1})，$K_3[Fe(CN)_6]$(0.010mol·L^{-1})，Na_2SO_3(0.10mol·L^{-1})，Na_2SiO_3(0.50mol·L^{-1})，乌洛托品[$(CH_2)_6N_4$](20%)，$CuSO_4$(0.10mol·L^{-1}，0.50mol·L^{-1})，$ZnSO_4$(0.10mol·L^{-1}，0.50mol·L^{-1})，$Cr_2(SO_4)_3$(0.10mol·L^{-1})，$(NH_4)_2Fe(SO_4)_2$(0.10mol·L^{-1})，$Pb(NO_3)_2$(0.50mol·L^{-1}，1.0mol·L^{-1})，$HgCl_2$(0.10mol·L^{-1})，$FeCl_3$(0.10mol·L^{-1})，H_2O_2(3%)，CCl_4，酚酞溶液，淀粉溶液。

(3) 试液(Ⅰ)　取 410mL 30% H_2O_2 溶液，加水稀释至 1000mL，存于棕色瓶中。

(4) 试液(Ⅱ)　称取 42.8g KIO_3 加入适量水，加热溶解，冷却后加入 40mL 2.0 mol·L^{-1} H_2SO_4，加水稀释至 1000mL，存于棕色瓶中。

(5) 试液(Ⅲ)　称取 0.3g 可溶性淀粉，用少量水调成糊状，加入到沸水中，然后加入 3.4g $MnSO_4$ 和 15.6g 丙二酸 [$CH_2(COOH)_2$]，搅拌溶解，加水稀释至 1000mL，存于棕色瓶中。

(6) 材料　铜片，锌片，铝片，铅粒，锌粒，铁钉(丝)；铜片电极，锌片电极，铁片电极，石墨棒电极，镍铬丝，干电池，滤纸片，铜丝；石蕊试纸，滤纸片。

五、实验内容

1. 原电池的组成和电动势的测定

在一个井穴板的对角相邻位置穴中分别倒入约 1/2 容积的 0.10mol·L^{-1} $CuSO_4$、0.10 mol·L^{-1} $ZnSO_4$、0.10mol·L^{-1} $(NH_4)Fe(SO_4)_2$，再分别插入相应的金属电极，用饱和 KCl 盐桥连接两个穴，组成铜-锌，铜-铁，锌-铁原电池，用 pH 计的"mV"挡(或伏特计)测量其近似的电动势，并与计算值比较。对铜-锌原电池，测量时用导线将铜片和锌片分别与 pH 计的正、负极相接，另两个电池的接法可类推。注意，保留这些溶液于下面实验中继续使用。

2. 浓度、介质对电极电势的影响

(1) 浓度对电极电势的影响　在上述实验基础上，在搅拌下，先往 0.10mol·L^{-1} $CuSO_4$ 溶液中滴加 6.0mol·L^{-1} $NH_3 \cdot H_2O$ 至生成的沉淀恰好溶解(溶液为深蓝色)，再测铜-锌原电池的电动势，有何变化？然后再往 0.10mol·L^{-1} $ZnSO_4$ 溶液中滴加 6.0mol·L^{-1} $NH_3 \cdot H_2O$ 至生成的沉淀刚好溶解时，再测铜-锌原电池的电动势，又有何变化？为什么？根据以上电池电动势的测量结果，你能得出什么结论？

(2) 介质对电极电势的影响　在井穴板的一个孔穴中，约按 1∶1 的量加入 0.10mol·L^{-1} $Cr_2(SO_4)_3$ 和 0.10mol·L^{-1} $K_2Cr_2O_7$ 至约 1/2 容积，往另一孔穴中加入 3% H_2O_2 至约 1/2 容积，再分别插入石墨棒电极，架入盐桥，组成原电池，用 pH 计(或伏特计)测定其电动势并记录之。往 $Cr_2O_7^{2-}/Cr^{3+}$ 电对中滴加几滴 3.0mol·L^{-1} H_2SO_4 再测其电动势；再往 $Cr_2O_7^{2-}/Cr^{3+}$ 电对中滴加 6.0mol·L^{-1} NaOH 至沉淀生成又溶解，再测其电动势。试简单解释其电动势变化的原因。(此测定速度要快，因浓度变化电动势变化较大)

3. 电极电势与氧化还原反应的关系

(1) 取两支试管分别加入 0.5mL 0.50mol·L^{-1} $Pb(NO_3)_2$ 和 0.5mL 0.50mol·L^{-1} $CuSO_4$ 溶液，再各放入一小片用砂纸擦净的锌片，放置一段时间后，观察锌片表面和溶液颜色有何变化？

(2) 取两支试管分别加入 0.5mL 0.50mol·L^{-1} $ZnSO_4$ 和 0.5mL 0.50mol·L^{-1} $CuSO_4$ 溶液，各放入一小粒已用砂纸擦净的铅粒，放置一段时间后，观察铅粒表面和溶液颜色有何变化?

根据 (1)、(2) 的实验结果，确定锌、铅、铜还原性的相对大小。

(3) 在试管中加入 10 滴 0.020mol·L^{-1} KI 溶液和 2 滴 0.10mol·L^{-1} $FeCl_3$ 溶液，摇匀后加入 1mL CCl_4，充分振荡，观察 CCl_4 层的颜色变化。写出反应方程式。

(4) 用 0.10mol·L^{-1} KBr 溶液代替 (3) 中 KI 溶液进行上述同样的实验。

根据 (3)、(4) 的实验结果，比较 Br_2/Br^-、I_2/I^-、Fe^{3+}/Fe^{2+} 三个电对的电极电势的相对大小，并指出其中最强的氧化剂和还原剂各是什么?

(5) 中间价态物质的氧化还原反应

① 在一支试管中加入 5 滴 0.10mol·L^{-1} KI 溶液，加入 2 滴 2.0mol·L^{-1} H_2SO_4 酸化，再加入几滴 3% H_2O_2 和 1mL CCl_4，充分振荡，观察 CCl_4 层的颜色有无变化? 在另一支试管中加入 2 滴 0.010mol·L^{-1} $KMnO_4$ 溶液和 2 滴 2.0mol·L^{-1} H_2SO_4 酸化，再加入几滴 3% H_2O_2，观察现象。两支试管现象有何不同，指出 H_2O_2 在反应中各起什么作用?

② 取 10mL 试液 (Ⅰ) 倒入烧杯，然后各取 10mL 试液 (Ⅱ)、试液 (Ⅲ) 倒入烧杯，摇晃烧杯，观察溶液颜色的反复变化情况，试解释之。

4.介质的酸碱性对氧化还原反应的影响

(1) 在试管中加入 10 滴 0.10mol·L^{-1} KI 和 2～3 滴 0.10mol·L^{-1} KIO_3 溶液，振荡，观察有无变化? 再加几滴 2.0mol·L^{-1} H_2SO_4，观察有无变化? 再逐滴加入 NaOH (2.0mol·L^{-1}) 使溶液呈碱性，又有何现象? 写出反应方程式，解释每步反应的现象，并指出介质的酸碱性对上述氧化还原反应的影响。

(2) 在 3 支试管中各加入 2 滴 0.010mol·L^{-1} $KMnO_4$ 溶液，再分别加入 5 滴 2.0 mol·L^{-1} H_2SO_4、H_2O、2.0mol·L^{-1} NaOH，使它们分别呈酸性、中性、碱性溶液，再分别向各试管加入 10 滴 0.10mol·L^{-1} Na_2SO_3，观察各支试管的现象。写出反应方程式。

5.浓度、温度对氧化还原反应速率的影响

(1) 在两支试管中分别加入 3 滴 0.50mol·L^{-1} $Pb(NO_3)_2$ 溶液和 1.0mol·L^{-1} $Pb(NO_3)_2$ 溶液，各加入 30 滴 1.0mol·L^{-1} HAc 溶液，混匀后，再逐滴加入 0.50mol·L^{-1} Na_2SiO_3 溶液约 26～28 滴，摇匀，用蓝色石蕊试纸检查溶液仍呈弱酸性。在 90℃的水浴中加热至试管中出现乳白色透明乳胶，取出试管，冷却至室温，在两支试管中同时插入表面积相同的锌片，观察两支试管中“铅树”生长速率的快慢，并解释之。

(2) 在 A、B 两支试管中各加入 10 滴 0.010mol·L^{-1} $KMnO_4$ 溶液，再滴几滴 2.0mol·L^{-1} H_2SO_4 酸化；在 C、D 两试管中各加入 1mL 0.10mol·L^{-1} $H_2C_2O_4$ 溶液，将 A、C 两试管放入水浴中加热几分钟后，将 A 倒入 C，同时将 B 倒入 D 中，观察 C、D 两试管中的溶液何者先褪色，并解释之。

6.金属的腐蚀与防止

(1) 在点滴板穴内放一片铝片，在铝片上滴 1 滴 0.10mol·L^{-1} $HgCl_2$ 溶液，当铝片出现灰色时用滤纸 (或棉花) 吸干溶液，将铝片置于空气中，观察白色絮状物生成。试解释之。

(2) 在试管中加入 1mL 0.10mol·L^{-1} HCl 溶液，再放入一粒 (片) 纯锌粒 (片)，观察现象。再插入 1 根铜丝与锌粒 (片) 接触，观察前后现象有何不同?

(3) 取 2 支无锈或已去锈（用酸去锈，清水洗净）的铁钉（丝），分别放入两支试管中，在 1 支试管中加入数滴乌洛托品（20%）。然后各加入 1mL 0.10mol·L^{-1} HCl 和几滴 0.010mol·L^{-1} $K_3[Fe(CN)_6]$，观察现象有何不同？

7. 电解

将一小片滤纸置于表面皿上，并滴上 1 滴 0.10mol·L^{-1} KI 溶液、1 滴酚酞溶液和 1 滴淀粉溶液使之湿润。在干电池的正、负极上分别连接一根镍铬丝作电极，将这两根电极同时插在滤纸片上（距离约 1cm），稍后，观察滤纸片上两极出现的现象。写出两电极反应的半反应式。

六、问题与讨论

(1) 通过实验，总结哪些因素会影响电极电势？怎样影响？

(2) $KMnO_4$ 与 Na_2SO_3 溶液进行氧化还原反应时，在酸性、中性、碱性介质中的产物各是什么？写出反应的离子方程式。

(3) 在 Cu-Zn 原电池中，当减小 Cu^{2+} 浓度时，原电池的电动势是变大还是变小？当减小 Zn^{2+} 浓度时，原电池的电动势又是如何变化的？为什么？

七、注释

[1] 盐桥的制作：把 2g 琼脂放入 100mL 饱和 KCl 溶液中，小火加热全溶后，用滴管吸取之并灌入至 U 形管中，注意不能有气泡进入，冷却凝固后即可使用。不用时要保存在饱和 KCl 溶液中。

实验二十　弱酸解离常数和解离度的测定

一、目的与要求

(1) 掌握弱酸解离常数与解离度的测定方法，加深对弱电解质平衡的理解。

(2) 掌握 pH 计（酸度计）的正确使用方法。

二、预习与思考

(1) 预习弱酸在水溶液中解离平衡的基本原理。

(2) 预习第 3 章“3.3 玻璃量器及其使用”中有关移液管、容量瓶及其使用方法。

(3) 预习第 6 章“6.6.3 酸度计与 pH 的测定”。

(4) 思考下列问题

① 本实验测定 HAc 解离常数的原理是什么？

② 移液管有何用途？使用时应注意哪些问题？

③ 使用容量瓶时应注意哪些问题？

三、实验原理

HAc 是一元弱酸，在水溶液中存在着下列解离平衡：

$$HAc(aq) \rightleftharpoons H^+(aq) + Ac^-(aq)$$

一定温度下，标准平衡常数的表达式为：

$$K_a^{\ominus} = \frac{c(H^+)c(A^-)}{c(HA)}$$

式中各浓度项均为平衡浓度。若 HAc 的起始浓度为 c，解离度为 α，在 HAc 溶液中，$c(H^+) = c(Ac^-)$，$c(HAc^-) = 1 - c(H^+)$，则：

$$\alpha = \frac{c(H^+)}{c}，K_a^{\ominus} = \frac{c^2(H^+)}{c - c(H^+)} = \frac{c\alpha^2}{1-\alpha}$$

当 $\alpha < 5\%$ 时，

$$K_a^{\ominus} \approx \frac{c^2(H^+)}{c} \approx c\alpha^2$$

在一定的温度下，用酸度计测定不同浓度 HAc 溶液的 pH，由 $pH=-\lg c(H^+)$ 求出相应的 $c(H^+)$，从而计算出不同浓度下 HAc 的解离度和解离常数。

四、仪器与药品

（1）仪器　pHs-25 型酸度计，复合电极，酸式滴定管，移液管，烧杯（50mL）；温度计。

（2）药品　HAc（约 $0.2mol \cdot L^{-1}$，准确浓度）。

五、实验内容

1.配制不同浓度的醋酸溶液

用移液管或酸式滴定管分别取 2.50mL、5.00mL 和 25.00mL 已知准确浓度（约 $0.2mol \cdot L^{-1}$）的 HAc 溶液于三个已编号的 50mL 容量瓶中，用去离子水稀释至刻度并摇匀。算出这三瓶 HAc 溶液的浓度。

2.测定醋酸溶液的 pH

分别取三个容量瓶中的 HAc 溶液和未稀释的 HAc 溶液各约 25mL 于四个清洁干燥的 50mL 烧杯中，按由稀到浓的顺序，用酸度计[注释1]分别测出它们的 pH[注释2]，记录数据和室温。

pH 测定结束后，关闭电源，拆下复合 pH 电极[注释3]并洗净，小心套上复合 pH 电极的电极帽。

3.数据记录和处理

按表 8-3 的格式，记录实验中所测得的各溶液的 pH，并计算结果。

六、问题与讨论

（1）为什么要按溶液浓度由稀到浓的顺序来测定溶液的 pH？

（2）实验中应如何保护 pH 电极？

（3）若所用的 HAc 溶液的浓度极稀时，能否用 $K_a^{\ominus} \approx c^2(H^+)/c$ 求解离常数？

（4）根据实验结果，总结解离度、解离常数和 HAc 溶液浓度的关系。

表 8-3　溶液的 pH 和计算结果

溶液编号	$c/mol \cdot L^{-1}$	pH	$c(H^+)$ $/mol \cdot L^{-1}$	α	解离常数 $K_a^{\ominus}$	
					测定值	平均值
1						
2						
3						
4						

七、注释

［1］ 测量不同浓度 HAc 溶液的 pH 之前，需先用标准缓冲溶液定位，具体操作见“6.6.3 酸度计与 pH 的测定”。本实验用 $0.05mol \cdot L^{-1}$ 邻苯二甲酸氢钾溶液作标准缓冲溶液。下表列出了该标准缓冲溶液在不同温度下的 pH，供使用时参考。

温度/℃	0	10	20	25	30	35	40	50	60
$0.05mol \cdot L^{-1}$ 邻苯二甲酸氢钾溶液的 pH	4.01	4.00	4.00	4.01	4.01	4.02	4.03	4.06	4.10

［2］ 将所需测定的溶液分别装入烧杯后，应按由稀到浓的顺序在同一台 pH 计上测定 pH。测定的时间间隔不宜太长，以防止由于电压波动对 pH 读数产生的影响。

[3] pH 计也可使用玻璃电极和饱和甘汞电极作为工作电极测定溶液的 pH。

实验二十一　碱金属和碱土金属

一、目的与要求

(1) 比较碱金属、碱土金属的活泼性。

(2) 比较碱土金属氢氧化物及其盐类溶解度。

(3) 比较锂、镁盐的相似性。

(4) 了解焰色反应的操作并熟悉使用金属钾、钠、汞的安全措施。

(5) 学会元素性质试验和定性分析的基本操作。

二、预习与思考

(1) 复习碱金属、碱土金属及其化合物的性质。

(2) 查阅本实验中有关的难溶盐及氢氧化物的溶度积常数。

(3) 预习第 4 章"4.10.1 试管实验基本技术"。

(4) 思考下列问题

① 为什么在试验比较 $Mg(OH)_2$，$Ca(OH)_2$，$Ba(OH)_2$ 的溶解度时所用的 NaOH 溶液必须是新配制的？如何配制不含 CO_3^{2-} 的 NaOH 溶液？

② 钠汞齐的制备实验中，若不慎从水中吸取汞时带入少量水，对实验有什么影响？不慎将汞滴到实验桌面或地面上时，应及时采取什么措施？

三、实验原理

碱金属和碱土金属分别是元素周期表中ⅠA、ⅡA 族金属元素，它们的化学性质活泼，能直接或间接地与电负性较高的非金属元素反应，除 Be 外，都可与水反应生成氢氧化物同时放出氢气，反应激烈程度随金属性增强而加剧，实验时必须十分注意安全。碱金属和碱土金属密度较小，由于它们易与空气或水反应，保存时需浸在煤油、石蜡中以隔绝空气和水。

碱金属的氢氧化物可溶于水，碱土金属的氢氧化物溶解度较低，其中 $Be(OH)_2$ 和 $Mg(OH)_2$ 为难溶氢氧化物。这两族的氢氧化物除 $Be(OH)_2$ 显两性外，其余属中强碱或强碱。

碱金属的绝大多数盐类均易溶于水，只有与易变形的大阴离子作用生成的盐才不溶于水。如高氯酸钾 $KClO_4$（白色），钴亚硝酸钠钾 $K_2Na[Co(NO_2)_6]$（亮黄），醋酸铀酰锌钠 $NaZn(UO_2)_3(Ac)\cdot 6H_2O$（黄绿色）。碱土金属盐类的溶解度较碱金属低，有不少是难溶的。例如，钙、锶、钡的硫酸盐和铬酸盐是难溶的。碱土金属的碳酸盐、磷酸盐和草酸盐均难溶于水。利用这些盐类溶解度性质可以进行沉淀分离和离子检出。

碱金属和碱土金属盐类焰色反应呈现特征颜色。锂使火焰呈红色，钠呈黄色，钾、铷和铯呈紫色，钙、锶、钡可使火焰分别呈橙红、洋红和绿色。所以也可以用焰色反应鉴定这些离子。

Mg 在周期表中处于 Li 的右下方，Mg^{2+} 的电荷数比 Li^+ 高，而半径又小于 Na^+，导致离子极化率与 Li^+ 相近，使 Mg^{2+} 性质与 Li^+ 相似。如锂与镁的氟化物、碳酸盐、磷酸盐均难溶，氢氧化物均属中强碱，不易溶于水。

四、仪器与药品

(1) 仪器　离心机，镊子，点滴板，钴玻璃片等。

(2) 固体药品与材料　金属钾，钠，镁，钙，镍丝，汞。砂纸，滤纸。

(3) 液体药品　$KMnO_4$ ($0.01mol\cdot L^{-1}$)，H_2SO_4 ($1mol\cdot L^{-1}$)，HCl ($2mol\cdot L^{-1}$)，HAc ($2mol\cdot L^{-1}$)，HNO_3（浓），NaOH ($2mol\cdot L^{-1}$，新配制)，$NH_3\cdot H_2O$ ($1mol\cdot L^{-1}$，

$2mol \cdot L^{-1}$，新配制），NH_4Cl（饱和），$K[Sb(OH)_6]$（饱和），酒石酸氢钾（$NaHC_4H_4O_6$，饱和），$NH_4C_2O_4$（饱和），NaCl（饱和），$(NH_4)_2CO_3$（$0.5mol \cdot L^{-1}$），$MgCl_2$（$0.5mol \cdot L^{-1}$），Na_2HPO_4（$0.1mol \cdot L^{-1}$，$1mol \cdot L^{-1}$）Na_3PO_4（$0.5mol \cdot L^{-1}$）。

LiCl，NaF，Na_2CO_3，Na_2HPO_4，NaCl，KCl，$CaCl_2$，$SrCl_2$，$BaCl_2$，K_2CrO_4，$MgCl_2$，Na_2SO_4，$NaHCO_3$（以上全部为 $1mol \cdot L^{-1}$）。

未知液（均为 $1mol \cdot L^{-1}$）：NaOH，NaCl，$MgSO_4$，K_2CO_3，Na_2CO_3。

失落标签的试剂（均为 $1mol \cdot L^{-1}$）：$(NH_4)_2SO_4$，HNO_3，Na_2CO_3，$BaCl_2$，NaOH，NaCl，H_2SO_4。

混合离子溶液：K^+，Mg^{2+}，Ca^{2+}，Ba^{2+}。

五、实验内容

1. 碱金属、碱土金属活泼性的比较

（1）与氧气的反应　向教师领取一小块金属钠[注释1]，用滤纸吸干表面的煤油，立即放在蒸发皿中加热。一旦金属钠开始燃烧时即停止加热，观察现象，写出反应式。产物冷却后，用玻璃棒轻轻捣碎产物，转移入试管中，加入少量水令其溶解、冷却，观察有无气体放出，检验溶液 pH 值。以 $1mol \cdot L^{-1}$ H_2SO_4 酸化溶液后加入 1 滴 $0.01mol \cdot L^{-1}$ $KMnO_4$ 溶液，观察现象，写出反应式。

（2）与水的作用

① 分别取一小块金属钠及金属钾，用滤纸吸干表面煤油后放入两个盛有水的烧杯中，并用合适大小的漏斗盖好，观察现象，检验反应后溶液的酸碱性，写出反应式。

② 取两小段镁条，除去表面氧化膜后分别投入盛有冷水和热水的两支试管中，对比反应的不同，写出反应式。

③ 取一小块金属钙置于试管中，加入少量水，观察现象。检验水溶液的酸碱性，写出反应式。

（3）钠汞齐[注释2]与水的反应。用带有钩嘴的滴管吸取两滴汞置于小坩埚中（切勿带入水，为什么?），再取一小块金属钠，吸干表面煤油，放入汞滴中，用玻璃棒将钠压入汞滴内，形成钠汞齐。由于反应放出大量的热，可能有闪光发生，同时发出响声。钠汞齐按钠汞比例的不同可呈固态或液态。将制得的钠汞齐转移入盛有少量水的烧杯中，观察反应情况并和钠与水的反应作比较（反应后汞[注释3]要回收，切勿散失）。

根据以上反应，总结碱金属、碱土金属的活泼性。

2. 碱土金属氢氧化物溶解性比较

以 $MgCl_2$、$CaCl_2$、$BaCl_2$ 溶液（均为 $1mol \cdot L^{-1}$）及新配制的 $2mol \cdot L^{-1}$ NaOH 及 $2mol \cdot L^{-1}$ $NH_3 \cdot H_2O$ 溶液作试剂，设计系列试管实验，说明碱土金属氢氧化物溶解度的大小顺序。

3. 碱金属及碱土金属的难溶盐

（1）碱金属微溶盐

① 锂盐。取少量 $1mol \cdot L^{-1}$ LiCl 溶液分别与 $1mol \cdot L^{-1}$ NaF、Na_2CO_3 及 Na_2HPO_4 溶液（均为 $1mol \cdot L^{-1}$）反应，观察现象，写出反应式（必要时可微热试管观察）。

② 钠盐。于少量 $1mol \cdot L^{-1}$ NaCl 溶液中加入饱和 $K[Sb(OH)_6]$ 溶液，放置数分钟，如无晶体析出，可用玻璃棒摩擦试管内壁。观察现象，生成的晶型沉淀是 $Na[Sb(OH)_6]$ 晶体。

③ 钾盐。于少量 $1mol \cdot L^{-1}$ KCl 溶液中加入 1mL 饱和酒石酸氢钠（$NaHC_4H_4O_6$）溶液，观察难溶盐 $KHC_4H_4O_6$ 的析出。

（2）碱土金属难溶盐

① 碳酸盐。分别用 $MgCl_2$、$CaCl_2$、$BaCl_2$ 溶液（均为 $1mol \cdot L^{-1}$）与 $1mol \cdot L^{-1}$ Na_2CO_3 溶液反应，制得的沉淀经离心分离后分别与 $2mol \cdot L^{-1}$ HAc 及 $2mol \cdot L^{-1}$ HCl 反应，观察沉淀是否溶解。

另分别取少量 $1mol \cdot L^{-1}$ $MgCl_2$、$1mol \cdot L^{-1}$ $BaCl_2$ 溶液，加入 1～2 滴饱和 NH_4Cl 溶液、2 滴 $1mol \cdot L^{-1}$ $NH_3 \cdot H_2O$、2 滴 $0.5mol \cdot L^{-1}$ $(NH_4)_2CO_3$，观察沉淀是否生成，写出反应式，并解释实验现象。

② 草酸盐。分别向 $MgCl_2$、$CaCl_2$、$BaCl_2$ 溶液（均为 $1mol \cdot L^{-1}$）中滴加饱和 $(NH_4)_2C_2O_4$ 溶液，制得的沉淀经离心分离后再分别与 $2mol \cdot L^{-1}$ HAc 及 $2mol \cdot L^{-1}$ HCl 反应，观察现象，写出反应式。

③ 铬酸盐。分别向 $1mol \cdot L^{-1}$ $CaCl_2$、$SrCl_2$、$BaCl_2$ 溶液（均为 $1mol \cdot L^{-1}$）中滴加 $1mol \cdot L^{-1}$ K_2CrO_4 溶液，观察沉淀是否生成？沉淀经离心分离后再分别与 $2mol \cdot L^{-1}$ HAc、$2mol \cdot L^{-1}$ HCl 反应，观察现象，写出反应式。

④ 硫酸盐。分别向 $1mol \cdot L^{-1}$ $CaCl_2$、$MgCl_2$、$BaCl_2$ 溶液（均为 $1mol \cdot L^{-1}$）中滴加 $1mol \cdot L^{-1}$ Na_2SO_4 溶液，观察沉淀是否生成？沉淀经离心分离后再试验其在饱和 $(NH_4)_2SO_4$ 溶液中及浓 HNO_3 中的溶解性。解释现象，写出反应式并比较硫酸盐溶解度的大小。

⑤ 磷酸镁铵的生成。于 $0.5mol \cdot L^{-1}$ $MgCl_2$ 溶液中加入几滴 $2mol \cdot L^{-1}$ HCl 及 0.5mL $0.1mol \cdot L^{-1}$ Na_2HPO_4 溶液，4～5 滴 $2mol \cdot L^{-1}$ $NH_3 \cdot H_2O$，振荡试管，观察现象，写出反应式。

4. 锂盐镁盐的相似性

（1）分别向 $1mol \cdot L^{-1}$ LiCl 和 $1mol \cdot L^{-1}$ $MgCl_2$ 溶液中滴加 $1.0mol \cdot L^{-1}$ NaF 溶液，观察现象，写出反应式。

（2）$1mol \cdot L^{-1}$ LiCl 溶液与 $1mol \cdot L^{-1}$ Na_2CO_3 溶液作用及 $0.5mol \cdot L^{-1}$ $MgCl_2$ 溶液与 $1mol \cdot L^{-1}$ $NaHCO_3$ 溶液作用各有什么现象？写出反应式。

（3）$1mol \cdot L^{-1}$ LiCl 与 $0.5mol \cdot L^{-1}$ $MgCl_2$ 溶液中分别滴加 $0.5mol \cdot L^{-1}$ Na_3PO_4 溶液，观察现象，写出反应式。

由以上实验说明锂、镁盐的相似性并给予解释。

5. 焰色反应

取一根镍丝，反复蘸取浓盐酸溶液后在氧化焰中烧至近于无色。在点滴板上分别滴入 1～2 滴 $1mol \cdot L^{-1}$ LiCl、NaCl、KCl、$CaCl_2$、$SrCl_2$、$BaCl_2$ 溶液（均为 $1mol \cdot L^{-1}$），用洁净的镍丝蘸取溶液后在氧化焰中灼烧，分别观察火焰颜色。对于钾离子的焰色，应通过钴玻璃片观察，记录各离子的焰色。

6. 未知物及离子的鉴别

（1）现有五种溶液，分别为 NaOH、NaCl、$MgSO_4$、K_2CO_3、Na_2CO_3，试选用合适试剂加以鉴别。

（2）现有 $(NH_4)_2SO_4$、HNO_3、Na_2CO_3、$BaCl_2$、NaOH、NaCl、H_2SO_4 试剂，试利用它们之间的相互反应加以鉴别。

（3）混合溶液中含有 K^+、Mg^{2+}、Ca^{2+}、Ba^{2+}，请设计分离检出步骤。

六、问题与讨论

（1）如何分离 Ca^{2+}、Ba^{2+}？是否可用硫酸分离 Ca^{2+}、Ba^{2+}？为什么？

（2）$Mg(OH)_2$ 与 $MgCO_3$ 为什么都可溶于饱和 NH_4Cl 溶液中？

（3）为什么说焰色是由金属离子而不是非金属离子引起的？

七、注释

［1］ 金属钾、钠通常应保存在煤油中，放在阴凉处。使用时，应在煤油中切割成小块，用镊子夹取，再用滤纸吸干其表面煤油，切勿与皮肤接触。未用完的金属碎屑不能乱丢，可加少量酒精令其缓慢分解。

［2］ 学生在进行金属钠、钾或钠汞齐与水的反应时，需经指导教师指导或示范后才能进行实验。

［3］ 汞蒸气吸入人体内，会引起慢性中毒，因此汞应保存于水中。取用汞时，要用特制的末端弯成弧状的滴管吸取，不能直接倾倒，最好用盛有水的搪瓷盘承接着。当不慎洒落汞珠时，应尽量地用滴管吸取回收，然后在可能残留汞珠的地方撒上一层硫黄粉，并摩擦之，使汞转化为难挥发的硫化汞或洒上硫酸铁溶液，使残留的汞与 Fe^{3+} 间发生氧化还原反应。

实验二十二　卤素

一、目的与要求

（1）掌握卤素的氧化性和卤素离子的还原性。

（2）掌握次卤酸盐及卤酸盐的氧化性。

（3）学习实验室中制备卤化氢、次氯酸盐、氯酸盐的方法。

（4）了解某些金属卤化物的性质。

（5）巩固元素性质试验和定性分析的基本操作。

二、预习与思考

（1）预习有关氯、溴、氢氟酸和氯酸钾的使用安全知识。

（2）查阅卤素的氧化还原电对的标准电极电势，以它为依据，试分析卤素单质、卤素离子的氧化性与还原性的递变次序。

（3）查阅 AgX 的溶度积常数，比较它们的溶解度大小。

（4）思考下列问题

① 进行卤素离子还原性实验时应注意哪些安全问题？

② 如何区别次氯酸钠溶液和氯酸钠溶液？如何比较次氯酸钠和氯酸钾的氧化性？

③ 为什么用 $AgNO_3$ 检出卤素离子时，要先用 HNO_3 酸化溶液，再用 $AgNO_3$ 检出？

三、实验原理

卤素属元素周期表中ⅦA 族元素，是典型的非金属元素。卤素单质都较难溶于水，在碘化钾或其它可溶性碘化物共存的溶液中，I_2 与 I^- 形成 I_3^-，I_2 的溶解度就明显增大。溴与碘可以溶于 CS_2 和 CCl_4 等有机溶剂，并产生特征颜色。溴在 CS_2 和 CCl_4 溶剂中随浓度增加溶液由黄到棕红色，碘则呈紫色。卤素单质的溶解度性质和在有机溶剂中的特征颜色，可用于卤素离子的分离和鉴别。

卤素原子具有获得一个电子成为卤素离子的强烈倾向，所以卤素单质都具有氧化性，并按氟、氯、溴、碘顺序依次递减。卤素单质在碱性介质中都可以发生歧化，歧化反应的产物与温度有关。在室温或低温时，Cl_2 歧化得到 ClO^-：

$$Cl_2+2OH^- = ClO^-+Cl^-+H_2O$$

在 75℃左右，Cl_2 的歧化产物是 ClO_3^-：

$$3Cl_2+6OH^- = ClO_3^-+5Cl^-+3H_2O$$

在室温下，I_2 在 $pH \geqslant 10$ 的碱性溶液中，易发生歧化，歧化产物为 IO_3^- 与 I^-。

卤素离子的还原性按氯、溴、碘的顺序依次增强。NaCl 与浓 H_2SO_4 反应生成 HCl 和 NaH-

SO_4。NaBr、NaI 与浓 H_2SO_4 反应，生成的卤化氢进一步被浓 H_2SO_4 氧化生成单质 Br_2 和 I_2。

在酸性介质中，卤素的各种含氧酸及其盐都有较强的氧化性，在碱性或中性介质中，其氧化性明显下降。如氯酸钾只有在酸性介质中才显强氧化性。在酸性或碱性介质中，次卤酸盐的氧化性按 NaClO、NaBrO、NaIO 顺序递减；卤酸盐在酸性介质中是强氧化剂，它们的氧化能力按溴酸盐、氯酸盐、碘酸盐顺序递减。所以在酸性介质中，I^- 可被 ClO_3^- 氧化，随 ClO_3^- 浓度逐步提高，I^- 被氧化产生 I_2，I_2 继续被氧化为 IO_3^-，使溶液颜色由无色（I^-）→褐色（I_2）→棕色（I_3^-）→无色（IO_3^-）。

Cl^-、Br^- 和 I^- 能与 Ag^+ 反应生成难溶于水的 AgCl（白）、AgBr（淡黄）、AgI（黄）沉淀，它们的溶度积常数依次减小，都不溶于稀 HNO_3。AgCl 在稀氨水或 $(NH_4)_2CO_3$ 溶液中，因生成配离子 $[Ag(NH_3)_2]^+$ 而溶解，再加 HNO_3 时，AgCl 会重新沉淀出来：

$$[Ag(NH_3)_2]^+ + Cl^- + 2H^+ = AgCl\downarrow + 2NH_4^+$$

AgBr 和 AgI 则不溶于氨水。

四、仪器与药品

（1）仪器　带支管的大试管。

（2）药品　氯水，溴水，碘水，H_2S（饱和水溶液），四氯化碳，品红溶液，淀粉溶液。I_2(s)，KCl(s)，KBr(s)，KI(s)。$KClO_3$（s）H_3PO_4（浓），H_2SO_4（浓，3mol·L^{-1}，6mol·L^{-1}），HCl（浓，2mol·L^{-1}），HNO_3（2mol·L^{-1}），$KBrO_3$（饱和），$KClO_3$（饱和），KIO_3（饱和，0.1 mol·L^{-1}），KI（0.5mol·L^{-1}，0.1mol·L^{-1}），KBr（0.5mol·L^{-1}，0.1mol·L^{-1}），NaF（0.1mol·L^{-1}），Na_2SO_3（0.1mol·L^{-1}），$Na_2S_2O_3$（0.5mol·L^{-1}，0.1mol·L^{-1}），KOH(2mol·L^{-1})，$NH_3 \cdot H_2O$（浓，2mol·L^{-1}），$FeCl_3$（0.5mol·L^{-1}），$MnSO_4$（0.1mol·L^{-1}），$AgNO_3$（0.1mol·L^{-1}），$Ca(NO_3)_2$（0.1mol·L^{-1}）。

含 Cl^-，Br^-，I^- 混合液；失落标签的 KClO、$KClO_3$、$KClO_4$ 液体试剂。

材料：碘化钾-淀粉试纸，pH 试纸，醋酸铅试纸；玻璃片。

五、实验内容

1. 卤素单质在不同溶剂中的溶解性

分别试验并观察少量的氯[注释1]、溴[注释2]、碘在水、四氯化碳、碘化钾水溶液中的溶解情况，以表格形式写出实验结果，并作理论解释。

2. 卤素的氧化性

（1）分别以 0.1mol·L^{-1}KBr、0.1mol·L^{-1}KI、CCl_4、氯水、溴水等试剂，设计一系列试管实验，说明氯、溴、碘的置换次序。记录有关实验现象，写出反应式。

（2）氯水、溴水、碘水氧化性差异的比较。分别向氯水、溴水、碘水溶液中滴加 0.1mol·L^{-1} $Na_2S_2O_3$ 溶液及饱和硫化氢水溶液，观察现象，写出反应式。

（3）氯水对溴、碘离子混合溶液的氧化顺序。在试管内加入 0.5mL（约 10 滴）0.1 mol·L^{-1}KBr 溶液及 2 滴 0.01mol·L^{-1}KI 溶液，然后再加入 0.5mL CCl_4，逐滴加入氯水，仔细观察四氯化碳液层颜色的变化，写出有关反应式。

通过以上实验说明卤素氧化性的递变顺序。

3. 卤素离子的还原性（在通风橱内进行）

（1）分别向三支盛有少量（绿豆大小）KCl、KBr、KI 固体的试管中加入约 0.5mL 浓硫酸。观察现象并选用合适的试纸或试剂检验各试管中逸出的气体产物。提供选择的试纸或试剂分别有醋酸铅试纸、碘化钾-淀粉试纸、pH 试纸、浓氨水。该实验说明了卤素离子的什么性质？写出反应式。

(2) Br^-、I^-还原性的比较。分别利用 KBr、KI、$FeCl_3$ 溶液（均为 $0.5mol \cdot L^{-1}$）之间的反应，说明 Br^-、I^-还原性的差异，写出反应式。

通过以上实验比较卤素离子还原性的相对强弱。

4.氯的歧化反应（在通风橱内进行）

取氯水 10mL 逐滴加入 $2mol \cdot L^{-1}$ KOH 至溶液呈弱碱性（用 pH 试纸检验）。将溶液分成 4 份，第一份溶液与 $2mol \cdot L^{-1}$HCl 反应，选择合适的试纸检验气体产物，写出有关反应式，另外 3 份留作次氯酸钾氧化性实验用。

5.次卤酸盐及卤酸盐的氧化性

(1) 次氯酸钾的氧化性。由上述实验 4 制得的 3 份次氯酸钾溶液分别与 $0.1mol \cdot L^{-1}$$MnSO_4$ 溶液、品红溶液及用 H_2SO_4 酸化了的碘化钾一淀粉溶液反应。观察现象，写出反应式。

(2) 氯酸钾的氧化性。

① 取少量由实验 4 制得的 $KClO_3$[注释3] 晶体置于试管中，加入少许浓盐酸，注意逸出气体的气味，检验气体产物，写出反应式，并作出解释。

② 分别试验由实验室配制的饱和 $KClO_3$ 溶液与 $0.1mol \cdot L^{-1}$$Na_2SO_3$，溶液在中性及酸性条件下（用什么酸酸化?）的反应，用 $AgNO_3$ 验证反应产物，该实验如何说明了 $KClO_3$ 的氧化性与介质酸碱性的关系？

③ 取少量 $KClO_3$ 晶体，用 1～2mL 水溶解后，加入少量四氯化碳及 $0.1mol \cdot L^{-1}$ KI 溶液数滴，摇动试管，观察试管内水相及有机相有什么变化？再加入 $6mol \cdot L^{-1}$ H_2SO_4 酸化溶液又有什么变化？写出反应式。能否用 HNO_3 或盐酸来酸化溶液？为什么？

(3) 溴酸钾的氧化性（在通风橱内进行）。

① 饱和溴酸钾溶液经 $3mol \cdot L^{-1}$ H_2SO_4 酸化后分别与 $0.5mol \cdot L^{-1}$ KBr 溶液及 $0.5mol \cdot L^{-1}$ KI 溶液反应，观察现象并检验反应产物，写出反应式。

② 试验 $KBrO_3$ 溶液与 Na_2SO_3 溶液在中性及酸性条件下反应，记录现象，写出反应式。

(4) 碘酸盐的氧化性。$0.1mol \cdot L^{-1}$ KIO_3 溶液经 $3mol \cdot L^{-1}$ H_2SO_4 酸化后加入几滴淀粉溶液，再滴加 $0.1mol \cdot L^{-1}$ Na_2SO_3 溶液，观察现象，写出反应式。若体系不酸化，又有什么现象？改变加入试剂顺序（先加 Na_2SO_3，最后滴加 KIO_3），又会观察到什么现象？

(5) 溴酸盐与碘酸盐的氧化性比较。往少量饱和 $KBrO_3$ 溶液中加入少量浓 H_2SO_4 酸化后再加入少量碘水，振荡试管，观察现象，写出反应式。

通过以上实验总结氯酸盐、碘酸盐、溴酸盐的氧化性。

6.卤化氢[注释4] 的制备与性质（通风橱内进行）

分别试验少量固体 NaCl、KBr、KI 与浓 H_3PO_4 的反应，适当微热，观察现象并与实验 3 的 (1) 实验比较，写出反应式。

7.金属卤化物的性质

卤化物的溶解度比较。

(1) 分别向盛有 $0.1mol \cdot L^{-1}$NaF、NaCl、KBr、KI 溶液（均为 $0.1mol \cdot L^{-1}$）的试管中滴加 $0.1mol \cdot L^{-1}$$Ca(NO_3)_2$ 溶液，观察现象，写出反应式。

(2) 分别向盛有 $0.1mol \cdot L^{-1}$NaF、NaCl、KBr、KI 溶液（均为 $0.1mol \cdot L^{-1}$）的试管中滴加 $0.1mol \cdot L^{-1}$$AgNO_3$ 溶液，制得的卤化银沉淀经离心分离后分别与 $2mol \cdot L^{-1}$ HNO_3、$2mol \cdot L^{-1}$ $NH_3 \cdot H_2O$ 及 $0.5mol \cdot L^{-1}$ $Na_2S_2O_3$ 溶液反应，观察沉淀是否溶

解？写出反应式，解释氟化物与其它卤化物溶解度的差异及变化规律。

8.小设计实验

（1）混合液中含 Cl^-、Br^-、I^-，试设计分离检出方案。

（2）有三瓶无色液体试剂失去了标签，它们分别是 KClO、$KClO_3$、$KClO_4$，请设计实验方法加以鉴别。

六、问题与讨论

（1）卤素单质在室温时与 NaOH 溶液反应，产物是什么？写出反应方程式。

（2）向一未知溶液中加入 $AgNO_3$ 溶液时，如果不产生沉淀，能否认为溶液中不存在卤素离子？

（3）当 NaX 与浓 H_2SO_4 反应时会产生有害气体，为减少空气污染，在看到实验现象后，应如何立即终止反应？

七、注释

［1］ 氯气有毒和刺激性，少量吸入人体会刺激鼻咽部，引起咳嗽和喘息，大量吸入会导致严重损害，甚至死亡。因此，进行有关氯气的实验时，必须在通风橱内进行。

［2］ 溴蒸气对气管、肺部、眼鼻喉都有强烈的刺激作用。进行有关溴的试验，应在通风橱内进行，不慎吸入溴蒸气时，可吸入少量氨气和新鲜空气解毒。液态溴具有很强的腐蚀性，能灼烧皮肤，严重时会使皮肤溃烂。移取液态溴时，需戴橡皮手套。溴水的腐蚀性虽比液溴弱些，但在使用时，也不允许直接由瓶内倒出，而应用滴管移取，以防溴水接触皮肤。如果不慎把溴水溅在手上，应及时用水冲洗，再用以稀硫代硫酸钠溶液充分浸透的绷带包扎处理。

［3］ 氯酸钾（$KClO_3$）是强氧化剂，保存不当时容易引起爆炸，它与硫、磷的混合物是炸药，因此，绝对不允许将它们混在一起。氯酸钾容易分解，不宜大力研磨、烘干或烤干。在进行有关氯酸钾的实验时，如同进行其它有强氧化性物质实验一样应将剩下的试剂倒入回收瓶内回收处理，一律不准倒入废液缸中。

［4］ 氟化氢气体有剧毒和强腐蚀性，主要对骨骼、造血系统、神经系统、牙齿及皮肤黏膜造成伤害，吸入人体会使人中毒，氢氟酸能灼伤皮肤。因此，在使用氢氟酸和进行有关氟化氢气体的实验时，应在通风橱内进行。在移取氢氟酸时，必须戴上橡皮手套，用塑料管吸取。

实验二十三　过氧化氢、硫及其化合物

一、目的与要求

（1）掌握过氧化氢的主要性质与实验室制备方法。

（2）掌握硫化氢、硫代硫酸盐的还原性，二氧化硫的氧化还原性及过硫酸盐的强氧化性。

（3）掌握硫的含氧酸及其盐的性质。

二、预习与思考

（1）复习有关过氧化氢的性质及其重要的反应。

（2）预习有关 SO_3^{2-}、SO_4^{2-}、$S_2O_3^{2-}$、S^{2-} 的性质及有关反应。

（3）思考以下问题

① 实验室如何制备 H_2O_2 和 $Na_2O_2 \cdot 8H_2O$？反应条件如何？

② 在有硫化氢或二氧化硫参与或产生的实验中，应注意哪些安全措施？

③ 用 $PbCO_3(s)$ 分离 S^{2-} 彻底吗？为什么？体系中加入了 $PbCO_3$ 后将引入什么离子？如何除去？

④ 为什么在含 SO_3^{2-} 的试液中加入 $BaCl_2$ 溶液后生成白色沉淀还不能证实是 SO_3^{2-}？

三、实验原理

1.过氧化氢

H_2O_2 可以任何比例与水相混溶，其水溶液也称双氧水。纯 H_2O_2 在低温下比较稳定，若受热到 426K 以上便发生强烈的爆炸性分解。浓度高于 65%的 H_2O_2 和某些有机物接触时，容易发生爆炸。H_2O_2 在碱性介质中的分解速率远比在酸性介质中大。少量 Fe^{2+}、Mn^{2+}、Cu^{2+}、Cr^{3+} 等金属离子的存在能大大加速 H_2O_2 的分解，光照也可使其分解速率加大。因此，过氧化氢应贮藏在棕色瓶中，置于阴凉之处。

在过氧化氢中，氧的氧化态为－1，介于 0 与－2 之间，因此 H_2O_2 既有氧化性又有还原性。水溶液中 H_2O_2 的有关电极电势如下：

酸性介质中　$H_2O_2+2H^++2e^-$ ══ $2H_2O$　　$\varphi^{\ominus}=1.77V$

$O_2+2H^++2e^-$ ══ H_2O_2　　$\varphi^{\ominus}=0.68V$

碱性介质中　$HO_2^-+H_2O+2e^-$ ══ $3OH^-$　　$\varphi^{\ominus}=0.88V$

$O_2+H_2O+2e^-$ ══ $HO_2^-+OH^-$　　$\varphi^{\ominus}=-0.076V$

可见，H_2O_2 在酸性介质中是一种强氧化剂，它可与 S^{2-}、I^-、Fe^{2+} 等多种还原剂反应。其还原性较弱，只有与 $KMnO_4$ 等强氧化剂作用时，才被氧化放出 O_2。

$$5H_2O_2+2MnO_4^-+6H^+ \xlongequal{} 2Mn^{2+}+5O_2\uparrow+8H_2O$$

在碱性介质中，H_2O_2 可以将 Mn^{2+} 氧化为 MnO_2，CrO_2^- 转化为 CrO_4^{2-}。在酸性介质中，H_2O_2 与 $K_2Cr_2O_7$ 反应生成 CrO_5，CrO_5 在乙醚或戊醇中比较稳定，并呈现特征蓝色。

$$Cr_2O_7^{2-}+4H_2O_2+2H^+ \xlongequal{} 2CrO_5+5H_2O$$

这个反应可用于检验 H_2O_2，也可用于检验 $Cr_2O_7^{2-}$ 或 CrO_4^{2-} 的存在。

2.单质硫

单质硫俗称硫黄，是分子晶体，很松脆，不溶于水。硫的导电性、导热性很差。硫有几种同素异形体。天然硫为黄色固体，叫做正交硫（棱形硫），将正交硫加热到 94.5℃时就转变为浅黄色的单斜硫。当温度低于 94.5℃时，单斜硫又慢慢转变为正交硫。

正交硫和单斜硫的分子都是由 8 个硫原子组成的，具有环状结构。它们都不溶于水而溶于 CS_2、CCl_4 等非极性溶剂或 CH_3Cl、C_2H_5OH 等弱极性溶剂。

硫的化学性质比较活泼，能与许多金属直接化合生成相应的硫化物，也能与氢、氧、卤素（碘除外）、碳、磷等直接作用生成相应的共价化合物。硫能与具有氧化性的酸（如硝酸、浓硫酸等）反应，也能溶于热的碱液生成硫化物和亚硫酸盐。当硫过量时则可生成硫代硫酸盐：

$$3S+6NaOH \xrightarrow{\triangle} 2Na_2S+Na_2SO_3+3H_2O$$

$$4S+6NaOH \xrightarrow{\triangle} 2Na_2S+Na_2S_2O_3+3H_2O$$

3.硫的化合物

S 的常见氧化值为－2，0，＋4，＋6。H_2S 和硫化物中的 S 的氧化值为－2，它是较强的还原剂，可被氧化剂 $KMnO_4$、$K_2Cr_2O_7$、I_2 及 Fe^{3+} 等氧化生成 S 或 SO_4^{2-}。H_2S 是无色、有腐臭鸡蛋味的剧毒气体。H_2S 中毒是由于它能与血红素中的 Fe^{2+} 作用生成 FeS 沉淀，使 Fe^{2+} 失去原来的正常生理作用。

H_2S 稍溶于水，其水溶液称为氢硫酸，它是一种很弱的二元酸。氢硫酸能与金属离子形成正盐，即硫化物，也能形成酸式盐即硫氢化物（如 NaHS）。

金属硫化物大多数是有颜色的。碱金属和铵的硫化物及 BaS 易溶于水，其它碱土金属硫化物微溶于水（BeS 难溶）。除此之外，大多数金属硫化物难溶于水，并且有特征的颜色。难溶于水的硫化物根据在酸中的溶解情况，可以分成 4 类：①易溶于稀 HCl 的；②难溶于稀 HCl，溶于浓 HCl 的；③难溶于稀 HCl、浓 HCl，溶于 HNO_3 的；④仅溶于王水的。

在可溶性硫化物的浓溶液中加入硫粉时，硫溶解而生成相应的多硫化物，例如：

$$(NH_4)_2S+(x-1)S \xlongequal{} (NH_4)_2S_x$$

通常生成的产物是含有不同数目硫原子的各种多硫化物的混合物，随着硫原子数目 x 的增加，多硫化物的颜色从黄色经过橙色而变为红色。$x=2$ 的多硫化物也称为过硫化物。

鉴定 S^{2-} 常见的方法有 3 种：①S^{2-} 与稀酸反应生成 H_2S 气体，可以根据 H_2S 特有的腐蛋臭味；②或能使 $Pb(Ac)_2$ 试纸变黑生成 PbS 的现象检出；③在碱性条件下，S^{2-} 能与亚硝酰铁氰化钠 $Na_2[Fe(CN)_5NO]$ 作用生成紫红色的配合物：

$$S^{2-}+[Fe(CN)_5NO]^{2-} \xlongequal{} [Fe(CN)_5NOS]^{4-} \text{（紫红色）}$$

利用此特征反应检出 S^{2-}。

硫在空气中燃烧生成二氧化硫（SO_2）。SO_2 是具有刺激性臭味的气体，易溶于水生成亚硫酸。亚硫酸是二元中强酸，很不稳定，在水溶液中存在下列平衡：

$$SO_2+H_2O \rightleftharpoons H^+ + HSO_3^- \rightleftharpoons 2H^+ + SO_3^{2-}$$

一旦遇酸，平衡就向左移动，使 H_2SO_3 分解。

在 SO_2 和 H_2SO_3 中，S 的氧化值为 +4，它们既有氧化性又有还原性。H_2SO_3 是较强的还原剂，可以将 Cl_2、MnO_4^- 分别还原为 Cl^-、Mn^{2+}，甚至可以将 I_2 还原为 I^-：

$$2MnO_4^- + 5SO_3^{2-} + 6H^+ \xlongequal{} 2Mn^{2+} + 5SO_4^{2-} + 3H_2O$$

$$SO_3^{2-} + I_2 + H_2O \xlongequal{} SO_4^{2-} + 2I^- + 2H^+$$

SO_2 和 H_2SO_3 的氧化性较弱，与 H_2S 等强还原剂反应才表现出氧化性。

SO_3^{2-} 与 $Na_2[Fe(CN)_5NO]$ 反应红色配合物，用氨水调节溶液呈中性，加入饱和 $ZnSO_4$ 溶液，会使红色明显加深。但鉴定时必须先除去 S^{2-}。

亚硫酸盐与硫作用生成不稳定的硫代硫酸盐，硫代硫酸盐遇酸容易分解，如：

$$Na_2SO_3 + S \xlongequal{\triangle} Na_2S_2O_3$$

$$S_2O_3^{2-} + 2H^+ \xlongequal{} SO_2 + S + H_2O$$

$Na_2S_2O_3$ 常用作还原剂，能将 I_2 还原为 I^-，本身被氧化为连四硫酸钠 $Na_2S_4O_6$：

$$2S_2O_3^{2-} + I_2 \xlongequal{} S_4O_6^{2-} + 2I^-$$

这一反应在滴定分析中用来定量测定碘。$S_2O_3^{2-}$ 与过量 Cl_2、Br_2 等较强的氧化剂反应被氧化为 SO_4^{2-}：

$$S_2O_3^{2-} + 4Br_2 + 5H_2O \xlongequal{} 2SO_4^{2-} + 8Br^- + 10H^+$$

$S_2O_3^{2-}$ 有很强的配合性，能与某些金属离子形成配合物。$S_2O_3^{2-}$ 与过量 Ag^+ 反应生成不稳定的白色沉淀 $Ag_2S_2O_3$，在转化为黑色的 Ag_2S 沉淀过程中，沉淀的颜色由白→黄→棕→黑，这是 $S_2O_3^{2-}$ 的特征反应。

应当指出，当溶液中同时存在 S^{2-}、SO_3^{2-} 和 $S_2O_3^{2-}$ 需要逐个加以鉴定时，必须先加 $PbCO_3$ 固体，生成 PbS 以消除 S^{2-} 的干扰，再离心分离，取其清液分别鉴定 SO_3^{2-} 和 $S_2O_3^{2-}$。

四、仪器与药品

（1）仪器　蒸馏烧瓶，分液漏斗，蒸发皿。

（2）药品　Na_2O_2（s），MnO_2（s），$Na_2S_2O_3 \cdot 5H_2O$（s），$K_2S_2O_8$（s）；$KMnO_4$（0.01mol·L^{-1}，0.001mol·L^{-1}），K_2CrO_4（0.1mol·L^{-1}），H_2O_2（3%），NaOH（40%，2.0mol·L^{-1}），H_2S（饱和水溶液），HNO_3（浓），H_2SO_4（1mol·L^{-1}），HCl（2mol·

L^{-1})，KI(0.1mol·L^{-1})，$Pb(NO_3)_2$(0.1mol·L^{-1})，$AgNO_3$(0.1mol·L^{-1})，NaOH(2mol·L^{-1})，$MnSO_4$(0.1mol·L^{-1}，0.0020mol·L^{-1})，$Na_2S_2O_3$(0.1mol·L^{-1})。乙醚，无水乙醇，品红溶液，H_2S（饱和水溶液），氯水，碘水。硫黄粉，锌粉，铁粉。H_2S(g)、SO_2(g)（实验室制备）。pH 试纸。

(3) 待鉴别溶液　Na_2S，Na_2SO_3，Na_2SO_4，$Na_2S_2O_3$，$K_2S_2O_3$（均为 0.1mol·L^{-1}）。

五、实验内容

(一) 过氧化氢

1. 过氧化氢的制备

取少量 Na_2O_2 (s) 于小试管中，加入少量蒸馏水溶解后放在冰水中冷却，并加以搅拌。用试纸检验溶液的酸碱性，再往试管中滴加已用冰水冷却过的 1mol·L^{-1} H_2SO_4，溶液至酸性为止（目的是什么?），写出反应式。

2. 过氧化氢的鉴定

取以上制得的 H_2O_2 溶液，加入约 0.5mL 乙醚，并加入少量 1mol·L^{-1} H_2SO_4 酸化溶液，再加入 2～3 滴 0.1mol·$L^{-1}$$K_2CrO_4$ 溶液，振荡试管，观察水层和乙醚层颜色的变化，写出反应式。

3. 过氧化氢的性质

(1) 酸性　在小试管中加入少量 40%(w) NaOH 溶液，约 1mL 3%(w) H_2O_2 溶液及约 1mL 无水乙醇，振荡试管，观察现象，写出反应式。

(2) 氧化性

① 取少量 3%(w) H_2O_2 溶液以 1 mol·L^{-1} H_2SO_4 酸化后滴加 0.1mol·L^{-1}KI 溶液，观察现象，写出反应式。

② 在少量 0.1mol·$L^{-1}$$Pb(NO_3)_2$ 溶液中滴加饱和硫化氢水溶液，离心分离后吸去清液，往沉淀中逐滴加入 3%(w) H_2O_2 溶液并用玻璃棒搅动溶液，观察现象，写出反应式。

(3) 还原性

① 取少量 3%(w) H_2O_2 溶液用 1 mol·L^{-1} H_2SO_4 酸化后滴加数滴 0.01mol·L^{-1} $KMnO_4$ 观察现象。用火柴余烬检验反应生成的气体，写出反应式。

② 在少量 0.1mol·L^{-1} $AgNO_3$ 溶液中滴加 2mol·L^{-1} NaOH 溶液至棕色沉淀生成，再加入少量 3%(w) H_2O_2 溶液，观察现象。用火柴余烬检验反应生成的气体，写出反应式。另取少量 0.1mol·L^{-1} $AgNO_3$ 溶液，加入少量 3%(w) H_2O_2 溶液，现象又有何不同？试解释之。

(4) 介质酸碱性对 H_2O_2 氧化还原性质的影响　在少量 3%(w) H_2O_2 溶液中加入 2mol·L^{-1} NaOH 溶液数滴，再加 0.1mol·L^{-1} $MnSO_4$ 溶液数滴，观察现象，写出反应式。溶液经静置后倾去清液，往沉淀中加入少量 H_2SO_4 溶液后滴加 3%(w) H_2O_2 溶液，观察又有什么变化？写出反应式并给予解释。

(5) 过氧化氢的分解

① 加热约 2mL 3%(w) H_2O_2 溶液，有什么现象发生？用火柴余烬检验产生的气体，写出反应式。

② 在少量 3%(w) H_2O_2 溶液中加入少量 MnO_2 固体，观察现象，用火柴余烬检验反应产生的气体，写出反应式。

③ 在少量 3%(w) H_2O_2 溶液中加入少量铁粉，观察现象，用火柴余烬检验反应产生的气体，写出反应式。

(6) 总结　通过以上实验简单总结 H_2O_2 的化学性质及实验室的保存方法。

(二) 硫及其化合物

1.单质硫的化学性质

(1) 硫与浓硝酸的反应[注释1]　取少量硫粉在试管内与浓硝酸加热反应数分钟，观察现象，写出反应式。自行设计方案验证反应产物。

(2) 硫的氧化性质　在蒸发皿内混合好约1g锌粉及2g硫粉，用烧红了的玻璃棒接触混合物，观察现象，写出反应式。设计方案验证反应产物。

2.硫的氧化物——二氧化硫

(1) 二氧化硫的性质

① 还原性。取1mL 0.01mol·$L^{-1}KMnO_4$ 溶液，用 H_2SO_4 酸化后通入 SO_2 气体。观察现象，写出反应式。

② 氧化性。向饱和硫化氢水溶液中通入 SO_2 气体，观察现象，写出反应式。

③ 漂白作用。往品红溶液中通入 SO_2 气体，观察现象。

(2) SO_3^{2-} 的检出　由于含 SO_3^{2-} 的溶液中往往还含有少量 SO_4^{2-}，会干扰 SO_3^{2-} 的检出，因此需将 SO_4^{2-} 预先除去。请自行设计分离步骤并验证某试样中含有 SO_3^{2-}，写出分离过程示意图及有关反应方程式。

3.硫代硫酸盐的性质

取少量 $Na_2S_2O_3 \cdot 5H_2O$ 晶体溶于约5mL水中，进行以下实验：

① 向溶液中滴加2mol·L^{-1}HCl溶液，观察现象，写出反应式。该现象说明 $Na_2S_2O_3$ 什么性质?

② 往有4滴0.1mol·$L^{-1}AgNO_3$ 的溶液中滴加0.1mol·L^{-1} $Na_2S_2O_3$ 溶液，仔细观察反应现象，写出反应式，该实验说明 $Na_2S_2O_3$ 什么性质?

4.过二硫酸的氧化性

① 往有2滴0.002mol·$L^{-1}MnSO_4$ 溶液的试管中加入约5mL 1mol·$L^{-1}H_2SO_4$、2滴 $AgNO_3$ 溶液，再加入少量 $K_2S_2O_8$ 固体，水浴加热，溶液的颜色有什么变化?

另取一支试管，不加入 $AgNO_3$ 溶液，进行同样实验。

比较上述两个实验的现象有什么不同，为什么? 写出反应式。

② 取少量0.1mol·L^{-1}KI溶液用硫酸酸化后再加入少量 $K_2S_2O_8$ 固体，观察现象，写出反应式。

5.硫化氢的还原性

① 取几滴0.1mol·L^{-1} $KMnO_4$ 溶液用硫酸酸化后通入硫化氢气体[注释2]，观察现象，写出反应式。

② 取几滴0.1mol·L^{-1} $K_2Cr_2O_7$ 溶液用硫酸酸化后通入硫化氢气体，观察现象，写出反应式。

6.小设计实验

(1) 含 S^{2-}、SO_3^{2-}、$S_2O_3^{2-}$ 混合液的分离检出　要求：

① 自行配制含 S^{2-}、SO_3^{2-}、$S_2O_3^{2-}$ 的混合溶液。

② 查出以下数据，自行设计分离步骤，分别检出 S^{2-}、SO_3^{2-}、$S_2O_3^{2-}$。

$K_{sp}^{\ominus}$：CdS，$CaCO_3$，$SrCO_3$，$SrSO_4$，$BaSO_4$，BaS_2O_3，$SrSO_3$，$BaSO_3$。

$\varphi_A^{\ominus}$：H_2SO_4/H_2SO_3，H_2SO_3/S，S/H_2S，H_2O_2/H_2O，Br_2/Br^-。

$\varphi_B^\ominus$：SO_4^{2-}/SO_3^{2-}，SO_3^{2-}/S，S/S^{2-}。

（2）提示

① 由于 S^{2-} 干扰检出，因此可用 $PbCO_3$ 首先把它从溶液中分离出去。

② 由于在含 SO_3^{2-} 的溶液中往往含有 SO_4^{2-}，故 SO_3^{2-} 的检出必须考虑分离除去 SO_4^{2-} 的干扰。

③ SrS_2O_3可溶于水。

六、问题与讨论

（1）为什么过氧化氢既可作为氧化剂又可作还原剂？什么条件下过氧化氢可将 Mn^{2+} 氧化成 MnO_2？什么条件下 MnO_2 又可将过氧化氢氧化而产生氧气？它们相互矛盾吗？为什么？

（2）如何证实亚硫酸盐中存在 SO_4^{2-}？为什么亚硫酸盐中常常有硫酸盐，而硫酸盐中却很少有亚硫酸盐？怎样检验 SO_4^{2-} 盐中的 SO_3^{2-}？

（3）比较 $S_2O_8^{2-}$ 与 MnO_4^- 氧化性的强弱，$S_2O_3^{2-}$ 与 I^- 还原性的强弱。为什么 $K_2S_2O_8$ 与 Mn^{2+} 的反应要在酸性介质中进行？$Na_2S_2O_3$ 与 I_2 的反应能否在酸性介质中进行？为什么？

（4）现有五种已失落标签的试剂，分别是 Na_2S、Na_2SO_3、$Na_2S_2O_3$、Na_2SO_4、$K_2S_2O_8$，试设法用实验方法加以鉴别。

七、注释

[1] 二氧化硫具有刺激性气味，对人体及环境带来毒害与污染。其主要对人体造成黏膜及呼吸道损害，引起流泪、流涕、咽干、咽痛等症状及呼吸系统炎症。大量吸入会导致窒息死亡。因此，凡涉及产生二氧化硫的反应都要采取相应措施，减少二氧化硫逸出并在通风橱内进行。

[2] 硫化氢具有强烈的臭鸡蛋气味，是毒性较大的气体。其主要引起中枢神经系统中毒，与呼吸酶中的铁质结合使酶活性减弱，造成黏膜损害及呼吸系统损害。轻度产生头晕、头痛、呕吐，严重时可引起昏迷，意识丧失，窒息而致死亡。因此，凡涉及硫化氢参与的反应都应在通风橱内进行。

实验二十四 碳、硅、硼、铝

一、目的与要求

（1）掌握活性炭的吸附作用以及二氧化碳、碳酸盐和酸式碳酸盐在水溶液中互相转化的条件。

（2）试验一氧化碳的性质。

（3）掌握铝和硅的主要化学性质。了解氢氧化铝的吸附性能。

（4）掌握硼、硅的相似相异性。掌握硅酸盐及硼酸盐的性质。

二、预习与思考

（1）复习碳、硅、硼、铝的主要化合物的性质，了解硼、硅的相似相异性主要表现在什么方面。

（2）思考下列问题

① 实验室中为什么可以用磨口玻璃器皿贮存酸液而不能用来贮存碱液？为什么盛过水玻璃或硅酸钠溶液的容器在实验后必须立即洗净？

② 如何区别碳酸钠、硅酸钠、硼酸钠？

③ 能够用二氧化碳灭火器扑灭金属镁的火焰吗？为什么？

三、实验原理

碳有多种同素异形体，如金刚石、石墨、C_{60} 等。金刚石为原子晶体，在所有单质中，其熔点最高；在所有物质中，其硬度最大。石墨是层状晶体，质软，有金属光泽，可以导电。通常所谓无定形碳，如焦炭、炭黑等都具有石墨结构。活性炭是经过加工处理所得的无定形碳，具有很大的比表面积，有良好的吸附性能。

一氧化碳（CO）是无色、无臭、有毒的气体，微溶于水。实验室可以用浓硫酸从甲酸HCOOH中脱水制备少量的CO。工业上CO的主要来源是水煤气。CO是重要的化工原料和燃料，还用于有机合成和制备羰基化合物。CO毒性很大，它能与人体血液中的血红蛋白结合形成稳定的化合物，使血红蛋白失去输送氧气的功能。当空气中的CO含量达到0.1%（体积分数）时，就会引起中毒。

二氧化碳（CO_2）是无色、无臭的气体，很容易被液化。常温下，加压至7.6MPa即可使CO_2液化。固体CO_2（俗称干冰）是分子晶体，在常压下−78.5℃直接升华。CO_2溶于水，其溶液呈弱酸性，习惯上将其水溶液称为碳酸。碳酸仅存在于水溶液中，而且浓度很小，浓度增大时即分解出CO_2。

碳酸盐有两种类型，即正盐（碳酸盐）和酸式盐（碳酸氢盐）。碱金属（Li除外）和铵的碳酸盐易溶于水，其它金属碳酸盐难溶于水。对难溶的碳酸盐来说，通常其相应的酸式盐溶解度较大。碳酸盐的热稳定性较差，酸式盐则更差。

硅有晶体和无定形体两种，晶体硅的结构与金刚石类似，熔、沸点较高，性质较硬。硅多以SiO_2和各种硅酸盐的形式存在于地壳中，是构成各种矿物的重要元素。硅酸是比碳酸还弱的酸。硅酸钠水解作用明显，它在一定条件下分别与二氧化碳、盐酸或氯化铵作用，都能形成硅酸凝胶：

$$Na_2SiO_3+CO_2+H_2O = H_2SiO_3+Na_2CO_3$$

$$Na_2SiO_3+2HCl = H_2SiO_3+2NaCl$$

$$Na_2SiO_3+2NH_4Cl = H_2SiO_3+2NaCl+2NH_3$$

当金属盐的晶体置于20%Na_2SiO_3溶液中，在晶体表面形成难溶的硅酸盐膜，溶液中的水靠渗透压穿过膜进入晶体内部，而长出颜色各异的“石笋”，宛如一座“水中花园”。

单质硼有两种同素异形体，即无定形硼和晶形硼。硼主要以含氧化合物的形式存在，如硼砂$Na_2B_4O_7 \cdot 10H_2O$。硼砂溶于热水，经酸化并冷却，可得溶解度较小的白色片状硼酸晶体，硼酸经灼烧后脱水成为玻璃状三氧化二硼。硼砂加热超过400℃时全部脱水，达到878℃时熔化为玻璃体：

$$Na_2B_4O_7 \cdot 10H_2O = B_2O_3+2NaBO_2+10H_2O$$

不同的金属氧化物或盐类熔融于硼砂（玻璃体）中，生成偏硼酸复盐，显示出不同的特征颜色。例如，氧化钴形成蓝色硼砂珠。在分析化学中，利用这一性质可鉴定一些重要金属氧化物或其盐类。

铝既有明显的金属性，也有较明显的非金属性，是典型的两性元素。铝的单质及其化合物既能溶于酸而生成相应的铝盐，又能溶于碱而生成相应的铝酸盐。在铝的化合物中，铝的氧化态一般为+3。铝的化合物有共价型的，也有离子型的。铝的共价型化合物熔点低、易挥发、能溶于有机溶剂；而离子型化合物熔点高、不溶于有机溶剂。

氧化铝Al_2O_3有多种晶型，其中两种主要的是α-Al_2O_3和γ-Al_2O_3。在自然界中以结晶状态存在的α-Al_2O_3称为刚玉，其熔点高，硬度仅次于金刚石。α-Al_2O_3和γ-Al_2O_3的晶体结构不同，它们的化学性质也不同。α-Al_2O_3化学性质极不活泼，除溶于熔融的碱外，与所有试剂都不反应。γ-Al_2O_3可溶于稀酸，也能溶于碱，又称为活性氧化铝，常用作吸附剂和催化剂载体。

氢氧化铝是两性氢氧化物，它可溶于酸生成 Al^{3+}，又可溶于过量的碱生成 $[Al(OH)_4]^-$：

$$Al(OH)_3 + OH^- = [Al(OH)_4]^-$$

实际上铝酸盐溶液中不存在 AlO_2^- 或 AlO_3^{3-}，这已为光谱实验所证明。

在铝酸盐溶液中通入 CO_2 沉淀出来的是氢氧化铝白色晶体：

$$2[Al(OH)_4]^- + CO_2 = 2Al(OH)_3 \downarrow + CO_3^{2-} + H_2O$$

而在铝酸盐溶液中加入氨水或适量的碱所得到的凝胶状白色沉淀则是无定形 $Al(OH)_3$，实际上是含水量不定的水合氧化铝 $Al_2O_3 \cdot xH_2O$，但是，通常也写成 $Al(OH)_3$ 的形式。加热可使 $Al(OH)_3$ 脱水，在不同条件下生成 Al_2O_3 的各种变体。

铝的含氧酸盐有硫酸铝、氯酸铝、高氯酸铝、硝酸铝等。用浓硫酸溶解纯的氢氧化铝或用硫酸直接处理铝矾土都可制得硫酸铝：

$$2Al(OH)_3 + 3H_2SO_4 = Al_2(SO_4)_3 + 6H_2O$$

$$Al_2O_3 + 3H_2SO_4 = Al_2(SO_4)_3 + 3H_2O$$

常温下从水溶液中析出的铝酸盐晶体为水合晶体，如 $Al_2(SO_4)_3 \cdot 18H_2O$、$Al(NO_3)_3 \cdot 9H_2O$ 等。硫酸铝常易与碱金属 $M^{(I)}$（除 Li 外）的硫酸盐结合成一类复盐，称为矾。矾的组成可以用通式 $M^{(I)}Al(SO_4)_2 \cdot 12H_2O$ 来表示。例如，铝钾矾 $KAl(SO_4)_2 \cdot 12H_2O$ 就是通常用的明矾。

硫酸铝和硝酸铝是离子型化合物，都易溶于水，由于 Al^{3+} 的水解作用，使得溶液呈酸性。铝的弱酸盐水解更加明显，甚至达到几乎完全的程度。因此，在 Al^{3+} 的溶液中加入 $(NH_4)_2S$ 或 Na_2CO_3 溶液得不到相应的弱酸铝盐，而都生成 $Al(OH)_3$。

在 Al^{3+} 溶液中加入茜素的氨溶液，生成红色沉淀，可用来鉴定 Al^{3+} 的存在。

四、仪器与药品

（1）仪器　广口瓶，带支管的大试管，分液漏斗，蒸发皿，燃烧匙。

（2）药品　镍铬丝，活性炭，镁条，硼砂，Al 片，靛蓝溶液，品红溶液，乙醇（工业纯），甘油。

H_3BO_3(s)，$Cu_2(OH)_2CO_3$(s)，Na_2CO_3(s)，$NaHCO_3$(s)，Na_2SO_4(s)，$NaNO_2$(s)，KNO_3(s)，$CaCl_2 \cdot 6H_2O$(s)，$CuSO_4 \cdot H_2O$(s)，$Co(NO_3)_3 \cdot 6H_2O$(s)，Cr_2O_3(s)，$NiSO_4 \cdot 7H_2O$(s)，$ZnSO_4 \cdot 7H_2O$(s)，$FeCl_3 \cdot 6H_2O$(s)，$FeSO_4 \cdot 7H_2O$(s)，$Na_2B_2O_7 \cdot 10H_2O$(s)；$Ca(OH)_2$（新配制），$Na_2B_4O_7$（饱和），NH_4Cl（饱和），$Pb(NO_3)_2$（$0.1mol \cdot L^{-1}$，$0.001mol \cdot L^{-1}$），Na_2CO_3（$0.1mol \cdot L^{-1}$，$0.5mol \cdot L^{-1}$，$1.0mol \cdot L^{-1}$），$NaHCO_3$（$0.5mol \cdot L^{-1}$），$FeCl_3$（$0.2mol \cdot L^{-1}$），$CaCl_2$（$0.1mol \cdot L^{-1}$），$MgCl_2$（$0.1mol \cdot L^{-1}$），$CuSO_4$（$0.2mol \cdot L^{-1}$），Na_2SiO_3（20%），Na_2CO_3（$1mol \cdot L^{-1}$，$0.5mol \cdot L^{-1}$），HCl（浓，$2mol \cdot L^{-1}$），NaOH（40%，$2mol \cdot L^{-1}$，$6mol \cdot L^{-1}$），H_2SO_4（浓），HNO_3（浓），$NaNO_3$（$0.5mol \cdot L^{-1}$），$Hg(NO_3)_2$（$0.1mol \cdot L^{-1}$），$K_2Cr_2O_7$（10%，$0.1mol \cdot L^{-1}$），$Al_2(SO_4)_3$（$0.1mol \cdot L^{-1}$），$NH_3 \cdot H_2O$（$2mol \cdot L^{-1}$），Na_2SO_4（$0.5mol \cdot L^{-1}$），NaAc（$1mol \cdot L^{-1}$），$(NH_4)_2SO_4$（饱和），Na_2S（$0.5mol \cdot L^{-1}$）；CO_2(g)。

五、实验内容

（一）活性炭的吸附作用

（1）在溶液中对有色物质的吸附　往 2mL 靛蓝溶液中加入一小勺活性炭，振荡试管，然后过滤除去活性炭。观察溶液的颜色有何变化？并加以解释。

(2) 对无机离子的吸附作用　在 $0.001mol \cdot L^{-1} Pb(NO_3)_2$ 溶液中加入几滴 $0.1mol \cdot L^{-1} K_2CrO_4$ 溶液，观察黄色的 $PbCrO_4$ 沉淀的生成。往另一支试管中加 2mL $0.001mol \cdot L^{-1} Pb(NO_3)_2$ 溶液及一小勺活性炭，振荡试管几分钟。过滤，除去活性炭后向清液中滴加几滴 $0.1mol \cdot L^{-1} K_2CrO_4$ 溶液，观察现象并加以解释。

(二) 二氧化碳的性质

(1) 二氧化碳[注释1] 在水及在碱性溶液中的溶解　用试管收集二氧化碳，把试管倒置于一个盛有水的大蒸发皿内，摇动试管，观察试管内液面上升情况，然后在水中加入约 2mL $6mol \cdot L^{-1}$ NaOH 溶液，并摇动试管，再观察液面上升情况，解释现象。

(2) 与活泼金属反应　制备一瓶干燥的二氧化碳，点燃镁条，迅速放入充满二氧化碳的瓶中，观察现象，写出反应式。

(三) 碳酸盐及其性质

(1) HCO_3^- 与 CO_3^{2-} 之间的转化以新配制的澄清石灰水 [$Ca(OH)_2$]、二氧化碳为原料，设计系列试管反应，总结 HCO_3^- 与 CO_3^{2-} 之间相互转化的关系，记录现象，写出反应式。

(2) 碳酸盐的性质

① 碳酸盐的分解作用。分别试验 $0.1mol \cdot L^{-1} Na_2CO_3$ 溶液及 $0.1mol \cdot L^{-1} NaHCO_3$ 溶液的 pH。

② 碳酸盐热稳定性的比较。加热 3 支分别盛有约 2g 的 $Cu_2(OH)_2CO_3$，Na_2CO_3，$NaHCO_3$ 固体的试管，将生成的气体通入盛有石灰水的试管中，观察石灰水变浑浊的顺序，作出理论解释。

(3) 与一些盐的反应　分别向盛有 $0.1mol \cdot L^{-1} FeCl_3$、$0.1mol \cdot L^{-1} MgCl_2$、$0.001mol \cdot L^{-1} Pb(NO_3)_2$、$0.2mol \cdot L^{-1} CuSO_4$ 溶液的试管中滴加 $1mol \cdot L^{-1} Na_2CO_3$ 溶液，观察现象，再分别向 4 支盛有以上溶液的试管中滴加 $0.5mol \cdot L^{-1} NaHCO_3$ 溶液，观察现象。查阅有关 $K_{sp}^{\ominus}$ 的数值，通过计算初步确定反应产物并分别写出反应方程式。

(四) 硼、硅的相似相异性

1. 硅酸、硼酸及其盐

(1) 分别向 3 支盛有 20% Na_2SiO_3 溶液的试管中进行下列实验[注释2]：①通入 CO_2；②滴加 $2mol \cdot L^{-1}$ HCl；③滴加饱和 NH_4Cl 溶液；观察现象，写出反应式。为促进凝胶的生成，可适当微热试管。

(2) 分别向三支盛有饱和 $Na_2B_4O_7$ 溶液的试管中加入：①用冰水冷冻过的浓 H_2SO_4；②浓盐酸；③饱和 NH_4Cl 溶液，观察现象，写出反应式。

(3) 分别检验 20% Na_2SiO_3 溶液与饱和 $Na_2B_4O_7$ 溶液的 pH。

(4) 分别在 20% Na_2SiO_3 溶液及饱和 $Na_2B_4O_7$ 溶液中加入 $0.1mol \cdot L^{-1} CaCl_2$ 溶液及 $0.1mol \cdot L^{-1} Pb(NO_3)_2$ 溶液，观察现象，写出反应式。

(5) 取少量的硼酸晶体溶于约 20mL 水中（为方便溶解，可微热），冷却至室温后测其 pH。再向硼酸溶液中加入几滴甘油，测 pH。写出反应式，并作解释。

由以上实验总结硼、硅性质上的异同。

2. 硼化合物的鉴别

取少量硼酸晶体放在蒸发皿中，加入少许乙醇和几滴浓 H_2SO_4，混匀后点燃，观察硼酸三乙酯蒸气燃烧时产生的特征绿色火焰，该实验可用于鉴别含硼的化合物。

$$3C_2H_5OH + H_3BO_3 \xlongequal{\quad} B(OC_2H_5)_3 + 3H_2O$$

3.硼砂珠实验

① 将镍铬丝的小环蘸浓 HCl，在氧化焰中反复灼烧至近无色，然后迅速蘸一些硼砂固体，在氧化焰中灼烧玻璃状圆珠。

② 用烧红的硼砂珠分别蘸上少量 CoO［或 $Co(NO_3)_2$］和 Cr_2O_3 固体，在氧化焰中烧至熔融，冷却后对着亮光观察硼砂珠的颜色。

4.难溶性硅酸盐的生成——“水中花园”

在一只 50mL 烧杯中加入约 2/3 体积的 20％水玻璃（Na_2SiO_3），然后分别在不同位置放入米粒大小的固体 $CaCl_2$、$CuSO_4$、$Co(NO_3)_2$、$NiSO_4$、$MnSO_4$、$ZnSO_4$、$FeCl_3$、$FeSO_4$，记住它们的位置，放置 1～2h 后观察到什么现象？

(五）单质铝的性质

(1) 铝与水及一些酸、碱、氧化剂的反应　将铝片用砂纸除去表面氧化膜后分别试验其与①热水；②冷水；③2mol·L^{-1} HCl；④2mol·L^{-1} NaOH；⑤冷的浓 HNO_3；⑥热的浓 HNO_3；⑦0.5mol·L^{-1} $NaNO_3$＋40％ NaOH 的反应，并证实⑦反应产物中 NH_3 的生成。写出反应式，并由实验简单总结金属铝的性质。

(2) 铝汞齐的制备与性质　在小试管中放入一铝片，加入约 2mL 2mol·L^{-1}HCl 溶液，加热煮沸约 1min，以清洗其表面。倒出盐酸并用水清洗铝片两次，然后加入少量 0.1mol·$L^{-1}$$Hg(NO_3)_2$ 溶液，摇动试管，至铝片表面刚刚变为灰色时，立即倾倒管内残余的 $Hg(NO_3)_2$ 溶液，水洗两次，然后再加约 2mL 水，观察反应的发生。最后倒去水，用滤纸轻轻将铝片表面水分吸干，放置于表面皿上，观察现象，给予解释，写出反应式。

(3) 金属铝片的钝化　将金属铝片放在 10％(w) $K_2Cr_2O_7$ 溶液中泡浸 5min 以上，取出。分别将已钝化了的铝及未钝化铝投入 2mol·L^{-1}HCl 溶液中，观察现象并给予解释。

(六）铝酸盐的性质

(1) 两性　向试管加入 0.1mol·$L^{-1}$$Al_2(SO_4)_3$ 溶液，再滴加 2mol·$L^{-1}$$NH_3·H_2O$，观察现象。将每份沉淀又各分为 3 份，分别试验它们与 2mol·L^{-1}HCl、2mol·L^{-1} NaOH、2mol·L^{-1} $NH_3·H_2O$ 的反应，记录现象，写出反应式。

(2) 铝酸盐的水解特征　取少量 0.1mol·$L^{-1}$$Al_2(SO_4)_3$ 溶液，滴加 2mol·$L^{-1}$$NH_3·H_2O$ 至 $Al(OH)_3$ 沉淀生成，再加入 2mol·L^{-1}NaOH 至沉淀刚刚溶解为止，加热溶液又有什么变化？试说明 $Al(OH)_3$ 的水解情况。

(3) 成矾作用　取 1mL 0.1mol·$L^{-1}$$Al_2(SO_4)_3$ 溶液加入 1mL 饱和的 $(NH_4)_2SO_4$ 溶液，稍稍静置，又有什么现象？如溶液仍是澄清透明，可稍摩擦试管壁，观察现象，写出反应式。

(4) Al^{3+} 的水解

① 试验 0.1mol·$L^{-1}$$Al_2(SO_4)_3$ 酸碱性；

② 分别往 3 支盛有 0.1mol·$L^{-1}$$Al_2(SO_4)_3$ 溶液的试管中滴加 0.5mol·$L^{-1}$$Na_2CO_3$、0.5mol·$L^{-1}$$Na_2S$、1mol·$L^{-1}$NaAc 溶液，观察现象，写出反应式。

由以上实验总结 Al 化合物的性质。

(七）$Al(OH)_3$ 和 Al_2O_3 的物理性质

小烧杯中加入 5～10mL 0.1mol·$L^{-1}$$Al_2(SO_4)_3$ 溶液，再加入适量的 2mol·L^{-1}NaOH 溶液至生成 $Al(OH)_3$ 沉淀，过滤、水洗两次。另取 1 滴品红溶液滴入盛有 5mL 水的试管中，将配好的品红溶液的一半倒入漏斗内的 $Al(OH)_3$ 沉淀上，比较滤液与原品红溶液颜色的差异。

(八）小设计实验

试用最简单方法鉴别下列固体物质 $NaHCO_3$，Na_2CO_3，$Na_2B_4O_7$，Na_2SO_4，$NaNO_2$。

六、注释

［1］ 一氧化碳是无色无臭气体，由于其与血红蛋白（Hb）形成较稳定的配合物 Hb·CO，使血红蛋白失去输氧功能而危及人的生命。当空气中 CO 含量大于 50×10^{-6} 时，对人就有致命危险，即使少量地吸入也会导致头痛、眩晕、耳鸣、恶心呕吐、全身无力、精神不振等症状，因此凡涉及产生一氧化碳的实验都应在通风橱内进行。

［2］ 实验结束时，试管中的硅酸应及时用水洗净。

实验二十五　氮、磷

一、目的与要求

(1) 掌握氨和铵盐、硝酸和硝酸盐的主要性质。

(2) 掌握磷酸盐的主要性质。

(3) 掌握亚硝酸及其盐的性质。

二、预习与思考

(1) 复习氮磷及其主要化合物的性质以及进行氮磷实验时应注意的安全措施。

(2) 思考下列问题

① 使用浓硝酸和硝酸盐时应注意哪些安全问题？

② 浓硝酸和稀硝酸与金属、非金属及一些还原性化合物反应时，N(Ⅴ) 的主要还原产物是什么？

③ 为什么在一般情况下不使用 HNO_3 作为酸性反应介质？

④ 磷能生成几种主要的含氧酸盐？有何性质？

三、实验原理

氨是具有特殊刺激气味的无色气体，在水中的溶解度极大。它容易被液化，液态氨的汽化焓较大，故液氨可用作制冷剂。实验室一般用铵盐和强碱共热来制取氨：

$$2NH_4Cl+Ca(OH)_2 \xrightarrow{\triangle} CaCl_2+2H_2O+2NH_3\uparrow$$

氨的化学性质较活泼，能与许多物质发生加合、取代和氧化还原反应。氨与酸作用可以得到各种相应的铵盐，铵盐与碱金属的盐非常相似。铵盐一般为无色晶体，皆溶于水，但酒石酸氢铵与高氯酸铵等少数铵盐的溶解度较小。铵盐在水中都有一定程度的水解。鉴定 NH_4^+ 常用两种方法。

① NH_4^+ 与 NaOH 反应生成 NH_3 (g)，使红色石蕊试纸变蓝。

② NH_4^+ 与奈斯特试剂（K_2HgI_4 的碱性溶液）反应生成红棕色沉淀，反应式为：

$$NH_4Cl+2K_2[HgI_4]+4KOH = \left[\begin{array}{ccc} & Hg & \\ O & & NH_2 \\ & Hg & \end{array} \right] I\downarrow +KCl+7KI+3H_2O$$

固体铵盐受热易分解，分解产物因组成铵盐的酸的性质不同而异。如果酸是易挥发的且无氧化性，则酸和氨一起挥发。如果酸是不挥发的且无氧化性，则只有氨挥发掉，而酸或酸式盐留在容器内。如：

$$(NH_4)_2SO_4 \xrightarrow{\triangle} NH_3\uparrow+NH_4HSO_4$$

如果酸是有氧化性的，则分解出的氨被酸氧化生成 N_2 和 N_2O。例如：

$$(NH_4)_2Cr_2O_7 \xrightarrow{\triangle} N_2\uparrow+Cr_2O_3+4H_2O$$

$$NH_4NO_3 \xrightarrow{\triangle} N_2O\uparrow+2H_2O$$

亚硝酸是稍强于醋酸的弱酸，它极不稳定，仅存在于冷的稀溶液中，加热或浓缩时就分解为 H_2O 和 N_2O_3，后者又分解为 NO_2 和 NO，因而气相出现棕色。

$$2HNO_2 \rightleftharpoons H_2O + N_2O_3(\text{淡蓝色}) \rightleftharpoons H_2O + NO + NO_2\ (\text{红棕色})$$

亚硝酸盐大多是无色的，除淡黄色的 $AgNO_2$ 外，一般都易溶于水。碱金属、碱土金属的亚硝酸盐有很高的热稳定性。在水溶液中这些亚硝酸盐尚稳定。所有的亚硝酸盐都是剧毒的，都是致癌物质。亚硝酸盐在酸性介质中具有氧化性，其还原产物一般为 NO。如：

$$2NaNO_2 + 2KI + 2H_2SO_4 = 2NO + I_2 + Na_2SO_4 + K_2SO_4 + 2H_2O$$

这一反应在分析化学中用于测定 NO_2^- 的含量。与强氧化剂作用时，亚硝酸盐本身被氧化为硝酸盐。

鉴定 NO_3^- 或 NO_2^- 时，加浓 H_2SO_4，NO_3^- 能形成棕色环，NO_2^- 能发生棕色反应。当有 NO_2 存在时，会干扰对 NO_3^- 或 NO_2^- 的鉴定，必须预先消除，即在酸性条件下加尿素发生下列反应：

$$2NO_2^- + 2H^+ + CO(NH_2)_2 = 2N_2 + CO_2 + 3H_2O$$

加 HAc 时，只有 NO_2^- 能发生棕色反应：

$$NO_2^- + 2Fe^{2+} + 2HAc = Fe(NO)^{2+} + Fe^{3+} + 2Ac^- + H_2O$$

磷酸是非挥发性的中等强度的三元酸。磷酸是磷的最高氧化值化合物，但却没有氧化性。浓磷酸和浓硝酸的混合液常用作化学抛光剂来处理金属表面。正磷酸可以形成三种类型的盐，即磷酸二氢盐、磷酸一氢盐和正盐。例如：酸式盐——NaH_2PO_4 和 Na_2HPO_4；正盐——Na_3PO_4。

磷酸正盐比较稳定，一般不易分解。但酸式磷酸盐受热易脱水成为焦磷酸盐或偏磷酸盐。磷酸盐和磷酸一氢盐中，只有碱金属（锂除外）和铵的盐易溶于水，其它磷酸盐都难溶。大多数磷酸二氢盐易溶于水。碱金属的磷酸盐如 Na_3PO_4、Na_2HPO_4 和 NaH_2PO_4 溶于水后，由于水解程度不同，溶液呈现不同的 pH。Na_3PO_4 溶液和 Na_2HPO_4 溶液均显碱性，前者碱度大一些。而 $H_2PO_4^-$ 的水解程度不如其解离程度大，故 NaH_2PO_4 溶液呈弱酸性。

磷酸盐与过量的钼酸铵 $(NH_4)_2MoO_4$ 及适量的浓硝酸混合后加热，可慢慢生成黄色的磷钼酸铵沉淀：

$$PO_4^{3-} + 12MoO_4^{2-} + 24H^+ + 3NH_4^+ = (NH_4)_3PO_4 \cdot 12MoO_3 \cdot 6H_2O\downarrow + 6H_2O$$

这一反应可用来鉴定 PO_4^{3-}。

四、仪器和药品

铜片、锌片、铝屑。NH_4NO_3(s)，NH_4Cl(s)，$Ca(OH)_2$(s)，KNO_3(s)，$Cu(NO_3)_2$(s)、$AgNO_3$(s)，Na_2HPO_4(s)，$(NH_4)_2SO_4$(s)，PCl_5(s)；KI(0.1mol·L^{-1})，$KMnO_4$(0.001mol·L^{-1})，$NaNO_2$（饱和，0.1mol·L^{-1}，0.5mol·L^{-1}），$Na_4P_2O_7$(0.1mol·L^{-1})，$NaPO_3$(0.1mol·L^{-1})，Na_2HPO_4(0.1mol·L^{-1})，NaH_2PO_4(0.1mol·L^{-1})，Na_3PO_4(0.1mol·L^{-1})，$NaNO_3$(0.5mol·L^{-1})，$NH_3 \cdot H_2O$（浓），$CaCl_2$(0.1mol·L^{-1})，HCl（浓），HNO_3（浓，2.0mol·L^{-1}，3.0mol·L^{-1}），H_2SO_4（浓，3.0mol·L^{-1}），HAc(2.0mol·L^{-1})，NaOH(40%，6.0mol·L^{-1}，2.0mol·L^{-1})，奈斯特试剂[K_2HgI_4+KOH]，四氯化碳，蛋白溶液，石蕊试纸，pH 试纸。

五、实验内容

（一）氨和铵盐的性质

1. 氨的实验室制备及其性质

(1) 氨的制备　3g $NH_4Cl(s)$ 及 3g $Ca(OH)_2(s)$ 混合均匀后装入一支干燥的大试管中，按图 8-1 的装置制备和收集氨气。用塞子塞紧氨气收集管管口，留作下列实验使用。

(2) 氨的性质　①在水中的溶解。把盛有氨气的试管倒置在盛有水的大烧杯或水槽中，在水下打开塞子，轻轻捣动试管，观察有何现象发生？当水柱停止上升后，用手指堵住管口并将试管自水中取出。②氨水的酸碱性。试验上述试管内溶液的酸碱性。③氨的加合作用。在一个小坩埚内滴入几滴浓氨水，再把一个内壁用浓盐酸湿润过的烧杯罩在坩埚上，观察现象，写出反应式。

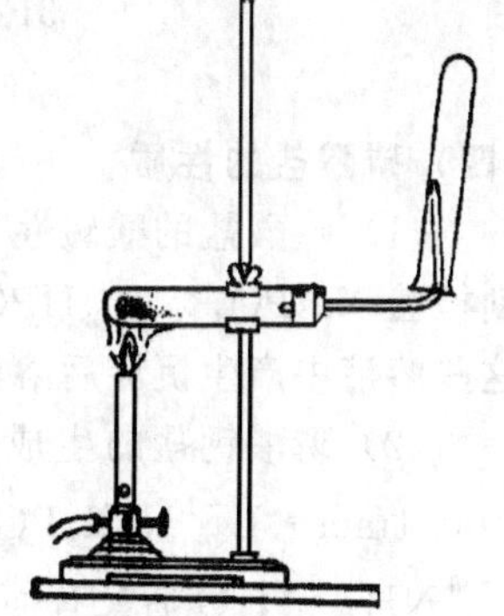

图 8-1　氨气制备装置

2. 铵盐的性质及检出

(1) 铵盐的热分解　分别在 3 支已干燥的小试管中加入约 0.5g $NH_4Cl(s)$、$NH_4NO_3(s)$、$(NH_4)_2SO_4(s)$，用试管夹夹好，管口贴上一条已湿润的石蕊试纸，均匀加热试管底部。观察这三种铵盐的热分解的异同，分别写出反应式。在 NH_4Cl 试管中较冷的试管壁上附着的白色霜状物质是什么？如何证实？

(2) 铵盐的检出反应　①气室法检出。取几滴铵盐溶液置于一表面皿中心，在另一表面皿中心贴上一小条湿润的 pH 试纸，然后在铵盐溶液中滴加 $6mol \cdot L^{-1}$ NaOH 溶液至呈碱性，将贴有 pH 试纸的表面皿盖在铵盐的表面皿上形成“气室”，将气室置于水浴上微热，观察 pH 试纸颜色的变化。②取几滴铵盐溶液，加入 2 滴 $2mol \cdot L^{-1}$NaOH 溶液，然后再加入 2 滴奈斯特试剂 [K_2HgI_4 + KOH]，观察红棕色沉淀的生成。

(二) 亚硝酸及其盐[注释1] 的性质

(1) 亚硝酸的生成与分解[注释2]　把已用冰水冷冻过的约 1mL 饱和 $NaNO_2$ 溶液与约 1mL $3mol \cdot L^{-1}$ H_2SO_4 混合均匀。观察现象，溶液放置一段时间后又有什么变化？为什么？反应式为

$$2NaNO_2 + H_2SO_4 = 2H_2NO_2 + Na_2SO_4$$

$$2H_2NO_2 = N_2O_3 \text{（蓝色）} + H_2O$$

$$N_2O_3 = NO + NO_2 \text{（棕色）}$$

(2) 亚硝酸的氧化性　取少量 $0.1mol \cdot L^{-1}$KI 溶液用 $3mol \cdot L^{-1}$ H_2SO_4 酸化，再加入几滴饱和 $NaNO_2$ 溶液，观察反应及产物的色态，微热试管，又有什么变化？写出反应式。

(3) 亚硝酸的还原性　取几滴 $0.001mol \cdot L^{-1}$ $KMnO_4$ 溶液用硫酸酸化后滴加 0.1 $mol \cdot L^{-1}$$NaNO_2$ 溶液，观察现象，写出反应式。

(4) 亚硝酸根的检出　在少量 $0.5mol \cdot L^{-1}$ $NaNO_2$ 溶液中加入 $0.1mol \cdot L^{-1}$KI 溶液 1～2 滴，用 H_2SO_4 酸化后加入几滴四氯化碳，振荡试管，观察现象。四氯化碳层显紫色，表明 NO_2^- 的存在。

(三) 硝酸及其盐的性质

(1) 硝酸的氧化性　分别试验浓硝酸与金属铜；稀硝酸与金属铜、稀硝酸与活泼金属（锌）的反应，产物各是什么？写出它们的反应式。总结稀硝酸与浓硝酸被还原的规律，并验证稀硝酸与 Zn 反应产物中 NH_3 或 NH_4^+ 的存在。

(2) 硝酸盐的热分解　分别试验 $KNO_3(s)$、$Cu(NO_3)_2(s)$、$AgNO_3(s)$ 的热分解，用火柴余烬检验反应生成的气体，说明它们热分解反应的异同。写出反应式并作理论解释。

(3) 硝酸盐的检验　①试液加入 40% NaOH 溶液至呈强碱性，再加入少量铝屑，用 pH 试纸检验反应产生的气体，证实 NO_3^- 的存在。写出反应式。②取少量固体 $FeSO_4 \cdot 7H_2O$ 于

试管中，滴加1滴0.5mol·L^{-1} $NaNO_3$ 溶液及一滴浓硫酸，观察现象。反应式为

$$3Fe^{2+}+NO_3^-+4H^+ \longrightarrow 3Fe^{3+}+NO+2H_2O$$

$$Fe^{2+}+NO+SO_4^{2-} \longrightarrow Fe(NO)SO_4 \text{（棕色）}$$

（四）磷酸盐的性质

（1）磷酸盐的酸碱性　①分别检验正磷酸盐，焦磷酸盐，偏磷酸盐水溶液的pH。②分别检验 Na_3PO_4，Na_2HPO_4，NaH_2PO_4 水溶液的pH。以等量的 $AgNO_3$ 溶液分别加入到这些溶液中产生沉淀后溶液的pH又有什么变化？请给予解释。

（2）磷酸钙盐的生成与性质　分别向0.1mol·L^{-1} Na_3PO_4、0.1mol·L^{-1} Na_2HPO_4 和0.1mol·L^{-1} NaH_2PO_4 溶液中加入 $CaCl_2$ 溶液，观察有无沉淀生成？再加入2mol·L^{-1} $NH_3 \cdot H_2O$ 后又有何变化？继续加入2mol·L^{-1} HCl后又有什么变化？试给予解释并写出反应式。

（3）磷酸根、焦磷酸根、偏磷酸根的鉴别

① 分别向0.1mol·L^{-1} Na_2HPO_4、0.1mol·L^{-1} $Na_4P_2O_7$、0.1mol·L^{-1} $NaPO_3$ 水溶液中滴加0.1mol·L^{-1} $AgNO_3$ 溶液，各有什么现象发生？生成的沉淀溶于2mol·L^{-1} HNO_3 吗？

② 以2mol·L^{-1} HAc溶液酸化磷酸盐溶液、焦磷酸盐溶液后分别加入蛋白溶液，各有什么现象发生？

把以上实验结果填在表8-4中，并说明磷酸根、焦磷酸根、偏磷酸根的鉴别方法。

表8-4　磷的含氧酸盐的性质

磷的含氧酸盐	PO_4^{3-}	$P_2O_7^{4-}$	PO_3^-
滴加 $AgNO_3$			
沉淀在2mol·L^{-1} HNO_3 中			
HAc酸化后加入蛋白溶液			

（五）小设计实验

取少量 PCl_5(s)[注释3] 溶于水中，令其水解彻底。请自行设计方案检验 PCl_5 的水解产物。

六、问题与讨论

（1）实验室中用什么方法制备氮气？直接加热 NH_4NO_2 的方法可以吗？为什么？

（2）如何分别检出 $NaNO_2$、$Na_2S_2O_3$、KI溶液？

（3）PCl_5 水解后加入 $AgNO_3$ 时为什么只有AgCl沉淀出来而 Ag_3PO_4 却不沉淀？如何使 Ag_3PO_4 沉淀？有关 K_{sp} 数据请自行查阅。

七、注释

[1] 注意，亚硝酸及其盐有毒，切勿入口！

[2] 除 N_2O 外，所有氮的氧化物都有毒，其中尤以 NO_2 为甚。在大气中 NO_2 的允许含量为每升空气不得超过0.005mg。目前 NO_2 中毒尚无特效药物治疗，一般只能输入氧气以帮助呼吸和血液循环。二氧化氮主要对人体造成黏膜损害引起肿胀充血，呼吸系统损害引起各种炎症；神经系统损害引起眩晕、无力、痉挛、面部发绀等；造血系统损害破坏血红素等。吸入高浓度的氮氧化物将迅速出现窒息以致死亡。因此，凡涉及氮氧化物生成的反应均应在通风橱内进行。

[3] 实验室常见的磷有白磷及红磷。红磷毒性较小，白磷为蜡状结晶体，燃点为318K，在空气中易氧化，毒性很大，常保存于水中或油中。磷化氢是无色恶臭剧毒的气体。PCl_3（l），PCl_5（s）都有腐蚀性，使用时应注意。

实验二十六　锡、铅、砷、锑、铋

一、目的与要求

（1）掌握锡、铅、砷、锑、铋的氢氧化物酸碱性及其不同氧化态的氧化还原性。

（2）掌握锡、铅、砷、锑、铋的水解性和难溶铅盐的性质。

二、预习与思考

（1）复习有关酸碱介质对氧化还原反应方向的影响及 pH-$\varphi^{\ominus}$ 图中的有关内容。

（2）复习能斯特方程的有关内容及计算。

（3）思考下列问题

① 实验室中如何配制 $SnCl_2$ 溶液、$SbCl_3$ 溶液、$Bi(NO_3)_3$ 溶液？

② 使用砷、锑、铋、铅化合物应注意什么安全问题？

三、实验原理

Sn、Pb、As、Sb、Bi 分别为周期表中ⅣA、ⅤA 族的金属元素，它们的化学性质主要表现在以下几个方面。

1. 氢氧化物的酸碱性

$$\left.\begin{matrix} Sn_2^+ \\ Pb_2^+ \\ As_3^+ \\ Sb_3^+ \\ Bi_3^+ \end{matrix}\right. \xrightarrow{+OH^-\text{（适量）}} \begin{matrix} Sn(OH)_2\downarrow\text{（白）} \\ Pb(OH)_2\downarrow\text{（白）} \\ As(OH)_3\downarrow\text{（白）} \\ Sb(OH)_3\downarrow\text{（白）} \\ Bi(OH)_3\downarrow\text{（白）} \end{matrix} \xrightarrow{+OH^-\text{（过量）}} \left.\begin{matrix} SnO_2^{2-}+H_2O \\ PbO_2^{2-}+H_2O \\ AsO_3^{3-}+H_2O \\ SbO_3^{3-}+H_2O \end{matrix}\right\}\text{（两性）}$$

这些元素的氢氧化物的酸碱性变化规律为：

碱性增强 ↓	酸性增强 →		酸性增强 →		碱性增强 ↓
	$Sn(OH)_2$ （两性）	$Sn(OH)_4$ （两性，偏酸）	H_3AsO_3 （两性，偏酸）	H_3AsO_4 （酸性）	
	$Pb(OH)_2$ （两性，偏碱）	$Pb(OH)_4$ （两性，偏酸）	$Sb(OH)_3$ （两性）	$HSb(OH)_6$ （两性，偏酸）	
			$Bi(OH)_3$ （弱碱性）	$Bi_2O_3\cdot H_2O$ （极不稳定）	

2. 硫化物

锡、铅、砷、锑的、铋的硫化物有 SnS（棕色）、SnS_2（黄色）、PbS（黑色）、As_2S_3（黄色）、Sb_2S_3（橙色）、Bi_2S_3（黑色）、As_2S_5（黄色）、Sb_2S_5（橙色），它们均不溶于水和稀酸。锡、铅的硫化物与浓盐酸作用因生成配合物而溶解。砷的硫化物不溶于浓盐酸，而 Sb_2S_3 和 Bi_2S_3 则能溶于浓盐酸。

在上述金属硫化物中，SnS_2、As_2S_3、Sb_2S_3 偏酸性，因此它们能溶于过量的 NaOH、Na_2S 或 $(NH_4)_2S$ 溶液中生成硫代酸盐。

$$SnS_2+Na_2S \xlongequal{} Na_2SnS_3$$

$$As_2S_3+3Na_2S \xlongequal{} 2Na_3AsS_3$$

$$As_2S_5+3Na_2S \xlongequal{} 2Na_3AsS_4$$

$$Sb_2S_3+3Na_2S \xlongequal{} 2Na_3SbS_3$$

$$3SnS_2+6NaOH \xlongequal{} 2Na_2SnS_3+Na_2SnO_3+3H_2O$$

$$As_2S_3+6NaOH \longrightarrow Na_3AsS_3+Na_3AsO_3+3H_2O$$
$$Sb_2S_3+6NaOH \longrightarrow Na_3SbS_3+Na_3SbO_3+3H_2O$$

据此性质，可使 SnS_2，As_2S_3，Sb_2S_3 与 PbS，Bi_2S_3 等进行分离。硫代酸盐在酸性溶液中不稳定，一旦遇酸它们立即分解为相应的硫化物沉淀和硫化氢。如

$$3SnS_3^{2-}+6H^+ \longrightarrow 3SnS_2\downarrow+3H_2S$$
$$2AsS_3^{2-}+6H^+ \longrightarrow As_2S_3\downarrow+3H_2S$$
$$2AsS_4^{3-}+6H^+ \longrightarrow As_2S_5\downarrow+3H_2S$$

有时，在 Na_2S 的溶液中 SnS 也能溶解，这是因为久经放置的 Na_2S 溶液中常常存在部分的 Na_2S_x，而 S_x^{2-} 具有氧化性，可将 SnS 氧化成 SnS_3^{2-} 而溶解。因此，欲分离 SnS 和 SnS_2，需要用新鲜配制的 Na_2S 溶液。另外，SnS 也能完全溶于 $(NH_4)_2S_x$ 溶液中形成 SnS_3^{2-}。

3. 氧化还原性

在这些元素中，Sn(Ⅱ) 具有较强的还原性，其中 $SnCl_2$ 是常见的还原剂。Pb(Ⅳ)、Bi(Ⅴ) 具有较强的氧化性，常以 PbO_2、$NaBiO_3$ 作氧化剂。

在酸性介质中，Sn^{2+} 与少量 $HgCl_2$ 反应，可出现白色沉淀渐变成灰黑的现象。

$$Sn^{2+}+2HgCl_2+4Cl^- \longrightarrow [SnCl_6]^{2-}+Hg_2Cl_2\downarrow \text{（白）}$$
$$Sn^{2+}+Hg_2Cl_2+4Cl^- \longrightarrow [SnCl_6]^{2-}+2Hg\downarrow \text{（黑）}$$

据此反应，可鉴定 Sn^{2+} 或 Hg^{2+}。

$[Sn(OH)_4]^{2-}$ 也可作还原剂与 Bi^{3+} 反应，生成黑色的 Bi 沉淀，其反应式为

$$3[Sn(OH)_4]^{2-}+2Bi^{3+}+6OH^- \longrightarrow 3[Sn(OH)_6]^{2-}+2Bi\downarrow \text{（黑）}$$

据此反应，可鉴定 Bi^{3+}。

$NaBiO_3$ 和 PbO_2 在酸性介质中是强氧化剂，可以氧化 Mn^{2+}，生成 MnO_4^-。

$$2Mn^{2+}+5NaBiO_3+14H^+ \longrightarrow 2MnO_4^-+5Na^++5Bi^{3+}+7H_2O$$
$$2Mn^{2+}+5PbO_2+4H^+ \longrightarrow 2MnO_4^-+5Pb^{2+}+2H_2O$$

依据溶液中 MnO_4^- 特征的紫红色的出现可以鉴定 Mn^{2+}。

4. 水解性

Sn^{2+}、As^{3+}、Sb^{3+}、Bi^{3+} 的盐都易水解，如

$$SnCl_2+H_2O \longrightarrow Sn(OH)Cl\downarrow\text{（白）}+HCl$$
$$SbCl_3+H_2O \longrightarrow SbOCl\downarrow\text{（白）}+2HCl$$
$$Bi(NO_3)_3+H_2O \longrightarrow BiONO_3\downarrow\text{（白）}+2HNO_3$$

因此，在配制这些盐溶液时，为了防止水解作用，通常要加些相应的酸。

5. 铅盐的溶解性

可溶性的铅盐有 $Pb(NO_3)_2$ 和 $Pb(Ac)_2$，均有毒。绝大多数 Pb(Ⅱ) 的化合物是难溶的。例如，Pb^{2+} 与 Cl^-、Br^-、NCS^-、F^-、I^-、SO_4^{2-}、CO_3^{2-}、CrO_4^{2-} 形成的化合物都难溶于水，它们在水中的溶解度按上述顺序依次减小。Pb^{2+} 与 CrO_4^{2-} 反应生成黄色的 $PbCrO_4$ 沉淀，常用来鉴定 Pb^{2+}，也可用来鉴定 CrO_4^{2-}。

四、仪器与药品

离心机，锡粒，氯水，溴水，碘水，四氯化碳。As_2O_3(s)，PbO_2(s)，$Na[As(OH)_6]$(s)，$K[Sb(OH)_6]$ (s)，$NaBiO_3$(s)，$SnCl_2$(s)，$SbCl_3$(s)，$Bi(NO_3)_3$(s)，$Pb(NO_3)_2$(s)；$SnCl_2$(0.1mol·L^{-1})，$SbCl_3$(0.1mol·L^{-1})，$AsCl_3$(0.1mol·L^{-1})，$BiCl_3$(0.1mol·L^{-1})，$FeCl_3$(0.1mol·L^{-1})，$Pb(NO_3)_3$(0.1mol·L^{-1})，$HgCl_2$(0.1mol·L^{-1})，

$Bi(NO_3)_3$（0.1mol・L^{-1}），$MnSO_4$（0.1mol・L^{-1}），$KMnO_4$（0.1mol・L^{-1}），KCNS（0.1mol・L^{-1}），KI(0.1mol・L^{-1})，$KCrO_4$（0.1 mol・L^{-1}），NaAc（饱和），$NaHCO_3$（饱和），Na_3AsO_3（0.1 mol・L^{-1}），Na_3AsO_4（0.1mol・L^{-1}），HCl（浓，6.0mol・L^{-1}，2.0mol・L^{-1}），HNO_3（浓，6.0mol・L^{-1}，2.0mol・L^{-1}），HAc(6.0mol・L^{-1})，H_2SO_4(3.0mol・L^{-1}，2.0mol・L^{-1}，1.0mol・L^{-1})，KOH(40%)，NaOH(40%，6.0mol・L^{-1}，2.0mol・L^{-1})，NH_3・H_2O(2.0mol・L^{-1})。

五、实验内容

1.氢氧化物性质

(1) α-锡酸及锡酸的生成与性质。通常用Sn(Ⅳ)与碱反应制得的$Sn(OH)_4$是α-锡酸；由锡粒与浓HNO_3加热下制得的$Sn(OH)_4$是β-锡酸。α-锡酸经加热或放置较长时间后都会转化为β-锡酸。

① α-锡酸的制备与性质。向少量0.1mol・L^{-1} $SnCl_4$溶液滴加2mol・L^{-1} NH_3・H_2O观察现象，把沉淀分成两份并试验其与2mol・L^{-1} NaOH及2mol・L^{-1} HCl溶液的作用，写出反应式。

② β-锡酸的制备与性质。试管中放入1～2粒锡粒，加入少量浓HNO_3，在通风橱内微微加热，观察现象。把沉淀分成两份，分别试验其与40%(w) NaOH、6mol・L^{-1} HCl的反应，写出反应式。

总结α、β-锡酸性质上的异同及它们的关系。

(2) 往少量0.1mol・L^{-1} $Pb(NO_3)_2$溶液中滴加2mol・L^{-1}NaOH溶液，观察现象，分别试验生成的沉淀与2mol・$L^{-1}$$HNO_3$及2mol・$L^{-1}$ NaOH的反应，写出反应式。

(3) 往少量0.1mol・L^{-1} $SnCl_2$溶液中滴加2mol・L^{-1} NaOH溶液，观察现象，离心分离后试验沉淀与2mol・L^{-1}HCl及2mol・L^{-1} NaOH的反应，写出反应式。

(4) 取少许固体As_2O_3[注释1]（剧毒!）溶于水（可适当在水浴中微热）。检验溶液的酸碱性。分别试验As_2O_3与6mol・L^{-1}HCl、浓盐酸及2mol・L^{-1} NaOH的作用，写出反应式。

(5) 往0.1mol・L^{-1} $SbCl_3$溶液中滴加2mol・L^{-1} NaOH溶液，观察现象，离心分离后分别实验沉淀与6mol・L^{-1} HCl、2mol・L^{-1} NaOH的作用，写出反应式。

(6) 往少量0.1mol・L^{-1} $Bi(NO_3)_3$的溶液中滴加2mol・L^{-1} NaOH溶液观察现象。离心分离后分别实验沉淀与2mol・L^{-1} HCl溶液和40%(w) NaOH的作用，写出反应式。

由以上实验总结Sn，Pb，As，Sb，Bi的氢氧化物的性质及其酸碱性。

2.氧化还原性

(1) Sn(Ⅱ)的还原性。

① 在0.1mol・L^{-1} $FeCl_3$溶液中滴加0.1mol・L^{-1} $SnCl_2$溶液，观察现象，写出反应式。试用0.1mol・L^{-1} KCNS溶液检验溶液中是否还存在Fe^{3+}。

② 在0.1mol・L^{-1} $HgCl_2$溶液中滴加0.1mol・L^{-1} $SnCl_2$溶液，观察现象，写出反应式。

③ 向自制Na_2SnO_2溶液中滴加0.1mol・$L^{-1}$$Bi(NO_3)_3$两滴，观察现象，写出反应式。

通过以上实验比较Sn(Ⅱ)与Fe(Ⅱ)；Sn(Ⅱ)与Hg(Ⅰ)还原性的强弱。

(2) Pb(Ⅳ)[注释2]的氧化性

① 在试管中放入少量的PbO_2(s)然后滴加浓盐酸溶液，观察现象，写出反应式。

② 在有少量PbO_2(s)的试管中加入3mol・$L^{-1}$$H_2SO_4$酸化溶液，再加入1滴0.1mol・

L^{-1} $MnSO_4$ 溶液，于水浴中加热，观察现象，写出反应式。

由以上实验对比 Pb(Ⅳ) 与 Cl_2；Pb(Ⅳ) 与 MnO_4^- 氧化性的强弱。

(3) As(Ⅲ)、Sb(Ⅲ)、Bi(Ⅲ) 的还原性。

① 在 5mL 40%(w) 的 KOH 溶液中加入 2～3 滴 0.1mol·L^{-1} $KMnO_4$，制备 K_2MnO_4 溶液后把溶液分为三份，分别加入 0.1mol·L^{-1} $AsCl_3$ 溶液、0.1mol·L^{-1} $SbCl_3$ 溶液和 0.1mol·L^{-1} $BiCl_3$ 溶液，观察现象，写出反应式。

② 在三支试管中制备 $[Ag(NH_3)_2]^+$ 溶液后，分别加入少量的 Na_3AsO_3 溶液（自制），Na_3SbO_3 溶液（自制）和 0.1mol·L^{-1} $Bi(NO_3)_3$ 溶液，微热试管，观察现象，写出反应式。

③ 在两支试管中分别加入 0.1mol·L^{-1} $AsCl_3$ 及 0.1mol·L^{-1} $SbCl_3$ 溶液，再加入饱和的 $NaHCO_3$ 溶液至溶液呈弱酸性，滴加碘水，观察现象，写出反应式。

④ 取少量 0.1mol·L^{-1} $Bi(NO_3)_3$ 溶液滴加 6mol·L^{-1} NaOH 溶液至白色沉淀生成后，加入氯水（或溴水），观察现象，写出反应式。

通过以上实验说明 As(Ⅲ)、Sb(Ⅲ)、Bi(Ⅲ) 的还原性。

(4) As(Ⅴ)、Sb(Ⅴ)、Bi(Ⅴ) 的氧化性

① 在三支试管中各加入少量的 $Na[As(OH)_6](s)$、$K[Sb(OH)_6](s)$，$NaBiO_3(s)$ 及少量的水，以稀酸酸化溶液（用什么酸酸化?）再加入少量 0.1mol·L^{-1} KI 溶液及四氯化碳，观察现象，写出反应式。

② 在三支试管中各加入两滴 0.1mol·L^{-1} $MnSO_4$ 溶液并用 2mol·L^{-1} H_2SO_4 酸化后分别再加少量 $Na[As(OH)_6](s)$、$K[Sb(OH)_6](s)$、$NaBiO_3(s)$，观察现象，写出反应式。

通过以上实验说明 As(Ⅴ)、Sb(Ⅴ)、Bi(Ⅴ) 的氧化性。

3.盐类水解特征

(1) $SnCl_2$ 水解　取少量 $SnCl_2(s)$ 用蒸馏水溶解，溶解时有什么现象？溶液的酸碱性如何？往溶液中滴加浓盐酸后又有什么变化？再稀释后又有什么变化？试解释说明。

(2) $SbCl_3$、$Bi(NO_3)_3$、$Pb(NO_3)_2$ 的水解　用少量 $SbCl_3(s)$、$Bi(NO_3)_3(s)$、$Pb(NO_3)_2(s)$，重复以上实验，观察其现象有何异同。

4.难溶盐

(1) 卤化物

① 在少量水中加入数滴 0.1mol·L^{-1} $Pb(NO_3)_2$ 溶液，再滴加几滴 2mol·L^{-1} HCl 溶液，有什么现象？加热后又有什么变化？再把溶液冷却又有什么现象？试给予解释。

② 在少量 0.1mol·L^{-1} $Pb(NO_3)_2$ 溶液中滴加浓盐酸，有何现象？取少量白色沉淀，继续滴加浓盐酸，又有何现象？用水稀释后又有什么变化？写出反应式。

③ 取数滴 0.1mol·L^{-1} $Pb(NO_3)_2$ 溶液，用少量水稀释后再加入 1～2 滴 0.1mol·L^{-1} KI 溶液，观察现象，试验沉淀在热水中的溶解情况。

(2) 铅的含氧酸盐

① 铬酸盐。在少量 0.1mol·L^{-1} $Pb(NO_3)_2$ 溶液中滴加 0.1mol·L^{-1} K_2CrO_4 溶液，观察现象，试验生成的沉淀在 6mol·L^{-1} HNO_3、6mol·L^{-1} NaOH、6mol·L^{-1} HAc 及饱和 NaAc 溶液中的溶解情况，写出反应式。

② 再用 0.1mol·L^{-1} $BaCl_2$ 溶液代替 $Pb(NO_3)_2$ 溶液，重复以上的实验，观察现象有何异同？写出反应式。

③ 硫酸盐。观察由 $Pb(NO_3)_2$ 溶液与 1mol·L^{-1} H_2SO_4 溶液反应生成沉淀的色态，再分别试验沉淀在 2mol·L^{-1} NaOH 溶液中及饱和 NaAc 溶液中的反应，写出反应式。

④ 再用 $BaCl_2$ 溶液代替 $Pb(NO_3)_2$ 溶液重复以上实验，观察现象，写出反应式。

通过以上实验总结 Ba^{2+}，Pb^{2+} 的分离方法。

5. 小设计实验

(1) 设计分析铅丹（Pb_3O_4）组成的实验方法。

(2) 取 0.1mol·L^{-1} $SbCl_3$ 溶液与 0.1mol·L^{-1} $Bi(NO_3)_3$ 溶液混合，再加以分离鉴定。

六、问题与讨论

(1) 如何应用锡、铅、锑、铋的化合物在性质上的差异进行离子的分离？

(2) 为什么在试验 PbO_2 与 KI 的反应中，不用 HNO_3 而用 H_2SO_4 酸化溶液？

(3) 易水解盐溶液应如何配制？

七、注释

[1] As_2O_3 俗称砒霜，是剧毒物质，误服 0.1g 即可致死。可溶性的砷化合物也是剧毒的，故实验时切勿让其进入口内或与伤口接触，实验完毕后要及时洗手，实验废液也要及时集中回收处理。

[2] 锑、铋、锡、铅等化合物均有毒性，因此使用时必须格外注意，废液应集中回收处理。

实验二十七　ds 区元素化合物的性质

一、目的与要求

(1) 掌握铜、银、锌、镉、汞的氧化物或氢氧化物的酸碱性和稳定性。

(2) 掌握铜、银、锌、镉、汞的金属离子形成配合物的特征以及铜和汞的氧化态变化。

(3) 掌握 Cu(Ⅰ) 和 Cu(Ⅱ)、Hg(Ⅰ) 和 Hg(Ⅱ) 的相互转化条件及 Cu(Ⅱ)、Ag(Ⅰ) 的氧化性。

二、预习与思考

(1) 预习铜、锌分族元素化合物性质的有关内容。

(2) 思考下列问题

① Cu^{2+}、Ag^{+}、Zn^{2+}、Cd^{2+}、Hg^{2+}、Hg_2^{2+} 等离子与 NaOH 反应，哪些氢氧化物呈两性？如何验证？Ag_2O、HgO 呈何性？为使实验现象明显，需选何试剂（如选 HCl 还是选 HNO_3）？

② 比较铜（Ⅰ）化合物和铜（Ⅱ）化合物的稳定性。说明铜（Ⅰ）和铜（Ⅱ）互相转化的条件。

③ 试验汞及其化合物性质时应注意哪些安全措施？

三、实验原理

在周期表中，Cu、Ag 属ⅠB 族元素，Zn、Cd、Hg 为ⅡB 族元素。Cu、Zn、Cd、Hg 常见的氧化值为+2，Ag 为+1，Cu 和 Hg 的氧化值还有+1。

1. 氢氧化物的酸碱性和脱水性

(1) Ag^{+}、Hg^{2+}、Hg_2^{2+} 与适量 NaOH 反应时，产物是氧化物，这是由于它们的氢氧化物极不稳定，在常温下脱水所致。这些氧化物及 $Cd(OH)_2$ 均呈碱性。

(2) $Cu(OH)_2$（浅蓝色）也不稳定，加热至 90℃ 时脱水产生黑色 CuO。$Cu(OH)_2$ 呈较弱的两性（偏碱）。$Zn(OH)_2$ 属典型的两性。

2. 配合性

(1) Cu^{2+}、Cu^{+}、Ag^{+}、Zn^{2+}、Cd^{2+}、Hg^{2+} 等离子都有较强的接受配体的能力，能与多种配体（如 X^-、CN^-、$S_2O_3^{2-}$、SCN^-、NH_3 等）形成配离子。例如，铜盐与过量 Cl^- 能形成黄绿色的 $[CuCl_4]^{2-}$ 配离子。

$$Cu^{2+} + 4Cl^- = [CuCl_4]^{2-} \text{（黄绿色）}$$

银盐与过量 $Na_2S_2O_3$ 溶液反应形成无色 $[Ag(S_2O_3)_2]^{3-}$。

有机物二苯硫腙（HDZ）（绿色），在碱性条件下与 Zn^{2+} 反应生成粉红色的 [Zn (DZ)$_2$]，常用来鉴定 Zn^{2+} 的存在。反应式为：

$$Zn^{2+} + 2HDZ \longrightarrow [Zn(DZ)_2] + 2H^+ \text{（碱性介质）}$$

Hg^{2+} 与过量 KSCN 溶液反应生成 $[Hg(SCN)_4]^{2-}$ 配离子。

$$Hg^{2+} + 2SCN^- \longrightarrow Hg(SCN)_2\downarrow \text{（白色）}$$

$$Hg(SCN)_2 + 2SCN^- \longrightarrow [Hg(SCN)_4]^{2-}$$

$[Hg(SCN)_4]^{2-}$ 与 Co^{2+} 反应生成蓝紫色的 $Co[Hg(SCN)_4]$，可用作鉴定 Co^{2+}。与 Zn^{2+} 反应生成白色的 $Zn[Hg(SCN)_4]$，可用来鉴定 Zn^{2+} 的存在。

（2）Cu^{2+}、Ag^+、Zn^{2+}、Cd^{2+} 与过量 $NH_3 \cdot H_2O$ 反应时，均生成氨的配离子。$Cu_2(OH)_2SO_4$、AgOH、Ag_2O 等难溶盐均溶于 $NH_3 \cdot H_2O$ 形成配合物。Hg^{2+} 只有在大量 NH_4^+ 存在时，才与 $NH_3 \cdot H_2O$ 反应生成配离子。当不存在 NH_4^+ 时，则生成难溶盐沉淀。例如：

$$HgCl_2 + 2NH_3 \cdot H_2O \longrightarrow HgNH_2Cl\downarrow\text{（白色）} + NH_4Cl + 2H_2O$$

$$Hg_2Cl_2 + 2NH_3 \cdot H_2O \longrightarrow Hg_2NH_2Cl\downarrow\text{（白色）} + NH_4Cl + 2H_2O$$

$$Hg_2NH_2Cl \longrightarrow HgNH_2Cl\downarrow\text{（白色）} + Hg\downarrow\text{（黑色）}$$

$$HgNH_2Cl + 2NH_3 \cdot H_2O + NH_4^+ \longrightarrow [Hg(NH_3)_4]^{2+} + Cl^- + 2H_2O$$

（3）Cu^{2+}、Ag^+、Zn^{2+}、Cd^{2+}、Hg^{2+} 及 Hg_2^{2+} 与过量的 KI 反应时，除 Zn^{2+} 外，均与 I^- 形成配离子，但由于 Cu^{2+} 的氧化性，产物是 Cu(Ⅰ) 的配离子 $[CuI_2]^-$。Hg^{2+} 溶液中加入适量的 KI 溶液生成橙红色的 HgI_2 沉淀，HgI_2 溶于过量的 KI 溶液中生成无色的 $[HgI_4]^{2-}$：

$$Hg^{2+} + 2I^- \longrightarrow HgI_2\downarrow\text{（橙红色）}$$

$$HgI_2 + 2I^- \longrightarrow [HgI_4]^{2-}\text{（无色）}$$

Hg_2^{2+} 与 I^- 反应先生成黄绿色的 Hg_2I_2 沉淀，Hg_2I_2 与过量的 I^- 反应则发生歧化：

$$Hg_2^{2+} + 2I^- \longrightarrow Hg_2I_2\downarrow\text{（黄绿色）}$$

$$Hg_2I_2 + 2I^- \longrightarrow [HgI_4]^{2-} + Hg\downarrow$$

$[HgI_4]^{2-}$ 与 NaOH 的混合液称为奈斯特试剂，可用于鉴定 NH_4^+。反应式及现象如下：

$$NH_4^+ + 2[HgI_4]^{2-} + 4OH^- \longrightarrow \left[O \begin{matrix} Hg \\ \diagup \quad \diagdown \\ \\ \diagdown \quad \diagup \\ Hg \end{matrix} NH_2 \right] I\downarrow\text{（红棕色）} + 7I^- + 3H_2O$$

3.氧化性

从标准电极电势值可知：Cu^{2+}、Ag^+、Hg^{2+}、Hg_2^{2+} 和相应的化合物具有氧化性，均为中强氧化剂。

Cu^{2+} 溶液中加入 KI 时，I^- 被氧化为 I_2，Cu^{2+} 被还原得到白色的 CuI 沉淀，CuI 能溶于过量的 KI 中形成配离子。

$$2Cu^{2+} + 4I^- \longrightarrow 2CuI\downarrow\text{（白色）} + I_2$$

$CuCl_2$ 溶液中加入 Cu 屑，与浓 HCl 共煮得到棕黄色 $[CuCl_2]^-$，其不稳定，加水稀释时可得到白色的 CuCl 沉淀。$[CuCl_2]^-$ 若用 Br^- 取代，则生成紫红色的 $[CuBr_2]^-$。

在碱性介质中，Cu^{2+} 与葡萄糖共煮，Cu^{2+} 被还原为成 Cu_2O 红色沉淀：

$$2Cu^{2+} + 4OH^-\text{（过量）} + C_6H_{12}O_6 \longrightarrow Cu_2O\downarrow\text{（红色）} + 2H_2O + C_6H_{12}O_7$$

此反应称为“铜镜反应”，可用于定性鉴定糖尿病。

在中性或弱酸性（HAc）介质中，Cu^{2+} 与亚铁氰化钾 $K_4[Fe(CN)_6]$ 反应生成红褐色沉淀，可用来鉴定 Cu^{2+} 的存在：

$$2Cu^{2+} + [Fe(CN)_6]^{4-} = Cu_2[Fe(CN)_6]\downarrow(\text{红褐色})$$

在银盐溶液中加入过量的 $NH_3 \cdot H_2O$，再与葡萄糖或甲醛反应，Ag^+ 被还原为金属银：

$$2Ag^+ + 6NH_3(\text{过量}) + 2H_2O = 2[Ag(NH_3)_2]^+ + 2NH_4^+ + 2OH^-$$

$$2[Ag(NH_3)_2]^+ + HCHO + 2OH^- = 2Ag\downarrow + HCOONH_4 + 3NH_3\uparrow + H_2O$$

此反应称为“银镜反应”，曾用于制造镜子和保温瓶夹层上的镀银。

Hg^{2+} 与少量 Sn^{2+} 反应，得到白色的 Hg_2Cl_2 沉淀，继续与 Sn^{2+} 反应，Hg_2Cl_2 可以进一步被还原为黑色的 Hg。

$$2HgCl_2 + SnCl_2(\text{适量}) = Hg_2Cl_2\downarrow(\text{白色}) + SnCl_4$$

$$Hg_2Cl_2 + SnCl_2(\text{过量}) = 2Hg\downarrow(\text{黑色}) + SnCl_4$$

四、仪器与药品

离心机，汞，$CuCl_2$(s)，KBr(s)；$CuSO_4$（0.1mol·L^{-1}），$AgNO_3$（0.1mol·L^{-1}），$ZnSO_4$（0.1mol·L^{-1}），$CdSO_4$（0.1mol·L^{-1}），$Hg(NO_3)_2$（0.1mol·L^{-1}），$HgCl_2$（0.1mol·L^{-1}），NaCl(0.1mol·L^{-1})，KBr(0.1mol·L^{-1})，$Na_2S_2O_3$(0.1mol·L^{-1})，盐酸（浓），H_2SO_4(1mol·L^{-1})，NaOH(2mol·L^{-1}，6mol·L^{-1})，$NH_3 \cdot H_2O$(2mol·L^{-1}，浓)，葡萄糖（w=10%），KNCS(w=25%)，淀粉溶液（1%），Na_2SO_3(2mol·L^{-1})，KI(0.1mol·L^{-1}，2mol·L^{-1})，Na_2S(0.1mol·L^{-1})。

五、实验内容

1. 氢氧化物的生成与性质

分别往 0.1mol·L^{-1} $CuSO_4$、$AgNO_3$、$ZnSO_4$、$CdSO_4$、$Hg(NO_3)_2$ 溶液中滴加 2mol·L^{-1} NaOH，观察产生沉淀的颜色形态，并试验其酸碱性和对热稳定性，列表写出实验结果。

2. 配合物

（1）氨合物　分别往 0.1mol·L^{-1} $CuSO_4$、$AgNO_3$、$ZnSO_4$、$CdSO_4$、$HgCl_2$ 溶液中滴加 2mol·L^{-1} $NH_3 \cdot H_2O$，观察沉淀的生成与溶解。再试验沉淀溶解后的溶液对酸、碱和热的稳定性。写出有关的反应式。

（2）其它配体的配合物

① 银的配合物

a. 银的配合物与卤化银间的配合与沉淀平衡。用 $AgNO_3$、NaCl、KBr、KI、$Na_2S_2O_3$、2mol·L^{-1} $NH_3 \cdot H_2O$ 等试剂设计系列试管实验，比较 AgCl、AgBr 和 AgI 溶解度的大小以及 Ag^+ 与 $NH_3 \cdot H_2O$、H_2O、$Na_2S_2O_3$ 生成的配合物稳定性的大小。记录有关现象，写出反应式。

b. 银镜的制作。在试管中加入少量 0.1mol·L^{-1} $AgNO_3$ 溶液，然后滴加 2mol·L^{-1} $NH_3 \cdot H_2O$ 至生成沉淀刚好溶解为止。再往溶液中加入少量 10%(w) 的葡萄糖溶液，并在水浴上加热。观察现象，写出反应式，并加以解释。

② 汞的配合物的生成与应用

a. 在 0.1mol·L^{-1} $Hg(NO_3)_2$ 溶液中逐滴加入 0.1mol·L^{-1}KI 溶液，观察沉淀的生成与溶解。然后往溶解后的溶液中加入 2mol·L^{-1} NaOH 溶液使呈碱性，再加入几滴铵盐溶液，观察现象。写出反应式（此反应可用于检验 NH_4^+ 的存在）。

b. 在 0.1mol·L^{-1} $Hg(NO_3)_2$ 溶液中逐滴加入 25%(w) 的 KNCS 溶液，观察沉淀的生成与溶解，写出反应式。把溶液分成两份，分别加入锌盐和钴盐，并用玻璃棒摩擦试管内壁，观察白色 $Zn[Hg(NCS)_4]$ 和蓝色 $Co[Hg(NCS)_4]$ 沉淀的生成（这反应可用于定性检验 Zn^{2+}、Co^{2+}）。

③ 铜（Ⅱ）的配合物。

a. 取少量固体 $CuCl_2$，然后加入浓盐酸，温热，使固体溶解，再加入少量蒸馏水，观察溶液的颜色，写出反应式。

b. 取少量固体 KBr，慢慢加入上述溶液中，直到振荡后不再溶解为止。观察现象，并作解释。

3. 铜（Ⅰ）化合物及其性质

(1) 碘化亚铜（Ⅰ）的形成　在 0.1mol·L^{-1} $CuSO_4$ 溶液中加入 0.1mol·L^{-1} KI 溶液，观察现象，用实验验证反应产物，写出反应式。

(2) 氯化亚铜（Ⅰ）的形成和性质　取少量固体 $CuCl_2$，加入 8～10mL 2mol·L^{-1} Na_2SO_3 溶液，搅拌，观察现象；若有沉淀产生，取其少许分别试验沉淀与浓氨水和浓盐酸的作用，观察现象，写出反应式。

(3) 氧化亚铜（Ⅰ）的形成和性质　在 0.1mol·L^{-1} $CuSO_4$ 溶液中加入过量的 6mol·L^{-1} NaOH 溶液，使最初生成的沉淀完全溶解。然后再加入数滴 10%(w) 的葡萄糖溶液，摇匀，微热，观察现象。若生成沉淀，离心分离，并用蒸馏水洗涤沉淀。往沉淀中加入 1mol·L^{-1} H_2SO_4 溶液，再观察现象，写出反应式。

4. 汞（Ⅱ）和汞（Ⅰ）相互转化

(1) Hg^{2+} 转化为 Hg_2^{2+}

① 在 0.1mol·L^{-1} $Hg(NO_3)_2$ 溶液中加入数滴 0.1mol·L^{-1} NaCl 溶液，观察现象。

② 在少量 0.1mol·L^{-1} $Hg(NO_3)_2$ 溶液中加入一滴汞。振荡试管，把清液转移至另一试管中（余下的汞要回收）。将溶液分成两份，在其中一份清液中加入 0.1mol·L^{-1} NaCl 溶液数滴，观察现象，并与上一试验对比，写出反应式。另一份供下一实验用。

(2) 汞（Ⅰ）的歧化分解　在上一个实验制得的 $Hg_2(NO_3)_2$ 溶液中滴加 2mol·L^{-1} KI 溶液，观察现象，写出反应式。

5. 小设计实验

某试液中含有 Ag^+、Pb^{2+}、Zn^{2+}、Cu^{2+}，设计分离方案并检出。

六、问题与讨论

(1) 根据实验结果，比较 ds 区、s 区元素的化合物的酸碱性、溶解性、价态变化和生成配合物能力。

(2) 用两种不同的方法区别锌盐与铜盐，锌盐与镉盐，银盐与汞盐。

(3) 银镜制作是利用银离子的什么性质？反应前为什么要把 Ag^+ 变成银氨络离子？

(4) 为什么在 $CuSO_4$ 溶液中加入 KI 即产生 CuI 沉淀，而加 KCl 则不出现 CuCl 沉淀；怎样才能得到 CuCl 沉淀？

(5) 硝酸汞、硝酸亚汞与 KI 的作用有何不同？

实验二十八　d 区元素化合物的性质（一）

一、目的与要求

(1) 掌握 d 区元素某些氢氧化物的酸碱性。

(2) 掌握 d 区元素某些化合物可变价态的氧化还原性。

(3) 了解 d 区元素某些金属离子水解性。

二、预习与思考

(1) 预习 d 区某些元素的不同价态稳定性和互相转化的条件。

(2) 思考下列问题

① 如何把 Fe^{3+}、Al^{3+}、Cr^{3+} 从混合溶液中分离？

② 怎样实现 Cr^{3+}-CrO_4^{2-}、MnO_2-Mn^{2+}、MnO_2-MnO_4^{2-}、MnO_2-MnO_4^-、MnO_4^{2-}-MnO_4^-、MnO_4^--Mn^{2+} 等价态之间互相转化？

③ 钛和钒各有几种常见氧化态？指出它们在水溶液中的状态和颜色。

三、实验原理

Ti、V、Cr、Mn 和铁系元素 Fe、Co、Ni 为第四周期ⅣB、ⅤB、ⅥB、ⅦB、ⅧB 族元素，它们重要的化合物及其性质如下。

1. 钛

在钛的化合物中，氧化值为+4 的化合物比较稳定，应用较广。在 Ti(Ⅵ) 的化合物中比较重要的是 TiO_2、$TiOSO_4$、$TiCl_4$。TiO_2 既不溶于水也不溶于稀酸和稀碱溶液，但在热的浓硫酸中能够缓慢地溶解，生成硫酸钛或硫酸氧钛：

$$TiO_2 + 2H_2SO_4 \longrightarrow Ti(SO_4)_2 + 2H_2O$$

$$TiO_2 + H_2SO_4 \longrightarrow TiOSO_4 + H_2O$$

将此溶液加热煮沸，则发生水解，得到不溶于酸碱的 β 型钛酸：

$$TiOSO_4 + (x+1)H_2O \longrightarrow TiO_2 \cdot xH_2O + H_2SO_4$$

若加碱于新配制的酸性钛酸盐中，则可得到能溶于稀酸或浓碱的 α 型钛酸：

$$TiOSO_4 + 2NaOH + H_2O \longrightarrow Ti(OH)_4 + Na_2SO_4$$

$$Ti(OH)_4 + H_2SO_4 \longrightarrow TiOSO_4 + 3H_2O$$

$$Ti(OH)_4 + 2NaOH \longrightarrow Na_2TiO_3 + 3H_2O$$

在 TiO^{2+} 溶液中加入过氧化氢，呈现出特征颜色：在强酸性溶液中显红色；在稀酸或中性溶液中显橙黄色。

$$TiO^{2+} + H_2O_2 \longrightarrow [TiO(H_2O_2)]^{2+}$$

利用这一特征反应可以进行 Ti(Ⅳ) 或 H_2O_2 的比色分析。

$TiCl_4$ 是共价占优势的化合物，常温下是无色液体，具有刺激性的臭味；它极易水解，暴露在空气中会发烟：

$$TiCl_4 + 2H_2O \longrightarrow TiO_2 + 4HCl$$

在酸性溶液中，用锌还原钛氧酰离子 TiO^{2+}，可得到紫色的 $[Ti(H_2O)_6]^{3+}$：

$$2TiO^{2+} + Zn + 10H_2O + 4H^+ \longrightarrow 2[Ti(H_2O)_6]^{3+} + Zn^{2+}$$

Ti^{3+} 易水解。向含有 Ti^{3+} 的溶液中加入可溶性碳酸盐时，会沉淀出 Ti $(OH)_3$。在酸性溶液中，Ti^{3+} 有强还原性，能将 Cu^{2+}、Fe^{3+} 还原为 Cu^+、Fe^{2+}，也容易被空气中的氧所氧化。

2. 钒

V_2O_5 是橙黄色或砖红色的晶体，有毒，微溶于水（约 0.07g/100g　H_2O）呈淡黄色，具有两性，但酸性占优势，溶于碱生成偏钒酸盐：

$$V_2O_5 + 2NaOH \longrightarrow 2NaVO_3 + H_2O$$

在强碱性溶液中则生成正钒酸盐：

$$V_2O_5 + 6NaOH \xlongequal{} 2Na_3VO_4 + 3H_2O$$

向正钒酸盐溶液中加酸，随着 H^+ 浓度增加会生成不同聚合度的多钒酸盐。

V_2O_5 能把盐酸中的 Cl^- 氧化为 Cl_2，本身被还原为蓝色的 VO^{2+}；在酸性介质中，VO_2^+ 是一种较强的氧化剂：

$$V_2O_5 + 6HCl \xlongequal{} 2VOCl_2 + Cl_2 + 3H_2O$$

或 $$2VO_2^+ + 2Cl^- + 4H^+ \xlongequal{} 2VO^{2+} + Cl_2 + 2H_2O$$

VO_2^+ 也可被 Fe^{2+} 或 $H_2C_2O_4$ 还原为 VO^{2+}：

$$VO_2^+ + Fe^{2+} + 2H^+ \xlongequal{} VO^{2+} + Fe^{3+} + H_2O$$

$$2VO_2^+ + H_2C_2O_4 + 2H^+ \xlongequal{} 2VO^{2+} + 2CO_2 + 2H_2O$$

上述反应可用于钒的测定。

在 V(Ⅴ) 的酸性溶液中加 H_2O_2，可生成红色的 $[V(O_2)]^{3+}$：

$$NH_4VO_3 + H_2O_2 + 4HCl \xlongequal{} [V(O_2)]Cl_3 + NH_4Cl + 3H_2O$$

在酸性溶液中，V(Ⅴ) 可被锌逐渐还原为 V(Ⅳ)、V(Ⅲ) 和 V(Ⅱ)，使溶液颜色发生由蓝→暗绿→紫红的演变过程：

$$2VO_2Cl + Zn + 4HCl \xlongequal{} 2VOCl_2(\text{蓝色}) + ZnCl_2 + 2H_2O$$

$$2VO_2Cl + Zn + 4HCl \xlongequal{} 2VCl_3(\text{暗绿色}) + ZnCl_2 + 2H_2O$$

$$2VCl_3 + Zn \xlongequal{} 2VCl_2(\text{紫色}) + ZnCl_2$$

3. 铬、钼、钨

CrO_3 是铬的重要化合物，电镀时用它和硫酸配制成电镀液。固体 CrO_3 遇酒精等易燃有机物，立即着火燃烧，本身被还原为 Cr_2O_3。CrO_3 在冷却的条件下与氨水作用，可生成重铬酸铵 $[(NH_4)_2Cr_2O_7]$。

在酸性条件下，用锌还原 Cr^{3+} 或 $Cr_2O_7^{2-}$ 均可得到天蓝色的 Cr^{2+}：

$$2Cr^{3+} + Zn \xlongequal{} 2Cr^{2+}(\text{天蓝色}) + Zn^{2+}$$

$$Cr_2O_7^{2-} + 4Zn + 14H^+ \xlongequal{} 2Cr^{2+}(\text{天蓝色}) + 4Zn^{2+} + 7H_2O$$

灰绿色的 $Cr(OH)_3$ 是典型的两性氢氧化物，既溶于酸也溶于碱：

$$Cr(OH)_3 + OH^- \xlongequal{} [Cr(OH)_4]^- \ (\text{亮绿色})$$

向含有 Cr^{3+} 的溶液中加入 Na_2S 并不生成 Cr_2S_3，因为 Cr_2S_3 在水中完全水解：

$$2Cr^{3+} + 3S^{2-} + 6H_2O \xlongequal{} 2Cr(OH)_3\downarrow + 3H_2S\uparrow$$

在碱性溶液中，$[Cr(OH)_4]^-$ 有较强的还原性，可被 H_2O_2 氧化为 CrO_4^{2-}：

$$2[Cr(OH)_4]^- + 3H_2O_2 + 2OH^- \xlongequal{} 2CrO_4^{2-} + 8H_2O$$

但在酸性溶液中，Cr^{3+} 的还原性较弱，只有 $K_2S_2O_8$ 或 $KMnO_4$ 等强氧化剂才能将 Cr^{3+} 氧化为 $Cr_2O_7^{2-}$，例如，

$$2Cr^{3+} + 3S_2O_8^{2-} + 7H_2O \xlongequal{\triangle} Cr_2O_7^{2-} + 6SO_4^{2-} + 14H^+$$

在酸性溶液中，$Cr_2O_7^{2-}$ 是强氧化剂，例如可氧化 Cl^-、乙醇，

$$K_2Cr_2O_7 + 14HCl(\text{浓}) \xlongequal{\triangle} 2CrCl_3 + 3Cl_2\uparrow + 7H_2O + 2KCl$$

$$2Cr_2O_7^{2-}(\text{橙色}) + 3C_2H_5OH + 16H^+ \xlongequal{} 4Cr^{3+}(\text{绿色}) + 3CH_3COOH + 11H_2O$$

根据这一反应的颜色变化，可定性检查人呼出的气体和血液中是否含有酒精，可判断是否酒后驾车或酒精中毒。

重铬酸盐的溶解度较铬酸盐的溶解度大，因此，向重铬酸盐溶液中加入 Ag^+、Pb^{2+}、

Ba^{2+} 等离子时，分别生成铬酸盐 Ag_2CrO_4（砖红色）、$PbCrO_4$（铬黄色）和 $BaCrO_4$（柠檬黄）沉淀，这些难溶盐可溶于强酸（为什么?）。

在酸性溶液中，$Cr_2O_7^{2-}$ 可与 H_2O_2 反应产生深蓝色的加合物双过氧化铬 $CrO(O_2)_2$，但它不稳定，很快分解为 Cr^{3+} 和 O_2。若被萃取到乙醚或戊醇中则稳定得多。

$$Cr_2O_7^{2-}+4H_2O_2+2H^+ \longrightarrow 2CrO(O_2)_2(\text{深蓝色})+5H_2O$$

此反应可用来鉴定 Cr(Ⅵ) 或 Cr(Ⅲ)。

钼（Ⅵ）、钨（Ⅵ）化合物中，比较重要的是氧化物和含氧酸盐。在 $(NH_4)_6Mo_7O_{24}$ 溶液中加入氨水，可形成 $(NH_4)_2MoO_4$。在 $(NH_4)_2MoO_4$ 和 Na_2WO_4 的溶液中分别加入适量的盐酸，则析出难溶于水的钼酸（H_2MoO_4）和钨酸（H_2WO_4）：

$$(NH_4)_2MoO_4+2HCl \longrightarrow H_2MoO_4\downarrow(\text{白色})+2NH_4Cl$$

$$Na_2WO_4+2HCl \longrightarrow H_2WO_4\downarrow(\text{黄色})+2NaCl$$

H_2MoO_4 和 H_2WO_4 受热脱水分别得到 MoO_3 和 WO_3。

钼（Ⅵ）、钨（Ⅵ）的含氧酸盐中，主要是碱金属的盐和铵盐，它们易溶于水。在可溶性的钼酸盐或钨酸盐中，增加酸度，往往形成聚合的酸根离子。钼（Ⅵ）、钨（Ⅵ）在溶液中易被还原剂（如 Zn、Sn^{2+} 和 SO_2 等）还原为低氧化值的化合物。例如，在以盐酸酸化的 $(NH_4)_2MoO_4$ 溶液中，加入 Zn 或 $SnCl_2$，则 Mo(Ⅵ) 被还原为 Mo^{3+}。溶液最初变为蓝色，然后变为绿色，最后变为棕色：

$$2MoO_4^{2-}+3Zn+16H^+ \longrightarrow 2Mo^{3+}\ (\text{棕色})\ +3Zn^{2+}+8H_2O$$

溶液中若有 NCS^- 存在时，因形成 $[Mo(NCS)_6]^{3-}$ 而呈红色。这一反应常用来鉴定溶液中是否有 Mo(Ⅲ) 存在。

在用盐酸或硫酸酸化的 WO_4^{2-} 溶液中，加入 Zn 或 $SnCl_2$ 时，溶液出现蓝色——钨蓝。钨蓝是 W(Ⅵ) 和 W(Ⅴ) 氧化物的混合物，利用钨蓝的生成可以鉴定钨。

4. 锰

$Mn(OH)_2$（白色）是中强碱，具有还原性，易被空气中 O_2 所氧化：

$$2Mn(OH)_2+O_2 \longrightarrow 2MnO(OH)_2\ (\text{褐色})$$

$MnO(OH)_2$ 不稳定，分解生成 MnO_2 和 H_2O。在酸性介质中，MnO_2 是较强的氧化剂，本身被还原为 Mn^{2+}：

$$MnO_2+4HCl(\text{浓}) \xrightarrow{\triangle} MnCl_2+Cl_2\uparrow+2H_2O$$

这一反应用于实验室中制取少量氯气。

在强碱性条件下，强氧化剂能把 MnO_2 氧化成绿色的 MnO_4^{2-}

$$2MnO_4^-+MnO_2+4OH^- \longrightarrow 3MnO_4^{2-}+2H_2O$$

在酸性溶液中，Mn^{2+} 很稳定，与强氧化剂（如 $NaBiO_3$、PbO_2、$S_2O_8^{2-}$ 等）作用时，可被氧化生成紫红色的 MnO_4^-：

$$2Mn^{2+}+5NaBiO_3+14H^+ \longrightarrow 2MnO_4^-+5Bi^{3+}+5Na^++7H_2O$$

此反应用于鉴定 Mn^{2+}。

MnO_4^{2-}（绿色）能稳定存在于强碱性（pH>13.5）溶液中，而在中性或微碱性溶液中易发生歧化反应：

$$3MnO_4^{2-}+2H_2O \longrightarrow 2MnO_4^-+MnO_2\downarrow+4OH^-$$

K_2MnO_4 可被强氧化剂（如 Cl_2）氧化为 $KMnO_4$。

MnO_4^- 具有强氧化性，它的还原产物与溶液的酸碱性有关。在酸性、中性或碱性介质中，

分别被还原为 Mn^{2+}、MnO_2 和 MnO_4^{2-}。

5. 铁、钴、镍

Fe(Ⅱ)、Co(Ⅱ)、Ni(Ⅱ)的氢氧化物依次为白色、粉红色和苹果绿色。它们除具有碱性外，$Fe(OH)_2$ 和 $Co(OH)_2$ 具有还原性，易被空气中 O_2 所氧化，而 $Ni(OH)_2$ 在空气中是稳定的。

$$4Fe(OH)_2 + O_2 + 2H_2O = 4Fe(OH)_3 \text{（红棕色）}$$

$$4Co(OH)_2 + O_2 + 2H_2O = 4Co(OH)_3 \text{（褐色）}$$

$Co(OH)_3$ 和 $Ni(OH)_3$（黑色）具有强氧化性，可将盐酸中的 Cl^- 氧化成 Cl_2。

$$2Co(OH)_3 + 6HCl(\text{浓}) = 2CoCl_2 + Cl_2\uparrow + 6H_2O$$

铁、钴、镍均能形成多种配合物。常见的有氨的配合物，Fe^{2+}、Co^{2+}、Ni^{2+} 与 NH_3 能形成配离子，它们的稳定性依次递增。在无水状态下，$FeCl_2$ 与液氨形成 $[Fe(NH_3)_6]Cl_2$，此配合物不稳定，遇水即分解：

$$[Fe(NH_3)_6]Cl_2 + 6H_2O = Fe(OH)_2\downarrow + 4NH_3\cdot H_2O + 2NH_4Cl$$

Co^{2+} 与过量的氨水作用，生成 $[Co(NH_3)_6]^{2+}$，但其不稳定，放置在空气中立即被氧化成 $[Co(NH_3)_6]^{3+}$：

$$4[Co(NH_3)_6]^{2+} + O_2 + 2H_2O = 4[Co(NH_3)_6]^{3+}\text{（棕红色）} + 4OH^-$$

Ni^{2+} 与过量的氨水反应，生成浅蓝色的 $[Ni(NH_3)_6]^{2+}$。$[Ni(NH_3)_6]^{2+}$ 在空气中是稳定的，只有用强氧化剂才能使之变为 $[Ni(NH_3)_6]^{3+}$，例如，

$$2[Ni(NH_3)_6]^{2+} + Br_2 = 2[Ni(NH_3)_6]^{3+} + 2Br^-$$

铁系元素还有一些配合物，不仅很稳定，而且有特殊颜色，可用来鉴定铁系元素离子。如 Fe^{3+} 与黄血盐 $K_4[Fe(CN)_6]$ 溶液反应，生成深蓝色的配合物沉淀：

$$Fe^{3+} + K^+ + [Fe(CN)_6]^{4-} = K[Fe(CN)_6Fe]\downarrow \text{（蓝色）}$$

Fe^{2+} 与赤血盐 $K_3[Fe(CN)_6]$ 溶液反应，生成深蓝色的配合物沉淀：

$$Fe^{2+} + K^+ + [Fe(CN)_6]^{3-} = K[Fe(CN)_6Fe]\downarrow \text{（蓝色）}$$

Fe^{3+} 与 SCN^- 作用形成血红色的配离子：

$$Fe^{3+} + nSCN^- = [Fe(SCN)_n]^{3-n} \quad (n=1\sim6 \text{ 均为血红色})$$

此反应很灵敏，常用来检验 Fe^{3+} 的存在｛该反应必须在酸性溶液中进行，否则会因为 Fe^{3+} 的水解而得不到 $[Fe(SCN)_n]^{3-n}$｝。Co^{2+} 与 SCN^- 反应生成艳蓝色的 $[Co(SCN)_4]^{2-}$，它在水溶液中不稳定，在丙酮或戊醇等有机溶剂中较为稳定。此反应用来鉴定 Co^{2+} 的存在。但少量 Fe^{3+} 的存在会干扰 Co^{2+} 的检出，可采用加掩蔽剂 NH_4F（或 NaF）的方法，使 Fe^{3+} 与 F^- 结合形成更稳定且无色的 $[FeF_6]^{3-}$，将 Fe^{3+} 掩蔽起来，从而消除 Fe^{3+} 的干扰。

$$[Fe(SCN)_n]^{3-n} + 6F^- = [FeF_6]^{3-} + nSCN^-$$

Ni^{2+} 与 SCN^- 也能形成配离子 $[Ni(NCS)_4]^{2-}$。Ni^{2+} 在氨性或 NaAc 溶液中，与丁二酮肟（简称丁二肟）反应生成鲜红色的螯合物沉淀，此反应十分灵敏，常用来鉴定 Ni^{2+}。

$$Ni^{2+} + 2\begin{array}{l}CH_3-C{=}NOH\\ \quad\quad\ |\\ CH_3-C{=}NOH\end{array} + 2NH_3 = \left[Ni\left(\begin{array}{l}CH_3-C{=}NOH\\ \quad\quad\ |\\ CH_3-C{=}NO\end{array}\right)_2\right]\downarrow + 2NH_4^+$$

四、仪器与药品

锌粒（或锌粉），$NaBiO_3$(s)，MnO_2(s)，HCl（浓，$6.0mol\cdot L^{-1}$），H_2SO_4（$2.0mol\cdot L^{-1}$），NaOH（$2.0mol\cdot L^{-1}$，$6.0mol\cdot L^{-1}$，40%）、$TiOSO_4$（$0.1mol\cdot L^{-1}$）[注释1]，$Cr_2(SO_4)_3$（$0.1mol\cdot L^{-1}$），$MnSO_4$（$0.1mol\cdot L^{-1}$），$(NH_4)_2Fe(SO_4)_2$（$0.1mol\cdot L^{-1}$）[注释2]，

$FeCl_3$（0.1mol·L^{-1}，1.0mol·L^{-1}），$CoCl_3$（0.1mol·L^{-1}），$CoCl_2$（0.1mol·L^{-1}），$NiSO_4$（0.1mol·L^{-1}），$CuCl_2$（0.1mol·L^{-1}），$KMnO_4$（0.01mol·L^{-1}），Na_2SO_3（0.1mol·L^{-1}），Na_2CO_3（0.1mol·L^{-1}），$(NH_4)_2MoO_4$（饱和），Na_2WO_4（饱和），$(NH_4)VO_3$（饱和），H_2O_2(3%)，碘化钾-淀粉试纸，溴水。

五、实验内容

1.氢氧化物的酸碱性

分别向 0.1mol·L^{-1} $TiOSO_4$、$Cr_2(SO_4)_3$、$MnSO_4$、$(NH_4)_2Fe(SO_4)_2$[注释2]、$FeCl_3$、$CoCl_3$ 和 $NiSO_4$ 溶液中滴加 2mol·L^{-1} NaOH 溶液，观察现象，并实验沉淀的酸碱性。将可溶解于稀碱的溶液加热煮沸，观察现象。写出反应式。

2.某些化合物的氧化还原性

（1）铁（Ⅱ）、钴（Ⅱ）和镍（Ⅱ）的还原性

① 分别在 0.1mol·L^{-1} $(NH_4)_2Fe(SO_4)_2$、$CoCl_2$、$NiSO_4$ 溶液中加入几滴溴水，观察现象写出反应式。

② 分别在 0.1mol·L^{-1} $(NH_4)_2Fe(SO_4)_2$、$CoCl_2$、$NiSO_4$ 溶液中加入 6mol·L^{-1} NaOH，观察现象，将沉淀放置一段时间后观察有何变化？再将 Co(Ⅱ)、Ni(Ⅱ) 生成的沉淀各分成两份，分别加入 3%H_2O_2 和溴水，它们各有何变化？写出反应式。

根据实验结果比较 Fe(Ⅱ)、Co(Ⅱ)、Ni(Ⅱ) 还原性差异。

（2）铁（Ⅲ）、钴（Ⅲ）和镍（Ⅲ）的氧化性　制取 $Fe(OH)_3$、CoO(OH)、NiO(OH) 沉淀，并分别加入浓盐酸，观察现象，检查反应物是否有氯气生成？写出反应式。

根据实验结果比较 Fe(Ⅲ)、Co(Ⅲ)、Ni(Ⅲ) 氧化性差异。

（3）锰化合物的氧化还原性

① 锰（Ⅱ）的还原性　分别试验 $MnSO_4$ 溶液在碱性介质中与空气、溴水的作用以及在酸性介质中与固体 $NaBiO_3$ 的作用，观察现象，写出反应式。

② 锰（Ⅳ）的氧化还原性

a.在少许 MnO_2 固体中加入浓盐酸，微热并检验有无氯气产生？写出反应式。

b.少量固体 MnO_2，加入数滴 40%的 NaOH 溶液和少量0.01mol·L^{-1} $KMnO_4$ 溶液，微热片刻，观察现象，写出反应式。

③ 锰（Ⅶ）氧化性　分别试验 Na_2SO_3 溶液在酸性、中性和碱性介质中与 0.01mol·L^{-1} $KMnO_4$ 的作用，写出反应式。

（4）铬、钼、钨化合物的氧化还原性

① 不同氧化态铬的氧化还原性　利用 0.01mol·L^{-1} $Cr_2(SO_4)_3$、3% H_2O_2、2mol·L^{-1} NaOH，2mol·L^{-1} H_2SO_4 等试剂设计系列试管实验，说明在不同介质下，铬的不同氧化态的氧化还原性，和它们之间相互转化条件。写出它们的反应式。

② 钼（Ⅵ）和钨（Ⅵ）的氧化性　取少量饱和 $(NH_4)_2MoO_4$ 溶液用 6mol·L^{-1} HCl 酸化后，加一锌粒（或锌粉），摇荡，观察溶液颜色有什么变化？放置一段时间后（在进一步的反应过程中可补加几滴盐酸），观察又有何变化？写出反应式。

取饱和 Na_2WO_4 溶液，进行同样试验，观察现象，写出反应式。

（5）钛、钒的氧化还原性

① 钛（Ⅳ）和钛（Ⅲ）的氧化还原性　往 0.1mol·L^{-1} $TiOSO_4$ 溶液中，加入一锌粒，观察现象，反应一段时间后，将溶液分装于两支试管中，分别试验它们在空气中及少量 0.1mol·L^{-1} $CuCl_2$ 溶液中的反应，观察现象，写出反应式。

② 钒的常见氧化态的水合离子颜色及其氧化还原性　取饱和 NH_4VO_3 溶液，用 6mol·L^{-1} HCl 酸化后加入少量锌粉，放置片刻，仔细观察溶液颜色的变化。并分别试验溶液和不同量 0.01mol·L^{-1} $KMnO_4$ 溶液的反应使 V^{2+} 氧化成 V^{3+}、VO^{2+}、VO_2^+，观察它们在溶液中的颜色，写出反应式。

3. 金属离子的水解作用

(1) 铁（Ⅲ）盐的水解　加热煮沸少量蒸馏水后，滴加数滴 1mol·L^{-1} $FeCl_3$ 溶液，煮沸片刻，观察现象，写出反应式。

(2) 铬（Ⅲ）盐水解　向 0.1mol·L^{-1} $Cr_2(SO_4)_3$ 溶液中滴加 0.1 mol·L^{-1} Na_2CO_3 溶液，观察现象，写出反应式，并解释实验结果。

(3) 钛（Ⅳ）盐的水解　取 1～2 滴 0.1mol·L^{-1} $TiOSO_4$ 溶液，加入适量蒸馏水，加热煮沸，观察现象，写出反应式。

4. 小设计实验

试设计方案，将含有 Cr^{3+}、Al^{3+}、Mn^{2+} 的混合溶液分离检出。

六、问题与讨论

(1) 分离 Mn^{2+}、Fe^{3+}、Ni^{2+} 与 Cr^{3+} 时，加入过量的 NaOH 和 H_2O_2 溶液，是利用了氢氧化铬的哪些性质？写出反应方程式。反应完全后，过量的 H_2O_2 为何要完全分解？

(2) $FeCl_3$ 的水溶液呈黄色，当它与什么物质作用时，可以呈现下列现象，写出有关反应方程式。

①血红色；②红棕色沉淀；③先呈血红色溶液，后变为无色溶液；④深蓝色沉淀。

(3) 能否用控制 pH 的方法来分离 Mg^{2+} 和 Mn^{2+}？应如何分离 Mg^{2+} 和 Mn^{2+}？

七、注释

[1] $TiOSO_4$ 溶液制备：2mL $TiCl_4$ 液体中加入 30mL 6mol·L^{-1} H_2SO_4 用水稀释至 200mL 即得。

[2] $Fe(OH)_2$ 制备：取 2mL 蒸馏水，加入 2 滴 2mol·L^{-1} H_2SO_4，煮沸，以赶尽其中空气，然后在其中溶解少许 $(NH_4)_2Fe(SO_4)_2$ 晶体。在另一支试管中小心煮沸 2mol·L^{-1} NaOH 溶液，冷却后，用滴管吸取 NaOH 溶液插入 $(NH_4)_2Fe(SO_4)_2$ 溶液中，然后慢慢放出（整个操作过程都要避免将空气带进溶液中）便可观察到近乎白色的 $Fe(OH)_2$ 沉淀的生成。

实验二十九　d 区元素化合物的性质（二）

一、目的与要求

(1) 观察和掌握 d 区某些元素水合离子的颜色。

(2) 了解 d 区元素某些金属离子的配合物及形成配合物后对其性质的影响。

(3) 了解 d 区元素某些配合物在鉴定金属离子中的应用。

二、预习与思考

(1) 预习 d 区元素金属离子形成配合物的特征及其对性质的影响。

(2) 思考下列问题

① 为什么 d 区元素水合离子具有颜色？

② 利用 KI 定量测定 Cu^{2+} 时，杂质 Fe^{3+} 的存在会产生干扰，如何排除干扰？

③ 根据电对的电极电势，常温下 Fe^{2+} 难以将 Ag^+ 还原为单质银，如何应用配合物性质，用 Fe^{2+} 回收银盐溶液中的银？

三、实验原理

d 区元素的水合离子大多是有颜色的。d 区元素与其他配体形成配离子也常具有颜色。这是过渡元素的特征之一。这是由于发生 d-d 电子跃迁所致。这些配离子吸收了可见光的一部分，而把其余部分的光透射出来，人们肉眼看到的就是这部分透过或散射出来的光，也就是该物质呈现的颜色。当 d 轨道全空或全满时不发生跃迁，这时该离子在水溶液中无色。

常利用 d 区元素所形成配合物的特征颜色来鉴定 d 区元素的离子。

配合物形成时，表现出颜色、溶解性、酸性以及氧化还原性的改变。

四、仪器与药品

NaF(s)，$Na_2C_2O_4$(s)，EDTA(s)；HCl($2mol \cdot L^{-1}$)，H_2SO_4($2mol \cdot L^{-1}$，$6mol \cdot L^{-1}$)，HCl($2mol \cdot L^{-1}$)，NaOH($2mol \cdot L^{-1}$，$6mol \cdot L^{-1}$)，$NH_3 \cdot H_2O$($2mol \cdot L^{-1}$，$6mol \cdot L^{-1}$)；$Cr(NO_3)_3$($1mol \cdot L^{-1}$)，$Cr_2(SO_4)_3$($0.1mol \cdot L^{-1}$)，$TiOSO_4$($0.1mol \cdot L^{-1}$)，$MnSO_4$($0.1mol \cdot L^{-1}$)，$(NH_4)_2Fe(SO_4)_2$($0.1mol \cdot L^{-1}$)，$CoCl_2$($0.1mol \cdot L^{-1}$)，$NiSO_4$($0.1mol \cdot L^{-1}$)，NH_4VO_4($0.1mol \cdot L^{-1}$)，KNSC（饱和），KI($0.1mol \cdot L^{-1}$)，$KCrO_4$($0.1mol \cdot L^{-1}$)，$K_2Cr_2O_7$($0.1mol \cdot L^{-1}$)，$KMnO_4$($0.01mol \cdot L^{-1}$)，K_2MnO_4($0.1mol \cdot L^{-1}$)，Na_2WO_4（饱和），H_2O_2(3%)，$AgNO_3$($0.1mol \cdot L^{-1}$)，1%(*w*) 乙二胺，1%(*w*) 丁二酮肟，乙醚，戊醇，丙酮，四氯化碳。

五、实验内容

1.观察和熟悉下列水合离子颜色

(1) 水合阳离子　$[Ti(H_2O)_4]^{3+}$、$[Cr(H_2O)_6]^{3+}$、$[Mn(H_2O)_6]^{2+}$、$[Fe(H_2O)_6]^{2+}$、$[Co(H_2O)_6]^{2+}$、$[Ni(H_2O)_6]^{2+}$。

(2) 阴离子　CrO_4^{2-}、$Cr_2O_7^{2-}$、MnO_4^{2-}、MoO_4^{2-}、WO_4^{2-}、VO_3^{-}。

以表格形式写出观察结果。

2.某些金属元素离子的颜色变化

(1) Cr^{3+} 的水合异构现象　取少量 $1mol \cdot L^{-1}$ $Cr(NO_3)_3$ 溶液进行加热，观察加热前后溶液颜色的变化。

$$[Cr(H_2O)_6](NO_3)_3 \underset{热}{\overset{冷}{\rightleftharpoons}} [Cr(H_2O)_5NO_3](NO_3)_2 + H_2O$$

(2) 观察不同配体的 Co(Ⅱ) 配合物的颜色　向饱和的 KNCS 溶液滴加 $0.1mol \cdot L^{-1}$ $CoCl_2$ 溶液至呈蓝紫色，将此溶液分装三支试管，在其中两支试管溶液中分别加入蒸馏水和丙酮，对比三支试管溶液颜色差异，并作解释。

$$[Co(NCS)_4]^{2-} + 6H_2O \overset{丙酮}{\rightleftharpoons} [Co(H_2O)_6]^{2+} + 4NCS^{-}$$

3.某些金属离子配合物

(1) 氨合物　分别向 $0.1mol \cdot L^{-1}$ $Cr_2(SO_4)_3$、$MnSO_4$、$FeCl_3$、$(NH_4)_2Fe(SO_4)_2$、$CoCl_2$ 和 $NiSO_4$ 盐溶液中滴加 $6mol \cdot L^{-1}$ $NH_3 \cdot H_2O$，观察现象，写出反应式。

总结上述金属离子形成氨合物的能力。

(2) 配合物的形成对氧化还原性的影响

① 往 $0.1mol \cdot L^{-1}$ KI 和 CCl_4 混合溶液中加入 $0.1mol \cdot L^{-1}$ $FeCl_3$ 溶液，观察现象。若上述试液在加入 $FeCl_3$ 之前先加入少量固体 NaF，观察现象有什么不同？作出解释并写出反应式。

② 在室温下分别对比 $0.1mol \cdot L^{-1}$ $(NH_4)_2Fe(SO_4)_2$ 溶液在有 EDTA 存在下与没有 EDTA 存在下和 $0.1mol \cdot L^{-1}$ $AgNO_3$ 溶液的反应，并给予解释。

(3) 配合物稳定性与配位体的关系

① 在 $0.1mol \cdot L^{-1}$ $Cr_2(SO_4)_3$ 溶液中加入少量固体 $Na_2C_2O_4$，振荡，观察溶液颜色的变化，再逐滴加入 $2mol \cdot L^{-1}$ NaOH 观察有无沉淀生成？并作解释。写出反应式。

② 在 0.1mol·L^{-1} $FeCl_3$ 溶液中加入少量饱和 KSCN 溶液，观察现象。然后加入少量固体 $Na_2C_2O_4$，观察溶液颜色变化，并作解释。写出反应式。

③ 在 0.1mol·L^{-1} $NiSO_4$ 溶液中加入过量 2mol·L^{-1} $NH_3·H_2O$，观察现象，然后逐滴加入 1%乙二胺溶液，再观察现象。

4. 配合物应用——金属离子的鉴定

(1) 铁的鉴定 根据所学知识进行铁（Ⅱ）、铁（Ⅲ）的鉴定。

(2) 钴（Ⅱ）的鉴定 在 0.1mol·L^{-1} $CoCl_2$ 溶液中加入戊醇（或丙酮）后，再滴加饱和 KSCN 溶液，观察现象，写出反应式。

(3) 镍（Ⅱ）的鉴定 0.1mol·L^{-1} $NiSO_4$ 溶液中加入 2mol·L^{-1} $NH_3·H_2O$ 至呈弱碱性，再加入 1 滴 1%丁二酮肟溶液，观察现象。

(4) 铬（Ⅲ）的鉴定 0.1mol·L^{-1} $Cr_2(SO_4)_3$ 溶液中加入过量 6mol·L^{-1} NaOH，再加入 3% H_2O_2 溶液，观察现象。以稀 H_2SO_4 酸化，再加入少量乙醚（或戊醇），继续滴加 3% H_2O_2，观察现象，写出反应式。

(5) 钛（Ⅳ）的鉴定 在少量 2mol·L^{-1} $TiOSO_4$ 溶液中，滴加 3% H_2O_2 溶液，观察现象。再加入少量 6mol·L^{-1} $NH_3·H_2O$ 又有什么现象？反应式为：

$$TiO^{2+}+H_2O_2 = [TiO(H_2O_2)]^{2+} \text{（橙红色）}$$

$$[TiO(H_2O_2)]^{2+}+NH_3·H_2O = H_2Ti(O_2)O_2\downarrow\text{（黄色）}+NH_4^++H^+$$

(6) 钒的鉴定 取少量 NH_4VO_3 溶液用 2mol·L^{-1} HCl 酸化，再加入几滴 3%H_2O_2 溶液，观察现象。

5. 小设计实验

已知溶液中含有 Fe^{3+}、Co^{2+}、Ni^{2+} 三种离子，设计一个方案，分别检出它们。

六、问题与讨论

(1) 比较铁组元素 $M(OH)_2$、$M(OH)_3$ 的性质：颜色、水溶解性、酸碱性和氧化还原性。

(2) 总结 d 区元素氢氧化物的颜色、酸碱性、热稳定性及水溶解性。

实验三十 常见阳离子的分离与鉴定（设计实验）

一、目的与要求

(1) 熟悉常见的阳离子的分析特性。

(2) 掌握待测阳离子的分离和鉴定条件，并进行分离和鉴定。

(3) 掌握水浴加热、离心分离和沉淀的洗涤等基本操作技术。

二、预习与思考

(1) 预习第 4 章“4.1.3 固液分离的方法”中有关沉淀分离、洗涤等内容。

(2) 思考下列问题

① 何为分别分析？何为系统分析？各在什么情况下使用？

② 用沉淀方法分离混合离子时，如何检验离子的沉淀是否已经完全？

③ 拟定混合离子分离鉴定方案的原则是什么？

三、实验原理

无机定性分析就是鉴定和分离无机阴、阳离子，分离的目的是为了正确地鉴定。其方法分为系统分析法和分别分析法。系统分析法是将可能共存的（常见的 28 种）阳离子按一定的顺序，用“组试剂”将性质相似的离子逐组分离，然后再将各组离子进行分离和鉴定。如硫化氢系统分析法（见表 8-5）和“两酸两碱”系统分析法。分别分析法是分别取出一定量的试液，设法排除鉴定方法的干扰离子，加入适当的试剂，直接进行鉴定的方法。

表 8-5　阳离子的硫化氢系统分组方案

分组依据的性质	硫化物不溶于水			硫化物溶于水	
	在稀酸中形成硫化物沉淀		在稀酸中不生成硫化物沉淀	碳酸盐不溶于水	碳酸盐溶于水
	氯化物不溶于热水	氯化物溶于热水			
组内包含的离子	Ag^+ Hg_2^{2+} Pb^{2+} （Pb^{2+}浓度大时部分沉淀）	Pb^{2+},Hg^{2+} Bi^{3+},As^{3+} Cu^{2+},As^{5+} Cd^{2+},Sb^{3+} Sb^{5+} Sn^{2+} Sn^{4+}	Fe^{3+},Fe^{3+} Al^{3+},Co^{2+} Mn^{2+},Cr^{3+} Ni^{2+},Zn^{2+}	Ca^{2+} Sr^{2+} Ba^{2+}	Mg^{2+} K^+ Na^+ NH_4^+
组名称	第一组 盐酸组	第二组 硫化氢组	第三组 硫化铵组	第四组 碳酸铵组	第五组 易溶组
组试剂	HCl	$(0.3mol \cdot L^{-1}$ $HCl)H_2S$	$(NH_3 \cdot H_2O+NH_4Cl)$ $(NH_4)_2S$	$(NH_3 \cdot H_2O+NH_4Cl)$ $(NH_4)_2CO_3$	—

硫化氢系统分析法的优点是系统性强，分离方法比较严密，并可与溶度积等基本概念较好地配合，不足之处是与化合物的两性及形成配合物的性质等方面联系较少。另外此法由于操作步骤繁杂，分析花费时间较多，硫化氢污染空气等缺点的存在，因此，许多化学家提出了各种新的分析方法。为使学生学到的无机化学理论知识和元素及其化合物性质能够得到反复巩固，本实验将常见的 20 多种阳离子分为六组。

第一组：易溶组　Na^+、NH_4^+、Mg^{2+}、K^+

第二组：氯化物组　Ag^+、Hg_2^{2+}、Pb^{2+}

第三组：硫酸盐组　Ba^{2+}、Ca^{2+}、Pb^{2+}

第四组：氨合物组　Cu^{2+}、Cd^{2+}、Zn^{2+}、Co^{2+}　、Ni^{2+}

第五组：两性组　Al^{3+}、Cr^{3+}、Sb(Ⅲ、Ⅵ)、Sn(Ⅱ、Ⅳ)

第六组：氢氧化物组　Fe^{2+}、Fe^{3+}、Bi^{3+}、Mn^{2+}、Hg^{2+}

然后再根据各组离子的特性，加以分离和鉴定，其分离方法如下（见图 8-2）。

下面介绍各组阳离子的分离和鉴定方法。

1. 第一组易溶组阳离子的分析

本组阳离子包括 NH_4^+、K^+、Na^+、Mg^{2+}，它们的盐大多数可溶于水，没有一种共同的试剂可以作为组试剂，而是采用个别鉴定的方法，将它们加以检出。

(1) NH_4^+ 的鉴定　取试液 3～4 滴，用气室法进行 NH_4^+ 的鉴定。

(2) Na^+ 的鉴定　取试液 2～3 滴，加入 8～9 滴醋酸铀酰锌试剂，放置数分钟，用玻璃棒搅拌，并摩擦试管内壁，片刻后，如有淡黄色的晶状沉淀生成，示有 Na^+，其反应方程式如下：

$$Na^{+}+Zn^{2+}+3UO_2^{2+}+9Ac^{-}+9H_2O \xlongequal{} NaAc\cdot Zn(Ac)_2\cdot 3UO_2(Ac)_2\cdot 9H_2O\downarrow$$

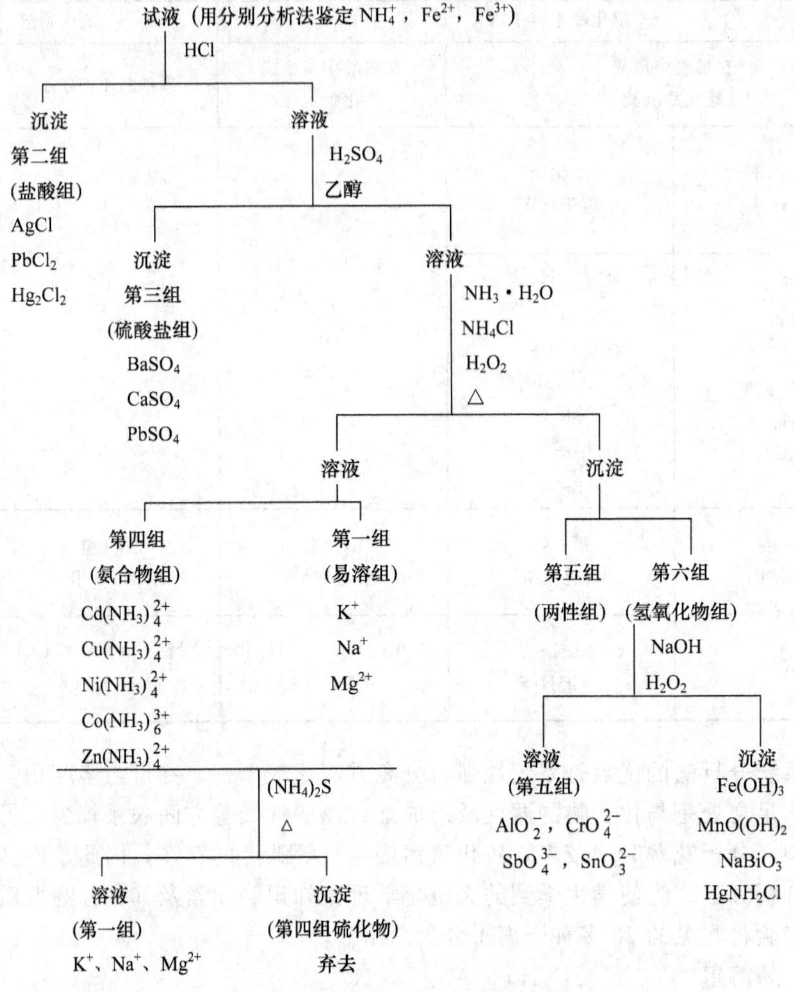

图 8-2　系统分析分组方案示意图

(3) K^+ 的鉴定　取 2 滴 K^+ 试液，加入 4～5 滴六硝基合钴（Ⅲ）酸钠{$Na_3[Co(NO_2)_6]$}溶液，放置片刻，若有黄色的 $K_2Na[Co(NO_2)_6]$ 沉淀析出。示有 K^+ 存在，其反应如下：

$$2K^{+}+Na_3[Co(NO_2)_6] \xlongequal{} K_2Na[Co(NO_2)_6]\downarrow+2Na^{+}$$

(4) Mg^{2+} 的鉴定　取试液 1 滴，加入 6.0mol·L^{-1} NaOH 及镁试剂各 1～2 滴，搅匀后，如有天蓝色沉淀生成，示有 Mg^{2+} 存在。

2. 第二组氯化物组阳离子的分析

本组阳离子包括 Ag^+、Hg_2^{2+}、Pb^{2+}，它们的氯化物不溶于水，其中 $PbCl_2$ 可溶于 NH_4Ac 和热水中，而 AgCl 可溶于 $NH_3\cdot H_2O$ 中，因此检出这三种离子时，可先把这些离子沉淀为氯化物，然后再进行鉴定反应（见图 8-3）。

取分析试液 20 滴，加入 2.0mol·L^{-1} HCl 至沉淀完全（若无沉淀，表示无本组阳离子存在），离心分离。沉淀用 1.0mol·L^{-1} HCl 数滴洗涤后，按下法鉴定 Pb^{2+}、Ag^+、Hg_2^{2+} 的存在（离心液保留作其它离子的分离鉴定用）。

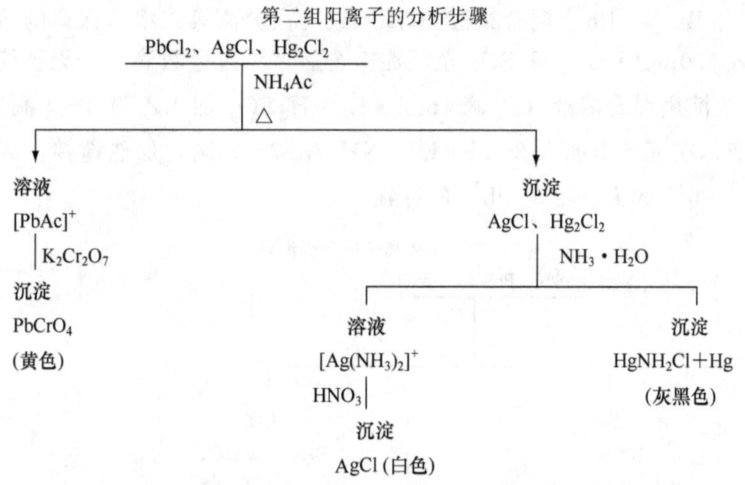

图 8-3　第二组阳离子的分析步骤示意图

(1) Pb^{2+} 的鉴定　将上面得到的沉淀加入 3.0mol·L^{-1} NH_4Ac 溶液 5 滴，在水浴中加热搅拌，趁热离心分离，在离心液中加入 $K_2Cr_2O_7$ 或 K_2CrO_4 溶液 2～3 滴，若生成黄色沉淀示有 Pb^{2+} 存在。沉淀用 3.0mol·L^{-1} NH_4Ac 溶液数滴加热洗涤除去 Pb^{2+}，离心分离后，保留沉淀作 Ag^+ 和 Hg_2^{2+} 的鉴定。

$$PbCl_2\downarrow + Ac^- = [PbAc]^+ + 2Cl^-$$

$$2[PbAc]^+ + Cr_2O_7^{2-} + H_2O = 2PbCrO_4\downarrow + 2HAc$$

(2) Ag^+ 和 Hg_2^{2+} 的分离与鉴定　取上面保留的沉淀，滴加 $NH_3 \cdot H_2O$ 5～6 滴，不断搅拌，沉淀变为灰黑色，表示有 Hg_2^{2+} 存在。

$$Hg_2Cl_2 + 2NH_3 = HgNH_2Cl\downarrow + Hg\downarrow + NH_4^+ + Cl^-$$

离心分离，在离心液中滴加 HNO_3 酸化，如有白色沉淀产生，表示有 Ag^+ 存在。

$$AgCl + 2NH_3 = [Ag(NH_3)_2]^+ + Cl^-$$

$$[Ag(NH_3)_2]^+ + Cl^- + 2H^+ = AgCl\downarrow + 2NH_4^+$$

3. 第三组硫酸盐组阳离子的分析

本组阳离子包括 Ba^{2+}、Ca^{2+}、Pb^{2+}，它们的硫酸盐都不溶于水，但在水中的溶解度差异较大，在溶液中生成沉淀的情况不同，Ba^{2+} 能立即析出 $BaSO_4$ 沉淀，Pb^{2+} 比较缓慢地生成 $PbSO_4$ 沉淀，$CaSO_4$ 溶解度稍大，Ca^{2+} 只有在浓的 Na_2SO_4 中生成 $CaSO_4$ 沉淀，但加入乙醇后溶解度能显著地降低。

用饱和 Na_2CO_3 溶液加热处理这些硫酸盐时，可发生下列转化。

$$MSO_4 + CO_3^{2-} = MCO_3 + SO_4^{2-}$$

即使 $BaSO_4$ 的溶解度小于 $BaCO_3$，但用饱和 Na_2CO_3 反复加热处理，大部分 $BaSO_4$ 亦可转化为 $BaCO_3$。这三种碳酸盐都能溶于 HAc 中。

硫酸盐组阳离子与可溶性草酸盐如 $(NH_4)_2C_2O_4$ 作用生成白色沉淀，其中 BaC_2O_4 的溶解度较大，能溶于 HAc。在 EDTA 存在时（pH＝4.5～5.5），Ca^{2+} 仍可与 $C_2O_4^{2-}$ 生成 CaC_2O_4 沉淀，而 Pb^{2+} 因与 EDTA 生成稳定的配合物而不能产生沉淀，利用这个性质可以使 Pb^{2+} 和 Ca^{2+} 分离。

第三组硫酸盐组阳离子的分离步骤和鉴定方法见图 8-4，具体步骤如下。

① 取 Ca^{2+}、Ba^{2+}、Pb^{2+}混合试液 20 滴（或上面分离第二组后保留的溶液）在水浴中加热，逐滴加入 $1.0mol \cdot L^{-1}$ H_2SO_4 至沉淀完全后，再过量数滴（若无沉淀，表示无本组离子的分析），沉淀用混合溶液（10 滴 $1mol \cdot L^{-1}$ H_2SO_4 加入乙醇 3～4 滴）洗涤 1～2 次后，弃去洗涤液，在沉淀中加入 $3mol \cdot L^{-1}$ NH_4Ac 7～8 滴，加热搅拌，离心分离，离心液按第二组鉴定 Pb^{2+} 的方法鉴定 Pb^{2+} 的存在。

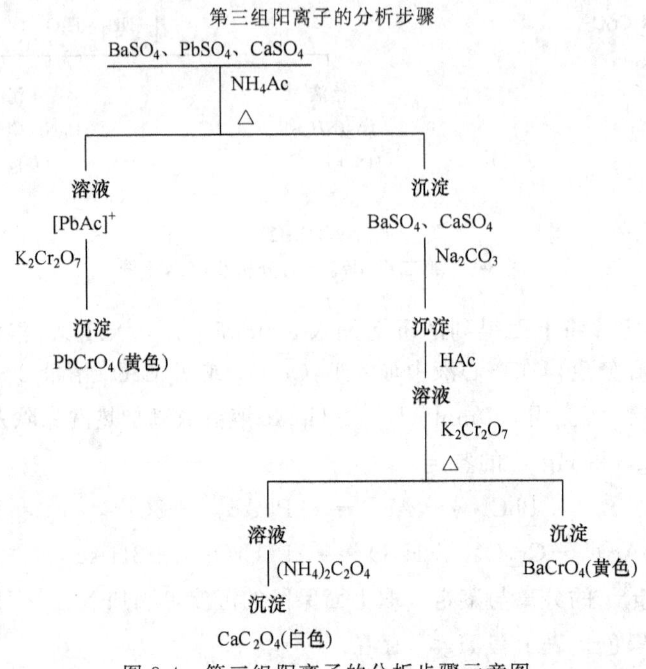

图 8-4 第三组阳离子的分析步骤示意图

② 沉淀中加入 10 滴饱和 Na_2CO_3 溶液，置沸水浴中加热搅拌 1～2min，离心分离，弃去离心液，沉淀再用饱和 Na_2CO_3 同样处理 2 次后，用约 10 滴蒸馏水洗涤一次，弃去洗涤液，沉淀用数滴 HAc 溶解后，加入 $NH_3 \cdot H_2O$ 调节 pH＝4～5，加入 $K_2Cr_2O_7$ 2～3 滴，加热搅拌，生成黄色沉淀，表示有 Ba^{2+} 存在。

③ 离心分离，在离心液中加入饱和 $(NH_4)_2C_2O_4$ 溶液 2～3 滴，温热后，慢慢生成白色沉淀，表示有 Ca^{2+} 存在。

4. 第四组氨合物组阳离子的分析

本组阳离子包括 Cu^{2+}、Cd^{2+}、Zn^{2+}、Co^{2+}、Ni^{2+} 等离子，它们和过量的氨水都能生成相应的氨合物，故本组称为氨合物组。Fe^{3+}、Al^{3+}、Mn^{2+}、Cr^{3+}、Bi^{3+}、Sb^{3+}、Sn^{2+}、Sn^{4+}、Hg^{2+} 等离子在过量氨水中因生成氢氧化物沉淀而与本组阳离子分离｛Hg^{2+} 在大量铵离子存在时，将和氨水形成汞氨配离子 $[Hg(NH_3)_4]^{2+}$ 而进入氨合物组｝。由于 $Al(OH)_3$ 是典型的两性氢氧化物，能部分溶解在过量 NH_3 水中，因此加入铵盐如 NH_4Cl 使 OH^- 的浓度降低，可以防止 $Al(OH)_3$ 的溶解。但是由于降低了 OH^- 的浓度，Mn^{2+} 也不能形成氢氧化物沉淀，如在溶液中加入 H_2O_2，则 Mn^{2+} 可被氧化而生成溶解度小的 $MnO(OH)_2$ 棕色沉淀。因此本组阳离子的分离条件为：在适量 NH_4Cl 存在时，加入过量氨水和适量 H_2O_2，这时本组阳离子因形成氨合物而和其它阳离子分离。

第四组氨合组阳离子的分离步骤和鉴定方法见图 8-5。取本组混合试液 20 滴（或上面分离第三组后保留的离心液)，加入 2 滴 3.0mol·L^{-1} NH_4Cl、3～4 滴 3% H_2O_2，用浓氨水碱化后，在水浴中加热，再滴加浓氨水，每加 1 滴即搅拌，注意有无沉淀生成。如有沉淀，再加入浓氨水并过量 4～5 滴，搅拌后注意沉淀是否溶解（如果沉淀溶解或氨水碱化时不生成沉淀，则表示 Bi^{3+}、Sb^{3+}、Sn^{3+}、Fe^{3+}、Cr^{3+}、Al^{3+} 等离子不存在，为什么?)，继续在水浴中加热 1min，取出，冷却后离心分离（沉淀保留作其它组阳离子的分析)，离心液按下法鉴定 Cu^{2+}、Cd^{2+}、Co^{2+}、Ni^{2+}、Zn^{2+} 等离子。

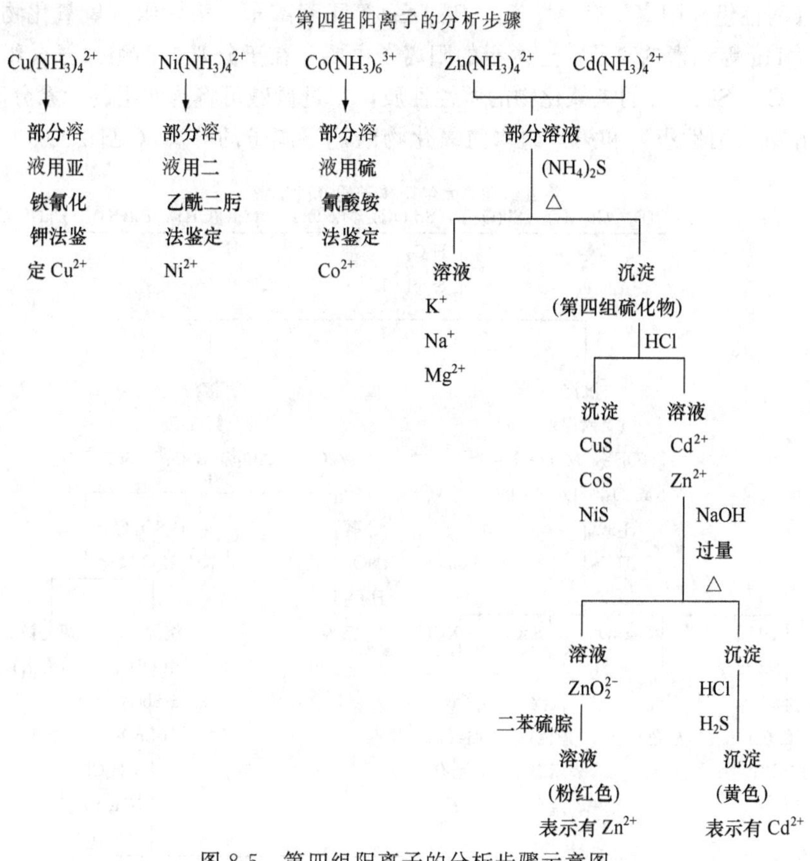

图 8-5　第四组阳离子的分析步骤示意图

(1) Cu^{2+} 的鉴定　取离心液 2～3 滴，加入 1 滴 6.0mol·L^{-1} HAc 酸化后，加入 $K_4[Fe(CN)_6]$ 溶液 1～2 滴，生成红棕色（豆沙色）沉淀，表示有 Cu^{2+} 存在。

(2) Co^{2+} 的鉴定　取离心液 2～3 滴，用 HCl 酸化，加入新配制的 $SnCl_2$ 2～3 滴，再加入饱和 NH_4SCN 溶液 5～6 滴，戊醇 5～6 滴，振荡后，有机层显蓝色，表示有 Co^{2+} 存在。

(3) Ni^{2+} 的鉴定　取离心液 2 滴，加二乙酰二肟溶液 1 滴、戊醇 5 滴，振荡后，出现红色沉淀，表示有 Ni^{2+} 存在。

(4) Zn^{2+}、Cd^{2+} 的分离和鉴定　取离心液 15 滴，在沸水浴中加热近沸，加入 $(NH_4)_2S$ 溶液 5～6 滴，搅拌，加热至沉淀凝聚再继续加热 3～4min，离心分离（沉淀是哪些硫化物？为什么要长时间加热？离心液可保留用来鉴定第一组阳离子 K^+、Na^+、Mg^{2+} 的存在)。

沉淀用 0.1mol·L^{-1} NH_4Cl 溶液数滴洗涤 2 次，离心分离，弃去洗涤液，在沉淀中加入 4～5 滴 2mol·L^{-1} HCl，充分振荡片刻（哪些硫化物可以溶解?)，离心分离，将离心液在沸水浴中加热，除尽 H_2S 后（为什么必需除尽 H_2S?)，用 6mol·L^{-1} NaOH 碱化并过量

2～3 滴，搅拌，离心分离（离心液是什么？沉淀是什么?）。

取离心液 5 滴加入二苯硫腙 10 滴，搅拌，并在水浴中加热，溶液呈粉红色，表示有 Zn^{2+} 存在。

沉淀用蒸馏水数滴洗涤 1～2 次后，离心分离，弃去洗涤液，沉淀再用 2mol・L^{-1} HCl3～4 滴搅拌溶解，然后加入等体积的饱和 H_2S 溶液，如有黄色沉淀生成，表示有 Cd^{2+} 存在。

5. 第五组（两性组）和第六组（氢氧化物组）阳离子的分析

第五组（两性组）阳离子有 Al、Cr、Sb、Sn 等元素离子，第六组（氢氧化物）阳离子有 Fe、Mn、Bi、Hg 等元素的离子。这两组的阳离子主要存在于分离第四组（氨合组）后的沉淀中，利用 Al、Cr、Sb、Sn 的氢氧化物的两性性质，用过量碱可将这两组的元素分离。

（1）第五组（两性组）和第六组（氢氧化物组）阳离子的分离（见图 8-6）

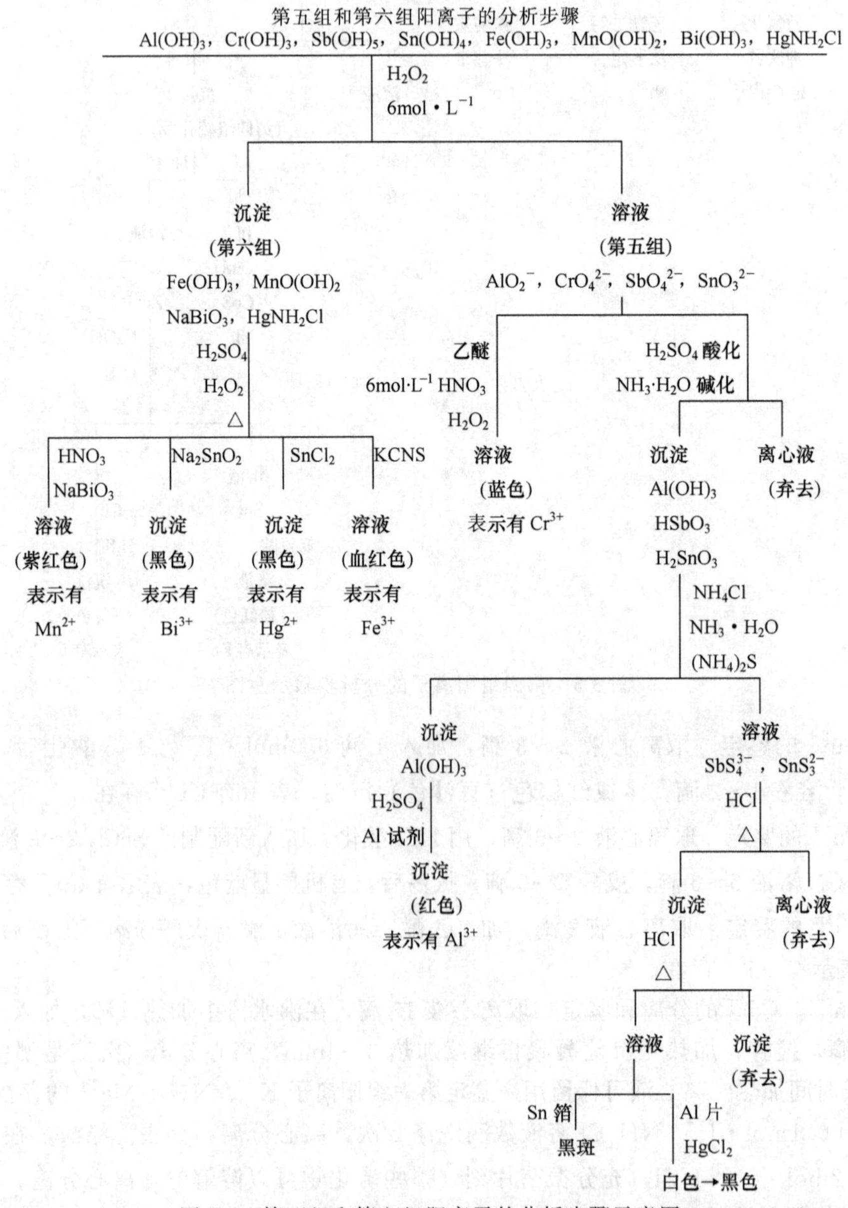

图 8-6 第五组和第六组阳离子的分析步骤示意图

取第五、六两组混合离子试液20滴在水浴中加热，加入2滴3mol·L^{-1} NH_4Cl溶液，3～4滴3% H_2O_2，逐滴加入浓氨水至沉淀完全，离心分离弃去离心液（沉淀是什么?）。

在所得的沉淀（或分离第四组阳离子后保留的沉淀）中加入3～4滴3% H_2O_2溶液，6.0mol·L^{-1} NaOH溶液15滴，搅拌后，在沸水浴中加热搅拌3～5min，使CrO_2^-氧化为CrO_4^{2-}并破坏过量的H_2O_2，离心分离，离心液作鉴定第五组阳离子用，沉淀作第六组阳离子用。

(2) 第五组阳离子Cr^{3+}、Al^{3+}、Sb(Ⅴ)、Sn(Ⅳ)的鉴定

① Cr^{3+}的鉴定。取离心液2滴，加入乙醚5滴，逐滴加入浓HNO_3酸化，加3% H_2O_2 2～3滴，振荡试管，乙醚层出现蓝色，表示有Cr^{3+}存在。

② Al^{3+}、Sb(Ⅴ)和Sn(Ⅳ)的鉴定。将剩余离心液用H_2SO_4酸化，然后用氨水碱化并多加几滴，离心分离，弃去离心液，沉淀用0.1mol·L^{-1} NH_4Cl数滴洗涤，加入3.0mol·L^{-1} NH_4Cl及浓氨水各2滴、$(NH_4)_2S$溶液7～8滴，在水浴中加热至沉淀凝聚，离心分离（沉淀是什么？离心液是什么?）。沉淀用含数滴0.10mol·L^{-1} NH_4Cl溶液洗涤1～2次后，加入H_2SO_4 2～3滴，加热使沉淀溶解，然后加入3.0mol·L^{-1} NaAc溶液3滴、铝试剂溶液2滴，搅拌，在沸水浴中加热1～2min，如有红色絮状沉淀出现，表示有Al^{3+}存在。

离心液用HCl逐滴中和至呈酸性后，离心分离，弃去离心液（沉淀是什么?）。在沉淀中加入浓HCl 15滴，在沸水浴中加热充分搅拌，除尽H_2S后，离心分离，弃去不溶物（可能为硫），离心液作鉴定Sb和Sn用。

Sb(Ⅴ)离子的鉴定。取上述离心液1滴，于光亮的锡箔上放置约2～3min，如锡片上出现黑色斑点，表示有Sb(Ⅴ)存在。

6.第六组阳离子的鉴定

取第五组步骤(1)中所得的沉淀，加入3mol·L^{-1} H_2SO_4溶液10滴、3%H_2O_2 2～3滴，充分搅拌下，加热3～5min，以溶解沉淀和破坏过量的H_2O_2，离心分离，弃去不溶物，离心液供下面Mn^{2+}、Bi^{3+}和Hg^{2+}的鉴定。

(1) Mn^{2+}的鉴定　取离心液2滴，加入HNO_3数滴，加入少量$NaBiO_3$固体（约火柴头大小），搅拌，离心沉降，如溶液呈现紫红色，表示有Mn^{2+}存在。

(2) Bi^{3+}的鉴定　取离心液2滴，加入亚锡酸钠溶液（自己配制）数滴，若有黑色沉淀，表示有Bi^{3+}存在。

(3) Hg^{2+}的鉴定　取离心液2滴，加入新鲜配制的$SnCl_2$数滴，白色或灰黑色沉淀析出，表示有Hg^{2+}存在。

(4) Fe^{3+}的鉴定　取离心液1滴，加入KSCN溶液，如溶液显红色，表示有Fe^{3+}存在。

四、仪器与药品

(1) 仪器　离心机，水浴锅，点滴板，试管，离心试管。

(2) 固体药品　$NaBiO_3$(s)，铝片，锡片。

(3) 酸　HCl(2.0mol·L^{-1})，HNO_3(6.0mol·L^{-1}，浓)，HAc(6.0mol·L^{-1})，H_2SO_4(1.0mol·L^{-1}，3.0mol·L^{-1})。

(4) 碱　$NH_3\cdot H_2O$(6.0mol·L^{-1}，浓)，NaOH(6.0mol·L^{-1})。

(5) 盐　K_2CrO_7，K_2CrO_4，$K_4[Fe(CN)_6]$，$SnCl_2$，KNCS，$HgCl_2$（以上溶液均为0.10mol·L^{-1}）；KNCS（饱和），NH_4Ac(3.0mol·L^{-1})，NaAc(3.0mol·L^{-1})，NH_4Cl(3.0mol·L^{-1})，$(NH_4)_2S$(6.0mol·L^{-1})。

（6）其它　H_2O_2（3%），H_2S（饱和），乙醇（95%），戊醇，二乙酰二肟，二苯硫腙，乙醚，丙酮，铝试剂。

（7）材料　pH 试纸。

五、实验内容

1. 阳离子未知液的分组分离

向指导教师领取未知液 10mL，其中可能含有阳离子 Na^+、K^+、NH_4^+、Mg^{2+}、Ca^{2+}、Ba^{2+}、Ag^+、Pb^{2+}、Hg^{2+}、Cu^{2+}、Bi^{3+}、Fe^{3+}、Co^{2+}、Ni^{2+}、Mn^{2+}、Al^{3+}、Cr^{3+} 和 Zn^{2+}，取出部分未知液自行设计方案进行分组分离。根据实验结果报告上述 18 种阳离子中，哪些在未知液中可能存在？哪些不可能存在？

2. 一组阳离子的分离鉴定

按照指导教师的安排，取上述实验中的某一组沉淀（或溶液），进行有关阳离子的进一步分离鉴定。

3. 小设计实验

设计出合理的分离鉴定方案，分离鉴定下列 3 组阳离子混合液：

（1）Ag^+、Pb^{2+}、Fe^{3+}、Ni^{2+}；

（2）Ba^{2+}、Fe^{3+}、Co^{2+}、Al^{3+}；

（3）NH_4^+、Cu^{2+}、Zn^{2+}、Hg^{2+}。

六、问题与讨论

（1）本实验将常见的阳离子分为六组，各组含有哪些离子？为了便于分离和鉴定，要求先画出分离和鉴定简图，并指出试剂名称、用量以及实验条件。

（2）如果未知液呈碱性，哪些离子可能不存在？

（3）在分离五、六组离子时，加入过量 NaOH、H_2O_2 以及加热的作用是什么？

（4）以 NH_4SCN 法鉴定 Co^{2+} 时，Fe^{3+} 的存在有无干扰？如有干扰，应如何消除？

（5）从氨合物组中鉴定 Co^{2+} 时，为什么先要加 HCl 酸化，并加入数滴 $SnCl_2$ 溶液？

（6）为什么要用稀的 NH_4Cl 溶液洗涤沉淀？

（7）在 Fe^{3+}、Fe^{2+}、Al^{3+}、Co^{2+}、Mn^{2+}、Zn^{2+}、Cr^{3+} 中，哪些离子的氢氧化物具有两性？哪些离子的氢氧化物不稳定？哪些能生成氨配合物？

实验三十一　常见阴离子的分离与鉴定

一、目的与要求

（1）熟悉常见阴离子的有关性质和分析特性。

（2）掌握阴离子的分离、鉴定原理和方法，并用于未知液的初步实验。

（3）熟悉定性分析基本操作。

二、实验原理

阴离子主要是非金属元素组成的简单离子和复杂离子，如 S^{2-}、SO_3^{2-}、$S_2O_3^{2-}$、SO_4^{2-}、PO_4^{3-}、Cl^-、Br^-、I^-、NO_2^-、NO_3^-、$[Fe(CN)_6]^{3-}$ 等。大多数阴离子在分析鉴定时，由于试样中共存的阴离子不多，并且互相干扰较少，且许多阴离子有特性反应，故常采用分别分析法。在进行混合阴离子的分析时，通常利用阴离子的特性通过适当的初步实验，进行分析推断就能初步确定存在离子的范围，然后再设计出分析步骤进行个别离子的鉴定。阴离子的分析特性主要如下。

① 低沸点酸和易分解酸的阴离子与酸反应放出气体或产生沉淀，利用产生气体的物理化学性质（见表 8-6），可初步判断阴离子 CO_3^{2-}、SO_3^{2-}、$S_2O_3^{2-}$、S^{2-} 和 NO_2^- 是否存在。

表 8-6　阴离子与酸反应的现象与推断

反应现象(有气泡产生)			可能的结果		备　注
气体的颜色	气体的气味	析出气体的性质	气体组成	存在的阴离子	
无色	无臭	析出气体时发出嗞嗞声，并使石灰水变浑浊	CO_2	CO_3^{2-}	SO_2 也能使石灰水变浑浊
无色	窒息性燃硫味	使 I_2-淀粉溶液或稀 $KMnO_4$ 溶液褪色	SO_2	SO_3^{2-}，$S_2O_3^{2-}$(同时析出 S)	H_2S 也能使 I_2-淀粉溶液或稀 $KMnO_4$ 溶液褪色
无色	腐蛋味	$Na_2[Pb(OH)_4]_2$ 或 $PbAc_2$ 试纸变黑色	H_2S	S^{2-}	
棕色	刺激性臭味		NO，NO_2	NO_2^-	

② 除碱金属盐和 NO_3^-、ClO_3^-、ClO_4^-、Ac^- 等阴离子形成的盐易溶解外，其余的盐大多数是难溶的。目前一般多采用钡盐和银盐的溶解性差别，将常见的 15 种阴离子分为三组（见表 8-7），由此可确定整组离子是否存在。

③ 除 Ac、CO_3^{2-}、SO_4^{2-}、PO_4^{3-} 外，绝大多数阴离子具有不同程度的氧化还原性，在溶液中可能相互作用，改变离子原来的存在形式。在酸性溶液中，强还原性的阴离子 S^{2-}、SO_3^{2-}、$S_2O_3^{2-}$ 可被 I_2 氧化。利用加入 I_2-淀粉溶液后是否褪色，可判断这些阴离子是否存在。用强氧化剂 $KMnO_4$ 与其作用，若红色消失，还可能有 Br^-、I^- 弱还原性的阴离子存在。如红色不消失，则上述还原性阴离子不存在。

在酸性溶液中，氧化性阴离子 NO_2^- 可将 I^- 氧化为 I_2，使淀粉溶液变蓝，用 CCl_4 萃取后，CCl_4 层呈紫红色。NO_3^- 浓度大时才有类似的反应。AsO_4^{3-} 将 I^- 氧化为 I_2 的反应是可逆的，若在中性或弱碱性时 I_2 将 AsO_3^{3-} 氧化生成 AsO_4^{3-}。

根据以上分析特性进行初步试验，分析归纳出离子存在的范围，然后根据存在离子性质的差异和特征反应进行分离鉴定。常见的 15 种阴离子的初步试验步骤及反应概况列于表 8-8 中。

表 8-7　常见阴离子的分组

组别	组　试　剂	组内阴离子	组的特性
第一组	$BaCl_2$ (中性或弱碱性)	SO_4^{2-}，SO_3^{2-}，$S_2O_3^{2-}$，SiO_3^{2-}，CO_3^{2-}，PO_4^{3-}，AsO_4^{3-}，AsO_3^{2-}(浓溶液中析出)	钡盐难溶于水(除 $BaSO_4$ 外其它钡盐溶于酸)；银盐溶于 HNO_3
第二组	$AgNO_3$ (稀、冷 HNO_3)	S^{2-}，Cl^-，Br^-，I^-	钡盐溶于水，银盐溶于 HNO_3 (Ag_2S 溶于热 HNO_3)
第三组	无组试剂	NO_3^-，NO_2^-，Ac^-	钡盐和银盐均溶于水

三、仪器与药品

(1) 仪器　离心机，水浴锅，点滴板，试管，离心试管。

(2) 药品　$Na_2S_2O_3$，Na_2SO_3，Na_2S，$NaNO_2$，$NaNO_3$，Na_2SO_4，Na_2CO_3，NaCl，KBr，KI，$AgNO_3$，$(NH_4)_2MoO_4$（以上均为 0.1mol·L^{-1}）；HCl(2mol·L^{-1}，6mol·L^{-1})，HNO_3(2mol·L^{-1}，6mol·L^{-1}，浓)，$NH_3·H_2O$（2mol·L^{-1}，6 mol·L^{-1}）

H_2SO_4（1 mol·L^{-1}，3 mol·L^{-1}，6 mol·L^{-1}，浓），$KMnO_4$（0.01mol·L^{-1}），NaClO(1mol·L^{-1}，新配制)，I_2-淀粉溶液，CCl_4，$(NH_4)_2CO_3$（饱和），$BaCl_2$(0.5mol·L^{-1})，$SrCl_2$ 或 $Sr(NO_3)_2$(0.5mol·L^{-1})；Zn 粉，Na_2CO_3(s)，$CdCO_3$ 或 $PbCO_3$(s)，$FeSO_4$(s)，Ag_2SO_4(s)，尿素 $CO(NH_2)_2$(s)，pH 试纸，$Na_2Fe(CN)_5NO\cdot H_2O$(3%)，$PbAc_2$ 试纸，KI-淀粉试纸，Cl^-、Br^-、I^- 混合液，S^{2-}、SO_3^{2-}、$S_2O_3^{2-}$ 混合液。

表 8-8 常见阴离子的初步试验

试剂 / 阴离子	稀 H_2SO_4	$BaCl_2$（中性或弱碱性）	$AgNO_3$（稀 HNO_3）	I_2-淀粉（稀 H_2SO_4）	$KMnO_4$（稀 H_2SO_4）	KI-淀粉（稀 H_2SO_4）
SO_4^{2-}		+				
SO_3^{2-}	+	+		+	+	
$S_2O_3^{2-}$	+	(+)	+	+	+	
CO_3^{2-}	+	+				
PO_4^{3-}		+				
AsO_4^{3-}		+				+
AsO_3^{2-}		(+)			+	
SiO_3^{2-}	(+)	+				
Cl^-			+		(+)	
Br^-			+		+	
I^-			+		+	
S^{2-}			+	+	+	
NO_2^-					+	+
NO_3^-						(+)
Ac^-						

注："+"号为有反应现象；"(+)"为阴离子浓度大时才产生的反应。

四、实验内容

1. 阴离子的初步实验

(1) 与稀 H_2SO_4 的反应　取试液 3～4 滴于试管中，加入 3mol·L^{-1} H_2SO_4 2 滴，水浴加热，观察现象，产生的气体用 $PbAc_2$ 试纸、KI－淀粉试纸检验，可判断 SO_3^{2-}、$S_2O_3^{2-}$、NO_2^-、S^{2-}、CO_3^{2-} 是否存在。

(2) 与 $BaCl_2$ 溶液的作用　取试液 4 滴，用 2mol·L^{-1} $NH_3\cdot H_2O$ 调至中性或弱碱性，滴加 0.5mol·L^{-1} $BaCl_2$ 2～3 滴，生成白色沉淀，表示 SO_4^{2-}、SO_3^{2-}、PO_4^{3-}、$S_2O_3^{2-}$ 可能存在。若无沉淀生成，表示 SO_4^{2-}、SO_3^{2-}、PO_4^{3-} 不存在，$S_2O_3^{2-}$ 则不能肯定。在上面的沉淀中加 6mol·L^{-1} HCl，如果沉淀不溶，则可能有 SO_4^{2-} 存在。

(3) 与 $AgNO_3$ 溶液的作用　在中性或微碱性（pH<8）试液 3 滴中，加 0.1mol·L^{-1} $AgNO_3$ 溶液 2～3 滴，如果没有沉淀，则下列阴离子不存在：SO_3^{2-}、PO_4^{3-}、S^{2-}、$S_2O_3^{2-}$、I^-、Br^-、Cl^-。

在上面沉淀中加入 6mol·L^{-1} HNO_3 溶液 2 滴，搅拌 1min。如果沉淀完全溶解，则表明试液中不存在 S^{2-}、$S_2O_3^{2-}$、I^-、Br^-、Cl^- 阴离子。

(4) 还原性阴离子的试验　取试液 5 滴，用 1.0mol·L^{-1} H_2SO_4 溶液进行酸化，加 0.01mol·L^{-1} $KMnO_4$ 溶液 1～2 滴，振荡，若紫色不褪，则表明阴离子 SO_3^{2-}、S^{2-}、

$S_2O_3^{2-}$、I^-、NO_2^- 不存在。

如果上述实验中，紫色褪去，再另取试液 5 滴，用 1.0mol・L^{-1} H_2SO_4 酸化，逐滴加 I_2－淀粉溶液，如果蓝色不褪，则 SO_3^{2-}、S^{2-}、$S_2O_3^{2-}$ 不存在。

(5) 氧化性阴离子的实验（在本实验中又是 NO_2^- 的检出） 取 5 滴试液，用 1.0mol・L^{-1} H_2SO_4 溶液酸化后，再多加 2 滴，加 10 滴 CCl_4 和 2～3 滴 0.10mol・L^{-1} KI 溶液，振荡，如 CCl_4 层不显红色，则 NO_2^- 不存在。

根据以上初步实验结果，推断出可能存在的离子，再作出进一步检出。

2. 阴离子混合液的分析

(1) S^{2-}、$S_2O_3^{2-}$、SO_3^{2-} 混合液的分析

① S^{2-} 的检出。取 1 滴试液于点滴板上，加 1 滴 $Na[Fe(CN)_5NO]$ 溶液，显示特殊的红紫色，示有 S^{2-}。

② 除去 S^{2-}。因 S^{2-} 对其它阴离子检出有干扰，必须除去。取 10 滴试液于离心试管中，加少量 $PbCO_3$ 固体，充分搅拌后离心分离，弃去沉淀。取清液 1 滴用 3% $Na[Fe(CN)_5NO]$ 检验 S^{2-} 是否除尽。

③ $S_2O_3^{2-}$ 的检出。取 1 滴除去 S^{2-} 的试液于点滴板上，加几滴 0.10mol・L^{-1} $AgNO_3$，生成白色沉淀，颜色逐渐由白→棕→黑，表示有 $S_2O_3^{2-}$。

④ SO_3^{2-} 的检出。在除去 S^{2-} 后剩余的溶液中，加 0.50mol・L^{-1} $Sr(NO_3)_2$ 至不再有沉淀析出。加热约 3min，冷却后离心分离。弃去离心液，沉淀用去离子水洗涤一次，离心分离，弃去洗涤液，在沉淀中加 3～4 滴 2mol・L^{-1} HCl 处理。若沉淀不完全溶解，离心分离弃去残渣。清液中加 I_2－淀粉溶液，蓝色褪去，示有 SO_3^{2-}。

(2) Cl^-、Br^-、I^- 混合液的分析

① AgCl、AgBr、AgI 沉淀。在离心试管中加 1mL 混合液，加 2 滴 6.0mol・L^{-1} HNO_3 溶液酸化，再加 0.10mol・L^{-1} $AgNO_3$ 溶液至完全沉淀，在水浴中加热 2min，使卤化银聚沉。离心分离，弃去溶液，再用去离子水将沉淀洗涤两次，弃去洗涤液。

② Cl^- 的分离和检出。在沉淀上加 1mL 2mol・L^{-1} $NH_3 \cdot H_2O$，搅拌 1min，离心分离，沉淀用水洗涤一次按③处理。在清液中，用 6mol・L^{-1} HNO_3 溶液酸化，如有白色浑浊示有 Cl^-。

③ AgBr、AgI 的分解和 Br^-、I^- 的检出。在沉淀②中加 6 滴去离子水和少量的锌粉，搅拌 2～3min，离心分离，弃去沉淀。溶液作检出 Br^-、I^- 用。

a. I^- 的检出。取上面溶液 2 滴，加 CCl_4 4～5 滴，加固体 KNO_2（或 $NaNO_2$）少量，加入 1 滴 1.0mol・L^{-1} H_2SO_4 溶液，摇匀后，CCl_4 层出现紫红色示有 I^- 存在。

b. I^- 的除去和 Br^- 检出。取剩余的溶液，加数滴 CCl_4，再加 6.0mol・L^{-1} H_2SO_4 溶液 4～6 滴，加新配制的 NaClO 溶液 1 滴，充分振荡摇匀，CCl_4 层出现红紫色，即示有 I^- 存在。

再滴加新鲜 NaClO 溶液，充分摇匀，CCl_4 层紫红色褪去，出现橘黄色又转变呈黄色，即示有 Br^- 存在。

(3) SO_4^{2-}、PO_4^{3-}、NO_3^- 的检出

① SO_4^{2-} 的检出。取少量试液，加入数滴 0.5mol・L^{-1} $BaCl_2$ 溶液，如有白色沉淀产生，加入稀盐酸，沉淀不溶，示有 SO_4^{2-} 存在。

为避免 $S_2O_3^{2-}$ 对鉴定的影响，应先用 HCl 酸化，除去沉淀后，再进行 SO_4^{2-} 的检出。

② PO_4^{3-} 的检出。在少量试液中，加入 6 滴浓 HNO_3，再加入 10 滴 0.1mol・L^{-1} $(NH_4)_2MoO_4$ 溶液（钼酸铵试剂），加热至 40～50℃，如有黄色沉淀产生，示有 PO_4^{3-} 存在。

如果试液中存在 SO_3^{2-}、$S_2O_3^{2-}$ 等还原性离子，则六价钼会被还原成低价“钼蓝”，所以应在加入浓 HNO_3 后立即加热煮沸，然后再加钼酸铵试剂，并稍热至 40～50℃以鉴定 PO_4^{3-}。

③ NO_3^- 的检出。在点滴板上，滴加 1 滴试液，加入一颗硫酸亚铁（$FeSO_4$）晶体，然后沿晶体边缘滴加浓 H_2SO_4，如硫酸亚铁晶体四周形成棕色圆环，则示有 NO_3^- 存在。

因 NO_2^- 发生类似反应，故应除去 NO_2^-，其办法是：在试液中，加入尿素约 0.1g，然后逐滴加入稀 H_2SO_4，放置数分钟，检验 NO_2^- 是否全部除尽，待全部除尽后，再检出 NO_3^-。其反应式如下：

$$2NO_2^- + 2H^+ + CO(NH_2)_2 \xlongequal{\quad} 2N_2\uparrow + CO_2\uparrow + 3H_2O$$

另外，由于 Br^- 和 I^- 与浓 H_2SO_4 发生反应生成的 Br_2 和 I_2，与棕色环的颜色相似，因此必须予以先除去，方法是：在试液中，加入固体 Ag_2SO_4，加热并搅拌数分钟，再滴加 Na_2CO_3 溶液，以沉淀溶液中的 Ag^+，离心分离，弃去沉淀，然后取离心液作检出 NO_3^- 用。

3. 小设计实验

设计并分离鉴定 S^{2-}、$S_2O_3^{2-}$、SO_3^{2-}。

五、问题与讨论

（1）阴离子的初步试验一般包括哪几项？常见的阴离子在每项初步试验中都发生哪些化学反应？有些什么外观特征？怎样利用外观特征进行阴离子分析判断？

（2）若初步试验中都没得到正确结果，能否判断本实验中的全部阴离子都不存在？

实验三十二　未知无机固体混合物的鉴定（设计实验）

一、目的与要求

（1）通过练习，进一步熟悉常见阴离子和阳离子的有关性质和分析特性。

（2）掌握阴离子和阳离子的分离、鉴定原理和方法，并用于未知固体粉末的初步分离与鉴定实验。

（3）加深对无机化学元素及其化合物的了解。

二、实验原理提示

本实验由实验室提供未知的无机固体混合物样品，要求实验者依据实验室提供的药品，结合无机化学知识，完成样品的分离和鉴定。

学生实验时，领取约 2.0g 未知无机固体混合物，依据实验室所提供的药品，拟定实验方案，经指导教师审定后，按照实验方案完成实验，并提交实验报告。

实验三十三　有机物元素的定性分析

一、目的与要求

（1）了解元素定性分析的原理。

（2）掌握用钠熔法定性鉴定元素的方法。

二、预习与思考

钠熔时应注意哪些问题？应如何操作？

三、实验原理

在有机化合物中，常见的元素除碳、氢、氧外，还含有氮、硫、卤素，有时亦含有其它元素如磷、砷、硅及某些金属元素等。元素定性分析的目的在于鉴定某一有机化合物是由哪些元素组成的，若有必要再在此基础上进行元素定量分析或官能团试验。

一般有机化合物都含有碳和氢，因此已知要分析的样品是有机物后，一般就不再鉴定其中是否含有碳和氢了。化合物中氧的鉴定，还没有好的方法，通常是通过官能团鉴定反应或根据定量分析结果来判断其是否存在。

由于组成有机化合物的各元素原子大都是以共价键相结合的，很难在水中离解成相应的离子，为此需要将样品分解，使元素转变成离子，再利用无机定性分析来鉴定。分解样品的方法很多，最常用的方法是钠熔法，即将有机物与金属钠混合共熔，使有机物中的氮、硫、卤素等元素转变为氰化钠、硫化钠、硫氰化钠或卤化钠等可溶于水的无机化合物，然后用无机定性分析方法检测氰离子、硫离子和卤离子。

$$\underset{(\text{含C,H,O,N,S,X})}{\text{有机化合物}} + Na \xrightarrow{\text{共熔}} \begin{cases} NaCN \\ Na_2S \\ NaCNS \\ NaX \\ NaOH \end{cases}$$

四、仪器与药品

（1）仪器　离心机，铁架台，试管。

（2）药品　金属钠（保存于煤油中），蔗糖，5%硫酸亚铁溶液（新配制），10%氢氧化钠溶液，盐酸（$0.3mol \cdot L^{-1}$），硫酸（$3mol \cdot L^{-1}$，浓），硝酸（$3mol \cdot L^{-1}$，浓），铜丝，5%氯化铁溶液，10%醋酸，冰醋酸醋酸铜-联苯胺试剂，2%醋酸铅，0.5%亚硝酰铁氰化钠（新配制），5%硝酸银溶液，硝酸（$3mol \cdot L^{-1}$，浓），四氯化碳，氯水（新配制），二氧化铅（s），荧光素试纸，过硫酸钠（s）。

五、实验内容

1.钠熔法

取干燥的 10mm×100mm 的试管一支，将其上端用铁丝垂直固定在铁架上。用镊子取存于煤油中的金属钠[注释1]，用滤纸吸去煤油后，切去黄色外皮，再切成豌豆大小的颗粒。取一粒放入试管底部，用小火在试管底部慢慢加热使钠熔化，待钠的蒸气充满试管下半部时，再迅速加入 10～20mg 样品[注释2] 及少许蔗糖[注释3] 或 3～4 滴液体样品。然后强热 1～2min 使试管底部呈暗红色，冷却，加入 1mL 乙醇分解过量的钠。再将钠熔试管加热，当试管红热时，趁热将试管底部浸入盛有 10mL 去离子水的小烧杯中（小心!），试管底当即破裂。煮沸 2～3min，过滤，滤渣用去离子水洗两次。得无色或淡黄色澄清的滤液及水洗液共约 20mL，留作以下鉴定试验用。

2.氮的鉴定

（1）普鲁士蓝试验　取 2mL 滤液，加入 5 滴新配制的 5%硫酸亚铁溶液和 4～5 滴 10%氢氧化钠溶液（调节溶液 pH 至 13），使溶液呈显著的碱性。将溶液煮沸，滤液中如含有硫时有黑色硫化亚铁沉淀析出（不必过滤）。冷却后，加入稀盐酸使产生的硫化亚铁、氢氧化亚铁沉淀刚好溶解。然后加入 1～2 滴 5%氯化铁溶液，有普鲁士蓝沉淀析出，表明有氮。若沉淀很少不易观察时，可用滤纸过滤，用水洗涤，检查滤纸上有无蓝色沉淀。如果没有沉淀只得一蓝色或绿色溶液时，可能钠分解不完全，需重新进行钠熔试验。本试验的反应式如下：

$$2NaCN + FeSO_4 \longrightarrow Fe(CN)_2 + Na_2SO_4$$

$$Fe(CN)_2 + 4NaCN \longrightarrow Na_4[Fe(CN)_6]$$

$$3Na_4[Fe(CN)_6]+4FeCl_3 \longrightarrow \underset{\text{普鲁士蓝}}{Fe_4[Fe(CN)_6]_3}\downarrow +12NaCl$$

(2) 醋酸铜-联苯胺[注释4] 试验　取 1mL 滤液，用 5～6 滴 10%醋酸酸化，加入数滴醋酸铜－联苯胺试剂（沿管壁徐徐加入勿摇动），有蓝色环在两层交界处发生，表明有氮存在。样品中如有硫存在，则需加入 1 滴 2%醋酸铅（不可多加）后进行离心分离，并取上层清液进行试验。

本试验的反应机理是：氰根能改变下列平衡，因此出现联苯胺蓝的蓝色环。

$$\text{铜离子}+\text{联苯胺} \rightleftharpoons \text{亚铜离子}+\text{联苯胺蓝}$$

当有氰根存在时，由于亚铜离子与它形成 $[Cu_2(CN)_4]^{2-}$，亚铜离子浓度减小，促使平衡向右移动，联苯胺蓝增多，故出现蓝色环。

样品中含有碘时也有此反应，本试验的灵敏度比普鲁士蓝要高些。

3.硫的鉴定

(1) 硫化铅试验　取 1mL 滤液，加醋酸使呈酸性，再加 3 滴 2%醋酸铅溶液。如有黑褐色沉淀表明有硫存在。若有白色或灰色沉淀生成，可能是酸化不够而生成碱式醋酸铅，须再滴加醋酸，然后观察。反应式如下：

$$Na_2S+Pb(OAc)_2 \longrightarrow PbS\downarrow +2NaOAc$$

(2) 亚硝酰铁氰化钠试验　取 1mL 滤液，加入 2～3 滴新配制的 0.5%亚硝酰铁氰化钠溶液（使用前临时取 1 小粒亚硝酰铁氰化钠溶于数滴水中），如呈紫红色或深红色表明有硫存在。反应式如下：

$$Na_2S+Na_2[Fe(CN)_5NO] \longrightarrow \underset{\text{（紫红色）}}{Na_4[Fe(CN)_5NOS]}$$

4.硫和氮同时鉴定

取 1mL 滤液用稀盐酸酸化，再加 1 滴 5%三氯化铁溶液，若有血红色显现，即表明有硫氰离子（CNS^-）存在。反应式如下：

$$3NaCNS+FeCl_3 \longrightarrow Fe(CNS)_3+3NaCl$$

在钠熔时，若用钠量较少，硫和氮常以 CNS^- 形式存在，因此在分别鉴定硫和氮时，若得到负结果，则必需重作本实验。

5.卤素的鉴定

(1) 卤化银试验　如滤液中无硫、氮，则可直接将滤液用硝酸酸化，滴加数滴 5%硝酸银溶液以鉴定卤素。若化合物中含有硫、氮，钠熔后生成的氰化钠和硫化钠会干扰试验的结果，应先用稀硝酸酸化煮沸，除去硫化氢及氰化氢（在通风橱中进行），然后再加数滴 5%硝酸银溶液。若有大量白色或黄色沉淀析出，表明有卤素存在。

$$NaX+AgNO_3 \longrightarrow AgX\downarrow +NaNO_3$$

(2) 铜丝火焰燃烧法　把铜丝一端弯成圆圈形，先在火焰上灼烧，直至火焰不显绿色为止。冷却后，在铜丝圈上蘸少量样品，放在火焰边缘上灼烧，若有绿色火焰出现，证明可能有卤素存在。

6.氯、溴、碘的分别鉴定

(1) 溴和碘的鉴定　取 2mL 滤液，加稀硝酸使呈酸性，在通风橱中加热煮沸数分钟以除去氰化氢或硫化氢（如不含硫、氮，则可免去此步）。冷却后，加入 0.5mL 四氯化碳，逐滴加入新配制的氯水，边滴加边摇动。若有碘存在，则四氯化碳层呈现紫色。继续滴加氯水[注释5] 并摇动，如含有溴，则紫色渐褪而转变为黄色或橙黄色。反应式如下：

$$2H^{+}+ClO^{-}+2I^{-}\longrightarrow \underset{(紫色)}{I_2(CCl_4)}+Cl^{-}+H_2O$$

$$\underset{}{I_2(CCl_4)}+5ClO^{-}+H_2O\longrightarrow \underset{(白色)}{2IO_3^{-}}+5Cl^{-}+2H^{+}$$

$$2Br^{-}+ClO^{-}+2H^{+}\longrightarrow \underset{(红褐色)}{Br_2(CCl_4)}+Cl^{-}+H_2O$$

检验溴的另一方法为：取 3mL 滤液，加 3mL 冰醋酸及 0.1g 的二氧化铅，在通风橱中加热，取一条荧光素试纸[注释6]，放在试管口，黄色试纸变为粉红色，表示有溴，氯无干扰，碘使试纸变为棕色。

（2）氯的鉴定　在上述滤液中，加入 2mL 浓硫酸及 0.5g 过硫酸钠煮沸数分钟，将溴和碘全部除去，然后取清液作硝酸银的氯离子检验。

检验氯的另一方法为：取 1mL 滤液，加入 0.5mL 四氯化碳及 3 滴浓硝酸，摇荡，用吸管吸去四氯化碳层，反复进行直至四氯化碳层呈无色。然后吸取上层水溶液，加入 1～2 滴 5%硝酸银溶液，若有浓厚的白色沉淀生成，表明有氯存在（有硫、氮时，须酸化加热除去硫化氢及氰化氢，方法同前）。

7. 小设计实验

按以上步骤，做一份未知物鉴定。

六、注释

[1] 用时必须注意安全。金属钠遇水会发生激烈反应，在进行钠熔实验时应戴上护目镜。

[2] 取用固体样品的体积与钠的颗粒大小相仿，若为液体样品，则用 3～4 滴。钠熔时试管口不可对人，以防意外。投入研细的固体样品时，要使样品直接落于管底，不要沾在管壁上。如果样品是多卤代物（如氯仿和四氯化碳）、硝基烷或者偶氮化合物，会有轻微的爆炸。

[3] 加入少许蔗糖有利于含碳较少的含氮样品形成氰离子；否则氮不易检出。

[4] 醋酸铜-联苯胺试剂的配制：A 液，取 150mg 联苯胺溶于 100mL 水及 1mL 醋酸中；B 液，取 286mg 醋酸铜溶于 100mL 水中。A 液与 B 液分别贮藏在棕色瓶中，使用前临时以等体积的比例混合。

[5] 如溴、碘同时存在，且碘含量较多时，常使溴不易检出，此时可用滴管吸去含碘的四氯化碳溶液，再加入纯净的四氯化碳振荡，如仍有碘的紫色，再吸去，直至碘完全被萃取尽。然后再加纯净的四氯化碳数滴，并逐渐滴加氯水，如四氯化碳层变成黄色或红棕色，表明有溴。

[6] 荧光素试纸：将滤纸浸入 1%荧光素（又名荧光黄）-乙醇溶液中，取出阴干后裁成小条备用。

实验三十四　烷、烯、炔的鉴定

一、目的与要求

掌握烷、烯、炔定性鉴定的方法

二、预习与思考

（1）预习烷、烯、炔类有机化合物的主要化学性质。

（2）鉴定烷、烯、炔时，它们各自所用的试剂和鉴定条件是否一样？

三、实验原理

烷烃分子含 C—H 键与 C—C 键，是饱和的碳氢化合物，在一般条件下比较稳定，在特殊条件下可发生取代反应等。

烯烃与炔烃分子含有 C═C 和 C≡C 键，是不饱和的碳氢化合物，易于发生加成反应和氧化反应。例如，溴的四氯化碳溶液（或水溶液）与不饱和化合物因发生加成反应，而使溴的颜色褪去。

$$\gt C{=}C\lt + Br_2 \longrightarrow \gt C(Br){-}C(Br)\lt$$

$$-C{\equiv}C- + 2Br_2 \longrightarrow -CBr_2-CBr_2-$$

如用高锰酸钾溶液和不饱和化合物反应时，高锰酸钾的紫色褪去，同时生成黑褐色的二氧化锰沉淀。

$$3 \gt C{=}C\lt + 2MnO_4^- + 4H_2O \longrightarrow 3 \gt C(OH){-}C(OH)\lt + 2MnO_2\downarrow + 2OH^-$$

$$\gt C(OH){-}C(OH)\lt \xrightarrow{[O]} \gt C{=}O + O{=}C\lt$$

$$R-C{\equiv}C-R' + 2KMnO_4 \longrightarrow RCOOK + R'COOK + 2MnO_2\downarrow$$

R—C≡C—H 型的炔烃，因其含有活泼氢，可和一价银离子或亚铜离子生成白色的炔化银或红色炔化亚铜沉淀，借此性质可和烯烃及其它炔烃区别开来。

$$R-C{\equiv}C-H \xrightarrow{Ag^+(Cu^+)} R-C{\equiv}CAg\downarrow\ (R-C{\equiv}CCu\downarrow)$$

四、仪器与药品

环已烷，环己烯，己炔或乙炔，2%溴水，四氯化碳，1%高锰酸钾溶液，5%硝酸银溶液，5%氢氧化钠溶液，氨水溶液（2%，浓），氯化亚铜（s）。

五、实验内容

1. 溴的四氯化碳溶液试验

于干燥的小试管中加入 2mL 2%溴水-四氯化碳溶液，加入 4 滴试样（用乙炔时，则在试剂溶液中通入乙炔气体 1～2min，下同），摇荡，观察溴的橙红色是否褪去。

2. 稀高锰酸钾溶液试验

在小试管中加入 2mL 1%高锰酸钾水溶液，然后加入 2 滴试样，摇荡试管使混合均匀，并观察高锰酸钾的紫色是否褪去、有无褐色二氧比锰沉淀生成。

3. 鉴别炔类化合物的试验

（1）氧化银的氨水溶液试验　在试管中加入 0.5mL 5%硝酸银溶液，再加 1 滴 5%氢氧化钠溶液，然后滴加 2%氨水溶液，直至开始形成的氢氧化银沉淀又溶解为止[注释1]，在此溶液中加入 2 滴试样，观察有无白色沉淀生成。

（2）与铜氨溶液的反应　取绿豆粒大的固体氯化亚铜，溶于 1mL 水中，然后滴加浓氨水至沉淀完全溶解，在此溶液中加入 2 滴试样或通入乙炔，观察有无沉淀生成。

六、注释

［1］ 配制银氨溶液的反应如下：

$$AgNO_3 + NaOH \longrightarrow AgOH + NaNO_3$$

$$2AgOH \longrightarrow Ag_2O + H_2O$$

$$Ag_2O + 4NH_4OH \longrightarrow 2[Ag(NH_3)_2]OH + 3H_2O$$

实验三十五　卤代烃、酚、醇的鉴定

一、目的与要求

（1）掌握卤代烃定性鉴定的方法。了解不同卤素原子对卤代烃反应速度的影响。

（2）掌握酚、醇的主要化学性质及其定性鉴定的方法。

二、预习与思考

（1）预习卤代烃、酚、醇的性质及其鉴定方法。

（2）比较醇和酚的异同。

（3）伯、仲、叔醇被氧化的难易程度如何？为什么？

三、实验原理

1.卤代烃的鉴定

由元素定性分析测得化合物含有卤素以及是何种卤素后，进一步可用硝酸银醇溶液来试验卤代烃在 S_N1 反应中的活性，进而推测卤代烃可能的结构。试验是基于硝酸银与足够活泼的卤代烃反应，产生白色或米黄色的卤化银沉淀。

$$RX + AgNO_3 \longrightarrow AgX\downarrow + RONO_2$$

最活泼的卤代烃是那些在溶液中能形成稳定碳正离子和带有良好离去基团的化合物。苄卤、烯丙式卤和叔卤代烷均能立即与硝酸银反应；仲卤代物和伯卤代物在室温下不起反应，但加热时可起反应；芳香卤代物和乙烯式卤即使在升高温度时也不与硝酸银发生反应；两个以上卤原子连在同一碳原子上（如氯仿、四氯化碳）也不与硝酸银作用。这一活性次序与碳正离子的稳定次序是一致的，活性次序如下：

$$C_6H_5CH_2^+ \text{ 和 } R—CH=CH—CH_2^+ \approx R_3C^+ > R_2CH^+ > RCH_2^+ > CH_3^+ \gg RCH=CH^+ \text{ 和 } C_6H_5^+$$

当烃基结构相同时，不同卤素表现出不同的活性。其中碘化物最活泼，氟化物最不活泼，其活性次序如下：

$$RI > RBr > RCl > RF$$

由溶解在丙酮里的碘化钠（或钾）组成的试剂，按卤代烷与该试剂进行 S_N2 反应的活性对它们进行分类相当有用。碘离子是良好的亲核试剂，而丙酮则是极性较小的溶剂，生成卤化钠沉淀的倾向有利于反应向卤素交换的方向移动。由于碘化钠（钾）均可溶于丙酮，但相应的氯化物与溴化物则不溶，因此，产生的氯离子和溴离子便可从溶液中以沉淀析出。

$$RCl + NaI \xrightarrow{\text{丙酮}} RI + NaCl\downarrow$$

$$RBr + NaI \xrightarrow{\text{丙酮}} RI + NaBr$$

2.醇的鉴定

醇和乙酰氯直接作用生成酯的反应可用于醇的定性试验。其反应式如下：

$$CH_3COCl + R—OH \longrightarrow CH_3COOR + HCl$$

在反应时通常可察觉到有热量放出。加水，并用碳酸氢钠中和，低级醇的乙酸酯有香味，容易检出；高级醇的乙酸酯因香味很淡或无香味而不适用。

含 10 个碳以下的醇和硝酸铈铵溶液作用可生成红色的配合物，溶液的颜色由橘黄变成红色，此反应可用来鉴别化合物中是否含有羟基。

$$\underset{\text{(橘黄色)}}{(NH_4)_2Ce(NO_3)_3} + ROH \longrightarrow \underset{\text{(红色)}}{(NH_4)_2Ce(OR)(NO_3)_5} + HNO_3$$

铬酸是鉴别醇和醛酮的一个重要试剂，反应在丙酮溶液中进行，可迅速获得明确的结果。铬酸试剂可氧化伯醇、仲醇及所有醛类，在 5s 内产生明显的颜色变化，溶液由橙色变为蓝绿色；而在试验条件下，叔醇和酮不起反应。因此，酪酸试验可使伯、仲醇与叔醇区别开来。

$$H_2Cr_2O_7 + RCH_2OH \text{ 或 } R_2CHOH \xrightarrow{H_2SO_4} Cr_2(SO_4)_3 + RCOOH + R_2C{=}O$$

（橙色）　　　　　　　　　　　　　　　　（蓝绿色）

不同类型的醇与氯化锌一盐酸（Lucas）试剂反应的速度不同，三级醇最快，二级醇次之，一级醇最慢，故可用来区别一、二、三级醇。含3～6个碳原子的醇可溶于氯化锌-盐酸溶液中，反应后由于生成不溶于试剂的卤代烷，故会出现浑浊或分层，利用各种醇出现浑浊或分层的速度不同可加以区别。含6个碳原子以上的醇类不溶于水，故不能用此法检验；而甲醇和乙醇由于生成相应卤代烷的挥发性，故此法也不适用。

$$ROH + HCl \xrightarrow{ZnCl_2} RCl + H_2O$$

醇与3,5-二硝基苯甲酰氯作用得到固体的酯，有固定的熔点，并且容易纯化，可作为衍生物来鉴定醇。

$$3,5\text{-}(O_2N)_2C_6H_3COCl + ROH \longrightarrow 3,5\text{-}(O_2N)_2C_6H_3COOR + HCl$$

3. 酚的鉴定

酚类化合物具有弱酸性，pK_a 约为10，与强碱作用生成酚盐而溶于水，酸化后可使酚游离出来。

大多数酚与氯化铁有特殊的颜色反应，而且各种酚产生不同的颜色，多数酚呈现红、蓝、紫或绿色，颜色的产生是由于形成电离度很大的配合物。以苯酚为例，其反应式为

$$6\,C_6H_5OH + FeCl_3 \longrightarrow 3H^+ + 3HCl + [Fe(OC_6H_5)_6]^{3-}$$

一般烯醇类化合物也能与氯化铁起颜色反应（多数为红紫色）。大多数硝基酚类、间位和对位羟基苯甲酸不起颜色反应，某些酚如 α-萘酚及 β-萘酚等由于在水中溶解度很小，它的水溶液与氯化铁不产生颜色反应，若采用乙醇溶液则呈正反应。

羟基的存在使苯环活泼性增加，酚类能使溴水褪色，形成溴代酚析出。如苯酚与溴水作用生成白色固体三溴酚：

$$C_6H_5OH + 3Br_2 \longrightarrow 2,4,6\text{-}Br_3C_6H_2OH + 3HBr$$

但要指出的是，这个反应并非酚的特有反应，一切含有易被溴取代的氢原子的化合物，以及一切易被溴水氧化的化合物，如芳胺与硫醇均有此反应。

四、仪器与药品

正氯丁烷，仲氯丁烷，叔氯丁烷，正溴丁烷，溴苯，氯苄，三氯甲烷，1-氯丁烷，2-氯丁烷，2-溴丁烷，叔丁基氯，乙醇，异戊醇，甘油，苄醇，环己醇，正丁醇，仲丁醇，叔丁醇，正戊醇，仲戊醇，叔戊醇，苯酚，间苯二酚，对苯二酚，邻硝基苯酚，水杨酸，对羟基苯甲酸，苯甲酸。5%硝酸银醇溶液，乙醇，5%硝酸，15%碘化钠丙酮溶液，硝酸铈铵试剂[注释1]，铬酸溶液[注释2]，丙酮，Lucas 试剂[注释3]，10%氢氧化钠溶液，10%盐酸溶液，1%氯化铁水溶液，溴水[注释4]，碳酸氢钠（s），pH 试纸，试样。

五、实验内容

1. 卤代烃鉴定

（1）硝酸银试验　取1mL 5%硝酸银醇溶液盛于试管中，加2～3滴试样，振荡后静置

5min，若无沉淀可煮沸片刻，生成白色或黄色沉淀，加入1滴5%硝酸，沉淀不溶者视为正反应；若煮沸后只稍微出现浑浊，而无沉淀（加5%硝酸又会发生溶解），则视为负反应。

样品：正氯丁烷，仲氯丁烷，叔氯丁烷，正溴丁烷，溴苯，氯苄，三氯甲烷。

（2）碘化钠（钾）丙酮溶液试验　在清洁干燥的试管中加入2mL 15%碘化钠丙酮溶液，加入4～5滴试样，记下加入试样的时间，振荡后观察并记录生成沉淀所需的时间。若5min内仍无沉淀生成，可将试管置于50℃水浴中温热（注意勿超过50℃），在6min后，将试管冷至室温，观察是否发生反应，记录结果。

活泼的卤代烷通常在3min内生成沉淀，中等活性的卤代烷温热时才生成沉淀，乙烯型和芳基卤即使加热后也不产生沉淀。

样品：1-氯丁烷，2-氯丁烷，2-溴丁烷，叔丁基氯，溴苯。

2.醇的鉴定

（1）酯化反应　取无水醇样品0.5mL放于干燥试管中，逐渐加入0.5mL乙酰氯，振荡，注意有否发热。向管口吹气，观察有无氯化氢白雾逸出。静置1～2min后，倒入3mL水，加入碳酸氢钠粉末使呈中性。如有酯的香味，表示生成了酯。

样品：乙醇，异戊醇。

（2）硝酸铈铵试验　取2滴样品（或固体样品50mg），加入2mL水制成溶液（不溶于水的样品，以2mL二氧六环代替），再加入0.5mL硝酸铈铵试剂，振荡后观察颜色变化，溶液呈现红色表示有醇存在，并作空白试验对比。

样品：乙醇，甘油，苄醇，环己醇。

（3）铬酸试验　将1滴液体样品（或10mg固体样品）溶于1mL丙酮中，加入1滴铬酸试剂，振荡并注意观察5s内发生的现象。伯醇和仲醇呈阳性试验，溶液由橙色变为蓝绿色；叔醇不发生反应，溶液仍保持橙色。为了证实丙酮不含被氧化性杂质即不会产生阳性试验，加1滴铬酸于1mL丙酮中进行空白试验，试剂的橙色应至少保持5s，否则需更换丙酮。

样品：正丁醇，仲丁醇，叔丁醇或正戊醇，仲戊醇，叔戊醇。

（4）Lucas试验　取伯、仲、叔醇样品各5～6滴分别放入3支干燥试管中，加Lucas试剂（盐酸-氯化锌试剂）2mL，振荡，若溶液立即见有浑浊，并且静置后分层者为叔醇。如不见浑浊，则放在水浴中温热[注释5]数分钟，塞住管口剧烈振荡后，静置，溶液慢慢出现浑浊，最后分层者为仲醇，不起作用者为伯醇。

样品：正丁醇，仲丁醇，叔丁醇或正戊醇，仲戊醇，叔戊醇。

3.酚的鉴定

（1）酚的弱酸性　在试管中取酚样品0.1g，逐渐加入水，全溶后，用pH试纸试其水溶液的弱酸性；若不溶于水则可逐渐滴加10%氢氧化钠溶液至全溶（为什么?），再加10%盐酸溶液使其析出（为什么?）。

样品：苯酚，间苯二酚，对苯二酚，邻硝基苯酚。

（2）氯化铁试验　在试管中加入0.5mL 1%样品水溶液或稀乙醇溶液，再加入1%氯化铁水溶液1～2滴即有颜色反应，观察各种酚所表现的不同颜色。

样品：苯酚，水杨酸[注释6]，间苯二酚，对苯二酚，对羟基苯甲酸，邻硝基苯酚

（3）溴化　在试管中加入0.5mL 1%样品水溶液，逐渐加入溴水溶液，溴水不断褪色，并观察有无沉淀析出。

样品：苯酚，水杨酸，间苯二酚[注释7]，对苯二酚，对羟基苯甲酸，邻硝基苯酚，苯甲酸。

六、问题与讨论

(1) 烃基结构相同而卤原子不同时，其反应活泼性为什么总是—I >—Br >—Cl?

(2) 通过实验，你认为使 Lucas 试验现象明显的关键在哪里?

七、注释

[1] 硝酸铈铵溶液的配制：取 100g 硝酸铈铵加 250mL 2mol·L^{-1} 硝酸，加热使溶解后放冷。

[2] 铬酸溶液的配制：取 25g 酪酸酐（CrO_3）加入到 25mL 浓硫酸中，搅拌直至形成均匀的浆状液，然后用 15mL 蒸馏水小心稀释浆状液，搅拌，直至形成清亮的橙色溶液即可。

[3] Lucas（盐酸－氯化锌）试剂的配制：将无水氯化锌在蒸发皿中加强热熔融，稍冷后在干燥器中冷至室温，取出捣碎，称取 136g 溶于 90mL 浓盐酸中。溶解时有大量氯化氢气体和热量放出，放冷后贮于玻璃瓶中，塞严，防止潮气侵入。

[4] 溴水溶液的配制：溶解 15g 溴化钾于 100mL 水中，加入 10g 溴，振荡。

[5] 低级醇沸点较低，故应在较低温度下加热以免挥发。

[6] 配制 1% 水杨酸、对羟基苯甲酸和邻硝基苯酚水溶液时需加少量乙醇或直接用饱和溶液进行试验。

[7] 间苯二酚的溴化物在水中溶解度较大，需加入较多的溴水溶液才能产生沉淀。

实验三十六　醛、酮和糖的鉴定

一、目的与要求

(1) 掌握醛和酮类化合物的化学性质及其定性鉴定的方法。

(2) 掌握糖类化合物的主要化学性质及某些定性鉴定的方法。

二、预习与思考

(1) 预习醛类、酮类和糖类化合物的性质。

(2) 总结醛、酮、糖的鉴别方法并加以比较。

三、实验原理

1. 醛和酮的鉴定

醛和酮类化合物含有羰基，能与许多试剂如苯肼、2,4-二硝基苯肼、羟胺、缩氨脲、亚硫酸氢钠等发生作用。醛和酮在酸性条件下能与 2,4-二硝基苯肼作用，生成黄色、橙色或橙红色的 2,4-二硝基苯腙沉淀。

$$\underset{(R')H}{\overset{R}{>}}C{=}O + \underset{\text{2,4-二硝基苯肼}}{C_6H_3(NO_2)_2NHNH_2} \longrightarrow \underset{\text{2,4-二硝基苯腙}}{C_6H_3(NO_2)_2NHN{=}C\underset{H(R')}{\overset{R}{<}}} + H_2O$$

2,4-二硝基苯腙是有固定熔点的结晶，易从溶液中析出，既可作为检验醛酮的定性试验，又可作为制备醛酮衍生物的一种方法。沉淀的颜色取决于醛酮的共轭程度，为了得到真实颜色，必须将沉淀从溶液中分离出来，并加以洗涤。

缩醛因可水解生成醛，故也可与 2,4-二硝基苯肼作用生成沉淀；某些烯丙醇和卞醇由于易被试剂氧化生成相应的醛酮，因而也对 2,4-二硝基苯肼显正性试验。此外，某些醇因含少量的氧化产物，也可与 2,4-二硝基苯肼作用产生少量沉淀，故极少量的沉淀一般不应视为正性试验。

鉴于醛比酮易被氧化的性质，选用适当的氧化试剂可加以区别。区别醛酮的一种灵敏的试剂是 Tollens 试剂，它是银氨配离子的碱性水溶液。反应时醛被氧化成酸，银离子被还原成银附着在试管壁上，故 Tollens 试验又称银镜反应。

$$RCHO+2Ag(NH_3)_2^+ + OH^- \longrightarrow 2Ag\downarrow + RCOONH_4 + H_2O + 3NH_3\uparrow$$

最近有人发现，除醛能发生反应外，酮和某些化合物也对 Tollens 试剂显正性反应，甚至加碱的 Tollens 试剂进行空白试验加热到一定温度时试管壁也能出现银镜。因而采用不加碱的银氨溶液与各种醛酮进行银镜反应，其结果更为可靠。

区别醛和酮的另外两种试剂是 Fehling 试剂和 Benedict 试剂，它们是含铜离子的配位盐（分别为酒石酸和枸橼酸盐）作为氧化剂。用这两种试剂时，一般水溶性的醛可将 Cu^{2+} 还原为 Cu^+，有砖红色的氧化亚铜（Cu_2O）生成视为正性试验。但这两种试剂更多地用于还原性糖的鉴别。

如前所述，铬酸试验也可用来区别醛和酮，由于铬酸在室温下很容易将醛氧化为相应的羧酸，溶液由橘黄色变为绿色，酮在类似条件下不发生反应。

$$3RCHO+\underset{(\text{橘黄色})}{H_2Cr_2O_7}+3H_2SO_4 \longrightarrow 3RCOOH+\underset{(\text{绿色})}{Cr_2(SO_4)_3}+4H_2O$$

由于伯醇和仲醇也可被铬酸氧化，因此铬酸试验不是鉴别醛的特征试验，只有通过用 2,4-二硝基苯肼鉴别出羰基后，才能用此法进一步区别醛和酮。

一个鉴别甲基酮的简便方法是次碘酸钠试验，凡具有 $CH_3CO—$ 基团或其它易被次碘酸钠氧化成这种基团的化合物，如 $CH_3—\underset{\displaystyle OH}{\underset{|}{C}H}—$，均能被次碘酸钠作用生成黄色的碘仿沉淀。

$$RCOCH_3+3NaIO \longrightarrow RCOCI_3+3NaOH$$
$$RCOCI_3 \xrightarrow{NaOH} RCOONa+CHI_3\downarrow(\text{黄色})$$

2. 糖的鉴定

糖类化合物是指多羟基醛或多羟基酮以及它们的缩合物，通常分为单糖（如葡萄糖、果糖)、双糖（如蔗糖、麦芽糖）和多糖（淀粉、纤维素)。

糖类化合物一个比较普遍的定性反应是 Molish 反应，即在浓硫酸存在下，糖与 α-萘酚作用生成紫色环。紫色环生成的原因通常认为是糖被浓硫酸脱水生成糠醛或糠醛衍生物，后者再进一步与 α-萘酚缩合成有色物质。

单糖又称还原性糖，能还原 Fehling 试剂、Benedict 试剂和 Tollens 试剂。并且能与过量的苯肼生成脎。单糖与苯肼的作用是一个很重要的反应，糖脎有良好的结晶和一定的熔点，根据糖脎的形状和熔点可以鉴别不同的糖。果糖和葡萄糖结构不同但能形成相同的脎。

```
   H—C=O                    CH2OH                      H—C=N—NH—C6H5
     |                        |                           |
   H—C—OH                    C=O                          C=N—NH—C6H5
     |                        |                           |
  HO—C—H        或         HO—C—H       过量苯肼       HO—C—H
     |                        |         ——————→           |
   H—C—OH                  H—C—OH                      H—C—OH
     |                        |                           |
   H—C—OH                  H—C—OH                      H—C—OH
     |                        |                           |
    CH2OH                    CH2OH                       CH2OH
  葡萄糖                    果糖                     葡萄糖脎(或果糖脎)
```

虽然葡萄糖和果糖形成相同的脎，但是由于反应速度不同，析出糖脎的时间也不同（果糖约需 2min，葡萄糖需 4～5min)，所以还是可以用这一反应加以区别和鉴定的。

双糖由于两个单糖的结合方式不同，有的有还原性，有的则没有。麦芽糖、乳糖、纤维二糖等分子里有一个半缩醛基，属于还原糖，也能成脎。蔗糖分子里没有半缩醛结构，所以没有还原性，不会形成脎。

淀粉和纤维素都是由很多葡萄糖缩合而成。葡萄糖以 α-苷键连接则形成淀粉；若以 β-苷键结合则形成纤维素。两者均无还原性，淀粉在酸或淀粉酶作用下水解生成葡萄糖。

四、仪器和药品

显微镜，水浴锅；甲醛水溶液，乙醛水溶液，丙酮，苯乙酮，苯甲醛，丁醛，环己酮，正丁醛，乙醇；葡萄糖，蔗糖，淀粉，滤纸浆，果糖，麦芽糖。2,4-二硝基苯肼试剂[注释1]，5%硝酸银溶液，浓氨水，铬酸溶液，二氧六环。10%氢氧化钠溶液，碘-碘化钾溶液，5%糖水溶液，10% α-萘酚乙醇溶液，硫酸（浓，稀），10%苯肼盐酸盐溶液，15%醋酸钠溶液，淀粉溶液。

五、实验内容

1. 醛和酮的鉴定

(1) 2,4-二硝基苯肼试验　取 2,4-二硝基苯肼试剂 2mL 放入试管中，加入 3～4 滴试样(若试样为固体则可使其溶于最少量的乙醇或二氧六环中)，振荡，静置片刻，若无沉淀生成，可微热 0.5min 再振荡，冷后有橙黄色或橙红色沉淀生成，表明样品是羰基化合物。

样品：乙醛水溶液，丙酮，苯乙酮。

(2) Tollens 试验[注释2]。在洁净的试管中加入 2mL 5%的硝酸银溶液[注释3]，振荡下逐滴滴加浓氨水，开始溶液中产生棕色沉淀，继续滴加氨水，直到沉淀恰好溶解为止（氨水不宜多加，否则影响试验的灵敏度)，得一澄清透明溶液。然后向试管中加入 2 滴试样（不溶或难溶于水的试样，可加入几滴丙酮使之溶解)，静置，如无变化，可在手心或在水浴中温热，试管壁有银镜生成或黑色金属银析出，表明是醛类化合物。

样品：甲醛水溶液，乙醛水溶液，丙酮，苯甲醛。

(3) 铬酸试验　在试管中加 1 滴液体试样（或 10mg 固体试样溶于 1mL 试剂级丙酮中)，加入数滴铬酸试剂，边加边摇，每次 1 滴，产生绿色沉淀和溶液橘黄色的消失，表明为正性试验。脂肪醛通常在 5s 内显示浑浊，30s 内出现沉淀；芳香醛通常需要 0.5～2min 才能出现沉淀，有些可能需要更长的时间。

样品：丁醛，苯甲醛，环己酮。

(4) 碘仿试验　在试管中加入 1mL 水和 3～4 滴试样（不溶或难溶于水的试样可加入几滴二氧六环使之溶解)，再加入 1mL 10%氢氧化钠溶液，然后滴加碘-碘化钾溶液[注释4] 至溶液呈浅黄色，振荡后析出黄色沉淀为正性试验。若不析出沉淀，可在温水浴中微热，若溶液变成无色，继续滴加 2～4 滴碘-碘化钾溶液，观察结果。

样品：乙醛水溶液，正丁醛，丙酮，乙醇。

(5) 未知物鉴定　现有六瓶无标签试剂，已知其中有环己烷、苯甲醛、丙酮、环己烯、正丁醛和环己醇，试分别鉴定出每个瓶子装的是哪一种试剂。

2. 糖的鉴定

(1) α-萘酚试验（Molish 试验)[注释5]　在试管中加入 0.5mL 5%糖水溶液，滴入 2 滴 10% α-萘酚的酒精溶液，混合均匀后把试管倾斜（约成 45°)，沿管壁慢慢加入 1mL 浓硫酸(勿摇动)，硫酸在下层，试液在上层，若两层交界处出现紫色环，表示溶液含有糖类化合物。

样品：葡萄糖，蔗糖，淀粉，滤纸浆。

(2) Fehling 试验　取 Fehling Ⅰ 和 Fehling Ⅱ 溶液各 0.5mL[注释6]，混合均匀，并于水浴中微热后，加入样品 5 滴，振荡，再加热，注意颜色变化及有否沉淀析出。若有红色氧化亚铜沉淀生成，表明是脂肪醛类化合物。

样品：葡萄糖，果糖，蔗糖，麦芽糖。

(3) Benedict 试验　用 Benedict 试剂[注释7] 代替 Fehling 试剂做以上试验。

样品：葡萄糖，果糖，蔗糖，麦芽糖。

(4) Tollens 试验　在洁净的试管中加入 1mL Tollens 试剂，再加入 0.5mL 5%糖水溶液，在 50℃水浴中温热，观察有无银镜生成或金属银析出。

样品：葡萄糖，果糖，麦芽糖，蔗糖。

(5) 成脎反应　在试管中加入 1mL 5%试样，再加入 0.5mL 10%苯肼盐酸盐溶液和 0.5mL 15%醋酸钠溶液[注释8]，在沸水浴中加热并不断振摇，比较产生脎结晶的速度，记录成脎的时间，并在低倍显微镜下观察脎的结晶形状（见图 8-7）。

样品：葡萄糖，果糖，蔗糖[注释9]，麦芽糖。

(6) 淀粉水解　在试管中加入 3mL 淀粉溶液，再加入 0.5mL 稀硫酸，于沸水浴中加热 5min，冷却后用 10%氢氧化钠溶液中和至中性。取 2 滴与 Fehling 试剂作用，观察现象。

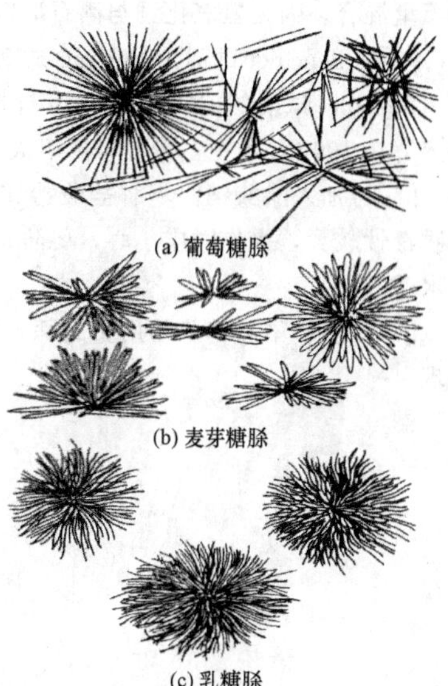
(a) 葡萄糖脎　(b) 麦芽糖脎　(c) 乳糖脎

图 8-7　糖脎的晶形

六、问题与讨论

(1) 鉴定醛类、酮类类化合物有哪些方法？各有何区别？

(2) 糖类化合物有哪些特性？为什么非还原糖长时间加热也具有还原性？

(3) 如何用化学方法区别葡萄糖、果糖、蔗糖和淀粉？

七、注释

[1] 2,4-二硝基苯肼试剂的配制：取 2,4-二硝基苯肼 1g，加入 7.5mL 浓硫酸，溶解后，将此溶液倒入 75mL 95%乙醇中，用水稀释至 250mL，必要时过滤备用。

[2] Tollens 试剂久置后将形成雷银（AgN_3）沉淀，容易爆炸，故必须临时配用。进行实验时，切忌用灯焰直接加热，以免发生危险。实验完毕后，应加入少许硝酸，立即煮沸洗去银镜。

[3] 硝酸银溶液与皮肤接触，立即形成难以洗去的黑色金属银，故滴加和摇荡时应小心操作。

[4] 碘-碘化钾溶液的配制：溶解 10g 碘和 20g 碘化钾于 100mL 水中。

[5] 糖类化合物与浓硫酸作用生成糠醛及其衍生物（如羟甲基糠醛）等，其显色原因可能是糠醛及其衍生物与 α-萘酚起缩合作用，生成紫色的缩合物。

```
HOCH—CHOH                    CH—CH
    |    H      H2SO4        ‖    ‖
   HCH   C     ------->      CH   C—CHO  +3H2O
    |     \                    \  /
   OH  OH  CHO                  O
  五碳糖

HOCH—CHOH                          CH—CH
H    |    H                        ‖    ‖
 \   |   /        H2SO4            C    C
   C    C        ------->         /  \  /  \           +3H2O
HOCH2 |  | CHO              HOCH2    O    CHO
   OH  OH
  六碳糖
```

$$\text{HOCH}_2\text{-(C}_4\text{H}_2\text{O)-CHO} + 2\ \text{(1-萘酚)} \xrightarrow{H_2SO_4} \text{产物}$$

［6］ Fehling 试剂的配制。①Fehling Ⅰ：将 3.5g 五水合硫酸铜溶于 100mL 水中，即得淡蓝色的 Fehling Ⅰ 试剂。②Fehling Ⅱ：将 17g 五水合酒石酸钾钠溶于 20mL 热水中，然后加入 20mL 含 5g 氢氧化钠的水溶液，稀释至 100mL 即得无色清亮的 Fehling 试剂 Ⅱ。将这两个溶液分别密封贮存在瓶中，使用前临时取等量混合。因为氢氧化铜与酒石酸钾钠形成的配合物不稳定，不宜久置。

［7］ Benedict 试剂为 Fehling 试剂的改进，试剂稳定，不必临时配制，同时它还原糖类时很灵敏。

Benedict 试剂的配制：取 173g 柠檬酸钠和 100g 无水碳酸钠溶解于 800mL 水中。再取 17.3g 结晶硫酸铜溶解在 100mL 水中，慢慢将此溶液加入上述溶液中，最后用水稀释至 1L，如溶液不澄清，可过滤之。

［8］ 加入醋酸钠使苯肼盐酸盐转变成苯肼醋酸盐，弱酸弱碱所生成的盐在水中容易水解生成苯肼。苯肼毒性较大，操作时应小心，要防止试剂溢出或溅到皮肤上。如不慎触及皮肤，应先用稀醋酸洗，继之以水洗。

［9］ 蔗糖不与苯肼作用生成脎，但经长时间加热，可能水解成葡萄糖与果糖，因而也有少量糖脎沉淀出现。

第9章 物质的合成与制备

实验三十七 由胆矾精制五水硫酸铜

一、目的与要求

(1) 巩固托盘天平的使用方法。

(2) 了解重结晶提纯物质的原理。

(3) 练习和巩固常压过滤、减压过滤、蒸发浓缩和重结晶等基本操作。

二、预习与思考

(1) 预习第3章"3.4加热与冷却"、第4章"4.1固液分离"和"4.2重结晶"等有关水浴加热、蒸发浓缩、固液分离和重结晶等基本操作内容。

(2) 思考下列问题

① 如果用烧杯代替水浴锅进行水浴加热时，怎样选用合适的烧杯?

② 在减压过滤操作中，如果a.开循环水泵开关之前先把沉淀转入布氏漏斗；b.结束时先关循环水泵开关，各会产生何种影响?

③ 在除硫酸铜溶液中的 Fe^{3+} 时，pH值为什么要控制在3.0左右?加热溶液的目的是什么?

三、实验原理

$CuSO_4 \cdot 5H_2O$ 俗名蓝钒、胆矾或孔雀石，为蓝色透明三斜晶体。它易溶于水，而难溶于乙醇，在干燥空气中缓慢风化，将其加热至230℃，失去全部结晶水而成为白色的无水 $CuSO_4$。$CuSO_4 \cdot 5H_2O$ 用途广泛，是制取其它铜盐的主要原料，常用作印染工业的媒染剂、农业的杀虫剂、水的杀菌剂、木材的防腐剂，也是电镀铜的主要原料。

$CuSO_4 \cdot 5H_2O$ 的制备方法有许多种，如电解液法、废铜法、氧化铜法、白冰铜法、二氧化硫法。本实验是以工业硫酸铜为原料，精制五水硫酸铜。首先用过滤法除去工业硫酸铜原料中的不溶性杂质。用过氧化氢将溶液中的硫酸亚铁氧化为硫酸铁，并使三价铁在 $pH \approx 3.0$ (注意不要使溶液的 $pH \geqslant 4$，若pH过大，会析出碱式硫酸铜沉淀，影响产品的质量和产率) 时全部水解为 $Fe(OH)_3$ 沉淀而除去。溶液中的可溶性杂质可根据 $CuSO_4 \cdot 5H_2O$ 的溶解度随温度升高而增大的性质，用重结晶法使它们留在母液中，从而得到较纯的 $CuSO_4 \cdot 5H_2O$ 晶体。

四、仪器与药品

(1) 仪器 托盘天平，布氏漏斗，抽滤瓶。滤纸，pH试纸。

(2) 药品 工业硫酸铜，$NaOH(2.0mol \cdot L^{-1})$，$H_2O_2(w=3\%)$，$H_2SO_4(2.0mol \cdot L^{-1})$，乙醇 (95%)。

五、实验内容

1.初步提纯

(1) 称取15.0g粗硫酸铜于烧杯中，加入约60mL水，加热、搅拌至完全溶解，减压过滤以除去不溶物。

(2) 滤液用 $2.0\ mol \cdot L^{-1}$ NaOH 调节至 $pH \approx 3.0$，滴加入3% H_2O_2 (约2mL，若 Fe^{2+} 含量高需多加些)。如果溶液的酸度提高，需再次调整pH值。加热溶液至沸腾，数分钟后趁热常压过滤。

(3) 将滤液转入蒸发皿内，加入 2～3 滴 2.0 mol·L^{-1} H_2SO_4 使溶液酸化 (pH=1)，水浴加热，蒸发浓缩到液面出现晶膜时停止。冷至室温，减压过滤，抽干，称重。计算产率。

2. 重结晶

将上述产品放于烧杯中，按每克产品加 1.2mL 去离子水的比例加入去离子水。加热，使产品全部溶解。趁热常压过滤。滤液冷至室温，再次减压过滤。用少量乙醇 (95%) 洗涤晶体 1～2 次，取出晶体，晾干，称重。计算产率。

六、问题与讨论

(1) 在粗 $CuSO_4$ 溶液中 Fe^{2+} 杂质为什么要氧化成 Fe^{3+} 后再除去？为什么要调节溶液的 pH=3？pH 值太大或太小有何影响？

(2) 为什么要在精制后的 $CuSO_4$ 溶液中加硫酸调节溶液至强酸性？

(3) 固液分离有哪些方法？根据什么情况选择固液分离的方法？

实验三十八　硫酸亚铁铵的制备

一、目的与要求

(1) 了解复盐的一般特征和制备方法。

(2) 练习水浴加热、溶解、常压过滤、减压过滤、蒸发、结晶、干燥等基本操作。

(3) 学习用目测比色法检验产品质量。

二、预习与思考

(1) 预习第 3 章和第 4 章中有关水浴加热，蒸发浓缩、结晶和固液分离等基本操作内容。

(2) 思考下列问题

① 本实验中前后两次水浴加热的目的有何不同？

② 在计算硫酸亚铁铵的产率时，是根据铁的用量还是硫酸铵的用量？铁的用量过多对制备硫酸亚铁铵有何影响？

三、实验原理

硫酸亚铁铵又称莫尔盐（商品名称），是浅蓝绿色单斜晶体。它的六水合物 $(NH_4)_2SO_4 \cdot FeSO_4 \cdot 6H_2O$ 在空气中比一般的亚铁盐稳定，不易被空气氧化，易溶于水但难溶于乙醇。在定量分析中常用作氧化还原滴定法的基准物。

由硫酸铵、硫酸亚铁和硫酸亚铁铵在水中的溶解度数据（表 9-1）可知，在 0～60℃的温度范围内，硫酸亚铁铵在水中的溶解度比组成它的每一组分的溶解度都小。因此，很容易从浓的 $FeSO_4$ 和 $(NH_4)_2SO_4$ 混合溶液中制得结晶的莫尔盐。

表 9-1　几种盐的溶解度　　单位：g/100g H_2O

盐(相对分子质量) \ 温度/℃	0	10	20	30	40	50	60
$(NH_4)_2SO_4$(132.1)	70.6	73.0	75.4	78.0	81.0	—	88.0
$FeSO_4 \cdot 7H_2O$(277.9)	15.7	20.5	26.5	32.9	40.2	48.6	—
$FeSO_4 \cdot (NH_4)_2SO_4 \cdot 6H_2O$(392.1)	12.5	17.2	—	—	33.0	40.0	—

本实验是先将金属铁屑与稀硫酸作用，制得硫酸亚铁溶液：

$$Fe + H_2SO_4 = FeSO_4 + H_2\uparrow$$

然后在硫酸亚铁溶液中加入硫酸铵溶液，则生成溶解度较小的硫酸亚铁铵复盐晶体：

$$FeSO_4 + (NH_4)_2SO_4 + 6H_2O = FeSO_4 \cdot (NH_4)_2SO_4 \cdot 6H_2O$$

加热浓缩混合溶液，冷至室温，便析出浅蓝绿色的硫酸亚铁铵复盐。

如果溶液的酸性减弱，则亚铁盐（或铁盐）中的 Fe^{2+} 与水作用的程度将会增大。在制备 $FeSO_4 \cdot (NH_4)_2SO_4 \cdot 6H_2O$ 过程中，为了使 Fe^{2+} 不与水作用，溶液需保持足够的酸度。

目测比色法是确定杂质含量的一种常用的方法，在确定杂质含量后便能定出产品的级别。将产品配制成溶液，与标准溶液进行比色，如果产品溶液的颜色比某一标准溶液的颜色浅，就确定杂质含量低于该标准溶液中的含量，即低于某一定的限度，所以这种方法又称为限量分析。

本实验仅做莫尔盐中 Fe^{3+} 的限量分析，即用目测比色法估计产品中所含杂质 Fe^{3+} 的含量。由于 Fe^{3+} 能与 SCN^- 生成红色的配合物 $[Fe(SCN)]^{2+}$，当红色较深时，表明产品中含杂质 Fe^{3+} 较多；当红色较浅时，表明产品中含 Fe^{3+} 较少。所以，只要将所制备的硫酸亚铁铵晶体与 KSCN 溶液在比色管中配制成待测溶液，将它所呈现的红色与含一定 Fe^{3+} 量的所配制标准 $[Fe(SCN)]^{2+}$ 溶液的红色进行比较，根据红色深浅程度相仿情况，即可知待测溶液中杂质 Fe^{3+} 的含量，从而确定产品的等级。

四、仪器和药品

（1）仪器　锥形瓶（150mL），烧杯（150mL 1 个，450mL 1 个），量筒（10mL 1 个，50mL 1 个），托盘天平，酒精灯，漏斗，漏斗架，布氏漏斗，抽滤瓶，蒸发皿，表面皿，温度计，比色管，比色管架，水浴锅。滤纸，pH 试纸。

（2）药品　H_2SO_4（3.0mol·L^{-1}），HCl（2.0mol·L^{-1}），Na_2CO_3（1.0mol·L^{-1}），KSCN（1.0mol·L^{-1}），Fe^{3+} 的标准溶液三份[注释1]，乙醇（95%），铁屑，$(NH_4)_2SO_4$(s)。

五、实验内容

1. 铁屑的净化（除去油污）

由机械加工过程得到的铁屑油污较多，可用碱煮的方法除去。称取 2g 铁屑，放入锥形瓶（150mL）中，加入 20mL Na_2CO_3 溶液（1.0mol·L^{-1}），加热约 10min，以除去铁屑表面的油污。用倾析法除去碱液，用水洗净铁屑（如果用纯净的铁屑，可省去这一步）。

2. 硫酸亚铁的制备

往盛有铁屑的锥形瓶中加入约 25mL H_2SO_4 溶液（3mol·L^{-1}），放在水浴中加热（在通风橱中进行），当反应进行到不再产生气泡时，表示反应基本完成（约需 30min）。在加热过程中应经常取出锥形瓶摇荡，并适当添加少量去离子水，以补充被蒸发掉的水分，防止 $FeSO_4$ 结晶出来。用普通漏斗趁热过滤，滤液直接盛接于洁净的蒸发皿中。用热的去离子水洗涤锥形瓶和残渣，将留在锥形瓶及滤纸上的残渣取出，收集在一起，用滤纸吸干后称其质量（如残渣量极少，可不收集）。算出已作用的铁屑的质量，并据此计算溶液中 $FeSO_4$ 的理论产量。

3. 硫酸铵饱和溶液的制备

根据已作用的铁的质量和反应中的物量关系，计算出所需 $(NH_4)_2SO_4$(s)[注释2] 的质量和室温下配制硫酸铵饱和溶液所需的 H_2O 的体积（表 9-1）。根据计算结果，在烧杯中配制 $(NH_4)_2SO_4$ 的饱和溶液。

4. 硫酸亚铁铵的制备

将 $(NH_4)_2SO_4$ 饱和溶液倒入到盛 $FeSO_4$ 溶液的蒸发皿中，混合均匀后，用 pH 试纸检验溶液的 pH 是否为 1～2，若酸度不够，用 H_2SO_4 溶液（3.0mol·L^{-1}）调节。

在水浴上蒸发混合溶液，浓缩至表面出现晶体膜为止（注意蒸发过程中不宜搅动）。自水浴锅上取下蒸发皿，静置，让溶液自然冷却至室温，即有硫酸亚铁铵晶体析出。用布氏漏斗减压过滤，抽滤至干。用少量乙醇淋洗晶体两次（此时应继续抽气过滤），以除去晶体表面附着的水分。继续抽干，取出晶体放在表面皿上晾干。称重，并计算理论产量和产率。产率计算公式如下：

$$产率=\frac{实际产量\ (g)}{理论产量\ (g)}\times 100\%$$

5.产品检验

（1）Fe^{3+}标准溶液的配制（实验室配制） 往3支25mL的比色管中各加入2.0mL HCl溶液（$2.0mol\cdot L^{-1}$）和0.5mL KSCN溶液（$1.0mol\cdot L^{-1}$），再用移液管分别移入Fe^{3+}标准溶液（$0.0100mg\cdot L^{-1}$）5mL、10mL、20mL，最后用去离子水稀释到刻度(25.00mL)，摇匀，制成含Fe^{3+}量不同的标准溶液。这三支比色管中所对应的各级硫酸亚铁铵药品规格分别为：

25mL溶液中含Fe^{3+} 0.05mg，符合Ⅰ级品标准；

25mL溶液中含Fe^{3+} 0.10mg，符合Ⅱ级品标准；

25mL溶液中含Fe^{3+} 0.20mg，符合Ⅲ级品标准。

（2）Fe^{3+}的限量分析 用烧杯将去离子水煮沸5min，以除去溶解的氧，盖好，冷却备用。称取1.00g制备的硫酸亚铁铵产品，置于25mL比色管中，加入10mL备用的去离子水，用玻棒搅拌使产品溶解，再加入2.0mL HCl溶液（$2.0mol\cdot L^{-1}$）和0.5mL KSCN溶液（$1.0mol\cdot L^{-1}$），然后用备用的去离子水稀释至刻度，摇匀。将其与已配制好的标准溶液进行目测比色，以确定产品的等级。

在进行比色操作时，可在比色管下衬以白瓷板。为了消除周围光线的影响，可用白纸条包住比色管盛装溶液那部分四周，从上往下观察，对比溶液颜色的深浅程度来确定产品的等级。

若1.00g莫尔盐试样溶液的颜色，与Ⅰ级试剂的标准溶液的颜色相同或略浅，便可将其确定为Ⅰ级产品，其中Fe^{3+}含量$=\frac{0.05}{1.00\times 1000}\times 100\%=0.005\%$，Ⅱ级和Ⅲ级产品以此类推。

六、数据记录和处理

将实验所得结果，经处理后填入下表中。

已作用的铁的质量/g	$(NH_4)_2SO_4$饱和溶液		$FeSO_4\cdot(NH_4)_2SO_4\cdot 6H_2O$			
	$(NH_4)_2SO_4$质量/g	H_2O体积/mL	理论产量/g	实际产量/g	产率/%	级别

七、问题与讨论

（1）为什么硫酸亚铁溶液和硫酸亚铁铵溶液都要保持较强的酸性？

（2）制备硫酸亚铁铵时，为什么要采用水浴加热法？

（3）在蒸发硫酸亚铁铵溶液过程中，为什么有时溶液会由浅蓝绿色逐渐变为黄色？应如何处理？

（4）进行目测比色时，为什么要用含氧较少的去离子水来配制硫酸亚铁铵溶液？

（5）为何要用少量乙醇淋洗$FeSO_4\cdot(NH_4)_2SO_4\cdot 6H_2O$晶体？用去离子水行吗？

八、注释

[1] 标准Fe^{3+}溶液的制备：准确称取0.0864g分析纯硫酸高铁铵$Fe(NH_4)(SO_4)_2\cdot 12H_2O$溶于3mL HCl溶液（$2.0mol\cdot L^{-1}$）中，再全部移入1000mL容量瓶中，用蒸馏水稀释至刻度，摇匀。

[2] 实验中所用的固体 $(NH_4)_2SO_4$ 的纯度必须很高，可用分析试剂即 AR 级。否则，会影响最终产品的级别。

实验三十九　转化法制备硝酸钾

一、目的与要求

(1) 了解可溶性盐的制备方法和原理，学习用转化法制备硝酸钾晶体。

(2) 复习和巩固溶解、过滤、间接热浴和重结晶等基本操作。

二、预习与思考

(1) 预习第 3 章和第 4 章中有关水浴加热、蒸发浓缩、固液分离和重结晶等基本操作内容。

(2) 何谓重结晶？本实验都涉及哪些基本操作，应注意些什么？

三、仪器与药品

(1) 仪器　量筒，烧杯，台秤，石棉网，三角架，铁架台，热滤漏斗，布氏漏斗，抽滤瓶，循环水泵，瓷坩埚，坩埚钳，温度计 (200℃)，比色管 (25mL)，硬质试管，烧杯 (500mL)，滤纸。

(2) 药品　$NaNO_3$ (工业级)，KCl (工业级)；$AgNO_3$ ($0.1mol \cdot L^{-1}$)，硝酸 ($5mol \cdot L^{-1}$)，NaCl 标准溶液，甘油。

四、实验原理

工业上常采用转化法制备硝酸钾晶体，其反应如下：

$$NaNO_3 + KCl \rightleftharpoons NaCl + KNO_3$$

该反应是可逆的。从表 9-2 可以看出，NaCl 的溶解度随温度变化不大，KCl、$NaNO_3$ 和 KNO_3 在高温时具有较大或很大的溶解度，而温度降低时溶解度明显减小 (如 KCl、$NaNO_3$) 或急剧下降 (如 KNO_3)。根据在不同温度下溶解度的差别，将一定浓度的 $NaNO_3$ 和 KCl 混合液加热浓缩，当温度达 118～120℃时，由于 KNO_3 溶解度增加很多，达不到饱和，不析出；而 NaCl 的溶解度增加甚少，随浓缩、溶剂的减少，NaCl 析出。通过热过滤滤除 NaCl，将此溶液冷却至室温，即有大量 KNO_3 析出，NaCl 仅有少量析出，从而得到 KNO_3 粗产品。再经过重结晶提纯，可得到纯品。

表 9-2　硝酸钾等四种盐在不同温度下的溶解度　　单位：g/100g H_2O

盐 \ t/℃	0	10	20	30	40	60	80	100
KNO_3	13.3	20.9	31.6	45.8	63.9	110.0	169	246
KCl	27.6	31.0	34.0	37.0	40.0	45.5	51.1	56.7
$NaNO_3$	73	80	88	96	104	124	148	180
NaCl	35.7	35.8	36.0	36.3	36.6	37.3	38.4	39.8

五、实验内容

1. KNO_3 的制备和重结晶

(1) 溶解蒸发。称取 22g $NaNO_3$ 和 15g KCl，放入一只硬质试管中，加 35mL H_2O。将试管置于甘油浴中加热，试管用铁夹垂直地固定在铁架台上，用一只 500mL 烧杯盛甘油至大约烧杯容积的 3/4 作为甘油浴[注释1]，试管中溶液的液面要在甘油浴的液面之下，并在烧杯外对准试管内液面高度处做一标记。待盐全部溶解后，继续加热，使溶液蒸发至原有体积的 2/3。这时试管中有晶体析出 (是什么?)。趁热用热滤漏斗过滤，滤液盛于小烧杯中自然冷却。随着温度的下降，即有结晶析出 (是什么?)。注意，不要骤冷，以防结晶过于细小。用减压法过滤，尽量抽干。将所得晶体用水浴烤干后称重，计算理论产量和产率。

(2) 粗产品的重结晶。①除保留少量（0.1～0.2g）粗产品供纯度检验外，按粗产品∶水为2∶1（质量比）的比例，将粗产品溶于去离子水中。②加热、搅拌，待晶体全部溶解后停止加热。若溶液沸腾时，晶体还未全部溶解，可再加极少量去离子水使其溶解。③待溶液冷却至室温后，抽滤，晶体用水浴烘干，称重。

2. KNO_3 纯度的检验

(1) 定性检验。分别取0.1g粗产品和一次重结晶得到的产品放入两支小试管中，各加入2mL去离子水配成溶液。在溶液中分别滴入1滴 $5mol \cdot L^{-1}$ HNO_3 酸化，再各滴入 $0.1mol \cdot L^{-1}$ $AgNO_3$ 溶液2滴，观察现象，进行对比，重结晶后的产品溶液应为澄清。

(2) 根据试剂级的标准检验试样中总氯量。称取1g试样（称准至0.01g），加热至400℃使其分解，于700℃灼烧[注释2] 15min，冷却，溶于去离子水中（必要时过滤），稀释至25mL，加2mL $5.0mol \cdot L^{-1}$ HNO_3 和 $0.1mol \cdot L^{-1}$ $AgNO_3$ 溶液，摇匀，放置10min。所呈浊度不得大于标准。

标准是取下列质量的 Cl^-：优级纯0.015mg；分析纯0.030mg；化学纯0.070mg，稀释至25mL，与同体积样品溶液同时同样处理（氯化钠标准溶液依据GB 602—2011配制[注释3]）。

本实验要求重结晶后的硝酸钾晶体含氯量达化学纯为合格，否则应再次重结晶，直至合格。最后称量，计算产率，并与前几次的结果进行比较。

六、问题与讨论

(1) 制备硝酸钾晶体时，为什么要把溶液进行加热和热过滤？

(2) 能否将除去氯化钠后的滤液直接冷却制取硝酸钾？

(3) 试设计从母液中提取较高纯度的硝酸钾晶体的实验方案，并加以试验。

七、注释

[1] 甘油浴温度可达140～180℃，注意控制温度，不要使其热分解，产生刺激性的丙烯醛。

[2] 检查产品含氯总量时，要求在700℃灼烧。这步操作需在马弗炉中进行。取出装试样的坩埚时，应用长柄坩埚钳将其放在石棉板上，未完全冷却时切勿用手拿。

[3] 氯化物标准溶液（1mL含0.1mg Cl^-）的配制：称取0.165g于500～600℃灼烧至恒重的氯化钠，溶于水，移入1000mL容量瓶中，稀释至刻度。

中华人民共和国国家标准（GB 647—2011）化学试剂硝酸钾中杂质最高含量（指标以 $x/\%$ 计）见表9-3。

表9-3　化学试剂硝酸钾中杂质最高含量　　单位：%

名　称	优级纯	分析纯	化学纯
澄清度试验	合格	合格	合格
水不溶物	0.002	0.004	0.006
总氯量(以Cl计)	0.0015	0.003	0.007
碘酸盐(IO_3^-)	0.0005	0.0005	0.002
硫酸盐(SO_4^{2-})	0.002	0.005	0.01
亚硝酸盐(NO_2)	0.001	0.001	0.002
铵(NH_4^+)	0.001	0.001	0.005
磷酸盐(PO_4^{3-})	0.0005	0.001	0.001
钠(Na)	0.02	0.02	0.05
镁(Mg)	0.001	0.002	0.004
钙(Ca)	0.002	0.004	0.006
铁(Fe)	0.0001	0.0002	0.0005
重金属(以Pb计)	0.0003	0.0005	0.001

实验四十 用废旧易拉罐制备硫酸铝钾（设计实验）

一、目的与要求

（1）了解从Al制备硫酸铝钾的原理及过程。

（2）进一步认识和理解Al及$Al(OH)_3$的两性性质。

（3）熟练掌握称量、溶解、过滤、结晶、抽滤、洗涤等基本操作。

二、预习与思考

（1）查阅有关制备由Al制备硫酸铝钾的文献及硫酸铝钾的物性数据。

（2）思考下列问题

① 为什么用碱溶解Al?

② Al屑中的杂质是如何除去的?

③ 为什么要用等量（6.5g）的K_2SO_4与$Al_2(SO_4)_3$溶液相混合?

三、实验原理

硫酸铝同碱金属的硫酸盐（K_2SO_4）生成硫酸铝钾复盐$KAl(SO_4)_2 \cdot 12H_2O$（俗称明矾）。它是一种无色晶体，易溶于水并水解生成$Al(OH)_3$胶状沉淀，具有强的吸附性能。$Al(OH)_3$是工业上重要的铝盐，可作为净水剂、媒染剂、造纸填充剂。

本实验利用废旧易拉罐（金属铝）溶于氢氧化钠溶液，生成可溶性的四羟基铝酸钠，反应方程式为：

$$2Al+2NaOH+6H_2O \xlongequal{} 2NaAl(OH)_4+3H_2\uparrow$$

金属铝中其它杂质则不溶，随后用H_2SO_4调节此溶液的pH值为8～9，即有$Al(OH)_3$沉淀产生，分离后在沉淀中加入H_2SO_4至使$Al(OH)_3$转化为$Al_2(SO_4)_3$：

$$2Al(OH)_3+3H_2SO_4 \xlongequal{} Al_2(SO_4)_3+6H_2O$$

在$Al_2(SO_4)_3$溶液中加入等量的K_2SO_4，即可制得硫酸铝钾。

$$Al_2(SO_4)_3+K_2SO_4+24H_2O \xlongequal{} 2KAl(SO_4)_2 \cdot 12H_2O$$

四、仪器与药品

（1）仪器　托盘天平，烧杯（250mL，100mL），抽滤瓶，布氏漏斗，表面皿，蒸发皿，水浴锅。广泛pH试纸。

（2）药品　铝屑（易拉罐），$K_2SO_4(s)$，$H_2SO_4(3mol \cdot L^{-1}, 1:1)$，$NaOH(s)$，无水乙醇。

五、实验内容

1. $Al(OH)_3$的生成

称取4.5g NaOH固体，置于250mL烧杯中，加入60mL去离子水溶解。称取2g铝屑，分多次放入溶液中（注意：反应激烈，要防止溶液溅出，反应应在通风橱内进行），至不再有气泡产生，说明反应完毕。然后再加入去离子水，使体积约为80mL，趁热抽滤。

将滤液转入另一250mL烧杯中，加热至沸，在不断搅拌下，滴加$3mol \cdot L^{-1}$ H_2SO_4，使溶液的pH为8～9，继续搅拌煮沸数分钟，然后抽滤，并用沸水（或乙醇）洗涤沉淀，直至洗涤液pH降至7左右，抽干。

2. $Al_2(SO_4)_3$的制备

将制得的$Al(OH)_3$沉淀转入蒸发皿中，加入约16mL 1∶1的H_2SO_4，并不断搅拌，小火加热使沉淀溶解，得$Al_2(SO_4)_3$溶液。

3.明矾的制备

将 $Al_2(SO_4)_3$ 溶液与 6.5g K_2SO_4 配成的饱和溶液相混合，继续加热、搅拌均匀，将所得溶液在空气中自然冷却后，加入适量无水乙醇，待结晶完全后，减压过滤，用5mL 1∶1 的水-乙醇混合溶液洗涤晶体2次；将晶体用滤纸吸干，称重，计算产率。

4.性质实验

用实验证实硫酸铝钾溶液中存在 Al^{3+}、K^+、SO_4^{2-}，并写出有关反应方程式。

六、问题与讨论

如何制得 $KAl(SO_4)_2 \cdot 12H_2O$ 大晶体?

实验四十一　四碘化锡的制备

一、目的与要求

（1）了解用非水溶剂法制备无水四碘化锡的原理和方法。

（2）学习非水溶剂重结晶的方法。

（3）熟练掌握回流、加热等操作及毛细管法测定熔点的方法。

（4）了解四碘化锡的某些化学性质。

二、预习与思考

（1）预习第3章“3.4 加热与冷却”和“3.6 熔点的测定和温度计的校正”中有关加热操作和熔点测定的内容。

（2）预习第4章“4.1 固液分离”中有关过滤和重结晶操作内容。

（3）思考下列问题

① 在合成四碘化锡的操作过程中，应注意哪些问题?

② 四碘化铝能否用类似的方法制得？为什么?

三、实验原理

无水四碘化锡是橙色针状的立方晶体，密度 $4.48g \cdot cm^{-3}$，为共价型化合物，熔点416.6K，沸点637K，约453K开始升华。遇水即发生水解，在空气中也会缓慢水解，所以必须贮存于干燥容器内。四碘化锡易溶于二硫化碳、三氯甲烷、四氯化碳、苯等有机溶剂中，在冰醋酸中溶解度较小。

根据四碘化锡溶解度的特性，它不宜在水溶液中制备，除采用碘蒸气与金属锡的气-固直接合成法外，一般可在非水溶剂中制备。目前较多选择四氯化碳或冰醋酸为合成溶剂。本实验采用金属锡和碘在非水溶剂冰醋酸和醋酸酐体系中直接合成：

$$Sn + 2I_2 \xrightarrow{\text{冰醋酸+醋酸酐}} SnI_4$$

用冰醋酸和醋酸酐溶剂比用二硫化碳、四氯化碳、三氯甲烷、苯等非水溶剂的毒性要小，产物不会水解，可以得到较纯的晶状产品。

四、仪器与药品

（1）仪器　台秤，电加热套，圆底烧瓶（100～150mL），冷凝管，干燥管，提勒管，温度计，抽滤瓶，布氏漏斗。

（2）固体药品　锡片（或者锡箔，锡粒[注释1]效果不好），碘，无水氯化钙，碘化钾。

（3）液体药品　冰醋酸，醋酸酐，氯仿（甘油或石蜡油），$AgNO_3$（$0.1mol \cdot L^{-1}$），$Pb(NO_3)_2$（$1mol \cdot L^{-1}$），H_2SO_4（稀），NaOH（稀），丙酮。

（4）材料　滤纸，毛细管（作熔点管用），软木塞。

五、实验内容

1. 四碘化锡的制备

称取 0.5g 剪碎的锡片和 2.2g 碘置于洁净干燥的 100～150mL 圆底烧瓶中，再向其中加入 25mL 冰醋酸和 25mL 醋酸酐，加入少量沸石，以防爆沸。装好冷凝管和干燥管（见图 9-1），打开冷却水，用空气浴加热使混合物沸腾，保持回流状态 1～1.5h，直至烧瓶中无紫色蒸气，溶液颜色由紫红色变为橙红色，停止加热，冷却混合物，抽滤（保留滤纸上的固体。为何物质?）。干燥，称重，计算产率。

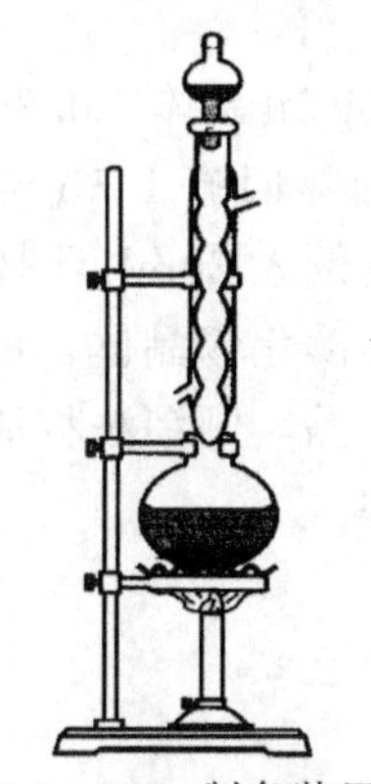

图 9-1　SnI_4 制备装置图

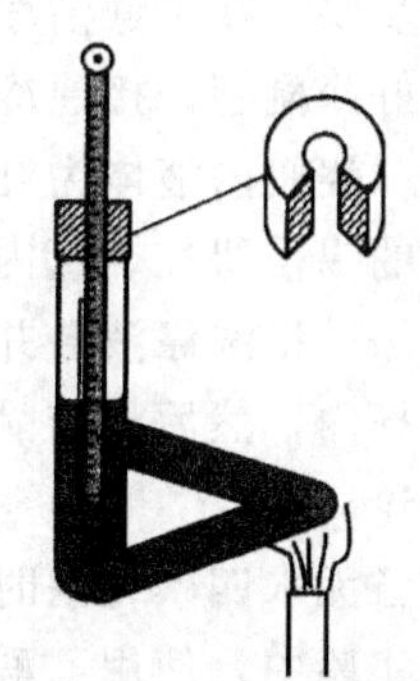

图 9-2　SnI_4 熔点测定

将所得晶体放在小烧杯中，加入 20～30mL 氯仿，温水浴溶解，迅速抽滤，除去杂质，滤液倒入蒸发皿，在通风橱内不断搅拌滤液直至氯仿全部挥发，得到橙红色晶体，称量，计算产率。

2. 四碘化锡最简式的确定

称出滤纸上剩余锡片的质量（准至 0.01g），根据 I_2 与 Sn 的消耗量计算其比值，确定碘化锡的最简式。

3. 四碘化锡熔点测定

(1) 把研细的四碘化锡试样在表面皿上堆成小堆，将熔点管的开口端插入试样中装料，然后把熔点管竖起，在桌面上顿几下，使试样落入管底，这样重复取样几次。然后取长约 40～50cm 玻璃管一支，在管内将熔点管自由落下数次至试样堆紧密为止，试样高度约为 2～3mm。

(2) 将提勒管夹在铁架台上，倒入甘油，甘油液面高出侧管 0.5cm 左右，提勒管口配一缺口单孔软木塞，用于固定温度计。将装好试样的熔点管借少量甘油粘贴在温度计旁，使熔点管中试样处于温度计水银球的中间，温度计插入提勒管的深度以水银球的中点恰在提勒管的两侧管口连接线的中点为准，如图 9-2 所示。

(3) 加热提勒管弯曲支管的底部，以每分钟 4～5℃的速率升温，直到试样熔化，记下温度计读数，得到一个近似熔点，然后把浴液冷却下来，换一根新的熔点管（每一根装试样的熔点管只能用一次），进行第二次测定。

第二次测定时，距熔点 20℃以下时加热可以快些，但接近熔点时，调节火焰，使温度每分钟约升高 1℃，注意观察熔点管中试样的变化，记下熔点管中刚有微细液滴出现（初熔）和全部变为液体（全熔）的温度，即为试样在实际测定中的熔点范围。

4. 四碘化锡的某些性质实验

(1) 取少量四碘化锡固体于试管中，加入少量去离子水，观察现象，写出反应式，其溶液及沉淀留作下面实验用。

(2) 取四碘化锡水解后的溶液，分盛两支试管中，一支滴加 $AgNO_3$ 溶液，另一支滴加 $Pb(NO_3)_2$ 溶液，观察现象，写出反应式。

(3) 取实验 (1) 中沉淀分盛两支试管中，分别滴加稀 H_2SO_4、稀 NaOH，观察现象，写出反应式。

(4) 制备少量四碘化锡的丙酮溶液分两份，分别滴加 H_2O 和饱和 KI 溶液，有何现象？

5. 微型实验（可选做）

(1) 仪器与药品　磁力加热搅拌器，圆底烧瓶（30mL），球形冷凝管，烧杯；锡箔、碘，CCl_4，滤纸。

(2) 实验步骤　在干燥洁净的 30mL 圆底烧瓶中加入 0.5g 碘晶体、0.2g 锡箔和 10mL 四氯化碳，装好冷凝管，接通冷凝水。在磁力加热搅拌器上加热回流 1.5h 至冷凝管滴下的四氯化碳变浅、烧瓶内液体为红色为止。趁热用倾泻法把溶液倒入 20mL 干燥洁净的小烧杯中，使未反应的锡箔留在烧瓶内。烧瓶内壁与锡箔上沾有的四碘化锡晶体，可用 1～2mL 热的四氯化碳洗涤。将洗涤液合并入小烧杯内，冰水浴冷却，结晶。倾泻法将清液沿玻璃棒小心倾入另一烧杯内，然后将结晶以水浴干燥，称重，计算产率。

六、问题与讨论

(1) 在制备无水四碘化锡时，所用仪器都必须干燥，为什么？

(2) 常规实验中，使用乙酸和乙酸酐有什么作用？

(3) 若制备反应完毕，锡已经完全反应，但体系中还有少量碘，用什么方法除去？

七、注释

[1] 市售锡粒不宜用于实验。可把锡粒置于清洁的坩埚中，以喷灯（或煤气灯）熔化，再把熔锡倒入盛水的瓷盘中，锡溅开成薄片。也可以将锡粒烧至红热，迅速倒在石棉网上用玻璃片压成锡片。

实验四十二　高锰酸钾的制备及纯度测定

一、目的与要求

(1) 学习用固体碱熔氧化法由二氧化锰制备高锰酸钾的基本原理和方法。

(2) 熟悉熔融、浸取的操作方法。巩固过滤、结晶和重结晶等基本操作。

(3) 掌握锰的各种氧化态的化合物性质和它们之间的相互转化关系。

(4) 了解启普发生器的安装、调试和使用。

(5) 测定高锰酸钾的纯度并掌握氧化还原滴定操作。

二、预习与思考

(1) 预习锰的性质及各种价态之间的转化关系以及锰的重要化合物的性质。

(2) 预习第 4 章“4.1 固液分离”和“4.2 重结晶”中有关过滤、结晶和重结晶等操作内容。

(3) 预习第 2 章“2.5 气体的制备与纯化”中有关气体制备方法的内容。

(4) 思考下列问题

① 用 KOH 熔解 MnO_2 时，应注意哪些安全问题？

② 由软锰矿制取高锰酸钾，除歧化法外，还可以用哪些方法？试比较各种方法的优缺点。

三、实验原理

1. 制备原理

高锰酸钾是深紫色的针状晶体，是最重要也最常用的氧化剂之一。本实验是以软锰矿

（主要成分为 MnO_2）为原料制备高锰酸钾。MnO_2 在较强氧化剂（如氯酸钾）存在下与碱共熔时，可被氧化成为绿色的锰酸钾：

$$3MnO_2 + KClO_3 + 6KOH \xrightarrow{熔融} 3K_2MnO_4 + KCl + 3H_2O$$

熔块由水浸取后，随着溶液碱性降低，水溶液中的 MnO_4^{2-} 不稳定，发生歧化反应。一般在弱碱性或近中性介质中，歧化反应趋势较小，反应速率也较慢。但在弱酸性介质中，MnO_4^{2-} 易发生歧化反应，生成 MnO_4^- 和 MnO_2。如向含有锰酸钾的溶液中通 CO_2 气体，可发生如下反应：

$$3K_2MnO_4 + 2CO_2 \longrightarrow 2KMnO_4 + MnO_2\downarrow + 2K_2CO_3$$

经减压过滤除去 MnO_2 后，将溶液浓缩即可析出暗紫色的针状高锰酸钾晶体。用此方法制取 $KMnO_4$，操作简便，基本无污染，在理想的情况下，K_2MnO_4 的转化率也只能达到 66%，其余则转变为 MnO_2。采用强氧化剂氧化或电解氧化的方法能提高高锰酸钾的转化率。如在 K_2MnO_4 溶液中通入氯气（易造成环境污染）：

$$Cl_2 + 2K_2MnO_4 \longrightarrow 2KMnO_4 + 2KCl$$

用电解法对 K_2MnO_4 进行氧化，可在阳极得到 $KMnO_4$。

阳极：$$2MnO_4^{2-} - 2e^- \longrightarrow 2MnO_4^-$$

阴极：$$2H_2O + 2e^- \longrightarrow 2OH^- + H_2\uparrow$$

总反应：$$2K_2MnO_4 + 2H_2O \longrightarrow 2KMnO_4 + 2KOH + H_2\uparrow$$

考虑到实验室的环境以及学时的限制，本实验采用 CO_2 法使锰酸钾歧化得到高锰酸钾粗产品，通过重结晶可获得精制的高锰酸钾[注释1]。

2.测定原理

草酸与高锰酸钾在酸性溶液中发生如下的氧化还原反应：

$$2KMnO_4 + 5H_2C_2O_4 + 3H_2SO_4 = K_2SO_4 + 2MnSO_4 + 10CO_2\uparrow + 8H_2O$$

反应产物 Mn^{2+} 对反应有催化作用，所以反应开始时较慢，但随着 Mn^{2+} 的生成，反应速度逐渐加快。

高锰酸钾与草酸在硫酸介质中反应，生成硫酸锰，使高锰酸钾的紫色褪去。当反应到达等当点时，草酸全部作用完，稍过量的高锰酸钾就会使溶液呈浅紫红色。

四、仪器与药品

（1）仪器　铁坩埚，启普发生器，坩埚钳，泥三角，布氏漏斗，烘箱，蒸发皿，烧杯（250mL)，表面皿。

（2）固体药品　MnO_2（工业级），KOH(CP)，$KClO_3$(CP)，$CaCO_3$。

（3）液体药品　HCl（工业级），H_2SO_4($1mol\cdot L^{-1}$)，草酸标准溶液（$0.050mol\cdot L^{-1}$）。

（4）材料　8# 铁丝。

五、实验内容

1.高锰酸钾的制备[注释2]

（1）二氧化锰的熔融、氧化。称取 2.5g $KClO_3$(s) 和 5.2g KOH(s)，放入铁坩埚中，用铁棒将物料混合均匀。将铁坩埚放在泥三角上，用坩埚钳夹紧，小火加热（注意戴上防护眼镜），边加热边用铁棒搅拌，待混合物熔融后，将 3g MnO_2 分多次小心缓慢地加入铁坩埚中，防止火星外溅。随着反应进行，熔融物的黏度增大，此时应用力加大搅拌力度，以防结块或粘在坩埚壁上。待反应物干涸后，提高温度，强热 5min，得到墨绿色锰酸钾熔融物。

(2) 浸取。待盛有熔融物的铁坩埚冷却后，用铁棒尽量将熔块捣碎，并将其侧放于盛有100mL去离子水的250mL烧杯中以小火共煮，直到熔融物全部溶解为止，小心用坩埚钳取出坩埚。

(3) 锰酸钾的歧化。打开CO_2气体钢瓶阀门，调节减压阀（或CO_2启普发生器），控制适当的气体流量[注释3]，趁热向浸取液中通入CO_2气体至锰酸钾全部歧化为止[注释4]（可用玻璃棒蘸取溶液于滤纸上，如果滤纸上只有紫红色而无绿色痕迹，即表示锰酸钾已歧化完全，pH在10～11之间），然后静置片刻，用铺有纯的的确良布或尼龙布的布氏漏斗进行减压抽滤，去除残渣。

(4) 滤液的蒸发结晶。将滤液倒入蒸发皿中，加热蒸发浓缩至表面开始析出$KMnO_4$晶膜为止，自然冷却结晶，然后将产品抽滤至干。

(5) 高锰酸钾晶体的干燥。将晶体转移到已知质量的表面皿中，用玻璃棒将其分开。放入烘箱中（80℃为宜，不能超过240℃）干燥0.5h，冷却后称量，计算产率。

2. 重结晶提纯

由学生自行设计方案，利用重结晶的方法对产品进行提纯。

3. 高锰酸钾的纯度分析

实验室备有基准物质草酸、硫酸，由学生自行设计分析方案，确定所制备的产品中高锰酸钾的含量。

4. 锰各种氧化态间的相互转化（选作）

利用自制的高锰酸钾晶体，如下图所示设计实验，实现锰的各种氧化态之间的相互转化。写出实验步骤及有关反应的离子方程式。

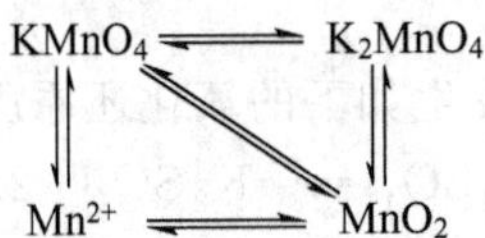

5. 小设计实验

由锰酸钾溶液电解制备高锰酸钾溶液。

六、问题与讨论

(1) 总结启普发生器的构造和使用方法。

(2) 为了使K_2MnO_4发生歧化反应，能否用HCl代替CO_2，为什么？

(3) 由锰酸钾在酸性介质中歧化的方法来得到高锰酸钾的最大转化率是多少？还可采取何种实验方法提高锰酸钾的转化率？

(4) 为什么二氧化锰的熔融氧化制备锰酸钾时要用铁坩埚而不用瓷坩埚？实验时，为什么使用铁棒而不使用玻璃棒搅拌？

(5) 锰酸钾的歧化操作步骤中，要使用玻璃棒搅拌溶液而不用铁棒，为什么？

七、注释

[1] 一些化合物溶解度数据见表9-4。

表9-4 一些化合物溶解度数据 单位：g/100g H_2O

化合物 \ t/℃	0	10	20	30	40	50	60	70	80	90	100
KCl	27.6	31.0	34.0	37.0	40.0	42.6	45.5	48.3	51.1	54.0	56.7
$K_2CO_3\cdot 2H_2O$	51.3	52	52.5	53.2	53.9	54.8	55.9	57.1	58.3	59.6	60.9
$KMnO_4$	2.83	4.4	6.4	9.0	12.56	16.89	22.2	—	—	—	—

[2] 本实验由于制备条件（高温熔融等）、原料（强碱等）及产物（强氧化剂、有色物）具有一定的危险性（烫伤、烧伤等），所以实验中应小心操作，注意安全。

[3] CO_2 通入的速度不能太快，以免将溶液冲出烧杯。

[4] 通 CO_2 过多，溶液的 pH 较低，溶液中会生成大量的 $KHCO_3$，而 $KHCO_3$ 的溶解度比 K_2CO_3 小得多，在溶液浓缩时，$KHCO_3$ 会和 $KMnO_4$ 一起析出。

实验四十三　十二钨硅酸的制备、萃取、分离及表征

一、目的与要求

(1) 掌握乙醚萃取法制备十二钨硅酸的条件和方法。

(2) 练习萃取分离操作。

(3) 了解用红外光谱、紫外光谱及热谱等对产物进行表征的方法。

(4) 了解实验室中乙醚的安全使用方法。

二、预习与思考

(1) 复习同多酸和杂多酸及其盐的形成和性质。

(2) 预习第 4 章“4.8 萃取和洗涤”中有关萃取分离原理和操作方法等内容。

(3) 预习第 6 章“6.7 热分析测量技术”中有关差热分析和热重分析内容。

(4) 为什么钒、铌、钼、钨等元素易形成同多酸和杂多酸？

(5) 钨硅酸有哪些性质？

三、实验原理

钨和钼在化学性质上的显著特点之一是在一定条件下易自聚或与其它元素聚合，形成多酸或多酸盐。由同种含氧酸根离子缩聚形成的叫同多阴离子，如：$[W_7O_{24}]^{6-}$，其酸叫同多酸。由不同种类含氧酸根离子缩聚形成的叫杂多阴离子，如 $[PW_{12}O_{40}]^{3-}$，其酸叫杂多酸。到目前为止，人们发现元素周期表中半数以上的元素都可以参与到多酸化合物的组成中来。多酸化合物的主要用途除传统的用作分析试剂外，近代在催化、材料科学、药物化学和电子学等领域也备受瞩目。有关杂多酸的研究课题，已成为无机化学研究的一个重要方向。

1864 年，钨硅酸的合成与表征，开拓了多酸研究的新时代。人们利用 X 射线粉末衍射法成功地测定了十二钨硅酸的分子结构。$[SiW_{12}O_{40}]^{4-}$ 是一类具有 Keggin 结构的杂多化合物的典型代表之一，具有 α、β、γ 三种异构体（图 9-3），α-Keggin 结构是由四组三金属簇（W_3O_{13}）围绕杂原子（Si）所形成的四面体笼形结构。若 α 异构体中的三个共边的 W_3O_{13} 中一个三金属簇绕 C3 轴旋转 60°得到 β 异构体，阴离子的整体对称性由 T_d 降到 C_{3V}。同样，α 异构体中的两个相对的簇同时旋转 60°得到 γ 异构体。

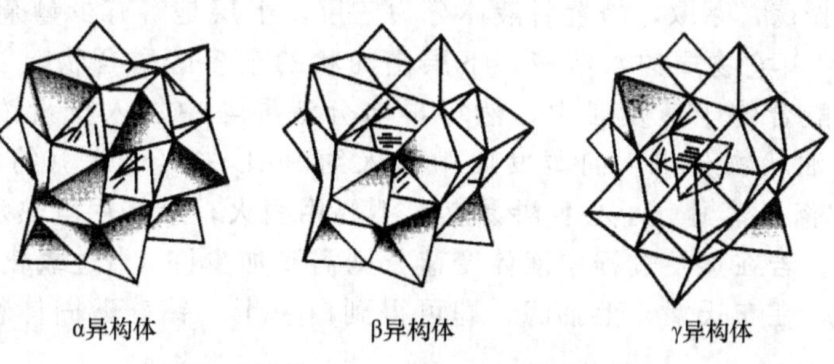

图 9-3　$[SiW_{12}O_{40}]^{4-}$ 的三种异构体

杂多酸的制备方法通常有乙醚萃取法、离子交换法和电解酸化法等。本实验采用乙醚萃取法制备 α 体十二钨硅酸。该方法是以构成杂多酸的两种原始无机盐溶液反应，混合一起加

热后用浓盐酸酸化来得到杂多酸，该反应仅在酸的存在下才能完全。为了将杂多酸和氯化物分离开，向溶液中注入乙醚并酸化，经共振萃取后，分成三层：上层为溶有少量杂多酸的醚层；中间层主要是含有氯化物的水层；下层是杂多酸和乙醚生成的不稳定醚合物的油层。收集下层，将乙醚进行蒸发即析出杂多酸的晶体。制备反应如下：

$$12Na_2WO_4+Na_2SiO_3+26HCl = H_4[SiW_{12}O_{40}]\cdot xH_2O+26NaCl+(11-x)H_2O$$

在此过程中，H^+ 与 WO_4^{2-} 中的氧结合形成水分子，从而使钨原子间通过共享氧原子配位形成多核簇状结构的杂多钨硅酸阴离子。该阴离子与反电荷的 H^+ 结合，得到 $H_4[SiW_{12}O_{40}]\cdot xH_2O$。它是具有光泽的无色八面体晶体，熔点 50℃，在水、乙醇、乙醚中易溶。x 通常为 7，也有 24 和 30 水合物生成。

钨硅酸高水合物，在空气中易风化也易潮解。对水合物晶体做热谱分析，从热重（TG）曲线可以看出，水合物在 30～165℃及 165～310℃温度范围，有两个失水阶段，曲线上有两个失水吸热峰。另外 DTA 曲线上，在 540℃附近出现 Keggin 结构被破坏后，由无序状态向 XO_4 及 SiO_2 有序转化的强吸热峰。十二钨硅酸不仅有强酸性，还有氧化还原性。在紫外光作用下，可以发生单电子或多电子还原反应。Keggin 构型的钨杂多酸在紫外区（260nm 附近）有特征吸收峰，这就是电子由配位氧原子向中心钨原子迁移的电荷迁移峰。

四、仪器与药品

（1）仪器：差热天平，红外光谱仪，紫外分光光度计，托盘天平，烧杯（150mL），磁力加热搅拌器，表面皿，蒸发皿，滴液漏斗，分液漏斗，布氏漏斗，吸滤瓶，循环水泵。滤纸，广泛 pH 试纸。

（2）药品：$Na_2WO_4\cdot 2H_2O(s)$，$Na_2SiO_3\cdot 9H_2O(s)$，浓盐酸，乙醚，H_2O_2（3%）（或溴水）（以上试剂均为分析纯）。

五、实验内容

1.十二钨硅酸的制备

（1）十二钨硅酸溶液[注释1] 的制备。称取 25g $Na_2WO_4\cdot 2H_2O$ 于 150mL 烧杯中，用 50mL 去离子水溶解。将烧杯置于磁力加热搅拌器上，在激烈搅拌下加入 1.9g $Na_2SiO_3\cdot 9H_2O$，使其溶解。将烧杯盖上表面皿，将混合物加热至沸。然后除去表面皿，边加热搅拌边从滴液漏斗向其中滴加浓盐酸[注释2]（约 13mL）至 pH 为 2～3 为止（此步操作至少应控制在 8～12min）。滤出析出的硅酸沉淀并将混合液冷却至室温。

（2）酸化、乙醚萃取[注释3] 十二钨硅酸。在通风橱中，将冷却后的全部溶液转移至分液漏斗中，加入乙醚[注释4]（约为混合液体积的 1/2，约 10mL），并逐滴加入浓盐酸[注释5]（约 2mL）。充分振荡，萃取，静置后液体分为三层，上层是溶有少量杂多酸的醚，中间是氯化钠、盐酸和其它物质的水溶液，下层是油状的杂多酸醚合物[注释6]。分出下层油状的十二钨硅酸醚合物于蒸发皿中，然后再向分液漏斗中加入少量浓盐酸重复萃取，直至下层不再有油状物分出。向蒸发皿中加入约 3mL 去离子水（约为醚合物体积的 1/4），在 40℃水浴上蒸醚（小心！醚易燃，不要用明火，最好用电热水浴锅），直至液体表面出现晶膜。若在蒸发过程中液体变蓝，则需滴加少许 3%过氧化氢或溴水至蓝色褪去。冷却结晶，在布氏漏斗上抽滤，即可得到白色十二钨硅酸固体粉末[注释7]。一般可得到产品 16g。

2.测定产品热重（TG）曲线及差热分析（DTA）曲线

取少量未经风化的样品，在热分析仪上测定室温至 650℃范围内的 TG 曲线及 DTA 曲线。计算样品的含水量，以确定水合物中结晶水的数目。

3. 测定紫外吸收光谱

配制浓度为 $5\times10^{-5}mol\cdot L^{-1}$ 的十二钨硅酸溶液，用 1cm 比色皿，以去离子水为参比，在紫外分光光度计上记录波长范围为 400～200nm 的吸收曲线。

4. 测定红外光谱

将样品用 KBr 压片，在红外光谱仪上记录 4000～400cm^{-1} 范围的红外光谱图[注释8]，并标识主要的特征吸收峰。

六、问题与讨论

(1) 为什么钒、铌、钼、钨等元素易形成同多酸和杂多酸？

(2) 针对十二钨硅酸易被还原为“杂多蓝”的特性，在制备过程中应注意哪些问题？

(3) 针对乙醚易挥发、易燃的特性，总结在制备过程中要注意哪些问题？

七、注释

[1] 在水溶液中制备杂多酸，加入试剂顺序不同，产物可能不同。如：

$$SiO_3^{2-}+WO_4^{2-}\ \text{然后加}\ H^+\longrightarrow[\alpha\text{-}SiW_{12}O_{40}]^{4-}$$

$$(WO_4^{2-},H^+)+(SiO_3^{2-},H^+)\longrightarrow[\beta\text{-}SiW_{12}O_{40}]^{4-}$$

[2] 在滴加浓盐酸酸化过程中，若滴加过急会出现黄色沉淀，摇匀后变成白色浑浊溶液。这可能是由于浓盐酸局部浓度过大造成的，故必须控制滴加速度。

[3] 在萃取步骤中，由于加入的乙醚和浓盐酸均易挥发，振荡时分液漏斗内的气压明显增大，操作时必须注意及时排气，以防止发生事故或气体将液体带出。

[4] 乙醚的沸点、燃点较低，挥发性强，易燃、易爆，注意其安全使用。

乙醚的安全使用知识：①乙醚的沸点低（35.6℃）、燃点也低，并且与空气混合有较宽的爆炸区间（1.8%～40%）。因此，使用乙醚时实验室内严禁明火。②乙醚的挥发性强，因此在萃取振荡时要及时放气，以防止蒸气压过大引起爆炸或排气时将液体带出。③乙醚沸点低，故水浴加热时水浴温度不可过高，约 40℃即可，以免引起爆沸。

[5] 在滴加浓盐酸酸化过程中，有时产生绿色沉淀可能是由于钨（Ⅵ）部分被还原成“杂多蓝”造成的。由于十二钨硅酸具有较强氧化性，与橡胶、塑料等有机物或金属单质等无机还原性物质接触，甚至与空气中的灰尘接触时，均易被还原为“杂多蓝”。因此，在制备过程中要尽量避免与这些物质接触。若发生还原可滴加少量过氧化氢（3%）或溴水至颜色消失。

[6] 乙醚在高浓度的盐酸中生成 $[(C_2H_5)_2OH]^+$，它能与 Keggin 类型钨杂多酸阴离子缔合成盐，这种油状物的相对密度较大，沉于底部形成第三相。加水降低酸度时，可使盐破坏而析出乙醚及相应的钨杂多酸。

[7] 由水浴加热制得钨硅酸为白色粉末。若想得到无色透明大晶体，需将加水后的醚合物溶液静置一周以上。

[8] 得到的晶体红外光谱的主要谱线（cm^{-1}）有：1020、981、928、880、785、552（sh）、540、475、415、373 和 332。这些吸收峰为 $[\alpha\text{-}SiW_{12}O_{40}]^{4-}$ 的特征吸收，可证明制得产物为 α 体。

实验四十四　二茂铁的制备

一、目的与要求

(1) 了解二茂铁的性质，掌握二茂铁的合成方法。

(2) 掌握无水无氧实验操作的技术。

(3) 掌握蒸馏、回流、萃取的基本操作。

二、预习与思考

(1) 复习铁及其化合物的性质。

(2) 预习第 4 章中有关蒸馏、回流、萃取等基本操作方法。

(3) 预习第 4 章“4.10.3 无水无氧操作”。

(4) 在合成二茂铁时为什么要求严格的无水无氧条件?

三、实验原理

二茂铁又名二环戊二烯合铁，是一种新型的配合物——有机过渡金属配合物。其具有反五棱锥构型的夹心结构的化合物（见图 9-4）。两个茂环本身为五个碳原子组成的 π 键体系。每个茂环有一个 π 电子与铁原子成键，但这是一个离域电子，所以茂环与铁原子联系起来形成一个大 π 键。因而二茂铁具有芳香性和相当高的热稳定性。

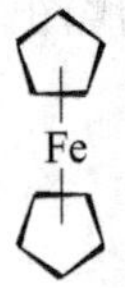

图 9-4　二茂铁

二茂铁主要用作催化剂、汽油抗爆剂（作为取代造成公害的四乙基铅抗爆震剂是有前途的）、油漆快干剂、长效助燃剂、紫外光的吸收剂、高温润滑剂。二茂铁的衍生物已广泛地被用作火箭燃料添加剂等。经聚合后，由于具有大π共轭体系，有特殊的电磁性能，在电子工业中将成为一种新型材料。

二茂铁是目前已知的最稳定的金属有机化合物之一。它是一种橙色晶体，有樟脑味，分子式为 $(C_5H_5)_2Fe$，熔点 173～174℃，沸点 249℃，高于 100℃升华，加热至 500℃亦不分解，对碱和非氧化性的酸稳定，能溶于甲醇、乙醇、乙醚、石油醚、汽油、二氯甲烷、苯、乙酸等大多数有机溶剂中，基本上不溶于水，具有高度的热稳定性、化学稳定性和耐辐射性。在乙醇或己烷中的紫外光谱于 325nm（ε=50）和 440nm 处有极大吸收值。

二茂铁在金属有机化学中始终是一个重要的化合物，它的独特结构引起了人们的巨大兴趣。另外，它在升华过程中形成漂亮的结晶就能使人对它产生浓厚的兴趣。自从 1951 年最初制备二茂铁以来，许多研究者对这类化合物的反应进行了大量工作，认为茂基环在化学性质上与苯相似，而且二茂铁通常比苯更容易进行取代反应，如

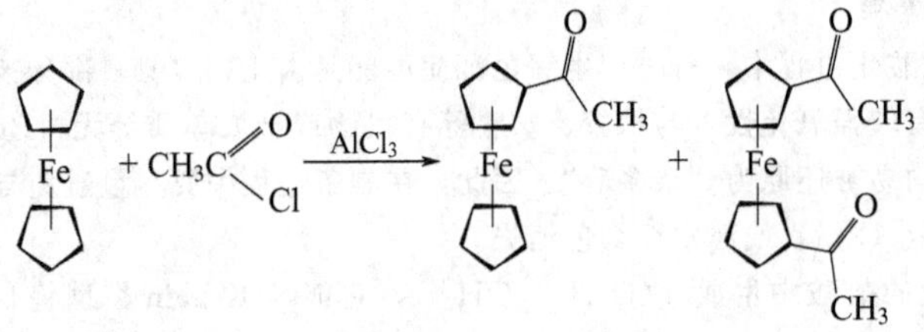

Fe + $CH_3C(=O)Cl$ $\xrightarrow{AlCl_3}$ Fe（$COCH_3$）+ Fe（$COCH_3$）$_2$

这表明在二茂铁中的茂基比苯更具“芳香性”。

二茂铁的合成方法很多，目前，二茂铁的制备方法可分为四类：无水氯化亚铁法、四水合氯化亚铁法、相转移催化法和电化学合成法。本实验将采用四水合氯化亚铁法制备二茂铁。基本原理：以强碱 KOH 作为环戊二烯的脱质子剂，同时还是一种很好的脱水剂，可以省略通常的水合氯化亚铁的脱水步骤。在室温、常压下，以二甲亚砜（DMSO）为溶剂，新蒸馏的环戊二烯与强碱氢氧化钾反应，生成环戊二烯负离子，再将其与四水合氯化亚铁反应生成二茂铁。有关反应方程式如下：

$$C_5H_6+KOH \longrightarrow KC_5H_5+H_2O$$

$$2KC_5H_5+FeCl_2 \cdot 4H_2O+4KOH \longrightarrow (C_5H_5)_2Fe+2KCl+4KOH \cdot H_2O$$

四、仪器与药品

(1) 仪器　50mL 梨形具刺分馏烧瓶，温度计，冷凝管，承接管，接收瓶，150mL 三口烧瓶，电磁搅拌器，滴液漏斗，油浴。

(2) 药品　双环戊二烯，二甲亚砜（DMSO），KOH(CP)，$FeCl_2 \cdot 4H_2O$(CP)，无水酒精（CP），无水 $CaCl_2$，无水乙醚（CP），HCl(36%，$2mol \cdot L^{-1}$)，浓 HCl，无水硫酸

钠，还原铁粉（钉）。

五、实验内容

1. 双环戊二烯解聚

环戊二烯[注释1] 极易通过 Diels-Alder 反应二聚成双环戊二烯，并在较高温度下，进一步进行聚合反应：

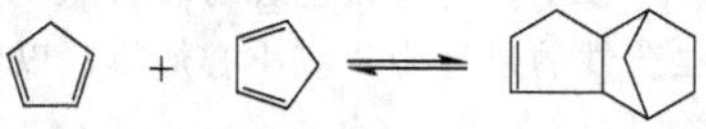

市售的环戊二烯是它的二聚体，使用时必须先行解聚。方法是把它进行“裂解蒸馏”。

如图 9-5 所示，在 50mL 的梨形具刺分馏烧瓶中加入 25mL 双环戊二烯，然后装上冷凝管、温度计及接收瓶（内放少量无水 $CaCl_2$）。用油浴加热至 160℃左右，即有环戊二烯蒸出，收集 40～44℃馏分。将油浴温度逐渐升高到 180℃时，收集约 5mL 环戊二烯（时间约 2h）。如果收集的馏分因潮气而显浑浊，可加入少许无水氯化钙干燥。环戊二烯应当天蒸馏，当天用完，否则又复聚合。

2. 二茂铁的合成[注释2] 及鉴定

如图 9-6 所示，在装有搅拌器、滴液漏斗的干燥 150mL 三口瓶中加入 17g 片状 KOH 和 40mL 无水乙醚，搅拌 10min，使 KOH 尽可能溶解，再加入 4mL 环戊二烯继续搅拌 20min，使其生成环戊二烯钾，在反应中生成的水由过量的氢氧化钾除去。

在烧杯中加入 17mL 二甲亚砜和 2mL 无水乙醚，再加入 5g 新制的氯化亚铁[注释3]。搅拌使其溶解（如不溶，可在 40℃水浴上温热片刻）。然后将此溶液移入事先加有 2mL 无水乙醇的滴液漏斗中，在搅拌下滴加入反应瓶中（放热反应），控制滴加速度，约 15～20min 加完。继续搅拌 1h 后分出乙醚层，残渣用 20mL 无水乙醚分两次萃取，合并醚层。用 $2mol \cdot L^{-1}$ HCl 洗涤醚层溶液两次（每次 10mL），然后用水洗涤两次，最后用无水硫酸钠干燥。

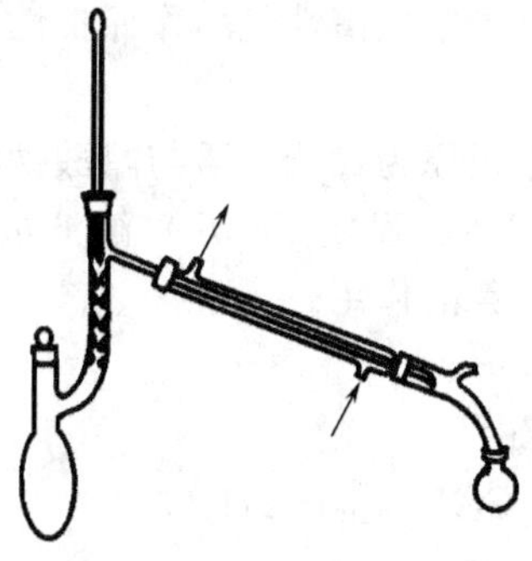

图 9-5　聚环戊二烯裂解装置

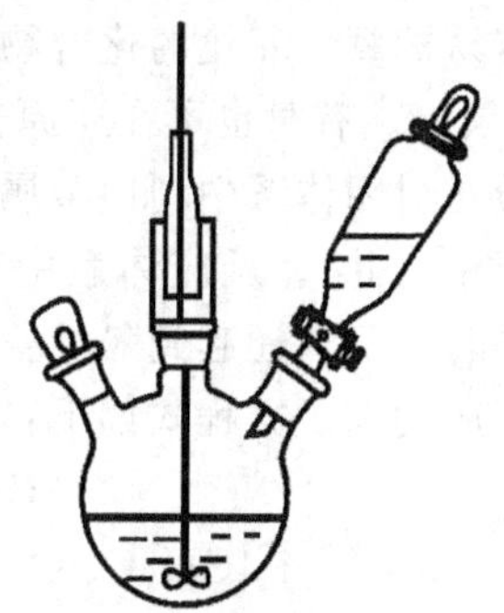

图 9-6　二茂铁合成装置

将干燥的乙醚溶液蒸去部分乙醚后倒入蒸发皿中，在通风橱中蒸去乙醚即得粗制的二茂铁（为橙棕色）。经升华[注释4] 后的纯二茂铁为橙黄色片状结晶。称重，计算产率。

用熔点仪或毛细管熔点测定法测定二茂铁产品的熔点，并与文献值比较。将二茂铁产品用 KBr 压片法在红外光谱仪上进行分析，所得红外光谱图与标准谱图比较。

六、问题与讨论

（1）四水合氯化亚铁制备二茂铁的方法较无水氯化亚铁法有何优点？

（2）试分析影响二茂铁产率的因素。如何提高它的合成产率？

七、注释

[1] 环戊二烯很容易聚合，解聚后的环戊二烯要及时使用。

［2］ 严格控制实验在无水无氧条件下合成。

［3］ 氯化亚铁（$FeCl_2 \cdot 4H_2O$）的制备：在250mL烧杯中加入25mL 36%HCl和18mL蒸馏水，在通风橱中加热至70℃。缓慢分批地加入7g还原铁粉（钉）。待反应基本停止后（不再有H_2放出）过滤，滤液中加入用浓盐酸洗去铁锈的小铁钉数枚。滤液放在蒸发皿中蒸发至表面出现一层白色结晶时，停止蒸发。冷却结晶（随时加以搅拌），结晶完成后，迅速抽滤出$FeCl_2 \cdot 4H_2O$结晶，尽快用滤纸挤压除去水分。称取5g，加入10mL乙醚供合成二茂铁用。$FeCl_2 \cdot 4H_2O$为浅蓝色透明结晶，必须新鲜制备，并防止氧化。

［4］ 粗制二茂铁经升华制备纯二茂铁的过程中，应小心加热，以免烧焦。

实验四十五 醋酸铬（Ⅱ）水合物的制备

一、目的与要求

（1）学习在无氧气条件下制备易被氧化的不稳定化合物的原理和方法。

（2）巩固沉淀的洗涤、过滤等基本操作。

二、预习与思考

（1）复习铬及其重要化合物的性质。

（2）预习第4章“4.1固液分离”中有关沉淀、过滤等基本操作的内容。

（3）在制备醋酸铬（Ⅱ）水合物的实验过程中，应注意哪些问题？

三、实验原理

通常二价铬（Ⅱ）的化合物非常不稳定，它们能迅速被空气中的氧氧化为三价铬（Ⅲ）的化合物。只有铬（Ⅱ）的卤素化合物、磷酸盐、碳酸盐和醋酸盐可存在于干燥状态。

醋酸亚铬（Ⅱ）是淡红棕色结晶性物质，不溶于水，但易溶于盐酸。这种溶液与其它所有亚铬酸盐相似，能吸收空气中的氧气。含有三价铬的化合物通常是绿色或紫色，且都溶于水，紫色氯化铬不溶于酸，但迅速溶于含有微量二氯化铬的水中。醋酸铬（Ⅲ）为灰色粉末状或蓝绿色的糊状晶体，溶于水，不溶于醇。

制备容易被氧气氧化的化合物不能在大气气氛下进行，常用惰性气体作保护性气氛，如N_2、Ar气氛等。有时也可在还原性气氛下合成。

本实验在封闭体系中利用金属锌作还原剂，将三价铬还原为二价，再与醋酸钠溶液作用制得醋酸亚铬（Ⅱ）。反应体系中产生的氢气除了增大体系压强使Cr(Ⅱ)溶液进入NaAc溶液中，同时，氢气还起到隔绝空气使体系保持还原性气氛的作用。

制备反应的离子方程式如下：

$$2Cr^{3+} + Zn \longrightarrow 2Cr^{2+} + Zn^{2+}$$

$$2Cr^{2+} + 4CH_3COO^- + 2H_2O \longrightarrow [Cr(CH_3COO)_2]_2 \cdot 2H_2O$$

四、仪器与药品

（1）仪器 吸滤瓶（50mL），两孔橡皮塞，滴液漏斗（50mL），锥形瓶（150mL），烧杯（100mL），布氏漏斗（或砂芯漏斗），台秤，量筒。

（2）液体药品 浓盐酸，乙醇（分析纯），乙醚（分析纯），去氧水（已煮沸过的去离子水）。

（3）固体药品 六水合三氯化铬，锌粒，无水醋酸钠。

（4）材料 玻璃棒，螺旋夹。

五、实验内容

仪器装置如图9-7所示。称取5g无水醋酸钠于锥形瓶中，用12mL去氧水配成溶液。在抽滤瓶中放入8g锌粒[注释1] 和5g三氯化铬晶体，加入6mL去氧水，摇动抽滤瓶，得到深绿色混合物。夹住通往醋酸钠溶液的橡皮管，通过滴液漏斗缓慢加入10mL浓盐酸[注释2]，并不断摇动抽滤瓶，溶液逐渐变为蓝绿色到亮蓝色。当氢气仍然较快放出时，松开右边橡皮管，夹住图左边的橡皮管，以迫使二氯化铬溶液进入盛有醋酸钠溶液的锥形瓶中。搅拌，形成红色醋酸亚铬沉淀。用铺有双层滤纸的布氏漏斗或砂芯漏斗过滤沉淀，并用 15mL 去氧水洗涤数次[注释3]，然后用少量乙醇、乙醚各洗涤 3 次。将产物薄薄一层铺在表面皿上，在室温下使其干燥。称量，计算产率。保存产品[注释4]。

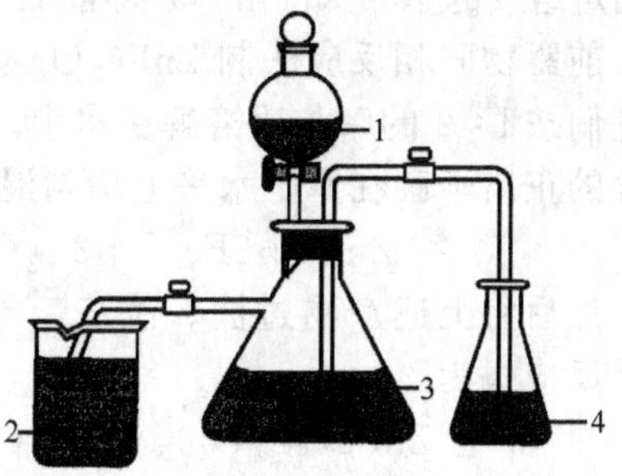

图 9-7　制备醋酸亚铬（Ⅱ）的装置图

1—滴液漏斗（内装浓盐酸）；2—水封；3—抽滤瓶（内装 Zn 粒、$CrCl_3$ 和去氧水）；4—锥形瓶（内装醋酸钠水溶液）

六、问题与讨论

（1）为何要用封闭的装置来制备醋酸亚铬（Ⅱ)？

（2）反应物锌要过量，为什么？产物为什么用乙醇、乙醚洗涤？

（3）根据醋酸亚铬（Ⅱ）的性质，该化合物如何保存？

七、注释

［1］ 反应物锌应当过量，浓盐酸适量。

［2］ 滴酸的速度不宜太快，反应时间要足够长（约 1h）。

［3］ 产品必须洗涤干净。

［4］ 产品在惰性气氛中密封保存。严格地密封保存的醋酸亚铬（Ⅱ）样品可始终保持砖红色。然而，若空气进入样品，它就逐渐变成灰绿色，这是被氧化物质的特征颜色。纯的醋酸亚铬（Ⅱ）是反磁性的，因为在二聚分子中铬原子之间有着电子一电子相互作用，所以样品有一点顺磁性就是不纯的表现。

实验四十六　反尖晶石类型化合物铁（Ⅲ）酸锌的制备及表征

一、目的与要求

（1）学习前驱物固相反应法制备复合氧化物。

（2）学习 X 射线粉末衍射法鉴定物相。

（3）熟悉和掌握马弗炉和烘箱的使用方法。

（4）熟练掌握溶解、结晶、过滤操作。

二、预习与思考

（1）预习第 4 章“4.1 固液分离”中有关溶解、结晶和过滤等有关操作内容。

（2）在合成前驱物的实验中，应注意哪些问题？

三、实验原理

自然界中存在的尖晶石（$MgAl_2O_4$）矿是一种复合氧化物。它的基本晶体结构类型是：氧离子具有 ccp 的排列，其四面体空隙中的 1/8 被 Mg^{2+} 所占据，而八面体空隙中的 1/2 被 Al^{3+} 占据。这种构型常用 $A[B_2]O_4$ 来表示，方括号里的离子占据八面体空隙。$ZnFe_2O_4$ 有反尖晶石结构，通式为 $B[AB]O_4$，这里 B 离子有一半在四面体空隙里，而 A 离子和另一半 B 离子在八面体空隙里，其结构为 $Fe^{3+}[Zn^{2+}, Fe^{3+}]O_4$。

制备金属氧化物的传统方法是固态反应物充分混合，在较高温度下加热。虽然这种方法在热力学角度是可行的，但反应机理研究证明此种固相反应是扩散控制。因此，只有在温度超过 1200℃时才能有明显反应，必须在 1500℃混合加热数天反应才较完全。这对那些含易挥发组分的复合氧化物是不适合的，例如碱金属氧化物就易挥发。

前驱物固相反应法是一种在较短的时间里和较低的温度下，进行固相反应得到均匀产物的较好方法。它使反应物在原子级水平上达到均匀混合、充分接触，克服了扩散的控制步骤，使活化能降低，因而反应能在较温和的条件下实现。其制备过程是：首先在水溶液里制备一个有确定组成的单相（固溶体）即前驱物，然后在较低的温度下加热得到所设计的目标产物。

前驱物固相反应法制 $ZnFe_2O_4$ 就是一个最好的例子。以锌和铁的可溶性盐为反应物，将它们按1∶2的摩尔比溶解在水中。加热后，加入草酸盐，得到前驱物 $ZnFe_2(C_2O_4)_3$，它包含的正离子已在原子水平上均匀混合，并且符合1∶2的比例。其反应式为

$$Zn^{2+} + 2Fe^{2+} + 3C_2O_4^{2-} + 6H_2O \longrightarrow ZnFe_2(C_2O_4)_3 \cdot 6H_2O \tag{9-1}$$

然后将上述产物过滤、洗涤、干燥，最后在600～800℃灼烧就可以得到 $ZnFe_2O_4$ 晶体。反应式为

$$ZnFe_2(C_2O_4)_3 \cdot 6H_2O \longrightarrow ZnFe_2O_4 + 2CO_2\uparrow + 4CO\uparrow + 6H_2O \tag{9-2}$$

晶体是一种固体物质，其中的离子或分子在三维空间周期性排列，具有结构的周期性。X射线衍射是用一定波长的X射线照射到晶体表面，当射线波长与晶体内的原子间距相当时就会发生衍射现象。每种晶体粉末都有自己的特征衍射图谱，可以用于鉴定化合物。标准图谱已经编成粉末衍射卡片（JCPDS）供查用。卡片的无机部分已经包含35000种物质并且以每年2000种的速度增加。随着计算机的应用，JCPDS数据库也广泛应用，因此X射线衍射法是晶体物相鉴定的最有力手段之一。

现代X射线衍射法鉴定物相多用X射线粉末衍射仪法，分析结果得到衍射谱图，其横坐标是晶面间距（d）或衍射角（2θ），纵坐标是衍射强度（I/I_0）。在鉴定物相时要将卡片上的晶面间距（d）与实验得到的 d 值对比，同时兼顾衍射强度（I/I_0），这两个数据起到指纹的作用，同时确定唯一的物相。

X射线衍射法分析物相的实验步骤包括：制样、扫描、收集数据、分析数据。对于已知化合物的鉴定，可以利用物质名称（化学式）索引查到已知晶体的JCPDS编号；对于未知物可通过Hanawalt（用衍射图上8条最强的谱线）和Fink（用 d/Å 最大的8条谱线）索引查到JCPDS编号。然后再按照查到的JCPDS编号查阅Powder Diffraction Files找到相应卡片。卡片上的内容如下例所示：

22-1012

<table>
<tr><td>d/Å</td><td>2.54</td><td>2.98</td><td>1.49</td><td>4.87</td><td colspan="6" rowspan="2">$ZnFe_2O_4$ ★
Zinc Iron Oxide(Franklinite)</td></tr>
<tr><td>I/I_o</td><td>100</td><td>35</td><td>35</td><td>7</td></tr>
<tr><td colspan="5" rowspan="6">Rad. $CuK_{\alpha 1}$ λ1.54056 Filter Mono. Dia.
Cut off　I/I_1 Diffractometer
$I/I_{cor.}$ = 3.8
Ref. National Bureau of Standards, Mono. 25, Sec. 9, 60 (1971)</td><td>d/Å</td><td>I/I_o</td><td>hkl</td><td>d/Å</td><td>I/I_o</td><td>hkl</td></tr>
<tr><td>4.873</td><td>7</td><td>111</td><td>0.9684</td><td>2</td><td>662</td></tr>
<tr><td>2.984</td><td>35</td><td>220</td><td>0.9439</td><td>2</td><td>840</td></tr>
<tr><td>2.543</td><td>100</td><td>311</td><td>0.8999</td><td>1</td><td>664</td></tr>
<tr><td>2.436</td><td>6</td><td>222</td><td>0.8848</td><td>5</td><td>931</td></tr>
<tr><td>2.109</td><td>17</td><td>400</td><td>0.8616</td><td>8</td><td>844</td></tr>
<tr><td colspan="5" rowspan="6">Sys. Cubic S. G. Fd3m(227)
a_0 8.4411 b_0 c_0 A C
α β γ Z 8 D_X 5.234　Ref. Ibid</td><td>1.937</td><td><1</td><td>331</td><td>0.8277</td><td></td><td>1020</td></tr>
<tr><td>1.723</td><td>12</td><td>422</td><td>0.8159</td><td></td><td></td></tr>
<tr><td>1.624</td><td>30</td><td>511</td><td>0.8122</td><td></td><td></td></tr>
<tr><td>1.491</td><td>35</td><td>440</td><td>4</td><td></td><td></td></tr>
<tr><td>1.4270</td><td>1</td><td>531</td><td>6</td><td></td><td></td></tr>
<tr><td>1.3348</td><td>4</td><td>620</td><td>2</td><td></td><td></td></tr>
<tr><td colspan="5" rowspan="4">∈a n ωβ > 2.00 ∈γ Sign 2V D mp Color Medium brown Ref. Ibid</td><td>1.2872</td><td>9</td><td>533</td><td></td><td></td><td></td></tr>
<tr><td>1.2721</td><td>4</td><td>622</td><td></td><td></td><td></td></tr>
<tr><td>1.2184</td><td>2</td><td>444</td><td></td><td></td><td></td></tr>
<tr><td>1.1820</td><td>1</td><td>711</td><td></td><td></td><td></td></tr>
<tr><td colspan="5" rowspan="5">Pattern at2℃. Internal
Standard: Ag.
The sample was prepared
By coprecipatation of the hydroxides, followed by heating at 600℃
for 17 hours Spinel type.</td><td>1.1280</td><td>5</td><td>642</td><td></td><td></td><td></td></tr>
<tr><td>1.0990</td><td>11</td><td>731</td><td></td><td></td><td></td></tr>
<tr><td>1.0553</td><td>4</td><td>800</td><td></td><td></td><td></td></tr>
<tr><td>0.9949</td><td>2</td><td>822</td><td></td><td></td><td></td></tr>
<tr><td>0.9747</td><td>6</td><td>751</td><td></td><td></td><td></td></tr>
</table>

JCPDS 卡片的 d 仍使用 Å 作为单位，1nm＝10Å。

如果 JCPDS 卡片上的峰位及强度值与实验结果全部吻合，则证明产物即为卡片上指定物质；如果峰位吻合而强度不合，则产物可能不是 JCPDS 卡片上指定物种，应该使用其它手段进一步鉴定；如果实验观察到的峰位或强度不能全部与标准卡片上的数据吻合，则说明产物不是 JCPDS 卡片上所指物质或有其它物质掺杂在产物中。

四、仪器与药品

(1) 仪器　X 射线粉末衍射仪，马弗炉，高温控制仪，烧杯（200mL，100mL），表面皿，坩埚，坩埚钳，电炉，分析天平，抽滤装置。

(2) 固体药品　六水合硫酸亚铁铵，一水合草酸铵，七水合硫酸锌。

(3) 液体药品　$BaCl_2$($0.5mol \cdot L^{-1}$)，$NH_3 \cdot H_2O$($6mol \cdot L^{-1}$)。

(4) 材料　pH 试纸，玻璃棒。

五、实验内容

1. $ZnFe_2O_4$ 的制备

(1) 配制 Fe^{2+}、Zn^{2+} 混合溶液。将 4.00g $(NH_4)_2Fe(SO_4)_2 \cdot 6H_2O$ 溶于 100mL 水中，同时按照化学反应方程式(9-1) 的化学计量比将 $ZnSO_4 \cdot 7H_2O$ 溶于水中，另将 5.35g $(NH_4)_2(C_2O_4) \cdot 2H_2O$ 溶于 100mL 蒸馏水中，将两溶液加热到 75℃ 后将 $(NH_4)_2(C_2O_4)$ 溶液加入 Fe^{2+}、Zn^{2+} 混合溶液中。

(2) 将混合液在 90～100℃ 加热搅拌 5min，冷却，用布氏漏斗抽滤，去离子水洗涤，直至检验无 SO_4^{2-} 和 NH_4^+ 存在为止。

(3) 将过滤得到的产物在控温 100℃ 的烘箱里干燥 2h，干燥后得到中间产物——前驱物。计算产率。

(4) 将干燥后的前驱物在 700℃ 灼烧 2h，冷却后称量。计算产率。

2. X 射线粉末衍射实验及物相分析

(1) 将试样用研钵研细，用玻片压入 X 射线粉末衍射样品玻片上。将样品玻片交给 X 射线衍射实验室教师，收集数据。扫描范围 10°～80°（2θ）。

(2) 对产品进行物相分析。若产物有杂质相存在，可进行提纯[注释1] 后再重新进行物相分析。

① 从试样的 X 射线粉末衍射图上读取晶面间距（d/Å）和相对强度（I/I_o），并将结果按 d/Å 值从大到小顺序逐一填入表 9-5 中的实验结果一栏。

表 9-5　X 射线粉末衍射物相分析

序　号	实验结果		标准卡片		
	晶面间距(d)/Å	相对强度(I/I_o)	晶面间距(d)/Å	相对强度(I/I_o)	hkl

② 将 JCPDS 22—1012 标准卡片中的晶面间距（d/Å）值与实验结果一栏的晶面间距（d/Å）相比较。当两数值差小于百分之一（对于较大的 d 值）或千分之一时（对于较小的 d），就指认实验结果的这条衍射线是标准卡片上相应的这条已知的衍射线。因此，将 JCPDS 22—1012 标准卡片中的这组数据（d/Å，I/I_o，hkl）填到相应的实验结果衍射线的同

一行空格中。此步骤称为指标化。

③ 将实验结果中的每一条衍射线的晶面间距都按照②的方法指标化，不互相吻合的衍射线不要任意指标化。

④ 分析上表的指标化结果，没有被指标化的衍射线是杂质的衍射线。对样品提纯后，再一次进行X射线衍射物相分析，进行中间监测。实验结果的大部分衍射线，特别是全部相对强度大的衍射线被成功地指标化，证明物相的主相是目标产物。

六、问题与讨论

(1) 为什么 Fe^{2+} 和 Zn^{2+} 的摩尔比最好为2∶1？1∶2行不行？

(2) 灼烧产物为何要用 $6mol \cdot L^{-1}$ 的氨水浸泡？

(3) 在制备 $ZnFe_2O_4$ 的步骤（2）中，如何检验 SO_4^{2-} 和 NH_4^+ 这两种离子？

七、注释

[1] 提纯方法：将灼烧后的产物放入 $6mol \cdot L^{-1}$ 的氨水中浸泡10～20min，充分搅拌，然后减压过滤，直至 NH_3 被完全洗干净。随后在700℃的马弗炉内灼烧10～20min，得到最终产物。进行X射线粉末衍射分析，检验纯度。计算产率。

实验四十七 碘酸钾的合成

一、目的与要求

(1) 了解使用固体氧化物电极的实用价值和制作方法。

(2) 掌握电解实验技术及其有关仪器的使用。

(3) 掌握影响电流效率的主要因素。

二、预习与思考

(1) 预习电解的基本原理，了解通过电解池的电量与电极上析出物物质的量的关系。

(2) 电解过程中为何要控制通过电极的电流密度？

三、实验原理

借助于一种特殊的试剂——电子在电极上合成产品的方法或过程，称为电化合成。而电化反应通常都是在特定的反应器——电解池的电极上进行的。在许多实验中阴、阳极都采用铂电极。由于铂是贵金属，价格昂贵，且不易获得。因此，长期以来人们一直在探索新的不溶性阳极以替代铂电极。

用于生产和科研的电极材料多种多样，较典型的阳极材料是石墨以及铂等不溶性金属。除了石墨和金属外，不少固体氧化物也能作为较好的阳极材料。例如氯碱工业中，用铁基体上涂氧化钌（RuO_2）的电极来代替石墨阳极，具有寿命长、电耗低、产量高等优点。在电化生产高氯酸、溴酸和碘酸及相应盐的工业中，用过氧化铅（PbO_2）为电极代替昂贵稀缺的铂电极和易磨损的石墨电极。过氧化铅电极有良好的化学稳定性，对氧化剂和某些强酸（如硫酸、硝酸等）有较强的惰性；它的氧析出电位相当高，仅稍次于铂；制造它的原料易得，造价低。PbO_2 电极的表面还有特异的催化作用，所以成为生产高碘酸及其盐必不可少的电极。PbO_2 电极的这一特性，对将Cr(Ⅲ）氧化成Cr(Ⅵ）以及某些有机基团的氧化也有同样的功效。在有机电化合成方面，用 PbO_2 电极生产异丁酸，不仅消除了有毒废液，而且成本也比化学合成法低得多。近年来，人们为开辟 PbO_2 电极的新用途作了许多研究，涉及环境保护、电冶金、选矿、电镀、防腐蚀、去除海生物附着和有机电化合成等方面。

制备氧化物电极的常用方法有两种：热分解法和电解法。热分解法制造 RuO_2 电极的过程大致是：将 $RuCl_3$ 的醇溶液涂在钛基体上，在400℃下烘烤一段时间。取出冷却后再涂溶液，然后再烘烤。这样重复操作多次，得到十几微米厚的氧化物涂层。PbO_2电极的制造方法主要是电解法。本实验是用电解法制备PbO_2电极，再用它来电化合成KIO_3。因此，作为无机电化合成方法来讲，此法是属于“二次”电化合成，有一定的理论研究和实用价值。

二氧化铅电极的制作是在中性、酸性和碱性条件下进行电解，本实验选用的配方如下：

$Pb(NO_3)_2$	$200\sim400g\cdot L^{-1}$
$Cu(NO_3)_2\cdot 3H_2O$	$100\sim120g\cdot L^{-1}$
平平加	$0.5\sim1g\cdot L^{-1}$
温度	60～70℃
阳极电流密度	$0.05\sim0.07A\cdot cm^{-2}$

电极反应如下：

阳极反应 $$Pb^{2+}+2H_2O-2e^- = PbO_2\downarrow+4H^+$$

阴极反应 $$Cu^{2+}+2e^- = Cu\downarrow$$

阳极用石墨棒，在上面电沉积得到的PbO_2有α和β型两种形态。在酸性条件下，一般得到的是β-PbO_2，它是一种黑色紧密镀层。阴极用石墨或铜材料，在上面获得铜镀层。若电解液中不加硝酸铜，则Pb^{2+}会在阴极上以絮状的形式沉积出来。这样，一方面Pb^{2+}不能有效地沉积在阳极上，另一方面在溶液中絮状铅粒多了，会影响PbO_2在阳极上沉积的均匀程度。“平平加”是一种非离子型表面活性剂，它的化学名称为烷基聚乙烯醚或聚氧乙烯脂肪醇醚，化学式为$RO-(CH_2OCH_2)_n-H$。型号较多，如平平加A型、平平加O型、平平加C型等。在本实验中用的是平平加O型，它的作用可使PbO_2镀层气孔少、光滑、平整。

电解合成碘酸钾的电解液组成及电解条件为：

KI	$35g\cdot L^{-1}$	阳极	PbO_2（石墨为基体）
$K_2Cr_2O_7$	$2g\cdot L^{-1}$	阴极	不锈钢
pH	7～9	阳极电流密度	$0.2A\cdot cm^{-2}$
温度	60～70℃		

在阳极，碘离子氧化成碘酸根离子。在阴极，放出氢气。电解液中加入重铬酸钾的目的是为了避免碘酸根离子在阴极还原。由于重铬酸根离子还原为三价铬，且在阴极生成一层铬氧化物的薄膜，防止了产物碘酸根离子与阴极的接触，因而防止了与氢原子的接触。

在阳极，碘离子被氧化的机理可能是：

$$2I^- = I_2+2e^- \tag{1}$$

$$I_2+OH^- = HIO+I^- \tag{2}$$

$$I_2+2OH^- = IO^-+I^-+H_2O \tag{3}$$

$$2HIO+IO^- = IO_3^-+2HI \tag{4}$$

保持溶液呈微碱性，有利于式（2）、式（3）的进行，因而提高了电流效率。碱性太强，氢氧根离子可能在阳极上放电，使电流效率下降。

电解停止后，蒸发浓缩电解液得碘酸钾晶体。重结晶后变成洁白晶体，符合试剂规格。

四、仪器与药品

（1）仪器　直流电源或整流器，电磁搅拌器，烧杯，砂纸，水浴锅，石墨棒（直径约0.6cm），石墨片或铜片（1cm×7cm），不锈钢片（$1\times7cm^2$）。

（2）药品　$Pb(NO_3)_2$(CP)，$K_2Cr_2O_7$(CP)，$Cu(NO_3)_2\cdot3H_2O$(CP)，$Na_2S_2O_3$标准溶液（$0.1mol\cdot L^{-1}$），KI(CP)，淀粉溶液（1%），平平加（O型）。

五、实验内容

1.电解制备二氧化铅电极

用作阳极的石墨棒（ϕ0.6cm），预先用砂纸打磨去除可能存在的油迹和其它污物，用自来水和去离子水冲洗干净，然后，与直流电源的正极相接。用作阴极的两片石墨或铜片也同样处理，与直流电源的负极相连。电路中接入一只安培表用以控制电解电流。

在250mL烧杯中，称取40g $Pb(NO_3)_2$ 和20g $Cu(NO_3)_2 \cdot 3H_2O$，用去离子水配制成200mL的电解液。向溶液中加入0.2g平平加（O型）。在此烧杯的正中，挂上阳极；在此阳极的两边对称挂两片阴极，将此烧杯置于电磁搅拌器上。

根据阳极石墨棒浸在溶液中的高度和直径，计算出表面积，按表面积的大小将电解电流控制在0.05～0.07A·cm^{-2}的范围内。溶液的温度一般以60～70℃为佳，电解过程中溶液要不断搅拌。通电2h后停止电解，将镀上一层二氧化铅的石墨棒取出并洗净。

2.碘酸钾合成

用150mL烧杯作电解槽。量取100mL去离子水，将3.5g KI和0.2g $K_2Cr_2O_7$ 溶解其中。用KOH稀溶液调节pH在7～9，用水浴控制温度在60～70℃[注释1]（注意电解过程中会放热）。用自制的二氧化铅电极作阳极[注释2]，用一块不锈钢片作阴极。以阳极浸入溶液中的表面积，控制电流密度在0.2A·cm^{-2}。注意，阳极的引线夹子应与基体石墨接触，不应直接与二氧化铅镀层接触，否则由于接触电阻很高而发热，使电极或引线烧坏。

小心观察电解过程中中间产物碘的生成，随时补充蒸发掉的水分。严格控制电解时的规定电流，正确记录电解时间。电解时间的确定由各自的实际情况而定，以不再生成中间产物碘为终点。

电解液中的 KIO_3 含量用碘量法进行分析（由学生自行设计），进而算出溶液中 KIO_3 的实际产量。以实际产量与理论产量之比求出实验中的电流效率。

根据法拉第电解定律，电解合成产品的理论产量[注释3]的计算为：

$$理论产量=(It/96500)\times(产物的摩尔质量/得失电子数)$$

$$电流效率=(实际产量/理论产量)\times 100\%$$

最后将电解液蒸发、浓缩、结晶或重结晶得到碘酸钾晶体。

六、问题与讨论

（1）除了石墨、铂、RuO_2 和 PbO_2 外，还有哪些材料可作阳极？用于哪些电解池中？

（2）在制备 KIO_3 时，如果误把阴、阳极的电流方向接反，将会出现怎样的结果？

七、注释

[1] 在电解合成 KIO_3 时，温度应严格控制在70℃以下。

[2] 黏附在二氧化铅电极表面的电解液一定要清洗干净。

[3] 碘量法分析 KIO_3 的实际产量时，应扣除外加的 $K_2Cr_2O_7$ 量。

实验四十八　一种钴（Ⅲ）配合物的制备及组成的测定

一、目的与要求

（1）掌握制备金属配合物最常用的方法——水溶液中的取代反应和氧化还原反应，了解其基本原理和方法。

（2）对配合物组成进行初步推断。

（3）学习使用电导仪。

（4）巩固试剂的取用、水浴加热、过滤、洗涤、干燥等基本操作。

二、预习与思考

(1) 复习配合物的基本概念、配位平衡移动原理及影响配合物稳定性的因素。

(2) 预习 Co(Ⅱ)、Co(Ⅲ) 化合物的性质。

(3) 预习第 6 章“6.6.1 电导的测量与电导率仪”中有关电导率仪的原理和使用方法等内容。

(4) 预习有关试剂的取用、水浴加热、过滤、洗涤、干燥等基本操作。

(5) 思考下列问题

① 要使本实验制备的产品的产率高，你认为哪些步骤是比较关键的？为什么？

② 试总结制备 Co(Ⅲ) 配合物的化学原理及制备的几个步骤。

三、实验原理

运用水溶液中的取代反应来制取金属配合物，是在水溶液中的一种金属盐和一种配体之间的反应，实际上是用适当的配体来取代水合配离子中的水分子。氧化还原反应是将不同氧化态的金属化合物，在配体存在下使其适当地氧化或还原以制得该金属配合物。

在通常情况下，二价钴盐较三价钴盐稳定得多，而在它们的配合物状态下正相反，三价钴反而比二价钴稳定。Co(Ⅱ) 的配合物能很快地进行取代反应（是活性的），而 Co(Ⅲ) 配合物的取代反应则很慢（是惰性的）。Co(Ⅲ) 的配合物制备过程一般是通过 Co(Ⅱ)（实际上是它的水合配合物）和配体之间的一种快速反应生成 Co(Ⅱ) 的配合物，然后使它被空气或过氧化氢氧化成为相应的 Co(Ⅲ) 配合物（配位数均为 6）。

常见的 Co(Ⅲ) 配合物有：$[Co(NH_3)_6]^{3+}$（黄色）、$[Co(NH_3)_5H_2O]^{3+}$（粉红色）、$[Co(NH_3)_5Cl]^{2+}$（紫红色）、$[Co(NH_3)_4CO_3]$（紫红色）、$[Co(NH_3)_3(NO_2)_3]$（黄色）、$[Co(CN)_6]^{3-}$（紫色）、$[Co(NO_2)_6]^{3-}$（黄色）等。

用化学分析方法确定某配合物的组成，通常先确定配合物的外界，然后将配离子破坏再来看其内界。配离子的稳定性受很多因素影响，通常可用加热或改变溶液酸碱性来破坏它。本实验是进行初步推断，一般用定性、半定量甚至估量的分析方法推定配合物的化学式后，可用电导率仪来测定一定浓度配合物溶液的导电性，与已知电解质溶液的导电性进行对比，可确定该配合物化学式中含有几个离子，从而进一步确定该化学式。

游离的 Co^{2+} 在酸性溶液中可与硫氰化钾作用生成蓝色配合物 $[Co(NCS)_4]^{2-}$。因其在水中离解度大，故常加入硫氰化钾浓溶液或固体，并加入戊醇和乙醚以提高稳定性。由此可鉴定 Co^{2+} 的存在，其反应如下：

$$Co^{2+} + 4SCN^- \longrightarrow [Co(SCN)_4]^{2-}\ \text{（蓝色）}$$

游离的 NH_4^+ 可由奈氏试剂来检定，其反应如下：

$$\underset{\text{}}{NH_4Cl} + \underset{\text{（奈氏试剂）}}{2K_2[HgI_4]} + 4KOH \longrightarrow \underset{\text{（红褐色）}}{\left[O \begin{matrix} \diagup Hg \diagdown \\ \diagdown Hg \diagup \end{matrix} NH_2 \right] I} \downarrow + KCl + 7KI + 3H_2O$$

四、仪器与药品

(1) 仪器　台秤，烧杯，锥形瓶，量筒，研钵，漏斗（ϕ=6cm），铁架台，酒精灯，试管（15mL），滴管，药匙，试管夹，漏斗架，石棉网，普通温度计，电导率仪。

(2) 固体药品　氯化铵，氯化钴，硫氰化钾。

(3) 液体药品　浓氨水，硝酸（浓），盐酸（$6mol \cdot L^{-1}$，浓），H_2O_2(30%)，$AgNO_3$（$0.1mol \cdot L^{-1}$），$SnCl_2$（$0.1mol \cdot L^{-1}$，新配），奈氏试剂，乙醚，戊醇。

（4）材料　pH 试纸，滤纸。

五、实验内容

1.制备 Co(Ⅲ）配合物

在锥形瓶中将 1.0g 氯化铵溶于 6mL 浓氨水中，待完全溶解后手持锥形瓶颈不断振摇，使溶液均匀。分数次加入 2.0g 氯化钴（$CoCl_2\cdot 6H_2O$）粉末，边加边摇动，加完后继续摇动使溶液成棕色稀浆。再往其中慢慢滴加 2～3mL 30% H_2O_2，边加边摇动，加完后再摇动。当固体完全溶解、溶液中停止起泡时，慢慢加入 6mL 浓盐酸，边加边摇动，并在水浴上微热，温度不要超过 85℃，边摇边加热 10～15min，然后在室温下冷却混合物并摇动，待完全冷却后过滤出沉淀。用 5mL 冷水分数次洗涤沉淀，接着用 5mL 冷的 6mol·L^{-1} 盐酸洗涤，产物在 105℃左右烘干并称量，计算产率。

2.组成的初步推断

（1）用小烧杯取 0.1g 所制得的产物，加入 15mL 去离子水，混匀后用 pH 试纸检验其酸碱性。

（2）用烧杯取 3mL 上述实验（1）中所得混合液，慢慢滴加 0.1mol·$L^{-1}$$AgNO_3$ 溶液并搅动，直至加一滴 $AgNO_3$ 溶液后上部清液没有沉淀生成。然后过滤，往滤液中加 1～2mL 浓硝酸并搅动，再往溶液中滴加 $AgNO_3$ 溶液，看有无沉淀，若有，比较一下与前面沉淀的量的多少。

（3）取 2～3mL 实验（1）中所得的混合液于试管中，加几滴 0.1mol·$L^{-1}$$SnCl_2$ 溶液（为什么?），振荡后加入一粒绿豆粒大小的硫氰化钾固体，振摇后再加入 1mL 戊醇或 1mL 乙醚，振荡观察上层溶液中的颜色（为什么?）。

（4）取 2mL 实验（1）中所得的混合液于试管中，加入少量去离子水，得清亮溶液后，加 2 滴奈氏试剂并观察变化。

（5）将实验（1）中剩下的混合液加热，观察溶液变化，直至其完全变成棕黑色后停止加热，冷却后用 pH 试纸检验溶液的酸碱性，然后过滤（必要时用双层滤纸）。取所得清液，分别作一次（3）、（4）实验。观察现象与原来的有什么不同?

通过这些实验你能推断出此配合物的组成，写出其化学式。

（6）由上述自己初步推断的化学式来配制 100mL 0.01mol·L^{-1} 该配合物的溶液，用电导率仪测量其电导率[注释1]，然后稀释 10 倍后再测其电导率并与下表对比，来确定其化学式中所含离子数。

电　解　质	类型(离子数)	电导率①/S	
		0.01mol·L^{-1}	0.001mol·L^{-1}
KCl	1-1 型(2)	1230	133
$BaCl_2$	1-2 型(3)	2150	250
$K_3[Fe(CN)_6]$	1-3 型(4)	3400	420

① 电导率的 SI 制单位为西门子，符号为 S，1S=1Ω^{-1}。

六、问题与讨论

（1）将氯化钴加入氯化铵与浓氨水的混合液中，可发生什么反应，生成何种配合物?

（2）上述实验中加过氧化氢起何作用，如不用过氧化氢还可以用哪些物质?用这些物质有什么不好?上述实验中加浓盐酸的作用是什么?

（3）有五个不同的配合物，分析其组成后确定有共同的实验式：$K_2CoCl_2I_2(NH_3)_2$；电导测定得知在水溶液中五个化合物的电导率数值均与硫酸钠相近。请写出五个不同配离子的结构式，并说明不同配离子间有何不同。

七、注释

［1］ 对于溶解度很小或与水反应的离子化合物用电导率仪测定电导率时，可改用有机溶剂，例如硝基苯或乙腈来测定，可获得同样的结果。

实验四十九　三草酸合铁（Ⅲ）酸钾的制备及组成的测定

一、目的与要求

（1）通过用自制的硫酸亚铁铵制备三草酸合铁（Ⅲ）酸钾，加深对三价铁和二价铁化合物性质的了解。

（2）学习用 $KMnO_4$ 法测定 $C_2O_4^{2-}$ 与 Fe^{3+}、用离子交换法测定三草酸合铁（Ⅲ）酸钾配阴离子的电荷数的原理和方法。

（3）综合训练无机合成、滴定分析的基本操作，掌握确定化合物组成的原理和方法。

二、预习与思考

（1）预习了解三草酸合铁（Ⅲ）酸钾的性质及制备方法。

（2）预习 $KMnO_4$ 法滴定 $C_2O_4^{2-}$ 及 Fe^{2+} 的条件控制。

（3）预习离子交换的基本原理及实验操作技术。

（4）思考下列问题

① 如何确定 $K_3[Fe(C_2O_2)_3]\cdot 3H_2O$ 的组成？请简单说明之。

② 根据三草酸合铁（Ⅲ）酸钾见光易分解的性质，应如何保存之？

③ 合成实验中，产物可能存在的杂质是什么？

④ 测定配离子电荷时，如果树脂未经浸泡或充分膨胀，对实验有何影响？

三、实验原理

1. 三草酸合铁（Ⅲ）酸钾的制备

三草酸合铁（Ⅲ）酸钾 $K_2[Fe(C_2O_4)_3]\cdot 3H_2O$ 是一种绿色的单斜晶体，溶于水而不溶于乙醇。110℃下失去三分子结晶水而成为 $K_2[Fe(C_2O_4)_3]$，230℃时分解。该配合物对光敏感，光照下即发生分解。

三草酸合铁（Ⅲ）酸钾是制备负载型活性铁催化剂的主要原料，也是一些有机反应很好的催化剂，因而具有工业生产价值。目前，合成三草酸合铁（Ⅲ）酸钾的工艺路线有多种，主要有：①以硫酸亚铁为原料，加草酸钾形成草酸亚铁，经氧化结晶制得；②以硫酸铁与草酸钾为原料直接合成制备；③以三氯化铁或硫酸铁与草酸钾直接合成获得；④以铁为原料制得硫酸亚铁铵，加草酸制得草酸亚铁后经氧化制得三草酸合铁（Ⅲ）酸钾。本实验为了制备纯的三草酸合铁（Ⅲ）酸钾晶体，首先用硫酸亚铁铵与草酸反应制备出草酸亚铁：

$$(NH_4)_2Fe(SO_4)_2\cdot 6H_2O+H_2C_2O_4 = FeC_2O_4\cdot 2H_2O\downarrow +(NH_4)_2SO_4+H_2SO_4+4H_2O$$

草酸亚铁在草酸钾和草酸的存在下，被过氧化氢氧化为草酸高铁配合物，加入乙醇后，便析出三草酸合铁（Ⅲ）酸钾晶体，其反应式为

$$2FeC_2O_4\cdot 2H_2O+H_2O_2+3K_2C_2O_4+H_2C_2O_4 = 2K_3[Fe(C_2O_4)_3]\cdot 3H_2O$$

2. 产物化学式的确定

用 $KMnO_4$ 法测定三草酸合铁（Ⅲ）酸钾中 Fe^{3+} 含量和 $C_2O_4^{2-}$ 含量，并可确定 Fe^{3+} 和 $C_2O_4^{2-}$ 的配位比。

在酸性介质中，用 $KMnO_4$ 标准溶液滴定 $C_2O_4^{2-}$，由消耗 $KMnO_4$ 的量，便可求算出 $C_2O_4^{2-}$ 的含量，其滴定反应式为：

$$5C_2O_4^{2-}+2MnO_4^{2-}+16H^+ = 10CO_2\uparrow+2Mn^{2+}+8H_2O$$

测定 Fe 的含量时，先用还原剂将 Fe^{3+} 还原为 Fe^{2+}，再用 $KMnO_4$ 标准溶液滴定 Fe^{2+}。其反应式为

$$MnO_4^{2-}+5Fe^{2+}+8H^+ = Mn^{2+}+5Fe^{3+}+4H_2O$$

由消耗的 $KMnO_4$ 的量，计算出 Fe^{2+} 的量，即为 Fe^{3+} 的量。

用重量分析法测定结晶水数目。由 $C_2O_4^{2-}$ 及 Fe^{2+} 含量的测定可知每克无水盐中所含 Fe 和 $C_2O_4^{2-}$ 的物质的量 n_1 和 n_2，则可求得每克无水盐中所含 K 的物质的量 n_3。当每克盐各组分 n 已知，并求出 n_1、n_2、n_3 的比值，则此化合物的化学式就可确定。

3. 三草酸合铁（Ⅲ）配离子的电荷测定

为进一步确证产物的化学式，本实验用阴离子交换法测定三草酸合铁（Ⅲ）酸根离子的电荷数。将准确称量的三草酸合铁（Ⅲ）酸钾晶体溶解于水，使其通过装有国产 717 型苯乙烯强碱性阴离子交换树脂 $R\equiv N^+Cl^-$ 的交换柱，三草酸合铁（Ⅲ）酸钾溶液中的配阴离子 X^{Z-} 与阴离子树脂上的 Cl^- 进行交换：

$$ZR\equiv N^+Cl^-+X^{Z-} \rightleftharpoons (R\equiv N^+)_ZX^{Z-}+ZCl^-$$

只要收集交换出来的含 Cl^- 的溶液，用标准硝酸银溶液滴定（莫尔法），测定 Cl^- 的含量，就可以确定配阴离子的电荷数 Z：

$$Z=\frac{Cl^-\text{的物质的量}}{\text{配合物的物质的量}}=\frac{Z_{Cl^-}}{Z_{K_2[Fe(C_2O_4)_3]\cdot 3H_2O}}$$

四、仪器与药品

（1）仪器　托盘天平，分析天平，酸式滴定管（50mL），称量瓶，移液管，锥形瓶（250mL），布氏漏斗，抽滤瓶，温度计（100℃），烘箱，玻璃管（$100cm^3$），滤纸。

（2）药品　$(NH_4)_2Fe(SO_4)_2\cdot 6H_2O$（自制的），$H_2SO_4$（$3mol\cdot L^{-1}$，$2mol\cdot L^{-1}$），$H_2C_2O_4$（饱和溶液），$K_2C_2O_4$（饱和溶液），$H_2O_2$（3%），乙醇（95%），国产 717 型苯乙烯强碱性阴离子交换树脂，标准 $AgNO_3$ 溶液（$0.1mol\cdot L^{-1}$），K_2CrO_4 溶液（5%），NaCl 溶液（$1mol\cdot L^{-1}$），$KMnO_4$ 标准溶液（$0.02mol\cdot L^{-1}$），Zn 粉。

五、实验内容

1. 草酸亚铁的制备

在 200mL 烧杯中加入 5.0g 自制的固体 $(NH_4)_2Fe(SO_4)_2\cdot 6H_2O$、15mL 去离子水和几滴 $3mol\cdot L^{-1}$ H_2SO_4，加热溶解后再加入 25mL 饱和 $H_2C_2O_4$ 溶液，加热至沸，搅拌片刻，停止加热，静置。待黄色晶体 $FeC_2O_4\cdot H_2O$ 沉降后用倾析法弃去上层清液（尽可能把清液倾干净），加入 20～30mL 去离子水，搅拌并温热，静置，弃去上层清液。

2. 三草酸合铁（Ⅲ）酸钾的制备

在上述沉淀中加入 10mL 饱和 $K_2C_2O_4$ 溶液，水浴加热至 40℃。用滴管慢慢加入 20mL 3% H_2O_2，边加边搅拌，并保持温度在 40℃左右（此时有什么现象?）。然后将溶液加热至沸，并分两次加入 8mL 饱和 $H_2C_2O_4$ 溶液（第一次加 5mL，第二次慢慢加入 3mL），趁热过滤。滤液中加入 10mL 95%乙醇，若有晶体析出，温热溶液使析出的晶体再溶解后用表面皿盖好烧杯，静置，自然冷却，避光静置过夜，即有晶体析出。抽滤，称重，计算产率，产品干燥避光保存作测定用。

3. 产品化学式的确定

（1）结晶水的测定。①将两个称量瓶放入烘箱中，在 110℃下干燥 1h，然后置于干燥器

中冷至室温，称量。重复上述操作至恒重（即两次称量相差不超过 0.3mg）。②准确称取 0.5～0.6g 已晾干的产物两份，分别放入两个已恒重的称量瓶中，置于烘箱中。在 110℃下干燥 1h，再在干燥器中冷却至室温，称重。重复干燥、冷却、称重等操作直至恒重。根据称量结果，计算结晶水的含量（每克无水配合物所对应结晶水的量 $n_{水}$）。

（2）草酸根含量的测定。准确称取 0.18～0.22g 110℃干燥恒重后的样品 3 份，分别放入 3 个 250mL 锥形瓶中，加入 50mL 去离子水和 15mL 2mol・L^{-1} H_2SO_4。用 0.02mol・L^{-1} $KMnO_4$ 标准溶液滴定至终点。计算草酸根的含量（每克无水配合物所含 $C_2O_4^{2-}$ 的 n_1 值）。滴定后的 3 份溶液保留待用。

（3）铁含量的测定。在滴定 $C_2O_4^{2-}$ 后保留的溶液中加入还原锌粉，充分摇动，直至黄色消失。将溶液加热 2min 以上，使 Fe^{3+} 完全还原为 Fe^{2+}，过滤除去多余的锌粉，洗涤锌粉，使 Fe^{2+} 定量转移到滤液中。滤液收集在另一锥形瓶中，用 0.02mol・L^{-1} $KMnO_4$ 标准溶液滴定至终点（微红色），计算铁的含量（每克无水配合物所含 Fe 的 n_2 值）。

4. 三草酸合铁（Ⅲ）酸根离子电荷的测定

（1）树脂处理。将国产 717 型苯乙烯强碱性阴离子交换树脂（氯型）$R\equiv N^+Cl^-$ 在去离子水中浸泡 24h，使其充分膨胀。必要时在浸泡前用水浮选，以除去混在树脂中的杂质。

（2）装柱。将处理好的树脂和水搅匀成糊状，装入一支 ϕ20mm×400mm 的玻璃管中，要求树脂高度约为 20cm，注意树脂顶部应保留 0.5cm 的水，放入一小团玻璃丝，以防止注入溶液时将树脂冲起，装好的交换柱应该均匀无裂缝、无气泡。在操作过程中，树脂要一直保持被水覆盖，防止因水流干空气进入树脂中。如果树脂床中进入空气，会产生间隙使交换效果降低。出现这种情况就需要重新装柱，或用去离子水从下端通入管柱逆流冲洗赶走气泡。

（3）交换。用去离子水淋洗树脂床，当用 $AgNO_3$ 检查流出液仅出现轻微浑浊（留作比较）时，即可认为已淋洗干净。再使液面下降至树脂顶部相距 0.5cm 左右，即用螺旋夹夹紧柱下部的胶管。

准确称取 1g（准至 0.1mg）三草酸合铁（Ⅲ）酸钾，在 50mL 的烧杯中用 10～15mL 去离子水溶解，小心将全部溶液转移入交换柱内。松开螺旋夹，控制每分钟 3mL 的速率流出，用一个洁净的 100mL 容量瓶收集流出液。当柱中液面下降至离树脂 0.5cm 左右时，用少量去离子水（约 5mL）洗涤小烧杯并转入交换柱，继续流过树脂床。重复 2～3 次后，再用滴管吸取去离子水洗涤交换柱上部管壁上残留的溶液，使样品溶液尽量全部流过树脂床。待容量瓶收集的流出液达 60～70mL 时，用 $AgNO_3$ 检查滴出液，当仅出现轻微浑浊（与去离子水淋洗液比较），即将螺旋夹夹紧，停止淋洗。用去离子水稀释容量瓶内溶液至刻度，摇匀，作滴定用。

准确吸取 25.00mL 淋洗液于锥形瓶内，加入 1mL 5% K_2CrO_4 溶液，以 0.1mol・L^{-1} $AgNO_3$ 标准溶液滴定至终点，记录数据。重复滴定 1～2 次。求出收集到的 Cl^- 的总量(mol)。计算配合物阴离子的电荷数 Z（取最接近的整数）。

用 1mol・L^{-1} NaCl 溶液淋洗树脂柱，直至流出液酸化后检不出 Fe^{3+} 为止，树脂回收。

5. 产物化学式的确定

由上述所测得的 n_1 和 n_2 值可计算每克无水配合物所含 K 的量 n_3，再由结晶水的含量 $n_{水}$ 和配阴离子所含的电荷数目 Z 可确定产物的化学式。

六、问题与讨论

（1）在制备三草酸合铁（Ⅲ）酸钾时，最后一步能否用蒸干溶液的办法来提高产率？为什么？

（2）在三草酸合铁（Ⅲ）酸钾的制备中，加入 H_2O_2 后为何要再加入饱和 $H_2C_2O_4$？为什么要趁热过滤？往滤液中加入95%乙醇的作用是什么？

（3）影响三草酸合铁（Ⅲ）酸钾产率的主要因素有哪些？

（4）测定配离子电荷时，如果树脂未经浸泡或未充分膨胀，对实验有何影响？

（5）在离子交换实验中，如果交换前试液或交换后流出液有损失，或者流出速率过快，对实验结果将各有什么影响？

实验五十　乙酰丙酮锰的制备和磁化率测定

一、目的与要求

（1）学习配合物的制备。

（2）熟练掌握结晶、重结晶的方法。

（3）学习测定磁化率，确定配合物的不成对电子数。

二、预习与思考

（1）复习配合物的性质和配合物的化学键理论。预习磁化率测定的原理和方法。

（2）预习第4章“4.2重结晶”。

（3）思考下列问题

① 为什么可用莫尔盐来标定磁场强度？

② 怎样从磁化率求磁矩？进而求得未成对电子？

三、实验原理

以四水合二氯化锰（$MnCl_2 \cdot 4H_2O$）和乙酰丙酮（$HC_5H_7O_2$，结构式 $CH_3COCH_2COCH_3$）为原料，在醋酸-醋酸钠缓冲体系中，通过高锰酸钾 $KMnO_4$ 的氧化，制得乙酰丙酮锰配合物[注释1] 粗产品。用丙酮进行重结晶，制得乙酰丙酮锰配合物纯品。其反应方程式如下：

$$4Mn^{2+} + MnO_4^- + 15HC_5H_7O_2 + 7C_2H_3O_2^- \longrightarrow 5Mn(C_5H_7O_2)_3 + 4H_2O + 7HC_2H_3O_2$$

本实验的主要计算公式如下：

$$\chi_{莫}(cm^3 \cdot g^{-1}) = 9500 \times 10^{-6}/(T+1)$$

式中，$\chi_{莫}$ 为莫尔盐的比磁化率；T 为热力学温度，K。

$$\chi_{顺} \approx \chi_m = 352.3\,\chi_{莫} m_{标}(\Delta m_1 - \Delta m_0)/[m_{样}(\Delta m_2 - \Delta m_0)]$$

式中，$\chi_{顺}$ 为乙酰丙酮锰的顺磁磁化率；χ_m 为乙酰丙酮锰的摩尔磁化率；$m_{标}$ 和 $m_{样}$ 分别为标准样品和待测样品在零磁场下的质量；Δm_1 为待测样品加样品管在有磁场和零磁场时的质量差；Δm_0 为空样品管在有磁场和零磁场时的质量差；Δm_2 为标准样品加样品管在有磁场和零磁场时的质量差。

乙酰丙酮锰的磁矩（忽略轨道运动对磁矩的贡献）为

$$\mu = 2.828(T\,\chi_{顺})^{1/2}\mu_B$$

式中，μ_B 为电子的玻尔磁子。乙酰丙酮锰中心离子的不成对电子数（n）为

$$n = (2.828^2\,\chi_{顺} T + 1)^{1/2} - 1$$

四、仪器与药品

（1）仪器　锥形瓶（250mL），磨口锥形瓶（14#，50mL），称量纸，滤纸，自由夹，烧杯（800mL或水浴锅），酒精温度计（100℃），电接点温度计（200℃），电磁搅拌加热器，搅拌磁子，量筒（100mL、50mL、10mL），烧杯（100mL），玻璃搅棒（150mm），玻璃滴管，砂芯漏斗，吸滤瓶，布氏漏斗，直管水冷凝管（包括乳胶管，

$14^{\#}$)，称量瓶（25mm×25mm），药匙，洗瓶，电子天平，古埃磁天平，直尺，电吹风机，循环水泵。

（2）药品　$MnCl_2 \cdot 4H_2O$(AR)，$KMnO_4$(AR)，$NaAc \cdot 3H_2O$(AR)，乙酰丙酮(AR)，丙酮（AR)，乙醇（AR)，石油醚（AR)。

五、实验内容

1.粗产品的制备

（1）称取 3.0g $MnCl_2 \cdot 4H_2O$、7.8g $NaAc \cdot 3H_2O$，置于 250mL 锥形瓶中，加入 100mL 去离子水，在电磁搅拌器上搅拌至固体完全溶解，再加入 12mL 乙酰丙酮。

（2）称取 0.6g $KMnO_4$，溶于 30mL 去离子水中，配成溶液，滴加到（1）的溶液中，加完后继续搅拌 5min。

（3）往上述溶液中缓慢加入醋酸钠水溶液（7.8g $NaAc \cdot 3H_2O$ 溶于 20mL 去离子水中)。所得溶液在 50～60 ℃ 的水浴上保温并搅拌 10min，然后用冰水浴冷却到室温，所得沉淀即为乙酰丙酮锰粗产品。

（4）将上述粗产品用砂芯漏斗减压过滤，沉淀用 15mL 去离子水洗涤，再用 7mL 乙醇快速淋洗，最后用 7mL 石油醚洗涤，以使沉淀干燥，收集沉淀，称重。

2.重结晶

用少量丙酮（丙酮的加入量按每克粗产品 4mL 计算）在加热回流条件下溶解粗产品，趁热用布氏漏斗减压过滤，滤液立即转移至烧杯中，搅拌并冷却至室温，加入一定量的石油醚（按所加丙酮体积的 2.5 倍加入)，即析出纯产品。减压过滤，将产品置于称量瓶中称重，计算产率。

3.磁化率的测定

（1）将特斯拉计的探头放在磁铁的中心架中，套上保护套，调节特斯拉计数字显示为零。除下保护套，把探头平面垂直于磁场两极中心。接通电源，调节“调压旋钮”使电流增大至特斯拉计上显示为“0.35T”，记录此时电流值 I。以后每次测量都要控制在同一电流值，使磁场相同。关闭电源前，应调节调压旋钮使特斯拉计显示为零。

（2）取一支清洁干燥的空样品管悬挂在古埃磁天平的挂钩上，使样品管底部正好与磁极中心线齐平（注意样品管不可与磁极接触，并与探头有合适的距离)。准确称得空样品管重量 $m_0(H=0)$，重复称取 3 次取其平均值。然后将电源开关接通，由小到大调节励磁电流至 I，迅速且准确地称取此时空样品管的重量 $m_0(H=H)$，重复 3 次取其平均值，并记录。注意，实验时须避免气流扰动对测量的影响，并注意勿使样品管与磁极碰撞，磁极距离不得随意变动，每次称量后应将天平盘托起等。

（3）取下样品管，将莫尔盐粉末[注释2]通过漏斗装入样品管[注释3]，边装边在橡皮垫上碰击，使样品均匀填实，直至装满，继续碰击至样品高度不变为止，用直尺测量样品高度 h。按（2）的方法称取 $m_{0+标}(H=0)$ 和 $m_{0+标}(H=H)$，记录结果，并记录此时的室温 T。测量完毕，将莫尔盐倒至指定的回收容器中。

（4）取下样品管，分别用少量去离子水和丙酮洗涤样品管，再用电吹风机吹干。通过装样小漏斗将乙酰丙酮锰样品均匀紧密地装入干燥的样品管中，重复（2）的测量过程，称取 $m_{0+样}(H=0)$ 和 $m_{0+样}(H=H)$，记录结果。

六、数据记录与处理

根据以上测量结果用所提供的公式计算乙酰丙酮锰的顺磁磁化率和分子磁矩，推算其中心离子的不成对电子数 n 及氧化态，并按配位场理论给出乙酰丙酮锰中心离子 d 电子排布，画出该配合物的分子结构示意图。

七、问题与讨论

（1）合成乙酰丙酮锰过程中，应注意哪些问题？

（2）用古埃磁天平测定磁化率的精密度与哪些因素有关？

（3）不同电流值下测得的样品摩尔磁化率是否相同？

八、注释

［1］ 乙酰丙酮锰分子结构示意图如下：

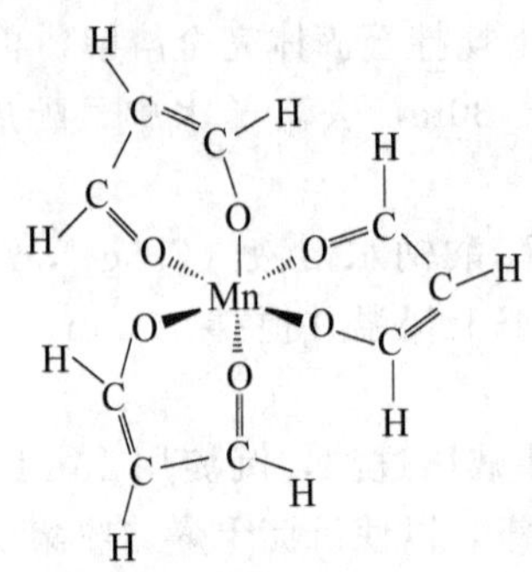

中心离子不成对电子数：$n=4.00$

乙酰丙酮锰中锰的氧化态：+3

中心离子 d 电子排布：

↑	—		e_g^*
↑	↑	↑	t_{2g}

［2］ 所测样品应研细并保存在干燥器中。

［3］ 样品管一定要干燥洁净。装样时应使样品均匀填实。

实验五十一　席夫碱的制备与组分鉴定（设计实验）

一、目的与要求

（1）巩固回流、过滤、重结晶等基本操作。

（2）掌握席夫碱配体及配合物的制备方法。

（3）初步了解红外光谱仪、熔点仪等仪器的实验方法及原理。

（4）了解科学研究基本步骤及过程，培养学生查阅科技文献的能力。

（5）学习设计实验方案及撰写科技小论文。

二、实验原理（提示）

席夫碱（Schiff base）也称亚胺或亚胺取代物，是一类含有 C═N 基团的有机化合物，在 1864 年由 Schiff H 首先发现。席夫碱可以由不同的胺类与活泼羰基化合物缩合制得，其特点是能够灵活地选择反应物。通过改变取代基或给予体原子的位置，可以生成从链状到环状、从单齿到多齿等结构多变的席夫碱配体。席夫碱不仅可以和过渡金属形成配合物，还可以和镧系、锕系及主族金属形成配合物，这些配合物在分析化学、电化学、光谱学、生物化学、催化、材料等学科领域都有重要意义。

席夫碱可以分为醛类、酮类、大环席夫碱、不对称席夫碱等类别。其中醛类活性较大，最早及最多被研究作为席夫碱前体的是水杨醛，特别是它与乙二胺缩合生成水杨醛缩乙二胺。在此就以水杨醛和乙二胺为例说明席夫碱及其配合物的反应原理。

（1）水杨醛与乙二胺在乙醇中回流反应 2h，再过滤、洗涤、重结晶即可得到黄色片状双水杨醛缩乙二胺晶体。反应式如下：

$$2\ \text{(2-hydroxybenzaldehyde)} + NH_2CH_2CH_2NH_2 \longrightarrow \text{(salen)} + 2H_2O$$

（2）双水杨醛缩乙二胺再于乙醇或二氯甲烷等溶剂中与 $Co(Ac)_2$ 或 $Zn(Ac)_2$ 等金属化合物回流反应一段时间，过滤、洗涤、干燥，即可得到相应的配合物。反应式如下：

$$Co(Ac)_2 + \text{(salen)} \xrightarrow{-HAc} \text{Co(salen)}$$

要求学生自行设计实验方案，经指导教师修改和通过后，独立开展实验，制备完成后进行产物的组分鉴定，撰写科技小论文。

实验五十二　铝矾土中主要成分的提取与应用（设计实验）

一、目的与要求

（1）通过查阅文献了解矿物中主要成分的提取和提纯方法。

（2）了解铝矾土中的主要成分，自行设计实验方案提取主要成分、合成相关化合物并提纯。

（3）学习设计实验方案及撰写科技小论文。

二、实验原理（提示）

铝矾土（aluminous soil；bauxite）又称矾土或铝土矿，是多种地质来源极不相同的含水氧化铝矿石的总称。铝土矿是一种土状矿物，主要成分是含有杂质的水合氧化铝，如一水软铝石、一水硬铝石和三水铝石（$Al_2O_3 \cdot 3H_2O$）；有的是由水铝石和高岭石（$2SiO_2 \cdot Al_2O_3 \cdot 2H_2O$）相伴构成。铝矾土一般为白色或灰白色，因含铁而呈褐黄或浅红色。密度 $3.9\sim4g \cdot cm^{-3}$，硬度 1～3，不透明，质脆。极难熔化。不溶于水，能溶于硫酸、氢氧化钠溶液。主要用于炼铝，制耐火材料。

将铝土矿在酸或碱中处理，可以得到含铝、铁等离子的溶液，分离、提纯后可以制备明矾、硫酸亚铁等化合物。

要求学生自行设计实验方案，经指导教师修改和通过后，独立开展实验，完成实验后撰写科技小论文。

实验五十三　乙酰苯胺的制备

一、目的与要求

（1）掌握制备酰胺的原理和方法。

（2）掌握从固体粗产物中除去水溶性杂质的方法，并用重结晶进一步纯化。

二、预习与思考

（1）理解反应机理。查阅相关物质的物理常数。

（2）根据相关物质的物理和化学性质，理解反应条件及产物纯化的原理。

(3) 预习第4章“4.2重结晶”和“4.5分馏与精馏”。

(4) 思考下列问题

① 为什么可以用分馏柱来除去反应所生成的水？

② 除了用水作溶剂重结晶提纯乙酰苯胺外，还可以选用其它什么溶剂？

三、实验原理

芳胺的酰化在有机合成中有着重要的作用。作为一种保护措施，一级和二级芳胺在合成中通常被转化为它们的乙酰基衍生物，以降低芳胺对氧化降解的敏感性，使其不被反应试剂所破坏；同时，氨基经酰化后，降低了氨基在亲电取代反应（特别是卤化）中的活化能力，使其由很强的第Ⅰ类定位基变为中等强度的第Ⅰ类定位基，也使反应由多元取代变为有用的一元取代；由于乙酰基的空间效应，往往选择性地生成对位取代产物。在某些情况下，酰化可以避免氨基与其它功能基或试剂（如 RCOCl，$—SO_2Cl$，HNO_2 等）之间发生不必要的反应。在合成的最后步骤，氨基很容易通过酰胺在酸碱催化下水解游离出来。

芳胺可用酰氯、酸酐或与冰醋酸加热来进行酰化。冰醋酸易得、价格便宜，但需要较长的反应时间，适合于规模较大的制备。酸酐一般来说是比酰氯更好的酰化试剂。用游离胺与纯乙酸酐进行酰化时，常伴有二乙酰胺 $[ArN(COCH_3)_2]$ 副产物的生成。但如果在醋酸-醋酸钠的缓冲溶液中进行酰化，由于酸酐的水解速度比酰化速度慢得多，可以得到高纯度的产物。但这一方法不适合于硝基苯胺和其它碱性很弱的芳胺的酰化。

乙酰苯胺为无色晶体，具有退热镇痛作用，是较早使用的解热镇痛药。它也是磺胺类药物合成中重要的中间体。本实验采用两种方法合成乙酰苯胺。

(1) 用冰醋酸为酰基化试剂，其反应式为

$$CH_3COOH + C_6H_5NH_2 \xrightarrow[100\sim110℃]{Zn(少)} CH_3CONHC_6H_5 + H_2O$$

(2) 用醋酸酐为酰基化试剂，反应式如下：

$$C_6H_5NH_2 \xrightarrow{HCl} C_6H_5^+NH_3Cl^- \xrightarrow[CH_3COONa]{(CH_3CO)_2O} C_6H_5NHCOCH_3 + 2CH_3COOH + NaCl$$

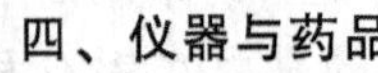

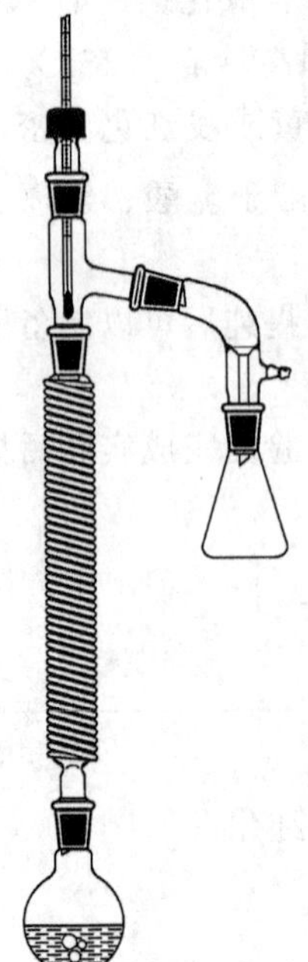

图9-8 分馏装置

四、仪器与药品

(1) 仪器 圆底烧瓶（50mL），刺形分馏柱，温度计，接引管，接收器，布氏漏斗，抽滤瓶，熔点管，烧杯（500mL），锥形瓶（500mL）。

(2) 药品 5.1g（5mL，0.055mol）苯胺，7.9g（7.5mL，0.13mol）冰醋酸，锌粉；5.6g（5.5mL，0.066mol）苯胺，7.5g（7.3mL，0.073mol）醋酸酐，9.0g（0.065mol）结晶醋酸钠（$CH_3COONa·3H_2O$），5mL 浓盐酸，活性炭。

五、实验内容

1.用冰醋酸为酰基化试剂

在50mL圆底烧瓶中，加入5mL苯胺[注释1]、7.5mL冰醋酸[注释2] 及少许锌粉（约0.1g）[注释3]，装上一短的刺形分馏柱[注释4]（见图9-8），其上端装一温度计，通过支管、接引管与接受瓶相连，接收瓶外部用冷水浴冷却。

将圆底烧瓶在石棉网上用小火加热，使反应物保持微沸约15min。然后逐渐升高温度，当温度计读数达到100℃左右时，支管即有液体流出。维持温度在100～110℃反应约1.5h，生成的水及大部分醋酸已被蒸出[注释5]，此时温度计读数下降，表示反应已经完成[注释6]，在搅拌下趁热将反应物倒入100mL冰水中[注释7]，冷却后抽滤析出固体，用冷水

洗涤。粗产物用水重结晶[注释8]，产量 4.5～5g。计算产率，测定熔点（113～114℃），用红外光谱法检查产品的纯度。本方法实验约需 4h。

2. 用醋酸酐为酰基化试剂

在 500mL 烧杯中，溶解 5mL 浓盐酸于 120mL 水中，在搅拌下加入 5.6g 苯胺[注释9]，待苯胺溶解后，再加入少量活性炭，将溶液煮沸 5min，趁热滤去活性炭及其它不溶性杂质。将滤液转移到 500mL 锥形瓶中，冷却至 50℃，加入 7.3mL 醋酸酐，振摇使其溶解后，立即加入事先配制好的 9.0g 结晶醋酸钠溶于 20mL 水的溶液，充分搅拌后，将混合液置于冰浴中冷却，使其结晶。减压过滤，用少量冷水洗涤，干燥后称重，产量约 5～6g，熔点 113～114℃。产物可用水重结晶。纯粹乙酰苯胺[注释10] 的熔点为 114.3℃。本方法实验约需 2～3h。

六、问题与讨论

（1）实验内容 1 中，反应时为什么要控制分馏柱上端的温度在 100～110℃？温度过高或过低有什么不好？

（2）实验内容 1 中，根据理论计算，反应完成时应产生几毫升水？为什么实际收集的液体远多于理论量？

（3）用醋酸直接酰化和用醋酸酐酰化各有什么特点？除此之外，还有哪些乙酰化试剂？

（4）在实验内容 2 中，用醋酸酐进行乙酰化时，加入盐酸和醋酸钠的目的是什么？

七、注释

［1］ 久置的苯胺因为氧化颜色较深有杂质，会影响乙酰苯胺的质量，故最好用新蒸的苯胺。

［2］ 冰醋酸具有腐蚀性。取用时要小心，如果触及皮肤应立即用大量水冲洗。

［3］ 加入锌粉的目的，是防止苯胺在反应过程中被氧化，生成有色的杂质，只要少量即可。

［4］ 因属小量制备，最好用微量分馏管代替刺形分馏柱。分馏管支管用一段橡皮管与一玻璃弯管相连，玻管下端伸入试管中，试管外部用冷水浴冷却。

［5］ 收集醋酸及水的总体积约为 2.5mL。

［6］ 在液面上方可观察到雾状蒸气。

［7］ 反应物冷却后，固体产物立即析出，粘在瓶壁不易处理。故须趁热在搅拌下倒入冷水中，以除去过量的醋酸及未作用的苯胺（它可成为苯胺醋酸盐而溶于水）。

［8］ 乙酰苯胺在水中的溶解度见表 9-6。

表 9-6　乙酰苯胺在水中的溶解度

t/℃	20	25	50	80	100
溶解度/g·100mL^{-1}	0.46	0.56	0.84	3.45	5.5

［9］ 自制的苯胺中有少量硝基苯，用盐酸使苯胺成盐后，可用分液漏斗分出硝基苯油珠。

［10］ 乙酰苯胺的标准红外光谱如图 9-9 所示。

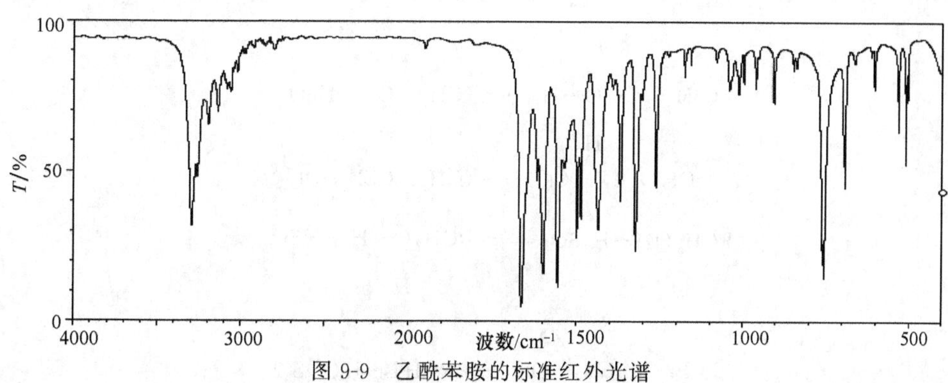

图 9-9　乙酰苯胺的标准红外光谱

实验五十四　正溴丁烷的制备

一、目的与要求

(1) 掌握从醇制取卤代烃的原理和方法。

(2) 掌握通过共沸蒸馏提取粗产物、液体有机物的洗涤、干燥等基本操作。

(3) 学习带吸收有害气体装置的回流操作。

二、预习与思考

(1) 预习卤代烃的性质和有关反应，理解 S_N2 反应机理。

(2) 预习第 3 章"3.5 物质的干燥"和第 4 章"4.8 萃取和洗涤"。

(3) 本实验应根据哪种药品的用量计算理论产率?

(4) 本实验在回流冷凝管上为何要安装吸收装置? 吸收什么气体? 还可以用什么液体来吸收气体?

三、实验原理

卤代烃是一类重要的有机合成中间体。通过卤代烷的亲核取代反应，能制备多种有用的化合物，如腈、胺、醚等。在无水乙醚中，卤代烃与金属镁作用制备的 Grignard 试剂，可以和醛、酮、酯等羰基化合物及二氧化碳反应，用来制备不同结构的醇和羧酸。多卤代物是实验室常用的有机溶剂。

根据与卤素所连的烃基的结构，卤代烃可分为卤代烷、卤代烯和芳香族卤代物。

1. 卤代烷

卤代烷可通过多种方法和试剂进行制备。烷烃的自由基卤化和烯烃与氢卤酸的亲电加成反应，因产生异构体的混合物而难以分离。实验室制备卤代烷最常用的方法是将结构对应的醇通过亲核取代反应转变为卤代物，常用的试剂有氢卤酸、三卤化磷和氯化亚砜。例如：

$$n\text{-}C_4H_9OH + HBr \xrightarrow[95\%]{H_2SO_4} n\text{-}C_4H_9Br + H_2O$$

$$t\text{-}C_4H_9OH + HCl \xrightarrow[85\%]{25℃} t\text{-}C_4H_9Cl + H_2O$$

$$3n\text{-}C_4H_9OH + PI_3 \xrightarrow[90\%]{} 3n\text{-}C_4H_9I + H_3PO_3$$

$$n\text{-}C_5H_{11}OH + SOCl_2 \xrightarrow[80\%]{\text{吡啶}} n\text{-}C_5H_{11}Cl + SO_4 + HCl$$

醇与氢卤酸的反应是制备卤代烷最方便的方法，根据醇的结构不同，反应存在着两种不同的机理，叔醇按 S_N1 机理，伯醇则主要按 S_N2 机理进行。

$$(CH_3)_3COH + HCl \rightleftharpoons (CH_3)_3C\text{—}\overset{+}{\underset{|\atop H}{O}}\text{—}H + Cl^-$$

$$(CH_3)_3C\text{—}\overset{+}{\underset{|\atop H}{O}}\text{—}H \longrightarrow (CH_3)_3C^+ + H_2O$$

$$(CH_3)_3C^+ + Cl^- \longrightarrow (CH_3)_3CCl \quad S_N1$$

$$RCH_2OH + H_2SO_4 \rightleftharpoons RCH_2\overset{+}{\underset{|\atop H}{O}}\text{—}H + HSO_4^-$$

$$Br^- + \overset{R}{\overset{|}{CH_2}}\text{—}\overset{+}{O}H_2 \longrightarrow RCH_2Br + H_2O \quad S_N2$$

酸的作用主要是促使醇首先质子化，将较难离去的基团—OH 转变成较易离去的基团 H_2O，加快反应速率。

需要指出，消去反应与取代反应是同时存在的竞争反应，对于仲醇，还可能存在着分子重排反应。因此，针对不同的反应对象，可能存在着醚、烯烃或重排的副产物。

醇与氢卤酸反应的难易随所用的醇的结构与氢卤酸不同而有所不同。反应的活性次序为：

$$\text{叔醇} > \text{仲醇} > \text{伯醇}，HI > HBr > HCl$$

叔醇在无催化剂存在下，室温即可与氢卤酸进行反应；仲醇需温热及酸催化以加速反应；伯醇则需要更剧烈的反应条件及更强的催化剂。

醇转变为溴化物也可用溴化钠及过量的浓硫酸代替氢溴酸。

$$n\text{-}C_4H_9OH + NaBr + H_2SO_4 \xrightarrow{\triangle} n\text{-}C_4H_9Br + NaHSO_4 + H_2O$$

但这种方法不适于制备相对分子质量较大的溴化物，因高浓度的盐降低了醇在反应介质中的溶解度。相对分子质量较大的溴化物可通过醇与干燥的溴化氢气体在无溶剂条件下加热制备，通过三溴化磷与醇作用也是有效的方法。

氯化物常用溶有二氯化锌的浓盐酸与伯醇和仲醇作用来制备，伯醇则需与用二氯化锌饱和的浓盐酸一起加热。氯化亚砜也是实验室制备氯化物的良好试剂，它具有无副反应、产率及纯度高及便于提纯等优点。

碘化物很容易由醇与氢碘酸反应来制备，更经济的方法是用碘和磷（三碘化磷）与醇作用，也可以用相应的氯化物或溴化物与碘化钠在丙酮溶液中发生卤素交换反应。由于有更便宜和易得的氯化物和溴化物，一般在合成中很少用到碘化物，然而液态的碘甲烷由于操作方便却是相应的氯甲烷和溴甲烷很难代替的，卤甲烷的沸点为：氯甲烷 −24℃；溴甲烷 5℃；碘甲烷 43℃。

2. 芳香族卤代物

芳香族卤代物是指卤素直接与苯环相连接的化合物。它可以通过苯或取代苯在 Lewis 酸的催化下与卤素发生亲电取代反应来进行制备。

$$C_6H_6 + Br_2 \xrightarrow[\text{或 } FeBr_3]{Fe} C_6H_5Br + HBr$$

常用的催化剂有三卤化铁、三氯化铝等。由于无水溴化铁极易吸水，不便保存，实验中通常用铁屑作催化剂，后者与溴在反应中产生溴化铁。整个取代反应的历程是：

$$2Fe + 3Br_2 \longrightarrow 2FeBr_3$$

$$FeBr_3 + Br_2 \rightleftharpoons Br^+ \ [FeBr_4]^-$$

$$C_6H_6 + Br^+ \rightleftharpoons \left[C_6H_6Br^+\right] \longrightarrow C_6H_5Br + H^+$$

$$FeBr_4^- + H^+ \longrightarrow FeBr_3 + HBr$$

苯的溴化反应是一个放热反应，实际操作中，为了避免反应过于剧烈，减少副产物二溴苯的生成，通常使用过量的苯并将溴慢慢滴加到苯中，增大溴的比例有利于二溴苯的生成。水的存在很容易使溴化铁水解，使反应难于进行，所以反应时所用试剂和仪器均应是无水和干燥的。为了避免卤素与苯环的加成，反应应该避光进行。

氯苯也可用类似的方法制备，碘苯只有在氧化剂存在下，反应才能顺利进行。

$$2\,C_6H_6 + I_2 + [O] \xrightarrow[87\%]{HNO_3} 2\,C_6H_5I + H_2O$$

芳香族卤化物也可通过重氮盐间接制备。

3. 卤素对烯丙型及苯甲型化合物 α-H 的取代

实验室制备烯丙型和 α-溴代烷基苯可以用 *N*-溴代丁二酰亚胺（简称 NBS）作试剂进行，例如：

$$\text{环己烯} + \underset{\text{NBS}}{\text{NBr (丁二酰亚胺环)}} \xrightarrow[\substack{CCl_4,\triangle \\ 82\%\sim87\%}]{\text{过氧化苯甲酰}} \text{3-Br-环己烯} + \text{NH (丁二酰亚胺)}$$

这是一个通过光照或加过氧化物引发的自由基反应。NBS 在反应混合物中微量的酸性杂质或湿气存在下分解而产生的低浓度的溴是溴化试剂。

$$\text{NBr (丁二酰亚胺环)} + HBr \longrightarrow \text{NH (丁二酰亚胺环)} + Br_2$$

通常用非极性的四氯化碳作为反应溶剂。NBS 在四氯化碳中溶解度极小且比四氯化碳重，沉在溶液下面，随着反应进行，NBS 逐渐消失，生成的丁二酰亚胺也不溶于四氯化碳但比四氯化碳轻，浮在溶液上面，反应完毕后可以过滤回收。

4. 二卤化物

烯烃在液态或溶液中很容易与卤素（氯或溴）加成生成二卤化物，反应不需要催化剂或光照，常温下即可迅速而定量地完成。这个反应不仅可以用来制备邻二卤代物，也可以用于烯烃的定性检验和双键的定量测定。

5. 正溴丁烷（*n*-butyl brimide）的制备

主反应：$n\text{-}C_4H_9OH + NaBr + H_2SO_4 \xrightarrow{\triangle} n\text{-}C_4H_9Br + NaHSO_4 + H_2O$

副反应：$CH_3CH_2CH_2CH_2OH \xrightarrow{H_2SO_4} CH_3CH_2CH{=}CH_2 + H_2O$

$$2n\text{-}C_4H_9OH \xrightarrow{H_2SO_4} (n\text{-}C_4H_9)_2O + H_2O$$

四、仪器与药品

（1）仪器　圆底烧瓶（100mL），球形冷凝管，抽滤瓶，75°弯管，直形冷凝管，分液漏斗，锥形瓶，蒸馏头，温度计。

（2）药品　7.4g（9.2mL，0.10mol）正丁醇，13g（约 0.13mol）无水溴化钠，浓硫酸，饱和碳酸氢钠溶液，无水氯化钙，5% NaOH 溶液。

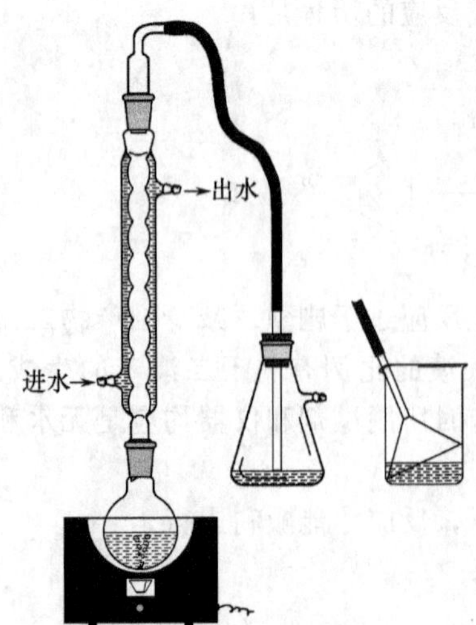

图 9-10　实验装置图

五、实验内容

在 100mL 圆底烧瓶上安装回流冷凝管，冷凝管的上口接一气体吸收装置（图 9-10），用 5% 的氢氧化钠溶液作吸收剂。

在圆底烧瓶中加入 10mL 水，并小心地加入 14mL 浓硫酸，混合均匀后冷至室温。再依次加入 9.2mL 正丁醇和 13g 无水溴化钠[注释1]，充分摇振后加入几粒沸石，连上气体吸收装置。将烧瓶置于石棉网上用小火加热至沸，调节火焰使反应物保持沸腾而又平稳地回流，并不时摇动烧瓶促使反应完成。由于无机盐水溶液有较大的相对密度，不久会分出上层液体即是正溴丁烷。回流约需 30～40min（反应周期延长 1h 仅增加 1%～2%的产量）。待反应液冷却后，移去冷凝管加上蒸馏弯头，改为蒸馏装置，蒸出粗产物正溴丁烷[注释2]。

将馏出液移至分液漏斗中，加入等体积的水洗涤[注释3]（产物在上层还是下层?）。产物转入另一干燥的分液漏斗中，用等体积的浓硫酸洗涤[注释4]。尽量分去硫酸层（哪一层?）。有机相依次用等体积的水、饱和碳酸氢钠溶液和水洗涤后转入干燥的锥形瓶中。用1～2g 黄豆粒大小的无水氯化钙干燥，间歇摇动锥形瓶，直至液体清亮为止。

将干燥好的产物过滤到蒸馏瓶中，在石棉网上加热蒸馏，收集 99～103℃的馏分[注释5]，产量 7～8g。计算产率，测定折射率和红外光谱检查产品的纯度。本实验约需 6h。

纯粹正溴丁烷[注释6]的沸点为 101.6℃，折光率 n_D^{20} 1.4399。

六、问题与讨论

（1）本实验中硫酸的作用是什么？硫酸的用量和浓度过大或过小有什么不好？

（2）反应后的粗产物中含有哪些杂质？各步洗涤的目的何在？

（3）用分液漏斗洗涤产物时，正溴丁烷时而在上层，时而在下层，如不知道产物的密度时，可用什么简便的方法加以判别？

（4）为什么用饱和的碳酸氢钠溶液洗涤前先要用水洗一次？

（5）用分液漏斗洗涤产物时，为什么摇动后要及时放气，应如何操作？

七、注释

[1] 如用含结晶水的溴化钠（$NaBr \cdot 2H_2O$），可按物质的量换算，并酌减水量。

[2] 正溴丁烷是否蒸完，可从下列几方面判断：①馏出液是否由浑浊变为澄清；②反应瓶上层油层是否消失；③取一试管收集几滴馏出液，加水摇动，观察有无油珠出现。如无，表示馏出液中已无有机物，蒸馏完成。蒸馏不溶于水的有机物时，常可用此法检验。

[3] 如水洗后产物尚呈红色，是由于浓硫酸的氧化作用生成游离溴的缘故，可加入几毫升饱和亚硫酸氢钠溶液洗涤除去。

$$2NaBr + 3H_2SO_4(浓) \longrightarrow Br_2 + SO_2 + 2H_2O + 2NaHSO_4$$

$$Br_2 + 3NaHSO_3 \longrightarrow 2NaBr + NaHSO_4 + 2SO_2 + H_2O$$

[4] 浓硫酸能溶解存在于粗产物中的少量未反应的正丁醇及副产物正丁醚等杂质。因为在以后的蒸馏中，由于正丁醇和正溴丁烷可形成共沸物(沸点 98.6℃，含正丁醇 13%)而难以除去。

注意，浓硫酸具有强腐蚀性。在用浓硫酸洗涤有机物前，有机物中水层应尽量分去，且使用的分液漏斗需干燥，否则浓硫酸和水混合放出的热量可能导致漏斗内压力过大，导致危险。另外，在振摇分液漏斗的开

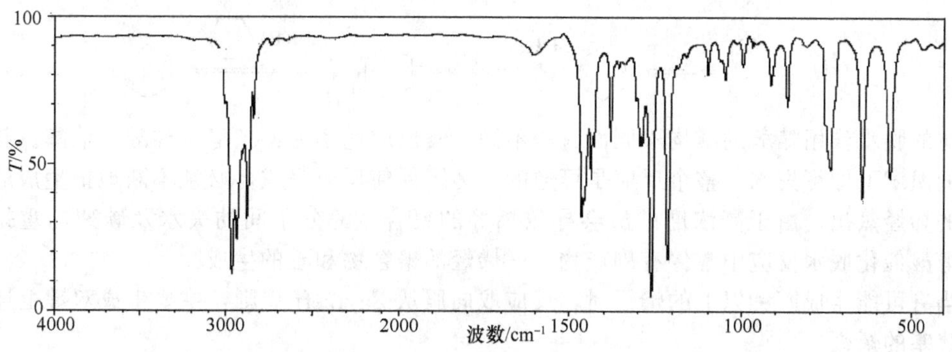

图 9-11　正溴丁烷的红外光谱图

始阶段，每振摇 1～2 次，放气 1 次（朝无人方向）。

［5］ 本实验制备的正溴丁烷经气相色谱分析，均含有 1%～2%的 2-溴丁烷。制备时如回流时间较长，2-溴丁烷的含量较高，但回流到一定时间后，2-溴丁烷的量就不再增加。2-溴丁烷的生成可能是由于在酸性介质中，反应也会部分以 S_N1 机制进行的结果。

［6］ 正溴丁烷的标准红外光谱图如图 9-11 所示。

实验五十五　环己烯的制备

一、目的与要求

(1)学习由环己醇酸化脱水制取环己烯的原理和方法。

(2)熟练掌握分馏和水浴蒸馏的基本操作技能。

二、预习和思考

(1)预习烯烃的反应、来源和制法。

(2)预习第 4 章"4.4 蒸馏"和"4.5 分馏与精馏"中有关蒸馏、分馏的原理和基本操作方法。

(3)思考下列问题

① 试写出环己醇被硫酸催化脱水的反应机理。

② 在粗制环己烯中，加入食盐使水层饱和的目的何在？

③ 制备过程中为什么要控制分馏柱顶部的温度？

三、实验原理

相对分子质量低的烯烃如乙烯、丙烯和丁二烯是合成材料工业的基本原料，由石油裂解经分离提纯得到。实验室制备烯烃主要采用醇的脱水及卤代烷脱卤化氢两种方法。

醇的脱水在工业上多采用氧化铝或分子筛在高温（350～400℃）下进行催化脱水，小规模生产或实验室小量制备常用酸催化脱水的方法。常用的脱水剂有硫酸、磷酸、对甲苯磺酸及硫酸氢钾等。

$$CH_3CH_2OH \xrightarrow[350\sim400℃]{Al_2O_3} CH_2{=}CH_2 + H_2O$$

$$CH_3CH_2OH \xrightarrow[170℃]{浓\ H_2SO_4} CH_2{=}CH_2 + H_2O$$

$$\text{环己醇（OH）} \xrightarrow[165\sim170℃]{H_2SO_4} \text{环己烯} + H_2O$$

一般认为，醇酸催化脱水的过程是一个通过碳正离子中间体进行的单分子消去反应(E1)。

$$\text{环己醇} \underset{}{\overset{H^+}{\rightleftharpoons}} \text{环己基}-\overset{+}{O}H_2 \underset{}{\overset{-H_2O}{\rightleftharpoons}} \text{环己基碳正离子} \xrightleftharpoons{\text{环己醇（:O(H)–）}} \text{环己烯}$$

醇的脱水作用随醇的结构不同而有所不同。其反应速率为：叔醇＞仲醇＞伯醇。叔醇在较低的温度下即可失水。整个反应是可逆的，为了促使反应完成，必须不断地把生成的沸点较低的烯烃蒸出。由于高浓度的酸会导致烯烃的聚合、醇分子间的失水及碳架的重排，因此，醇酸催化脱水反应中常伴有副产物——烯烃的聚合物和醚的生成。

当有可能生成两种以上的烯烃时，反应取向服从 Zaytzeff 规则，主要生成双键上连有较多取代基的烯烃。

卤代烷与碱的溶液作用脱卤化氢，也是实验室用来制备烯烃的方法。例如：

$$BrCH_2CHBrCH_2Br + NaOH \xrightarrow{\text{乙醇}} H_2C{=}CBrH_2Br + NaBr + H_2O$$

常用的碱有氢氧化钠、氢氧化钾等。一般认为，这是一个双分子的消去反应（E2)。与醇脱水反应一样，当有可能生成两种以上烯烃时，反应遵循 Zaytzeff 规则。由于存在与之竞争的取代反应，副产物分别是醇和醚等。

工业上也采用苯部分加氢法合成环己烯。

本实验是以环己醇为原料，用浓硫酸作脱水剂来制备环己烯（cyclohexene)，其反应式为：

$$\text{环己醇(OH)} \xrightarrow[\triangle]{H_2SO_4} \text{环己烯} + H_2O$$

四、仪器与药品

（1）仪器　蒸馏装置，分馏柱，分液漏斗（250mL)，锥形瓶（50mL)，圆底烧瓶（50mL)。

（2）药品　15.0g(15.6mL，0.15mol）环己醇，1mL 浓硫酸，食盐，无水氯化钙，碳酸钠（5%水溶液）。

五、实验内容

在 50mL 干燥的圆底烧瓶中加入 15.0g 环己醇、1mL 浓硫酸[注释1] 和几粒沸石，充分振摇使之混合均匀[注释2]。烧瓶上装一短的分馏柱，接上冷凝管，用 50mL 锥形瓶作接收瓶并浸在冷水中冷却。将烧瓶放在电热套或石棉网上用小火缓缓加热至沸，控制分馏柱顶部的馏出温度不超过 90℃[注释3]，馏出液为带水的浑浊液。至无液体蒸出时，可适当提高加热温度，当烧瓶中只剩下很少量的残液并出现阵阵白雾时，立即停止蒸馏。全部蒸馏时间约需 1h。

将馏出液用约 1g 食盐饱和，然后加入 3～4mL 5%碳酸钠溶液中和微量的酸。将液体转入分液漏斗中，摇振后静置分层，分出有机相（哪一层？如何取出?)，用 1～2g 无水氯化钙干燥[注释4]。待溶液清亮透明后，滤入 50mL 圆底烧瓶中，加入几粒沸石后用水浴蒸馏[注释5]，收集 80～85℃的馏分于一已称重的小锥形瓶中。若蒸出的产物浑浊，必须重新干燥后再蒸馏。产量 7～8g。计算产率，测定折射率。本实验约需 4～5h。

纯粹环己烯[注释6] 的沸点为 82.98℃，折射率 n_D^{20} 1.4465。微溶于水，溶于乙醇、乙醚，具有中等毒性。

六、问题与讨论

（1）在蒸馏终止前，出现的阵阵白雾是什么?

（2）写出无水氯化钙吸水后的化学变化方程式，为什么蒸馏前一定要将它过滤掉?

（3）写出下列醇与浓硫酸进行脱水的产物：

①3-甲基-1-丁醇；②3-甲基-2-丁醇；③3,3-二甲基-2-丁醇。

七、注释

[1] 本实验也可用 3mL 85%的磷酸代替浓硫酸作脱水剂，其余步骤相同。用磷酸作脱水剂比硫酸有明显的优点：一是不生成碳渣，二是不生成难闻气体（用硫酸易生成 SO_2 副产物）。

[2] 环己醇在常温下是黏稠液体（mp24℃)，若用量筒量取时，应注意转移中的损失。环己醇与浓硫酸应充分混合，否则在加热过程中会局部炭化。

[3] 最好用简易空气浴，即将烧瓶底部向上移动，稍微离开石棉网进行加热，使蒸馏瓶受热均匀。由于反应中环己烯与水形成共沸物（沸点 70.8℃，含水 10%)；环己醇与环己烯形成共沸物（沸点 64.9℃，

含环己醇 30.5%)；环己醇与水形成共沸物（沸点 97.8℃，含水 80%)。因此，在加热时温度不可过高、蒸馏速度不宜太快，以 1 滴/2～3s 为宜，以减少未作用的环己醇蒸出。

[4] 水层应尽可能分离完全，否则将增加无水氯化钙的用量，使产物更多地被干燥剂吸附而导致损失。这里用无水氯化钙干燥较适宜，因它还可除去少量环己醇（生成醇与氯化钙的配合物)。

[5] 产品是否清亮透明，是衡量产品是否合格的外观标准。因此，在蒸馏已干燥的产物时，所用蒸馏仪器都应充分干燥。

[6] 环己烯的标准红外光谱见图 9-12。

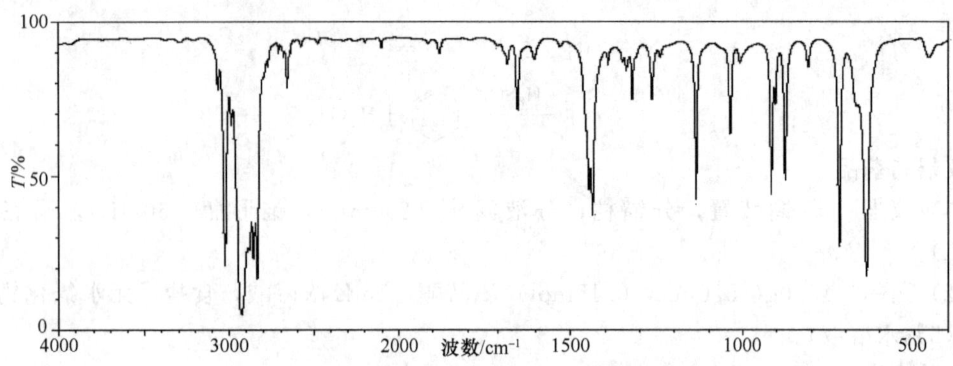

图 9-12 环己烯的红外光谱图

实验五十六 肉桂酸的制备

一、目的与要求

(1) 理解 Perkin 反应原理，了解肉桂酸的制备原理和方法。

(2) 掌握回流、热过滤、重结晶操作。

(3) 熟练掌握水蒸气蒸馏的原理和操作。

二、预习与思考

(1) 预习羧酸衍生物的反应及制法。理解 Perkin 反应的基本原理。

(2) 预习第 4 章“4.7 水蒸气蒸馏”。

(3) 思考下列问题

① 具有何种结构的醛能进行 Perkin 反应？简述此反应的机理，并说明此反应中醛的结构特点。

② 用水蒸气蒸馏除去什么？

③ 能否用氢氧化钠代替碳酸钠中和反应混合物？为什么？

三、实验原理

芳香醛和酸酐在碱性催化剂作用下，可以发生类似羟醛缩合的反应，生成 α,β-不饱和芳香醛，称为 Perkin 反应。催化剂通常是相应酸酐的羧酸钾或钠盐，有时也可用碳酸钾或叔胺代替，典型的例子是肉桂酸的制备。

$$C_6H_5CHO+(CH_3CO)_2O \xrightarrow[170\sim180℃]{CH_3COOK} C_6H_5CH=CHCOOH+CH_3COOH$$

碱的作用是促使酸酐的烯醇化，生成醋酸酐碳负离子，接着碳负离子与芳醛发生亲核加成，最后是中间产物的氧酰基交换产生更稳定的 β-酰氧基丙酸负离子，最后经 β-消去产生肉桂酸盐。用碳酸钾代替醋酸钾，反应周期可明显缩短。反应过程可表示如下：

$$(CH_3CO)_2O + CH_3COOK \rightleftharpoons \left[{}^{-}CH_2COOCOCH_3 \longleftrightarrow CH_2{=}C(O^-){-}OCOCH_3 \right]$$

$$\xrightleftharpoons[\text{亲核加成}]{C_6H_5CHO} C_6H_5CH(O^-)CH_2C(=O)OC(=O)CH_3 \xrightleftharpoons{O\text{-酰基交换}} C_6H_5CH(OCOCH_3)CH(H)COO^-$$

$$\xrightarrow{\beta\text{-消去}} C_6H_5CH{=}CHCOO^-$$

有趣的是，虽然理论上肉桂酸存在顺反异构体，但 Perkin 反应只得到反式肉桂酸（熔点 133℃），顺式异构体（熔点 68℃）不稳定，在较高的反应温度下很容易转变为热力学更稳定的反式异构体。

肉桂酸又名β-苯丙烯酸，有顺式和反式两种异构体。通常以反式形式存在，为无色晶体，熔点 133℃。肉桂酸是香料、化妆品、医药、塑料和感光树脂等的重要原料。肉桂酸的合成方法有多种，实验室常用 Perkin 反应来制备肉桂酸（cinnamic acid）。制备肉桂酸的反应式如下：

$$C_6H_5CHO + (CH_3CO)_2O \xrightarrow[K_2CO_3]{CH_3COOK\text{ 或}} \xrightarrow{H^+} C_6H_5CH{=}CHCOOH + CH_3COOH$$

得到的粗产品通过水蒸气蒸馏、重结晶等方法提纯精制。

用 Perkin 法合成肉桂酸，具有原料易得、反应条件温和、分离简单、产率高、副反应少等优点，工业上也多采用此法。

四、仪器与药品

（1）仪器　电热套，圆底烧瓶（100mL、250mL、500mL），球形冷凝管，直形冷凝管，温度计，蒸馏头，接收管，锥形瓶（50mL），布氏漏斗，抽滤瓶，水蒸气蒸馏装置。

（2）药品　5.3g(5mL，0.05mol) 苯甲醛（新蒸），8g(7.5mL，0.078mol) 醋酸酐（新蒸），3g 无水醋酸钾[注释1]，碳酸钠，浓盐酸（以上用于实验 1）；5.3g(5mL，0.05mol) 苯甲醛（新蒸），15g(14mL，0.0145mol) 醋酸酐（新蒸），7g 无水碳酸钾，10%氢氧化钠，浓盐酸（以上用于实验 2）。

五、实验内容

1. 用无水醋酸钾作缩合剂

在 100mL 圆底烧瓶中，混合 3g 无水醋酸钾、7.5mL 新蒸馏的醋酸酐[注释2] 和 5mL 新蒸馏的苯甲醛[注释3]，在电热套或石棉网上用小火加热回流 1.5～2h。

反应完毕后，将反应物趁热倒入 500mL 圆底烧瓶中，并以少量沸水冲洗反应瓶几次，使反应物全部转移至 500mL 烧瓶中。加入适量的固体碳酸钠（5～7.5g），使溶液呈微碱性，进行水蒸气蒸馏（蒸去什么?）至馏出液无油珠为止。

残留液加入少量活性炭，煮沸数分钟，趁热过滤。在搅拌下往热滤液中小心加入浓盐酸至酸性。冷却，待结晶全部析出后，抽滤收集晶体，以少量冷水洗涤，干燥，称重，计算产率，测定熔点（粗产物约 4g。可在热水或 3∶1 的稀乙醇中进行重结晶，熔点 131.5～132℃）。本实验约需 5～6h。

2. 用无水碳酸钾作缩合剂

在 250mL 圆底烧瓶中，混合 7g 无水碳酸钾、5mL 苯甲醛和 14mL 醋酸酐，将混合物在

170～180℃的油浴[注释4]中，加热回流45min。由于有二氧化碳逸出，最初反应会出现泡沫。

冷却反应混合物，加入40mL水浸泡几分钟，用玻棒或不锈钢刮刀轻轻捣碎瓶中的固体，进行水蒸气蒸馏（蒸去什么?），直至无油状物蒸出为止。将烧瓶冷却后，加入40mL 10%氢氧化钠水溶液，使生成的肉桂酸形成钠盐而溶解。再加入90mL水，加热煮沸后加入少量活性炭脱色，趁热过滤。待滤液冷至室温后，在搅拌下，小心加入20mL浓盐酸和20mL水的混合液，至溶液呈酸性。冷却结晶，抽滤析出的晶体，并用少量冷水洗涤，干燥后称重，计算产率，测定熔点（粗产物约4g，可用3∶1的稀乙醇重结晶）。本实验约需4h。

纯粹肉桂酸[注释5]（反式）为白色片状结晶，熔点133℃。

六、问题与讨论

（1）用无水醋酸钾作缩合剂，回流结束后加入固体碳酸钠使溶液呈碱性，此时溶液中有哪几种化合物，各以什么形式存在?

（2）实验方法1中，水蒸气蒸馏前若用氢氧化钠溶液代替碳酸钠碱化时有什么不好?

（3）用丙酸酐和无水丙酸钾与苯甲醛反应，得到什么产物?写出反应式。

（4）在Perkin反应中，如使用与酸酐不同的羧酸盐，会得到两种不同的芳基丙烯酸，为什么?

（5）用水蒸气蒸馏除去什么?能不能不用水蒸气蒸馏?

七、注释

[1] 无水醋酸钾需新鲜熔焙。将含水醋酸钾放入蒸发皿中加热，则盐先在所含的结晶水中溶化，水分挥发后又结成固体。强热使固体再熔化，并不断搅拌，使水分散发后，趁热倒在金属板上，冷后用研钵研碎，放入干燥器中待用。

[2] 醋酸酐放久了，由于吸潮和水解将转变为醋酸。故本实验所需的醋酸酐必须在实验前重新蒸馏。

[3] 苯甲醛放久了，会因自动氧化而生成较多量的苯甲酸。这不但影响反应的进行，而且苯甲酸混在产品中不易除干净，将影响产品的质量。提纯苯甲醛可先用碳酸钠溶液洗去苯甲酸，再用无水硫酸镁干燥，重新蒸馏。

[4] 也可用简易的空气浴代替油浴进行加热，即将烧瓶底部向上移动，稍微离开石棉网进行加热回流。

[5] 肉桂酸的标准红外谱如图9-13所示。

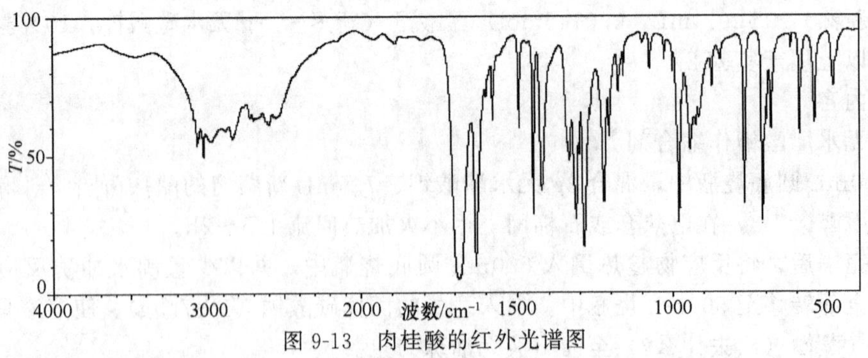

图9-13 肉桂酸的红外光谱图

实验五十七 苯甲酸乙酯的制备

一、目的与要求

（1）学习羧酸和醇的酯化反应原理，了解三元共沸原理及其应用。

（2）掌握利用分水器进行共沸蒸馏的脱水方法。

（3）熟练掌握萃取、洗涤、蒸馏等基本操作。

二、预习与思考

(1) 预习羧酸及其衍生物的反应和制备方法。

(2) 了解共沸除水的原理和方法，理解后处理纯化过程的原理。

(3) 酯化反应有哪些特点？本实验应如何提高产率？又如何加快反应速率？

(4) 预估反应完全时应分出多少水？

三、实验原理

羧酸酯是一类在工业和商业上用途广泛的化合物。可由羧酸和醇在催化剂存在下直接酯化来进行制备，或采用酰氯、酸酐和腈的醇解，有时也可利用羧酸盐与卤代烷或硫酸酯的反应。

酸催化直接酯化是工业和实验室制备羧酸酯最重要的方法，常用的催化剂有硫酸、氯化氢和对甲苯磺酸等。

$$R-\overset{\overset{\displaystyle O}{\|}}{C}-\boxed{OH + H}\ OR' \overset{H^+}{\rightleftharpoons} R-\overset{\overset{\displaystyle O}{\|}}{C}-OR' + H_2O$$

酸的作用是使羰基质子化从而提高羰基的反应活性。

$$R-\overset{\overset{\displaystyle O}{\|}}{C}-OH \overset{H^+}{\rightleftharpoons} R-\overset{\overset{\displaystyle ^+OH}{\|}}{C}-OH \overset{R'OH}{\rightleftharpoons} R-\underset{\underset{\displaystyle OH}{|}}{\overset{\overset{\displaystyle OH}{|}}{C}}-\underset{\underset{\displaystyle H}{|}}{\overset{+}{O}}-R'$$

$$\rightleftharpoons$$

$$R-\overset{\overset{\displaystyle O}{\|}}{C}-OR' \rightleftharpoons R-\overset{\overset{\displaystyle ^+OH}{\|}}{C}-OR' + H_2O \rightleftharpoons R-\underset{\underset{\displaystyle ^+OH_2}{|}}{\overset{\overset{\displaystyle OH}{|}}{C}}-OR'$$

整个反应是可逆的，为了使反应向有利于生成酯的方向移动，通常采用过量的羧酸或醇，或者除去反应中生成的酯或水，或者二者同时采用。

根据质量作用定律，酯化反应平衡混合物的组成可表示为：

$$K_E = \frac{[\text{酯}][\text{水}]}{[\text{酸}][\text{醇}]}$$

对于乙酸和乙醇作用生成乙酸乙酯的反应，平衡常数 $K_E \approx 4$，即用等物质的量的原料进行反应，达到平衡后只有 2/3 的羧酸和醇转变为酯。

由于平衡常数在一定温度下为定值，故增加羧酸和醇的用量无疑会增加酯的产量，但究竟使用过量的酸还是过量的醇，则取决于原料是否易得、价格及过量的原料与产物容易分离与否等因素。

理论上催化剂不影响平衡混合物的组成，但实验表明，加入过量的酸，可以增大反应的平衡常数。因为过量酸的存在，改变了体系的环境，并通过水合作用除去了反应中生成的部分水。

在实践中，提高反应收率常用的方法是除去反应中形成的水，特别是大规模的工业制备中。在某些酯化反应中，醇、酯和水之间可以形成二元或三元最低恒沸物，也可以在反应体系中加入能与水、醇形成恒沸物的第三组分，如苯、四氯化碳等，以除去反应中不断生成的水，达到提高酯产量的目的。这种酯化方法，一般称为共沸酯化。究竟采取什么措施，要根据反应物和产物的性质来确定。

酯化反应的速率明显地受羧酸和醇结构的影响，特别是空间位阻。随着羧酸 α 及 β 位取代基数目的增多，反应速率可能变得很慢甚至完全不起反应。对位阻大的羧酸最好先转化为酰氯，然后再与醇反应，或在叔胺的催化下，利用羧酸盐与卤代烷反应。

酰氯和酸酐能迅速地与伯醇及仲醇反应生成相应的酯；叔醇在碱存在下，与酰氯反应生成卤代烷，但在叔胺（吡啶、三乙胺）存在下，可顺利地与酰氯发生酰化反应。酸酐的活性低于酰氯，但在加热的条件下可与大多数醇反应，酸（硫酸、二氯化锌）和碱（叔胺、醋酸钠等）的催化可促进酸酐的酰基化。

酯在工业和商业上大量用作溶剂。低级酯一般是具有芳香气味或特定水果香味的液体，自然界许多水果和花草的芳香气味，就是由于酯存在的缘故。酯在自然界以混合物的形式存在。人工合成的一些香料就是模拟天然水果和植物提取液的香味经配制而成的。

苯甲酸乙酯（ethyl benzoate）的制备是以苯甲酸与乙醇为原料，在少量浓硫酸催化下进行酯化反应制得，其反应式为：

$$C_6H_5COOH + C_2H_5OH \underset{}{\overset{H_2SO_4}{\rightleftharpoons}} C_6H_5COOC_2H_5 + H_2O$$

由于苯甲酸乙酯的沸点很高，很难蒸出，所以本实验采用加入苯的方法，使苯、乙醇和水组成三元共沸物，其共沸点为 64.6℃，这样可以除去反应中生成的水。三元共沸物经冷却后分成两相，乙醇在上层的比例大，再流回反应瓶进行酯化，而水在下层比例大，可用分水器将其除去。

四、仪器与药品

(1) 仪器：圆底烧瓶，分水器，球形冷凝管，直形冷凝管，蒸馏头，温度计，分液漏斗，锥形瓶，蒸馏烧瓶。

(2) 药品：8g (0.066mol) 苯甲酸，20mL (0.34mol) 无水乙醇 (99.5%)，苯，浓硫酸，碳酸钠，乙醚，无水氯化钙（以上均为 CP）。

五、实验内容

在 100mL 圆底烧瓶中，加入 8g 苯甲酸、20mL 无水乙醇、15mL 苯和 3mL 浓硫酸，摇匀后加入几粒沸石，再装上分水器，从分水器上端小心加水至分水器支管处然后再放去 6mL[注释1]，分水器上端接一回流冷凝管（见图 9-14）。

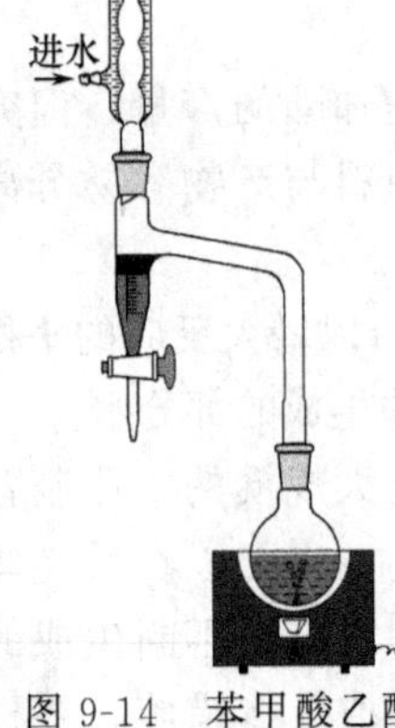

图 9-14 苯甲酸乙酯制备装置图

将烧瓶在水浴上加热回流，开始时回流速度要慢，随着回流的进行，分水器中出现了上、中、下三层液体[注释2]，且中层越来越多。约 2h 后，分水器中的中层液体已达 5～6mL 左右，即可停止加热。放出中、下层液体并记下体积。继续用水浴加热，使多余的乙醇和苯蒸至分水器中（当充满时可由活塞放出，注意放时应移去火源）。

将瓶中残液倒入盛有 60mL 冷水的烧杯中，在搅拌下分批加入碳酸钠粉末[注释3] 中和至无二氧化碳气体产生（用 pH 试纸检验至呈中性）。

用分液漏斗分去粗产物[注释4]，用 20mL 乙醚萃取水层。合并粗产物和醚萃取液，用无水氯化钙干燥。水层倒入公用的回收瓶，回收未反应的苯甲酸[注释5]。先用水浴蒸去乙醚，再在石棉网上加热，收集 210～213℃的馏分，产量 7～8g[注释6]。计算产率，测定折射率。本实验约需 5～6h。

纯粹苯甲酸乙酯[注释7] 的沸点为 213℃，折射率 n_D^{20} 1.5001。

六、问题与讨论

(1) 本实验应用什么原理和措施来提高该平衡反应的产率的？

（2）实验中，你是如何运用化合物的物理常数分析现象和指导操作的？

七、注释

［1］ 根据理论计算，带出的总水量约 2g。因本反应是借共沸蒸馏带走反应中生成的水，根据注释［2］计算，共沸物下层的总体积约为 6mL。

［2］ 下层为原来加入的水。由反应瓶中蒸出的馏液为三元共沸物（沸点为 64.6℃，含苯 74.1%、乙醇 18.5%、水 7.4%）。它从冷凝管流入水分离器后分为两层，上层占 84%（含苯 86.0%、乙醇 12.7%、水 1.3%），下层占 16%（含苯 4.8%、乙醇 52.1%、水 43.1%），此下层即为水分离器中的中层。

［3］ 加碳酸钠的目的是除去硫酸及未作用的苯甲酸，要研细后分批加入，否则会产生大量泡沫而使液体溢出。

［4］ 若粗产物中含有絮状物难以分层，则可直接用 25mL 乙醚萃取。

［5］ 可用盐酸小心酸化用碳酸钠中和后分出的水溶液，至溶液对 pH 试纸呈酸性，抽滤析出的苯甲酸沉淀，并用少量冷水洗涤后干燥。

［6］ 本实验也可按下列步骤进行：将 8g 苯甲酸、25mL 无水乙醇、3mL 浓硫酸混合均匀，加热回流 3h 后，改成蒸馏装置。蒸去乙醇后处理方法同上。

［7］ 苯甲酸乙酯的红外光谱图见图 9-15。

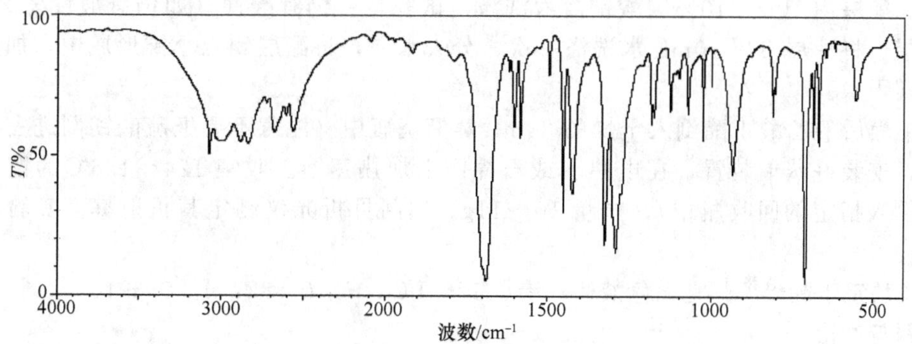

图 9-15　苯甲酸乙酯的红外光谱图

实验五十八　乙酸正丁酯的制备

一、目的与要求

（1）学习酯化反应的基本原理和酯的制备方法。

（2）掌握提高可逆反应转化率的实验方法。

（3）巩固分液、洗涤、蒸馏、干燥和分水器的使用等基本操作。

二、预习与思考

（1）预习羧酸及其衍生物的反应和制备方法。

（2）预习第 4 章“4.4 蒸馏”、“4.5 分馏与精馏”和“4.8 萃取和洗涤”。

（3）在本实验中，除了生成乙酸正丁酯外，还会有哪些副产物？采用什么方法可以提高酯的产率？

（4）在本实验中，醋酸是否可以过量？为什么？

（5）硫酸在反应中起什么作用？

三、实验原理

酯化反应的基本原理见实验五十七。乙酸正丁酯的制备是以醋酸和正丁醇为原料，在浓硫酸催化下反应制得。由于酯化反应为可逆反应，本实验利用分水器将生成的产物水不断从反应体系中移走，促使平衡不断右移，以提高反应的转化率。其反应式如下：

$$CH_3COOH+CH_3CH_2CH_2CH_2OH \xrightarrow{H^+} CH_2COOCH_2CH_2CH_2CH_3+H_2O$$

四、仪器与药品

(1) 仪器：圆底烧瓶，分水器，球形冷凝管，直形冷凝管，蒸馏头，温度计，分液漏斗，锥形瓶，蒸馏烧瓶。

(2) 药品：9.3g(11.5mL，0.125mol) 正丁醇，7.5g(7.2mL，0.125mol) 冰醋酸，浓硫酸，10%碳酸钠溶液，无水硫酸镁。

五、实验内容

在干燥的 100mL 圆底烧瓶中，装入 11.5mL 正丁醇和 7.2mL 冰醋酸，再加入 3～4 滴浓硫酸[注释1]，混合均匀，投入沸石，然后安装分水器及回流冷凝管，接通冷却水，并在分水器中预先加水至略低于支管口（见图 9-14）。在电热套或石棉网上加热回流，反应一段时间后把水逐渐分去[注释2]，保持分水器中水层液面在原来的高度。约 40min 后不再有水生成，表示反应完毕。停止加热，记录分出的水量[注释3]。冷却后卸下回流冷凝管，把分水器中分出的酯层和圆底烧瓶中的反应液一起倒入分液漏斗中。用 10mL 水洗涤，分去水层。酯层用 10mL 10%碳酸钠溶液洗涤，试验是否仍有酸性（如仍有酸性怎么办?），分去水层。将酯层再用 10mL 水洗涤一次，分去水层，将酯层倒入小锥形瓶中，加少量无水硫酸镁干燥。

将干燥后的乙酸丁酯倒入干燥的 30mL 蒸馏烧瓶中（注意不要把硫酸镁倒进去!），加入沸石，安装好蒸馏装置，在电热套或石棉网上加热蒸馏。收集 124～126℃ 的馏分（前后馏分倒入指定的回收瓶中），产量 10～11g。用阿贝折光仪测定其折射率。实验所需时间约 4h。

纯乙酸正丁酯[注释4] 是无色液体，沸点 126.1℃，d_4^{20} 0.882，n_D^{20} 1.3941。

六、问题与讨论

(1) 本实验是根据什么原理来提高乙酸正丁酯的产率的?

(2) 计算理论生成水量，实际收集水量可能比理论量还多，试解释之。

(3) 反应完毕的粗制品中，除产物乙酸正丁酯外还含有什么物质（杂质）? 如何除去?

(4) 如果在最后蒸馏时前馏分较多，其原因是什么? 对产率有何影响?

七、注释

[1] 浓硫酸在反应中起催化作用，故只需少量。

[2] 本实验利用恒沸混合物除去酯化反应中生成的水。正丁醇、乙酸正丁酯和水可能形成如表 9-7 所列几种恒沸混合物。

表 9-7 几种恒沸混合物沸点和组成

恒沸混合物		沸点/℃	组成(质量分数)/%		
			乙酸正丁酯	正丁醇	水
二元	乙酸正丁酯-水	90.7	72.9		27.1
	正丁醇-水	93.0		55.5	44.5
	乙酸正丁酯-正丁醇	117.6	32.8	67.2	
三元	乙酸正丁酯-正丁醇-水	90.7	63.0	8.0	29.0

[3] 根据分出的总水量，可以粗略地估计酯化反应完成的程度。

[4] 乙酸正丁酯的标准红外光谱图如图 9-16 所示。

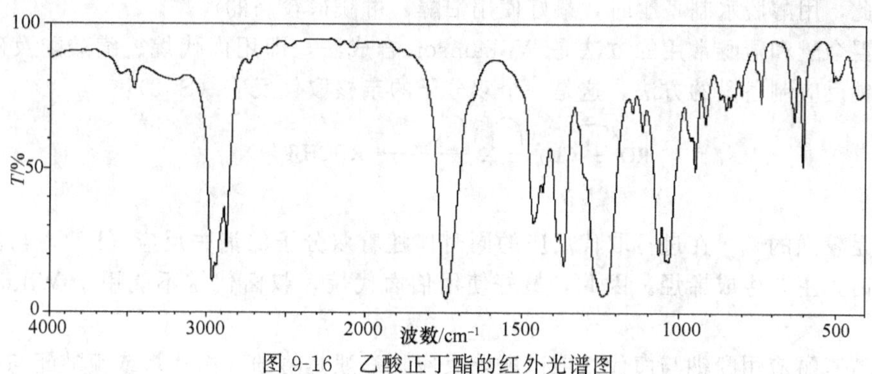

图 9-16　乙酸正丁酯的红外光谱图

实验五十九　乙醚的制备

一、目的与要求

（1）学习从醇脱水制备醚的反应原理，掌握实验室制备乙醚的原理和方法。

（2）掌握低沸点易燃液体的实验操作要点，安全地纯化低沸点易燃有机物。

二、预习与思考

（1）预习醚的反应及其制备方法。

（2）预习并了解在操作低沸点易燃有机物时应注意的事项。

（3）蒸馏和使用乙醚时，应注意哪些事项？为什么？

（4）本实验中，采取哪些措施除去混在粗制乙醚中的杂质？

三、实验原理

大多数有机化合物在醚中都有良好的溶解度，有些反应（如 Grignard 反应）必须在醚中进行，因此，醚是有机合成中常用的溶剂。

醇的分子间脱水是制备单纯醚常用的方法。实验室常用的脱水剂是浓硫酸，酸的作用是将一分子醇的羟基转变成更好的离去基团。

$$\mathrm{R\ddot{O}H} + \mathrm{R{-}\overset{+}{O}H_2} \xrightarrow{S_N2} \mathrm{ROR} + \mathrm{H_3O^+}$$

这种方法通常用来从低级伯醇合成相应的简单醚，除硫酸外，还可用磷酸和离子交换树脂。由于反应是可逆的，通常采用蒸出反应产物（醚或水）的方法，使反应向有利于生成醚的方向移动。同时必须严格控制反应温度，以减少副产物烯及二烷基硫酸酯的生成。

在制取乙醚时，反应温度（140℃）比原料乙醇的沸点（78℃）高得多，因此可采用先将催化剂加热至所需要的温度，然后再将乙醇直接加到催化剂中去，以避免乙醇的蒸出。由于乙醚的沸点（34.6℃）较低，当它生成后就立即从反应瓶中蒸出。在制取正丁醚时，由于原料正丁醇（沸点 117.7℃）和产物正丁醚（沸点 142℃）的沸点都较高，故可使反应在装有水分离器的回流装置中进行，控制加热温度，并将生成的水或水的共沸物不断蒸出。虽然蒸出的水中会夹有正丁醇等有机物，但是由于正丁醇等在水中溶解度较小，相对密度又较水轻，浮于水层之上，因此借水分离器可使绝大部分的正丁醇等自动连续地返回反应瓶中，而水则沉于水分离器的下部，根据蒸出的水的体积，可以估计反应的进行程度。

仲醇及叔醇的脱水反应，通常为单分子的亲核取代反应（S_N1），并伴随着较多的消去反应。因此，用醇脱水制备醚时，最好使用伯醇，可获得较高的产率。

制备混合醚和冠醚常用的方法是 Williamson 合成法，即用卤代烷、磺酸酯及硫酸酯与醇钠或酚钠反应制备醚的方法。这是一个双分子的亲核取代反应（S_N2）：

$$RO^- + \underset{\displaystyle R'}{\underset{|}{CH_2}} - X \xrightarrow{S_N2} ROCH_2R' + X^-$$

由于醇钠是较强的碱，在进行取代反应的同时伴随着双分子的消去反应（E2），与叔、仲卤代烷反应时，主要生成烯烃。因此，最好使用伯卤代烷，叔卤代烷不能用于 Williamson 合成法中。

烷基芳基醚应用酚钠与卤代烷或硫酸酯反应，一般是将酚和卤代烷或硫酸酯与一种碱性试剂一起加热。

制备乙醚（diethyl ether）的主反应如下：

$$2CH_3CH_2OH \underset{140℃}{\overset{H_2SO_4}{\rightleftharpoons}} CH_3CH_2OCH_2CH_3 + H_2O$$

副反应：

$$CH_3CH_2OH \xrightarrow{H_2SO_4} CH_2 = CH_2 + H_2O$$

$$CH_3CH_2OH + H_2SO_4 \longrightarrow CH_3CHO + SO_2 + 2H_2O$$

$$CH_3CHO + H_2SO_4 \longrightarrow CH_3COOH + SO_2 + 2H_2O$$

乙醚的主要工业来源是乙烯水合制乙醇时的副产物。

四、仪器与药品

（1）仪器：三口瓶（100mL），圆底烧瓶（25mL），直形冷凝管，滴液漏斗，接引管，接收瓶，分液漏斗，蒸馏头，温度计。

（2）药品：30g（38mL，0.63mol）95%乙醇，12.5mL 浓硫酸，5%氢氧化钠溶液，饱和氯化钙溶液，饱和食盐水，无水氯化钙。

五、实验内容

乙醚制备装置如图 9-17 所示。在 100mL 三口瓶中，加入 13mL 95%乙醇，烧瓶浸入冰水浴中，缓缓加入 12.5mL 浓硫酸[注释1]，使混合均匀，并加入几粒沸石。按图 9-17 装置仪器，滴液漏斗的末端[注释2]及温度计水银球应浸入液面以下，距瓶底约 0.5～1cm 处，接收瓶应浸入冰水中冷却，接引管支管接橡皮管通入水槽。

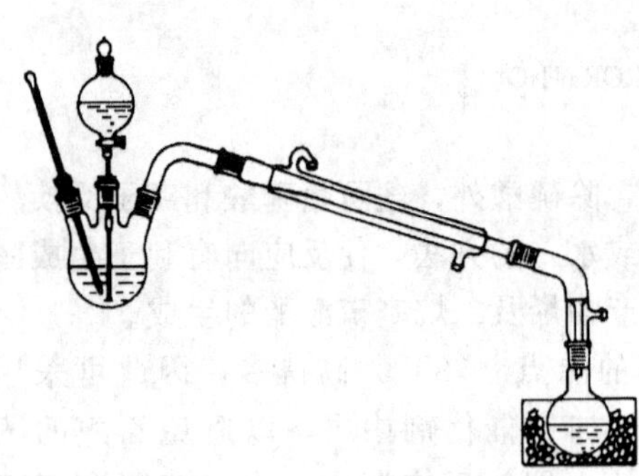

图 9-17　制备乙醚的装置

在滴液漏斗中放置 25mL 乙醇，将烧瓶在石棉网上加热，使反应液温度较快地上升到 140℃，开始由滴液漏斗慢慢加入乙醇，控制滴加速度和馏出液速度大致相等[注释3]（约每秒 1 滴），并维持反应温度在 135～145℃，30～40min 滴加完毕。加完后继续加热约 10min，直至温度上升到 160℃时，关闭火源[注释4]，停止反应。

将馏出液转入分液漏斗，依次用 8mL 5%氢氧化钠溶液和 8mL 饱和氯化钠溶液洗涤，最后再每次用 8mL 饱和氯化钙溶液洗涤两次[注释5]。分出醚层，用 1～2g 无水氯化钙干燥，待瓶内乙醚澄清时，滤入干燥的 25mL 圆底烧瓶中，加入沸石后按易燃溶剂蒸馏装置（见图 7-6），用预热好的水浴（约 60℃）加热蒸馏，收集 33～38℃馏分[注释6]，产量约 8～10g。测定其折射率。本实验约需 4～6h。

纯粹乙醚[注释7] 的沸点 34.5℃，折射率 n_D^{20} 1.3526。

六、问题与讨论

（1）制备乙醚时，为什么滴液漏斗的末端应浸入反应液中？

（2）反应温度过高、过低或乙醇滴入速度过快有什么不好？

（3）反应中可能产生的副产物是什么？各步洗涤的目的何在？

七、注释

[1]　浓硫酸具有腐蚀性。取用时要小心，如果触及皮肤应立即用大量水冲洗。

[2]　为了方便，三口瓶中间口也可插入玻璃管通入液下，玻璃管的末端拉制成直径为 2～3mm、并呈钩状，玻璃管上端用一段橡皮管与滴液漏斗相连，漏斗末端应与玻璃管接触。

[3]　滴入乙醇的速度宜与乙醚馏出速度相等。若滴加过快，不仅乙醇来不及作用就被蒸出，且使反应液的温度骤降，减少醚的生成。

[4]　蒸馏或使用乙醚时，实验台附近严禁火种。当反应完成转移乙醚及精制乙醚时，必须熄灭附近火源。热水浴应在它处预热，而决不能一边用明火一边蒸馏。乙醚有毒，会使人麻醉，空气中乙醚浓度超过10%时能致死。

[5]　氢氧化钠溶液洗涤后，常会使醚溶液碱性太强，接下来直接用氯化钙溶液洗涤时，将会有氢氧化钙的沉淀析出。为洗除残留的碱并减少醚在水中的溶解度，故在氯化钙洗涤前先用饱和氯化钠溶液洗。另外，由于氯化钙能与乙醇作用生成复合物（$CaCl_2 \cdot 4C_2H_5OH$），还可除去醚溶液中部分未作用的乙醇。

[6]　乙醚与水形成共沸物（沸点 34.15℃，含水 1.26%），馏分中还含有少量乙醇，故沸程较长。

[7]　乙醚的标准红外光谱图见图 9-18。

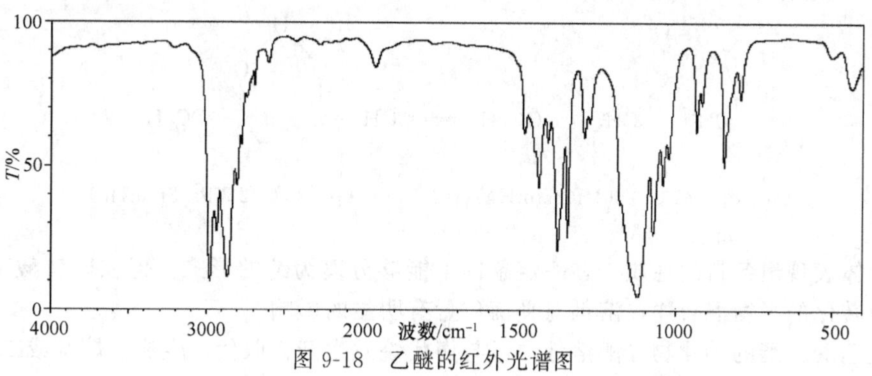

图 9-18　乙醚的红外光谱图

实验六十　乙酰乙酸乙酯的制备

一、目的与要求

（1）学习 Claisen（克莱森）酯缩合反应的基本原理。

（2）熟练掌握减压蒸馏的原理和操作方法。

二、预习与思考

（1）预习酯缩合反应的基本原理，理解 Claisen 反应的机理。

（2）预习第 4 章“4.6 减压蒸馏”和“4.8 萃取和洗涤”。

（3）什么叫互变异构现象？如何用实验证明乙酰乙酸乙酯是两种互变异构体的平衡混合物？

（4）为什么本实验要求所用的仪器都应是干燥的？否则，会有何影响？

三、基本原理

含 α-活泼氢的酯在碱性催化剂存在下，能与另一分子酯发生 Claisen 酯缩合反应，生成

β-羰基酸酯，乙酰乙酸乙酯就是通过这一反应来制备的。当用金属钠作缩合试剂时，真正的催化剂是钠与乙酸乙酯中残留的少量乙醇作用产生的醇钠。一旦反应开始，乙醇就可以不断生成并和金属钠继续作用，如使用高纯度的乙酸乙酯和金属钠反而不能发生缩合反应。反应经历了以下平衡过程：

$$CH_3COOC_2H_5 + {}^-OC_2H_5 \rightleftharpoons {}^-CH_2COOC_2H_5 + HOC_2H_5$$

$$CH_3\overset{\overset{\displaystyle O}{\|}}{C}OC_2H_5 + {}^-CH_2COOC_2H_5 \rightleftharpoons CH_3-\underset{\underset{\displaystyle OC_2H_5}{|}}{\overset{\overset{\displaystyle O^-}{|}}{C}}-CH_2COOC_2H_5 \rightleftharpoons$$

$$CH_3\overset{\overset{\displaystyle O}{\|}}{C}CH_2COOC_2H_5 + {}^-OC_2H_5 \longrightarrow \left[CH_3\overset{\overset{\displaystyle O}{\|}}{C}-\overset{-}{C}HCOOC_2H_5 \longleftrightarrow CH_3\overset{\overset{\displaystyle O^-}{|}}{C}=CHCOOC_2H_5\right] + HOC_2H_5$$

由于乙酰乙酸乙酯（ethyl acetoacetate）分子中亚甲基上的氢比乙醇的酸性强得多（$pK_a=10.65$），最后一步实际上是不可逆的。反应后生成乙酰乙酸乙酯的钠化物，因此，必须用醋酸酸化，才能使乙酰乙酸乙酯游离出来。

$$Na^+[CH_3COCHCOOC_2H_5]^- + CH_3COOH \longrightarrow CH_3\overset{\overset{\displaystyle O}{\|}}{C}CH_2COOC_2H_5 + CH_3COONa$$

乙酰乙酸乙酯是互变异构现象的一个典型例子，它是酮式和烯醇式平衡的混合物，在室温时含 92%的酮式和 8%的烯醇式。

$$CH_3\overset{\overset{\displaystyle O}{\|}}{C}CH_2\overset{\overset{\displaystyle O}{\|}}{C}OC_2H_5 \rightleftharpoons CH_3-C(-O-H\cdots O=)C-OC_2H_5 \;(\text{with } =CH-)$$

bp　41℃/266Pa(2mmHg)　　　　bp　33℃/266Pa(2mmHg)

mp　−33℃

两种异构体表现出各自的性质，在一定条件下能够分离为纯的形式。但在微量酸碱催化下，呈现迅速转化的平衡混合物，溶剂对平衡位置有明显的影响。

乙酰乙酸乙酯的钠化物在醇溶液中可与卤代烷发生亲核取代，生成一烷基或二烷基取代的乙酰乙酸乙酯。

$$CH_3COCH_2COOC_2H_5 \xrightarrow[HOC_2H_5]{NaOC_2H_5} Na^+[CH_3COCHCOOC_2H_5]^-$$

$$\xrightarrow[-NaX]{RX} CH_3CO\underset{\underset{\displaystyle R}{|}}{C}HCOOC_2H_5 \xrightarrow[HOC_2H_5]{NaOC_2H_5} \xrightarrow{R'X} CH_3CO\underset{\underset{\displaystyle R}{|}}{\overset{\overset{\displaystyle R'}{|}}{C}}-COOC_2H_5$$

取代乙酰乙酸乙酯有两种水解方式，即成酮水解和成酸水解。用冷的稀碱溶液处理，酸化后加热脱羧，发生成酮水解，可用来合成取代丙酮（CH_3COCH_2R 或 CH_3COCHR_2）。

$$CH_3CO\underset{\underset{\displaystyle R}{|}}{C}HCOOC_2H_5 \xrightarrow{\text{稀 } OH^-} CH_3CO\underset{\underset{\displaystyle R}{|}}{C}HCOO^- \xrightarrow[\text{②}\triangle,-CO_2]{\text{①}H_3^+O} CH_3COCH_2R$$

如与浓碱在醇溶液中加热，则发生成酸水解，生成取代乙酸。

$$CH_3CO\underset{\underset{\displaystyle R}{|}}{C}HCOOC_2H_5 \xrightarrow[\text{②}H_3^+O]{\text{①}KOH,C_2H_5OH,\triangle} RCH_2COOH + CH_3COOH$$

乙酰乙酸乙酯是由乙酸乙酯在乙醇钠催化下缩合而制得，乙醇钠是由金属钠与残留在乙酸乙酯中的乙醇作用而生成的。

其反应式如下：

$$2CH_3COOC_2H_5 \xrightarrow[\triangle]{CH_3CH_2ONa} CH_3CO^-CHCOOC_2H_5 \cdot Na^+ + CH_3CH_2OH$$

$$\xrightarrow{HOAc} CH_3COCH_2COOC_2H_5 + NaOAc + CH_3CH_2OH$$

乙酰乙酸乙酯在有机合成上的重要性体现在由它可制备许多用其它方法不易得到的化合物。实验室采用的这种制备乙酰乙酸乙酯的方法，基本上不具备工业化价值，乙酰乙酸乙酯在工业上的合成是由乙烯酮的二聚体通过乙醇醇解得到的。

四、仪器与药品

(1) 仪器：圆底烧瓶（100mL），球形冷凝管，干燥管，分液漏斗，克氏蒸馏烧瓶，温度计，真空接收管，直形冷凝管，减压系统装置。

(2) 药品：25g（27.5mL，0.38mol）乙酸乙酯[注释1]，2.5g（0.11mol）金属钠[注释2]，12.5mL 甲苯，醋酸溶液（50%），饱和氯化钠溶液，无水硫酸钠。

五、实验内容

在干燥的 100mL 圆底烧瓶中加入 2.5g 金属钠和 12.5mL 二甲苯，装上冷凝管，在电热套或石棉网上小心加热使钠熔融。立即拆去冷凝管，用橡皮塞[注释3] 塞紧圆底烧瓶，用干布裹住瓶口，用力来回振摇，即得细粒状钠珠[注释4]。稍经放置后钠珠即沉于瓶底，将二甲苯倒出后倒入公用回收瓶（切勿倒入水槽或废物缸，以免引起火灾）。迅速向瓶中加入 27.5mL（25g）乙酸乙酯，重新装上冷凝管，并在其顶端装一氯化钙干燥管。反应随即开始，并有氢气泡逸出。如反应不开始或很慢时，可稍加温热。待激烈的反应过后，将反应瓶在电热套或石棉网上用小火加热（小心!），保持微沸状态，直至所有金属钠全部作用完为止[注释5]，反应约需 1.5h。此时生成的乙酰乙酸乙酯钠盐为橘红色透明溶液（有时析出黄白色沉淀）。待反应物冷至室温后，在摇荡下加入 50%的醋酸溶液，直到反应液呈弱酸性为止(约需 15mL)[注释6]，此时，所有的固体物质均已溶解，反应液分层。

将反应物转入分液漏斗，加入等体积的饱和氯化钠溶液，用力摇振片刻，静置后，乙酰乙酸乙酯分层析出（哪一层?）。分出粗产物，用无水硫酸钠干燥后滤入蒸馏瓶，并用少量乙酸乙酯洗涤干燥剂。在沸水浴上蒸去未作用的乙酸乙酯，将剩余液移入 25mL 克氏蒸馏瓶进行减压蒸馏[注释7]。减压蒸馏时须缓慢加热，待残留的低沸物蒸出后，再升高温度，收集乙酰乙酸乙酯，产量约 6g[注释8]。用阿贝折光仪测定其折射率，检查其纯度。本实验约需 6～8h。

纯粹乙酰乙酸乙酯的沸点为 180.4℃，折射率 n_D^{20} 1.4192。

乙酰乙酸乙酯沸点与压力的关系如表 9-8 所列。

表 9-8　不同压力下乙酰乙酸乙酯的沸点

压力/mmHg	760	80	60	40	30	20	18	14	12
沸点/℃	181	100	97	92	88	82	78	74	71

注：1mmHg=133.3Pa。

六、问题与讨论

(1) Claisen 酯缩合反应的催化剂是什么？本实验为什么可以用金属钠代替？

(2) 本实验中加入 50%醋酸溶液和饱和氯化钠溶液的目的何在？

(3) 写出下列化合物发生 Claisen 酯缩合反应的产物。

①苯甲酸乙酯和丙酸乙酯；②苯甲酸乙酯和苯乙酮；③苯乙酸乙酯和草酸乙酯。

七、注释

［1］ 乙酸乙酯必须绝对干燥（无水），但其中应含有1%～2%的乙醇。其提纯方法如下：将普通乙酸乙酯用饱和氯化钙溶液洗涤数次，再用烘焙过的无水碳酸钾干燥，在水浴上蒸馏，收集76～78℃馏分。

［2］ 金属钠遇水即燃烧、爆炸，故使用时应严格防止与水接触，反应所用仪器必须是干燥的，试剂也必须是无水的。钠在称量或切片过程中应当迅速，以免空气中水汽侵蚀或被氧化。

金属钠的颗粒大小直接影响缩合反应的速度。如果实验室有压钠机，可将钠压成钠丝，其操作步骤如下：用镊子取储存的金属钠块，用双层滤纸吸去溶剂油，用小刀切去其表面，即放入经酒精洗净的压钠机中，直接压入已称重的带木塞的圆底烧瓶中。为防止氧化，迅速用木塞塞紧瓶口后称重。钠的用量可酌情增减，其幅度控制在2.5g左右。如无压钠机时，也可将金属钠切成细条，移入粗汽油中，进行反应时，再移入反应瓶。本实验方法的优点在于可用块状金属钠。

［3］ 橡皮塞不能太小，否则在结束时，因瓶内温度下降、压力降低，橡皮塞难以拔出。

［4］ 形成钠珠后，应继续稍微振摇一会儿，直至钠的熔点以下温度，否则，钠珠会重新熔结成块。

［5］ 一般要使钠全部溶解，但很少量未反应的钠并不妨碍进一步操作。

［6］ 用醋酸中和时，开始有固体析出，继续加酸并不断振摇，固体会逐渐消失，最后得到澄清的液体。如尚有少量固体未溶解时，可加少许水使溶解。但应避免加入过量的醋酸，否则会增加酯在水中的溶解度而降低产量。

［7］ 乙酰乙酸乙酯在常压蒸馏时，很易分解产生“去水乙酸”而降低产量。

［8］ 产率是按钠计算的。本实验最好连续进行，如间隔时间太久，会因去水乙酸的生成而降低产量。

$CH_3-C(-O-H)=CH-C(=O)-OCH_2CH_3$ + $CH_3CH_2-O-C(=O)-CH_2-C(=O)-CH_3$ $\longrightarrow$ 去水乙酸 + $2CH_3CH_2OH$

烯醇式　　酮式　　去水乙酸 $+2CH_3CH_2OH$

实验六十一　2-甲基-2-己醇的制备

一、目的与要求

（1）学习通过Grignard试剂制备醇的原理和基本操作。

（2）掌握无水操作及搅拌操作，熟练掌握蒸馏操作。

二、预习与思考

（1）预习卤代烃与金属的反应，了解Grignard试剂的制备方法及反应机理。

（2）预习机械搅拌基本操作。

（3）分析实验中可能产生的副产物以及如何控制反应条件减少副产物的生成。

（4）用Grignard试剂法制备2-甲基-2-己醇，还可采取什么原料？写出反应式并对几种不同的路线加以比较。

三、实验原理

醇是有机合成中应用极广的一类化合物，它来源方便，不但用作溶剂，而且易转变成卤代烷、烯、醚、醛、酮、羧酸和羧酸酯等多种化合物，是一类重要的化工原料。

醇的制法很多，在工业上简单和常用的醇利用水煤气合成、淀粉发酵、烯烃水合及易得的卤代烃水解等反应来制备。实验室醇的制备，除了羰基还原（醛、酮、羧酸和羧酸酯）和烯烃的硼氢化一氧化等方法外，利用Grignard反应是合成各种结构复杂的醇的主要方法。

卤代烷和溴代芳烃与金属镁在无水乙醚中反应生成烃基卤化镁 RMgX，又称 Grignard 试剂。芳香和乙烯型氯化物，则需用四氢呋喃（沸点 66℃）为溶剂，才能发生反应。

$$RX + Mg \xrightarrow{\text{无水乙醚}} RMgX$$

Grignard 试剂为烃基卤化镁与二烃基镁和卤化镁的平衡混合物：

$$2RMgX \rightleftharpoons R_2Mg + MgX_2$$

乙醚在 Grignard 试剂的制备中有重要作用，醚分子中氧上的非键电子可以和试剂中带部分正电荷的镁作用，生成配合物：

$$\begin{array}{c} Et\quad Et \\ \ddot{O} \\ R—Mg—X \\ \ddot{O} \\ Et\quad Et \end{array}$$

乙醚的溶剂化作用使有机镁化合物更稳定，并能溶解于乙醚。此外，乙醚价格低廉、沸点低，反应结束后容易除去。

卤代烷生成 Grignard 试剂的活性次序为：RI＞RBr＞RCl。实验室通常使用活性居中的溴化物，氯化物反应较难开始，碘化物价格较贵，且容易在金属表面发生偶合，产生副产物烃（R—R）。

Grignard 试剂中，碳-金属键是极化的，带部分负电荷的碳具有显著的亲核性质，在增长碳链的方法中有重要用途。其最重要的性质是与醛、酮、羧酸衍生物、环氧化合物、二氧化碳及腈等发生反应，生成相应的醇、羧酸和酮等化合物。反应所产生的卤化镁配合物，通常由冷的无机酸水解，即可使有机化合物游离出来。对于遇酸极易脱水的醇，最好用氯化铵溶液进行水解。

$$>C{=}O \xrightarrow{RMgX} R-\overset{|}{\underset{|}{C}}-OMgX \xrightarrow{H_3^+O} R-\overset{|}{\underset{|}{C}}-OH$$

$$R'-\overset{O}{\overset{\|}{C}}-OCH_3 \xrightarrow{2RMgX} R'-\overset{R}{\underset{R}{C}}-OMgX \xrightarrow{H_3^+O} R'-\overset{R}{\underset{R}{C}}-OH$$

$$\underset{\diagdown O \diagup}{CH_2—CH_2} \xrightarrow{RMgX} RCH_2CH_2OMgX \xrightarrow{H_3^+O} RCH_2CH_2OH$$

$$CO_2 \xrightarrow{RMgX} R-\overset{O}{\overset{/\!/}{C}}-OMgX \xrightarrow{H_3^+O} R-\overset{O}{\overset{/\!/}{C}}-OH$$

$$R'-C{\equiv}N \xrightarrow{RMgX} R'-\underset{R}{\underset{|}{C}}{=}NMgX \xrightarrow{H_3^+O} R-\underset{R'}{\underset{|}{C}}{=}O$$

Grignard 试剂的制备必须在无水和无氧的条件下进行，所用仪器和试剂均需干燥，因为微量水分的存在不但会阻碍卤代烷和镁之间的反应，而且会分解形成的 Grignard 试剂而影响产率：

$$RMgX + H_2O \longrightarrow RH + Mg(OH)X$$

此外，Grignard 试剂尚能与氧、二氧化碳（见上）作用及发生偶合反应：

$$2RMgX + O_2 \longrightarrow 2ROMgX$$

$$RMgX + RX \longrightarrow R-R + MgX_2$$

故 Grignard 试剂不宜较长时间保存。研究工作中，有时需在惰性气体（如氮、氦气）保护下进行反应。用乙醚作溶剂时，由于醚的高蒸气压可以排除反应器中大部分空气。用活泼的卤代烃和碘化物制备 Grignard 试剂时，偶合反应是主要的副反应。可以采取搅拌、控制卤代烃的滴加速度和降低溶液浓度等措施减少副反应的发生。

Grignard 反应是一个放热反应，所以卤代烃的滴加速度不宜过快，必要时反应瓶可用冷水冷却。当反应开始后，应调节滴加速度，使反应物保持微沸为宜。对活性较差的卤化物或反应不易发生时，可采用加入少许碘粒来引发的办法，或用少量事先已制好的 Grignard 试剂来引发反应发生。

Grignard 试剂与醛、酮等形成的加成物，通常用稀盐酸或稀硫酸进行水解，以使产生的碱式卤化镁转变成易溶于水的镁盐，便于使乙醚溶液和水溶液分层。由于水解时放热，故要在冷却下进行。

2-甲基-2-己醇（2-methyl-2-hexanol）制备反应的反应式为：

$$n\text{-}C_4H_9Br + Mg \xrightarrow[I_2(Cat)]{\text{干醚}} n\text{-}C_4H_9MgBr \xrightarrow[\text{干醚}]{CH_3COCH_3} n\text{-}C_4H_9\overset{\overset{\displaystyle OMgBr}{|}}{C}(CH_3)_2 \xrightarrow{H_2O\quad H^+} n\text{-}C_4H_9\overset{\overset{\displaystyle OH}{|}}{C}(CH_3)_2$$

四、仪器与药品

（1）仪器：机械搅拌装置，三口瓶（250mL），回流冷凝管，滴液漏斗，干燥管，细口瓶，分液漏斗。

（2）药品：3.1g（0.13mol）镁屑，17g（13.5mL，约 0.13mol）正溴丁烷[注释1]，无水碳酸钾，7.9g（10mL，0.14mol）丙酮，无水乙醚，乙醚，硫酸溶液（10%），碳酸钠溶液（5%），碘片。

五、实验内容

（1）正丁基溴化镁的制备。在 250mL 三口瓶[注释2] 上分别装置搅拌器[注释3]、冷凝管及滴液漏斗，在冷凝管及滴漏液斗[注释4] 的上口装置氯化钙干燥管。瓶内放置 3.1g 镁屑[注释5] 或除去氧化膜的镁条、15mL 无水乙醚及一小粒碘片。在滴漏液斗中混合 13.5mL 正溴丁烷和 15mL 无水乙醚。先向瓶内滴入约 5mL 混合液，数分钟后[注释6] 即见溶液呈微沸状态，碘的颜色消失。若不发生反应，可用温水浴加热。反应开始比较剧烈，必要时可用冷水浴冷却。待反应缓和后，自冷凝管上端加入 25mL 无水乙醚。开始搅拌，并滴入其余的正溴丁烷-醚混合物。控制滴加速度维持反应液呈微沸状态。滴加完毕后，水浴回流 20min，使镁屑几乎作用完全。

（2）2-甲基-2-己醇的制备。将上面制好的 Grignard 试剂在冰水浴冷却和搅拌下，自滴漏液斗中滴入 10mL 丙酮和 15mL 无水乙醚混合液，控制滴加速度，勿使反应过于猛烈。加完后，在室温继续搅拌 15min。溶液中可能有白色黏稠固体析出。

将反应瓶在冰水浴冷却和搅拌下，自滴液漏斗分批加入 100mL 10%硫酸溶液，分解产物（开始滴入宜慢，以后可逐渐加快）。待分解完全后，将溶液倒入分液漏斗中，分出醚层。水层每次用 25mL 乙醚萃取两次，合并醚层，用 30mL 5%碳酸钠溶液洗涤一次，用无水碳酸钾干燥[注释7]。

将干燥后的粗产物醚溶液滤入 25mL 蒸馏瓶，用温水浴蒸去乙醚[注释8]，再在石棉网上直接加热蒸出产品，收集 137～141℃馏分，产量 7～8g。测定折射率。本实验约需 6～8h。

纯粹 2-甲基-2-己醇[注释9] 的沸点为 143℃，折射率 n_D^{20} 1.4175。

六、问题与讨论

（1）本实验在将 Grignard 试剂加成物水解前的各步中，为什么使用的药品仪器均须绝对干燥？为此你采取了什么措施？

（2）如反应未开始前，加入大量正溴丁烷有什么不好？

（3）本实验有哪些可能的副反应，如何避免？

（4）为什么本实验得到的粗产物不能用无水氯化钙干燥？

七、注释

[1]　如需替换，可用 17.7g（12mL，0.16mol）溴乙烷代替正溴丁烷，其余步骤相同，产物为 2-甲基-2-丁醇。蒸馏收集 95～105℃馏分，产量约 5g。纯粹 2-甲基-2-丁醇的沸点为 102℃，折射率 n_D^{20} 1.4052。

[2]　本实验所用仪器及试剂必须充分干燥。正溴丁烷用无水氯化钙干燥并蒸馏纯化；丙酮用无水碳酸钾干燥，亦经蒸馏纯化。所用仪器在烘箱中烘干后，取出稍冷即放入干燥器中冷却。或将仪器取出后，在开口处用塞子塞紧，以防止在冷却过程中玻璃吸附空气中的水分。

[3]　本实验的搅拌棒应采用密封装置。若采用简易密封装置，应用石蜡油润滑。装置搅拌器时应注意：①搅拌棒应保持垂直，其末端不要触及瓶底。②装好后应先用手旋动搅拌棒，试验装置无阻滞后，方可开动搅拌器。

[4]　若用恒压漏斗代替，其上端则不必装氯化钙干燥管，塞上玻璃塞即可。

[5]　镁屑不宜采用长期放置的。如长期放置，镁屑表面常有一层氧化膜，可采用下法除去：用 5%盐酸溶液作用数分钟，抽滤除去酸液后，依次用水、乙醇、乙醚洗涤。抽干后置于干燥器内备用。也可用镁带代替镁屑，使用前用细砂纸将其表面擦亮，剪成小段。

[6]　为了使开始时溴乙烷局部浓度较大，易于发生反应，故搅拌应在反应开始后进行。若 5min 后反应仍不开始，可用温水浴温热，或在加热前加入小粒碘促使反应开始。

[7]　2-甲基-2-己醇与水能形成共沸物，因此必须很好地干燥，否则前馏分将大大地增加。

[8]　由于醚溶液体积较大，可采取分批过滤蒸去乙醚。

[9]　2-甲基-2-己醇的标准红外光谱图如图 9-19 所示。

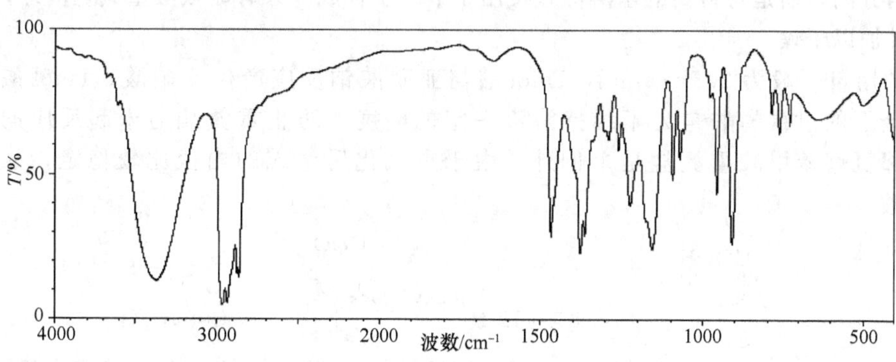

图 9-19　2-甲基-2-己醇的红外光谱图

实验六十二　对氯甲苯的制备

一、目的与要求

（1）学习重氮盐通过 Sandmeyer 反应制备芳卤的原理及方法。

（2）了解重氮盐的应用及其反应机理。

（3）熟练掌握水蒸气蒸馏等基本操作。

二、预习与思考

（1）预习芳胺的性质及其反应。

（2）预习芳香族重氮盐及其性质与反应。

（3）预习第 4 章“4.7 水蒸气蒸馏”中有关水蒸气蒸馏原理及基本操作内容。

（4）思考下列问题

① 什么叫重氮化反应？它在有机合成中有何应用？

② 为什么重氮化反应必须在低温下进行？如果温度过高或溶液酸度不够，将会产生哪些副反应？

三、实验原理

1.重氮化反应

芳香族伯胺在强酸性介质中与亚硝酸作用，生成重氮盐的反应，称为重氮化反应。

$$ArNH_2 + NaNO_2 + 2HX \xrightarrow{0\sim5℃} Ar\overset{+}{N}{\equiv}N : \overline{X} + 2H_2O + NaX$$

这是芳香伯胺特有的性质，生成的化合物 $ArN_2^+X^-$ 称为重氮盐（diazonium salt）。与脂肪族重氮盐不同，芳基重氮盐中，重氮基上的π电子可以同苯环上的π电子重叠，共轭作用使稳定性增加。因此，芳基重氮盐可在冰浴温度下制备和进行反应，作为中间体用来合成多种有机化合物，被称为芳香族的“Grignard 试剂”，无论在工业或实验室制备中都具有很重要的价值。

重氮盐通常的制备方法是：将芳胺溶解或悬浮于过量的稀酸中（酸的物质的量为芳胺的2.5倍左右），把溶液冷却至0～5℃，然后加入与芳胺物质的量相等的亚硝酸钠水溶液。一般情况下，反应迅速进行，重氮盐的产率差不多是定量的。由于大多数重氮盐很不稳定，室温即会分解放出氮气，故必须严格控制反应温度。当氨基的邻位或对位有强的吸电子基如硝基或磺酸基时，其重氮盐比较稳定，温度可以稍高一点。制成的重氮盐溶液不宜长时间存放，应尽快进行下一步反应。由于大多数重氮盐在干燥的固态受热或震动会发生爆炸，所以通常不需分离，而是将得到的水溶液直接用于下一步合成。只有硼氟酸重氮盐例外，可以分离出来并加以干燥。

酸的用量一般为2.5～3mol，1mol 酸与亚硝酸钠反应产生亚硝酸，1mol 酸生成重氮盐，余下的过量的酸是为了维持溶液一定的酸度，防止重氮盐与未起反应的胺发生偶联。邻氨基苯甲酸重氮盐是个例外，由于重氮化后生成的内盐比较稳定，故不需要过量的酸。

$$\text{(邻氨基苯甲酸: COOH, NH}_2\text{)} + NaNO_2 + HCl \xrightarrow{0\sim5℃} \text{(}COO^-\text{, }\overset{+}{N_2}\text{)} + NaCl + 2H_2O$$

重氮化反应还必须注意控制亚硝酸钠的用量。若亚硝酸钠过量，则生成多余的亚硝酸会使重氮盐氧化而降低产率。因而在滴加亚硝酸钠溶液时，必须及时用碘化钾－淀粉试纸试验，至刚变蓝为止。

重氮盐的用途很广，其反应可分为两类。一类是用适当的试剂处理，重氮基被—H，—OH，—F，—Cl，—Br，—CN，$—NO_2$ 及—SH 等基团取代，制备相应的芳香族化合物；另一类是保留氮的反应，即重氮盐与相应的芳香胺或酚类起偶联反应，生成偶氮染料，在染料工业中占有重要的地位。甲基橙与甲基红就是通过偶联反应来制备的。

2. Sandmeyer 反应

重氮盐在合成中的重要应用之一是 Sandmeyer 反应。Sandmeyer（1884 年）发现亚铜盐对芳基重氮盐的分解有催化作用。重氮盐溶液在氯化亚铜、溴化亚铜和氰化亚铜存在下，重氮基可以被氯、溴原子和氰基取代，生成芳香族氯化物、溴化物和芳腈。这为从相应的芳胺制备亲核取代芳香化合物提供了理想的途径。一种观点认为，这是一个自由基反应，亚铜盐的作用是传递电子。

$$CuCl + Cl^- \longrightarrow CuCl_2^-$$

$$ArN_2^+ + CuCl_2^- \longrightarrow Ar\cdot + N_2 + CuCl_2$$

$$Ar\cdot + CuCl_2 \longrightarrow ArCl + CuCl$$

该反应的关键在于相应的重氮盐与氯化亚铜是否能形成良好的复合物。实验中，重氮盐与氯化亚铜以等物质的量混合。由于氯化亚铜在空气中易被氧化，故以新鲜制备为宜。在操作上是将冷的重氮盐溶液慢慢加入较低温度的氯化亚铜溶液中。制备芳腈时，反应需在中性条件下进行，以免氢氰酸逸出。

3. 对氯甲苯或邻氯甲苯（*p*-chlorotoluene or *o*-chlorotoluene）的制备

反应式如下：

$$2CuSO_4 + 2NaCl + NaHSO_3 + 2NaOH \longrightarrow 2CuCl\downarrow + 2Na_2SO_4 + NaHSO_4 + H_2O$$

$$p\text{-}CH_3C_6H_4NH_2 \xrightarrow[NaNO_2,\ 0\sim5℃]{HCl} p\text{-}CH_3C_6H_4N_2^+Cl^- \xrightarrow[HCl]{CuCl} p\text{-}CH_3C_6H_4N_2^+\cdot CuCl_2^- \xrightarrow{\triangle} p\text{-}CH_3C_6H_4Cl + N_2\uparrow$$

四、仪器与药品

（1）仪器：圆底烧瓶（500mL），滴液漏斗，烧杯，水蒸气蒸馏装置，蒸馏装置。

（2）药品：10.7g（10.7mL，0.1mol）对甲苯胺，7.7g（0.11mol）亚硝酸钠，30g（0.12mol）结晶硫酸铜（$CuSO_4\cdot5H_2O$），7g（0.067mol）亚硫酸氢钠，9g（0.16mol）精盐，4.5g（0.11 mol）氢氧化钠，浓盐酸，苯，淀粉-碘化钾试纸，无水氯化钙，10%氢氧化钠溶液，浓硫酸。

五、实验内容

（1）氯化亚铜的制备。在 500mL 圆底烧瓶中放置 30g 结晶硫酸铜（$CuSO_4\cdot5H_2O$）、9g 精盐及 100mL 水，加热使固体溶解。趁热（60～70℃）[注释1] 在摇振下加入由 7g 亚硫酸氢钠[注释2] 与 4.5g 氢氧化钠及 50mL 水配成的溶液。溶液由原来的蓝绿色变为浅绿色或无色[注释3]，并析出白色粉状固体。将烧瓶置于冷水浴中冷却，待冷却后，用倾泻法尽量倒去上层溶液，再用水洗涤两次，得到白色粉末状的氯化亚铜。倒入 50mL 冷的浓盐酸，使沉淀溶解成棕色溶液，塞紧瓶塞，置冰水浴中冷却备用[注释4]。

（2）氮盐溶液的制备。在烧杯中放置 30mL 浓盐酸、30mL 水及 10.7g 对甲苯胺[注释5]，加热使对甲苯胺溶解。稍冷后置于冰盐浴中并不断搅拌使成糊状，控制在 5℃以下。再在搅拌下，由滴液漏斗加入 7.7g 亚硝酸钠溶于 20mL 水中的溶液，控制滴加速度，使反应温度始终保持在 5℃以下[注释6]。必要时可在反应液中加一小块冰，防止温度上升。当大部分的亚硝酸钠溶液（85%～90%）已加入后，取一两滴反应液在淀粉-碘化钾试纸上检验。若立即出现深蓝色，表示亚硝酸钠已适量，不必再加，搅拌片刻后再进行检验。因重氮化反应越到后来越慢，最后每加一滴亚硝酸钠溶液后，须搅拌并略等 1～2min 后再检验。

（3）对氯甲苯的制备。将制好的对甲苯胺重氮盐溶液，分批慢慢倒入已用冰盐浴冷却的氯化亚铜盐酸溶液中，边加边振摇烧瓶，可见瓶中反应液逐渐变黏稠，不久析出重氮盐-氯化亚铜橙红色复合物。加完后，在室温下放置 15～30min。然后用水浴慢慢加热到 50～60℃[注释7]，以分解复合物，直至不再有氮气逸出。

将产物进行水蒸气蒸馏，蒸出对氯甲苯（怎么知道已基本蒸出来了?）。用分液漏斗分出油层，水层每次用 15mL 苯萃取两次，苯萃取液与油层合并，依次用 10%氢氧化钠溶液、水、浓硫酸[注释8]、水各10mL洗涤。苯层经无水氯化钙干燥后在水浴上蒸去苯，然后蒸馏收集158～162℃的馏分，产量7～9g。测定其折射率。本实验约需6～8h。

纯粹对氯甲苯[注释9]的沸点为162℃，折射率n_D^{20} 1.5150。

(4) 邻氯甲苯的制备。邻氯甲苯的制备用邻甲苯胺为原料，所有试剂及用量、实验步骤和条件及产率均与对氯甲苯相同。蒸馏收集154～159℃馏分。测定其折射率。

纯粹邻氯甲苯的沸点为159.15℃，折射率n_D^{20} 1.5268。

六、问题与讨论

(1) 为什么不直接将甲苯氯化而用Sandmeyer反应来制备邻和对氯甲苯？

(2) 氯化亚铜在盐酸存在下，被亚硝酸氧化，反应瓶可以观察到一种红棕色的气体放出，试解释这种现象，并用反应式来表示之。

(3) 写出由邻甲苯胺制备下列化合物的反应式，并注明反应试剂和条件。

①邻甲基苯甲酸　②邻氟苯甲酸　③邻碘甲苯　④邻甲基苯肼

七、注释

[1] 在此温度下得到的氯化亚铜粒子较粗，便于处理，且质量较好。温度较低则颗粒较细，难于洗涤。

[2] 亚硫酸氢钠的纯度最好在90%以上。如果纯度不高，按此比例配方时，则还原不完全。且由于碱性偏高，生成部分氢氧化亚铜，使沉淀呈土黄色。此时可根据具体情况，酌加亚硫酸氢钠用量，或适当减少氢氧化钠用量。在实验中如发现氯化亚铜沉淀中杂有少量黄色沉淀时，应立即加几滴盐酸，稍加振荡即可除去。

[3] 如实验中发现溶液颜色仍呈蓝绿色则表示还原不完全，应酌情多加亚硫酸氢钠溶液。若发现沉淀呈黄褐色，应立即滴入几滴盐酸并稍加振摇，以使其中氢氧化亚铜转化成氯化亚铜。氯化亚铜会溶解于酸中，故盐酸不宜多加。

[4] 氯化亚铜在空气中遇热或光易被氧化，重氮盐久置易于分解，为此，二者的制备应同时进行，且在较短的时间内进行混合。氯化亚铜用量较少会降低对氯甲苯产量（因为氯化亚铜与重氮盐的摩尔比是1∶1）。

[5] 对甲苯胺有毒，应防止吸入蒸气及与皮肤接触。若不慎触及皮肤，应立即用水冲洗后再用肥皂擦洗，不可用乙醇擦洗。

[6] 如反应温度超过5℃，则重氮盐会分解使产率降低。

[7] 分解温度过高会产生副反应，生成部分焦油状物质。若时间许可，可将混合后生成的复合物在室温放置过夜，然后再加热分解。在水浴加热分解时，有大量氮气逸出，应不断搅拌，以免反应液外溢。

[8] 浓硫酸具有强腐蚀性。在用浓硫酸洗涤前，溶液中的水层应尽量分干净，以免放出大量热量造成喷液。

[9] 对氯甲苯的标准红外光谱图见图9-20。

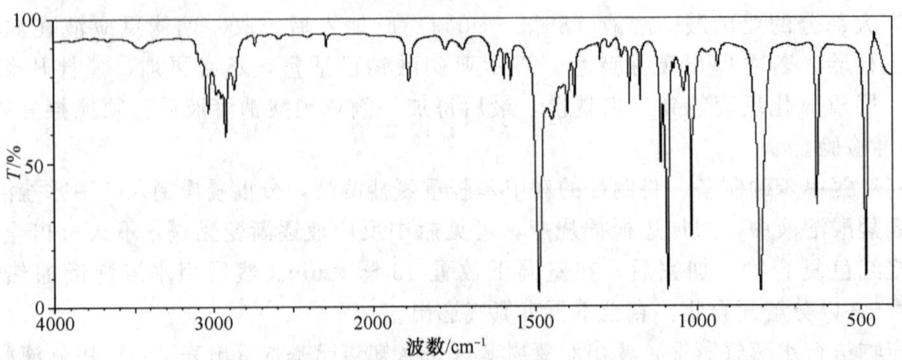

图9-20　对氯甲苯的红外光谱图

实验六十三　甲基橙的制备

一、目的与要求

（1）学习并掌握重氮化、偶联反应的理论知识和实验方法。

（2）熟练掌握有机固体化合物的重结晶。

二、预习与思考

（1）预习芳香族重氮盐及其性质与反应。

（2）预习重氮化和偶联反应原理及反应条件。

（3）预习第 4 章“4.2 重结晶”。

（4）重氮盐与酚类及胺类化合物发生偶联反应，在什么条件下进行为宜？为什么说溶液的 pH 是偶联反应的重要条件？

（5）完成本实验应注意哪些问题？

三、实验原理

偶氮染料迄今为止仍然是普遍使用的最重要的染料之一，它是指偶氮基（—N═N—）连接两个芳环形成的一类化合物。为了改善颜色和提高染色效果，偶氮染料必须含有成盐的基团如酚羟基、氨基、磺酸基和羧基等。

偶氮染料可通过重氮基与酚类或芳胺发生偶联反应来进行制备，反应速率受溶液 pH 值影响颇大。重氮盐与芳胺偶联时，在高 pH 介质中，重氮盐易变成重氮酸盐；而在低 pH 介质中，游离芳胺则容易转变为铵盐，二者都会降低反应物的浓度。

$$ArN_2^+ + H_2O \rightleftharpoons ArN{=}N{-}O^- + 2H^+$$

$$ArNH_2 + H^+ \rightleftharpoons Ar\overset{+}{N}H_3$$

只有溶液的 pH 值在某一范围内使两种反应物都有足够的浓度时，才能有效地发生偶联反应。胺的偶联反应，通常在中性或弱酸性介质（pH4～7）中进行，通过加入缓冲剂醋酸钠来加以调节；酚的偶联反应与胺相似，为了使酚成为更活泼的酚氧基负离子与重氮盐发生偶联，反应需在中性或弱碱性介质（pH7～9）中进行。

甲基橙（methyl orange）是一种很有用的酸碱指示剂，它可通过对氨基苯磺酸的重氮化反应以及重氮盐与 *N*,*N*-二甲苯胺的醋酸盐，在弱酸性介质中进行偶联来合成。由于对氨基苯磺酸不溶于酸，因此先将对氨基苯磺酸与碱作用，得到溶解度较大的钠盐。重氮化时，由于溶液的酸化（亚硝酸钠加盐酸生成亚硝酸），当对氨基苯磺酸从溶液中以很细的微粒析出时，立即与亚硝酸发生重氮化反应，生成重氮盐微粒（逆重氮化法）。后者与 *N*,*N*-二甲苯胺的醋酸盐发生偶联反应。偶联反应首先得到的是亮红色的酸式甲基橙，称为酸性黄。在碱性条件下，酸性黄变成橙黄色的钠盐，即甲基橙。

其化学反应过程如下：

$$^-O_3S{-}C_6H_4{-}NH_3^+ \xrightarrow{NaOH} NaO_3S{-}C_6H_4{-}NH_2 \xrightarrow[0\sim5℃]{NaNO_2\text{-}HCl} HO_3S{-}C_6H_4{-}N{\equiv}N^+$$

$$\xrightarrow[HOAc]{C_6H_5{-}N(CH_3)_2} HO_3S{-}C_6H_4{-}N{=}N{-}C_6H_4{-}\underset{H}{\underset{|}{N^+}}(CH_3)_2 \cdot OAc^-$$

$$\xrightarrow{NaOH} NaO_3S{-}C_6H_4{-}N{=}N{-}C_6H_4{-}N(CH_3)_2$$

甲基橙为橙色片状晶体，主要用作酸碱指示剂，它的变色范围为 pH 3.2～4.4。水溶液为黄色，溶液 pH 小于 3.5 时则转变成红色。

四、仪器与药品

(1) 仪器：烧杯，布氏漏斗，抽滤瓶。

(2) 药品：2.1g (0.01mol) 对氨基苯磺酸晶体（$HO_3S-C_6H_4-NH_2 \cdot 2H_2O$），0.8g (0.11mol) 亚硝酸钠，1.2g (约 1.3mL，0.01mol) N,N-二甲苯胺[注释1]，浓盐酸，氢氧化钠溶液 (5%)，乙醇 (95%)，乙醚，冰醋酸，淀粉-碘化钾试纸。

五、实验内容

(1) 重氮盐的制备。在烧杯中放置 10mL (0.013mol) 5% 的氢氧化钠溶液及 2.1g (0.01mol) 含两个结晶水的对氨基苯磺酸晶体[注释2]，温热溶解。另溶 0.8g 亚硝酸钠于 6mL 水中，加入上述烧杯内，用冰盐浴冷至 0～5℃。在不断搅拌下，将 3mL 浓盐酸与 10mL 水配成的溶液缓缓滴加到上述混合溶液中，并控制温度在 5℃以下，对氨基苯磺酸重氮盐[注释3]的白色针状晶体迅速析出。滴加完毕，用淀粉-碘化钾试纸检验[注释4]，然后在冰盐浴中放置 15min 以保证反应完全[注释5]。

(2) 偶联。在一小烧杯内将 1.2g N,N-二甲基苯胺和 1mL 冰醋酸混合均匀，在不断搅拌下，将此溶液慢慢加到上述冷却的重氮盐溶液中。加完后，继续搅拌 10min，然后慢慢加入 25mL 5%氢氧化钠溶液，直至反应物变为橙色，这时反应液呈碱性，粗制的甲基橙呈细粒状沉淀析出[注释6]。将反应物在沸水浴上加热 5min，冷却至室温后，再在冰水浴中冷却，使甲基橙晶体完全析出。抽滤，晶体依次用少量水、乙醇、乙醚洗涤，压紧，抽干。

(3) 纯化。若要得到较纯产品，可用溶有少量氢氧化钠 (含 0.1～0.2g) 的沸水 (每克粗产物约需 25mL) 进行重结晶。待结晶析出完全后，抽滤，沉淀依次用少量乙醇、乙醚洗涤[注释7]，得到橙色的小叶片状甲基橙结晶[注释8]，产量 2.5g。本实验约需 4～6h。

溶解少许甲基橙于水中，加几滴稀盐酸溶液，接着用稀的氢氧化钠溶液中和，观察颜色有何变化。

六、问题与讨论

(1) 什么叫偶联反应？试结合本实验讨论偶联反应的条件。

(2) 在本实验中，制备重氮盐时为什么要把对氨基苯磺酸变成钠盐？本实验如改成下列操作步骤：先将对氨基苯磺酸与盐酸混合，再滴加亚硝酸钠溶液进行重氮化反应，可以吗？为什么？

(3) 如何判断重氮化反应的终点？如何除去过量的亚硝酸？

(4) 试解释甲基橙在酸碱介质中的变色原因，并用反应式表示。

七、注释

[1] N,N-二甲基苯胺有毒，处理时要特别小心，不要接触皮肤，避免吸入蒸气。如不慎触及皮肤可立即用 2%醋酸擦洗，再用肥皂水洗。

[2] 对氨基苯磺酸是两性化合物，酸性比碱性强，以酸性内盐存在，所以它能与碱作用成盐而不能与酸作用成盐。

[3] 重氮盐制成后应立即使用，因重氮盐极易分解，且干燥的重氮盐容易发生爆炸，故在重氮化实验中所有的仪器用后需彻底洗净。

[4] 若淀粉-碘化钾试纸不显蓝色，尚需补充亚硝酸钠溶液。若过量可加尿素以减少亚硝酸氧化及亚硝酸化等副反应。

[5] 在此时往往析出对氨基苯磺酸的重氮盐。这是因为重氮盐在水中可以电离，形成中性内盐

（$^{-}O_3S-C_6H_4-\overset{+}{N}\equiv N$），在低温时难溶于水而形成细小晶体析出。

[6] 若反应物中含有未作用的 *N*,*N*-二甲基苯胺醋酸盐，在加入氢氧化钠后，就会有难溶于水的 *N*,*N*-二甲基苯胺析出，影响产物的纯度。湿的甲基橙在空气中受光的照射后，颜色很快变深，所以粗产物一般是紫红色的。注意，偶氮化合物能沾染皮肤和衣服，制备时要小心。

[7] 重结晶操作应迅速，否则由于产物呈碱性，在温度高时易使产物变质、颜色变深。用乙醇、乙醚洗涤的目的是使其迅速干燥。

[8] 甲基橙的另一制法：①在 100mL 烧杯中放置 2.1g 磨细的对氨基苯磺酸和 20mL 水，在冰盐浴中冷却至 0℃左右；然后加入 0.8g 磨细的亚硝酸钠，不断搅拌，直到对氨基苯磺酸全溶为止。②在另一试管中放置 1.2g 二甲苯胺（约 1.3mL），使其溶于 15mL 乙醇中，冷却到 0℃左右。然后，在不断搅拌下滴加到上述冷却的重氮化溶液中，继续搅拌 2～3min。在搅拌下加入 2～3mL $1mol \cdot L^{-1}$ 的氢氧化钠溶液。③将反应物（产物）在电热套或石棉网上加热至全部液解。先静置冷却，待生成相当多美丽的小叶片状晶体后，再于冰水中冷却，抽滤，产品可用 15～20mL 水重结晶，并用 5mL 酒精洗涤，以促其快干。产量约 2g，产品橙色。用此法制得的甲基橙颜色均一，但产量略低。

实验六十四　苯甲醇和苯甲酸的制备

一、目的与要求

（1）学习苯甲醛通过 Cannizzaro 反应制备苯甲醇和苯甲酸的原理。

（2）熟练掌握回流、洗涤、蒸馏及重结晶等纯化技术。

二、预习与思考

（1）预习 Cannizzaro 反应的原理和方法。

（2）查阅相关物质的物理常数。

（3）预习第 4 章“4.2 重结晶”、“4.4 蒸馏”和“4.8 萃取和洗涤”。

（4）试比较 Cannizzaro 反应与羟醛缩合反应在醛的结构上有何不同?

（5）以本实验的反应为例，写出 Cannizzaro 反应的可能机理。

三、基本原理

芳醛和其它无 α-活泼氢的醛（如甲醛、三甲基乙醛等）与浓的强碱溶液作用时，发生自身氧化还原反应，一分子醛被还原为醇，另一分子醛被氧化为酸，此反应称为 Cannizzaro 反应。例如：

$$2C_6H_5CHO \xrightarrow{\text{浓 KOH}} C_6H_5CH_2OH + C_6H_5COOK$$

Cannizzaro 反应的实质是羰基的亲核加成。反应涉及了羟基负离子对一分子芳香醛的亲核加成，加成物的负氢向另一分子苯甲醛的转移和酸碱交换反应，其机理可表示如下：

$$C_6H_5CH{=}O + OH^- \underset{}{\overset{\text{亲核加成}}{\rightleftharpoons}} C_6H_5-\overset{O^-}{\underset{H}{C}}-OH \xrightarrow[\text{负氢迁移}]{C_6H_5CH{=}O}$$

$$C_6H_5\overset{O}{\overset{\|}{C}}-OH + {}^-OCH_2C_6H_5 \xrightarrow{\text{酸碱交换}} C_6H_5\overset{O}{\overset{\|}{C}}-O^- + C_6H_5CH_2OH$$

苯甲醛在低温和过量碱存在下，产物中可分离出苯甲酸苄酯，这可能是由于苯甲醇在碱液中形成苄氧基负离子（$C_6H_5CH_2O^-$）对苯甲醛发生亲核加成反应的结果。

$$C_6H_5CH_2OH + HO^- \rightleftharpoons C_6H_5CH_2O^- + H_2O$$

$$C_6H_5\overset{\overset{O}{\|}}{C}-H+{}^{-}OCH_2C_6H_5 \rightleftharpoons C_6H_5\overset{\overset{O^-}{|}}{\underset{\underset{OCH_2C_6H_5}{|}}{C}}-H$$

$$C_6H_5\overset{\overset{O^-}{|}}{\underset{\underset{OCH_2C_6H_5}{|}}{C}}-H + \overset{C_6H_5}{\underset{H}{>}}C=O \rightleftharpoons C_6H_5\overset{\overset{O}{\|}}{C}-OCH_2C_6H_5+C_6H_5CH_2O^-$$

在Cannizzaro反应中，通常使用50%的浓碱，其中碱的物质的量比醛的物质的量多一倍以上。否则反应不完全，未反应的醛与生成的醇混在一起，通过一般蒸馏很难分离。

芳醛与甲醛在浓碱存在下发生交叉的Cannizzaro反应，更活泼的甲醛作为氢的受体。当使用过量甲醛时。芳醛几乎可全部转化为芳醇，过量的甲醛被转化为甲酸盐和甲醇。

$$CH_3-C_6H_4-CHO + HCHO \xrightarrow{KOH} CH_3-C_6H_4-CH_2OH + HCOOK$$

本实验应用Cannizzaro反应，以苯甲醛作为反应物，在浓氢氧化钾的作用下，制备苯甲醇和苯甲酸（benzyl alcohol and benzoic acid）。其反应式如下：

$$2C_6H_5CHO+KOH \longrightarrow C_6H_5CH_2OH+C_6H_5COOK \xrightarrow{H^+} C_6H_5COOH$$

四、仪器与药品

（1）仪器：锥形瓶，圆底烧瓶，球形冷凝管，冷凝管，接引管，接收器，蒸馏头，温度计，分液漏斗，布氏漏斗，抽滤瓶。

（2）药品：21g（20mL，0.2mol）苯甲醛（新蒸），18g（0.32mol）氢氧化钾，乙醚，10%碳酸钠溶液，饱和亚硫酸氢钠溶液，浓盐酸，无水硫酸镁或无水碳酸钾。

五、实验内容

在250mL圆底烧瓶中配制18g氢氧化钾和50mL水的溶液，冷却至室温后，加入20mL新蒸过的苯甲醛[注释1]，分层。装回流冷凝管，加热回流约1h，间歇振摇，直至苯甲醛油层消失，反应物变成透明[注释2]。

充分冷却，向反应混合物中逐渐加入足够量的水（最多30mL左右），不断振摇使其中的苯甲酸盐全部溶解。将溶液倒入分液漏斗，每次用20mL乙醚[注释3]萃取三次（萃取出什么？注意提取过的水层要保存好，供下面制苯甲酸用）。合并乙醚萃取液，依次用5mL饱和亚硫酸氢钠溶液、10mL 10%碳酸钠溶液及10mL水洗涤，最后用无水硫酸镁或无水碳酸钾干燥。

干燥后的乙醚溶液，先蒸去乙醚，再蒸馏苯甲醇，收集204～206℃的馏分[注释4]，产量约8g。计算产率，测定折射率。

乙醚萃取后的水溶液，用浓盐酸酸化至使刚果红试纸变蓝。充分冷却使苯甲酸析出完全，抽滤，粗产物用水重结晶，得苯甲酸8～9g。计算产率，测定熔点（121～122℃）。本实验约需要7h。

纯粹苯甲醇[注释5]的沸点205.5℃，折射率 n_D^{20} 1.5396。纯粹苯甲酸的熔点为122.4℃。

六、问题与讨论

（1）本实验中两种产物是根据什么原理分离提纯的？

（2）用饱和的亚硫酸氢钠及10%碳酸钠溶液洗涤的目的何在？

（3）乙醚萃取后的水溶液，用浓盐酸酸化到中性是否最适当？为什么？不用试纸或试剂检验，怎样知道酸化已经恰当？

（4）写出下列化合物在浓碱存在下发生 Cannizzaro 反应的产物。

① CHO CHO　　②OHC—CHO　　③ C(=O)—CHO

七、注释

［1］ 苯甲醛中不应含苯甲酸，其纯化方法是：用10%碳酸钠溶液洗涤，直至不放出二氧化碳为止，然后用水洗涤，用无水硫酸镁干燥，并加入 0.5g 对苯二酚，减压蒸馏，收集 70～80℃/3.33kPa 的馏分，并往产品中加入 0.05g 对苯二酚。

［2］ 也可以用橡皮塞塞紧瓶口，用力振摇，使反应物充分混合，放置 24h 以上代替加热回流。

［3］ 也可用其它不溶于水的常见有机溶剂（如二氯甲烷、四氯化碳、环已烷、石油醚、苯等）代替乙醚。

［4］ 超过 140℃时，水冷凝管更换成空气冷凝管。

［5］ 苯甲醇和苯甲酸的标准红外光谱图见图 9-21 和图 9-22。

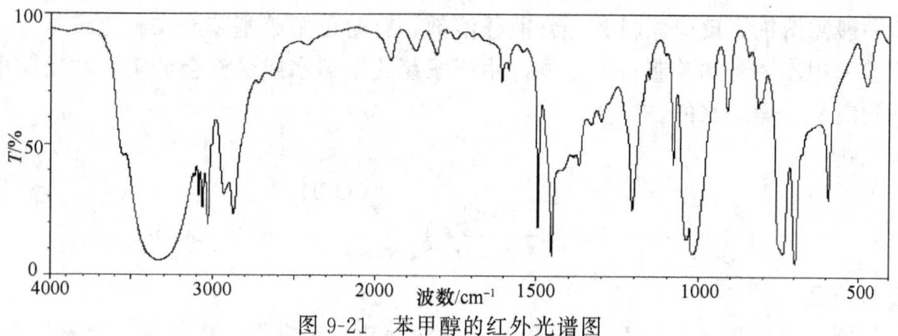

图 9-21　苯甲醇的红外光谱图

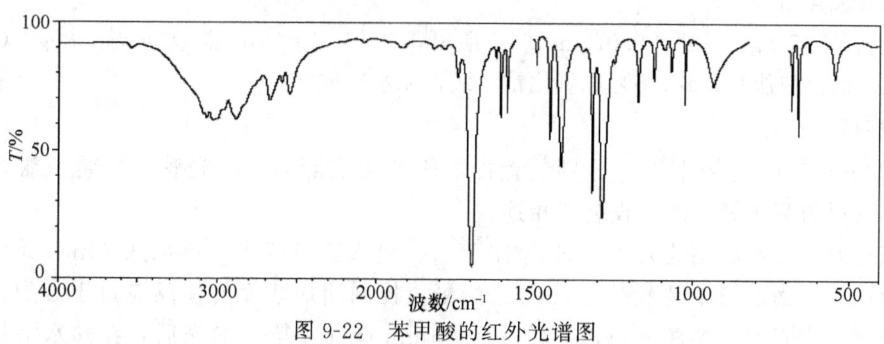

图 9-22　苯甲酸的红外光谱图

实验六十五　苯乙酮的制备

一、目的与要求

（1）学习用 Fridel-Crafts 酰基化反应制备芳香酮的原理。

（2）掌握 Fridel-Crafts 酰基化反应的实验操作。

（3）熟练掌握萃取、蒸馏、减压蒸馏、重结晶和无水操作的实验方法。

二、预习与思考

（1）预习 Fridel-Crafts 酰基化反应的原理和实验方法。

(2) 查阅相关物质的物理常数。根据相关物质的物理和化学性质，理解反应条件及产物纯化的原理。

(3) 预习第 4 章中有关萃取、蒸馏、重结晶、无水操作等有关内容。

(4) 水和潮气对本实验有何影响？在仪器装置操作中应注意哪些事项？

(5) 在烷基化和酰基化反应中，三氯化铝的用量有何不同？为什么？

(6) 试写出酰基化反应的机理或历程。

三、基本原理

芳香酮的制备通常利用 Friedel-Crafts（简称傅氏）酰基化反应。它是芳香烃在无水三氯化铝等催化剂存在下，同酰氯或酸酐作用，在苯环上引入酰基的反应。当苯环上有一个酰基取代后，因其是一个间位定位基，使苯环的活性降低，不会生成多元取代物的混合物。酰基化试剂通常用酰氯、酸酐，有时也用羧酸。催化剂多用无水三氯化铝、氯化锌，硫酸也可使用。酰基化时，因有一部分三氯化铝与酰氯或芳酮反应生成配合物，所以每 1mol 酰氯需用多于 1mol 的三氯化铝。当用酸酐作酰基化试剂时，因有一部分三氯化铝与酸酐作用，所以三氯化铝用量更多，一般需 3mol 三氯化铝，而实际上还要过量 10%～20%。

Friedel-Crafts 反应一般是放热反应，但它有一个诱导期，所以操作时需要注意温度变化。反应一般需溶剂，反应原料芳烃常兼作溶剂，有时也用硝基苯或二硫化碳等。

本实验采用乙酸酐和苯制备苯乙酮。由于三氯化铝遇水或受潮会分解，故反应中所需仪器和试剂均应是干燥无水的。

反应式：

$$C_6H_6 + (CH_3CO)_2O \xrightarrow[\text{②} H_2O]{\text{①} AlCl_3} C_6H_5COCH_3 + CH_3COOH$$

四、仪器与药品

(1) 仪器：三口瓶（250mL），冷凝管，滴液漏斗，干燥管，电热套，烧杯，分液漏斗，圆底烧瓶，温度计。

(2) 药品：7.5g（7mL，0.072mol）乙酸酐，30mL（0.34mol）无水苯，20g（0.15mol）无水三氯化铝，浓盐酸，苯，5%氢氧化钠溶液，无水硫酸镁。

五、实验内容

在 250mL 三口瓶中[注释1]，分别装置冷凝管和滴液漏斗，冷凝管上端装一氯化钙干燥管，干燥管再与氯化氢气体吸收装置相连。

迅速称取 20g 经研细的无水三氯化铝[注释2]，放入三口瓶中，再加入 30mL 无水苯，塞住另一瓶口。自滴液漏斗慢慢滴加 7mL 乙酸酐，控制滴加速度勿使反应过于激烈，以三口瓶稍热为宜。边滴加边摇荡三口瓶，约 10～15min 滴加完毕。加完后，在沸水浴或电热套上回流 15～20min，直至不再有氯化氢气体逸出为止。

将反应物冷至室温，在搅拌下倒入盛有 50mL 浓盐酸和 50g 碎冰的烧杯中进行分解（在通风橱中进行）。当固体完全溶解后，将混合物转入分液漏斗，分出有机层，水层每次用 10mL 苯萃取两次。合并有机层和苯萃取液，依次用等体积的 5%氢氧化钠溶液和水洗涤一次，用无水硫酸镁干燥。

将干燥后的粗产物先在水浴上蒸去苯[注释3]，再在电热套或石棉网上蒸去残留的苯，当温度上升至 140℃左右时，停止加热，稍冷却后换用空气冷凝管装置[注释4]，收集 198～202℃的馏分[注释5]，产量约 5～6g。计算产率，测定折射率。本实验约需 6～7h。

纯粹苯乙酮[注释6]的沸点为 202.0℃，熔点 20.5℃，折射率 n_D^{20} 1.5372。

六、问题与讨论

(1) 为什么要迅速称取无水三氯化铝？为什么要用过量的苯？

(2) 反应完成后为什么要加入浓盐酸和冰水的混合液？

(3) 下列试剂在无水三氯化铝存在下相互作用，应得到什么产物？

①过量的苯＋$ClCH_2CH_2Cl$　　②氯苯和丙酸酐

③甲苯和邻苯二甲酸酐　　④溴苯和乙酸酐

七、注释

[1] 本实验所用仪器和试剂均需充分干燥，否则影响反应顺利进行，装置中凡是和空气相通的部位，应装置干燥管。

[2] 无水三氯化铝的质量是实验成败的关键之一，研细、称量（可在带塞的锥形瓶中称量）及投料均要迅速，避免长时间暴露在空气中。

[3] 由于产物不多，宜选用较小的蒸馏瓶，也可采用连续蒸馏装置蒸馏。

[4] 为减少产量损失，可用一根 2.5cm 长、外径与支管相仿的玻璃管代替，玻璃管与支管可借医用橡皮管连接。

[5] 最好用减压蒸馏蒸出苯乙酮。苯乙酮在不同压力下的沸点列于表 9-9 中。

表 9-9　苯乙酮在不同压力下的沸点

压力/mmHg	4	5	6	7	8	9	10
沸点/℃	60	64	68	71	73	76	78
压力/mmHg	25	30	40	50	60	100	150
沸点/℃	98	102	109.4	115.5	120	133.6	146

注：1mmHg＝133.3Pa。

[6] 苯乙酮的标准红外光谱图见图 9-23。

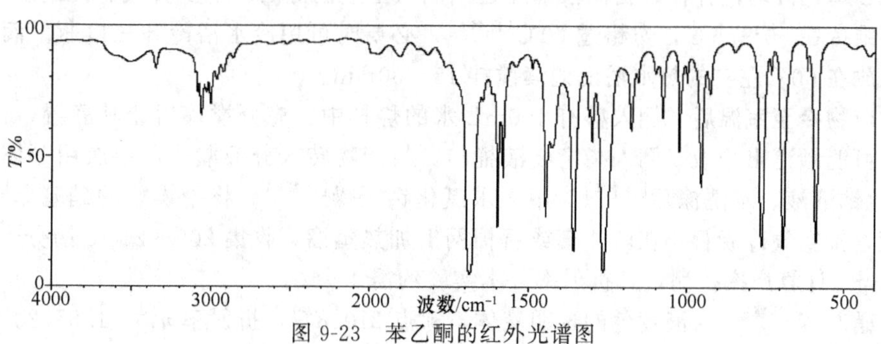

图 9-23　苯乙酮的红外光谱图

实验六十六　硝基苯的制备

一、目的与要求

(1) 学习硝化反应制备芳香硝基化合物的方法和原理。

(2) 掌握机械搅拌装置的安装及使用。

二、预习与思考

(1) 预习芳香烃的性质及反应以及硝化反应的基本原理和方法。

(2) 预习第 4 章“4.4 蒸馏”和“4.8 萃取和洗涤”。

(3) 本实验为什么要严格控制硝化温度？

(4) 蒸馏硝基苯时，为什么不能超过 211℃，温度过高有何弊端？

三、实验原理

硝化反应是芳香族化合物的四大亲电取代反应之一，在合成上具有重要意义。反应中硝基取代芳环上的氢原子而得到芳香硝基化合物。以苯的硝化为例，其过程是硝酸与硫酸作用生成硝基正离子 NO_2^+，接着 NO_2^+ 作为亲电试剂进攻苯环，然后苯环失去质子而得到硝基苯。浓硫酸的存在有助于硝基正离子的生成，并且可以提高反应速度。其反应式为：

$$C_6H_6 + HNO_3(浓) \xrightarrow[50\sim55℃]{H_2SO_4(浓)} C_6H_5NO_2 + H_2O$$

由于反应属亲电取代，若苯环上有斥电子基团，则反应容易进行，甚至只用硝酸即可；若苯环上有吸电子基团，则反应困难，常使用混酸（硝酸与硫酸混合物）硝化。对活性更小的芳烃多使用发烟硫酸代替浓硫酸。

工业上使用的硝化方法和过程与实验室类似。

四、仪器与药品

（1）仪器：锥形瓶（100mL），三口瓶（250mL），烧杯，Y形管，滴液漏斗，球形冷凝器，温度计，搅拌装置，分液漏斗，圆底烧瓶，空气冷凝管。

（2）药品：16g（18mL，0.2mol）苯，25.6g（18mL，0.4mol）浓硝酸（$d=1.42$），37g（20mL，0.38mol）浓硫酸（$d=1.84$），5%氢氧化钠溶液，无水氯化钙。

五、实验内容

在100mL锥形瓶中，加入18mL浓硝酸[注释1]，在冷却和振荡下慢慢加入20mL浓硫酸制成混合酸备用。

在250mL三口瓶中，分别安装搅拌器[注释2]、温度计（水银球伸入液面下）及Y形管，Y形管一孔插入一滴液漏斗，另一孔连一玻璃弯管并用橡皮管连接通入水槽[注释3]。在瓶内放置18mL苯，开动搅拌器，自滴液漏斗逐渐滴入上述制好的冷的混合酸。控制滴加速度使反应温度维持在50～55℃，勿超过60℃[注释4]，必要时可用冷水浴冷却三口瓶。滴加完毕，将三口瓶放在60℃左右的热水浴上继续搅拌15～30min。

待反应物冷至室温后，倒入盛有100mL水的烧杯中，充分搅拌后让其静置，待硝基苯沉降后尽可能倾滗出酸液（倒入指定废液桶!）。粗产物转入分液漏斗，依次用等体积的水、5%氢氧化钠溶液、水洗涤后[注释5]，用无水氯化钙干燥[注释6]。将干燥好的硝基苯[注释7]滤入蒸馏瓶，接空气冷凝管，在电热套或石棉网上加热蒸馏，收集205～210℃馏分[注释8]，产量约为18g。计算产率，测定其折射率。本实验约需4～6h。

纯粹硝基苯[注释9]为淡黄色的透明液体，沸点210.8℃，折射率 n_D^{20} 1.5562。

六、问题与讨论

（1）本实验中为什么要控制反应温度在50～55℃？温度过高有什么不好？

（2）粗产物硝基苯依次用水、碱液、水洗涤的目的何在？

（3）甲苯和苯甲酸硝化反应的产物是什么？你认为在反应条件上有何差异，为什么？

（4）如粗产物中有少量硝酸没有除掉，在蒸馏过程中会发生什么现象？

（5）实验中若将新配制的混酸一次加入苯中，会有什么结果？

七、注释

[1] 一般工业浓硝酸的相对密度为1.52，用此酸反应时，极易得到较多的二硝基苯。为此可用3.3mL水、20mL浓硫酸和18mL工业浓硝酸（$d=1.52$）组成的混合物进行硝化。注意，浓硝酸和浓硫酸均具有强腐蚀性，取用时要小心！

[2] 本实验的搅拌装置不能用甘油润滑，以免生成硝化甘油，有爆炸危险。可用石蜡油润滑。

[3]　硝化过程中会由硝酸的氧化作用而生成一些低价氮的氧化物，这些物质有毒，故不应让其逸于室内。

[4]　硝化反应系一放热反应，温度若超过 60℃时，有较多的二硝基苯生成，且也有部分硝酸和苯挥发逸去。

[5]　硝基苯中夹杂的硝酸若未洗净，最后蒸馏时硝酸将会发生分解生成红棕色的二氧化氮，同时也可能增加了生成二硝基苯的可能性。洗涤硝基苯时，特别是用氢氧化钠洗涤时，不可过分用力振荡，否则使产品乳化而难以分层。若遇此情况，可加入固体氯化钙或氯化钠饱和，或加数滴酒精，静置片刻，即可分层。

[6]　洗净后的硝基苯因含有小水珠，故呈浑浊状，加入干燥剂后，可用电热套或温水浴温热并摇动，但温度不要超过 45℃，冷却放置一段时间澄清后再蒸馏。

[7]　硝基化合物对人体有较大的毒性，吸入多量蒸气或被皮肤接触吸收，均会引起中毒！所以处理硝基苯或其它硝基化合物时，必须谨慎小心，如不慎触及皮肤，应立即用少量乙醇擦洗，再用肥皂及温水洗涤。

[8]　因残留在烧瓶中的二硝基苯在高温下会骤然分解而爆炸，故蒸产品时不可蒸干或使蒸馏温度超过 214℃。

[9]　硝基苯的标准红外光谱图见图 9-24。

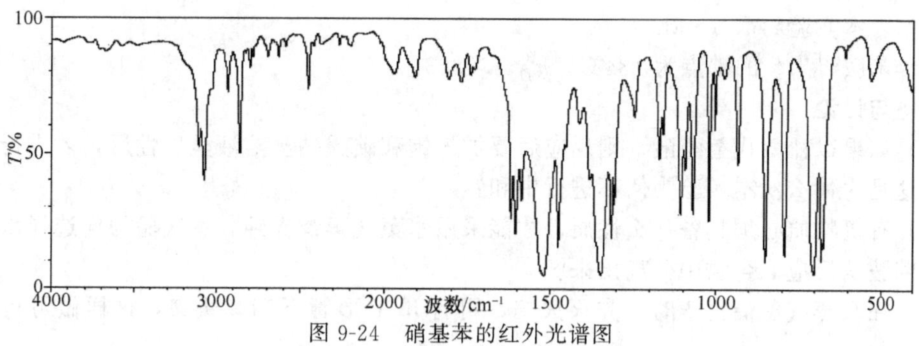

图 9-24　硝基苯的红外光谱图

实验六十七　苯胺的制备

一、目的与要求

(1) 学习芳香硝基化合物通过还原制备芳香胺的方法和原理。

(2) 熟练掌握水蒸气蒸馏的原理和基本操作。

二、预习与思考

(1) 预习芳胺及其衍生物的性质与反应。

(2) 预习第 4 章“4.7 水蒸气蒸馏”中有关水蒸气蒸馏原理及基本操作。

(3) 本实验为何选择水蒸气蒸馏的方法把苯胺从反应混合物中分离出来？

(4) 如果最后制得的苯胺中含有硝基苯，应如何加以分离提纯？

三、实验原理

在酸性介质中，还原芳香族硝基化合物可以得到相应的芳香族伯胺。常用的还原剂有铁-盐酸、铁-醋酸、锡-盐酸、氯化亚锡等。实验室制备苯胺一般是用铁还原硝基苯制得，其反应式为：

$$4C_6H_5NO_2 + 9Fe + 4H_2O \xrightarrow{H^+} 4C_6H_5NH_2 + 3Fe_3O_4$$

四、仪器与药品

(1) 仪器：电热套，圆底烧瓶（500mL），球形冷凝管，温度计，水蒸气蒸馏装置，分液漏斗，蒸馏瓶，空气冷凝管，接收器。

（2）药品：18.5g（15.5mL，0.15mol）硝基苯（自制），27g（0.48mol）还原铁粉（40～100 目），冰醋酸，乙醚，固体氯化钠，固体氢氧化钠。

五、实验内容

在 500mL 圆底烧瓶中，放置 27g 还原铁粉、50mL 水及 3mL 冰醋酸，振荡使充分混合。装上回流冷凝管，用电热套或在石棉网上小火加热煮沸约 10min[注释1]。稍冷后，从冷凝管顶端分批加入 15.5mL 硝基苯，每次加完后用力摇振，使反应物充分混合。由于反应放热，当每次加入硝基苯时，均有一阵猛烈的反应发生[注释2]。加完后，将反应物回流 0.5h，并时时摇动，使还原反应完全[注释3]，此时，冷凝管回流液应不再呈现硝基苯的黄色。

将反应改为水蒸气蒸馏装置，进行水蒸气蒸馏，至馏出液变清，再多收集 20mL 馏出液，共约收集 150mL[注释4]。将馏出液转入分液漏斗，分出有机层，水层用食盐饱和[注释5]（需 35～40g 食盐）后，每次用 20mL 乙醚萃取 3 次，合并苯胺层[注释6] 和醚萃取液，用粒状氢氧化钠干燥。

将干燥后的苯胺-醚溶液用分液漏斗分批加入 25mL 干燥的蒸馏瓶中，先在水浴上蒸去乙醚，残留物用空气冷凝管蒸馏，收集 180～185℃馏分[注释7]，产量 9～10g。用折光仪测定其折光率。本实验约需 6～8h。

纯粹苯胺[注释8] 的沸点为 184℃，n_D^{20} 1.5863。

六、问题与讨论

（1）如果以盐酸代替醋酸，则反应后要加入饱和碳酸钠至溶液呈碱性后，才进行水蒸气蒸馏，这是为什么？本实验为何不进行中和？

（2）有机物质必须具备什么性质，才能采用水蒸气蒸馏提纯，本实验为何选择水蒸气蒸馏法把苯胺从反应混合物中分离出来？

（3）在水蒸气蒸馏完毕时，先灭火焰，再打开 T 形管下端弹簧夹，这样做可行吗？为什么？

（4）在精制苯胺时，为什么用粒状氢氧化钠作干燥剂而不用无水硫酸镁或无水氯化钙？

七、注释

[1] 该步骤目的是使铁粉活化，缩短反应时间。铁-醋酸作为还原剂时，铁首先与醋酸作用，产生醋酸亚铁，它实际是主要的还原剂，在反应中进一步被氧化生成碱式醋酸铁。

$$Fe + 2HOAc \longrightarrow Fe(OAc)_2 + H_2$$

$$2Fe(OAc)_2 + [O] + H_2O \longrightarrow 2Fe(OH)(OAc)_2$$

碱式醋酸铁与铁及水作用后，生成醋酸亚铁和醋酸可以再起上述反应。

$$6Fe(OH)(OAc)_2 + Fe + 2H_2O \longrightarrow 2Fe_3O_4 + Fe(OAc)_2 + 10HOAc$$

所以总的来看，反应中主要是水作为供质子剂提供质子，铁提供电子完成还原反应。

[2] 若反应放热强烈，引起爆沸，应备好冷水浴随时冷却。

[3] 硝基苯为黄色油状物，如果回流液中黄色油状物消失而转变成乳白色油珠（由于游离苯胺引起），表示反应已经完成。也可用滴管吸取少量反应液于试管中，加几滴浓盐酸，看是否有黄色油珠下沉。还原作用必须完全，否则残留在反应物中的硝基苯，在以下几步提纯过程中很难分离，因而影响产品纯度。

[4] 反应完后，圆底烧瓶壁上黏附的黑褐色物质，可用 1∶1（体积比）盐酸水溶液温热除去。

[5] 在 20℃时，每 100mL 水可溶解 3.4g 苯胺，为了减少苯胺损失，根据盐析原理，加入精盐使馏出液饱和，原来溶于水中的绝大部分苯胺就成油状物析出。

[6] 硝基苯和苯胺有毒，应在通风橱内进行反应。操作时应避免与皮肤接触或吸入其蒸气，若不慎触及皮肤时，先用水冲洗，再用肥皂和温水洗涤。

[7] 纯苯胺为无色液体，但在空气中由于氧化呈淡黄色，加入少许锌粉重新蒸馏，可去掉颜色。

［8］ 苯胺的标准红外光谱图见图 9-25。

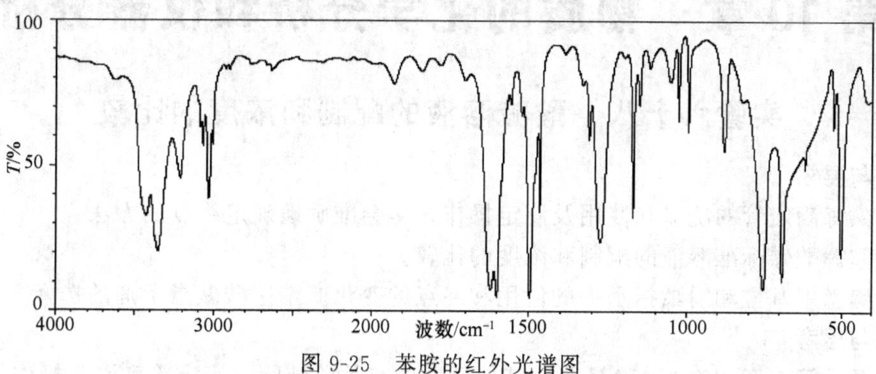

图 9-25　苯胺的红外光谱图

第 10 章　物质的化学分析和仪器分析

实验六十八　酸碱溶液的配制和浓度的比较

一、目的与要求

(1) 熟练滴定管的洗涤和使用及滴定操作，学会准确地确定终点的方法。

(2) 掌握酸碱标准溶液的配制和浓度的比较。

(3) 熟悉甲基橙和酚酞指示剂的使用和终点的变化。掌握酸碱指示剂的选择方法。

二、预习与思考

(1) 预习第 3 章“3.3 玻璃量器及其使用”中有关移液管、滴定管和滴定操作的内容。

(2) 查阅“附录 13 常用指示剂”中的有关内容。

(3) 预习酸碱滴定的基本原理和滴定曲线。

(4) 预习第 5 章“5.2 误差与实验数据处理”中有关误差与数据处理的内容。

(5) 思考下列问题

① 如何正确使用酸碱滴定管？应如何选择指示剂？

② 用 NaOH 溶液滴定 HAc 溶液时，使用不同指示剂对于滴定结果有何影响？

③ 以观察溶液中指示剂颜色变化来确定滴定终点是否准确？应如何准确判断或确定终点？

三、实验原理

浓盐酸易挥发，固体 NaOH 容易吸收空气中水分和 CO_2，因此不能直接配制准确浓度的 HCl 和 NaOH 标准溶液，只能先配制近似浓度的溶液，然后用基准物质标定其准确浓度。也可用另一已知准确浓度的标准溶液滴定该溶液，再根据它们的体积比求得该溶液的浓度。

酸碱指示剂都具有一定的色变范围。$0.1\text{mol}\cdot\text{L}^{-1}$ NaOH 和 HCl[注释1] 溶液的滴定(强酸与强碱的滴定)，其突跃范围为 pH 4～10，应当选用在此范围内变色的指示剂，例如甲基橙或酚酞等。NaOH 溶液和 HAc 溶液的滴定，是强酸与弱酸的滴定，其突跃范围处于碱性区域，应选用在此区域内变色的指示剂。

四、仪器与药品

酸式和碱式滴定管 (50mL)，锥形瓶 (250mL)，浓盐酸，NaOH (s)，HAc ($0.1\text{mol}\cdot\text{L}^{-1}$)，甲基橙指示剂 (0.1%)，酚酞指示剂 (0.2%)，甲基红指示剂 (0.2%)。

五、实验内容

1. $0.1\text{mol}\cdot\text{L}^{-1}$ HCl 溶液和 $0.1\text{mol}\cdot\text{L}^{-1}$ NaOH 溶液的配制

(1) HCl 溶液配制[注释2]　通过计算求出配制 500mL $0.1\text{mol}\cdot\text{L}^{-1}$ HCl 溶液所需浓盐酸（相对密度 1.19，约 $6\text{mol}\cdot\text{L}^{-1}$）的体积。然后，用小量筒量取此量的浓盐酸，加入水中[注释3]，并稀释成 500mL，贮于玻璃塞细口瓶中，充分摇匀。

(2) NaOH 溶液配制[注释4]　通过计算求出配制 500mL $0.1\text{mol}\cdot\text{L}^{-1}$ NaOH 溶液所需的固体 NaOH 的质量，在台秤上迅速称出（NaOH 应置于什么器皿中称量？为什么?)，置于烧杯中，立即用 1000mL 水溶解，配制成溶液，贮于具橡皮塞的细口瓶中，充分摇匀。

试剂瓶应贴上标签，注明试剂名称、配制日期、使用者姓名，并留一空位以备填入此溶液的准确浓度。在配制溶液后均须立即贴上标签，应养成此习惯。

长期使用的 NaOH 标准溶液，最好装入下口瓶中，瓶口上部最好装一碱石灰管（为什么?）。

2. NaOH 溶液与 HCl 溶液浓度的比较

按照第 3 章“3.3 玻璃量器及其使用”中介绍的方法洗净酸、碱滴定管各一支（检查是否漏水）。先用去离子水将滴定管淌洗 2～3 次，然后用配制好的少量盐酸标准溶液将酸式滴定管淌洗 2～3 次，再于管内装满该酸溶液；用少量 NaOH 标准溶液将碱式滴定管淌洗 2～3 次，再于管内装满该碱溶液。然后排除两滴定管管尖空气泡（为什么要排除空气泡？如何排除?）。

分别将两滴定管液面调节至 0.00 刻度线或稍下处（为什么?），静置 1min 后，精确读取滴定管内液面位置（应读到小数点后几位?），并立即将读数记录在实验报告本上。

取 250mL 锥形瓶一只，洗净后放在碱式滴定管下，以每分钟 10mL 的速度放出约 20mL NaOH 溶液于锥形瓶中，加入 1 滴甲基橙指示剂，用 HCl 溶液滴定锥形瓶中的碱，同时不断摇动锥形瓶，使溶液均匀，待接近终点[注释5] 时，酸液应逐滴或半滴滴入锥形瓶中，挂在瓶壁上的酸可用去离子水淋洗下去，直至溶液由黄色恰变橙色为止，示为滴定终点。读取并记录 NaOH 溶液及 HCl 溶液的精确体积。反复滴定几次，记下读数，分别求出体积比（V_{NaOH}/V_{HCl}），直至三次测定结果的相对平均偏差在 0.2%之内，取其平均值。

以酚酞为指示剂，用 NaOH 溶液滴定 HCl 溶液，终点由无色变微红色，其它步骤同上。

3. 以 NaOH 溶液滴定 HAc 溶液时使用不同指示剂的比较

用移液管吸取 3 份 25mL 0.1mol・L^{-1} HAc 溶液于 3 个 250mL 锥形瓶中，分别以甲基橙、甲基红、酚酞为指示剂进行滴定，并比较 3 次滴定所用 NaOH 溶液的体积。

六、数据记录与处理

数据记录及报告示例[注释6] 如表 10-1 和表 10-2 所示。

表 10-1　NaOH 溶液与 HCl 溶液浓度的比较

记录项目	序次			
	1	2	3	
NaOH 溶液终读数(V_1)/mL				
NaOH 溶液初读数(V_0)/mL				
NaOH 溶液用量 $V_{NaOH}(=V_1-V_0)$/mL				
HCl 溶液终读数(V_3)/mL				
HCl 溶液初读数(V_2)/mL				
HCl 溶液用量 $V_{HCl}(=V_3-V_2)$/mL				
V_{NaOH}/V_{HCl}				
$\overline{V}_{NaOH}/\overline{V}_{HCl}$				
个别测定的绝对偏差				
相对平均偏差				

表 10-2　以 NaOH 溶液滴定 HAc 溶液时使用不同指示剂的比较

记录项目	指示剂		
	甲基橙	甲基红	酚酞
NaOH 终读数/mL			
NaOH 初读数/mL			
V_{NaOH}/mL			
$V_{橙}:V_{红}:V_{酚}$(以 $V_{酚}$ 为 1)			

七、问题与讨论

(1) 配制酸碱标准溶液时，为什么用量筒量取盐酸和用台秤称取固体 NaOH，而不用移液管和分析天平？配制的溶液浓度应取几位有效数字？为什么？

(2) 玻璃器皿是否洗净，如何检验？滴定管为什么要用标准溶液淌洗 3 遍？锥形瓶是否要烘干？为什么？

(3) 滴定时，指示剂用量为什么不能太多？用量与什么因素有关？

(4) 为什么不能用直接配制法配制 NaOH 标准溶液？

(5) 用 HCl 溶液滴定 NaOH 标准溶液时是否可用酚酞作指示剂？

八、注释

[1] 此处 $0.1mol \cdot L^{-1}$ NaOH 和 $0.1mol \cdot L^{-1}$ HCl 应表示为 $c(NaOH)=0.1mol \cdot L^{-1}$ 和 $c(HCl)=0.1mol \cdot L^{-1}$。本章中物质的基本单元均选用一分子（或离子），故简化表示如上。

[2] HCl 标准溶液通常用间接法配制，必要时也可以先制成 HCl 和水的恒沸溶液，此溶液有精确的浓度，由此恒沸溶液加准确的一定量水，可得所需浓度的 HCl 溶液。

[3] 分析实验中所用的水，一般均为纯水（蒸馏水或去离子水），故除特别指明者外，所说的“水”，意即“纯水”。

[4] 固体氢氧化钠极易吸收空气中的 CO_2 和水分，所以称量必须迅速。市售固体氢氧化钠常因吸收 CO_2 而混有少量 Na_2CO_3，以致在分析结果中引入误差，因此在要求严格的情况下，配制 NaOH 溶液时必须设法除去 CO_3^{2-}，常用方法有如下两种。

① 在台秤上称取一定量固体 NaOH 于烧杯中，用少量水溶解后倒入试剂瓶中，再用水稀释到一定体积（配成所要求浓度的标准溶液），加入 1～2mL 20% $BaCl_2$ 溶液，摇匀后用橡皮塞塞紧，静置过夜，待沉淀完全沉降后，用虹吸管把清液转入另一试剂瓶中，塞紧，备用。

② 饱和的 NaOH 溶液（50%）具有不溶解 Na_2CO_3 的性质，所以用固体 NaOH 配制的饱和溶液，其中 Na_2CO_3 可以全部沉降下来。在涂蜡的玻璃器皿或塑料容器中先配制饱和的 NaOH 溶液，待溶液澄清后，吸取上层溶液，用新煮沸并冷却的水稀释至一定浓度。

[5] 滴定液加入的瞬间，锥形瓶中溶液出现红色，渐渐褪至黄色，表示接近终点。

[6] 可按表 10-1 和表 10-2 格式进行数据记录和处理。在预习时要求在实验记录本上画好表格和做好必要的计算。实验过程中把数据记录在表中，实验后完成计算及讨论。

实验六十九　酸碱标准溶液浓度的标定

一、目的与要求

(1) 进一步熟练滴定操作和天平减量法称量。

(2) 学会酸碱溶液浓度的标定方法。

(3) 初步掌握酸碱指示剂的选择方法。

二、预习与思考

(1) 预习第 3 章“3.3 玻璃量器及其使用”。

(2) 预习酸碱滴定法的基本原理和常用酸碱指示剂变色原理及范围。

(3) 预习第 2 章“2.2.4 溶液的配制”，查阅“附录 16 常用基准物及其干燥条件”。

(4) 思考下列问题

① 标定 NaOH 的基准物质常见的有哪几种？

② 本实验选用的基准物质是什么？与其它基准物质比较，它有什么显著的优点？

三、实验原理

酸碱标准溶液是采用间接法配制的，其浓度必须依靠基准物质来标定，也可根据酸碱溶液中已标出其中之一浓度，然后按照它们的体积比 V_{NaOH}/V_{HCl} 来计算出另一种标准溶液的浓度。

(1) 酸标准溶液浓度的标定 标定酸的基准物常用无水碳酸钠或硼砂。用碳酸钠作基准物时，由于 Na_2CO_3 易吸收空气中的水分，因此，采用市售基准试剂级的 Na_2CO_3 时应预先于180℃下使之充分干燥，并保存于干燥器中，先将其置于180℃的烘箱中干燥2～3h，然后置于干燥器内冷却备用。标定时以甲基橙为指示剂，反应式如下：

$$Na_2CO_3+2HCl \longrightarrow 2NaCl+CO_2\uparrow+H_2O$$

以硼砂 $Na_2B_4O_7\cdot10H_2O$ 为基准物时，反应产物是硼酸 H_3BO_3（$K_a^\ominus=5.7\times10^{-10}$），溶液呈微酸性，可选用甲基红作指示剂，反应如下：

$$Na_2B_4O_7+2HCl+5H_2O \longrightarrow 2NaCl+4H_3BO_3$$

(2) 碱标准溶液浓度的标定 标定碱的基准物常用的有邻苯二甲酸氢钾（$KHC_8H_4O_4$）或草酸（$H_2C_2O_4\cdot2H_2O$）。水溶性的有机酸也可选用，如苯甲酸（C_6H_5COOH）、琥珀酸（$H_2C_4H_4O_4$）和氨基磺酸（H_3NSO_3H）等。

邻苯二甲酸氢钾的结构式为（苯环邻位取代，COOH / COOK），其中只有一个可电离的 H^+，它的酸性较弱（$K_2^\ominus=2.9\times10^{-6}$），标定时的反应式为：

$$KHC_8H_4O_4+NaOH \longrightarrow KNaC_8H_4O_4+H_2O$$

反应产物是邻苯二甲酸钾钠，在水溶液中显微碱性，因此可用酚酞作指示剂。邻苯二甲酸氢钾通常于100～125℃时干燥2h后备用。干燥温度不宜过高，否则会引起脱水而成为邻苯二甲酸酐。邻苯二甲酸氢钾作为基准物的优点是：①易于获得纯品；②易干燥，不吸湿；③摩尔质量大，可相对降低称量误差。

草酸 $H_2C_2O_4\cdot2H_2O$ 是二元酸，相当稳定，相对湿度在5%～95%时不会风化失水。由于其 K_{a_1} 和 K_{a_2} 相近，不能分步滴定，反应产物为 $Na_2C_2O_4$，在水溶液中呈微碱性，也可采用酚酞为指示剂。标定反应为：

$$H_2C_2O_4+2NaOH \longrightarrow Na_2C_2O_4+2H_2O$$

四、仪器与药品

(1) 仪器 电子分析天平，酸式滴定管（50mL），碱式滴定管（50mL），锥形瓶（250mL），烧杯，量筒。

(2) 药品 HCl标准溶液（$0.1mol\cdot L^{-1}$），NaOH标准溶液（$0.1mol\cdot L^{-1}$），Na_2CO_3（AR），邻苯二甲酸氢钾（AR），0.1%甲基橙指示剂，0.1%酚酞指示剂。

五、实验内容

(1) NaOH标准溶液浓度的标定 在分析天平上用减量法准确称取3份已在105～110℃烘烤1h以上的分析纯的邻苯二甲酸氢钾，每份0.4～0.6g，放入250mL锥形瓶或烧杯中，用50mL经煮沸冷却的去离子水使之溶解（如果没有完全溶解，可稍微加热）。冷却后加入2滴酚酞指示剂，用待标定的NaOH标准溶液滴定呈微红色，摇动后半分钟内不褪色即为终点。

根据邻苯二甲酸氢钾的质量 m 和消耗NaOH标准溶液的体积 V_{NaOH}，按下式计算NaOH标准溶液的浓度 c_{NaOH}：

$$c_{NaOH}=\frac{m}{V_{NaOH}\times0.2042}$$

0.2042是换算系数，即邻苯二甲酸氢钾的分子量/1000。三份测定的相对平均偏差应小于0.2%，否则应重新测定。

（2）HCl标准溶液浓度的标定　在电子分析天平上用减量法准确称取已烘干的无水Na_2CO_3三份，分别置于三只250mL锥形瓶中，加水约为30mL，温热，摇动使之溶解，加入1滴甲基橙为指示剂，以0.1mol·L^{-1} HCl标准溶液滴定至溶液由黄色转变为橙色。读取读数，记下HCl标准溶液的耗用量。根据Na_2CO_3的质量m和消耗HCl溶液的体积V_{HCl}，按下式计算出HCl标准溶液的浓度c_{HCl}：

$$c_{HCl}=\frac{m\times 2000}{M_{Na_2CO_3}V_{HCl}}$$

每次标定的结果与平均值的相对偏差不得大于0.2%，否则应重新标定。

六、数据记录和结果处理

（1）将每次滴定所用NaOH溶液的体积记录在表10-3中。

（2）计算NaOH溶液的浓度，结果也记录在表10-3中。

（3）计算实验结果的相对平均偏差。

（4）HCl标准溶液的标定数据和结果处理的记录格式可参阅表10-3自行设计。

表10-3　NaOH标准溶液的标定

记录项目	序次				
	1	2	3		
称量瓶＋$KHC_8H_4O_4$(前)/g					
称量瓶＋$KHC_8H_4O_4$(后)/g					
$KHC_8H_4O_4$的质量/g					
NaOH溶液终读数(V_3)/mL					
NaOH溶液初读数(V_2)/mL					
NaOH溶液用量$V_{NaOH}(=V_3-V_2)$/mL					
c_{NaOH}/mol·L^{-1}					
$\overline{c}_{NaOH}$/mol·L^{-1}					
个别测定的绝对偏差					
相对平均偏差					

七、问题与讨论

（1）溶解基准物所用水的体积的量度，是否需要准确，为什么？

（2）本实验中使用的锥形瓶，其内壁是否要预先干燥？为什么？

（3）用邻苯二甲酸氢钾为基准物标定0.1mol·L^{-1} NaOH溶液时，基准物称取应如何计算？

（4）用邻苯二甲酸氢钾标定NaOH溶液时，为什么用酚酞而不用甲基橙为指示剂？

（5）用Na_2CO_3为基准物标定HCl溶液时，为什么不用酚酞作指示剂？

（6）标定NaOH标准溶液的基准物质常用的有哪几种？本实验选用的基准物质是什么？与其它基准物质比较，它有什么显著的优点？

（7）称取NaOH及$KHC_8H_4O_4$各用什么天平？为什么？

实验七十　混合碱的测定（双指示剂法）

一、目的与要求

（1）掌握双指示剂法测定混合碱的原理和方法。

（2）了解不同类型的滴定应如何选择指示剂及混合指示剂的使用和优点。

(3) 正确掌握容量仪器的使用和操作方法。

二、预习与思考

(1) 预习第3章“3.3玻璃量器及其使用”。

(2) 预习第5章“5.1定量分析的原理与方法”。

(3) 查阅“附录13常用指示剂”，预习双指示剂的种类与使用范围。

(4) 思考下列问题

① 测定混合碱的总碱度能否用酚酞作指示剂？为什么？

② 甲基橙、甲基红及甲基红一溴甲酚绿混合指示剂的变色范围各为多少？混合指示剂优点是什么？

三、实验原理

混合碱是Na_2CO_3与NaOH或$NaHCO_3$与Na_2CO_3的混合物，欲测定同一份试样中各组分的含量，可用HCl标准溶液滴定。根据滴定过程中pH变化的情况，选用两种不同的指示分别指示剂第一、第二化学计量点的到达，即常称为“双指示剂法”。此法简便、快捷，在生产实际中广泛应用。有关反应如下：

$$NaOH+HCl = NaCl+H_2O$$

$$Na_2CO_3+HCl = NaCl+NaHCO_3$$

$$NaHCO_3+HCl = NaCl+CO_2\uparrow+H_2O$$

在混合碱试液中加入酚酞指示剂，此时溶液呈现红色。用HCl标准溶液滴定时至红色恰变为无色（第一化学计量点pH=8.3）。设滴定体积V_1mL，则试液中NaOH完全被中和，所含的Na_2CO_3则被中和一半。再加入甲基橙指示剂，继续用HCl标准溶液滴定，使溶液由黄色转变为橙色即为终点（第二化学计量点pH=3.9），设此步所消耗的HCl体积为V_2mL，这时Na_2CO_3的另一半也被中和完全。

显然，如果$V_1=V_2$，即试样不含$NaHCO_3$；若$V_2>V_1$，则表明试样中含有$NaHCO_3$。若$V_1>V_2$时，试样为Na_2CO_3与NaOH混合物，则混合物中各组分含量x的计算式如下：

$$x_{NaOH}=\frac{(V_1-V_2)\times c_{HCl}\times M_{NaOH}}{V_{试}}$$

$$x_{Na_2CO_3}=\frac{2V_2\times c_{HCl}\times M_{Na_2CO_3}}{2V_{试}}$$

如果要求测定混合碱的总碱量，通常是以Na_2O的含量来表示总碱度，计算式如下：

$$x_{Na_2O}=\frac{(V_1+V_2)\times c_{HCl}\times M_{Na_2O}}{2V_{试}}$$

双指示剂法的传统指示剂是先用酚酞，后用甲基橙。由于酚酞变色不很敏锐，人眼观察这种颜色变化的灵敏性稍差些，因此也常用甲酚红-百里酚蓝混合指示剂。该指示剂变色点pH为8.3，酸型为黄色，碱型为紫色。pH=8.2时为玫瑰色，pH=8.4时为清晰的紫色，变色敏锐。用HCl标准溶液滴定至溶液由紫色变为粉红色，即为终点。

四、仪器与药品

(1) 仪器　酸式滴定管（50mL），移液管（25mL），锥形瓶（250mL），量筒。

(2) 药品　HCl标准溶液（$0.1mol\cdot L^{-1}$），酚酞指示剂（0.2%乙醇溶液），甲基红指示剂，甲基橙指示剂（0.1%），无水Na_2CO_3(AR)，硼砂（AR），混合碱试液。

五、实验内容

1. $0.1mol\cdot L^{-1}$ HCl溶液的标定

(1) 用无水 Na_2CO_3 基准物质标定　用称量瓶准确称取 0.15～0.20g 无水 Na_2CO_3 三份，分别倒入 250mL 锥形瓶中。称量瓶称样时一定要带盖，以免吸湿。然后加入 20～60mL 水使之溶解，再加入 1～2 滴甲基橙指示剂，用待标定的 HCl 标准溶液滴定至溶液由黄色恰变为橙色即为终点。根据 Na_2CO_3 的质量和滴定时消耗的 HCl 溶液体积，计算 HCl 溶液的浓度。

(2) 用硼砂 $Na_2B_4O_7 \cdot 10H_2O$ 标定　准确称取硼砂 0.5～0.6g 三份，分别置于 250mL 锥形瓶中，加水 50mL 使之溶解[注释1]，加入 2 滴甲基红指示剂，用 HCl 标准溶液滴定至溶液由黄色恰变为浅红色[注释2] 即为终点。根据硼砂的质量和滴定时消耗的 HCl 溶液的体积，计算 HCl 溶液的浓度。

2. 混合碱的测定

用移液管平行移取 25.00mL 混合碱试液 3 份于锥形瓶中，加酚酞指示剂，用上述标定的 HCl 溶液滴定溶液由红色恰好褪色至无色，记下被消耗标液的体积 V_1；往滴定管加入标液，调节液面至 0.00 刻度或稍下处，加入 1～2 滴甲基橙指示剂于锥形瓶中，继续用 HCl 标准溶液滴定至溶液由黄色恰变为橙色[注释3]，记下消耗的体积记为 V_2。平行测定三次。

计算混合碱中各组分的含量（以 $g \cdot L^{-1}$ 表示）及相对平均偏差。

六、问题与讨论

(1) 有三种化合物 Na_2CO_3、$NaHCO_3$ 和 NaOH，它们可能是它们的混合物，如何把它们区别开来，并分别测定它们的含量？试说明理由。

(2) 欲测混合碱中总碱度，应选用何种指示剂？

(3) 无水 Na_2CO_3 基准物质若保存不当，吸收了少量水分，用此基准物标定盐酸溶液浓度时有何影响？

(4) 试分析本实验中误差主要来源。

(5) 分别称取基准物标定或称取较多的基准物配成溶液后再分几份标定，两种方法各有什么优缺点？

七、注释

[1] 硼砂在 20℃时，100g 水中可溶解 5g，如温度太低，有时不太好溶，可适量地加入温热的水，加速溶解。但滴定时一定要冷至室温。

[2] 由黄色转变为浅红色如不习惯观察，也可采用溴甲酚绿指示剂，用 HCl 标准溶液滴定溶液由蓝色转变为黄色为终点。

[3] 近终点时，一定要充分摇动，以防止形成 CO_2 的过饱和溶液而使终点提前到达。

实验七十一　有机酸摩尔质量的测定

一、目的与要求

(1) 进一步熟练减量称量法。

(2) 了解以滴定分析法测定酸碱物质摩尔质量的基本方法。

(3) 熟练掌握用基准物标定 NaOH 溶液浓度的方法。

二、预习与思考

(1) 预习第 5 章“5.1 定量分析的原理与方法”。

(2) 查阅“附录 13 常用指示剂”。

(3) 在用 NaOH 滴定有机酸时能否使用甲基橙作为指示剂？为什么？

(4) 如果 NaOH 标准溶液在保存过程中吸收了空气中的 CO_2，用该标准溶液测定某有机酸的含量，NaOH 浓度是否改变？对测定结果有何影响？

三、实验原理

绝大多数有机酸为弱酸，它们与 NaOH 的反应方程式为

$$n\text{NaOH}+\text{H}_n\text{A} = \text{Na}_n\text{A}+n\text{H}_2\text{O}$$

当多元有机酸的各级解离常数与浓度的乘积均大于 10^{-8} 时，有机酸中的氢均能被准确滴定。用酸碱滴定法，可以测得其摩尔质量，并可根据下述公式计算：

$$M_{\text{A}}=\frac{\frac{a}{b}c_{\text{B}}V_{\text{B}}}{m_{\text{A}}}$$

式中，a/b 为滴定反应的化学计量数比，本实验为 $1/n$；c_{B} 及 V_{B} 分别为 NaOH 的物质的量浓度及滴定所消耗的体积；m_{A} 为称取的有机酸的质量。测定时，n 值须为已知。由于滴定产物是强碱弱酸盐，滴定突跃在碱性范围内，因此可选用酚酞作指示剂。

四、仪器与药品

(1) 仪器　碱式滴定管 (50mL)，锥形瓶 (250mL)，移液管 (25mL)，容量瓶 (100mL)，烧杯 (50mL)。

(2) 药品　NaOH 溶液 ($0.1\text{mol}\cdot\text{L}^{-1}$)，酚酞 (0.2%乙醇溶液)，邻苯二甲酸氢钾[注释1]，有机酸试样 (如草酸、酒石酸、柠檬酸、乙酰水杨酸，苯甲酸等)。

五、实验内容

(1) $0.1\text{mol}\cdot\text{L}^{-1}$ NaOH 溶液的标定　标定方法同实验六十九。

(2) 有机酸摩尔质量的测定　用指定质量称量法准确称取有机酸试样[注释2] 1 份于 50mL 烧杯中，加水溶解，定量转入 100mL 容量瓶中，用水稀释至刻度，摇匀。用 25.00mL 移液管平行移取 3 份，分别放入 250mL 锥形瓶中，加酚酞指示剂 2 滴，用 NaOH 标准溶液滴定至溶液由无色变为微红色，30s 内不褪色即为终点。根据公式计算有机酸摩尔质量及相对平均偏差。

六、问题与讨论

(1) 草酸、酒石酸、柠檬酸等多元有机酸能否用 NaOH 溶液分步滴定？

(2) $\text{Na}_2\text{C}_2\text{O}_4$ 能否作为酸碱滴定的基准物质？为什么？

(3) 称取 0.4g $\text{KHC}_8\text{H}_4\text{O}_4$ 溶于 50mL 水中，问此时溶液的 pH 为多少？

七、注释

[1]　作为基准物，在 105～110℃干燥 1h 后，置干燥器中备用。

[2]　称取多少试样，按不同试样预先估算。除告知 n 值外，所测有机酸的摩尔质量范围也同时告诉学生，以便预习时进行计算。

实验七十二　硫酸铵中含氮量的测定（甲醛法）

一、目的与要求

(1) 了解弱酸强化的基本原理。

(2) 掌握甲醛法测定铵态氮的原理及操作方法。

(3) 熟练掌握酸碱指示剂的选择原理。

二、预习与思考

(1) 预习 NaOH 标准溶液标定的基本原理和方法。

(2) 查阅“附录 13 常用指示剂”。

(3) 预习甲醛法测定铵态氮的原理和方法，比较甲醛法和蒸馏法测定氮的不同之处。

(4) 思考下列问题

① 甲醛法为何可以测定弱酸的含量?

② 用甲醛法测定氮时，为什么不用碱标准溶液直接滴定?

三、实验原理

硫酸铵是常用的氮肥之一。氮在自然界的存在形式比较复杂，测定物质中氮含量时，可以用总氮、铵态氮、硝酸态氮，酰胺态氮等表示方法。由于铵盐中的 NH_4^+ 酸性太弱（$K_a^\ominus=5.6\times10^{-10}$），不能用 NaOH 标准溶液直接滴定，故要采用蒸馏法（又称凯氏定氮法）或甲醛法进行测定。

甲醛与 NH_4^+ 作用可定量地生成质子化的六亚甲基四胺盐和 H^+，反应式为：

$$4NH_4^+ + 6HCHO \xlongequal{} (CH_2)_6N_4H^+ + 3H^+ + 6H_2O$$

生成的 $(CH_2)_6N_4H^+$ 的 $K_a^\ominus$ 为 7.1×10^{-6}，也可以被 NaOH 准确滴定，因而该反应称为弱酸的强化，这里 4mol NH_4^+ 在反应中生成了 4mol 可被准确滴定的酸，故氮与 NaOH 的化学计量数比为 1。

若试样中含有游离酸，加甲醛之前应先以甲基红为指示剂，用 NaOH 溶液预中和至甲基红变为黄色（pH≈6），再加入甲醛，以酚酞为指示剂用 NaOH 标准溶液滴定强化后产物。

甲醛法准确度差，但方法快速，故在生产实际中应用广泛，适用于强酸铵盐的滴定。

四、仪器与药品

(1) 仪器　碱式滴定管（50mL），锥形瓶（250mL），移液管（25mL），容量瓶（250mL），烧杯（50mL）。

(2) 药品　NaOH 溶液（$0.1mol\cdot L^{-1}$），甲基红指示剂（$2g\cdot L^{-1}$，60%乙醇溶液或其钠盐的水溶液），酚酞指示剂（0.2%乙醇溶液），甲醛[注释1]　（18%，即 1∶1），$(NH_4)_2SO_4$ 试样，$KHC_8H_4O_4$（基准试剂）。

五、实验内容

(1) NaOH 溶液的标定　见实验六十九。

(2) 甲醛溶液的处理　甲醛中常含有微量酸，应事先除去。其处理方法如下：取原瓶装甲醛上层清液于烧杯中，加水稀释一倍，加入 2～3 滴酚酞指示剂，用 NaOH 溶液滴定至甲醛溶液呈微红色。

(3) $(NH_4)_2SO_4$ 试样中氮含量的测定　准确称取 $(NH_4)_2SO_4$ 试样 1.2～2g 于小烧杯中，加入少量去离子水溶解，然后将溶液定量转移入 250mL 容量瓶中，用去离子水稀释至刻度，摇匀。用移液管移取 3 份 25mL 试液分别置于 250mL 锥形瓶中，加入 1 滴甲基红指示剂，用 $0.1mol\cdot L^{-1}$ NaOH 溶液中和至呈黄色[注释2]，加入 10mL 18%甲醛溶液，再加入 1～2 滴酚酞指示剂，充分摇匀，放置 1min 后，用 $0.1mol\cdot L^{-1}$ NaOH 标准碱溶液滴定至溶液呈微红色，并持续 30s 不褪色即为终点。

六、数据记录与处理

(1) 记录实验中每次滴定所用 NaOH 溶液的体积。

(2) 计算 $(NH_4)_2SO_4$ 试样中氮的含量及相对平均偏差。

七、问题与讨论

(1) NH_4^+ 为 NH_3 的共轭酸，为什么不能用溶液直接滴定?

(2) NH_4NO_3、NH_4Cl 或 NH_4HCO_3 中的含氮量能否用甲醛法测定?

(3) 为什么中和甲醛中的游离酸使用酚酞指示剂，而中和 $(NH_4)_2SO_4$ 试样中的游离酸却使用甲基红作为指示剂？

八、注释

［1］ 甲醛常以白色聚合体状态存在，此白色乳状物是多聚甲醛。可加入少量的浓硫酸加热使之解聚。

［2］ 这里是中和游离酸所消耗的 NaOH，其体积不计。

实验七十三　EDTA 标准溶液的配制和标定

一、目的与要求

（1）学习 EDTA 标准溶液的配制和标定方法。

（2）掌握配位滴定的原理，了解配位滴定的特点。

（3）了解金属指示剂的特点熟悉钙指示剂、二甲酚橙指示剂的使用。

二、预习与思考

（1）预习配位滴定法的基本原理。

（2）预习 EDTA 的相关性质以及标准溶液配制和标定的原理和方法。

（3）预习金属指示剂的性质和作用原理。

（4）思考下列问题

① 为什么通常使用乙二胺四乙酸二钠盐配制 EDTA 标准溶液，而不用乙二胺四乙酸？

② 配位滴定法与酸碱滴定法相比，有哪些不同点？操作中应注意哪些问题？

三、实验原理

乙二胺四乙酸（简称 EDTA，常用 H_4Y 表示）难溶于水，常温下其溶解度为 $0.2g \cdot L^{-1}$（约 $0.0007mol \cdot L^{-1}$），在分析中通常使用其二钠盐配制标准溶液。乙二胺四乙酸二钠盐的溶解度为 $120g \cdot L^{-1}$，可配成 $0.3mol \cdot L^{-1}$ 以上的溶液，其水溶液的 pH≈4.8，通常采用间接法配制标准溶液。

标定 EDTA 溶液常用的基准物有 Zn、ZnO、$CaCO_3$、Bi、Cu、$MgSO_4 \cdot 7H_2O$、Hg、Ni、Pb 等。通常选用其中与被测物组分相同的物质作基准物，这样，滴定条件较一致，可减小误差。

EDTA 溶液若用于测定 CaO、MgO 的含量，则宜用 $CaCO_3$ 为基准物。首先可加 HCl 溶液，其反应如下：

$$CaCO_3 + 2HCl \xlongequal{} CaCl_2 + CO_2\uparrow + H_2O$$

然后把溶液转移到容量瓶中并稀释，制成钙标准溶液。吸取一定量钙标准溶液，调节酸度至 pH≥12，用钙指示剂，以 EDTA 溶液滴定至溶液由酒红色变为纯蓝色，即为终点。其变色原理如下。

钙指示剂（常以 H_3Ind 表示）在水溶液中按下式离解：

$$H_3Ind \rightleftharpoons 2H^+ + HInd^{2-}$$

在 pH≥12 的溶液中，$HInd^{2-}$ 与 Ca^{2+} 形成比较稳定的配离子，其反应如下：

$$\underset{\text{(纯蓝色)}}{HInd^{2-}} + Ca^{2+} \rightleftharpoons \underset{\text{(酒红色)}}{CaInd^-} + H^+$$

所以在钙标准溶液中加入钙指示剂时，溶液呈酒红色。当用 EDTA 溶液滴定时，由于 EDTA 能与 Ca^{2+} 形成比 $CaInd^-$ 更稳定的配离子，因此在滴定终点附近 $CaInd^-$ 不断转化为较稳定的 CaY^{2-}，而钙指示剂则被游离了出来，其反应可表示如下：

$$\underset{\text{(酒红色)}}{CaInd^-} + H_2Y^{2-} + OH^- \rightleftharpoons \underset{\text{(无色)}}{CaY^{2-}} + \underset{\text{(纯蓝色)}}{HInd^{2-}} + H_2O$$

用此法测定钙时，若有 Mg^{2+} 共存［在调节溶液酸度为 pH≥12 时，Mg^{2+} 将形成 $Mg(OH)_2$ 沉淀］，则 Mg^{2+} 不仅不干扰钙的测定，而且使终点比 Ca^{2+} 单独存在时更敏锐。当 Ca^{2+}、Mg^{2+} 共存时，终点由酒红色到纯蓝色，当 Ca^{2+} 单独存在时则由酒红色到紫蓝色。所以测定单独存在的 Ca^{2+} 时，常常加入少量 Mg^{2+}。

EDTA 溶液若用于测定 Pb^{2+}、Bi^{3+}，则宜以 ZnO 或金属锌为基准物，以二甲酚橙为指示剂。在 pH＝5～6 的溶液中，二甲酚橙指示剂本身显黄色，与 Zn^{2+} 的配合物呈紫红色。EDTA 与 Zn^{2+} 形成更稳定的配合物，因此用 EDTA 溶液滴定至近终点时，二甲酚橙被游离了出来，溶液由紫红色变为黄色。

配位滴定中所用的水应不含 Fe^{3+}、Al^{3+}、Cu^{2+}、Ca^{2+}、Mg^{2+} 等杂质离子。

四、仪器与药品

(1) 仪器　台秤，分析天平，酸式滴定管（50mL），锥形瓶（250mL），移液管（25mL），容量瓶（250mL），烧杯（100mL，150mL），试剂瓶（1000mL）。

(2) 药品

① 以 $CaCO_3$ 为基准物时所用试剂：乙二胺四乙酸二钠（固体，AR），$CaCO_3$（固体，GR 或 AR），HCl（1∶1），镁溶液（溶解 1g $MgSO_4 \cdot 7H_2O$ 于水中，稀释至 200mL），NaOH 溶液（10%），钙指示剂。

② 以 ZnO 为基准物时所用试剂：乙二胺四乙酸二钠（固体，AR），ZnO（GR 或 AR），$NH_3 \cdot H_2O$(1∶1)，二甲酚橙指示剂（0.2%），六亚甲基四胺溶液（20%），HCl(1∶1)。

五、实验内容

1. 0.01mol·L^{-1} EDTA 标准溶液的配制

在台秤上称取乙二胺四乙酸二钠 2g，溶解于少量去离子水中，稀释至 500mL，如浑浊，应过滤。转移至 1000mL 细口瓶中，摇匀。

2. 以 $CaCO_3$ 为基准物标定 EDTA 溶液

(1) 0.01mol·L^{-1} 标准钙溶液的配制　将碳酸钙基准物置于称量瓶中，在 110℃ 干燥 2h，于干燥器中冷却后，准确称取 0.2～0.3g（称准至小数点后第四位，为什么?）于小烧杯中，加少量水润湿，盖上表面皿，再从杯嘴边逐滴加入（注意！为什么?）[注释1] 数毫升 HCl 溶液（1∶1）至完全溶解后，用水把可能溅到表面皿上的溶液淋洗入杯中，加热近沸以除去 CO_2，待冷却后移入 250mL 容量瓶中，稀释至刻度，摇匀。

(2) EDTA 标准溶液的标定　用移液管移取 25.00mL 标准钙溶液于 250mL 锥形瓶内，加水 25mL、镁溶液 2mL、NaOH(10%) 5mL 及少量（约米粒大小）钙指示剂，摇匀后，用 EDTA 标准溶液滴定[注释2] 至由酒红色变至纯蓝色，即为终点。

3. 以 ZnO 为基准物标定 EDTA 标准溶液

(1) 锌标准溶液的配制　准确称取在 800～1000℃ 灼烧过（20min 以上）的基准物 ZnO 0.5～0.6g 于 100mL 烧杯中，用少量水润湿，然后逐滴加入 HCl 溶液（1∶1），边加边搅至完全溶解为止。然后，将溶液定量转移入 250mL 容量瓶中，稀释至刻度并摇匀。

(2) 标定　移取 25mL 锌标准溶液于 250mL 锥形瓶内，加约 30mL 去离子水、2～3 滴二甲酚橙指示剂，先加 $NH_3 \cdot H_2O$（1∶1）至溶液由黄色刚变橙色（不能多加），然后滴加 20%六亚甲基四胺至溶液呈稳定的紫红色后再多加 3mL，用 EDTA 标准溶液滴定至溶液由紫红色变为亮黄色，即为终点。

六、数据记录与处理

(1) 记录实验中每次滴定所用 EDTA 溶液的体积。

（2）计算 EDTA 标准溶液的浓度和相对平均偏差。

七、问题与讨论

（1）用 HCl 溶液溶解 $CaCO_3$ 基准物时，操作中应注意些什么？

（2）以 $CaCO_3$ 为基准物标定 EDTA 溶液时，加入镁溶液的目的是什么？

（3）以 $CaCO_3$ 为基准物，以钙指示剂为指示剂标定 EDTA 溶液时，应控制溶液的酸度为多少？为什么？应怎样控制？

（4）以 ZnO 为基准物，以二甲酚橙为指示剂标定 EDTA 溶液浓度的原理是什么？溶液的 pH 应控制在什么范围？若溶液为强酸性，应怎样调节？

（5）如果 EDTA 溶液在长时间贮存中因侵蚀玻璃而含有少量 CaY^{2-}、MgY^{2-}，则在 pH＝10 的氨性溶液中用 Mg^{2+} 标定和 pH＝4～5 的酸性介质中用 Zn^{2+} 标定，所得结果是否一致？为什么？

八、注释

［1］ 为防止反应过于激烈而产生 CO_2 气泡，因 $CaCO_3$ 飞溅而损失。

［2］ 配位反应进行的速度较慢（不像酸碱反应能在瞬间完成），故滴定时加入 EDTA 溶液的速度不能太快，在室温低时，尤要注意。特别是近终点时，应逐滴加入，并充分振摇。此外，配位滴定中，加入指示剂的量是否适当对于终点的观察十分重要，宜在实践中总结经验，加以掌握。

实验七十四　水的硬度的测定（配位滴定法）

一、目的与要求

（1）了解水的硬度的概念和常用的硬度表示方法。

（2）掌握 EDTA 法测定水的硬度的原理和方法。

（3）掌握铬黑 T 和钙指示剂的应用，了解金属指示剂的特点。

二、预习与思考

（1）预习 EDTA 标准溶液的配制和标定。

（2）预习 EDTA 法测定水的硬度的原理和方法。

（3）查阅“附录 13 常用指示剂”，预习金属指示剂的作用原理及选择。

（4）思考下列问题

① 本实验所使用的 EDTA 应该采用何种指示剂标定？最适当的基准物质是什么？

② 用 EDTA 法测定水的硬度时，哪些离子的存在有干扰？如何消除？

三、实验原理

水的硬度对饮用和工业用水关系极大，是水质分析的常规项目。水的硬度[注释1] 主要指水中可溶性钙盐和镁盐的含量，含量高的称为硬水，含量低的称为软水。硬度有暂时硬度和永久硬度之分。

暂时硬度的水中含有钙、镁的酸式碳酸盐，遇热即成碳酸盐沉淀而失去其硬性。其反应如下：

$$Ca(HCO_3)_2 \xrightarrow{\triangle} CaCO_3\text{（沉淀完全）} + H_2O + CO_2\uparrow$$

$$Mg(HCO_3)_2 \xrightarrow{\triangle} MgCO_3\text{（沉淀不完全）} + H_2O + CO_2\uparrow$$

$$MgCO_3 \xrightarrow{+H_2O} Mg(OH)_2\downarrow + CO_2\uparrow$$

永久硬度的水中含有钙、镁的硫酸盐、氯化物、硝酸盐，在加热时亦不沉淀（但在锅炉运用温度下，溶解度低的可析出而成为锅垢）。

水的硬度的测定通常分为总硬度（简称总硬）和钙、镁硬度（钙硬、镁硬）的测定两种。前者是测定水中的Ca、Mg总量，后者是分别测定水中Ca和Mg的含量。

水中钙、镁离子含量，可用EDTA法测定。钙硬测定原理与以$CaCO_3$为基准物标定EDTA标准溶液浓度相同。总硬度则以铬黑T（EBT）或酸性铬蓝K-萘酚绿B（K-B）为指示剂，控制溶液酸度为pH≈10，以EDTA标准溶液滴定之。若水样中存在有Fe^{3+}、Al^{3+}、Cu^{2+}、Zn^{2+}、Pb^{2+}等微量杂质离子时，可用三乙醇胺、Na_2S掩蔽之。由EDTA溶液的浓度的用量，可算出水的总硬，由总硬减去钙硬即为镁硬。

水的硬度的表示方法有多种，随各国的习惯而有所不同。有将水中的盐类都折算成$CaCO_3$而以$CaCO_3$的量作为硬度标准的；也有将盐类折算成CaO而以CaO的量来表示的。表10-4列出了一些国家水硬度单位的换算关系。我国主要采用两种表示方法：①用$CaCO_3$含量表示；②以度（°）计，以每升水中含10mgCaO为1度（°），即1硬度单位表示十万份水中含1份CaO，$1°=10\times10^{-6}$CaO。

$$硬度(°)=\frac{c_{EDTA}V_{EDTA}\times\frac{M_{CaO}}{1000}}{V_{水}}\times10^5$$

式中，c_{EDTA}为EDTA标准溶液的浓度，$mol\cdot L^{-1}$；V_{EDTA}为滴定时用去的EDTA标准溶液的体积，mL，若此量为滴定总硬时所耗用的，则所得硬度为总硬；若此量为滴定钙硬时所耗用的，则所得硬度为钙硬；$V_{水}$为水样体积，mL；M_{CaO}为CaO的摩尔质量，$g\cdot mol^{-1}$。

表10-4　一些国家水硬度单位换算表

硬度单位	$mol\cdot L^{-1}$	德国硬度	法国硬度	英国硬度	美国硬度
$1mol\cdot L^{-1}$	1.00000	2.8040	5.0050	3.5110	50.050
1德国硬度	0.35663	1.0000	1.7848	1.2521	17.848
1法国硬度	0.19982	0.5603	1.0000	0.7015	10.000
1英国硬度	0.28483	0.7987	1.4255	1.0000	14.255
1美国硬度	0.01998	0.0560	0.1000	0.0702	1.000

通常把水的硬度分为五种类型：0°～4°为极软水；4°～8°为软水；8°～16°为微硬水；16°～30°为硬水；大于30°为极硬水。生活饮用水要求总硬度不超过25°。各种工业用水对硬度有不同的要求，如锅炉用水必须是软水。因此，测定水的总硬度有很重要的实际意义。

四、仪器与药品

（1）仪器　电子分析天平，酸式滴定管（50mL），锥形瓶（250mL），移液管（25mL），容量瓶（250mL），烧杯（100mL、150mL）。

（2）药品　EDTA标准溶液（$0.01mol\cdot L^{-1}$），NH_3-NH_4Cl缓冲溶液（pH≈10）[注释2]，NaOH溶液（10%），钙指示剂，铬黑T（EBT）固体指示剂[注释3]，测定水样。

五、实验内容

（1）总硬的测定　量取澄清的水样25mL[注释4]（用什么量器？为什么?），放入250mL或500mL锥形瓶中，加入5mL NH_3-NH_4Cl缓冲溶液[注释5]，摇匀。再加入约0.01g铬黑T固体指示剂，摇匀，此时溶液呈酒红色，以$0.02mol\cdot L^{-1}$EDTA标准溶液滴定至纯蓝色，即为终点。

（2）钙硬的测定　量取澄清水样25mL，放入250mL锥形瓶中，加4mL 10% NaOH溶液，摇匀，再加入约0.01g钙指示剂，再摇匀。此时溶液呈酒红色。用$0.02mol\cdot L^{-1}$

EDTA标准溶液滴定至呈纯蓝色，即为终点。

(3) 镁硬的确定 由总硬减去钙硬即得镁硬。

六、数据记录与处理

(1) 记录实验中每次滴定所用EDTA标准溶液的体积。

(2) 计算总硬、镁硬和钙硬及相对平均偏差。

七、问题与讨论

(1) 如果对硬度测定中的数据要求保留两位有效数字，应如何量取100mL水样？

(2) 用EDTA法怎样测出水的总硬？用什么指示剂？产生什么反应？终点变色如何？试液的pH应控制在什么范围？如何控制？测定钙硬又如何？

(3) 当水样中Mg^{2+}含量低时，以铬黑T作指示剂测定水中Ca^{2+}、Mg^{2+}总量，终点不明晰，因此常在水样中先加少量MgY^{2-}配合物，再用EDTA滴定，终点就敏锐。这样做对测定结果有无影响？请说明其原理。

八、注释

[1] 水的硬度原先是指沉淀肥皂的程度。水中的钙盐、镁盐是使肥皂沉淀的主要原因，铁、铝、锰、锶、锌等离子也有影响。由于一般较清洁的水中钙、镁离子的含量远高于其它离子，故常只以钙、镁含量计算。

[2] 称取20g NH_4Cl溶于水，加100mL浓$NH_3 \cdot H_2O$，加Mg-EDTA配合物0.4g，用水稀释至1L。

[3] 称取1.0g EBT与100g固体NaCl混合研细，保存备用。

[4] 此取样量仅适用于硬度按$CaCO_3$计算为$(10 \sim 250) \times 10^{-6}$的水样。若硬度大于$250 \times 10^{-6}$ $CaCO_3$，则取样量应相应减少。

[5] 硬度较大的水样，在加缓冲溶液后常析出$CaCO_3$、$(MgOH)_2CO_3$微粒，使滴定终点不稳定。遇此情况，可于水样中加入适量稀HCl溶液，振摇后，再调至近中性，然后加缓冲溶液，则终点稳定。

实验七十五 铅铋混合液中铅铋含量的连续测定

一、目的与要求

(1) 掌握利用控制溶液的酸度来实现多种金属离子连续滴定的配位滴定方法和原理。

(2) 熟悉二甲酚橙指示剂使用方法和终点的判断。

二、预习与思考

(1) 预习配位平衡中副反应条件及条件稳定常数等基础知识。

(2) 预习多种金属离子连续滴定的配位滴定方法和原理。

(3) 查阅“附录13 常用指示剂”，预习金属离子指示剂的作用原理及选择。

(4) 思考下列问题

① 为何能采用控制酸度法测定Bi^{3+}、Pb^{2+}？

② 试分析在连续滴定过程中，指示剂每次变色的过程和原因。

三、实验原理

混合离子的滴定常用控制酸度法或掩蔽法进行，可根据有关副反应系数计算，论证对它们分别滴定的可能性。

Bi^{3+}、Pb^{2+}均能与EDTA形成稳定的1∶1配合物，其稳定性又有相当大的差别（它们的$\lg K$值分别为27.94和18.04），因此可以利用控制溶液酸度来进行分别滴定。通常在$pH \approx 1$时滴定Bi^{3+}，在$pH = 5 \sim 6$时滴定Pb^{2+}。

在测定中，均以二甲酚橙为指示剂。二甲酚橙属于三苯甲烷指示剂，易溶于水，它有7级酸式离解，其中H_7In至H_3In^{4-}呈黄色，H_2In^{5-}至In^{7-}呈红色。所以它在溶液中颜色随酸度而变，在溶液 pH<6.3 时呈黄色，pH>6.3 时呈红色。二甲酚橙与 Bi^{3+} 及 Pb^{2+} 的配合物呈紫红色，它们的稳定性与 Bi^{3+}、Pb^{2+} 和 EDTA 所成配合物的相比要弱一些。

测定时，在 Bi^{3+}、Pb^{2+} 混合液中，先调节溶液的 pH≈1，二甲酚橙为指示剂，此时 Bi^{3+} 与指示剂形成紫红色的配合物，而 Pb^{2+} 在此酸度下不与指示剂配位。用 EDTA 标准溶液滴定 Bi^{3+}，至溶液由紫红色突变为亮黄色，即为滴定 Bi^{3+} 的终点。然后再用六亚甲基四胺为缓冲剂，控制溶液 pH=5～6，进行 Pb^{2+} 的滴定。此时由于 Pb^{2+} 与指示剂形成紫红色的配合物，而使溶液再次呈现紫红色，以 EDTA 标准溶液继续滴定，至溶液由紫红色突变为亮黄色，即为滴定 Pb^{2+} 的终点。

四、仪器与药品

(1) 仪器　酸式滴定管（50mL），锥形瓶（250mL），移液管（25mL），容量瓶（250mL），烧杯（100mL，150mL）。

(2) 药品　EDTA 标准溶液（0.01mol·L^{-1}），二甲酚橙指示剂（0.2%），六亚甲基四胺溶液（20%），ZnO（作基准物用），NaOH 溶液（0.5mol·L^{-1}），氨水（1∶1），HNO_3 溶液（0.1mol·L^{-1}），精密 pH（0.5～5）试纸。

五、实验内容

1. Bi^{3+} 的测定

(1) 用移液管准确移取 25.00mL 试液[注释1] 3 份，分别置于 250mL 锥形瓶中。取 1 份作初步试验。先以 pH 为 0.5～5 范围的精密 pH 试纸试验试液的酸度。一般来说，不带沉淀的含 Bi^{3+} 的试液其 pH 应在 1 以下（为什么?）。为此，以 0.5mol·L^{-1} NaOH 溶液（装在滴定管中）调节之，边滴边搅拌，并不时以精密 pH 试纸试之，至 pH 达到 1 为止。记下所加的 NaOH 溶液的体积（不必准确到小数点后第二位，只需 1 位有效数字，为什么?）。接着加入 10mL 0.1mol·L^{-1} HNO_3 溶液及 2 滴 0.2%二甲酚橙指示剂，用 0.01mol·L^{-1} EDTA 标准溶液滴定至溶液由紫红色变为棕红色，再加 1 滴[注释2]，突变为亮黄色[注释3]，即为终点，记下粗略读数。然后开始正式滴定。

(2) 取另一份 25mL 试液，加入初步试验中调节溶液酸度时所需的相同体积的 0.5mol·L^{-1} NaOH 溶液，接着再加 10mL 0.1mol·L^{-1} HNO_3 溶液及 2 滴 0.2%二甲酚橙指示剂，用 EDTA 标准溶液滴定之。终点变化同上。在离终点 1～2mL 前可以滴得快一些，近终点时则应慢一些，每加 1 滴摇动并观察是否变色。

2. Pb^{2+} 的滴定

在滴定 Bi^{3+} 离子后的溶液中，加 2 滴二甲酚橙指示剂，并逐滴滴加氨水（1∶1），边滴边搅拌，至溶液由黄色变橙色［注意，不能多加，否则生成 $Pb(OH)_2$ 沉淀，影响测定］，然后再加 20%六亚甲基四胺溶液，至溶液呈紫红色（或橙红色），再加过量 5mL，最后以 0.01mol·L^{-1} EDTA 标准溶液滴定至溶液由紫红色突变为亮黄色，即为终点。

六、数据记录与处理

(1) 根据滴定 Bi^{3+}、Pb^{2+} 所消耗 EDTA 标准溶液的体积，计算 Bi^{3+}、Pb^{2+} 的浓度（以 g·L^{-1} 表示）。

(2) 计算实验结果的相对平均偏差。

七、问题与讨论

(1) 滴定 Bi^{3+}、Pb^{2+} 时溶液酸度各控制在什么范围？怎样调节？为什么？

(2) 能否在同一份试液中先滴定 Pb^{2+}，而后滴定 Bi^{3+}？

(3) 本实验中，能否在 pH＝5～6 的溶液中滴定 Bi^{3+}、Pb^{2+} 的含量，再另取一份试液调节 pH≈1 滴定 Bi^{3+} 的量？为什么？

(4) 六亚甲基四胺是一种弱碱，在本实验中，它是如何起缓冲作用的？用 HAc-NaAc 缓冲溶液代替可以吗？用氨或碱呢？为什么？

八、注释

[1] 如果试样为铅铋合金，其溶样方法为：称取 0.5～0.6g 合金试样于小烧杯中，加入 7mL HNO_3 (1∶2)，盖上表面皿，微沸溶解，然后用洗瓶吹洗表面皿与杯壁，将溶液定量转入 100mL 容量瓶中，用 $0.1mol \cdot L^{-1}$ HNO_3 稀释至刻度，摇匀。

[2] 配位反应的速率比中和反应慢，所以滴定速率不能太快，尤其是临近终点时，每滴入1滴 EDTA 溶液后需要多摇动几下。摇动也应剧烈些，防止滴定过头，尤其滴定 Bi^{3+} 时更要注意。

[3] 滴定 Bi^{3+} 时，有时终点的黄色不是亮黄色，而是稍带土黄色，遇此情况时需注意观察，以防止滴定过头。

实验七十六　铝合金中铝含量的测定

一、目的与要求

(1) 了解合金中组分含量测定的处理方法。

(2) 掌握配位滴定中的置换滴定法。

(3) 了解配位滴定中的返滴定法。

二、预习与思考

(1) 预习配位平衡中副反应条件及条件稳定常数等基础知识。

(2) 预习金属离子指示剂的作用原理及选择。查阅“附录13 常用指示剂”。

(3) 返滴定与置换滴定有何区别？两者所使用的 EDTA 有什么不同？

(4) EDTA 配位滴定法测定铝时为什么要采用返滴定法或置换滴定法？

三、实验原理

铝合金中铝样经溶样后转化成 Al^{3+}，由于 Al^{3+} 的水解倾向强，易形成一系列多核羟基配合物，这些多核羟基配位物与 EDTA 配位速率慢，故通常采用返滴定法测定铝。为此，可加入定量且过量的 EDTA 标准溶液，在 pH≈3.5 时煮沸几分钟，使 Al^{3+} 与 EDTA 配位完全，继而在 pH＝5～6，以二甲酚橙为指示剂，用 Zn^{2+} 标准溶液返滴定过量的 EDTA，从而测得铝的含量。

但是，返滴定法测定铝缺乏选择性，所有能与 EDTA 形成稳定配合物的离子都会干扰。对于像合金、硅酸盐、水泥和炉渣等复杂试样中的铝，往往采用置换滴定法以提高选择性，即在 Zn^{2+} 用返滴定过量的 EDTA 后，加入过量的 NH_4F，加热至沸，使 AlY^- 与 F^- 之间发生置换反应，释放出与 Al^{3+} 物质的量相等的 H_2Y^{2-} (EDTA)，即

$$AlY^- + 6F^- + 2H^+ = AlF_6^{3-} + H_2Y^{2-}$$

再用 Zn^{2+} 标准溶液滴定释放出来的 EDTA 而得铝的含量。

用置换滴定法测定铝，若试样中含有 Ti^{4+}、Zr^{4+}、Sn^{4+} 等离子时，亦会发生与 Al^{3+} 相同的置换反应而干扰 Al^{3+} 的测定。这时，就要采用掩蔽的方法，把上述干扰离子掩蔽掉，例如，用苦杏仁酸掩蔽 Ti^{4+} 等。

铝合金所含杂质主要有 Si、Mg、Cu、Mn、Fe、Zn，个别还含 Ti、Ni、Ca 等，通常用 HNO_3-HCl 混合酸溶解，亦可在银坩埚或塑料烧杯中以 $NaOH$-H_2O_2 分解后再用 HNO_3 酸化。

四、仪器与药品

(1) 仪器　酸式滴定管 (50mL)，锥形瓶 (250mL)，移液管 (25mL)，容量瓶

(250mL)，烧杯（100mL，150mL），塑料烧杯（50mL）。

（2）药品　NaOH 溶液（$200g \cdot L^{-1}$），HCl 溶液（1∶1，1∶3），EDTA（$0.02mol \cdot L^{-1}$），二甲酚橙（$2g \cdot L^{-1}$），氨水（1∶1），六亚甲基四胺溶液（$200g \cdot L^{-1}$），Zn^{2+} 标准溶液（约 $0.02mol \cdot L^{-1}$），NH_4F 溶液（$200g \cdot L^{-1}$，贮于塑料瓶中）。铝合金试样。

五、实验内容

准确称取 0.10～0.11g 铝合金试样于 50mL 塑料烧杯中，加 10mL NaOH 溶液，在沸水浴中使其完全溶解，稍冷后，加 HCl 溶液（1∶1）至有絮状沉淀产生，再多加 10mL。定量转移于 250mL 容量瓶中，加水至刻度，摇匀。

准确移取上述试液 25.00mL 于 250mL 锥形瓶中，加入 30mL EDTA 和 2 滴二甲酚橙，此时试液为黄色，加氨水至溶液呈紫红色，再加 HCl 溶液（1∶3），使溶液呈现黄色。煮沸 3min，冷却。加 20mL 六亚甲基四胺溶液，此时溶液应为黄色。如果溶液呈红色，还须滴加 HCl 溶液（1∶3）调节，使其变黄色。把 Zn^{2+} 滴入锥形瓶中，用来与多余的 EDTA 配位，当溶液恰由黄色转变为紫红色时停止滴定。（思考：①这次滴定是否需要准确操作，即多滴几滴或少滴几滴 Zn^{2+} 可否？是否需要记录所耗 Zn^{2+} 标液的体积？②不用 Zn^{2+} 标准溶液而用浓度不准确的 Zn^{2+} 溶液滴定行不行?）

于上述溶液中加入 10mL NH_4F 溶液，加热至微沸，流动水冷却，再补加 2 滴二甲酚橙，此时溶液应为黄色。若为红色，应滴加 HCl 溶液（1∶3）调节使其变为黄色。再用 Zn^{2+} 标准溶液滴定，当溶液由黄色恰转变为紫红色时，即为终点。

六、数据记录与处理

根据实验所耗 Zn^{2+} 标准溶液体积计算 Al 的质量分数。

七、问题与讨论

（1）试述返滴定和置换滴定各适用哪些含 Al 的试样。

（2）对于复杂的铝合金试样，不用置换滴定，而用返滴定，所得结果是偏高还是偏低?

（3）返滴定中与置换滴定中所使用的 EDTA 有什么不同?

（4）本实验可否用铬黑 T 作指示剂?

实验七十七　高锰酸钾标准溶液的配制和标定

一、目的与要求

（1）掌握高锰酸钾标准溶液的配制方法和保存条件。

（2）掌握用 $Na_2C_2O_4$ 作基准物标定高锰酸钾溶液浓度的原理、方法及滴定条件。

二、预习与思考

（1）预习氧化还原滴定曲线及终点确定的相关知识。

（2）了解氧化还原滴定中反应条件对滴定的影响。

（3）思考下列问题

① 配制 $KMnO_4$ 标准溶液时应注意些什么?

② 在标定 $KMnO_4$ 标准溶液过程中，需要注意哪些实验条件的控制?

三、实验原理

市售的 $KMnO_4$ 常含有少量杂质，如硫酸盐、氯化物及硝酸盐等，因此不能用精确称量的 $KMnO_4$ 来直接配制准确浓度的溶液。$KMnO_4$ 的氧化能力强，易和水中的有机物、空气中的尘埃及氨等还原性物质作用，并能自行分解，其分解反应如下：

$$4KMnO_4 + 2H_2O = 4MnO_2 \downarrow + 4KOH + 3O_2 \uparrow$$

分解速率随溶液的 pH 而改变。在中性溶液中，分解很慢，但 Mn^{2+} 和 MnO_2 能加速 $KMnO_4$ 的分解，见光分解更快。由此可见，$KMnO_4$ 溶液的浓度容易改变，必须正确地配制和保存。因此，配制好的 $KMnO_4$ 标准溶液应呈中性且不含 MnO_2，并放在棕色瓶内避光保存。这样，浓度就比较稳定，放置数月后浓度大约只降低 0.5%。但是如果长期使用，仍应定期标定。

$KMnO_4$ 标准溶液常用还原剂草酸钠 $Na_2C_2O_4$ 作基准物来标定。$Na_2C_2O_4$ 不含结晶水，容易精制。用 $Na_2C_2O_4$ 标定 $KMnO_4$ 溶液的反应如下：

$$2MnO_4^- + 5C_2O_4^{2-} + 16H^+ = 2Mn^{2+} + 10CO_2\uparrow + 8H_2O$$

反应开始较慢，待溶液中产生 Mn^{2+} 后，由于 Mn^{2+} 的催化作用使反应加快。滴定温度应控制在 75～85℃，不应低于 60℃，否则反应速度太慢。但温度太高，草酸又将分解。由于 MnO_4^- 为紫红色，Mn^{2+} 为无色，因此滴定时可利用 MnO_4^- 本身的颜色指示滴定终点。

四、仪器与药品

（1）仪器　台秤，电子天平，酸式滴定管（50mL），锥形瓶（250mL），移液管（25mL），容量瓶（250mL），烧杯（150mL），漏斗，量筒，棕色试剂瓶。

（2）药品　$KMnO_4$（s，AR），$Na_2C_2O_4$（AR 或基准试剂），H_2SO_4 溶液（$1mol\cdot L^{-1}$）。

五、实验内容

（1）$0.02mol\cdot L^{-1}$ $KMnO_4$ 溶液的配制　称取计算量的 $KMnO_4$（s）溶于适量[注释1]的水中，盖上表面皿[注释2]，加热至沸并保持微沸状态 20～30min（随时加水以补充因蒸发而损失的水）。冷却后，在暗处放置 7～10d。然后用玻璃砂芯漏斗或玻璃纤维过滤除去 MnO_2 等杂质。滤液贮于洁净的具玻璃塞的棕色试剂瓶中，暗处放置保存。如果溶液经煮沸并在水浴上保温 1h，冷却后过滤，则不必长期放置，就可立即标定其浓度。

（2）$KMnO_4$ 溶液浓度的标定　准确称取计算量（称准至 0.0002g）、经烘过的 $Na_2C_2O_4$ 基准物置于 250mL 的锥形瓶中，加水约 10mL 使之溶解，再加 H_2SO_4 溶液（$1mol\cdot L^{-1}$）[注释3] 30mL 并加热至 75～85℃[注释4]，立即用待标定的 $KMnO_4$ 溶液进行滴定[注释5]（不能沿瓶壁滴入）。开始滴定的速度应当很慢（即加入 1 滴 $KMnO_4$ 溶液待紫色消失后，再加 1 滴），待溶液中产生 Mn^{2+} 后，反应速度加快，可适当滴快些，但仍必须逐滴加入[注释6]，直至溶液呈粉红色经 30s 不褪色，即为终点[注释7]。注意滴定结束时的温度不应低于 60℃。重复测定 2～3 次。

六、数据记录与处理

根据滴定所消耗的 $KMnO_4$ 溶液体积和 $Na_2C_2O_4$ 基准物的质量，计算 $KMnO_4$ 溶液的浓度。

七、问题与讨论

（1）配制 $KMnO_4$ 标准溶液时为什么要把 $KMnO_4$ 水溶液煮沸一定时间（或放置几天）？配好的 $KMnO_4$ 为什么要过滤后才能保存？过滤时是否能用滤纸？

（2）配好的 $KMnO_4$ 溶液为什么要装在棕色玻璃瓶中（如果没有棕色瓶应该怎么办？）放置暗处保存？

（3）用 $Na_2C_2O_4$ 标定 $KMnO_4$ 溶液浓度时，为什么必须在过量的 H_2SO_4（可以用 HCl 或 HNO_3 吗？）存在下进行？酸度过高或过低有无影响？为什么要加热至 75～80℃后才能滴定？溶液温度过高或过低有什么影响？

（4）用 $KMnO_4$ 溶液滴定 $Na_2C_2O_4$ 溶液时，$KMnO_4$ 溶液为什么一定要装在具玻璃塞的滴定管中？为什么第一滴 $KMnO_4$ 溶液加入后红色褪去很慢，以后褪色较快？

（5）装 $KMnO_4$ 溶液的烧杯放置较久后，杯壁上常有棕色沉淀（是什么？）不容易洗净，应该怎样洗涤？

八、注释

［1］ 根据测定的需要，可配制 500mL 或 1000mL $KMnO_4$ 溶液。

［2］ 加热及放置时，均应盖上表面皿，以免尘埃及有机物等落入。

［3］ $KMnO_4$ 作氧化剂，通常是在强酸溶液中反应，滴定过程中若发现产生棕色浑浊（是酸度不足引起的），应立即加入 H_2SO_4 补救，但若已经达到终点，则加 H_2SO_4 已无效，这时应该重做实验。

［4］ 加热可使反应加快，但不应热至沸腾，否则容易引起部分草酸分解。正确的温度是 75～80℃（手触烧杯壁感觉烫），在滴定至终点时，溶液的温度不应低于 60℃。

［5］ $KMnO_4$ 溶液应该装在具玻璃塞的滴定管中（为什么?）。由于 $KMnO_4$ 溶液颜色很深，不易观察溶液弯月面的最低点，因此应该从液面最高边缘上读数。

［6］ 滴定时，第一滴 $KMnO_4$ 溶液褪色很慢，在第一滴 $KMnO_4$ 溶液没有褪色以前，不要加入第二滴，等几滴 $KMnO_4$ 溶液已经起作用之后，滴定的速度就可以稍快些，但不能让 $KMnO_4$ 溶液像流水似的流下去，近终点时更需小心缓慢滴入。

［7］ $KMnO_4$ 滴定的终点是不大稳定的，这是由于空气中含有还原性气体及尘埃等杂质，落入溶液中能使 $KMnO_4$ 慢慢分解，而使粉红色消失，所以经过 30s 不褪色即可认为已达到终点。

实验七十八　过氧化氢含量的测定（高锰酸钾法）

一、目的与要求

掌握应用高锰酸钾法测定双氧水中 H_2O_2 含量的原理和方法。

二、预习与思考

(1) 预习 $KMnO_4$ 溶液的配制和标定。

(2) 了解氧化还原滴定中反应条件对滴定的影响。

(3) H_2O_2 有什么重要性质，使用时应注意些什么?

三、实验原理

过氧化氢在工业、生物、医药、卫生等方面应用广泛。例如，利用 H_2O_2 的氧化性漂白毛、丝织物；医药卫生上常用它消毒杀菌；纯 H_2O_2 用作火箭燃料的氧化剂；工业上利用 H_2O_2 的还原性除去氯气。由于过氧化氢有着广泛的应用，常需要测定它的含量。商品双氧水中 H_2O_2 的含量，可用高锰酸钾法测定。在酸性溶液中，H_2O_2 被 MnO_4^- 定量氧化而生成氧气和水，其反应如下：

$$5H_2O_2+2MnO_4^-+6H^+ = 2Mn^{2+}+5O_2+8H_2O$$

此滴定在室温时可在 H_2SO_4 或 HCl 介质中顺利进行，但和滴定草酸一样，滴定开始时反应较慢，待 Mn^{2+} 生成后，由于 Mn^{2+} 的催化作用加快了反应速率。

生物化学中，也常利用此法间接测定过氧化氢酶的活性。在血液中加入一定量的 H_2O_2，由于过氧化氢酶能使过氧化氢分解，作用完后，在酸性条件下用 $KMnO_4$ 标准溶液滴定剩余的 H_2O_2，就可以了解酶的活性。

四、仪器与药品

(1) 仪器　酸式滴定管（50mL），锥形瓶（250mL），移液管（25mL），吸量管（5mL），容量瓶（250mL），烧杯。

(2) 药品　H_2SO_4 溶液（$1mol \cdot L^{-1}$），$KMnO_4$ 标准溶液（$0.02mol \cdot L^{-1}$）。

五、实验内容

用吸量管吸取 1mL 原装双氧水于 250mL 容量瓶中[注释1]，加水稀释至刻度，充分摇匀。用移液管移取 25.00mL 稀释液 3 份，分别置于三只 250mL 锥形瓶中，各加 60mL 水和 30mL H_2SO_4 溶液（$1mol \cdot L^{-1}$）于锥形瓶中，用 $0.02mol \cdot L^{-1}$ $KMnO_4$ 标准溶液滴定[注释2] 至溶液呈粉红色 30s 不褪，即为终点。

六、数据记录与处理

记录滴定所消耗的 $KMnO_4$ 标准溶液的体积，计算原装双氧水中 H_2O_2 的含量及相对平均偏差。

七、问题与讨论

(1) 在测定中 H_2O_2 与 $KMnO_4$ 的化学计量关系如何？如何计算双氧水中 H_2O_2 的含量？

(2) 为什么含有乙酰苯胺等有机物作稳定剂的过氧化氢试样不能用高锰酸钾法而能用碘量法或铈量法作准确测定？

(3) 用 $KMnO_4$ 法测定 H_2O_2 时，能否用 HNO_3、HCl 或 HAc 控制酸度？为什么？

八、注释

[1] 原装双氧水含 H_2O_2 约 30%，密度约为 $1.1g \cdot cm^{-3}$。吸取 1.00mL 30% H_2O_2 或者移取 10.00mL 3% H_2O_2 均可。

[2] 用乙酰苯胺或其它有机物作稳定剂的 H_2O_2，用此法分析结果不很准确，采用碘量法或铈量法测定较合适。

实验七十九　水样中化学耗氧量（COD）的测定（高锰酸钾法）

一、目的与要求

(1) 初步了解环境分析的重要性及水样的采集和保存方法。

(2) 了解测定水中化学耗氧量（COD）的意义。

(3) 掌握高锰酸钾法测定水中 COD 的原理及方法。

二、预习与思考

(1) 预习氧化还原滴定法的基本原理、方法及结果计算。

(2) 了解水中化学耗氧量（COD）与水体污染的关系。

(3) 思考下列问题

① 测定水中 COD 的意义何在？有哪些方法可以测定 COD？

② 哪些因素影响 COD 测定的结果？为什么？

三、实验原理

水的需氧量大小是水质污染程度的重要指标之一。它分为化学耗氧量（chemical oxygen demand，COD）和生物需氧量（biochemical oxygen demand，BOD）两种。BOD 是指水中的有机物在好氧微生物作用下，进行好氧分解过程中消耗水中溶解氧的量；COD 是指在特定条件下，采用一定的强氧化剂处理水样时，消耗氧化剂所相当的氧量，以每升多少毫克 O_2 表示。COD 反映了水体中受还原性物质（主要是有机物）　的污染程度。水中还原性物质包括有机物、亚硝酸盐、亚铁盐、硫化物等。水被有机物污染是很普遍的，因此 COD 也作为有机物相对含量的指标之一。

水样 COD 的测定，会因加入氧化剂的种类和浓度、溶液的反应温度、酸度和时间，以及催化剂的存在与否而得到不同的结果。因此，COD 是一个条件性的指标，必须严格按照操作步骤进行。COD 的测定有几种方法，对于污染较严重的水样或工业废水，常用 $K_2Cr_2O_7$ 法或库仑法。一般水样可以用 $KMnO_4$ 法。由于 $KMnO_4$ 法是在规定的条件下所进行的反应，所以，水中有机物只能部分被氧化，并不是理论上的全部需氧量，也不是反映水体中总有机物含量的尺度。因此，常用高锰酸盐指数这一术语作为水质的一项指标，以有别于 $K_2Cr_2O_7$ 法测定的 COD。$KMnO_4$ 法分为酸性法和碱性法两种。本实验以酸性法测定水样的 COD 高锰酸盐的指数。

测定时，在水样中加入 H_2SO_4 酸化后，加入一定量的 $KMnO_4$ 标准溶液，并在沸水浴中加热反应一定时间，使其中的还原性物质氧化，剩余的 $KMnO_4$ 用一定量过量的 $Na_2C_2O_4$ 标准溶液还原，再以 $KMnO_4$ 标准溶液返滴过量的 $Na_2C_2O_4$。由于 Cl^- 对此法有干扰，因而本法仅适合于地表水、地下水、饮用水和生活污水中 COD 的测定，含 Cl^- 较高的工业废水则应采用 $K_2Cr_2O_7$ 法测定。反应方程式为

$$4MnO_4^- + 5C + 12H^+ = 4Mn^{2+} + 5CO_2\uparrow + 6H_2O$$

$$2MnO_4^- + 5C_2O_4^{2-} + 16H^+ = 2Mn^{2+} + 10CO_2\uparrow + 8H_2O$$

据此，测定结果（高锰酸盐指数）的计算式为：

$$COD(mgO_2 \cdot L^{-1}) = \frac{\left[\frac{5}{4}c_{MnO_4^-}(V_1+V_2)_{MnO_4^-} - \frac{1}{2}(cV)_{C_2O_4^{2-}}\right] \times 32.00g \cdot mol^{-1} \times 1000}{V_{水样}}$$

式中，V_1 为第一次加入 $KMnO_4$ 溶液的体积；V_2 为第二次加入 $KMnO_4$ 溶液的体积。

四、仪器与药品

（1）仪器　酸式滴定管（50mL），锥形瓶（250mL），移液管（25mL），容量瓶（250mL），烧杯（150mL）。

（2）药品　$KMnO_4$ 溶液[注释1]（$0.002mol \cdot L^{-1}$），$Na_2C_2O_4$ 标准溶液[注释2]（$0.005mol \cdot L^{-1}$），H_2SO_4 溶液（1∶3）。

五、实验内容

视水质污染程度取水样 10～100mL[注释3]，置于 250mL 锥形瓶中，加 10mL(1∶3) H_2SO_4 溶液，摇匀，再准确加入 10mL $0.002mol \cdot L^{-1}$ $KMnO_4$ 溶液，摇匀，立即加热至沸[注释4]，若此时红色褪去，说明水样中有机物含量较多，应补加适量的 $KMnO_4$ 溶液至试样溶液呈稳定的红色。从冒第一次大泡开始计时，用小火准确煮沸 10min，取下锥形瓶，趁热加入 10.00mL $0.005mol \cdot L^{-1}$ $Na_2C_2O_4$ 标准溶液，摇匀，此时溶液应当由红色转为无色。立即用 $0.002mol \cdot L^{-1}$ $KMnO_4$ 标准溶液滴定至溶液呈稳定的淡红色即为终点[注释5]。平行测定 3 份取平均值。

另取 100mL 蒸馏水代替水样，同时操作，求得空白值，计算耗氧量时将空白值减去。

六、数据记录与处理

（1）记录滴定所消耗的 $KMnO_4$ 溶液体积。

（2）计算水样中的 COD 值。

（3）计算实验相对平均偏差。

七、问题与讨论

（1）水样的采集及保持应当注意哪些事项？

（2）水样加入 $KMnO_4$ 煮沸后，若紫红色消失说明什么？应采取什么措施？

（3）当水样中 Cl^- 含量高时，能否用该法测定？为什么？

八、注释

[1]　吸取 $0.02mol \cdot L^{-1}$ $KMnO_4$ 标准溶液 25.00mL 置于 250mL 容量瓶中，以新煮沸且冷却的去离子水稀释至刻度。

[2]　将 $Na_2C_2O_4$ 于 100～105℃干燥 2h，在干燥器中冷却至室温，准确称取 0.17g 左右于小烧杯中，加水溶解后，定量转移至 250mL 容量瓶中，以水稀释至刻度。

[3]　水样采集后，应加入 H_2SO_4 使 pH<2，抑制微生物繁殖。试样要尽快分析，必要时在 0～5℃保存，应在 48h 内测定。取水样的量由外观可初步判断：洁净透明的水样取 100mL，污染严重、浑浊的水样

取 10～30mL，补加去离子水至 100mL。

［4］ 或放入沸水浴加热 30min（从水浴重新沸腾起开始计时，沸水浴的液面要高于反应溶液的液面），此法测定的精密度较好，结果也会与电热板直接加热法不尽相同。

［5］ 本方法适用于 Cl^- 含量不超过 $300mg \cdot L^{-1}$ 的水样。若 Cl^- 含量超过 $300mg \cdot L^{-1}$，则可将水样稀释，或加入 $AgNO_3$ 除 Cl^-。

本方法仅适用于高锰酸盐指数不大于 $5mgO_2 \cdot L^{-1}$ 的水样。若超过，可酌情取少量水样，并用水稀释后测定。

实验八十　碘和硫代硫酸钠标准溶液的配制和标定

一、目的与要求

（1）掌握 I_2 及 $Na_2S_2O_3$ 标准溶液的配制方法和保存条件。

（2）了解标定 I_2 及 $Na_2S_2O_3$ 标准溶液浓度的原理和方法。

（3）掌握直接碘量法和间接碘量法及其操作方法。

二、预习与思考

（1）预习 I_2 及 $Na_2S_2O_3$ 标准溶液的配制和标定方法。

（2）预习碘量法的基本原理、分析方法、指示剂及方法的误差来源和消除方法。

（3）思考下列问题

① 标定 $Na_2S_2O_3$ 溶液的基准物质有哪些？以 $K_2Cr_2O_7$ 标定 $Na_2S_2O_3$ 时，终点的亮绿色是什么物质的颜色？

② 淀粉指示剂的用量如何要求？

三、实验原理

碘量法是基于 I_2 的氧化性和 I^- 的还原性进行测定的方法。固体碘在水中溶解度很小且易挥发，通常将 I_2 溶于 KI 溶液以配成碘溶液。用 I_2 标准溶液直接滴定还原性物质，测得其含量；也可用过量 KI 与某些氧化性物质反应，定量析出 I_2，然后用 $Na_2S_2O_3$ 标准溶液滴定，以测定这些氧化性物质的含量。

碘量法用的标准溶液主要有硫代硫酸钠和碘标准溶液两种。用升华法可制得纯粹的 I_2。纯 I_2 可用作基准物，可按直接法配制标准溶液。如用普通的 I_2 配标准溶液，则应先配成近似浓度，然后再标定。

I_2 微溶于水而易溶于 KI 溶液，但在稀的 KI 溶液中溶解得很慢，所以配制 I_2 溶液时不能过早加水稀释，应先将 I_2 与 KI 混合，用少量水充分研磨，溶解完全后再稀释。I_2 与 KI 间存在如下平衡：

$$I_2 + I^- \rightleftharpoons I_3^-$$

游离 I_2 容易挥发损失，这是影响碘溶液稳定性的原因之一。因此溶液中应维持适当过量的 I^-，以减少 I_2 的挥发。

空气能氧化 I^-，引起 I_2 浓度增加：

$$4I^- + O_2 + 4H^+ \rightleftharpoons 2I_2 + 2H_2O$$

该氧化作用缓慢，但能为光、热及酸的作用而加速，因此 I_2 溶液应贮存于棕色瓶中置冷暗处保存。I_2 能缓慢腐蚀橡胶和其它有机物，所以 I_2 溶液应避免与这类物质接触。

标定 I_2 溶液浓度的最好方法是用三氧化二砷 As_2O_3（俗称砒霜，剧毒！）作基准物。As_2O_3 难溶于水，易溶于碱性溶液中生成亚砷酸盐：

$$As_2O_3 + 6OH^- \longrightarrow 2AsO_3^{3-} + 3H_2O$$

亚砷酸盐与 I_2 的反应是可逆的：

$$AsO_3^{3-}+I_2+H_2O \rightleftharpoons AsO_4^{3-}+2I^-+2H^+$$

随着滴定反应的进行，溶液酸度增加，反应将反方向进行，即 AsO_4^{3-} 将氧化 I^-，使滴定反应不能完成。但又不能在强碱溶液中进行滴定，因此一般在酸性溶液中加入过量 $NaHCO_3$，使溶液的 pH 保持在 8 左右，所以实际上滴定反应是：

$$AsO_3^{3-}+I_2+2HCO_3^- \rightleftharpoons 2I^-+AsO_4^{3-}+2CO_2\uparrow+H_2O$$

I_2 溶液的浓度，也可用 $Na_2S_2O_3$ 标准溶液来标定。硫代硫酸钠（$Na_2S_2O_3\cdot5H_2O$）一般都含有少量杂质，如 S、Na_2SO_3、Na_2SO_4、Na_2CO_3 及 NaCl 等，同时还容易风化和潮解，因此不能直接配制准确浓度的溶液。$Na_2S_2O_3$ 溶液易受空气和微生物等的作用而分解，具体介绍如下。

① 溶解的 CO_2 的作用。$Na_2S_2O_3$ 在中性或碱性溶液中较稳定，当 $pH<4.6$ 时即不稳定。溶液中含有 CO_2 时，它会促进 $Na_2S_2O_3$ 分解：

$$Na_2S_2O_3+H_2CO_3 \longrightarrow NaHSO_3+NaHCO_3+S\downarrow$$

此分解作用一般发生在溶液配成后的最初 10d 内。分解后一分子 $Na_2S_2O_3$ 变成了一分子 $NaHSO_3$，一分子 $Na_2S_2O_3$ 只能和两个碘原子作用，而一分子 $NaHSO_3$ 却能和两个碘原子作用，因此从反应能力看溶液的浓度增加了。以后由于空气的氧化作用，浓度又慢慢减小。

在 pH 9～10 时硫代硫酸盐溶液最为稳定，所以在 $Na_2S_2O_3$ 溶液中加入少量 Na_2CO_3。

② 空气的氧化作用：

$$2Na_2S_2O_3+O_2 \longrightarrow 2Na_2SO_4+2S\downarrow$$

③ 微生物的作用。这是使 $Na_2S_2O_3$ 分解的主要原因。为了避免微生物的分解作用，可加入少量 HgI_2（$10mg\cdot L^{-1}$）。

为了减少溶解在水中的 CO_2 和杀死水中微生物，应用新鲜的去离子水配制溶液并加入少量 Na_2CO_3（浓度约为 0.02%），以防止 $Na_2S_2O_3$ 分解。

日光能促进 $Na_2S_2O_3$ 溶液分解，所以 $Na_2S_2O_3$ 溶液应贮于棕色瓶中，放置暗处，经 8～14d 再标定。长期使用的溶液，应定期标定。若保存得好，可每两月标定一次。

通常用 $K_2Cr_2O_7$ 作基准物标定 $Na_2S_2O_3$ 溶液的浓度。$K_2Cr_2O_7$ 先与 KI 反应析出 I_2：

$$Cr_2O_7^{2-}+6I^-+14H^+ = 2Cr^{3+}+3I_2+7H_2O$$

析出 I_2 再用 $Na_2S_2O_3$ 标准溶液滴定：

$$I_2+2S_2O_3^{2-} = S_4O_6^{2-}+2I^-$$

这个标定方法是间接碘量法的应用。

四、仪器与药品

（1）仪器　台秤，电子天平，称量瓶，研钵，烧杯（250mL），容量瓶（250mL），碘量瓶或具塞锥形瓶（250mL），量筒，酸式滴定管（棕色，50mL），移液管（25mL），烧杯（100mL，150mL），试剂瓶（250mL）。

（2）药品　$Na_2S_2O_3\cdot5H_2O(s)$，$Na_2CO_3(s)$，KI(s)，As_2O_3（AR 或基准试剂），$I_2(s)$，淀粉溶液（1%），$K_2Cr_2O_7$（AR 或基准试剂）；KI 溶液（10%），HCl 溶液（$2mol\cdot L^{-1}$），NaOH 溶液（$1mol\cdot L^{-1}$），$NaHCO_3$ 溶液（4%），H_2SO_4 溶液（$0.5mol\cdot L^{-1}$），酚酞指示剂（1%）。

五、实验内容

1. $0.05mol\cdot L^{-1}$ I_2 标准溶液的配制

称取 13g I_2 和 40g KI 置于小研钵或小烧杯中，加水少许，研磨或搅拌至 I_2 全部溶解后，转移至棕色瓶中，加水稀释至 1L，塞紧，摇匀后放置过夜再标定。

2. 0.05mol·L^{-1} $Na_2S_2O_3$ 标准溶液的配制[注释1]

称取 12.5g $Na_2S_2O_3 \cdot 5H_2O$ 于 500mL 烧杯中，加入 300mL 新制备的去离子水，待完全溶解后，加入 0.2g Na_2CO_3，然后用新制备的去离子水稀释至 1L，贮于棕色瓶中，在暗处放置 7～14d 后标定。

3. 0.05mol·L^{-1} I_2 标准溶液浓度的标定

(1) 用 As_2O_3 标定　准确称取在 H_2SO_4 干燥器中干燥 24h 的 As_2O_3，置于 250mL 锥形瓶中，加入 1mol·L^{-1} NaOH 溶液 10mL，待 As_2O_3 完全溶解后，加 1 滴酚酞指示剂，用 0.5mol·L^{-1} H_2SO_4 溶液或 HCl 溶液中和至成微酸性，然后加入 25mL $NaHCO_3$ 溶液 (4%)[注释2] 和 1mL 1%淀粉溶液，再用 I_2 标准溶液[注释3] 滴定至蓝色，即为终点。根据 I_2 溶液的用量及 As_2O_3 的质量计算 I_2 标准溶液的浓度。

(2) 用 $Na_2S_2O_3$ 标准溶液标定　准确吸取 25.00mL I_2 标准溶液置于 250mL 碘量瓶中，加 50mL 水，用 0.1mol·L^{-1} $Na_2S_2O_3$ 标准溶液滴定至呈浅黄色后，加入 1% 淀粉溶液[注释4] 1mL，用 $Na_2S_2O_3$ 溶液继续滴定至蓝色恰好消失，即为终点[注释5]。根据 $Na_2S_2O_3$ 及 I_2 溶液的用量和 $Na_2S_2O_3$ 溶液的浓度，计算 I_2 标准溶液的浓度。

4. 0.05mol·L^{-1} $Na_2S_2O_3$ 标准溶液浓度的标定

准确称取已烘干的 $K_2Cr_2O_7$（AR，其质量相当于 20～30mL 0.1mol·L^{-1} $Na_2S_2O_3$ 溶液）于小烧杯中，加入 10～20mL 水使之溶解[注释6]，定容成 250mL，后移取 25mL 于锥形瓶中，再加入 20mL 10% KI 溶液（或 2g 固体 KI）和 2mol·L^{-1} HCl 溶液 5mL，混匀后用表面皿盖好，放在暗处 5min[注释7]。用 0.05mol·L^{-1} $Na_2S_2O_3$ 溶液滴定到呈浅黄绿色。加入 1%淀粉溶液 1mL，继续滴定至蓝色变绿色，即为终点[注释8]。根据 $K_2Cr_2O_7$ 的质量及消耗的 $Na_2S_2O_3$ 溶液体积，计算 $Na_2S_2O_3$ 溶液的浓度。

六、问题与讨论

(1) 如何配制和保存浓度比较稳定的 I_2 和 $Na_2S_2O_3$ 标准溶液？

(2) 用 As_2O_3 作基准物标定 I_2 溶液时，为什么先要加酸至呈微酸性，还要加入 $NaHCO_3$ 溶液？As_2O_3 与 I_2 的化学计量关系是什么？

(3) 用 $K_2Cr_2O_7$ 作基准物标定 $Na_2S_2O_3$ 溶液时，为什么要加入过量的 KI 和 HCl 溶液？为什么放置一定时间后才加水稀释？如果：①加 KI 溶液而不加 HCl 溶液，②加酸后不放置暗处，③不放置或少放置一定时间即加水稀释，会产生什么影响？

(4) 为什么用 I_2 溶液滴定 $Na_2S_2O_3$ 溶液时应先加入淀粉指示剂？而用 $Na_2S_2O_3$ 滴定 I_2 溶液时必须在将近终点之前才加入？

(5) 马铃薯和稻米等都含淀粉，它们的溶液是否可用作指示剂？

(6) 淀粉指示剂的用量为什么要多达 1mL（1%），和其它滴定方法一样，只加几滴行不行？

(7) 如果分析的试样不同，$Na_2S_2O_3$ 和 I_2 标准溶液的浓度是否都应配成 0.1mol·L^{-1} 和 0.05mol·L^{-1}？

(8) 如果 $Na_2S_2O_3$ 标准溶液是用来分析铜的，为什么可用纯铜作基准物标定 $Na_2S_2O_3$ 溶液的浓度？

(9) 标定 $Na_2S_2O_3$ 溶液的基准物质有哪些？以 $K_2Cr_2O_7$ 标定 $Na_2S_2O_3$ 时，终点的亮绿色是什么物质的颜色？

七、注释

[1] 一般分析使用 $0.1mol \cdot L^{-1}$ $Na_2S_2O_3$ 标准溶液，如果选择的测定实验需用 $0.05mol \cdot L^{-1}$（或其它浓度）$Na_2S_2O_3$ 溶液，则此处应配制 $0.05mol \cdot L^{-1}$（或其它浓度）的标准溶液。

[2] 加入 $NaHCO_3$ 溶液时，应用小表面皿盖住瓶口，缓缓加入，以免发泡剧烈而引起溅失，反应完毕，将表面皿上的附着物洗入锥形瓶中。

[3] I_2 能与橡胶发生作用，因此 I_2 溶液不能装在碱式滴定管中。

[4] 淀粉指示剂若加入过早，则大量的 I_2 与淀粉结合成蓝色物质，这一部分 I_2 不容易与 $Na_2S_2O_3$ 反应，因而使滴定发生误差。

[5] 也可用 I_2 标准溶液滴定预先加有淀粉指示剂的一定量 $Na_2S_2O_3$ 溶液。

[6] 如果 $Na_2S_2O_3$ 溶液浓度较稀、标定用的 $K_2Cr_2O_7$ 称取量较小时，可采用大样的办法，即称取5倍量（按消耗20～30mL $Na_2S_2O_3$ 计算的量）的 $K_2Cr_2O_7$ 溶于水后，配制成100mL溶液，再吸取20mL进行标定。

[7] $K_2Cr_2O_7$ 与KI的反应不是立刻完成的，在稀溶液中反应更慢，因此应等反应完成后再加水稀释。在上述条件下，大约经5min反应即可完成。

[8] 滴定完了的溶液放置后会变蓝色。如果不是很快变蓝（经过5～10min），那就是由于空气氧化所致。如果很快而且又不断变蓝，说明 $K_2Cr_2O_7$ 和KI的作用在滴定前进行得不完全，溶液稀释得太早。遇此情况，实验应重做。

实验八十一　硫酸铜中铜含量的测定

一、目的与要求

（1）掌握用碘量法测定铜的基本原理和方法。

（2）加深理解影响氧化还原电极电势的因素。

（3）进一步熟悉用淀粉指示剂正确判断终点的方法。

二、预习与思考

（1）预习氧化还原电势的基本知识及氧化还原滴定原理。

（2）预习碘量法测定铜的原理和方法。

（3）预习 $Na_2S_2O_3$ 溶液的配制和标定方法。

（4）思考下列问题

① 碘量法测定铜为什么一定要在弱酸性溶液中进行？

② 碘量法测定铜时，为什么要加入 NH_4HF_2？滴定临近终点时，为什么要加入KSCN溶液？为什么又不能过早加入？

三、实验原理

在弱酸性溶液中，Cu^{2+} 与过量的KI作用，生成CuI沉淀，同时析出定量的 I_2，其反应式如下：

$$2Cu^{2+} + 4I^- = 2CuI\downarrow + I_2$$

$$I_2 + I^- = I_3^-$$

析出的 I_2 以淀粉为指示剂，用 $Na_2S_2O_3$ 标准溶液滴定，

$$I_2 + 2S_2O_3^{2-} = S_4O_6^{2-} + 2I^-$$

由此可以计算出铜的含量。Cu^{2+} 与 I^- 的反应是可逆的，任何引起 Cu^{2+} 浓度减小或引起CuI溶解度增加的因素均使反应不完全。为了促使反应实际上能趋于完全，必须加入过量的KI。过量的KI可使 Cu^{2+} 的还原更完全，而且可以使生成的 I_2 以 I_3^- 形式存在，减少 I_2 的挥发损失。但是由于CuI沉淀强烈地吸附 I_3^-，会使测定结果偏低。通常的办法是加入KSCN，

使 CuI（$K_{sp}^{\ominus}=1.1\times10^{-12}$）转化为溶解度更小的 CuSCN 沉淀（$K_{sp}^{\ominus}=4.8\times10^{-15}$）

$$CuI+SCN^- \longrightarrow CuSCN\downarrow+I^-$$

这样不但可以释放出被吸附的 I_3^-，而且反应时再生出来的 I^- 可与未反应的 Cu^{2+} 发生作用。在这种情况下，可以使用较少的 KI 而能使反应进行得更完全。但是 KSCN 只能在接近终点时加入，否则因为 I_2 的量较多，会明显地为 KSCN 所还原而使结果偏低：

$$SCN^-+4I_2+4H_2O \longrightarrow SO_4^{2-}+7I^-+ICN+8H^+$$

为了防止铜盐水解，反应必须在酸性溶液中进行。Cu^{2+} 被 I^- 还原的 pH 一般控制在 3～4。酸度过低，Cu^{2+} 氧化 I^- 的反应进行得不完全，结果偏低，而且反应速度慢，终点拖长；酸度过高，则 I^- 被空气氧化为 I_2 的反应为 Cu^{2+} 所催化，使结果偏高。

大量 Cl^- 能与 Cu^{2+} 配合，I^- 不易从 Cu(Ⅱ) 的氯配合物中将 Cu(Ⅱ) 定量还原，因此最好用硫酸而不用盐酸（少量的盐酸不干扰）。Fe^{3+} 能氧化 I^-，对测定有干扰：

$$2Fe^{3+}+2I^- \longrightarrow 2Fe^{2+}+I_2$$

加入 NH_4HF_2 可掩蔽 Fe^{3+} 消除干扰，同时 NH_4HF_2 是一种很好的缓冲溶液，可使溶液的 pH 控制在 3～4。

矿石或合金中的铜也可以用碘量法测定。但必须设法防止其它能氧化 I^- 的物质（如 NO_3^-、Fe^{3+} 离子等）的干扰。防止的方法是加入掩蔽剂以掩蔽干扰离子（例如使 Fe^{3+} 生成 FeF_6^{3-} 而掩蔽），或在测定前将它们分离除去。若有 As(Ⅴ)、Sb(Ⅴ) 存在，应将 pH 调至 4，以免它们氧化 I^-。

四、仪器与药品

(1) 仪器　酸式滴定管（50mL），碘量瓶（250mL），移液管（25mL），容量瓶（250mL），烧杯（150mL）。

(2) 药品　$Na_2S_2O_3$ 标准溶液（$0.05mol\cdot L^{-1}$），H_2SO_4 溶液（$1mol\cdot L^{-1}$），KSCN 溶液（10%），KI 溶液（10%），淀粉溶液（1%）。

五、实验内容

精确称取硫酸铜试样（质量相当于 20～30mL $0.05mol\cdot L^{-1}Na_2S_2O_3$ 溶液）置于 250mL 碘量瓶中，加入 3mL $1mol\cdot L^{-1}H_2SO_4$ 溶液和 30mL 纯水使之溶解。加入 10% KI 溶液 7～8mL，立即用 $Na_2S_2O_3$ 标准溶液滴定至呈浅黄色。然后加入 1%淀粉溶液 1mL，继续滴定到呈浅蓝色。再加入 5mL 10% KSCN 溶液（可否用 NH_4SCN 代替?），摇匀后溶液蓝色转深，再继续滴定到蓝色恰好消失，此时溶液为 CuSCN 米色悬液（蓝色消褪，即为终点）。平行测定 3 份，由实验结果计算硫酸铜的含铜量及相对平均偏差。

六、问题与讨论

(1) 硫酸铜易溶于水，为什么溶解时要加硫酸?

(2) 用碘量法测定铜含量时，为什么要加入 KSCN 溶液? 如果在酸化后立即加入 KSCN 溶液，会产生什么影响?

(3) 已知 $\varphi^{\ominus}_{Cu^{2+}/Cu^+}=0.159V$，$\varphi^{\ominus}_{I_3^-/I^-}=0.545V$，为什么在本实验中 Cu^{2+} 却能将 I^- 氧化为 I_2?

(4) 如果分析矿石或合金中的铜，应怎样分解试样? 试液中含有的干扰性杂质如 Fe^{3+}、NO_3^- 等离子，应如何消除它们的干扰?

(5) 如果用 $Na_2S_2O_3$ 标准溶液测定铜矿或合金中的铜，用什么基准物标定 $Na_2S_2O_3$ 溶液的浓度最好?

实验八十二　水果中维生素C含量的测定

一、目的与要求

(1) 掌握碘标准溶液的配制及标定。

(2) 了解直接碘量法测定维生素C的原理及操作过程。

二、预习与思考

(1) 预习氧化还原滴定法测定维生素C含量的原理和方法。

(2) 预习直接碘量法的基本原理和方法。

(3) 思考下列问题

① 碘量法主要误差来源有哪些？如何避免？

② 试说明碘量法为什么既可测定还原性物质，又可以测定氧化性物质？测量时应如何控制溶液的酸碱性？为什么？

③ 为什么滴定时碘量瓶不能剧烈摇动？

三、实验原理

维生素C（Vc）又称抗坏血酸，分子式为$C_6H_8O_6$。由于其分子中的烯二醇基具有还原性，能被I_2定量地氧化为二酮基，依此可测定维生素C的含量。

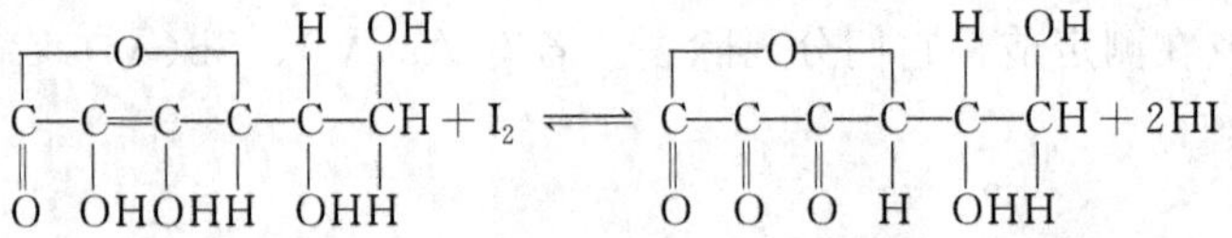

```
 ┌──O───┐   H  OH              ┌──O───┐   H  OH
 │      │   │  │               │      │   │  │
 C—C═C—C—C—CH + I₂ ⇌  C—C—C—C—C—CH + 2HI
 ‖  │  │  │  │  │               ‖  ‖  ‖  │  │  │
 O  OH OH H  OH H               O  O  O  H  OH H
```

维生素C的半反应式为：

$$C_6H_8O_6 = C_6H_6O_6 + 2H^+ + 2e^- \qquad \varphi^\ominus = \pm 0.18V$$

1mol维生素C与1mol I_2定量反应，维生素C的摩尔质量为$176.12g \cdot mol^{-1}$。该反应可用于测定药片、注射液及果蔬中维生素C的含量。

由于维生素C的还原性很强，在空气中极易被氧化，尤其是在碱性介质中更甚，测定时加入HAc使溶液呈弱酸性，减少维生素C的副反应。用淀粉溶液作指示剂，终点时，过量的I_2与淀粉生成蓝色的加合物，反应很灵敏。

维生素C在医药和化学上应用非常广泛。在分析化学中常用在光度法和配位滴定法中作还原剂，如使Fe^{3+}还原为Fe^{2+}，Cu^{2+}还原为Cu^+，硒（Ⅲ）还原为硒等。

四、仪器与药品

(1) 仪器　酸式滴定管（50mL），碘量瓶（250mL），移液管（25mL），容量瓶（250mL），烧杯（150mL）。

(2) 药品　I_2标准溶液[注释1]（$0.05mol \cdot L^{-1}$），淀粉溶液[注释2]（0.5%），醋酸溶液（$2mol \cdot L^{-1}$），维生素C药片。

五、实验内容

(1) I_2标准溶液和$Na_2S_2O_3$标准溶液的标定　见实验八十。

(2) 维生素C药片中维生素C含量的测定　称取维生素C药片0.2g放入250mL碘量瓶内，用适量新制备的去离子水或新煮沸过并冷却的蒸馏水溶解，加入20mL $2mol \cdot L^{-1}$醋酸溶液和2mL淀粉溶液，立即用I_2标准溶液滴定至呈稳定的蓝色，即为终点。平行测定3份后，计算维生素C中的含量，取平均值并计算相对平均偏差。

(3) 空白试验　不加维生素C药片，重复上述实验。平行测定2～3次。

六、问题与讨论

(1) 测定维生素C试样为何要在HCl介质中进行?

(2) 维生素C药片试样溶解时为何要加入新制备的去离子水或新煮沸并冷却的蒸馏水?

(3) 配制I_2溶液时加入KI的目的是什么?

七、注释

[1] 分别称取3.3g I_2和5g KI，置于研钵中，(通风橱中操作) 加入少量水研磨，待I_2全部溶解后，将溶液转入棕色瓶中。加水稀释至250mL，充分摇匀，放暗处保存。

[2] 称取0.5g可溶性淀粉，用少量水搅匀后，加入沸水中，搅匀。如需久置，则加入少量的硼酸或HgI_2为防腐剂。

实验八十三　重铬酸钾法测定铁矿石中铁含量(无汞法)

一、目的与要求

(1) 学习用酸分解矿石试样的方法。

(2) 掌握不用汞盐的重铬酸钾测定铁的原理和方法。

(3) 掌握$K_2Cr_2O_7$标准溶液的配制及使用。

二、预习与思考

(1) 预习K_2CrO_7法测定铁的原理和方法，了解无汞定铁的意义，增强环保意识。

(2) 查阅“附录13常用指示剂”中的有关氧化还原指示剂的内容。

(3) 思考下列问题

① $K_2Cr_2O_7$为什么可以直接称量配制准确浓度的溶液?

② 本实验中二甲酚橙起什么作用?

三、实验原理

用$K_2Cr_2O_7$溶液滴定Fe^{3+}的方法在测定合金、矿石、金属盐类及硅酸盐等的含铁量时，有很大的实用价值。测定方法通常有氯化亚锡-氯化汞测铁法和三氯化钛测铁法，前者为有汞测铁，后者为无汞测铁。

褐铁矿的主要成分是$Fe_2O_3 \cdot xH_2O$。将试样用盐酸溶解后(实际上形成$FeCl_4^-$、$FeCl_6^-$等配离子)，在浓的热HCl溶液中用$SnCl_2$将Fe^{3+}还原为Fe^{2+}，过量的$SnCl_2$用$HgCl_2$氧化除去(此时，溶液中有白色丝状氯化亚汞沉淀生成)。然后在硫酸、磷酸混酸介质中，以二苯胺磺酸钠为指示剂，用$K_2Cr_2O_7$标准溶液滴定至溶液呈紫红色，即为终点。这是有汞测铁的经典方法，其主要反应式如下：

$$2FeCl_4^- + SnCl_4^{2-} + 2Cl^- \longrightarrow 2FeCl_4^{2-} + SnCl_6^{2-}$$

$$SnCl_4^{2-} + 2HgCl_2 \longrightarrow SnCl_6^{2-} + HgCl_2 \downarrow \text{(白)}$$

$$6Fe^{2+} + Cr_2O_7^{2-} + 14H^+ \longrightarrow 6Fe^{3+} + 2Cr^{3+} + 7H_2O$$

这种方法操作简便，结果准确。但是$HgCl_2$有剧毒，为了避免汞盐对环境的污染，近年来采用了各种不用汞盐测定铁的方法。本实验采用三氯化钛($TiCl_3$)还原铁的方法，即先用$SnCl_2$将大部分Fe^{3+}还原，以钨酸钠为指示剂，再用$TiCl_3$溶液还原剩余的Fe^{3+}，其反应如下：

$$Fe^{3+} + Ti^{3+} \longrightarrow Fe^{2+} + Ti^{4+}$$

过量的$TiCl_3$使钨酸钠还原为钨蓝，然后用$K_2Cr_2O_7$溶液使钨蓝褪色，以消除过量还原剂$TiCl_3$的影响。最后以二苯胺磺酸钠为指示剂，用$K_2Cr_2O_7$标准溶液滴定Fe^{2+}。由于滴定过程中生成的Fe^{3+}(在HCl介质中为黄色)，会影响终点的正确判断，通常加入

H_3PO_4，使之与 Fe^{3+} 生成稳定无色的 $[Fe(PO_4)_2]^{3-}$，这样既消除了 Fe^{3+} 的黄色影响，又减小了 Fe^{3+} 浓度，从而降低了 Fe^{3+}/Fe^{2+} 电对的条件电极电势，使滴定突跃范围的电位降低，用二苯胺磺酸钠为指示剂能清楚、正确地判断终点。

Cu^{2+}、Mo^{6+}、As^{5+}、Sb^{5+} 等离子的存在，干扰铁的测定；大量的偏硅酸存在，由于吸附作用，使 Fe^{2+} 还原不完全。此时宜用 HF-H_2SO_4 分解以除去 Si 的干扰。

四、仪器与药品

(1) 仪器　酸式滴定管（50mL），锥形瓶（250mL），移液管（25mL），容量瓶（250mL），烧杯（150mL）。

(2) 药品　$SnCl_2$ 溶液[注释1]（6%），硫磷混酸[注释2]，钨酸钠溶液[注释3]（25%），$TiCl_3$ 溶液[注释4]（1∶19），二苯胺磺酸钠溶液（0.2%），盐酸溶液（6mol·L^{-1}），$K_2Cr_2O_7$ 标准溶液（0.016mol·L^{-1}）。

五、实验内容

(1) $K_2Cr_2O_7$ 标准溶液的配制　按计算量准确称取在 130～140℃烘干 1h 的 $K_2Cr_2O_7$（AR 或基准试剂），溶于水，然后移入 1L 容量瓶中，用水稀释至刻度，摇匀。计算出准确浓度。

(2) 矿样的分解和测定　准确称取 0.15～0.20g 试样，置于 250mL 锥形瓶中，加入 10～20mL 盐酸（6mol·L^{-1}），在通风橱中低温加热 10～20min，滴加 $SnCl_2$ 溶液至呈浅黄色[注释5]，继续加热 10～20min（此时体积约为 10mL）[注释6] 至剩余残渣为白色或浅色时表示试样溶解完全[注释7]。调整溶液体积至 150mL，加 15 滴 Na_2WO_4 溶液，用 $TiCl_3$ 溶液滴定[注释8] 至溶液呈蓝色[注释9]，再滴加 $K_2Cr_2O_7$ 标准溶液至无色（不计读数）[注释10]，立即加 10mL 硫磷混酸、5 滴二苯胺磺酸钠，用 $K_2Cr_2O_7$[注释11] 标准溶液滴定至呈稳定的紫色[注释12]，即为终点。

(3) 平行测定 3 份　根据滴定结果，计算铁矿中用 Fe 及 Fe_2O_3 表示的铁的含量。

六、问题与讨论

(1) 用重铬酸钾法测定褐铁矿中铁含量，整个反应过程如何？指出测定过程中各步应注意的事项。

(2) 先后用 $SnCl_2$ 和 $TiCl_3$ 作还原剂的目的何在？如果不慎加入了过多的 $SnCl_2$ 或 $TiCl_3$ 应怎么办？

(3) Na_2WO_4 和二苯胺磺酸钠是什么性质的指示剂？

(4) 加入硫磷混酸的目的何在？

(5) 试样如果不能为浓 HCl 和 $SnCl_2$ 完全溶解，应采用什么方法使其完全溶解？

七、注释

[1] 称取 6g $SnCl_2 \cdot 2H_2O$，溶于 20mL 热浓盐酸中，用水稀释至 100mL。

[2] 将 200mL 浓硫酸（市售）在搅拌下缓慢注入 500mL 水中，再加 300mL 浓磷酸（市售）。

[3] 称取 25g Na_2WO_4，溶于适量水中（若浑浊，需过滤），加 5mL 浓磷酸，用水稀释至 100mL。

[4] 取 15%～20% $TiCl_3$ 溶液，用盐酸（1∶9）稀释 20 倍，加一层液体石蜡加以保护。

[5] 加入 $SnCl_2$ 将 Fe(Ⅲ) 还原为 Fe(Ⅱ)，可帮助试样分解（如需分离，则不加 $SnCl_2$）。$SnCl_2$ 如过量，应滴加少量 $KMnO_4$ 至溶液呈浅黄色。

[6] 溶样时如果酸挥发太多，应适当补加盐酸，使最后滴定溶液中盐酸量不少于 10mL。

[7] 如残渣颜色较深，则需分离出残渣，用氢氟酸或焦硫酸钾处理，所得溶液并入上面所得的溶液中（参看中华人民共和国国家标准《铁矿中全铁量的测定》）。

[8] 氧化、还原和滴定时溶液温度控制在 20～40℃较好。

[9]　蓝色出现，即生成了钨蓝（钨的低价氧分物），表示 Fe(Ⅲ) 已完全还原。

[10]　不能过量。

[11]　也可用 $KMnO_4$ 及其他滴定剂（哪些?）滴定，以避免 Cr(Ⅵ) 污染环境。

[12]　还原后的 Fe(Ⅱ)，应迅速滴定，以免 Fe(Ⅱ) 部分被空气氧化。

实验八十四　工业苯酚纯度的测定

一、目的与要求

(1) 了解和掌握以溴酸钾法与碘量法配合使用来间接测定苯酚的原理和方法。

(2) 学会直接配制准确浓度溴酸钾标准溶液的方法，熟练掌握碘量瓶的使用方法。

(3) 掌握“空白试验”的方法和应用。

二、预习与思考

(1) 预习溴酸钾法与碘量法配合使用测定苯酚的原理。

(2) 了解“空白试验”的作用和意义。

(3) 溴酸钾法与碘量法配合使用测定苯酚的原理是什么？各步反应式如何？

(4) 为什么测定苯酚要在碘量瓶中进行？若用锥形瓶代替碘量瓶会产生什么影响？

三、实验原理

工业苯酚一般含有杂质，可用滴定分析法测定苯酚的准确含量。苯酚的测定是基于苯酚与 Br_2 作用生成稳定的三溴苯酚：

$$C_6H_5OH + 3Br_2 \rightleftharpoons C_6H_2Br_3OH\ (2,4,6\text{-三溴苯酚}) + 3Br^- + 3H^+$$

由于上述反应进行较慢，而且 Br_2 极易挥发，因此不能用 Br_2 液直接滴定苯酚，而应用过量 Br_2 与苯酚进行溴代反应。由于 Br_2 液浓度不稳定，一般使用 $KBrO_3$（含有 KBr）标准溶液在酸性介质中反应以产生相当量的游离 Br_2：

$$BrO_3^- + 5Br^- + 6H^+ = 3Br_2 + 3H_2O$$

溴代反应完毕后，过量的 Br_2 再用还原剂标准溶液滴定。但是一般常用的还原性滴定剂 $Na_2S_2O_3$ 易为 Br_2、Cl_2 等较强氧化剂非定量地氧化为 SO_4^{2-}，因而不能用 $Na_2S_2O_3$ 直接滴定 Br_2（而且 Br_2 易挥发损失）。因此过量的 Br_2 应与过量 KI 作用，置换出 I_2：

$$Br_2 + 2KI = I_2 + 2KBr$$

析出的 I_2 再用 $Na_2S_2O_3$ 标准液滴定：

$$I_2 + 2Na_2S_2O_3 = 2NaI + Na_2S_4O_6$$

在这个测定中，溶液的浓度是在与测定苯酚相同条件下进行标定的，这样可以减少由于 Br_2 的挥发损失等因素而引起的误差。

由上述反应可以看出，被测物苯酚与滴定剂间存在如下的计量关系：

$$C_6H_6OH \sim BrO_3^- \sim 3Br_2 \sim 3I_2 \sim 6S_2O_3^{2-}$$

从而容易地由加入的 Br_2 的量（相当于“空白试验”消耗 $Na_2S_2O_3$ 的量）和剩余 Br_2 的量（相当于滴定试样所消耗 $Na_2S_2O_3$ 的量），计算试样中苯酚的含量。计算苯酚的含量的公式为：

$$w_{C_6H_5OH} = \frac{\left[(cV)_{BrO_3^-} - \frac{1}{6}(cV)_{S_2O_3^{2-}}\right] M_{C_6H_5OH}}{m_s}$$

四、仪器与药品

（1）仪器　容量瓶（1000mL），烧杯（100mL、250mL），碘量瓶（250mL 或 500mL），酸式滴定管（50mL），移液管（25mL），量筒。

（2）药品　工业苯酚试样，$KBrO_3$（AR 或基准试剂），KBr，HCl 溶液（$6mol \cdot L^{-1}$），KI 溶液（10%），淀粉溶液（1%），NaOH 溶液（10%），$Na_2S_2O_3$ 标准溶液（$0.05mol \cdot L^{-1}$）。

五、实验内容

（1）$0.017mol \cdot L^{-1}$ $KBrO_3$-KBr 标准溶液的配制。称取干燥过的 $KBrO_3$[注释1]（AR 或基准试剂）2.7840g，置于 100mL 烧杯中，加入 14g KBr，用少量水溶解后，转入 1L 容量瓶中，用水冲洗烧杯数次，洗涤液一并转入容量瓶中，再用水稀释至刻度，混匀，此溶液的浓度即为 $0.01667mol \cdot L^{-1}$。

（2）苯酚含量的测定。准确称取约 0.2～0.3g 工业苯酚于盛有 5mL 10% NaOH[注释2]溶液的 100mL 烧杯中，再加少量水使之溶解，然后转入 250mL 容量瓶，用水洗烧杯数次，洗涤溶液一并转入容量瓶中，再用水稀释至刻度，混匀，准确吸取此试液 100mL 于 250mL 碘量瓶中[注释3]，再吸取 10mL $KBrO_3$-KBr 标准溶液加入碘量瓶中，并加入 10mL $6mol \cdot L^{-1}$ HCl 溶液，迅速加塞[注释4] 振摇 1～2min，再静置 5～10min[注释5]。此时生成白色三溴苯酚沉淀和 Br_2。加入 10% KI 溶液[注释6] 10mL，摇匀，静置 5～10min[注释7]。用少量水冲洗瓶塞及瓶颈上的附着物，再加水 25mL，最后用 $0.05mol \cdot L^{-1}$ $Na_2S_2O_3$ 标准溶液滴定至呈淡黄色。加 1mL 1% 淀粉溶液，继续滴定至蓝色消失，即为终点[注释8]。记下消耗的 $Na_2S_2O_3$ 标准溶液体积，并同时作空白试验[注释9]。

（3）平行测定 3 份，计算苯酚含量。

六、问题与讨论

（1）什么叫“空白试验”？它的作用是什么？由空白试验的结果怎样计算 $Na_2S_2O_3$ 标准溶液的浓度？这与通常使用基准物直接标定标准溶液的浓度有何异同？有何优点？

（2）为什么加入 HCl 和 KI 溶液时，都不能把瓶塞打开，而只能稍松开瓶塞，沿瓶塞迅速加入，随即塞紧瓶塞？

（3）苯酚含量如何计算？

七、注释

［1］ $KBrO_3$ 很容易从水溶液中再结晶而提纯，可直接配制成准确浓度的标准溶液。若 $KBrO_3$ 试剂纯度不高，则可用 $Na_2S_2O_3$ 标准溶液标定溶液的浓度。

［2］ 苯酚在水中的溶解度较小，加入 NaOH 溶液后 NaOH 能与苯酚生成易溶于水的苯酚钠。

［3］ 或吸取约 $0.01mol \cdot L^{-1}$ 苯酚试液 10～25mL。

［4］ $KBrO_3$-KBr 溶液遇酸即迅速产生游离 Br_2，Br_2 容易挥发，因此加 HCl 溶液时，应将瓶塞盖上（不要盖严），让 HCl 溶液沿瓶塞流入，随即塞紧，并加水封住瓶口，以免 Br_2 挥发损失。

［5］ 在放置过程中，应不时加以摇动。

［6］ 加 KI 溶液时，不要打开瓶塞，只能稍松开瓶塞，使溶液沿瓶塞流入，以免 Br_2 挥发损失。

［7］ 当苯酚与 Br_2 反应生成三溴苯酚时，还发生下述反应：

$$C_6H_5OH + 4Br_2 = C_6H_2Br_3OBr \downarrow + 4HBr$$

（式中以结构式表示：苯酚（OH）与 $4Br_2$ 反应，生成 2,4,6-位三个 Br 取代、OH 变为 OBr 的产物）

但不影响分析结果，当酸性溶液中加入 KI 时，溴化三溴苯酚即转变为三溴苯酚：

$$C_6H_2Br_3OBr + 2I^- + 2H^+ \longrightarrow C_6H_2Br_3OH + HBr + I_2$$

故在加入 KI 溶液后，应静置 5～10min，以保证 $C_6H_2Br_3OBr$ 的分解。

[8]　三溴苯酚沉淀容易包裹 I_2，故在近终点时，应剧烈摇动。终点时消耗的 $Na_2S_2O_3$ 的体积以 5～10mL 为宜。

[9]　空白试验即准确吸取 10mL $KBrO_3$-KBr 标准溶液于 250mL 碘量瓶中，加入 25mL 水及 6～10mL HCl 溶液（1∶1），迅速加塞振摇 1～2min，静置 5min，以下操作与测定苯酚相同。

实验八十五　氯化物中氯含量的测定（莫尔法）

一、目的与要求

（1）学习 $AgNO_3$ 标准溶液的配制和标定方法。

（2）掌握沉淀滴定法中以 K_2CrO_4 为指示剂测定氯离子的方法和原理。

二、预习与思考

（1）预习沉淀反应的基本原理和特点。

（2）预习银量法滴定基本原理和终点的确定及相关知识。

（3）以 K_2CrO_4 作指示剂时，指示剂浓度过大或过小对测定有何影响？

（4）滴定过程需注意哪些实验条件的控制？

三、实验原理

某些可溶性氯化物中氯含量的测定常采用莫尔（Mohr）法。此方法是在中性或弱碱性溶液中，以 K_2CrO_4 为指示剂，用 $AgNO_3$ 标准溶液进行滴定。由于 AgCl 的溶解度比 Ag_2CrO_4 的小，因此溶液中首先析出 AgCl 沉淀，当 AgCl 定量沉淀后，过量 $AgNO_3$ 溶液即与 CrO_4^{2-} 生成砖红色 Ag_2CrO_4 沉淀，指示终点的到达。反应式如下：

$$Ag^+ + Cl^- \longrightarrow AgCl\downarrow \text{（白色）} \qquad K_{sp}^{\ominus} = 1.8\times10^{-10}$$

$$2Ag^+ + CrO_4^{2-} \longrightarrow Ag_2CrO_4\downarrow \text{（砖红色）} \qquad K_{sp}^{\ominus} = 2.0\times10^{-12}$$

滴定必须在中性或弱碱性溶液中进行，最适宜的 pH 范围为 6.5～10.5。酸度过高，不产生 Ag_2CrO_4 沉淀；过低，则形成 Ag_2O 沉淀。如果有铵盐存在，溶液的 pH 需控制在 6.5～7.2。

指示剂的用量对滴定终点的准确判断有影响，一般用量以 $5\times10^{-3}mol\cdot L^{-1}$ 为宜。

凡是能与 Ag^+ 生成难溶化合物或配合物的阴离子都干扰测定，如 PO_4^{3-}，AsO_4^{3-}，SO_3^{2-}，S^{2-}，CO_3^{2-} 及 $C_2O_4^{2-}$ 等离子，其中 S^{2-} 可形成 H_2S，经加热煮沸而除去；SO_3^{2-} 可经氧化成 SO_4^{2-} 而不发生干扰。大量 Cu^{2+}、Ni^{2+}、Co^{2+} 等有色离子将影响终点的观察。凡是能与 CrO_4^{2-} 生成难溶化合物的阳离子也干扰测定，如 Ba^{2+}、Pb^{2+} 与 CrO_4^{2-} 分别生成 $BaCrO_4$ 和 $PbCrO_4$ 沉淀，但 Ba^{2+} 的干扰可借加入过量 Na_2SO_4 而消除。

Al^{3+}、Fe^{3+}、Bi^{3+}、Zr^{4+} 等高价金属离子，在中性或弱碱性溶液中易水解产生沉淀，也不应存在。若存在，改用佛尔哈德法测定氯含量。

四、仪器与药品

（1）仪器　台秤，电子天平，滴定管（50mL），移液管（25mL），锥形瓶（250mL），试剂瓶（棕色），烧杯。

（2）药品　$AgNO_3$（OP 或 AR），NaCl（基准试剂）[注释1]，K_2CrO_4（5%）。

五、实验内容

（1）$0.025mol\cdot L^{-1}$ $AgNO_3$ 溶液的配制　在台秤上称取配制 500mL $0.025mol\cdot L^{-1}$ $AgNO_3$ 溶液所需固体 $AgNO_3$，溶于 500mL 不含 Cl^- 的水中，将溶液转入棕色细口瓶中，置暗处保存，以减缓因见光而分解的作用。

(2) 0.025mol·L^{-1} $AgNO_3$ 溶液的标定　准确称取所需 NaCl 基准试剂（需准确称量到小数点后第几位?）置于烧杯中，用水溶解，转入 250mL 容量瓶中，加水稀释至刻度，摇匀。

用移液管准确移取 25.00mL NaCl 标准溶液（也可直接称取一定量 NaCl 基准物质）于锥形瓶中，加 25mL 水[注释2]、1mL 5% K_2CrO_4 溶液，在不断摇动下，用 $AgNO_3$ 溶液滴定至白色沉淀中出现砖红色，即为终点[注释3]。

根据 NaCl 标准溶液的浓度和滴定所消耗的 $AgNO_3$ 标准溶液体积，计算 $AgNO_3$ 标准溶液的浓度。

(3) 试样分析　准确称取一定量氯化物试样于烧杯中，加水溶解后，转入 250mL 容量瓶中，加水稀释至刻度，摇匀。

用移液管准确移取 25.00mL 氯化物试液于 250mL 锥形瓶中，加入 25mL 水、1mL 5% K_2CrO_4 溶液，在不断摇动下，用 $AgNO_3$ 标准溶液滴定至白色沉淀中出现砖红色即为终点。平行测定 3 份，计算试样中氯的含量及相对平均偏差。

实验完毕后，将装 $AgNO_3$ 溶液的滴定管先用蒸馏水冲洗 2～3 次，再用自来水洗净，以免 AgCl 残留于管内。

六、问题与讨论

(1) $AgNO_3$ 溶液应装在酸式滴定管中还是碱式滴定管中？为什么？

(2) 滴定中对 K_2CrO_4 指示剂的用量是否要控制？为什么？应如何控制？

(3) 滴定中试液的酸度宜控制在什么范围？为什么？怎样调节？有 NH_4^+ 存在时，在酸度上为什么要有所不同？

(4) 试将沉淀滴定法指示剂的用量与酸碱指示剂、氧化还原指示剂及金属指示剂的用量作比较，并说明其差别的原因。

(5) NaCl 基准物为什么要经加热处理才能使用？如用未经处理的 NaCl 来标定 $AgNO_3$ 溶液，将产生什么影响？

七、注释

[1] 在 500～600℃高温炉中灼烧 30min 后，置于干燥器中冷却。也可将 NaCl 置于带盖的瓷坩埚中，加热并不断搅拌，待爆裂声停止后，继续加热 15min，将坩埚放入干燥器中冷却后使用。

[2] 沉淀滴定中，为减少沉淀对被测离子的吸附，一般滴定的体积以大些为好，故须加水稀释试液。

[3] 银为贵金属，含 AgCl 的废液应回收处理。

实验八十六　二水合氯化钡含量的测定（重量法）

一、目的与要求

(1) 了解测定 $BaCl_2 \cdot 2H_2O$ 中钡的含量的原理和方法。

(2) 掌握晶形沉淀的制备、过滤、洗涤、灼烧及恒重等的基本操作技术。

二、预习与思考

(1) 预习第 5 章“5.1.4 重量分析”。预习第 4 章“4.1 固液分离”。

(2) 重量分析中什么叫灼烧至恒重？如何达到灼烧至恒重？

(3) 重量分析中需注意控制哪些实验条件？

三、实验原理

$BaSO_4$ 重量法既可用于测定 Ba^{2+}，也可用于测定 SO_4^{2-} 的含量。

称取一定量 $BaCl_2 \cdot 2H_2O$，用水溶解，加稀 HCl 溶液酸化，加热至微沸，在不断搅动下，慢慢地加入稀、热的 H_2SO_4，Ba^{2+} 与 SO_4^{2-} 反应，形成晶形沉淀。沉淀经陈化、过滤、洗涤、烘干、炭化、灰化、灼烧后，以 $BaSO_4$ 形式称量，可求出 $BaCl_2 \cdot 2H_2O$ 中 Ba 的含量。

Ba^{2+} 可生成一系列微溶化合物，如 $BaCO_3$、BaC_2O_4、$BaCrO_4$、$BaHPO_4$、$BaSO_4$ 等，其中以 $BaSO_4$ 溶解度最小，100mL 溶液中，100℃时溶解 0.4mg，25℃时仅溶解 0.25mg。当过量沉淀剂存在时，溶解度大为减小，一般可以忽略不计。

硫酸钡重量法一般在 $0.05mol \cdot L^{-1}$ 左右 HCl 介质中进行沉淀，是为了防止产生 $BaCO_3$、$BaHPO_4$、$BaHAsO_4$ 沉淀，以及防止生成 $Ba(OH)_2$ 共沉淀。同时，适当提高酸度，增加 $BaSO_4$ 在沉淀过程中的溶解度，以降低其相对过饱和度，有利于获得较好的晶形沉淀。

用 $BaSO_4$ 重量法测定 Ba^{2+} 时，一般用稀 H_2SO_4 作沉淀剂。为了使 $BaSO_4$ 沉淀完全，H_2SO_4 必须过量。由于 H_2SO_4 在高温下可挥发除去，故沉淀带下的 H_2SO_4 不致引起误差，因此沉淀剂可过量 50%～100%。如果用 $BaSO_4$ 重量法测定 SO_4^{2-} 时，沉淀剂只允许过量 20%～30%，因为 $BaCl_2$ 灼烧时不易挥发除去。

$PbSO_4$、$SrSO_4$ 的溶解度均较小，Pb^{2+}、Sr^{2+} 对钡的测定有干扰。NO_3^-、ClO_3^-、Cl^- 等阴离子和 K^+、Na^+、Ca^{2+}、Fe^{3+} 等阳离子均可以引起共沉淀现象，故应严格掌握沉淀条件，减少共沉淀现象，以获得纯净的 $BaSO_4$ 晶形沉淀。

四、仪器与药品

(1) 仪器　瓷坩埚 (25mL)，马弗炉，干燥器，玻璃漏斗，称量瓶，电子天平，烧杯 (250mL、100mL)，定量滤纸（慢速或中速），淀帚。

(2) 药品　H_2SO_4 溶液（$1mol \cdot L^{-1}$，$0.1mol \cdot L^{-1}$），HCl 溶液（$2mol \cdot L^{-1}$），HNO_3 溶液（$2mol \cdot L^{-1}$），$AgNO_3$ 溶液（$0.1mol \cdot L^{-1}$），$BaCl_2 \cdot 2H_2O$（s，AR）。

五、实验内容

(1) 称样沉淀的制备。准确称取 2 份 0.4～0.6g $BaCl_2 \cdot 2H_2O$ 试样，分别置于 250mL 烧杯中，加入约 100mL 纯水、3mL HCl 溶液（$2mol \cdot L^{-1}$），搅拌溶解，加热至近沸。

另取 4mL H_2SO_4 溶液（$1mol \cdot L^{-1}$）2 份于 2 个 100mL 烧杯中，加纯水 30mL，加热至近沸，趁热将两份 H_2SO_4 溶液分别用小滴管逐滴地加入到 2 份热的钡盐溶液中，并用玻璃棒不断搅拌，直至 2 份 H_2SO_4 溶液加完为止。待 $BaSO_4$ 沉淀下沉后，于上层清液中加入 1～2 滴 $0.1mol \cdot L^{-1}$ H_2SO_4 溶液，仔细观察沉淀是否完全。沉淀完全后，盖上表面皿（切勿将玻璃棒拿出杯外，为什么?），放置过夜陈化。也可将沉淀放在水浴或沙浴上，保温 40min，陈化。

(2) 沉淀的过滤和洗涤。陈化好的沉淀（加热陈化的要冷至室温），用慢速或中速滤纸以倾泻法过滤。再用倾泻法以稀 H_2SO_4（用 1mL $1mol \cdot L^{-1}$ H_2SO_4 加水 100mL 配成）洗涤沉淀 3～4 次，每次约用稀 H_2SO_4 10mL。然后，将沉淀定量转移到滤纸上，用淀帚由上到下擦拭烧杯内壁，并用折叠滤纸时撕下的小片滤纸擦拭杯壁，并将此小片滤纸放于漏斗中，再用稀 H_2SO_4 洗涤 4～6 次，直至洗涤液中不含 Cl^- 为止（检查方法：用试管收集 2mL 滤液，加 1 滴 $2mol \cdot L^{-1}$ HNO_3 酸化，加入 2 滴 $AgNO_3$，若无白色浑浊产生，表示 Cl^- 已洗净）。

(3) 空坩埚的恒重。将两个洁净的瓷坩埚[注释1] 放在 (800±20)℃的马弗炉中灼烧至恒重。第一次灼烧 40min，取出稍冷片刻，放入干燥器中，冷却至室温（约 30min），称重。第二次后每次只需灼烧 20min，同样的方法冷却（每次冷却时间应尽量一致），再称重。如此操作直至恒重为止（即两次称重相差不大于 0.2mg）。

(4) 沉淀的灼烧和恒重。将折叠好的沉淀滤纸包置于已恒重的瓷坩埚中，经烘干、炭化、灰化[注释2]后，在（800±20)℃[注释3]马弗炉中灼烧至恒重。

(5) 计算 $BaCl_2 \cdot 2H_2O$ 中 Ba 的含量及相对平均偏差。

六、问题与讨论

(1) 为什么要在稀热 HCl 溶液中且在不断搅拌下逐滴加入沉淀剂沉淀 $BaSO_4$，若开始时 HCl 加入太多有何影响？

(2) 为什么要在热溶液中沉淀 $BaSO_4$，但要在冷却后过滤？晶形沉淀为何要陈化？

(3) 什么叫倾泻法过滤？洗涤沉淀时，为什么用洗涤液或水都要少量多次？

(4) 为什么用稀 H_2SO_4 作沉淀剂？能否改用 K_2SO_4？为什么？

(5) 为使沉淀完全，沉淀剂是否加得越多越好？

七、注释

[1] 可用 $FeCl_3$ 或蓝墨水在坩埚上写好记号。

[2] 滤纸灰化时空气要充足，否则 $BaSO_4$ 易被滤纸的碳还原为灰黑色的 BaS，

$$BaSO_4 + 4C \xlongequal{} BaS + 4CO\uparrow$$

$$BaSO_4 + 4CO \xlongequal{} BaS + 4CO_2\uparrow$$

如遇此情况，可滴加 2～3 滴（1∶1）H_2SO_4，小心加热，冒烟后重新灼烧。

[3] 灼烧温度不能太高，如超过 950℃，可能有部分 $BaSO_4$ 分解：

$$BaSO_4 \xlongequal{} BaO + SO_3\uparrow$$

实验八十七　工业漂白精中有效氯和固体总钙量的测定（设计实验）

一、目的与要求

(1) 通过独立查阅文献，学生自行设计测量漂白粉中有效氯和固体总钙含量的方案，进一步熟悉有效氯和总钙含量的分析方法。

(2) 通过查阅有关文献资料，写出用碘量法测定有效氯、配位滴定法测定固体总钙的原理和注意事项。

(3) 列出所需的仪器和试剂、操作步骤（包括样品处理，各种试剂的配制方法）、结果计算公式。

(4) 测定有效氯的含量，测定固体总钙量，分析误差来源。

二、实验原理（提示）

工业品漂白精的分子式为 $3Ca(OCl)_2 \cdot 2Ca(OH)_2$，其中有效氯和固体总钙含量是影响产品质量的两个关键指标，准确地测量其含量是很重要的。

漂白精中的次氯酸盐具有氧化能力，常以有效氯来表示。所谓有效氯是指次氯酸盐酸化时放出的氯：

$$Ca(OCl)_2 + 4H^+ \xlongequal{} Ca^{2+} + Cl_2 + 2H_2O$$

漂白精的质量是以有效氯的量为指标，以有效氯百分数表示漂白精的漂白能力。

测定漂白精中有效氯，可在酸性溶液中，次氯酸盐与碘化钾反应而析出定量的 I_2，然后用 $Na_2S_2O_3$ 标准溶液滴定生成的 I_2，其反应式为：

$$Ca(OCl)_2 + 4KI + 4H^+ \xlongequal{} CaCl_2 + 4K^+ + 2I_2 + 2H_2O$$

$$I_2 + 2Na_2S_2O_3 \xlongequal{} 2NaI + Na_2S_4O_6$$

从漂白精的分子式不难看出，钙是主要成分。用 EDTA 标准溶液测定钙，调节溶液的 pH≥12，以钙指示剂作指示剂，用 EDTA 标准溶液滴定至溶液由酒红色变为纯蓝色。由于漂白精中的次氯酸盐能使钙指示剂褪色，因此在加入钙指示剂之前，应先加入 10% $NaNO_2$

溶液 10mL，再加 10% NaOH 溶液 5mL 调节溶液的 pH。

EDTA 标准溶液可用 $CaCO_3$ 为基准物进行标定。钙标准溶液的配制方法如下：准确称取 $CaCO_3$ 基准物 0.5～0.6g 于 150mL 烧杯中，加少量水润湿，盖上表面皿，从烧杯嘴滴入 2～3mL HCl 溶液（1∶1），待 $CaCO_3$ 完全溶解后，加热近沸，冷却后淋洗表面皿及烧杯壁，再定量转移至 250mL 容量瓶中，加水至刻度，摇匀。

实验八十八　邻二氮菲分光光度法测定微量铁

一、目的与要求

（1）学习如何确定分光光度法的实验条件。

（2）学习通过实验条件的优化，建立元素的分光光度测定法。

（3）掌握紫外-可见分光光度计的使用方法。

二、预习与思考

（1）预习第 6 章“6.5.3 分光光度计”，熟悉分光光度计的结构和使用方法。

（2）了解通过绘制吸收曲线确定最大吸收波长和利用标准曲线进行定量分析的原理和方法。

（3）有机化合物中常见的电子跃迁类型有哪些？

（4）说明溶液颜色和吸收曲线峰值波长有何关系？

三、实验原理

在可见区分光光度测定中，通常将被测物质与显色剂反应，使之生成有色化合物，然后测量其吸光度，进而求出被测物质的含量。因此，显色反应的完全程度与吸光度的测量条件都将影响测定结果的准确度与灵敏度。

在建立光度分析方法时，为了获得较佳的实验结果，一般需要通过条件实验来确定最优体系（亦即最合适的分析方案）。条件实验的内容包括：介质酸度、显色剂浓度、反应温度、显色时间、稳定性、测量波长、工作曲线、干扰物质以及精密度、准确度等。实验时，一般先改变其中一个因素（如 pH），暂时固定其它因素，测量显色后溶液的吸光度；通过吸光度-pH（或其它因素）曲线确定显色最佳酸度范围。本实验通过对 Fe(Ⅱ)-邻二氮菲（Phen）显色反应的条件实验，学习如何拟定一个分光光度分析实验的测定条件。

在 pH 2～9 溶液中，以邻二氮菲（Phen）为显色剂，与 Fe^{2+} 反应生成稳定的橙红色配合物 $[Fe(Phen)_3]^{2+}$，反应式为：

$$Fe^{2+} + 3Phen \longrightarrow [Fe(Phen)_3]^{2+}$$

该配合物 $\lg K_{稳} = 21.3$（20℃），在 510nm 波长下有最大吸收，其摩尔吸收系数 $\varepsilon_{510} = 1.1 \times 10^4$。该反应灵敏度高、选择性好，有色配合物稳定，广泛用于国家标准中样品铁含量的分光光度法测定。溶液中含有的少量 Fe^{3+} 也能与邻二氮菲生成 1∶3 的淡蓝色配合物，其 $\lg K_{稳} = 14.10$。因此，在显色前应先用盐酸羟胺（$NH_2OH \cdot HCl$）还原剂在 pH<3 的条件下，将 Fe^{3+} 还原为 Fe^{2+}，反应式为：

$$2Fe^{3+} + 2NH_2OH \cdot HCl \xlongequal{} 2Fe^{2+} + N_2\uparrow + 2H_2O + 4H^+ + 2Cl^-$$

测定时，控制溶液酸度在 pH＝2～9 较为适宜。酸度较高时，反应进行较慢；酸度太低，则 Fe^{2+} 水解，影响显色。

四、仪器与药品

（1）仪器　分光光度计[注释1]，pH 计，容量瓶（50mL），吸量管（5mL、2mL、1mL），量筒（10mL）。

(2) 药品　铁标准溶液[注释2]（$100\mu g \cdot mL^{-1}$），盐酸羟胺溶液（10%）（用前配制），邻二氮菲溶液[注释3]（0.15%），NaAc 溶液（$1mol \cdot L^{-1}$），NaOH 溶液（$0.1mol \cdot L^{-1}$），HCl 溶液（$2mol \cdot L^{-1}$）。

五、实验内容

(1) 吸收曲线的绘制　取两个容量瓶（50mL），其中一个加入 0.60mL 铁标准溶液（$100\mu g \cdot mL^{-1}$）。然后，在两个容量瓶中各加入 1mL 盐酸羟胺溶液（10%）、2mL 邻二氮菲溶液（0.15%）和 5mL 醋酸钠溶液（$1mol \cdot L^{-1}$），用水稀释至刻度，摇匀备用。

在分光光度计上，用 1cm 比色皿，以不含铁的空白试液为参比，在波长 450～540nm，每隔 10nm 测定一次吸光度[注释4]。然后以波长为横坐标，吸光度为纵坐标，绘制吸收曲线。选择最大吸收波长。以下条件试验和测定工作均在此选定波长下进行。

(2) 有色配合物的稳定性　取 50mL 容量瓶 1 个，加入 0.60mL 铁标准溶液（$100\mu g \cdot mL^{-1}$），再加入 1mL 盐酸羟胺溶液（10%）、5mL 醋酸钠溶液（$1mol \cdot L^{-1}$）、40mL 水，最后加入 2mL 邻二氮菲溶液（0.15%），迅速摇匀。在最大吸收波长处以不含铁的空白试液为参比，测定其吸光度，并记下读数时间。以后间隔 5、10、30、60、90、120、150min 测定一次吸光度值。以时间为横坐标，吸光度为纵坐标绘制吸光度-时间曲线。

(3) 显色剂用量的确定　取 8 个 50mL 容量瓶，分别加入 0.60mL 铁标准溶液（$100\mu g \cdot mL^{-1}$）、1mL 盐酸羟胺溶液（10%）。然后，分别加入 0、0.2、0.5、0.8、1.0、1.5、2.5 及 4.0mL 邻二氮菲溶液（0.15%）。最后都加入 5mL 醋酸钠溶液（$1mol \cdot L^{-1}$），用水稀释定容，摇匀。用 1cm 比色皿，以不含显色剂的试液为参比，分别测定各溶液吸光度。以显色剂用量为横坐标，吸光度为纵坐标绘制出吸光度-显色剂用量曲线，从而确定显色剂最适宜的量。

(4) 溶液酸度（pH）的影响　取 8 个 50mL 容量瓶，分别加入 0.60mL 铁标准溶液（$100\mu g \cdot mL^{-1}$），1mL 盐酸羟胺溶液（10%）、2mL 邻二氮菲溶液（0.15%）。然后，用滴定管分别加入 0、4.0、8.0、10.0、20.0、22.0、25.0、30.0mL NaOH 溶液[注释5]（$0.1mol \cdot L^{-1}$），用水稀释至刻度，摇匀。用精密 pH 试纸（或 pH 计）测出各溶液的 pH。用 1cm 比色皿，以去离子水为参比，在最大吸收波长处测定各溶液的吸光度。以 pH 为横坐标、吸光度为纵坐标，绘制吸光度-pH 曲线，找出适宜的 pH 范围。

(5) 标准工作曲线的绘制　取 6 个 50mL 容量瓶，分别加入 0、0.2、0.6、1.0、1.5、2.0mL 铁标准溶液（$100\mu g \cdot mL^{-1}$），再加入 1mL 盐酸羟胺溶液（10%）、2mL 邻二氮菲溶液（0.15%）、5mL 醋酸钠溶液（$1mol \cdot L^{-1}$），用水稀释于刻度，摇匀。对这一系列标准溶液，用 1cm 比色皿，以不含铁的空白试液为参比[注释6]，在最大吸收波长处测其吸光度。以吸光度对铁浓度作图即为标准工作曲线。

(6) 试液中含铁量的测定　准确吸取 10.00mL 未知试液于 50mL 容量瓶中，按上述操作[注释7]，定容，并测定其吸光度。从标准工作曲线上查出试液的铁含量[注释8]，并计算原试液铁含量，以 $\mu g \cdot mL^{-1}$ 表示测定结果。

六、问题与讨论

(1) 实验中盐酸羟胺和醋酸钠起何作用？能否以氢氧化钠代替醋酸钠？有什么不同？

(2) 测量吸光度时，为什么要选择参比溶液？其作用是什么？选择参比溶液的原则是什么？

(3) 吸收曲线与标准工作曲线有何区别？各有何实际意义？

七、注释

[1] 分光光度计使用说明如下。

(1) 使用方法 将电源开关接通，开启氘灯开关，最后打开计算机。仪器进行自检之前，设定仪器的狭缝宽度，进入自检。待仪器自检完成，便可进行测试工作。

(2) 比色皿使用规则 比色皿的操作正确与否，对测量结果有很大影响。为此必须遵守下述规则。

① 比色皿必须十分干净。

② 拿取比色皿时，手指不能接触透光面。放入比色皿架前，用擦镜纸或细软而吸水的纸轻轻擦干外部液滴，避免擦伤透光面。还需注意，比色皿外部不能留有纤维，内部不得附着细小气泡，以免影响透光率。

③ 放入溶液的高度应至比色皿全部的4/5，不宜过满。注入被测溶液前，比色皿要用被测溶液淋洗几次，以免影响溶液浓度。实验完毕，液槽用稀盐酸或合适的溶剂、去离子水洗净。切忌用碱或强氧化剂洗涤。

④ 比色皿应配对使用。通常一个盛放参比溶液，另一个盛放被测溶液。同一组测量中，两者不要互换。有的比色皿带有箭头标记，每次测量按同一方向的箭头标记放入光路，并使比色皿紧靠光入射方向，透光面垂直于入射光。

[2] 准确称取0.8634g铁铵钒 $NH_4Fe(SO_4)_2 \cdot 12H_2O$ 于烧杯中，加入20mL 6mol·L^{-1} HCl和少量水，溶解后定量转移至1L容量瓶中，用水稀释至刻度，摇匀。

[3] 临用时配制。应先用少许乙醇溶解，再用水稀释。

[4] 每更换一次波长，均需重新用参比溶液调节透光率至100%后，再测定溶液的吸光度。

[5] 加入NaOH的量，应使各溶液的pH从小于2开始逐渐增加至12以上。如NaOH的加入量不合适，可以酌情调整到上述要求。

[6] 试剂中往往含有极微量的铁，因此绘制标准工作曲线时，以空白试液作为参比。进行条件实验时，目的是比较某种条件对吸光度大小的影响，所以可直接用去离子水作参比。

[7] 试液的显色应与标准系列显色同时进行，这样显色时间能够一致。

[8] 标准工作曲线的横坐标以50mL溶液中所含标准铁溶液的体积表示铁含量，这样处理数据较为方便。

实验八十九 紫外吸收光谱法同时测定邻位和对位甲苯磺酰胺的含量

一、目的与要求

(1) 学习用紫外吸收光谱进行定量分析的方法。

(2) 熟练操作和使用紫外-可见分光光度计。

(3) 理解等吸收点的双波长测定法的原理与实验方法。

二、预习与思考

(1) 复习紫外吸收光谱的原理和分析方法。

(2) 预习第6章“6.5.3 分光光度计”，进一步熟悉分光光度计的结构和使用方法。

(3) 解二元一次方程组需测定两个实验数据，如何运用它们来实现双波长吸光度差法同时测定两个组分的含量？

(4) 同时测定两组分混合溶液时，应如何选择波长？

三、实验原理

纯的邻位（*o*）和对位（*p*）苯甲磺酰胺（toluenesulfonamide）溶液（0.1mol·L^{-1} HCl）的各自吸收光谱在240～290nm波长间有一个等吸光系数的波长（约256nm）。用二波长法可同时测定这两种异构体共存时各自的含量。

1.解二元一次方程组法

在分子吸收分光光度法中借助于二元一次方程组法实现同时定量测定混合物中的两个组分含量，有一种比较简便的计算方法是选择一个两组分的等吸收波长（λ_2）；另外一个波长的选择最好是在两个组分的吸光系数相差较大的波长（λ_1）。本实验就在这两个波长处进行。

根据光吸收定律，在λ_1和λ_2分别测定混合物的吸光度A，则有

$$A^{\lambda_1}=a_o^{\lambda_1}c_o+a_p^{\lambda_1}c_p$$
$$A^{\lambda_2}=a_o^{\lambda_2}c_o+a_p^{\lambda_2}c_p$$

将上式相除，得

$$\frac{A^{\lambda_1}}{A^{\lambda_2}}=\frac{a_o^{\lambda_1}c_o+a_p^{\lambda_1}c_p}{a_o^{\lambda_2}c_o+a_p^{\lambda_2}c_p}$$

当λ_2为组分 o 和 p 的等吸收点的波长时，则有

$$a_o^{\lambda_2}=a_p^{\lambda_2}=a^{\lambda_2}$$

以 x 和 y 分别表示 o 和 p 的相对浓度，即

$$x=\frac{c_o}{c_o+c_p}\qquad y=\frac{c_p}{c_o+c_p}$$

则 $x+y=1$，因此

$$\frac{A^{\lambda_1}}{A^{\lambda_2}}=\frac{a_o^{\lambda_1}x+a_p^{\lambda_1}y}{a^{\lambda_2}}$$

以 $y=1-x$ 代入上式，得

$$\frac{A^{\lambda_1}}{A^{\lambda_2}}=\frac{a_p^{\lambda_1}}{a^{\lambda_2}}+\frac{a_o^{\lambda_1}-a_p^{\lambda_1}}{a^{\lambda_2}}x$$

整理可得

$$x=\frac{a_p^{\lambda_1}}{a_p^{\lambda_1}-a_o^{\lambda_1}}+\frac{a^{\lambda_2}}{a_o^{\lambda_1}-a_p^{\lambda_1}}\times\frac{A^{\lambda_1}}{A^{\lambda_2}}$$

由于 $a_p^{\lambda_1}$、$a_o^{\lambda_1}$ 和 a^{λ_2} 在实验条件下为常数，并以

$$M=\frac{a^{\lambda_2}}{a_o^{\lambda_1}-a_p^{\lambda_1}};\ N=\frac{a_p^{\lambda_1}}{a_p^{\lambda_1}-a_o^{\lambda_1}}$$

则有

$$x=N+M\frac{A^{\lambda_1}}{A^{\lambda_2}}$$

同理可得

$$\frac{A^{\lambda_1}}{A^{\lambda_2}}=\frac{a_o^{\lambda_1}}{a^{\lambda_2}}+\frac{a_p^{\lambda_1}-a_o^{\lambda_1}}{a^{\lambda_2}}y$$

$$y=\frac{a_o^{\lambda_1}}{a_o^{\lambda_1}-a_p^{\lambda_1}}+\frac{a^{\lambda_2}}{a_p^{\lambda_1}-a_o^{\lambda_1}}\times\frac{A^{\lambda_1}}{A^{\lambda_2}}=(1-N)-M\frac{A^{\lambda_1}}{A^{\lambda_2}}$$

这样，只要在λ_1和λ_2分别测得 A^{λ_1} 和 A^{λ_2} 值就可求得 x 和 y。为了求得 c_o 和 c_p，还必须求得 c_o 和 c_p 的总量，这可用 A^{λ_2} 值从等吸收波长λ_2测定的校正工作曲线上求得。

2.双波长吸光度差（ΔA）作图法

上述方法是二波长的吸光度比 $A^{\lambda_1}/A^{\lambda_2}$ 为基础的计算法。这里所说的双波长吸光度差（ΔA）作图法，就是常说的所谓双波长分光光度法。在实际应用中，两个波长的选择极为重要。它的目标应该是获得较大的ΔA 值和较小的测量误差。习惯上，用待测组分的最大吸收峰波长为测定波长，而另一个参比波长是干扰组分的等吸收点的波长（如果存

在有等吸收点）。本实验分别测定 c_o 和 c_p 含量就是选择它们的最大吸收峰波长为其测定波长，它们所对应的参比波长是通过干扰组分的等吸收点波长的选择而确定的。当波长对确定后，需绘制 ΔA-c 的校正工作曲线。未知试液的含量用其 ΔA 值从这工作曲线上找出。

四、仪器与药品

分光光度计，容量瓶（50mL、10mL），吸量管（5mL、2mL、1mL），邻位和对位甲苯磺酰胺，盐酸溶液（0.1mol·L^{-1}）。

五、实验内容

（1）吸收光谱的测绘和两组分的等吸收波长的确定

① 分别吸取 1.00mL 纯的邻位和对位甲苯磺酰胺（浓度 1.00g·L^{-1} 的 0.1mol·L^{-1} HCl 溶液）于 10mL 的容量瓶中，用 0.1mol·L^{-1} HCl 溶液定容，摇匀。用 1cm 石英比色皿，以 0.1mol·L^{-1} HCl 溶液为参比，进入波长扫描功能，测量它们的吸收光谱图[注释1]，并运用图谱处理的峰谷检测功能得到邻位和对位甲苯磺酰胺最大吸收波长。记录实验条件，保存谱图 1 和谱图 2。

② 进入谱图处理模式，用谱图处理中的对比运算功能，将前两个谱图叠加，记录它们的等吸收点处的波长。

（2）吸光系数 a 的测定　分别准确吸取 0.5、1.0、1.5、2.0、2.5mL 纯的邻位和对位甲苯磺酰胺（浓度 1.000g·L^{-1} 的 0.1mol·L^{-1} HCl 溶液）于 10mL 容量瓶中，用 0.1mol·L^{-1} HCl 溶液定容，摇匀。用 1cm 石英比色皿，以 0.1mol·L^{-1} HCl 溶液为参比。在所确定的最大吸收波长处及等吸收点处（在等吸收点处的波长可任选一种甲苯磺酰胺溶液）进行标准工作曲线的绘制[注释2]。记录实验条件及斜率（即吸光系数 a）。

（3）两个波长对的选择与 ΔA-c 校正工作曲线的测绘　进入谱图处理模式，将邻位和对位甲苯磺酰胺的紫外光谱图叠加，在两组分的最大吸收峰波长处分别划一垂直于波长轴的直线，则它们与相应的干扰组分的吸收光谱相交，再通过这一交点划一平行于波长轴的直线，这时与自身（即干扰组分）的吸收光谱相交。这一交点所对应的波长就是所对应的参比波长。

在上述所选定的两个波长对的四个波长上，应用测定吸光系数 a 的一系列标准溶液，分别测定其吸光度，并绘制 ΔA-c 校正工作曲线。

（4）实际混合样品的测定　准确吸取试液 5.00mL 于 50mL 容量瓶中，以 0.1mol·L^{-1} HCl 溶液为参比，分别在邻位和对位甲苯磺酰胺的两个最大吸收波长和两组分等吸收点的波长上测定其吸光度值。应用解二元一次方程组法求两组分的含量。

准确吸取试液 5.00mL 于 50mL 容量瓶中，以 0.1mol·L^{-1} HCl 溶液为参比，分别在邻位和对位甲苯磺酰胺的两个最大吸收波长以及两组分对应的参比波长上测定其吸光度。应用双波长吸光度差（ΔA）作图法求两组分的含量。

六、问题与讨论

（1）在分光光度分析中，测绘物质的吸收光谱有何意义？

（2）试比较本实验两种方法的优缺点。

（3）以 $A^{\lambda_1}/A^{\lambda_2}$ 作图法可以求出 c_o 和 c_p 吗？实验如何进行？

七、注释

［1］ 测量方式为“Abs”；波长范围 200～400nm，光度范围 0～1.00；取样间隔为 0.5nm；换灯点为 340nm；光谱狭缝为 1nm。

［2］ 进入定波长测量，确定响应的测量参数，进入定量分析的标准系数法，确定实验参数（系数

$k_1=0.000$，其它参数按实际测量进行确定），建立工作曲线，进行回归处理。

实验九十　荧光分光光度法测定维生素 B_2

一、目的与要求

（1）学习荧光分析基本原理，掌握荧光发射光谱和激发光谱绘制方法以及荧光定量分析方法。

（2）熟悉荧光分光光度计的主要结构和使用方法。

二、预习与思考

（1）荧光分析的基本原理、分析方法及应用。

（2）荧光相对强度与哪些因素有关？

（3）如何辨别荧光峰与样品溶液的散射峰？

三、实验原理

某些物质的分子受到一定波长的强光（如紫外光）照射后，分子中的电子会吸收能量，从基态激发到跃迁到高能级的激发态。随后在极短的时间内，处于高能级激发态的物质分子，经无辐射跃迁至第一电子激发态的最低振动能级后，以辐射的形式释放能量并跃迁回基态，在这个过程中，此辐射跃迁将辐射出波长大于其吸收波长的光，这种光称为荧光。荧光光谱是指固定激发光波长与强度时，荧光强度随波长的变化曲线。激发光谱是在固定荧光测量波长时，荧光强度随激发波长变化的曲线。

不同的荧光物质具有不同的荧光激发（发射）光谱，而其所发射的荧光强度与荧光物质的浓度有如下关系：

$$I_f=K\Phi I_0(1-e^{-\kappa lc})$$

式中，I_f 为荧光强度；K 为仪器常数；Φ 为荧光物质的荧光量子效率；I_0 为入射光强度；l 为样品池厚度；c 为荧光物质的浓度，$mol\cdot L^{-1}$；κ 为荧光物质的摩尔吸收系数。

当溶液浓度较稀时，则有

$$I_f=K\Phi I_0\kappa lc$$

可见，在稀溶液中，当入射光强度、样品池厚度、仪器工作条件不变时，测得的荧光强度与荧光物质的浓度成正比，这就构成了荧光定性定量分析的基础。

维生素 B_2（核黄素）在 430～440nm 蓝光下，可产生绿色荧光，荧光峰值 $\lambda_{max}=535nm$，在 pH=6～7 介质中荧光最强。基于上述性质建立维生素 B_2 的荧光分析法，选择合适的激发波长、荧光波长和实验条件，即可进行定量测定。本实验采用荧光分析常用的标准曲线法来定量测定维生素 B_2 样品。

四、仪器与药品

（1）仪器　荧光分光光度计（附 1cm 石英比色皿），容量瓶（500mL），吸量管（5mL）。

（2）药品　维生素 B_2 标准溶液[注释1]（$10.0\mu g\cdot mL^{-1}$），醋酸（1%），未知样[注释2]（维生素 B_2 浓度$<1\mu g\cdot mL^{-1}$）。

五、实验内容

（1）荧光光谱和激发光谱的绘制　用吸量管吸取 2.5mL 维生素 B_2 标液（$10.0\mu g\cdot mL^{-1}$）于 25mL 容量瓶中，用去离子水稀释至刻度，摇匀。将该样品移入石英比色皿，置于样品室中。在荧光分光光度计[注释3]上用图谱扫描功能先进行荧光光谱（EM 方式）扫描，记录激发光谱曲线。参数设定如下：

当前波长位置	EX 400nm	EX 狭缝	2nm
波长范围	EM 400～700nm	EM 狭缝	10nm
扫描速度	快速	灵敏度	×4

保持图谱，用图谱分析功能从荧光光谱图中找出最大荧光波长 λ_{max}^{EM}。然后用图谱扫描功能进行激发光谱（EX 方式）扫描，记录荧光光谱曲线。参数设定如下：

当前波长位置	EM λ_{max}^{EM}	EX 狭缝	2nm
波长范围	EX 200～λ_{max}^{EM}nm	EM 狭缝	10nm
扫描速度	快速	灵敏度	×4

保持图谱，用图谱分析功能从激发光谱中找出最大激发光波长 λ_{max}^{EX}。

(2) 工作曲线的绘制　取 6 个 50mL 容量瓶，分别准确移入 0、1.00、2.00、3.00、4.00 和 5.00mL 维生素 B_2 标液，用水稀释定容，摇匀。开始实验之前，先在参数设定菜单中设定当前激发波长和发射波长分别为 λ_{max}^{EX}、λ_{max}^{EM}，然后在荧光光度计中从稀到浓逐个测定，以绘制标准工作曲线。根据实验结果拟合（一次）标准曲线，并将结果存入曲线库备用或打印。参数设定如下：

当前波长位置	EX λ_{max}^{EM}	EX 狭缝	2nm
波长范围	EM 200～λ_{max}^{EM}nm	EM 狭缝	10nm
扫描速度	快速	灵敏度	×4

(3) 未知样测定　取未知样液在绘制工作曲线同样的实验条件下，进入测定样品功能，测定未知液。调用标准曲线，对未知样品进行定量分析。

六、数据记录与处理

(1) 记录实验条件参数。

(2) 绘出荧光光谱，标出最大发射波长和最大激发波长。

(3) 绘出工作曲线，并记录未知样浓度。

七、问题与讨论

(1) 荧光测量时，为什么激发光的入射线与接收荧光的检测器不在一直线上，而成一定角度？

(2) 荧光波长与激发波长有关吗？为什么？

八、注释

[1]　称取 10.0mg 维生素 B_2，溶解于少量的 1%醋酸中，然后在 1L 容量瓶中，用 1%醋酸稀释定容，摇匀并置于棕色瓶中，避光保存。维生素 B_2 水溶液遇光易变质，标准溶液应新鲜配制，维生素 B_2 的碱性水溶液也易变质。

[2]　用 [1] 中标液 5mL 于 100mL 容量瓶中，用水稀释定量摇匀。

[3]　荧光分光光度计操作注意事项如下。

① 开关机顺序。开机：氙灯→主机→计算机；关机：计算机→主机→氙灯。

② 每次开机的间隔时间应大于 30min，即须等氙灯冷却后才能重新开机，否则会击穿氙灯。若在实验时遇停电或电源跳闸，应及时关上氙灯和主机的开关。在确认电源稳定后，方可重新开机。

实验九十一　原子吸收分光光度法测定自来水中钙、镁的含量

一、目的与要求

(1) 加深理解原子吸收分光光度法的基本原理。

(2) 了解原子吸收分光光度计的基本结构及操作技术。

(3) 通过自来水中钙、镁的测定，了解实验条件对测定灵敏度、准确度和干扰情况的影

响及最佳实验条件的选择。

二、预习与思考

（1）预习原子吸收光谱法的基本原理及应用。

（2）预习原子吸收分析方法及其实验条件的选择。

（3）空心阴极灯的灯电流如何选择？

（4）燃气和助燃气流量的比例如何选择？狭缝大小如何选择？

三、实验原理

原子吸收光谱法主要用于定量分析，它是基于从光源发出的待测元素的特征辐射通过样品蒸气时，被蒸气中待测元素的基态原子所吸收，使透过的辐射强度减弱，由辐射的减弱程度可求得样品中待测元素的含量。在一定的实验条件下，其吸光度 A 与试样中待测元素浓度成正比，即 $A=kc$。

火焰原子吸收光谱法应用较广，其中原子化过程相当复杂，分析线的灵敏度、准确度与干扰情况不仅与火焰类型和喷雾效率有关，而且与燃烧器高度、助燃比、灯电流及光谱通带等因素紧密相关。对于本实验中钙、镁这类碱土金属，与氧化合反应快，宜选用富燃焰，用422.7nm 波长进行测量。

对于组成比较简单的试样，用标准曲线法进行定量分析；对于基体成分不能准确知道或成分十分复杂的试样，可以采用标准加入法进行定量分析。其测定过程和原理如下。

取等体积的试液两份，分别置于相同容积的两只容量瓶中，其中一只加入一定量待测元素的标准溶液，分别用水稀释至刻度，摇匀，分别测定其吸光度，则

$$A_x=kc_x$$

$$A_0=k(c_0+c_x)$$

式中，c_x 为待测元素的浓度；c_0 为加入标准溶液浓度的增量；k 为仪器常数；A_x 和 A_0 分别为两次测量的吸光度，将以上两式整理得：

$$c_x=\frac{A_x}{A_0/A_x}$$

在实际测定中，采用作图法所得结果更为准确。吸取 4 份等体积试液置于 4 只等容积的容量瓶中，从第二只容量瓶开始，分别按比例递增加入待测元素的标准溶液，然后用溶剂稀释至刻度，摇匀，分别测定溶液 c_x、c_0+c_x、$2c_0+c_x$、$3c_0+c_x$ 的吸光度为 A_x、A_1、A_2、A_3，然后以吸光度 A 对待测元素标准溶液的加入量作图，可得一直线，其纵轴上截距 A_x 为只试样 c_x 的吸光度，延长直线与横坐标轴相交于 c_x，即为所要测定的试样中该元素的浓度。

四、仪器与药品

（1）仪器　原子吸收分光光度计，钙空心阴极灯，无油气体压缩机，烧杯（100mL）1 个，容量瓶（100mL）12 个，吸管（2mL、5mL、10mL 各 1 支），移液管（25mL）1 支，吸耳球 1 个。

（2）药品　金属镁或 $MgCO_3$（GR），无水 $CaCO_3$（GR），浓 HCl（GR），HCl 溶液（$1mol\cdot L^{-1}$），钙的标准储备液[注释1]（$1.000mg\cdot mL^{-1}$），钙的工作标准溶液[注释2]（$100\mu g\cdot mL^{-1}$），镁的标准储备液[注释3]（$1.000mg\cdot mL^{-1}$），镁的工作标准溶液[注释4]（$50\mu g\cdot mL^{-1}$）。

五、实验内容

1. 系列标准溶液的配制

（1）钙标准溶液系列。取 6 个 100mL 容量瓶，依次加入 1.00、2.00、3.00、4.00、

5.00 及 6.00mL 的 100μg・mL^{-1} 钙的工作标准溶液，用去离子水稀释至刻度，摇匀。

（2）镁标准溶液系列。取 6 个 100mL 容量瓶，依次加入 1.00、2.00、3.00、4.00、5.00 及 6.00mL 的 50μg・mL^{-1} 镁的工作标准溶液，用去离子水稀释至刻度，摇匀。

2. 未知试样溶液的配制

准确取 25.0mL 自来水于 100mL 容量瓶中，用去离子水稀释至刻度，摇匀。

3. 标准加入法工作溶液的配制

（1）取 4 个 100mL 容量瓶，各加入 25.00mL 未知试样溶液，然后依次加入 0、1.00、2.00 及 3.00mL 100μg・mL^{-1} 钙的工作标准溶液，用去离子水稀释至刻度，摇匀。

（2）取 4 个 100mL 容量瓶，各加入 25.00mL 未知试样溶液，然后依次加入 0、1.00、2.00 及 3.00mL 50μg・mL^{-1} 镁的工作标准溶液，用去离子水稀释至刻度，摇匀。

4. 仪器的调节

（1）检查雾化系统的废液管是否液封。接通电源，打开排气扇，打开空气压缩机，检查原子化系统的样品进样管是否堵塞。

（2）打开仪器主机，开启计算机，仪器进行自检和初始化，自检完毕，进入主页面。

（3）点击菜单“文件”，选择“新建”，进行仪器条件参数的设定。在“主体”界面选择元素、波长（默认最常用的谱线）、光谱通带（狭缝）、灯号；原子化器选择火焰原子化器。在“仪器条件”界面，选择信号类型、测量方式、读数延迟、读数时间、时间常数等参数的设定。

（4）点击“Start”按钮，进入实验操作。设定灯类型、灯电流参数。点击“自动寻峰”按钮，自动寻找特定波长的峰值位置、最佳灯位置。

（5）在指导教师的帮助下，首先将空气送入气体控制器，观察空气压力表并学会正确读取流量计读数。打开乙炔钢瓶总阀，接着打开减压阀，使得乙炔气体出口压力为 0.05～0.07MPa。打开仪器主机面板上燃气流量旋钮，按“点火”开关进行自动点火。火焰点燃后，调节空气和乙炔流量的比例。

注意：点火前，一定要先送空气，再通乙炔；灭火时，一定要先关乙炔，后关空气。切记！

（6）待仪器稳定后（空心阴极灯使用前一般须预热 10～30min)，用去离子水进样，点击“自动增益”按钮，自动调节光电倍增管高压，使 AA（主光束）的能量处于 100 左右。

（7）点击“Signal”按钮，进入原子化信号窗口，进行标尺设定。样品的原子吸收信号大小可以通过该窗口下方的数字框读出或者点击“Read”按钮进行自动读出。在测定样品前，用去离子水进样，调节吸光度为零。测量时，每测定一份样品前，先用去离子水进样，以减小仪器对前一份样品的“记忆效应”。

5. 实验条件的选择

以标号为 5 的标准溶液进行试验。当仪器的光源及电学部分经预热后处于稳定的工作状态时，开始对仪器测试条件进行选择。

（1）分析线。根据对试样分析灵敏度的要求、干扰的情况，选择合适的分析线。试液浓度低时，选择灵敏线；试液浓度高时，选择次灵敏线，并要选择没有干扰的谱线。

（2）空心阴极灯工作电流的选择。一般商品的空心阴极灯都标有允许使用的最大电流与可使用的电流范围，通常选用最大电流的 1/2～2/3 为工作电流。实际工作中，最合适的电流应通过实验确定。

试验溶液进样，每改变一次电流，记录对应的吸光度值。作出吸光度与灯电流之间的关系曲线，得到最佳工作电流。

(3) 燃助比的选择。固定其它实验条件和助燃气的流量，试验溶液进样，改变燃气流量，记录对应的吸光度值。作出吸光度与燃气流量之间的关系曲线，得到最佳燃助比。

(4) 燃烧器高度的选择。试验溶液进样，改变燃烧器的高度，逐一记录对应的吸光度。

(5) 光谱通带选择。一般元素的光谱通带通常为 0.5～1.0nm，对于谱线复杂的元素，如 Fe、Co、Ni 等，采用小于 0.2nm 的通带，可将共振线与非共振线分开。通带过小使光强减弱，信噪比降低。试验溶液进样，改变狭缝宽度，逐一记录对应的吸光度。作出吸光度光谱通带之间的关系曲线，得到最佳光谱通带。

6. 样品的测定

(1) 在上述最佳实验条件下，分别依次测定钙标准溶液（6 份）、未知试样溶液的吸光度。

(2) 在上述最佳实验条件下，分别依次测定镁标准溶液（6 份）、未知试样溶液的吸光度。

(3) 在上述最佳实验条件下，分别依次测定标准加入法钙工作溶液和镁工作溶液（各 4 份）的吸光度。

(4) 在上述最佳实验条件下，重复 11 次测定空白溶液的吸光度。

7. 结束实验

(1) 实验结束后，点击“End”按钮，结束实验。

(2) 关乙炔气，再关空气。最后检查管路中是否有残留气体。

(3) 关闭计算机和仪器主机，关闭电源开关。

(4) 清理实验台面，盖好仪器罩，填好仪器使用登记卡。

六、数据记录与处理

(1) 绘制吸光度-灯电流曲线，找出最佳灯电流。

(2) 绘制吸光度-燃气流量曲线，找出最佳燃助比。

(3) 分别以钙和镁的系列标准溶液的吸光度绘制标准曲线。用未知试样溶液的吸光度，求出饮用水中钙、镁的含量。

(4) 分别以钙和镁的标准加入法工作溶液测得的吸光度绘制工作曲线。将其外推，求得饮用水中钙、镁的含量。并比较结果。

(5) 计算特征浓度$\left(S=\frac{c\times 0.0044}{A}\right)$和检测限（$DL=\frac{2\sigma}{K}$，其中 DL 为检测限，σ 为测定精密度即标准偏差，K 为标准曲线的斜率）。

七、问题与讨论

(1) 如何选择最佳实验条件？实验时，若条件发生改变，对实验结果有何影响？

(2) 在原子吸收分光光度计中，为什么单色器位于火焰之后，而紫外-可见分光光度计单色器位于样品室之前？

(3) 标准加入法和标准曲线法各有何特点？

(4) 原子吸收分光光度法为何要用待测元素的空心阴极灯作为光源？

(5) 某仪器测定钙的最佳实验条件中，是否也适合于另一规格不同的仪器？为什么？

八、注释

[1] 取无水 $CaCO_3$ 在 120℃烘箱中烘 2h，取出，在干燥器中冷却后准确称取 0.6243g，置于 100mL 烧杯中，加少量去离子水润湿，盖上表面皿，从烧杯嘴滴加 1mol·L^{-1} HCl 至 $CaCO_3$ 完全溶解，定量地移入 250mL 容量瓶中，用去离子水稀释至刻度，摇匀。

［2］ 准确吸取 10.00mL 钙的标准储备液于 100mL 容量瓶中，用去离子水稀释至刻度，摇匀。

［3］ 准确称取金属镁 0.2500g 于 100mL 烧杯中，盖上表面皿，从烧杯嘴滴加 10mL 1mol·L^{-1} HCl 使之溶解，然后定量地移入 250mL 容量瓶中，用去离子水稀释定容，摇匀。

［4］ 准确吸取 5.00mL 镁标准储备液于 100mL 容量瓶中，用去离子水稀释定容，摇匀。

实验九十二　有机化合物红外光谱的测定

一、目的与要求

（1）通过红外吸收光谱的测定，掌握傅里叶（Fourier）变换红外光谱仪的使用方法。

（2）掌握红外光区分析时各种物态试样的制备方法，了解如何从红外光谱图中识别基团以及如何从这些基团确定未知化合物的主要结构。

二、预习与思考

（1）预习红外光谱法的原理及其应用。

（2）了解傅里叶变换红外光谱仪结构和工作原理。

（3）试说明迈克尔逊干涉仪的组成及工作原理。与色散型红外光谱仪相比，FTIR 有何优点？

（4）红外光区一般划分为：近红外区、中红外区和远红外区，这三个区域波数范围各是多少？

（5）芳香烃的红外特征吸收在谱图的什么位置？羟基化合物谱图的主要特征是什么？

三、实验原理

红外光谱是研究分子振动和转动信息的分子光谱，它反映了分子化学键的特征吸收频率。根据分子对红外光吸收后得到谱带频率的位置、强度、形状以及吸收谱带和温度、聚集状态等的关系便可确定分子的空间构型，求出化学键的力常数、键长和键角。从光谱分析的角度看主要是利用特征吸收谱带的频率推断分子中存在某一基团或键，由特征吸收谱带频率的变化推测临近的基团或键，进而确定分子的化学结构。一般的红外光谱在中红外区进行检测。红外光谱对化合物定性分析常用方法有已知物对照法和标准谱图查对法。

傅里叶变换红外光谱仪（FTIR）具有扫描速度极快、很高的分辨率、灵敏度高等特点，它主要由红外光源、迈克尔逊（Michelson）干涉仪、检测器、计算机和记录仪等组成。光源发散的红外光经干涉仪处理后照射到样品上，透射过样品的光信号被检测器检测到后以干涉信号的形式传送到计算机，由计算机进行傅里叶变换的数学处理后得到样品红外光谱图。

四、仪器与药品

（1）仪器　WQF300/400 型傅里叶变换红外光谱仪，手压式压片机，压片模具，可拆式液体池，KBr 盐片[注释1]，红外灯，玛瑙研钵。

（2）药品　苯甲酸（AR），无水丙酮，溴化钾[注释2]（AR）。

五、实验内容

1. 测定固体样品苯甲酸的红外光谱图（KBr 压片法）

（1）取干燥的苯甲酸试样约 1mg 于干净的玛瑙研钵中，在红外灯下研磨成细粉，再加入约 150mg 干燥的 KBr 一起研磨至二者完全混合均匀，颗粒粒度约为 2μm 以下。

（2）取适量的混合样品于干净的压片模具中，堆积均匀，用手压式压片机用力加压约 30s，制成透明试样薄片。

（3）将试样薄片装在磁性样品架上，放入 WQF300/400 型 FTIR 光谱仪的样品室中，先测空白背景，再将样品置于光路中，测量样品红外光谱图。

（4）扫谱结束后，取出样品架，取下薄片，将压片模具、试样架等擦洗干净，置于干燥器中保存好。

2. 测定液体试样丙酮的红外光谱图（液膜法）。

用滴管取少量液体样品丙酮，滴到液体池的一块盐片上，盖上另一块盐片（稍转动驱走气泡），使样品在两盐片间形成一层透明薄液膜。固定液体池后将其置于红外光谱仪的样品室中，测定样品红外光谱图。

六、数据记录与处理

（1）对所测谱图进行基线校正及适当平滑处理，标出主要吸收峰的波数值，储存数据后，打印谱图。

（2）用计算机进行图谱检索，并判别各主要吸收峰的归属。

七、问题与讨论

（1）用压片法制样时，为什么要求将固体试样研磨到颗粒粒度在 2μm 左右？

（2）如何测定液体池的厚度？

（3）测定红外光谱时，试样容器的材质常采用氯化钠和溴化钠。它们适用的波长范围各为多少？

八、注释

［1］ 可拆式液体池的盐片应保持干燥透明，切不可用手触摸盐片表面；每次测定前后均应在红外灯下反复用无水乙醇及滑石粉抛光，用镜头纸擦拭干净，在红外灯下烘干后，置于干燥器中备用。盐片不能用水冲洗。

［2］ KBr 应干燥无水，固体试样研磨和放置均应在红外灯下进行，防止吸水变潮。KBr 和样品的质量比约在 100～200∶1。

实验九十三　离子选择性电极测定试样中的氟含量

一、目的与要求

（1）掌握离子选择性电极法测定离子含量的原理和方法。

（2）掌握用标准曲线法、标准加入法测定未知物浓度的方法。

（3）掌握离子计的使用。

二、预习与思考

（1）预习和了解离子计及饱和甘汞电极的结构和使用方法。

（2）思考下列问题

① 标准加入法为什么要加入比欲测组分浓度大很多的标准溶液？

② 氟电极在使用前应该怎样处理？使用后应该怎样保存？

③ 氟离子选择性电极测得的是 F^- 的浓度还是活度？如果要测定 F^- 的浓度，应该怎么办？

三、实验原理

饮用水中氟含量的高低对人的健康有很大的影响，其浓度小于 1mg·L^{-1} 易引起牙珐琅质的病变，而氟含量过高则将使人中毒，引起氟骨症，一次性摄入的致死量为 4g。国际卫生组织推荐的饮用水中含氟量为 1.0～1.5mg·L^{-1}。因此，监测饮用水中氟离子含量至关重要。氟离子选择性电极法已被确定为测定饮用水中氟含量的标准方法。

氟离子选择电极简称氟电极，属于薄膜电极（由对某一离子具有不同程度的选择性响应的膜所构成），它可将溶液中氟离子的活度转换成相应的电势信号。氟离子选择电极的敏感膜由 LaF_3 单晶膜（掺有微量 EuF_2，利于导电）制成，电极管内装有 0.1mol·L^{-1}NaCl-

NaF 组成的内参比溶液，以 Ag-AgCl 作内参比电极。测定 F^- 浓度的方法与测定 pH 的方法相似。当氟电极与饱和甘汞电极插入溶液中，组成电池

$$\text{氟离子选择电极} \mid \text{待测试液}\ (c_x) \parallel \text{KCl (饱和)},\ Hg_2Cl_2 \mid Hg$$

电池的电动势 E 在一定条件下与 F^- 活度的对数值成直线关系（25℃）：

$$E = b - 0.0592\lg a_{F^-}$$

式中，b 在一定条件下为一常数。上式也是标准曲线法的基本关系式。通过测量电池电动势，可以测定 F^- 的活度。当溶液的总离子强度不变时，离子的活度系数为一定值，则 E 与 F^- 的活度 a_{F^-} 的对数值成线性关系。

离子选择电极的功能电位与多种因素有关，测定时必须选择合适的条件。对于游离 F^- 测定体系的 pH 应保持在 5～6 之间。在 pH 较低时游离形成 HF 分子或 HF_2^-，电极不能响应；pH 过高则 OH^- 有干扰。此外，能与 F^- 生成稳定配合物或难溶化合物的元素会干扰测定，通常可加掩蔽剂消除干扰。因此，为了测定 F^- 的浓度，常在标准溶液与试样溶液中，同时加入足够量的相等的总离子强度缓冲调节剂（TISAB）。本实验的 TISAB 由柠檬酸、氯化钠、乙酸-乙酸盐组成，以控制一定的离子强度和酸度，并消除其它离子的干扰。

标准曲线法：配制一系列标准溶液，以电动势值 E 对 $\lg c$ 作图，然后由测得的未知试液的电动势 E，在标准曲线上查得其浓度。

标准加入法：首先测量体积为 V_x、浓度为 c_x 的被测离子试液的电动势 E_x，若为一价阳离子，则

$$E_x = b + s\lg a_x = b + s\lg f_x c_x$$

接着在试液中加入体积为 V_s、浓度为 c_s 的被测离子的标准溶液，并测量其电动势 E_1：

$$E_1 = b + s\lg f_s \frac{V_s c_s + V_x c_x}{V_s + V_x}$$

若 $V_x > V_s$（通常为 100 倍），V_s 可忽略，则：

$$\frac{c_x V_x + c_s V_s}{V_x + V_s} \approx c_x + \frac{c_s V_s}{V_x} = c_x + \Delta c$$

假定 $f_x \approx f_s$，合并以上两式，重排后取反对数：$c_x = \dfrac{\Delta c}{10^{\Delta E/s} - 1}$

式中，ΔE 为两次测得的电动势之差；s 为电极的实际斜率，可从标准曲线上求出。

用标准加入法时，通常要求加入的标准溶液的体积为试液体积的 1/100，浓度大 100 倍，使加入标准溶液后测得的电位变化达 20～30mV。

四、仪器与药品

（1）仪器　离子计或酸度计，磁力搅拌器，氟离子选择电极，饱和甘汞电极，移液管。

（2）药品　氟离子标准贮备液[注释1]　（1.00×10^{-1} mol·L^{-1}），氟离子标准溶液（1.00×10^{-2}～1.00×10^{-5} mol·L^{-1}，用贮备液配制），离子强度调节剂[注释2]。

五、实验内容

1. 氟离子选择电极的准备

将氟离子选择电极泡在 1×10^{-4} mol·L^{-1} F^- 溶液中约 30min，然后用去离子水清洗数次直至测得的电动势值约为－300mV（此值各支电极不同），并保持测量值稳定不变。若氟离子选择电极暂不使用，宜干放。

2. 绘制标准曲线

在一只 100mL 容量瓶中，用移液管准确移入 10.00mL 1.00×10^{-1} mol·L^{-1} 氟离子标

准贮备液，加入 10mL 离子强度调节剂，用去离子水稀释至刻度，摇匀，即得 $1.00\times10^{-2}mol\cdot L^{-1}$ 氟离子标准溶液。用类似方法在另 4 只 100mL 容量瓶中配制 1.00×10^{-3}～$1.00\times10^{-5}mol\cdot L^{-1}$ 的 F^- 标准溶液。将适量标准溶液（浸没电极即可）分别倒入 5 只塑料烧杯中，插入氟离子选择和饱和甘汞电极，边接线路，放入搅拌子，由稀至浓分别测量[注释3] 标准溶液的电动势值（为什么?）。

测量完毕后将电极用去离子水清洗[注释4] 直至测得电动势值－300mV 左右，待用。

3. 试样中氟的测定

试样用自来水或牙膏。若用牙膏，用小烧杯准确称取约 1g 牙膏，然后加水溶解，加入 10mL TISAB。煮沸 2min，冷却并转移至 100mL 容量瓶中，用去离子水稀释至刻度，摇匀，待用。若用自来水，可直接在实验室取样。

（1）标准曲线法　准确移取自来水样 50mL 于 100mL 容量瓶中，加入 10mL TISAB，用去离子水稀释至刻度，摇匀。然后全部倒入一烘干的塑料烧杯中，插入电极，连接线路。在搅拌[注释5] 条件下，待电位稳定后读取电动势值 E_x[注释6]（此溶液别倒掉，留作下步实验用）。

（2）标准加入法　在实验（1）测得的电动势值 E_x 后，准确加入 1.00mL $1.00\times10^{-4}mol\cdot L^{-1}$ 氟离子标准溶液，测定电位值 E_1（若读得的电位值变化小于 20mV，应使用 1mL $1.00\times10^{-4}mol\cdot L^{-1}$ 氟离子标准溶液，此时实验需重新开始）。

（3）空白试验　以去离子水代替试样，重复上述测定。

牙膏试样同样可按上述方式测定。实验完毕，用去离子水将氟电极洗至电动势值－300V 左右，待用。若电极暂不再使用，则应晾干后保存好。

六、数据记录与处理

（1）以 E 对 $\lg c_{F^-}$ 作图，绘制标准曲线。从标准曲线上求该氟离子选择电极的实际斜率和线性范围，并由 E_x 值求试样中氟离子的浓度。

（2）根据标准加入法公式，求试样中 F^- 的浓度。

七、问题与讨论

（1）为什么要加入离子强度调节剂?

（2）试比较标准曲线法、标准加入法测得的氟离子的浓度有何不同。如有，说明原因。

八、注释

[1]　准确称取 NaF（120℃烘干 1h）4.199g 于烧杯中，加入少量去离子水使之溶解后，定量地移入 1000mL 容量瓶中，用去离子水稀释至刻度，摇匀。贮存于聚乙烯瓶中待用。

[2]　称取氯化钠 58g、柠檬酸钠 12g，溶于 800mL 去离子水中，再加入 57mL 冰醋酸，用 40% NaOH 溶液调节到 pH=5.0，然后用去离子水稀释至 1L，摇匀。

[3]　测量时浓度应由稀至浓，每次测定后用待测试液清洗电极、烧杯以及搅拌子。

[4]　绘制标准曲线时测定一系列标准溶液后，应将电极清洗至原空白电动势值，然后再测定未知试液的电动势值。测定过程中更换溶液时，“测量”键必须处于断开位置，以免损坏离子计。

[5]　测定过程中搅拌溶液的速度应恒定。

[6]　在稀溶液中，氟电极响应值达到平衡的时间较长，需等待电位值稳定后再读数。

实验九十四　单扫描极谱法测定铜的含量

一、目的与要求

（1）掌握单扫描极谱法的原理。

（2）掌握极谱分析的定量方法。

二、预习与思考

(1) 预习单扫描极谱法的原理和特点。

(2) 预习了解 JP-303 型极谱分析仪的结构和使用方法。

(3) 单扫描示波极谱波的主要特点是什么？

三、实验原理

单扫描极谱法是在一滴汞生长的最后 2s 施加一个随时间变化的线形电压，记录 i-φ_{de} 曲线，曲线为平滑的峰形，与直流极谱法相比，单扫描极谱法分析速度快、分辨率好、灵敏度高。在一定的实验条件下，峰电流与被测物质浓度成比例：

$$i_p = Kc_x$$

因此可用标准曲线法或标准加入法进行定量分析。

Cu^{2+} 在 1mol·L^{-1} NH_3-NH_4Cl 介质中，用 Na_2SO_3 除氧，以动物胶为极大抑制剂，Cu^{2+} 有两个极谱波。第一个波的峰电位 φ_p 约为 −0.26V (vs. SCE)，第二个波的 φ_p 约为 −0.52V (vs. SCE)。在实际测定中以第二个波的峰高作为定量分析数据。

在较浓的氨性介质中，氢氧化铁对 Cu^{2+} 无严重的吸附，Pb^{2+}、Cd^{2+}、Ni^{2+} 均不干扰 Cu^{2+} 的测定。本法适用于铜矿、铅锌矿以及铁矿中铜的测定。铜含量在 1mg·mL^{-1} 以下时，峰高与浓度呈线形关系。

四、仪器与药品

(1) 仪器　JP-303 型极谱分析仪，吸量管 (1mL)，容量瓶 (50mL)，烧杯 (100mL)，移液管 (10mL)。

(2) 药品　NH_3-NH_4Cl 底液 (氨底液)[注释1]，Cu^{2+} 标准溶液 (1mg·mL^{-1})[注释2]，0.5%动物胶[注释3]，浓 HCl (AR)，浓 HNO_3 (AR)。

五、实验内容

(1) 配制标准溶液、绘制其单扫描极谱波　用吸量管分别取 1mg·mL^{-1} Cu^{2+} 标准溶液 0、0.20、0.40、0.60、0.80、1.00mL 于 50mL 容量瓶中，加氨底液 10mL、动物胶 10 滴，用去离子水稀释至刻度，摇匀待用。

分别将适量的标准溶液倒入电解池中，在 −0.3～−0.8V (vs. SCE) 进行示波极谱测定[注释4]，读取波高。

(2) 测定样品　样品可用溶液样或矿样。矿样溶解的方法为：准确称取 0.1g 矿样于 100mL 烧杯中，用少量水湿润样品。加入 10mL 浓 HCl，微沸。再加 3mL 浓 HNO_3，慢慢加热，待矿样完全溶解后蒸发至湿盐状，然后加 10mL 水溶解，冷却。转移至 50mL 容量瓶中，稀释至刻度，待用。

用移液管吸取样品溶液 10mL 置一只 50mL 容量瓶中，加氨底液 10mL、动物胶 10 滴，用去离子水稀释至刻度，摇匀 (若有沉淀稍停片刻，吸取上层清液于电解池中)。取适量溶液于电解池中，在 −0.3～−0.8V 进行示波极谱测定，读取峰高。

六、数据记录与处理

(1) 绘制峰高-Cu^{2+} 浓度标准曲线。

(2) 由样品峰高，计算铜量 (mol·L^{-1})。对于溶液试样：

$$[Cu^{2+}] = \frac{A}{10 \times 63.54}$$

式中，A 为标准曲线上查到的铜含量 (mg)。对于矿样：

$$[Cu] = (0.50A/G) \times 100\%$$

式中，A 为标准曲线上查到的铜含量；G 为矿样的重量。

七、问题与讨论

（1）解释单扫描极谱波呈平滑峰形的原因。

（2）解释单扫描极谱法比直流极谱法灵敏度高、分辨率好的原因。

八、注释

［1］ 23g NH_4Cl、4g Na_2SO_3（无水）溶于 100mL 浓氨水中。

［2］ 准确称取纯铜 1.000g 于 100mL 烧杯中，加 1∶1HNO_3 10mL，加热溶解，冷却。加入 1mL 浓 H_2SO_4 蒸发至冒白烟，冷却。加水溶解并移入 1000mL 容量瓶中，用去离子水稀释至刻度，摇匀，待用。

［3］ 称取 0.5g 动物胶溶于 100mL 沸水中，待用。

［4］ 测定前必须熟悉极谱仪各按键的作用。开启电源开关，预热 30min。在没有听到仪器内部继电器吸放声之前，千万不要将电极插入试液，否则将损坏电极。实验过程中，要防止汞溅落在实验桌上或地面上，如发生应及时处理。实验结束后的废电解液倒入废液器皿中，切勿倒入水槽中。

实验九十五　循环伏安法判断电极过程

一、目的与要求

（1）学习和掌握循环伏安法的原理和实验技术。

（2）用循环伏安法判断电极过程的可逆性，了解可逆扩散波、不可逆扩散波和吸附波的循环伏安图的特性。

二、预习与思考

（1）预习循环伏安法的基本原理和实验方法。

（2）如何用循环伏安法来判断极谱电极过程的可逆性？

三、实验原理

循环伏安法是在固定面积的工作电极和参比电极之间加上对称的三角波扫描电压，记录工作电极上得到的电流与施加电位的关系曲线，即循环伏安图。从伏安图的波形、氧化还原峰电流的数值及其比值、峰电位等可以判断电极反应机理以及电极反应的可逆性。

电极反应的可逆性主要取决于电极反应速率常数的大小，还与电位扫描速率有关。电极反应可逆性的判据列于表 10-5。

表 10-5　电极反应可逆性的判据

项　目	可逆电荷跃迁	准　可　逆	不　可　逆
电位响应的性质	E_p 与 υ 无关。25°C 时，$\Delta E_p=59/n$(mV)，与 υ 无关	E_p 随 υ 移动。低 υ 时，ΔE_p 接近于 $60/n$(mV)，但随 υ 增加而增加，接近于不可逆	υ 增加 10 倍，E_p 移向阴极化 $30/\alpha n$(mV)
电流函数性质	$i_p/\upsilon^{1/2}$ 与 υ 无关	$i_p/\upsilon^{1/2}$ 与 υ 无关	$i_p/\upsilon^{1/2}$ 与 υ 无关
阳极电流与阴极电流比的性质	$i_{pa}/i_{pc}\approx1$，与 υ 无关	仅在 $\alpha=0.5$ 时，$i_{pa}/i_{pc}\approx1$	反扫时没有氧化电流

注：E_p 为电极电势；ΔE_p 为环伏安图中阴阳极电势差值；υ 为扫速；I_p 为峰电流；α 为电荷传递系数。

对于反应物吸附在电极上的可逆吸附波，理论上其循环伏安图上下左右对称，峰后电流降至基线，其峰电流可表示为：

$$i_p=\frac{(nF)^2}{4RT}A\Gamma\upsilon$$

式中，Γ 为电活性物在电极上的吸附量；A 为电极面积；υ 为扫描速率。可见，峰电流与 υ 成正比，而不是扩散波中所见到的与 $\upsilon^{1/2}$ 成正比。

与汞电极相比，物质在固体电极上伏安行为的重现性差，其原因与固体电极的表面状态直接有关，因而了解固体电极表面处理的方法和衡量电极表面被净化的程度，以及测算电极有效表面积的方法，是十分重要的。一般对这类问题，要根据固体电极材料不同而采取适当的方法。

对于碳电极，一般以 $Fe(CN)_6^{3-/4-}$ 的氧化还原行为作电化学探针。首先，固体电极表面的第一步处理是进行机械研磨、抛光至镜面程度。通常用于抛光电极的材料有金刚砂、CeO_2、ZrO_2、MgO 和 α-Al_2O_3 粉及其抛光液。抛光时总是按抛光剂粒度降低的顺序依次进行研磨，如对新的电极表面先经金刚砂纸粗研和细磨后，再用一定粒度的 α-Al_2O_3 粉在抛光布上进行抛光。抛光后先洗去表面污物，再移入超声水浴中清洗，每次 2～3min，重复 3 次，直至清洗干净。最后用乙醇、稀酸和水彻底洗涤，得到一个平滑光洁的、新鲜的电极表面。

将处理好的碳电极放入含一定浓度的 $K_3Fe(CN)_6$ 和支持电解质的水溶液中，观察其伏安曲线。如得到的曲线，其阴、阳极峰对称，两峰的电流值相等（$i_{pc}/i_{pa}=1$），峰电位差ΔE_p 约为 70mV（理论值约 60mV），即说明电极表面已处理好，否则需重新抛光，直到达到要求。

四、仪器与药品

（1）仪器　铂圆盘电极或玻碳电极，铂丝电极和饱和甘汞电极。

（2）药品　$K_3Fe(CN)_6$ 溶液（$1.00\times10^{-2}mol \cdot L^{-1}$），$KNO_3$ 溶液（$1.0mol \cdot L^{-1}$）。

五、实验内容

（1）金属圆盘电极的预处理　用 Al_2O_3 粉将电极表面抛光，然后用去离子水清洗（也可用超声波处理），待用。

（2）循环伏安图测试　配制 $5.00\times10^{-3}mol \cdot L^{-1}$ $K_3Fe(CN)_6$ 溶液（含 $0.1mol \cdot L^{-1}$ KNO_3），取适量溶液于电解杯中；依次接上工作电极、参比电极和辅助电极；开启电化学系统及计算机电源开关，启动电化学程序，在菜单中依次输入参数；通 N_2 除 O_2。

点击“Run”开始扫描，将实验图存盘后，记录氧化还原峰电位 E_{pc}、E_{pa} 及峰电流 i_{pc}、i_{pa}。

以扫描速率 20mV/s，从＋0.8～－0.2V 扫描，分别记录 1.00×10^{-5}、1.00×10^{-4}、1.00×10^{-3} 和 $1.00\times10^{-2}mol \cdot L^{-1}$ $K_3Fe(CN)_6$＋$0.10mol \cdot L^{-1}$ KNO_3 溶液的循环伏安图。

取 $1.00\times10^{-3}mol \cdot L^{-1}$ $K_3Fe(CN)_6$＋$0.50mol \cdot L^{-1}$ KNO_3 溶液，改变扫描速率分别为：20、40、60、80、100、150、200mV/s，记录循环伏安图。

六、数据记录与处理

（1）从 $K_3Fe(CN)_6$ 溶液的循环伏安图测定 i_{pa}、i_{pc} 和 φ_{pa}、φ_{pc} 值。

（2）分别以 i_{pc} 和 i_{pa} 对 $\upsilon_{1/2}$ 作图，说明峰电流与扫描速率间的关系。

（3）计算 i_{pa}/i_{pc} 值、$\varphi^{\ominus}$ 值和 $\Delta\varphi$ 值。从实验结果说明 $K_3Fe(CN)_6$ 在 KNO_3 溶液中极谱电极过程的可逆性。

七、问题与讨论

（1）从循环伏安图可以测定哪些电极反应的参数？从这些参数如何判断电极反应的可逆性？

（2）如何判断碳电极表面处理的程度？

实验九十六　气相色谱定性与定量分析

一、目的与要求

（1）掌握气相色谱分析的基本原理和操作。

（2）掌握利用保留值随分子结构或性质变化的规律，了解影响保留值的因素。

(3) 掌握色谱定量分析原理，了解校正因子的意义、用途和测量方法。

二、预习与思考

(1) 预习气相色谱的分离基本原理，定性分析保留值、分类及测定原理。

(2) 预习气相色谱定量测定原理，校正因子定义与计算原理。

(3) 气相色谱仪的主要部件有哪些？各有什么作用？

三、实验原理

气相色谱法是用气体作为流动相的色谱法。气相色谱分析法具有高选择性、高效能、低检测限、分析速度快、应用范围广等特点，能定性、定量分析有机化合物。但其在应用上也有一定的局限性。

(1) 定性分析　在一定的色谱条件下（固定相、操作条件等），每种物质都有确定不变的保留值，并可用保留值的大小进行定性分析。但必须与标准样品在同一条件下测定的保留值对照，以判断各色谱峰所代表的物质，如果得不到标准物质，也可以文献保留值及经验规律进行定性分析。例如，在没有标准物质的情况下，可利用保留值随分子结构或性质变化规律进行定性分析，这是色谱中常用的定位方法之一。

同系物保留值的碳数规律性依据是：同系物调整保留时间的对数与碳原子数呈线形关系：

$$\lg t'_{\mathrm{R}}=An+C$$

式中，t'_{R}为同系物调整保留时间；n 为同系物的碳原子数；A 和 C 为与物质性质有关的常数。

(2) 定量分析　气相色谱定量分析的依据是被分析组分的质量 m_i 与检测器的响应信号 A_i 或 h_i 成正比：$m_i=f_iA_i$ 或 f_ih_i。

因此要求出组分的含量，必须准确测量峰面积 A_i 或峰高 h_i，准确求出校正因子 f'_i，然后正确选用计算方法，计算其含量。

根据样品和内标物的质量比$\dfrac{m_i}{m_{\mathrm{s}}}$及其相应的色谱峰面积或峰高之比，有$\dfrac{m_i}{m_{\mathrm{s}}}=\dfrac{h_if_i^h}{h_{\mathrm{s}}f_{\mathrm{s}}^h}$。

四、仪器与药品

气相色谱仪，色谱柱（2m×4mm 不锈钢柱），载体（上试 101 白色载体，60～80 目），邻苯二甲酸二壬酯 DNP（15%，作固定液）。

五、实验或步骤

1. 定性分析

(1) 色谱条件　温度：柱箱 100℃，检测器 130℃，汽化室 130℃；衰减：8；量程：5。

(2) 操作步骤　启动氢气发生器，载气流速为 $30\mathrm{mL}\cdot\mathrm{min}^{-1}$ 通过色谱仪后，启动色谱仪主机电源，待仪器稳定（基线平直），每次进样 0.20～0.50μL，记录色谱峰、保留时间等数据。

2. 定量分析

(1) 操作步骤　启动氢气发生器，载气流速以 $30\mathrm{mL}\cdot\mathrm{min}^{-1}$ 通过色谱仪后，启动色谱仪主机电源，设定好色谱条件，待仪器稳定后（基线平直），进 0.2～0.5μL 苯、甲苯、二甲苯混合样（其中甲苯作为内标物）。记录各峰高。

(2) 质量校正因子的测定　将标样（苯、甲苯、二甲苯之比为 1∶1∶1.5）用微量注射器进样，从色谱图中求出各峰高，按下式分别求出苯、二甲苯的质量校正因子：

$$f'_{苯}=\frac{m_{苯}\times h_{甲苯}}{m_{甲苯}\times h_{苯}}$$

式中，$m_{苯}$为苯的质量，g；$m_{甲苯}$为甲苯的质量，g；$h_{甲苯}$和$h_{苯}$分别是苯和甲苯的峰高。

用同样的方法可求得$f'_{二甲苯}$。

（3）样品测定　用微量注射器吸取相同量的样品进样，从色谱图中求出峰高，按下式计算样品中苯和二甲苯的含量：

$$苯(含量)=\frac{f'_{苯}\times h_{苯}\times m_{甲苯}}{h_{甲苯}\times m_{样品}}\times 100\%$$

式中，$f'_{苯}$为求得的质量校正因子；$m_{样品}$为样品的质量，g；其余表示同质量校正因子的测定。

用同样方法，可求得二甲苯的含量。

六、数据记录与处理

（1）定性分析实验数据记录在表 10-6 中。

表 10-6　实验数据记录和处理

项　目	第 1 次		第 2 次		第 3 次	
	t'_R	$\lg t'_R$	t'_R	$\lg t'_R$	t'_R	$\lg t'_R$
苯						
甲苯						
二甲苯						

（2）根据测定的色谱图上的峰高，计算出苯、二甲苯的质量校正因子。

（3）根据样品色谱图上的峰高及计算出的苯、二甲苯的质量校正因子，求出苯、二甲苯的含量。

七、问题与讨论

（1）在气相色谱中，应用保留值定性的前提条件是什么？

（2）在气相色谱中，测量保留值有哪些方法？怎样便于测量准确？

（3）比较峰高定量和峰面积定量法的优缺点。

（4）讨论内标法的优缺点。

实验九十七　醇系物的分离（程序升温气相色谱法）

一、目的与要求

（1）了解补偿式双气路气相色谱仪的构造及应用特点。

（2）掌握程序升温气相色谱法的基本操作。

二、预习与思考

（1）预习气相色谱分析的基本原理和定性、定量分析的方法。

（2）预习程序升温气相色谱法的原理。

（3）与恒温色谱法相比，程序升温气相色谱法具有哪些优点？

三、实验原理

用气相色谱法分析样品时，各组分都有一个最佳柱温。对于沸程较宽、组分较多的复杂样品，柱温可选在各组分的平均沸点左右。如果柱温选择不当，低沸点组分因柱温太高很快流出，色谱峰可能重叠；而高沸点组分因柱温太低，滞留过长，色谱峰扩散严重，甚至在一次分析中不出峰。

程序升温气相色谱法（PTGC）是色谱柱按预定连续地或分阶段地进行升温的气相色谱

法。采用程序升温技术，可使各组分在最佳的柱温流出色谱柱，以改善复杂样品的分离、缩短分析时间。另外，在程序升温的过程中，各组分加速运动，当柱温接近各组分的保留温度时，各组分又以大致相同的速度流出色谱柱，因此在 PTGC 中各组分的峰宽大致相同，称为等峰宽。

四、仪器与药品

(1) 仪器　带有程序升温的气相色谱仪，色谱柱（PEG 20M，101 白色载体，80～100 目，长 2m、内径 2mm 的不锈钢）2 只，微量注射器（1μL）。

(2) 药品　甲醇，乙醇，正丙醇，正丁醇，异丁醇，异戊醇，正己醇，环己醇，正辛醇，正十二醇（均为色谱纯或分析纯，按大致 1∶1 的体积比混合制成样品）。

五、实验内容

(1) 操作条件　柱温：初始温度 40℃，以 7℃・min^{-1} 的速率升温至 160℃，保持 1min，然后以 15℃・min^{-1} 的速率升至 260℃（终止温度），再保持 1min。汽化室温度：190℃；检测器温度：200℃。进样量：0.5μL。载气（高纯 N_2）流速：25～35mL・min^{-1}；氢气流速：40mL・min^{-1}；空气流速：40mL・min^{-1}。

(2) 测量　通载气，启动仪器，设定以上温度参数。在初始温度下，参考火焰离子化检验器的操作方法，点燃 FID，调节气体流量。待基线走直后进样并启动升温程序，记录每一组分的保留温度。升温程序结束，待柱温降至初始温度方可进行下一轮操作。作为对照，在其它条件不变的情况下，恒定柱温 175℃，得到醇系物在恒定柱温条件下的色谱图。

六、数据记录与处理

数据及结果处理记录在表 10-7。

表 10-7　数据及结果处理

组　　分	甲醇	乙醇	正丙醇	异丁醇	正丁醇
沸点 T_b/℃					
保留温度 T_R/℃					
组　　分	异戊醇	正己醇	环己醇	正辛醇	正十二醇
沸点 T_b/℃					
保留温度 T_R/℃					

七、问题与讨论

(1) 采用补偿式双气路气相色谱仪，既可进行程序升温操作又可进行恒温操作。为什么？

(2) 何谓保留温度？它在 PTGC 中有何意义？

(3) 在 PTGC 中可采用峰高（h）定量，为什么？

实验九十八　稠环芳烃的高效液相色谱法分析及柱效能评价

一、目的与要求

(1) 学习高效液相色谱仪器的基本使用方法。

(2) 理解和掌握色谱定量校正因子的意义和测定方法。

(3) 学习用外标法（或校正归一化法）进行定量分析。

二、预习与思考

(1) 预习了解高效液相色谱仪的工作原理。

(2) 预习评价液相色谱反相柱的方法。

(3) 高效液相色谱分析稠环芳烃有何应用价值?

三、实验原理

多环芳烃是环境污染物质，可在工业生产乃至家庭烹调过程中产生。为保障人们的身体健康，有必要对其进行监控。因为多环芳烃的沸点相对较高，采用非极性的十八烷基键合相(ODS) 为固定相和极性的甲醇-水溶液为流动相的反相色谱分离模式特别适合于分离具有相似结构的同系物如苯系物等。苯系物和稠环芳烃具有共轭双键，但因共轭体系的大小和极性不同，在固定相和流动相之间的分配系数不同，在柱内的移动速率不同而先后流出柱子。苯系物和稠环芳烃在紫外区有明显的吸收，可以利用紫外检测器进行检测。在相同的实验条件下，可以将测得的未知物的保留时间与已知纯物质作对照而进行定性分析。

由于各组分在检测波长的摩尔吸收系数不同，同样浓度组分的峰面积可能不相等，因而，在以峰面积或峰高为依据进行归一化定量分析时，需经校正因子校正后方可达到准确定量的要求。但在以外标法进行定量分析时，由于是在相同实验条件下对同一组分进行检测，因而不需要考虑校正因子，可根据试样和标样中组分的色谱峰面积（或峰高）A_i 和 A_s 及标样的质量分数 w_s 直接计算出试样中组分的质量分数 w_i：

$$w_i = \frac{w_s A_i}{A_s} \times 100\%$$

高效液相色谱是色谱法的一个重要分支。它采用高压输液泵和小颗粒的填料，与经典的液相色谱相比，具有很高的柱效和分离能力。色谱柱是色谱仪的心脏，也是需要经常更换和选用的部件，因此，评价色谱柱是十分重要的，而且对色谱柱的评价也可以检查整个色谱仪的工作状况是否正常。

评价色谱柱的性能参数主要有：

柱效（理论塔板数）n　　　$n=5.54(t_R/W_{1/2})^2$

容量因子 k'　　　$k'=(t_R-t_0)/t_0$

相对保留值（选择因子）α：　　　$\alpha=k'_2/k'_1$

分离度 R_s　　　$R_s=2(t_{R2}-t_{R1})/(W_{b1}+W_{b2})$

式中，t_R 为测试物的保留时间；$W_{1/2}$ 为色谱峰的半峰宽；t_0 为死时间，通常用已知在色谱柱上不保留的物质的出峰时间作为死时间；k'_1 和 k'_2 分别为相邻两峰的容量因子，而且规定峰 1 的保留时间小于峰 2 的；t_{R1} 和 t_{R2} 分别为相邻两峰的保留时间；W_{b1} 和 W_{b2} 分别为两峰的底宽。对于高斯峰来讲，$W_b=1.70W_{1/2}$。

通常认为，理论塔板数越大，柱效能越高。分离度 R_s 越大，分离效果越好，但 R_s 值过大将大大增加分析时间。根据计算，当 $R_s=1$ 时，等面积峰的分离可达 90%左右，$R_s=1.5$ 时两峰分离达 99.7%，可视为完全分离。对一般的分离（如 $\alpha=1.2$，$R_s=1.5$），n 需达到 2000，柱压一般为 10^4 kPa 或更小一些。

四、仪器与药品

(1) 仪器　高效液相色谱仪（配紫外检测器，检测波长 254nm，以色谱工作站联机控制仪器、处理实验数据），超声波清洗机（流动相脱气用），平头微量注射器（50μL），超滤膜（0.2μm），针筒（5mL），过滤头（ϕ2cm）。

(2) 药品　标准样品［用流动相分别配制含苯、甲苯、二甲苯（均为 AR 级）单组分及三组分混合样品各一份，组分浓度均约 0.05%］，流动相［甲醇（HPLC 级）：水（二次重蒸水），体积比为 85：15］，试样（苯、甲苯、二甲苯）。

五、实验步骤

(1) 准备流动相。将色谱纯甲醇和色谱纯水按比例配制 200mL 溶液，混合均匀并经超声波脱气后加入到仪器储液瓶中。

(2) 按仪器的要求打开计算机和液相色谱主机，调整好流动相的流量、检测波长等参数，如：流速 $1.0\text{mL}\cdot\text{min}^{-1}$，检测波长 254nm。

(3) 用流动相冲洗色谱柱，直至工作站上色谱流出曲线为一平直的基线（建议观察检测器的读数显示），将进样阀手柄拨到“Load”的位置，使用专用的液相色谱微量注射器取苯标准样品 50μL 注入色谱仪进样口，然后将手柄拨到“Inject”位置，记录色谱图。

用同样方法进分别取甲苯、二甲苯标准样品 50μL 进样，记录色谱峰的保留时间。确定出峰顺序。

取混合物标准溶液 10μL 进样分析，测得标样中三组分的峰面积。

(4) 取未知试样 50μL 进样，由色谱峰的保留时间进行定性分析，以色谱峰的面积进行外标法定量。

(5) 将流速降为 0，待压力降为 0 后，按开机的逆顺序关机。

六、数据记录与处理

根据三次实验所得结果计算色谱峰的保留时间、半峰宽，然后计算色谱柱参数 n、k'，以及相邻两峰的 α、R_s，将相关数据分别填入表 10-8 和表 10-9 中。

表 10-8　数据记录和结果处理（一）

标样样品号________　色谱柱________　紫外检测器，检测波长________nm

组分名称	组分含量	保留时间	峰面积	校正因子	n	k'	α	R_s

表 10-9　数据记录和结果处理（二）

标样样品号________　色谱柱________　紫外检测器，检测波长________nm

组分名称	组分含量	保留时间	峰面积

七、问题与讨论

(1) 紫外检测器是否适用于检测所有的有机化合物？为什么？

(2) 若实验获得的色谱峰面积太小，应如何改善实验条件？

(3) 为什么液相色谱多在室温下进行分离检测而气相色谱相对要在较高的柱温下操作？

实验九十九　五水硫酸铜热重曲线的测定

一、目的与要求

(1) 掌握化合物中结晶水含量测定的原理和方法。

(2) 掌握热重法、差热分析法、差示扫描量热法的基本原理与方法。

(3) 了解热重分析仪的结构和工作原理，学习热重分析仪的基本操作。

(4) 掌握 TG-TA-DSC 曲线的分析与处理方法。

二、预习与思考

(1) 预习热分析的原理和方法。

(2) 预习第 6 章“6.7 热分析测量技术”中有关热重分析法的内容。

(3) 结晶硫酸铜热分解过程分为几步？试样各步的理论失重量是多少？

三、实验原理

热分析是在程序控制温度下，测量物质的物理性质（质量、晶相结构、热效应、电学、光学、磁学）与温度之间关系的一类技术。这里所说的“程序控制温度”一般指线性升温或线性降温，也包括恒温、循环或非线性升温、降温。这里的“物质”指试样本身和（或）试样的反应产物，包括中间产物。热分析技术已广泛地应用于化学、化工、高分子化学、生物化学、冶金学、石油化学、矿物学和地质学等各个科学领域。

样品在热环境中发生化学变化、分解、成分改变时可能伴随着质量的变化。热重法（thermogravimetry，TG）是在程序控温（以恒定速度升温或等温条件下延长时间）下，连续测量物质的质量与温度或时间的关系的一种方法，通常是测量试样的质量变化与温度的关系。热重分析的结果用热重曲线或微分热重曲线表示。DTG 曲线是 TG 曲线对温度或时间的一阶导数，即质量变化率，dW/dT 或 dW/dt。热重分析可用于材料的热稳定性、分解动力学、结晶水、氧化稳定性、灰分、纯度、确定材料组成等方面的研究。

差热分析（differential thermal analysis，DTA）是在程序控制温度下，测量样品与参比物之间的温度差与温度关系的一种技术。差热分析曲线描述了样品与参比物之间的温差（ΔT）随温度或时间的变化关系。

差示扫描量热法（differential scanning calorimetry，DSC）是在程序控温下，测量输给样品与参比物的功率差和温度关系的一种技术。试样在加热过程中由于热效应与参比物之间出现温差时，通过差热放大电路和差动补偿放大器，及时地使流入补偿电热丝的电流发生变化，始终维持 $\Delta T=0$。所以实际记录的是样品与参比物电热补偿功率之差随时间 t 的变化，由此可求得样品的热效应。

通过 DSC 与 TGA 联用，可以从 DSC 曲线的吸热峰和放热峰及与之相对应的 TGA 曲线有无失重或增重，判断材料可能发生的反应过程，从而初步确定转变峰的性质，如表 10-10 所示。

表 10-10　DSC 和 TGA 对反应过程的判断

DSC		TGA		反应过程
吸热	放热	失重	增生	
√				熔融
√	√			晶型转变
√		√		蒸发
√	√			固相转变
√	√	√		分解
√		√		升华
	√		√	吸附和吸收
√		√		脱附和解吸
√		√		脱水(溶剂)

四、仪器与药品

TG 209 F3 热重分析仪（德国 Netzsch 公司），氮气钢瓶，氧化铝坩埚；$CuSO_4 \cdot 5H_2O$ (s)。

五、实验步骤

1. 开机

打开计算机与 TG 209 F3 主机电源，打开恒温水浴。一般在水浴与热天平打开 2～3h 后，才开始测试。

2. 打开气体

打开作为吹扫气和保护气的 N_2 钢瓶。

3. 基线测试

(1) 放坩埚　把一个干净的氧化铝空坩埚放到样品支架上，关闭炉体。

(2) 新建测试　打开 TG 209 F3 测试软件，点击“文件”菜单下的“新建”，弹出对话框，选择“修正”测量类型，输入样品名称、编号。输入完成后点击“继续”，打开温度校正文件，选择测量所使用的温度校正文件，点击“打开”。

(3) 设定温度程序　将“开始温度”设为“30”，在吹扫气和保护气的“开启”处打勾，气体流量设为 $20mL \cdot min^{-1}$，点击“增加”。“温度段类别”自动跳到“动态”，在“终止温度”处输入“300”，“升温速率”处输入“5”，采样速率使用默认值，点击“增加”。再在“温度段类别”处选择“结束”。在“紧急复位温度”处输入“310”，随后点击“增加”。温度程序的编辑已经完成，“结束等待”段一般不必设置。点击“继续”，进入下一对话框。

(4) 设定测量文件名　选择存盘路径，设定文件名，点击“保存”，进入“TG 209 F3 调整”界面。

(5) 初始化工作条件与开始测量　点击“初始化工作条件”，随后点击“诊断”菜单下的“炉体温度”与“查看信号”，调出相应的显示框，点击“清零”，对天平进行清零。随后观察仪器状态满足如下条件：①炉体温度、样品温度相近而稳定，且与设定起始温度相吻合；②气体流量稳定；③TG 信号稳定基本无漂移，即可点击“开始”进行测试。如果需要提前终止测试，可点击“测量”菜单下的“终止测量”。测试结束，仪器会跳出“测试完成”窗口。

4. 样品测试

先将空坩埚放在炉体内，关闭炉体，进行称重去皮（清零）；随后将样品加入坩埚中，关闭炉体，称取样品质量。点击“编辑”菜单下的“测量向导”，弹出对话框，选择测量模式为“样品＋修正”，输入样品名称、编号与样品质量。

温度程序如果与基线文件的温度程序完全相同，可在“接受”→“温度程序”处打勾；如果需要在原温度程序的基础上作一些修改，则把“温度程序”处的打勾去掉，随后会自动弹出温度程序的编辑界面，但一般只能将终止温度降低，不能修改升温速率、采样速率等参数。设定完成后点击“继续”，其后的操作与“基线测试”部分相同。

5. 关机

关闭软件，关电脑主机，关 TG 209 F3 主机，关恒温水浴电源；关闭氮气钢瓶的高压总阀和低压阀。

六、数据记录与处理

打开“Proteus analysis”软件，点击“文件”菜单下的“打开”项，在分析软件中打开所需分析的测量文件，屏幕便出现结果图形，即可进行分析处理。根据 Δm-T 曲线分析

$CuSO_4 \cdot 5H_2O$ 热分解过程，计算试样各步的实际失重和各步失多少个结晶水。根据 C-DTA-T 曲线分析 $CuSO_4 \cdot 5H_2O$ 各步失重的吸放热情况。

七、问题与讨论

(1) 哪些样品不能进行热重测试？为什么？

(2) 样品测试之前为什么要进行基线测试？

(3) 影响热重曲线的因素有哪些？

(4) 结晶硫酸铜热分解过程各步的失水是多少？结合结构化学知识分析 $CuSO_4 \cdot 5H_2O$ 热重失水过程。

实验一〇〇　X射线衍射法物相分析

一、目的与要求

(1) 学习掌握 X 射线衍射的基本原理和技术，了解 X 射线衍射仪的结构和使用方法。

(2) 掌握 X 射线衍射物相定性分析的方法和步骤。

(3) 学习和掌握根据 X 射线粉末衍射谱图，计算多晶样品的晶格常数。

二、预习与思考

(1) 预习 X 射线衍射仪的结构和工作原理。

(2) 简述 X 射线衍射分析的特点和应用。

(3) 多晶衍射能否用含有多种波长的多色 X 射线？为什么？

三、实验原理

X 射线物相分析是以 X 射线衍射效应为基础的。任何一种晶体物质都具有其特定的晶体结构和晶格参数。在给定波长 X 射线的照射下，按照布拉格定律（$2d\sin\theta=\lambda$）进行衍射。多晶体中各晶粒的取向虽然是混乱的，但它们的晶格结构都是一样的。设此晶格的平面间距为 d_1，d_2，d_3，…，在各晶粒中平面间距为 d_i 的晶面指数为（h，k，l），只有与原射线（波长为 λ）方向的夹角 θ_i 满足布拉格定律的那些晶面会产生衍射，即 $2d_i\sin\theta_i=\lambda$，不同指数的平面间距不同，所得衍射峰的位置也将不同。

根据晶体对 X 射线的衍射特征——衍射线的位置、强度及数量来鉴定结晶物质物相的方法，就是 X 射线物相分析法。每一种结晶物质都有各自独特的化学组成和晶体结构，也就有自己独特的衍射花样，它们的特征可以用各个衍射晶面间距 d 和衍射线的相对强度 I/I_0 来表征。其中晶面间距 d 与晶胞的形状和大小有关，相对强度则与质点的种类及其在晶胞中的位置有关。通常用比较待测物质与已知晶体物质的衍射数据（d、I），对未知晶体进行分析，可得出定性分析的结果。

四、仪器与药品

X 射线多晶衍射仪 [主要由 X 射线发生器（X 射线管）、测角仪、X 射线探测器、计算机控制处理系统等组成]，NaCl(s)，玛瑙研钵。

五、实验内容

1. 样品制备和测试

X 射线衍射分析的样品主要有粉末样品、块状样品、薄膜样品、纤维样品等。样品不同，分析目的不同（定性分析或定量分析），则样品制备方法也不同。

(1) 粉末样品　X 射线衍射分析的粉末试样必须满足这样两个条件：晶粒要细小，试样无择优取向（取向排列混乱）。所以，通常将试样研细后使用，可用玛瑙研钵研细。定性分析时粒度应小于 44μm（350 目），定量分析时应将试样研细至 10μm 左右。较方便地确定 10μm 粒度的方法是，用拇指和中指捏住少量粉末，并碾动，两手指间没有颗粒感觉的粒度大致为 10μm。

常用的粉末样品架为玻璃试样架，在玻璃板上蚀刻出试样填充区为 20mm×18mm。玻璃样品架主要用于粉末试样较少时（约少于 $500mm^3$）使用。充填时，将试样粉末一点一点地放进试样填充区，重复这种操作，使粉末试样在试样架里均匀分布并用玻璃板压平实，要求试样面与玻璃表面平齐。如果试样的量少到不能充分填满试样填充区，可在玻璃试样架凹槽里先滴一薄层用醋酸戊酯稀释的火棉胶溶液，然后将粉末试样撒在上面，待干燥后测试。

(2) 块状样品　先将块状样品表面研磨抛光，大小不超过 20mm×18mm，然后用橡皮泥将样品粘在铝样品支架上，要求样品表面与铝样品支架表面平齐。

(3) 微量样品　取微量样品放入玛瑙研钵中将其研细，然后将研细的样品放在单晶硅样品支架上（切割单晶硅样品支架时使其表面不满足衍射条件），滴数滴无水乙醇使微量样品在单晶硅片上分散均匀，待乙醇完全挥发后即可测试。

(4) 薄膜样品　将薄膜样品剪成合适大小，用胶带纸粘在玻璃样品支架上即可。

2. 样品测试

开启衍射仪[注释1] 总电源，启动循环水泵；待数分钟后，打开计算机 X 射线衍射仪应用软件，设置合适的衍射条件及参数，将制备好的试样插入衍射仪样品台，关好衍射仪的防护玻璃门，开始样品测试。

实验条件选择如下。

扫描方式：连续扫描；驱动方式：双轴联动；波长值：1.54178nm（对应铜靶）；起始角度：20°，停止角度：90°；扫描速度：0.03°/step（步进模式）；采样时间：1s；满量程：100；管电压：30kV；管电流：20mA；探测器：正比探测器；滤波片：空；单色器：有；发散狭缝：1°，散射狭缝：1°，接收狭缝：0.2mm。

3. 停机

测量完毕，关闭 X 射线衍射仪应用软件；取出试样；按开启时的逆顺序关闭衍射仪。15min 后关闭循环水泵，关闭水源；关闭衍射仪总电源及线路总电源。

六、数据记录与处理

测试完毕后，可将样品测试数据存入磁盘供随时调出处理。原始数据需经过曲线平滑、$K_{\alpha2}$ 扣除、谱峰寻找等数据处理步骤，最后打印出待分析试样衍射曲线和 d 值、2θ、强度、衍射峰宽等数据供分析鉴定[注释2]。鉴定结果要求写出样品名称（中英文）、卡片号，实验数据和标准数据三强线的 d 值、相对强度及（hkl），并进行简单误差分析[注释3]。

七、问题与讨论

(1) 如何选择 X 射线管及管电压和管电流?

(2) X 射线谱图分析鉴定应注意什么问题?

八、注释

［1］ 使用 X 射线衍射仪时，必须严格按照操作规程进行。

［2］ 当高能电子束轰击铜靶时就可产生 K_α（包含 $K_{\alpha1}$ 和 $K_{\alpha2}$）、K_β 特征射线和很弱的连续光谱的 X 射线。K_α 射线比 K_β 射线约强 5 倍；$K_{\alpha1}=0.154056nm$，$K_{\alpha2}=0.154439nm$，这两个衍射峰的强度比大约为 2∶1。在高角度时，它们的衍射峰才会分开。在 X 射线粉末衍射实验中，如果没有选择用单色器（monochromater），一般都会有 $K_{\alpha1}$ 和 $K_{\alpha2}$ 线，故需做 $K_{\alpha2}$ 扣除，才能得到准确的衍射数据。

［3］ X 射线衍射物相定性分析方法有以下几种。

（1）三强线法　①从前反射区（$2\theta<90°$）中选取强度最大的三根线，使其 d 值按强度递减的次序排列；②在数字索引中找到对应的 d_1（最强线的面间距）组；③按次强线的面间距 d_2 找到接近的几列；④检查这几列数据中的第三个 d 值是否与待测样的数据对应，再查看第四至第八强线数据并进行对照，最后从中找出最可能的物相及其卡片号；⑤找出可能的标准卡片，将实验所得 d 及 I/I_0 跟卡片上的数据详细对照，如果完全符合，物相鉴定即告完成。

（2）特征峰法　对于经常使用的样品，其衍射谱图应该充分了解掌握，可根据其谱图特征进行初步判断。

第11章　基本物理量与物化参数的测定

实验一〇一　液体饱和蒸气压的测定

一、目的与要求

(1) 了解用静态法（亦称等位法）测定纯液体在不同温度下的饱和蒸气压的原理，进一步理解纯液体饱和蒸气压与温度的关系。

(2) 掌握真空泵、恒温槽及气压计的使用。

(3) 学会用图解法求所测温度范围内的平均摩尔蒸发焓及正常沸点。

二、预习与思考

(1) 预习“第6章基本物理量的测定技术”中有关热效应的测量技术及仪器、温度控制技术和压力测量技术等内容。

(2) 思考下列问题

① 摩尔蒸发焓与温度有无关系？克劳修斯-克拉贝龙（Clausius-Clapeyron）方程在什么条件下才能应用?

② 实验中测定哪些数据？精确度如何？有几位有效数字？作图是怎样选取坐标分度的?

③ 按误差传递估算平均摩尔蒸发焓 $\Delta_{vap}H_m$ 的相对误差，并分析本实验的系统误差。

三、实验原理

一定温度下，在一真空的密闭容器中，当单位时间从液相逸出的分子数目与气相凝结的分子数目相等时达到汽-液平衡，此时液面上的蒸气压力就是液体在该温度时的饱和蒸气压。液体的蒸气压与温度有一定关系，温度升高，分子运动加剧，因而单位时间内从液面逸出的分子数增多，其蒸气压增高。反之，温度降低时，则蒸气压减小。当蒸气压与外界压力相等时，液体开始沸腾，外压不同时，液体的沸点也不同。通常把外压为101.325kPa（即 $p^{\ominus}$）时的沸腾温度定为液体的正常沸点 T_b。液体的饱和蒸气压与温度的关系可用克劳修斯-克拉贝龙方程式来表示：

$$\frac{\mathrm{d}\ln p}{\mathrm{d}T}=\frac{\Delta_{vap}H_m}{RT^2} \tag{11-1}$$

式中，p 为液体在温度 T 时的饱和蒸气压，Pa；T 为热力学温度，K；$\Delta_{vap}H_m$ 为液体的摩尔蒸发焓；R 为气体常数。在温度变化间隔较小时，可将 $\Delta_{vap}H_m$ 视为常数，积分式(11-1) 得

$$\ln p=-\frac{\Delta_{vap}H_m}{RT}+A$$

$$\lg p=-\frac{\Delta_{vap}H_m}{2.303RT}+A' \tag{11-2}$$

式中，A 和 A'为积分常数，与压力 p 的单位有关。由式(11-2) 可知，在一定温度范围内，测定不同温度下的饱和蒸气压，以 $\lg p$ 对 $1/T$ 作图，可得一直线，而由直线的斜率即可求出液体在该实验温度范围内的平均摩尔蒸发焓 $\Delta_{vap}H_m$。

测定饱和蒸气压的方法通常有以下三种。

(1) 饱和气流法　在一定温度、压力下，把干燥气体缓慢通过待测液体，使气流为该液体的蒸气所饱和。然后用某种物质将气流中该液体的蒸气吸收，知道了一定体积的气流中蒸

气的质量，便可计算出蒸气分压，这个分压就是该温度下待测液体的饱和蒸气压。此法一般适用于蒸气压比较小的液体。

(2) 动态法　在不同外压下，测定液体的沸点。

(3) 静态法　将待测液体放在一个封闭体系中，在不同温度下，直接测量饱和蒸气压。此法准确性较高，一般适用于蒸气压比较大（1×10^5～200×10^5Pa）的液体。

本实验采用静态法测定乙醇的饱和蒸气压，其实验装置如图 11-1 所示。测定时，调节外压以平衡液体的蒸气压，求出外压就能直接得到该温度下的饱和蒸气压。

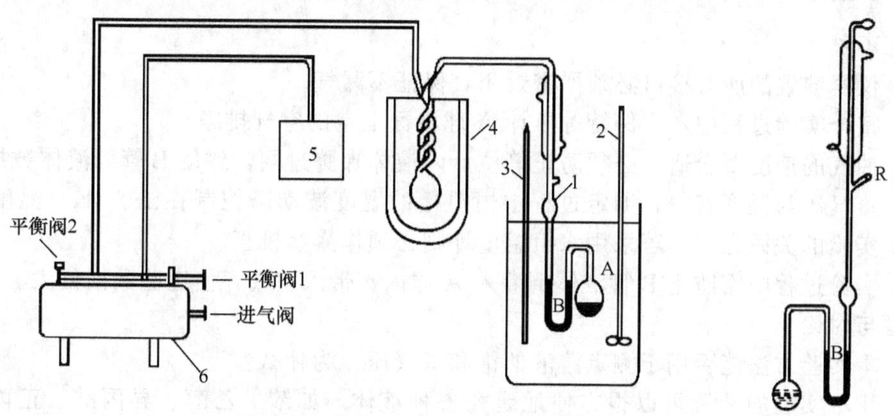

图 11-1　静态法测饱和蒸气压装置示意图

1—等位计；2—搅拌器；3—温度计；4—冷阱；5—低真空测压仪；6—缓冲储气罐

四、仪器与药品

(1) 仪器　恒温装置 1 套，真空泵及附件 1 套，气压计 1 台，等位计 1 支，数字式低真空测压仪 1 台。

(2) 药品　无水乙醇（AR）。

五、实验内容

(1) 装样　从等位计 R 处注入乙醇液体，使 A 球中装有 2/3 的液体，U 形管 B 的双臂大部分有液体。

(2) 检漏　将装有液体的等位计按图 11-1 接好，打开冷凝水。关闭平衡阀 1，打开进气阀，缓慢旋转平衡阀 2 使真空泵与系统连通，对系统缓缓抽气，使低真空测压仪上显示压差为 40000～53000Pa（300～400mmHg）。关闭进气阀和平衡阀 2，并使真空泵与大气连通，停止抽气。注意观察压力测量仪数字的变化。如果系统漏气，则压力测量仪的显示数值逐渐变小。这时应细致分段检查，寻找出漏气部位，设法排除。

(3) 饱和蒸气压的测定　调节恒温槽至所需要的温度后，对系统缓缓抽气，使 A 球中液体内溶解的空气和 A、B 空间内的空气呈气泡状逐个通过 B 管中的液体排出。抽气若干分钟后，关闭进气阀和平衡阀 2，并使真空泵与大气连通，停泵。调节平衡阀 1，使空气缓慢进入测量系统，直至 B 管中双臂液面等高，从压力测量仪上读出压力差。同法再抽气，再调节 B 管中双臂等液面，重读压力差，直至两次的压力差读数基本相同，则表示 A 球液面上的空间已全被乙醇充满，记下压力测量仪上的读数。

用上述方法测定 6 个不同温度时乙醇的蒸气压（每个温度间隔为 5K）。

在实验开始时，从气压计读取当天的大气压。

六、数据记录与处理

(1) 自行设计实验数据记录表，既能正确记录全套原始数据，又可填入演算结果。

(2) 计算蒸气压 p：$p=p'-E$。式中，p'为室内大气压（由气压计读出后，加以校正之值）；E 为压力测量仪上读数。

(3) 以蒸气压 p 对温度 T 作图，在图上均匀读取 8 个点，并列出相应表格，绘制成 $\lg p$-$1/T$ 图。

(4) 从直线 $\lg p$-$1/T$ 上求出实验温度范围的平均摩尔蒸发焓及正常沸点，并与文献值比较。

(5) 以最小二乘法求出乙醇蒸气压和温度关系式 $\lg p=-\dfrac{B}{T}+A$ 中的 A、B 值。

七、注意事项

(1) 仪器装置的所有接口必须严密封闭，保证不漏气。

(2) 整个实验过程中，应保持等压计 A 球液面上空的空气排净。

(3) 抽气的速度要合适。必须防止等位计内液体沸腾过剧，致使 B 管内液体被抽尽。

(4) 蒸气压与温度有关，测定过程中恒温槽的温度波动需控制在±0.1K。温度的正确测量是本实验的关键之一，若采用水银温度计则必须作露茎校正。

(5) 实验过程中需防止 B 管液体倒灌入 A 球内，带入空气，使实验数据偏大。

八、问题与讨论

(1) 本实验方法能否用于测定溶液的饱和蒸气压，为什么？

(2) 用本实验的装置可以很方便地研究各种液体，如苯、乙醇、异丙醇、正丙醇、丙酮、四氯化碳、水和二氯乙烯等，这些液体中很多是易燃的，在加热时应该注意什么问题？

(3) 为什么温度愈高测出的蒸气压误差愈大？

实验一〇二　凝固点降低法测定蔗糖的摩尔质量

一、目的与要求

(1) 掌握溶液凝固点的测量技术，并加深对稀溶液依数性质的理解。

(2) 用凝固点降低法测定萘的摩尔质量。

二、预习与思考

(1) 预习《物理化学》中的溶液的依数性原理。

(2) 为什么要先测近似凝固点？

(3) 在冷却过程中，凝固点管内液体有哪些热交换存在？它们对凝固点的测定有何影响？

(4) 加入溶剂中溶质的量应如何确定？加入量过多或太少将会有何影响？

三、实验原理

固体溶剂与溶液成平衡的温度称为溶液的凝固点。含非挥发性溶质的双组分稀溶液的凝固点低于纯溶剂的凝固点。凝固点降低是稀溶液依数性质的一种表现。当确定了溶剂的种类和数量后，溶剂凝固点降低值仅取决于所含溶质分子的数目。对于理想溶液，根据相平衡条件，稀溶液的凝固点降低与溶液成分关系由范特霍夫（van't Hoff）凝固点降低公式给出

$$\Delta T_{\mathrm{f}}=\frac{R(T_{\mathrm{f}}^{*})^{2}}{\Delta_{\mathrm{fus}}H_{\mathrm{m}}(\mathrm{A})}\times\frac{n_{\mathrm{B}}}{n_{\mathrm{A}}+n_{\mathrm{B}}} \tag{11-3}$$

式中，ΔT_{f} 为凝固点降低值；T_{f}^{*} 为纯溶剂的凝固点；$\Delta_{\mathrm{fus}}H_{\mathrm{m}}(\mathrm{A})$ 为摩尔凝固热；n_{A} 和 n_{B} 分别为溶剂和溶质的物质的量。当溶液的浓度很稀时，$n_{\mathrm{B}}\leqslant n_{\mathrm{A}}$，则

$$\Delta T_{\mathrm{f}}=\frac{R(T_{\mathrm{f}}^{*})^{2}}{\Delta_{\mathrm{fus}}H_{\mathrm{m}}(\mathrm{A})}\times\frac{n_{\mathrm{B}}}{n_{\mathrm{A}}}=\frac{R(T_{\mathrm{f}}^{*})^{2}}{\Delta_{\mathrm{fus}}H_{\mathrm{m}}(\mathrm{A})}\times M_{\mathrm{A}}m_{\mathrm{B}}=K_{\mathrm{f}}m_{\mathrm{B}} \tag{11-4}$$

式中，M_A 为溶剂的摩尔质量；m_B 为溶质的质量摩尔浓度，$mol \cdot kg^{-1}$；K_f 为质量摩尔凝固点降低常数，$K \cdot mol^{-1} \cdot kg$。

如果已知溶剂的凝固点降低常数 K_f，并测得此溶液的凝固点降低值 ΔT_f，以及溶剂和溶质的质量 W_A(g)、W_B(g)，则溶质的摩尔质量由下式求得

$$M_B = K_f \frac{W_B}{\Delta T_f W_A} \times 1000 \tag{11-5}$$

应该注意，如果溶质在溶液中有解离、缔合、溶剂化和配合物形成等情况时，不能简单地运用式(11-5) 计算溶质的摩尔质量。显然，溶液凝固点降低法可用于溶液热力学性质的研究，例如电解质的电离度、溶质的缔合度、溶剂的渗透系数和活度系数等。

纯溶剂的凝固点是它的液相和固相共存时的平衡温度。若将纯溶剂逐步冷却，理论上其冷却曲线（或称步冷曲线）应如图 11-2(Ⅰ) 所示。但实际过程中往往发生过冷现象，即在过冷而开始析出固体时，放出的凝固热才使体系的温度回升到平衡温度，待液体全部凝固后，温度再逐渐下降，其步冷曲线呈图 11-2(Ⅱ) 的形状。过冷太甚，会出现如图 11-2(Ⅲ) 的形状。

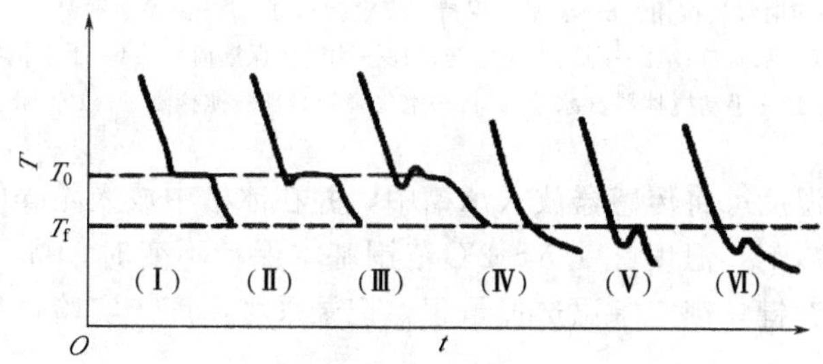

图 11-2　步冷曲线示意图

溶液凝固点的精确测量，难度较大。当将溶液逐步冷却时，其步冷曲线与纯溶剂不同，见图 11-2(Ⅳ)、(Ⅴ)、(Ⅵ)。由于溶液冷却时有部分溶剂凝固析出，使剩余溶液的浓度逐渐增大，因而剩余溶液与溶剂固相的平衡温度也在逐渐下降，出现如图 11-2(Ⅳ) 的形状。通常发生稍有过冷现象，则出现图 11-2(Ⅴ) 的形状，此时可将温度回升的最高值近似地作为溶液的凝固点。若过太甚，凝固的溶剂过多，溶液的浓度变化过大，则出现图 11-2(Ⅵ) 的形状，测得的凝固点将偏低，影响溶质摩尔质量的测定结果。因此在测量过程中应该设法控制适当的过冷程度，一般可通过控制冷剂的温度、搅拌速度等方法来达到。

严格地说，纯溶剂和溶液的冷却曲线，均应通过外推法求得凝固点 T_f^* 和 T_f。如图 11-2(Ⅲ) 曲线应以平台段温度为准。曲线（Ⅵ）则可以将凝固后固相的冷却曲线向上外推至液相段相交，并以此交点温度作为凝固点。有关讨论还可参见实验一〇六。

四、仪器与药品

(1) 仪器　凝固点测定仪 1 套，烧杯（1000mL）1 只，压片机 1 台，水银温度计（分度值 0.1℃）1 支，移液管（25mL）1 支，电子天平（1/10000）。

(2) 药品　环己烷（AR），萘（AR），去离子水，碎冰。

五、实验内容

(1) 仪器安装　按图 11-3 将凝固点测定仪安装好。凝固点管、温度计探头及搅拌棒均须清洁和干燥，防止搅拌时搅拌棒与管壁或温度计相摩擦。打开电源开关，此时温度显示屏显示初始状态（实时测温方式），温差显示屏显示以 20℃为基温的温差值。

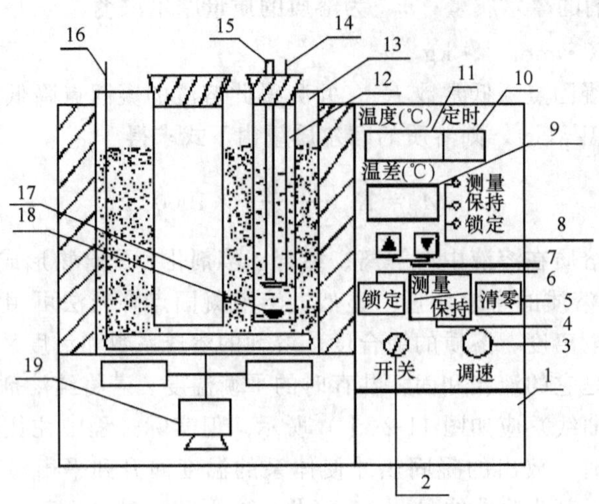

图 11-3　凝固点测定仪示意图

1—机箱；2—电源开关；3—磁力搅拌器调速旋钮；4—测量与保持状态的转换；5—温差清零键；6—锁定键；7—定时设置按钮；8—测量、保持、锁定指示灯；9—温差显示窗口；10—定时显示窗口；11—温度显示窗口；12—凝固点测定管；13—冰槽（保温筒）；14—手动搅拌器；15—温度传感器；16—手动搅拌器（冰槽）；17—空气套管；18—搅拌磁子；19—磁力搅拌器

(2) 调节冰槽的温度　将传感器放入冰槽中，并在冰槽中放入敲碎的冰块和自来水，待冰槽中的冰水浴（制冷剂）温度在 1.5～2℃范围基本保持不变时，按“采零”键，对温差采零，再按下“锁定”键，锁定基温选择量程，记录采零温度。实验过程应保持制冷剂温度稳定。

(3) 溶剂凝固点的测定　用移液管吸取 25mL 环己烷放入洗净、烘干的凝固点测定管中。同时，放入小磁子，将温度传感器插入橡胶塞中，然后将橡胶塞塞入凝固点测定管，要塞紧。注意传感器应插入到与凝固点测定管管壁平行的中央位置，插入深度以温度传感器顶端离凝固点测定管的底部 5mm 为佳。将凝固点测定管直接插入冰槽中，观察温差显示值，当温差显示值基本不变，此即为纯溶剂环己烷的粗测凝固点。

取出凝固点测定管，用手心握住加热，待凝固点测定管内结冰完全融化后，将凝固点测定管直接插入冰槽中。缓慢搅拌，当环己烷温度降至高于粗测凝固点温度 0.5℃时，迅速将凝固点测定管取出，擦干插入空气套管中，调节调速旋钮缓慢搅拌使温度均匀下降。此时要及时记下温差值，并每隔 15s 记录仪器的温差示值。当温度低于粗测凝固点时，及时调整调速旋钮加速搅拌，使固体析出，温度开始上升时，调整调速旋钮继续缓慢搅拌，直至温差回升到不再变化，持续 60s，此时显示器显示示值即为环己烷（纯溶剂）的凝固点。继续记录温差示显示值 2min。

再重复测试环己烷凝固点温度 T_f^* 两次，三次测量结果的绝对平均误差值应小于±0.02℃。注意，由于实验环境气氛、溶剂纯度和仪表的准确度等因素的影响，实际测得的凝固点冷却曲线比理论的冷却曲线要复杂得多。

(4) 溶液凝固点的测定——萘-环己烷溶液凝固点的测定　做完纯溶剂凝固点测定后，取出凝固点测定管，使管中环己烷固体完全熔化后，放入事先已用电子天平准确称量的 0.0640～0.1000g 固体萘，待其完全溶解后，按纯溶剂凝固点测定方法，先测凝固点的参考温度（粗测），而后再精确测定之。重复 3 次，要求 3 次溶液凝固点温度 T_f 的绝对平均误差应小于±0.02℃。

六、数据记录与处理

(1) 用下式计算室温下环己烷的密度 ρ_A：

$$\rho_A = 0.7971 - 0.8879 \times 10^{-3} t$$

式中，t 为室温，℃。由环己烷的密度，计算所取环己烷的质量 W_A。

(2) 将原始数据列成表格。

(3) 做出各次测量的温度-时间步冷曲线。从曲线上求得各次测量的凝固点（T_f^* 和 T_f）。对重复测量得到的凝固点数据取平均值。

(4) 由测定的纯溶剂、溶液的凝固点平均值$\overline{T_f^*}$、$\overline{T_f}$，计算萘的摩尔质量，并计算与理论值的相对误差。

七、注意事项

(1) 本实验测量的成败关键是控制过冷程度和搅拌速度。实验当中容易产生过冷现象。为防止过冷超过 0.2℃，当温度低于粗测凝固点温度时，必须即时调整调速旋钮，加快搅拌速度，以控制过冷程度。

(2) 除凝固点测定装置的质量外，实验的环境气氛和溶剂、溶质的纯度都直接影响实验的可靠性和稳定性。

(3) 冰槽温度应不低于溶液凝固点 3℃为佳。一般控制在低于凝固点 2～3℃。

(4) 在测量过程中，一旦按一下“锁定”键后，基温自动选择，则“采零”键不起作用，直至重新开机。

八、问题与讨论

(1) 当溶质在溶液中有解离、缔合、溶剂化和形成配合物时，测定的结果有何意义？

(2) 估算实验测量结果的误差，说明影响测量结果的主要因素。

(3) 如何用该实验装置测量蔗糖的摩尔质量？

实验一〇三　分解反应平衡常数的测定

一、目的与要求

(1) 静态平衡压力的方法测定一定温度下氨基甲酸铵的分解压力，并求出分解反应的平衡常数。

(2) 温度对反应平衡常数的影响，由不同温度下平衡常数的数据，计算等压反应热效应 $\Delta_r H_m^\ominus$，标准反应吉布斯自由能变化 $\Delta_r G_m^\ominus$ 及标准熵变 $\Delta_r S_m^\ominus$。

(3) 学会低真空实验技术。

二、预习与思考

(1) 预习第 6 章中有关热效应的测量技术及仪器、温度控制技术和压力测量技术及仪器。

(2) 本实验和纯液体的饱和蒸气压实验都使用等压计，测定的体系和测定的方法有何区别？

三、实验原理

氨基甲酸铵是合成尿素的中间产物，很不稳定，易发生如下分解反应：

$$NH_2COONH_4(s) \rightleftharpoons 2NH_3(g) + CO_2(g)$$

该反应是可逆的多相反应，若不将分解产物从体系中移走，则很容易达到平衡。在压力不太大时，气体的逸度近似为 1，且纯固态物质的活度为 1，所以分解反应的平衡常数 K_p 为：

$$K_p = p_{NH_3}^2 p_{CO_2} \tag{11-6}$$

式中，p_{NH_3}、p_{CO_2} 分别为平衡时 NH_3、CO_2 的分压。又因固体氨基甲酸铵的蒸气压可以忽略，故体系的总压 $p_总$ 为：

$$p_总 = p_{NH_3} + p_{CO_2}$$

从分解反应式可知：

$$p_{NH_3} = 2p_{CO_2}$$

则有：

$$p_{NH_3} = \frac{2}{3}p_总；p_{CO_2} = \frac{1}{3}p_总$$

$$K_p = \left(\frac{2}{3}p_总\right)^2\left(\frac{1}{3}p_总\right) = \frac{4}{27}p_总^3$$

$$K_p^\ominus = \left(\frac{\frac{2}{3}p_总}{p^\ominus}\right)^2\left(\frac{\frac{1}{3}p_总}{p^\ominus}\right) = \frac{4}{27}\left(\frac{p_总}{p^\ominus}\right)^3 \tag{11-7}$$

可见，当体系达到平衡后，只要测量其平衡总压，便可求得实验温度下的平衡常数 K_p。

温度对平衡常数的影响如下式表示：

$$\frac{\mathrm{dln}K_p^\ominus}{\mathrm{d}T} = \frac{\Delta_r H_m^\ominus}{RT^2} \tag{11-8}$$

式中，$K_p^\ominus$ 为标准平衡常数；T 为热力学温度；$\Delta_r H_m^\ominus$ 为等压反应热效应。若温度变化范围不大，$\Delta_r H_m^\ominus$ 可视为常数。将式(11-8) 积分，得：

$$\ln K_p^\ominus = -\frac{\Delta_r H_m^\ominus}{RT} + C \tag{11-9}$$

以 $\lg K_p^\ominus$ 对$\frac{1}{T}$作图，应为一直线，其斜率为$-\frac{\Delta_r H_m^\ominus}{2.303R}$，由此可求得 $\Delta_r H_m^\ominus$。

由某温度下的平衡常数，可按下式算出该温度下的标准反应吉布斯自由能变化 $\Delta_r G_m^\ominus$：

$$\Delta_r G_m^\ominus = -RT\ln K_p^\ominus \tag{11-10}$$

式中，摩尔气体常数 $R=8.314\mathrm{J \cdot K^{-1} \cdot mol^{-1}}$。

利用实验温度范围内的分解反应的平均等压热效应和某温度下的标准吉布斯自由能变化 $\Delta_r G_m^\ominus$，可近似地算出该温度下的标准熵变 $\Delta_r S_m^\ominus$

$$\Delta_r S_m^\ominus = \frac{\Delta_r H_m^\ominus - \Delta_r G_m^\ominus}{T} \tag{11-11}$$

四、仪器与药品

数字式压力计 1 台；恒温水浴 1 套；等压计 1 个；样品管 1 个；缓冲储气罐 1 台；真空泵 1 台；硅油；氨基甲酸铵（自制）。

五、实验内容

1. 测量装置的安装

按图 11-4 所示安装测量装置，将干燥并装有硅油的等压计和干燥并装有氨基甲酸铵的样品管安装好，样品管和等压计用乳胶管连接。测量装置的气密性检查参照实验一〇一。

2. 测量

① 调节恒温浴温度为 25℃，关闭平衡阀 1，打开进气阀，缓慢旋转平衡阀 2 使真空泵与系统连通，对系统缓缓抽气，约 10min，直至排尽系统内空气。关闭进气阀和平衡阀 2，

并使真空泵与大气连通，停泵。

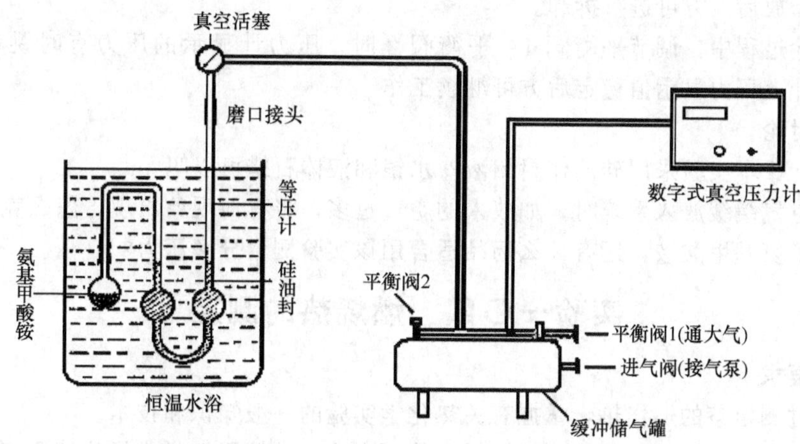

图 11-4　静态平衡压力法测定分解压力装置示意图

② 缓慢旋转平衡阀 1，使空气缓缓放入系统，直至等压计 U 形管两臂的硅油面平齐，立即关闭阀门。仔细观察硅油面，设法保持硅油面平齐不变。待硅油面不再随时间而发生变化（保持 10min）时，可认为体系已处于平衡状态，读取数字式真空压力计读数、大气压力及恒温浴温度。恒温浴精度应能达到±0.1℃。

③ 提高恒温浴温度至 30℃，按上述方法再次测量。然后依次分别测定 35℃、40℃、45℃时的分解压力。

④ 测定完毕后，关闭真空活塞，使等压计与系统其它部分隔开。关闭平衡阀 1、打开平衡阀 2 和进气阀，然后开动真空泵抽去压力计和管道内的气体，再打开平衡阀 1，使真空泵与大气接通，停泵。

六、数据记录与处理

（1）将所测得的分解压进行校正，计算分解反应的平衡常数 K_p。并将所测的分解压与文献值（表 11-1）进行对照。

（2）以 $\lg K_p^{\ominus}$ 对 $\dfrac{1}{T}$ 作图，计算氨基甲酸铵分解反应的平均等压反应热效应 $\Delta_r H_m^{\ominus}$。

（3）计算 25℃时氨基甲酸铵分解反应的标准吉布斯自由能变化 $\Delta_r G_m^{\ominus}$ 和标准熵变 $\Delta_r S_m^{\ominus}$。

表 11-1　氨基甲酸铵分解压文献值

恒温温度/℃	25.00	30.00	35.00	40.00	45.00	50.00
分解压/mmHg	88.0	128.0	178.5	247.0	340.0	472.0

七、注意事项

（1）由表 11-1 氨基甲酸铵分解压文献数据可知，温度对分解压的影响是很大的，因此实验中必须仔细控制分解反应的温度，一般要求准确到±0.1℃。数据表明，温度越高，温度波动对分解压测量的影响越大。

（2）用真空泵对系统抽气时，因为氨有腐蚀性，同时当氨与二氧化碳一起吸入泵内时将会生成凝结物，以致损坏泵及泵油，因此在真空泵前应安装吸附有浓硫酸的硅胶的干燥塔，用来吸附氨。

(3) 阀的开启、关闭不可用力过猛，以防损坏阀门，影响气密性。修阀门时必须先将压力罐的压力释放后，方可进行拆卸。

(4) 实验过程中，调节平衡阀 1、平衡阀 2 时，压力计显示的压力有时跳动属正常现象，待压力计上压力显示值稳定后方可继续工作。

八、问题与讨论

(1) 为什么本实验采用硅油作封闭液？水银和液体石蜡可以吗？

(2) 将空气缓缓放入系统时，如放入的空气过多，将有何现象出现，怎么克服？

(3) 除了氨基甲酸铵，还有什么药品适合用该实验测量分解压力？

实验一〇四　燃烧热的测定

一、目的与要求

(1) 通过测定萘的燃烧热，掌握有关热化学实验的一般知识和技术。

(2) 熟悉氧弹式量热计的构造、原理和使用方法。掌握用氧弹式量热计测定萘的等容燃烧热。

(3) 学会用雷诺图解法校正温度的改变值。

二、预习与思考

(1) 预习第 6 章“6.1 温度的测量”和“6.2 温度的控制技术”。

(2) 预习第 2 章“2.5.4 气体钢瓶及其使用”。

(3) 思考下列问题

① 本实验是测量萘的燃烧热，为什么要先燃烧苯甲酸？

② 本实验中 Q_p 与 Q_V 的绝对值哪个大？如何计算 Δn？

③ 何谓仪器水当量？如何测定？

三、实验原理

燃烧热一般指的是在一定温度下、1mol 物质完全燃烧时的热效应，它是热化学中重要的基本数据。一般化学反应的热效应，往往因为反应太慢或反应不完全，因而难以测定。但是借助盖斯定律，可用燃烧热数据求出。因此燃烧热广泛地用在各种热化学计算中。许多物质的燃烧热已经精确测定。测定燃烧热的氧弹式量热计是重要的热化学仪器，在热化学、生物化学以及某些工业部门中广泛应用。

测定燃烧热的量热法是热力学的一种基本实验方法。在等容或等压条件下可以分别测得等容燃烧热 Q_V 和等压燃烧热 Q_p。由热力学第一定律可知，Q_V 等于体系内能的变化 ΔU，Q_p 等于焓变 ΔH，如果把气体作为理想气体处理，则存在下列关系：

$$Q_p = Q_V + \Delta nRT \tag{11-12}$$

式中，Δn 为反应前后产物与反应物中气体的物质的量之差；R 为摩尔气体常数；T 为反应的热力学温度。

但必须指出，化学反应的热效应（包括燃烧热）通常是用等压热效应 ΔH 来表示的，而本实验是在氧弹量热计中测定等容燃烧热的，因此根据式(11-12)，可将测得等容燃烧热换算为等压燃烧热。

用氧弹量热计（见图 11-5）进行实验时，氧弹放置在内筒的水浴 8 中，内筒通过外筒与环境隔离。样品在体积固定的氧弹中燃烧放出的热、引火丝燃烧放出的热和氧化了微量的氮气生成酸的生成热，大部分被水所吸收；另一部分则被氧弹、水桶、搅拌器及温度计所吸收，引起温度升高。

在量热计与环境没有热交换时，可写出如下的热量平衡式：

$$-\left(\frac{m}{M}Q_V+aq+5.983c\right)=Wh\Delta t+C_{计}\ \Delta t \tag{11-13}$$

式中，Q_V 为待测物质的摩尔燃烧热；m 为待测物质的质量，g；M 为待测物质的相对分子质量；q 为引火丝的燃烧热，$J \cdot g^{-1}$，镍丝为 $-1400.8J \cdot g^{-1}$，铁丝为 $-6695J \cdot g^{-1}$，棉线为 $-17479J \cdot g^{-1}$；a 为引火丝的质量，g；5.983 为硝酸的生成热（$-59.83kJ \cdot mol^{-1}$），当用 $0.100mol \cdot L^{-1}$ NaOH 滴定生成的硝酸时，每 1mL 的碱相当于 5.983 J；c 为滴定生成硝酸时，耗用 $0.100mol \cdot L^{-1}$NaOH 的体积，mL；W 为水桶中水的质量，g；h 为水的比热，$J \cdot g^{-1} \cdot K^{-1}$；$\Delta t$ 为与环境无热交换时的真实温度差；$C_{计}$ 为量热计（仪器）的水当量，$J \cdot K^{-1}$，它表示量热计包括氧弹、搅拌器、温度计等每升高一度所需要吸收的热量。

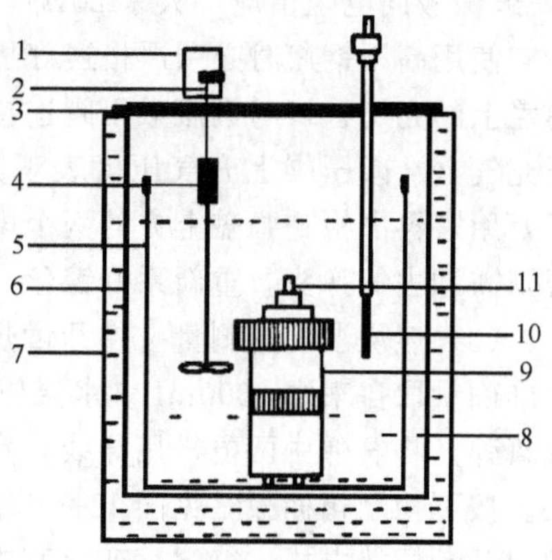

图 11-5　氧弹量热计结构示意图
1—电动机；2—搅拌器轴；3—外套上盖；4—绝热轴；5—内筒；6—外套内壁；7—量热计外套；8—自来水；9—氧弹；10—数显温度计探头；11—氧弹电极插头

四、仪器药品

(1) 仪器　HR-15 型氧弹式量热计［包括氧弹（图 11-6）、精密多功能控制箱（图 11-7）、压片机］，压片机 1 台，氧气钢瓶，万用表，电子天平，容量瓶（1L，2L），10mL 移液管，50mL 碱式滴定管 1 支，150mL 锥形瓶。

(2) 药品　$0.100mol \cdot L^{-1}$ NaOH，酚酞指示剂，苯甲酸（AR），萘（AR）。

(3) 材料　镍丝，氧气。

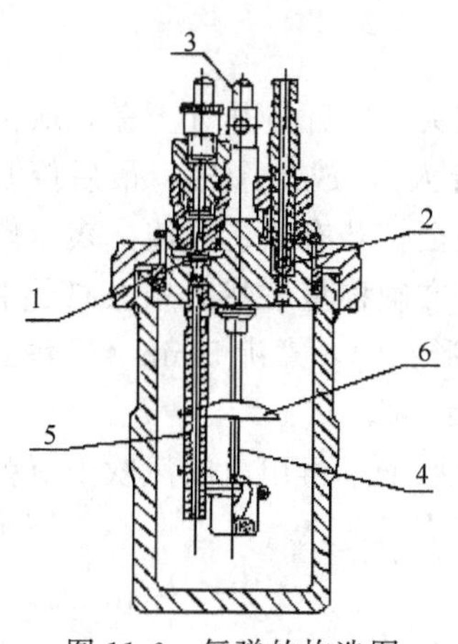

图 11-6　氧弹的构造图
1—充气阀门；2—放气阀门；3—电极；4—坩埚架；5—充气管；6—燃烧挡板

五、实验内容

1. 量热计（仪器）的水当量 $C_{计}$ 的测定

测定量热计（仪器）水当量的方法是以定量的、已知燃烧热的标准物质完全燃烧放出的热量 q，使仪器温度升高 Δt℃，则量热计水当量为 $q/\Delta t$℃。标准物质常用苯甲酸，其在 298.15K 的燃烧热为 $-3226.8kJ \cdot mol^{-1}$。

(1) 样品压片　用台秤称取约 1g 的苯甲酸，然后将钢模底板装进模中，从上面倒入已称好的苯甲酸样品，徐徐旋紧螺杆，直到将样品压成片状为止（注意不要压得太硬）。抽去模底的托板，再继续向下压，使模底与样品一起脱落；然后将样品在干净的玻璃板上敲击 2～3 次，以除去黏附的粉末，在电子天平上准确称量其质量（精确到 0.0001g），即可供燃烧热测定用。

(2) 装置氧弹　拧开氧弹盖，将其放在弹头架上，挂上装有少量酸洗石棉粉的金属小杯，把样品压片装入金属杯内，用电子天平准确称量（精确到 0.0001g）约 15cm 长的镍丝，弯成 U 状，小心地将镍丝两端分别在两引火电极上缠紧，使镍丝的底部紧贴在样品上，然后在氧弹中加入 0.5mL 的去离子水，盖好弹盖，旋紧螺帽；用万用表检查两极是否通路

(一般两极间电阻值应不大于 20Ω)，若通路，旋紧氧弹出气口，就可以充氧气。

使用高压钢瓶时必须严格遵守操作规则，充氧时必须事先认真练习。用氧气接头铜管把弹盖上的充气管口与钢瓶减压阀连接，开启减压阀，缓缓充气直到氧弹压力为 1.2MPa 时停止充气（从减压阀上充气压力表观察氧弹内压力)。关闭减压阀，取出氧弹。充好氧气后，用万用表再次检查弹盖上方的两个电极，看是否仍为通路。若通路则可以将氧弹放入筒内，否则需卸去氧弹头，重新系好镍丝。

(3) 燃烧温度的测量　打开量热计多功能控制箱（预热 15min 后才能测温度)，用容量瓶准确量取自来水 3000mL（水温较室温低 0.5～1.0℃)，顺筒壁小心倒入内筒中，刚好浸没氧弹。将氧弹中两电极用导线与点火变压器相连接，盖好盖子，装上配套的数显温度计探头。按下控制箱面板（见图 11-7）上的“半分”键，选择时间间隔为 0.5min，按下“搅拌”键，开动搅拌电机。待温度变化基本稳定后，再按下“复位”键和“壹分”键，开始读取点火前最初阶段的温度，每隔 1min 读取一次温度（准确读至 0.001℃)，共 10 次，读数完毕，立即按“点火”键通电点火。点火后，立即再按下“复位”键和“半分”键，每隔 0.5min 读取一次温度，约 5min 后温度开始缓慢变化（两次温度读数差值小于 0.005℃）或待温度上升到最高点复转下降后，恢复每分钟读取一次，继续 10min，停止实验。

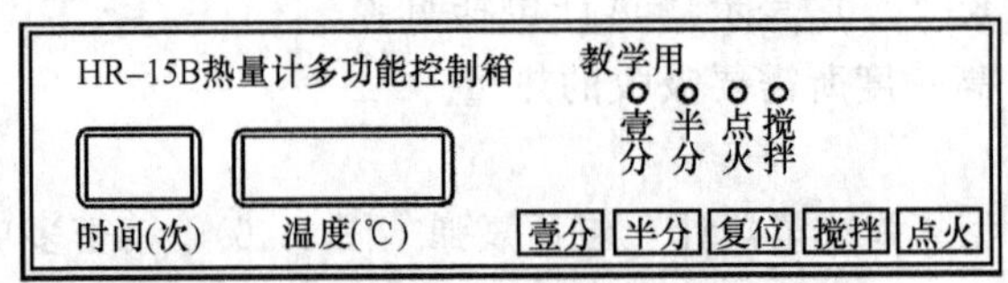

图 11-7　量热计多功能控制箱面板示意图

(4) 实验停止　关闭多功能控制箱的电源，取下温度计的探头，打开量热计上盖，取出氧弹并将其拭干，缓缓打开氧弹放气口（注意，放气口不要对着人)，放出余气，最后旋开氧弹盖，检查样品燃烧情况。若氧弹没有燃烧残渣，表示燃烧完全；若有黑色残渣，表示燃烧不完全，实验失败。若燃烧完全，取下剩余镍丝，用电子天平准确称量，然后用去离子水（每次用 10mL）洗涤氧弹内壁三次，洗涤液收集在 150mL 的锥形瓶中，煮沸 5min（以除去氧气）后，以 0.100mol·L^{-1}NaOH 滴定，用 2～3 滴酚酞作指示剂。

倒出量热计内筒中的水，洗净氧弹内部及金属杯，先用毛巾擦干，再用电吹风吹干氧弹内壁、金属杯和金属筒内壁。

2.萘的燃烧热的测定

称取约 0.6g 萘，按上述方法进行萘的燃烧热的测定。

六、数据记录与处理

(1) 用图解法（雷诺图）校正温度改变值 Δt　实际上，氧弹式量热计不是严格的绝热体系，加之传热速度的限制，燃烧后达到最高温度需一定时间，在这段时间内体系与环境难免不发生热交换。因而，从温度计读得温度差不是真实的温度差 Δt，因此对读数必须进行校正。通常用作图法和经验公式，这里只介绍作图法。

将燃烧前后历次读取的水温，作 T(℃)-t(min) 图，连成 $abcd$ 线（见图 11-8)。图中 b 点相当于开始燃烧的点，c 点为观测到的最高温度读数点；b 点所对应的温度 T_1，c 点对应的温度 T_2，取其平均温度 $(T_1+T_2)/2$ 为 T，经过 T 点作横坐标的平行线 TO，与曲线相交于 O 点，然后过 O 点作垂线 AB，此线与 ab 线及 cd 线的延长线分别交于 E、F 两点，则 E、F 两点所表示的温度差即为欲求温度升高的值 ΔT，如图 11-8(a) 所示。

有时量热计绝热情况良好、热漏小，但由于搅拌不断引进少量能量，使燃烧后最高点不出现，如图 11-8(b) 所示，这时 ΔT 仍可按相同原理校正。

(2) 按下式求出量热计（仪器）的水当量

$$C_{计}=\frac{(Q_V \frac{m}{M}+qa+5.983V)}{\Delta t}-Wh \quad (11\text{-}14)$$

式中，各符号与式(11-13) 相同。

(3) 计算萘的燃烧热。

(4) 按误差传递计算温度和称量对燃烧热的影响。

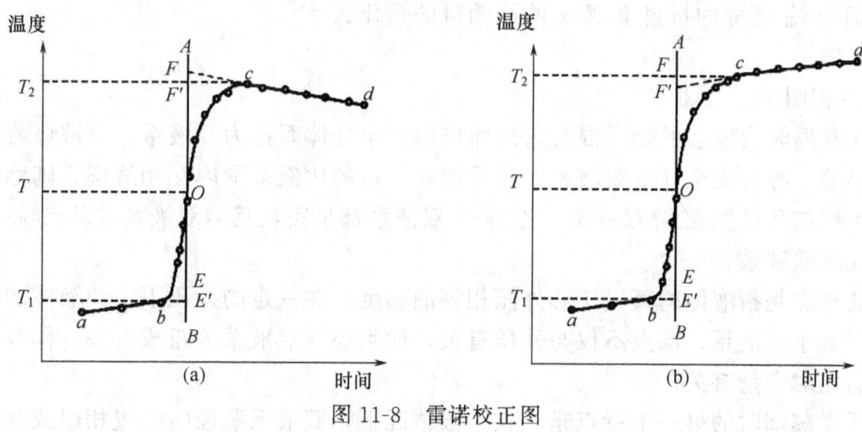

图 11-8 雷诺校正图

七、注意事项

(1) 注意压片的紧实程度，太紧不易燃烧；燃烧丝必须与药品紧密接触，否则不发生燃烧。

(2) 氧弹充气时，人不要站在钢瓶出气处，以保人身安全。

(3) 钢瓶内压力不得低于 10×10^5 Pa，否则不能使用。

(4) 搅拌器不可与内筒相碰，以免损坏筒和摩擦生热。

(5) 可用燃烧热来判断燃料的质量。对液体样品，通常将其装在已知燃烧热的胶管中，或在液体表面盖上有机薄膜，以便顺利燃烧。

八、问题与讨论

(1) 试述燃烧热的定义。怎样由化合物的燃烧热计算生成热？

(2) 在本实验中哪些是体系？哪些是环境？体系和环境通过哪些途径进行热交换？对测定结果影响怎样？如何进行校正？

(3) 按误差传递计算燃烧热的相对误差；如果要提高实验的准确度，应从哪几个方面考虑？

(4) 讨论氧弹内除待测物质和镍丝的燃烧能产生热量外，还有其它哪些物质的反应能产生热量？这些热量对本实验的测定可能有多大影响？

实验一〇五 双液系气-液相图的绘制

一、目的与要求

(1) 用回流冷凝法测定沸点时气相与液相的组成，绘制双液系沸点-组成图，并确定体系的恒沸点温度和恒沸混合物的组成。

(2) 了解阿贝折射仪的构造原理，掌握阿贝折射仪的使用和维护。

二、预习与思考

(1) 预习《物理化学》中有关相图和相律的基本概念，了解绘制双液体系相图的基本原理和方法。

(2) 预习第4章"4.4蒸馏"。

(3) 预习第6章"6.5.1折射率与阿贝折射仪"。

(4) 思考下列问题

① 如何判断气-液两相已达到平衡？如何保证测定折射率时液体保持为平衡时的组成？

② 双液体系沸点与什么因素有关？当气液平衡时，较高沸点的组分在哪个相含量较大？

③ 作环己烷-乙醇的折射率-组成曲线的目的是什么？

三、实验原理

1. 气-液相图

两种在常温时为液态的物质混合起来而成的二组分体系称为双液系。二液体若能按任意比例互相溶解，称为完全互溶双液系；若只能在一定的比例范围内互相溶解，则称为部分互溶双液系。例如环己烷-乙醇双液系，乙醇-水双液系都是完全互溶双液系；环己烷-水双液系则是部分互溶双液系。

液体的沸点是指液体的蒸气压和外压相等的温度。在一定的外压下，纯液体的沸点有确定的值。但对于双液系，沸点不仅与外压有关，而且还与双液系的组成有关，即与双液系中两种液体的相对含量有关。

双液系在蒸馏时的另一个特点是：在一般情况下，双液系蒸馏时，气相组成和液相组成并不相同。因此，原则上有可能用反复蒸馏的方法，使双液系的二液体互相分离。但有时不能用单纯蒸馏双液系的办法使二液体分离，例如工业上制备无水乙醇，不能用单纯蒸馏含水酒精的方法获得无水乙醇，因为水和乙醇在一定比例时发生共沸（或恒沸），需要先用石灰处理或先加入少量环己烷，使成三元体系后再进行蒸馏。因此，了解双液系在蒸馏过程中沸点及液相、气相组成的变动情况，对工业上进行双液系分离具有实际意义。

根据相律，可知一个气-液共存的二组分体系，其自由度为2。只要任意再确定一个变量，整个体系的存在状态就可以用二维图形来描述。例如，在一定压力下，可以画出温度T和组分x的关系图，所得图形称为双液系T-x相图。它表明了在各种沸点时的液相组成和与之平衡的气相组成的关系。图11-9是一种最简易的完全互溶双液系相图。图中纵轴是温度（沸点）t，横轴是液体B的摩尔分数x_B。图中下面的一根曲线是液相线，上面的一根是气相线。对应于同一沸点温度的二曲线上的两个点，就是互成平衡的气相点和液相点。例如在图11-9中，与沸点t_1对应的气相组成是气相线上v_1点对应的x_B^V，液相组成是液相线上为l_1点对应的横轴读数x_B^L。可见，具有这种类型的相图的双液系可以用单纯蒸馏的方法使二液体分离，因为从图中可以看出：x_B^V恒小于x_B^L，所以气相中，A的含量恒大于液相中A的含量。将这气相与液相分离后，冷凝下来，再重新蒸馏，所得到的气相含A将更多。如此重复蒸馏，就可以达到分离的目的。

图11-10是另一种典型的完全互溶双液系相图，图中所注符号意义与图11-9相同。这两种图的特点是出现极值（极大值或极小值），因此就不能用单纯蒸馏的方法将A和B完全分离。有极小值的实例有环己烷-乙醇双液系，乙醇-水双液系；有极大值的实例有盐酸-水双液系。相图中极值点所对应的温度称为恒沸点。因为具有该组成的双液系在蒸馏时，气相组成和液相组成完全一样。在整个蒸馏过程中的沸点也恒定不变，对应于恒沸点的组成的溶液

称为恒沸混合物。外界压力不同时，同一双液系的相图也不尽相同，所以恒沸点和恒沸混合物的组成还和外压有关，通常压力变化不大时，恒沸点和恒沸混合物组成的变动不大。在未注明压力时，一般是指外压为 101.325kPa 时的值。

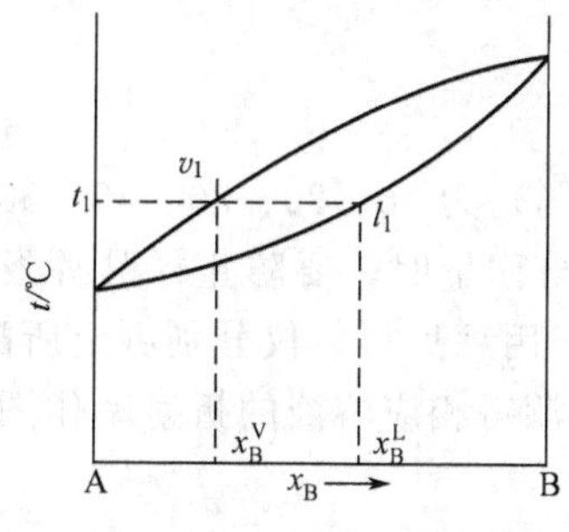

图 11-9　完全互溶双液系相图

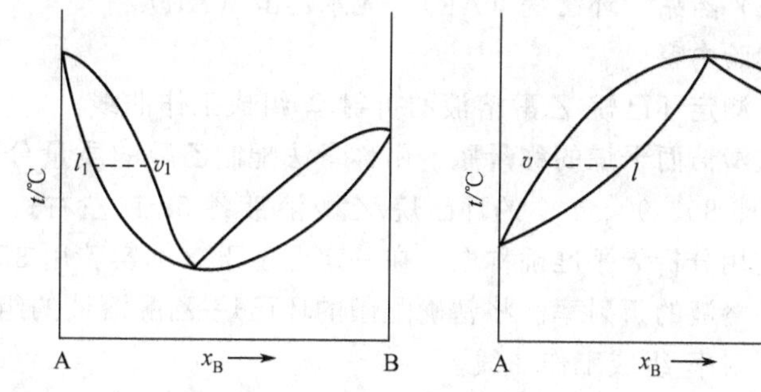

图 11-10　完全互溶双液系的另两种类型图

2. 沸点测定仪

测绘这类相图时，要求同时测定溶液的沸点及气液平衡时两相组成。本实验用回流冷凝法测定环己烷-乙醇溶液在不同组成时的沸点。测沸点的仪器称为沸点仪。实际所用沸点仪种类很多，本实验所用的沸点仪如图 11-11 所示，是一只带有回流冷凝管的长颈圆底烧瓶（特殊蒸馏瓶）。冷凝管底部有一小槽 4，用以收集冷凝下来的平衡蒸气的样品，液相样品则通过烧瓶上的支管 2 抽取。图中 3 是一根装在玻璃管内的电热丝，在溶液中加热溶液，以减少溶液沸腾时过热、爆沸现象。温度计的安装位置为：使水银球的 2/3 浸入液体，1/3 露在蒸气中（每次实验都应保持一样），这样所测得的温度比较能代表气液两相平衡的温度。要分析平衡时气相和液相的组成，就必须正确取得气相和液相样品。取样时，吸管要洁净、干燥的，否则将影响气相或液相的平衡组成。溶液的组成用测量折射率的方法进行分析。折射率是物质的一个特征数值。溶液的折射率与组成有关，因此测得一系列已知浓度的溶液折射率，作出在一定温度下溶液的折射率-组成工作曲线，就可按内插法得到这种未知溶液的组成。因为环己烷和乙醇的折射率相差较大，且折射率的测定所需样品量少，对本实验适用。

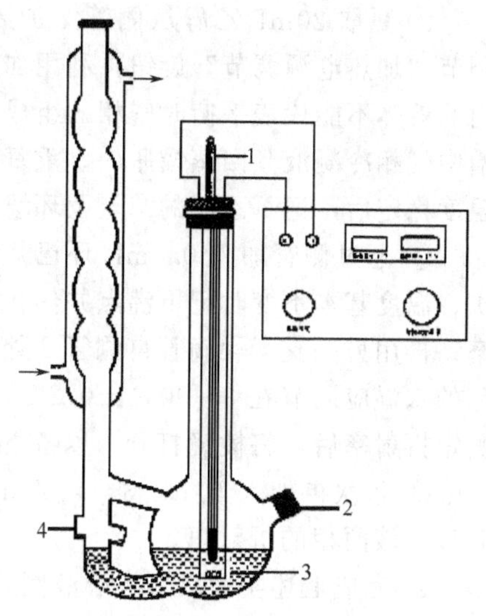

图 11-11　实验装置图

1—温度传感器；2—支管（取液相）；3—加热丝；4—小槽（取气相）

3. 组成分析

物质的折射率与温度有关，大多数液态有机化合物折射率的温度系数为－0.0004，因此，在测定时，应将温度控制在指定值的±0.2℃范围内，才能将这些液体样品的折射率测准到小数点后 4 位。对挥发性溶液或易吸水样品，加样品时动作要迅速，以防挥发或吸水，影响折射率的测定结果。

本实验是在恒压下测定不同组成的溶液沸点，同时用阿贝折射仪测定蒸气和残留组成的方法，绘制环己烷和乙醇双液系的沸点-组成图。

四、仪器与药品

（1）仪器　沸点仪一台，50～100℃温度计一支，0～100℃温度计一支，20mL 量筒三个，5mL 量筒两个，阿贝折射仪一台，超级恒温槽一套，电吹风一把，吸管若干支。

（2）药品　环己烷（AR）、无水乙醇（AR）

五、实验内容

1.测定环己烷-乙醇溶液的折射率-组成工作曲线

取清洁而干燥的称量瓶，用称量法配制乙醇的质量分数（%）为 10、20、30、40、50、60、70、80、90、100 的环己烷-乙醇溶液各 5mL 左右。配制与称量时，要防止样品挥发，质量要用分析天平准确称取。在一定温度下（本实验用 35℃），用阿贝折射仪分别测定所配制的各溶液的折射率。将精确配制的环己烷-乙醇溶液的组成及测得相应溶液的折射率作图，即得折射率-组成工作曲线。

2.安装沸点仪

将传感器航空头插入后面板上的“传感器”插座；将 200V 电源接入后面板上的电源插座；将干燥的沸点仪按图 11-11 连接好，注意传感器勿与加热丝相碰；最后接通冷凝水。

3.沸点及折射率测定

① 量取 20mL 乙醇从侧管 2 加入蒸馏瓶中，并将传感器浸入溶液内。打开电源开关，调节“加热电源调节”旋钮，利用加热丝将液体加热至缓慢沸腾。因最初在冷凝管下端小槽内的液体不能代表平衡时气相的组成，为加速到达平衡，需连同支架一起倾斜蒸馏瓶，使小槽中气相冷凝液倾回蒸馏瓶内，重复三次。（注意：加热时间不宜太长，以免物质挥发）待温度稳定后，记下乙醇的沸点及环境气压。

② 通过侧管加入 0.5mL 环己烷，继续加热至沸。待温度变化缓慢时，同上法回流三次，温度基本不变时记下沸点并停止加热。用吸管从小槽 4 中取出气相冷凝液，测定其折射率；再用另一支干燥滴管自侧管 2 处吸出少许液相混合液，测定其折射率（阿贝折射仪中循环的水温应调节在 35.00℃±0.2℃，测定时动作要迅速，以防由于蒸发使溶液组成改变。测定折射率后，将棱镜打开，以备下次测定用）。

③ 依次再加入 1、2、3、4、5mL 环己烷，分别测定不同组成时的溶液沸点及测定平衡时气、液两相的折射率。

④ 完成上述实验后，将溶液倒入回收瓶中。待仪器干燥后，再将仪器装好，加入 20mL 环己烷，测定其沸点，然后继续加入 0.5、0.5、0.5、0.5、1、2、3、4mL 乙醇，分别测定不同组成的溶液沸点及平衡时气、液两相的折射率。

4.沸点-组成图绘制

根据各组分溶液的折射率，分别从工作曲线上求出组成，绘制沸点-组成图。

六、数据记录与处理

（1）根据气相和液相样品的折射率，从折射率-样品组成的工作曲线查得相应组成。

（2）溶液的沸点与大气压有关。应用特鲁顿规则及克劳休斯-克拉贝龙公式可得溶液沸点因大气压变动的近似校正公式：

$$\Delta T=\frac{RT_{沸}}{88}\times\frac{\Delta p}{p}=\frac{T_{沸}}{10}\times\frac{101325-p}{101325} \tag{11-15}$$

式中，ΔT 是沸点的校正值；$T_{沸}$ 是溶液的沸点（热力学温度）；p 为测定时的大气压力，Pa。由此，在 101325Pa 压力下的溶液正常沸点为：$T_{正常}=T_{沸}+\Delta T$。

（3）按表 11-2 和表 11-3 的格式，记录全部测量结果。

（4）根据表 11-2 和表 11-3 的测量结果，用坐标纸作 $t/℃\text{-}w_{乙醇}$ 图，从图中求出环己烷-乙醇的最低恒沸混合物的组成和温度。

表 11-2　平衡组成和沸点的测定（一）

室温：＿＿＿＿＿　气压：＿＿＿＿＿

在 20mL 乙醇中加入环己烷的体积/mL	气相		液相		沸点/℃		
	折射率 n	$w_{乙醇}$	折射率 n	$w_{乙醇}$	T 读数	ΔT	$T_{真实}$

表 11-3　平衡组成和沸点的测定（二）

室温：＿＿＿＿＿　气压：＿＿＿＿＿

在 20mL 环己烷中加入乙醇的体积/mL	气相		液相		沸点/℃		
	折射率 n	$w_{乙醇}$	折射率 n	$w_{乙醇}$	T 读数	ΔT	$T_{真实}$

七、注意事项

（1）沸点仪塞子不可漏气。

（2）沸腾时间一定不能少于 10min。

（3）温度稳定后方可读取温度。

（4）取样吸管应保持洁净、干燥。

（5）要等到停止沸腾后方可取液相液体。

（6）使用阿贝折射仪时，棱镜不能用热风吹、不能触及硬物（如滴管），擦拭时要用擦镜纸。

八、问题与讨论

（1）每次加入蒸馏瓶中的环己烷或乙醇是否应按记录表规定精确计量？

（2）在本实验中，气液两相是怎样达成平衡的？小槽 4 体积太大，对测量有否影响？

（3）平衡时，气液两相温度应该不应该一样？实际是否一样？怎样防止有温度的差异？

（4）超级恒温水浴为什么要求恒温精度为±0.2℃？

（5）双液系相图如何绘制？哪些因素是误差的主要来源？

（6）由所得相图讨论此溶液简单蒸馏时的分离情况，你认为能否用分馏方法把环己烷和乙醇完全分离？

实验一〇六　二组分固-液相图的绘制

一、目的与要求

(1) 用热分析法（步冷曲线法）绘制 Sn-Bi 合金相图；掌握应用步冷曲线数据绘制二元体系相图的基本方法。

(2) 掌握热电偶温度计和 UJ-36 型电位计的基本原理和使用。

二、预习与思考

(1) 预习第 6 章“6.1.2 温度的测量和温度计”，了解热电偶温度计、铂电阻温度计的简单工作原理和使用注意事项。

(2) 预习第 6 章“6.6.5 直流电位差计”，了解 UJ-36 型电位计的工作原理与使用方法。

(3) 什么叫步冷曲线？纯物质的步冷曲线与混合物的步冷曲线有何不同？

(4) 用相律分析在各条步冷曲线上出现平台的原因。

(5) 为什么在不同组分铋熔液的步冷曲线上，最低共熔点的水平线段长度不同？

三、实验原理

用几何图形来表示多相平衡体系有哪些相、各相的组成如何，不同的相的相对量是多少，以及它们随浓度、温度、压力等变量变化的关系图，叫相图。

绘制相图的方法很多，热分析法是常用的一种实验方法。在定压下将体系从高温逐渐冷却，作温度对时间的变化曲线 T-t 图，即步冷曲线。体系若有相变，必然伴随有热效应，即在步冷曲线中会出现转折点。从步冷曲线有无转折点就可以知道有无相变。测定一系列组成不同样品的步冷曲线，从步冷曲线上找出各相应体系发生相变的温度，就可绘制出被测体系的相图。图 11-12(a) 是二组分金属体系的一种常见类型的步冷曲线。

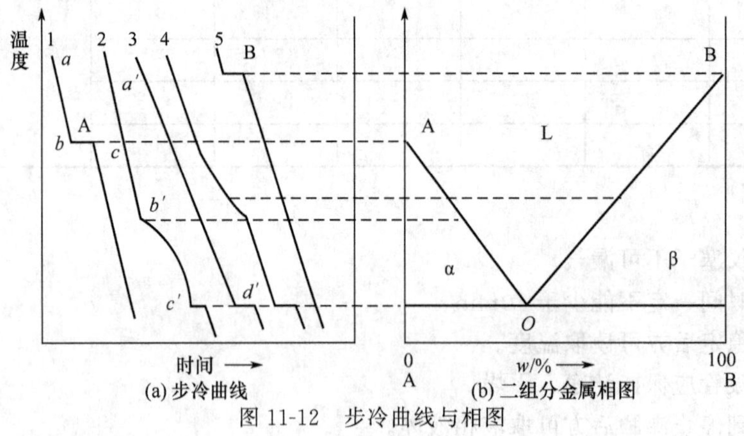

(a) 步冷曲线　　(b) 二组分金属相图

图 11-12　步冷曲线与相图

纯物质的步冷曲线如图 11-12(a) 中 1、5 所示，当体系从高温均匀冷却时，如果体系不发生相变，则体系的温度随时间的变化是均匀的，冷却也较快（如图中 ab 线段）。ab 线的斜率决定于体系的散热程度。当冷却到 A 的熔点时，固体 A 开始析出，出现两相平衡（液体和固体 A），此时温度维持不变，步冷曲线出现 bc 的水平段，直至其中液相全部消失，温度才下降。

混合物的步冷曲线（如图中 2、4）与纯物质的步冷曲线（如图中 1、5）不同。如曲线 2，开始温度下降很快（如 $a'b'$ 段），冷却到 b' 点的温度时，开始有固体 A 析出，这时体系呈两相。因为液相的成分不断改变，所以平衡温度也不断改变。由于在相变过程中有凝固热不断放出，所以体系温度随时间的变化速度将发生改变，体系的冷却速度减慢，曲线的斜率较小（如图中 $b'c'$ 段），出现转折。当溶液继续冷却到某一点时（如图中 c' 点），由于此时溶液的组成已达到最低共熔混合物的组成，故有最低共熔混合物析出，体系出现三相。在最低共熔混合物完全凝固以前，体系温度保持不变，因此步冷曲线出现水平段（如图中 $c'd'$ 段）。直至熔液完全凝固后，温度才迅速下降。

图中曲线 3 表示其组成恰为最低共熔混合物的步冷曲线，其曲线图形与纯物质相似，但它的水平段是三相平衡。

由此可见，对组成一定的二组分低共熔混合物体系来说，可以根据它的步冷曲线判断有固体析出时的温度和最低共熔点的温度；如果作出一系列组成不同的体系的步冷曲线，从中找出各转折点，即能画出二组分体系最简单的相图（温度 T-组成 x 图），不同组成熔液的步冷曲线与对应相图的关系可从图 11-12(b) 中看出。图中 L 为液相区；α 为纯物质 A 和液相共存的两相区；β 为纯物质 B 和液相共存的两相区；水平段表示 A、B 和液相共存的三相共存线；水平线段以下表示纯 A 和纯 B 共存的两相区；O 为低共熔点。

四、仪器与药品

金属相图炉 1 台，样品管 4 支；锡（CP），铋（CP）。

五、实验内容

（1）配制样品　分别配制含锡量为 10%、40%、58%、80%、100% 的铋锡混合物各 100g，装入样品管中，同时在样品管内插入热电偶端的不锈钢套管，并在样品上方覆盖一些石墨粉。

（2）测定五个样品的步冷曲线　将样品管逐个放在坩埚炉中加热熔化，待熔化后用不锈钢套管小心搅拌样品，然后使其均匀冷却。每隔 1min 测量温度 1 次，直到步冷曲线水平部分以下为止。

六、数据记录与处理

（1）作步冷曲线（T-t 图）　以温度 T 为纵坐标、时间 t 为横坐标，分别作出五个样品在冷却过程温度随时间变化的步冷曲线。

（2）作铋、锡二元金属相图（T-w 图）　从步冷曲线中可找出各个不同体系的相变温度 T，以此相变温度 T 为纵坐标，相应各体系的组分 w 为横坐标，即可作得最简单的 Bi-Sn 二元组分相图。

七、注意事项

（1）采用热分析法测冷却曲线时，要求被测体系处于平衡状态，因此体系散热速度应缓慢、均匀，否则冷却曲线上转折点温度会偏低或不明显，以致被掩盖。

（2）样品管热容有限，且上下散热不同，故铂电阻温度计要插入足够的深度（中部为宜）。

（3）加热时，注意调节电压，不宜过高，待金属熔化后即需切断加热电源。

（4）适当搅拌可避免过冷现象，但搅拌时须是平动，切忌上下搅动，否则测温点会不断变更而导致温度变化无规律。

（5）在实验中发生过冷现象，使转折点发生起伏，难以确定，如图 11-13 所示。如遇此情况可延长 dc 线与 ab 线相交，交点 e 即为转折点。

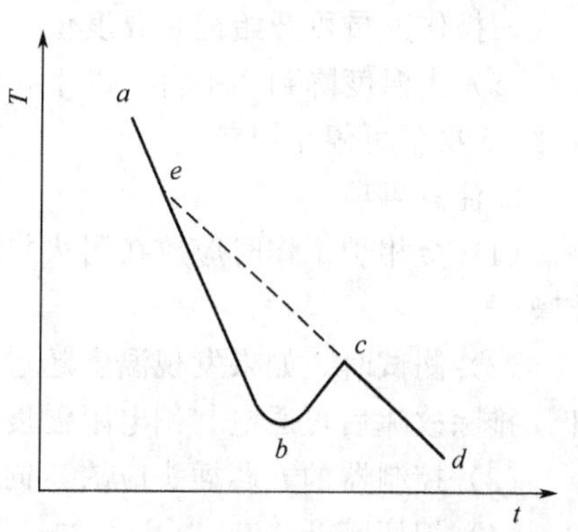

图 11-13　发生过冷现象的步冷曲线

八、问题与讨论

（1）根据实验结果，讨论各步步冷曲线的降温速率控制是否得当。

(2) 为什么在相同的降温条件下，不同组成的步冷曲线上的转折点明显程度不一样？

(3) 试从实验方法比较测绘气液相图和固液相图的异同点。

九、附注

图 11-14 为 JXL-Ⅱ微机控制金属相图实验炉的示意图，其使用方法说明如下。

1. 操作步骤

(1) 装好样品，加入石墨粉，并在玻璃管中插入不锈钢套管，放入炉体内。

(2) 将炉底暗开关拨到“OFF”位置。

(3) 校对室温：将铂电阻放在炉体外，接通电源 2min 后，观察数码管温度是否符合室温。如与室温不符，需进行调整。

(4) 将铂电阻插入不锈钢套管中，按照上述升温方法来设置拨码开关值大小。

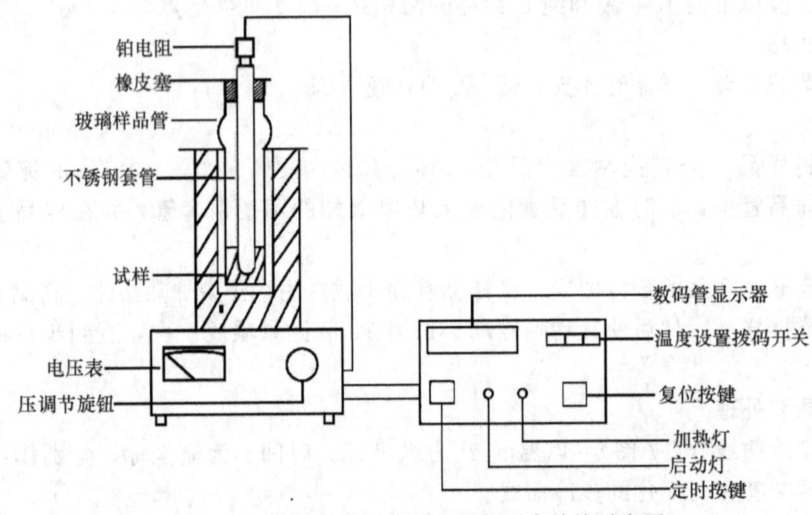

图 11-14 JXL-Ⅱ微机控制金属相图实验炉示意图

(5) 按下复位键，加热灯亮，开始升温，转动炉体上黑色电位器旋钮，使电压调到最大值。当显示温度超过设置温度时，加热灯灭，电压指示为零。为防止可控硅漏电流使炉子继续加热，把黑色旋钮反时针旋到底（最低位置）。

(6) 当温度达到最高温度时，迅速拔出橡皮塞，用玻璃棒搅拌玻璃管里面的样品，但动作要轻，防止把玻璃管弄破，然后重新塞上橡皮塞。也可提起玻璃管左右倾斜摇晃几次。

(7) 待温度降到需要记录的温度值时，按四次定时键，数码管显示“60s”，即 60s 报时一次，操作人员可开始记录温度值。

(8) 当温度降到“平台”以下，停止记录。如铋、锡合金的“平台”为 138℃，平台出现 4～5 次就可停止记录。

2. 注意事项

(1) 金相炉工作时应放在耐火材料（瓷砖、防火板）上防止事故，工作时，操作人员不能离开。

(2) 测试时，如果发现温度超过 400℃还在上升，应立即抽出铂电阻温度计放在炉外冷却，排除故障后再通电。铂电阻温度计最高温度为 500℃，玻璃管最高温度为 800℃。

(3) 控制器的五芯插头应缺口向下，对准炉体后的五芯插座的凸起插入。

(4) 炉底暗开关在“ON”时，炉子升温已不受控制器的控制了。如不注意显示温度，炉子升温超过 500℃会烧坏铂电阻温度计及玻璃管，所以炉底保温开关可根据实验是否需要保温，决定开关通否。

(5) 测试结束后，拨码开关应置于“000”。铂电阻取出来放在炉体外冷却。

实验一〇七　差热分析

一、目的与要求

(1) 掌握差热分析（DTA）的基本原理和方法，用差热分析仪测定硫酸铜的差热图，并掌握定性解释图谱的基本方法。

(2) 掌握差热分析仪的使用方法。

二、预习与思考

(1) 预习第 6 章“6.7.2 差热分析法”中有关差热分析仪的原理和使用方法。

(2) 思考下列问题

① DTA 实验中如何选择参比物？常用的参比物有哪些？

② DTA 和简单热分析（步冷曲线法）有何异同？

③ 差热曲线的形状与哪些因素有关？影响差热分析结果的主要因素是什么？

三、实验原理

物质在受热或冷却的过程中，如有物理或化学的变化会伴有热效应发生。差热分析法（differential thermal analysis，DTA）是测定在同一受热条件下，试样与参比物（在所测定的温度范围内不会发生任何物理或化学变化的热稳定的物质）之间温差（ΔT）对温度（T）或时间（t）关系的一种方法。

差热分析装置的简单原理如图 11-15 所示。该仪器结构包括放试样和参比物的坩埚、加热炉、温度程序控制单元、差热放大单元、记录仪单元以及两对相同材料热电偶并联而成的热电偶组，它们分别置于试样（S）和参比物（R）的中心，测量它们的温差（ΔT）和它们的温度（T）。

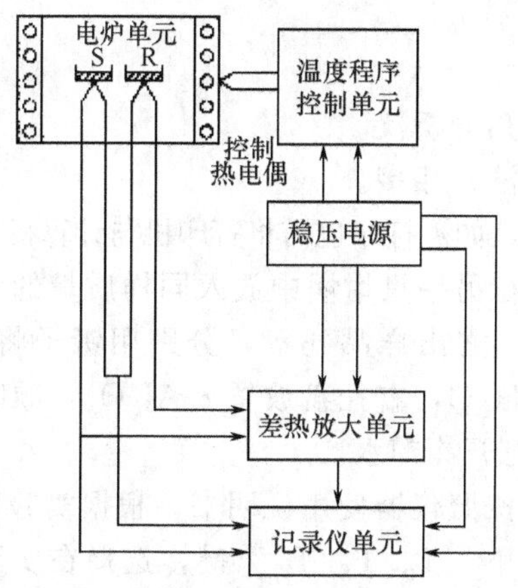

图 11-15　差热分析装置的简单原理图

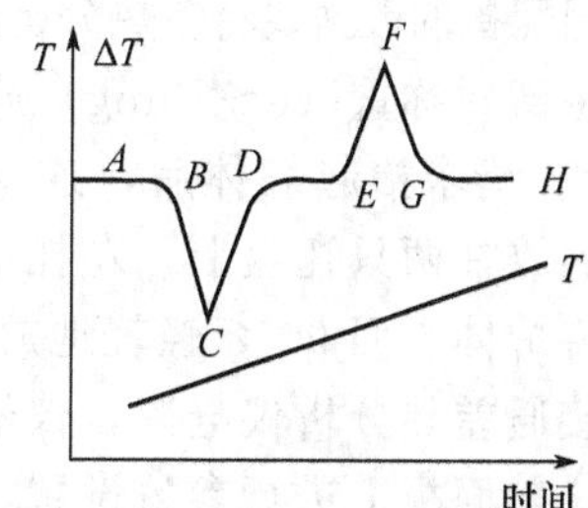

图 11-16　理想的差热分析曲线

试样与参比物放入坩埚后，按一定的速率升温。如果参比物和试样热容大致相同，就能得到理想的差热分析曲线，如图 11-16 所示。图中 T 是由插在参比物的热电偶所反映的温度曲线。AH 线反映试样与参比物间的温差曲线。如试样无热效应发生，那试样与参比物间 $\Delta T=0$，在曲线上 AB、DE、GH 是平滑的基线。当有热效应发生而使试样的温度低于参比物时，则出现如 BCD 峰顶向下的吸热峰。反之，峰顶向上的 EFG 为放热峰。

差热图中峰的数目多少、位置、面积、方向、高度、宽度、对称性反映了试样在所测定温度范围内所发生的物理变化和化学变化次数、发生转化的温度范围、热效应大小及正负。峰的高度、宽度、对称性除与测定条件有关外，还与样品变化过程的动力学因素有关。所测得的差热图比理想的差热图复杂得多。例如，在实验测量中，由于被测物质与参考物的比热、热导率、装填的疏密程度不可能完全等同，再加上样品在测定过程中可能发生收缩或膨胀，还有两支热电偶的热电势也不一定完全等同，因而差热基线就会发生漂移，峰（或谷）的前后基线不一定在一条直线上。差热峰可能较平坦，使 E、F、G（B、C、D）三个转折点不明显，这时可以通过作切线的方法来确定转折点及峰的面积（见图 11-17）。图中阴影部分就为校正后的峰面积。

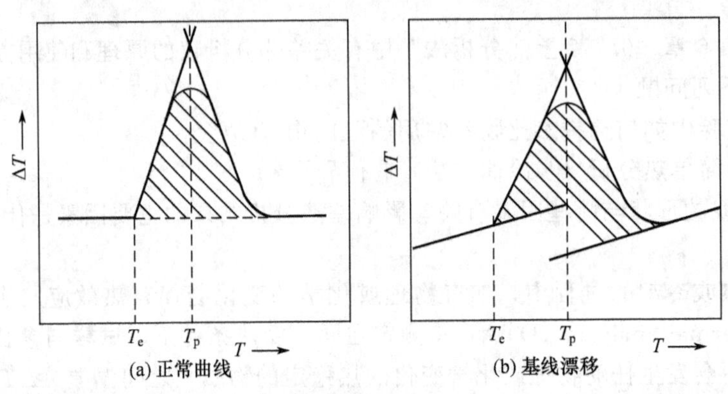

图 11-17　差热峰位置和面积的确定

四、仪器与药品

（1）仪器　ZCR-Ⅱ型差热分析仪。

（2）试剂　$CuSO_4 \cdot 5H_2O$(AR)，α-Al_2O_3(AR)

五、实验内容

（1）按照仪器使用说明书，连接差热分析炉和差热分析仪。

（2）用橡胶管将电炉冷却水接嘴与自来水（冷却液）相接。

（3）用配备的数据线将差热分析仪与计算机相连接，如需打印也需将打印机与计算机连接。

（4）将试样称重（6～10mg）放入一只坩埚中，在另一只坩埚中放入同样质量的参比物（α-Al_2O_3）。请求抬起炉体后，逆时针旋转炉体 90°，露出样品托盘，分别用镊子将试样、参比物坩埚放在两只托盘上，左托盘放置 $CuSO_4 \cdot 5H_2O$，右托盘放置 α-Al_2O_3，顺时针转动手柄，将炉体转回 90°，轻轻地放下加热炉体，并打开冷却水。

（5）接通差热分析仪电源，仪器进入工作状态。按照仪器使用说明书，根据实验所需在差热分析仪前面板上进行参数设置，设置完毕，按一下“$T_0/T_S/T_G$”键，选择在实验过程中需观察或控制的温度 T_S 或 T_G，装置进入升温工作状态。此时，差热分析仪各显示窗口按设置显示各有关数据。

（6）数据记录处理：在每次定时报警时，记录下 $\Delta T(\mu V)$、T_0 显示窗口显示的示值，或打开微机软件，点击“开始绘图”命令，此时程序进入自动绘图的工作状态。

（7）实验完毕，抬起记录笔，关闭记录仪、差热放大单元、温度程序控制单元并切断总电源，最后关闭冷却水源。

六、数据记录与处理

（1）指出样品差热图中各峰的起始温度和峰温。

（2）讨论各峰所对应的可能变化。

七、注意事项

（1）试样需研磨成与参比物粒度相仿（约 200 目），两者装填在坩埚中的紧密程度应尽量相同。

（2）在欲放下炉体时，务必先把炉体转回原处后（即样品杆要位于炉体中心）才能摇动手柄，否则会弄断样品杆。

（3）通电加热电炉前先打开冷却水源。

八、问题与讨论

（1）在实验中为什么要选择适当的样品量和适当的升温速率？

（2）测温热电偶插在试样中和插在参比物中，其升温曲线是否相同？

（3）差热曲线的形状与哪些因素有关？影响差热分析结果的主要因素是什么？

（4）应用差热分析方法时，应注意以下几方面。

① 差热分析是一种动态分析方法，因此实验条件对结果有很大的影响。一般要求试样用量应尽可能少，这样可得到比较尖锐的峰，并能分辨出靠得很近的峰。样品过多往往会使峰形成“大包”，并使相邻的峰互相重叠而无法分辨。选择适宜的升温速率。低的升温速率基线漂移小，所得峰形比较尖锐，可分辨出靠得很近的变化过程，但测定时间长。升温速率高时，峰形显得矮而宽，测定时间短，但基线漂移明显，与平衡条件相距较远，出峰温度误差大，分辨率下降。

② 作为参比物的材料，要求在整个测定温度范围内应保持良好的热稳定性，不应有任何热效应产生，常用的参比物有煅烧过的 α-Al_2O_3、MgO、石英砂等。测定时应尽可能选取与试样的比热、热导率相近的物质作参比物。有时为使试样与参比物热性质相近，可在试样中掺入参比物（为试样量的 1～2 倍）。

③ 从理论上讲，差热曲线峰面积（S）的大小与试样所产生的热效应（ΔH）大小成正比，即 $\Delta H=KS$，K 为比例常数。将未知试样与已知热效应物质的差热峰面积相比，就可求出未知试样的热效应。实际上，由于样品和参比物间往往存在着比热、热导率、粒度、装填紧密程度等方面不同，在测定过程中又由于熔化、分解、转晶等物理或化学性质的改变，未知物试样和参比物的比例常数 K 并不相同，故用它来进行定量计算误差极大，但差热分析可用于鉴别物质，与 X 射线衍射、质谱、色谱、热重法等方法配合可确定物质的组成、结构及反应动力学等方面的研究。

（5）本实验的测试样品为 $CuSO_4 \cdot 5H_2O$，其失水过程为：

$$CuSO_4 \cdot 5H_2O \longrightarrow CuSO_4 \cdot 3H_2O \longrightarrow CuSO_4 \cdot H_2O \longrightarrow CuSO_4$$

从失水过程看失去最后一个水分子显得比较困难，$CuSO_4 \cdot 5H_2O$ 中各水分的结合力不完全一样，如果与 X 射线仪配合测定，就可测出其结构为 $[Cu(H_2O)_4]SO_4 \cdot H_2O$。最后失去一个水分子是以氢键的方式键合在 SO_4^{2-} 上的，所以很难失去。

实验一〇八　分光光度法测定配合物的稳定常数

一、目的与要求

（1）掌握用分光光度法中的连续变化法测定 Fe^{3+} 与钛铁试剂形成配合物的组成及稳定常数的方法。

（2）掌握分光光度计的使用方法。

二、预习与思考

(1) 预习并了解连续法测定配合物组成及稳定常数的基本原理。

(2) 预习第 6 章“6.5.3 分光光度计”。

(3) 思考下列问题

① 怎样求配位数 n？如何计算配合物稳定常数？

② 测定 λ_{max} 的目的是什么？如何决定配合物最大吸收波长？

③ 使用分光光度计时应注意什么？比色皿大小应如何选择？

三、实验原理

配合物是现今化学界较感兴趣的研究对象之一。应用分光光度法不仅可以测定配合物的稳定常数，还可以测定配合物的组成。它既能用来研究双组分配合物，又能研究三组分配合物；既能研究生成单一配合物的反应，还能研究同时生成不同配位的配合反应。

利用分光光度法测定配合物除连续递变法外，还有摩尔比率法、直线法、等摩尔系列法、斜率比法、平衡移动法。

同时，分光光度法也可用来测定有机化合物的分子量和分子结构；在动力学研究方面用此法测定反应速率。

溶液中金属离子 M 和配位体 L 形成配合物，其反应式为：

$$M+nL \rightleftharpoons ML_n$$

当达到配位平衡时：

$$K=\frac{c_{ML_n}}{c_M c_L^n} \tag{11-16}$$

式中，K 为配合物稳定常数；c_M 为配位平衡时金属离子的浓度（严格应为活度）；c_L 为配位平衡时的配位体浓度；c_{ML_n} 为配位平衡时的配合物浓度；n 为配合物的配位数。

配合物稳定常数不仅反映了它在溶液中的热力学稳定性，而且对配合物的实际应用，特别是在分析化学方法中具有重要的参考价值。

显然，如能通过实验测得式(11-16) 中右边各项浓度及 n 值，则就能算得 K 值。本实验采用分光光度法来测定上述这些参数。

1. 分光光度法的实验原理

使可见光中各种波长单色光分别、依次透过有机物或无机物的溶液，其中某些波长的光即被吸收，透过的光就形成一吸收谱带，如图 11-18 所示。这种吸收谱带对于结构不同的物质具有不同的特性，因而就可以对不同产物进行鉴定分析，这是定性分析的基础（不同的物质有特定的吸收曲线）。

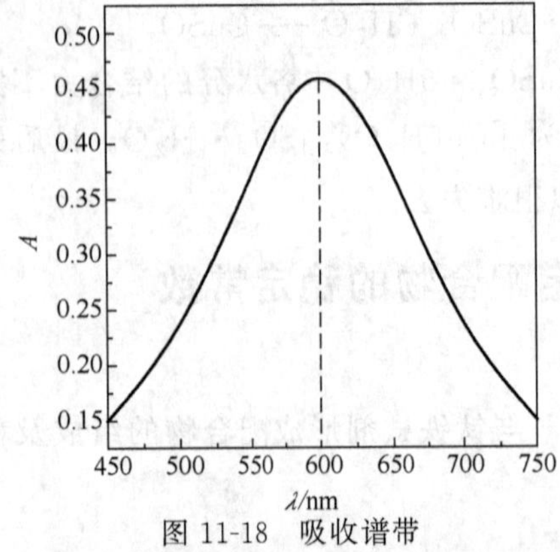

图 11-18 吸收谱带

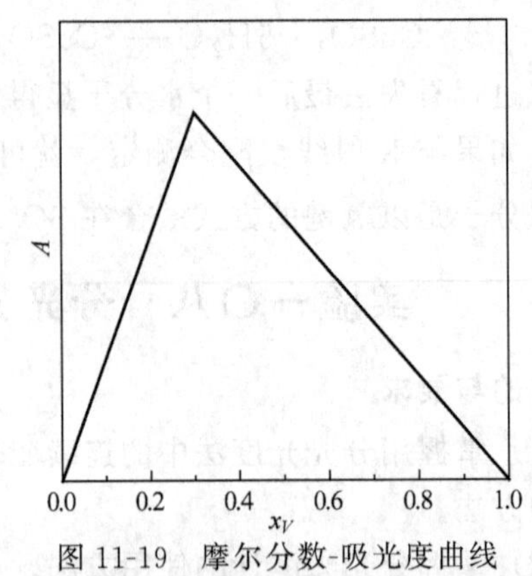

图 11-19 摩尔分数-吸光度曲线

根据朗伯-比尔定律，一定波长的入射光强 I_0 与透射光强 I 之间的关系为：

$$I=I_0\mathrm{e}^{-kcd} \tag{11-17}$$

式中，k 为吸收系数，对于一定溶质、溶剂及一定波长的入射光 k 为常数；c 为溶液浓度；d 为盛放溶液的液槽的透光厚度。

由式(11-17) 可得：

$$\ln\frac{I_0}{I}=kcd \tag{11-18}$$

式中，$\frac{I_0}{I}$称为透射比，令 $A=2.303\lg\frac{I_0}{I}$，则得 $A=kcd$，A 称为吸光度。可以看出，在固定液槽厚度 d 和入射光波长的条件下，吸光度 A 与溶液浓度 c 成正比，选择入射光的波长，使它对物质既有一定的灵敏度，又使溶液中其它物质的吸收干扰为最小，作吸光度 A 对被测物质 c 的关系曲线，测定未知浓度物质的吸光度，即能从 A-c 关系上求得相应的浓度值，这是光度法定量分析的基础。

2. 等物质的量连续递变法测定配合物的组成

连续递变法又称递变法，它实际上是一种物理化学分析方法，可以用来研究当两个组分相混合时，是否发生化合、配合、缔合等作用以及测定两者之间的化学比。其原理是：在保持总的物质的量不变的前提下，依次改变体系中两个组分摩尔分数的比值，并测定吸光度 A 值，作摩尔分数-吸光度曲线如图 11-19 所示，从曲线上吸光度的极大值，即能求出 n 值。

为了配制溶液时方便，通常取相同物质的量浓度的金属离子 M 溶液和配位体 L 溶液，在维持总体积不变的条件下，按不同的体积比配成一系列混合溶液。这样，它们的体积比也就是摩尔分数之比。设 x_V 为 $A_{极大}$ 时吸取 L 溶液的体积分数。即：

$$x_V=\frac{V_\mathrm{L}}{V_\mathrm{L}+V_\mathrm{M}} \tag{11-19}$$

M 溶液的体积分数为 $1-x_V$，则配位数：

$$n=\frac{x_V}{1-x_V} \tag{11-20}$$

若溶液中只有配合物 ML_n 具有颜色，则溶液的吸光度 A 和 ML_n 的含量成正比，作 A-x_V 图，从曲线的极大值位置即可直接求出 n。但在配制成的溶液中除配合物外，尚有金属离子 M 和配体 L 与配合物在同一波长 $\lambda_{最大}$ 中也存在着一定程度的吸收，因此所观察到的吸光度 A 并不是完全由配合物 ML_n 吸收所引起，必须加以校正，其校正方法如下：

作出实验测得的吸光度 A 对溶液组成（包括金属离子浓度为零和配位体浓度为零两点）的图，联结金属离子浓度为零及配位体浓度为零的两点的直线，如图 11-20 所示，则直线上所表示的不同组成吸光度数值 A_0 可以认为是由于金属离子 M 和配位体 L 吸收所引起，因此把实验所观察到的吸光度 A 减去对应组成上该直线读得的吸光度数值 A_0 所得的差值 $\Delta A=A-A_0$，就是该溶液组成下浓度的吸光度数值。作此吸光度 ΔA-x_V 曲线，如图 11-21 所示。曲线极大值所对应的溶液组成就是配合物组成。用这个方法测定配合物组成时，必须在所选择的波长范围内只有 ML_n 一种配合物有吸收，而金属离子 M 和配位体 L 等都不吸收和极少吸收，只有在这种条件下，A-x_V 曲线上的极大点所对应的组成才是所求配合物组成。

3. 稀释法测定配合物的稳定常数

设开始时金属离子 M 和配位体 L 的浓度分别为 a 和 b，而达到配位平衡时配合物浓度为 X，则：

$$K=\frac{X}{(a-X)(b-nX)^n} \tag{11-21}$$

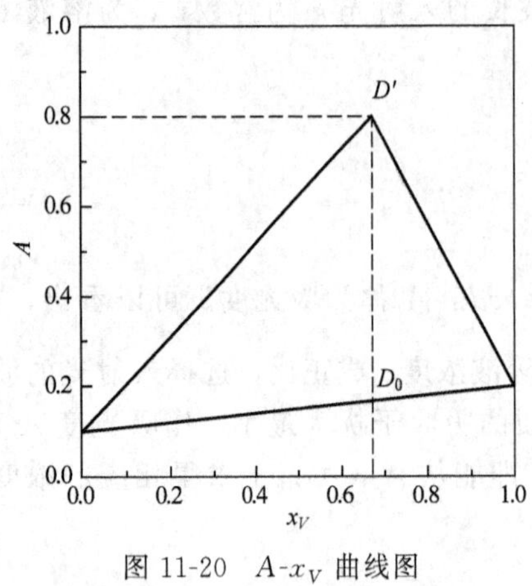

图 11-20 A-x_V 曲线图

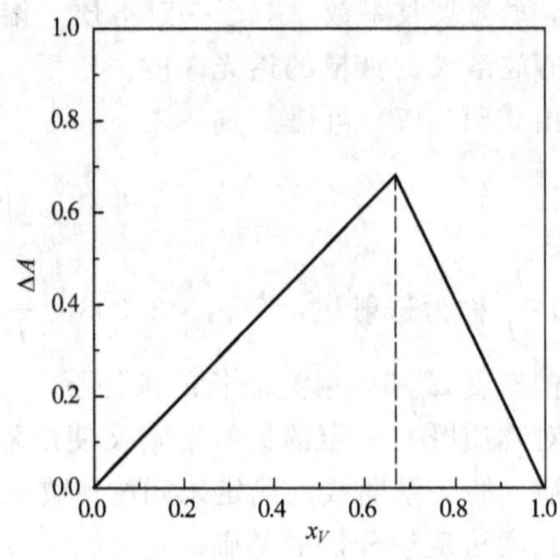

图 11-21 ΔA-x_V 曲线图

由于吸光度已经过上述方法进行校正，因此可以认为校正后，溶液吸光度正比于配合物浓度。如果在两个不同的金属离子和配位体总浓度（总物质的量）条件下，在同一坐标上分别作吸光度对两个不同总物质的量的溶液组成曲线，在这两条曲线上找出吸光度相同的两个点，如图 11-22 所示，则在此两个点上对应的溶液的配合物浓度应相同。设对应于两条曲线上的起始金属离子浓度及配位体浓度分别为 a_1、b_1、a_2、b_2，则：

$$K=\frac{X}{(a_1-X)(b_1-nX)^n}=\frac{X}{(a_2-X)(b_2-nX)^n} \tag{11-22}$$

解上述方程可得 X，然后即可计算配合物稳定常数 K。

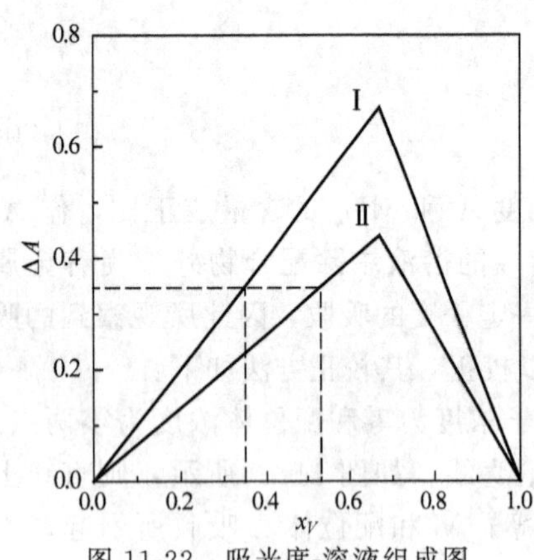

图 11-22 吸光度-溶液组成图

四、仪器与药品

（1）仪器 7200 型分光光度计。

（2）药品 0.005mol·L^{-1} 硫酸高铁铵溶液；0.005mol·L^{-1} 钛铁试剂（1,2-二羟基苯-3,5-二磺酸钠）；pH=4.6 的醋酸-醋酸铵缓冲溶液。

五、实验内容

（1）配制 250mL 0.005mol·L^{-1} 硫酸高铁铵溶液（在 1L 溶液中含有 2mol·L^{-1} H_2SO_4 4mL）。

（2）按表 11-4 制备 11 个待测溶液样品，然后依次将各样品加水稀释至 100mL。

（3）把 0.005mol·L^{-1} 硫酸高铁铵溶液及 0.005mol·L^{-1} 钛铁试剂溶液分别稀释至 0.0025mol·L^{-1}，然后按表 11-4 制备第二组待测溶液样品。

表 11-4 待测溶液的配制

溶液编号	1	2	3	4	5	6	7	8	9	10	11
Fe^{3+} 溶液/mL	0	1	2	3	4	5	6	7	8	9	10
钛铁试剂溶液/mL	10	9	8	7	6	5	4	3	2	1	0
缓冲溶液/mL	25	25	25	25	25	25	25	25	25	25	25

(4) 测上述溶液的 pH 值（只选取其中任一样品即可）。因为硫酸高铁铵与钛铁试剂生成的配合物组成将随 pH 改变而改变，故所测配合物溶液需维持 pH=4.6。

(5) ML_n 溶液分光光度曲线——λ_{max} 的选择。

(6) 按照 $[Fe(Ti)_2]^-$ 组成配制溶液如下：取 0.005mol·L^{-1} 硫酸高铁铵溶液 3.3mL、0.005mol·L^{-1} 钛铁试剂溶液 6.7mL，加入缓冲溶液 25mL，然后稀释至 100mL（维持 pH=4.6）。把溶液装在 1cm 的比色皿内，先选择某一波长 λ，仪器经调 $T=0\%$后，用去离子水调整仪器的 $T=100\%$（仪器的使用方法参见第 6 章"6.5.3 分光光度计"），再测溶液的吸光度。测毕后，改变波长 λ，重复上述操作程序，测定该溶液的吸收曲线，找出吸收曲线的最大吸收峰所对应的波长 λ_{max} 数值。在此波长下，1 号和 11 号溶液的吸光度数应接近于零。

(7) 测定第一组及第二组溶液在波长 λ_{max} 下的吸光度数值。

六、数据记录与处理

(1) 作两组溶液的吸光度 A 对溶液组成的 A-x_V 曲线。

(2) 按上述方法进行校正，求出两组溶液中配合物的校正吸光度数值（$\Delta A=A-A_0$）。

(3) 作第一组溶液校正后的吸光度（ΔA）对溶液组成的图（即 ΔA-x_V 曲线）。

(4) 找出曲线最大值下相应于 $x_V/(1-x_V)=n$ 的数值，由此即可得到配合物组成为 ML_n。

(5) 将第一、第二两组溶液校正后的吸光度（ΔA）数值对溶液组成作图于同一坐标系；从图中读出两组溶液中任一相同吸光度下两点所对应的溶液组成（即 a_1、a_2、b_1、b_2 数值）。

(6) 根据方程式(11-22) 求出 X 数值；从 X 数值算出配合物稳定常数。

七、注意事项

(1) 仪器连续使用不应超过 2h，若使用时间较久，则中途需歇 0.5h 再使用。

(2) 比色皿每次使用完毕后，应用去离子水洗净，倒置晾干。在日常使用中应注意保护比色皿的透光面，使之不受损坏和产生斑痕，以免影响它的透光率。

(3) $FeNH_4(SO_4)_2$ 溶液易水解，在配制溶液时，稀释前需加 1～2 滴浓硫酸以防水解。

(4) 若 M、L 在 λ_{max} 有吸收，应对吸光度 A 进行校正后，再作 ΔA-x_V 曲线。

八、问题与讨论

(1) 为什么只有在维持 [M]+[L] 不变的条件下改变 [M] 和 [L]，使 [L]/[M]=n 时配合物浓度才达到最大？

(2) 在两个 [M]+[L] 总浓度下作吸光度对 [L]/([M]+[L]) 的两条曲线，为什么在这两条曲线上吸光度相同的两点所对应的配合物浓度相同？

(3) 为什么需控制溶液的 pH 值？配制硫酸高铁铵溶液为什么要加入适量的硫酸？

(4) 从测定值误差估算 K 的相对误差。K 与哪些因素有关？

实验一〇九　离子迁移数的测定（界面移动法）

一、目的与要求

(1) 加深理解离子迁移数的基本概念。

(2) 掌握用界面移动法测定 HCl 水溶液中离子的迁移数的实验方法和技术。

二、预习与思考

(1) 预习《物理化学》中有关离子的电迁移率和迁移数的概念，了解离子迁移数的测定方法。

(2) 预习并理解界面移动法测定离子迁移数的基本原理和方法。

(3) 思考下列问题

① 在实验中为什么会得到一个稳定的界面?

② 如何求得 Cl^- 迁移数?

③ 为什么阴极要放在迁移管的上端?

三、实验原理

加 1～2 滴甲基紫于盐酸溶液中使呈蓝色，将此溶液装入刻度管内，管的上端为铂电极，下端为镉电极，通电时在两极所发生的反应为：

阴极 $$H^+ + e^- \longrightarrow \frac{1}{2}H_2$$

阳极 $$\frac{1}{2}Cd \longrightarrow \frac{1}{2}Cd^{2+} + e^-$$

在电场作用下，H^+ 移向阴极，Cl^- 移向阳极，这样便引起 H^+ 和 Cl^- 迁移。在阳极不断产生 $CdCl_2$ 溶液，由于 Cd^{2+} 移动速度较 H^+ 小，它紧紧跟在 H^+ 后面作指示溶液，使在 HCl 与 $CdCl_2$ 间产生紫红色和蓝色两种颜色的界面（pH 发生了变化）。界面移动的速度即 H^+ 移动的速度。

如图 11-23 所示，设通过 Q 法拉第电量后，在时间 t（s）内界面由 aa'移到 bb'，界面由 aa'到 bb'所扫过的圆柱体的体积为 V（mL），溶液的浓度为 c（$mol \cdot L^{-1}$），则通过 aa'面的 H^+ 的个数为：$cVLz_+e = z_+cVF$。根据迁移数的定义：

$$T_{H^+} = \frac{H^+\text{ 所迁移的电量}}{\text{通过的总电量}} = \frac{z_+ cVF}{Q} = \frac{z_+ cVF}{It}$$

或 $$T_{H^+} = 1 - \frac{z_- cVF}{It} = 1 - T_{Cl^-} \tag{11-23}$$

式中，F 为法拉第常数；I 为通过界面移动仪的电流；z_+、z_- 为电极反应中电子转移的计量系数。

界面移动法的实验结果是否准确，完全取决于界面的移动是否清晰。为此必须使界面上下电解质不相混合，这可以通过选择合适的指示离子在通电情况下达到。$CdCl_2$ 溶液能满足这个要求，因为 Cd^{2+} 淌度（u_+）较小。由于离子移动的速率相等，即 $r_{Cd^{2+}} = r_{H^+}$，由此可得：

$$u_{Cd^{2+}} \frac{dE'}{dL} = u_{H^+} \frac{dE}{dL} \tag{11-24}$$

$$\frac{dE'}{dL} > \frac{dE}{dL}$$

即在 $CdCl_2$ 溶液中电位梯度是较大的，如图 11-23 所示。若 H^+ 在扩散作用下落入 $CdCl_2$ 溶液层，它就不仅比 Cd^{2+} 迁移得快，而且比界面上的 H^+ 也要快，能赶回到 HCl 层。同样若任何 Cd^{2+} 进入低电位梯度的 HCl 溶液层，它就要减速，一直到它们重又落后于 H^+ 为止，这样界面在通电过程中保持清晰。

四、仪器与药品

(1) 仪器　界面移动仪 1 套，直流稳压电源（220～300V）1 台，电位计 1 组，标准电阻，可变电阻，秒表；Cd 电极，Pt 电极各 1 个。

(2) 药品　HCl 溶液（$0.1mol \cdot L^{-1}$），0.1%甲基紫指示剂。

五、实验步骤

取约 15mL HCl 溶液（$0.1mol \cdot L^{-1}$），加入 2 滴甲基紫指示剂，用此溶液洗涤刻度管三次（用一支细长的吸管小心抽洗）。然后装满溶液，在管上部插上铂电极，再将外套装满清水，以保持温度恒定。

按图 11-24 装接电路。实验过程中自始至终要维护电流恒定，但电解进行时，溶液的电导变小，所以用可变电阻来调节通过刻度管的电流。为此，在实验开始时把可变电阻先调到较大的数值，然后随着通电后溶液电阻增大再慢慢相应地调低。

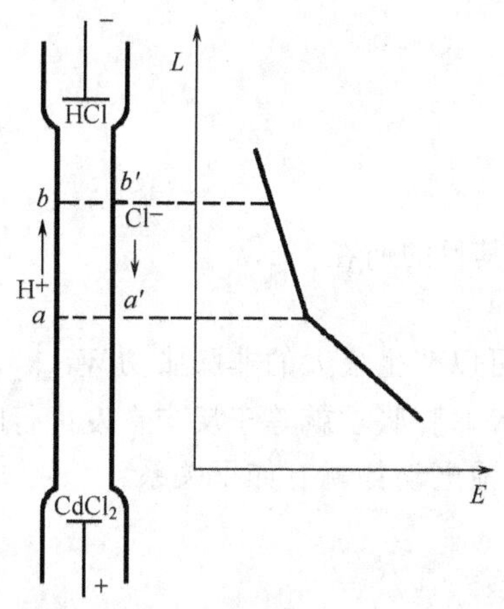

图 11-23　迁移管中的电位梯度

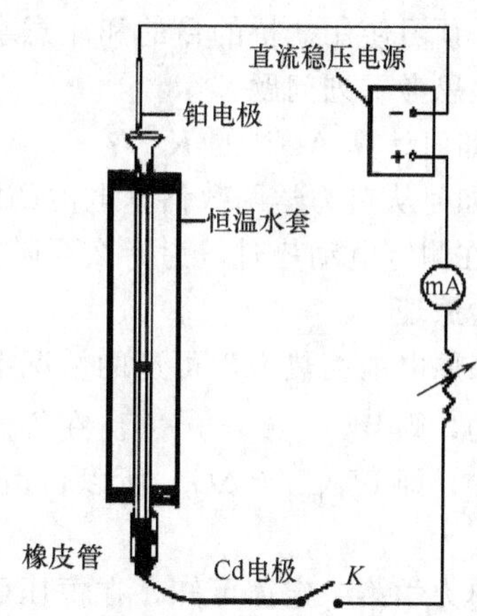

图 11-24　界面法测定离子迁移数的装置

接通电路，电流保持在 4mA。当迁移管内紫色界面到达预定的标度时，立即开动一只秒表，此时要随时调节可变电阻，使电流保持定值。待界面移动 0.1mL 时按停一只秒表。同上开动另一只秒表，记录每移动 0.1mL 所需时间。

六、数据记录与处理

（1）根据界面移动的总体积计算迁移数 T_{H^+} 和 T_{Cl^-}，并与文献值比较。

（2）按误差传递计算 T_{H^+} 的相对误差，并讨论仪器精密度的选择。

七、注意事项

（1）界面移动法的关键要形成一个鲜明清晰的界面。为此必须：①通过电流不宜过大；②实验时间不宜过长；③温度不宜过高（$Cd \rightarrow Cd^{2+}$ 放热），且迁移管应避免振动；④选择合适的指示剂使两层颜色反差明显。

（2）在通电前，电阻应调至最大，后逐步调小。

（3）为了减少两种液体的接触面积，选择截面积小的毛细管作迁移管，因此要防止发生气堵，同时阴极电极不能放置在毛细管中央。

八、问题与讨论

（1）在两种测迁移数实验中，电解时阳、阴极各起何反应？

（2）在界面法中将正在进行的实验停止通电，清晰的界面逐渐变模糊，若继续通电，为什么又会逐渐变清晰？

（3）若直流电压 200V，电流 4mA，则界面法中可变电阻最大数值为多少？

（4）通电一定时间后，停电一段时间，然后再通电继续测定数据行吗？

实验一一〇　电动势的测定及其应用

一、目的与要求

（1）了解可逆电池电动势温度系数及其实验测量方法。

（2）掌握通过测定原电池电动势计算化学反应热力学函数变化值的原理和方法。

（3）了解对消法测定原电池电动势的原理和方法；学会电位差计和检流计的使用方法。

二、预习与思考

（1）预习第6章“6.6.5直流电位差计”，了解对消法测定原电池电动势的原理和方法及电位差计和检流计的使用方法。

（2）预习并了解Ag-AgCl电极的实验制作和使用方法。

（3）预习使用盐桥的目的和注意事项。

（4）思考下列问题

① 如何计算AgCl的$K_{sp}^{\ominus}$？

② 如何从热力学函数估算电池的温度系数？

③ 在测定电动势时，为什么要随时进行标准化？其目的何在？

三、实验原理

如果原电池在热力学可逆的情况下进行反应，则可以产生最大的非膨胀功$W_{f,max}$。如果只有电功，则$W_{f,max}=-nFE$。在等温等压下这个最大非膨胀功就等于反应自发进行时自由能的减少，即$W_{f,max}=\Delta G$，所以自由能的变化与原电池电动势就有如下关系：

$$\Delta G=-nEF \tag{11-25}$$

从热力学第二定律可知，在恒压下有如下两个关系式：

$$-\Delta S=\left(\frac{\partial \Delta G}{\partial T}\right)_p \tag{11-26}$$

在等压下：

$$\Delta G=\Delta H-T\Delta S \tag{11-27}$$

把式(11-25)代入式(11-26)、式(11-27)，分别得到：

$$\Delta S=nF\left(\frac{\partial E}{\partial T}\right)_p \tag{11-28}$$

$$\Delta H=nF\left[T\left(\frac{\partial E}{\partial T}\right)_p-E\right] \tag{11-29}$$

式(11-28)、式(11-29)中的$\left(\frac{\partial E}{\partial T}\right)_p$表示在等压下、可逆原电池电动势的温度系数。

从式(11-27)～式(11-29)可知，如果能够在等压下测定可逆电池在不同温度下的电动势，就可求得该可逆反应的热力学函数的相对值ΔH、ΔG、ΔS等。

为了在接近热力学可逆条件下测定原电池的电动势，通常采用的方法是补偿法。当一个可逆的化学反应是无限缓慢情况下进行的，就可以认为该反应是在接近热力学可逆的条件下进行的。一个原电池反应的快慢就是反映在通过该电池的电流大小，如果电流接近于零，那么原电池的反应就处在无限缓慢的情况下，对于可逆电池而言，就可以认为该原电池的反应是在接近于热力学可逆的条件下进行。本实验是测定反应：$Ag^++Cl^-\rightarrow AgCl$的$\Delta H$、$\Delta G$、$\Delta S$等热力学函数，为此设计如下可逆电池：

$$Ag|AgCl|KCl(0.1mol\cdot L^{-1})\|AgNO_3(0.1mol\cdot L^{-1})|Ag$$

银电极反应：$Ag^++e^-\longrightarrow Ag$

银-氯化银电极反应：$Ag+Cl^-\longrightarrow AgCl+e^-$

总的电池反应：$Ag^++Cl^-\longrightarrow AgCl$

四、仪器与药品

（1）仪器　测定电动势仪器一套，恒温槽一套，Ag-AgCl电极，Ag电极。

（2）药品　0.1mol·L^{-1} HCl 溶液，0.1mol·L^{-1} $AgNO_3$ 溶液，KNO_3 盐桥。

五、实验步骤

（1）制备银和氯化银电极　氯化银电极的制备方法很多，较简单的方法是在镀银溶液中镀上一层纯银后，再将镀过银的电极作为阳极、铂丝作为阴极，在1mol 盐酸中电镀一层 AgCl。把此电极浸入 HCl 溶液，就成了 Ag-AgCl 电极。制备 Ag-AgCl 电极时，在相同电流密度下，镀银时间与镀氯化银的时间比最合适是控制在 3∶1。

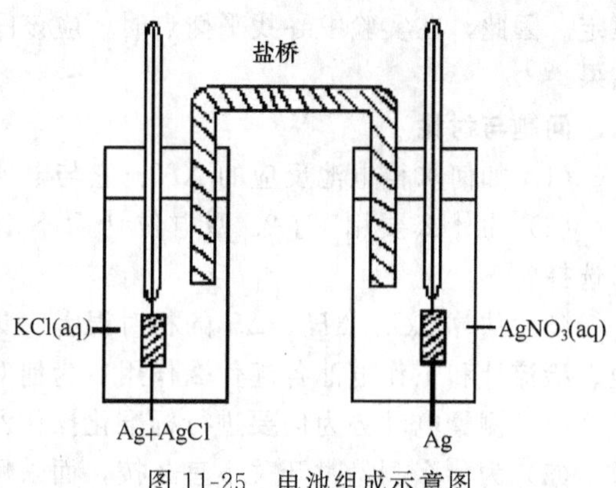

图 11-25　电池组成示意图

（2）按图 11-25 装好电池，把它放在恒温槽中测量其电动势（第 6 章“6.6.5 直流电位差计”），重复测量五次数值，第一次测量可以控制恒温槽温度比室温高 1～2℃，此后每次调升 5～7℃，温度恒定后（约需 20min）继续测量，共做 5～6 次（温度不宜过高，以免溶液的蒸发）。

六、数据记录与处理

（1）实验测定的数据记录于表 11-5 中。

表 11-5　实验数据记录与处理

测定顺序	温度 T/K	电动势 E/V						$\left(\frac{\partial E}{\partial T}\right)_p$ /V·K^{-1}	ΔS /J·mol^{-1}·K^{-1}	ΔG /kJ·mol^{-1}	ΔH /kJ·mol^{-1}
		1	2	3	4	5	6				

（2）以温度 T 为横坐标、电动势 E 为纵坐标作图，绘出曲线后并求出斜率的数值。如曲线不是很平直的，则需选取几个温度下曲线的斜率，分别求出这几个温度下电池反应诸热力学函数的变化。

（3）查阅电池的标准电动势 $E^{\ominus}$ 和活度系数，计算电动势并与实验值比较。

（4）从所测电池电动势计算 AgCl 的 $K_{sp}^{\ominus}$。

（5）以热力学函数表中的数据估算电池的温度系数并与测定值比较。

七、实验注意事项

（1）在测定电池电动势的温度系数时，一定要使体系达到热平衡，保温时间至少 0.5h。

（2）测定开始时，电池电动势值不太稳定，因此需每隔一定时间测定一次，直至稳定为止。

（3）温度读数一定要准确，有条件的应尽量使用分度为 0.01℃的温度计。

（4）银电极千万别插错（应插在 $AgNO_3$ 溶液中）。

（5）Ag-AgCl 电极其镀层的疏密程度、晶体颗粒大小都会影响其电极电势，因此对所制备的电极表面应做清洁处理，否则镀层粗糙易脱落；同时电流密度不宜过大，在相同电流密度下镀银时间与镀氯化银时间之比最好控制在 3∶1。新镀的电极可分别串在一起，在去离子水中浸泡 1～2d，使其电极电势稳定。

（6）原电池电动势的测定应该在可逆条件下进行，但在实验过程中不可能一下子找到平衡点，因此在原电池中或多或少有电流经过而产生极化现象。当外电压大于电动势时，原电池相当于电解池，极化结果使电势增加；相反，原电池放电极化，电势降低，这种极化结果都会使电极表面状态变化（此变化即使在断路后也难以复原），从而造成电动势测定值不能恒定。因此，在实验中寻找平衡点时，应该间断而短促按测量键，才能又快又好地求得实验结果。

八、问题与讨论

(1) 如何求得电池反应的 ΔH？它与电池的可逆热效应是否一样？

(2) 为什么要用 UJ-25 型电位计而不用学生型电位计来进行测量？检流计的精度如何选择？

(3) 估算 ΔG、ΔH、ΔS 的相对误差。试述电动势的测量原理，阐明电位计、标准电池、检流计和工作电池各起什么作用？为何对标准电池和检流计要特别维护？

(4) 测量电动势为何要进行标准化操作？若检流计单方向偏转，可能是什么原因？

(5) 为什么测量时开关不宜久按，而采用断续地按？

(6) 如何选用盐桥以适合不同的体系？

实验一一一　氢超电势的测定

一、目的与要求

(1) 测量氢在光亮铂电极上的活化超电势，求算塔菲尔公式中的两个常数 a、b。

(2) 了解超电势的种类和影响超电势的因素。

(3) 掌握测量不可逆电极电势的实验方法。

二、预习与思考

(1) 预习极化现象、超电势、超电势的种类及其影响因素。

(2) 预习氢超电势的概念，塔菲尔公式和不可逆电极电势的测定方法。

(3) 思考下列问题

① 极化作用有哪几种？如何降低极化作用？

② 什么叫氢超电势？它与哪些因素有关？如何计算氢超电势？

③ 氢超电势的存在对电解过程有何利弊？

三、实验原理

一个电极，当没有电流通过时，它处于平衡状态。此时的电极电势称为可逆电极电势，用 φ_R 表示。在有明显的电流通过电极时，电极的平衡状态被破坏，电极电势偏离其可逆电极电势。通电情况下的电极电势称为不可逆电极电势，用 φ_{iR} 表示。

某一电极的可逆电极电势与不可逆电极电势之差，称为该电极的超电势。超电势用 η 表示，即

$$\eta=|\varphi_R-\varphi_{iR}| \tag{11-30}$$

超电势的大小与电极材料、电极的表面状态、电流密度、温度、电解质的性质、溶液的组成等有关。超电势由电阻超电势、浓差超电势和活化超电势组成，分别用 η_R、η_c、η_E 表示。η_R 是电极表面的氧化膜和溶液的电阻产生的超电势；η_c 是由于电极表面附近溶液的浓度与溶液中间本体的浓度差而产生的超电势；η_E 是由于电极表面化学反应本身需要一定的活化能引起的超电势。

对于氢电极，用 η_R 和 η_c 比 η_E 小得多，在实验时，用 η_R 和 η_c 可设法减小到可忽略的程度，因此通过实验测得的是氢电极的活化超电势 η_E。图 11-26 为氢超电势与电流密度对数的关系图。

1905 年，塔菲尔总结了大量的实验结果，得出了在一定电流密度范围内，超电势与通过电极的电流密度 j 的关系式，称为塔菲尔公式：

$$\eta = a + b\ln j \tag{11-31}$$

式中，η 为电流密度为 j 时的超电势；a、b 为常数，V。a 的物理意义是在电流密度 $j=1\mathrm{A}\cdot\mathrm{cm}^{-2}$ 时的超电势，a 的大小与电极材料、电极的表面状态、电流密度、温度和溶液的组成有关，它基本上表征着电极的不可逆程度，a 值越大，在给定电流密度下氢的超电势也越大。铂电极属于低超电势金属，a 值在 0.1～0.3V。b 为超电势与电流密度对数的线性方程式中的斜率，如图 11-26 所示。b 值受电极性质的影响较小，对于大多数金属来说相差不多，在常温下接近于 0.05V。

理论和实验都已证实，电流密度 j 很小时，η 对 $\ln j$ 的关系不符合塔菲尔公式。

本实验是测定氢在光亮铂电极上的超电势。实验装置如图 11-27 所示。待测电极 5 与辅助电极 3 构成一个电解池。用可调节精密稳压电源来控制通过电解池的电流大小。当有不同的电流密度通过被测电极时，其电极电势具有不同的数值。

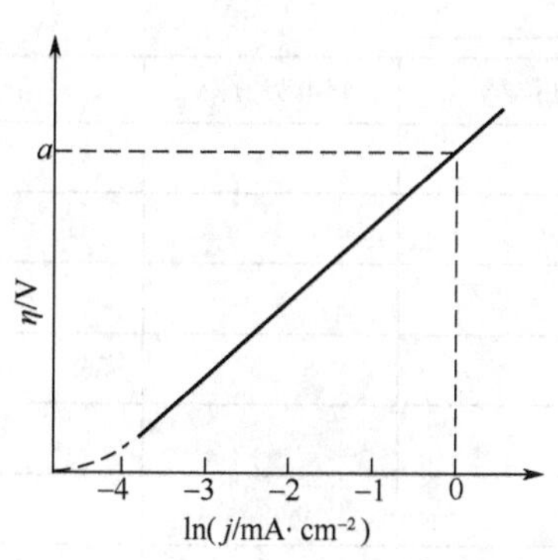

图 11-26　氢超电势与电流密度对数的关系图

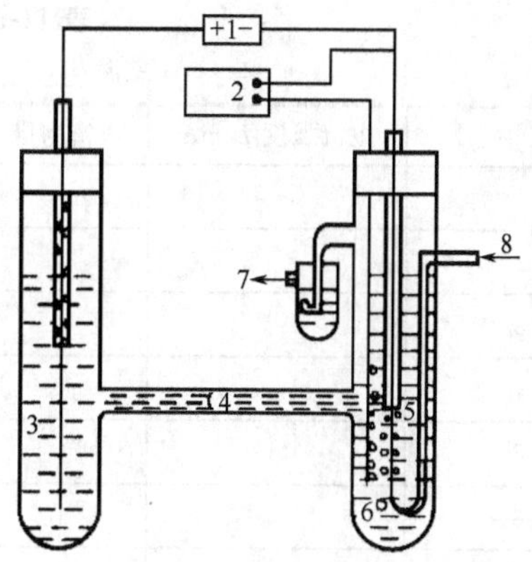

图 11-27　测定氢超电势的装置图

1—精密稳流电源；2—数字电压表；3—辅助电极；4—HCl 溶液；5—待测电极；6—参比电极；7,8—氢气

待测电极 5 与参比电极 6 构成一个原电池，借助于数字电压表 2 来测量此原电池的电动势。参比电极具有稳定不变的电极电势，而被测电极的电极电势则随通过其上的电流密度而改变。当通过被测电极的电流密度改变时，由数字电压表 2 所测得的原电池电动势的改变，表征被测电极不可逆电极电势的改变。

四、仪器与药品

（1）仪器　直流数字电压表 1 台，精密直流稳流电源 1 台，氢气发生器 1 套，恒温槽装置 1 套，电极管，光亮铂电极，参比电极（Ag-AgCl 电极），辅助电极。

（2）药品　电导水（重蒸馏水），$1\mathrm{mol}\cdot\mathrm{L}^{-1}$ HCl，浓 HNO_3(CP)。

五、实验内容

（1）将电极管中各电极取出，妥善放置（内有水银，切勿倒置），电极管先用纯水荡洗，再用电导水各洗 2～3 遍，最后用少许电解液（$1\mathrm{mol}\cdot\mathrm{L}^{-1}$ HCl）荡洗 2～3 次，然后倒入一定量电解液，H_2 出口处用电解液封住。

（2）将 Ag-AgCl 参比电极从 $1\mathrm{mol}\cdot\mathrm{L}^{-1}$ HCl 溶液中取出，插入电极管内。

（3）将铂电极在浓 HNO_3 中浸泡 2～3min，以纯水、电导水依次冲洗后，即可用于测定。

(4) 将电极管放入恒温槽内恒温（25～35℃），并将 H_2 发生器的电源接通，以3A电流电解，产生 H_2，待 H_2 压力达到一定程度后，调节旋夹，控制 H_2 均匀放出。

(5) 按图 11-27 所示，接好线路后，用数字电压表测量电解电流为 0 时原电池的电动势数次，测定可逆电动势偏差在 1mV 以下。调节精密稳流电源，使其读数为 0.3mA，在此电流下电解 15min，测量原电池的电动势，并记录。

(6) 用同样的方法分别测定电流为 0.5mA、0.7mA、0.9mA、1.2mA、1.5mA、1.8mA、2.1mA、2.5mA 时原电池的电动势，每个电流密度重复测量 3 次，在大约 3 min 内，其读数平均偏差应小于 2 mV，取其平均值，计算其超电势。

实验结束后，记下被测电极的面积，并使仪器设备均复原。

六、数据记录与处理

(1) 将实验数据记录于表 11-6 中。

表 11-6 实验数据记录与处理

室温：＿＿＿＿＿　气压：＿＿＿＿＿＿＿

测定序号	电流强度 I/mA	电流密度 j/A·cm^{-2}	电位/V	超电势 η/V	ln$j$
1					
2					
3					
4					
5					
6					
7					
8					
9					

(2) 计算不同电流密度 j 下的超电势 η 值。

(3) 将电流强度 I 换算成电流密度 j，并取对数求 ln$j$。

(4) 以 η 对 ln$j$ 作图，连接线性部分，求出直线斜率 b，并将直线延长，在 $\ln j=0$ 处读取 a 值（或将数据代入塔菲尔公式求算 a 值）。写出超电势与电流密度的经验式。

七、注意事项

(1) 被测电极在测定过程中，应始终保持浸没在 H_2 的气氛中，H_2 气泡要稳定地、一个一个地吹打在铂电极上，并要密切注意铂电极的变化。如铂电极表面吸附一层小气泡，或变色或吸附了一层其它物质，应立即停止实验，重新处理电极，从头开始实验。产生这种情况的原因很可能是电极漏汞造成的，应及时处理。

(2) 产生 H_2 气的装置应使 H_2 达到一定压力，才能保证 H_2 气均匀放出。实验时，应首先打开 H_2 气发生器的电源，让电解水的反应开始，然后再按实验步骤做好准备工作。

八、问题与讨论

(1) 电极管中三个电极的作用分别是什么？

(2) 影响超电势的因素有哪些？

(3) 用什么方法可以最大限度地减小电阻超电势和浓差超电势？

(4) 本实验测得的是阴极超电势，还是阳极超电势？如果开始时将被测电极接在直流稳压电源的“+”极上，实验会出现什么情况？

实验一一二　蔗糖水解速率常数的测定

一、目的与要求

(1) 根据物质的光学性质研究蔗糖的水解反应，测定其反应速率常数。

(2) 了解旋光仪的构造、工作原理，掌握旋光仪的使用方法。

二、预习与思考

(1) 预习第 6 章“6.5 光学测量技术”中有关旋光仪的构造和使用方法。

(2) 预习并了解用旋光仪测定比旋光度的原理和方法。

(3) 蔗糖的转化速率常数 k 和哪些因素有关？

(4) 在混合溶剂时能否将蔗糖溶液加到盐酸溶液中？为什么？

三、实验原理

蔗糖在水中水解生成葡萄糖与果糖的反应是一个二级反应：

$$\underset{\text{蔗糖}}{C_{12}H_{22}O_{11}} + H_2O \xrightarrow{H^+} \underset{\text{果糖}}{C_6H_{12}O_6} + \underset{\text{葡萄糖}}{C_6H_{12}O_6}$$

在纯水中反应进行极慢，为使水解反应加速，反应通常以 H_3O^+ 为催化剂，故在酸性介质中进行。水解反应中，水是大量的，反应达终点时，虽有部分水分子参加反应，但可近似认为整个反应过程中水的浓度不变，因此蔗糖转化反应可视为一级反应，其反应的速率方程为：

$$-\frac{dc}{dt}=kc \tag{11-32}$$

上式积分可得：

$$\ln c=-kt+\ln c_0 \tag{11-33}$$

式中，c_0 为反应开始时蔗糖的浓度；c 为时间 t 时的蔗糖的浓度。

当 $c=\frac{1}{2}c_0$ 时，反应经历的时间 t 用 $t_{1/2}$ 表示，即为反应的半衰期

$$t_{1/2}=\frac{\ln 2}{k}=\frac{0.693}{k} \tag{11-34}$$

从式(11-33) 可看出，在不同时间 t 测定反应物的相应浓度，并以 $\ln c$ 对 t 作图，可得一直线，由直线斜率即可求得反应速率常数 k。然而反应是在不断进行的，要快速分析出反应物的浓度是困难的。但蔗糖及其水解产物均为旋光物质，而且它们的旋光能力不同，故可利用体系在反应过程中旋光度的改变来量度反应的进程。

测量物质旋光度所用的仪器称为旋光仪。溶液的旋光度与溶液中所含旋光物质的旋光能力、溶剂性质、溶液浓度、液层厚度、光源的波长以及反应时的温度等因素有关。

为了比较各种物质的旋光能力，引入比旋度 [α] 这一概念并以下式表示：

$$[\alpha]_D^t=\frac{\alpha}{Lc} \tag{11-35}$$

式中，t 为实验时的温度；D 为所用光源的波长；α 为旋光度；L 为液层厚度（常以 10cm 为单位）；c 为浓度（常用 100mL 溶液中溶有 mg 物质来表示），式(11-35) 可以写成：

$$[\alpha]_D^t=\frac{\alpha}{L\dfrac{m}{1000}}$$

或 $$\alpha=[\alpha]_{\mathrm{D}}^{t}Lc \tag{11-36}$$

由式(11-36) 可以看出，当其它条件不变时，旋光度 α 与反应物浓度 c 成正比，即：

$$\alpha=Kc \tag{11-37}$$

式中，K 是与物质的旋光能力、液层厚度、溶剂性质、光源的波长、反应时的温度等有关的常数。

蔗糖是右旋性物质（$[\alpha]_{\mathrm{D}}^{20}=66.6°$），产物中葡萄糖也是右旋性物质（$[\alpha]_{\mathrm{D}}^{20}=52.5°$），但果糖是左旋性物质（$[\alpha]_{\mathrm{D}}^{20}=-91.9°$）。由于生成物中果糖的左旋性比葡萄糖右旋性大，所以生成物呈现左旋性质。因此随着水解反应的进行，体系的右旋角不断减小，反应至某一瞬间，体系的旋光度可恰好等于零，而后就变成左旋，直至蔗糖完全转化，这时左旋角达到最大值 α_{∞}。

因为上述蔗糖水解反应中，反应物与生成物具有旋光性，旋光度与浓度成正比，且溶液的旋光度为各组成旋光度之和（加和性），若反应时间为 0、t、∞时溶液的旋光度分别为 α_0、α_t、α_{∞}，则由式(11-37) 即可导出：

$$c_0=K(\alpha_0-\alpha_{\infty}) \tag{11-38}$$

$$c=K(\alpha_t-\alpha_{\infty}) \tag{11-39}$$

将式(11-38)、式(11-39) 代入式(11-33)，可得：

$$\ln(\alpha_t-\alpha_{\infty})=-kt+\ln(\alpha_0-\alpha_{\infty})$$

或 $$k=\frac{1}{t}\ln\frac{\alpha_0-\alpha_{\infty}}{\alpha_t-\alpha_{\infty}} \tag{11-40}$$

由式(11-40) 可以看出，如以 $\ln(\alpha_t-\alpha_{\infty})$ 对 t 作图，可得一直线，由直线的斜率即可求得反应速率常数 k。

本实验就是用旋光仪测定 α_t、α_{∞}，通过作图外推得到 α_0，再由式(11-40) 求得蔗糖水解反应速率常数 k。

如果测得不同温度时的 k 值，利用 Arrhenius 公式即可求得反应在该温度范围内的平均活化能。

四、仪器与药品

(1) 仪器　旋光仪 1 台；旋光管（带有恒温水外套）1 支，锥形瓶（100mL）2 个，烧杯（100mL）1 个，恒温槽 1 套，移液管（25mL）2 支。

(2) 药品　HCl 溶液（$2\mathrm{mol}\cdot\mathrm{L}^{-1}$），蔗糖（AR）。

五、实验内容

(1) 将恒温槽调节到 20℃，恒温，然后将旋光管的外套接上恒温水。

(2) 旋光仪的零点校正。纯水为非旋光性物质，故可用来校正旋光仪的零点。校正时，先洗净旋光管各部分零件，将旋光管一端的盖子旋紧，向管内注入去离子水，取玻璃片沿管口轻轻推入盖好，再旋紧套盖，勿使漏水或有气泡产生。注意，操作时不要用力过猛，以免压碎玻璃片。用滤纸或干布擦干旋光管，再用擦镜纸将旋光管两端的玻璃片擦净，并放入旋光仪中，盖上槽盖，盖上黑布。打开旋光仪电源开关，调节目镜焦距，使视野清晰。然后旋转检偏镜，使在视野中能观察到明暗相等的三分视野为止，记下刻度盘读数。重复三次，取其平均值，此即为旋光仪的零点。测毕，取出旋光管，倒出去离子水。

(3) 蔗糖水解过程中 α_t 的测定。称取 10g 蔗糖，溶于去离子水中，用 50mL 容量瓶配成溶液。如溶液浑浊需进行过滤，用移液管取 25mL 蔗糖溶液和 50mL HCl 溶液（$2\mathrm{mol}\cdot\mathrm{L}^{-1}$）分别注入两个 100mL 干燥的锥形瓶中，并将此二锥形瓶同时置于恒温槽中恒温 10～15min 后，取 25mL HCl 溶液（$2mol \cdot L^{-1}$）加到蔗糖溶液的锥形瓶中混合均匀，并在 HCl 溶液加入一半时开动秒表作为反应的开始时间，不断振荡摇动，迅速取少量混合液清洗旋光管两次，然后将旋光管装满混合液，盖好玻璃片，旋紧套盖（检查是否漏液和气泡）。先用滤纸或干布擦干旋光管，再用擦镜纸擦净旋光管两端的玻璃片，立即置于旋光仪中，盖上槽盖，盖上黑布。转动刻度盘、检偏镜，在视场中觅得亮度一致的位置，先记下时间，再读取旋光度数值。读数是正的为右旋物质，读数是负的为左旋物质。测定时要迅速准确。在测定第一个旋光度数值之后的 5、10、20、30、50、75、100min 各测一次，测得各时间 t 时溶液的旋光度 α_t。

(4) α_∞ 的测定。为了得到反应终了时的旋光度 α_∞，可将步骤（3）中的混合液放置 48h 后在相同的温度下测其旋光度，此值即为 α_∞。为了缩短时间，也可将剩余的混合液置 60℃左右的水浴中温热 30min，以加速水解反应。然后冷却至实验温度，按上述操作，测其旋光度，此值即可认为是 α_∞。

需要注意，每次测量间隔应将钠光灯熄灭，保护钠灯，以免长期使用过热损坏，另外，实验结束时应立刻将旋光管洗净干燥，防止酸对旋光管的腐蚀。

六、数据记录与处理

（1）按表 11-7 的格式记录实验数据。

（2）以 $\ln(\alpha_t - \alpha_\infty)$ 对 t 作图，由所得直线斜率求 k 值。

（3）计算蔗糖水解反应的半衰期 $t_{1/2}$ 值。

表 11-7　实验数据记录与处理

实验温度：________　盐酸浓度：________　α_0：________　α_∞：________

反应时间/min	α_t	$\alpha_t - \alpha_\infty$	$\ln(\alpha_t - \alpha_\infty)$	k

七、注意事项

（1）本实验关键之一是能正确而较快地得到旋光仪的读数，对第一次接触旋光仪的人必须首先对旋光仪读数进行练习。

（2）由于 $[H^+]$ 对反应速率常数有影响，HCl 浓度要准确。混合前，蔗糖溶液和 HCl 溶液的体积一定要准确。

（3）反应速率与温度有关，故溶液需待恒温至实验温度后才能混合。

（4）旋光仪中的钠光灯不宜长时间开启，测量间隔较长时要适时关掉光源，以免损坏。

（5）旋光管管盖只要旋紧至不漏水即可，不要用力过猛，以免压碎玻璃片。

（6）实验结束后，应将旋光管洗净干燥，防止酸对旋光管的腐蚀。

（7）进行反应终了液制备时，水浴温度不可过高（65℃左右），否则会发生副反应，溶液颜色变黄。加热过程应避免溶液蒸发，否则将使蔗糖浓度改变，从而影响 α_∞ 的测定。

八、问题与讨论

（1）为什么可用去离子水来测定旋光仪的零点校正？本实验有否必要进行零点校正？

（2）配制蔗糖溶液时称量不准确对测量结果有否影响？

（3）试估计本实验的误差，怎样减少实验误差？

（4）在测量蔗糖转化速率常数时，选用长的旋光管好还是短的旋光管好？为什么？

九、应用

（1）应用物理量的变化测定反应动力学有关数据是常用的方法。

（2）通过测定不同温度下速率常数，利用阿伦尼乌斯方程求得反应的活化能。

(3) 测定旋光度有以下几种用途：①检定物质的纯度；②决定物质在溶液中的浓度或含量；③测定溶液的密度；④光学异构体的鉴别。

(4) 求算离子活度。蔗糖水解作用通常进行得很慢，但加入酸后会加速反应，其速率的大小与 [H^+] 浓度有关（当 [H^+] 浓度较低时，水解速率常数 k 正比于 [H^+] 浓度，但在 [H^+] 浓度较高时，k 和 [H^+] 浓度不成比例）。同一浓度的不同酸液（如 HCl、HNO_3、H_2SO_4、HAc、$ClCH_2COOH$ 等）因 H^+ 活度不同，其水解速率亦不一样，故由水解速率比可求出两酸液中 H^+ 活度比，如果知道其中一个活度，则可以求得另一个活度。

实验一一三　乙酸乙酯皂化反应速率常数的测定

一、目的与要求

(1) 掌握测定化学反应速率常数的一种物理方法——电导法。

(2) 了解二级反应的特点，学会用图解法求二级反应速率常数。

(3) 学会使用电导率仪。

二、预习与思考

(1) 预习电导法测定化学反应速率常数的原理。

(2) 预习第 6 章“6.6.1 电导的测量与电导率仪”。

(3) 思考下列问题

① 被测溶液的电导是哪些离子的作用？反应进程中溶液的电导为什么会发生变化？

② 溶液为什么要足够稀？配制溶液时应注意什么问题？

③ 为何本实验要在恒温条件下进行，而且 $CH_3COOC_2H_5$ 和 NaOH 溶液混合前还要预先恒温？

三、实验原理

乙酸乙酯皂化反应为二级反应，其反应式如下：

$$CH_3COOC_2H_5 + OH^- \longrightarrow CH_3COO^- + C_2H_5OH$$

设在时刻 t 生成物的浓度为 c_x，则该反应的动力学方程式为：

$$\frac{dc_x}{dt} = k(c_a - c_x)(c_b - c_x) \tag{11-41}$$

式中，c_a 和 c_b 分别为乙酸乙酯和碱（NaOH）的起始浓度；k 为反应速率常数。若 $c_a = c_b$，则上式变为：

$$\frac{dc_x}{dt} = k(c_a - c_x)^2 \tag{11-42}$$

积分可得：

$$k = \frac{1}{t} \times \frac{c_x}{c_a(c_a - c_x)} \tag{11-43}$$

由实验测得不同 t 时的 c_x 值，作 $\frac{c_x}{c_a - c_x}$-t 图，若所得为一直线，则证明乙酸乙酯皂化反应是二级反应，并可从直线的斜率求出 k 值。因为整个反应体系是在稀释的水溶液中进行的，可以认为 CH_3COONa 是全部电离的。在本实验中用测定溶液的电导率来求算 c_x 值的变化，参与导电的离子有 Na^+、OH^-、CH_3COO^-，而 Na^+ 在反应前后浓度不变。由于 OH^- 的迁移率比 CH_3COO^- 的大得多，随着反应的进行，OH^- 不断减少，而 CH_3COO^- 则不断增加，所以体系的电导率不断下降。在一定范围内，可以认为体系的电导率的减少量

与 CH_3COONa 的浓度 c_x 的增加量成正比。因此，可用电导率仪测量皂化反应进程中电导率随时间的变化，从而达到跟踪反应物浓度随时间变化的目的。

设 κ_0 和 κ_∞ 分别为反应开始和反应进行完全时溶液的总电导率；κ_t 为 t 时刻的总电导率，则有：$\kappa_0=A_1c_a$、$\kappa_\infty=A_2c_a$ 和 $\kappa_t=A_1(c_a-c_x)+A_2c_x$，其中 A_1、A_2 是与温度、电解质性质和溶剂等因素有关的比例常数。由于在稀溶液中强电解质的电导率与浓度成正比，而且溶液的电导率等于组成溶液的各电解质电导率之和，由此可得：

$$c_x=\left(\frac{\kappa_0-\kappa_t}{\kappa_0-\kappa_\infty}\right)c_a \tag{11-44}$$

将式(11-44) 代入式(11-43)，经整理后可得：

$$\kappa_t=\frac{\kappa_0-\kappa_t}{kc_at}+\kappa_\infty \tag{11-45}$$

由上式可知，只要测定了 κ_0 以及一组 κ_t 值以后，利用 κ_t 对（$\kappa_0-\kappa_t$）$/t$ 作图，应得一直线，从直线得斜率就可以求出反应速率常数 k 值。

如果测得不同温度时的反应速率常数，就可以按下式计算反应的活化能 E：

$$\ln\frac{k_2}{k_1}=\frac{E}{R}\,\frac{T_2-T_1}{T_1T_2} \tag{11-46}$$

四、仪器与药品

(1) 仪器　DDS-307 型电导率仪，双管皂化池，恒温槽，秒表，移液管（5mL、10mL），微量取液器（100mL），容量瓶（100mL）。

(2) 药品　$CH_3COOC_2H_5$(AR)，NaOH(AR)。

五、实验内容

(1) 配制标准 $CH_3COOC_2H_5$ 和 NaOH 溶液。配制 100mL 乙酸乙酯溶液，使其浓度与给定的 NaOH 溶液的准确浓度相等。在干净的 100.00mL 容量瓶中加入约 20mL 去离子水，在电子天平上回“零”。然后用 100μL 微量注射器滴加乙酸乙酯（乙酸乙酯密度为 0.899～0.901g·cm^{-3}），为减少挥发，要直接滴加到液面上。称量乙酸乙酯的质量，与理论计算量之差不超过 1mg。

用去离子水稀释标准 NaOH 溶液以制备和乙酸乙酯浓度相等的 NaOH 溶液。

(2) κ_0 的测定。将盛有 200mL 0.01mol·L^{-1} NaOH 溶液的试管放在 25.0℃±0.1℃（或 30.0℃±0.1℃）恒温槽中，把铂黑电极用 0.01mol·L^{-1} NaOH 溶液淋洗后插入试管，恒温 15min 后开始测量。将电极插头插入电导率仪的插孔，将电导池常数旋钮指向电极相应的电导池常数（此步一调好，一般不必再动）。在使用电导率仪时，注意先将量程开关置于“校正”位置上，然后打开电源，预热 10～30min 后进行仪器校正。之后将量程开关置于所需的测量挡，读取测量值，取为 κ_0。但应注意在测定 κ_t 时，电导率仪不能再重新调整。

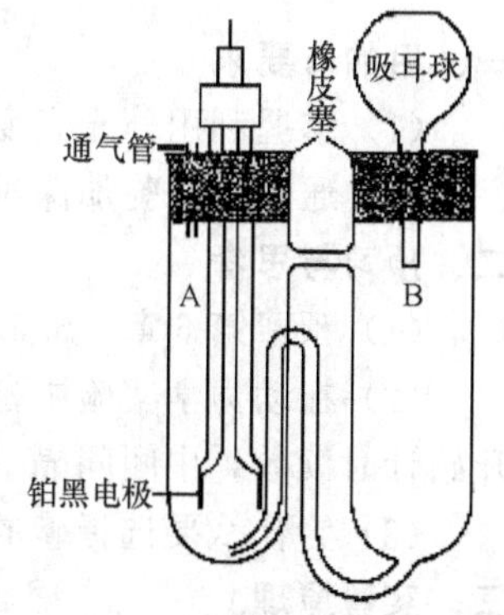

图 11-28　双管电导池示意图

(3) κ_t 测定。准确量取 10.00mL NaOH 溶液放入皂化管的 A 管；再准确量取 10.00mL 新配制的乙酸乙酯溶液，注入洁净、干燥的双管皂化池（见图 11-28）的 B 管中，塞好瓶塞。在 B 支管的管口换上一钻有小孔的瓶塞，用一吸耳球通过小孔将 $CH_3COOC_2H_5$ 迅速压入 A 支管内与 NaOH 溶液混合。当 $CH_3COOC_2H_5$ 被压入一半时，开始计时，再将 A 支管内的混合液抽回 B 管内，复又压入 A

支管内，如此来回数次。用滴管从A支管中吸取混合液若干，将铂黑电极用该混合液淋洗数次，随即插入A支管中进行电导率-时间测定。当溶液混合5min以后每隔2～3min测量一次电导率；30min后，时间间隔可适当延长（约10min测定一次），反应进行60min后可停止测定。

(4) 将步骤 (2)、(3) 在35.0℃±0.1℃（或40.0℃±0.1℃）的恒温槽中重复一次。

(5) 实验完毕后，洗净电导池和电极，将电极浸入盛有去离子水的电导池内。

六、数据记录和结果处理

(1) 将t、κ_t、$(\kappa_0-\kappa_t)/t$数据列表。

(2) 以两个温度下的κ_t对$(\kappa_0-\kappa_t)/t$作图，分别得一直线。由直线斜率求各温度下的反应速率常数k。

(3) 按式(11-49) 计算反应的活化能。

七、注意事项

(1) 在洗净铂电极时，应注意电极位置不移动，并勿使铂黑受损，不可用滤纸擦拭电极上的铂黑，测定时应使两片电极全部浸入溶液中。

(2) 实验要在恒温下进行，因温度对电导率影响很大，温度升高一度，电导率增加2%～3%。

(3) 铂电极不用时应洗净浸在去离子水中，以免干燥后难以被溶液润湿，并使电极表面往往有空气气泡影响测量。

(4) 用电导率仪进行每一次测量时，必须先校正，然后进行数据测量。

(5) $CH_3COOC_2H_5$溶液要新鲜配制，因为乙酸乙酯易挥发，且易水解生产乙酸和乙醇。

(6) NaOH溶液不宜在空气中久置，避免吸收CO_2生成Na_2CO_3。

(7) 乙酸乙酯皂化反应是吸热反应，混合体系温度降低，所以在混合后的起始几分钟内所测溶液电导率偏低，因此最好在反应4～6min后开始，否则，由κ_t对$(\kappa_0-\kappa_t)/t$作图得到的是抛物线而非直线。

八、问题与讨论

(1) 如果反应物碱和酯的起始浓度不等，试问怎样计算k值？

(2) 用电导法测定反应速率有何优点？本实验能否采用其它的测定方法？有哪些方法？

(3) 为什么本实验能用电导池进行实验，而不须测定电导池常数，而弱酸电离常数实验则必须测定。但应注意一些什么事项？

(4) 二级反应有哪些特点？如何从实验结果验证乙酸乙酯皂化为二级反应.？

(5) k与哪些因素有关？其它的酯能否用本方法测定皂化速率常数？

实验一一四　丙酮碘化反应速率常数的测定

一、目的与要求

(1) 掌握利用分光光度法测定酸催化时丙酮碘化反应速率常数及活化能的实验方法。

(2) 通过本实验加深对复杂反应特征的理解。

二、预习与思考

(1) 预习第6章“6.5.3分光光度计”。

(2) 在动力学实验中，正确计算时间是实验的关键。在本实验中，从反应物开始混合到开始计时读数，中间间隔一段不很短的时间，这对实验结果有无影响？

(3) 为什么要选择碘的最大吸收波长为测试波长？

三、实验原理

大多数化学反应是由若干个基元反应组成的。这类复杂反应的反应速率和反应物浓度之间的关系大多不能用质量作用定律描述。以实验方法测定反应速率和反应物浓度的计量关系，是研究反应动力学的一个重要内容。对复杂反应，可采用一系列实验方法获得可靠的实验数据，并据此建立反应速率方程式，以此为基础，推测其反应的机理、提出反应模式。

孤立法是动力学研究中常用的一种方法。设计一系列溶液，其中只有某一物质的浓度不同，而其它物质的浓度均相同，借此可以求得反应对该物质对级数。同样也可得到其它反应物的级数，从而确立反应的速率方程。

在酸溶液中，丙酮碘化反应是一个复杂反应，反应方程为：

$$H_3C-\overset{\overset{\Large O}{\|}}{C}-CH_3 + I_2 \xrightarrow{H^+} H_3C-\overset{\overset{\Large O}{\|}}{C}-CH_2I + I^- + H^+$$

H^+ 是反应的催化剂，由于丙酮碘化反应本身生成 H^+，所以这是一个自动催化反应。

实验表明，反应速率在酸性溶液中随丙酮和氢离子浓度的增大而增大。假设其动力学方程式为：

$$r=-\frac{dc_A}{dt}=-\frac{dc(I_2)}{dt}=kc_A^x c(I_2)^y c(H^+)^z \tag{11-47}$$

式中，r 为反应速率；c_A、$c(I_2)$、$c(H^+)$ 分别为丙酮、碘、氢离子的浓度，$mol \cdot L^{-1}$；k 为反应速率常数；x、y、z 分别为丙酮、碘和氢离子的反应级数。速率、速率常数和反应级数均可由实验测定。将式(11-50) 取对数得：

$$\lg\left[-\frac{dc(I_2)}{dt}\right]=\lg k + x\lg c_A + y\lg c(I_2) + z\lg c(H^+) \tag{11-48}$$

在上述三种物质中，首先固定其中两种物质的浓度，配制出第三种物质浓度不同的一系列溶液。如此，反应速率只是该物质浓度的函数。以 $\lg[d(I_2)/dt]$ 对该组分浓度的对数作用，所得直线的斜率即为该物质在此反应中的反应级数。同理，可以得到其它两个物质的反应级数。

实验证明，丙酮碘化反应是一个复杂反应，一般认为可分成两步进行，即：

$$H_3C-\underset{\underset{\Large O}{\|}}{C}-CH_3 + H^+ \underset{k_2}{\overset{k_1}{\rightleftharpoons}} H_3C-\underset{\underset{\Large OH}{|}}{C}=CH_2 \tag{A}$$

$$H_3C-\underset{\underset{\Large OH}{|}}{C}=CH_2 + I_2 \xrightarrow{k_3} H_3C-\underset{\underset{\Large O}{\|}}{C}-CH_2I + I^- \tag{B}$$

反应（A）是丙酮的烯醇化反应，反应可逆且进行得很慢。反应（B）是烯醇的碘化反应，反应快速且能进行到底。因此，丙酮碘化反应的总速率可认为是由反应（A）所决定。丙酮碘化反应对碘的反应级数是零级，故碘的浓度对反应速率没有影响，即动力学方程中 y 为零，速率方程式(11-50) 可写成：

$$r=-\frac{dc(I_2)}{dt}=kc_A^x c(H^+)^z \tag{11-49}$$

由于反应并不停留在一元碘化丙酮上，还会继续反应下去，故采取初始速率法，因此丙酮和酸应大大过量，而用少量的碘来限制反应程度。这样在碘完全消耗之前，丙酮和酸的浓度基本保持不变。由于反应速率与碘浓度无关（除非在酸度很高的情况下），因而直到碘全部消耗前，反应速率是常数，即：

$$r=-\frac{dc(I_2)}{dt}=kc_A^x c(H^+)^z=常数 \tag{11-50}$$

因此，将 $c(I_2)$ 对时间 t 作图为一直线，直线斜率即为反应速率。

为了测定指数 x，需要进行两次实验。先固定氢离子的浓度不变，改变丙酮的浓度，若分别用Ⅰ、Ⅱ表示这两次实验，使 $c_{A(Ⅱ)}=uc_{A(Ⅰ)}$，$c_{Ⅱ}(H^+)=c_{Ⅰ}(H^+)$，由式(11-50) 可得：

$$\frac{r_{Ⅱ}}{r_{Ⅰ}}=\frac{kc_{A(Ⅱ)}^{x}c_{B(Ⅱ)}^{z}}{kc_{A(Ⅰ)}^{x}c_{B(Ⅰ)}^{z}}=\frac{ku^{x}c_{A(Ⅰ)}^{x}c_{Ⅱ}^{z}(H^+)}{kc_{A(Ⅰ)}^{x}c_{Ⅰ}^{z}(H^+)}=u^{x} \tag{11-51}$$

$$\lg\frac{r_{Ⅱ}}{r_{Ⅰ}}=x\lg u \tag{11-52}$$

$$x=\frac{\lg\dfrac{r_{Ⅱ}}{r_{Ⅰ}}}{\lg u} \tag{11-53}$$

同样方法可以求得指数 z。使使 $c_{A(Ⅱ)}=c_{A(Ⅰ)}$，$c_{Ⅱ}(H^+)=wc_{Ⅰ}(H^+)$，可得出：

$$z=\frac{\lg\dfrac{r_{Ⅲ}}{r_{Ⅰ}}}{\lg w} \tag{11-54}$$

根据式(11-49)，由指数、反应速率和浓度数据就可以计算出速率常数 k。由两个温度下的速率常数，根据阿伦尼乌斯公式

$$E_a=2.303R\,\frac{T_1T_2}{T_2-T_1}\lg\frac{k_2}{k_1} \tag{11-55}$$

求得化学反应的活化能 E_a。

因碘溶液在可见光区有一个很宽的吸收带，而在此吸收带中，盐酸、丙酮、碘化丙酮和碘化钾溶液则没有明显的吸收，所以可采用分光光度法直接测量碘浓度的变化，以跟踪反应进程。在本实验中，通过测定溶液 510nm 光的吸收来确定碘浓度。溶液的吸光度 A 与浓度 c 的关系为：

$$A=-\lg T=-\lg(I/I_0)=Kcd \tag{11-56}$$

式中，A 为吸光度；T 为透光率；I 和 I_0 分别为某一波长的光线通过待测溶液和空白溶液后的光强；K 为吸光系数；d 为溶液厚度；c 为溶液浓度，$mol \cdot L^{-1}$。在一定的溶质、溶剂、波长以及溶液厚度下，K、d 均为常数，因此式(11-56) 可以写为：

$$A=Bc \tag{11-57}$$

式中，常数 B 可由已知浓度的碘溶液求出。

四、仪器与药品

(1) 仪器　7200 型分光光度计（附比色皿）1 台，超级恒温槽 1 台，秒表 1 块，50mL 容量瓶 4 个，5mL 移液管、10mL 移液管各 4 支，100mL 锥形瓶 4 个。

(2) 药品　4.000$mol \cdot L^{-1}$ 丙酮溶液（精确称量配制），1.000$mol \cdot L^{-1}$ HCl 标准溶液（标定），0.0200$mol \cdot L^{-1}$ 碘溶液。

五、实验内容

(1) 实验前的准备

① 调节恒温槽到 25℃。

② 打开 7200 型分光光度计，预热 20min 后进行 0 和 100%校正。取 10mL 经标定的碘溶液至 50mL 容量瓶并稀释至刻度，而后将稀释的碘溶液装入比色皿中，将分光光度计功能设置为浓度挡，调节吸收光波长至 510nm，转动浓度调节钮直至在数字窗中显示出溶液的实际浓度（详细操作过程见第 6 章“6.5.3 分光光度计”）。在本实验中，碘溶液初始浓度为 0.02$mol \cdot L^{-1}$，经稀释 5 倍后浓度为 0.004$mol \cdot L^{-1}$。可将初始值设置为 400，则实际浓度值为显示值$\times 10^{-6}$。

(2) 测定四组溶液的反应速率　在 50mL 容量瓶中按照表 11-8 所列体积配制四组溶液。

表 11-8　待测反应速率的四组溶液配比

序　号	V(碘溶液)/mL	V(丙酮溶液)/mL	V(盐酸溶液)/mL	V(水)/mL
1	10.0	3.0	10.0	27.0
2	10.0	1.5	10.0	28.5
3	10.0	3.0	5.0	32.0
4	5.0	3.0	10.0	32.0

反应前，将锥形瓶用气流烘干器烘干，容量瓶洗干净。准确移取上述体积的丙酮和盐酸到锥形瓶中，移取碘溶液和水到容量瓶中，其中加水的体积应少于应加体积约 2mL，以便溶液总体积准确稀释到 50mL。将装有液体的锥形瓶和容量瓶放入恒温水浴中恒温 10～15min 后，将锥形瓶中的液体倒入容量瓶中，用少量水将锥形瓶中剩余的丙酮和盐酸洗入容量瓶，并加水到刻度后混匀。当锥形瓶中溶液一半倒入容量瓶中开始计时，作为反应的起始时间。混合、标定动作要迅速，标定后马上进行测量。

将反应液装入比色皿中，每隔 0.5min 测定一次反应液中的碘浓度。每次测定反应液中碘浓度之前，须将标准碘溶液的浓度值调准。每组反应液测定 10～15 个碘浓度值。

(3) 将超级恒温槽的温度调至 35℃重复上述实验。

六、数据记录与处理

1. 数据记录

测定不同时刻 t 的碘浓度值数据记录见表 11-9。

表 11-9　测定不同时刻 t 的碘的浓度值

碘瓶的编号		1		2		3		4	
V(水)/mL									
V(盐酸溶液)/mL									
V(丙酮溶液)/mL									
V(碘溶液)/mL									
$c(H^+)/mol \cdot L^{-1}$									
$c_A/mol \cdot L^{-1}$									
$c(I_2)/mol \cdot L^{-1}$									
		25℃	35℃	25℃	35℃	25℃	35℃	25℃	35℃
$c(I_2)/mol \cdot L^{-1}$ (反应开始后每 0.5min 测定 1 次)	1								
	2								
	3								
	4								
	5								
	6								
	7								
	8								
	9								
	10								
	11								
	12								
	13								
	14								
	15								

2. 数据处理

(1) 将 $c(I_2)$ 对时间 t 作图，求出反应速率。

(2) 用表中第 1、2、3 号溶液数据，根据式(11-56)、式(11-57) 计算丙酮和氢离子的反应级数；用表中第 1、4 号溶液数据求出碘的反应级数。

(3) 按表中的实验条件，根据式(11-53) 求出 25℃ 时丙酮碘化反应的速率常数 k_1 和 35℃ 时丙酮碘化反应的速率常数 k_2。

(4) 由式(11-58) 求出丙酮碘化反应的活化能 E_a。

3. 参考文献值

$k(25℃)=2.86\times10^{-5}dm^3\cdot mol^{-1}\cdot s^{-1}$，$k(35℃)=8.80\times10^{-5}dm^3\cdot mol^{-1}\cdot s^{-1}$，活化能 $E_a=86.2kJ\cdot mol^{-1}$（摘自：Daniels F，Alberty RA，Williams JW，et al. Experimental Physical Chemistry. 7th edn. New York：MC Graw-Hill Inc，1975：152.）

七、注意事项

(1) 温度影响反应速率常数，实验时体系始终要恒温。

(2) 实验所需溶液均要准确配制。

(3) 混合反应溶液时要在恒温槽中进行，操作必须迅速准确。

八、思考题

(1) 在本实验中，将丙酮溶液加入含有碘、盐酸的容量瓶时并不立即开始计时，而注入比色皿时才开始计时，这样做是否可以？为什么？

(2) 影响本实验结果精确度的主要因素是什么？

(3) 在实验的过程中，漏测或少测一个数据对实验是否有影响？

实验一一五　B-Z 振荡反应

一、目的与要求

(1) 了解 Belousov-Zhabotinsky 反应（简称 B-Z 反应）的基本原理。

(2) 掌握研究化学振荡反应的一般方法，初步认识体系远离平衡态下的复杂行为。

二、预习与思考

(1) 预习 B-Z 振荡反应的基本原理。

(2) 影响诱导期和振荡周期的主要因素有哪些？

(3) 本实验记录的电势主要代表了什么意思？它与 Nernst 方程求得的电势有何不同？为什么？

三、实验原理

非平衡非线性问题是自然科学领域中普遍存在的问题。目前，这一新兴的研究领域受到了足够重视，大量的研究工作正在进行。该领域研究的主要问题是：体系在非平衡态下，由于本身的非线性动力学机制而产生宏观时空有序结构、Prigogine 等人称其为耗散结构（dissipative structure）。最经典的耗散结构是 B-Z 体系的时空有序结构。所谓 B-Z 体系，是指由溴酸盐、有机物在酸性介质中，在有（或无）金属离子催化剂催化下构成的体系。它是由前苏联科学家 Belousov 于 1959 年首先观察发现，后经 Zhabotinsky 研究发展而得名。

1972 年，R. J. Field、E. Kòròs、R. M. Noyes 等人通过实验对 B-Z 振荡反应作出了解释。其主要思想是：体系中存在两个受溴离子浓度控制的过程 A 和 B；当 $[Br^-]$ 高于临界浓度 $[Br^-]_{crit}$ 时发生 A 过程，当 $[Br^-]$ 低于临界浓度 $[Br^-]_{crit}$ 时发生 B 过程。也就是说 $[Br^-]$ 起着开关作用，它控制着 A 到 B 过程，再由 B 到 A 过程的转变。在 A 过程，由

于化学反应 [Br^-] 降低，当 [Br^-] 达到 [Br^-]$_{crit}$ 时，B 过程发生。在 B 过程中，Br^- 再生，[Br^-] 增加，当 [Br^-] 达到 [Br^-]$_{crit}$ 时，A 过程发生。这样，体系就在 A 过程、B 过程间往复振荡。下面以丙二酸在溶有硫酸铈的酸性溶液中被溴酸钾氧化的反应体系（BrO_3-Ce^{4+}-MA-H_2SO_4）为例加以说明。

当 [Br^-] 足够高时，发生下列 A 过程：

$$BrO_3^- + Br^- + 2H^+ \xrightarrow{k_1} HBrO_2 + HOBr \tag{11-58}$$

$$HBrO_2 + Br^- + H^+ \xrightarrow{k_2} 2HOBr \tag{11-59}$$

其中反应式(11-58) 是速率控制步，当达到准定态时，有 $[HBrO_2] = \frac{k_1}{k_2}[BrO_3^-][H^+]$。

当 [Br^-] 低时，发生下列 B 过程，Ce^{3+} 被氧化

$$BrO_3^- + HBrO_2 + H^+ \xrightarrow{k_3} 2BrO_2^- + H_2O \tag{11-60}$$

$$BrO_2^- + Ce^{3+} + H^+ \xrightarrow{k_4} HBrO_2 + Ce^{4+} \tag{11-61}$$

$$2HBrO_2 \xrightarrow{k_5} BrO_3^- + HOBr + H^+ \tag{11-62}$$

反应式(11-60) 是速率控制步，反应经式(11-60)、式(11-61) 将自催化产生 $HBrO_2$，当达到准定态时

$$[HBrO_2] \approx \frac{k_3}{2k_5}[BrO_3^-][H^+]$$

由反应式(11-59) 和反应式(11-60) 可以看出，Br^- 和 BrO_3^- 是竞争 $HBrO_2$ 的。当 $k_2[Br^-] > k_3[BrO_3^-]$ 时，自催化过程式(11-60) 不可能发生。自催化是 B-Z 振荡反应中必不可少的步骤，否则该振荡不能发生。Br^- 的临界浓度为：

$$[Br^-]_{crit} = \frac{k_3}{k_2}[BrO_3^-] \approx 5 \times 10^{-6}[BrO_3^-]$$

Br^- 的再生可通过下列过程 C 实现：

$$4Ce^{4+} + BrCH(COOH)_2 + H_2O + HOBr \xrightarrow{k_6} 2Br^- + 4Ce^{3+} + 3CO_2 + 6H^+ \tag{11-63}$$

过程 C 对化学振荡非常重要，如果只有过程 A 和 B，就是一般的自催化反应，进行一次就完成了。正是过程 C 的存在，以丙二酸的消耗为代价，重新得到 Br^- 和 Ce^{3+}，反应得以再启动，形成周期性的振荡。

该体系的总反应为：

$$2H^+ + 2BrO_3^- + 2CH_2(COOH)_2 \longrightarrow 2BrCH(COOH)_2 + 3CO_2 + 4H_2O \tag{11-64}$$

振荡的控制物种是 Br^-。

由上述可见，产生化学振荡需满足以下三个条件：

① 反应须远离平衡态。化学振荡只有在远离平衡态，具有很大的不可逆程度时才能发生。在封闭体系中振荡是衰减的，在敞开体系中可以长期持续振荡且周期和振幅保持不变。

② 反应历程中应包含有自催化的步骤。产物之所以能加速反应，因为是自催化反应，如过程 A 中的产物 $HBrO_2$ 同时又是反应物。

③ 体系必须有两个稳态存在，即具有双稳性。

化学振荡体系的振荡现象可以通过多种方法观察到，如观察溶液颜色的变化，测定吸光度随时间的变化，测定电势随时间的变化等。

本实验通过测定离子选择性电极上的电势 E 随时间 t 变化的 E-t 曲线来观察 B-Z 反应的振荡现象（见图 11-29），同时测定不同温度对振荡反应的影响。根据 E-t 曲线，得到诱导期 $t_{诱}$ 和振荡周期 t_1、t_2、t_3，…，t_n。

诱导期的长短与反应速率成反比，即

$$\frac{1}{t_{诱}} \propto k = A\exp(-E_{表}/RT)$$

所以，根据 $\ln\frac{1}{t_{诱}} = -\frac{E_{诱}}{RT} + C$ 及 $\ln\frac{1}{t_{振}} = -\frac{E_{振}}{RT} + C$，可以计算出表观活化能 $E_{诱}$ 和 $E_{振}$。

本实验也可以通过替换体系中的成分来实现，如将丙二酸换成焦没食子酸、各种氨基酸等有机酸，如用碘酸盐、氯酸盐等替换溴酸盐，又如用锰离子、亚铁菲罗啉离子或铬离子代换铈离子等来进行实验都可以发生振荡现象，但振荡波形、诱导期、振荡周期、振幅等都会发生变化。

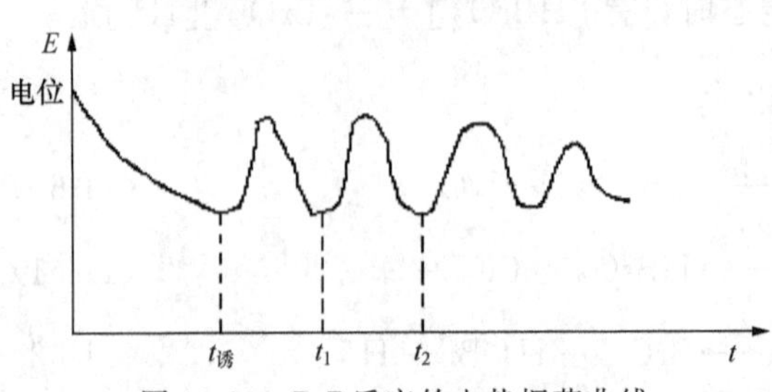

图 11-29　B-Z 反应的电势振荡曲线

除化学振荡外，振荡体系还有许多类型，如液膜振荡、生物振荡、萃取振荡等。表面活性剂在穿越油水界面自发扩散时，经常伴随有液膜（界面）物理性质的周期变化，这种周期变化称为液膜振荡。另外，在溶剂萃取体系中也发现了振荡现象。生物振荡现象在生物中很常见，如在新陈代谢过程中占重要地位的酶降解反应中，许多中间化合物和酶的浓度是随时间周期性变化的。生物振荡也包括微生物振荡。

四、仪器与药品

（1）仪器　NDM-I 型电压测量仪，超级恒温水浴，磁力搅拌器，反应器（100mL），217 型甘汞电极（用 $1\text{mol}\cdot\text{L}^{-1}$ 硫酸作 217 型甘汞电极连接液）、213 型铂电极各一支。

（2）试剂　丙二酸（AR），硫酸铈（AR），硫酸（AR），溴酸钾（GR，也可用分析纯进行重结晶），$0.004\text{mol}\cdot\text{L}^{-1}$ 的硫酸铈铵溶液（在 $0.20\text{mol}\cdot\text{L}^{-1}$ 硫酸介质中配制）。

五、实验内容

（1）配制 $0.45\text{mol}\cdot\text{L}^{-1}$ 丙二酸 250mL、$0.25\text{mol}\cdot\text{L}^{-1}$ 溴酸钾 250mL、$3.00\text{mol}\cdot\text{L}^{-1}$ 硫酸 250mL，在 $0.20\text{mol}\cdot\text{L}^{-1}$ 硫酸介质中配制 $4\times10^{-3}\text{mol}\cdot\text{L}^{-1}$ 的硫酸铈铵 250mL。

（2）按图 11-30 实验装置图连接好仪器。将超级恒温水浴温度控制在 25.0℃±0.1℃，待温度稳定后接通循环水。在反应器中加入已配好的丙二酸溶液、溴酸钾溶液、硫酸溶液各 15mL。

（3）将电源开关置于“开”的位置，将转子摆到反应器中，调节“调速”旋钮至合适的速度。将精密数字电压测量仪置于 2V 挡，清零后将甘汞电极接负极、铂电极接正极。恒温 5min 后加入硫酸铈铵溶液 15mL，观察溶液的颜色变化，同时开始计时并记录相应的变化电势。电势变化首次到最低时，记下时间 $t_{诱}$。振荡开始后每个周期依次定义为 t_1、t_2、t_3、…，每个温度下的 $t_{诱}$ 和 t_n 至少 3 次。

（4）用上述方法将温度设置为 30℃、35℃、40℃、45℃、50℃重复实验，并记下 t_n。

（5）按步骤（1）的配方，将丙二酸、$KBrO_3$、硫酸混合搅拌均匀后停止搅拌，小心加入 15mL 硫酸硫酸铈铵溶液，观察并记录现象。

六、数据记录与处理

（1）从 E-t 曲线得到诱导期和第一、第二振荡周期 t_1、t_2。

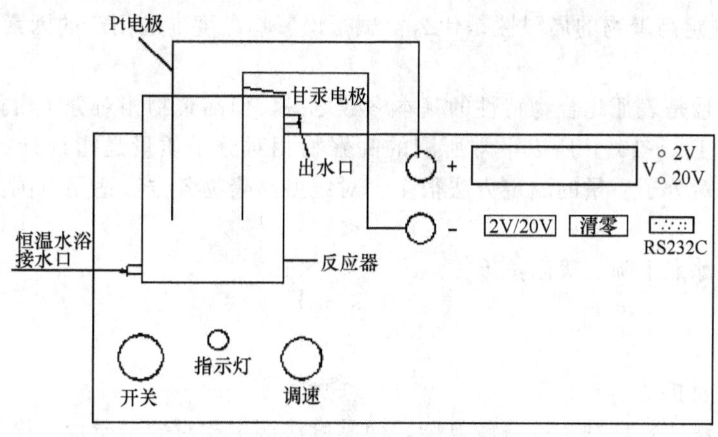

图 11-30　B-Z 反应实验装置图

(2) 根据 $t_{诱}$、t_1、t_2 与 T 的数据作 $\ln(1/t_{诱})$-$1/T$ 图、$\ln(1/t_1)$-$1/T$ 图和 $\ln(1/t_1)$-$1/T$ 图，求出表观活化能 $E_{诱}$ 和 $E_{振}$（$kJ \cdot mol^{-1}$）。

七、注意事项

(1) 本实验对溴酸钾试剂的纯度要求高，应为 GR，其余试剂应为 AR。

(2) 配制硫酸铈铵溶液时，一定要在 $0.2mol \cdot L^{-1}$ 硫酸介质中配制，防止发生水解呈浑浊。

(3) 反应器应清洁干净，转子位置和速度都必须加以控制。

(4) 电压测量仪一定要置于 0.1mV 分辨率的手动状态下。

八、问题与讨论

(1) 由 $\ln(1/t_{诱})$-$1/T$ 图为直线，对诱导期中进行的反应有何推测？试说明理由。分析第一振荡周期（t_1）随温度的变化。

(2) 据实验得到的电势曲线与颜色和电势值的对应关系，分析 Pt 丝电极记录的电势曲线主要反映哪个电对电势的变化？试说明理由。

(3) 有人认为，根据热力学第二定律总有：$(dS)_{V,V} \geqslant 0$，而该实验的电势却呈周期性变化（它反映了物种浓度的周期性变化），这与第二定律矛盾，你认为如何？试分析之。

(4) 讨论实验步骤（5）观察到的现象，分析在没有搅拌时形成空间图案的原因，并分析搅拌所起的作用。

实验一一六　黏度法测定高聚物的相对分子质量

一、目的与要求

(1) 掌握黏度法测定高聚物平均相对分子质量的原理和方法。

(2) 掌握乌氏黏度计测定黏度的方法。

二、预习与思考

(1) 了解黏度法测定线型高聚物相对分子质量基本原理和方法。

(2) 了解乌氏黏度计的结构和特点。

(3) 思考下列问题

① 高聚物溶液的 η_r、η_{sp}、η_{sp}/c、$[\eta]$ 的物理意义是什么？

② 乌氏黏度计中的支管 C 的作用是什么？本实验能否不用 C 管？黏度计的毛细管粗细有何影响？

③ 黏度法测定高聚物的局限性是什么？试指出影响黏度准确测定的因素。

三、实验原理

相对分子质量是表征化合物特性的基本参数之一，但高聚物相对分子质量大小不一、参差不齐，一般在 $10^3 \sim 10^7$，所以平常所测的高聚物相对分子质量是指统计的平均相对分子质量。高聚物相对分子质量的测定方法很多，对线型高聚物各方法适用范围如下：

端基分析	$<3\times10^4$
沸点上升、冰点下降、等温蒸馏	$<3\times10^4$
渗透压	$<10^6$
光散射	$<10^7$
超离心沉降及扩散	$<10^7$

这些测定方法比较精细、设备较复杂，而黏度法测定相对分子质量，设备简单、操作方便，并有相当好的实验精度，是常用的方法之一。黏度法可测相对分子质量范围为 $10^4 \sim 10^7$。

高聚物稀溶液中的黏度是液体在流动时内摩擦力大小的反映。纯溶剂黏度反映了溶剂分子与溶剂分子之间的内摩擦力，记作 η_0；高聚物溶液的黏度则是高聚物分子之间的内摩擦，高聚物分子与溶剂分子之间的摩擦以及溶剂分子之间的内摩擦三者总和，记作 η。在相同温度下，高聚物溶液的黏度一般比纯溶液的黏度要大，即 $\eta>\eta_0$。相对于溶剂，这些黏度增加的分数称作增比黏度，记作 η_{sp}，即：

$$\eta_{sp}=\frac{\eta-\eta_0}{\eta_0}=\frac{\eta}{\eta_0}-1=\eta_r-1 \tag{11-65}$$

式中，η_r 称为相对黏度，它是指溶液黏度与溶剂黏度的比值，仍是整个溶液黏度的行为，而 η_{sp} 则意味着它已扣除了溶剂分子之间的内摩擦效应，仅反映了纯溶剂分子与高聚物分子间以及高聚物分子之间的内摩擦效应。但溶液的浓度可大可小，显然，浓度越大，黏度就越大。为了便于比较，将单位浓度下所显示出的增比黏度 η_{sp}/c，称为比浓黏度，其中 c 是浓度，常用单位为 $g\cdot mL^{-1}$ ［或 $g\cdot(100mL)^{-1}$］。

为了进一步消除高分子与高分子之间的内摩擦效应，必须将溶液浓度无限稀释，使得高聚物分子彼此之间相隔甚远，相互干扰可以忽略不计，这一黏度的极限值记为：

$$\lim_{c\to0}\eta_{sp}/c=[\eta] \tag{11-66}$$

$[\eta]$称为特性黏度，它反映的是无限稀释溶液中高聚物分子与溶剂分子之间的内摩擦，其值与浓度无关，只取决于溶剂的性质及高聚物分子的大小和形态。如果高聚物分子的相对分子质量愈大，则它与溶剂间接触表面也愈大，因而摩擦就大，表现出的特征黏度也大。实验证明，当高聚物、溶剂和温度确定后，$[\eta]$的数值只与高聚物平均相对分子质量 $\overline{M}$ 有关，它们之间的半经验关系可用 Mark Houwink 方程式表示：

$$[\eta]=K\overline{M}^{\alpha} \tag{11-67}$$

式中，$\overline{M}$ 为平均相对分子质量；K 为比例常数；α 为与分子形状有关的经验参数。K 和 α 的数值与温度、高聚物及溶剂性质有关，在一定的相对分子质量范围内与相对分子质量无关。K 值受温度的影响特别明显，而 α 主要取决于高聚物分子线团在某温度下、某溶剂中舒展的程度。如在良溶剂中，则线团就舒展。当线团在溶液中流过时，溶剂可全部或大部穿透线团、线团上每个链段与溶剂摩擦机会增加。对同样大小的高聚物而言，摩擦增加就使 $[\eta]$ 值增大，所以 α 值就较大，其值接近于 1。相反，如在不良溶剂中，线团紧缩，则线团链段与溶剂摩擦机会减小，使 $[\eta]$ 值变小，所以 α 值就小。在极限情况下，高聚物在不良溶剂

中 α 值已被实验结果证实接近于 0.5，所以通常说成 α 介于 0.5～1。K 与 α 的数值只能通过其它绝对方法确定（例如渗透压法、光散射法等），而从黏度法只能测得 $[\eta]$，通过式(11-67）计算聚合物的相对分子质量，亦记作 $\overline{M}$，称作黏均相对分子质量。

测定液体黏度的方法主要有三类：①用毛细管黏度计测定液体在毛细管里流出的时间；②用落球式黏度计测定圆球在液体里的下落速率；③用旋转式黏度计测定液体与同心轴柱体间相对转动的情况。

测定高聚物分子的 $[\eta]$ 时，用毛细管黏度计最为方便。当液体在毛细管黏度计内因重力作用而流出时，遵守泊肃叶（Poiseuille）定律：

$$\frac{\eta}{\rho}=\frac{\pi hgR^4t}{8lV}-\frac{mV}{8\pi lt} \tag{11-68}$$

式中，V 是流经毛细管的液体体积；η 是液体的黏度；ρ 是液体的密度；l 是毛细管的长度；R 是毛细管半径；t 是流出的时间；g 是重力加速度；h 是流过毛细管液体的平均液柱高度；m 是毛细管末端的校正参数（一般在 $R/l \ll 1$ 时，可以取 $m=1$）。

对于某一支指定的黏度计而言，式(11-68）可写成下式：

$$\frac{\eta}{\rho}=At-\frac{B}{t} \tag{11-69}$$

式中 $B<1$，当流出时间 t 在 2min 左右（大于 100s），上式右边第二项（亦称动能校正项）可以忽略。又因通常测定是在稀溶液（$c<1\times10^{-2}\,\mathrm{g\cdot mL^{-1}}$）中进行，溶液的密度与溶剂的密度近似相等，因此可将 η_r 写成：

$$\eta_r=\frac{\eta}{\eta_0}=\frac{t}{t_0} \tag{11-70}$$

式中，t 为流出时间；t_0 为纯溶剂的流出时间。可以证明，在无限稀释条件下：

$$\lim_{c\to0}\frac{\eta_{sp}}{c}=\lim_{c\to0}\frac{\ln\eta_r}{c} \tag{11-71}$$

所以，$\frac{\eta_{sp}}{c}$ 与 $\frac{\ln\eta_r}{c}$ 的极限取值均等于 $[\eta]$。由此我们获得 $[\eta]$ 的方法就有两种，一种是作 $\frac{\eta_{sp}}{c}$ 和 c 作图外推到 $c=0$ 的截距值，另一种是作 $\frac{\ln\eta_r}{c}$ 对 c 作图也外推到 $c=0$ 截距值，两根线如图 11-31 所示重合于一点，这也可以校正实验的可靠性。

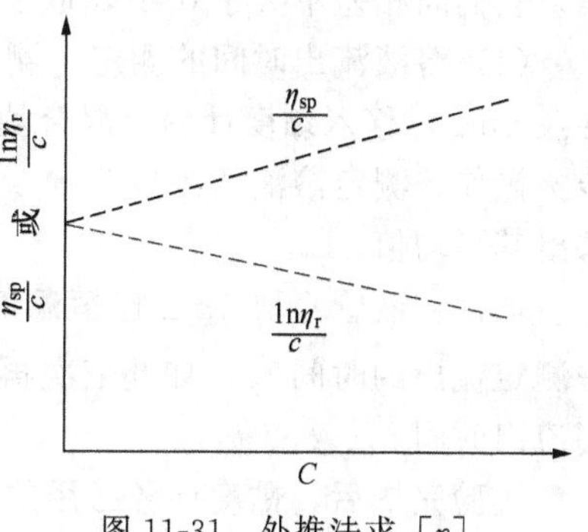

图 11-31　外推法求 $[\eta]$

一般这两根直线的方程表达式为下列形式：

$$\frac{\eta_{sp}}{c}=[\eta]+\kappa[\eta]^2c \tag{11-72}$$

$$\frac{\ln\eta_r}{c}=[\eta]-\beta[\eta]^2c \tag{11-73}$$

配制一系列不同浓度的溶液分别进行测定，以 $\frac{\eta_{sp}}{c}$ 和 $\frac{\ln\eta_r}{c}$ 为同一纵坐标，c 为横坐标作图，得两条直线，分别外推到 $c=0$ 处（如图 11-31 所示），其截距即为 $[\eta]$，代入式(11-67)，即可得到 $\overline{M}$。

在 30℃时，对于聚丙烯酰胺在 $1\mathrm{mol\cdot L^{-1}}$ KNO_3 溶液 $K=3.73\times10^{-2}\mathrm{K\cdot kg\cdot L^{-1}}$，

$a=0.66$，浓度单位 $g \cdot mL^{-1}$，$\overline{M}_\eta$ 的准确性最高不优于±5%，一般达20%。

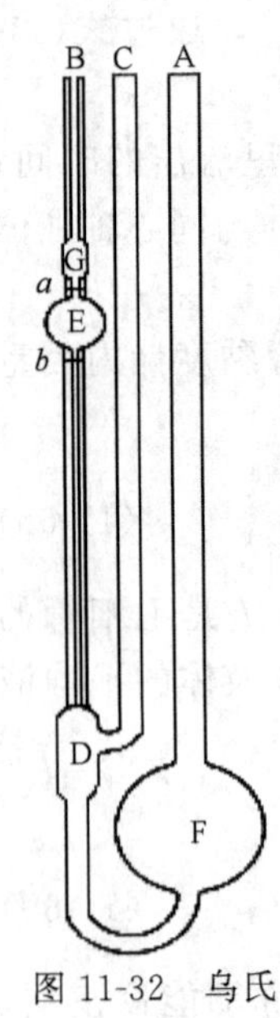

图 11-32 乌氏黏度计

四、仪器与药品

(1) 仪器 恒温槽1套，乌氏黏度计1支，分析天平，秒表，10mL移液管，乳胶管，吸耳球，橡皮管夹。

(2) 药品 $1mol \cdot L^{-1}$ KNO_3 溶液，聚丙烯酰胺。

五、实验内容

(1) 黏度计的洗涤 先用热洗液（经砂芯漏斗过滤）将黏度计浸泡，再用自来水、纯水分别冲洗几次，每次都要注意反复流洗毛细管部分，洗好后烘干备用。经常使用的黏度计可用去离子水浸泡，去除留在黏度计中的高聚物。

(2) 配制高聚物溶液 准确称取0.3g聚丙烯酰胺，在搅拌下逐步少量加入到60mL $1mol \cdot L^{-1}$ KNO_3 溶液中，把烧杯放在水浴锅内加热搅拌使样品完全溶解，然后把溶液转入100mL容量瓶内，在30.0℃±0.1℃下恒温，并加入 $1mol \cdot L^{-1}$ KNO_3 溶液至刻线为止，摇匀待用。

(3) 测定溶剂流出时间 将聚丙烯酰胺溶液和 $1mol \cdot L^{-1}$ KNO_3 分别装在碘量瓶内，在30.0℃±0.1℃的恒温槽中恒温。乌氏（Ubbelohde）黏度计（图11-32）是气承悬柱式可稀释黏度计，测定时能在黏度计内进行逐步稀释，适合连续测定不同浓度溶液的黏度。量取已恒温的15mL KNO_3 溶液从A管注入黏度计内，将C管上橡皮管用夹子夹紧使之不通气，用吸耳球从B口橡皮管抽气，使溶液从F球经D球、毛细管、E球抽至G球，解去让C管使通大气，D球亦通大气，此时D球内的液体即回入F球，使毛细管以上的液体悬空。同时拨去吸耳球，G球中的液体开始下落，当液面流经 a 刻度时，立即按秒表开始计时，液面降至 b 刻度时，再按停秒表，这样测得刻度 a、b 之间的液体流经毛细管所需要的时间。同样方法重复操作三次，它们间相差不大于0.3s，取三次平均值为 t_0，即为溶剂流出时间。

(4) 溶液流出时间的测定 测定溶剂 t_0 后用干净的移液管吸取已恒温好的聚丙烯酰胺溶液5mL，移入黏度计内，混合均匀，将此溶液抽洗E球两次，恒温2min，仍按上面操作步骤操作，测定溶液（浓度为 c_1）在乌氏黏度计内的流出时间 t_1，每次相差不超过0.4s，求出其平均值。

再用移液管吸取5mL已恒温好的 $1mol \cdot L^{-1}$ KNO_3 溶液加入黏度计内，按前面所述方法测定流出的时间 t_2，如此依次再加入5、10、10mL $1mol \cdot L^{-1}$ KNO_3 溶液，分别测出它们流出时间 t_3、t_4、t_5。

实验完毕后，黏度计务必用热的去离子水清洗干净，晾干，备用。

六、数据记录与处理

(1) 为了作图方便，假定溶液起始浓度为1，依次加入5、5、10、10mL $1mol \cdot L^{-1}$ KNO_3 溶液稀释后的浓度分别为4/5、2/3、1/2、2/5，计算各浓度的 η_r、η_{sp} 及 η_{sp}/c'，$\ln\eta_r/c'$，c' 是相对浓度，即 $c'=c/c_1$，其中 c 是真实浓度，c_1 是起始浓度。

(2) 按表11-10的格式记录和处理实验数据。

(3) 作 η_{sp}/c' 和 $\ln\eta_r/c'$ 对 c' 浓度图，得两直线外推至 $c' \to 0$，得截距A，以起始浓度除之，就可求得特性黏度 $[\eta]$（$[\eta]=A/c_1$）。

(4) 计算相对分子质量：把 K、α 和 $[\eta]$ 值代入式(11-67) 求 $\overline{M}_\eta$。

(5) 黏度测定中异常现象的近似处理。在严格操作情况下，有时会出现图11-33所示的反常现象，目前还不能清楚地解释其原因，只能作一些近似处理。式(11-72) 物理意义明确，其中 κ 和 η_{sp}/c 值与高聚物结构（如高聚物的多分散性及高分子链的支化等）和形态有关；而式(11-65) 则基本上是数学运算式，含义不太明确。因此，图中异常现象应以 η_{sp}/c 与 c 的关系为基准来求得高聚物溶液的特性黏度 $[\eta]$。

表 11-10　数据记录与处理表

日期＿＿＿＿　试样＿＿＿＿　溶剂＿＿＿＿　恒温温度＿＿＿＿℃

项目			流出时间 ①②③平均值/s	η_r	$\ln\eta_r$	η_{sp}	η_{sp}/c'	$\ln\eta_r/c'$
溶剂	c_0	t_0						
溶液	$c'=1$	t_1						
	$c'=\frac{4}{5}$	t_2						
	$c'=\frac{2}{3}$	t_3						
	$c'=\frac{1}{2}$	t_4						
	$c'=\frac{2}{5}$	t_5						

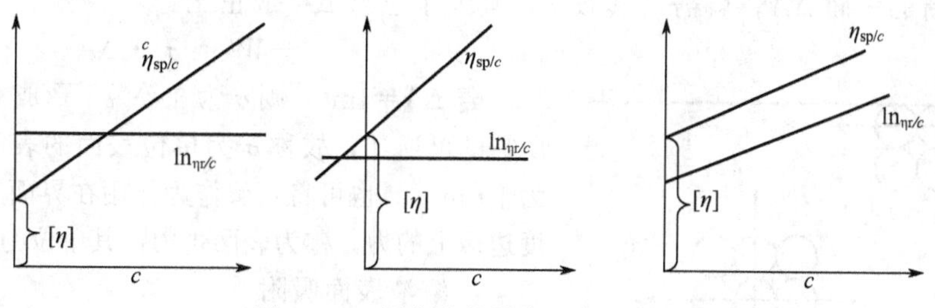

图 11-33　测定中的异常现象示意图

七、注意事项

(1) 黏度计必须洁净，若毛细管壁上挂有水珠，需用洗液浸泡。

(2) 实验完毕毛细管须用热水洗涤干净。

(3) 高聚物在溶剂中溶解缓慢，配制溶液时必须保证其完全溶解，否则会影响溶液起始浓度，而导致结果偏低。

(4) 本实验溶液的稀释是直接在黏度计中进行的，因此溶液与用于稀释的溶剂需在同一恒温槽中进行，用量需用移液管准确量取，稀释液需充分混合均匀。

(5) 液体黏度的温度系数较大，实验中应严格控制温度恒定，否则难以获得重现性结果。

(6) 在测定时黏度计要垂直放置，否则会影响结果的准确性。

八、问题与讨论

(1) 特性黏度和纯溶剂的黏度 η_0 是否一样？为何要用它来求高聚物相对分子质量？

(2) 黏度计的毛细管太粗或太细，对实验有何影响？如何选择合适的毛细管？

(3) 为什么黏度计必须垂直？在乌氏黏度计中，为什么总体积对黏度的测定没有影响？

(4) 温度对黏度的影响很大，在室温下水的黏度的温度系数 $d\eta/dt=0.02\text{mPa}\cdot\text{s}\cdot\text{K}^{-1}$。若要求 η_r 测定精确到 0.2%，则恒温槽的温度必须恒定在±0.05℃范围内，请用误差计算来说明。

实验一一七　溶液表面吸附的测定

一、目的与要求

（1）测定不同浓度正丁醇溶液的表面张力，计算吸附量和正丁醇分子的横截面积。

（2）掌握最大气泡法测定表面张力的基本原理和方法。

（3）了解表面张力的性质，表面能的意义以及表面张力和吸附量之间的关系。

二、预习与思考

（1）预习《物理化学》中有关表面张力、表面自由能和表面吸附的内容，了解影响表面张力的因素以及如何由表面张力的数据求正丁醇的横截面积。

（2）思考下列问题

① 表面活性物质的结构特点是什么？它有何实际应用？测定表面张力有哪几种方法？

② 正丁醇溶液是否一定要配成体积摩尔浓度？

③ 为什么要测定仪器常数？

④ 影响实验结果的主要因素是什么？如何减小以致消除这些因素对实验的影响？

三、实验原理

1. 表面自由能

从热力学观点来看，液体表面缩小是一自发过程，这是体系总的自由能减小的过程，欲使液体产生新的表面 ΔA，就需对其做功，其大小应与 ΔA 成正比：

$$-W'=\sigma\cdot\Delta A \tag{11-74}$$

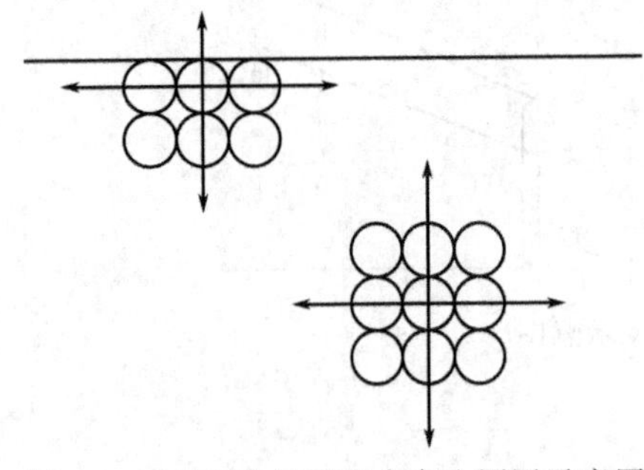

图 11-34　气/水界面张力产生原因示意图

若 $\Delta A=1\mathrm{m}^2$，则 σ 为在等温下形成 $1\mathrm{m}^2$ 新的表面所需的可逆功，故称 σ 为单位表面的表面能，其单位为 $\mathrm{J\cdot m^{-2}}$。也可将 σ 看作为作用在界面上每个单位长度边缘上的力，称为表面张力，其单位为 $\mathrm{N\cdot m^{-1}}$。

2. 溶液表面吸附

液体表面的分子由于所受分子引力不平衡（见图 11-34），而具有的表面张力实质上是表面自由能。当形成溶液时，由于溶质的加入，溶剂的表面张力就会升高或降低。在定温下，就同一溶质来说，使溶剂表面张力变化的程度是随着浓度不同而不同的。根据能量最低的原理，若溶剂的表面张力降低，说明溶质在表面的浓度比内部浓度大；若溶剂的表面张力增大了，说明溶质在表面层的浓度比内部浓度小，这种表面浓度与内部浓度不同的现象叫做溶液的表面吸附。

对于二组分的稀溶液，在一定的温度和压力下，溶质的吸附量与溶液的浓度及溶液的表面张力之间的关系可用吉布斯（Gibbs）吸附方程描述：

$$\Gamma=-\frac{c}{RT}\left(\frac{\partial\sigma}{\partial c}\right)_T \quad 或 \quad \Gamma=-\frac{1}{RT}\left(\frac{\partial\sigma}{\partial \ln c}\right)_T \tag{11-75}$$

式中，Γ 为吸附量，$\mathrm{mol\cdot m^{-2}}$；c 为溶液的浓度，$\mathrm{mol\cdot m^{-3}}$；R 为气体常数（$\mathrm{J\cdot mol^{-1}\cdot K^{-1}}$）；$T$ 为热力学温度，K。

若 $\frac{\partial\sigma}{\partial c}<0$，则 $\Gamma>0$，即随着溶液浓度的增加，溶液的表面张力是降低的，此时吸附量为正，称为正吸附；若 $\frac{\partial\sigma}{\partial c}>0$，则 $\Gamma<0$，即随着溶液浓度的增加，溶液的表面张力也是增加的，此时吸附量为负，称为负吸附。

溶于溶剂中使表面张力显著降低的物质，称为表面活性物质。这类物质是由极性基团和非极性基团构成，在水溶液表面，一般极性部分指向溶液内部，而非极性部分却指向空气中。表面活性物质的分子在溶液表面排列的情况，随其浓度不同而异，如图 11-35 所示。当浓度很小时，分子平躺在溶液表面上［图 11-35(a)］。随着浓度增大，溶质分子的排列方式在改变着。当浓度足够大时，溶质分子盖住了所有界面的位置，形成饱和吸附层，分子排列方式如图 11-35(c) 所示。这样的吸附层是单分子层，随着表面活性物质的分子在界面上愈益紧密排列，则此界面的表面张力也就逐渐降低。

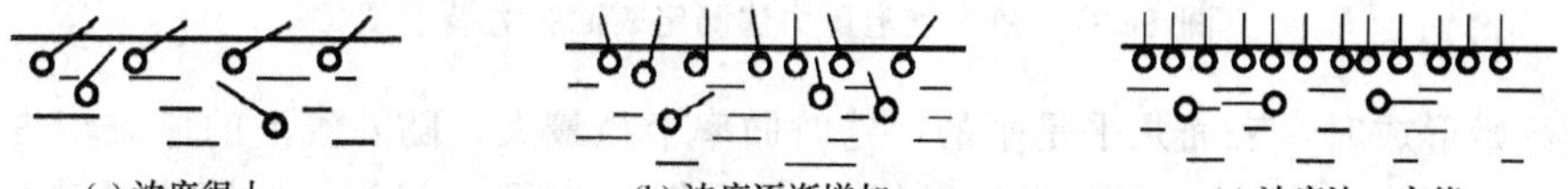

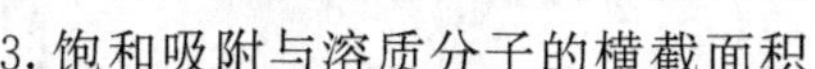

(a) 浓度很小　(b) 浓度逐渐增加　(c) 浓度达一定值

图 11-35　溶液表面上表面活性分子的排列

以表面张力 σ 对 $\ln c$ 作图，可得到 σ-$\ln c$ 曲线，如图 11-36 所示。从图中可以看出，在开始时，σ 随 c 之增加而下降较快，以后变化比较缓慢。在 σ-$\ln c$ 曲线上取不同点，就可以得出不同浓度的 Γ 值。如在 σ-$\ln c$ 曲线上任取一点 a，通过 a 点作曲线的切线和平行横坐标的直线，分别交纵坐标于 b、b' 点。令 $bb'=z$，显然 $z=-\left(\frac{\partial \sigma}{\partial \ln c}\right)_T$，代入式(11-65)，有 $\Gamma=z/RT$。从曲线上取不同的点，就可以得出不同的 z 值，从而可求出不同浓度时的吸附量 Γ。

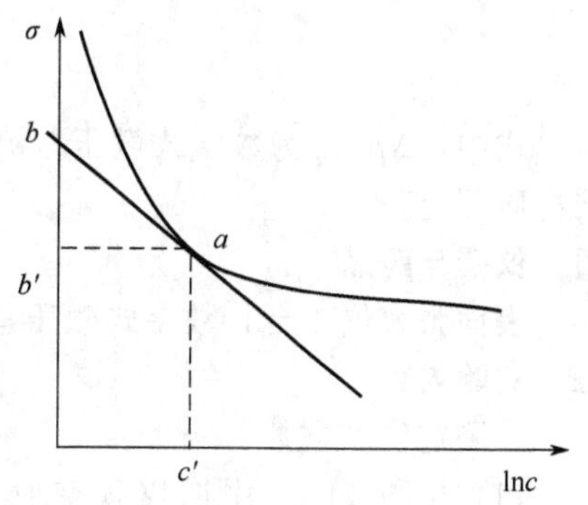

图 11-36　表面张力与浓度的关系

3. 饱和吸附与溶质分子的横截面积

吸附量和浓度之间的关系，可用朗缪尔（Langmuir）吸附等温式表示：

$$\Gamma=\Gamma_{\infty}\frac{Kc}{1+Kc} \tag{11-76}$$

式中，Γ_{∞} 为饱和吸附量；K 为常数。上式可以改变为下面的形式：

$$\frac{c}{\Gamma}=\frac{1}{K\Gamma_{\infty}}+\frac{c}{\Gamma_{\infty}} \tag{11-77}$$

若作 c/Γ-c 图，应为一直线，其斜率的倒数即为 Γ_{∞}。

如果以 N 代表 1m^2 表面上溶质的分子数，则有 $N=\Gamma_{\infty}N_0$（N_0 为阿伏加德罗常数）。由此可得每个溶质分子在表面上所占据的面积，即分子的截面积 a_{∞} 为：

$$a_{\infty}=\frac{1}{\Gamma_{\infty}N_0} \tag{11-78}$$

4. 最大泡压法

图 11-37 为最大气泡压力法的简单装置，中间是一管尖为毛细管的玻璃管。当毛细管端面与液面相切时，液面即沿毛细管上升。打开滴液漏斗的活塞，使水缓慢下滴以减少体系压力，这样毛细管液面上受到一个比试管中液面上大的压力，便形成压力差（$\Delta p=p_0-p_{体系}$）。当此压力差在毛细管端面上产生的作用力稍大于毛细管口液体的表面张力时，毛细管中大气压（p_0）就逐渐把管中的液面压至管口，形成气泡，此压力差 Δp 与表面张力 σ 成正比，与曲率半径 R 成反比，满足 Laplace 公式

$$\Delta p=2\sigma/R \tag{11-79}$$

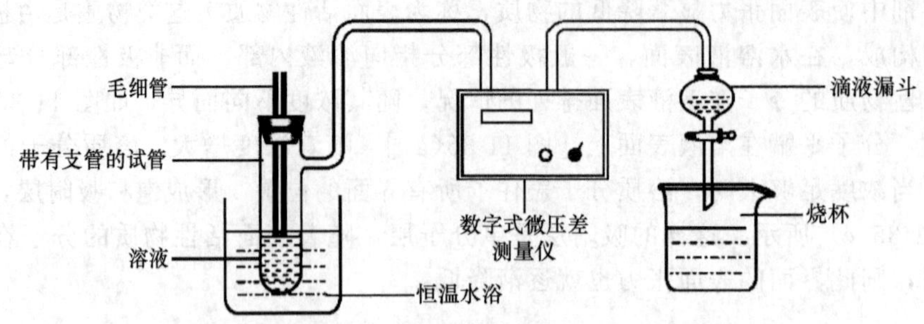

图 11-37　最大气泡压力法测定表面张力装置图

当气泡刚开始形成时，表面几乎是平的，这时曲率半径最大；随着气泡的形成，曲率半径逐渐变小，直到形成半球形，这时曲率半径 R 与毛细管半径 r 相等，曲率半径达到最小值，根据式(11-79)，此时 Δp 应为最大值，即：

$$\Delta p_{\max}=2\sigma/r \tag{11-80}$$

则有

$$\sigma=\frac{1}{2}r\cdot\Delta p_{\max}=K\cdot\Delta p_{\max} \tag{11-81}$$

式中，$\Delta p_{\max}$ 为数字式微压差测量仪的读数；K 为仪器常数，可以用已知表面张力的标准物质测定。

四、仪器与药品

表面张力仪 1 台，数字式微压差测量仪 1 台，吸耳球 1 个，移液管；正丁醇（AR）。

五、实验内容

1. 测定仪器常数

（1）按图 11-37 用橡皮真空胶管连接好测量系统，并调整毛细管口使其刚好与水面相切。

（2）插上数字式微压差测量仪的电源插头，打开电源开关，LED 显示即亮，2s 后正常显示（过量程时显示±1999）。预热 5min 后按下置零按钮，显示为 0000，表示此时系统气压差为零。

（3）打开抽气瓶活塞，使系统内的压力降低，LED 显示一定数字（即压差）时，关闭抽气瓶活塞，若 2～3min 内压差值不变，则说明系统不漏气，可以进行实验。

（4）仪器常数的测定。以纯水作为待测液，打开滴液漏斗，毛细管逸出气泡，调整滴液速度，使气泡由毛细管口成单气泡逸出，且使每个气泡的形成时间不少于 10s。当气泡刚脱离管口的一瞬间，数字式微压差测量仪显示最大压差（在 LED 上极大值保留显示约为 1s）。记录最大压力差，连续读取三次，取其平均值。通过手册查得实验温度时的表面张力 σ 值，代入式(11-84) 就可求出仪器常数 K。

注意：在毛细管气泡逸出的瞬间最大压差值应在 450～900Pa 左右，否则须更换毛细管。

2. 测定 σ 与溶液浓度的关系

以上述同样的方法，将测定管中的纯水换以不同浓度的待测正丁醇水溶液（0.01、0.02、0.05、0.10、0.20、0.30、0.40、0.50mol·L^{-1}）。每次更换溶液时不必烘干容器和毛细管，只需用少量待测溶液淋洗 2 次即可，从稀到浓依次分别测定各个溶液的最大压力差，用公式(11-81) 求出各个 σ 值。

六、数据记录与处理

（1）由附录表中查出实验温度时水的表面张力，求出仪器常数 K。

(2) 用表格列出各溶液浓度、压力差和表面张力的数值。

(3) 绘制 σ-ln$c$ 等温曲线。

(4) 在 σ-ln$c$ 曲线上取 6～7 个点，分别作出切线，并根据 $\Gamma = z/RT$ 计算 Γ 值，作 Γ-c 的曲线图。

(5) 作 c/Γ-c 图，从直线的斜率求出 Γ_∞（以 $mol \cdot m^{-2}$ 表示）。

(6) 根据式(11-78) 计算正丁醇分子的横截面积 a_∞（以 nm^2 表示）。

七、注意事项

(1) 为了保持气泡呈单个逸出，应使毛细管干净，每次测定时应将上次残液吹干，洗净(可用丙酮)。

(2) 毛细管一定要保持垂直，管口刚好插到与液面接触，不能插入太深。

(3) 毛细管端面应齐平，实验中应注意保护，避免损坏、阻塞和油污污染。

八、问题与讨论

(1) 在水和苯的混合液里，表面活性物质将如何取向？它对表面张力起何影响？

(2) 最大泡压法测定表面张力时为什么要读最大压力差？若气泡几个一齐逸出或逸出速度太快，将会给实验带来什么影响？

(3) 为什么毛细管端口必须和液面相切？否则对实验有何影响？

(4) 试从吉布斯公式引出 σ 的量纲。在数据处理中注意什么问题？

(5) 从误差理论估算表面张力的相对误差，阐明毛细管应如何选择？

实验一一八　胶体制备及 ζ 电位的测定

一、目的与要求

(1) 掌握水解法制备 $Fe(OH)_3$ 溶胶和纯化溶胶的方法。

(2) 掌握用电泳法测定 $Fe(OH)_3$ 溶胶的带电性质及电动电位的方法。

二、预习与思考

(1) 预习胶体粒子表面的电荷分布——扩散双电层理论。

(2) 预习并了解 ζ 电位与胶体稳定性的关系。

(3) 思考下列问题

① 胶粒带电的原因是什么？如何判断胶粒所带电荷的符号？

② 辅助溶液的作用是什么？对辅助溶液的选择有什么要求？

三、实验原理

将两个电极插入胶体溶液，通过直流电，可以发现胶体粒子会向某电极方向移动，这种现象称为电泳，它说明胶粒是带电的。

溶胶是一个多相体系，其分散相胶粒的大小约在 1nm～1μm。胶粒表面所带的电荷是由其表面基团的电离或选择性吸附某种离子等原因所致，胶粒周围的介质分布着反离子。反离子所带电荷与胶粒表面电荷符号相反、数量相等，整个溶胶体系保持电中性。胶粒周围的反离子由于静电引力和热运动的结果形成两部分——紧密层和扩散层，前者的厚度约为一两个分子的大小，后者的厚度则随温度、体系中的电解质浓度及其离子的价态等条件而改变。在外加电场作用下，紧密层和扩散层在其界面处发生分离且向两个不同的电极方向移动。这种带着紧密层的分散相在分散介质中的移动称为电泳。电泳速度的大小除与外加电场的强度有关系，还与滑动面的电位——ζ 电位的大小有关。在一定的外电场下，通过测定电泳速度可以求出 ζ 电位。

在胶体体系内加入电解质后会使紧密层内与胶粒表面反电性的离子增加，而扩散层内反离子减少，厚度变薄，ζ 电位下降。当 ζ 电位下降为零时，即紧密层内的反离子全部中和了胶体表面的电荷而使胶粒呈电中性，结果会因布朗运动的相互碰撞而聚沉。电位等于零的点称为“等电点”，在等电点时胶体最不稳定，其聚沉速度最大，故 ζ 电位的大小与溶胶稳定性有关。

测定 ζ 电位的方法有电泳、电渗和沉降电位法等，但使用最多的为电泳法。

本实验使用U形电泳仪测定 ζ 电位。在电泳仪两极之间加上电位差 V 后，在 t 时间内移动的距离为 S，则胶粒的 ζ 电位为：

$$\zeta=(4\pi\eta/\varepsilon E)\times u \tag{11-82}$$

式中，E 为两电极间的电位梯度平均值，$E=V/L$，V 为电泳仪两极之间施加的电位差，L 为两电极间的距离；u 为电泳速度，$u=S/t$；ε 为分散介质的介电常数；η 为分散介质的黏度。基本数值与单位换算关系为：$\eta_{水(20\sim25℃)}=(1.0020\sim0.8907)\times10^{-3}\ \mathrm{Pa\cdot s(kg\cdot m^{-1}\cdot s^{-1})}$；$\varepsilon_{水}=81$；在cgs单位制中，电学单位为静电单位，其中电位的静电单位为静电伏特，1静电伏特（静伏）=299.8伏特。如果 ζ 和 V 用伏特，黏度用国际单位，L 和 S 的单位用厘米、t 用秒为单位，则上式的单位换算关系为：

$$\zeta\,(\mathrm{V})=\frac{4\times\pi\times\eta(\mathrm{Pa\cdot s})\times10^{3}\times10^{-2}}{\varepsilon\times\dfrac{V(\mathrm{V})\times299.8^{-1}}{L(\mathrm{cm})}}\times\frac{S(\mathrm{cm})}{t(\mathrm{s})}\times299.8 \tag{11-83}$$

$$=\frac{4\times\pi\times\eta(\mathrm{Pa\cdot s})\times10\times L(\mathrm{cm})\times S(\mathrm{cm})}{\varepsilon\times V(\mathrm{V})\times t(\mathrm{s})}\times299.8^{2}$$

四、仪器与药品

（1）仪器　直流稳压电源1台，电导率仪1台，U形电泳仪（附铂电极）1套，烧杯，量筒。

（2）试剂　火棉胶（CP），$FeCl_3$（CP），KNO_3（$0.1\mathrm{mol\cdot L^{-1}}$）。

五、实验内容

1.渗析袋（珂罗酊袋）的制备

在250mL洗净并烘干的锥形瓶中加入约20mL火棉胶，小心转动锥形瓶，使火棉胶在锥形瓶内形成均匀的薄膜，倾出多余的火棉胶，将锥形瓶倒置于铁圈上，待火棉胶中所含的乙醚大部分挥发后（此时胶膜不粘手），将去离子水注入胶膜与瓶壁之间，使胶膜与瓶壁分离。从瓶中取出胶膜，放在去离子水中浸泡约10min后，装入去离子水检查胶袋是否有漏洞，如无漏洞则可浸入去离子水中备用。

2. $Fe(OH)_3$ 溶胶的制备

将0.5g无水 $FeCl_3$ 溶于20mL去离子水中，在搅拌下将上述溶液滴入200mL沸水中（控制在4～5min内滴完），然后再煮沸1～2min，即可制得 $Fe(OH)_3$ 溶胶。将所制得的溶胶移入珂罗酊袋内，将袋置于去离子水中进行渗析，直至溶液不含 Cl^- 为止。

3.辅助液的配制

（1）先测定纯化后胶体的电导（$<10\mu s$）。

（2）取100mL的去离子水，在不断搅拌下逐滴加入 KNO_3 溶液（$0.1\mathrm{mol\cdot L^{-1}}$）直至溶液的电导等于胶体的电导为止。

4.测定 $Fe(OH)_3$ 溶胶的 ζ 电位

（1）用洗液和去离子水把电泳仪仔细洗净。

（2）先倒入辅助液，然后缓慢装入胶体，注意保持胶体界面的完整。

(3) 将铂电极插入支管内并与直流电源连接。

(4) 打开直流电源开关通电（150～300V），并开始计时，观察胶体界面移动现象及电极表面现象，记下溶胶界面移动 1cm 所需的时间。

(5) 用线和尺子量出两电极间距离（不是水平距离），并记下所加的电压。

六、数据记录与处理

(1) 计算出电位梯度及电泳速度。

(2) 计算出胶体的 ζ 电位。

(3) 根据胶粒电泳时的移动方向确定其所带电荷符号。

七、注意事项

(1) 在制备珂罗酊袋时，加水的时间应适宜，如加水过早，因胶膜中的溶剂未完全挥发掉，胶膜呈乳白色，强度差不能用。如加水过迟，则胶膜变干、脆、不易取出且易破。

(2) 溶胶的制备条件和纯化效果均影响电泳速度。制胶过程应很好地控制浓度、温度、搅拌和滴加速度。渗析时应控制水温、常搅动渗析液，勤换渗析液。这样能制得具有相同结构的胶粒，测得准确的 ζ 电位。

(3) 辅助液电导一定要与胶体电导等电导。

(4) 向电泳管中装入胶体时，辅助液与胶体之间的界面一定要非常清晰。

(5) 胶体净化时间在 3～4h 为好，且至少每隔半小时换去离子水一次。

八、问题与讨论

(1) 电泳速度的快慢与哪些因素有关？

(2) 在电泳测定中如不用辅助溶液，把两电极直接插入溶胶中会发生什么现象？

实验一一九　电渗与电泳

一、实验目的

(1) 掌握电渗法和电泳法测定 ξ 电势的原理和技术。

(2) 加深理解电渗、电泳是胶体中液相和固相在外电场作用下相对移动而产生的电性现象。

二、实验原理

胶体是一个多相体系，分散相胶粒和分散介质带有数量相等而符号相反的电荷，因此在相界面上建立了双电层结构。当胶体相对静止时，整个溶液呈电中性。但在外电场作用下，胶体中的胶粒和分散介质反向相对移动，就会产生电位差，此电位差称为 ξ 电势。ξ 电势是表征胶粒特性的重要物理量之一，在研究胶体性质及实际应用中有着重要的作用。ξ 电势和胶体的稳定性有着密切的关系。$|\xi|$ 值越大，表明胶粒荷电越多，胶粒之间的斥力就越大，胶体就越稳定；反之，则不稳定。当 ξ 电势等于零时，胶体的稳定性最差，此时可观察的聚沉现象。因此，无论制备或破坏胶体，均需要了解所研究胶体的 ξ 电势。

在外加电场的作用下，若分散介质对静态的分散相胶粒发生相对移动，称为电渗；若分散相胶粒对分散介质发生相对移动，则称为电泳。实质上两者都是荷电粒子在电场作用下的定向运动，所不同的是，电渗研究液态介质的运动，而电泳则研究固体粒子的运动。

ξ 电势[注释1] 可通过电渗实验测定：

$$\xi = \frac{4\pi\eta\kappa v}{\varepsilon I} \tag{11-84}$$

若已知液体介质的黏度 η 、介电常数 ε 、电导率 κ ，只要测定在电场作用下的电流 I，以及单位时间内液体由于受电场作用流过毛细管的流量 v，就可以由式(11-84) 算出 ξ 电势。

ξ 电势也可通过电泳实验测定：

$$\xi=\frac{4\pi\eta u}{\varepsilon w} \tag{11-85}$$

同样，若已知介电常数 ε 、液体介质的黏度 η ，则通过测量胶粒运动速率 u 和两电极间的电位梯度 w，代入式(11-85)，也可算出 ξ 电势。

三、仪器和药品

(1) 仪器　电渗仪，电泳仪，恒温水浴装置，电导仪，直流电源（200～1000V），直流电源（30～50V），秒表。

(2) 药品　$FeCl_3$(AR)，SiO_2 粉末（80～100 目），KCl 辅助溶液 0.1mol・L^{-1}，胶棉液。

四、实验内容

1. 用电渗法测定 SiO_2 对水的 ξ 电势

(1) 电渗仪的安装。电渗仪如图 11-38 所示。刻度毛细管两端通过连通管分别与铂丝电极相连；A 管的两端装有多孔薄瓷板，A 管内装 SiO_2 粉；在刻度毛细管 G 管的一端接有另一根尖嘴形的毛细管 G 管，通过它可以将一个测量流速用的气泡压入刻度毛细管。

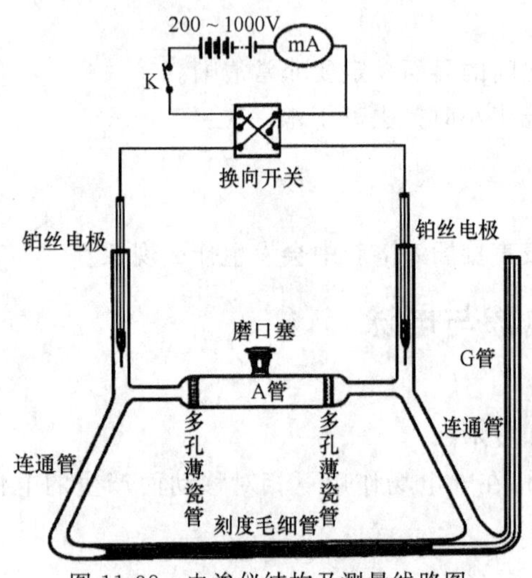

图 11-38　电渗仪结构及测量线路图

洗净电渗仪。打开磨口瓶塞，将 80～100 目的 SiO_2 粉与去离子水拌和而成的糊状物注入 A 管中，盖上瓶塞。分别拔去铂丝电极，从电极管口注入去离子水，直至能浸没电极为止，插好铂丝电极。用洗耳球从 G 管压入一小气泡至刻度毛细管的一端。将整个电渗仪浸入恒温水浴中，恒温 10min 后待测定。

(2) 测电渗时液体的流量 v 和电流强度 I。在电渗仪的两铂丝电极间接上直流电源，在测量回路中串联一个毫安表、耐高压的电源开关和换向开关。调节电源电压，使电渗时毛细管中气泡从刻度的一端到另一端的行程时间约 20s。然后准确测定此时间。利用换向开关，可使两电极的极性变换，而使电渗方向倒向。由于电源电压较高，换向操作时应先切断电源开关，换向开关转换后，再接通耐高压的电源开关。反复测量正、反向电渗时流量 v 值各 5 次，同时记录电流值 I。

改变电源电压，使毛细管中气泡的行程时间分别为 15s、25s，按上述方法分别测量相应的 v 和 I 值。

最后拆去电渗仪电源，用电导仪测定电渗仪中去离子水的电导率。

2. 用电泳法测定 $Fe(OH)_3$ 溶胶的电泳速度

(1) 渗析半透膜的制备。在预先洗净并烘干的 150mL 锥形瓶中加入约 10mL 胶棉液（溶剂为 1∶3 乙醇-乙醚液），小心转动锥形瓶，使胶棉液在瓶内壁形成一均匀薄膜，倾出多余的胶棉液。将胶形瓶倒置于铁圈上，使乙醚挥发完。此时如用手指轻轻触及胶膜，应无黏着感[注释2]。然后将去离子水慢慢地注入胶膜与瓶壁之间，小心地取出胶膜，将其置于去离子水中浸泡待用，同时检查是否有漏洞。

（2）$Fe(OH)_3$ 溶胶的制备。将 0.5g 无水 $FeCl_3$ 溶于 20mL 去离子水中，在不断搅拌下将该溶液滴入 200mL 沸水中（控制在 4～5min 滴完），再煮沸 1～2min，即制得红棕色的 $Fe(OH)_3$。

（3）溶胶的纯化[注释3]。将冷至约 50℃的 $Fe(OH)_3$ 溶液转移到渗析半透膜中，用约 50℃的去离子水渗析，约 10min 换水 1 次，渗析 5 次。

（4）将渗析好的 $Fe(OH)_3$ 溶胶冷却至室温，测其电导率，用 0.1mol·L^{-1} KCl 溶液和去离子水配制与溶胶电导率相同的辅助液。

（5）测定电泳速度 u 和电位梯度 w。电泳仪如图 11-39 所示。电泳仪应事先洗涤干净并烘干，活塞上涂上一薄层凡士林，塞好活塞。

将待测的 $Fe(OH)_3$ 溶胶通过小漏斗注入电泳仪的 U 形管底部至适当部位。再用两支滴管，将电导率与胶体溶液相同的稀 KCl 溶液[注释4]沿 U 形管左右两臂的管壁等量地缓缓加入至约 10cm 高度，保持两液相间的界面清晰。轻轻将铂电极插入 KCl 液层中，切勿扰动液面，铂电极应保持垂直，并使两极浸入液面下的深度相同，记下胶体液面的高度位置。将两极接于 30～50V 直流电源上，按下电键，同时秒表开始计时至 30～45min，记下胶体液面上升的距离和电压的读数。沿 U 形管的中线量出两电极间的距离。此数值需测量多次，并取其平均值。实验结束后，洗净 U 形管和电极，并在 U 形管中放满去离子水浸泡铂电极。

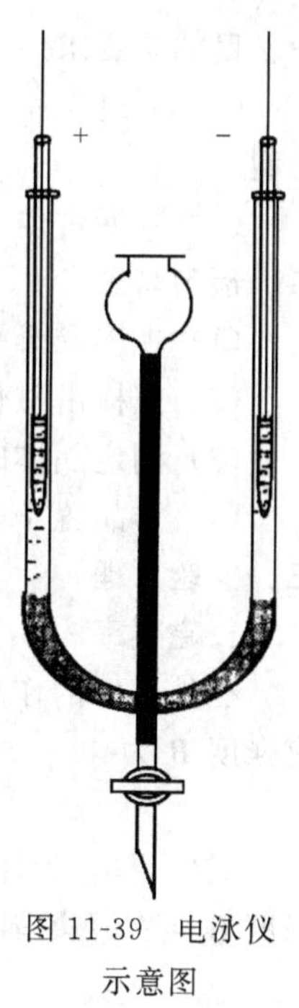

图 11-39　电泳仪示意图

五、数据记录和结果处理

1. SiO_2 对水的 ξ 电势

计算各次电渗测定的 v/I 值，并取平均值，将所测的电渗仪中去离子水的电导率和 v/I 值代入式(11-84)，可求得 SiO_2 对水的 ξ 电势。

2. $Fe(OH)_3$ 对水的 ξ 电势

由 U 形管的两边在时间 t 内界面移动的距离 d 值计算电泳的速率（$u=d/t$），再由测得的电压 U 和两电极间的距离 l 计算得出电位梯度（$w=U/l$），然后将 u 和 w 代入式(11-88)，计算出 $Fe(OH)_3$ 对水的 ξ 电势。此时式(11-88) 中的 η、ε 用水的数值代入，不同温度下水的介电常数按 $\varepsilon=80-0.4(T/K-293)$ 计算。

六、讨论

（1）如果电泳仪事先没有洗干净，管壁上残留有微量的电解质，对结果将有什么影响？

（2）电泳速率的快慢与哪些因素有关？

（3）进行电渗测量时，连续通电使溶液发热，会造成什么后果？

（4）电泳中辅助液的选择应根据哪些条件？

（5）你能推导出式(11-87) 和式(11-88) 吗？试试看。

七、注释

［1］　根据扩散双电层理论模型，胶粒上的表面紧密层电荷相对固定不动，而液相中的反离子则受到静电吸引和热运动扩散两种力的作用，故而形成扩散层。ξ 电势是紧密层与扩散层之间的电势差。ξ 电势也就是胶粒所带电荷的电动电势，是胶粒稳定的主要因素。不过有关 ξ 电势的确切物理意义尚不清楚。

［2］　在制备渗析半透膜袋时加水的时间应掌握好。如加水过早，因胶膜中的溶剂尚未完全挥发掉，胶膜呈乳白色，强度差而不能使用；如加水太晚，则胶膜变干、脆，不易取出且易破裂。

［3］　溶胶的制备条件和纯化效果均影响电泳的速率。比如纯化不好，会使界面不清晰。因此，在制备溶胶过程中应很好地控制浓度、温度、搅拌和滴加速度；渗析时应控制水温，常搅动渗析液，勤换渗析液。

这样制备得到的 $Fe(OH)_3$ 溶胶胶粒大小均匀，胶粒周围带相反电荷的离子分布趋于合理，基本形成热力学稳定态，所得的 ξ 电势准确，重复性好。

［4］ 在进行电泳测量时，要使胶体溶液和辅助溶液的电导率基本相同，否则必须对式(11-88）进行修正。

实验一二〇 磁化率——配合物结构的测定

一、目的与要求

(1) 通过对一些顺磁性物质的磁化率测定，推算其不成对电子数，判断这些分子的配键类型。

(2) 掌握古埃（Gouy）法测定磁化率的实验原理和技术。

二、预习与思考

(1) 古埃磁天平主要由哪些部件组成？使用磁天平测定时步骤如何？

(2) 怎样由磁化率求磁矩？进而求得未成对电子？

(3) 测定晶体的磁化率为什么要用已知磁化率的物质校正磁天平？

(4) 样品置于磁场内会发生什么现象？怎样判断它是顺磁性或逆磁性？

三、实验原理

1. 磁化率

在外磁场的作用下，物质会被磁化感应出一个附加磁感应强度 $\boldsymbol{B}'$，该物质内部的磁感应强度 $\boldsymbol{B}$ 为

$$\boldsymbol{B}=\boldsymbol{B}_0+\boldsymbol{B}'=\mu_0\boldsymbol{H}+\boldsymbol{B}' \tag{11-86}$$

式中，$\boldsymbol{B}_0$ 为外磁场的磁感应强度；μ_0 为真空磁导率；$\boldsymbol{H}$ 为外磁场强度。附加的磁感应强度 $\boldsymbol{B}'$与外磁场强度的关系是

$$\boldsymbol{B}'=\chi\mu_0\boldsymbol{H} \tag{11-87}$$

式中，χ 称为物质的体积磁化率，是物质的一种宏观性质。化学上常用单位质量磁化率 χ_m 或摩尔磁化率 χ_M 来表示物质的磁性质。它们的定义为

$$\chi_m=\frac{\chi}{\rho} \tag{11-88}$$

$$\chi_M=M\chi_m=\frac{M\chi}{\rho} \tag{11-89}$$

式中，ρ 是物质的密度；M 是物质的摩尔质量；χ_m 和 χ_M 的单位分别是 $m^3\cdot kg^{-1}$ 和 $m^3\cdot mol^{-1}$。

物质的原子、分子或离子在外磁场作用的磁化现象有三种情况，第一种是物质本身并不呈现磁性，但由于它内部的电子轨道运动，在外磁场作用下会产生拉摩进动，感应出一个诱导的磁矩来，表现为一个附加磁场，磁矩的方向与外磁场相反，其磁化强度与外磁场强度成正比，并随着外磁场的消失而消失。这类物质称为逆磁性物质，其 $\chi_M<0$。第二种情况是物质的原子、分子或离子本身具有永久磁矩 μ_m，由于热运动，永久磁矩指向各个方向的机会相同，所以该磁矩的统计值等于零。但它在外磁场作用下，一方面永久磁矩会顺着外磁场方向排列，其磁化方向与外磁场相同，其磁化强度与外磁场强度成正比；另一方面物质内部的电子轨道运动也会产生拉摩进动，其磁化方向与外磁场相反。因此这类物质在外磁场下表现的附加磁场是上述两者作用的总结果，通常称具有永久磁矩的物质为顺磁性物质。显然，此类物质的摩尔磁化率 χ_M 是摩尔顺磁化率 χ_μ 和摩尔逆磁化率 χ_0 两部分之和

$$\chi_M=\chi_\mu+\chi_o \tag{11-90}$$

但由于 $\chi_\mu \gg |\chi_o|$，故顺磁性物质的 $\chi_M>0$，可以近似地把 χ_μ 当作 χ_M，即

$$\chi_M=\chi_\mu \tag{11-91}$$

第三种情况是，物质被磁化的强度与外磁场强度之间不存在正比关系，而是随着外磁场强度的增加而剧烈增强。当外磁场消失后，这种物质的磁性并不消失，而是出现滞后现象，这种物质叫铁磁性物质。

2. 摩尔顺磁化率和分子永久磁矩的关系

磁化率是物质的宏观性质，分子磁矩是物质的微观性质。假定分子间无相互作用，应用统计力学的方法，可以导出摩尔顺磁化率 χ_μ 和分子永久磁矩 μ_m 之间的定量关系：

$$\chi_\mu=\frac{N\mu_m^2\mu_0}{3kT}=\frac{C}{T} \tag{11-92}$$

式中，N 为阿伏加德罗常数；k 为玻尔兹曼常数；T 为热力学温度。物质的摩尔顺磁化率与热力学温度成反比这一关系，是居里（Curie P）在实验中首先发现的，所以该式称为居里定律，C 称为居里常数。

由于 $\chi_M=\chi_\mu$，因此

$$\chi_M=\frac{N\mu_m^2\mu_0}{3kT} \tag{11-93}$$

式(11-93）将物质的宏观物理性质（χ_M）和其微观性质（μ_m）联系起来，因此只要实验测得 χ_M，代入式(11-93）就可算出永久磁矩 μ_m 来。

3. 永久磁矩和未成对电子数的关系

物质的顺磁性来自于与电子的自旋相联系的磁矩。电子有两个自旋状态，如果原子、分子或离子中两个自旋状态的电子数不相等，则该物质在外磁场中就呈现顺磁性。这是由于每一个轨道上不能存在两个自旋状态相同的电子（保里原理），因而各个轨道上成对电子自旋所产生的磁矩是相互抵消的，所以只有存在未成对电子的物质才具有永久磁矩，它在外磁场中表现出顺磁性。

物质的永久磁矩 μ_m 和它所包含的未成对电子数 n 的关系可用下式表示：

$$\mu_m=\sqrt{n(n+2)}\mu_B \tag{11-94}$$

$$\mu_B=\frac{eh}{4\pi m_e}=9.274078\times10^{-24}\,A\cdot m^2 \tag{11-95}$$

式中，μ_B 为玻尔（Bohr）磁子，其物理意义是单个自由电子自旋所产生的磁矩；h 为普朗克常数；m_e 为电子质量。

实验测定物质的 χ_M，代入式(11-93）求出 μ_m，再根据式(11-94）求得未成对电子数 n，这对于研究某些原子或离子的电子结构，以及判断配合物分子的配键类型是很有意义的。

通常认为配合物可分为电价配合物和共价配合物两种。配合物的中央离子与配位体之间依靠静电库仑力结合起来的化学键叫电价配键，这时中央离子的电子结构不受配体的影响，基本上保持自由离子的电子结构。共价配合物则是以中央离子的空的价电子轨道接受配体的孤对电子形成共价配键，这时中央离子为了尽可能多地参加成键，往往会发生电子重排，以腾出更多空的价电子轨道来容纳配位体的电子对。例如 Fe^{2+} 在自由离子状态下的外层电子结构如图 11-40 所示，当它与 6 个 H_2O 配位体形成配离子 $[Fe(H_2O)_6]^{2+}$ 时，中央离子 Fe^{2+} 仍然保持着上述自由离子状态下的电子结构，故此配合物是电价配合物。当 Fe^{2+} 与 6 个 CN^- 配位体形成配离子 $[Fe(CN)_6]^{4-}$ 时，Fe^{2+} 的外层电子结构发生重排，如图 11-41 所示。

图 11-40　Fe^{2+}在自由离子状态下的外层电子结构示意图

图 11-41　Fe^{2+}外层电子结构重排的示意图

Fe^{2+}的 3d 轨道上原来未成对电子重新配对，腾出两个 3d 空轨道，再与 4s 和 4p 轨道进行 d^2sp^3 杂化，构成以 Fe^{2+}为中心的指向正面体各个顶角的 6 个空轨道，以此来容纳 6 个 CN^-中的 C 原子上的孤对电子，形成 6 个共价配键。如图 11-42 所示。

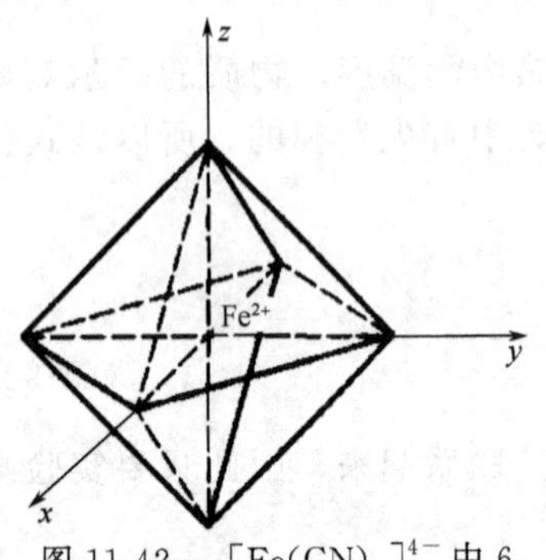

图 11-42　$[Fe(CN)_6]^{4-}$中 6 个共价键的相对位置示意图

一般认为中央离子与配位原子之间的电负性相差很大时，容易生成电价配键，而电负性相差很小时，则生成共价配键。

4. 磁化率的测定

测定 χ_M 的实验方法很多，本实验采用 CTP-Ⅰ型古埃磁天平测定物质的 χ_M，其实验仪器如图 11-43 所示，磁天平工作原理示意图如图 11-44 所示。

将装有样品的圆柱形玻璃管悬挂在一根与电子天平托盘相连的悬丝上（如图 11-44 所示），使样品的底部处于电磁铁两极的中心，亦即磁场强度最强处，样品应足够长，使其上端所处的磁场强度很弱，可忽略不计。这样，样品就处于一不均匀磁场中，沿样品轴心方向 z，存在一磁场强度梯度 $\partial H/\partial z$，则作用于样品的力 f 为

$$f=\int_{H}^{H_0}(\chi-\chi_{空})\mu_0 AH\frac{\partial H}{\partial z}dz \tag{11-96}$$

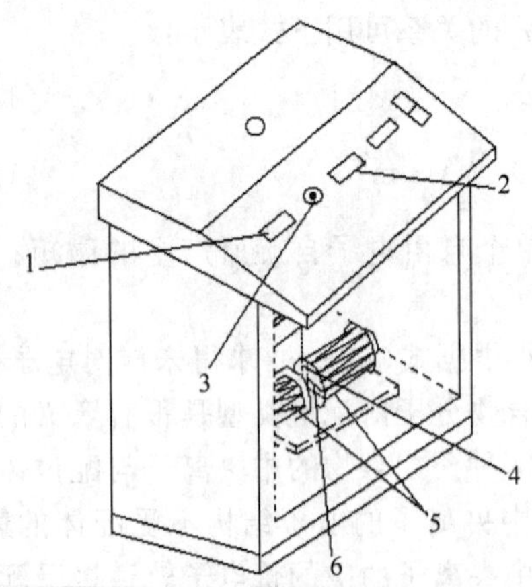

图 11-43　CTP-Ⅰ型古埃磁天平结构示意图

1—电流表；2—特斯拉计；3—电流调节电位器；4—样品管；5—电磁铁；6—霍尔探头

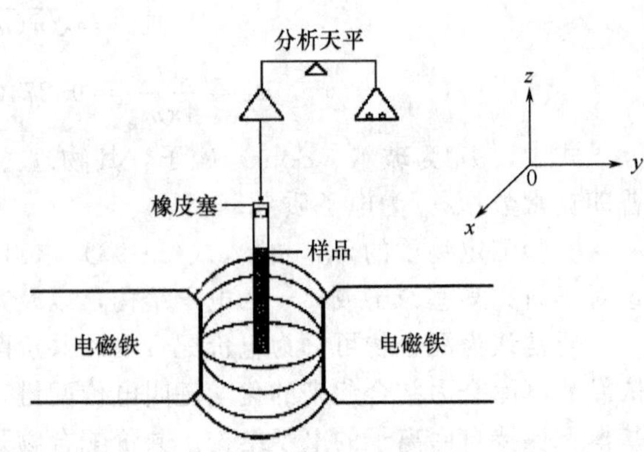

图 11-44　磁天平工作原理示意图

式中，A 为样品的截面积；$\chi_{空}$为空气的磁化率，积分边界的条件 H 为磁场中心的强度；H_0 为样品顶端的磁场强度；μ_0 为真空磁导率，$\mu_0=4\pi\times10^{-7}N\cdot A^{-2}$。

假定空气的磁化率可以忽略，且 $H_0=0$，将式(11-96) 积分，得：

$$f=\frac{1}{2}\chi\mu_0 H^2 A \tag{11-97}$$

由天平称得装有被测样品的样品管和不装样品的空管在加与不加磁场时的质量变化，求出：

$$f_2=g\Delta W_{样品+空管}$$

和

$$f_1=g\Delta W_{空管} \tag{11-98}$$

式中，g 为重力加速度。在非均匀磁场中，顺磁性物质受力向下所以增重，而反磁性物质受力向上所以减轻。显然，不均匀磁场作用于样品的力 $f=f_2-f_1$，于是有

$$\frac{1}{2}\chi\mu_0 H^2 A=g(\Delta W_{样品+空管}-\Delta W_{空管})$$

整理后，得

$$\chi=\frac{2(\Delta W_{样品+空管}-\Delta W_{空管})g}{\mu_0 H^2 A} \tag{11-99}$$

由于 $\chi_M=\frac{\chi M}{\rho}$，$\rho=\frac{W}{hA}$，因此有

$$\chi_M=\frac{2(\Delta W_{样品+空管}-\Delta W_{空管})ghM}{\mu_0 W H^2} \tag{11-100}$$

式中，h 为样品的实际高度；W 为样品的质量；M 为样品的相对分子质量。由于该式右边的各项都可通过实验直接测得，因此样品的摩尔磁化率 χ_M 可以求得，代入式(11-93)、式(11-94) 即可最后推算出样品物质的未成对电子数 n。

磁场两极中心处的磁场强度 H 可由特斯拉计直接测量获得，或用已知单位质量磁化率的莫尔盐 [$(NH_4)_2SO_4\cdot FeSO_4\cdot 6H_2O$] 进行间接的标定。莫尔盐的 χ_m 与热力学温度 T 的关系为

$$\chi_m=\frac{9500}{T+1}\times 4\pi\times 10^{-9}(m^3\cdot kg^{-1}) \tag{11-101}$$

四、仪器与药品

(1) 仪器　古埃磁天平（包括磁场、电子天平、励磁电源、特斯拉计等）1 套，软质玻璃样品管 1 支；装样品工具（包括研钵、角匙、小漏斗、玻棒）1 套。

(2) 试剂　莫尔盐 [$(NH_4)_2SO_4\cdot FeSO_4\cdot 6H_2O$] (AR)，$FeSO_4\cdot 7H_2O$ (AR)，$K_4Fe(CN)_6\cdot 3H_2O$(AR)。

五、实验内容

1. 磁极中心磁场强度的测定

(1) 按照操作规程及注意事项细心启动磁天平。用特斯拉计重复测量 5 次，分别读取励磁电流值和对应的磁场强度值。

(2) 用已知的 χ_m 的莫尔盐标定对应于特定励磁电磁值的磁场强度值。标定步骤如下。

① 取一支清洁、干燥的空样品管悬挂在古埃磁天平的挂钩上，使样品管底部正好与磁极中心线齐平（注意样品管不可与磁极接触，并与探头有合适的距离），准确称得空样品管质量 $W_1(I_0)$。然后将励磁稳流电源开关接通，由小到大调节励磁电流至 I_1，迅速且准确地称取此时空样品管的质量 $W_1(I_1)$；继续由小到大调节励磁电流至 I_2，再称质量 $W_1(I_2)$；然后略微增大电流，接着退至 I_2，称其质量 $W_2(I_2)$；将电流降至 I_1 时，再称得质量 $W_2(I_1)$；称毕，将励磁电流降至零，断开电源开关，此时磁场无励磁电流，最后再称取一次

空样品管质量 $W_2(I_0)$，上述数据记录于表 11-11 中。

表 11-11　实验数据记录

空样品管	W	W	平均值 W	ΔW
无励磁电流	↓	减小 ↑		
励磁电流 I_1				
励磁电流 I_2	增大			

上述励磁电流由小到大，再由大到小的测定方法，是为了抵消实验时磁场剩磁现象的影响。此外，实验时还须避免气流扰动对测量的影响，并注意勿使样品管与磁极碰撞；磁极距离不得随意变动；每次称量后应将天平盘托起。

同法重复测定一次，根据下列公式取二次测得数据的平均值。

$$\Delta W_{空管}(I_1)=1/2[\Delta W_1(I_1)+\Delta W_2(I_1)]$$
$$\Delta W_{空管}(I_2)=1/2[\Delta W_1(I_2)+\Delta W_2(I_2)]$$

② 取下样品管，将事先研细的莫尔盐通过小漏斗装入样品管，在装填时须不断将样品管底部敲击木垫，务使粉末样品均匀填实，直至装满位置（约 16cm 高）。用直尺准确测量样品高度 h。同上法，将装有莫尔盐的样品管置于古埃磁天平中，在相应的励磁电流 I_1、I_2 和 I_3 下进行测量，并取二次测定数据的平均值。

测定完毕，将样品管中的莫尔盐样品倒入回收瓶，然后洗净样品管，干燥备用。

2. 测定 $FeSO_4 \cdot 7H_2O$ 和 $K_4Fe(CN)_6 \cdot 3H_2O$ 的摩尔磁化率

在标定磁场强度用的同一样品管中，同法分别测定 $FeSO_4 \cdot 7H_2O$ 和 $K_4Fe(CN)_6 \cdot 3H_2O$ 的摩尔磁化率。测定后的样品均要倒回试剂瓶，可重复使用。

六、数据记录与处理

（1）由莫尔盐的单位质量磁化率和实验数据计算相应励磁电流下的磁场强度值。

（2）由 $FeSO_4 \cdot 7H_2O$ 和 $K_4Fe(CN)_6 \cdot 3H_2O$ 的测定数据，代入式(11-100) 计算它们的 χ_M，再根据式(11-93) 和式(11-94) 式算出的样品的 μ_m 和未成对电子数 n。

（3）根据未成对电子数，讨论 $FeSO_4 \cdot 7H_2O$ 和 $K_4Fe(CN)_6 \cdot 3H_2O$ 中 Fe^{2+} 的最外层电子结构及由此构成的配键类型。

七、注意事项

（1）样品要研细并保存在干燥器中，空样品管需干燥、洁净。

（2）装样时应先加入部分样品填实后，再加入部分样品再填实，每次填实时应让试管底部轻击木垫直至高度不变。

（3）试样要防止吸水潮解，不要长期露在空气中。

（4）在磁场中称重时应防止样品管碰着磁极，试管的末端刚好与磁极中心线对齐。

（5）称量时样品管静止后再开启天平称量，挂取样品管时动作要轻，避免天平受损。

（6）样品倒回试剂瓶时，要注意瓶上所贴标志，切忌倒错瓶子。

（7）本书中的磁化率采用的是国际单位制（SI），但习惯上仍使用 CGS 制，必须注意换算关系。质量磁化率、摩尔磁化率单位制的换算关系分别为：

$$1m^3 \cdot kg^{-1}(\text{SI 单位})=(1/4\pi)\times 10^3 cm^3 \cdot g^{-1}(\text{CGS 电磁制})$$
$$1m^3 \cdot mol^{-1}(\text{SI 单位})=(1/4\pi)\times 10^6 cm^3 \cdot mol^{-1}(\text{CGS 电磁制})$$

另外，磁场强度 $H(A \cdot m^{-1})$ 与磁感应强度 $B(T)$ 之间存在如下关系：

$$\frac{1000}{4\pi}H\mu_0 = 10^{-4}B$$

八、问题与讨论

（1）如何测定溶液中离子的磁化率？需要知道精确的磁场强度吗？

（2）分析各种因素对摩尔磁化率误差的影响，讨论测量 $K_4Fe(CN)_6 \cdot 3H_2O$ 磁化率的主要误差是什么，如何改进和提高测量精确度？

（3）在不同励磁电流下测得样品的摩尔磁化率是否相同？若不同，应作何解释？

（4）试比较用特斯拉计和莫尔盐标定的相应励磁电流下的磁场强度数值，并分析两者测定结果差异的原因。

九、应用

（1）磁化率在化学研究中的应用：提供配合物的空间构型、配位数、高低自旋、氧化数、聚合状态等信息。

（2）磁性分析：可借测得的磁性对稀土元素进行定量分析；磁化率分析可用来测定混合气体中氧、一氧化碳等顺磁性分子的含量以及测得游离基的浓度；在医学上也可借助磁分析法测得血红蛋白的吸氧状况。

（3）磁化率法在非均相催化剂研究上的应用：国内华东师范大学物化教研室利用变温 Gouy 磁天平测得了 Fe-Mo-Al_2O_3 的 Weiss 常数。

实验一二一　偶极矩的测定

一、目的与要求

（1）掌握用溶液法测定三氯甲烷的介电常数和偶极矩，了解偶极矩与分子电性质的关系。

（2）掌握测量液体电容的基本原理和技术。

二、预习与思考

（1）预习偶极矩的概念、偶极矩与分子电性质关系的有关内容。

（2）预习 PGM-Ⅱ型精密电容测量仪、溶液法测定偶极矩的原理、方法和计算。

（3）预习第 6 章中有关折射率、密度测定的原理和方法。

（4）思考下列问题

① 何谓偶极矩？实验中要测定哪些物理量？

② 变形极化由哪些部分组成？本实验在求偶极矩时，如何考虑这一问题？

③ 在本实验中转向极化度是如何进行测量的？摩尔极化度和摩尔折射度是如何进行测量的？

④ 电容和介电常数是如何进行测量的？怎样求得 α、β 和 γ 值？

三、实验原理

1. 偶极矩与极化度

分子结构可以近似地被看成是由电子云和分子骨架（原子核和内层电子）所构成。由于分子空间构型的不同，其正、负电荷中心可能是重合的，也可能是不重合的，前者称为非极性分子，后者称为极性分子。

1912 年德拜提出“偶极矩”（$\boldsymbol{\mu}$）的概念，并用来度量分子极性的大小。如图 11-45 所示，其定义是：

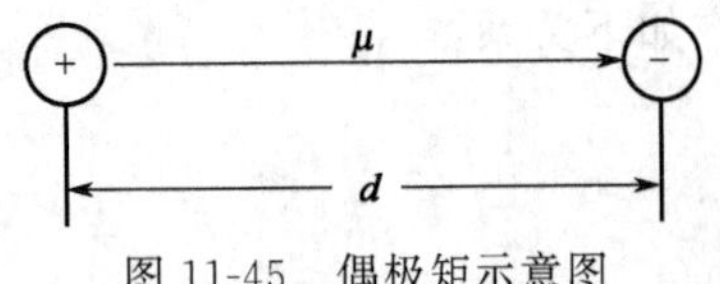

图 11-45　偶极矩示意图

$$\boldsymbol{\mu}=qd \tag{11-102}$$

式中，q 是正、负电荷中心所带的电荷量；d 是正、负电荷中心之间的距离；$\boldsymbol{\mu}$ 是一个矢量，其方向规定为从正到负。因分子中原子间的距离的数量级为 10^{-10} m，电荷的数量级为 10^{-20}C，所以偶极矩的数量级是 10^{-30}C·m。

通过偶极矩的测定，可以了解分子结构中有关电子云的分布和分子的对称性等情况，还可以用来判别几何异构体和分子的立体结构等。

极性分子具有永久的偶极矩，在没有外电场存在时，由于分子的热运动，偶极矩指向各个方向的机会相同，所以偶极矩的统计值等于零。若将极性分子置于均匀的电场 E 中，则偶极矩在电场的作用下趋向电场方向排列。这时我们称这些分子被极化了，极化的程度可用摩尔转向极化度 $P_{转向}$ 来衡量。

$P_{转向}$ 与永久偶极矩 μ^2 值成正比，与热力学温度 T 成反比，其关系为：

$$P_{转向}=\frac{4}{3}\pi N\frac{\mu^2}{3kT}=\frac{4}{9}\pi N\frac{\mu^2}{kT} \tag{11-103}$$

式中，k 为 Boltzmann 常数；N 为 Avogadro 常数。

在外电场作用下，不论极性分子和非极性分子都会发生电子云对分子骨架的相对移动，分子骨架也发生变形，这种现象称为诱导极化或变形极化，用摩尔诱导极化度 $P_{诱导}$ 来衡量。显然，$P_{诱导}$ 可分为两项，即为电子极化度 $P_{电子}$ 和原子极化度 $P_{原子}$，因此 $P_{诱导}=P_{电子}+P_{原子}$。$P_{诱导}$ 与外电场强度成正比，而与温度无关。

如果外电场是交变电场，极性分子的极化情况与交变电场的频率有关。在频率小于 $10^{10}\,s^{-1}$ 的低频电场或静电场中，极性分子所产生的摩尔极化度 P 是转向极化、电子极化和原子极化的总和：

$$P=P_{转向}+P_{电子}+P_{原子} \tag{11-104}$$

当频率增加到 $10^{12}\sim10^{14}\,s^{-1}$ 的中频（红外频率）时，电场交变周期小于分子偶极矩的弛豫时间，极性分子的转向运动跟不上电场的变化，即极性分子来不及沿电场定向，故 $P_{转向}=0$，此时极性分子的摩尔极化度等于摩尔诱导极化度 $P_{诱导}$。当交变电场的频率进一步增加到 $>10^{15}\,s^{-1}$ 的高频（可见和紫外频率）时，极性分子的转向运动和分子的骨架变形都跟不上电场的变化，此时极性分子的摩尔极化度等于电子极化度 $P_{电子}$。

因此，原则上只要在低频电场下测得极性分子的摩尔极化度 P，在红外频率下测得极性分子的摩尔诱导极化度 $P_{诱导}$，两者相减得到极性分子的摩尔转向极化度 $P_{转向}$，然后代入式(11-103) 就可求出极性分子的永久偶极矩 μ 来。

2. 极化度的测定

克劳修斯、莫索蒂和德拜（Clausius-Mosotti-Debye）从电磁理论得到了摩尔极化度 P 与介电常数 ε 之间的关系式：

$$P=\frac{\varepsilon-1}{\varepsilon+2}\times\frac{M}{\rho} \tag{11-105}$$

式中，M 为被测物质的相对分子质量；ρ 为该物质的密度；ε 为介电常数，可以通过实验测定。

但式(11-105) 是假定分子与分子间无相互作用而推导得到的，所以它只适用于温度不太低的气相体系。然而测定气相的介电常数和密度，在实验上困难较大，某些物质甚至根本无法获得其气相状态，因此后来提出了一种溶液法来解决这一困难。溶液法的基本想法为，在无限稀释的非极性溶剂的溶液中，溶质分子所处的状态和气相时相近，于是无限稀释溶液中溶质的摩尔极化度 P_2^{∞} 就可以看作为式(11-105) 中的 P。

海德斯特兰（Hedestnand）首先利用稀溶液的近似公式：

$$\varepsilon_{溶}=\varepsilon_1(1+\alpha x_2) \tag{11-106}$$

$$\rho_{溶}=\rho_1(1+\beta x_2) \tag{11-107}$$

再根据溶液的加和性，推导出无限稀释时溶质摩尔极化度的公式：

$$P=P_2^{\infty}=\lim_{x_2\to 0}P_2=\frac{3\alpha\varepsilon_1}{(\varepsilon_1+2)^2}\times\frac{M_1}{\rho_1}+\frac{\varepsilon_1-1}{\varepsilon_2+2}\times\frac{M_2-\beta M_1}{\rho_1} \tag{11-108}$$

式中，$\varepsilon_{溶}$、$\rho_{溶}$ 分别为溶液的介电常数和密度；M_2、x_2 为溶质的相对分子质量和摩尔分数；ε_1、ρ_1、M_1 分别为溶剂的介电常数、密度和相对分子质量；α、β 分别为与 $\varepsilon_{溶}-x_2$ 和 $\rho_{溶}$-x_2 直线的斜率有关的常数。

上面已经提到，在红外频率的电场下可以测得极性分子的摩尔诱导极化度 $P_{诱导}=P_{电子}+P_{原子}$，但在实验上由于条件的限制，很难做到这一点，所以一般总是在高频电场下测定极性分子的电子极化度 $P_{电子}$。

根据光的电磁理论，在同一频率的高频电场作用下，透明物质的介电常数 ε 与折射率 n 关系为

$$\varepsilon=n^2 \tag{11-109}$$

习惯上用摩尔折射度 R_2 来表示高频区测得的摩尔极化度，因为此时 $P_{转向}=0$，$P_{原子}=0$，则

$$R_2=P_{变形}=P_{电子}=\frac{n^2-1}{n^2+2}\times\frac{M}{\rho} \tag{11-110}$$

在稀溶液情况下还存在近似公式

$$n_{溶}=n_1(1+\gamma x_2) \tag{11-111}$$

式中，$n_{溶}$ 是溶液的折射率；n_1 是溶剂的折射率；γ 是与 $n_{溶}$-x_2 直线斜率有关的常数。

同样，从式(11-110) 可以推导得无限稀释时溶质的摩尔折射度的公式：

$$P_{电子}=R_2^{\infty}=\lim_{x_2\to 0}R_2=\frac{n_1^2-1}{n_1^2+2}\times\frac{M_2-\beta M_1}{\rho_1}+\frac{6n_1^2M_1\gamma}{(n_1^2+2)^2\rho_1} \tag{11-112}$$

3. 偶极矩的测定

考虑到原子的极化度通常只有电子极化度的 5%～10%，而且 $P_{转向}$ 又比 $P_{电子}$ 大得多，故常常忽视原子极化度。

从式(11-103)、式(11-104)、式(11-108)、式(11-112)，可得

$$P_{转向}=P_2^{\infty}-R_2^{\infty}=\frac{4}{9}\pi N\frac{\mu^2}{kT} \tag{11-113}$$

上式把物质分子的微观性质偶极矩和它的宏观性质介电常数、密度、折射率联系起来了，分子的永久偶极矩就可用下面简化式计算

$$\mu=0.0128\sqrt{(P_2^{\infty}-R_2^{\infty})T}\ (\mathrm{D})=0.04274\times10^{-30}\sqrt{(P_2^{\infty}-R_2^{\infty})T}\ (\mathrm{C\cdot m}) \tag{11-114}$$

在某种情况下，若需要考虑 $P_{原子}$ 影响时，只需对 R_2^{∞} 作部分校正就行了。

上述测求极性分子偶极矩的方法称为溶液法。溶液法测得的溶质偶极矩与气相测得的真实值间存在偏差，造成这种偏差的原因是由于非极性溶剂与极性溶质分子相互间的作用即

"溶剂化"作用。这种偏差现象称为溶液法测量偶极矩的"溶剂效应"。罗斯（Ross）和萨克（Sack）等人曾对溶剂效应开展了研究，并推导出校正公式。

此外，测定偶极矩的实验方法还有多种，如温度法、分子束法、分子光谱法以及利用微波谱的 Stark 法等，这里就不一一介绍。

4. 介电常数的测定

介电常数是通过测定电容计算而得到的。我们知道，如果在电容器的两个极板间充以某种电解质，电容器的电容量就会增大。如果维持极板上的电荷量不变，那么充以电解质的电容器两极板间电势差就会减少。设 C_0 为极板间处于真空时的电容量，C 为充以电解质时的电容量，则 C 与 C_0 之比值 ε 称为该电解质的介电常数：

$$\varepsilon=\frac{C}{C_0} \tag{11-115}$$

测定电容的方法一般有电桥法、拍频法和谐振法，后两者为测定介电常数所通用，抗干扰性能好，精度高，但仪器价格较贵。本实验采用电桥法，选用的仪器为 PGM-Ⅱ型精密电容测量仪，该仪器采用集成电路芯片和四位半数字显示，具有性能稳定、高抗干扰和易于读数等特点。仪器与特制的电容池结合使用就可测量溶液的介电常数。

图 11-46 为电桥法测定液体电容的示意图。这是一个交流阻抗电桥，电桥平衡条件是：

$$\frac{C_x}{C_s}=\frac{U_s}{U_x} \tag{11-116}$$

式中，C_x 为电容池两极间的电容；C_s 为一个可调的标准差动电容器。通过调节 C_s，只有当 $C_x=C_s$，桥路两侧的电压降 $U_s=U_x$，此时指示放大器的输出趋近于零（用表头指示），C_s 值可以从数字显示屏直接读出，C_s 值也即测得。

电容池的结构如图 11-47 所示。由于在电桥法测量电路中，被测电容 C_x 两端都不能接地，因此恒温介质不能用水。本实验中采用介电常数很小的变压器油，油从超级恒温槽中用循环泵压出，经电容池再回流。温度由超级恒温槽控制在 25.0℃±0.1℃。电容池外壳兼作屏蔽之用，并直接插于仪器插孔上，这样就可以避免人体对测量的影响。

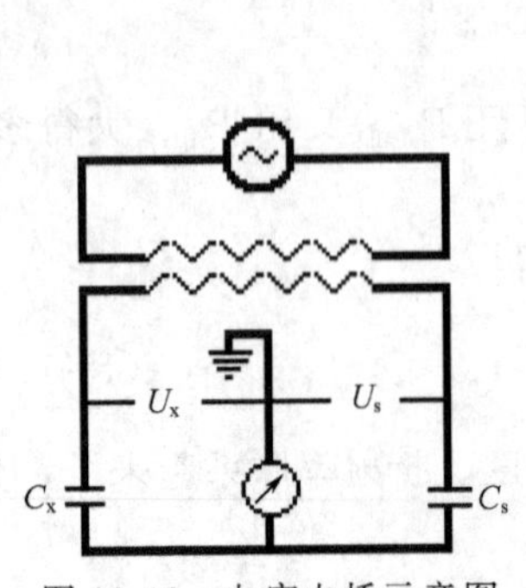

图 11-46　电容电桥示意图

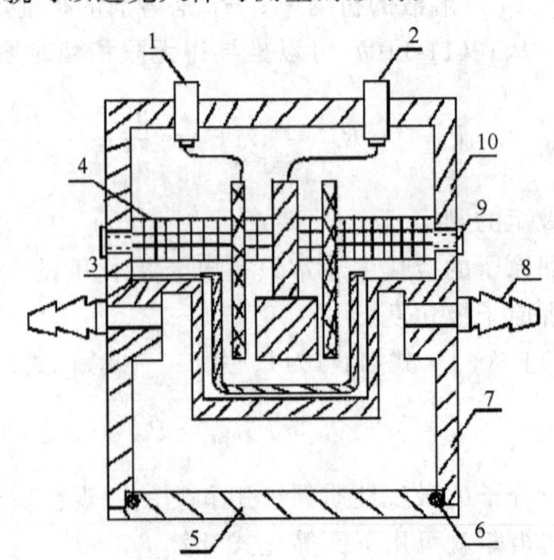

图 11-47　PGM-Ⅱ电容池的结构示意图

1—外电极；2—内电极；3—溶液杯；4—绝缘板；5—底座盖；6—"O"形圈；7—底座；8—冷却液接嘴；9—锁紧螺钉；10—上盖

但电容池插在小电容测量仪上所呈现的电容 C_x 可看作为电容池两电极间的电容 C_c 和

整个测试系统中的分布电容 C_d 并联构成，即 $C_x=C_c+C_d$。显然，C_c 值随介质而异，而 C_d 是一个恒定值，它与仪器的性质有关。如果直接将 C_x 值当作 C_c 来计算，就会引进误差。因此必须先求出 C_d 值（又称本底值），并在以后的各次测量中给予扣除。在实验中通常可用一已知介电常数的标准物质测得电容 $C'_{标}$：

$$C'_{标}=C_{标}+C_d \tag{11-117}$$

再测得电容器中不放样品时的电容 $C'_{空}$：

$$C'_{空}=C_{空}+C_d \tag{11-118}$$

上述两式中的 $C_{标}$、$C_{空}$ 分别为标准物质和空气的电容，近似地认为空气与真空电容 C_0 相等，即 $C_{空}=C_0$，则

$$C'_{标}-C'_{空}=C_{标}-C_0 \tag{11-119}$$

因 $\varepsilon_{标}=C_{标}/C_0$，所以

$$C'_{标}-C'_{空}=C_{标}-C_{标}/\varepsilon_{标} \tag{11-120}$$

由式(11-118)、式(11-119) 可求得 C_0，代入式(11-117)，即可求得 C_d

$$C_d=\frac{\varepsilon_{标}C'_{空}-C'_{标}}{\varepsilon_{标}-1} \tag{11-121}$$

同样，可由未知溶液的电容 C' 值可求得其电容值，并求得其介电常数。

四、仪器与药品

(1) 仪器　阿贝折射仪 1 台，PGM-Ⅱ型精密电容测量仪 1 套，密度管 1 只，超级恒温槽 1 套，电吹风 1 只，容量瓶（25mL）4 只，移液管（10mL，2mL）各 1 支，注射器（5mL）1 支，干燥器 1 个，电子天平（感量 0.1mg）1 台。

(2) 试剂　环己烷（AR），乙酸乙酯（AR）。

五、实验内容

1.溶液的配制

用称量法配制含量（摩尔分数 x_2）分别为 0.010、0.050、0.100、0.150、0.200、0.300 左右的乙酸乙酯-环己烷溶液各 25mL，分别盛于容量瓶中。为了配制方便，先计算出所需乙酸乙酯的体积（mL），移液。然后称量配制，算出溶液的准确浓度。操作时应注意防止溶质、溶剂的挥发以及吸收极性较大的水汽。为此溶液配好后应迅速盖上瓶盖，并置于干燥器中。

2.折射率的测定

在 25.0℃±0.1℃条件下用阿贝折射仪测定环己烷及各溶液的折射率（仪器构造和测量原理及具体测定方法参阅第 6 章“6.5.1 折射率与阿贝折射仪”）。注意，测定时各样品需加样 3 次，每次读取 3 个数据，然后取平均值。

3.介电常数的测定

本实验采用 PGM-Ⅱ型精密电容测量仪测量液体的介电常数。

(1) PGM-Ⅱ型精密电容测量仪的使用方法

① 插上电源插头，打开电源开关接通电源，预热 20min。

② 仪器配有两根两头接有莲花插头的屏蔽线，将这两根屏蔽线分别插到仪器面板上标有“电容池”和“电容池座”字样的莲花插座内，连接必须可靠。两根屏蔽线的另一端暂时不插入电容池和电容池座的插座；保持两根屏蔽线不要短路，也不要接触其它导电体。电容池和底座应水平放置。

③ 按下校零按钮，此时数字显示器应显示为零。

④ 将一根屏蔽线另一头的莲花插头插入电容池上的莲花插座内，另一根屏蔽线的另一头插在“电容池座”上的莲花插座内。这时数字显示器显示的便为空气电容值 $C'_{空}$（电容池连接方法：电容池上标有1、2两个插座，分别连在仪器上的电容池和电容池座）。

⑤ 用移液管往电容池内加入待测液体样品，旋上盖子后，便可从数字显示器上读出该样品的电容值。注意，每次加入的样品量必须严格相同（不超过4mL）。

⑥ 用吸管吸出电容池内的液体样品，并用吸耳球或电吹风将电容池吹干。电容池完全干后才能加入新样品。

（2）电容 C_0 和 C_d 的测定　本实验采用环己烷作为标准物质，其介电常数的温度公式为：

$$\varepsilon_{环己烷}=2.052-0.00155t \tag{11-122}$$

式中，t 为恒温温度，℃。

用针筒吸取4mL环己烷，注入电容池样品室，至数显稳定后，记录下 $C'_{环己烷}$（注意样品不可多加，样品过多会腐蚀密封材料渗入恒温腔，使实验无法正常进行）。然后用吸管吸出电容池内的液体样品，并用吸耳球或电吹风对电容池吹气，至数显的数字与 $C'_{空}$ 的值相差无几（<0.02pF），否则需再吹。

（3）溶液电容的测定　按上述方法分别测定溶液的 $C'_{溶}$，每次测 $C'_{溶}$ 后均需复测 $C'_{空}$，以检验样品室是否还有残留样品。减去 C_d，即为溶液的电容值 $C_{溶}$。由于溶液浓度易因挥发而改变，故加样时动作要迅速。加样后塑料塞要塞紧。

4.溶液密度的测定

以去离子水为标准液体，用密度管分别测定环己烷和各乙酸乙酯-环己烷溶液的密度（测定方法参见第6章“6.4.2 物质密度的测定”）。

六、数据记录与处理

（1）计算各溶液的摩尔分数 x_2。

（2）计算环己烷及各溶液的密度 $\rho_{溶}$，作 $\rho_{溶}$-x_2 图，由直线斜率求算 β 值。

（3）作 $n_{溶}$-x_2 图，由直线斜率求算 γ 值。

（4）计算 C_0、C_d 和各溶液的 $C_{溶}$ 值，求出各溶液的介电常数，作 $\varepsilon_{溶}$-x_2 图，由直线斜率求算 α 值。

（5）将 ρ_1、ε_1、α、β 值代入式(11-108) 计算 P_2^{∞}。

（6）将 ρ_1、n_1、β、γ 值代入式(11-112) 计算 R_2^{∞}。

（7）将 P_2^{∞}、R_2^{∞} 值代入式(11-114) 计算乙酸乙酯的永久偶极矩 μ 值。

七、注意事项

（1）乙酸乙酯易挥发，配制溶液时动作应迅速，以免影响浓度。

（2）每次测电容时应必须把电容器吹干，复测 $C'_{空}$ 时每两次测定值应小于0.02pF。

（3）每次称好密度管必须烘干，前后空管质量的差值不大于0.002g。

（4）水是强极性物质，其偶极矩相当大（1.84D），被测物应及时加盖，以防吸水影响测定结果，同时水介电常数大（$\varepsilon_{25℃}=79.45$），所以为防止干扰，电容池恒温只能用油类。

八、问题与讨论

（1）极性分子摩尔极化度与交变电场频率有何关系？

（2）为什么测定极性物质极化度时，要把它溶于非极性溶剂内配制成稀溶液？

（3）准确测定溶质摩尔极化度和摩尔折射度时，为什么要外推至无限稀释？

（4）如何估算所测偶极矩的相对误差？

实验一二二　分子结构模型的构建及优化计算

一、目的与要求

（1）掌握 Gaussian 和 Gauss View 程序的使用。

（2）掌握分子内坐标输入方法，为目标分子设定计算坐标。

（3）通过本实验能够正确解读计算结果，采集有用的结构数据。

二、实验原理

量子化学是运用量子力学原理研究原子、分子和晶体的电子层结构、化学键理论、分子间作用力、化学反应理论、各种光谱、波谱和电子能谱的理论，以及无机化合物、有机化合物、生物大分子和各种功能材料的结构和性能关系的科学[1~3]。

Gaussian 程序是目前最普及的计算量子化学程序，它可以计算得到分子和化学反应的许多性质，如分子的结构和能量、电荷密度分布、热力学性质、光谱性质、过渡态的能量和结构等[4]。Gauss View 是一个专门设计的、与 Gaussian 配套使用的软件，其主要用途有两个：①构建 Gaussian 的输入文件；②以图的形式显示 Gaussian 计算的结果。本实验主要是借助于 Gauss View 程序构建 Gaussian 的输入文件，利用 Gaussian 程序对分子的稳定结构和性质进行计算和分析。

三、软件与仪器

（1）软件　Gaussian、Gauss View 计算软件，Uedit 编辑软件。

（2）仪器　计算机 1 台。

四、实验内容

1. 利用 Gauss View 程序构建 Gaussian 的输入文件

打开 Gauss View 程序（如图 11-48 所示），在 Gauss View 软件中利用建模工具（View → Builder→ ），如图 11-49 所示，在程序界面元素周期表的位置处找到所需的元素，单击即可调入该元素与氢元素的化合物。

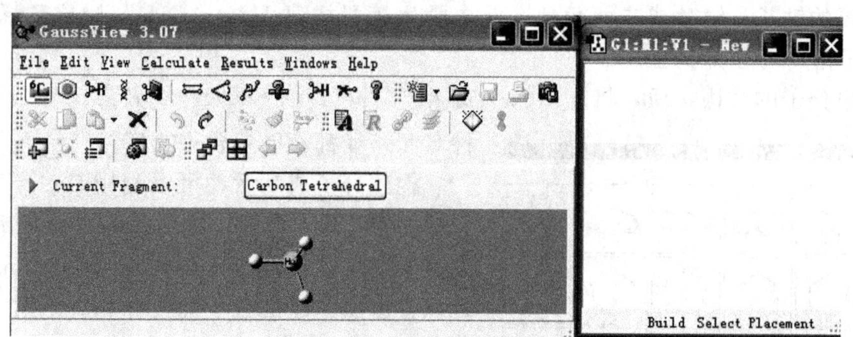

图 11-48　Gauss View 打开时的界面

若要构建像乙烷这样的链状分子，需要先点击工具栏中的按钮 R，常见的链状分子就显示在新打开的窗口中，如图 11-50 所示。

若要构建像苯、萘等具有环状结构的分子结构，需要双击工具栏中的 按钮，常见的环状有机分子就显示在新打开的窗口中，如图 11-51 所示。

进行分子的基本构型搭建后，再进行元素及键型、特殊基团的选择，重现构建分子直至

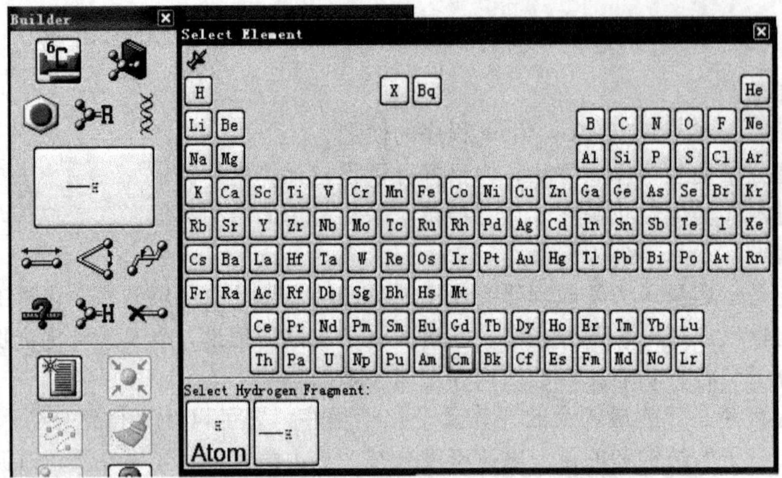

图 11-49 点击 Builder 及双击图标 后出现的元素周期表窗口图

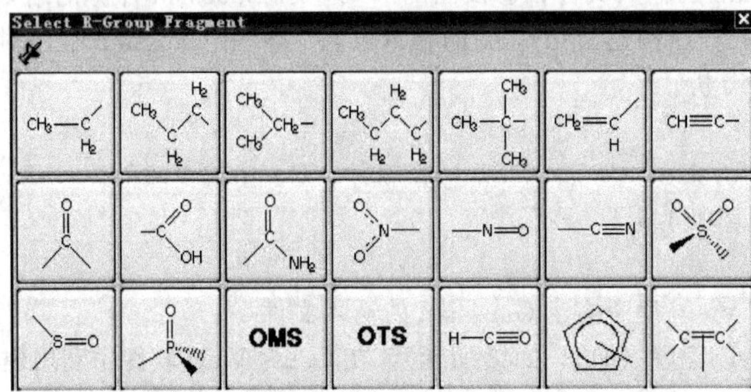

图 11-50 常见链状官能团窗口图

构建为所需分子。选定要编辑的原子后，再对原子之间的键长、键角或者二面角进行选定，输入所需要的键长、键角或二面角值。要求学生练习构建 H_2O、CH_4、顺式乙烯醇、反式乙烯醇和乙醛等分子的构型。

绘制出分子的结构式后，将图形保存成 gjf 文件（File→Save，取名为：*.gjf，注意文件名和路径都不能包含中文字符）。

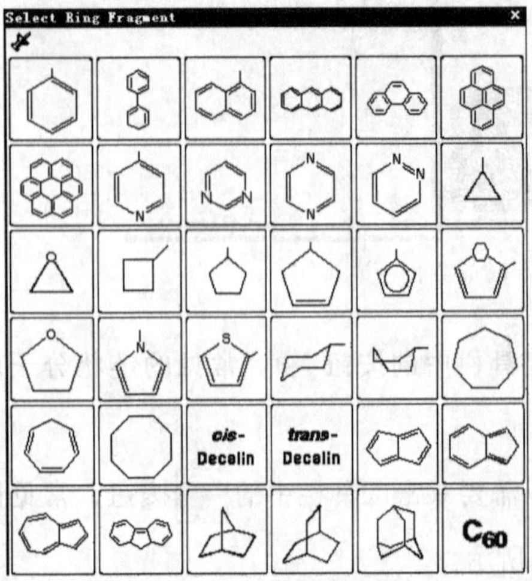

图 11-51 常见环状官能团窗口图

构建分子成功后，可以利用 Gauss View 查看分子的对称性和坐标。从 Edit-point group 路径可以查看所构建的分子点群；从 Edit-atom list 路径可以查看所构建的分子内坐标和直角坐标。

2. 数据文件的修改

使用 Uedit 软件打开刚才保存的 gjf 文件，在 Route Section 行中输入计算构型及能量所需的方法，使用方法及关键词为：# HF/6-31G(d) opt (maxcycle=300)freq，即可提交 Gaussian 程序进行分子优化及频率计算，得到该分子的最稳定结构。对计算得到的稳定构型，输入关键词：# HF/6-31G(d)pop=full，即可得到分子的性质。

3. 分子结构的几何优化及振动频率的计算

采用 Gaussian 03 程序包进行几何优化及频率计算。双击桌面上的 g03w. exe 图标，此时出现如图 11-52 所示的窗口，打开计算数据文件，File→Open→指定文件，此时出现如图 11-53 所示的窗口，点击开始运算。分子结构的计算结果文件保存为相应的 out 文件。计算过程中，主程序窗口不断显示计算进程，当“Run progress”栏内显示“Processing Complete”时，计算已完成，此时在本窗口底部可以看到“Normal termination of Gaussian …”字段。完成计算后，关闭 Gaussian 软件窗口。

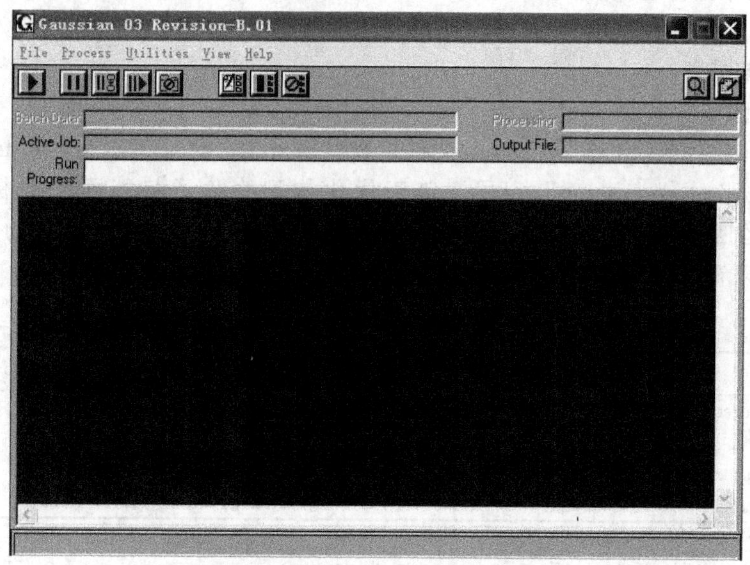

图 11-52 Gaussian 03 计算窗口

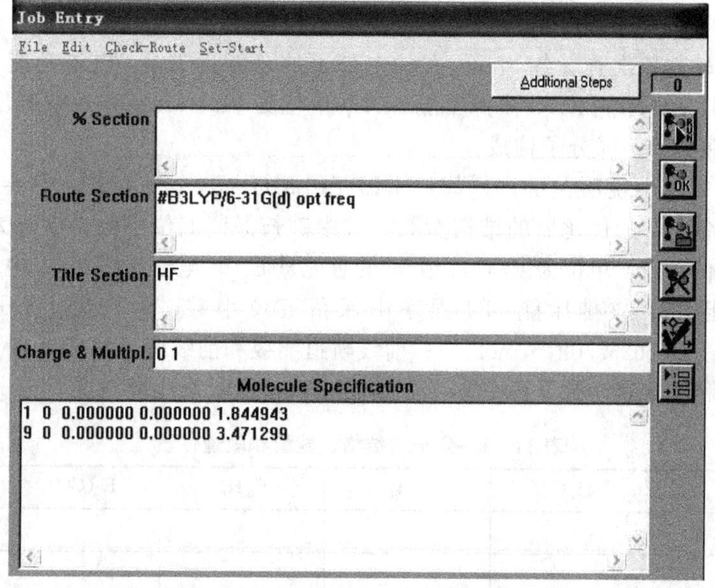

图 11-53 Gaussian 03 文件执行窗口

4. 展示优化的稳定分子结构

采用 Gauss View 软件可观测分子的构型。用 Gauss View 程序打开计算得到的数据文

件 *.out，利用主窗口中的“Modify Bond”、“Modify Angle”和“Modify Dihdral”工具，借助鼠标即可显示分子中特定键长、键角和二面角的几何参数。记录各分子优化后的结构参数，其中键长保留三位小数，单位为埃（Å）；键角和二面角保留一位小数，单位为度（°）。

Gauss View 可采用不同的形式展示分子三维结构，如球键模型、球棍模型等。通过分子模型的旋转、平移和缩放带来生动的立体效果，通过控制鼠标可从不同角度观察分子在空间的形状。将鼠标放在分子上，前后移动，可以将分子放大或缩小；左右移动，可以将分子旋转。Shift＋鼠标左键组合可以在窗口内平移分子。当工作窗口内有多个分子时，可以用 Shift＋Alt＋鼠标左键组合移动想要移动的分子，以调节各个分子间的距离，可以用 Ctrl＋Alt＋鼠标左键组合，调节其中一个分子的角度，以调节各个分子间的角度。

五、数据记录与处理

1.优化构型

使用 Uedit 软件依次打开各 *.out 文件，在“Search”菜单下点击“Find”，搜寻各文件中“Optimization completed”字段。鉴于优化构型为分子势能面上的极低点，故以表 11-12 所示的四项“Convergence Criteria”均达“YES”为构型优化收敛的判据。利用鼠标向前翻页可以看到构型优化过程的自洽迭代细节。

表 11-12　HF/6-31G(d) 水平下优化水分子构型的收敛细节

Item	Value	Threshold	Converged?
Maximum Force		0.000450	YES
RMS Force		0.000300	YES
Maximum Displacement		0.001800	YES
RMS Displacement		0.001200	YES

使用 Uedit 软件依次查看各 *.out 文件中“Optimization completed”字段之后的“Standard orientation”，记录各分子的优化构型（直角坐标数据）。

2.分子能量及前线轨道分析

使用 Uedit 软件依次查看各 *.out 文件中分子的总能量 $E_{总}$、电子动能 KE、电子与核的吸引能 PE、电子排斥能 EE、核排斥能 NN（单位为 Hartree，有效位数取至小数点后五位）；前线轨道能级和前线分子构成。

计算方法要求定性说明关键词［如：B3LPY/6-31G（d）opt（maxcycle＝300）freq］，计算结果要求记录各分子的优化后的结构参数，其中键长保留三位小数，单位为埃（Å）；键角和二面角保留一位小数，单位为度（°）；分子的总能量 $E_{总}$、电子动能 KE、电子与核的吸引能 PE、电子排斥能 EE、核排斥能 NN 程序中保留五位小数，单位为 Hartree（1Hartree＝627.51kcal·mol^{-1}＝2625.50kJ·mol^{-1}）；前线轨道能级和前线分子构成（表 11-13）。对二茂铁［$Fe(Cp)_2$］和四羰基合铁［$Fe(CO)_4$］描绘 d 轨道形状及成键情况。

表 11-13　分子的结构、能量和轨道性质

分子	H_2O	CH_4	C_6H_6	$Fe(CO)_4$	$Fe(Cp)_2$
键长/Å					
键角/(°)					
二面角/(°)					
$E_{总}$					
KE					

续表

分子	H_2O	CH_4	C_6H_6	$Fe(CO)_4$	$Fe(Cp)_2$
PE					
EE					
NN					
E_{HOMO}					
E_{LUMO}					
HONMO 轨道构成					
LUMO 轨道构成					

六、注意事项

(1) 利用 Gauss View 搭建分子模型后，一定要注意检查分子的对称性，体系的对称性将直接影响着后面的计算。

(2) 图形文件保存成 *. gjf 文件时，注意文件名和路径都不能包含中文字符。

七、结果讨论与启示

(1) 量子化学理论计算精度决定于计算所用的方法和基组的类型。分子体系的总能量及结构参数会随着计算所用的方法和基组的不同而略有变化。

(2) 对程序初学者，运行程序时往往会产生非正常中断的情况，要根据自己的经验总结程序非正常中断的原因及其处理方法。

八、思考题

(1) 以 CH_4 为例，说明对称性降低会对计算结果产生的影响。

(2) 体系的总能量 $E_{总}$ 与电子动能 KE、电子与核的吸引能 PE、电子排斥能 EE、核排斥能 NN 之间为何种关系？

(3) Gaussian 程序的输入文件由几部分构成？常用的关键词有哪些？输出文件主要包括哪些内容？

九、参考文献

[1] 李奇，黄元河，陈光巨. 结构化学. 北京：北京师范大学出版社，2008.

[2] 孙尔康，张剑荣. 物理化学实验. 南京：南京大学出版社，2009.

[3] 潘道皑，赵成大，郑载兴. 物质结构. 第 2 版. 北京：高等教育出版社，1989.

[4] Frisch M J，Trucks G W，Schlegel H B，et al. Gaussian 03，Revision D. 01. Wallingford CT：Gaussian Inc，2004.

实验一二三　物理化学设计实验

一、目的与要求

通过设计实验，进一步全面培养学生查阅文献、设计实验方案、独立操作、系统总结等方面的能力，为今后进行综合基础化学实验和毕业论文打下基础。

二、设计实验具体要求

在完成以上实验的基础上，各人任选一个下面规定的实验项目。然后分别查阅有关文献（中、英文）参考资料，并用书面形式写出自己设计的实验方案。

(1) 设计实验方案应包括：①实验原理；②实验操作步骤；③所需仪器、药品及规格、用量；④数据记录格式等。

(2) 将书面实验方案交指导教师审阅并与老师一起讨论实验方案的可行性。

(3) 独立完成实验操作、采集数据工作。

(4) 进行书面总结。要求将书面总结写成一篇小论文，基本内容包括：实验原理，操作说明，仪器简介，数据记录，结果处理，误差分析，讨论及参考文献等。

(5) 各组派代表在小班上进行口头汇报，当场回答大家提出的有关问题。

三、设计实验项目

(1) 液体燃烧热的测定。

(2) 二元体系液体饱和蒸气压的测定（静态法）。

(3) 热力学与化学电池。

(4) 物质的摩尔质量的测定。

(5) 用分光光度计法测定甲基红的离解常数。

第 12 章　综合性、研究性和创新性实验

实验一二四　非线性光学晶体磷酸二氢钾（KDP）的单晶生长与光学性能测定

一、目的与要求

（1）了解 KDP 晶体原料的合成、表征和水溶液降温法单晶生长的基本过程与方法。

（2）掌握 KDP 晶体溶解度的测定方法，了解 KDP 晶体结晶习性以及晶体外形、晶体宏观对称性的观察和描述。

（3）掌握晶体偏光性质和油浸法晶体折射率的测定方法，了解晶体光学均匀性、晶体透过率等性能测试的实验原理和方法。

（4）通过本实验的基本训练，了解部分大型仪器设备的基本结构、性能和使用方法，达到提高本科生科研训练的能力。

二、实验原理

磷酸二氢钾晶体，简称 KDP，属于四方晶系，点群 D_{4h}，无色透明，其理想外形如图 12-1 所示。该晶体具有多功能性质[1]。20 世纪 50 年代，KDP 作为性能优良的压电晶体材料，主要应用于制造声呐和民用压电换能器。60 年代，随着激光技术出现，由于 KDP 晶体具有较大的非线性光学系数和较高的激光损伤阈值，而且晶体从近红外到紫外波段都有很高的透过率，可对 1.064μm 激光实现倍频效应。同时，KDP 晶体又是性能优良的电光晶体材料，使得该晶体在高功率激光系统受控热核反应、核爆模拟等重大技术上更显现出它的应用前景。因此，对特大尺寸的 KDP 优质光学晶体的研究，在国内外一直受到研究者的极大关注。

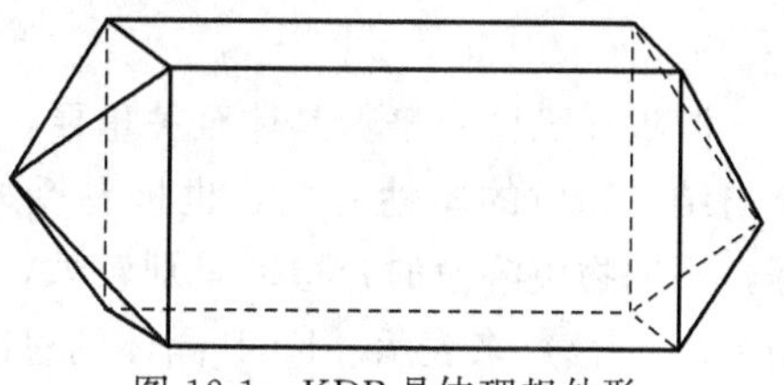
图 12-1　KDP 晶体理想外形

1. 原料的合成

KDP 晶体原料的合成是一个简单的酸碱中和反应过程，其反应方程式为：

$$K_2CO_3 + H_2O \xlongequal{\quad} 2KOH + CO_2\uparrow$$

$$H_3PO_4 + KOH \longrightarrow H_2O + KH_2PO_4$$

反应在水溶液中进行。由于 KH_2PO_4 在水溶液中存在三级电离，因而溶液中同时存在 K^+、H^+、OH^-、PO_4^{3-}、HPO_4^{2-}、$H_2PO_4^-$ 等离子。在不同 pH 的溶液中，PO_4^{3-}、HPO_4^{2-}、$H_2PO_4^-$ 和 H_3PO_4 等基团所占有的比例不同。在 pH=4.5 左右，$H_2PO_4^-$ 基团约占有 99%。在 KDP 晶体的合成和单晶生长过程中，选择这样的 pH 范围是适宜的。$H_2PO_4^-$ 基团作为生长基元之一，基团密度大，吸附在晶体生长界面上的生长基元其平均自由程短，在单位时间内扩散到晶体晶格位置的生长基元数目比其它不同的 pH 溶液的概率多，因而有利于 KDP 晶体的生长，在合成过程也有利于提高产率[2]。

2. 溶液法晶体生长

（1）晶体溶解度　从溶液中生长单晶体，很重要的一个参数是物质的溶解度。根据溶解

度与温度的关系绘制得到物质的溶解度曲线，它是选择晶体生长方法和生长温度区间的重要依据。

在温度不太高的凝聚体系中，压力对溶解度的影响可忽略不计，而温度的影响却十分显著。这种温度-溶解度关系图称为溶解度曲线，KDP晶体在水中的溶解度曲线如图12-2所示。图12-3是KDP在水中的溶液状态图[3]，图中AB为溶解度曲线，$A'B'$为过饱和曲线，曲线AB和$A'B'$将整个溶液区划分为三个部分：上部为过饱和区，又称不稳定区；下部为未饱和区，又称稳定区；介于两者之间的称为介稳区，晶体生长过程的状态点处于介稳区内。

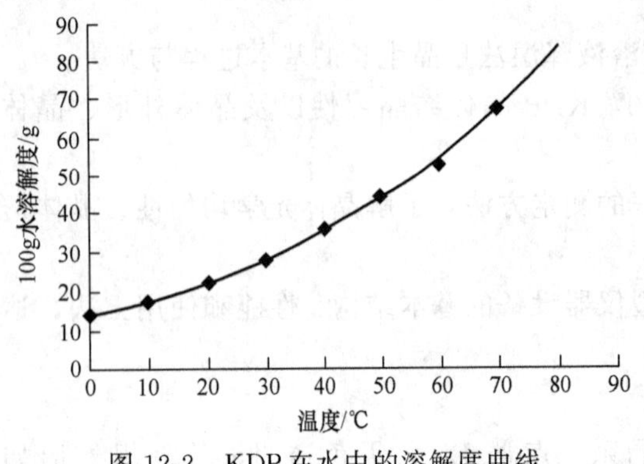

图12-2 KDP在水中的溶解度曲线

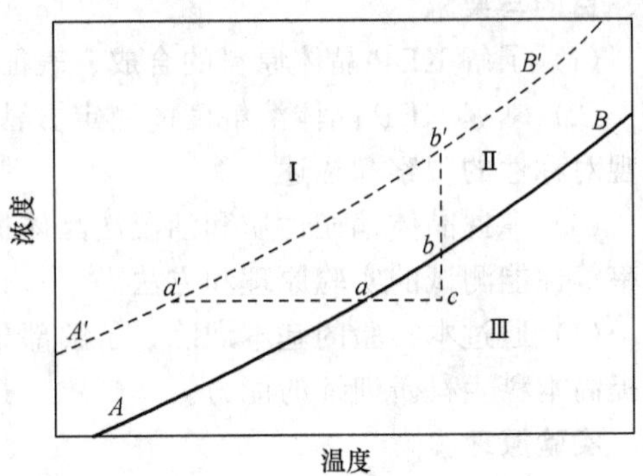

图12-3 KDP溶液状态图

Ⅰ—不稳定区；Ⅱ—介稳区；Ⅲ—稳定区

溶液介稳区对培养晶体至关重要，人们总是希望析出的溶质在籽晶上生长。介稳区的大小与结晶物质的本性有关，也极易受外界其它因素的影响，如搅拌、温度、pH值、杂质等。不同物质溶液的介稳区差别较大，它的大小趋向可以用过饱和度$s=(c/c^*)$或过冷度$\Delta t=(t^*-t)$来表示。KDP晶体的过冷度约为8℃，在水溶液晶体生长中属于较宽的一种。

要使晶体正常生长就必须使溶液处于过饱和状态（介稳区内），由图12-3可知，使处于c点的不饱和溶液达到饱和状态，有两种方法可供选择：其一是状态经a点到达a'点，采用降温法，即保持溶液浓度不变，降低温度达到溶液过饱和；其二是状态经b点到达b'点，采用恒温蒸发法，即蒸发溶剂，提高溶液的浓度。对于溶解度温度系数较大的物质，一般采用降温法较理想；而对于溶解度较大、溶解度温度系数较小或有负温度系数的物质，宜采用恒温蒸发法。磷酸二氢钾在高于40℃时在水中溶解度温度系数较大，但在低于40℃时温度系数较小。

(2) 晶体结晶习性　取少量纯固体磷酸二氢钾将其配制成未饱和溶液（以溶解度曲线为依据），自然蒸发数日后逐渐达到饱和，此时溶液中形成少量晶核，在结晶驱动力作用下，逐渐形成外形完整的KDP小籽晶。通过结晶性试验，可观察到晶体为四方柱双四方锥的透明单晶。通过理想晶体外形观察，可初步了解晶体的对称性情况。

(3) 单晶培养　根据物质的溶解度曲线，配制某一温度下一定量的饱和溶液（注意控制溶液pH≈4.5）于育晶器中，将育晶器放入恒温槽，用吊晶法准确测出溶液饱和点温度，然后升温至比饱和点温度高出5℃，让溶液恒温过夜，过热以除净结晶中心。选择Z轴方向无缺陷晶片作为生长籽晶，将其固定于籽晶架上。在稍高于饱和点温度下，将籽晶放入生长溶液中，并逐渐降至饱和点，采用降温法按每天一定降温速率（按生长溶液的体积与生长晶体的表面积，即体面比来确定降温量）从水溶液中培养单晶。水溶液降温法晶体培养装置如图 12-4 所示。

在偏酸性的 pH 范围（pH＝3.8）及降温速率较慢时，晶体柱面生长速度减慢，晶体生长发生楔化，因此晶体柱面向内收缩成斜面；在 pH＝4.5 时晶体生长外形较完整。不同 pH 下晶体生长外形如图 12-5 所示。

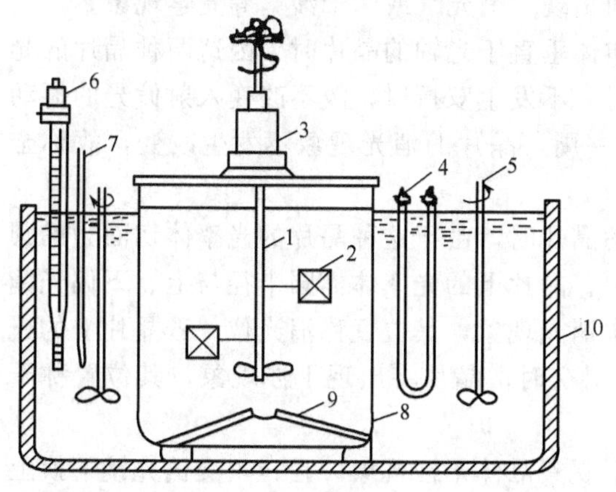

图 12-4　水溶液降温法晶体生长装置

1—籽晶杆；2—晶体；3—转动密封装置；4—浸没式加热器；5—搅拌器；6—控制器（接触温度计）；7—水银温度计；8—育晶器；9—有孔隔板；10—恒温水槽

(a) 酸性溶液晶体生长楔化　(b) pH=4.5(纯态)时晶体生长完整

图 12-5　晶体生长外形

3. KDP 晶体原料表征与晶体的光学性能测定

（1）X 射线粉末衍射分析与晶体原料热谱表征　由于晶体对 X 射线衍射效应，对某一确定组成与结构的晶体材料均遵循布拉格-乌尔夫方程 $2d\sin\theta=n\lambda$ 而产生相应的衍射[4]。采用 X 射线粉末衍射法，测定所合成的 KDP 样品的粉末衍射谱，利用衍射数据 $\theta(d)$-I/I_0 值及衍射谱图所得结果与标准谱图及衍射数据进行比较，可确定所合成样品的物相。

将一种物质进行加热或冷却过程中，当达到某一温度时，往往发生熔化、凝固、晶形变化、分解、化合、吸脱附等物理化学变化，并伴随有热效应的发生，其表现为该物质与外界环境间有温度差，此时在体系的温度-时间曲线图上会产生顿折现象，如果将这种有物相变化的物质与标准参比物质（如 α-Al_2O_3）在相同条件下进行加热或冷却，一旦这种物质发生物相变化，则在物质与标准参比物之间产生温差，利用温差来分析物质的变化规律。这就是热分析的基本原理与分析方法[5]。差热分析（DTA）、差示扫描分析（DSC）和热重分析（TG）就是属于这种热分析法，可以利用这种方法鉴别物质，并考察其组成结构以及转化温度、热效应等物理化学变化。

（2）晶体折射率　随着激光技术的出现，KDP 晶体在光电子技术领域得到了广泛的应用。它不仅是性能优良的电光晶体，而且也是性能较好的频率转换材料。采用水溶液降温法可以容易地生长出高光学质量和大尺寸的 KDP 晶体。由于该晶体从紫外到近红外区具有很宽的透光波长，同时也具有较高的激光损伤阈值，倍频阈值功率在 100MW 以上，并易于实现相位匹配等优点，因而是高功率激光系统中理想的非线性倍频材料。晶体的线性和非线性光学性质与晶体折射率 n 的大小有关，因此精确测定晶体折射率显得非常重要[6]。

本实验是以 KDP 晶体自然生长的晶面（ac 面）为样品，在偏光显微镜下观察测定其光学性能与折射率值。由于 KH_2PO_4 是单轴晶，其主折射率测得后，其折射率椭圆光性指示体（光率体）即被确定。由折射率值可以计算非线性光学相位匹配角和倍频转换效率。

(3) 正交偏光显微镜下晶体的消光与干涉现象　晶体的光学均匀性可在正交偏光镜下进行观察[6]。所谓正交偏光显微镜是除用下偏光镜外，再推入上偏光镜，且使上、下偏光镜的振动方向互相垂直。由于所用入射光是近于平行的光束，故又称平行光下的正交偏光。在正交偏光显微镜间不放任何晶片时，视域完全黑暗。若在正交偏光镜间的载物台上放置晶体试片，则由于晶体的性质和切片的方向不同，而出现“消光”或“干涉”等光学现象。

在正交偏光镜间，放置均质体晶片或非均质体垂直于光轴的晶片时，因这两种晶片的光率体切面都是圆切面，光波垂直于该切面入射时，不发生双折射，故不改变入射偏光的振动方向，而使晶片呈现黑暗（消光）。旋转载物台一周，晶片的消光现象不发生改变，故称全消光。

在正交偏光镜间，放置非均质体其它方向的晶片时，由于这种晶片的光率体切面为椭圆切面，当晶片放置于载物台上旋转一周的过程中，晶片上的光率体椭圆半径与上、下偏光镜的振动方向有 4 次平行的机会，故晶片出现 4 次消光现象，其位置称消光位。若晶片上的光率体椭圆半径与上、下偏光镜的振动方向成 45°斜交时，晶片将出现干涉现象，其位置称干涉位。

(4) 聚光镜下晶体的干涉现象　在聚光镜下观察晶体干涉现象，是在正交偏光镜下换上高倍物镜并加上聚光镜和勃氏镜的情况下进行观察的。当加上聚光镜时，从下偏光镜出来的一束平行偏光经聚光镜后收敛成锥形光，此时这束偏光除中心一条光线仍垂直入射晶片外，其它光线均以不同角度斜交入射到晶片，因而在偏光显微镜上所观察到的是正交偏光镜下不同方向晶体的消光与干涉总效应。对于磷酸二氢钾晶体（单轴晶），其干涉总效应图为带有黑十字的同心圆干涉圈。有关干涉图成因原理参见文献 [6]。

(5) 晶体包裹和缺陷的观测　晶体在生长过程中很可能受溶液纯度及其它生长条件的影响而产生一些包裹体和缺陷。这些包裹物被称为散射颗粒，其颗粒尺寸在 μm 级别时可以通过普通显微镜直接观察到。如尺寸小于 μm 级别时，则采用一束激光正面射入晶体使这些颗粒产生丁铎尔效应，这时可以从侧面观察到光线通过晶体的情况。若晶体质量均匀透明，在晶体中很难观察到光线。但晶体如出现包裹缺陷，则晶体中可观察到明显的散射光线。

三、仪器与药品

(1) 仪器　XPT 偏光显微镜，Mini-Flie Ⅱ型台式 X 射线粉末衍射仪，TG 209 型热分析仪，Perkin-Elmer Larnda 900 型紫外分光光度计，阿贝折射仪，超级恒温槽，集热式磁力搅拌器，红外烘箱。量筒（50mL），烧杯（500mL、200mL），移液管（5mL），称量瓶，碘量瓶，培养皿，玻片等。

(2) 药品　K_2CO_3(AR)，KOH(AR)，H_3PO_4(85%，AR)，$Fe_2(CO_3)_3$(AR)，无水乙醇（AR），去离子水，浸油一套（折射率范围 $n=1.4000\sim1.7000$）。

四、实验内容

1. KH_2PO_4 合成

用量筒量取 50mL 磷酸溶液（85%），将其倒入 200mL 的烧杯中。用台秤称取 36g K_2CO_3(AR) 于 500mL 烧杯中，将 100mL 蒸馏水缓慢倒入 K_2CO_3 中搅拌使其完全溶解（此时放热，并有 CO_2 气体产生）。将磷酸溶液沿烧杯壁缓慢滴入已溶解的 K_2CO_3 溶液中进行中和反应，反应后期就可看到有晶体析出。待反应液冷却后，倾出母液，进行浓缩再析出固体，将固体合并，用纯水洗涤一遍，于培养皿中风干就得到 KH_2PO_4 晶体产品。

2. 样品表征

取 6g KH_2PO_4 固体在研钵中研磨成粉末，各取约 5g 与 1g 样品分别进行 X 射线粉末衍射和热分析测定，分别获得 XRD 谱图、DSC（DTA）和 TG 谱图（各仪器的使用原理及方法详见随机说明书）。

3. 溶解度测定

采用质量法测定 KH_2PO_4 在水中的溶解度。测定方法如下：在碘量瓶中放入约 20g 的固体 KH_2PO_4 样品，并加水至 2/3 高度，将碘量瓶放置在欲测定温度点的恒温槽内，在充分搅拌下恒温，使溶液达到饱和且平衡 24h 以上。快速吸取饱和溶液 5mL 于已知质量的称量瓶中，称出溶液质量，然后在红外烘箱中烘干溶液，称出溶质的质量，就可得出该温度点的溶解度（每 100g 水所溶解 KH_2PO_4 质量）。实验分别测定 30～50℃ 区间 5 个温度点的溶解度。

4. KDP 结晶性实验

取少量纯固体 KH_2PO_4 在 50mL 烧杯中制备室温下接近饱和的溶液 30mL，分别倒入 5 只培养皿中，分别在培养皿中加入少许的磷酸、碳酸钾、碳酸铁和乙醇，然后静置让其自然蒸发数日可得到 KH_2PO_4 小籽晶，观察不同 pH 值与杂质存在下的结晶晶形。

5. 单晶生长

根据上述测定的溶解度曲线，配制一定量约 50℃ 的饱和溶液于玻璃育晶器中，并将育晶器置于培养槽中，采用吊晶法测出溶液准确的饱和点，采用水溶液降温法，按每天一定的降温速率培养单晶。经约一个月周期的单晶生长可长出四方柱双四方锥的透明单晶[见图 12-5(b)]。

6. 晶体的偏光性质和折射率测定

分别制备垂直于 c、a 轴方向晶片（厚 0.1～0.3mm）粘在载玻片上，将其置于正交偏光镜下观察晶体的消光现象，旋转载物台一周，可观察到视场消光和干涉现象。在正交偏光镜下，换上高倍物镜（×45）并加入聚光镜和勃氏镜，可观察垂直光轴（c 轴）方向的 KDP 晶体在正交偏光锥光镜下的晶体干涉图。由于所取晶体试样为确定方向的晶片，因此在正交偏光锥光镜下所收集的为不同入射光方向该晶体切片方向所产生的干涉总效应图，对于 KDP 晶体（单轴晶）其干涉图为黑十字加上对称的同心圆组成。通过干涉图完整性的分析，能了解晶体的光学均匀性，同时可借助补偿器测定晶体的正、负光性。其测定原理请阅读文献 [6]。

取数颗 KH_2PO_4 小晶粒于载玻片上，盖上盖玻片并滴加数滴浸油，在正交偏光镜下选择近乎平行光轴方向的晶粒于消光位，在平行偏光镜（单偏光镜）下观察晶粒周围的贝克线随物像焦距的改变而发生移动方向变化（当提升显微镜镜筒时贝克线往折射率较大的物像移动）。比较浸油与晶体折射率的大小，更换不同折射率值的浸油直至观察两者折射率相等（此时贝克线消失）。用阿贝折射仪测出浸油的折射率，从而可得出晶体的折射率。

7. 晶体散射现象观察与透过率的测定

用生长出的晶体加工成尺寸约 20mm×20mm×50mm 的器件，研磨抛光器件通光面后，将其置于气体激光器的光路中，移动晶体使激光光束透射晶体的每一部位，观察是否出现散射颗粒，用数码相机拍摄晶体散射现象。

用紫外分光光度计测定晶体的透光率，以初步确定所生长单晶的光学质量与透过波长。实验采用 Perkin-Elmen Lambda 900 型紫外分光光度计，在室温下测定 KDP 晶体的透射光谱。由于 KDP 晶体所应用的波段范围通常在 300～1600nm 内，因而需要对其进行 200～1800nm 波长范围的扫描。实验可加工某一个晶体方向晶片（如 Z 轴方向晶片，尺寸为 10mm×10mm×10mm，通光面并经研磨抛光）进行透射光谱的测试。

五、数据记录与处理

(1) 按下表列出不同温度下 KH_2PO_4 在水中的溶解度，并由上述测定出的溶解度数据，描绘出 KH_2PO_4 在水中的溶解度曲线。

温度 T/K					
溶解度 s/g·(100g 水)$^{-1}$					

(2) 根据结晶性实验所得到不同 pH 与杂质离子存在下过饱和溶液的结晶外形，用数码相机拍摄不同晶体结晶外形，比较不同溶液特性晶体结晶外形的特征。

(3) 分析室温至 800℃时 KH_2PO_4 样品的 DSC 和 TG 热谱图，并解释该温度范围各谱峰的特性。

(4) 给出室温下油浸法测定的 KH_2PO_4 晶体的折射率，并列于下表中。

晶体名称	测定温度	折射率 n_o 和 n_e(测定值)	折射率 n_o 和 n_e(文献值)

(5) 给出 KDP 晶体在正交偏光显微镜下的消光图和锥光干涉图，并确定晶体所属的正负光性。

(6) 拍摄晶体在激光照射下散射现象图，并给出 200～1600nm 波长范围晶体的透过率。

六、问题与讨论

(1) 合成磷酸二氢钾过程中，应采用滴酸还是滴碱的方法？为何要控制反应液的 pH 值？

(2) 晶体在生长过程宜采用水溶液降温法，如果要生长大尺寸的晶体，还可以采有何种方法？

(3) 晶体结晶习性实验表明杂质对 KDP 晶体生长有何影响？

(4) 正交锥光镜下观察晶体的干涉图，其图形的对称性与晶体的质量和均匀性有何联系？

(5) 如何确定晶体的正光性或负光性？KDP 晶体是属于几轴晶光性的晶体？

(6) 为什么晶体的透过率是光学晶体一个重要的性能参数？

七、参考文献

[1] 日本化学会. 无机化合物合成手册（第二卷）. 北京：化学工业出版社，1986：91-92.

[2] 张克从，王希敏. 非线性光学晶体材料科学. 北京：科学出版社，1996：92-102.

[3] 张克从. 晶体生长科学与技术（上、下册）. 北京：科学出版社，1997.

[4] 钱逸泰. 结晶化学导论. 第 3 版. 合肥：中国科学技术大学出版社，2005：116-156.

[5] 张寒琦. 仪器分析. 北京：高等教育出版社，2009.

[6] 曾光策. 晶体光学及光性矿物学. 长春：中国地质大学出版社，2006.

（林树坤）

实验一二五　掺杂钒酸盐晶体的合成、结构鉴定和性能表征

一、目的与要求

(1) 研究钒酸盐晶体的合成方法。

(2) 研究掺入不同的稀土离子后，钒酸盐晶体的结构的鉴定和相关的性能表征。

二、实验原理

自然界的晶体（矿物）具有规则的外形，色彩绚丽，人们将其精心加工成各种装饰品和收藏品，用于我们的生活。而随着科学技术的发展，一些晶体发现了重要的物理性能，如金刚石、单晶硅、压电水晶等。但是，天然的晶体在品种、数量和质量上却非常有限，不能满足科学技术发展的需要。因此，人工晶体作为一门科学迅速地发展起来，它包括了材料制备、晶体生长机理和结构与性能的表征等，体现了材料科学、凝聚态物理和固体化学等多学科交叉的特点。人工晶体研究的主要目标是探索发现具有光、电、声、磁、热、力等不同功能的材料以及它们之间不同能量形式的相互作用和转换[1]。

掺稀土的钒酸盐晶体是重要的激光晶体之一，近年来人们一直在不断地改进 Re：YVO_4 激光晶体的原料合成、晶体生长工艺，以获得高光学质量、大尺寸的晶体。研究发现，一些掺稀土的钒酸盐晶体有重要的光学性能。例如，掺 Nd 的 YVO_4 激光晶体是应用于中低功率激光器上的主要工作物质[2,3]。又如，掺 Nd 的 $Ca_xLa_{1-x}(VO_4)_2$ 晶体同时具有激光和非线性光学性能，有望用作激光自倍频材料[4,5]。上述两类晶体是激光技术发展中起关键性的晶体材料，一直受到科学技术领域和高科技企业的高度重视。而晶体的光学质量直接决定了激光器的工作效率、稳定性、输出光束质量等重要参数[6]。因此，在制备具有物理性能的晶体材料的研究中，需具备如下基础知识和实验技能：①晶体学和晶体结构知识；②化学合成实验和有关表征技能；③晶体生长原理和方法；④晶体的吸收光谱、荧光光谱、红外光谱、拉曼光谱等光学和非线性光学性质的知识；⑤晶体结构与性能测试和性能表征的基本方法与技能。

1. 液相法合成激光晶体 Nd：YVO_4 的多晶原料

晶体生长原料制备方法的研究，对晶体生长有相当重要的影响，有时甚至起着主要作用。本实验采用液相法合成激光晶体 Nd：YVO_4 的多晶原料。液相合成原料的反应原理参阅文献 [7]。

由起始原料 $Y_2O_3(Nd_2O_3)$ 液相制备 YVO_4 的过程如下。

将一定量的 $Y_2O_3(Nd_2O_3)$ 溶解于热稀硝酸中，同时将 NH_4VO_3 也溶解于沸腾的去离子水中，在适当的温度下，往 NH_4VO_3 溶液中加入 $Y(NO_3)_3[Nd(NO_3)_3]$ 溶液，用氨水调节 pH≈7.00，可生成白色沉淀 YVO_4（或蓝紫色 $NdVO_4$），化学反应方程式如下：

$$Y_2O_3+6HNO_3 = 2Y(NO_3)_3+3H_2O$$

$$Nd_2O_3+6HNO_3 = 2Nd(NO_3)_3+3H_2O$$

$$Y(NO_3)_3+NH_4VO_3+H_2O = YVO_4\downarrow+NH_4NO_3+2HNO_3$$

$$Nd(NO_3)_3+NH_4VO_3+H_2O = NdVO_4\downarrow+NH_4NO_3+2HNO_3$$

掺 Nd^{3+} 的 YVO_4 的离子反应式为：

$$xY^{3+}+(1-x)Nd^{3+}+VO_3^-+2OH^- = Nd_{1-x}Y_xVO_4\downarrow+H_2O$$

2. 固相法合成非线性光学晶体 $Ca_{3-x}La_{2x/3}(VO_4)_2$ 的多晶原料

$Ca_3(VO_4)_2$ 晶体属三方晶系，空间群为 R3c，具有二阶非线性效应[8]。当 La^{3+} 等稀土离子掺入形成 $Ca_{3-x}La_{2x/3}(VO_4)_2$ 化合物时，晶体的二阶非线性系数会得到较大的增强。采取固相合成法，以 La_2O_3、$CaCO_3$ 和 NH_4VO_3 为起始原料，在高温下烧结反应可直接制备系列 $Ca_{3-x}La_{2x/3}(VO_4)_2$ 晶体的生长原料。按化学计量比称取药品于玛瑙研钵中，充分研磨并混合均匀用压片机压实后，置于马弗炉中烧结，即可得到 $Ca_{3-x}La_{2x/3}(VO_4)_2$ 多晶原料，其反应式如下：

$$\frac{x}{3}La_2O_3+(3-x)CaCO_3+2NH_4VO_3 = Ca_{3-x}La_{2x/3}(VO_4)_2+(3-x)CO_2\uparrow+H_2O+2NH_3\uparrow$$

为了选择合适的烧结温度，可将烧结前的混合物进行差热与热重分析，从而确定合适的烧结温度。

3. 多晶原料的表征

(1) 红外光谱分析　将所合成的 YVO_4 和 $Ca_xLa_{1-x}(VO_4)_2$ 多晶粉末研磨后，采用 PE 983G 型傅里叶变换红外和拉曼光谱仪进行红外光谱分析。考察比较 YVO_4 和 $Ca_xLa_{1-x}(VO_4)_2$ 多晶样品中各原子之间的化学键的情况。

(2) 物相分析

① 取合成所得的 YVO_4 多晶粉末及掺 Nd^{3+} 浓度不同的 YVO_4 粉末原料，在多晶衍射仪上测试其 X 射线粉末衍射图。比较样品衍射图与 YVO_4 标准 X 射线粉末衍射图，观察二者衍射峰的位置与强度是否符合，判断所合成的多晶粉末原料是否属单种物相，掺入 Nd^{3+} 是否对物相有影响。

② 取合成所得的 $Ca_xLa_{1-x}(VO_4)_2$ 多晶粉末及掺不同浓度 La^{3+} 的 $Ca_xLa_{1-x}(VO_4)_2$ 粉末原料，在多晶衍射仪上测试其 X 射线粉末衍射图。比较样品衍射图与 $Ca_xLa_{1-x}(VO_4)_2$ 标准 X 射线粉末衍射图，观察二者衍射峰的位置与强度是否符合，判断所合成的多晶粉末原料是否属单种物相，掺入 La^{3+} 是否对物相有影响。

(3) 纯度分析　称取合成所得的 YVO_4 和 $Ca_xLa_{1-x}(VO_4)_2$ 多晶样品，用浓硝酸溶解后定容配制成溶液。采用原子吸收分光光度仪测试样品中有害杂质 Fe^{3+} 的含量，分析其纯度。

三、仪器与药品

(1) 仪器　精密酸度计，离心沉淀机，循环水式真空泵，箱式电炉（马弗炉）；PE-TGA7 热重分析仪，PE 983G 型傅里叶变换红外和拉曼谱仪，X-Pert-MPD 多晶衍射仪，Perkin-Elmer Larnda 900 型紫外分光光度计，FLS920 荧光光谱仪，WFX-110 原子吸收分光光度仪（北京光学仪器厂）。

(2) 药品　Y_2O_3(99.995%)，La_2O_3(99.995%)，Nd_2O_3(99.999%)，$CaCO_3$(AR)，NH_4VO_3(AR)。

四、实验内容

1. 多晶粉末原料的合成

(1) 液相法合成　采用液相法合成 5g 1.0%（以原子计）Nd：YVO_4 多晶原料。在红外灯下干燥 NH_4VO_3 和 Y_2O_3(Nd_2O_3)，除去水分。按反应的化学计量比准确称取 NH_4VO_3 和 Y_2O_3 或 Nd_2O_3。将 Y_2O_3 或 Nd_2O_3 溶解于适量的接近 100℃的稀硝酸，可得到 $Y(NO_3)_3$[$Nd(NO_3)_3$] 溶液，控制其浓度约为 0.1～0.5mol・L^{-1}。将 NH_4VO_3 溶解于适量的接近 100℃的蒸馏水中，其浓度与 $Y(NO_3)_3$ 或 $Nd(NO_3)_3$ 溶液浓度相近，减压过滤后，再将滤液加热到接近 100℃。在适当的温度下，边搅拌边往过滤后的 NH_4VO_3 溶液中加入 $Y(NO_3)_3$ 或 $Nd(NO_3)_3$ 溶液，用 1：3 氨水调节溶液 pH ≈ 7.0，并不断搅拌，生成大量的沉淀。随后，加入适量沸水以保持温度，继续控制适当 pH 并搅拌 1h，使反应完全。

将沉淀静置过夜，用倾析法分离、洗涤沉淀，加去离子水，充分搅拌后静置沉降。再以倾析法分离出沉淀，并将其离心脱水，取少量沉淀在红外灯下烘干后进行差热与热重分析，观察吸、放热峰及失重情况，从而确定合适的烧结工艺。将其余的 YVO_4 或 $NdVO_4$ 沉淀盛在刚玉杯中，置于马弗炉内，于适当的温度下烧结 6～8 h，得到生长 Nd：YVO_4 晶体所用的多晶粉末原料。

(2) 固相法合成　采取固相合成法合成 x 分别为 0、1/7、3/7、0.5 和 1 的 $Ca_{3-x}La_{2x/3}(VO_4)_2$ 系列多晶化合物各 5g。按化学计量比分别称量 La_2O_3、$CaCO_3$ 和 NH_4VO_3 原料，置于玛

瑙研钵中充分研磨，压片。取适量混合物做差热-热重分析，依据差热-热重分析确定混合物的烧结工艺。将压片后的样品置于马弗炉中烧结。为了让混合物反应完全，应将一次烧结后的样品再次研磨、压片、烧结。

2. 多晶原料的表征

（1）红外光谱分析　将所合成的 YVO_4 和 $Ca_{3-x}La_{2x/3}(VO_4)_2$ 多晶粉末研磨后，采用 PE 983G 型傅里叶变换红外和拉曼光谱仪进行红外光谱分析，并比较两种钒酸盐中 VO_4^{3-} 基团红外吸收峰的差异。

（2）物相分析　取合成所得的 YVO_4、Nd∶YVO_4 及 $Ca_{3-x}La_{2x/3}(VO_4)_2$ 系列多晶粉末，在多晶衍射仪上测试其 X 射线粉末衍射图。比较样品衍射图与标准 X 射线粉末衍射图（图 12-6 和图 12-7），观察二者衍射峰的位置与强度情况，分析、判断所合成的多晶粉末原料的物相、纯度。La^{3+} 掺杂浓度对 $Ca_{3-x}La_{2x/3}(VO_4)_2$ 晶体结构的影响。

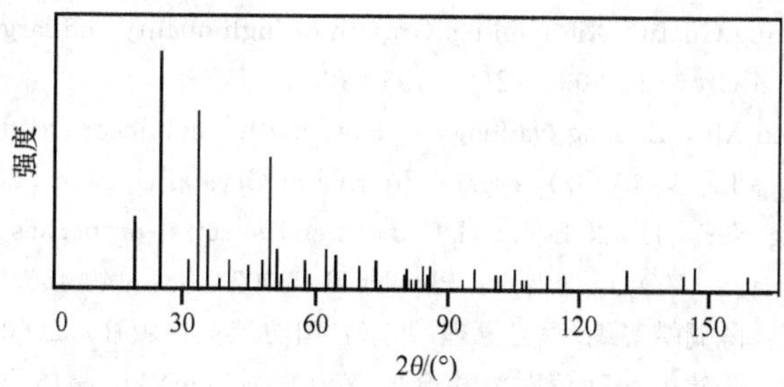

图 12-6　YVO_4 的 X 射线粉末衍射标准谱图

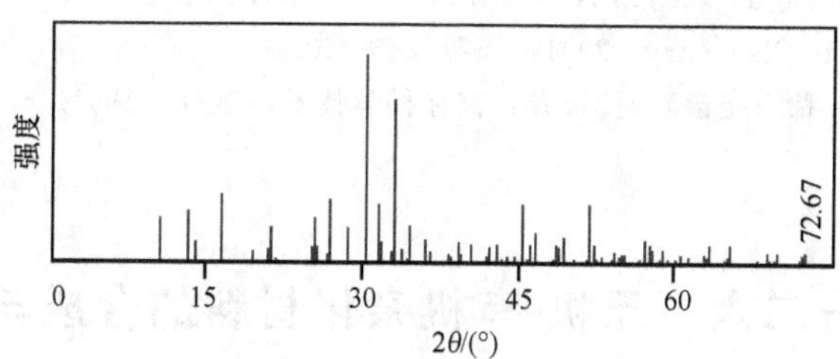

图 12-7　$Ca_3(VO_4)_2$ 的 X 射线粉末衍射标准谱图

（3）样品的纯度分析　称取合成的 Nd∶YVO_4 和 $Ca_3(VO_4)_2$ 多晶样品各 1g，用浓硝酸溶解后定容配制成 100mL 溶液。采用 WFX-110 原子吸收分光光度计测试样品中 Fe^{3+} 的含量，比较液相法和固相法合成原料中 Fe^{3+} 浓度差异。

（4）分别采用 Perkin-Elmer Larnda 900 型紫外分光光度计和 FLS920 荧光光谱仪测试所合成的 Nd∶YVO_4 粉末的吸收谱和荧光光谱。

五、数据记录与处理

（1）根据热分析综合结果，确定液相法和固相法合成 Nd∶YVO_4 多晶原料的烧结工艺。

（2）对多晶原料的红外谱图中的振动吸收峰进行归属。

（3）对照标准 XRD 粉末谱图，判断所合成的多晶原料是否为单种物相。根据 X 射线粉末衍射数据计算 Nd∶YVO_4 和 $Ca_{3-x}La_{2x/3}(VO_4)_2$ 的晶胞参数，分析 Nd^{3+}（La^{3+}）掺杂浓度对晶胞参数、晶体微结构的影响。

（4）结合自由离子 Nd^{3+} 的能级[9]，对晶体的吸收谱和荧光谱中的吸收峰和荧光峰进行归属。

(5) 分析 $Ca_{3-x}La_{2x/3}(VO_4)_2$ 晶体中 La^{3+} 浓度对晶体的结构、非线性光学性质的影响。

六、问题与讨论

(1) 如何确定液相合成与固相合成中的烧结工艺?

(2) 高纯度的 YVO_4 多晶原料是生长高质量 YVO_4 晶体的前提，在合成中如何确保 YVO_4 多晶原料的纯度? 要特别注意避免哪些杂质的引入?

(3) 两种原料合成方法各有什么优缺点?

(4) 非线性光学晶体的结构有哪些特点?

七、参考文献

[1] 张克从，张乐潓主编. 晶体生长科学与技术. 北京：科学出版社，1997.

[2] 王磊，陈晓波，郑东等. 掺钕钒酸钇晶体的光物理学特性及应用. 中国现代教育装备，2007，10：27.

[3] Wu Shaofan，Wang Guofu，Xie Jianling. Growth of high quality and large-sized Nd^{3+}：YVO_4 single crystal. Journal of Crystal Growth，2004，266：496-499.

[4] Hu Xiaolin，Chen Xin，Zhuang Naifeng，et al. Growth，nonlinear frequency-doubling and spectral properties of Nd：$Ca_{8.53}K_{1.09}La_{0.95}(VO_4)_7$ crystal. Journal of Crystal Growth，2008，310：5423-5427.

[5] Chen X，Zhuang N F，Hu X L，et al. Growth and spectral properties of self-frequency doubling crystal，Nd：$Ca_{9.03}Na_{1.08}La_{0.62}(VO_4)_7$. Applied Physics B，2007，88：449-455.

[6] 周炳琨，高以智，陈倜嵘等编. 激光原理. 北京：国防工业出版社，2000.

[7] 林树坤，张莉珍，陈建中. pH 值对液相合成 YVO_4 及 $TmVO_4$ 晶体原料的影响. 福州大学学报（自然科学版），2000，28：6.

[8] Evans J S O，Huang J，Sleight A W. Synthesis and Structure of $ACa_9(VO_4)_7$ Compounds，A=Bi or a Rare Earth. J Solid State Chemistry，2001，157：255-260.

[9] 张思远，毕宪章. 稀土光谱理论. 长春：吉林科学技术出版社，1991.

（庄乃锋）

实验一二六　无机-有机杂化材料的合成与结构

一、目的与要求

(1) 了解无机-有机杂化材料的合成、结构、应用和发展现状。

(2) 了解晶态固体的合成和结构测定的一般方法。

(3) 合成系列无机-有机杂化材料晶体，利用 X 射线单晶衍射方法测定其结构。

(4) 总结和分析影响无机-有机杂化材料结构的各种因素及规律。

二、实验原理

无机合成是化学和材料科学的基础。无机合成化学旨在制造新物质和新材料，其研究主要是提供新的合成反应、新的合成方法和新的合成技术，合成与制备新的化合物、新的凝聚态和聚集态以及具有可控性能的新材料[1]。随着当前科学技术的迅猛发展，人们对材料的要求也越来越高，传统的单一功能材料已不能满足人们的需求。因此要求无机合成化学家能够更多地提出新的行之有效的合成反应、合成技术，制定节能、洁净、经济的合成路线以及开发新型结构材料和新功能材料。

传统的无机材料由于其结构的改造和修饰难度较大，难以根据实际需要来控制其大小、形状以及物理化学特性。相反地，有机材料具有优良的分子剪裁与修饰的性能，但它们却在坚固性与稳定性等方面具有明显的缺点。因此，如何运用分子设计和晶体工程原理将无机和有机化合物复合、组装与杂化，以实现两者性能互补和结构优化，构筑结构可塑、稳定和坚固的新型材料，并显示出一些新的性能，已成为无机化学与材料科学领域中的重要研究课题。

无机-有机杂化材料正是基于这种合成思想产生的一类新型材料，是继单组分材料、复合材料和功能梯度材料之后的第四代新材料。特别地，晶态的有机-无机杂化材料由于结构高度有序、稳定，研究者通过采用 X 射线晶体学等手段，就可以决定各种有机-无机杂化材料的结构，为实验和理论计算研究提供准确的模型，有利于构效关系的研究。进而以特定功能为导向，通过结构设计和可控制备获得所需的特性材料。

2006 年，A. K. Cheetham 和 C. N. R. Rao 等人在总结前人研究工作的基础上[2]，对无机-有机杂化材料给出了如下的定义："有机-无机杂化材料指由无机和有机物种间在至少一维方向上通过价键作用共同构成骨架的网络结构化合物"。因此，有机-无机杂化材料主要指包含 M-X-M（X=O，Cl，N，S 等）或 M-L-M（L 表示带配位官能团的有机配体）结构单元的两大类化合物。

无机-有机杂化材料发展受益于 R. Robson 等人[3]的开创性工作和极具前瞻性的预言。1989 年，澳大利亚化学家 R. Robson 等以 4,4′,4″,4‴-四氰基苯基甲烷为配体成功地合成出具有金刚石拓扑结构的亚铜配位聚合物，并预言该类材料有可能产生出比沸石分子筛更大的孔道和孔穴。他们首次提出了以一些简单矿物的结构为网络原型，用几何上匹配的分子模块代替矿物网络结构中的结点，用分子链接代替其原型网络中的单个化学键，以此来构筑具有矿物拓扑的配位聚合物，从而可实现该配位聚合物在离子交换、分离和催化等方面的潜在应用。R. Robson 的开创性工作为后来配位聚合物领域的发展奠定了坚实的基础，同时他的预见为该领域研究指明了发展方向。特别地，多孔配位聚合物（Porous coordination polymer，PCP），又称多孔金属-有机骨架结构（Metal-organic Framework，MOF），具有大的孔道尺寸和形状可调、结构和功能变化多样的特点，在近年来成为无机合成最活跃的领域。O. M. Yaghi 及其合作者[4] 以刚性的有机多羧酸为配体，成功地合成出了具有孔吸附性质的 MOFs 系列多孔配位聚合物，大大推动了这类材料的发展。近十年来，每年都有上千种不同组成和结构的无机-有机杂化材料被报道。相关工作可以见 A. Clearfield[5]，O. M. Yaghi[6]，S. Kitagawa [7] 和 C. N. R. Rao [8] 等人的综述，国内也有不少相关综述可以参考[9～11]。

无机-有机杂化材料由桥连有机配体和金属离子两部分组成。与传统无机固体相比，无机-有机杂化材料具有魅力的特征之一是那些基本的构筑单元在合成过程和最终组装产物结构中被完整地保留下来，通过改变两种不同构筑单元是调节无机-有机杂化材料结构的主要手段。两者的组合可以产生出极为丰富的化学组成及拓扑结构类型的杂化材料，这为设计目标结构提供了可能性，也为将分子与固体性质之间联系起来开辟了一条道路。但同时也应当认识到无机-有机杂化材料的合成化学十分复杂，至今人们对其生成机理还没有明确的认识，这就使这些材料的定向合成极具挑战性。金属离子、有机配体或反应条件的稍许改变就会引起无机-有机杂化材料结构的显著改变，因此通过控制反应条件和改变各种参数，研究杂化材料的结构和性能，有助于深入地理解功能-结构-合成三者之间的关系。

无机-有机杂化晶体材料的合成主要有溶液挥发、扩散和水热（溶剂热）合成等方法。其中水热（溶剂热）合成是近二十多年来发展起来的一种新合成方法。它是一类处于常规溶液合成技术和固相合成技术之间的温度区域的反应，通常在 100～260℃的自生压力下进行。在该实验条件下，有机组分往往可以得以保存。同时，溶剂的黏性减小，增强了溶质的扩散能力，从而提高了起始物料的选择性，同时也有利于生长极少缺陷、取向好、完美的晶体。通过调节体系的反应温度（压力随之改变）、pH、反应时间及物料比例，可以使非常难溶的化合物结晶出来，获得一般方法得不到的新颖有机-无机杂化晶体材料。

三、仪器与药品

（1）仪器　X射线单晶衍射仪、X射线粉末衍射仪、傅里叶红外光谱仪、电子天平、水热反应釜、搅拌器、烘箱。

（2）药品　根据学生所选择体系而定。

四、实验内容

（1）选择一个无机-有机杂化材料体系作为研究内容，查阅该体系文献1～3篇，提出合成方案（着重从不同反应条件对产物结构的影响入手）。

（2）合成无机-有机杂化材料晶体，利用X射线单晶衍射方法并结合其它相关软件测定和分析其结构。X射线单晶结构分析可参见《单晶结构分析原理与实践》[12]。

（3）总结和探索影响无机-有机杂化材料结构的各种因素及规律。

（4）根据实验方案和结果撰写一篇研究小论文。

五、参考文献

［1］　冯守华. 无机固体功能材料的水热合成化学. 化学通报，2007，1：2-7.

［2］　Cheetham A K，Rao C N R，Feller R K. Structural diversity and chemical trends in hybrid inorganic-organic framework materials. Chem Commun，2006，4780-4795.

［3］　Hoskins B F，Robson R. Design and construction of a new class of scaffolding-likeMaterials comprising infinite polymeric frameworks of 3D-linked molecular rods. A reappraisal of the zinc cyanide and cadmium cyanide structures and the synthesis and structure of the diamond-related frameworks $[N(CH_3)_4][Cu^{I}Zn^{II}(CN)_4$ and Cu^{I} [4,4′,4″,4‴-tetracyano-tetraphenylmethane]. $BF_4 \cdot xC_6H_5NO_2$. J Am Chem Soc，1990，112：1546-1554.

［4］　Li H，Eddaoudi M O'Keeffe M，Yaghi O M. Design and synthesis of anexceptionally stable and highly porous metal-organic framework. Nature，1999，402：276-279.

［5］　Clearfield A. Recent advances in metal phosphonate chemistry Ⅱ. Curr Opin Solid state Mater Sci，2002，6：495-506.

［6］　Rowsell J L C，Yaghi O M. Metal-organic frameworks：a new class of porousMaterials. Micropor Mesopor Mater，2004，73：3-14.

［7］　Kitagawa S，Kitaura R，Noro S. Functional Porous Coordination Polymers. Angew Chem Int Ed，2004，43：2334-2375.

［8］　Rao C N R，Natarajan S，Vaidhyanathan R. Metal Carboxylates with Open Architectures. Angew Chem Int Ed，2004，43：1466-1496.

［9］　穆翠枝，徐峰，雷威. 功能金属-有机骨架材料的应用. 化学进展，2007，19：1345-1356.

［10］　魏文英，方键，孔海宁等. 金属有机骨架材料的合成及应用. 化学进展，2005，17：1110-1115.

［11］　周元敏，杨明莉，武凯等. 金属-有机骨架（MOFs）多孔材料的孔结构调节途径. 材料科学与工程学报，2007，25：307-312.

［12］　陈小明，蔡继文. 单晶结构分析原理与实践. 北京：科学出版社，2003.

（黄细河）

实验一二七　二聚钨团簇的化学键分析

一、目的与要求

（1）巩固结构化学中有关成键的理论知识，并对计算化学有一个初步的了解，进一步拓宽知识面。

（2）计算并分析二聚钨团簇的成键情况，使对过渡金属成键的多样性有深入的认识。

（3）初步了解 Linux 操作系统。学会常用计算化学程序的基本用法，并能正确处理实验数据。

（4）对二聚钨团簇的成键情况有比较直观的认识，加深对过渡金属成键多样性的认识。通过相关软件对成键模式的图形展示加深对结构化学中基础知识的理解。

二、预习与思考

（1）阅读《无机化学》（武汉大学，吉林大学. 第 3 版. 北京：高等教育出版社，2011），复习几率密度和电子云（P64），波函数的空间图像（P68），分子轨道理论（P166～P176）等知识点；巩固对电子云的空间分布的认识；

（2）复习《结构化学》中 σ、π 与 δ 键的知识点；阅读参考文献 [1]，了解过渡金属原子 d 电子的可能成键情况。

三、实验原理

计算模拟主要应用已有的理论化学程序和方法对特定的化学问题进行研究。计算模拟侧重于解决以下两个方面的问题：①各类化学物质的结构与成键，辅助设计具有功能导向的新材料；②研究化学反应机理、解释反应现象，尤其帮助理解各类重要催化反应的机理，设计新型高效催化剂等。

早期人们认为化合物的最大键级为 3，1964 年，Cotton F. A. 等[2] 首次报道合成了一种具有四重键的化合物 $[Re_2Cl_8]^{2-}$，从此开启了多重键的合成研究浪潮。之后涌现出非常多的四重键化合物[3]，如 1978 年 Cotton F. A. 等合成了四重键化合物 $Cr_2[C_6H_3Me(OMe)]$[4]，其中 Cr—Cr 的键长为 1.828(2)Å。

2005 年 T. Nguyen 等[5] 首度报道合成出一种具有五重键的化合物 $\{Cr(\mu\text{-}Cl)Ar'\}_2$[Ar′为 C_6H_3-2,6(C_6H_3-2,6-Pri_2)$_2$，Pri 为异丙基]。2007 年 B. O. Roos 等[6] 用理论计算的方法得到六重键的化合物 Cr_2、Mo_2、W_2，该类化合物的键长分别为 1.66Å、1.95Å、2.01Å。2008 年 R. Kempe 和 Y. C. Tsai 等[7,8] 首度报道合成 Cr—Cr 小于 1.80Å，最短的 Cr—Cr 键长为 1.74Å。多重键正在吸引越来越多的科学家投身相关研究。本实验涉及如下三个重要概念。

1. 分子轨道理论

（1）原子在形成分子时，所有电子均有贡献，分子中的电子不再从属于某个原子，而是在整个分子空间范围内运动。在分子中电子的空间运动状态可用相应的分子轨道波函数 ψ（称为分子轨道）来描述。分子轨道和原子轨道的主要区别在于：①在原子中，电子的运动只受 1 个原子核的作用，原子轨道是单核系统；而在分子中，电子则在所有原子核势场作用下运动，分子轨道是多核系统。②原子轨道的名称用 s、p、d、… 符号表示，而分子轨道的名称则相应地用 σ、π、δ、… 符号表示。

（2）分子轨道可以由分子中原子轨道波函数的线性组合（linear combination of atomic orbitals，LCAO）而得到。几个原子轨道可组合成几个分子轨道，其中有一半分子轨道分别由正负符号相同的两个原子轨道叠加而成，两核间电子的概率密度增大，其能量较原来的原子轨道能量低，有利于成键，称为成键分子轨道（bonding molecular orbital），如 σ、π 轨道；另一半分子轨道分别由正负符号不同的两个原子轨道叠加而成，两核间电子的概率密度很小，其能量较原来的原子轨道能量高，不利于成键，称为反键分子轨道（antibonding molecular orbital），如 σ^*、π^* 轨道。

（3）为了有效地组合成分子轨道，要求成键的各原子轨道必须符合下述三条原则，也就是组成分子轨道三原则。

① 对称性匹配原则。只有对称性匹配的原子轨道才能组合成分子轨道，这称为对称性匹配原则。

原子轨道有 s、p、d 等各种类型，从它们的角度分布函数的几何图形可以看出，它们对于某些点、线、面等有着不同的空间对称性。对称性是否匹配，可根据两个原子轨道的角度分布图中波瓣的正、负号对于键轴（设为 x 轴）或对于含键轴的某一平面的对称性决定。

符合对称性匹配原则的几种简单的原子轨道组合是，（对 x 轴）s-s、s-p_x、p_x-p_x 组成 σ 分子轨道；（对 xy 平面）p_y-p_y、p_z-p_z 组成 π 分子轨道。对称性匹配的两原子轨道组合成分子轨道时，因波瓣符号的异同，有两种组合方式：波瓣符号相同（即＋＋重叠或－－重叠）的两原子轨道组合成成键分子轨道；波瓣符号相反（即＋－重叠）的两原子轨道组合成反键分子轨道。

② 能量近似原则。在对称性匹配的原子轨道中，只有能量相近的原子轨道才能组合成有效的分子轨道，而且能量愈相近愈好，这称为能量近似原则。

③ 轨道最大重叠原则。对称性匹配的两个原子轨道进行线性组合时，其重叠程度愈大，则组合成的分子轨道的能量愈低，所形成的化学键愈牢固，这称为轨道最大重叠原则。在上述三条原则中，对称性匹配原则是首要的，它决定原子轨道有无组合成分子轨道的可能性。能量近似原则和轨道最大重叠原则是在符合对称性匹配原则的前提下，决定分子轨道组合效率的问题。

(4) 电子在分子轨道中的排布也遵守 Pauli 不相容原理、能量最低原理和 Hund 规则。具体排布时，应先知道分子轨道的能级顺序。目前这个顺序主要借助于分子光谱实验来确定。

(5) 在分子轨道理论中，用键级（bond order）表示键的牢固程度。键级的定义为：键级=(成键轨道上的电子数－反键轨道上的电子数)/2。键级也可以是分数。一般说来，键级愈高，键愈稳定；键级为零，则表明原子不可能结合成分子。

2. Linux

Linux 是免费的专业级操作系统，它具有良好的可移植性、良好的用户界面、低成本、内核的定制和剪裁、广泛的协议支持等。因此，Linux 已成为高性能计算机的首选操作系统。在全球顶尖的 500 台超级计算机中，超过 60% 安装了 Linux 操作系统。本实验所有的计算是在 RedHat Linux 平台上进行的。

3. 密度泛函理论

密度泛函理论是一种研究多电子体系电子结构的量子力学方法。密度泛函理论在物理和化学上都有广泛的应用，特别是用来研究分子和凝聚态的性质，是凝聚态物理和计算化学领域最常用的方法之一。

本实验在本地机上通过 SSH 远程登录软件登录到安装有 RedHat Linux 操作系统的高性能计算机，调用相应的计算软件如 Gaussian 03 等，采用 DFT（密度泛函理论）进行相关计算。所有的计算在高性能计算平台完成。计算结束后通过相应的程序将数据结果传输到本地机，在本地机上进行相关的数据的处理分析。同时讨论实验结果，完成实验报告。

四、仪器与药品

计算平台：安装有 Linux 操作系统的高性能计算机。软件：Gaussian 03，Gauss View，SSH 远程登录终端软件，Chemoffice 2002，UltraEdit-32 编辑软件，Origin 等。

五、实验内容

1. 研究内容

主族原子利用 s、p 型轨道最多可以形成一个 σ 键和 2 个 π 键。对于过渡金属原子来说，由于存在 d 轨道，因次成键情况相对比较复杂。过渡金属原子利用 s、p 和 d 型轨道，可以形成 2 个 σ 键、2 个 π 键和 2 个 δ 键，因此理论可能最大的键级是 6。

本实验采用密度泛函的方法研究二聚钨团簇的成键情况，并对成键多样性进行分析。通过 Gauss View 画出相应的分子轨道图可直观地表现分子轨道的成键组合情况，加深对过渡金属原子成键多样性的理解。

2. 实验方案

在本地机上通过 SSH 远程登录软件登录到安装有 RedHat Linux 操作系统的高性能计算机。调用 Gaussian 03 程序包，采用密度泛函理论方法对二聚钨团簇的成键情况进行计算分析。计算结束后从输出文件获取各类几何和电子结构等信息。

(1) 在本地机安装相应的软件　在个人电脑桌面上安装 Gaussian 03；Gauss View；SSH 远程登录终端软件；Chemoffice 2002；UltraEdit-32；Origin 等软件。通过 SSH 远程登录软件连接到高性能能计算机。

(2) 初始构型，定义基组　①Linux 常用命令及 vi 编辑器练习；②用 vi 命令创建并编辑，输入文件；③初始构型，定义基组，并保存。

(3) 提交作业，进行计算　①命令：g03<XXX. com>XXX. out&；②跟踪计算进度，及时分析处理计算结果。

(4) 作业处理　正确阅读并从输出文件中获取相关信息。

(5) 作图　①将远程 Chk 文件转换成 本地 Gauss View 可读取文件；②读取分子轨道图；③按照能量大小将 Gauss View 所得到的分子轨道图排列起来；④从 Gaussian 03 程序最终优化结果中导出数据，在 Chemoffice 中画出 W_2 分子团簇的球棍模型图。

六、数据记录与处理

(1) 读取二聚钨团簇中钨-钨之间的键长，伸缩振动频率，最高占据轨道（HOMO）与最低未占轨道（LUMO）的能级差。

(2) 应用 Gauss View 软件，画出分子轨道图，结合分子轨道图分析双核钨之间的成键情况。

(3) 将得到的分子轨道（MOs）图按照能量自小到大排列起来，并标明成键类型。

(4) 从 Gaussian 03 程序最终优化结果中导出数据，并在 Chemoffice 中画出 W_2 分子团簇的球棍模型图。

(5) 画出二聚钨团簇的几何结构图，标明相关几何参数。

(6) 绘制二聚钨团簇分子轨道图，分析成键情况。

(7) 绘制二聚钨团簇振动频率图。

七、问题与思考

(1) s、p、d 轨道各能形成几种类型的键？

(2) 分析下面几种物质中金属原子间成键的数目和类型，并说明原因。

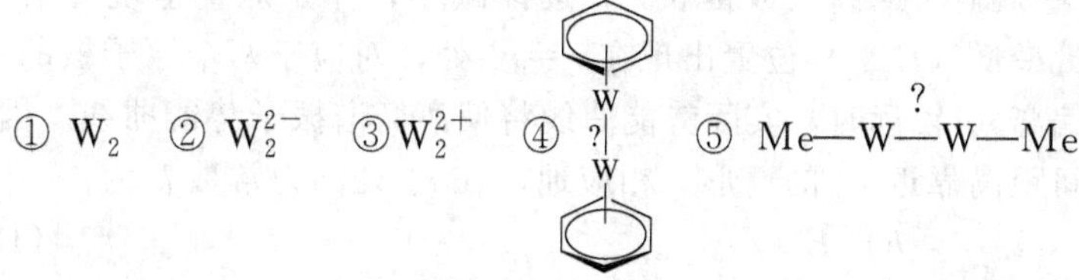

（3）讨论能否合成比二聚钨团簇键长更短的化合物？

八、参考文献

[1] Frenking G. Building a Quintuple Bond. Science，2005，310（5749）：796-797.

[2] Cotton F A，Curtis N F，Harris C B，et al. Mononuclear and Polynuclear Chemistry of Rhenium（III）：Its Pronounced Homophilicity. Science，1964，145（3638）：1305-1307.

[3] Cotton F A，Murillo C A，Walton R A. Multiple Bonds Between Metal Atoms. Berlin：Springer，2005.

[4] Cotton F A，Koch S A，Millar M. Tetrakis（2-methoxy-5-methylphenyl）dichromium. Inorg Chem，1978，17（8）：2084-2086.

[5] Nguyen T，Sutton A D，Brynda M，et al. Synthesis of a Stable Compound with Fivefold Bonding Between Two Chromium（Ⅰ）Centers. Science，2005，310（5749）：844-847.

[6] Roos B O，Borin A C，Gagliardi L. Reaching theMaximum Multiplicity of the Covalent Chemical Bond. Angew Chem Int Ed，2007，46（9）：1469-1472.

[7] Noor A，Wagner F R，Kempe R. Metal-Metal Distances at the Limit：A Coordination Compound with an Ultrashort Chromium-Chromium Bond. Angew Chem Int Ed，2008，47（38）：7246-7249.

[8] Tsai Y C，Hsu C W，Yu J S K，et al. Remarkably Short Metal-Metal Bonds：A Lantern-Type Quintuply Bonded Dichromium（Ⅰ）Complex. Angew Chem Int Ed，2008，47（38）：7250-7253.

（黄昕）

实验一二八　双原子分子振动频率的计算模拟

一、目的与要求

（1）通过采用量子化学计算方法，绘制双原子分子的势能曲线，确定平衡构型中的键长，并结合结构化学知识计算相应化学键的力常数、振动频率以及键解离能。

（2）初步了解 Gaussian 03 量子化学软件包的使用方法和部分功能。

二、实验原理

由结构化学[1]课程所学的知识可知，在双原子分子中，原子核与原子核之间以及原子核与电子之间存在着相互作用，其结果导致两原子核之间存在一个平衡距离（r_e），核在平衡位置附近作微小振动。此时，符合简谐振子模型，即可将体系看作两个质量分别为 m_1 和 m_2 的刚性小球通过一根弹簧相连：

m_1　r_e　m_2

由量子力学或经典力学方法均可得到双原子分子振动频率的计算公式：

$$\omega = \frac{N_A^{1/2}}{2\pi c}\sqrt{k\,\frac{m_1+m_2}{m_1\times m_2}} \qquad (12\text{-}1)$$

式中，ω 为振动频率；k 为力常数；m_1 和 m_2 为两个原子的摩尔质量；c 为光速；N_A 为阿伏加德罗常数。由上式可知，当 k 数值已知时，则可求得双原子分子的振动频率。

力常数 k 为双原子分子势能对原子间距离的二阶导数，其数值可通过相应的势能曲线求得。双原子分子的势能曲线见图 12-8。

从图 12-8 可以看出，随着原子间距离（或键长）r 逐渐减小，体系能量呈现逐渐下降再迅速增大的过程，其中能量最低（E_{min}）位置出现在 $r=r_e$ 处，对应于两个原子核的平衡距离。值得注意的是，当 r 偏离 r_e 较远时，实际势能曲线将偏离简谐振子势能曲线。因此，简谐振子模型仅适用于原子间距离靠近 r_e 的情形。相应地，在 r_e 处的力常数 k 为：

$$k = E''(r)\big|_{r=r_e} \qquad (12\text{-}2)$$

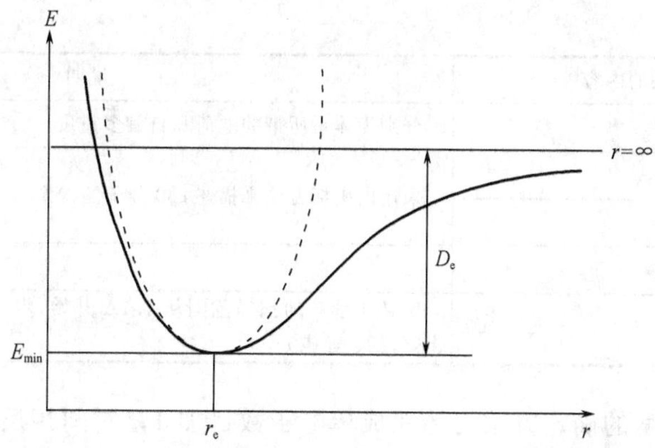

图12-8　双原子分子势能曲线（实线）与简谐振子势能曲线（虚线）

在实际计算中，采用数值方法来求解力常数。具体为：在 r_e 的左右两侧偏离 dr 处各取一个点，分别对应于 r_e-dr 和 r_e+dr 两个点，相应的能量为 E_1 和 E_2，则

$$k=\frac{E_1+E_2-2E_{min}}{dr\cdot dr} \tag{12-3}$$

为保证计算结果可靠性，dr 通常取值较小（例如 dr＝0.0001Å）。此外，可以推算出当能量、键长和质量单位分别采用 cm^{-1}、Å 和 g 时，式(12-1) 右侧系数为

$$\frac{N_A^{1/2}}{2\pi c}=5.80644\ s\cdot cm^{-1}$$

图12-8中的 D_e 对应于双原子分子的键解离能，其定义如下：

$$D_e=E_{atom\ 1}+E_{atom\ 2}-E_{min} \tag{12-4}$$

式中，E_{atom1} 和 E_{atom2} 分别为组成分子的两个原子的基态能量。

本实验在本地机上通过SSH远程登录软件登录到安装有Linux操作系统的高性能计算机，通过调用Gaussian 03程序包[2]，来获得 O_2 和CO等双原子分子的势能曲线，然后再利用matlab程序获取平衡构型、力常数以及振动频率等信息[3]。

三、仪器与药品

（1）仪器　高性能计算机（Linux操作系统，具有较强的多线程处理运算和硬盘吞吐能力）。

（2）软件　SSH远程登录终端软件，以及Gaussian 03专业软件和matlab程序。

四、实验内容

（1）在个人电脑桌面上安装SSH远程登录终端软件，然后通过SSH远程登录软件连接到高性能计算机。

（2）采用vi命令编写Gaussian 03输入文件，其文件名类似于“xxx.com”。以CO分子为例，主要内容如下（为便于说明，给出了各行的编号，但实际操作时不需输入）：

行号	需要输入的内容	说明
L1	%mem=32mb	指定计算所需内存大小
L2	#p b3lyp/6-31+g* scan scfconv=8	指明了所采用的计算方法为B3LYP方法，基组为6-31+G*，关键词scan表明进行变量扫描，scfconv=8表示能量的计算精度为 10^{-8} Hartree
L3	（空一行）	
L4	Energy curve of CO	标题行，内容自定，但不能省略
L5	（空一行）	

续表

行号	需要输入的内容	说明
L6	0,1	分别为体系所带的电荷和自旋多重度
L7	C	采用内坐标方法来描述CO分子的构型
L8	O,1,r	
L9	(空一行)	
L10	r 1.1 20 0.02	定义变量 r 的扫描范围从 1.1Å 开始,步长为 0.02Å,共扫描 20 个点(不包括起始点)

其中，自旋多重度的确定方法为体系成单电子数目加 1，它间接反映了体系的未配对电子数，并影响到体系是否对应于基态。例如，对于C原子，其基态电子排布为：$1s^2 2s^2 2p^2$，此时有两个成单电子填充在 2p 轨道上，即 C 原子基态的自旋多重度应为 3。若将其自旋多重度定义为 1，则相当于将两个 2p 电子强制配对，显然此时 C 原子的能量稳定性将下降，对应于激发态。

（3）提交作业，调用 g03 程序进行计算，相应的命令为：g03 < xxx. com > xxx. out &。

（4）运算结束后，从输出文件（xxx. out）读取各 r 值对应的能量，并将能量单位由 Hartree 转化为 cm^{-1}（1 Hartee＝219474. 63cm^{-1}），绘制 CO 分子的势能曲线，同时初步判断平衡构型对应的 r_e 值。

（5）在 Linux 操作系统下，运行 matlab 软件来获取平衡构型、力常数以及振动频率等信息，以 CO 分子为例，具体命令如下：

① r＝[1.1 1.02 1.04…]；（输入所扫描的各 r 值）

② E＝[E1 E2 E3…]；（输入各 r 值所对应的能量，单位为 cm^{-1}）

③ dr＝0. 0001；

④ ri＝(1.12：dr：1.16)；（在 r 为 1.12～1.14Å 之间内插一组数据，间隔为 dr，必须注意 r_e 必须处在该范围内）

⑤ Ei＝spline(r，E，ri)；（采用三次样条插值方法求得各内插点的能量值）

⑥ Emin＝min(Ei)；（E_i 的最小值即为图 12-8 中的 E_{min}）

⑦ re＝spline(Ei，ri，Emin)；（获得对应于 E_{min} 的 r 值，即图 12-8 中的 r_e）

⑧ E1＝spline(ri，Ei，re－dr)；[对应于式(12-3) 中的 E_1]

⑨ E2＝spline(ri，Ei，re＋dr)；[对应于式(12-3) 中的 E_2]

⑩ k＝(E1＋E2-Emin* 2)/dr/dr；[由式(12-3) 计算力常数]

⑪ u＝16* 12/(16＋12)；[式(12-1) 中的约化质量]

⑫ w＝5. 80644* sqrt(k/u)。(计算振动频率)

（6）采用 Gaussian 03 程序计算 CO 分子中 C 和 O 原子的基态能量，输入文件格式参考前面第（2）点，只是 L2 行内容改为＃p b3lyp/6-31＋g* scfconv＝8，另外 L8～L10 行内容删除去。计算结束后，记下 C 原子和 O 原子的能量，并根据式(12-4) 计算键解离能。

（7）采用上述方法，获得 O_2、O_2^+、O^{2-} 和 O_2^{2-} 分子的势能曲线、平衡构型的键长、力常数、振动频率和键解离能。

五、问题与讨论

（1）推导当能量、键长和质量单位分别采用 cm^{-1}、Å 和 g 时，式(12-1) 右侧系数的来源。

（2）对 CO 和 O_2 分子的计算结果与实验测量结果进行比较，并探讨影响振动频率计算结果的可能因素。

（3）根据结构化学所学知识，从化学键角度解释 O_2、O_2^+、O^{2-} 和 O_2^{2-} 分子平衡构型、振动频率和键解离能的变化规律。

六、参考文献

［1］ 周公度，段连运.结构化学基础.北京：北京大学出版社，2008.

［2］ Frisch A，Frisch M J，Trucks G W. Gaussian 03 User's Reference. Wallingford Center：Gaussian Inc，2003.

［3］ David R L. Handbook of Chemistry and Physics（84th edition）. Boca Raton：CRC Press，2004.

（章永凡）

实验一二九 膨化食品中微量铅残留的测定分析

一、实验目的

（1）通过火焰原子吸收仪器分析实验，了解常用的原子吸收分析仪器的分析原理。

（2）了解原子吸收分光光度计的主要结构，掌握其基本工作原理、特点和应用及操作方法。了解仪器常见故障的判断和处理。

（3）加深对分析化学基础理论的理解，学会食品样品中微量金属的定量分析及结果的评价方法，提高观察、分析和解决问题的能力，培养学生实事求是的科学态度和认真细致的工作作风，为学习后续课程和将来参加工作打下良好的基础。

二、实验原理

膨化食品是近年来迅速发展起来的一种松脆香甜、口味多样的休闲食品。目前，膨化食品作为粮食类的深加工产品，在世界范围内得到普遍的重视和迅速的发展。膨化技术是一种较科学、理想的食品加工技术，在膨化过程中，由于极短时间的高温高压，使膨化食品的营养成分保存率较高[1]。但是，在膨化食品的制作过程中，如果生产条件不严格控制，由于设备的原因会有微量的铅带入到食品中，使食品不同程度地受到铅的污染。

由于美味可口的膨化食品主要面向少年儿童，铅毒会影响少年儿童机体的许多功能，在智能、学习能力、心理行为、生长发育等危害较为明显[2]。科学实验表明，儿童的铅中毒的剂量提高 10μg，儿童的智商就会降低 6～8 分，儿童的身高会降低 1～1.5cm。研究发现，症状性铅中毒可以产生一系列视觉损害，如弱视、夜盲、失明、视神经炎和视神经萎缩等；有的症状在血铅水平并不十分高时就能出现，表明铅毒性作用可影响视网膜的结构和功能，也可能选择损害视杆细胞的功能和与此有关的暗适应功能。目前少儿弱视、近视广泛流行与少儿铅中毒流行密切相关，铅过量还能影响钙、锌等营养元素的吸收，影响儿童骨骼的发育，由此造成的副作用严重影响儿童的心理行为。因此，检测膨化食品中铅的含量是很有必要的，食品卫生新标准规定膨化类食品含铅量每千克不得超过 0.5mg[3]。

近年来，科学研究越来越多地关注膨化食品中铅含量的问题，自控微波密闭消解-铅试剂光度法[4]、硫腙比色法[5]、原子吸收光谱法[6,7]、原子荧光光谱法[8]、示波极谱法[9] 等方法已经得到良好的建立。其中，原子吸收光谱法是 20 世纪 50 年代中期出现并在以后逐渐发展起来的一种新型的仪器分析方法。它是根据蒸气相中被测元素的基态原子对其原子共振辐射的吸收强度来测定试样中被测元素的含量，已在地质、冶金、化工、食品、环境保护、材料科学等各个领域中有广泛的应用。在膨化食品中铅含量测定方面，石墨炉原子吸收光谱法、火焰原子吸收光谱法等得到良好的发展，仪器比较简单、操作方便、测定灵敏度高。

铅元素在火焰温度下变成铅原子，由铅空心阴极灯辐射出的铅原子光谱锐线（铅特征共振线波长为283.3nm）在通过铅原子蒸气时被强烈吸收，其吸收的程度与火焰中铅原子蒸汽浓度的关系符合比尔定律：

$$A=\lg(1/T)=KNL$$

式中，A 为吸光度；T 为透光度；L 为铅原子蒸气的厚度；K 为吸光系数；N 为单位体积铅原子蒸气中吸收辐射共振线的基态原子数。

在适当条件下，铅原子蒸气浓度 N 与溶液中离子浓度成正比，$A=Bc$，c 为溶液中铅离子的浓度，B 为与测定条件有关的比例系数。实验在同样体积的待测样品中加入不同体积的铅标准溶液形成测定溶液系列，分别在仪器上测得相应的 A 值，可以消除大部分基体干扰，得出准确的 A-c 的关系曲线，再根据作图法即可求出未知液中铅的浓度。

实验条件　灯电流：715mA；波长：283.3nm；狭缝：1.3nm；火焰原子化器高度：5.0mm；燃烧器位置：－1.0mm；乙炔气压力：0.3kgf·cm^{-2}（1kgf·cm^{-2}＝98.066kPa）；空气压力：1.7kg·cm^{-2}。

三、仪器与药品

（1）仪器　原子吸收分光光度计、铅空心阴极灯、恒温水浴箱、研磨装置或粉碎机、电子调温电炉、自动分析天平、各种玻璃仪器等。

（2）药品　HNO_3(AR)、$HClO_4$(AR)、H_2O_2(30%，AR)、HCl(AR)、$NH_4H_2PO_4$(5%，AR)、去离子水等。

（3）铅标准储备液　1000mg·L^{-1}（硝酸铅配制）。

（4）铅标准工作液　准确吸取适量铅标准储备液，用5%硝酸稀释成20.0μg·L^{-1}的铅标准工作液备用，现用现配。

四、实验内容

1.样品预处理

（1）硝酸-高氯酸体系湿法消化法　准确称取加标样品2g于三角烧瓶中，加25mL(1＋1)HNO_3，冷消化过夜后在电子调温电炉上进行加热消化。待样品完全溶解，加2～3mL $HClO_4$继续加热消化，必要时补加硝酸，直到溶液为浅黄色透明、冒尽白烟为止，冷却后转移至10mL比色管或容量瓶中，用二次蒸馏水定容至刻度。同时作空白对照，平行组实验做3组。

（2）硝酸-过氧化氢体系消化法　准确称取加标样品2g于三角烧瓶中，加20～30mL H_2O_2和1～2mL HNO_3，冷消化过夜后在电子调温电炉上、95℃水浴中消化3h（尽量封闭），过滤后在电炉上加热驱除 H_2O_2，冷却后定量转移到10mL容量瓶中，用二次蒸馏水定容至刻度。同时作空白对照，平行组实验做3组。

（3）干法灰化法　准确称取加标样品2.0g于瓷坩埚中，加入5% $NH_4H_2PO_4$溶液1mL（可再加水5mL进行稀释），于电炉上炭化至无烟，移入马弗炉在500℃下灰化3h，冷却。如样品灰化不彻底，加入混合酸 HNO_3-$HClO_4$(1＋4)2mL，再在电炉上至消化完全。用（1＋11)HCl溶解，定量转移到10mL容量瓶中，用二次蒸馏水定容至刻度。同时做不加辅助剂的样品和空白对照，平行组实验做3组。

2.样品测定

（1）标准曲线的制定　取铅标准储备液（1mg·mL^{-1}）2.0mL加入100mL容量瓶中，用5% HNO_3稀释至刻度，摇匀，配制成20μg·mL^{-1}的铅标准使用液。取7个10mL容量瓶分别加入铅标准使用液0.0、0.5、1.0、1.5、2.0、4.0、5.0mL，用二次蒸馏水定容至刻度，摇匀。在火焰原子吸收分光光度计上，按仪器操作条件在 283.3nm 下测定铅标准系列的吸光度，制定标准曲线，算出回归方程。

（2）样品测定　取待测定的样液摇匀，在火焰原子吸收分光光度计上，按仪器操作条件在 283.3nm 下测定，根据样品吸光度、取样量、定容体积等，计算样品中铅含量。

（3）加标回收实验　用上述 3 种消化方法对样品作前处理，每种方法各取相同量样品 4 份，分别加入含铅 0.0、20.0、30.0 和 40.0μg 的铅标准使用液，经消化后定量转移至 10mL 容量瓶中，定容后摇匀，于火焰原子吸收分光光度计上测定其吸光度，计算样品中铅含量和回收率。

五、数据记录与处理

（1）标准样品的测定结果及标准曲线的绘制。根据 $A=Bc$，在同样体积的待测样品中加入不同体积的铅标准溶液形成测定溶液系列，即可得出 A-c 的关系曲线。将标准样品的测定结果记录在表 12-1 中。根据实验测定结果，作 A-c 的标准工作曲线图。

表 12-1　标准样品的测定结果

标样 Pb^{2+} 含量/$\mu g \cdot mL^{-1}$							
吸光度 A							

（2）不同消化体系铅测定结果比较。将不同消化体系铅测定的结果记录在表 12-2 中，根据作图法从 A-c 的关系曲线求出未知液中铅的浓度。

表 12-2　不同消化体系铅测定结果比较　　单位：$\mu g \cdot mL^{-1}$

样品编号	HNO_3-$HClO_4$ 消化法	HNO_3-H_2O_2 消化法	灰化法(加辅)	灰化法(不加辅)
1				
2				
3				
$\bar{x} \pm s$				
RSD/%				

（3）不同消化体系加标回收率比较。将不同消化体系加标回收率的数据记录在表 12-3 中。

表 12-3　不同消化体系加标回收率比较

项　目	HNO_3-$HClO_4$ 消化法			HNO_3-H_2O_2 消化法			灰化法(加辅)		
	1	2	3	1	2	3	1	2	3
本底含量/μg									
加标量/μg	20.0	30.0	40.0	20.0	30.0	40.0	20.0	30.0	40.0
测定值/μg									
回收率/%									
RSD/%									

（4）不同消化体系中铅测定结果分析。

（5）三种消化体系、消化效率和检出率高的体系测定结果分析。

（6）计算方法检出限、回收率与精密度。

六、问题与讨论

（1）比较采用不同消化体系铅测定结果的准确性和偏差。

（2）采用火焰原子吸收法，分析不同消化体系中样品铅的含量，比较方法准确性和加标回收率。

（3）采用火焰原子吸收法，对膨化食品铅含量分析结果进行适用性分析。

（4）如何消除样品的背景干扰？

（5）共存金属离子含量较高时，如何消除干扰？

（6）如何选择金属离子的分析灵敏线？

七、参考文献

[1] 于功明，陆晓滨，王成忠等. 挤压膨化食品的营养学评价. 食品营养，2003，24：78-81.

[2] 杨洁彬，王晶，王柏琴等. 食品安全性. 北京：中国轻工业出版社，1999：122.

[3] 冯启利，刘大群，林芝良. 膨化食品中铅含量的测定——明晰膨化食品中的含铅量与生产条件的关系. 江西食品工业. 2006，2：34-35.

[4] 司文会，李克俭. 压力自控微波密闭消解-铅试剂光度法测定食品中铅. 食品科学，2005.26（9）：420-422.

[5] 虞精明. β修正吸光光度法测定食品中微量铅. 理化检验（化学分册），2002，38（1）：39-40.

[6] 杨坤祥，白研，毋福海. 膨化食品铅测定前处理探讨. 中国卫生检验杂志. 2009，19（3）：532-534.

[7] 肖香兰，涂小明，孙开奇等. 食品中铅测定的样品前处理方法探讨. 卫生毒理学杂志. 2004，18（4）：255-256.

[8] 李公海，刘艳，沈崇钰，陈惠兰. 氢化物-原子荧光光谱法测定食品中的铅. 现代科学仪器，2006，16（3）：72-73.

[9] 李新华. 示差脉冲溶出伏安法测定食盐中痕量铅. 理化检验（化学分册），2005，41（2）：119-120.

（朱春玲）

实验一三〇　应用化学发光法研究酞菁光敏剂单态氧相对量子产率

一、目的与要求

（1）了解化学发光分析法的基本原理、特点。

（2）掌握化学发光仪的基本构造和操作方法。

（3）掌握$^1O_2$的化学发光测量方法，了解不同影响因素对$^1O_2$量子产率的影响。

（4）掌握用非线性拟合方法处理实验数据。

二、实验原理

1. 化学发光

化学发光（chemiluminescence，CL）是指在一些特殊的化学反应中，反应的中间体或产物由于吸收了反应释放的能量而处于电子激发态，在返回基态时伴随光辐射的现象[1,2]。根据化学发光反应在某一特定时刻的发光强度或反应的发光总量来确定反应中相应组分的含量的分析方法称为化学发光分析。化学发光分析法是近几十年来发展起来的一种高灵敏的微量及痕量分析法，相对于其它分析方法，有如下优点：①灵敏度高。这是其它化学分析法和简单的仪器分析方法无法比拟的。由于不需要外来光源，避免了瑞利散射和拉曼散射等噪声，因而光电倍增管在高压下工作时具有比荧光法更高的信噪比和更宽的线性响应范围。②仪器设备简单。由于不需要外加光源及单色器等，没有散射光及杂质散光引起的背景值，因而仪器简单、操作方便，且价格低廉、易于推广。③分析速度快。由于多数发光反应是一快速反应，在瞬间或几秒钟内即可完成，因而发光分析可在不到 1min 完成一项检测。

2. 酞菁配合物光敏剂

在光化学反应中，能够吸收光子的原子或分子（给体），在吸收光后将其能量传递给那些不能吸收光的原子或分子（供体），促使受体进行化学反应，而给体在完成能量传递后，又回到原来的状态。这种只参与能量传递，而不参与化学反应的给体就称为光敏剂。而酞菁及其金属配合物就是目前比较热门的一种光敏剂。酞菁作为光敏剂的作用为：激发三线态的酞菁光敏剂，把能量转移给氧，使之成为单线态氧（$^1O_2$），$^1O_2$ 进一步氧化基质。一般认为，光敏剂通过两种途径与底物作用，即类型Ⅰ和类型Ⅱ机理。类型Ⅰ中，涉及三线态光敏剂首先和底物或分子氧作用，电子转移产生超氧阴离子自由基（O_2^- ·）；类型Ⅱ中，光敏剂三线态首先和分子氧作用，通过能量转移产生单态氧。

不少研究结果表明，光动力学疗法（photodynamic therapy，PDT）的疗效与治疗过程中所产生的 $^1O_2$ 总量呈正相关，$^1O_2$ 剂量学已成为 PDT 剂量学研究中最直接的方法[3]，因此，$^1O_2$ 量子产率是比较和筛选新型光敏剂的重要性能指标。

3. 单态氧的化学发光测定

现用于测量 $^1O_2$ 量子产率的主要方法有：$^1O_2$ 稳态和瞬态近红外发光检测法、电子顺磁共振波谱学、量热法、化学诱捕法和化学发光法等。直接检测 $^1O_2$ 近红外发光强度是定量测定 $^1O_2$ 量子产率最为可靠和准确的方法，但需较昂贵的仪器设备。化学发光测定法是仪器分析中灵敏度较高的方法之一，它的特点是化学反应和发光现象同时发生，从而有望成为不稳定化合物的在线、原位分析的有效手段[4]。目前比较成功的单态氧测定法主要是甲壳动物荧光素（cypridena luciferin analog，CLA）法。

甲壳动物类荧光素中最典型的一类试剂是英文名称为 Cypridina 的甲壳动物类荧光素，它是来自于日本海和加勒比海中的一种小甲壳动物。已经被应用于化学发光研究的主要是 1970 年由日本化学家 Sugiura 等人合成的化学名称为 2-methyl-6-phenyl-3，7-dihydroimidazo-[1，2-*a*] pyrazin-3-one 的试剂，简称 MCLA。MCLA 的特点是不与生物体内的 H_2O_2 或者 ·OH 发生反应，只与 O_2^- · 或者 $^1O_2$ 发生特异性的化学发光反应。因此，使用 MCLA 有很好的选择性。

化学发光信号检测采用微弱发光分析仪，装置如图 12-9 所示。本实验采用离线测量的方法，采用一定的光源对样品溶液（含 MCLA）进行光照，一定时间后将反应杯转移入化学发光仪中进行发光强度的测量，通过光电倍增管输出发光信号，用 BPCL 软件采集数据。所有的实验均在室温下进行。实验过程中需两位同学相互配合，以使得光照时间及转移过程时间（用秒表控制）一致。

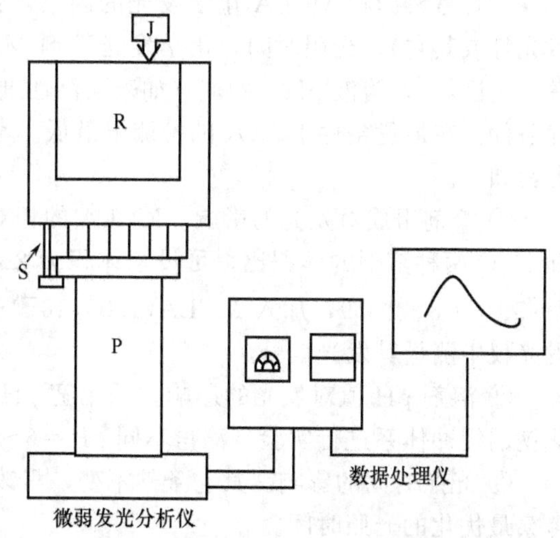

图 12-9　化学发光分析仪示意图

S—反应池与光电倍增管的开关；P—光电倍增管；R—反应暗室；J—静态注射进样口

本实验对两种酞菁光敏剂的光动力活性进行了研究。化学发光分析方法具有灵敏度高的特点，只需要微量甚至痕量的发光试剂，对研究体系干扰小。MCLA 可以用作测量单态氧的化学发光探针，并可用于研究抗氧化剂的抗氧化或抗自由基的作用机理。

由于活性氧、自由基等物质寿命短，这类物质性质的研究对仪器方面要求较高（如EPR），有些进一步的验证实验无法开展。有些实验现象的解释还只能以文献报道作为主要参考。

三、仪器与试剂

(1) 仪器　BPLC 型微弱发光分析仪（中国科学院生物物理研究所），KQ118 型超声波清洗器，pHS-3C 型精密酸度计。

(2) 药品　MCLA（＞98%，HPLC，Tokyo Kasei Chemicals Industries，Japan），四磺酸钾基酞菁锌（Sigma 公司），四磺酸钾基酞菁镍（Sigma 公司）。

(3) 溶液的配制　MCLA 储备液浓度为 $2\times10^{-5}mol\cdot L^{-1}$；磺酸酞菁储备液浓度为 $1.00mg\cdot mL^{-1}$；对于四磺酸钾基酞菁锌（$814.24g\cdot mol^{-1}$），即相当 $1.3\times10^{-4}mol\cdot L^{-1}$。储备液置于冰箱中冷保存，每次实验的工作试液临时由储备液稀释得到。

(4) 广泛缓冲液的配制　分别准确称取柠檬酸 6.008g、磷酸二氢钾 3.893g、硼酸 1.769g、巴比妥 5.266g，一起混合溶解，稀释至 1000mL 的容量瓶；取 100mL 上述的混合液，滴加 $0.2mol\ L^{-1}$ 的氢氧化钠溶液至所需的 pH，其范围在 2.6～12.0。

四、实验内容

$^1O_2$ 量子产率是比较和筛选新型 PDT 光敏剂的重要性能指标。本实验利用甲壳动物荧光素（CLA）化学发光法来研究酞菁光敏剂在可见光或单波长激光激发下的 $^1O_2$ 量子产率。对比不同金属酞菁配合物对 MCLA 体系发光的不同影响，探讨金属酞菁配合物光动力作用机制。

(1) 选用 2 种以上酞菁配合物，如四磺酸基酞菁锌（$ZnPcS_4$，Pc1）和四磺酸基酞菁镍（$NiPcS_4$，Pc2）作为光敏剂，测量其在光照后的诱导 MCLA 化学发光强度的大小，来反映光激发过程的单态氧量子产率；初步掌握化学发光分析仪器的使用，理解酞菁配合物中心离子为顺磁性或反磁性离子时的作用。

(2) 考察影响 MCLA 化学发光的因素，包括光源的选择（单波长激光光源、红外灯、日光灯或其它），光照时间，化学发光试剂 MCLA 的用量，溶剂的选择（如水、DMF、乙醇、正己烷），溶液 pH，助剂（如表面活性剂）的选择等；由此建立 MCLA 化学发光的最优条件。在最优条件下，$^1O_2$ 的检测限最低。考察影响因素时，采用单因素条件实验，参考方案如下。

① 溶剂组成对发光的影响。MCLA 的相对化学发光强度与溶剂关系密切。如考察 DMF 和 H_2O 两种溶剂的体积比，可设总体积为 2mL，改变体积比分别从 9∶1、8∶2、7∶3 到 3∶7、2∶8、1∶9，加入 MCLA($1.0\times10^{-9}mol\cdot L^{-1}$)，红外灯光照 20s 后，放置在微弱发光仪中测量其发光信号。

② 溶剂 pH 值对发光的影响。采用宽 pH 范围的硼酸-磷酸二氢钾-柠檬酸-巴比妥-氢氧化钠的缓冲体系进行实验。测量不同 pH＝6～10 下，MCLA 的相对化学发光强度。

③ 光照时间的影响。其它条件不变，只改变光照的时间，放入仪器中测量其发光信号。考察最优化的光照时间。

(3) 实际应用。测试在生理盐水条件下酞菁的单态氧量子产率，模拟酞菁光敏剂（$ZnPcS_4$）的实际光动力活性。通过吸收光谱的测量，考察单体与聚集体的可见吸收光谱特征以及溶剂组成对其聚集平衡的影响。通过抗氧化剂对活性氧的淬灭能力的比较，来考察抗氧化剂维生素 C 的抗氧化能力。

五、数据记录与处理

定量分析时，取一定时间内的化学发光曲线的积分值代表相对发光强度，数据的处理采用 Origin 软件进行。

因为本实验是在停止光照时间后测量发光信号，测量的是发光的衰减信号，因此采用软件进行数据拟合。在数据处理软件中，Origin 提供了多种非线性曲线拟合方式：在 Analysis 菜单中提供了如下拟合函数：多项式拟合、指数衰减拟合、指数增长拟合、S 形拟合、Gaussian 拟合、Lorentzian 拟合等。试验结果表明，化学发光强度随着时间的增加呈现出非常明显的指数衰减规律。本实验取单指数衰减函数进行非线性拟合。参考实验结果如图 12-10(a) 所示。

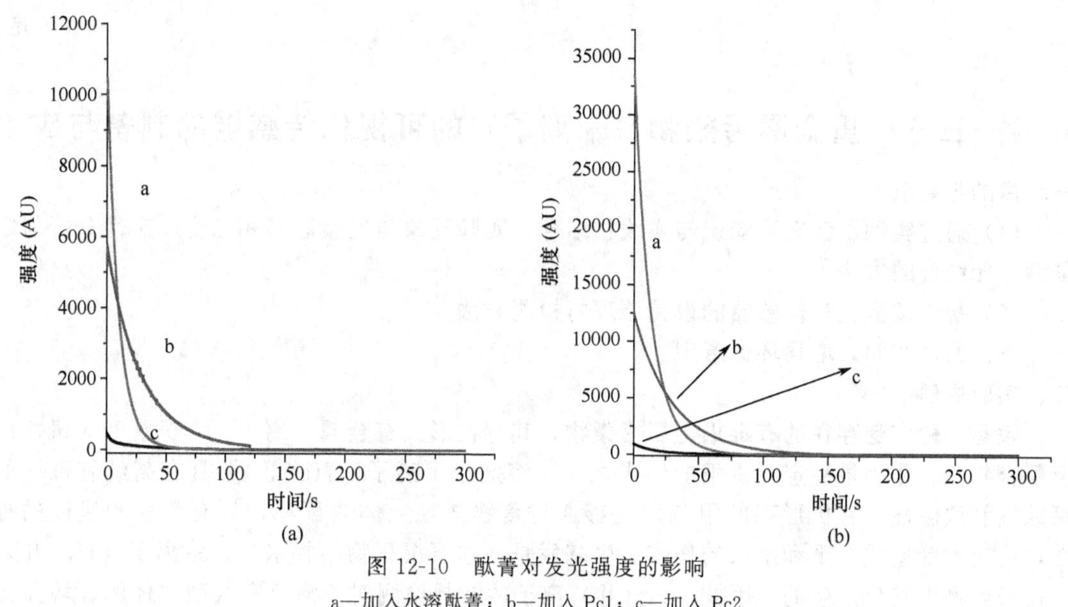

图 12-10　酞菁对发光强度的影响

a—加入水溶酞菁；b—加入 Pc1；c—加入 Pc2

图 12-10(b) 为拟合后的延长曲线，拟合方程分别列于下表。

样　品	拟 合 方 程	确定系数(R^2)
MCLA	$y=48.98+341.6\exp[-(x-15.64)/16.34]$	0.9922
MCLA+Pc1	$y=11048\exp[-(x-15.02)/13.54]$	0.9999
MCLA+Pc2	$y=7558\exp[-(x-15.02)/29.83]$	0.9999

由图 12-10 可以看出，当加入四磺酸钾基酞菁锌（Pc1），MCLA 的光致化学发光强度增加明显，因此 MCLA 发光体系可以用于单态氧产率的测量。

六、结果讨论

(1) 四磺酸钾基酞菁锌的作用。

(2) 酞菁聚集态对单态氧产率的影响。

(3) 维生素 C 对单态氧的清除作用。

七、问题与思考

(1) 化学发光影响因素多，优化条件的实验工作量大，主要凭借经验，如何采用正交实验方法来提高实验效率？

（2）酞菁的结构与其光致产生活性氧能力的相关性是什么？

（3）单态氧产率主要的影响因素，光敏剂体外模拟环境下测出的单态氧产率与实际生物体内在线测量可能有什么差异？

八、参考文献

［1］ 陈国南，张帆．化学发光与生物发光理论及应用．福州：福建科学技术出版社，1998.

［2］ 林金明．化学发光基础理论与应用．北京：化学工业出版社，2004.

［3］ 王涓，邢达．MCLA 为化学发光探针测定氧化低密度脂蛋白中维生素 C 诱导的单线态氧产生．生物化学与生物物理学报，2002，34（1）：11-15.

［4］ Wang Jian，Jiang Zhou，Huang Liyan，et al. Investigation on the antioxidation of the flavonoids based on the photoinduced chemiluminescence of lucigenin by a new Zinc（Ⅱ）phthalocyanine compound. Free Radical Research，2008，42（2）：172-179.

（王建）

实验一三一　重金属污染物（汞离子）的可视化传感器的制备与应用

一、目的与要求

（1）通过实例了解理论知识与实践相结合，实验现象与实验原理相结合，定性分析与定量测定相结合的方法。

（2）初步掌握化学传感器的设计原理与检测方法。

（3）通过实验，增强环保意识。

二、实验原理

汞是一种广泛存在的有毒重金属污染物，其存在形式有金属、离子、有机盐和无机盐以及配合物等。作为最稳定无机汞的形式之一，溶剂化汞离子［Hg(Ⅱ)］具有高细胞毒性的腐蚀性和致癌性。有机形态的甲基汞能够通过食物链在人体内累积，具有急性和慢性的毒性，可对大脑造成严重和永久的伤害。甲基汞是在水下沉积物中将水溶性汞离子［Hg(Ⅱ)］通过微生物甲基化产生的。因此，Hg(Ⅱ）离子的常规检测对于河流和大型水体的环境监测以及评价水生食物链至关重要。美国环保局（EPA）规定饮用水中汞的污染要限制在 $10nmol \cdot L^{-1}$ 以下。虽然许多技术如原子吸收/发射光谱、诱导耦合等离子质谱（ICP-MS）以及冷蒸气原子荧光光谱已经广泛应用于环境样品中 Hg(Ⅱ）离子的测定，但需要昂贵和复杂的仪器、复杂的样品处理过程，使得它们不适合现场 Hg(Ⅱ）离子的分析检测。目前，已经开发了许多用于测定 Hg(Ⅱ）离子基于荧光和吸收原理的替代方法，包括有机荧光团或生色团、半导体纳米晶、循环伏安、聚合物材料、蛋白质等。比色法尤其具有吸引力，因为它们在使用时可以通过裸眼读出信号而不需要电子装置。

寡核苷酸与金属离子的高特异性相互作用，使得寡核苷酸成为检测样品混合物中特殊成分的有力工具。已有文献［1～3］报道，Hg(Ⅱ）离子能够选择性结合在两个 DNA 胸腺嘧啶碱基（T）之间，促使这些 T-T 错配碱基对形成稳定的［T-Hg(Ⅱ)-T］碱基对。近几年来，这个性质已经被应用于水溶液中 Hg(Ⅱ）离子传感器的设计中。这个方法的选择性通过胸腺嘧啶碱基对 Hg(Ⅱ）离子选择性结合能力来实现，而方法的有效性则强烈依赖于将 Hg(Ⅱ）离子的结合事件转化成可检测信号的能力。

纳米材料因其具有体积效应、量子效应等特性而日益受到人们的关注，在生物、化学、免疫学等领域具有广泛的应用前景。金纳米（Au NPs）具有高的摩尔吸光系数（比有机染料分子高 3～5 个数量级），极低浓度的纳米金（$10^{-9}mol \cdot L^{-1}$）即可以用肉眼直接观察。

纳米金溶液的颜色受纳米金颗粒聚集程度的强烈影响，直径为 13nm 的纳米金溶液在带负电的柠檬酸阴离子保护下是稳定的，不发生聚集。以单个颗粒存在的纳米金表面等离子共振吸收峰在 520nm，溶液呈现红色。当浓度足够高的盐存在时，能够屏蔽由阴离子修饰的金纳米颗粒之间的静电排斥力，纳米金颗粒立即聚集，溶液没有特征吸收峰，呈现纳米金聚集体表面等离子体共振的特征颜色，即蓝灰色。

单链 DNA 和双链 DNA 具有不同的静电性质。单链 DNA 能够展开，充分暴露碱基，而双链 DNA 具有稳定的双螺旋结构，通常展现负电荷的磷酸骨架。金纳米颗粒在溶液中通过吸附负离子（如柠檬酸）产生排斥力，阻止了纳米颗粒之间强烈的范德华吸引力所产生的聚集行为而稳定存在。当纳米颗粒溶液中加入单链或双链 DNA 时，双链 DNA 磷酸骨架上的负电荷与纳米颗粒上吸附的柠檬酸阴离子相互排斥是主要的静电作用，因此双链 DNA 不能吸附在纳米金颗粒上。由于单链 DNA 能够灵活地展开碱基，尽管它骨架上的负电荷与纳米金颗粒的距离较远，但仍可通过范德华吸引力使单链 DNA 吸附在纳米金颗粒上。吸附单链 DNA 能够稳定纳米金颗粒，抵抗通常在这一浓度盐存在下所产生的聚集行为。纳米颗粒的聚集行为将影响纳米金颗粒表面等离子体共振吸收，从而影响纳米金溶液的颜色。因此，可以利用单链 DNA 和双链 DNA 静电性质的差异来设计一些简单的比色法传感体系[4,5]。

本实验利用富含胸腺嘧啶碱基（T）的不需任何生色团或荧光团修饰的寡核苷酸片断作为 Hg(Ⅱ) 的探针，当 Hg(Ⅱ) 离子存在时，形成含有［T-Hg(Ⅱ)-T］碱基对结构的双链 DNA。利用单链 DNA 和双链 DNA 在一定浓度盐存在下对纳米金颗粒集聚程度的不同来检测 Hg(Ⅱ) 离子。实验检测原理见图 12-11。考察传感体系的响应时间、灵敏度、选择性等响应特性，可以通过肉眼观测溶液颜色的变化或通过溶液吸收光谱的变化来制作工作曲线，最后进行实际样品的测定。

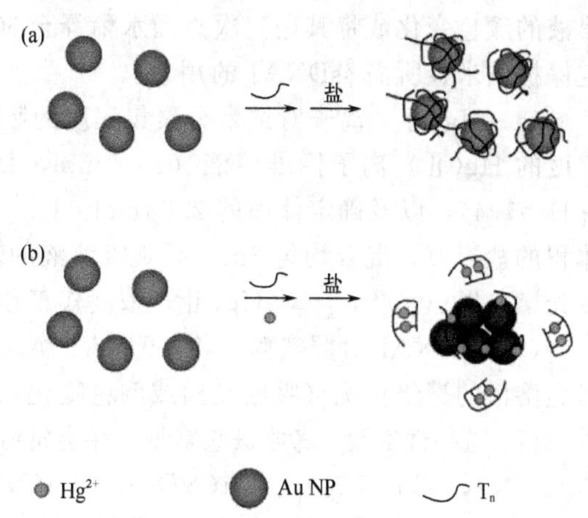

图 12-11　Hg(Ⅱ) 离子检测原理示意图

本实验将纳米材料和生物材料的最新研究成果应用于重金属污染物（汞离子）光化学传感器的设计、制备以及检测。污染物的浓度通过纳米金溶液的颜色变化进行表征，无需昂贵的光电转换装置和复杂的数据处理过程，可激发同学的实验热情。

三、仪器与药品

(1) 仪器　7mL 塑料试管，胶头滴管，烧杯，玻璃棒，分析天平，磁力加热搅拌器，100mL 二颈磨口圆底烧瓶（一个 24 口，一个 19 口），蛇行冷凝管（24 口），玻璃塞（19 口），磁力搅拌子，5mL 移液管，500μL 移液枪（及枪头），分光光度计（带温控装置），比色皿 1 对，擦镜纸，离心机，pH 计，0.2μm 水基滤膜，过滤头，10mL 注射器，紫外可见分光光度计；原子吸收分光光度计（带汞灯，氢化物发生器）。

(2) 药品　$HAuCl_4$，柠檬酸三钠，硝酸钠，浓盐酸，浓硝酸，$Hg(NO_3)_2 \cdot 2H_2O$，3-(*N*-吗啉基) 丙磺酸（Mops），NaOH，$Ca(NO_3)_2$，$Mg(NO_3)_2$，$Cd(NO_3)_2$，$Co(NO_3)_2$，$Cu(NO_3)_2$，$Fe(NO_3)_2$，$Mn(NO_3)_2$，$Ni(NO_3)_2$，$Pb(NO_3)_2$，$Zn(NO_3)_2$（以上均为分析纯）。

ssDNA1：5′-TTC TTT CTT CCC TTG TTT GTT-3′和 ssDNA2：5′-CCA ACC AAG

CCC CAG AAA GAA-3′（由上海生工生物工程有限公司合成）。

四、实验内容

（1）13nm 纳米金溶液的制备　纳米金溶液采用柠檬酸三钠还原 $HAuCl_4$ 的方法制备（浓度如何确定?）。

（2）DNA 溶液的配制　取 1 个 OD 的 DNA 样品，在离心机上用 $5000r \cdot min^{-1}$ 离心 5min，小心打开样品盖子，用二次蒸馏水溶解。先配制储备液（$10\mu mol \cdot L^{-1}$），使用时从储备液中逐级稀释。

（3）使纳米金溶液发生聚集时 $NaNO_3$ 浓度的确定　移取 $100\mu L$ 纳米金溶液，加入 $100\mu L$ $10mmol \cdot L^{-1}$ Mops 缓冲溶液（pH=7.4）和 $50\mu L$ 二次蒸馏水，混匀之后加入不同体积的 $0.25mol \cdot L^{-1}NaNO_3$ 溶液，放置 3min 后观察颜色变化或将其用二次蒸馏水稀释至 600mL，扫描 400～800nm 范围的吸收光谱以确定纳米金溶液发生明显聚集时 $NaNO_3$ 的用量。

（4）保护纳米金抵抗盐聚集的 ssDNA1 含量的确定。移取 $100\mu L$ 纳米金溶液，加入 $100\mu L$ $10mmol \cdot L^{-1}$ Mops 缓冲溶液（pH=7.4）和 $50\mu L$ 二次蒸馏水，然后加入不同体积的 $2.0\mu mol \cdot L^{-1}$ 的 ssDNA1 溶液，放置 10min。加入已确定体积的盐溶液，3min 后观察溶液的颜色变化或将其用二次蒸馏水稀释至 600mL，扫描 400～800nm 范围的吸收光谱以确定保护纳米金所需 ssDNA1 的用量。

（5）Hg(Ⅱ) 离子对纳米金聚集程度的影响。移取 $100\mu L$ 纳米金溶液，加入 $50\mu L$ 不同浓度的 Hg(Ⅱ) 离子标准溶液（$10^{-5}mol \cdot L^{-1}$）和 $100\mu L$ $10mmol \cdot L^{-1}$ Mops 缓冲溶液（pH=7.4），以及确定体积的 $2.0\mu mol \cdot L^{-1}$ 的 ssDNA1 溶液，放置 10min。最后加入确定体积的盐溶液，混合均匀 3min 后观察溶液的颜色变化或扫描溶液在 400～800nm 范围的吸收光谱。以 A_{650}/A_{520} 对 Hg(Ⅱ) 浓度作工作曲线，确定线性响应范围。

（6）ssDNA2 对照实验　将 ssDNA1 换成 ssDNA2，考察不同浓度的 Hg(Ⅱ) 离子对纳米金溶液的聚集情况（吸收光谱或颜色变化）。

（7）选择性实验　考察其它常见共存金属离子（$10^{-3}mol \cdot L^{-1}$）如 $Ca(NO_3)_2$、$Mg(NO_3)_2$、$Cd(NO_3)_2$、$Co(NO_3)_2$、$Cu(NO_3)_2$、$Fe(NO_3)_2$、$Mn(NO_3)_2$、$Ni(NO_3)_2$、$Pb(NO_3)_2$、$Zn(NO_3)_2$ 等对纳米金溶液的聚集情况（吸收光谱或颜色变化）。

（8）池塘水样和电池样品分析　取校园池塘水样，经 $0.2\mu m$ 滤膜过滤，采用本实验的方法直接测定或标准加入法测定。

纽扣型碱性锰电池的样品经体积比为 2∶1 的浓盐酸和浓硝酸的混合液消化 18h，处理后的样品溶液用 $0.5mol \cdot L^{-1}NaOH$ 溶液中和，用 $0.2\mu m$ 滤膜过滤。把样品溶液进行适度的稀释，采用标准加入法测定样品中 Hg(Ⅱ) 离子含量。

实际样品可以采用原子吸收光谱进行对照测试。

五、注意事项

（1）制备纳米金的玻璃容器须先用王水浸泡后洗净。**王水具有强腐蚀性和氧化性，操作时一定要小心并戴橡胶手套!**

（2）合成纳米金时加柠檬酸三钠应迅速。

（3）观察纳米金颜色变化，要注意试剂加入顺序和反应时间。

六、问题与讨论

（1）讨论 $NaNO_3$ 浓度、DNA 浓度及 DNA 中的碱基对纳米金溶液聚集程度的影响。实验操作顺序对实验结果是否有影响?

(2) 讨论传感体系的灵敏度，如何进一步提高检测 Hg(Ⅱ) 离子的灵敏度？

(3) 讨论传感体系的选择性，如何提高本实验对汞离子检测的选择性？其它阴离子如 Cl^-、SO_4^{2-}、PO_4^{3-} 等对实验结果是否有影响？

(4) 化学传感器还有哪些考察指标？

(5) 与原子吸收或原子发射光谱法进行对比，分析该方法与原子吸收或原子发射光谱法测定结果之间是否存在显著性差异。

七、参考文献

[1] Huang Chih-Ching, Chang Huan-Tsung. Selective Gold-Nanoparticle-Based "Turn-On" Fluorescent Sensors for Detection of Mercury(Ⅱ) in Aqueous Solution. Anal Chem，2006，78：8332-8338.

[2] Li Di，Wieckowska Agnieszka，Willner Itamar. Optical Analysis of Hg^{2+} Ions by Oligonucleotide-Gold-Nanoparticle Hybrids and DNA-BasedMachines. Angew. Chem Int Ed，2008，47：3927-3931.

[3] Liu Chi-Wei，Hsieh Yi-Ting，Huang Chih-Ching，et al. Detection of mercury(Ⅱ) based on Hg^{2+}-DNA complexes inducing the aggregation of gold nanoparticles. Chem Commun，2008，2242-2244.

[4] Li Huixiang，Rothberg Lewis J. Label-Free Colorimetric Detection of Specific Sequences in Genomic DNA Amplified by the Polymerase Chain Reaction. J Am Chem Soc，2004，126：10958-10961.

[5] Li Huixiang，Rothberg Lewis. Colorimetric detection of DNA sequences based on electrostatic interactions with unmodified gold nanoparticles. PNAS，2004，101 (39)：14036-14039.

(郭良洽)

实验一三二　毛细管电泳安培检测法分离测定多巴胺和儿茶酚

一、目的与要求

(1) 了解和掌握毛细管电泳的基本原理和仪器构造。

(2) 掌握酸度计的使用、缓冲溶液以及样品的配制。

(3) 掌握样品分离检测的优化步骤和工作曲线的建立方法。

二、实验原理

1. 研究背景与意义

毛细管电泳 (capillary electrophoresis，CE)，又称高效毛细管电泳 (high-performance capillary electrophoresis，HPCE) 是近二十年来发展和成熟得最快的新兴分析化学研究领域之一。最早提出毛细管电泳构想的是瑞典科学家 Hjerten[1]，他于 1967 年的一篇论文中最先提出了一种以内壁有甲基纤维涂层，内径为 3mm 的石英玻璃管为分离通道的高电场分离方法，这就是毛细管电泳最初的雏形。1979 年 Mikkers 等[2] 用内径为 200μm 的 PTFE 管，以区带电泳模式分离了 16 种有机酸，获得了小于 10μm 板高的电泳分离效率，为毛细管电泳研究做了开创性的工作，只可惜没有引起当时分离科学界的足够注意。1981 年，Jorgenson 等[3] 在 75μm 内径的毛细管内用高电压成功分离了多种丹酰化氨基酸并得到了前所未有的高达 400000/m 的理论塔板数。他们的理论工作进一步指出，在考虑分子扩散为区带增宽的唯一因素时，生物大分子的分离会在短时间内获得惊人的效率。正是他们出色的实验和理论工作轰动了分离科学界，这也成为了 CE 历史上划时代的里程碑。1983 年 Hjerten 等[4] 提出了毛细管凝胶电泳 (CGE)，1984 年 Terabe 等[5] 发展了毛细管胶束电动色谱 (MECC)，1985 年 Hjerten[6] 建立了毛细管等电聚焦 (CIEF)，多种分离模式的提出扩大了 CE 的应用范围。

CE 技术的蓬勃发展最主要的原因是，CE 自身具有无可比拟的优势以及学者们对 CE 研究的大力投入。和传统的液相色谱相比，CE 有如下优点：毛细管具有优良的散热性能，可以承受高达 500V/cm 以上的高压；分离检测时间短、分离效率高，通常 CE 完成一个检测过程只要十几分钟且可以得到高达每米几十万的理论塔板数；采样体积小，通常只有几纳升，在分析有毒样品时，对环境影响很小；CE 一般采用普通缓冲液作为运行液，极大节约了成本；分离检测模式多，目前有毛细管区带电泳（CZE）、毛细管胶束电动色谱（MECC）、毛细管凝胶电泳（CGE）、毛细管等电聚焦（CIEF）、毛细管电色谱（CEC）等，可以分析的对象极广；CE 可以方便制成自动化仪器，操作简单，毛细管的价格相对于色谱柱而言极其便宜；毛细管通常是由石英玻璃制成，可以经受强碱、强酸的清洗，在生物样品的测定中，有利于柱中样品杂质的清除。

作为分离的手段，毛细管只是样品分离的通道，因此在通道的末端还要结合不同的检测器才能对不同的样品进行检测。常见的检测器有紫外检测（UV）、质谱检测（MS）、安培检测（AD）、激光诱导荧光检测（LIF）等，其中安培检测具有仪器简单、体积小、价格低廉、灵敏度高、选择性好等特点，应用十分广泛。本实验主要采用毛细管电泳安培检测仪（CE-AD）对多巴胺和儿茶酚进行分离检测。

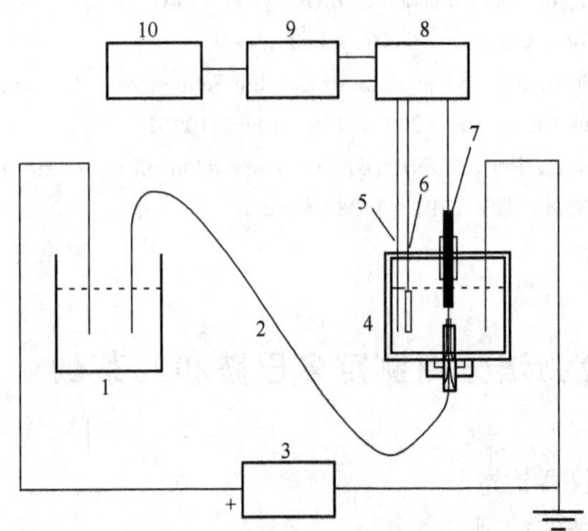

图 12-12　毛细管电泳安培检测仪结构示意图

1—缓冲液池；2—毛细管；3—高压；4—检测池；5—辅助电极；6—参比电极；7—工作电极；8—安培检测器；9—色谱工作站；10—计算机

2. 基本原理

（1）毛细管电泳安培检测仪的结构　毛细管电泳是离子或荷电粒子以电场为驱动力，在毛细管中按其淌度和分配系数不同进行高效、快速分离的一种电泳新技术。CE-AD 最常见的仪器基本结构如图 12-12 所示。

毛细管内充满缓冲溶液，在左端进样以后，将毛细管浸入缓冲液池，加上高压，这时样品和缓冲液就会在毛细管中进行流动，样品的流动速度不同，最后会流到毛细管的右端，喷出在检测用的工作电极上，安培检测器就会产生电信号，电信号经色谱工作站采集后反映在计算机上。不同的样品，具有不同的迁移时间，样品的浓度越高，在计算机上反映出来的电信号也越高，这是 CE-AD 法分离检测样品的定性和定量基础。安培检测器采用的是三电极系统，由工作电极、参比电极和辅助电极组成。

（2）电渗流的产生机制及其影响因素　在 HPLC 中推动液相流动的是泵，在 CE 中推动液相流动的则是电渗流。理解 CE 的分离机制，电渗流（EOF）是一把必不可少的钥匙。早在 1974 年 Pretorius 等人就证实，电渗流可以充作一个“泵”用于毛细管分离。根据近代双电层模型，双电层由吸附层（stern 层）和扩散层构成，其中 stern 层紧贴着毛细管的内壁，扩散层则紧贴着 stern 层。由于平常使用的毛细管多为石英（SiO_2）熔化拉制而成，因此毛细管内壁有许多 $Si—O^-$ 和 Si—OH 基团，如图 12-13 所示。

很明显，毛细管的内壁呈负电性，当溶液进入毛细管时，由于静电作用，在紧贴管壁的扩散层中，会出现密集堆积的水合阳离子层。因为毛细管为圆柱形，所以该层水合阳离子呈圆鞘形，如图 12-14 所示。当在毛细管两端加上几万伏高压时，毛细管壁上的阳离子层就会受到左端负高压的静电牵引作用而整体向左端移动。毛细管的内径很小（常用的管内径多在

2～100μm 之间），因此其柱内液体容积小，当扩散层的阳离子鞘向高压负极移动时，同时带动管内溶液向左端迁移，这就是电渗流的形成机理。

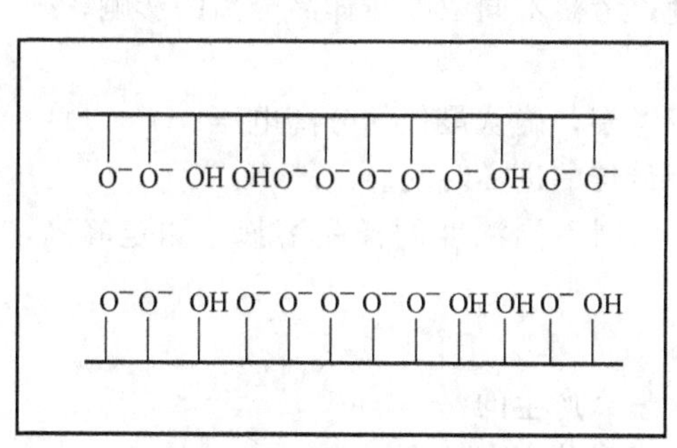

图 12-13　毛细管内壁图

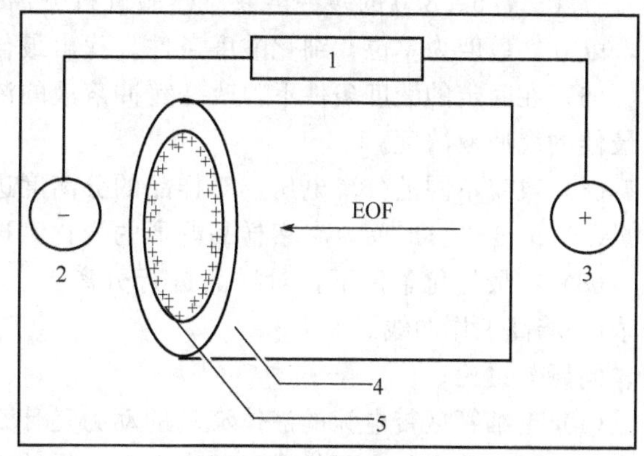

图 12-14　EOF 形成机理图

1—高压电源；2—高压负极；3—高压正极；4—毛细管；5—阳离子鞘

在管内的被分离物质除受到 EOF 的作用外，同时也在进行电泳。一般情况下，EOF 总是大于电泳的作用力 5～7 倍，所以在 CE 中正、负离子和中性分子一起朝高压负极方向作差速迁移。很明显阳离子的电泳方向和 EOF 方向一致，因此最先流出，中性分子随后，阴离子的电泳方向和 EOF 相反故最后流出。从上面的分析可以看出，阴离子在流出时被检测到的峰形往往较宽，在 CE 中通常采用样品的峰高作为定量的依据。

有效控制 EOF 对于改变分离度、提高重现性具有非常重要的意义，影响 EOF 的因素归纳起来主要有以下几点：①电场强度；②毛细管材料及其内壁的改性；③溶液 pH 值；④电解质溶液成分与浓度；⑤添加剂；⑥温度。其中 pH 值改变 EOF 的机理就是改变毛细管内壁的电负性。在高 pH 值下，毛细管的内表面随着 Si—OH 电离为 $Si—O^-$ 而呈较负的电性，因此在扩散层的阳离子鞘就会变厚，当加上高压以后，阳离子鞘对溶液的牵引作用会更强，也就是说 EOF 增大了。同理，在低 pH 值条件下，EOF 变小。当 pH 低于 4.0 时，由于管壁内硅羟基的饱和，EOF 趋近于零。在实验过程中，pH 值的些许提高往往能极大缩短样品的保留时间。

本实验采用毛细管区带电泳安培检测法对多巴胺与儿茶酚进行同时分离检测。在自组装仪器上，考察缓冲液酸度等对分离检测的影响，寻找最优化分离检测条件。在最优化的条件下，对两种样品进行分离和检测，最后建立两种样品的工作曲线。

三、仪器与药品

（1）仪器　自组装毛细管电泳安培检测仪，pHS-3C 酸度计，超声波清洗器，移液器。

（2）药品　多巴胺，儿茶酚，磷酸氢二钠，磷酸一氢钠，醋酸，醋酸钠，硼砂，二次蒸馏水[注释1]。

四、实验内容

（1）采用二次蒸馏水为模拟样品对仪器进行进样和分离操作，熟悉仪器。

（2）配制 $1\times10^{-2}mol\cdot L^{-1}$ 多巴胺和儿茶酚的标准溶液，作为母液保存在冰箱中，使用时用纯水或缓冲液稀释到所需的浓度。

（3）采用磷酸、醋酸、硼砂等作为缓冲体系对样品进行分离，考察不同的缓冲液对样品分离的影响。

（4）练习酸度计的使用和缓冲溶液的配制。采用最合适的缓冲液，配制 pH 为 6.0、6.5、7.0、7.5、8.0 的缓冲溶液对样品进行分离，找出较好的酸度条件。在这个酸度基础上，以 0.2 酸度为单位，细化酸度条件，找出最佳的酸度。

（5）在固定的酸度条件下，改变缓冲溶液的浓度，考察不同浓度对样品分离的影响，确认最佳的缓冲液浓度。

（6）改变不同的分离电压，对样品的分离度进行考察，确认最佳的分离电压。

（7）改变进样时间，考察样品峰形的变化，选择最佳的进样时间。

（8）在最优化条件下，对样品进行分离[注释2]。配制不同浓度的样品溶液，测定峰高，作浓度-峰高工作曲线。

五、问题与讨论

（1）毛细管区带电泳的液体流动的动力是什么？怎么产生的？

（2）样品分离的主要优化步骤有哪些？缓冲液酸度对分离有什么影响？

（3）工作曲线的用途是什么？

六、注释

[1] 所有溶液进入毛细管之前，均先用 0.22μm 的滤膜过滤，以去除大颗粒物质，然后再放入超声波清洗器振荡 5min，以破除溶液中的细小气泡。

[2] 在分离条件优化过程中，主要通过理论塔板数和样品分离度确认分离的效果。

理论塔板数公式：

$$n=5.54\left(\frac{V_R}{W_{h/2}}\right)^2=5.54\left(\frac{t_R}{W_{h/2}}\right)^2=5.54\left(\frac{d_R}{W_{h/2}}\right)^2$$

分离度公式：

$$R_s=\frac{2(t_{R_2}-t_{R_1})}{W_1+W_2}$$

七、参考文献

[1] Hjerten S. Free zone electrophoresis. Chromatogr Rev，1967，9（2），122-219.

[2] Mikkers F E P，Everaerts F M，Verheggen Th P E M. High-performance zone electrophoresis. J Chromatogr A，1979，169：11-20.

[3] Jorgenson J W，Lukacs K D. Zone electrophoresis in open-tubular glass capillaries. Anal Chem，1981，53：1298-1302.

[4] Hjerten S. High-performance electrophoresis：the electrophoretic counterpart of high- performance liquid chromatography. J Chromatogr A，1983，270：1-6.

[5] Terabe S，Otsuka K，IchikawaK，et al. Electrokinetic separations with micellar solutions and open-tubular capillaries. Anal Chem，1984，56：111-113.

[6] Hjerten S. High-performance electrophoresis：Elimination of electroendosmosis and solute adsorption. J Chromatogr A，1985，347：191-198.

（王伟）

实验一三三　金属有机化合物的制备与应用——格氏试剂用于染料合成

一、目的与要求

（1）了解 Grignard 试剂的制备、应用和进行 Grignard 反应的条件。

（2）初步掌握在氮气保护、无水无氧反应条件下进行金属有机实验操作的技术。

二、实验原理

金属有机化合物，一般是指含有金属-碳键（M—C）的化合物，比如二茂铁等[1]。金属有机化合物的发现和应用极大地推动了有机化学的发展，特别是用作反应试剂或催化剂在有机合成化学上取得了巨大的成就[2]。

格氏（Grignard）试剂（RMgX）是其中最重要的化合物之一，由卤代烷和金属镁在无水乙醚中反应制得。格式试剂中的 Mg—C 的两个元素的电负性不同，碳上带有部分负电荷，镁上带有部分正电荷，因此带部分负电荷的碳具有显著的亲核性质，可与正离子或某些分子中具有正电荷的部分发生，因而格式试剂在有机合成中运用非常广泛，特别是对羰基的亲核加成形成新的 C—C 键。

如图 12-15 所示，本实验首先合成格氏试剂 4-*N*,*N*-二甲基苯氨基溴化镁（由 4-溴-*N*,*N*-二甲基苯胺与 Mg 制得），再用其与碳酸二乙酯或苯甲酸甲酯反应制备颜色非常鲜艳的水晶紫罗兰或孔雀绿染料[3]。实验的结果由最终合成的染料在浅色布条上进行染色检测。

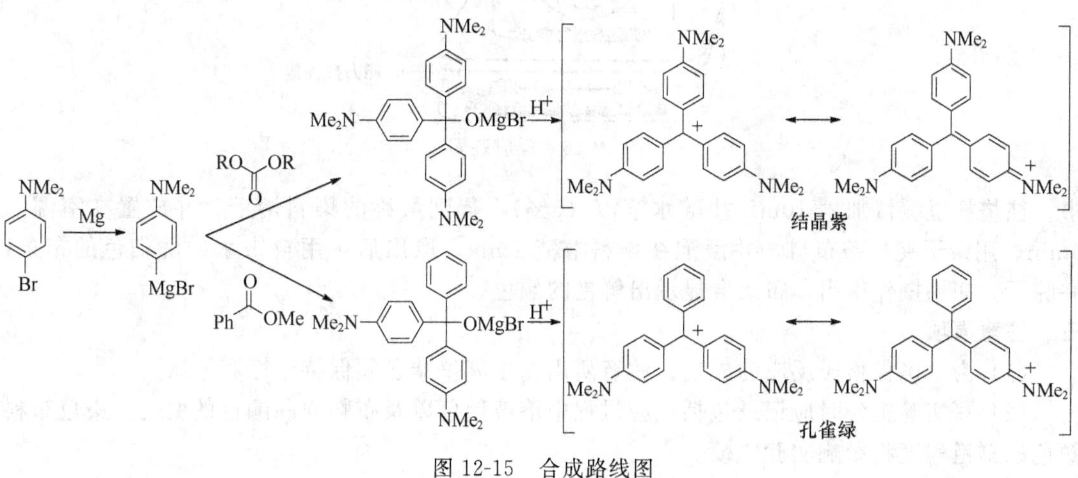

图 12-15　合成路线图

三、仪器与药品

(1) 仪器　磁力搅拌器，三口瓶（250mL），恒压滴液漏斗，冷凝管。

(2) 药品　0.5g 4-溴-*N*,*N*-二甲基苯胺，0.08g 镁屑，50mL 无水四氢呋喃，碘（催化剂，约 1～2 粒），0.59g 碳酸二乙酯或 0.85g 苯甲酸甲酯。

四、实验内容

在 250mL 三口瓶上分别装恒压滴液漏斗、冷凝管和玻璃塞，在冷凝管上口装一个双小嘴接口，并用橡胶管连接氮气和鼓泡器（如图 12-16 所示）。三口瓶内放入 0.08g 镁屑、40mL 无水四氢呋喃及一粒碘。在恒压滴液漏斗中加入 0.5g 4-溴-*N*,*N*-二甲基苯胺和 10mL 无水四氢呋喃并使之混合均匀。先向三口瓶中滴入约 10mL 混合液，数分钟后溶液呈微沸状态，碘的颜色消失，若不发生反应，可用油浴温热。开始搅拌，反应比较剧烈，待反应稍缓和后，再缓慢滴入 4-溴-*N*,*N*-二甲基苯胺和无水四氢呋喃混合溶液。控制滴加速度，维持反应液呈微沸状态。加毕，用油浴回流 30min，使镁屑几乎作用完全，形成浑浊的格氏试剂。移去油浴锅，反应体系在冷水下冷却至室温。

在室温下，将上面制好的格氏试剂在不断搅拌下，自恒压滴液漏斗滴入 0.59g 碳酸二乙酯或者 0.85g 苯甲酸甲酯和 10mL 无水四氢呋喃的混合液。控制滴加速度维持反应微沸状态。加毕，用油浴回流 5min，移去油浴锅，将溶液冷却至室温，并倒入一个 400mL 的烧杯

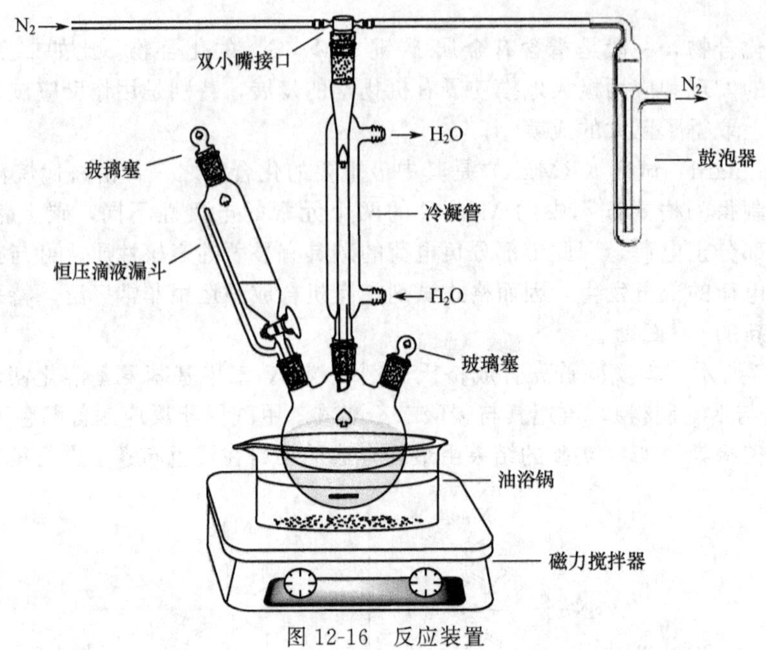

图 12-16　反应装置

中。往烧杯里缓慢加入 10mL 盐酸水溶液（5%），得到最终的染料溶液，并放置在室温下 5min。用镊子夹一条布料，并浸泡在染料溶液 1min，取出后，用自来水冲洗染色的布条，并晾干。如果操作得当，布条会显示出鲜艳的颜色。

五、注意事项

（1）为了确保格氏反应的成功，注意所用的玻璃仪器必须保持干净和干燥。

（2）写实验报告时应记录包括反应过程中溶液颜色以及布料样品颜色的变化。染色布料颜色的鲜艳程度将影响实验成绩。

（3）所用的玻璃仪器在烘箱干燥后取出，稍冷后应尽快组装并进行实验，以防在冷却过程中玻璃吸附空气中的水分。

（4）由于合成出的染料染色能力强，所以尽量用穿旧的衣服来做实验，避免被染上颜色。合成的染料作为一种普通的化学药品，应避免与皮肤接触。

（5）剩余的染料产物必须倒入废液桶里。

六、问题与讨论

（1）讨论本实验制备染料的原理。

（2）通过哪些方案可以提高染料合成的产率？

（3）Grignard 试剂能与空气中的 H_2O、O_2 和 CO_2 反应，讨论反应后可能得到哪些副产物？

（4）为什么可以用碘粒来加速 Grignard 试剂的引发反应？

七、参考文献

［1］ Crabtree R H. The Organometallic Chemistry of the Transition Metals. 3rd Edition. New York: John Wiley & Sons，2001.

［2］ Hartwig J F. Organotransition Metal Chemistry From Bonding to Catalysis. University Science Books，ISBN 978-1-891389-53-5，2010.

［3］ Taber D F，Meagley R P. Supplee D. Preparation of the triarylmethane dyes from 4-bromo-*N*,*N*-dimethylaniline. D J Chem Educ，1996，73：259.

（翁志强）

实验一三四　天然产物的合成与结构鉴定——蟑螂信息素的制备

一、目的与要求

（1）了解天然产物合成方法。

（2）学习发生亲核酰基化、氧化反应的原理。

（3）熟练掌握旋转蒸发仪的使用。运用薄层色谱（TLC）观察有机反应进展情况，利用柱色谱（FC）对粗产物进行分离纯化以及^{1}H NMR 进行产物表征等基本操作。

二、实验原理

天然产物是指从自然界存在的生物体内分离、提取得到的有机化合物[1]。它们是在动、植物体内，通过光合作用或生化作用形成的。例如，淀粉、葡萄糖来自植物的果实和根块，冰片、蛇胆、薄荷脑等是由相应生物体里提取出来的，姜黄素、胭脂红、苏木色素等分别从姜汁、胭脂虫和苏木中提取。

天然产物的合成是天然产物化学的重要组成部分。伴随着有机合成新方法的发现，天然产物合成学科蓬勃发展，一些结构已知、特别而有实用价值的天然产物得以成功合成，甚至从结构改造出发合成了有用的代用品。例如，蟑螂信息素就是一类天然的生物性信息素，由雌蟑螂分泌产生，用于引诱雄蟑螂进行交配。

蟑螂信息素最早是由美国康奈尔大学的 Roelofs 课题组[2] 在 2005 年首次分离得到的，他们通过对 15000 只雌性蟑螂的提取，才得到足够的提取物用于对其进行结构表征，并命名为蜚蠊对醌（blattellaquinone），其分子结构式如图 12-17 所示。

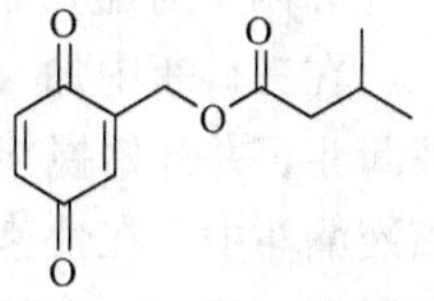

图 12-17　蜚蠊对醌结构式

由于这是一种新的化合物，其分子结构需要通过化学合成来证明。通过本实验的方法合成出来的蜚蠊对醌产物的核磁共振谱图和从蟑螂体内提取的天然信息素的谱图是一致的。另外，合成出来的产物与天然提取物的生物活性也是一样的。

本实验通过两个步骤合成蟑螂信息素（见图 12-18）。首先，对二甲氧基苯甲醇与异戊酰氯发生亲核酰基化反应得到 2,5-二甲氧基-3-甲基丁酸苄基酯，然后再经过氧化反应得到最终对醌产物。

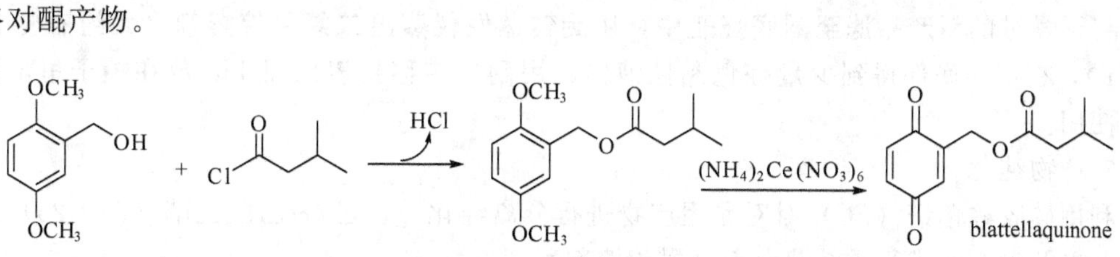

OCH_3　OH　+　Cl　HCl　OCH_3　O　$(NH_4)_2Ce(NO_3)_6$　O　O　blattellaquinone

图 12-18　蟑螂信息素合成步骤

三、仪器与药品

（1）仪器　UV 紫外线灯（用于观察 TLC 薄层板显色），旋转蒸发仪，熔点测定仪，红外光谱仪，核磁共振^{1}H NMR（如果条件允许）。

（2）药品　2,5-二甲氧基苯甲醇（1.68g，10mmol），异戊酰氯（1.57g，13mmol），硝酸铈铵（16.4g，30mmol），二氯甲烷（AR），三乙胺（1.11g，11mmol），正己烷-乙酸乙酯（50∶50，25∶75），乙腈，去离子水，碳酸氢钠（饱和水溶液），氯化铵（10%水溶液），氯化钠（饱和水溶液），氯化钠固体（约 20g），硫酸钠（干燥剂），硅胶 60GF_{254}（约 200g）。

四、实验内容

1. 制备 2,5-二甲氧基-3-甲基丁酸苄基酯在250mL三口瓶中加入1.68g 2,5-二甲氧基苯甲醇、40mL二氯甲烷，在室温下开始搅拌，接着往瓶内加入1.11g三乙胺，并确认瓶内的固体全部溶解。

在三口瓶上装上恒压滴液漏斗，在恒压滴液漏斗中加入1.57g异戊酰氯和6mL二氯甲烷并使之混合均匀。向三口瓶中滴入混合液（滴加过程大约需要10～20min）。在滴完后，向恒压滴液漏斗再加入4mL二氯甲烷洗涤玻璃壁，以便确认所有的反应物滴入瓶内。反应混合物在室温下继续搅拌，用薄层板（TLC）在间隔10min的时间下观测反应的进展情况（以正己烷-乙酸乙酯50∶50为展开剂，在UV灯下显色），直到反应结束为止。反应过程大约需要45min，在停止反应前应与指导教师确认。

将粗产物小心地移至分液漏斗中，依次用10mL碳酸氢钠饱和水溶液洗涤1次、10mL氯化铵10%水溶液洗涤2次，10mL氯化钠饱和水溶液洗涤1次。之后，分出有机层，用无水硫酸钠干燥。

将干燥过的粗产品滤至圆底烧瓶中，用旋转蒸发仪蒸出二氯甲烷溶剂（大约需要15min），测定其红外光谱，观察特征官能团。

粗产物直接用于下一步反应。

2.制备对醌产物[3]

在三口瓶中加入上面制得的粗产物，和40mL乙腈-水（50∶50）。在三口瓶上装上恒压滴液漏斗，并开始搅拌。用烧杯称取16.4g的硝酸铈铵，溶解于20mL的水中，把溶液加入恒压滴液漏斗中。在快速搅拌下，往三口瓶中缓慢滴入硝酸铈铵水溶液，大约需要10～15min。用薄层板（TLC）在间隔15min的时间下观测反应的进展情况［以正己烷-乙酸乙酯（25∶75）为展开剂，在UV灯下显色］。反应应该在1h内完成，在停止反应前应咨询一下指导老师。

反应停止后，过滤，除去任何可能的固体杂质。往滤液中加入固体氯化钠直至饱和。将溶液倒入分液漏斗中，分别用30mL的二氯甲烷萃取3次（注意：通常有机层在下层，但不一定都是这样。保留上、下层组分，以免判断错误而失去产物），合并3次二氯甲烷萃取液，依次用25mL碳酸氢钠饱和水溶液洗涤2次、25mL氯化钠饱和水溶液洗涤1次。分出有机层，用无水硫酸钠干燥。

将干燥过的粗产品滤至圆底烧瓶中，用旋转蒸发仪蒸出二氯甲烷溶剂（大约需要15～30min），在烧瓶底部得到少量棕色黏性液体，用刮勺转移到表面皿上，放在柜子里，留做下次使用。

3.产物纯化

利用硅胶柱色谱（FC）对对醌粗产物进行分离纯化［正己烷-乙酸乙酯（75∶25）为洗脱剂］以及对产物进行重结晶（石油醚为溶剂）。

计算产率。测定红外光谱，观察特征官能团。测定溶点。

五、问题与讨论

（1）合成酯类化合物的一种重要方法是通过酰氯与醇反应制得。图12-19给出的是一种酯化合物，请写出合成这种酯所需要的酰氯与醇的原料。另外，还需要加入其它何种化合物来促进反应的进行？

（2）如果用Fischer酯化的方法合成图12-19的酯化合物，请比较两种方法所用的反应物和反应条件的不同。

图12-19　酯化合物

（3）用图示表明制备2,5-二甲氧基-3-甲基丁酸苄基酯以及制备对醌产物的反应未进行完全和反应完全的薄层斑点示意图。

（4）在薄层色谱实验中，样品原点高度太低，则浸入到展开剂中会出现什么结果？

（5）运用薄层色谱观察反应进展情况以及利用柱色谱纯化产物应注意哪些事项？在通过利用柱色谱分离纯化产物前，有必要观察薄层色谱的斑点展开情况吗？为什么？

（6）图 12-20 和图 12-21 分别给出 2,5-二甲氧基-3-甲基丁酸苄基酯的粗产物与纯化产物的^{1}H NMR。假设粗产物是根据本实验的步骤合成出来的，那么根据粗产物的^{1}H NMR 谱图，讨论粗产物里含有哪些杂质？（两种原料异戊酰氯和 2,5-二甲氧基苯甲醇的^{1}H NMR 谱图见图 12-22 和图 12-23）

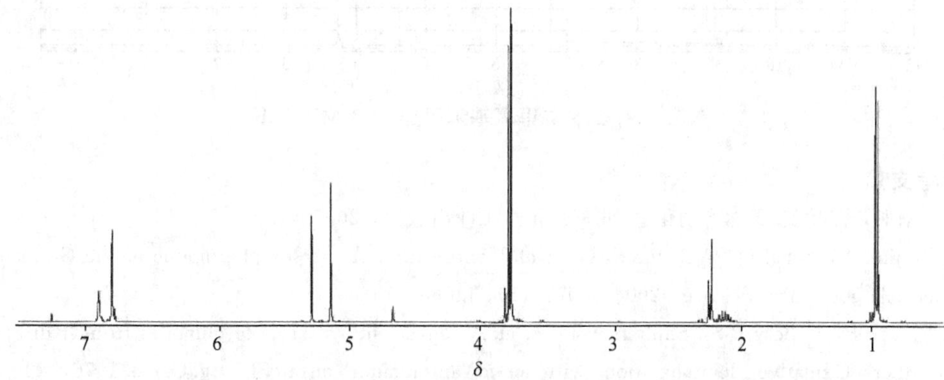

图 12-20　2,5-二甲氧基-3-甲基丁酸苄基酯的粗产物^{1}H NMR 谱图

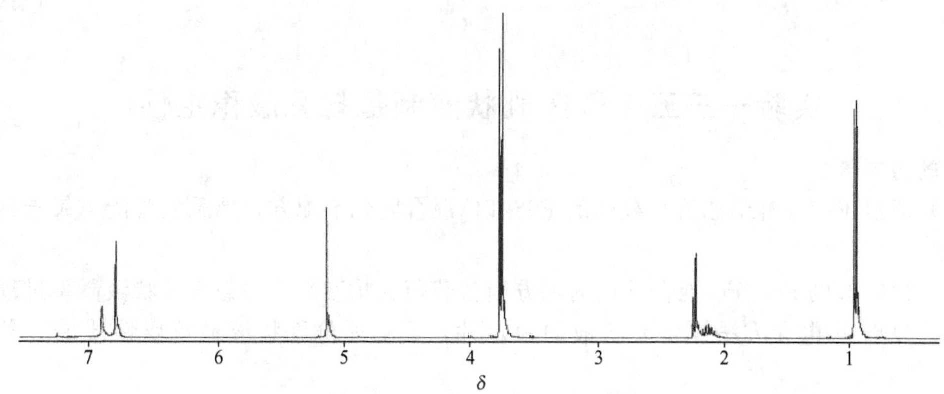

图 12-21　2,5-二甲氧基-3-甲基丁酸苄基酯的纯化产物^{1}H NMR 谱图

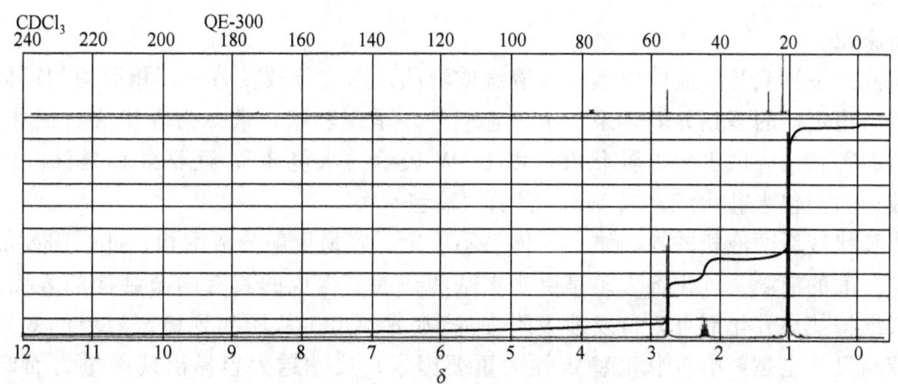

图 12-22　异戊酰氯^{1}H NMR 谱图

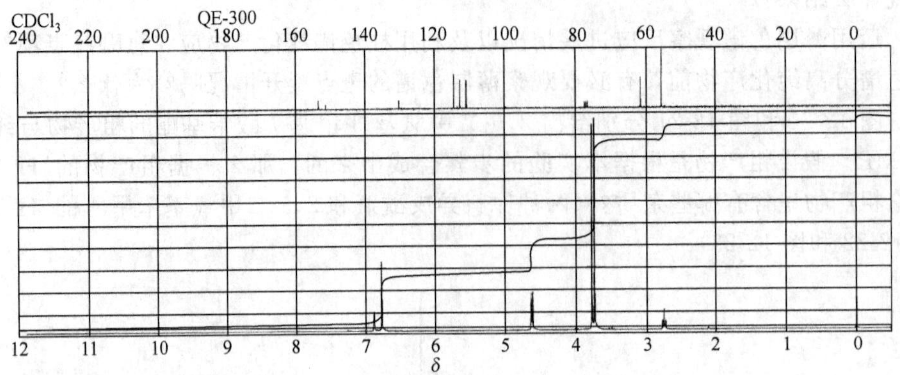

图 12-23　2,5-二甲氧基苯甲醇[1] H NMR 谱图

六、参考文献

［1］ 刘湘，汪秋安.天然产物化学.北京：化学工业出版社，2005.

［2］ Nojima S，Schal C，Webster F X，et al. Identification of the sex pheromone of the German cockroach，blattella germanica. Science，2005，307：1104-1106.

［3］ Jacob P，Callery P S，Shulgin A T，et al. A convenient synthesis of quinones from hydro-quinone dimethyl ethers. Oxidative demethylation with ceric ammonium nitrate. J. Org. Chem. 1976，41（22）：3627-3629.

（翁志强）

实验一三五　载药乳状液制备与乳液稳定性

一、目的与要求

(1) 通过正交设计筛选适合载药的 F68/PC 混合乳化剂配方，熟悉实验配方筛选的常用方法。

(2) 以筛选的 F68/PC 混合乳化剂配方制备载药乳状液，了解载药乳状液制备过程。

(3) 以离心-电导方法评价乳状液的稳定性，了解评价乳状液最重要性质的一种实验方法。

(4) 通过上述实验研究，认识和初步掌握载药乳状液的研制过程，锻炼作为药物制剂研究人员的基本技能。

二、实验原理

乳状液是一种或几种液体以微粒（液滴或液晶）形式分散在另一不相混溶的液体中构成的具有相当稳定性的多相分散体系，由于它们外观呈现乳状，常称为乳状液。把外相是水、内相为油的乳状液叫做水包油乳状液，以 O/W 表示“水包油”；而把外相是油、内相是水的乳状液称为油包水乳状液，以 W/O 表示“油包水”。

形成乳状液后两液相的界面增大，体系不稳定，容易重新分成两相，此时需要加入乳化剂以稳定分散的液滴。乳化剂大多是由亲水基和亲油基构成的具有两亲结构的表面活性剂，这种两亲结构使得乳化剂可以自发地吸附在油/水界面上，从而起到稳定液膜的效果。另一方面，液滴尺寸也是影响乳状液稳定性的重要因素，尺寸越大容易出现因重力而产生的沉降，因而制备尽可能小的液滴是提高乳状液稳定性的途径之一。

载药乳状液将药物制备成粒径约为几百纳米的分散体系，是一种具有广泛应用前景的新剂型。作为载药用的乳状液，所用材料必须是无毒的，用于静脉注射的乳状液还必须没有溶血性。Pluronic 三嵌段共聚物无毒、无刺激、无免疫性（nonimmunogenic），可溶于体液。亲水的 PEO 嵌段被证实能阻止血小板的聚集。相比较那些常用的非离子型药用乳化剂（如 Tween 系列、Span 系列），Pluronic 共聚物具有某些独特的优点，是一种新型的药用两亲分子，但目前研究还较少[1~5]。

卵磷脂也是一种天然乳化剂，没有毒副作用，生物降解率高，本身还是一种天然保健品，可对神经系统、心血管系统、免疫系统和贮存与输送脂类器官等产生调节和保护作用。

但是，单独使用卵磷脂稳定的药用乳状液其液滴较大，容易发生细胞吞噬现象且易被单核细胞细菌分解从而使液滴破裂，而且液滴的界面吸附膜不够稳定，易发生聚结，在包裹药物后稳定性下降，甚至导致相分离。

选择两种乳化剂的合理混合，可以利用不同分子体积和界面吸附性能的协同效应，使之发挥出更理想的界面稳定效果，是制备优良乳状液选择乳化剂的常用方法[3]。

以上简要介绍了乳状液（含药用乳状液）以及乳化剂的基本知识，更详尽的知识参见参考文献 [1，2]。

三、仪器与药品

(1) 仪器　高剪切乳化机（IKA T18，最大剪切速率 24000r·min^{-1}）；TGL-16C 型台式离心机（上海安亭科学仪器厂，最高转速 18000r·min^{-1}）；KQ3200DB 型数控超声清洗器（昆山市超声仪器有限公司）；DDS-307 电导率仪（上海雷磁仪器厂）；HS-4 型精密恒温浴槽（成都仪器厂）；恒温磁力搅拌器（中大仪器厂）；电子天平（上海分析仪器厂）。

自制单滴法实验装置如图 12-24 所示，内置 3mL 注射器（针头直径：0.7mm），外套恒温夹套。

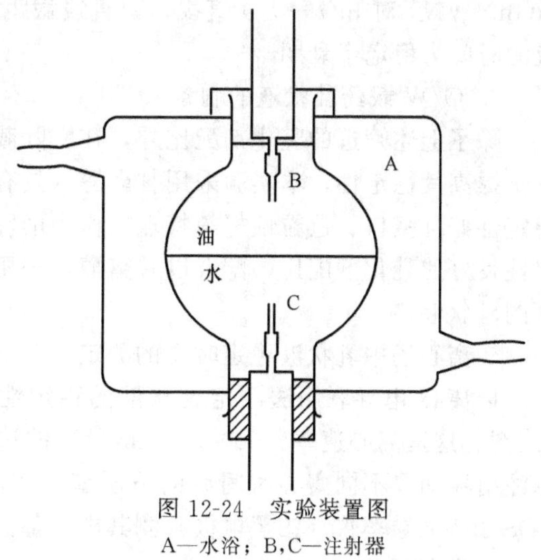

图 12-24　实验装置图

A—水浴；B,C—注射器

用注射器 C 注射一个液滴进入油水界面，液滴在界面经历了排液和破裂两个过程，这两个过程的快慢由界面吸附膜的稳定性决定，因而测定液滴在界面的稳定时间可以推测界面吸附膜的稳定性。由于油滴的大小会影响破裂时间，所以应尽量控制每个油滴的大小相同。连续测定 30 个油滴的破裂时间。所有实验在恒温 25℃时进行。

(2) 药品　肉豆蔻酸异丙酯（IPM），甘露醇，实验用水为 Milipore 超纯水（电阻值 18.2MΩ）。

Pluronic F68，分子式为 $(EO)_{76}(PO)_{29}(EO)_{76}$（PO∶EO 为 20∶80），相对分子质量 8350。大豆卵磷脂（PC），分子结构式如下：

$$
\begin{array}{l}
\qquad\qquad\qquad\qquad\quad \mathrm{CH_2O{-}\overset{\overset{\displaystyle O}{\|}}{C}{-}R^1} \\
\mathrm{R^2{-}\overset{\overset{\displaystyle O}{\|}}{C}{-}O{-}CH} \qquad\quad \mathrm{O^-} \\
\qquad\qquad\qquad\qquad\quad \mathrm{CH_2O{-}\underset{\underset{\displaystyle OH}{|}}{P}{-}OCH_2CH_2\overset{+}{N}(CH_3)_3}
\end{array}
$$

式中，R^1 和 R^2 为 C_{14}～C_{18} 的饱和或不饱和脂肪碳链。

四、实验步骤

1. 混合乳化剂配方的正交设计

以 PC 在 IPM 中的浓度和 Pluronic F68 水溶液的浓度为因素，设计 2 因素 3 水平的正交实验。选用 $L_9(3^3)$ 正交表可得 9 组处方实验。以单滴法考察并筛选最佳混合乳化剂配方。

2. 单滴法实验

在无乳化剂情况下，由于扩散作用，乳状液液滴很容易发生聚结。加入的乳化剂会自发吸附在液/液界面，形成一层界面吸附膜。此时，乳状液液滴若发生聚结要克服界面吸附膜的阻力，界面吸附膜越稳定，乳液的聚结就越慢，乳液越稳定。不同的乳化剂配方，所形成的界面吸附膜的稳定性不同，单滴法通过测定液/液界面吸附膜的稳定性来推测乳液聚结的快慢，从而预测乳状液稳定性。

单滴法研究装置详见“三、仪器＋药品”部分。在本实验中，下层是 28mL 含 Pluronic 嵌段共聚物的水溶液，上层是 3mL 油（IPM，考察混合乳化剂时，油中含有 PC）。用注射器 C 注射一个油滴进入油水界面，测定油滴从进入界面到破裂所经历的时间（定义为破裂时间 t_b）。连续测定 30 个液滴的 t_b，统计得到相应各 t 时刻未破裂的油滴个数 N，作 $\ln(\ln N_0/N)$ 对 $\ln(t-t_0)$ 直线，由直线截距可分别得 K，以及破裂一半液滴（$1/2N_0$）对应的时间为稳定半衰期$\tau_{1/2}$。

3. O/W 载药乳状液的制备

除了上述筛选的乳化剂配比外，在实际载药乳状液制备中通常还需要添加助乳化剂以进一步提高其稳定性，本实验采用甘露醇（具有无臭、无毒、味甜，无吸湿性、干燥快、化学稳定性好且爽口、造粒性好等特点）作为助乳化剂。根据单滴法的结果，选择界面吸附膜稳定性良好的乳化剂配比，配合以甘露醇，采用 3 因素 3 水平的正交设计制备如下供稳定性考察的乳状液。

4. 离心场中乳状液稳定时间的测定

以离心-电导联用法测定乳状液的稳定性。取 3mL 乳状液于离心管中，离心使之分层[注意：这里离心速率（$6000r \cdot min^{-1}$）的选择要合适，以保证良好的分层]。离心分层后用注射器抽取不同离心时间后的下层富水相液体 1.5mL 于试管中，25℃下恒温 5min 后用 DDS-307 电导率仪（铂黑电极）测其电导值。

五、注意事项

（1）正交设计及原理参考相关书籍。

（2）电导率测定仪器原理及操作方法参考相关书籍。

（3）关于乳状液以及乳化剂的基本知识参考相关书籍。

六、数据记录与处理

1. 单滴法数据处理

根据 Jeffreys 和 Hawksley 方法，N 随 t 的变化规律符合下式：

$$\ln(N/N_0) = -K(t-t_0)^n \tag{12-5}$$

或

$$\ln(\ln N_0/N) = \ln K + n\ln(t-t_0) \tag{12-6}$$

式中，N_0 是总液滴数目；t_0 相应于所考察液滴中最短的破裂时间。作 $\ln(\ln N_0/N)$ 对 $\ln(t-t_0)$ 直线，由直线斜率和截距可分别得 n 和 K。n 是影响聚结的常数，与体系的组成有关，常见

的 n 值约为 1.5。K 是聚结常数，K 越小，说明乳液聚结速率越小。破裂一半液滴（1/2 N_0）对应的时间为稳定半衰期$\tau_{1/2}$。由于乳化剂吸附在液/液界面形成了界面吸附膜，此时乳液液滴发生聚结要克服界面吸附膜的阻力，由此可见 K 越小或$\tau_{1/2}$越大，界面吸附膜越稳定。

2. 电导率法测定乳状液稳定性的数据处理[4]

在浓度很稀且粒径分布均一的微粒分散体系中，粒子间相互作用可忽略。倘若将微粒视为球形粒子，利用重力和扩散力之间的平衡，由 Stokes 方程可计算重力场下粒子的沉降/分层速率 v_g，

$$v_g = \frac{2}{9}\frac{(\rho_2 - \rho_1)}{\eta_c}gr^2 \tag{12-7}$$

式中，η_c 是连续相的黏度；r 是液滴的半径；g 为重力加速度；（ρ_2 -ρ_1）为油/水两相密度差。Rybczynski 和 Hadarmard 针对乳状液体系中液滴易变形的特点，提出修正的下式以计算液滴沉降/分层的速率：

$$v_g = \frac{2(\rho_2 - \rho_1)gr^2}{3\eta_c}\frac{\eta_c + \eta_0}{3\eta_c + 2\eta_0} \tag{12-8}$$

式中，η_0 是内相（分散相）的黏度。当乳状液中分散相浓度较大时，进一步得到

$$v_g = \frac{2(\rho_2 - \rho_1)gr^2}{3\eta_c}\frac{\eta_c + \eta_0}{3\eta_c + 2\eta_0}\left(1 - \frac{\phi}{\phi_p}\right)^{k\phi_p} \tag{12-9}$$

式中，ϕ 为分散相的体积分数；ϕ_p 是最大的分散相体积分数，即乳状液的黏度达到无穷大时，分散相的体积分数。将式(12-5) 用于离心场中，得

$$v_c = \frac{2(\rho_2 - \rho_1)\omega^2 Rr^2}{3\eta_c}\frac{\eta_c + \eta_0}{3\eta_c + 2\eta_0}\left(1 - \frac{\phi}{\phi_p}\right)^{k\phi_p} \tag{12-10}$$

式中，R 是离心半径；ω 是离心角速度。结合式(12-5) 和式(12-6)，有：

$$\frac{v_c}{v_g} = \frac{\omega^2 R}{g} \tag{12-11}$$

根据乳状液在离心场中和重力场中的沉降/分层速率比值，假设乳状液在离心场中稳定时间为 t_c，那么乳状液在重力场中的稳定时间 t_g 为：

$$t_g = t_c\frac{\omega^2 R}{g} \tag{12-12}$$

七、结果分析与讨论

（1）结合配方筛选讨论影响乳状液性质的因素以及最佳配方的合理性。

（2）讨论乳状液制备方法及注意事项。

（3）结合稳定性实验讨论评价方法的合理性。

（4）总结实验全过程及结果，认识优良乳状液筛选的通常方法。

八、问题与思考

（1）为什么乳状液常被用作药物载体？它适合载荷哪类的药物？

（2）为什么混合乳化剂对液膜的稳定效果要优于单一乳化剂？

（3）为什么说乳状液的稳定性是其重要特性之一？稳定的乳状液需要具备哪些条件？体会离心-电导联用评价乳状液稳定性的方法。

（4）为什么在采用了单滴法后，还要采用离心-电导联用法进一步评价乳状液的稳定性？

（5）体会本实验乳状液的制备方法，总结更好地制备乳状液需要注意的细节。

九、参考文献

［1］ 梁文平．乳状液科学与技术基础．北京：科学出版社，2001.

［2］ 张福贵．Pluronics 和卵磷脂混合体系稳定的乳状液作为药物载体的研究［D］．福州：福州大学，2007.

［3］ 张福贵，蒋家兴，万东华，赵剑曦．Pluronics 和卵磷脂混合载药乳化膜的稳定性．应用化学，2007，24（7）：747-751.

［4］ 张福贵，赵剑曦，蒋家兴，万东华．离心-电导联用法评价乳状液的稳定性．应用化学，2007，24（8）：957-960.

［5］ 赵剑曦，邱羽．Pluronic 嵌段共聚物胶束作为靶向药物载体．精细化工，2001，18（2）：72-75.

（赵剑曦）

实验一三六　表面活性剂水溶液在固体表面的润湿作用及其构效关系

一、目的与要求

（1）以表面张力法对比不同结构（烷烃链长度和二聚化）表面活性剂的平衡和动态吸附特性。

（2）以接触角法评价水溶液（包括纯水及含不同表面活性剂的水溶液）对石蜡表面的润湿情况。

（3）通过上述实验研究认识表面活性剂对水溶液润湿固体所起的作用，并初步掌握润湿剂的筛选和评价方法。

二、实验原理

润湿是最常见的现象之一，不仅动、植物的生命活动离不开润湿作用（如水对土壤及动植物机体的润湿），许多工业生产过程也与润湿作用有关，如机械润滑、洗涤、印染、注水采油等。同时，在某些情况下，如防雨、防水、矿物浮选等，又要求不要润湿[1~3]。要改变液体和固体的润湿性质以满足不同情况下的需要，表面活性剂在其中起到重要作用[4]。表面活性剂的吸附特性使其定向地排列在界面上，从而改变界面的润湿性质[5]。

润湿作用，从最普遍的意义来说，是指固体表面上的一种流体被另一种与之不相混溶的流体所取代的过程。一般所说的润湿现象是指固体表面的气体被液体取代的过程。水或水溶液是最常见的取代气体的液体。润湿过程可分为三类：沾湿、浸湿和铺展（图 12-25～图 12-27），它们分别在不同的实际问题中起作用。液体与固体从不接触到接触，变液气界面和固气界面为固液界面的过程为沾湿过程。如农药喷雾附着于植物表面的过程即为沾湿过程。液气表面无变化，而固气界面为固液界面所取代的过程为浸湿过程。如洗涤衣物前首先把衣物浸泡在水中的过程即为浸湿过程。以固液界面代替气固界面的同时还扩展了气液界面的过程为铺展过程。如农药喷雾附着于植物表面后，自行铺展开形成一层薄膜以覆盖最大的植物表面的过程即为铺展过程。将液体滴于固体表面上，液体或铺展而覆盖固体表面，或形成一液滴停于其上，随体系性质而异。所形成液滴的形状可以用接触角来描述。接触角是在固、液、气三相交界处，自固液界面经液体内部到气液界面的夹角，以 θ 表示（图 12-28）。接触角可以作为液体润湿固体与否的判据，习惯上认为 $\theta>90°$ 为不润湿，$\theta<90°$ 为润湿，$\theta=0°$ 为铺展。在许多实际润湿过程中，往往还要求润湿要快速，以满足生产工艺在时间上的要求。润湿快慢可由瞬时接触角（θ_t）表征，反应从液滴接触界面到润湿平衡过程中接触角随时间的变化。

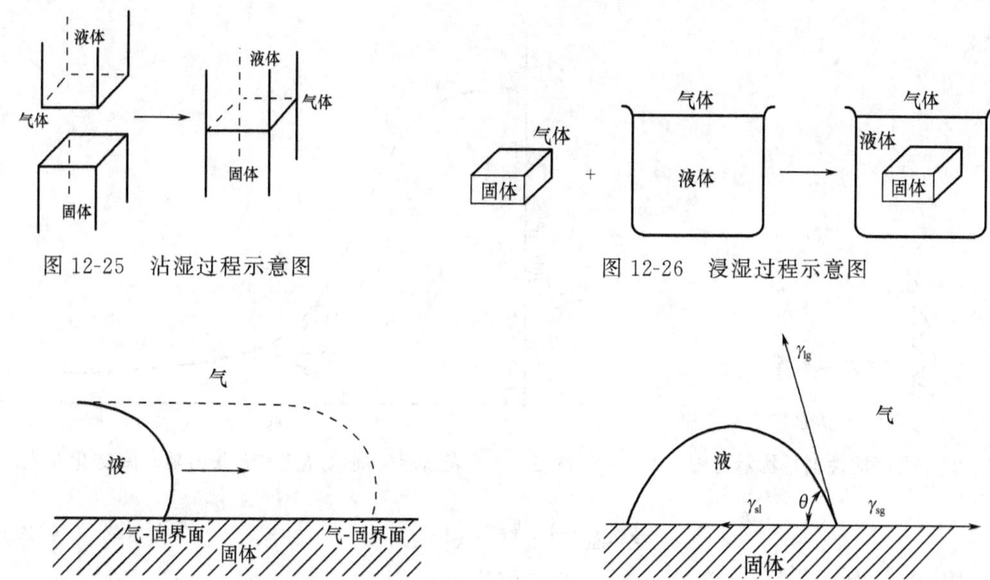

图 12-25　沾湿过程示意图

图 12-26　浸湿过程示意图

图 12-27　铺展过程示意图

图 12-28　接触角示意图

要提高液体的润湿能力，必须降低液体的表面张力，表面活性剂在其中起到重要作用。溶质使溶剂表面张力降低的性质称为表面活性。表面活性剂是对活跃于界面上，具有极高的降低界面张力能力的一大类有机化合物的统称。从结构上看（见图 12-29），表面活性剂分子由非极性基团（或称疏水基或亲油基）和极性基团（或称亲水基）两部分构成，具有既亲油又亲水的两亲性，因而也称为两亲分子。这种两亲结构使这类分子或离子在水溶液中会富集于界面并形成定向排列的界面吸附层，使水溶液表面为碳氢基团所覆盖，表面能（表面张力）降低。液体的表面能降低有利于液体在固体表面的附着，从而有利于液体对固体表面的润湿。当气/液界面层达到吸附饱和时表面张力达到最低值（γ_{cmc}），此值的大小表征表面活性剂降低表面张力的能力。表面张力达到 γ_{cmc} 时溶液中表面活性剂分子（离子）的浓度称为临界胶团浓度（cmc），溶液浓度大于此浓度后体相中的表面活性剂分子相互聚集，形成亲水头基包裹着碳氢链的所谓“核-壳”结构，即胶团，以减少疏水基团与水的接触面积。另一方面，表面活性剂吸附的快慢决定了液体与界面润湿的快慢。表面活性剂向新鲜界面吸附的过程导致溶液的表面张力随时间变化（见图 12-30），图中箭头所示表面张力达到稳定值所需的时间（t^*）可以用来表征表面活性剂吸附的快慢。

以上简要介绍润湿及表面活性剂的基本知识，更详尽的知识参见文献［4～6］，下面介绍有关数据处理公式。

1. Gibbs 吸附方程

对于表面活性剂稀溶液，当表面活性剂在气、液两相达到平衡时，Gibbs 吸附方程为

$$d\gamma = -2.303nRT\Gamma d\lg c \tag{12-13}$$

式中，γ 为溶液的表面张力，$mN \cdot m^{-1}$；R 为气体常数，$8.314J \cdot mol^{-1} \cdot K^{-1}$；$T$ 为热力学温度，K；c 为表面活性剂在溶液体相中的浓度；Γ 为表面活性剂在气/液表面层中的吸附量，$mol \cdot m^{-2}$；n 为常数，对于可完全解离的 1∶1 型离子表面活性剂 $n=2$。

取 γ-lg$c$ 曲线在 cmc 处的斜率（$\partial\gamma_{cmc}/\partial\lg c$），由下式可求得表面活性剂的最大吸附量

$$\Gamma_{max} = -(1/2.303nRT)(\partial\gamma_{cmc}/\partial\lg c) \tag{12-14}$$

吸附在气/液界面上的表面活性剂分子最小占据面积为：

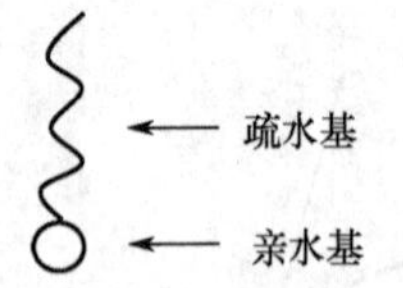

图 12-29 表面活性剂结构示意图

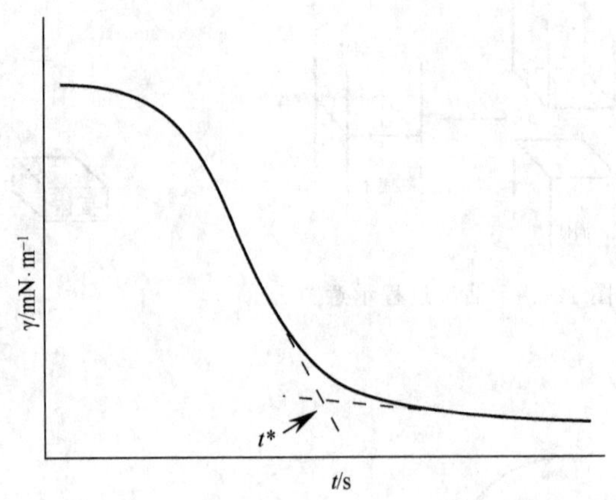

图 12-30 表面活性剂水溶液表面张力随时间变化曲线

$$A_{min}=10^{16}/N_A\Gamma_{max} \tag{12-15}$$

式中，N_A 为 Avogardo 常数；A_{min} 的单位为 nm^2。

2. 润湿方程

将液体滴到固体表面接触面积为单位值时，平衡时接触角与三个界面自由能之间的关系可由杨氏润湿方程［Yang T. Phil Jrans，1805，95：65，82］描述

$$\gamma_{sg}-\gamma_{sl}=\gamma_{lg}\cos\theta \tag{12-16}$$

式中，γ_{sg} 为气固界面自由能；γ_{sl} 为固液界面自由能；γ_{lg} 为液体表面（液气界面）自由能；θ 为接触角。液体对固体界面的润湿（以下均为单位面积）分为三种情况。

（1）沾湿过程中体系自由能降低值

$$-\Delta G=W_a=\gamma_{sg}+\gamma_{lg}-\gamma_{sl} \tag{12-17}$$

式中，W_a 为黏附功，反映固液界面结合能力及两相分子间相互作用力大小，该值越大则固体和液体结合越牢。

（2）浸湿过程体系自由能降低值

$$-\Delta G=W_i=\gamma_{sg}-\gamma_{sl} \tag{12-18}$$

式中，W_i 为浸润功，反映液体在固体表面上取代气体的能力，也体现了固体与液体间的黏附能力。$W_i>0$ 则液体可以自动浸湿固体。

（3）铺展过程体系自由能降低

$$-\Delta G=S=\gamma_{sg}-\gamma_{sl}-\gamma_{lg} \tag{12-19}$$

式中，S 为铺展系数。在恒温、恒压下，$S>0$ 时液体可在固体表面自动展开，连续地从固体表面上取代气体。

联立式(12-16)与式(12-17)～式(12-19)得

$$W_a=\gamma_{lg}(\cos\theta+1) \tag{12-20}$$

$$W_i=\gamma_{lg}\cos\theta \tag{12-21}$$

$$S=\gamma_{lg}(\cos\theta-1) \tag{12-22}$$

三、仪器与药品

（1）仪器　平衡表面张力仪（DCA315，美国 Cahn，du Nouy 铂-铱合金吊环周长 5.930cm，环外径与环丝半径比为 53.1218），动态表面张力仪（BPA-1S，德国 Sinterface，最大泡压法），视频接触角测量仪（OCA20，德国 Dataphysics），电子天平（BS210S，德国

Sartorius，精度±0.0001g)，精密恒温槽（DC-0506，上海衡平仪器厂，控温精度±0.1℃)，Milli-Q 超纯水仪（美国 MILLIPORE)，移液枪（法国 PIPETMAN)，磁力搅拌器（GH-09，国华仪器公司)。

(2) 药品　表面活性剂十二烷基三甲基溴化铵（$C_{12}TAB$)，十四烷基三甲基溴化铵（$C_{14}TAB$)，十六烷基三甲基溴化铵（$C_{16}TAB$)，$C_{12}C_2C_{12}$，结构式及简写式如下：

$$CH_3(CH_2)_m\overset{+}{N}(CH_3)_2—CH_3Br^-$$

$m=7，11，15$　　简写式：$C_{m+1}TAB$

$$CH_3(CH_2)_{11}\overset{+}{N}(CH_3)_2(CH_2)_2\overset{+}{N}(CH_3)_2(CH_2)_{11}CH_3\,2Br^-$$

简写式：$C_{12}C_2C_{12}$

石蜡（分析纯)，实验用水为 Milli-Q 超纯水（电阻值 18.2MΩ)。

四、实验内容

1.研究内容

以不同结构的表面活性剂（分子结构及名称见实验试剂部分）为润湿剂，考察表面活性剂分子结构与其界面吸附性能及润湿性的关系。

(1) 通过平衡表面张力法获得表征表面活性剂界面吸附性能力的基本参数，包括吸附饱和时所能达到的最低表面张力 γ_{cmc} 以及所需的表面活性剂浓度 cmc，依据 Gibbs 公式获得界面吸附量 Γ_{max} 和吸附分子截面积 A_{min}，根据这些参数，分析吸附层状态。通过以上各参数与表面活性剂分子结构相关联，分析表面活性剂分子结构对界面吸附状态的影响。

(2) 通过动态表面张力法获得表征表面活性剂吸附速率的基本参数，即表面张力随时间下降速率（$d\gamma_t/dt$）和表面张力达到稳定值所需的时间 t^*，并与表面活性剂分子结构相关联，分析表面活性剂分子结构对界面吸附速率的影响。

(3) 以石蜡为基准界面，通过视频接触角测量法获得表征界面润湿力及润湿速率的基本参数，即界面平衡接触角 θ 和瞬时接触角 θ_t 以及达到平衡接触角所需的时间 t_θ，对比纯水及含不同表面活性剂水溶液的接触角，分析表面活性剂对溶液润湿性能的影响。

2.实验步骤

(1) 按照平衡表面张力仪使用方法，测定纯水的平衡表面张力。

(2) 配制浓度分别为 0.20、1.0、2.0、3.0、5.0、7.0、11、15、30、60mmol·L^{-1} 的表面活性剂 $C_{12}TAB$ 的水溶液各 7mL。

(3) 在平衡表面张力仪上，测定上述溶液的平衡表面张力。

(4) 绘制溶液表面张力随浓度变化曲线（以下简称表面张力曲线)，求取 cmc 和 γ_{cmc}。

(5) 按照式(12-14)、式(12-15) 计算表面活性剂的 Γ_{max} 和 A_{min}。

(6) 配制浓度分别为 0.09、0.20、0.35、0.55、0.85、1.3、2.0、3.5、6.0、12mmol·L^{-1} 的表面活性剂 $C_{14}TAB$ 的水溶液各 7mL。

(7) 配制浓度分别为 0.01、0.03、0.08、0.17、0.25、0.4、0.6、1.0、2.0、3.5mmol·L^{-1} 的表面活性剂 $C_{16}TAB$ 的水溶液各 7mL。

(8) 配制浓度分别为 0.05、0.08、0.13、0.18、0.28、0.45、0.65、1.25、2.0、3.5mmol·L^{-1} 的表面活性剂 $C_{12}C_2C_{12}$ 的水溶液各 7mL。

(9) 依次按照上述步骤 (3)、(4)、(5)，获取与 $C_{14}TAB$、$C_{16}TAB$ 和 $C_{12}C_2C_{12}$ 相应的

各物理量。

(10) 按照动态表面张力仪使用方法测定纯水的动态表面张力，绘制 γ_t-t 曲线。

(11) 分别测定4种表面活性剂水溶液在浓度均为0.5cmc时的动态表面张力，绘制 γ_t-t 曲线，并由该曲线得到 $(d\gamma_t/dt)_{max}$ 及 t^*。

(12) 制备石蜡基准表面。按照视频接触角测量仪使用方法，拍摄纯水在石蜡表面的润湿情况，测定纯水在石蜡表面的接触角，获得 θ_t-t 曲线和 θ，并按式(12-20)～式(12-22) 计算 W_a、W_i 和 S。

(13) 用视频接触角测量仪分别拍摄4种表面活性剂水溶液在浓度为0.5cmc时在石蜡表面的润湿情况，测定接触角，获得 θ_{eq} 和 θ_t-t 曲线及达到 θ_{eq} 所需时间 t_θ，并按式(12-20)～式(12-22) 计算 W_a、W_i 和 S。

(14) 用视频接触角测量仪观察及测定纯水及上述表面活性剂溶液在榕树叶面的润湿情况。

3.实验方法

(1) 表面活性剂溶液的配制（以 $C_{14}TAB$ 为例）

① 母液的配制：用电子天平准确称量0.2229g $C_{14}TAB$ 于100mL锥形瓶中，用移液枪准确移入40.02mL超纯水，放入磁力搅拌子，置于磁力搅拌器上搅拌2h，配制成浓度为16.5568mmol·L^{-1} 的溶液（记为母液1)。用移液枪准确移取1.56mL母液1于50mL锥形瓶中，再准确移入28.44mL超纯水，放入磁力搅拌子，置于磁力搅拌器上搅拌1h，配制成浓度为0.8610mmol·L^{-1} 的溶液（记为母液2)。

② 测试液的配制：按表12-4分别准确移取母液1（或母液2）和超纯水于试管中，快速混匀，放置4h，配制成各7mL不同浓度的测试液。

表 12-4　测试液的配制

测试液浓度/mmol·L^{-1}	母液	母液体积/mL	超纯水体积/mL

(2) 平衡表面张力的测定　打开平衡表面张力仪及控制软件，打开恒温水浴槽，将温度设定为25℃。将7mL测试液倒入样品池，恒温5min。配平表面张力仪天平，用酒精灯烧去铂金环上附着的有机物，挂上铂金环，点击控制软件中的测试按钮，仪器将自动测试并给出溶液的平衡表面张力值。

(3) 动态表面张力的测定　打开平衡表面张力仪及控制软件，打开恒温水浴槽，将温度设定为25℃。用蒸馏水清洗并干燥毛细管。将7mL测试液倒入样品池，恒温5min。通过仪器主机上的按钮设置毛细管位置，点击控制软件中的测试按钮，仪器将自动测试并给出溶液的动态表面张力曲线及数据表。

(4) 接触角的测定

① 制备石蜡表面：将固体石蜡置于烧杯中，60℃下加热至熔化为液体，将洗净并干燥的玻璃片插入石蜡液体中保持 5s 后提出，室温放置使玻璃片表面的石蜡固化为一层薄膜。

② 测定接触角：打开视频接触角测量仪及控制软件，将固体表面平置于样品上。点击拍摄按钮后用滴管将测试液滴于石蜡表面，仪器将自动拍摄液体润湿固体的过程并给出不同时间的接触角值。

五、数据记录与处理

(1) 绘制 4 种表面活性剂水溶液平衡表面张力（γ-lg$c$）曲线。

(2) 绘制 4 种表面活性剂水溶液动态表面张力（γ_t-t）曲线。

(3) 计算表面活性剂的吸附参数，并记录在表 12-5 中。

表 12-5　表面活性剂的吸附参数

表面活性剂	cmc/mol·L^{-1}	γ_{cmc}/mN·m^{-1}	Γ_{max}/mol·cm^{-2}	A_{min}/nm^2	$(d\gamma_t/dt)_{max}$/mN·m s^{-1}	t^*/s
C_{12}TAB						
C_{14}TAB						
C_{16}TAB						
$C_{12}C_2C_{12}$						

(4) 作出纯水及 4 种表面活性剂水溶液在石蜡表面润湿情况的示意图

(5) 作出 4 种表面活性剂水溶液在石蜡表面动态润湿角（θ_t-t）曲线。

(6) 计算表面活性剂的润湿参数，并记录在表 12-6 中。

表 12-6　表面活性剂润湿参数

表面活性剂	θ/(°)	W_a/J·m^{-2}	W_i/J·m^{-2}	S/J·m^{-2}	t_θ/s
C_{12}TAB					
C_{14}TAB					
C_{16}TAB					
$C_{12}C_2C_{12}$					

(7) 作出纯水及 4 种表面活性剂水溶液在小榕树叶面润湿情况的示意图。

六、问题与讨论

(1) 比较以上 4 种表面活性剂的表面活性，分析讨论表面活性剂结构（烷烃链长度和二聚化）对表面活性的影响。

(2) 分析讨论以上 4 种表面活性剂在气液界面的吸附状态。

(3) 比较以上 4 种表面活性剂在气液界面上吸附的快慢，分析讨论表面活性剂结构对吸附速率的影响。

(4) 比较以上 4 种表面活性剂水溶液对石蜡表面的润湿情况，分析讨论表面活性剂吸附能力和速率与溶液对固体表面润湿情况的关系。

(5) 表面活性剂在气液界面的吸附状态与溶液浓度有何关系？

(6) 表面张力随浓度的变化率 $(d\gamma/dc)_T$ 是否可能为正值？

(7) 表面吸附能力大的表面活性剂其吸附速率是否一定快？

(8) 怎样设计性能优良的润湿剂分子结构？

七、参考文献

[1] 韩效钊，王雄，孔祥云，钱佳，甘世林. 润湿剂在叶面肥料中的应用研究. 磷肥和复肥，2001，16(6)：13.

[2] 张洪涛，李友明. 表面活性剂的润湿、渗透、分散特性在造纸行业中的应用. 上海造纸，2002，3：39.

[3] 凌群民，李永锋，谭磊，刘呈刚. 对织物润湿性能的研究. 纺织科学研究，2005，1：49.

[4] 赵国玺，朱步瑶. 表面活性剂作用原理. 北京：中国轻工业出版社，2003：694.

[5] 张骅，胡耿源. 表面活性剂化学. 杭州：浙江大学出版社，2001：177.

[6] Victor M Starov，Manuel G Velsrde，Clayton J Radke. Surfactant Science series，Volum 138：Vetting ang Spreading Dynaics. CRC press：Boca Raton，2006.

（姜蓉，赵剑曦）

实验一三七 铜离子对生活污水生化处理的影响

一、目的与要求

(1) 研究铜离子对生活污水处理的影响。

(2) 掌握水质表征的手段，掌握不同水质测试仪器的操作。

二、实验原理

微生物能不断与周围环境快速进行物质交换。生活污水具备微生物生长繁殖的条件，因而微生物能从污水中获取养分，同时降解和利用有害物质，从而使污水得到净化。因此，微生物可在污水净化和治理中得到广泛应用[1,2]，造福人类。

生化需氧量（BOD）是在有氧的条件下，由于微生物的作用，水中能分解的有机物质完全氧化分解时所消耗氧的量称为生物化学需氧量，简称生化需氧量。它是以水样在一定的温度（如 20℃）下，在密闭容器中，保存一定时间后溶解氧所减少的量（$mg \cdot L^{-1}$）来表示的。目前国标规定在 20℃下，培养 5d 作为测定生化需氧量的标准。此时测得的生化需氧量就称为五日生化需氧量，用 BOD_5 表示。BOD 的多少，表明水体受有机物污染的程度，反映出水质的好坏。化学需氧量（COD）是在一定的条件下，采用一定的强氧化剂处理水样时，所消耗的氧化剂量。它是表示水中还原性物质多少的一个指标。水中的还原性物质有各种有机物、亚硝酸盐、硫化物、亚铁盐等。BOD 是水中可生化部分的有机物氧化所需的氧，COD 包括可生化和不可生化有机物，还有可还原性无机物氧化所需的氧，BOD/COD 比值小于 1。

氨氮（NH_3-N）主要来源于人和动物的排泄物，生活污水中平均含氮量每人每年可达 2.5～4.5kg。氨氮是水体中的营养素，可导致水富营养化现象产生，是水体中的主要耗氧污染物，对鱼类及某些水生生物有毒害，对人体也有不同程度的危害。

重金属离子对生物有毒害作用，在食物链中又有积累作用，一旦排放到自然界，将造成极大的破坏作用。对于含有重金属的生活污水，其中既含有重金属离子又有大量的有机物，可先用化学法先将重金属离子去除，再用微生物去除有机物质[3]。

(1) 水质指标的去除率　微生物 COD 的去除率（the COD removal rate of wastewater，CRR_m）是指污水加入微生物后，一定时间以后，微生物降低 COD 值与加入微生物后 COD 的比值。

$$CRR_m = \left(1 - \frac{\text{某一时刻污水的 COD}}{\text{接种后污水的 COD}}\right) \times 100\%$$

微生物 BOD 的去除率（the BOD removal rate of wastewater，BRR_m）是指污水加入微生物后，一定时间以后，微生物降低 BOD 值与加入微生物后 BOD 的比值。

$$BRR_m=\left(1-\frac{\text{某一时刻污水的 BOD}}{\text{接种后污水的 BOD}}\right)\times 100\%$$

微生物氨氮的去除率（the NH_3-N removal rate of microorganisms，NRR_m）是指污水加入微生物后，一定时间后，微生物降解的氨氮与加入微生物以后氨氮的比值。

$$NRR_m=\left(1-\frac{\text{某一时刻污水的氨氮}}{\text{接种后污水的氨氮}}\right)\times 100\%$$

(2) 铜量测定　铜的含量 $c(mg \cdot L^{-1})$ 计算公式为：$c=m/V$。其中，m 为从标准曲线上求得的铜量，mg；V 为萃取用的水样体积，mL。

一般而言，城市生活污水富含大量营养物如糖类、脂肪、蛋白质和尿素等，有利于生物降解。但就中国大多数城市的排水系统而言，下水道不仅输送生活污水，还输送工业废水，因此，由这两者所组成的城市污水中，不可避免地含有一定浓度的重金属盐类。重金属离子能进入生物细胞内并与蛋白质结合，使酶失活，菌体死亡，导致污水处理的效果降低。

本实验以好氧微生物复合菌群为出发菌，考察了铜离子对微生物处理生活污水的影响，并研究去除铜离子之后微生物处理污水的效果。

三、仪器与药品

(1) 仪器　SHZ-B 型水浴恒温振荡器，ET99724 型 BOD 测定仪，5B-6C 型 COD 多参数测定仪，分析天平，SPX-150B-Z 型生化恒温培养箱，紫外分光光度计。

(2) 药品　葡萄糖，可溶性淀粉，蛋白胨，酵母膏，Na_2S，$CuSO_4 \cdot 5H_2O$，KH_2PO_4，K_2HPO_4，$(NH_4)_2SO_4$，尿素，NaOH(1%)，铜标准溶液，盐酸羟胺溶液，柠檬酸钠溶液，乙酸-乙酸钠溶液，2,9-二甲基-1,10-菲罗啉溶液等。

四、实验内容

1. 实验方案

(1) 微生物菌种的扩大培养　在微生物处理污水前，应对实验室保藏的好氧复合菌进行活化和扩大培养，促进其生长繁殖，提高其活性和浓度，从而能够更好地应用于污水处理。

(2) 生活污水的生化处理　配制模拟生活污水，加入到微生物反应器内并加入一定量的菌悬液，搅拌通气，观察微生物的运行效果。

(3) 铜离子对生活污水处理的影响　在模拟生活污水中加入一定量的铜离子，再用微生物处理，测定水质参数，观察微生物的运行效果。

(4) 重金属离子的去除　去除含铜模拟生活污水中的铜离子，再用微生物处理，测定水质参数。金属硫化物比氢氧化物的溶度积更小，本实验采用 Na_2S 沉淀 Cu^{2+}。反应方程式为：$Cu^{2+}+S^{2-}\rightarrow CuS\downarrow$。将 CuS 过滤掉后，评价其生化性大小。

(5) 校园湖水水样 COD 测定　在校园各水域取样，将所学的 COD 测量方法用于实际检测。

2. 实验内容

(1) 模拟生活污水的配制　按照表 12-7 的配比配制不含重金属离子的生活污水。在此基础上加入一定量的五水合硫酸铜作为含铜离子的生活污水，调节 pH=6～8。配制完成后需要实测其水质参数。

(2) 好氧菌群的扩大培养　配制扩大培养基：蛋白胨 5g，酵母膏 5g，去离子水 1L。取 1 个 250mL 的锥形瓶，加入扩大培养基 200mL，调节 pH=6～8，用滴管吸取一滴微生物母液，放入锥形瓶中，搅拌均匀后放入水浴恒温振荡器中25℃培养1d，即可作为接种菌悬液。

表 12-7 配制模拟城市生活污水（在1L水中）

材料名称	淀粉	葡萄糖	蛋白胨	酵母膏
数量/g	0.3	0.3	0.02	0.02
材料名称	K_2HPO_4	KH_2PO_4	$(NH_4)_2SO_4$	脲
数量/g	0.02	0.02	0.08	0.1

(3) 生活污水的生化处理 配制模拟生活污水5L，加入到微生物反应器内，接种5mL菌悬液，搅拌。每隔3d测定BOD、COD值和氨氮值，计算去除率。

(4) 铜离子对生活污水处理的影响 配制含铜离子的模拟生活污水5L，加入到微生物反应器内，接种5mL菌悬液，搅拌。每隔3d测定BOD、COD值和氨氮值，计算去除率。

(5) 铜离子的去除 配制含铜离子的模拟生活污水5L，加1%的NaOH调pH=7.5～9.5，按计量比加入Na_2S，搅拌10min，静置沉淀，过滤去除CuS沉淀。加入到微生物反应器内，接种5mL菌悬液，搅拌。测定溶液中Cu^{2+}的浓度和COD、BOD值。

(6) 铜离子的检测（标准曲线） ①取六个25mL比色管，分别加入0、1.0、2.0、3.0、5.0、10.0mL的铜标准溶液加水至体积15mL，铜的质量浓度依次为0、2.0、4.0、6.0、10.0、20.0μg/15mL。②1.5mL盐酸羟胺溶液，3.0mL柠檬酸钠溶液和3.0mL乙酸-乙酸钠缓冲液，摇匀。③加入1.5mL 2,9-二甲基-1,10-菲啰啉溶液，充分混匀，静置5min，用10mm比色皿在457nm处测吸光度。绘制标准曲线。④吸取15mL试样，按上述步骤进行测定。

(7) 校园湖水水样的COD测定 在校园各水域取样，分别测其COD值，比较测量值与地表水环境质量标准限值。水样放置一段时间后再次测量COD值，观察水体自净化效果。

五、数据记录与处理

1. 数据记录

将实验数据和结果处理分别记录在表12-8～表12-11中。

表 12-8 COD和氨氮测定记录

时间(d)	日期	COD			氨氮		
		无铜	含铜	去铜	无铜	含铜	去铜
0							
3							
6							
9							
12							

表 12-9 BOD测定记录

时间(d)	项目	编号	d 1	d 2	d 3	d 4	d 5
0	A瓶	1					
	B瓶	2					
	含铜	5					
	去铜	6					

续表

时间(d)	项目	编号	d 1	d 2	d 3	d 4	d 5
3	A 瓶	3					
	B 瓶	4					
6	A 瓶	1					
	B 瓶	2					
	含铜	5					
	去铜	6					
9	A 瓶	3					
	B 瓶	4					
12	A 瓶	1					
	B 瓶	2					

表 12-10　铜离子浓度数据

编　号	样品类型	浓度/$\mu g \cdot mL^{-1}$	A
1	标准样品		
2	标准样品		
3	标准样品		
4	标准样品		
5	标准样品		
6	标准样品		
7	含铜 1		
8	含铜 2		
9	去铜 1		
10	去铜 2		

表 12-11　校园湖水水样 COD 测定

编　号	取 水 点	初始 COD 值	12d 后 COD 值
1			
2			
3			
4			

2. 数据分析

(1) 模拟污水生物降解。列表格，并在同一坐标内绘制各个水质指标的去除率随时间的变化曲线。

(2) 铜离子的标准曲线，数据列表，绘图。

(3) 铜离子对污水处理的影响。

(4) 去除铜离子后污水处理效果列于表 12-12 中。

表 12-12 去除铜离子后污水处理效果

项目		Cu 离子的浓度	COD/mg·L^{-1}	BOD/mg·L^{-1}	BOD/COD
不含铜污水					
含铜污水	初始值				
	加入硫化钠后				

（5）校园湖水 COD 检测。

六、问题与思考

（1）用什么方法处理污水中重金属离子？

（2）地表水五大类和环境质量标准怎样？

（3）生活污水的排放指标是怎样规定的？

（4）BOD 和 COD 的区别和联系是什么？

七、参考文献

[1] 周先锋. 复合菌群处理高浓度城市生活污水的技术研究. 天津：天津大学，2005.

[2] 吴淑平. 污水处理活性污泥微生物群落多样性研究. 微生物学杂志，2012，32（4）：1-5.

[3] 邹照华，何素芳，韩彩云等. 重金属废水处理技术研究进展. 水处理技术，2010，36（6）：17-20.

（刘慧勇）

实验一三八 白蛋白与药物小分子复合物的制备及性能测试

一、目的与要求

（1）培养学生综合利用所学各分支基础知识开展科学研究的能力。

（2）培养学生利用化学知识研究生命科学或药学相关问题的科研素养。

（3）本综合实验需要学生融会贯通的关键知识或技能是：电子吸收光谱和荧光光谱；凝胶色谱；研究小分子和生物大分子相互作用的方法。

二、实验原理

研究药物小分子和生物大分子的相互作用，对于从分子水平认知生命现象、深入理解药物分子的作用机理和研发靶向型治疗药物具有重要价值，是当前国内外的研究热点。本实验选择抗癌光敏剂和人血清白蛋白作为研究对象。

抗癌光敏剂是光动力治疗（Photodynamic Therapy，PDT）的关键因素。光动力治疗是一种治疗癌症的新方法，具有可对癌组织进行选择性破坏、副作用小等特点，有望成为第四种常规的癌症治疗手段。目前临床使用的光敏剂主要是血卟啉衍生物或其它卟啉类药物（即所谓的第一代光敏剂），尽管这些光敏剂显示了一定的疗效，但是仍存在着严重不足：是混合物，组成不稳定，最大吸收（380～400nm）不在对人体组织透过率较佳的红光区，皮肤光毒性大等。因此，寻找新型高效抗癌光敏剂一直是国内外的研究热点[1,2]。

酞菁配合物由于具有以下突出特点，被认为是优秀的第二代光敏剂[1~3]：最佳吸收光谱和作用光谱位于对人体组织透过率较佳的红光区（650～750nm）；化学结构明确，组成稳定；光敏化能力高；肿瘤、癌细胞选择性摄取率高；暗毒性和皮肤光毒性低等。1,8(11)，15(18)，22(25)-四（4-羧基苯氧基）酞菁锌（简称 ZnPcDH34，结构见图 12-31）是一种新型的水溶性光敏剂[4]，显示了较高的单线态量子产率，因此本实验选择该抗癌光敏剂及其成酯衍生物（ZnPcD34，结构见图 12-32）作为研究对象。

人血清白蛋白（Human Serum Albumin，HSA）是血浆中含量最高的蛋白质，具有广泛结合能力，能结合各种内源性和外源性物质，同时能转运各种所结合的物质到明确的靶向上，具有重要的生理意义、临床意义以及作为药物载体的功能[5]。人血清白蛋白 HSA（结构见图 12-33）是由 585 个氨基酸残基组成的单肽链蛋白质，相对分子质量约为 66500。牛血清白蛋白（BSA）是由 582 个氨基酸残基组成的单肽链蛋白质，相对分子质量为 67000，是 HSA 的同源蛋白，具有 76% 的相同氨基酸序列，且不同氨基酸多为保守性替换，因此二者的结构非常相似。实验中可用价廉易得的 BSA 代替 HSA 来进行初步研究。

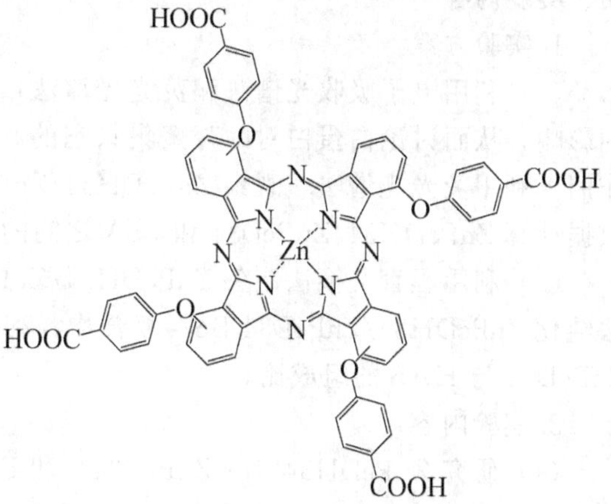

图 12-31　1,8,15,22-四（4-羧基苯氧基）酞菁锌（ZnPcDH34）的结构示意图

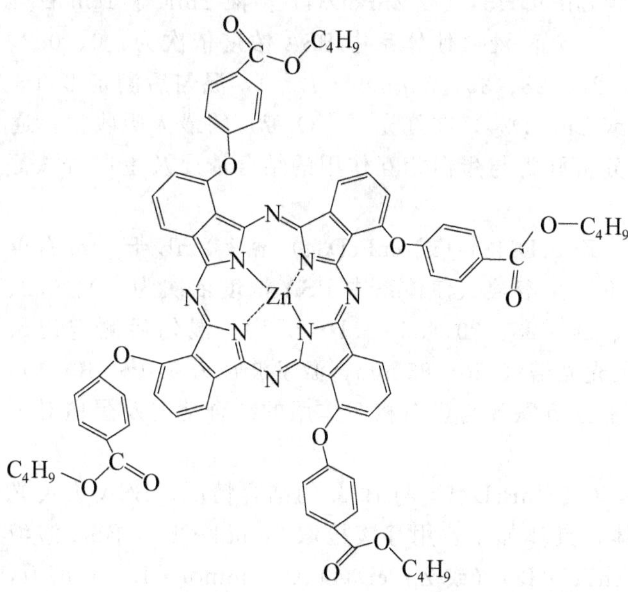

图 12-32　酞菁锌衍生物（ZnPcD34）的结构示意图

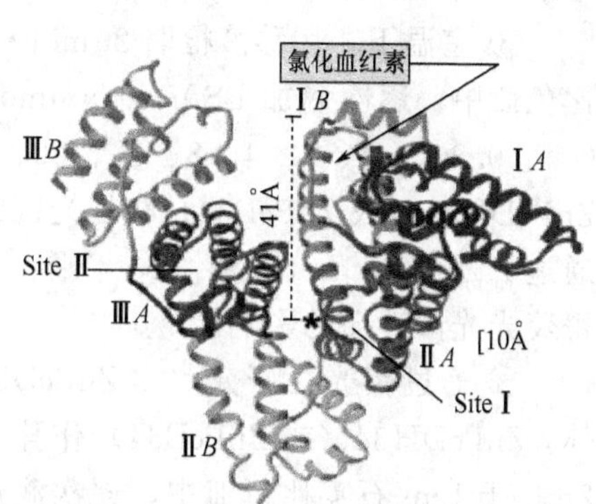

图 12-33　人血清白蛋白（HSA）的结构示意图

本实验将研究 ZnPcDH34（或 ZnPcD34）和 BSA 的相互作用，进而构建二者的复合物。白蛋白是具有一定生物选择性的“运输载体”，因此，本实验对于构建具有靶向功能的白蛋白-酞菁复合物光敏剂具有较重要的参考价值。

三、仪器与药品

（1）仪器　紫外可见分光光度计，荧光光谱仪，鼓风干热消毒箱，移液枪。

（2）药品　人血清白蛋白，取代酞菁锌，PBS 混合磷酸盐，葡聚糖凝胶 G-100，DMF，DMSO。

四、实验内容

1.实验方案

(1) 利用电子吸收光谱法和荧光光谱法，观察白蛋白对 ZnPcDH34/ZnPcD34 吸收光谱的影响，从而讨论白蛋白对酞菁聚集状态的影响，分析 ZnPcDH34/ZnPcD34 与白蛋白相互作用。利用荧光光谱法，观察 ZnPcDH34/ZnPcD34 对白蛋白荧光的猝灭情况，并利用荧光数据计算 ZnPcDH34/ZnPcD34 和 BSA 之间的结合常数和结合位点数。

(2) 利用温育交换法制备 ZnPcDH34/ZnPcD34 和 BSA 的非共价复合物，通过凝胶色谱法纯化 ZnPcDH34/ZnPcD34-BSA 复合物，利用电子吸收光谱法计算复合物中 ZnPcDH34/ZnPcD34 与 HAS 的组成比。

2.实验内容

(1) 研究 ZnPcDH34（或 ZnPcD34）和 BSA 的相互作用，计算两者的结合常数和结合位点数。

① 用 PBS 缓冲溶液（pH＝7.4）配制以下溶液，放置于冰箱冷藏待用：0.5mmol・L^{-1} ZnPcDH34（或 ZnPcD34）溶液 1mL，并通过逐步稀释法配制 2μmol・L^{-1} ZnPcDH34（或 ZnPcD34）溶液 5mL；0.5mmol・L^{-1} BSA 溶液的 10mL，并通过逐步稀释法配制 2μmol・L^{-1} BSA 溶液的 5mL。

② 室温下，用移液枪取 2μmol・L^{-1} ZnPcDH34（或 ZnPcD34）溶液 2mL 于 1cm 石英比色皿中，逐次滴加 BSA（0.5mmol・L^{-1}）溶液（使体系中 BSA 浓度依次为：0、0.2、0.4、0.8、1.6、2、4、8、16、20、22、24、28、30、36μmol・L^{-1}），混匀后测定 250～800nm 的吸收光谱。记录 ZnPcDH34（或 ZnPcD34）在红光区（Q 带）的最大吸收值，通过 A_{max} 对 [protein]/[Pc] 作图，初步分析酞菁与蛋白相互作用的结合情况及蛋白对酞菁光谱性质的影响。

③ 室温下，用移液枪取 2μmol・L^{-1} ZnPcDH34（或 ZnPcD34）溶液 2mL 于 1cm 石英比色皿中，逐次滴加 BSA（0.5mmol・L^{-1}）溶液（使体系中 BSA 浓度依次为：0、0.2、0.4、0.8、1.6、2、4、8、16、20、22、24、28、30、36μmol・L^{-1}），混匀后测定记录 ZnPcDH34（或 ZnPcD34）在红光区的荧光光谱（650～850nm，激发波长为 610～640nm），通过 F_{max} 对 [protein]/[Pc] 作图，初步分析酞菁与蛋白相互作用的结合情况及蛋白对酞菁荧光光谱性质的影响。

④ 通过荧光法研究[6,7] ZnPcDH34（或 ZnPcD34）与 BSA 的结合情况，BSA 为荧光体，ZnPcDH34（或 ZnPcD34）作猝灭体，具体如下：用移液枪取 2μmol・L^{-1} BSA 溶液 2mL 于 1cm 石英比色皿中，逐次滴加 ZnPcDH34（或 ZnPcD34）（0.5mmol・L^{-1}）溶液，使体系中 ZnPcDH34（或 ZnPcD34）浓度依次为：0、0.5、1.0、1.5、2.0、3.0、4.0、5.0、8.0μmol・L^{-1}，依次测定混合溶液中 BSA 的荧光发射光谱，激发波长为 280nm，扫描范围为 290～450nm。记录随 ZnPcD43 浓度的递增 BSA 的荧光强度变化幅度，用于计算结合常数和结合位点数。计算时利用静态猝灭公式 $\lg(F_0-F)/F=\lg K_A+n\lg[Q]$，通过作图，由回归直线的截距和斜率求得结合常数 K_A 和结合位点数 n。

(2) 制备 ZnPcDH34（或 ZnPcD34）和 BSA 的非共价复合物，并确定两者的组成比。

① 通过温育交换法来制备酞菁与白蛋白的复合物：将酞菁与白蛋白（2∶1，摩尔比）在 PBS 缓冲溶液中混匀，37℃在汽浴摇床上温育 12～24h。然后，通过凝胶色谱分离纯化，所用的凝胶为 G-100 凝胶，色谱柱尺寸为直径 1.0～1.5cm、长度 30cm 的层析柱，流动相为 PBS 缓冲液。通过监控洗脱组分的电子吸收光谱（680nm 附近的吸收）和荧光光谱

(280nm 激发，340nm 发射)，绘制洗脱曲线，收集对应于复合物的馏分，适当旋转蒸发浓缩，置 4℃冰箱保存备用。

② 复合物中白蛋白的含量，通过测定复合物的稀 PBS 溶液在 280nm 的吸光度来估算（先建立标准曲线）；复合物中酞菁含量，通过测定复合物的 DMF 稀溶液在 680nm 处的吸光度来计算（先建立标准曲线）。

五、数据记录与处理

1. 数据分析基础

依据实验结果分析所需的基本公式及解析方法为：当荧光体与猝灭体间形成不发荧光的复合物时，下式成立[7]。

$$\lg \frac{F_0 - F}{F} = \lg K_A + n\lg[Q]$$

式中，F_0 为猝灭体（即酞菁配合物）不存在时荧光体（即白蛋白）的内源荧光强度；F 为加入猝灭体后的荧光强度；[Q] 为猝灭体的浓度；K_A 为荧光体与猝灭体形成复合物的结合常数；n 为结合位点数。

因此，对于小分子与蛋白质相互作用结合参数和结合位点数的求取，可以利用小分子对蛋白质内在荧光的猝灭来估算。

2. 结果处理

(1) 图示白蛋白对酞菁光谱性质的影响情况，讨论白蛋白对酞菁聚集状态的影响，初步分析酞菁与白蛋白的相互作用。

(2) 图示酞菁对白蛋白荧光的猝灭情况，并利用荧光数据，通过作图计算出酞菁和 BSA 的结合常数和结合位点数。

(3) 讨论酞菁和 BSA 的相互作用情况，分析两者结合的作用力，酞菁取得基的结构特征对相互作用的影响。

(4) 图示凝胶色谱分离洗脱曲线，讨论利用温育交换法制备酞菁和 BSA 的非共价复合物的结果，分析分离纯化原理。介绍组成比的测定结果。

(5) 讨论酞菁和酞菁-白蛋白复合物性质的异同。

六、问题与思考

(1) ZnPcD34 与 HSA 存在如何的相互作用？本实验用哪些手段来研究它们之间的相互作用？这些手段是否可以用于研究其它小分子和生物大分子的相互作用？

(2) 预测本实验得到酞菁和 BSA 的非共价复合物的生物活性，该结果对于构建具有靶向功能药物有何参考价值？

(3) 光动力治疗的基本原理和光敏剂的光敏化机制是什么？

(4) 白蛋白有常见哪些结合小分子的位置？本实验中酞菁可能结合到白蛋白哪个结合位点？如何制定研究方案来较准确地判断酞菁的结合位点？

七、参考文献

[1] Macdonald I J, Doughert T J. Basic Principles of Photodynamic Therapy. Journal of Porphyrins and Phthalocyanines, 2001, 5: 105-129

[2] 丁新民，徐勤枝，顾瑛等. 光动力治疗肿瘤的简史和现状. 中国肿瘤，2003，12：151-154.

[3] 黄金陵，黄剑东，陈耐生等. 酞菁配合物的结构与其光动力抗癌活性. 物理化学学报，2001，17 (7)：662-671.

[4] Ke Mei-Rong, Huang Jian-Dong, Wang Shen-Mei. Comparison between non-peripherally and peripherally tetra-substituted zinc (Ⅱ) phthalocyanines as photosensitizers: Synthesis, spectroscopic, photo-

chemical and photobiological properties. Journal of Photochemistry & Photobiology, A: Chemistry, 2009, 201: 23-31.

[5] Sharman W M, van Lier J E, Allen C M. Target photodynamic therapy via receptor mediated delivery systems. Advanced Drug Delivery Reviews, 2004, 56: 53-76.

[6] 黄剑东，刘丰冉，陈燕梅等，四乙酰哌嗪苯氧基酞菁锌及其蛋白质复合物的制备、表征与光动力活性. 无机化学学报，2006，22 (3)：435-442.

[7] Liu Y, Xie M-X, Jiang M, et al. Spectroscopic investigation of the interaction between human serum albuminand three organic acids. Spectrochimica Acta Part A: Molecular and Biomolecular Spectroscopy, 2005, 61 (9): 2245-2251

（黄剑东）

实验一三九　扣式锂离子电池的制备及性能测试

一、目的与要求

（1）了解可充电锂离子电池的工作原理；了解电解质溶液的导电机理。

（2）掌握纽扣式锂离子电池的电极材料合成、电极片制备及纽扣式锂离子电池的装配。

（3）掌握锂离子电池电性能测试方法。

二、实验原理

传统使用的小型可充电电池是镍镉电池，随着便携式电子产品对电池性能要求的不断提高，人们对环境意识的不断增强，对环境友好、性能更优良的绿色电源越来越迫切。与镍镉电池、金属氢化物电池、铅酸蓄电池等传统电池相比，可充电锂离子电池能量密度大（约为镍镉电池的两倍），循环寿命长，工作电压高（3.6V），环境污染小，已经广泛应用于手机、计算机、便携式电子电器、数码产品等电源，有望成为动力车的理想动力电源。锂离子电池技术是 21 世纪具有战略意义的军民两用技术以及在电子信息、新能源、环境保护等重大技术领域发展中具有举足轻重的地位和作用，这对锂离子电池性能提出了更高的要求，因此对电池材料的开发改进仍然是当前的研究热点[1~5]。

图 12-34 是可充电锂离子电池工作原理示意图。充电时锂从正极氧化物晶格间脱出，通过有机电解液锂离子向负极迁移，嵌入到碳材料负极中，同时电子补偿电荷从外电路供给到碳负极，保证了负极的电荷平衡；放电时则相反，锂从负极碳材料中脱出回到氧化物正极中。充放电过程发生的是锂离子在正负极之间的移动，在正常充放电情况下，锂离子在层状结构的碳材料和氧化物层间的嵌入和脱出，一般只引起层间距的变化，而不会引起晶格结构的破坏。即伴随着充放电的进行，正负极材料的化学结构基本不发生变化，因此从充放电反应的可逆性看，可充电锂离子电池是一个理想的体系。

锂离子电池的充放电反应通常可简单表示为（正向反应为充电过程，逆向反应为放电过程，其中 Me 为过渡金属）：

$$Li_xMeO_2 + 6C \rightleftharpoons MeO_2 + Li_xC_6$$

在充放电过程中，Li^+ 在正负极间嵌入脱出往复运动犹如来回摆动的摇椅，因此这种电池又被称为“Rocking-chair batteries”，即摇椅式电池。锂离子电池正极材料一般选用 $3d^n$ 过渡金属氧化物。常见的有钴氧化物（$LiCO_2$）、镍氧化物（$LiNiO_2$）、锰氧化物（Li_xMnO_2、$LiMn_2O_4$）和磷酸铁锂（$LiFePO_4$）等，其中 $LiCoO_2$ 是目前商业化锂离子二次电池的正极材料。本实验中以所合成的钒氧化物作为正极材料。

商业化锂离子二次电池用能嵌入锂离子的碳材料作为电池负极，为简单化，本实验中采

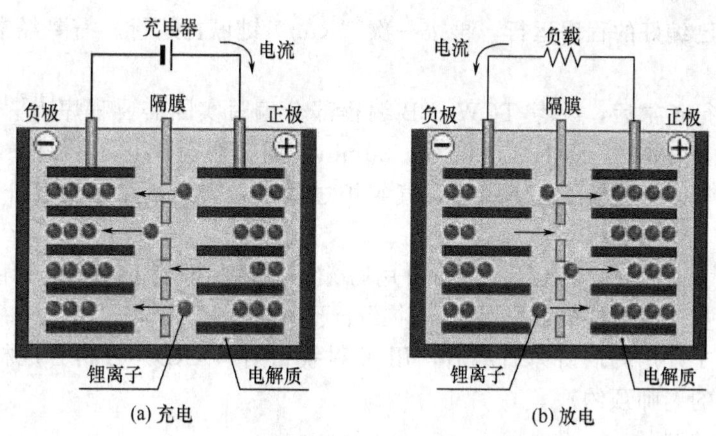

图 12-34　可充锂离子电池工作原理示意图

用的金属锂片作为负极材料，因此不需要制备负极材料。

在锂离子电池中，由于电池单体电压在 3V 以上，而且金属锂非常活泼，与水可发生剧烈反应，传统的水溶液体系不能适应锂电池，需要使用有机电解液体系。在有机溶剂中溶解含有锂离子的电解质构成有机电解液体系。锂离子电池的电解质是含锂离子的盐，如在丙烯碳酸酯（PC）、乙烯碳酸酯（EC）、二甲基碳酸酯（DMC）、二乙基碳酸酯（DEC）等有机溶剂中溶解有锂盐 $LiClO_4$、$LiPF_4$ 或 $LiBF_4$ 构成锂盐有机电解液体系。本实验使用的是溶解有 $1mol \cdot L^{-1}$ $LiPF_4$ 的 EC+DMC（体积比 1∶1）有机电解质溶液。

电池中隔膜的主要作用是离子的导体，并且将电池的正负极隔离以防止电池短路。锂离子电池一般是采用高强度薄膜化的聚烯烃多孔膜。本实验选用厚度为 25μm 的 Celgard2325 型隔膜，即 PP-PE-PP 三层复合聚丙烯薄膜。

三、仪器与药品

（1）仪器　管式气氛炉[注释1]，行星式球磨机[注释2]，真空干燥箱，真空手套箱[注释3]，Land 电池充放电测试系统（与计算机连接），低温试验箱，真空泵，扣式电池封口机，电子天平，粉末压片机，玛瑙研钵，干燥器等。

（2）药品　高压氩气（瓶），NH_4VO_3，$LiOH \cdot H_2O$，$0.1mol \cdot L^{-1}$ NaOH，$0.1mol \cdot L^{-1}$ $H_2C_2O_4$，$1mol \cdot L^{-1}$ $LiPF_6$+EC/DMC（体积比 1∶1）电解液，黏结剂 PVDF，导电炭黑（CABOT），*N*-甲基吡咯烷酮（NMP），Celgard 2325 隔膜，金属锂片，电池壳（CR2025），铝集流片，360 目砂纸等。

四、实验内容

1. 正极材料的制备

（1）按化学计量比 1.1∶3 称取适量的 $LiOH \cdot H_2O$（分析纯）和 NH_4VO_3（分析纯）（共约 6g），用玛瑙研钵充分研磨、使样品混合均匀。（已知相对分子质量：$LiOH \cdot H_2O$ 为 41.964；NH_4VO_3 为 116.98）

（2）将混合均匀的固体粉末分 2 次在粉末压片机上（约 4～5MPa）压制成片，置于盛样方舟中。

（3）用铁丝小钩，将管式气氛炉的一个挡火塞从进口推进约 700mm 处，将第 2 步中盛有样品的方舟推进炉管中心位置，将另一挡火塞推进 250mm，封闭石英管口，缓慢通入经过除湿的干燥空气流。

（4）连接管式气氛炉电源，按“绿色”启动按钮，短按 TCW-32B 温控仪“Run”键一次，设备自动按已编好的程序运行，再按一次“Run”键停止运行。需要经常观察设备运行是否异常。

(5) 设备运行正常后，参考 TCW-32B 编程部分编写实际需要程序[注释1]。本实验要求在 60min 内升温至 400℃，保温 30min 后，30min 内再升温至 570℃，保温 480min 后关机，并继续通干燥空气。(注意：在使用管式气氛炉过程中，需经常注意观察升温及热源变化，要确保安全!)

(6) 在干燥气氛下冷却至室温后取出，并用玛瑙研钵研磨，得到正极活性材料 ($Li_{1.1}V_3O_8$)。

(7) 将第 6 步所得材料装入样品袋，并置于干燥器中备用。

(8) 将其中 1 片用玛瑙研钵研磨后，用 X 射线衍射 (XRD) 分析合成材料的结构 (需与实验教学中心的老师预约)。

2. 正电极片的制备

(1) 称取电极样品。按质量比 85∶10∶5 称取正极活性材料、导电炭黑和黏结剂 PVDF。

(2) 球磨混合制浆。将上面第 (1) 步合成的正极材料烧结片用玛瑙研钵研磨，再与上述添加剂一起按计算量加入球磨罐中，加入 10～15 粒大小不等的玛瑙球，再加适量的 *N*-甲基吡咯烷酮 (NMP) 使浆液稀稠度适中，采用 QM-ISP04 型行星式球磨机，以 $250r \cdot min^{-1}$ 的速度球磨混合 60min，制成具有一定黏度适合于涂膜的浆液。

(3) 准备集流片。剪取直径为 1.5cm 的小圆铝片，用 $360^{\#}$ 砂纸粗糙化 (约 10MPa) 后，依次在 $0.1mol \cdot L^{-1}$ NaOH 和 $0.1mol \cdot L^{-1}$ $H_2C_2O_4$ 中超声波清洗 5～10min (注意：清洗时铝片不能重叠在一起) 后取出，在 50～60℃下干燥 1～2h，并每片称重分别摆放在事先做好并带有标记的纸袋上。

(4) 预先用专用剪刀剪好隔膜备用 (注意：隔膜要比电极片大，不要用手拿；专用剪刀不能用于剪其它物品)。

(5) 涂布。用玻璃棒将浆液均匀地涂覆在处理后的铝片上，膜面尽量平整，纹理尽量一致。

(6) 干燥电极片。将涂布后的电极片在 120℃下烘干 4h 以上。

(7) 压片。将干燥后的电极片趁热在压片机上压片成型 (约 3MPa)。

(8) 称重。称重电极片后将电极片放在纸袋中，并计算所涂实际正极活性物的质量。

(9) 烘干备用。将称重后的电极片烘干。把要送入手套箱中的所有材料准备好放在盘中，如电池壳、隔膜、电极片、滴管、镊子、卫生纸等，100℃干燥 2h 后待送入手套箱中组装电池。

3. 电池的组装及测试

(1) 将烘干后的正极电极片、电池壳、隔膜等送入手套箱中 (具体操作步骤由老师指导进行)。

(2) 以步骤 2 中自制的电极片为正极，锂片为负极，Celgard 2325 为隔膜，$1mol \cdot L^{-1}$ $LiPF_6$+EC/DMC (体积比为 1∶1) 为电解液。将正极片、隔膜、电解液、负极片依次放入电池底壳中。

(3) 盖上电池壳，擦干电池外壳残余电解液，涂上真空油脂密封，将电池分别放入各自纸袋中。

(4) 把电池等材料移出手套箱，用电池封口机将电池加压 (约 3MPa) 密封，擦去真空油脂，并测其开路电压。

（5）将密封好的电池连接到蓝电电池测试系统上，在室温下及 2.0～4.2V 间测试电池性能。预先编好充放电程序，输入活性物质量。测试条件为：先静置 10min，0.2C 恒流充电至 4.2V，再 4.2V 恒压 1h，静置 10min；0.2C 恒流放电至 2.0V，静置 10min，循环 10 次停止（理论容量按照 280mA·h·g^{-1} 计算）。

（6）控制低温试验箱温度为－10℃，将步骤（5）实验的锂电池放入试验箱 2h 后进行 1 次充放电循环。

五、数据记录与处理

（1）将实验数据列成表格，并标注条件。

（2）标出 XRD 图中各个峰所对应的晶面，通过对比 XRD 实验数据和标准图谱判断合成材料属何种物质和结构。

（3）选择 2～3 个循环数据，以电压为纵坐标，充放电比容量为横坐标，绘出电压-比容量变化曲线。

（4）以放电比容量为纵坐标，以循环次数为横坐标，观察电池循环过程的容量衰退情况。

（5）绘出－10℃时电池的电压-比容量充放电曲线，比较温度变化对锂电池容量的影响。

六、问题与思考

（1）比较不同循环所得电压-容量曲线有何差异？说明原因。

（2）为什么把测试电压范围限制在 2.0～4.2V？

（3）做好本实验的关键是什么？

七、注释

［1］ 管式气氛炉。本实验所用的正极钒氧化物正极材料是在管式气氛炉中用高温固相法合成的，其升降温过程由 TCW-32 系列精密数显智能温控仪控制。

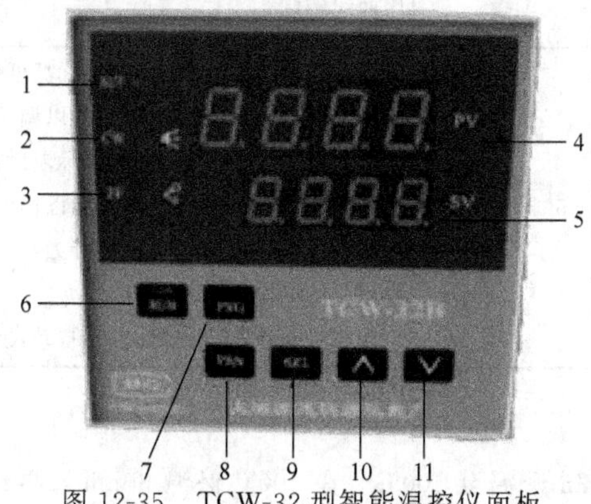

图 12-35　TCW-32 型智能温控仪面板

1—自整定指示灯；2—超温报警指示灯；3—输入信号接反指示灯；4—显示测量值；5—显示各种功能参数；6—运行指示灯；7—编程区开关；8—组合功能键；9—选择键；10,11—当前参数增减操作键

图 12-35 是 TCW-32 型智能温控仪面板，有编程功能，程序的运行/停止/参数修改可直接在程序运行中操作，最多可允许编制 50 段工艺曲线，每段具有四个参数，其显示格式如下：

P V	00 Γ	前两位显示段号(0～50),第三位暗,第四位显示Γ表示该段起始设定温度
S V	0000	Γ的设定数值(0～9999),单位℃
P V	00 t	前两位显示段号(0～50),第三位暗,第四位显示t表示该段时间设定
S V	0000	t的设定数值(0～999),单位 min

PV	00 U	前两位显示段号(0～50),第三位暗,第四位显示U表示该段功率偏置值
SV	0000	U的设定数值(－50%～＋50%)
PV	00 F	前两位显示段号(0～50),第三位暗,第四位显示F表示该段功率限幅值
SV	0000	F的设定数值(0～100%)

其中r为该段的起始设定温度，t值表示该段运行时间，U、F参数则是该段在运行过程中用以改善控制品质的参数。各参数功能介绍如下：

参数代号	概念	设置范围	说　明
r	当前程序段起始运行温度	0～9999℃	①第 N 段的r值既是该段的起始运行温度值,同时又是该段前一段(即 $N-1$ 段)的末点运行温度值($N=0\sim49$) ②仪表根据设定r值自动判别当前段的控温趋势。如当前段的r值小于后一程序段的r值,则当前段为升温段;反之为降温段,如当前段的r值等于后一段的r值,则当前段为恒温段
t	当前程序段运行时间	0～999min	①段与段间的t值相互独立,若某段的运行时间已达到该段的设定时间值,程序将自动转入到下一程序段运行 ②若某段t=0,则约定该段为结束段,当程序执行到此段,仪表便会自动关闭输出并停止运行 ③若某段t=1,则约定该段为恒温段,即除非人为关机,否则仪表将一直处于恒温状态 ④若某段需运行的时间＞999min,可把此段分成两段或多段进行程序曲线编制
U	功率偏置参数	－50%～＋50%	①在程序运行过程中,如实际温度值总是大于设定温度值,则仪表输出功率偏大,可通过减小U值加以调整 ②在程序运行过程中,如实际温度值总是小于设定温度值,则仪表输出功率偏小,可通过增加U值加以调整 ③在程序结束段,如U值设置为 0,则仪表在程序运行结束时,会自动发出 30s 报警动作 ④仪表在执行自整定时,将自动设置各段U值

举例说明程序编制步骤：

工艺要求从室温经过 60min 升温至 400℃，在 400℃保温 30min，再经过 30min 升温至 570℃，在 570℃保温 480min 关机。

① 根据工艺要求，编制工艺曲线（横坐标为时间，纵坐标为温度）。

② 根据所编制的曲线，用表格列出各曲线段相应参数的设定值。

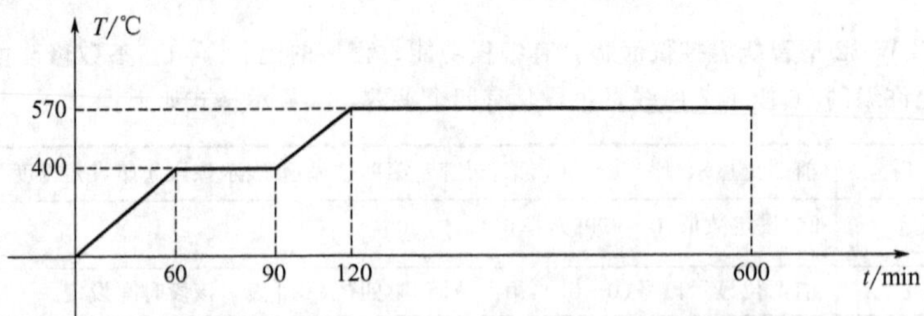

本实验实际合成正极材料的升温程序如下：

段号	Γ	t	U	F	说　明
00	25	60	根据实际升温情况人为设置：－20％	根据系统设备的最大工作电流设置为：100％	60min 内从 25℃上升到 400℃
01	400	30			400℃保温 30min
02	400	30			30min 内从 400℃上升到 570℃
03	570	480			570℃保温 480min
04	570	0			t=0 程序结束段，程序运行至此段自动关闭输出

③ 进入编程区：在非编辑状态下，按 7 “PRG” 进入仪表程序曲线编程区，同时选择第 00 段的温度参数Γ，并从此参数开始设置。

④ 参数设定：通过按 9 “Set” 选择相应的编程参数，并依照第②步中的上面表格，把表格里的参数值与仪表相应编程参数一一对应设置。

⑤ 退出编程区：编辑参数设定完毕后返回第 00 段，需要再按 7 “PRG” 才能退出编程区。

⑥ 程序运行：按下“绿按钮”接通主电源，按 6 “Run” 开始执行程序。

[2] 星式球磨机。图 12-36 是行星式球磨机原理示意图，取名于其球磨罐的运动类似于行星。本实验行星式球磨机最高转速可达到 $600r \cdot min^{-1}$，最小出料粒度可小至 0.1μm。球磨罐安放在一个旋转的支撑底盘上，当底盘旋转时（公转），带动球磨罐绕自己的中心轴旋转（自转），从而形成行星运动。由于公转及自转的作用，使得磨球和磨料在二维离心力的作用下相互撞击，粉碎、研磨、混合样品。

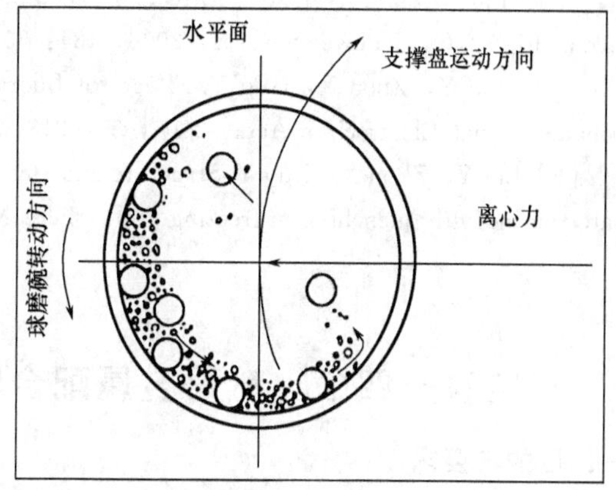

图 12-36　球磨罐中球磨行为示意图

[3] 真空手套箱。本实验所用试样对氧及水非常敏感，需要在真空手套箱中相对无氧、无水的惰性气体环境下操作。本实验所用真空手套箱为南京大学仪器厂生产。图 12-37 是真空手套箱示意图，主要由主箱体、前级室两部分组成。主箱体上有两个手套操作接口，分布在箱体的前边。箱体的前面有观察窗，操作者可以清楚地观察到箱体内的操作过程。操作箱上有两个阀门，阀门内外都接有水嘴，通气可由此接入。前级室是主箱体与室外的过渡，由两个密封门、两个阀门和一个室体组成。内外两个门能够有效地隔绝主箱体与外界的联系，使得箱体内外的东西能够比

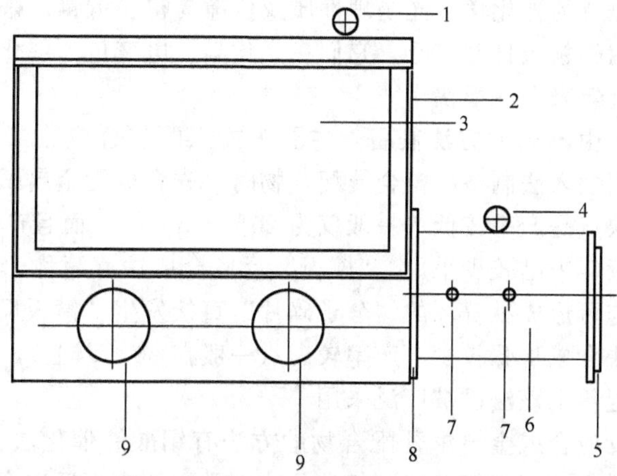

图 12-37　真空手套箱示意图

1—主箱体真空表；2—主箱体；3—观察窗；4—前级室真空表；5—前级室外密封门；6—前级室；7—阀门；8—前级室内密封门；9—手套操作接口

较容易进出。

抽真空前，先打开前级室内密封门 8，然后关上手套接口 9 上的压盖、所有阀门和前级室外密封门 5。将所有手套接口上的抽气口用真空橡皮管联结起来，接到一个阀门上，并打开该阀门，使抽气时箱体和手套内同时抽真空。将真空泵接到前级室的一个阀门上，打开该阀门就可以抽真空了。抽完真空后，先关阀门再关真空泵，然后向箱体内充惰性气体，使箱体内外压力平衡。关掉连接手套的阀门，取下手套接口上的压盖就可以使用了。

在手套箱使用过程中要将东西放入或拿出主箱体时，将前级室内密封门关上，打开前级室外密封门，将所需的东西放入，然后关上外门，利用前级室上的两个阀门进行抽气和充气。当主箱体和前级室的压力平衡后，打开前级室内门，将所需东西放入主箱体。

八、参考文献

[1] Masataka W. Recent developments in lithium ion batteries. Materials Science and Engineering，2001，33 (4)：109-134.

[2] Suryanarayana C. Mechanical alloying and milling. Progress inMaterials Science，2001，46：1-184.

[3] LiuY，Zhou X，Guo Y. Effects of reactant dispersion on the structure and electrochemical performance of $Li_{1.2}V_3O_8$. J Power Sources，2008，184：303-307.

[4] Liu Y，Zhou X，Guo Y. Effects of fluorine doping on the electrochemical properties of LiV_3O_8 cathodematerial. Electrochim Acta，2009，54：3184-3190.

[5] Liu Y，Zhou X，Guo Y. Structure and electrochemical performance of LiV_3O_8 synthesized by solid-state routine with quenching in freezing atmosphere. Materials Chemistry and Physics，2009，114：915-919.

（郭永榔）

实验一四〇　酞菁金属配合物的合成及其光物理性质测定

一、目的与要求

(1) 通过无水正戊醇的制备，掌握常用的试剂提纯方法。

(2) 通过金属酞菁配合物的制备，掌握配合物制备中的无水、无氧操作技术和大环配合物的模板合成方法。

(3) 熟悉光物理性质的基本测试技术。

二、实验原理

酞菁配合物以其独特的光化学、光物理性质及价廉易得、低毒、来源丰富等特点越来越引起人们的关注，应用的领域日益广泛。它们在光化学、电变色、催化、导电等方面有着广泛的应用前景，因此近年来发展很快[1,2]。

酞菁金属配合物可由不同的方法制备，主要为插入配位合成法（简称插入法）和“模板”反应合成法。采用插入法制备酞菁金属配合物时，先合成无金属酞菁，后再与金属盐反应制得。这类方法的缺点是产率较低（一般仅为 20%～30%），而且产物中常混有无金属酞菁，不易分离纯化，近年来已较少采用。“模板”反应合成法（简称“模板”法）是以中心金属作为“模板剂”与可形成酞菁环的“分子碎片”直接发生“模板反应”制得金属酞菁配合物的方法。这种方法合成步骤较少、产率较高（一般在 30%以上），产物中无金属酞菁含量较低，较易提纯。近年来该法已被广泛采用[3~5]。

常见的“模板”反应合成金属酞菁配合物的方法有钼酸铵催化法、惰性溶剂法和 DBU (1,8-二氮杂二环［5.4.0］十-碳烯-7）液相催化法。常用的模板反应合成方法如图 12-38 所示。其中，R^1、R^2、R^3、R^4 可以是氢原子或其它取代基，如羧基、酰胺基、氰基、硝基、磺酸基、卤素、烷氧基等。

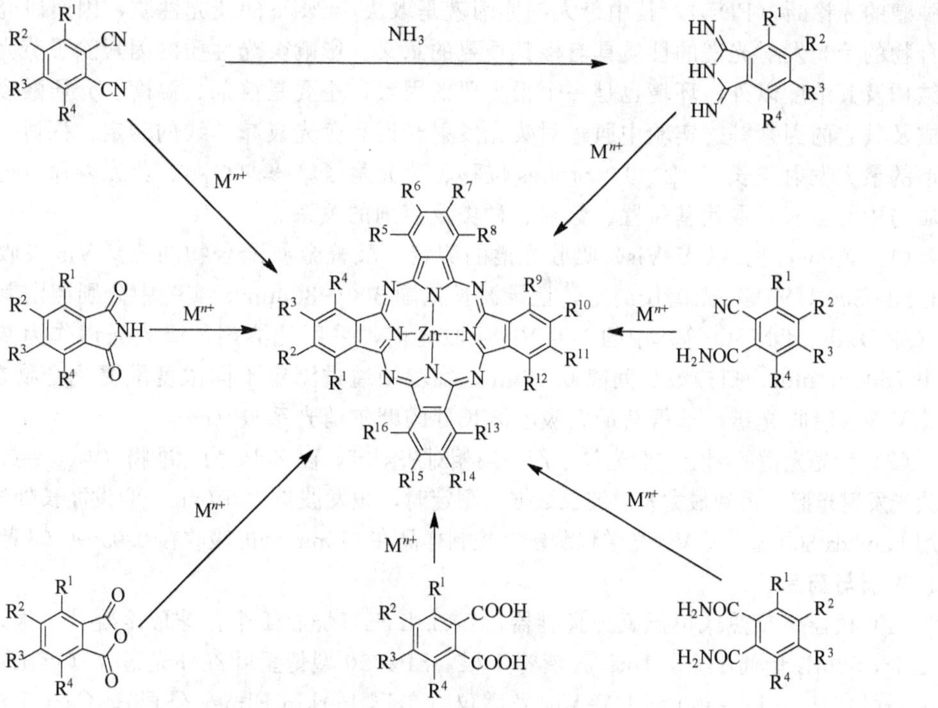

图 12-38 “模板”反应合成法示意图

本实验是采用 DBU 液相催化法制备无取代酞菁锌和无取代酞菁铜，所用原料为金属盐［无水 $Zn(CH_3COO)_2$ 和无水 CuCl］、邻苯二甲腈和正戊醇，并以 DBU 为催化剂。

无取代酞菁金属配合物的溶解性相对较差，而它们的前驱物邻苯二甲腈的溶解性则较好，因此，通过适当的溶剂洗涤所合成的粗产物可达到提纯无取代酞菁金属配合物的目的。

经纯化的金属酞菁配合物通过元素分析、电子吸收光谱、红外光谱等确认其组成和结构。

过渡金属酞菁配合物的电子吸收光谱有三种类型的电子跃迁所产生的吸收带，即：①d-d 跃迁吸收带；②荷移跃迁吸收带；③配体内部电子跃迁吸收带。在金属酞菁配合物中由于配体内部电子跃迁吸收带覆盖了 d-d 跃迁和荷移跃迁带，因此，我们所能看到的是酞菁在金属酞菁配合物中的电子跃迁吸收带。根据量子化学的理论处理，金属酞菁的能级如图 12-39 所示。酞菁的电子吸收光谱主要有 Q 带和 B_1、B_2 带。由于 B_2 带能级过高，通常的紫外-可见光谱仪观测到的是 Q 带和 B_1 带，其能量分别为 $3.67\times10^5 J\cdot mol^{-1}$ 和 $1.74\times10^5 J\cdot mol^{-1}$。一般金属酞菁配合物的 B_1 带在 300～350nm，Q 带约为 600～700nm，这两个特征吸收峰都是由于酞菁配体环上的 π 电子跃迁引起的。Q 带是由酞菁 π 电子的 $a_{1u}(\pi)$-$e_g(\pi^*)$ 跃迁形成的，B 带是由 $a_{2u}(\pi)$-$e_g(\pi^*)$ 和 $b_{2u}(\pi)$-$e_g(\pi^*)$ 跃迁产生。通常人们最关心的是 Q 带，其位置与中心金属及周环取代基团的种类、位置、数目以及分子间的聚集形态等因素密切相关[6]。

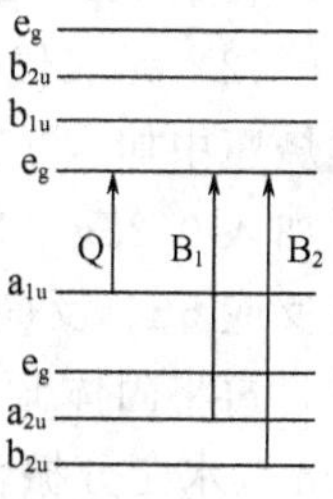

图 12-39 酞菁的分子轨道示意图

酞菁配合物具有发射荧光的性质，其荧光光谱的发射波长位于其 Q 带附近，两者之差为斯托克位移（Stoke's shift），且荧光光谱与 Q 吸收光谱带呈大致的镜像关系。作为一种优良的长波发射荧光试剂，酞菁荧光光谱近年来在光动力治疗、环境化学荧光探针等领域受到广泛注意。而在光动力治疗中，酞菁金属配合物可以作为肿瘤光诊断剂，如肿瘤的光定位或肿瘤的光诊断（PDD），其中最大的原因就是取决于 MPc 的荧光性质，因而研究酞菁金属配合物的荧光发射光谱的性质具有极其重要的意义。影响荧光性质的因素除了荧光物质的本身结构及其浓度以外，环境也是一个很重要的因素，主要是溶剂、温度、介质酸度、氢键的形成及其它的因素等。实验中通过对荧光发射光谱和荧光衰减曲线的测定，探讨了荧光发射光谱的最大发射波长（λ_{max}^{em}）、Stokes 位移、荧光量子产率（Φ_F）、荧光寿命（τ_s）等荧光性质与中心金属、取代基位置、数目、种类及溶剂的关系。

（1）紫外-可见（UV-Vis）吸收光谱的测定　酞菁金属配合物的 UV-Vis 吸收光谱采用 Lambda-800 UV-Vis 光谱仪测定，记录波长范围 300～800nm。实验中分别测定其在不同溶剂（如 DMF、DMSO 等）中的 UV-Vis 吸收光谱，采用纯溶剂的吸收光谱作为基线，记录速率 750nm/min，扫描波长间隔 0.02nm。实验中通过测定不同浓度酞菁化合物在 DMF 中的 UV-Vis 吸收光谱，求得其最大吸收波长处的摩尔消光系数（ε）。

（2）荧光光谱的测定　荧光量子产率用相对法测定，以 ZnPc 为标准物（$\Phi_{ZnPc}=0.32$），测定其荧光发射光谱，得到最大发射波长数据。测定时，激发波长为 610nm，激发波长处样品的吸光度用 Lambda 800 型 UV-Vis 光谱仪测定（控制样品在 610nm 处的吸收在 0.03～0.05 范围内）。

三、仪器与药品

（1）仪器　集热式恒温磁力搅拌器，100mL 三口烧瓶 1 个，球形冷凝管 1 根，25mL 量筒 1 个，50mL 量筒 1 个，1mL 移液管 1 根。SP2000 型傅里叶红外光谱仪（英国 Perkin-Elmer 公司）、Lambda-800 型 UV-Vis 光谱仪（美国 Perkin-Elmer 公司）、Cary Eclipse 荧光光谱仪（Varian Australia Pty 有限公司）。

（2）药品　$Zn(CH_3COO)_2 \cdot 2H_2O$(AR)，CuCl(AR)，正戊醇（AR），邻苯二甲腈（AR），DBU(AR)，甲醇（AR），丙酮（AR），*N*,*N*-二甲基甲酰胺（DMF，AR），二甲亚砜（DMSO，AR），纯氮，无水 K_2CO_3。

四、实验内容

1. 无取代酞菁锌的制备与纯化

（1）无水正戊醇及无水醋酸锌的制备　无水正戊醇用无水 K_2CO_3 干燥 24h，过滤，分馏，收集 137～138℃馏分，密封保存。将醋酸锌在 105℃烘干 5h，可得无水醋酸锌[7]。

（2）无取代酞菁锌的制备与纯化　在带有磁力搅拌、回流和氮气保护装置的 100mL 三口烧瓶中加入 15mL 新蒸的无水正戊醇和 0.31g（2.4mmol）的邻苯二甲腈，搅拌至溶解，再加入 0.22g（1.2mmol）的无水 $Zn(CH_3COO)_2$ 和 1mL DBU。氮气保护下恒温 150℃回流反应 5h。反应结束后，冷却至室温，往混合物中加入 30mL 的甲醇溶液，静置过夜，抽滤，再将固体倾入 30mL 的甲醇中，搅拌，抽滤，重复步骤至滤液接近无色为止。然后加入 60mL 水充分振荡后，抽滤，重复两次。将产物用丙酮回流 2～3h。105℃下恒温干燥，称量（固体记为 ZnPc，Pc 表示酞菁）。

2. 无取代酞菁铜的制备与纯化

在带有磁力搅拌、回流和氮气保护装置的 100mL 三口瓶中加入 15mL 新蒸的无水正戊醇和 0.31g（2.4mmol）的邻苯二甲腈，搅拌至溶解，再加入 0.11g（1.2mmol）的无水 CuCl 和 1mL DBU。在氮气保护下 150℃恒温回流反应 5h。反应结束后，冷却至室温，往混合物中加入 30mL 的甲醇溶液，静置过夜，抽滤，再将固体倾入 30mL 的甲醇中，搅拌，抽滤，重复操作至滤液接近无色为止。然后加入 60mL 水充分振荡后，抽滤，重复两次。将产物用丙酮回流 2～3h，105℃下恒温干燥，称量（固体记为 CuPc）。

3. 酞菁金属配合物的表征

(1) 元素分析（C，H，N）。

(2) 以 DMF 和 DMSO 为溶剂，测定样品的紫外-可见吸收光谱。

(3) 以 KBr 压片法，测定样品在 $4000 \sim 400cm^{-1}$ 范围内的红外光谱图。

4. 光物理性质测定

(1) UV-Vis 吸收光谱的测定。分别测定所合成酞菁配合物在不同溶剂（DMF，DMSO）中的 UV-Vis 吸收光谱，讨论中心金属、溶剂等因素对 Q 带 λ_{max} 和 ε 的影响。

(2) 荧光光谱的测定。通过测定酞菁金属配合物在 DMF 溶液中的荧光发射光谱，讨论中心金属对酞菁金属配合物最大发射波长、荧光量子产率等的影响。

五、数据记录与处理

(1) 红外谱图数据。在金属酞菁配合物中，都有一个中强峰出现在 $1330cm^{-1}$ 左右，这是酞菁配合物的 C—N 伸缩振动吸收引起的，在 $1600cm^{-1}$、$1470cm^{-1}$ 左右出现酞菁环的振动吸收峰，根据此峰的出现可以判断酞菁环的形成。根据所得的红外谱图，指认金属酞菁配合物的特征吸收峰，并分析金属酞菁配合物与酞菁透射比的变化规律。

(2) UV-Vis 吸收光谱。酞菁金属配合物的摩尔消光系数（ε）的计算是根据朗伯-比尔定律，计算公式见式(12-23)。通过测得不同浓度酞菁溶液的吸光度，以吸光度（A）和浓度（c）作图获得线性关系，其斜率值即为 ε。

$$\varepsilon = \frac{A}{lc} \tag{12-23}$$

式中，ε 为 MPc 的摩尔消光系数；A 为溶液的吸光度；l 为光程（1cm）；c 为 MPc 的浓度。

根据电子吸收光谱，分析中心金属不同以及溶剂不同时金属酞菁配合物吸收峰的移动。

(3) 荧光光谱。荧光量子产率（Φ_F）、荧光衰减速率常数和荧光寿命是一个酞菁金属配合物激发态的固有性质，而荧光强度 F 不是激发态的固有性质，它随物质所吸收的光强及激发光波长而改变，其关系式为

$$F = \Phi_F I a = \Phi_F I_0 (1 - e^{-2.303\varepsilon cl}) \tag{12-24}$$

式中，I_0 为入射光强度；ε 为摩尔消光系数；c 为浓度；l 为光程长度。在只有小部分光被吸收时，式(12-24) 可以简化为

$$F = \Phi_F I_0 \times 2.303\varepsilon cl \tag{12-25}$$

式中，$\varepsilon cl = A$（吸光度）。

利用 ZnPc 的 Φ_F 作为对比值，可以在相同条件下测得它们的荧光强度、吸光度便可求出样品的 Φ_F。荧光量子产率的计算公式如下

$$\Phi_F = \Phi_F(\mathrm{Std}) \frac{F A_{\mathrm{Std}} n^2}{F_{\mathrm{Std}} A n_{\mathrm{Std}}^2} \tag{12-26}$$

式中，Φ_F 为产物的荧光量子产率；$\Phi_F(\mathrm{Std})$ 为标准样 ZnPc 的荧光量子产率；A_{Std} 为标准样 ZnPc 在 610nm 处的吸光度；F_{Std} 为标准样 ZnPc 的荧光光谱的面积；A 为产物在 610nm 处的吸光度；F 为产物的荧光光谱的面积；n 为溶解样品所用溶剂的折射率；n_{Std} 为溶解标准样 ZnPc 所用溶剂的折射率。

根据所测得的荧光光谱，分析中心金属对荧光最大发射波长、荧光量子产率等的影响。

(4) 将元素分析结果填入下表中。

项　目	计 算 值			实 验 值		
	w(C)/%	w(H)/%	w(N)/%	w(C)/%	w(H)/%	w(N)/%
ZnPc						
CuPc						

六、问题与思考

（1）总结酞菁金属配合物的合成及提纯中应该注意的问题，分析中心金属、溶剂等对酞菁金属配合物光物理性质的影响规律。

（2）用甲醇，水和丙酮处理粗产品时，主要除去哪些杂质？

（3）为什么要用新蒸的正戊醇，正戊醇的作用是什么？

七、参考文献

[1] McKeown N B. Phthalocyanine materials：synthesis，structure and function. Cambridge：Cambridge University Press，1998.

[2] 沈永嘉. 酞菁的合成与应用. 北京：化学工业出版社，2000.

[3] Tomoda H，Saito S，Shiraishi S. Synthesis of metallophthalocyanines from phthalonitrile with strong organic bases. Chem Lett，1983，12（3）：313-316.

[4] Oliver S W，Smith T D. Oligomeric cyclization of dinitriles in the synthesis of phthalocyanines and related compounds：the role of the alkoxide anion. J Chem Soc，Perkin Transactions，1987，10（11）：1579-1582.

[5] Hu M，Brasseur N，Yildiz S Z. Hydroxyphthalocyanines as potential photodynamic agents for cancer therapy. J Med Chem，1998，41（11），1789-1802.

[6] Schutte W J，Sluyters-Rehbach M，Sluyters J H. Aggregation of an octasubstituted phthalocyanine in dodecane solution. J Phys Chem，1993，97（22）:：6069-6073.

[7] Perrin D D 等著，时雨译. 实验室化学药品的提纯方法. 第 2 版. 北京：化学工业出版社，1987.

（刘见永，薛金萍）

实验一四一 一种磷钼酸盐 $(2,2'\text{-bipyH})_3(PMo_{12}O_{40})$ 的合成与热微扰下二维相关光谱研究

一、目的与要求

（1）掌握红外光谱及其应用。

（2）掌握二维相关光谱原理及应用。

二、实验原理

钼酸盐是一类极其重要的金属氧簇化合物（POM）。由于 MoO_6 八面体连接方式多种多样，使钼酸盐具有十分丰富的结构化学特征，它可构成一维链状、二维层状和三维网格状的孔道结构。结构多样化和钼的可变价性使其在催化、离子吸附、阳离子交换、电子导体、抗病毒等领域有潜在的应用前景[1]。钼的金属氧簇阴离子通常会与其它非金属原子结合形成杂多酸，钼的杂多酸的种类很多，磷钼酸是其中较为重要的一种。磷钼酸盐结构繁多，其中钼通常采用 MoO_6 八面体配位，磷原子采用 PO_4 四面体配体；PO_4 四面体与 MoO_6 八面体共顶点相连，MoO_6 八面体间可以通过共顶点、共棱甚至共面等方式连接在一起，形成分离型、一维链状、二维层状和三维骨架型磷钼酸盐。如 α-Keggin[2] 结构 $[PMo_{12}O_{40}]^{3-}$，它是由 4 组三个八面体即三金属簇 Mo_3O_{10} 和一个 PO_4 四面体构成的，如图 12-40 所示。磷原子与 4 个氧原子配位，形成一个四面体结构，在晶体结构中，12 个 Mo 原子每三个之间共用一个氧原子形成四个三金属氧簇 Mo_3O_{13}，在同一金属氧簇内通过共边相连，而在不同三金属氧簇之间通过共顶点相连。每个 Mo 原子与 6 个 O 原子形成八面体结构，共有四种 Mo—O 键，即 $M{=}O_d$（八面体的端氧）键、$M—O_b$（属不同三金属簇 M_3O_{13} 共用氧）键、$M—O_c$（属同三金属簇 M_3O_{13} 共用氧）键和 $M—O_a$（四面体氧）键。

对于 POM 的表征方法常用的有：红外光谱和拉曼光谱、电子光谱、电化学方法、热重分析、核磁共振、元素分析等。这里主要介绍红外光谱和拉曼光谱。

红外光谱和拉曼光谱可能是用来表征 POM 的最常用的手段，用它可以鉴别多阴离子等，特征峰出现在 IR 的指纹区 $700 \sim 1100 cm^{-1}$。一般文献认为各键的反对称伸缩振动频率为：P—O_a $1064cm^{-1}$，Mo$=O_d$ $964cm^{-1}$，Mo—O_b—Mo $890 \sim 850cm^{-1}$，Mo—O_a—Mo 和 Mo—O_c—Mo $800 \sim 760cm^{-1}$。当要确证是否合成了目标化合物时，可通过其与标准 IR 对照。但由于磷钼酸结构类型丰富，一维 IR 不易区别，引入二维相关光谱可以大大提高其识别率。

二维相关红外光谱（two dimensional correlation spectroscopy）是通常采用一定的外界微扰（如温度、压力、浓度、磁场等变化）作用在样品体系上，检测并记录样品在激发和后继的弛豫过程中的光谱变化。对在上述外界扰动下获得的随时间变化的动态光谱信号进行数学上的相关分析，从而产生二维红外相关光谱[3]（见图 12-41）。1993 年，它被延伸为广义二维相关光谱，从而具有更一般化的应用条件，并且在算法上也显得更加简单[3]。与通常的谱图比较，二维相关红外谱可以提高谱图分辨率、简化含有许多重峰的复杂光谱，并且可以选择相关的光谱信号鉴别和研究分子内和分子间的相互作用。它是研究官能团动态变化和分子内、分子间相互作用的一种有力手段。正因为如此，近年来广义二维相关红外光谱分析技术得到了迅速发展并受到极大的关注，开始渗透到化学分析、生物学研究、环境、食品、药品及工业品质量管理等不同的研究领域[3~6]。

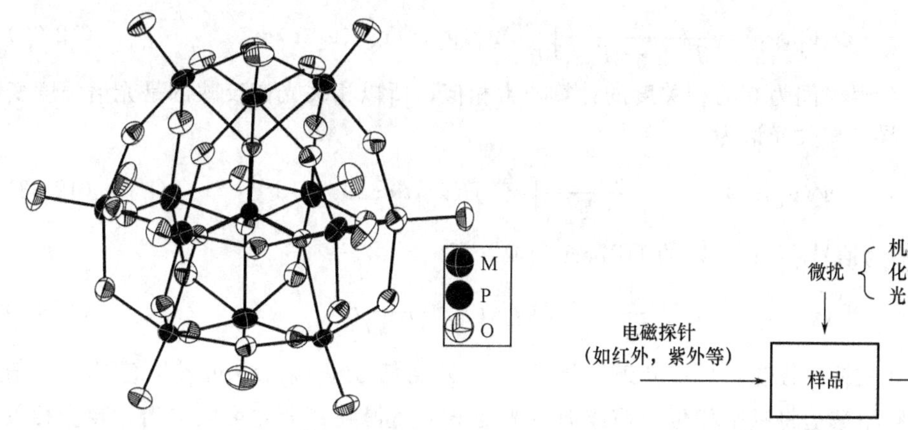

图 12-40　$[PMo_{12}O_{40}]^{3-}$ 簇阴离子结构　　图 12-41　获得微扰下二维相关光谱图解

下面简单介绍广义相关光谱的数学处理过程及谱图的物理意义。

当考虑到系统在某个扰动作用下，在时间 $T_{min} \sim T_{max}$ 之间得到光谱信号 $\tilde{y}(\nu,t)$，其中 ν 为光谱坐标（如红外光谱的波数，拉曼位移，紫外光谱中的波长或 X 射线散射角等）。为了获取二维相关光谱，首先必须计算动态光谱（Dynamic spectroscopy），其定义如下：

$$\tilde{y}(\nu,t)=\begin{cases} y(\nu,t)-\tilde{y}(\nu) & T_{min} \leqslant t \leqslant T_{max} \\ 0 & \text{其它} \end{cases} \tag{12-27}$$

式中，$\tilde{y}(\nu)$ 为参考光谱，虽然它的选择在一定程度上可以是随意的，如有些实际系统可能选择参考光谱为 0，但一般情况选取它为时间平均光谱

$$\tilde{y}(\nu)=\frac{1}{T_{max}-T_{min}}\int_{T_{min}}^{T_{max}} y(\nu,t)\mathrm{d}t \tag{12-28}$$

然后需要对动态光谱进行 Fourier 变换，将它从时间域转换到频率上。Fourier 变换可以展

开如下：

$$\widetilde{Y}_1(\omega)=\int_{-\infty}^{+\infty}\widetilde{y}(\nu_1,t)\mathrm{e}^{-2\pi i\omega t}\,\mathrm{d}t=\widetilde{Y}_1^{Re}(\omega)+i\widetilde{Y}_1^{Im}(\omega) \tag{12-29}$$

式中，$\widetilde{Y}_1^{Re}(\omega)$、$\widetilde{Y}_1^{Im}(\omega)$ 分别是信号 $\widetilde{y}(\nu,t)$ 经 Fourier 变换后的实部和虚部；ω 代表信号的频率成分，类似地，动态光谱的 Fourier 变换共轭为：

$$\widetilde{Y}_2^*(\omega)=\int_{-\infty}^{+\infty}\widetilde{y}(\nu_2,t)\mathrm{e}^{iax}\,\mathrm{d}t=\widetilde{Y}_2^{Re}(\omega)-i\widetilde{Y}_2^{Im}(\omega) \tag{12-30}$$

现在，可以按照下面的公式计算信号 $\widetilde{y}(\nu_1,t)$ 和 $\widetilde{y}(\nu_2,t)$ 的二维相关光谱：

$$X(\nu_1,\nu_2)=\frac{1}{\pi(T_{\max}-T_{\min})}\int_0^{\infty}\widetilde{Y}_1(\omega)\widetilde{Y}_2^*(\omega)\mathrm{d}\omega=\Phi(\nu_1,\nu_2)+i\Psi(\nu_1,\nu_2) \tag{12-31}$$

式中，$\Phi(\nu_1,\nu_2)$，$\Psi(\nu_1,\nu_2)$ 分别为 $X(\nu_1,\nu_2)$ 的实部和虚部，并且它们各自对应动态光谱强度变化的同步和异步相关光谱强度。上面相关光谱公式中的时间也可以用其它的物理量或化学量来代替。

但是，这种通过 Fourier 变换计算二维相关光谱的方法非常烦琐，尤其当动态光谱数目比较大时，Fourier 变换的工作量将变得非常巨大，我们称这种算法为 Fourier 变换法。通常在计算二维相关光谱时采用的另一种方法是 Hilbert 变换法，它不仅比 Fourier 变换更为简单、有效，而且还给出了明确的物理意义[2~4]。在 Hilbert 变换中，同步相关光谱可计算如下：

$$\Phi(\nu_1,\nu_2)=\frac{1}{T_{\max}-T_{\min}}\int_{T_{\min}}^{T_{\max}}\widetilde{Y}_1(\nu_1,t)\widetilde{Y}_2^*(\nu_2,t)\mathrm{d}t \tag{12-32}$$

这与相关分析中延迟时间为 0 的相关度的计算非常相似，所以相关光谱反映的是光谱强度变化的相关程度，异步相关光谱为：

$$\Psi(\nu_1,\nu_2)=\frac{1}{T_{\max}-T_{\min}}\int_{T_{\min}}^{T_{\max}}\widetilde{y}(\nu_1,t)\widetilde{z}(\nu_2,t)\mathrm{d}t \tag{12-33}$$

式中，$\widetilde{z}(\nu_2,t)$ 为信号 $\widetilde{y}(\nu_2,t)$ 的 Hilbert 变换，即

$$\widetilde{z}(\nu_2,t)=\frac{1}{\pi}\int_{T_{\min}}^{T_{\max}}\widetilde{y}(\nu_2,t)\times\frac{1}{t'-t}\mathrm{d}t' \tag{12-34}$$

根据 Hilbert 变换的性质，可以知道信号 $\widetilde{z}(\nu_2,t)$ 与信号 $\widetilde{y}(\nu_2,t)$ 正交，它相当于信号 $\widetilde{y}(\nu_2,t)$ 在频率域上将频率相位向前或向后改变 $\pi/2$ 而得到。由此可以看出，异步相关光谱反映了一个光谱坐标处强度变化和另一处强度变化的正交量之间的相关性，如果两处的强度变化完全不同或正交，那么在异步相关光谱中它们之间会出现极大值，所以异步相关光谱反映的是谱线强度变化的非相似程度。

图 12-41 显示了由动态光谱得到的二维同步和异步相关光谱的等高线图（被细点填充的峰为负峰）。下面分别对同步和异步相关光谱的特征和谱图的解析作简要说明[3,7,8]。

同步相关光谱关于对角线（图 12-42 中的虚线）对称。位于对角线上的峰称为自相关峰，如图 12-42(a) 中有 A～D 四个自相关峰，自相关峰对应着光谱强度变化的自相关函数，所以自相关峰的强度永远是正的；自相关峰强度的大小代表光谱强度在扰动作用下的涨落程度，这在一定程度上也说明外部扰动对不同的官能团影响的大小。交叉峰位于对角线外，如图 12-42 (a) 分别在峰 A 和 C 以及峰 B 和 D 之间形成了交叉峰。交叉峰代表了不同位置光谱信号的同步变化，它是由不同基能团振动同时取向产生，它的出现表明基能团之间有很强的相互作用；同步交叉峰可以是正或负的，当两条不同谱线强度变化方向相同时（比如，同时增加或减小），交叉峰为正，而变化方向相反（比如，一个增加，另一个减小），交叉峰为负。

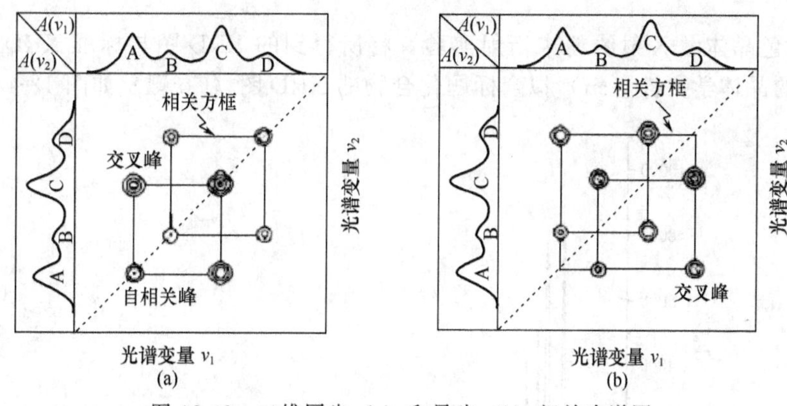

图 12-42　二维同步（a）和异步（b）相关光谱图

异步相关光谱关于对角线反对称。由于异步相关光谱是一个位置的信号和另一个位置 Hilbert 变换信号的相关性分析的结果，而原信号和它的 Hilbert 变换信号是正交的，因此可以预见异步相关光谱没有自相关峰出现在对角线上。异步交叉峰代表了两个不同位置测得的光强变化次序或变化的不同步特征，它仅当光谱强度变化信号的频率成不同位相时才会出现，这一特点在区分不同光谱来源或不同组分形成的重叠峰时特别有效。异步交叉峰的符号可以是负（有阴影的区域的峰）或正的，判断两个波数处光谱强度变化次序的规则为：①当同步相关光谱对应位置的强度为正[$\Phi(\nu_1,\nu_2)>0$] 时，正的异步交叉峰 [$\Psi(\nu_1,\nu_2)>0$] 表示 ν_1 处的强度变化总是先于 ν_2 处的强度变化，而负的表示 ν_1 处的强度变化总是滞后于 ν_2 处的强度变化；②当 $\Phi(\nu_1,\nu_2)<0$ 时，上述的规则正好相反。从图 12-42(b) 中的异步交叉峰可以判断，A 和 C 的光谱强度变化总是先于 B 和 D 的强度变化。

有一点需要说明的是，二维图上振动峰的峰位和一维光谱相比可能存在微小的差异。这主要是因为二维相关光谱中的峰位并不完全代表其真实的偶极跃迁矩，而只代表给定波数所对应的动态信号的纯相角变化造成的。

POM 在催化、离子吸附、阳离子交换、电子导体、抗病毒等领域有潜在的应用前景[1]，有的都已投入应用，但它的作用机理还不清楚，用常规的物理化学方法无法表征催化等动态变化过程，而二维相关红外光谱能很好地将这种动态变化过程的信息表现出来，所以二维相关红外光谱将成为深入研究杂多化合物的一种有力的工具。

本实验根据文献采用水热法合成方法，以磷氧簇阴离子和钼氧簇阴离子为基本构筑单元，合成 $(2,2'\text{-bipyH})_3(PMo_{12}O_{40})$。通过热微扰下的二维相关红外光谱的结构表征新方法，对所合成的化合物的结构与性能进行研究。

三、仪器与药品

（1）仪器　Brucker IR 光谱仪，FT-IR 双试样透射原位谱仪，Minifile Ⅱ 台式 X 射线衍射仪（日本理学）。

（2）药品　MoO_3(AR)，H_3PO_4(AR)，2，2′-bipy(AR)，HCl(AR)，KBr(AR)。

四、实验内容

（1）根据参考文献［2］的方法合成样品。取 MoO_3（0.1g，0.69mmol）、2,2′-bipy（0.1g，0.64mmol）和 H_3PO_4（0.1mL，0.5mol·L^{-1}）溶解于 10mL 蒸馏水中。用 HCl 溶液（1.0mol·L^{-1}）调 pH 至 2.0 左右，搅拌；将所得的混合物移至 30mL 内衬聚四氟乙烯的反应釜中，填充率为 40%。在 200℃下加热 3d 后缓慢降至室温，得到不溶于水的黄色块状晶体。

(2) 取黄色晶体做 X 射线粉末衍射实验，将所得到的 XRD 图与标准 XRD 图比对。根据文献［2］的晶体学文件（cif）拟合标题化合物的 XRD 图（Co 靶）如图 12-43 所示。

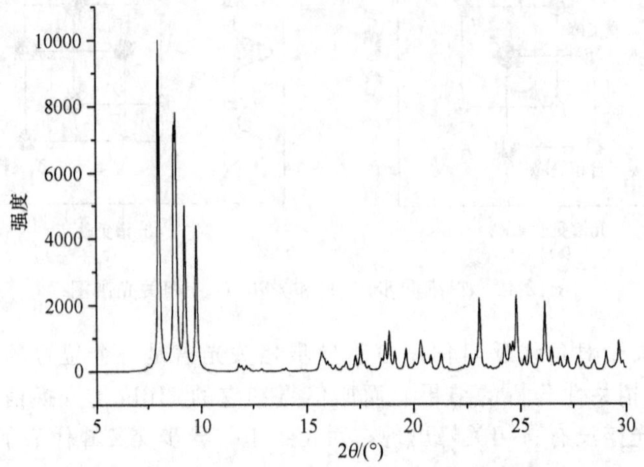

图 12-43 根据 X 射线单晶拟合的标题化合物的 XRD 图

(3) 取 XRD 比对符合的样品晶体，KBr 压片，50～120℃温度下测 IR 动态光谱（步长 10℃）。

五、数据记录与处理

(1) 对样品的一维 IR 光谱进行归属。

(2) 对动态 IR 光谱进行二维相关分析，并对其进行归属。

(3) 对所合成的化合物进行一维红外光谱分析及热微扰下二维红外相关光谱分析。

六、问题与思考

(1) 与一维 IR 相比二维相关 IR 有何优点？试调研相关文献，列举二维相关分析还可应用在哪些方面？

(2) 本实验合成的是一种 Keggin 结构的磷钼酸，试调研相关文献，列举其它类型结构的磷钼酸。

七、参考文献

［1］ Clearfield A. Role of ion exchange in solid-state chemistry. Chem Rev，1988，88：125-148.

［2］ Chen Y P，Wang Y Q，Zhang H H，et al. The study of thermal-induced 2D-COS IR on polyoxomolybdenum（polyoxotungstic）. Journal of Molecular Structure，2008，883：103-108.

［3］ Mori T，Tansho M，Onoda Y，Shi K，Tanaka T. Transport and NMR study of the scandium boron carbide compound Sc2B1. 1C3. 2 with a boron and carbon mixed graphitelike layer. Physical Review B，2000，62：7587-7592.

［4］ Ozaki Y，Sasic S，Tanaka T，Noda I. Two-Dimensional Correlation Spectroscopy：Principle and Recent Theoretical Development. Bulletin Of The Chemical Society Of Japan，2001，74：1-17.

［5］ Sasic S，Morimoto M，Otsuka M，Ozaki Y. Two-dimensional correlation spectroscopy as a tool for analyzing vibrational images. Vibrational Spectroscopy，2005，37：217-224.

［6］ Hamdouchi C，Keyser H，Collins E，et al. The discovery of a new structural class of cyclin-dependent kinase inhibitors，aminoimidazo［1,2-*a*］pyridines. Mol Cancer Ther，2004，3：1-9.

［7］ 程晓丽，霍丽华，高山等. 广义二维相关光谱在红外和拉曼光谱研究中的应用. 大学化学，2003，18：26-30.

[8] 窦晓鸣，袁波，赵海鹰等. 广义二维相关光谱及其在分析领域中的应用. 中国科学，2003，33：449-458.

（陈义平）

实验一四二　可溶性苝酰亚胺染料的固相合成及其超分子聚集行为

一、目的及要求

（1）了解苝酰亚胺染料的合成、结构、应用和发展现状。

（2）了解有机化合物的结构表征的一般方法。

（3）了解有机染料的电子吸收光谱和荧光发射光谱的产生原理和影响因素。

（4）合成一种可溶性苝酰亚胺染料并对其结构进行表征，同时研究其在溶液中的电子吸收光谱和荧光光谱。

（5）探讨苝酰亚胺染料在溶液中聚集的影响因素及规律。

二、实验原理

随着社会的进步及科学的发展，人们对有机荧光材料，特别是有机荧光化合物的研究越来越深入和广泛。目前研究较多的荧光染料母体化合物可分为以下几种：①芳基乙烯和芳基乙炔化合物；②带有环外—C—N 基团的化合物，如甲亚胺和吖嗪类；③五元和六元杂环化合物；④羰基化合物；⑤萘二甲酸衍生物；⑥稠环芳烃及其衍生物。其中，稠环芳烃一般具有较强的荧光，当环的数目较少时，例如苯和萘，最大荧光波长出现在紫外区；随着芳环的增加，它们的最大荧光波长可以进入可见区，如蒽能发出蓝色荧光，并四苯则发出绿色荧光。若芳环的数目进一步增加，它们的荧光光谱就进入红外区。然而，稠环芳烃的荧光量子产率则随着芳环数目的增加而逐渐降低。

在稠环芳烃中，有一类化合物为苝系化合物。苝本身是一个具有强烈荧光的芳香烃化合物，但是苝具有较强的致癌性，所以近年来的研究主要集中于取代的苝四甲酸二酰亚胺[1,2]（简称苝酰亚胺，结构式如图 12-44 所示），后者在溶液或固体中发出强烈的橙红色荧光，并且相对而言，苝酰亚胺的毒性要小很多，是一个较为安全的母体荧光化合物[3～5]。

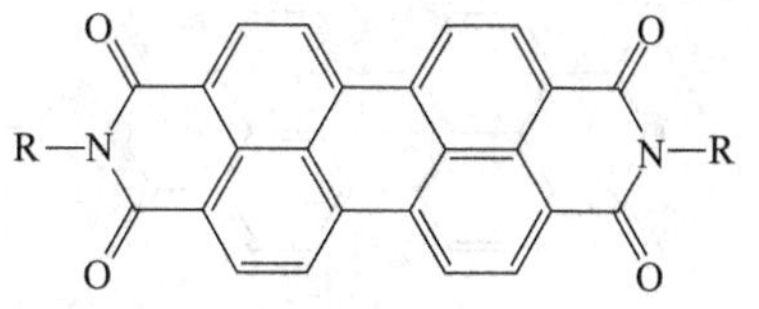

图 12-44　苝酰亚胺的分子结构

但是，由于苝酰亚胺的大环 π 共轭中心，在溶液或固体中容易发生 π-π 聚集从而呈现出不同的颜色和发射不同波长的荧光。如图 12-45(a) 给出了三种不同商业化的染料 PR 178，PR 179 以及 PBI 32 的堆积结构及其外观颜色[6]。众所周知，苝酰亚胺 N 上的取代基对其吸收光谱影响很小，因此颜色变化主要由 π-π 堆积不同产生的。另外，图 12-45(b) 给出了一种燕尾状取代苝酰亚胺不同浓度的荧光光谱，从图可以看出该染料在不同浓度下发射不同的荧光。因此，对苝酰亚胺染料在不同溶剂或介质中的聚集行为的研究是这类荧光染料应用开发的基础。

三、仪器与试剂

（1）仪器　电子天平，恒温磁力搅拌器，柱色谱，旋转蒸发仪，Bruker Avance Ⅲ 400 核磁共振波谱仪，LCQ Fleet 质谱仪，Lambda 900 紫外-可见-近红外光谱仪，FL/FS 920 TC SPC 荧光光谱仪。

（2）药品　苝四羧酸酐，十六烷基胺，咪唑，醋酸锌，HCl（$2mol \cdot L^{-1}$），二氯甲烷，无水 $MgSO_4$。

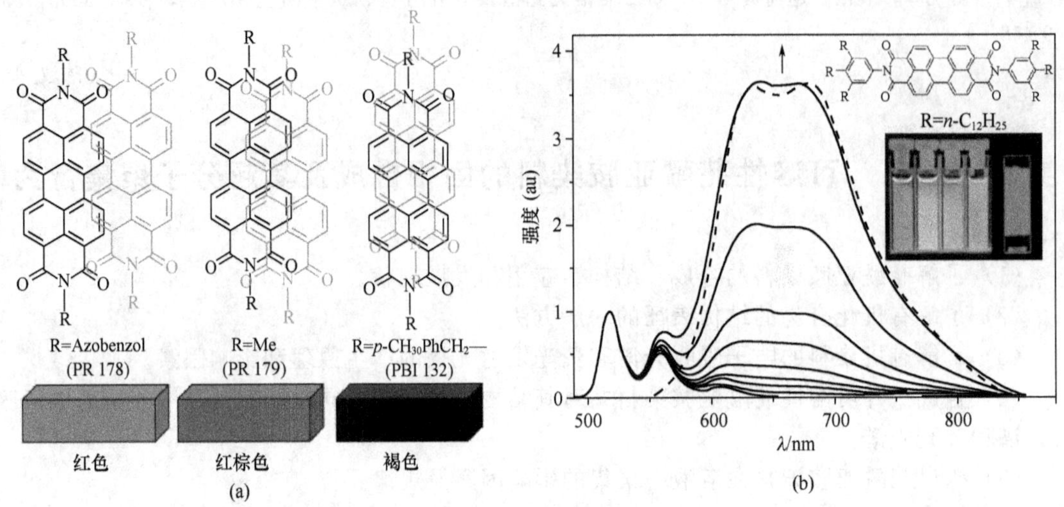

图 12-45 π-π 堆积对苝酰亚胺染料外观颜色（a）和发射荧光（b）的影响

四、实验内容

1. 可溶性苝酰亚胺染料的合成、纯化及其表征

可溶性苝酰亚胺染料的合成反应如图 12-46 所示。在装有回流冷凝装置与磁力搅拌子的 50mL 圆底烧瓶中加入 5mmol 苝四羧酸酐、15mmol 十六烷基胺、催化剂量醋酸锌（约 0.05g）和 5.0g 咪唑，在氮气保护下，控温 150℃反应 10 h。待冷却至室温，加入 10mL $2mol \cdot L^{-1}$ HCl 后，用 10mL 二氯甲烷提取 3 次。合并萃取液，用无水 $MgSO_4$ 干燥，旋转蒸发得到红黑色固体。粗产物经柱色谱分离（SiO_2，CH_2Cl_2），得到纯度较高的产物，并干燥后对其进行核磁、质谱等结构表征。

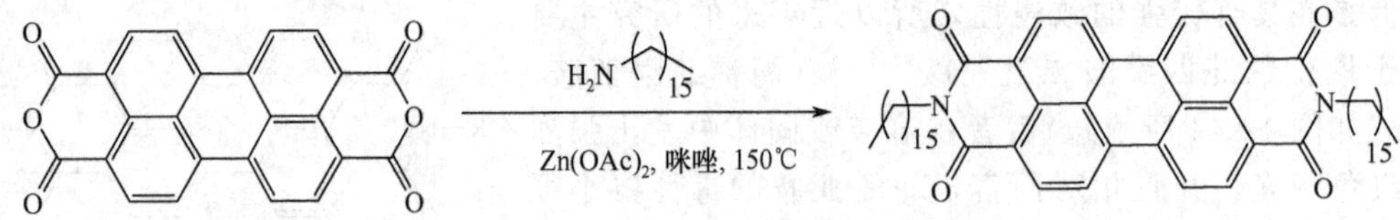

图 12-46 可溶性苝酰亚胺染料的合成

2. 可溶性苝酰亚胺染料在有机溶剂中的聚集行为

称量并配制不同浓度（1.0×10^{-6}、5.0×10^{-6}、10×10^{-6}、50×10^{-6} 和 $100\times10^{-6} mol \cdot L^{-1}$）的苝酰亚胺甲苯溶液，利用紫外可见光谱和荧光光谱，研究其 π-π 聚集行为，并探讨其影响因素和规律。

3. 撰写一篇实验小论文。

五、问题与思考

（1）在合成反应中咪唑的作用是什么？能否用其它试剂替代？

（2）为什么苝酰亚胺染料的浓度对其光谱有影响？试用超分子化学知识解释之。

（3）试探讨苝酰亚胺的结构与其聚集行为的相关性。

六、参考文献

［1］ 徐业伟，朱方华，张林. 苝酰亚胺衍生物的合成及其应用进展. 材料导报，2010，24：79-85.

［2］ 彭必先，林童. 苝四酸二亚酰胺和衍生物化学及其功能性应用的进展. 科学通报，1998，43：1013-1025.

[3] Langhals H. Cyclic carboxylic imide structures as structure elements of high stability. Novel developments in perylene dye chemistry，Heterocycles，1995，40：477-500.

[4] Würthner F. Perylene bisimide dyes as versatile building blocks for functional supramolecular architectures. Chem Comm，2004，1564-1579.

[5] Huang C，Barlow S，Marder S R. Perylene-3，4，9，10-tetracarboxylic Acid Diimides：Synthesis，Physical Properties，and Use in Organic Electronics. J Org Chem，2011，76：2386-2407.

[6] Würthner F，Chen Z，Dehm V，et al. One-dimensional luminescent nanoaggregates of perylene bisimides. Chem Commun，2006，1188-1190.

（林梅金）

实验一四三　多钒酸盐的水热合成及结构表征

一、目的与要求

（1）了解反应条件对多钒酸盐产物的影响。

（2）了解水热反应的制备方法。

（3）了解掌握如何用 X 射线粉末、单晶衍射及常用光谱方法表征化合物。

二、实验原理

水热与溶剂热合成是无机合成化学的一个重要分支[1]。水热与溶剂热合成是指在一定温度（100～1000℃）和压强（1～100MPa）下，利用溶液中物质化学反应所进行的合成。其中，水热合成化学侧重于研究水热合成条件下物质的反应性、合成规律以及合成产物的结构与性质[2]。高温、高压下，水热反应具有三个特征：①加速离子间的反应速率；②加剧水解反应；③使其氧化还原电势发生明显变化。同时，在水热反应体系中，介质水的性质还将发生下列变化：蒸气压变高、密度变低、表面张力变低、黏度变低、离子积变高。因此，本实验采用水热合成方法制备多钒酸盐能够有效提高产率、效率。

钒酸盐在功能材料、催化合成、医药等领域有着重要的应用。钒酸根离子在水溶液中有多种存在形式[3]。在室温下，其存在形式取决于溶液的 pH 值和浓度。当钒酸盐溶解于水中，V^{5+} 形成 $[V(OH_2)_6]^{5+}$。然而，由于 V^{5+} 的强极化性和水分子的路易斯酸特性，水分子的 $3a_1$ 轨道和 V^{5+} 间的 3d 空轨道发生了电子转移，从而降低了水分子的成键密度，减弱 O—H 键。因此，溶液中很难观测到 $[V(OH_2)_6]^{5+}$。随着水分子的去质子作用，$3a_1$（H_2O）与 $3d^0$（V^{5+}）之间的电子转移使 V—O 键的共价键性质增加，而 V^{5+} 的配位数减小。当 pH＝13，无色的正钒酸根离子 VO_4^{3-} 能够稳定存在。当 pH 逐渐减小，V^{5+} 的配位数逐渐增加，并发生多聚现象（见图 12-47），溶液颜色逐渐变黄加深。此外，钒酸根离子在溶液中聚合的情况除了与 pH 值有密切关系外，还与钒酸根浓度有关。如图 12-47 所示，单钒酸根离子仅出现在极稀溶液（$c<10^{-4}$ mol · L^{-1}）中。当溶液浓度增大时，开始出现多聚的钒酸根离子。

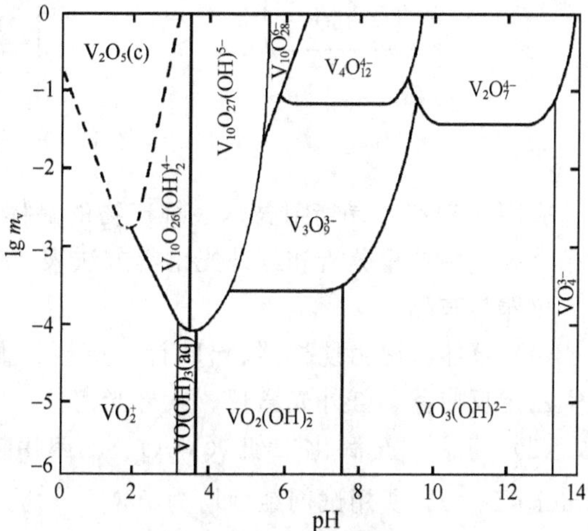

图 12-47　V^{5+} 在水溶液中的聚合形式与溶液酸度、浓度的关系图[4]

自20世纪20年代首次成功地解析有机晶体六甲基四胺结构以来，X射线单晶学飞速发展，成功地解析了大量具有复杂结构的有机、无机乃至蛋白质大分子单晶体。对于多聚钒酸盐的结构研究，也在X射线单晶衍射分析的发展中获得结构解析的技术支持。结合水热合成的蓬勃发展，对于固相多聚钒酸盐的结构研究以及后续的性质开发得到了科研工作者的重视[5~10]。

研究发现，在合成多聚钒酸盐的过程中适当地加入有机胺，一方面可微调体系的酸度，另一方面可作为钒酸盐的抗衡离子，对所得多聚钒酸离子结构起到调控作用。Whittingham 等人[9,10] 发现，当反应体系中加入体积较大的有机阳离子——四甲基铵，调节 pH 值合成制备了多种多聚钒酸盐结构（图 12-48）。因此，本实验采用四甲基氢氧化铵作为有机阳离子，研究多聚钒酸盐聚合程度随 pH 变化的结构特征；对产物进行光谱分析、X射线粉末/单晶衍射结构分析。

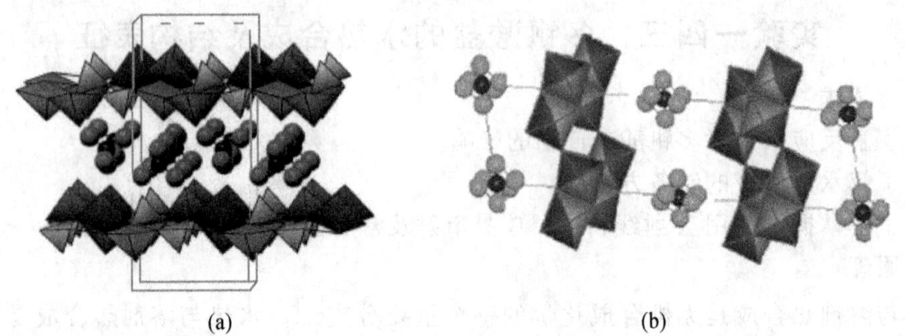

图 12-48 多钒酸盐 $[N(CH_3)_4]V_3O_7$(a) 和 $[N(CH_3)_4]V_8O_{20}$(b) 的晶体结构示意图[9,10]

用水热合成方法制备目标产物[1]。如图 12-49 所示，将五氧化二钒、四甲基氢氧化铵、氢氧化锂混合于水溶液中，用醋酸溶液调节 pH 值，水热反应合成制备一系列多钒酸盐：Li_3VO_4(A)、$[N(CH_3)_4]V_3O_7$(B)、$Li_xV_{2-y}O_{4-y}\cdot H_2O$(C)、$[N(CH_3)_4]V_4O_{10}$(D)、$[N(CH_3)_4]V_8O_{20}$(E)。

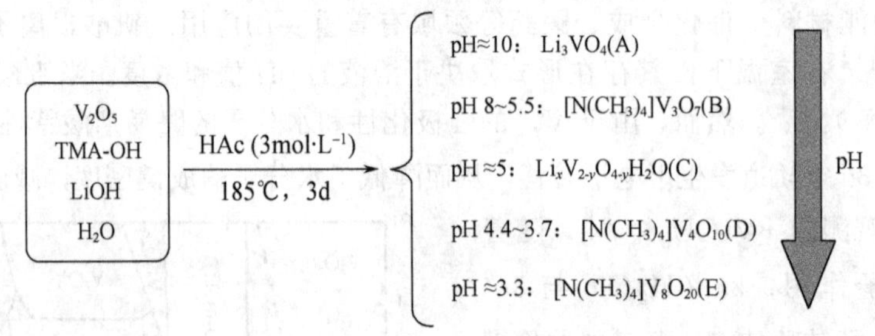

图 12-49 实验流程图

应用X射线单晶衍射技术表征产物的晶体结构，应用X射线粉末衍射方法表征产物的物相，并应用热重分析和红外光谱等方法表征化合物的热稳定性和光谱特征。

三、仪器与药品

(1) 仪器 磁力搅拌器、pH 计、烧杯、量筒、搅拌磁子、天平、滴瓶、不锈钢内衬聚四氟乙烯反应釜、红外光谱仪、紫外光谱仪。

(2) 药品 五氧化二钒（V_2O_5）、四甲基氢氧化铵（TMA-OH）、氢氧化锂、醋酸（$3mol\cdot L^{-1}$），所用试剂纯度均为 AR。

四、实验内容

(1) 反应混合液的制备 在 25mL 烧杯中放入 1.25g V_2O_5(6.87mmol)，加入 10mL 去

离子水和搅拌磁子，置于磁力搅拌器上搅拌均匀。加入 1.25g TMA-OH(13.74mmol)。混合均匀后加入 0.164g LiOH(6.87mmol)，搅拌 5min。

(2) 调节 pH 值　平行制备上述混合液 9 份，编号 1～9#。用醋酸溶液（$3mol \cdot L^{-1}$）分别调节其 pH 值依次为 10、9、8、7、6、5、4、3、2。

(3) 水热反应　将上述 9 份反应混合液分别移入 9 个水热反应釜的聚四氟乙烯内胆中。密封水热反应釜，一一对应编号，置于鼓风干燥箱中，设置温度为 185℃，反应 3d；降温速度为 $5℃ \cdot h^{-1}$，降至室温。共计反应时间约为 5d（107h）。

(4) 产物收集　将冷却至室温的反应釜按编号打开，倾倒出反应溶液，过滤。

(5) 产物物相分析　①计算产率：称取产物质量，计算对应于起始反应物的产率；②初步分析：将所得产物进行红外、紫外光谱分析，以及热重分析；③结构分析：对粉末相产物进行 X 射线粉末衍射分析，对单晶相产物进行 X 射线单晶衍射分析。

五、数据记录与处理

依据实验图分析所需的基本公式及解析方法。

(1) 产物产率计算。设产物分子式含 n 个 V，分子量为 M_r，产物质量为 w_p，则其产率公式为

$$\rho = \frac{n w_p}{2M_r} \times 100\%$$

(2) 结构分析。使用软件 XPREP、SHELX97 等进行结构解析。

(3) 列出产物生成反应的方程式。

(4) 根据所学知识讨论和分析产物的红外特征峰、紫外吸收位置。

(5) 结合热重测试结果、红外、紫外光谱、X 射线粉末衍射、X 射线单晶衍射对产物进行结构分析。

六、实验拓展

以上的实验内容为反应的 pH 值对产物的影响，这是实验的基本内容。在教学中可以根据教学计划安排对实验内容进行拓展，以下几项内容可供选用。

(1) 增加反应物浓度对反应产物影响的实验。

(2) 选择不同的有机碱，考察有机阳离子不同对产物结构的影响。

(3) 自主性实验：由参加实验的同学查阅相关的文献，自主制定初步实验方案；通过答辩，在教师指导下修改和通过总体实验方案；细化实验方案、拟定实验操作步骤；实验完成后以答辩的方式汇报和总结实验结果。

七、问题与讨论

(1) 简要讨论产物的产率及纯度。

(2) 简要总结多聚钒酸盐的结构特征以及多聚钒酸盐的用途。

(3) 简要说明有机阳离子——四甲基铵的作用。

(4) 简要总结水热合成方法的特点与后处理。

(5) 根据所学过的知识和实验结果，逐一分析判断所得产物中金属 V 的价态和配位几何构型。

八、参考文献

[1] 徐如人.无机合成化学.北京：高等教育出版社，1991：217-249.

[2] 徐如人，庞文琴.无机合成与制备化学.北京：高等教育出版社，2001：128-146.

[3] Livage J. Synthesis of polyoxovanadates via "chimie douce". Coord Chem Soc，1998，178-180：

999-1018.

[4] Henry M, Jolivet J P, Livage J. Aqueous chemistry of metal cations: Hydrolysis, condensation and complexation. Structure and bonding, 1992, 77: 153.

[5] Johnson G K, Schlemper E O. Existence and structure of the molecular ion 18-vanadate (Ⅳ). J Am Chem Soc, 1978, 100: 3645-3646.

[6] Khan M I, Chen Q, Goshorn D P, Hope H, Parkin S, Zubieta J. Polyoxo alkoxides of vanadium: the structures of the decanuclear vanadium (Ⅳ) clusters $[V_{10}O_{16}\{CH_3CH_2C(CH_2O)_3\}_4]^{4-}$ and $[V_{10}O_{13}\{CH_3CH_2C(CH_2O)_3\}_5]^{-}$. J Am Chem Soc, 1992, 114: 3341-3346.

[7] Férey G, Riou D. Intercalated vanadyl vanadate $(V^{IV}O)[V^{V}O_4]\cdot 0.5[C_3N_2H_{12}]$: hydrothermal synthesis, crystal structure, and structural correlations with V_2O_5 and other vanadyl compounds. J Solid State Chem, 1995, 120: 137-145.

[8] Nazar L F, Koene B E, Britten J F. Hydrothermal synthesis and crystal structure of a novel layered vanadate with 1, 4-diazabicyclo [2. 2. 2] octane as the structure-directing agent: $(C_6H_{14}N_2)V_6O_{14}\cdot H_2O$. Chem Mater, 1996, 8: 327-329.

[9] Chirayil T G, Boylan E A, Mamak M, Zavalij P Y, Whittingham M S. $NMe_4V_3O_7$: critical role of pH in hydrothermal synthesis of vanadium oxides. Chem Commun, 1997, 1: 33-34.

[10] Chirayil T G, Zavalij P Y, Whittingham M S. Synthesis and characterization of a new vanadium oxide, $TMAV_8O_{20}$. J Mater Chem, 1997, 7: 2193-2195.

[11] Koene BE, Taylor NJ, Nazar LF. An inorganic tire-tread lattice: hydrothermal synthesis of the layered vanadate $[N(CH_3)_4]_5V_{18}O_{46}$ with a supercell structure. Angew Chem Int Ed, 1999, 38: 2888-2891.

（黄长沧）

附　　录

附录 1　国际单位制（SI）基本单位

SI 基本单位是经过严格定义的，它反映了当代的计量科技水平。这七个基本单位除质量单位千克外，都是根据自然现象的永恒的规律定义的。

量的名称	单位名称	单位符号		备　注
		中文	国际	
长度	米 meter	米	m	定义：米是光在真空 $\frac{1}{299742458}$ s 的时间内所进行的路程的长度
质量	千克 kilogram	千克	kg	定义：千克是质量单位，等于国际千克原器的质量
时间	秒 second	秒	s	定义：秒是铯 133 原子基态的两个超精细能级之间跃迁所对应的辐射的 9192631770 个周期的持续时间
电流	安培 ampere	安	A	定义：安培是一恒定电流，若保持处于真空中相距 1m 的两无限长而圆截面可忽略的平行直导线内，则导线之间在每米长度上产生的力等于 2×10^{-7}N
热力学温度	开尔文 kelvin	开	K	定义：热力学温度单位开尔文是水三相点热力学温度的 $\frac{1}{273.16}$
物质的量	摩尔 mole	摩	mol	定义：(1)摩尔是一系统的物质的量，该系统中所包含的基本单元数与 0.012kg 碳 12 的原子数相等；(2)在使用摩尔时，基本单位应予指明，可以是原子、分子、离子、电子及其它粒子，或是这些粒子的特定组合
发光强度	坎德拉 candela	坎	cd	定义：坎德拉是一光源在给定方向上的发光强度，该光源发出的频率为 540×10^{12}Hz（赫）的单色辐射，且在此方向上的辐射强度为 $\frac{1}{683}$ W·Sr^{-1}（瓦特每球面度）

附录 2　国际单位制中具有专门名称的导出单位

量 的 名 称	单 位 名 称	国 际 符 号	用 SI 基本单位表示
力、重力	牛[顿]	N	$m\cdot kg\cdot s^{-2}$
压力、压强	帕[斯卡]	Pa	$m^{-1}\cdot kg\cdot s^{-2}$
能量、功、热	焦[耳]	J	$m^2\cdot kg\cdot s^{-2}$
功率、辐射通量	瓦[特]	W	$m^2\cdot kg\cdot s^{-3}$
电量、电荷量	库[仑]	C	$A\cdot s$
电位、电压、电动势	伏[特]	V	$m^2\cdot kg\cdot s^{-3}\cdot A^{-1}$
电阻	欧[姆]	Ω	$m^2\cdot kg\cdot s^{-3}\cdot A^{-2}$
电导	西[门子]	S	$m^{-2}\cdot kg^{-1}\cdot s^3\cdot A^2$
电容	法[拉]	F	$m^{-2}\cdot kg^{-1}\cdot s^4\cdot A^2$
磁通量	韦[伯]	Wb	$m^2\cdot kg\cdot s^{-2}\cdot A^{-1}$

续表

量的名称	单位名称	国际符号	用SI基本单位表示
电感	亨[利]	H	$m^2 \cdot kg \cdot s^{-2} \cdot A^{-2}$
磁通量密度	特[斯拉]	T	$kg \cdot s^{-2} \cdot A^{-1}$
光通量	流[明]	lm	$cd \cdot sr$
光照度	勒[克斯]	lx	$m^{-2} \cdot cd \cdot sr$
频率	赫兹	Hz	s^{-1}
放射性活度	贝克[勒尔]	Bq	s^{-1}
吸收剂量	戈[瑞]	Gy	$m^2 \cdot s^{-2}$
剂量当量	希[沃特]	Sv	
面积	平方米	m^2	
体积	立方米	m^3	
密度	千克每立方米	$kg \cdot m^{-3}$	
速率	米每秒	$m \cdot s^{-1}$	
加速度	米每平方秒	$m \cdot s^{-2}$	
浓度	摩尔每立方米	$mol \cdot m^{-3}$	
黏度	帕斯卡秒	$Pa \cdot s$	$m^{-1} \cdot kg \cdot s^{-1}$
表面张力	牛顿每米	$N \cdot m^{-1}$	$kg \cdot s^{-2}$
热容	焦耳每卡尔文	$J \cdot K^{-1}$	$m^2 \cdot kg \cdot s^{-2} \cdot K^{-1}$
摩尔能量	焦耳每摩尔	$J \cdot mol^{-1}$	$m^2 \cdot kg \cdot s^{-2} \cdot mol^{-1}$

附录3 国际单位制（SI）词头

倍数和分数	词头中文名称	中文符号	国际符号	词头法文名称	原始字源	原　意
10^{18}	艾克萨	艾	E	exa	希腊字头“hexa”	六组三个零
10^{15}	拍它	拍	P	peta	希腊字头“penta”	五组三个零
10^{12}	太拉	太	T	tera	希腊文	(monstrous)极大的
10^{9}	吉伽	吉	G	giga	希腊文	(gigantic)巨大的
10^{6}	兆	兆	M	mega	希腊文	大的
10^{3}	千	千	k	kilo	希腊文	千
10^{2}	百	百	h	hecto	希腊文	百
10^{1}	十	十	da	déca	希腊文	十
10^{-1}	分	分	d	déci	拉丁文	十分之一
10^{-2}	厘	厘	c	centi	拉丁文	百分之一
10^{-3}	毫	毫	m	milli	拉丁文	千分之一
10^{-6}	微	微	μ	micro	希腊文	小的
10^{-9}	纳诺	纳	n	nano	希腊文	很小的
10^{-12}	皮可	皮	p	pico	西班牙文	极小的
10^{-15}	飞姆脱	飞	f	femto	斯堪的纳维亚	fifteen 十五的
10^{-18}	阿托	阿	a	atto	斯堪的纳维亚	eighteen 十八的

附录4 可与国际单位制并用的我国法定计量单位

量的名称	单位名称	单位符号	换算关系和说明
时间	分	min	1min=60s
	[小]时	h	1h=60min=3600s
	天,(日)	d	1d=24h=86400s

续表

量的名称	单位名称	单位符号	换算关系和说明
平面角	[角]秒	(″)	1″=(π/64800)rad(π为圆周率)
	[角]分	(′)	1′=60″=(π/10800)rad
	度	(°)	1°=60′=(π/180)rad
旋转速度	转每分	r/min	1r/min =(1/60)s^{-1}
长度	海里	n mile	1n mile =1852m(只用于航程)
速度	节	kn	1kn=1n mile/h=(1852/3600)m/s(只用于航程)
质量	吨	t	1t =1000kg
体积	升	L,l	1L=1dm^3= $10^{-3}m^3$
能	电子伏	eV	1eV=1.602177×10^{-19}J
级差	分贝	dB	
线密度	特[克斯]	tex	1tex=10^{-6}kg/m
面积	公顷	hm^2	1hm^2=10^4m^2

附录5　一些物理和化学的基本常数

类　别	量的名称	符　号	数　值	单　位
普通常数	真空中光速	c 或 c_0	2.99792458×10^8	$m\cdot s^{-1}$
	普朗克常数	h	6.626176 ×10^{-34}	J·s
	$\hbar=h/2\pi$	$\hbar$	1.0545736 ×10^{-34}	J·s
	万有引力常数 $F=Gm_1m_2/r^2$	G	6.672×10^{-11}	$N\cdot m^2\cdot kg^{-2}$
	重力加速度	g	9.80665	$m\cdot s^{-2}$
电磁常数	元电荷	e	1.602189×10^{-19}	C
	真空磁导率	μ_0	1.256 637×10^{-6}	$H\cdot m^{-1}$
	真空介电常数 $\varepsilon_0=1/\mu_0{c_0}^2$	ε_0	8.854188×10^{-12}	$F\cdot m^{-1}$
	磁通量子	ψ_0	2.067851×10^{-15}	Wb
	玻尔磁子 $\mu_B=eh/2m_ec$	μ_B	9.274078×10^{-24}	$J\cdot T^{-1}$
	核磁子 $\mu_N=eh/2m_pc$	μ_N	5.050824×10^{-27}	$J\cdot T^{-1}$
原子常数	电子静质量	m_e	9.10953×10^{-31}	kg
	质子静质量	m_p	1.672649×10^{-27}	kg
	中子静质量	m_n	1.674954×10^{-27}	kg
	精细结构常数 $\alpha=\dfrac{e^2}{4\pi\varepsilon_0a_0hc}$	α	7.297351×10^{-3}	1
	里德伯常数 $R_\infty=m_ec^2/2h$	R_∞	1.09737318×10^7	m^{-1}
	哈特利能量	E_h	27.2116	eV
	环流量子	h/m_e	7.27389×10^{-4}	$J\cdot s\cdot kg^{-1}$
物理化学常数	阿伏加德罗常数 $L=N/n$	L 或 N_A	6.022045×10^{23}	mol^{-1}
	法拉第常数 $F=Le$	F	9.648456×10^4	$C\cdot mol^{-1}$
	摩尔气体常数	R	8.31441	$J\cdot mol^{-1}\cdot K^{-1}$
	玻尔兹曼常数 $k=R/T$	k	1.380662×10^{-23}	$J\cdot K^{-1}$
	原子质量单位	amu	1.660566×10^{-27}	kg

附录6 元素的相对原子质量（1999年）

摘自 IUPAC Pure and Applied Chemistry 73，667～683

原子序数	英文名称	符号	名称	相对原子质量	原子序数	英文名称	符号	名称	相对原子质量
1	Hydrogen	H	氢	1.007 94(7)	46	Palladium	Pd	钯	106.42(1)
2	Helium	He	氦	4.002 602(2)	47	Silver	Ag	银	107.868 2(2)
3	Lithium	Li	锂	[6.941(2)]	48	Cadmium	Cd	镉	112.411(8)
4	Beryllium	Be	铍	9.012 182(3)	49	Indium	In	铟	114.818(3)
5	Boron	B	硼	10.811(7)	50	Tin(Stannum)	Sn	锡	118.710(7)
6	Carbon	C	碳	12.010 7(8)	51	Antimony	Sb	锑	121.760(1)
7	Nitrogen	N	氮	14.006 7(2)	52	Tellurium	Te	碲	127.60(3)
8	Oxygen	O	氧	15.999 4(3)	53	Iodine	I	碘	126.904 47(3)
9	Fluorine	F	氟	18.9984032(5)	54	Xenon	Xe	氙	131.293(6)
10	Neon	N	氖	20.179 7(6)	55	Caesium	Cs	铯	132.905 45(2)
11	Sodium	Na	钠	22.989 770(2)	56	Barium	Ba	钡	137.327(7)
12	Magnesium	Mg	镁	24.305 0(6)	57	Lanthanum	La	镧	138.9055(2)
13	Aluminum	Al	铝	26.981 538(2)	58	Cerium	Ce	铈	140.116(1)
14	Silicon	Si	硅	28.085 5(3)	59	Praseodymium	Pr	镨	140.907 65(2)
15	Phosphorus	P	磷	30.973 761(2)	60	Neodymium	Nd	钕	144.24(3)
16	Sulfur	S	硫	32.065(5)	61	Promethium*	Pm	钷	
17	Chlorine	Cl	氯	35.453(2)	62	Samarium	Sm	钐	150.36(3)
18	Argon	Ar	氩	39.948(1)	63	Europium	Eu	铕	151.964(1)
19	Potassium	K	钾	39.098 3(1)	64	Gadolinium	Gd	钆	157.25(3)
20	Calcium	Ca	钙	40.078(4)	65	Terbium	Tb	铽	158.925 34(2)
21	Scandium	Se	钪	44.955 910(8)	66	Dysprosium	Dy	镝	162.50(3)
22	Titanium	Ti	钛	47.867(1)	67	Holmium	Ho	钬	164.930 32(2)
23	Vanadium	V	钒	50.941 5(1)	68	Erbium	Er	铒	167.259(3)
24	Chromium	Cr	铬	51.996 1(6)	69	Thulium	Tm	铥	168.934 21(2)
25	Manganese	Mn	锰	54.938 049(9)	70	Ytterbium	Yb	镱	173.04(3)
26	Iron(Ferrum)	Fe	铁	55.845(2)	71	Lutetium	Lu	镥	174.967(1)
27	Cobalt	Co	钴	58.933 200(9)	72	Hafnium	Hf	铪	178.49(2)
28	Nickel	Ni	镍	58.693 4(2)	73	Tantalum	Ta	钽	180.947 9(1)
29	Copper	Cu	铜	63.546(3)	74	Tungsten	W	钨	183.84(1)
30	Zinc	Zn	锌	65.39(2)	75	Rhenium	Re	铼	186.207(1)
31	Gallium	Ga	镓	69.723(1)	76	Osmium	Os	锇	190.23(3)
32	Germanium	Ge	锗	72.64(1)	77	Iridium	Ir	铱	192.217(3)
33	Arsenic	As	砷	74.921 60(2)	78	Platinum	Pt	铂	195.078(2)
34	Selenium	Se	硒	78.96(3)	79	Gold	Au	金	196.966 55(2)
35	Bromine	Br	溴	79.904(1)	80	Mercury	Hg	汞	200.59(2)
36	Krypton	Kr	氪	83.80(1)	81	Thallium	Tl	铊	204.3833(2)
37	Rubidium	Rb	铷	85.467 8(3)	82	Lead	Pb	铅	207.2(1)
38	Strontium	Sr	锶	87.62(1)	83	Bismuth	Bi	铋	208.980 38(2)
39	Yttrium	Y	钇	88.905 85(2)	84	Polonium*	Po	钋	
40	Zirconium	Zr	锆	91.224(2)	85	Astatine*	At	砹	
41	Niobium	Nb	铌	92.906 38(2)	86	Radon*	Rn	氡	
42	Molybdenum	Mo	钼	95.94(1)	87	Francium*	Fr	钫	
43	Technetium*	Te	锝		88	Radium*	Ra	镭	
44	Ruthenium	Ru	钌	101.07(2)	89	Actinium*	Ac	锕	
45	Rhodium	Rh	铑	102.905 50(2)	90	Thorium*	Th	钍	232.038 1(1)

续表

原子序数	英文名称	符号	名称	相对原子质量	原子序数	英文名称	符号	名称	相对原子质量
91	Protactinium*	Pa	镤	231.035 88 (2)	105	Dubnium*	Db		
92	Uranium*	U	铀	238.028 91 (3)	106	Seaborgium*	Sg		
93	Neptunium*	Np	镎		107	Bohrium*	Bh		
94	Plutonium*	Pu	钚		108	Hassium*	Hs		
95	Americium*	Am	镅		109	Meitnerrium*	Mt		
96	Curium*	Cm	锔		110	Ununnilium*	Uun		
97	Berkelium*	Bk	锫		111	Unununium*	Uuu		
98	Californium*	Cf	锎		112	Ununbium*	Uub		
99	Einsteinium*	Es	锿		113				
100	Fermium*	Fm	镄		114	Ununquadium*	Uuq		
101	Mendelevium*	Md	钔		115				
102	Nobelium*	No	锘		116	Ununhexium*	Uuh		
103	Lawrencium*	Lr	铹		117				
104	Rutherfordium*	Rf			118	Ununoctium*	Uuo		

注：1. Li 的商品的相对原子质量与标准相对原子质量有较大差别。

2. 据 2000 年 7 月 IUPAC 报告，以下原子量已经作了新的一轮修正：Zn 从 65.39(2) 修正为 65.409(4)，Kr 从 83.80(1) 修正为 83.798(2)，Mo 从 95.94(1) 修正为 95.94(2)，Dy 从 162.50(3) 修正为 162.500(1)。

3. 标有 * 的为放射性元素。

附录 7 不同温度下水的折射率

温度/℃	折射率	温度/℃	折射率	温度/℃	折射率	温度/℃	折射率
14	1.33348	22	1.33281	32	1.33164	42	1.33023
15	1.33341	24	1.33262	34	1.33136	44	1.32992
16	1.33333	26	1.33241	36	1.33107	46	1.32959
18	1.33317	28	1.33219	38	1.33079	48	1.32927
20	1.33299	30	1.33192	40	1.33051	50	1.32894

附录 8 不同温度下水的表面张力

单位：$N \cdot m^{-1}$

温度/℃	$\gamma \times 10^3$	温度/℃	$\gamma \times 10^3$	温度/℃	$\gamma \times 10^3$	温度/℃	$\gamma \times 10^3$
0	75.64	17	73.19	26	71.82	60	66.18
5	74.92	18	73.05	27	71.66	70	64.42
10	74.22	19	72.90	28	71.50	80	62.11
11	74.07	20	72.75	29	71.35	90	60.75
12	73.93	21	72.59	30	71.18	100	58.85
13	73.78	22	72.44	35	70.38	110	56.89
14	73.54	23	72.28	40	69.56	120	54.89
15	73.49	24	72.13	45	68.14	130	52.84
16	73.34	25	71.97	50	67.91		

附录 9　不同温度下水的黏度

温度/℃	$\eta/10^{-3}$Pa·s	温度/℃	$\eta/10^{-3}$Pa·s	温度/℃	$\eta/10^{-3}$Pa·s
0	1.7871	21	0.9770	33	0.7493
10	1.3077	22	0.9549	34	0.7341
11	1.2713	23	0.9328	35	0.7195
12	1.2353	24	0.9112	40	0.6520
13	1.2028	25	0.8907	45	0.5968
14	1.1699	26	0.8707	50	0.5464
15	1.1394	27	0.8515	55	0.5044
16	1.1091	28	0.8330	60	0.4668
17	1.0818	29	0.8150	70	0.4041
18	1.5039	30	0.7977	80	0.3545
19	1.0279	31	0.7810	90	0.3145
20	1.0020	32	0.7659	100	0.2818

附录 10　不同温度下水的饱和蒸气压

单位:Pa

温度/℃	0.0	0.2	0.4	0.6	0.8
0	601.5	619.5	628.6	637.9	647.3
1	656.8	666.3	675.9	685.8	695.8
2	705.8	715.9	726.2	736.6	747.3
3	757.9	768.7	779.7	790.7	801.9
4	813.4	824.9	836.5	848.3	860.3
5	872.3	884.6	897.0	909.5	922.2
6	935.0	948.1	961.1	974.5	988.1
7	1001.6	1015.5	1029.5	1043.6	1058.0
8	1072.6	1087.2	1102.2	1117.2	1132.4
9	1147.8	1163.5	1179.2	1195.2	1211.4
10	1227.8	1244.3	1261.0	1277.9	1295.1
11	1312.4	1330.0	1347.8	1365.8	1383.9
12	1402.3	1421.0	1439.7	1458.7	1477.9
13	1497.3	1517.1	1536.9	1557.2	1577.6
14	1598.1	1619.1	1640.1	1661.5	1683.1
15	1704.9	1726.9	1749.3	1771.9	1794.7
16	1817.7	1841.1	1864.8	1888.6	1912.8
17	1937.2	1961.8	1986.9	2012.1	2037.7
18	2063.4	2089.6	2116.0	2142.6	2169.4
19	2196.8	2224.5	2252.3	2280.5	2309.0

续表

温度/℃	0.0	0.2	0.4	0.6	0.8
20	2337.8	2366.9	2396.3	2426.1	2456.1
21	2486.5	2517.1	2548.2	2579.7	2611.4
22	2643.4	2675.8	2708.6	2741.8	2775.1
23	2808.8	2843.0	2877.5	2912.4	2947.8
24	2983.4	3019.5	3056.0	3092.8	3129.9
25	3167.2	3204.9	3243.2	3282.0	3321.3
26	3360.9	3400.9	3441.3	3482.0	3523.2
27	3564.9	3607.0	3649.6	3692.5	3735.8
28	3779.6	3823.7	3868.3	3913.5	3959.3
29	4005.4	4051.9	4099.0	4146.6	4194.5
30	4242.9	4291.8	4341.1	4390.8	4441.2
31	4492.3	4543.9	4595.8	4648.2	4701.1
32	4754.7	4808.7	4863.2	4918.4	4974.0
33	5030.1	5086.9	5144.1	5202.0	5260.5
34	5319.3	5378.8	5439.0	5499.7	5560.9
35	5622.9	5685.4	5748.5	5812.2	5876.6
36	5941.2	6006.7	6072.7	6139.5	6207.0
37	6275.1	6343.7	6413.1	6483.1	6553.7
38	6625.1	6696.9	6769.3	6842.5	6916.6
39	6991.7	7067.3	7143.4	7220.2	7297.7
40	7375.9	7454.1	7534.0	7614.0	7695.4
41	7778.0	7860.7	7943.3	8028.7	8114.0
42	8199.3	8284.7	8372.6	8460.6	8548.6
43	8639.3	8729.9	8820.6	8913.9	9007.3
44	9100.6	9195.2	9291.2	9387.2	9484.6
45	9583.2	9681.9	9780.5	9881.9	9983.2
46	10086	10190	10293	10399	10506
47	10612	10720	10830	10939	11048
48	11160	11274	11388	11503	11618
49	11735	11852	11971	12091	12211
50	12334	12466	12586	12706	12839
60	19916				
70	31157				
80	47343				
90	70096				
100	101325				

附录 11　不同温度下某些液体的密度

单位：$g \cdot cm^{-3}$

温度/℃	水	乙醇	苯	汞	环己烷	乙酸乙酯	丁醇
6	0.9999	0.8012	—	13.581	0.7906	—	—
7	0.9999	0.8003	—	13.578	—	—	—
8	0.9998	0.7995	—	13.576	—	—	—
9	0.9998	0.7987	—	13.573	—	—	—
10	0.9997	0.7978	0.887	13.571	—	0.9127	—
11	0.9996	0.7980	—	13.568	—	—	—
12	0.9995	0.7962	—	13.566	0.7850	—	—
13	0.9994	0.7953	—	13.563	—	—	—
14	0.9992	0.7945	—	13.561	—	—	0.8135
15	0.9991	0.7936	0.883	13.559	—	—	—
16	0.9989	0.7928	0.882	13.556	—	—	—
17	0.9988	0.7919	0.882	13.554	—	—	—
18	0.9986	0.7911	0.881	13.551	0.7736	—	—
19	0.9984	0.7902	0.881	13.549	—	—	—
20	0.9982	0.7894	0.879	13.546	—	0.9008	—
21	0.9980	0.7886	0.879	13.544	—	—	—
22	0.9978	0.7877	0.878	13.541	—	—	0.8072
23	0.9975	0.7859	0.877	13.539	0.7736	—	—
24	0.9973	0.7860	0.876	13.536	—	—	—
25	0.9970	0.7852	0.875	13.534	—	—	—
26	0.9968	0.7843	—	13.532	—	—	—
27	0.9965	0.7835	—	13.529	—	—	—
28	0.9962	0.7826	—	13.527	—	—	—
29	0.9959	0.7818	—	13.524	—	—	—
30	0.9956	0.7809	0.869	13.522	0.7678	0.888	0.8007

附录 12　常用酸碱溶液的密度和浓度

溶液名称	密度/$g \cdot mL^{-1}$	质量分数/%	物质的量浓度/$mol \cdot L^{-1}$	溶液名称	密度/$g \cdot mL^{-1}$	质量分数/%	物质的量浓度/$mol \cdot L^{-1}$
浓 H_2SO_4	1.84	98	18	HBr	1.38	40	7
稀 H_2SO_4	1.06	9	1	HI	1.70	57	7.5
浓 HCl	1.18	38	12	浓 HAc	1.05	99	17.5
稀 HCl	1.03	7	2	稀 HAc	1.04	30	5
浓 HNO_3	1.42	69	16	稀 HAc	1.02	12	2
稀 HNO_3	1.20	33	6	浓 NaOH	1.43	40	14
稀 HNO_3	1.07	12	2	浓 NaOH	1.33	30	13
浓 H_3PO_4	1.7	85	14.7	稀 NaOH	1.09	8	2
稀 H_3PO_4	1.05	9	1	浓 $NH_3 \cdot H_2O$	0.91	28	14.8
浓 $HClO_4$	1.67	70	11.6	稀 $NH_3 \cdot H_2O$	0.98	4	2
稀 $HClO_4$	1.12	19	2	$Ca(OH)_2$(饱和)		0.15	
浓 HF	1.13	40	23	$Ba(OH)_2$(饱和)		2	0.1

附录 13 常用指示剂

(1) 酸碱指示剂

指示剂	变色 pH 范围	颜色变化	溶液配制方法
甲基紫（第一变色范围）	0.13～0.5	黄—绿	0.1%或 0.05%的水溶液
苦味酸	0.0～1.3	无色—黄	0.1%的水溶液
甲基绿	0.1～2.0	黄—绿—浅蓝	0.05%水溶液
孔雀绿（第一变色范围）	0.13～2.0	黄—浅蓝—绿	0.1%的水溶液
甲酚红（第一变色范围）	0.2～1.8	红—黄	0.04g 指示剂溶于 100mL 50%乙醇中
甲基紫（第二变色范围）	1.0～1.5	绿—蓝	0.1%的水溶液
甲基紫（第三变色范围）	2.0～3.0	蓝—紫	0.1%水溶液
百里酚蓝（麝香草酚蓝）（第一变色范围）	1.2～2.8	红—黄	0.1g 指示剂溶于 100mL 20%乙醇中
茜素黄 R（第一变色范围）	1.9～3.3	红—黄	0.1%的水溶液
二甲基黄	2.9～4.0	红—黄	0.1 或 0.01g 指示剂溶于 100mL 90%乙醇中
甲基橙	3.1～4.4	红—橙黄	0.1%的水溶液
溴酚蓝	3.0～4.6	黄—蓝	0.1g 指示剂溶于 100mL 20%乙醇中
刚果红	3.0～5.2	蓝紫—红	0.1%的水溶液
茜素黄 S（第一变色范围）	3.7～5.2	黄—紫	0.1%的水溶液
溴甲酚绿	3.8～5.4	黄—蓝	0.1g 指示剂溶于 100mL 20%乙醇中
甲基红	4.4～6.2	红—黄	0.1g 或 0.2g 指示剂溶于 100mL 60%乙醇中
溴酚红	5.0～6.8	黄—红	0.1g 或 0.04g 指示剂溶于 100mL 20%乙醇中
溴甲酚紫	5.2～6.8	黄—紫红	0.1g 指示剂溶于 100mL 20%乙醇中
溴百里酚蓝	6.0～7.6	黄—蓝	0.05g 指示剂溶于 100mL 20%乙醇中
中性红	6.8～8.0	红—亮黄	0.1g 指示剂溶于 100mL 60%乙醇中
酚红	6.8～8.0	黄—红	0.1g 指示剂溶于 100mL 20%乙醇中
甲酚红	7.2～8.8	亮黄—紫红	0.1g 指示剂溶于 100mL 50%乙醇中
百里酚蓝（麝香草酚蓝）（第二变色范围）	8.0～9.0	黄—蓝	0.1g 指示剂溶于 100mL 20%乙醇中
酚酞	8.2～10.0	无色—紫红	0.1g 指示剂溶于 100mL 60%乙醇中
百里酚酞	9.4～10.6	无色—蓝	0.1g 指示剂溶于 100mL 90%乙醇中
茜素黄 S（第二变色范围）	10.0～12.0	紫—淡黄	参看第一变色范围

续表

指示剂	变色 pH 范围	颜色变化	溶液配制方法
茜素黄 R（第二变色范围）	10.0～121	紫—淡紫	0.1%的水溶液
孔雀绿（第二变色范围）	11.5～13.2	蓝绿—无色	参看第一变色范围
达旦黄	12.0～13.0	黄—红	溶于水、乙醇

（2）酸碱混合指示剂

指示剂溶液的组成	变色点 pH	颜色		备注
		酸色	碱色	
一份 0.1%甲基黄酒精溶液与 一份 0.1%亚甲基蓝乙醇溶液	3.25	蓝紫	绿	pH=3.2 蓝紫色 pH=3.4 绿色
一份 0.1%甲基橙溶液与 一份 0.25%靛蓝(二磺酸)水溶液	4.1	紫	黄绿	
一份 0.1%溴百里酚绿钠盐水溶液与 一份 0.2%甲基橙溶液	4.3	黄	蓝绿	pH=3.5 黄色 pH=4.0 黄绿色 pH=4.3 绿色
三份 0.1%溴百里酚绿乙醇溶液与 一份 0.2%亚甲基蓝乙醇溶液	5.1	酒红	绿	
一份 0.1%甲基红乙醇溶液与 一份 0.1%亚甲基蓝乙醇溶液	5.4	红紫	绿	pH=5.2 红紫 pH=5.4 暗蓝 pH=5.6 绿
一份 0.1%溴百里酚绿钠盐水溶液与 一份 0.1%氯酚红钠盐水溶液	6.1	黄绿	蓝紫	pH=5.4 蓝绿 pH=5.8 蓝 pH=6.2 蓝紫
0.1%溴甲酚紫钠盐水溶液	6.7	黄	蓝紫	pH=6.2 黄紫 pH=6.6 紫 pH=6.8 蓝紫
一份 0.1%中性红乙醇溶液与 一份 0.1%亚甲基蓝乙醇溶液	7.0	蓝紫	绿	pH=7.0 蓝紫
一份 0.1%溴百里酚绿钠盐水溶液与 一份 0.1%氯酚红钠盐水溶液	7.5	黄	绿	pH=7.2 暗绿 pH=7.4 淡紫 pH=7.6 深紫
一份 0.1%甲溴酚红钠盐水溶液与 三份 0.1%百里酚钠盐水溶液	8.3	黄	紫	pH=8.2 玫瑰色 pH=8.4 紫色

（3）金属离子指示剂

指示剂名称	解离平衡和颜色变化	溶液配制方法
铬黑 T(EBT)	$\underset{紫红}{H_2In^-} \xrightleftharpoons{pK_{a_2}=6.3} \underset{蓝}{HIn^{2-}} \xrightleftharpoons{pK_{a_3}=11.55} \underset{橙}{In^{3-}}$	0.5%的水溶液
二甲酚橙 0.5%(XO)	$\underset{黄}{H_3In^{4-}} \xrightleftharpoons{pK_{a_2}=6.3} \underset{红}{H_2In^{5-}}$	0.5g 二甲酚橙溶于 100mL 去离子水中

续表

指示剂名称	解离平衡和颜色变化	溶液配制方法
K-B指示剂	$H_2In^- \xrightleftharpoons{pK_{a_1}=8} HIn^{2-} \xrightleftharpoons{pK_a=13} In^{3-}$ 红　蓝　紫红 (酸性铬蓝K)	0.2%酸性铬蓝K与0.4g萘酚绿B溶于100mL水中
钙指示剂	$H_2In^- \xrightleftharpoons{pK_{a_2}=7.4} HIn^{2-} \xrightleftharpoons{pK_{a_3}=13.5} In^{3-}$ 酒红　蓝　酒红	0.5%的乙醇溶液
吡啶偶氮萘酚(PAN)	$H_2In^+ \xrightleftharpoons{pK_{a_1}=1.9} HIn \xrightleftharpoons{pK_{a_3}=12.2} In^-$ 黄绿　黄　淡红	0.1%的水溶液
Cu-PAN（CuY-PAN溶液）	$CuY+PANN+M^{n+} \rightleftharpoons MY+Cu\text{-}PAN$ 浅绿　无色　红色	将0.05mol·L^{-1}Cu^{2+}液10mL加pH5～6的HAc缓冲液5mL，1滴PAN指示剂，加热到60℃左右，用EDTA滴到绿色，得到0.025mol·L^{-1}的CuY溶液，使用时取2～3mL试剂，再加数滴PAN溶液
磺基水杨酸	$H_2In \xrightleftharpoons{pK_{a_2}=2.7} HIn^- \xrightleftharpoons{pK_{a_3}=13.1} In^{2-}$ 无色	1%的水溶液
钙镁试剂	$H_2In^- \xrightleftharpoons{pK_{a_2}=8.1} HIn^{2-} \xrightleftharpoons{pK_{a_3}=12.4} In^{3-}$ 红　蓝　红橙	0.5%的水溶液

注：EBT、钙镁指示剂、K-B指示剂等在水溶液中稳定性较差，可以配成指示剂与NaCl比为1∶100或1∶200的固体粉末。

(4) 氧化还原指示剂

指示剂名称	$\varphi^{\ominus}$ / V [H$^+$]=1mol·L^{-1}	颜色变化		溶液配制方法
		氧化态	还原态	
中性红	0.24	红	无色	0.05%的中性红60%乙醇溶液
亚甲基蓝	0.36	蓝	无色	0.05%的亚甲基蓝水溶液
变胺蓝	0.59(pH=2)	无色	蓝色	0.05%的变胺蓝水溶液
二苯胺	0.76	紫	无色	1%的二苯胺的浓H_2SO_4溶液
二苯胺磺酸钠	0.85	紫色	无色	0.5%的二苯胺磺酸钠水溶液
一邻苯氨基苯甲酸	1.08	紫色	无色	0.1g指示剂加20mL 15%的Na_2CO_3溶液，用水稀释至100mL
邻二氮菲-Fe(Ⅱ)	1.06	浅蓝	红	1.485g邻二氮菲加0.965g $FeSO_4$溶于100mL水中(0.025mol·L^{-1}水溶液)
5-硝基邻二氮菲-Fe(Ⅱ)	1.25	浅蓝	紫红	1.608g 5-硝基邻二氮菲加0.695g $FeSO_4$溶于100mL水中(0.025mol·L^{-1}水溶液)

(5) 沉淀滴定指示剂

指示剂名称	被测离子	滴定剂	滴定条件	溶剂配制方法
荧光黄	Cl^-	Ag^+	pH 7～10(一般7～8)	0.2%乙醇溶液
二绿荧光黄	Cl^-	Ag^+	pH 4～10(一般5～8)	0.1%的水溶液
署红	SCN^-,Br^-,I^-	Ag^+	pH 2～10(一般3～8)	0.5%的水溶液
溴甲酚绿	SCN^-	Ag^+	pH 4～5	0.1%的水溶液
甲基紫	Ag^+	Cl^-	酸性溶液	0.1%的水溶液
罗丹明6G	Ag^+	Br^-	酸性溶液	0.1%的水溶液
钍试剂	SO_4^{2-}	Ba^{2+}	pH 1.5～3.5	0.5%的水溶液
溴酚蓝	Hg_2^{2+}	Cl^-,Br^-	酸性溶液	0.1%的水溶液

附录 14　常用缓冲溶液的配制

缓冲溶液组成	$pK_a^\ominus$	缓冲溶液 pH	缓冲溶液配制的方法
氨基乙酸-HCl	2.35 ($pK_{a_1}^\ominus$)	2.3	取 150g 氨基乙酸溶于 500mL 水中后加 180mL 浓 HCl，加水稀释至 1L
H_3PO_4-柠檬酸盐		2.5	取 113g $Na_2HPO_4 \cdot 12H_2O$ 溶于 200mL 水后加 387g 柠檬酸，溶解，过滤后稀释至 1L
一氯乙酸-NaOH	2.86	2.8	取 200g 一氯乙酸溶于 200mL 水中，加 40g NaOH，溶解后稀释至 1L
邻苯二甲酸氢钾-HCl	2.95 ($pK_{a_1}^\ominus$)	2.9	取 500g 邻苯二甲酸氢钾溶于 500mL 水中加 80mL 浓 HCl 稀释至 1L
甲酸-NaOH	3.76	3.7	取 95g 甲酸和 40g NaOH 于 500mL 水中，溶解，稀释至 1L
NH_4Ac-HAc		4.5	取 77g NH_4Ac 溶于 200mL 水中，加 89mL 冰乙酸，稀释至 1L
NaAc-HAc	4.74	4.7	取 83g NaAc 溶于水中，加 60mL 冰乙酸稀释至 1L
NaAc-HAc	4.74	5.0	取 180g 无水 NaAc 溶于水中，加 60mL 冰乙酸稀释至 1L
NH_4Ac-HAc		5.0	取 250g NH_4Ac 溶于水中，加 25mL 冰乙酸，稀释至 1L
六亚甲基四胺-HCl	5.15	5.4	取 40g 六亚甲基四胺溶于 200mL 水中，加 10mL 浓 HCl，稀释至 1L
NH_4Ac-HAc		6.0	取 600g NH_4Ac 溶于水中，加 20mL 冰乙酸，稀释至 1L
NaAc-H_3PO_4		8.0	取 50g 无水 NaAc 和 50g $Na_2HPO_4 \cdot 12H_2O$ 溶于水中，稀释至 1L
Tris-HCl[三羟甲基氨甲烷，$CNH_2(HOCH_3)_3$]	8.21	8.2	取 25g Tris 试剂溶于水中，加 18mL 浓 HCl，稀释至 1L
NH_3-NH_4Cl	9.26	9.2	取 54g NH_4Cl 溶于水中，加 63mL 浓氨水，稀释至 1L
NH_3-NH_4Cl	9.26	9.5	取 54g NH_4Cl 溶于水中，加 126mL 浓氨水，稀释至 1L
NH_3-NH_4Cl	9.26	10.0	取 54g NH_4Cl 溶于水中，加 350mL 浓氨水，稀释至 1L

注：1. 缓冲溶液的配制可用 pH 试纸检验，如 pH 值不对，可用共轭酸或碱调节 pH。欲调节精确时，可用 pH 计调节。

2. 如需增加或减少缓冲溶液的缓冲量时，可相应增加或减少共轭酸或碱对物质的量，再调节之。

附录 15　七种 pH 基准缓冲溶液的 pH

温度/℃	0.05mol·kg^{-1} 四草酸氢钾	25℃ 饱和酒石酸氢钾	0.05mol·kg^{-1} 邻苯二甲酸氢钾	0.025mol·kg^{-1} 混合磷酸盐	0.008695mol·kg^{-1} 磷酸二氢钾 0.03043mol·kg^{-1} 磷酸氢二钠	0.01mol·kg^{-1} 硼砂	25℃ 饱和氢氧化钙
0	1.668		4.006	6.981	7.515	9.458	13.416
5	1.669		3.999	6.949	7.490	9.391	13.210
10	1.671		3.996	6.921	7.467	9.330	13.011
15	1.673		3.996	6.898	7.445	9.276	12.820
20	1.676		3.998	6.879	7.426	9.226	12.637
25	1.680	3.559	4.003	6.864	7.409	9.182	12.460
30	1.684	3.551	4.010	6.852	7.395	9.142	12.292

续表

温度/℃	0.05mol·kg^{-1} 四草酸氢钾	25℃饱和酒石酸氢钾	0.05mol·kg^{-1} 邻苯二甲酸氢钾	0.025mol·kg^{-1} 混合磷酸盐	0.008695mol·kg^{-1} 磷酸二氢钾 0.03043mol·kg^{-1} 磷酸氢二钠	0.01mol·kg^{-1} 硼砂	25℃饱和氢氧化钙
35	1.688	3.547	4.019	6.844	7.386	9.105	12.130
37				6.839	7.383		
40	1.694	3.547	4.029	6.838	7.380	9.072	11.975
45	1.700	3.550	4.042	6.834	7.379	9.042	11.828
50	1.706	3.555	4.055	6.833	7.383	9.015	11.697
55	1.713	3.563	4.070	6.834		8.990	11.553
60	1.721	3.573	4.087	6.837		8.969	11.426
70	1.739	3.596	4.122	6.847		8.926	
80	1.759	3.622	4.161	6.862		8.890	
90	1.782	3.648	4.203	6.881		8.856	
95	1.795	3.660	4.224	6.891		8.839	

附录 16 常用基准物及其干燥条件

基 准 物	标 定 对 象	干 燥 条 件
$NaHCO_3$	酸	260～270℃干燥至恒重
$Na_2B_4O_7 \cdot 10H_2O$	酸	放在 NaCl 蔗糖饱和溶液的干燥器中干燥至恒重
$KHC_8H_4O_4$	NaOH	105～110℃干燥至恒重
$Na_2C_2O_4$	$KMnO_4$	105～110℃干燥至恒重
$K_2Cr_2O_7$	$Na_2S_2O_3$,$FeSO_4$	120℃干燥至恒重
K_2BrO_3	$Na_2S_2O_3$	150℃干燥至恒重
K_2IO_3	$Na_2S_2O_3$	180℃干燥至恒重
As_2O_3	I_2	硫酸干燥器中干燥至恒重
$(NH_4)_2Fe(SO_4)_2 \cdot 6H_2O$	氧化剂	室温空气干燥
NaCl	$AgNO_3$	560～600℃加热干燥至恒重
$AgNO_3$	卤化物,硫氰酸盐	硫酸干燥器中干燥至恒重
ZnO	EDTA	800℃灼烧至恒重
无水 Na_2CO_3	HCl,H_2SO_4	260～270℃干燥至恒重
$CaCO_3$	EDTA	105～110℃干燥至恒重

附录 17 弱酸及其共轭碱在水中的解离常数（298.15K，离子强度 $I=0$）

弱 酸	分 子 式	$K_a^\ominus$	$pK_a^\ominus$	共轭碱 $pK_b^\ominus$	共轭碱 $K_b^\ominus$
砷酸	H_3AsO_4	$5.7\times10^{-3}(K_{a_1}^\ominus)$	2.24	11.76	$1.75\times10^{-12}(K_{b_3}^\ominus)$
		$1.7\times10^{-7}(K_{a_2}^\ominus)$	6.77	7.23	$5.88\times10^{-8}(K_{b_2}^\ominus)$
		$2.5\times10^{-12}(K_{a_3}^\ominus)$	11.60	2.40	$3.98\times10^{-3}(K_{b_1}^\ominus)$
亚砷酸	H_3AsO_3	5.9×10^{-10}	9.22	4.78	1.7×10^{-5}

续表

弱酸	分子式	$K_a^\ominus$	$pK_a^\ominus$	共轭碱	
				$pK_b^\ominus$	$K_b^\ominus$
硼酸	H_3BO_3	5.8×10^{-10}	9.24	4.76	1.7×10^{-5}
焦硼酸	$H_2B_4O_7$	$1.0\times10^{-4}(K_{a_1}^\ominus)$	4.0	10.0	$1.0\times10^{-10}(K_{b_2}^\ominus)$
		$1.0\times10^{-9}(K_{a_2}^\ominus)$	9.0	5.0	$1.0\times10^{-5}(K_{b_1}^\ominus)$
次溴酸	HBrO	2.6×10^{-9}	8.58	5.42	3.8×10^{-6}
碳酸	H_2CO_3	$4.2\times10^{-7}(K_{a_1}^\ominus)$	6.38	7.62	$2.4\times10^{-8}(K_{b_2}^\ominus)$
	(CO_2+H_2O)①	$4.7\times10^{-11}(K_{a_2}^\ominus)$	10.33	3.67	$2.1\times10^{-4}(K_{b_1}^\ominus)$
氢氰酸	HCN	5.8×10^{-10}	9.24	4.76	1.7×10^{-5}
铬酸	H_2CrO_4	$9.55(K_{a_1}^\ominus)$	0.98	13.02	$9.6\times10^{-14}(K_{b_2}^\ominus)$
		$3.2\times10^{-7}(K_{a_2}^\ominus)$	6.49	7.51	$3.1\times10^{-8}(K_{b_1}^\ominus)$
次氯酸	HClO	2.8×10^{-8}	7.55	6.45	3.5×10^{-7}
氢氟酸	HF	6.9×10^{-4}	3.16	10.84	1.4×10^{-11}
次碘酸	HIO	2.4×10^{-11}	10.62	3.38	4.2×10^{-4}
碘酸	HIO_3	0.16	0.80	13.20	6.2×10^{-14}
高碘酸	H_5IO_6	$4.4\times10^{-4}(K_{a_1}^\ominus)$	3.36	10.64	2.3×10^{-11}
		$2\times10^{-7}(K_{a_2}^\ominus)$	6.7	7.3	5.0×10^{-8}
		$6.3\times10^{-13}(K_{a_3}^\ominus)$	12.2	1.8	1.6×10^{-2}
亚硝酸	HNO_2	6.0×10^{-4}	3.22	10.78	1.6×10^{-11}
过氧化氢	H_2O_2	2.0×10^{-12}	11.70	2.30	5.0×10^{-3}
磷酸	H_3PO_4	$6.7\times10^{-3}(K_{a_1}^\ominus)$	2.17	11.83	$1.5\times10^{-12}(K_{b_3}^\ominus)$
		$6.2\times10^{-8}(K_{a_2}^\ominus)$	7.20	6.80	$1.6\times10^{-7}(K_{b_2}^\ominus)$
		$4.5\times10^{-13}(K_{a_3}^\ominus)$	12.34	1.66	$2.2\times10^{-2}(K_{b_1}^\ominus)$
焦磷酸	$H_4P_2O_7$	$2.9\times10^{-2}(K_{a_1}^\ominus)$	1.54	12.46	$3.4\times10^{-13}(K_{b_4}^\ominus)$
		$5.3\times10^{-3}(K_{a_2}^\ominus)$	2.28	11.72	$1.9\times10^{-12}(K_{b_3}^\ominus)$
		$2.2\times10^{-7}(K_{a_3}^\ominus)$	6.66	7.34	$4.6\times10^{-8}(K_{b_2}^\ominus)$
		$4.8\times10^{-10}(K_{a_4}^\ominus)$	9.32	4.78	$1.6\times10^{-5}(K_{b_1}^\ominus)$
亚磷酸	H_3PO_3	$5.0\times10^{-2}(K_{a_1}^\ominus)$	1.30	12.70	$2.0\times10^{-13}(K_{b_2}^\ominus)$
		$2.5\times10^{-7}(K_{a_2}^\ominus)$	6.60	7.40	$4.0\times10^{-8}(K_{b_1}^\ominus)$
氢硫酸	H_2S	$1.07\times10^{-7}(K_{a_1}^\ominus)$	6.97	7.03	$9.3\times10^{-8}(K_{b_2}^\ominus)$
		$1.26\times10^{-13}(K_{a_2}^\ominus)$	12.90	1.10	$7.9\times10^{-2}(K_{b_1}^\ominus)$
硫酸	$H_2SO_4^-$	$1.0\times10^{-2}(K_{a_2}^\ominus)$	2.00	12.00	$1.0\times10^{-12}(K_{b_1}^\ominus)$
亚硫酸	H_2SO_3	$1.7\times10^{-2}(K_{a_1}^\ominus)$	1.77	12.23	$5.9\times10^{-13}(K_{b_2}^\ominus)$
		$6.0\times10^{-8}(K_{a_2}^\ominus)$	7.20	6.80	$1.6\times10^{-7}(K_{b_1}^\ominus)$
硫氰酸	HSCN	0.14	0.85	13.15	7.1×10^{-14}
偏硅酸	H_2SiO_3	$1.7\times10^{-10}(K_{a_1}^\ominus)$	9.77	4.23	$5.9\times10^{-5}(K_{b_2}^\ominus)$
		$1.6\times10^{-12}(K_{a_2}^\ominus)$	11.8	2.20	$6.3\times10^{-3}(K_{b_1}^\ominus)$
甲酸	HCOOH	1.8×10^{-4}	3.74	10.26	5.5×10^{-11}

续表

弱　酸	分子式	$K_a^\ominus$	$pK_a^\ominus$	共轭碱	
				$pK_b^\ominus$	$K_b^\ominus$
乙酸	CH_3COOH	1.8×10^{-5}	4.74	9.26	5.5×10^{-10}
一氯乙酸	$CH_2ClCOOH$	1.4×10^{-3}	2.85	11.15	7.1×10^{-12}
二氯乙酸	$CHCl_2COOH$	5.0×10^{-2}	1.30	12.70	2.0×10^{-13}
三氯乙酸	CCl_3COOH	0.23	0.64	13.36	4.4×10^{-14}
氨基乙酸盐	$^+NH_3CH_2COOH$	$4.5\times10^{-3}(K_{a_1}^\ominus)$	2.34	11.66	$2.2\times10^{-12}(K_{b_2}^\ominus)$
	$^+NH_3CH_2COO^-$	$2.5\times10^{-10}(K_{a_2}^\ominus)$	9.60	4.40	$4.0\times10^{-5}(K_{b_1}^\ominus)$
乳酸	$CH_3CHOHCOOH$	1.4×10^{-4}	3.85	10.15	7.1×10^{-11}
苯甲酸	C_6H_5COOH	6.2×10^{-5}	4.21	9.79	1.6×10^{-10}
草酸	$H_2C_2O_4$	$5.4\times10^{-2}(K_{a_1}^\ominus)$	1.26	12.74	$1.8\times10^{-13}(K_{b_2}^\ominus)$
		$5.4\times10^{-5}(K_{a_2}^\ominus)$	4.26	9.74	$1.8\times10^{-10}(K_{b_1}^\ominus)$
d-酒石酸	CH(OH)COOH | CH(OH)COOH	$9.1\times10^{-4}(K_{a_1}^\ominus)$	3.04	10.96	$1.1\times10^{-11}(K_{b_2}^\ominus)$
		$4.3\times10^{-5}(K_{a_2}^\ominus)$	4.36	9.64	$2.3\times10^{-10}(K_{b_1}^\ominus)$
邻苯二甲酸	$C_6H_4(COOH)_2$（邻位，COOH / COOH）	$1.1\times10^{-3}(K_{a_1}^\ominus)$	2.96	11.04	$9.1\times10^{-12}(K_{b_2}^\ominus)$
		$3.9\times10^{-6}(K_{a_2}^\ominus)$	5.41	8.59	$2.6\times10^{-9}(K_{b_1}^\ominus)$
柠檬酸	COOH | $HOOCCH_2CCH_2COOH$ | OH	$7.4\times10^{-4}(K_{a_1}^\ominus)$	3.13	10.87	$1.3\times10^{-11}(K_{b_3}^\ominus)$
		$1.7\times10^{-5}(K_{a_2}^\ominus)$	4.77	9.23	$5.9\times10^{-10}(K_{b_2}^\ominus)$
		$4.0\times10^{-7}(K_{a_3}^\ominus)$	6.40	7.60	$2.5\times10^{-8}(K_{b_1}^\ominus)$
苯酚	C_6H_5OH	1.1×10^{-10}	9.96	4.04	9.1×10^{-5}
乙二胺四乙酸	EDTA	$1.0\times10^{-2}(K_{a_1}^\ominus)$	2.0	12.0	$1.0\times10^{-12}(K_{b_4}^\ominus)$
		$2.1\times10^{-3}(K_{a_2}^\ominus)$	2.68	11.32	$4.8\times10^{-12}(K_{b_3}^\ominus)$
		$6.9\times10^{-7}(K_{a_3}^\ominus)$	6.16	7.84	$1.4\times10^{-8}(K_{b_2}^\ominus)$
		$5.9\times10^{-11}(K_{a_4}^\ominus)$	10.23	3.77	$1.7\times10^{-4}(K_{b_1}^\ominus)$
氨离子	NH_4^+	5.5×10^{-10}	9.26	4.74	1.8×10^{-5}
联胺离子	$^+H_3NNH_3^+$	3.3×10^{-9}	8.48	5.52	3.0×10^{-6}
羟胺离子	NH_3^+OH	1.1×10^{-6}	5.96	8.04	9.1×10^{-9}
甲胺离子	$CH_3NH_3^+$	2.4×10^{-11}	10.62	3.38	4.2×10^{-4}
乙胺离子	$C_2H_5NH_3^+$	1.8×10^{-11}	10.74	3.26	5.5×10^{-4}
二甲胺离子	$(CH_3)_2NH_2^+$	8.5×10^{-11}	10.07	3.93	1.2×10^{-4}
二乙胺离子	$(C_2H_5)_2NH_2^+$	7.8×10^{-12}	11.11	2.89	1.3×10^{-3}
乙醇胺离子	$HOCH_2CH_2NH_3^+$	3.2×10^{-10}	9.49	4.51	3.1×10^{-5}
三乙醇胺离子	$(HOCH_2CH_2)_3NH^+$	1.7×10^{-8}	7.77	6.23	5.9×10^{-7}
六亚甲基四胺离子(乌洛托品)	$(CH_2)_6N_4H^+$	7.1×10^{-6}	5.15	8.85	1.4×10^{-9}
乙二胺离子	$^+H_3NCH_2CH_2NH_3^+$	1.4×10^{-7}	6.85	7.15	$7.1\times10^{-8}(K_{b_2}^\ominus)$
	$H_2NCH_2CH_2NH_3^+$	1.2×10^{-10}	9.92	4.08	$8.3\times10^{-5}(K_{b_1}^\ominus)$
吡啶离子	$C_5H_5NH^+$（吡啶环 NH⁺）	5.9×10^{-6}	5.23	8.77	1.7×10^{-9}

① 如果不计水合 CO_2，H_2CO_3 的 $pK_{a_1}^\ominus=3.76$。

附录 18　某些难溶化合物的溶度积常数（298.15K）

化合物	$K_{sp}^{\ominus}$	$pK_{sp}^{\ominus}$	化合物	$K_{sp}^{\ominus}$	$pK_{sp}^{\ominus}$	化合物	$K_{sp}^{\ominus}$	$pK_{sp}^{\ominus}$
AgAc	1.94×10^{-3}	2.71	$Co(IO_3)_2\cdot2H_2O$	1.21×10^{-2}	1.92	$MnCO_3$	2.24×10^{-11}	10.65
AgBr	5.35×10^{-13}	12.27	$Co(OH)_2$(粉红)	1.09×10^{-15}	14.96	$MnC_2O_4\cdot2H_2O$	1.70×10^{-7}	6.44
$AgBrO_3$	5.34×10^{-5}	4.27	$Co(OH)_2$(蓝)	5.92×10^{-15}	14.23	$Mn(IO_3)_2$	4.37×10^{-7}	6.36
AgCN	5.97×10^{-17}	16.22	$Co_3(AsO_4)_2$	6.79×10^{-29}	28.17	$Mn(OH)_2$	2.06×10^{-13}	12.39
AgCl	1.77×10^{-10}	9.75	$Co_3(PO_4)_2$	2.05×10^{-35}	34.69	MnS	4.65×10^{-14}	13.33
AgI	8.51×10^{-17}	16.07	CuBr	6.27×10^{-9}	8.20	$NiCO_3$	1.42×10^{-7}	6.85
$AgIO_3$	3.17×10^{-8}	7.50	CuC_2O_4	4.43×10^{-10}	9.35	$Ni(IO_3)_2$	4.71×10^{-5}	4.33
AgSCN	1.03×10^{-12}	11.99	CuCl	1.72×10^{-7}	6.76	$Ni(OH)_2$	5.47×10^{-16}	15.26
Ag_2CO_3	8.45×10^{-12}	11.07	CuI	1.27×10^{-12}	11.90	NiS	1.07×10^{-21}	20.97
$Ag_2C_2O_4$	5.40×10^{-12}	11.27	$Cu(IO_3)_2\cdot H_2O$	6.94×10^{-8}	7.16	$Ni_3(PO_4)_2$	4.73×10^{-32}	31.33
Ag_2CrO_4	1.12×10^{-12}	11.95	CuS	1.27×10^{-36}	35.90	$PbBr_2$	6.60×10^{-6}	5.18
α-Ag_2S	6.69×10^{-50}	49.17	CuSCN	1.77×10^{-13}	12.75	$PbCO_3$	1.46×10^{-13}	12.84
β-Ag_2S	1.09×10^{-49}	48.96	Cu_2S	2.26×10^{-48}	47.64	PbC_2O_4	8.51×10^{-10}	9.07
Ag_2SO_3	1.49×10^{-14}	13.83	$Cu_3(AsO_4)_2$	7.93×10^{-36}	35.10	$PbCrO_4$	1.77×10^{-14}	13.75
Ag_2SO_4	1.20×10^{-5}	4.92	$Cu_3(PO_4)_2$	1.39×10^{-37}	36.86	$PbCl_2$	1.17×10^{-5}	4.93
Ag_3AsO_4	1.03×10^{-22}	21.99	$FeCO_3$	3.07×10^{-11}	10.51	PbF_2	7.12×10^{-7}	6.15
Ag_3PO4	8.88×10^{-17}	16.05	FeF_2	2.36×10^{-6}	5.63	PbI_2	8.49×10^{-9}	8.07
$Al(OH)_3$	1.1×10^{-33}	32.97	$Fe(OH)_2$	4.87×10^{-17}	16.31	$Pb(IO_3)_2$	3.68×10^{-13}	12.43
$AlPO_4$	9.83×10^{-21}	20.01	$Fe(OH)_3$	2.64×10^{-39}	38.58	$Pb(OH)_2$	1.42×10^{-20}	19.85
$BaCO_3$	2.58×10^{-9}	8.59	$FePO_4\cdot2H_2O$	9.92×10^{-29}	28.00	PbS	9.04×10^{-29}	25.04
$BaCrO_4$	1.17×10^{-10}	9.93	FeS	1.59×10^{-19}	18.80	$PbSO_4$	1.82×10^{-8}	7.74
BaF_2	1.84×10^{-7}	6.41	HgI_2	2.82×10^{-29}	28.55	$Pb(SCN)_2$	2.11×10^{-5}	4.68
$Ba(IO_3)_2$	4.01×10^{-9}	8.40	$Hg(OH)_2$	3.13×10^{-26}	25.50	PdS	2.03×10^{-58}	57.6
$Ba(IO_3)_2\cdot H_2O$	1.67×10^{-9}	8.78	HgS(黑)	6.44×10^{-53}	52.19	$Pd(SCN)_2$	4.38×10^{-23}	22.36
$Ba(OH)_2\cdot H_2O$	2.55×10^{-4}	3.59	HgS(红)	2.00×10^{-53}	52.70	PtS	9.91×10^{-74}	73.00
$BaSO_4$	1.07×10^{-10}	9.97	Hg_2Br_2	6.41×10^{-23}	22.19	$Sn(OH)_2$	5.45×10^{-27}	26.26
$BiAsO_4$	4.43×10^{-10}	9.35	Hg_2CO_3	3.67×10^{-17}	16.44	SnS	3.25×10^{-28}	27.49
Bi_2S_3	1.82×10^{-99}	98.74	$Hg_2C_2O_4$	1.75×10^{-13}	12.76	$SrCO_3$	5.60×10^{-10}	9.25
$CaCO_3$	9.9×10^{-7}	6.00	Hg_2Cl_2	1.45×10^{-18}	17.84	SrF_2	4.33×10^{-9}	8.36
$CaC_2O_4\cdot H_2O$	2.34×10^{-9}	8.63	Hg_2F_2	3.10×10^{-6}	5.51	$Sr(IO_3)_2$	1.14×10^{-7}	6.94
CaF_2	1.46×10^{-10}	9.84	Hg_2I_2	5.33×10^{-29}	28.27	$Sr(IO_3)_2\cdot H_2O$	3.58×10^{-7}	6.45
$Ca(IO_3)_2$	6.47×10^{-6}	5.19	Hg_2SO_4	7.99×10^{-7}	6.10	$Sr(IO_3)_2\cdot6H_2O$	4.65×10^{-7}	6.33
$Ca(IO_3)_2\cdot6H_2O$	7.54×10^{-7}	6.12	$Hg_2(SCN)_2$	3.12×10^{-20}	19.51	$SrSO_4$	3.44×10^{-7}	6.4
$Ca(OH)_2$	4.68×10^{-6}	5.33	$KClO_4$	1.05×10^{-2}	1.98	$Sr_3(AsO_4)_2$	4.29×10^{-19}	18.34
$CaSO_4$	7.10×10^{-5}	4.15	$K_2[PtCl_6]$	7.48×10^{-6}	5.13	$ZnCO_3$	1.19×10^{-10}	9.92
$Ca_3(PO_4)_2$	2.07×10^{-33}	32.68	Li_2CO_3	8.15×10^{-4}	3.09	$ZnCO_3\cdot H_2O$	5.41×10^{-11}	10.27
$CdCO_3$	6.18×10^{-12}	11.21	$MgCO_3$	6.82×10^{-6}	5.17	$ZnC_2O_4\cdot2H_2O$	1.37×10^{-9}	8.86
$CdC_2O_4\cdot3H_2O$	1.42×10^{-8}	7.85	$MgCO_3\cdot3H_2O$	2.38×10^{-6}	5.62	ZnF_2	3.04×10^{-2}	1.52
CdF_2	6.44×10^{-3}	2.19	$MgCO_3\cdot5H_2O$	3.79×10^{-6}	5.42	$Zn(IO_3)_2$	4.29×10^{-6}	5.37
$Cd(IO_3)_2$	2.49×10^{-8}	7.60	$MgC_2O_4\cdot2H_2O$	4.83×10^{-6}	5.32	γ-$Zn(OH)_2$	6.86×10^{-17}	16.16
$Cd(OH)_2$	5.27×10^{-15}	14.28	MgF_2	7.42×10^{-11}	10.13	β-$Zn(OH)_2$	7.71×10^{-17}	16.11
CdS	1.40×10^{-29}	28.85	$Mg(OH)_2$	5.61×10^{-12}	11.25	ε-$Zn(OH)_2$	4.12×10^{-17}	16.38
$Cd_3(AsO_4)_2$	2.17×10^{-33}	32.66	$Mg_3(PO_4)_2$	9.86×10^{-25}	24.01	ZnS	2.93×10^{-25}	24.53
$Cd_3(PO_4)_2$	2.53×10^{-33}	32.60				$Zn_3(AsO_4)_2$	3.12×10^{-28}	27.51

附录 19 某些金属配离子的稳定常数（293～298K，离子强度 $I \approx 0$）

配离子	稳定常数 $K_f^\ominus$	$\lg K_f^\ominus$	配离子	稳定常数 $K_f^\ominus$	$\lg K_f^\ominus$
$[Ag(NH_3)_2]^+$	1.11×10^7	7.05	$[Zn(CN)_4]^{2-}$	5.01×10^{16}	16.70
$[Cd(NH_3)_4]^{2+}$	1.32×10^7	7.12	$[Ag(Ac)_2]^-$	4.37	0.64
$[Co(NH_3)_6]^{2+}$	1.29×10^5	5.11	$[Cu(Ac)_4]^{2-}$	1.54×10^3	3.20
$[Co(NH_3)_6]^{3+}$	1.59×10^{35}	35.20	$[Pb(Ac)_4]^{2-}$	3.16×10^8	8.50
$[Cu(NH_3)_2]^{2+}$	2.09×10^{13}	13.32	$[Al(C_2O_4)_3]^{3-}$	2.00×10^{16}	16.30
$[Ni(NH_3)_6]^{2+}$	5.50×10^8	8.74	$[Fe(C_2O_4)_3]^{3-}$	1.58×10^{20}	20.20
$[Zn(NH_3)_4]^{2+}$	2.88×10^9	9.46	$[Fe(C_2O_4)_3]^{4-}$	1.66×10^5	5.22
$[Zn(OH)_4]^{2-}$	4.57×10^{17}	17.66	$[Zn(C_2O_4)_3]^{4-}$	1.41×10^8	8.15
$[CdI_4]^{2-}$	2.57×10^5	5.41	$[Cd(en)_3]^{2+}$	1.23×10^{12}	12.09
$[HgI_4]^{2-}$	6.76×10^{29}	29.83	$[Co(en)_3]^{2+}$	8.71×10^{13}	13.94
$[Ag(SCN)_2]^-$	3.72×10^7	7.57	$[Co(en)_3]^{3+}$	4.90×10^{48}	48.69
$[Co(SCN)_4]^{2-}$	1.00×10^3	3.00	$[Fe(en)_3]^{2+}$	5.01×10^9	9.70
$[Hg(SCN)_4]^{2-}$	1.70×10^{21}	21.23	$[Ni(en)_3]^{2+}$	2.14×10^{18}	18.33
$[Zn(SCN)_4]^{2-}$	41.7	1.62	$[Zn(en)_3]^{2+}$	1.29×10^{14}	14.11
$[AlF_6]^{3-}$	6.92×10^{19}	19.84	$[AlEDTA]^-$	1.29×10^{16}	16.11
$[AgCl_2]^-$	1.10×10^5	5.04	$[BaEDTA]^{2-}$	6.03×10^7	7.78
$[CdCl_4]^{2-}$	6.31×10^2	2.80	$[CaEDTA]^{2-}$	1.00×10^{11}	11.00
$[HgCl_4]^{2-}$	1.17×10^{15}	15.07	$[CdEDTA]^{2-}$	2.51×10^{16}	16.40
$[PbCl_3]^-$	1.70×10^3	3.23	$[CoEDTA]^-$	1.00×10^{36}	36.00
$[AgBr_2]^-$	2.14×10^7	7.33	$[CuEDTA]^{2-}$	5.01×10^{18}	18.70
$[Ag(CN)_2]^-$	1.26×10^{21}	21.10	$[FeEDTA]^{2-}$	2.14×10^{14}	14.33
$[Au(CN)_2]^-$	2.00×10^{38}	38.30	$[FeEDTA]^-$	1.70×10^{24}	24.23
$[Cd(CN)_4]^{2-}$	6.03×10^{18}	18.78	$[HgEDTA]^{2-}$	6.31×10^{21}	21.80
$[Cu(CN)_4]^{2-}$	2.00×10^{30}	30.30	$[MgEDTA]^{2-}$	4.37×10^8	8.64
$[Fe(CN)_6]^{4-}$	1.00×10^{35}	35.00	$[MnEDTA]^{2-}$	6.31×10^{13}	13.80
$[Fe(CN)_6]^{3-}$	1.00×10^{42}	42.00	$[NiEDTA]^{2-}$	3.63×10^{18}	18.56
$[Hg(CN)_4]^{2-}$	2.51×10^{41}	41.40	$[PbEDTA]^{2-}$	2.00×10^{18}	18.30
$[Ni(CN)_4]^{2-}$	2.00×10^{31}	31.30	$[ZnEDTA]^{2-}$	2.51×10^{16}	16.40

附录 20 某些氨羧配位剂与金属离子配合物的稳定常数 $\lg K^\ominus(ML)$

金属离子	EDTA	CyDTA	EGTA	DTPA	HEDTA
Ag^+	7.32	9.03	6.88	8.61	6.71
Al^{3+}	16.30	19.50	13.90	18.60	14.30
Ba^{2+}	7.86	8.69	8.41	8.87	6.30
Be^{2+}	8.68	11.51			
Bi^{3+}	27.80	32.30		35.60	22.30
Ca^{2+}	10.69	13.15	10.97	10.84	8.30
Cd^{2+}	16.46	19.93	16.70	19.20	13.02
Ce^{3+}	15.98			40.50	
Co^{2+}	16.31	19.62	12.30	19.27	14.42
Co^{3+}	41.10			40.50	43.20
Cr^{3+}	12.80			15.36	
Cu^{2+}	18.83	22.00	17.71	21.00	17.42

续表

金属离子	EDTA	CyDTA	EGTA	DTPA	HEDTA
Fe^{2+}	14.19	19.00	11.87	16.50	11.63
Fe^{3+}	25.42	29.15	20.38	28.00	19.80
Ga^{2+}	21.70	22.29	19.02	22.46	19.40
Hg^{2+}	22.02	25.00	23.86	28.00	19.80
In^{3+}	25.00	28.80		29.60	20.20
La^{3+}	15.25	16.96	15.84	19.23	13.61
Li^{+}	2.43			3.10	
Mg^{2+}	8.70	11.02	5.21	9.30	7.00
Mn^{2+}	14.05	17.48	12.28	15.60	10.75
Na^{+}	1.43		1.38		
Ni^{2+}	18.66	20.30	13.55	20.32	16.66
Pb^{2+}	18.04	21.20	14.84	20.56	15.99
Pd^{2+}	18.50			24.60	
Sc^{3+}	21.84	26.10	18.20	26.28	17.30
Sn^{2+}	22.10	18.70	18.70	20.70	
Sr^{2+}	8.73	10.50	8.50	9.77	6.90
Th^{4+}	23.20	25.60		26.64	18.50
Ti^{3+}	21.30				
TiO^{2+}	17.50	18.23		23.36	
Tl^{+}	6.11	3.85	4.00	5.97	
Tl^{3+}	35.30	38.30		46.00	
UO_2^{2+}	19.70		9.41		
VO^{2+}	18.80	20.10			
VO_2^{2+}	15.55				
Y^{3+}	18.09	19.85	17.16	21.95	
Zn^{2+}	16.50	19.37	12.70	18.40	14.78
Zr^{4+}	27.90	29.92		35.80	14.70

附录 21　半电极反应和标准电极电势（298.15K）

（1）在酸性溶液中

电　对	电极反应	$\varphi^{\ominus}$/V
H(Ⅰ)-(0)	$2H^{+}+2e^{-}=\!=\!=H_2$	0.000 0
D(Ⅰ)-(0)	$2D^{+}+2e^{-}=\!=\!=D_2$	−0.044
Li(Ⅰ)-(0)	$Li^{+}+e^{-}=\!=\!=Li$	−3.040 1
Na(Ⅰ)-(0)	$Na^{+}+e^{-}=\!=\!=Na$	−2.710 9
K(Ⅰ)-(0)	$K^{+}+e^{-}=\!=\!=K$	−2.931
Rb(Ⅰ)-(0)	$Rb^{+}+e^{-}=\!=\!=Rb$	−2.98
Cs(Ⅰ)-(0)	$Cs^{+}+e^{-}=\!=\!=Cs$	−2.923
Cu(Ⅰ)-(0)	$Cu^{+}+e^{-}=\!=\!=Cu$	0.522
Cu(Ⅰ)-(0)	$CuI+e^{-}=\!=\!=Cu+I^{-}$	−0.185 2
Cu(Ⅱ)-(0)	$Cu^{2+}+2e^{-}=\!=\!=Cu(Hg)$	0.345
Cu(Ⅱ)-(Ⅰ)	$Cu^{2+}+e^{-}=\!=\!=Cu^{+}$	0.152
①Cu(Ⅱ)-(Ⅰ)	$2Cu^{2+}+2I^{+}+2e^{-}=\!=\!=Cu_2I_2$	0.86
Ag(Ⅰ)-(0)	$Ag^{+}+e^{-}=\!=\!=Ag$	0.799 6
Ag(Ⅰ)-(0)	$AgI+e^{-}=\!=\!=Ag+I^{-}$	−0.152 2
Ag(Ⅰ)-(0)	$AgCl+e^{-}=\!=\!=Ag+Cl^{-}$	0.222 3

续表

电　　对	电极反应	$\varphi^{\ominus}/V$
Ag(Ⅰ)-(0)	$AgBr+e^{-}$ ══ $Ag+Br^{-}$	0.071 3
Au(Ⅰ)-(0)	$Au^{+}+e^{-}$ ══ Au	1.692
Au(Ⅲ)-(0)	$Au^{3+}+3e^{-}$ ══ Au	1.498
Au(Ⅲ)-(0)	$AuCl_4^{-}+3e^{-}$ ══ $Au+4Cl^{-}$	1.002
Au(Ⅲ)-(Ⅰ)	$Au^{3+}+2e^{-}$ ══ Au^{+}	1.401
Be(Ⅱ)-(0)	$Be^{2+}+2e^{-}$ ══ Be	−1.847
Mg(Ⅱ)-(0)	$Mg^{2+}+2e^{-}$ ══ Mg	−2.372
Ca(Ⅱ)-(0)	$Ca^{2+}+2e^{-}$ ══ Ca	−2.86
Sr(Ⅱ)-(0)	$Sr^{2+}+2e^{-}$ ══ Sr	−2.89
Ba(Ⅱ)-(0)	$Ba^{2+}+2e^{-}$ ══ Ba	−2.912
Zn(Ⅱ)-(0)	$Zn^{2+}+2e^{-}$ ══ Zn	−0.761 8
Cd(Ⅱ)-(0)	$Cd^{2+}+2e^{-}$ ══ Cd	−0.402 6
Cd(Ⅱ)-(0)	$Cd^{2+}+2e^{-}$ ══ $Cd(Hg)$	−0.352 1
Hg(Ⅰ)-(0)	$Hg_2{}^{2+}+2e^{-}$ ══ $2Hg$	0.797 3
Hg(Ⅰ)-(0)	$Hg_2I_2+2e^{-}$ ══ $2Hg+2I^{-}$	−0.040 5
Hg(Ⅱ)-(0)	$Hg^{2+}+2e^{-}$ ══ Hg	0.851
Hg(Ⅱ)−Hg(Ⅰ)	$2Hg^{2+}+2e^{-}$ ══ $Hg_2{}^{2+}$	0.920
B(Ⅲ)-(0)①	$H_3BO_3+3H^{+}+3e^{-}$ ══ $B+3H_2O$	−0.869
Al(Ⅲ)-(0)	$Al^{3+}+3e^{-}$ ══ $Al(0.1mol\cdot L^{-1}NaOH)$	−1.706
Ga(Ⅲ)-(0)	$Ga^{3+}+3e^{-}$ ══ Ga	−0.560
In(Ⅲ)-(0)	$In^{3+}+3e^{-}$ ══ In	−0.338 2
Tl(Ⅰ)-(0)	$Tl^{+}+e^{-}$ ══ Tl	−0.336 3
La(Ⅲ)-(0)	$La^{3+}+3e^{-}$ ══ La	−2.522
Ce(Ⅳ)-(Ⅲ)	$Ce^{4+}+3e^{-}$ ══ Ce^{3+}	1.61
U(Ⅲ)-(0)	$U^{3+}+3e^{-}$ ══ U	−1.80
U(Ⅳ)-(Ⅲ)	$U^{4+}+3e^{-}$ ══ U^{3+}	−0.607
C(Ⅳ)-(Ⅱ)	$CO_2(g)+2H^{+}+2e^{-}$ ══ $HCOOH$	−0.199
C(Ⅳ)-(Ⅲ)	$2CO_2+2H^{+}+2e^{-}$ ══ $H_2C_2O_4$	−0.49
Si(Ⅳ)-(0)	$SiO_2+4H^{+}+4e^{-}$ ══ $Si+2H_2O$	−0.857
Sn(Ⅱ)-(0)	$Sn^{2+}+2e^{-}$ ══ Sn	−0.137 5
Sn(Ⅳ)-(Ⅱ)	$Sn^{4+}+2e^{-}$ ══ Sn^{2+}	0.151
Pb(Ⅱ)-(0)	$Pb^{2+}+2e^{-}$ ══ Pb	−126 3
Pb(Ⅱ)-(0)	$PbCl_2+2e^{-}$ ══ $Pb(Hg)+2Cl^{-}$	−0.262
Pb(Ⅱ)-(0)	$PbSO_4+2e^{-}$ ══ $Pb(Hg)+SO_4^{2-}$	−0.350 5
Pb(Ⅱ)-(0)	$Pb\ SO_4+2e^{-}$ ══ $Pb+SO_4^{2-}$	−0.359
Pb(Ⅱ)-(0)①	PbI_2+2e^{-} ══ $Pb+2I^{-}$	−0.358
Pb(Ⅳ)-(Ⅱ)	$PbO_2+4H^{+}+2e^{-}$ ══ $Pb^{2+}+2H_2O$	1.455
Ti(Ⅱ)-(0)	$Ti^{2+}+2e^{-}$ ══ Ti	−1.628
Ti(Ⅳ)-(0)	$TiO_2+4H^{+}+4e^{-}$ ══ $Ti+2H_2O$	−0.86
Ti(Ⅲ)-(Ⅱ)	$Ti^{3+}+e^{-}$ ══ Ti^{2+}	−0.37
Zr(Ⅳ)-(0)	$ZrO_2+4H^{+}+4e^{-}$ ══ $Zr+2H_2O$	−1.43
N(Ⅰ)-(0)	$N_2O+2H^{+}+2e^{-}$ ══ N_2+H_2O	1.77
N(Ⅱ)-(Ⅰ)	$2NO+2H^{+}+2e^{-}$ ══ N_2O+H_2O	1.59
N(Ⅲ)-(Ⅰ)	$2HNO_2+4H^{+}+4e^{-}$ ══ N_2O+3H_2O	1.297
N(Ⅲ)-(Ⅱ)	$HNO_2+H^{+}+e^{-}$ ══ $NO+H_2O$	0.99
N(Ⅳ)-(Ⅱ)①	$N_2O_4+4H^{+}+4e^{-}$ ══ $2NO+2H_2O$	1.035
N(Ⅴ)-(Ⅱ)	$NO_3^{-}+4H^{+}+3e^{-}$ ══ $NO+2H_2O$	0.96
N(Ⅳ)-(Ⅲ)	$N_2O_4+2H^{+}+2e^{-}$ ══ $2HNO_2$	1.07
N(Ⅴ)-(Ⅲ)	$NO_3^{-}+3H^{+}+2e^{-}$ ══ HNO_2+H_2O	0.934

续表

电　对	电极反应	$\varphi^{\ominus}$/V
N(Ⅴ)-(Ⅳ)	$2NO_3^- + 4H^+ + 2e^- = N_2O_4 + 2H_2O$	0.803
①P(Ⅰ)-(0)	$H_3PO_2 + H^+ + e^- = P + 2H_2O$	−0.508
P(Ⅲ)-(Ⅰ)	$H_3PO_3 + 2H^+ + 2e^- = H_3PO_2 + H_2O$	−0.499
P(Ⅴ)-(Ⅲ)	$H_3PO_4 + 2H^+ + 2e^- = H_3PO_3 + H_2O$	−0.276
As(0)-(-Ⅲ)	$As + 3H^+ + 3e^- = AsH_3$	−0.608
As(Ⅲ)-(0)	$HAsO_2 + 3H^+ + 3e^- = As + 2H_2O$	0.2475
As(Ⅴ)-(Ⅲ)	$H_3AsO_4 + 2H^+ + 2e^- = HAsO_2 + 2H_2O$ (1mol·L^{-1} HCl)	0.58
Sb(Ⅲ)-(0)	$Sb_2O_3 + 6H^+ + 6e^- = 2Sb + 3H_2O$	0.152
Sb(Ⅴ)-(Ⅲ)	$Sb_2O_5 + 6H^+ + 4e^- = 2SbO^+ + 3H_2O$	0.581
Bi(Ⅲ)-(0)	$BiO^+ + 2H^+ + 3e^- = Bi + H_2O$	0.32
V(Ⅲ)-(Ⅱ)	$V^{3+} + e^- = V^{2+}$	−0.255
V(Ⅳ)-(Ⅱ)	$V^{4+} + 2e^- = V^{2+}$	−1.186
V(Ⅳ)-(Ⅲ)	$VO^{2+} + 2H^+ + e^- = V^{3+} + H_2O$	0.337
V(Ⅴ)-(Ⅳ)	$V(OH)_4^+ + 2H^+ + e^- = VO^{2+} + 3H_2O$	0.991
V(Ⅳ)-(Ⅳ)	$VO_2{}^{2+} + 4H^+ + 2e^- = V^{4+} + 2H_2O$	0.62
O(-Ⅰ)-(-Ⅱ)	$H_2O_2 + 2H^+ + 2e^- = 2H_2O$	1.776
O(0)-(-Ⅱ)	$O_2 + 4H^+ + 4e^- = 2H_2O$	1.229
O(0)-(-Ⅱ)	$\frac{1}{2}O_2 + 2H^+(10^{-7}mol \cdot L^{-1}) + 2e^- = H_2O$	0.815
O(Ⅱ)-(-Ⅱ)	$OF_2 + 2H^+ + 4e^- = H_2O + 2F^-$	2.1
O(0)-(-Ⅰ)	$O_2 + 2H^+ + 2e^- = H_2O_2$	0.692
S(0)-(-Ⅱ)	$S + 2e^- = S^{2-}$	−0.476
S(0)-(-Ⅱ)	$S + 2H^+ + 2e^- = H_2S(aq)$	0.141
S(Ⅳ)-(0)	$H_2SO_3 + 4H^+ + 4e^- = S + 3H_2O$	0.45
①S(Ⅵ)-(Ⅳ)	$SO_4^{2-} + 4H^+ + 2e^- = H_2SO_3 + H_2O$	0.172
S(Ⅶ)-(Ⅵ)	$S_2O_8{}^{2-} + 2e^- = 2SO_4^{2-}$	2.0
Se(0)-(-Ⅱ)	$Se + 2H^+ + 2e^- = H_2Se(aq)$	−0.399
Se(Ⅳ)-(0)	$H_2SeO_3 + 4H^+ + 4e^- = Se + 3H_2O$	0.74
Se(Ⅵ)-(Ⅳ)	$SeO_4^{2-} + 4H^+ + 2e^- = H_2SeO_3 + H_2O$	1.151
Cr(Ⅲ)-(0)	$Cr^{3+} + 3e^- = Cr$	−0.74
Cr(Ⅲ)-(Ⅱ)	$Cr^{3+} + e^- = Cr^{2+}$	−0.41
Cr(Ⅵ)-(Ⅲ)	$Cr_2O_7^{2-} + 14H^+ + 6e^- = 2Cr^{2+} + 7H_2O$	1.23
Mo(Ⅲ)-(0)	$Mo^{3+} + 3e^- = Mo$	−0.20
F(0)-(-Ⅰ)	$F_2 + 2e^- = 2F^-$	2.87
F(0)-(-Ⅰ)	$F_2(g) + 2H^+ + 2e^- = 2HF(aq)$	3.03
Cl(0)-(-Ⅰ)	$Cl_2(g) + 2e^- = 2Cl^-$	1.3583
Cl(Ⅰ)-(-Ⅰ)	$HClO + H^+ + 2e^- = Cl^- + H_2O$	1.49
Cl(Ⅲ)-(-Ⅰ)	$HClO_2 + 3H^+ + 4e^- = Cl^- + 2H_2O$	1.56
Cl(Ⅴ)-(-Ⅰ)	$ClO_3^- + 6H^+ + 6e^- = Cl^- + 3H_2O$	1.45
Cl(Ⅰ)-(0)	$HClO + H^+ + e^- = \frac{1}{2}Cl_2 + H_2O$	1.63
Cl(Ⅴ)-(0)	$ClO_3^- + 6H^+ + 5e^- = \frac{1}{2}Cl_2 + 3H_2O$	1.47
Cl(Ⅶ)-(0)	$ClO_3^- + 8H^+ + 7e^- = \frac{1}{2}Cl_2 + 4H_2O$	1.39
Cl(Ⅲ)-(Ⅰ)	$HClO_2 + 2H^+ + 2e^- = HClO + H_2O$	1.645
Cl(Ⅴ)-(Ⅲ)	$ClO_3^- + 3H^+ + 2e^- = HClO_2 + H_2O$	1.21
Cl(Ⅶ)-(Ⅴ)	$ClO_4^- + 2H^+ + 2e^- = ClO_3^- + H_2O$	1.19
Br(0)-(-Ⅰ)	$Br_2(l) + 2e^- = 2Br^-$	1.085
Br(0)-(-Ⅰ)	$Br_2(aq) + 2e^- = 2Br^-$	1.087
Br(Ⅰ)-(-Ⅰ)	$HBrO + H^+ + 2e^- = Br^- + H_2O$	1.33

续表

电　对	电极反应	$\varphi^{\ominus}$/V
Br(Ⅴ)-(-Ⅰ)	$BrO_3^- + 6H^+ + 6e^- \longrightarrow Br^- + 3H_2O$	1.44
Br(Ⅰ)-(0)	$HBrO + H^+ + e^- \longrightarrow \frac{1}{2}Br_2(l) + H_2O$	1.60
Br(Ⅴ)-(0)	$BrO_3^- + 6H^+ + 5e^- \longrightarrow \frac{1}{2}Br_2(l) + 3H_2O$	1.48
I(0)-(-Ⅰ)	$I_2 + 2e^- \longrightarrow 2I^-$	0.535
I(Ⅰ)-(-Ⅰ)	$HIO + H^+ + 2e^- \longrightarrow I^- + H_2O$	0.99
I(Ⅴ)-(-Ⅰ)	$IO_3^- + 6H^+ + 6e^- \longrightarrow I^- + 3H_2O$	1.085
I(Ⅰ)-(0)	$HIO + H^+ + e^- \longrightarrow \frac{1}{2}I_2 + H_2O$	1.45
I(Ⅴ)-(0)	$IO_3^- + 6H^+ + 5e^- \longrightarrow \frac{1}{2}I_2 + 3H_2O$	1.195
I(Ⅶ)-(Ⅴ)	$H_5IO_6 + H^+ + 2e^- \longrightarrow IO_3^- + 3H_2O$	约1.7
Mn(Ⅱ)-(0)	$Mn^{2+} + 2e^- \longrightarrow Mn$	1.185
Mn(Ⅳ)-(Ⅱ)	$MnO_2 + 4H^+ + 2e^- \longrightarrow Mn^{2+} + 2H_2O$	1.228
Mn(Ⅶ)-(Ⅱ)	$MnO_4^- + 8H^+ + 5e^- \longrightarrow Mn^{2+} + 4H_2O$	1.491
Mn(Ⅶ)-(Ⅳ)	$MnO_4^- + 4H^+ + 3e^- \longrightarrow MnO_2 + 2H_2O$	1.679
Mn(Ⅶ)-(Ⅵ)	$MnO_4^- + e^- \longrightarrow MnO_4^{2-}$	0.558
Fe(Ⅱ)-(0)	$Fe^{2+} + 2e^- \longrightarrow Fe$	−0.4402
Fe(Ⅲ)-(0)	$Fe^{3+} + 3e^- \longrightarrow Fe$	−0.036
Fe(Ⅲ)-(Ⅱ)	$Fe^{3+} + e^- \longrightarrow Fe^{2+}$	0.440
①Fe(Ⅲ)-(Ⅱ)	$[Fe(CN)_6]^{3-} + e^- \longrightarrow [Fe(CN)_6]^{4-}$ (0.01mol·L^{-1} NaOH)	0.55
Co(Ⅱ)-(0)	$Co^{2+} + 2e^- \longrightarrow Co$	−0.28
Co(Ⅲ)-(Ⅱ)	$Co^{3+} + e^- \longrightarrow Co^{2+}$ (3mol·L^{-1} HNO_3)	1.842
Ni(Ⅱ)-(0)	$Ni^{2+} + 2e^- \longrightarrow Ni$	−0.257
Pt(Ⅱ)-(0)	$Pt^{2+} + 2e^- \longrightarrow Pt$	约1.2
Pt(Ⅱ)-(0)	$PtCl_4^{2-} + 2e^- \longrightarrow Pt + 4Cl^-$	0.755

（2）在碱性溶液中

电　对	电极反应	$\varphi^{\ominus}$/V
H(Ⅰ)-(0)	$2H_2O + 2e^- \longrightarrow H_2 + 2OH^-$	−0.827 7
Cu(Ⅰ)-(0)	$[Cu(NH_3)_2]^+ + 2e^- \longrightarrow Cu + 2NH_3$	−0.12
Cu(Ⅰ)-(0)	$Cu_2O + H_2O + 2e^- \longrightarrow 2Cu + 2OH^-$	−0.361
Cu(Ⅰ)-(0)①	$Cu(CN)_3^{2-} + e^- \longrightarrow Cu + 3CN^-$	(−1.10)
Ag(Ⅰ)-(0)	$AgCN + e^- \longrightarrow Ag + CN^-$	−0.02
Ag(Ⅰ)-(0)①	$Ag(CN)_2^- + e^- \longrightarrow Ag + 2CN^-$	−0.31
Ag(Ⅰ)-(0)	$Ag_2S + 2e^- \longrightarrow 2Ag + S^{2-}$	−0.705 1
Be(Ⅱ)-(0)	$Be_2O_3^{2-} + 3H_2O + 4e^- \longrightarrow 2Be + 6OH^-$	−2.63
Mg(Ⅱ)-(0)	$Mg(OH)_2 + 2e^- \longrightarrow Mg + 2OH^-$	−2.69
Ca(Ⅱ)-(0)	$Ca(OH)_2 + 2e^- \longrightarrow Ca + 2OH^-$	−3.02
Sr(Ⅱ)-(0)	$Sr(OH)_2 \cdot 8H_2O + 2e^- \longrightarrow Sr + 2OH^- + 8H_2O$	−2.99
Ba(Ⅱ)-(0)	$Ba(OH)_2 \cdot 8H_2O + 2e^- \longrightarrow Ba + 2OH^- + 8H_2O$	−2.97
Zn(Ⅱ)-(0)①	$Zn(NH_3)_4{}^{2+} + 2e^- \longrightarrow Zn + 4NH_3$	−1.04
Zn(Ⅱ)-(0)	$ZnO_2{}^{2-} + 2H_2O + 2e^- \longrightarrow Zn + 4OH^-$	−1.216
Hg(Ⅱ)-(0)	$HgO + H_2O + 2e^- \longrightarrow Hg + 2OH^-$	0.098 4
Zn(Ⅱ)-(0)	$Zn(OH)_4^{2-} + 2e^- \longrightarrow Zn + 4OH^-$	−1.245
Zn(Ⅱ)-(0)①	$Zn(CN)_4^{2-} + 2e^- \longrightarrow Zn + 4CN^-$	−1.26
Cd(Ⅱ)-(0)	$Cd(OH)_2 + 2e^- \longrightarrow Cd(Hg) + 2OH^-$	0.081
B(Ⅲ)-(0)	$H_2BO_3^- + H_2O + 3e^- \longrightarrow B + 4OH^-$	−2.5

续表

电　对	电极反应	$\varphi^\ominus$/V
Al(Ⅲ)-(0)	$H_2AlO_3^- + H_2O + 3e^- \longrightarrow Al + 4OH^-$	−2.35
La(Ⅲ)-(0)	$La(OH)_3 + 3e^- \longrightarrow La + 3OH^-$	−2.90
Lu(Ⅲ)-(0)	$Lu(OH)_3 + 3e^- \longrightarrow Lu + 3OH^-$	−2.72
U(Ⅲ)-(0)	$U(OH)_3 + 3e^- \longrightarrow U + 3OH^-$	−2.17
U(Ⅵ)-(0)	$UO_2 + 2H_2O + 4e^- \longrightarrow U + 4OH^-$	−2.39
U(Ⅳ)-(Ⅲ)	$U(OH)_4 + e^- \longrightarrow U(OH)_3 + OH^-$	−2.2
U(Ⅵ)-(Ⅳ)	$Na_2UO_4 + 4H_2O + 2e^- \longrightarrow U(OH)_4 + 2Na^+ + 4OH^-$	−1.61
Si(Ⅳ)-(0)	$SiO_3^{2-} + 3H_2O + 4e^- \longrightarrow Si + 6OH^-$	−1.69
Ge(Ⅳ)-(0)	$H_2GeO_3 + 4H^+ + 4e^- \longrightarrow Ge + 3H_2O$	−0.18
Sn(Ⅱ)-(0)	$HSnO_2^- + H_2O + 2e^- \longrightarrow Sn + 3OH^-$	−0.909
Sn(Ⅳ)-(Ⅱ)	$Sn(OH)_6^{2-} + 2e^- \longrightarrow HSnO_2^- + H_2O + 3OH^-$	−0.93
Pb(Ⅳ)-(Ⅱ)	$PbO_2 + H_2O + 2e^- \longrightarrow PbO + 2OH^-$	0.247
N(Ⅴ)-(Ⅲ)	$NO_3^- + H_2O + 2e^- \longrightarrow NO_2^- + 2OH^-$	0.01
N(Ⅴ)-(Ⅳ)	$2NO_3^- + 2H_2O + 2e^- \longrightarrow N_2O_4 + 4OH^-$	−0.85
P(Ⅴ)-(Ⅲ)	$PO_4^{3-} + 2H_2O + 2e^- \longrightarrow HPO_3^{2-} + 3OH^-$	−1.05
P(0)-(-Ⅲ)	$P + 3H_2O + 3e^- \longrightarrow PH_3(g) + 3OH^-$	−0.87
As(Ⅲ)-(0)	$AsO_2^- + 2H_2O + 3e^- \longrightarrow As + 4OH^-$	−0.68
As(Ⅴ)-(Ⅲ)	$AsO_4^{3-} + 2H_2O + 2e^- \longrightarrow AsO_2^- + 4OH^-$	−0.71
Sb(Ⅲ)-(0)	$SbO_2^- + 2H_2O + 3e^- \longrightarrow Sb + 4OH^-$	−0.66
Bi(Ⅲ)-(0)	$Bi_2O_3 + 3H_2O + 6e^- \longrightarrow 2Bi + 6OH^-$	−0.46
O(0)-(Ⅲ)	$O_2 + 2H_2O + 4e^- \longrightarrow 4OH^-$	0.401
S(Ⅳ)-(Ⅱ)	$S_4O_6 + 2e^- \longrightarrow 2S_2O_3^{2-}$	0.09
S(Ⅳ)-(Ⅱ)①	$2SO_3^{2-} + 3H_2O + 4e^- \longrightarrow S_2O_3^{2-} + 6OH^-$	−0.58
S(Ⅵ)-(Ⅳ)	$SO_4^{2-} + H_2O + 2e^- \longrightarrow SO_3^{2-} + 2OH^-$	−0.92
S(0)-(-Ⅱ)	$S + 2e^- \longrightarrow S^{2-}$	−0.476
Se(Ⅵ)-(Ⅳ)	$SeO_4^{2-} + H_2O + 2e^- \longrightarrow SeO_3^{2-} + 2OH^-$	0.05
Se(Ⅳ)-(0)	$SeO_3^{2-} + 3H_2O + 4e^- \longrightarrow Se + 6OH^-$	−0.35
Se(0)-(-Ⅱ)	$Se + 2e^- \longrightarrow Se^{2-}$	−0.924
Cr(Ⅲ)-(0)	$CrO_2^- + 2H_2O + 3e^- \longrightarrow Cr + 4OH^-$	−1.2
Cr(Ⅲ)-(0)	$Cr(OH)_3 + 3e^- \longrightarrow Cr + 3OH^-$	−1.48
Cr(Ⅵ)-(Ⅲ)	$CrO_4^{2-} + 4H_2O + 3e^- \longrightarrow Cr(OH)_3 + 5OH^-$	−0.12
Cr(Ⅶ)-(Ⅴ)	$ClO_4^- + H_2O + 2e^- \longrightarrow ClO_3^- + 2OH^-$	0.36
Cl(Ⅴ)-(Ⅲ)	$ClO_3^- + H_2O + 2e^- \longrightarrow ClO_2^- + 2OH^-$	0.35
Cl(Ⅴ)-(Ⅰ)	$ClO_3^- + 3H_2O + 6e^- \longrightarrow Cl^- + 6OH^-$	0.62
Cl(Ⅲ)-(-Ⅰ)	$ClO_2^- + H_2O + 2e^- \longrightarrow ClO^- + 2OH^-$	0.66
Cl(Ⅲ)-(-Ⅰ)	$ClO_2^- + 2H_2O + 4e^- \longrightarrow Cl^- + 4OH^-$	0.76
Cl(Ⅰ)-(-Ⅰ)	$ClO^- + H_2O + 2e^- \longrightarrow Cl^- + 2OH^-$	0.81
Br(Ⅴ)-(-Ⅰ)	$BrO_3^- + 3H_2O + 2e^- \longrightarrow Br^- + 6OH^-$	0.76
Br(Ⅰ)-(-Ⅰ)	$BrO^- + H_2O + 2e^- \longrightarrow Br^- + 2OH^-$ (1mol·L^{-1} NaOH)	0.70
I(Ⅶ)-(Ⅴ)	$H_3IO_6^{2-} + 2e^- \longrightarrow IO_3^- + 3OH^-$	约 0.70
I(Ⅴ)-(Ⅰ)	$IO_3^- + 3H_2O + 6e^- \longrightarrow I^- + 6OH^-$	0.26
I(Ⅰ)-(-Ⅰ)	$IO^- + H_2O + 2e^- \longrightarrow I^- + 2OH^-$	0.49
Mn(Ⅶ)-(Ⅳ)	$MnO_4^- + 2H_2O + 3e^- \longrightarrow MnO_2 + 4OH^-$	0.595
Mn(Ⅳ)-(Ⅱ)	$MnO_2 + 2H_2O + 2e^- \longrightarrow Mn(OH)_2 + 2OH^-$	−0.05
Mn(Ⅱ)-(0)	$Mn(OH)_2 + 2e^- \longrightarrow Mn + 2OH^-$	−1.56
Fe(Ⅲ)-(Ⅱ)	$Fe(OH)_3 + e^- \longrightarrow Fe(OH)_2 + OH^-$	−0.56
Co(Ⅲ)-(Ⅱ)	$Co(NH_3)_6^{3+} + e^- \longrightarrow Co(NH_3)_6^{2+}$	0.108
Co(Ⅲ)-(Ⅱ)	$Co(OH)_3 + e^- \longrightarrow Co(OH)_2 + OH^-$	0.17
Co(Ⅱ)-(0)	$Co(OH)_2 + 2e^- \longrightarrow Co + 2OH^-$	−0.73
Ni(Ⅱ)-(0)	$Ni(OH)_2 + 2e^- \longrightarrow Ni + 2OH^-$	−0.72
Pt(Ⅱ)-(0)	$Pt(OH)_2 + 2e^- \longrightarrow Pt + 2OH^-$	0.14

① 摘自 Dean John A. Lange's Handbook of Chemistry，6-6，12th，ed. 1979。

注：数据摘自 Weast R. C. Handbook of Chemistry and Physics，D-151，69th，ed. 1988-1989。

附录 22 实验室中一些试剂的配制

试剂名称	浓度/$mol \cdot L^{-1}$	配制方法
硫化钠 Na_2S	$1mol \cdot L^{-1}$	称取 240g $Na_2S \cdot 9H_2O$、40g NaOH 溶于适量水中，稀释至 1L，混匀
硫化铵 $(NH_4)_2S$	$3mol \cdot L^{-1}$	通 H_2S 于 200mL 浓 $NH_3 \cdot H_2O$ 中直至饱和，然后再加 200mL 浓 $NH_3 \cdot H_2O$，最后加水稀释至 1L，混匀
三氯化锑 $SbCl_3$	$0.1mol \cdot L^{-1}$	称取 22.8g $SbCl_3$ 溶于 100mL $6mol \cdot L^{-1}$ HCl 中，加水稀释至 1L
氯化亚锡 $SnCl_2$	$0.25mol \cdot L^{-1}$	称取 56.4g $SnCl_2 \cdot 2H_2O$ 溶于 100mL 浓 HCl 中，加水稀释至 1L，在溶液中放入几颗纯锡粒
氯化铁 $FeCl_3$	$0.5mol \cdot L^{-1}$	称取 135.2g $FeCl_3 \cdot 6H_2O$ 溶于 100mL $6mol \cdot L^{-1}$ HCl 中，加水稀释至 1L
三氯化铬 $CrCl_3$	$0.1mol \cdot L^{-1}$	称取 26.7g $CrCl_3 \cdot 6H_2O$ 溶于 30mL $6mol \cdot L^{-1}$ HCl 中，加水稀释至 1L
硝酸亚汞 $Hg_2(NO_3)_2$	$0.1mol \cdot L^{-1}$	称取 56g $Hg_2(NO_3)_2 \cdot 2H_2O$ 溶于 250mL $6mol \cdot L^{-1}$ HNO_3 中，加水稀释至 1L，并加入少许金属汞
硝酸铅 $Pb(NO_3)_2$	$0.25mol \cdot L^{-1}$	称取 83g $Pb(NO_3)_2 \cdot 2H_2O$ 溶于少量水中，加入 15mL $6mol \cdot L^{-1}$ HNO_3 中，再加水稀释至 1L
硝酸铋 $Bi(NO_3)_3$	$0.1mol \cdot L^{-1}$	称取 48.5g $Bi(NO_3)_3 \cdot 5H_2O$ 溶于 250mL $1mol \cdot L^{-1}$ HNO_3 中，加水稀释至 1L
硫酸亚铁 $FeSO_4$	$0.25mol \cdot L^{-1}$	称取 69.5g $FeSO_4 \cdot 7H_2O$ 溶于适量水中，加入 5mL $18mol \cdot L^{-1}$ H_2SO_4，再加水稀释至 1L，并置入小铁钉数枚
钼酸铵 $(NH_4)_6Mo_7O_{24}$	$0.1mol \cdot L^{-1}$	称取 124g $(NH_4)_6Mo_7O_{24} \cdot 4H_2O$ 溶于 1L 水中，将所得溶液倒入 $6mol \cdot L^{-1}$ HNO_3 中，放置 24h，取其澄清液
Cl_2 水	Cl_2 的饱和水溶液	将 Cl_2 通入水中至饱和为止（用时临时配制）
Br_2 水	Br_2 的饱和水溶液	在带有良好磨口塞的玻璃瓶内，将市售的 Br_2 约 50g(16mL) 注入 1L 水中，在 2h 内经常剧烈振荡，每次振荡之后微开塞子，使积聚的 Br_2 蒸气放出，在储存瓶底总有过量的溴。将 Br_2 水倒入试剂瓶时，剩余的 Br_2 应留于储存瓶中，而不倒入试剂瓶（倾倒 Br_2 或 Br_2 水时，应在通风橱中进行，将凡士林涂在手上或戴橡皮手套操作，以防 Br_2 蒸气灼伤）
I_2 水	约 $0.005mol \cdot L^{-1}$	将 1.3g I_2 和 5g KI 溶解在尽可能少量的水中，待 I_2 完全溶解后（充分搅动），再加水稀释至 1L
镁试剂	0.007%	将 0.01g 对硝基偶氮间苯二酚溶于 100mL $2mol \cdot L^{-1}$ NaOH 溶液中
淀粉溶液	0.5%	称取易溶淀粉 1g 和 $HgCl_2$ 5mg（作防腐剂）置于烧杯中，加冷水少许调成糊状，然后倾入 200mL 沸水中，煮沸后冷却即可
奈斯勒试剂		称取 115g HgI_2 和 80g KI 溶于足量的水中，稀释至 500mL，然后加入 500mL $6mol \cdot L^{-1}$ NaOH 溶液，静置后取其清液保存于棕色瓶中
亚硝酰铁氰化钠	3%	称取 3g $Na_2[Fe(CN)_5NO] \cdot 2H_2O$ 溶于 100mL 水中，如溶液变成蓝色，即需重新配制（只能保存数天）
钙指示剂	0.2%	将 0.2g 钙指示剂溶于 100mL 水中
α-萘胺	0.12%	称取 0.3g α-萘胺溶于 20mL 水中，加热煮沸，静置后取其清液，加入 150mL $2mol \cdot L^{-1}$ HAc（此试剂应为无色，如变色，宜重新配制）
对氨基苯磺酸	0.34%	称取 3.4g 氨基苯磺酸溶于 1L $2mol \cdot L^{-1}$ HAc 中
铝试剂	1%	1g 铝试剂溶于 1L 水中
丁二酮肟	1%	1g 丁二酮肟溶于 100mL 95%乙醇中
二苯硫腙	0.01%	10mg 二苯硫腙溶于 100mL CCl_4 中
醋酸铀酰锌		(1)10g $UO_2(Ac)_2 \cdot 2H_2O$ 和 6mL $6mol \cdot L^{-1}$ HAc 溶于 50mL 水中 (2)30g $Zn(Ac)_2 \cdot 2H_2O$ 和 3mL $6mol \cdot L^{-1}$ HCl 溶于 50mL 水中 (1)、(2)两种溶液混合，24h 后取清液使用
六亚硝酸合钴(Ⅲ)钠盐		$Na_3[Co(NO_2)_6]$ 和醋酸钠各 20g，溶于 20mL 冰醋酸和 80mL 水的混合溶液中，储存于棕色瓶中备用（久置溶液，颜色由棕变红即失效）

附录 23　常见离子及化合物的颜色

离子化合物	颜色	离子化合物	颜色	离子化合物	颜色
Ag_2O	褐色	$CoCl_2 \cdot 2H_2O$	紫红色	$[Co(NH_3)_6]^{3+}$	橙黄色
$AgCl$	白色	$CoCl_2 \cdot 6H_2O$	粉红色	$[Co(SCN)_4]^{2-}$	蓝色
Ag_2O_3	白色	CoS	黑色	CoO	灰绿色
Ag_3PO_4	黄色	$CoSO_4 \cdot 7H_2O$	红色	Co_2O_3	黑色
Ag_2CrO_4	砖红色	$CoSiO_3$	紫色	$Co(OH)_2$	粉红色
$Ag_2C_2O_4$	白色	$K_3[Co(NO_2)_6]$	黄色	$Co(OH)Cl$	蓝色
$AgCN$	白色	$BiOCl$	白色	$Co(OH)_3$	褐棕色
$AgSCN$	白色	BiI_3	白色	$[Cu(H_2O)_4]^{2+}$	蓝色
$Ag_2S_2O_3$	白色	Bi_2S_3	黑色	$[CuCl_2]^-$	白色
$Ag_3[Fe(CN)_6]$	橙色	Bi_2O_3	黄色	$[CuCl_4]^{2-}$	黄色
$Ag_4[Fe(CN)_6]$	白色	$Bi(OH)_3$	黄色	$[CuI_2]^-$	黄色
$AgBr$	淡黄色	$BiO(OH)$	灰黄色	$[Cu(NH_3)_4]^{2+}$	深蓝色
AgI	黄色	$Bi(OH)CO_3$	白色	$K_2Na[Co(NO_2)_6]$	黄色
Ag_2S	黑色	$NaBiO_3$	黄棕色	$(NH_4)_2Na[Co(NO_2)_6]$	黄色
Ag_2SO_4	白色	CaO	白色	CdO	棕灰色
$Al(OH)_3$	白色	$Ca(OH)_2$	白色	$Cd(OH)_2$	白色
$BaSO_4$	白色	$CaSO_4$	白色	$CdCO_3$	白色
$BaSO_3$	白色	$CaCO_3$	白色	CdS	黄色
BaS_2O_3	白色	$Ca_3(PO_4)_2$	白色	$[Cr(H_2O)_6]^{2+}$	天蓝色
$BaCO_3$	白色	$CaHPO_3$	白色	$[Cr(H_2O)_6]^{3+}$	蓝紫色
$Ba_3(PO_4)_2$	白色	$CaSO_3$	白色	CrO_2^-	绿色
$BaCrO_4$	黄色	$[Co(H_2O)_6]^{2+}$	粉红色	CrO_4^{2-}	黄色
BaC_2O_4	白色	$[Co(NH_3)_6]^{2+}$	黄色	$Cr_2O_7^{2-}$	橙色
Cr_2O_3	绿色	HgS	黑色	Sb_2O_3	白色
CrO_3	橙红色	$[Mn(H_2O)_6]^{2+}$	浅红色	Sb_2O_5	淡黄色
$Cr(OH)_3$	灰绿色	MnO_4^{2-}	绿色	$Sb(OH)_3$	白色
$CrCl_3 \cdot 6H_2O$	绿色	MnO_4^-	紫红色	$SbOCl$	白色
$Cr_2(SO_4)_3 \cdot 6H_2O$	绿色	MnO_2	棕色	SbI_3	黄色
$Cr_2(SO_4)_3$	桃红色	$Mn(OH)_2$	白色	$Na_3[Sb(OH)_6]$	白色
$Cr_2(SO_4)_3 \cdot 18H_2O$	紫色	MnS	肉色	$Sn(OH)Cl$	白色
CuO	黑色	$MnSiO_3$	肉色	SnS	棕色
Cu_2O	暗红色	$MgNH_4PO_4$	白色	SnS_2	黄色
$Cu(OH)_2$	淡蓝色	$MgCO_3$	白色	$Sn(OH)_4$	白色
$Cu(OH)$	黄色	$[Ni(H_2O)_6]^{2+}$	亮绿色	TiO_2^{2+}	橙红色
$CuCl$	白色	$[Ni(NH_3)_6]^{2+}$	蓝色	$[V(H_2O)_6]^{2+}$	蓝紫色
CuI	白色	NiO	暗绿色	$[Ti(H_2O)_6]^{3+}$	紫色
CuS	黑色	NiS	黑色	$TiCl_3 \cdot 6H_2O$	紫或绿色
$CuSO_4 \cdot 5H_2O$	蓝色	$NiSiO_3$	翠绿色	VO^{2+}	蓝色
$Cu_2(OH)_2SO_4$	浅蓝色	$Ni(CN)_2$	浅绿色	V_2O_5	红棕,橙色
$Cu_2(OH)_2CO_3$	蓝色	$Ni(OH)_2$	淡绿色	$[V(H_2O)_6]^{3+}$	绿色
$Cu_2[Fe(CN)_2]$	红棕色	$Ni(OH)_3$	黑色	VO_{2+}	黄色
$Cu(SCN)_2$	黑绿色	Hg_2SO_4	白色	ZnO	白色
$[Fe(H_2O)_6]^{2+}$	浅绿色	$Hg_2(OH)_2CO_3$	红褐色	$Zn(OH)_2$	白色
$[Fe(H_2O)_6]^{3+}$	淡紫色	I_2	紫色	ZnS	白色
$[Fe(CN)_6]^{4-}$	黄色	I_3^-（碘水）	棕黄色	$Zn_2(OH)_2CO_3$	白色
$[Fe(CN)_6]^{3-}$	红棕色	$[OHg_2NH_2]I$	红棕色	ZnC_2O_4	白色
$[Fe(NCS)_n]^{3-n}$	血红色	PbI_2	黄色	$ZnSiO_3$	白色
FeO	黑色	PbS	黑色	$Zn_2[Fe(CN)_6]$	白色
Fe_2O_3	砖红色	$PbSO_4$	白色	$Zn_3[Fe(CN)_6]_2$	黄色褐色
$Fe(OH)_2$	白色	$PbCO_3$	白色	$NaAc \cdot Zn(Ac)_2 \cdot 3UO_2(Ac)_2 \cdot 9H_2O$	黄色
$Fe(OH)_3$	红棕色	$PbCrO_4$	黄色	$Na_3[Fe(CN)_5NO]_2 \cdot 2H_2O$	红色
$Fe_2(SiO_3)_3$	棕红色	$Pb_2C_2O_4$	白色	$(NH_4)_3PO_4 \cdot 12MoO_3 \cdot 6H_2O$	黄色
FeC_2O_4	淡黄色	$PbMoO_4$	黄色		
$Fe_3[Fe(CN)_6]_2$	蓝色	PbO_2	棕褐色		
$Fe_2[Fe(CN)_6]_3$	蓝色	Pb_3O_4	红色		
HgO	红(黄)色	$Pb(OH)_2$	白色		
Hg_2Cl_2	白色	$PbCl_2$	白色		
Hg_2I_2	黄色	$PbBr_2$	白色		

附录 24　摩尔凝固点降低常数

溶剂	凝固点/℃	K_f	溶剂	凝固点/℃	K_f
环己烷	6.54	20.0	酚	40.90	7.40
溴仿	8.05	14.4	萘	80.29	6.94
乙酸	16.66	3.90	樟脑	178.75	37.7
苯	5.533	5.12	水	0.0	1.853

附录 25　KCl 溶液的电导率

单位：$\mu S \cdot cm^{-1}$

温度/℃	$1mol \cdot L^{-1}$	$0.1mol \cdot L^{-1}$	$0.02mol \cdot L^{-1}$	$0.01mol \cdot L^{-1}$
1	67.13	7.36	1.566	0.800
2	68.86	7.57	1.612	0.824
3	70.61	7.79	1.659	0.848
4	72.37	8.00	1.705	0.872
5	74.14	8.22	1.752	0.896
6	75.93	8.44	1.800	0.921
7	77.73	8.66	1.848	0.945
8	79.54	8.88	1.896	0.970
9	81.36	9.11	1.954	0.995
10	83.19	9.33	1.994	1.020
11	85.64	9.56	2.043	1.045
12	86.87	9.79	2.093	1.070
13	88.76	10.02	2.142	1.095
14	90.63	10.25	2.193	1.121
15	92.52	10.48	2.243	1.147
16	94.41	10.72	2.294	1.173
17	96.31	10.95	2.345	1.199
18	98.22	11.19	2.397	1.225
19	100.14	11.43	2.449	1.251
20	102.07	11.67	2.501	1.278
21	104.00	11.91	2.553	1.305
22	105.54	12.15	2.606	1.332
23	107.89	12.39	2.659	1.359
24	109.84	12.64	2.712	1.386
25	111.80	12.88	2.765	1.413
26	113.77	13.13	2.819	1.441
27	115.74	13.37	2.873	1.468
28		13.62	2.927	1.496
29		13.87	2.981	1.524
30		14.12	3.036	1.552
31		14.37	3.091	1.581
32		14.62	3.146	1.609
33		14.88	3.201	1.638
34		15.13	3.256	1.667
35		15.39	3.312	

附录 26 无限稀释溶液的离子摩尔电导率

单位：$10^{-4}\Omega^{-1}\cdot mol^{-1}\cdot m^2$

正离子	λ_+	负离子	λ_-
K^+	75.51	Cl^-	76.34
Na^+	50.11	Br^-	78.4
H^+	349.82	I^-	76.85
Ag^+	61.92	NO_3^-	71.44
Li^+	38.69	HCO_3^-	44.48
NH_4^+	73.4	OH^-	198
Ti^+	74.7	CH_3COO^-	40.9
$\frac{1}{2}Ca^{2+}$	59.50	CH_2ClCOO^-	39.7
$\frac{1}{2}Ba^{2+}$	63.64	$C_2H_5COO^-$	35.81
$\frac{1}{2}Sr^{2+}$	59.46	$C_3H_7COO^-$	32.59
$\frac{1}{2}Mg^{2+}$	53.06	ClO_4^-	68.0
$\frac{1}{3}La^{3+}$	69.6	$C_6H_5COO^-$	32.3
$\frac{1}{3}Co(NH_3)_6^{3+}$	102.3	$\frac{1}{2}SO_4^{2-}$	79.8
		$\frac{1}{3}Fe(CN)_6^{3-}$	101.0
		$\frac{1}{4}Fe(CN)_6^{4-}$	110.5

附录 27 电解质水溶液的摩尔电导（298.15K）

浓度 /mol·L^{-1}	$\Lambda_m/10^{-4}S\cdot m^2\cdot mol^{-1}$					
	$\frac{1}{2}CuSO_4$	HCl	KCl	NaCl	NaOH	NaAc
0.1	50.58	391.32	128.96	106.74	—	72.8
0.05	59.05	399.09	133.37	111.06	—	76.92
0.02	72.20	407.24	138.31	115.51	—	81.24
0.01	83.12	412.00	141.27	118.51	238.0	83.76
0.005	94.07	415.80	143.35	120.65	240.8	85.72
0.001	115.26	421.36	146.95	123.74	244.7	88.5
0.0005	121.6	422.74	147.81	124.50	245.6	89.2
0	133.6	426.16	149.86	126.45	247.8	91.0

附录 28 不同温度下甘汞电极的电极电势

单位：mV，vs. SHE

温度/℃	饱和 KCl	3.5mol·L^{-1}KCl	1mol·L^{-1}KCl	0.1mol·L^{-1}KCl
0	260.2			
10	254.1	255.6		
20	247.7	252.0		335.8
25	244.5	250.1	283	335.6

续表

温度/℃	饱和 KCl	3.5mol·L^{-1}KCl	1mol·L^{-1}KCl	0.1mol·L^{-1}KCl
30	241.5	248.1		335.4
40	234.3	243.9		
50	227.9			
60	219.9			
90	—			

附录 29　不同温度下 Ag/AgCl 的电极电势

单位：mV，vs. SHE

温度/℃	$\varphi^{\ominus}$/mV	$\varphi^{\ominus}+\varphi_j^{\ominus}$/mV	
		3.5mol·L^{-1}KCl 溶液	饱和 KCl 溶液
0	236.6		
10	231.4	215.2	213.8
20	225.6	208.2	204.0
25		204.6	198.9
30	219.0	200.9	193.9
40	212.1	193.3	183.5
50	204.5		
60	196.5		
90	169.5		

注：$\varphi_j^{\ominus}$ 为液接电势。

附录 30　部分共沸物的性质

（1）二元共沸混合物的性质

混合物的组成	101.325kPa 时的沸点/℃		质量分数	
	纯组分	共沸物	第一组分	第二组分
水	100			
甲苯	110.8	84.1	0.196	0.814
苯	80.2	69.3	0.089	0.911
乙酸乙酯	77.1	70.4	0.082	0.918
正丁酸丁酯	125	90.2	0.267	0.733
异丁酸丁酯	117.2	87.5	0.195	0.805
苯甲酸乙酯	212.4	99.4	0.840	0.160
2-戊酮	102.25	82.9	0.135	0.865
乙醇	78.4	78.1	0.045	0.955
正丁醇	117.8	92.4	0.38	0.62
异丁醇	108.0	90.0	0.332	0.668
仲丁醇	99.5	88.5	0.321	0.679
叔丁醇	82.8	79.9	0.117	0.883
苄醇	205.2	99.9	0.91	0.09
烯丙醇	97.0	88.2	0.271	0.729
甲酸	100.8	107.3(最高)	0.225	0.775
硝酸	86.0	120.5(最高)	0.32	0.68

续表

混合物的组成	101.325kPa时的沸点/℃		质量分数	
	纯组分	共沸物	第一组分	第二组分
氢碘酸	−34	127(最高)	0.43	0.57
氢溴酸	−67	126(最高)	0.525	0.475
氢氯酸	−84	110(最高)	0.7976	0.202
乙醚	34.5	34.2	0.013	0.987
丁醛	75.7	68	0.06	0.94
三聚乙醛	115	91.4	0.30	0.70
乙酸乙酯	77.1			
二硫化碳	46.3	46.1	0.073	0.927
己烷	69			
苯	80.2	68.8	0.95	0.05
氯仿	61.2	60.8	0.28	0.72
丙酮	56.5			
二硫化碳	46.3	39.2	0.34	0.66
异丙醚	69.0	54.2	0.61	0.39
氯仿	61.2	65.5	0.20	0.80
四氯化碳	76.8			
乙酸乙酯	77.1	74.8	0.57	0.43
环己烷	80.8			
苯	80.2	77.8	0.45	0.55

注：有下划线“____”者为第一组分。

(2) 三元共沸混合物的性质

第一组分		第二组分		第三组分		沸点/℃
名称	质量分数	名称	质量分数	名称	质量分数	
水	0.078	乙醇	0.090	乙酸乙酯	0.832	70.0
水	0.043	乙醇	0.097	四氯化碳	0.860	61.8
水	0.074	乙醇	0.185	苯	0.741	64.9
水	0.07	乙醇	0.17	环己烷	0.76	62.1
水	0.035	乙醇	0.040	氯仿	0.925	55.5
水	0.075	异丙醇	0.187	苯	0.738	66.5
水	0.0081	二硫化碳	0.7521	丙酮	0.2398	38.042

参 考 文 献

[1] 高绍康.大学基础化学实验.福州：福建科学技术出版社，2007.
[2] 高绍康.大学化学实验.北京：化学工业出版社，2012.
[3] 高绍康.工科基础化学实验.福州：福建科学技术出版社，2006.
[4] 吴江.大学基础化学实验.北京：化学工业出版社，2005.
[5] 古凤才.基础化学实验教程.第3版.北京：科学出版社，2010.
[6] 孟长功，辛剑主编.基础化学实验.第2版.北京：高等教育出版社，2009.
[7] 翟滨，王岩.基础化学实验.北京：化学工业出版社，2010.
[8] 李佩社，刘向荣，贺诗华，梁耀东.基础化学实验.北京：化学工业出版社，2009.
[9] 王小逸，夏定国.化学实验研究的基本技术与方法.北京：化学工业出版社，2011.
[10] 宋毛平，何占航.基础化学实验与技术.北京：化学工业出版社，2008.
[11] 刘洪来，任玉杰.实验化学原理与方法.第2版.北京：化学工业出版社，2007.
[12] 柯以侃，王桂花.大学化学实验.第2版.北京：化学工业出版社，2010.
[13] 陈华，蒲雪梅.大学化学实验.北京：化学工业出版社，2010.
[14] 徐伟亮.基础化学实验.北京：科学出版社，2010.
[15] 张勇.现代化学基础实验.第3版.北京：科学出版社，2010.
[16] 李梦龙，文志宁，熊庆.化学信息学.北京：化学工业出版社，2011.
[17] 林深，王世铭.大学化学实验.北京：化学工业出版社，2009.
[18] 周井炎.基础化学实验.第2版.武汉：华中科技大学出版社，2008.
[19] 周昕，罗虹，刘文娟.大学实验化学.北京：科学出版社，2007.
[20] 郭伟强.大学基础化学实验.北京：科学出版社，2005.
[21] 高丽华.基础化学实验.北京：化学工业出版社，2004.
[22] 崔学桂，张晓丽.基础化学实验（Ⅰ）.北京：化学工业出版社，2003.
[23] 南京大学《无机及分析化学实验》编写组.北京：高等教育出版社，2006.
[24] 郭玲香，曹健.有机化学实验.南京：南京大学出版社，2009.
[25] 四川大学化工学院，浙江大学化学系.分析化学实验.北京：高等教育出版社，2006.
[26] 张剑荣，余晓东，屠一锋，方惠群.仪器分析实验.第2版.北京：科学出版社，2009.
[27] 复旦大学等.物理化学实验.第3版.北京：高等教育出版社，2006.
[28] 孙尔康，徐维清，邱金恒.物理化学实验.南京：南京大学出版社，1998.
[29] 顾月姝，宋淑娥.基础化学实验（Ⅲ）.北京：化学工业出版社，2007.
[30] 罗鸣，石士考，张学英.物理化学实验.北京：化学工业出版社，2012.